云南农业社会变迁史

袁国友 著

云南出版集团
云南人民出版社

图书在版编目(CIP)数据

云南农业社会变迁史 / 袁国友著. — 昆明 : 云南人民出版社, 2017. 8
ISBN 978 - 7 - 222 - 15253 - 3

Ⅰ. ①云… Ⅱ. ①袁… Ⅲ. ①农业 - 社会变迁史 - 云南 Ⅳ. ①K280. 74

中国版本图书馆 CIP 数据核字(2016)第 267662 号

出 品 人:赵石定
责任编辑:金学丽
责任校对:王以富 周 彦
封面设计:王曦云
责任印制:代隆生

云南农业社会变迁史
袁国友 著

出版 云南出版集团 云南人民出版社
发行 云南人民出版社
社址 昆明市环城西路 609 号
邮编 650034
网址 www. ynpph. com. cn
E - mail ynrms@ sina. com
开本 787 × 1092 1/16
印张 31
字数 710 千
版次 2017 年 8 月第 1 版第 1 次印刷
印刷 昆明市五华区教育委员会印刷厂
书号 ISBN 978 - 7 - 222 - 15253 - 3
定价 86. 00 元

如需购买图书、反馈意见, 请与我社联系
总编室: 0871 - 64109126 发行部: 0871 - 64108507 审校部: 0871 - 64164626 印制部: 0871 - 64191534

云南人民出版社微信公众号

序

云南是一个以农业为主的边疆省份。1950年以来，在云南已发现野生稻的遗址近百处，滇池地区新石器遗址中有稻谷的遗留。在宾川白羊村遗址出土的炭化谷，经科学鉴定，距今3770年左右。元谋大墩子新石器遗址出土的炭化稻粒，为公元前1260年左右的遗存。剑川海门口遗址发现了稻谷、麦子。这些都表明云南是世界上较早种植稻、麦的地区之一。司马迁《史记·西南夷列传》记述滇人“耕田，有邑聚。”说明农耕已是当时滇池地区主要经济形态。千百年来，云南人民一直依靠农业生产生存生活。

可是，关于云南农业生产的历史仅只是在少数“通史”中涉及，未见专门论述云南农业生产发展历史的学术著作，与云南悠久而多彩的农业历史极不相称。

国友教授的《云南农业社会变迁史》弥补了久缺的空白，满足了大家了解云南农业社会发展变迁的企盼，为云南新农村建设，发展现代农业，提高农业生产水平提供了宝贵的历史借鉴。

这是第一本系统深入论述从远古到清代云南农业发展变迁的史书。本书论述了云南历史上各个时期的农业的开发区域、种植作物、生产工具、耕作方法、采用技术、产品加工、粮食消费、月令风俗等，是迄今资料翔实、考证精准、观点新颖、叙述畅达、编排得当的云南农业发展演进史、云南农业社会变迁史。

本书不囿陈说，实事求是地考证了云南农业起源、稻谷培育、棉花种植、玉米传入、哈尼梯田开发、普洱茶栽培、稻麦轮作复种诸多问题。依据可靠的史料，通过认真的求证，经由允当的分析，得出令人信服的独到见解，把云南农业史的研究扎扎实实向前推进了一大步，向上提升了一大级。

这是一部农业发展史，但又不是简单、孤立论述农业的发展变迁的史书，作者注意到政治制度、行政建置、人口迁徙、族类关系、社会环境、气候变化、工具改进等与农业的关系及其对农业的重大影响；论述了农民食衣住行的生活状况，春夏秋冬的岁时节令，耕耘收藏的生产制度，祭祀祈祷的风俗礼仪，与农事相关的歌舞绘画艺术等，从多维的角度展现云南民众的“做法”、“活法”、“想法”、“礼法”等。这就不是单纯的农业史，而是丰富多彩、宽阔广博的云南社会生活史。让我们领略到云南高原迤逦的自然风光、壮阔的历史画卷、斑斓的民族风俗、悠闲的田园场景、优美的诗情画意、神圣的宗教氛围、深邃的思想境界。

国友以方国瑜先生“中国历史发展的整体性”为指导，论述云南农业发展史。方国瑜先生在1962年4月提出“中国历史发展的整体性”。方国瑜先生“整体性”的基本原则就是，中国历史发展是一个整体，古今是一个整体，中原与四裔（边疆）是一个整体，经济与文化是一个整体。国友将这个理论运用到云南农业发展史的研究中，提出云南农业是中国农业的一部分，云南农业与中国农业是一个整体。云南农业随中国农业整体发展而发展，云南农业的发展又丰富充实了中国农业的发展。农业与手工业、商业、矿业、林业、牧业是一个整体，农业与社会是一个整体，农业与经济文化是一个整体。农业在整体中发展，农业的发展又促进了中国历史发展的整体性。体现了方国瑜先生“不淹没前人，要胜过前人”的治学精神，向前人学习，继承前人的优秀成果，在前人的基础上有所发明，有所创造，有所前进。

作为一个农业为主的高原省份，无论是科学工作者，还是教育工作者；无论是政治家，还是企业家；无论是老师还是学生；无论是干部，还是群众，都急需得到一本论述云南农业发展的史书。读者期待盼望这样一部书已经十分长久，并非不知道农业史的著作对于今天有不可或缺的作用，有十分重要的借鉴意义，只是这是一件十分困难的工作，需要深厚的历史积累、广博的农业知识，更需要敏锐的科学智慧，没有扎实的史学功底、没有坚实的科学基础，谈何容易！所以在云南地方史的书林中长期阙如。现在，国友经过十数年的努力，满足了社会各界对云南农业史的渴求。这是令人敬佩、令人振奋、令人鼓舞的学术成就。我们由衷感谢国友的独辟蹊径之功。

这部书立足学术前沿，注重多学科的交叉融合，详细占有史料，认真鉴别史料，善于运用史料，实事求是，严谨认真，力求对云南农业发展的历史作出准确允当的论述、分析、概括。

这部书立足现实，回顾历史，面向未来。研究历史不是发思古之幽情，而是回顾历史，总结经验，以史为鉴，为今天的农业发展提供历史资源。农业在当今云南依然占有十分重要的地位。云南历史发展昭示我们，农业是云南发展的基础。农业兴，百业旺；农业衰，百业败。没有农业，民众无以为生，社会无以为稳。在城市化不断掀起高潮的当下，农村已出现衰败的苗头，值得我们高度警觉。在这样的背景下，国友《云南农业社会变迁史》的问世，就具有十分重要的社会价值与现实意义。

《云南农业社会变迁史》在史料处理上，在方法论上，在学术观点上，在理论分析上都深具特色。史学界的学者，必能从这一部深入而翔实的著作中领略到许多新知，体悟到更多观念，认识到众多问题。从事领导工作的干部，必将从这一部农业史中，得到治理云南的参考，避免工作中的盲目，为云南农业的新发展做出新贡献。从事农业的科技工作者与人文学者，必会从这一部书中，提高自信心，更具创新的理想，为自己从事的农业工作创造出一番新的事业。对于一般读者而言，这一部书必使大家开阔眼界、增益新知，得到启示，受到鼓舞。国友的这本《云南农业社会变迁史》，正是专家、领导、民众阅读后都会得益的好书。

1978 年，方国瑜先生领导云南大学云南地方史研究室的同仁制定了八年规划，提出要编写农业史等“专史”。可是将近四十年过去，方国瑜先生规划的“专史”，还有大半没有完成。国友的《云南农业社会变迁史》的问世，完成了方国瑜先生的遗愿。如果方国瑜先生九泉有知，当倍感欣慰。我们也可以无愧地说，方国瑜先生开创的云南地方史研究的事业后继有人，薪火相传，继长增高。

国友自从 1982 年进入云南大学历史系求学以来，就以云南地方史为研究方向。他在西南联大史、滇港贸易史、昆明城市史、云南文化史、云南民族史诸方面多有建树，出版《流变与传承：云南地方文化史论》等著作，得到学术界赞誉。他担任云南省社会科学联合会《学术探索》杂志常务副主编多年，将一个初创的地方性社会科学刊物，办得风生水起，为学术界同声赞誉，在国内外产生巨大影响。《学术探索》在培养青年学者方面其功甚伟，为云南学术发展做出的贡献，有口皆碑。

国友到云南农业大学执教后，在农业大学的社会科学的学科建设上尽心尽力、尽职尽责，努力做到尽善尽美。他的《云南农业社会变迁史》就是为云南农业大学学科建设与人才培养，苦心孤诣的创造性成果。中共云南农业大学党委书记张海翔教授称赞国友是不随波逐流、有独到见解，有责任敢担当的学者、教师、专家。

国友刻苦勤奋，踏实认真，严谨刚毅，德才兼备，胆识俱佳。因此，他能够在学术上坚持不懈、精进不停，创新不断。

林超民

丁酉谷雨

前 言

从物质生产方式的角度而言，迄今为止的人类历史，可分为两个大的历史时代，这就是农业文明时代和工业文明时代。农业文明时代，从新石器时代农业的起源算起，距今已有一万多年的历史；而工业文明时代，从18世纪中期英国开始工业革命算起，至今仅有三百年左右的历史。农业文明时代，虽然漫长，却是一个正在逝去或即将逝去的历史时代，工业文明时代，虽然时日尚短，却代表着人类文明前进的方向。当今中国社会，正处于从传统农业文明向现代工业文明转变和过渡的历史阶段。

当代中国快速的工业化进程表明，从生产方式和经济结构的角度来看，中国已基本完成由传统农业生产方式向现代工业生产方式的转变：在三次产业结构中，工业制造业和服务业增加值已占国内生产总值的90%以上，农业增加值不足10%；与此同时，农业自身的现代化水平不断提高，正在逐步从传统的“农业”生产走向现代的“农业产业”。但就整个社会的转型来说，即从农业社会转变为工业社会、由“乡土中国”跃迁为“现代化”的中国来说，仍然是任重而道远。其所以如此，是因为在传统社会中，农业不仅是一种生产方式，也是一种生活方式；农业不仅是一种生计类型，也是一种制度体系；农民不仅是一种职业，也是一种社会身份和等级；农村不仅是一个社区，也是一个特殊的政治—社会实体；农民与国家的关系不是双向的权利—义务关系，而是单向的赋役义务关系，而这种赋役义务关系，成为传统中国最基本的政治—社会关系或官民关系。一句话，以个体家庭为生产和生活单位的农业生产方式构成国家政权的经济基础和社会基础，并形成一整套与之相适应的思想文化观念体系。以此而言，农业不仅是一种生产方式和生活方式，也是一种社会制度和价值体系，是一种“文化”，而“文化”是一个整体，相较单纯的表面的生产方式变化而言，“文化”的整体变迁和结构变迁要复杂得多、缓慢得多。而这也就是一百多年来，中国社会艰难转型的困境和问题之所在。

本书无意也无力探讨农业社会向现代社会的转型问题。实际上，从学理角度而言，费孝通先生的《乡土中国》《江村经济》等著作已对中国农业社会的结构、特征等问题做出过深刻而精彩的论述，其中的许多观点和看法已成为人们认识中国社会的重要理论基础。本书仅想对秦汉以来云南农业的发展变迁历程作一初步梳理和探讨，同时对秦汉以来云南各族人民的物质生活和社会生活状况作一初步描述，以便人们对两千多年来云南地区的农业生产情况和农民群众的生活状况有一个较为深入细致的认识和了解。

实际上，撰写这部著作的最初目的是为了充实自己的地方史知识，补充自己的农业史知识，厘清云南农业发展史的基本线索。在对云南地方史的学习过程中，笔者感到，在众多的通史性或断代性地方史研究著作中，农业史的内容论述得相对较少。这种状况无疑与农业史在云南历史发展进程中的重要地位不太相称。按照一般的认识而言，从秦汉以来直至清末的云南社会，无疑是一个农业社会，农业劳动无疑是两千多年来云南地区最基本的生产活动和各族人民最重要的社会活动，农民群众的衣食住行、生老病死、喜怒忧乐无疑是社会生活的基本内容，基于此，农业史无疑应是云南地方史研究的重要内容。为此，笔者在学习前人论著的基础上，阅读有关历史材料，试图对云南农业发展史的基本线索进行梳理和揭示，对云南农业发展史上的若干重要问题进行讨论和辨析，对云南传统农业社会的基本面貌进行描述和分析。而《云南农业社会变迁史》就是这一学习和研究过程的初步结果。

本书的基本主题为云南农业发展史。笔者所理解的农业发展史包括这样一些基本内容：各个时期的农作物种类、农业开发区域、农业生产工具、农业耕作方式、农业种植技术、畜牧养殖方式、农产品的加工和消费，以及相应的各种农事习俗等。关于云南农业发展史，前人曾对某些问题作过一些专题性探讨，提出过各种观点和看法，笔者在系统论述云南农业发展基本历程的基础上，对云南农业发展史上的若干重要问题作了梳理和辨析。

其一，关于云南稻作农业起源问题。汪宁生、李昆声先生认为，由于栽培稻起源于野生稻的驯化，而云南地区自古以来野生稻资源极为丰富，故云南有可能是中国和亚洲较早驯化栽培稻谷的地区，或者说，云南是亚洲栽培稻的重要起源地。考古学家严文明、陈文华等先生不同意汪、李二位先生的看法，认为从江西、湖南等地的最新考古发现来看，中国栽培稻的历史至今已有一万年左右，而云南考古中所发现的栽培稻遗物，距今仅为三四千年，从考古发现来看，云南不是中国稻作农业的较早起源地。笔者赞同严文明、陈文华等先生的看法，认为从考古证据而言，云南是亚洲栽培稻起源地的看法尚难成立。

其二，关于历史上云南地区的棉花种植问题。从晋代以来，史籍即提到滇西南地区种植“梧桐木”，出产“桐华布”（《华阳国志·南中志》）；有“娑罗树”，娑罗树子的壳里有柳絮样的白色纤维，这些纤维可以抽捻为线，织为“方幅”，再裁剪为男女日常穿着的“笼段”（《云南志·云南管内物产》）。“梧桐木”“娑罗木”究为何物呢？一些学者认为是木棉科的攀枝花（见《新纂云南通志·物产考六》），一些学者则认为就是锦葵科的可以织布的“木棉”。根据相关历史记载，结合前人的考说分析，笔者认为，历史上云南许多炎热地区确实遍布野生的攀枝花树，攀枝花树蒴果中的绢状纤维虽可用来填充枕褥等物，但其纤维极短，不能纺织为布，因此，历史上其花果子实可以织为布幅穿用的“梧桐木”“娑罗树”，不是木棉科的攀枝花，而是锦葵科的栽培型木棉（中国史籍中称之为“吉贝”或“白叠”），只不过历史上滇西南地区所种木棉应是棉树分类中的海岛棉。海岛棉分为一年生草本和多年生灌木两种，株型高大，纤维极细长，可纺织细纱。由于海岛棉株型高大，类于攀枝花，故人们易将此两种不同科属的植物加以混淆。云南地区种棉织布的历史悠久（中原内地宋元以后才广泛种植棉花），应与滇西南地区气候炎热并邻近棉花原产地印度的特殊地理区位有关。

其三，关于《滇南本草》所记玉米作物问题。玉米为原产于美洲的粮食作物，在公元 1492 年地理大发现之后，玉米始传入欧洲和亚洲地区种植。中国最早种植玉米的时间，说法不一（由于玉米传入中国各地的时间不同、途径不一，且史籍的记载也往往带有滞后性，故对玉米传入中国的时间难有准确一致的说法），但大体而言，在明朝万历以后（16 世纪后期）中国许多省区已广种玉米作为园艺作物或救荒作物，则可以肯定。这一点，本为学界基本共识，但在据言为明代前期云南嵩明杨林人兰茂（公元 1397～1476 年）所著的《滇南本草》一书中，即有关于“玉米须”生物特征和药理作用的介绍，以此而论，在明代前期，亦即哥伦布发现美洲以前，中国即已开始种植玉米作物。这一情况是可能的吗？或者说，如何解释《滇南本草》关于“玉米须”的记载呢？对于这一问题，笔者赞成云南学者李东平先生的看法，即现行《滇南本草》并非兰茂的著作，或至少不是兰茂的原作；《滇南本草》明代并未刊行，清代嘉庆、道光以后始刊行于世；现在通行的《滇南本草》版本，其内容经过了后人的加工，而“玉米须”的内容应即为明代万历以后人们增羼之文。故此，不能将后人增羼的“玉米须”内容作为明代前期中国或云南已经种植玉米作物的证据。

其四，关于滇南哈尼梯田开发的时代问题。一些论者认为，滇南哈尼梯田的开发历史，已有一千三百多年，理由即是唐代樊绰《云南志》关于云南“山田”开发的记载。在《云南志》卷七《云南管内物产》中，确有“蛮治山田，殊为精好”“浇田皆用源泉，水旱无损”的记载，联系到《南诏德化碑》中的“厄塞流潦，高原为稻黍之田”之语，确可认为，南诏时期，除了坝区外，云南的某些山区或“高原”，确已开始垦山为田，出现了一些依靠引水灌溉来种植的“山田”。这些“山田”，即应是云南地区最早的“梯田”。但是，我们难以据此得出滇南哈尼梯田开发始于南诏时期（即唐代）的结论。理由是，相关历史记载中，没有具体说明当时“山田”的开发区域，也未直接说明“山田”的地理区位。因此，唐代时云南地区已有梯田与滇南红河哈尼梯田开发于唐代，从逻辑上而言，是两个不能等同的概念和判断。另外，从历史实际来看，南诏国经济社会发展的重点区域为滇西的洱海地区和滇中的滇池地区，相较滇池地区和洱海地区而言，滇南红河地区当时尚属通海节度和银生节度辖下的欠发达区域，不大可能已经开发出大规模的“浇田皆用源泉，水旱无损”的“山田”。因此，唐代时，云南地区无论是一般的水田或“山田”，都可能分布于自现今滇东的曲靖、滇中的昆明至滇西的大理一线，这就是《云南志》卷七《云南管内物产》开篇所说的“从曲、靖州以南，滇池以西，土俗唯业水田”。

其五，关于普洱茶的发展历史问题。近些年来，随着普洱茶产业的再度辉煌，关于普洱茶历史的探讨也热烈起来，这对普洱茶产业的发展和普洱茶文化的弘扬无疑是好事。但在相关的研究和阐述中，也有许多缺乏科学依据的推测妄断之语，如将民间传说当作信史、将云南的种茶史无限地任意夸大和“拉长”等。根据相关历史记载和田野资料，笔者认为，云南茶叶发展史的基本线索是：云南地区具有丰富的野生茶树资源，在对野生茶树长期观察、利用的基础上，先民们驯化培植出了栽培型茶树，云南地区种植栽培型茶树的历史至少在1300年以上；至南诏时期，现今滇西南地区已广泛种植茶树，成书于公元863年的樊绰《云南志》对南诏产茶、饮茶的情况作了明确记述，这是史籍中关于云南地区产茶情况的最早记载；至迟至明代后期，云南地区已开发出以大叶茶为原料、经后发酵方法加工成的“紧茶”或“团茶”，时人称之为“普茶”，这种以发酵方法制成的大叶茶，即后世特指的“普洱茶”（即狭义的“普洱茶”），以此而言，普洱（宁洱）不仅是清代普洱府地区茶叶贸易的聚散地，而且是“普洱茶”的最初原产地和“普洱茶”的成名地；普洱茶虽出现和成名于明代，但直至明代晚期，“普茶”仍然只是云南本省居民普遍饮用的地方性产品，尚未获得全国其他省区消费者尤其是官宦士人的青睐；普洱茶走向全国当在清初的康熙年间，至雍正年间，普洱茶已名闻天下，雍正七年（公元1729年）清朝以普洱、六大茶山及橄榄江内六版纳地设置普洱府，即出于加强对普洱茶产区经济、社会秩序管理的需要；有清一代，普洱茶作为朝廷贡茶，“名重天下”，成为云南茶叶产业的独特标识，也是云南地区种植效益最好的经济作物。

其六，关于云南历史上的稻麦轮作复种问题。云南历史上种植的农作物种类众多，在距今约三千年前的新石器时代晚期或青铜文化初期，剑川海门口地区的居民即已种植稻、麦、粟等多种农作物，一些考古学者根据海门口遗址稻、麦共存的现象，推测海门口时代的先民们可能已经实行了稻麦轮作复种制（见杨帆等著《云南考古（1979～2009）》）。这一推测从逻辑上来说，能够成立，但从事实而言，则缺乏证据。根据文献资料，云南地区实行稻麦轮作复种栽培制度的时期不晚于唐代中期，其依据就是樊绰《云南志》卷七《云南管内物产》对南诏种植制度的记载：“水田每年一（方国瑜先生认为此处的‘一’字应为‘二’字之误）熟。从八月获稻，至十一月十二月之交，便于稻田种大麦，三月四月即熟。收大麦后，还种粳稻。”即在同一块田里实行大麦—水稻—大麦交替种植的轮作复种，做到一年两熟。值得注意的是，即使直到唐代时云南才开始实行稻麦轮作复种制，从全国而言，云南也是中国最早实行稻麦轮作复种制的地区，其原因或与云南地区冬季气候较为温暖、利于麦苗越冬生长有关。

农业的发展既是一定时期生产力发展状况的体现，也与特定时期的生产关系和社会制度密切相关。正因为此，考察历史时期云南农业的发展状况，必须将其放到特定的历史背景和社会环境下来进行，联系特定时期的政治形势、政策措施和内外环境来分析。由此而言，笔者认为，研究云南农业史，既要注意到云南地区独特的自然环境和族群状况对云南农业发展的内在“规定”，也要重视中国内地的政治、经济、社会和文化力量对云南农业发展的深刻影响。需要指出的是，自西汉武帝在滇池地区设置益州郡以来，两千年间，云南的历史发展与中国内地的政治变迁具有内在的同构关系，内地的治乱兴衰直接影响着云南地区的政治形势，云南与内地王朝的亲疏关系受制于全国整体的政治态势，并进而对云南地区的历史发展状况产生重要的影响，云南地方历史发展与全国历史发展之间的这种同构关系，就是方国瑜先生所指出的中国历史发展的“整体性”与“统一性”。按照这一思路来考察云南农业史，我们必须注意到各个时期的政治变迁对农业生产发展的影响，注意到生产关系和上层建筑与农业生产之间的相互关系，注意到作为社会经济基础的农业生产活动与其他社会生活之间的密切关系，为此，在论述历史时期云南地区的农业发展状况时，必须同时考察相应时期云南地区的政治变迁、行政建置、族群状况、生产关系、政策措施等情况，以此说明特定时期的云南农业生产活动是在何种政治态势之下、在哪一重点区域、由何种民族和族群、按照何种生产方式来进行生产和开发的。同时，在论述农业生产活动的基础上，进一步阐明各个时期云南农村居民的生活状况（衣、食、住等）、社会关系以及风俗习惯，这样，才能使农业生产与农民生活以及整个社会的发展状况连贯起来，使农业生产的物质条件、社会环境和基本目的得到揭示和说明，使农民群众的“做法”“活法”“想法”与“礼法”得到系统论述和说明。基于此，考察云南农业发展史，就必然地从单纯的农业开发活动扩展到农民的生产、生活状况，延伸到农村社会的结构与关系，这样，就从农业发展史拓展为农业社会变迁史。这就是《云南农业社会变迁史》论述的逻辑思路和基本内容。

尽管本书力图对云南农业社会的历史变迁及其结构功能进行系统讨论和说明，但鉴于问题的丰富性、复杂性，加之本人学力的局限，本书关于云南农业社会变迁史的论述仍是初步的，许多重要的内容或许尚未言及，对相关问题的分析或许言不及意，并且本书虽然名为《云南农业社会变迁史》，但其历史下限仅到清朝结束（部分内容的讨论涉及民国时期的情况），实际讨论的主题为云南传统农业社会的变迁问题——当然，关于近代以来云南由传统农业社会向现代工业社会的变迁问题实属另一个重大研究课题。虽然本书的内容和思想仍属简略和肤浅，但通过数年来的学习和思考，笔者认为，云南农业史和农业社会变迁史是一个具有重要学术价值和现实观照意义的研究课题，值得我们持久、深入地开掘和探究。就此而言，《云南农业社会变迁史》虽然尚显粗陋，权且当作引玉之砖，期待更多精深的大作涌现。

最后，需要强调的是，作为一部地方史研究著作，本书的写作是学习、继承前人学术创造的结果。在云南地方史领域中，许多前辈学者作过深入的耕耘和探索，出版了许多经典性的学术论著，如方国瑜先生的《云南史料目录概说》《中国西南历史地理考释》《云南地方史讲义》，江应樑先生的《傣族史》，汪宁生先生的《云南考古》，张增祺先生的《滇国与滇文化》，尤中先生、林超民先生的有关论著等，并且，编辑出版了囊括云南地方史重要文献的大型史料丛书《云南史料丛刊》。所有这些论著和资料，都是笔者学习、研究云南地方史的必读著作和重要文献，这些著作带给笔者的知识和教益，在本书中已有充分、翔实的体现——《云南史料丛刊》是笔者学习和论述云南农业社会史的基本史料来源，方国瑜先生、江应樑先生、李埏先生、汪宁生先生、张增祺先生、林超民先生的相关论述、观点和看法是笔者认识、梳理和论述云南地方史基本线索和相关重大问题的学术基础和重要支撑，并且，即使在农业史问题上，各位先生的研究和论述也是笔者分析和认识相关问题的重要学术养分，如汪宁生、李昆声先生关于云南稻作文化起源问题的观点，林超民先生关于云南普洱茶发展演变问题的考辨，方国瑜先生关于清代云南山区开发问题的论述，江应樑先生关于傣族稻作农业的调查，李埏先生关于中国古代土地制度的观点等。前辈学者的所有这些成果，成为笔者论述云南农业社会史的基本依据和材料，一句话，如果本书还能自成一体并有所阐发的话，那都是学习、借鉴、继承各位前辈、名师学术创造的结果，是站在了前人的肩膀上。知识浩瀚，学海无边，惟有不懈学习求索，方能增益新知、有所创造。

袁国友

2016 年 5 月 7 日

目　录

第一章　云南地区的原始农业　/1

第一节　中国原始农业的考古发现　/2

一、北方粟作文化区　/2

二、南方稻作文化区　/4

第二节　云南地区农业生态环境　/5

一、云南的地形地貌　/5

二、云南的气候条件　/8

三、云南的土壤状况　/9

第三节　云南少数民族农业的起源传说　/11

第四节　云南原始农业的考古发现　/14

一、新石器时代的云南原始农业　/15

二、新石器时代云南地区的居民与族群　/18

第五节　历史文献和民族调查所反映的云南原始农业　/19

一、文献记载中所反映的云南原始农业　/19

二、田野调查资料所反映的云南原始农业　/21

第六节　云南原始农业的总体情况　/24

一、原始农业的生产工具　/24

二、原始农业的作物种类　/26

三、原始农业的耕作方式　/28

第二章　秦汉时期的云南农业与社会　/30

第一节　秦汉时期云南与内地的关系　/31

一、秦汉时代云南地区的族群状况　/31

二、战国至西汉初期云南与内地的交往与联系　/32

三、两汉王朝对云南的经营与治理　/35

第二节　战国秦汉时期的云南青铜文化　/37

一、云南青铜文化的发现　/37

二、云南青铜文化的器物类型及年代　/39

三、云南青铜文化的渊源流变　/40

第三节　秦汉时期的云南农业生产　/44

一、秦汉时期云南的农耕区域和农耕部族　/45

二、秦汉时期云南地区的农业生产工具　/49

三、秦汉时期云南地区的农作物与农耕技术　/54

四、秦汉时期云南的畜牧养殖业　/58

第四节　秦汉时期的云南社会状况　/64

一、两汉时期云南地区的人口　/64

二、两汉时期“滇”人的社会分层与劳动分工　/66

三、两汉时期云南地区的汉族移民　/67

第三章　三国至初唐时期的云南农业与社会　/72

第一节　大姓崛起与爨氏称霸南中　/74

一、汉末云南地区的大姓　/74

二、大姓、“夷帅”联合抗蜀与诸葛亮南征　/75

三、南中扰攘与爨氏称霸　/79

四、爨氏势力的败亡　/88

第二节　爨氏统治区域　/95

一、宁州的建制与辖区　/95

二、爨氏统治区域　/100

第三节　爨人族属与爨区人口　/104

一、爨人的形成　/105

二、爨人的族属　/106

三、“东爨乌蛮”与“西爨白蛮”问题　/109

四、爨区人口问题　/111

第四节　爨区社会关系　/115

一、夷汉关系　/115

二、阶层关系 /121
第五节 三国至唐初云南地区农业生产力状况 /128
一、铁制农具的广泛使用 /128
二、牛耕的使用 /131
第六节 三国至唐初南中各地的农业生产概况 /132
一、滇东、滇东北地区农业生产情况 /132
二、滇中地区农业生产情况 /134
三、滇西地区农业生产情况 /137
第七节 唐代初期洱海地区的农耕生活 /138
一、唐初西洱河地区的部族 /139
二、唐初云南地区的农作物种类和农业生产情况 /142
三、唐初西洱河地区的民风民俗 /150

第四章 唐宋时期的云南农业与社会 /154
第一节 唐宋时期云南地区政治变迁 /155
一、天宝战争与南诏建国 /155
二、南诏建国后的唐诏关系 /167
三、南诏灭亡与大理建国 /174
第二节 南诏大理国的疆域与政区 /177
一、南诏大理国的疆域 /177
二、南诏大理国的政区 /177
第三节 南诏大理国的部族 /180
一、白蛮 /180
二、乌蛮 /182
三、其他部族 /184
四、南诏大理国境内的汉人 /187
第四节 南诏大理国的农业生产 /188
一、农业种植业的发展 /188
二、南诏大理国的畜牧生产 /198
第五节 南诏大理国的农村社会与农民生活 /206

一、南诏大理国时期的社会阶层 /206
二、南诏大理国时期的农民生活 /210

第五章 元明清时期的云南农业与社会 /224
第一节 元明清时期云南地区的政治变迁 /225
一、元代云南行省的建立 /225
二、明代“三司”治理云南 /230
三、清王朝统治云南 /245
第二节 元明清时期云南的疆域与政区 /255
一、元代云南行省地区的疆域与政区 /255
二、明代云南布政使司的疆域与政区 /257
三、清代云南省的疆域与政区 /262
第三节 元明清时期云南地区各民族 /265
一、元明清时期云南地区的汉族 /265
二、元明清时期云南地区的少数民族 /275
第四节 元明清时期的劝农政策与屯垦活动 /294
一、元朝云南行省的农业政策与屯田活动 /294
二、明代云南地区的卫所屯田 /299
三、清代的农垦政策 /303
第五节 元明清时期云南地区的气候状况 /320
第六节 元明清时期云南地区的农业生产力状况 /323
一、生产工具 /323
二、耕作方式 /326
三、种植技术 /327
四、水利条件 /331
第七节 元明清时期云南地区的农作物种类 /334
一、粮食作物 /334
二、园圃作物 /347
三、经济作物 /349
第八节 元明清时期云南平坝地区的农业生产状况 /362

一、坝区的农作物种类　/362
二、坝区的精耕细作农业　/365
三、坝区的稻作生产　/366
第九节　元明清时期云南山区的农业生产状况　/372
一、丘陵山区的农业生产　/372
二、高寒山区的农业生产　/377
三、滇南山区的梯田农业　/381
第十节　元明清时期云南地区的畜牧生产　/386
一、兴盛的畜牧养殖业　/386
二、畜产品的加工与利用　/397
三、畜禽产品的社会文化功能　/401
第十一节　元明清时期云南地区的农事习俗　/407
一、农业计量方式　/407
二、农业历法　/411
三、农业祭祀习俗　/414
四、农业生产禁忌　/421
五、“尝新”习俗　/422
第十二节　元明清时期云南地区的农业生产关系　/422
一、土地占有情况　/423
二、农业赋税征收情况　/426
三、农村居民间的经济关系　/427
第十三节　元明清时期云南居民的衣食习俗　/431
一、饮食习俗　/431
二、衣着习俗　/444
第十四节　元明清时期云南农村的居住习俗　/446
一、聚族而居　/446
二、民居式样　/449
三、火塘习俗　/454
第十五节　元明清时期云南农村地区的集市贸易　/455
第十六节　元明清时期云南农村地区的社会风俗　/459

一、年节习俗 /459
二、社交风俗 /462
三、婚姻习俗 /465

参考文献 /469

后　记 /475

第一章　云南地区的原始农业

作为中国西南边疆省区，云南位于云贵高原和青藏高原的结合地带，多样性的自然生态环境和丰富的动植物资源为人类的生存、繁衍和发展提供了有利条件。在旧石器时代，云南是中国最早有人类先祖活动的地区；在新石器时代，云南是中国原始农业起源的特殊区域。云南地区的新石器文化，既展现出与中国其他地区新石器时代文化的相互联系，又体现出自身的个性特点。云南地区的原始农业，既是一种远古文化遗迹，又是一种现实生活状态。云南地区是探索原始农业起源发展问题的特殊样本区域。

第一节　中国原始农业的考古发现

现代农业从传统农业发展而来，而传统农业又是在原始农业的基础上演变而来。原始农业的演进过程，实际上就是农业起源和发展的历史过程。

从中国和世界范围来看，农业起源和发生于距今1万年左右的新石器时代。[1] 而在此前的漫长时期，人类依靠直接从自然界采集野生植物、猎取野生动物和捕鱼来获得生存所需要的食物。从新石器时代开始，人类对一些赖以维生的野生动植物进行人为的驯化种植与驯养繁殖，创造出原始种植业和原始蓄养业。伴随着原始种植业和原始蓄养业的出现，人类的谋生方式由单纯的自然攫取变成了有目的的生产自给，原始农业由此而产生。原始农业的发展时代，大致与整个新石器时代相始终，即为距今1万年至距今4000年左右的历史时期。

迄今为止的农业考古发现和研究表明，世界农业的起源有三个中心地区，这就是西亚地区、中南美洲地区和以中国为主体的东亚地区。[2] 西亚地区是世界上最早种植大麦、小麦，最早饲养山羊、绵羊的地区。中南美洲地区是世界马铃薯、玉米等作物的原产地。以中国为主体的东亚地区是世界上稻、粟、黍等作物的最早栽培地，也是世界上最早饲养猪、狗、鸡等家养畜禽的地区。

中国原始农业的产生和分布区域，根据自然条件和作物类别，分为北方黄河流域粟作文化区和南方长江流域稻作文化区。或者说，中国农业有北方和南方两个起源中心，分别形成了两种农业体系和两大农业经济文化区。[3]

一、北方粟作文化区

北方黄河流域粟作文化区的主要考古发现有距今7000～5000年的仰韶文化和距今5000～4000年的龙山文化。仰韶文化的遗址有五六千处，其中心地区为黄河中游的陕西关中、河南西部和山西南部一带。在仰韶文化中发现了大型的村落遗址，如西安半

〔1〕一般认为，新石器时代开始的标志是从原来简单地打制石器发展到磨制石器和陶器制作。而英国考古学家柴尔德认为，农业的产生才是新石器时代开始的标志。见陈文华：《农业考古》，文物出版社2002年版，第13页。

〔2〕近年来，中国考古学家严文明提出，世界上农业的起源中心，可在原三个中心的基础上，细分为四个：即西亚、中美洲和中国的黄河流域地区、长江流域地区，黄河流域和长江流域分别为粟作农业和稻作农业的起源地。见严文明：《黄河与长江：东方文明的摇篮》，该文作为附录收入苏秉琦主编，张忠培、严文明撰写的《中国远古时代》一书，上海人民出版社2014年版。

〔3〕参见苏秉琦：《中国远古时代》序言，上海人民出版社2014年版，第4～6页。

坡遗址和临潼姜寨遗址；出土了粟、黍等谷物；发现石斧、石铲、石锄、木耒、骨铲等农业生产工具和杵臼、石磨等谷物加工工具，也发现了大量猪、狗等家畜的遗骨以及少量山羊、绵羊、黄牛遗骨。这些发现表明，仰韶文化时期，黄河中游地区已进入大规模定居的农耕生活时代，农业生产力已发展到一个较高的水平。

龙山文化主要分布在黄河中下游的河南、山东等地。从考古发现情况来看，龙山文化时期的农业生产工具较之仰韶文化时期，有进一步的改进和完善，出现了便于安柄使用的有肩石铲、穿孔石铲以及双齿木耒、半月形石刀、石镰、蚌镰等效率更高的生产工具，发现了适于储藏粮食的袋形窖穴和仓廪模型，也出现了陶器快轮制作技术，所有这些，标志着龙山文化的锄耕农业较之以前获得了更进一步的发展。

作为北方粟作文化的主角，粟、黍是中国最早驯化种植的旱地粮食作物。粟也称为谷或谷子，植株称为禾。粟从狗尾草驯化而来，属于禾本科的一年生草本作物，喜暖、耐旱，能够在各种环境和土壤中栽种，适应性强，既可春播，也可夏种。粟去壳后称为小米，营养物质丰富，蛋白质含量为 10% ~14%，高于大米、玉米和高粱，脂肪含量约 2% 左右，高于大米，此外还含有丰富的维生素。由于粟的生长特性和营养价值，长期以来，粟成为我国北方居民的主粮。[1] 考古发现表明，我国北方黄河流域是世界上最早驯化栽培粟的地区，我国人工种植粟的历史已达 8000 多年。最早的粟作文化遗址有河北武安磁山文化遗址和河南新郑裴李岗文化遗址。磁山文化的年代为公元前 6100 年 ~ 前 5600 年。磁山遗址中发掘出粮窖 88 座，有的窖穴的朽粮堆积物达 2 米以上，这些粮食遗物经过鉴定确定为粟的遗存。如此集中发现的丰富粟类遗存，是我国史前考古迄今为止仅见的一例。[2]

黍，也称黍子，也为禾本科一年生草本作物。粒比谷子略大而黄，去壳后所碾米称为大黄米。黍分为黏与不黏两种，黏者称为黍，不黏者称糜，也称为穄（稷）[3]。黍的生物特性与粟相同，也是耐旱、喜暖，且生长周期短，特别适合在北方干旱少雨的地区生长。考古发现表明，黍和粟一样，都是我国北方地区最早驯化栽培的粮食作物。甘肃秦安大地湾遗址出土了我国迄今最早的炭化黍粒，经碳十四测定，其年代为公元前 5850 年左右，距今近 8000 年。

麦也是我国新石器时代后期种植的重要粮食作物。一般认为，麦作起源于西亚地区，后经新疆地区，传入中国。但近几十年来的考古发现表明，中国也是世界上较早

〔1〕 陈文华：《农业考古》，文物出版社 2002 年版，第 42 页。

〔2〕 任式楠：《中国史前农业的发生与发展》，载中国社会科学院学术委员会编《中国社会科学院学术委员会辑刊》（第一辑），社会科学文献出版社 2005 年版，第 102 页。

〔3〕 关于稷与粟、黍、穄究竟是何关系，历来有不同说法。综合各种观点来看，唐代以前，稷就是指粟，即稷是粟的别称；唐代以后，始以稷来称穄。另外，从农学界的观点来看，认为黍、稷就是同种作物，只不过根据同种作物的不同特性而进一步细分为黍和稷：农学界将圆锥花序较密，主穗轴弯生，穗的分枝向一侧倾斜，秆上有毛，子实黏性者称为黍；将圆锥花序较疏，主穗轴直立，穗分枝向四面散开，秆上无毛，子实不粘者称为稷（见陈文华：《农业考古》，文物出版社 2002 年版，第 46 ~ 47 页）。在本书中，笔者将唐代以前文献中的"稷"都看作"粟"。

种植小麦的地区，中国的小麦种植有可能是独立起源的。1985年和1986年，在甘肃省民乐县六霸乡东灰山新石器时代遗址中，发现了大麦、小麦、高粱、粟、稷（黍）等5种碳化籽粒。从采集到的数百粒小麦籽粒来看，有大粒型、普通型、小粒型3种类型。大粒型平均粒长5.7毫米，宽3.75毫米，厚与宽接近，形状为椭圆形或卵圆形，胚部与腹部都清晰可辨，籽粒尾端圆；普通型平均粒长4.9毫米，宽3.35毫米，厚接近于宽，籽粒形状为短圆形或卵圆形，籽粒尾端圆，胚部与腹沟清晰；小粒型平均粒长4.05毫米，宽2.95毫米，厚与宽接近，籽粒形状为短圆形或卵圆形，胚部与腹沟清楚可辨。这些麦粒与普通栽培小麦粒形相似，属于普通小麦种。这些不同粒型的麦子当时应是混合栽培的，植株有高有矮，穗粒有大有小。出土的大麦麦粒呈纺锤形，两头尖，胚部与腹沟清楚，平均粒长5.21毫米，宽3毫米，厚与宽接近。这些麦粒与现代西北地区种植的青稞大麦形状十分相似，属于栽培型的青稞麦。[1] 经碳十四测定，东灰山遗址的年代为距今5000年左右。

二、南方稻作文化区

南方长江流域稻作文化区主要是指长江中下游的华中、华东地区，包括湖南、江西、浙江、江苏等省区，这一地区是中国稻作文化的起源地。在江西万年仙人洞、吊桶环和湖南道县玉蟾岩，发现了中国最早的稻作文化遗存，这些遗存的历史时代为距今1万多年。在江西万年仙人洞和吊桶环遗址中，发现了类似人工栽培稻的植硅石；在湖南道县玉蟾岩遗址中，发现了水稻谷壳实物，这是中国现今发现的最早的栽培稻实物，也是迄今为止所知的世界上最早的稻谷遗存。玉蟾岩发现的稻谷壳，经鉴定，是一种兼有野、籼、粳综合特征的从普通野生稻向栽培稻演化的最原始的古栽培稻类型，被定名为“玉蟾岩古栽培稻”。[2]

南方稻作文化的最重要发现为浙江余姚河姆渡稻作文化遗存的发现。河姆渡文化的历史时代为距今7000年左右，在河姆渡遗存中，发现了大量稻谷、稻草和稻壳的堆积层，堆积层厚度在20～50厘米之间，折合稻谷估计在12吨以上。与稻谷同时发现的遗物还有大量以牛肩胛骨制成的翻土农具骨耜和一些水牛遗骨，以及一些干栏式建筑遗迹。如此大规模的稻谷积存反映了当时稻作生产之发达和居民聚落之庞大。

20世纪90年代，考古工作者又在江苏省苏州市吴县草鞋山和湖南省澧县城头山发现了距今6000多年的稻田遗址。在草鞋山文化遗址中，在已揭露的1400平方米范围内，共发现水田块44块、水沟6条、蓄水井10座、人工水塘2个、灰坑（有的实为蓄水坑）8座，以及较多的通水口。单个田块绝大多数为浅坑式，形状为圆角长方形、椭圆形或不规则形，面积在3～5平方米。水稻田的使用年代约为公元前4300～前4000

〔1〕 陈文华：《农业考古》，文物出版社2002年版，第50～51页。

〔2〕 任式楠：《中国史前农业的发生与发展》，载中国社会科学院学术委员会编《中国社会科学院学术委员会辑刊》（第一辑），社会科学文献出版社2005年版，第97页。

年左右，即距今约6000年。[1] 湖南澧县城头山遗址发现田埂3条，3条田埂之间形成二丘田。稻田中的泥土中还保存着稻梗和根须，可辨识出当时采用的播种方式是撒播。稻田下层泥土经光释光法测定，其年代为距今6629±896年。这是目前世界上发掘出的年代最早的古稻田。[2]

概括地说，在原始农业时期（距今1万年~1.2万年前至距今3000~4000年前），中国种植业中的“五谷”——粟、黍、稻、麦、大豆或大麻，及养殖业中的“六畜”——马、牛、羊、猪、狗、鸡，均已驯化种养成功，其中，粟、黍、水稻、大豆为中国地区首先驯化种植，猪为中国最早驯养繁殖；中国原始农业时期的生产工具，从材质看有石器、骨器、木器等，从类别及功能看，有石斧、石锛、木耒、木耜、石耒、石耜等整地、翻土工具，有石刀、石镰、骨镰等收割工具，有石磨盘、石杵臼等加工工具；原始农业的耕作方式，从最初砍倒烧光式的刀耕，发展到以耒耜为工具的锄耕，再发展到牵引式的犁耕，耕作方式和生产水平不断得到改进和提升，为后来中国传统农业的发展奠定了重要基础。

第二节　云南地区农业生态环境

关于“农业”的含义，《说文》释“农”字说：“农，耕也。”《汉书·食货志》说：“辟土植谷曰农。”可以看出，农业的本义就是农作物的种植活动，就是种庄稼（或引申为种庄稼的人）。而稼或庄稼，就是农作物。对于庄稼与人和自然的关系，《吕氏春秋·审时》说：“夫稼，为之者人也，生之者地也，养之者天也。”这表明，农业的产生与发展，除了人的因素外，与天、地等自然生态环境条件（气候、土壤、地形等因素）密不可分。正因为此，现代科学认为，农业是自然再产生与经济再生产的统一。自新石器时代以来，云南地区农业生产的演进和发展，其基础条件就是云南地区特殊的自然生态环境。

一、云南的地形地貌

从地理区位来看，云南位于中国的西南部，处于青藏高原与云贵高原的结合部，也是中国大陆与中南半岛各国的相邻地带。云南东与贵州、广西两省区为邻，北隔金沙江与四川省相连，西北紧邻西藏自治区，西与缅甸接壤，南与老挝、越南两国相邻。

---

〔1〕任式楠：《中国史前农业的发生与发展》，载中国社会科学院学术委员会编《中国社会科学院学术委员会辑刊》（第一辑），社会科学文献出版社2005年版，第104页。

〔2〕陈文华：《农业考古》，文物出版社2002年版，第31页。

云南地区的经纬度位置为：北纬 21°8′32″～29°15′8″，东经 97°31′39″～106°11′47″，南北纵距 990 公里，东西横距 864.8 公里。[1] 北回归线贯穿本省南部，总体属于低纬内陆地区。云南省的国土面积，通常的说法为 39.4 万平方公里。1986 年出版的《云南省情》采用当时测绘部门通过多种方法测定的数据，认为全省面积应为 38.3 万平方公里。[2]

云南的地形地貌复杂多样，总体地势特点为西北高、东南低，最高点为滇西北的梅里雪山，海拔 6740 米，最低处为滇东南的河口县南溪河口，海拔 76.4 米。全省地形呈高原波状起伏、高山河谷相间、地势阶梯递降、断陷盆地星布、河山湖泊纵横的特点。[3] 全省地形以元江谷地和云岭山脉南段宽谷为界，东部和西部差异较大，东部为滇中、滇东高原，属于云贵高原的组成部分，地形为起伏和缓的低山和丘陵，海拔多在 2000 米左右，丛山之间有大小不一的盆地坝子；西部为横断山高山峡谷区，高黎贡山、怒山、云岭山脉南北纵列，怒江、澜沧江、金沙江三江并流，山河相间，地势险峻，海拔多在 1500～2200 米左右，滇西南的德宏等地地势较为和缓，海拔在 800～1000 米左右，而滇西北的迪庆地区地势高峻，海拔多在 3000～4000 米之间。

从地貌来看，全省地貌分为坝子、高原、山地三大类。坝子即山谷间较大面积的盆地或平地。云南的坝子数量和面积，根据 2012 年发布的数据，全省面积大于 1 平方公里、海拔在 2500 米以下的坝子共 1594 个，坝子总面积约 23847 平方公里。[4] 云南地区的坝子，根据形成原因和沉积物类型，分为断陷坝、岩溶坝、冰成坝、火山坝等 4 类。断陷坝为云南地区最主要的坝子类型，昆明、陆良、曲靖、昭通、蒙自、大理、祥云、姚安、景洪等坝子均属于断陷坝。断陷坝坝子面积较大，坝子内地势平坦，土层丰富，河流众多，具有从事农业生产的良好条件。岩溶坝主要分布于滇东南石灰岩地区，罗平、文山、八宝、平远、丘北等坝子即属于岩溶坝。岩溶坝土层较薄，地表缺水，农业条件较差。冰成坝主要分布于滇西北地区，如丽江坝等。冰成坝地表土砾混杂，粗细相间，海拔高，气温低，农业生产条件较差。火山坝主要分布于滇西腾冲地区，如腾冲坝、和顺坝、固东坝等。火山坝由火山喷出物与河流沉积物组成，土质肥沃，农业条件良好。云南地区的坝子，根据海拔高度，又可分为高坝、中坝、低坝等 3 种。高坝的海拔在 2300 米以上，主要分布于滇西北地区，地势高、气温低，长冬无夏或冬长夏短。中坝的海拔在 1500～2300 米之间，省内多数坝子属于中坝，气温年温差小、日温差大，冬暖夏凉，干湿季分明，降水量适中。低坝的海拔在 1500 米以下，主要分布于滇南、滇西南和滇东南，如景洪坝、盈江坝、芒市坝等，坝子地势低、气温高、湿度大。

高原为海拔 1000～2000 米之间，表面相对平坦、起伏不大的地面类型。高原分为丘状高原和山原两种。丘状高原包括滇东岩溶高原、滇中红色高原和滇东南岩溶高原

---

〔1〕 中共云南省委政策研究室主编：《云南省情》，云南人民出版社 1986 年版，第 3 页。

〔2〕 中共云南省委政策研究室主编：《云南省情》，云南人民出版社 1986 年版，第 3 页。

〔3〕 参见中共云南省委政策研究室主编：《云南省情》，云南人民出版社 1986 年版，第 5～7 页。

〔4〕 参见《全省坝子范围界线及地类面积核定完成》，载《云南日报》2012 年 2 月 2 日。

三部分。滇东岩溶高原的主体区域为曲靖地区和文山州北部地区；滇中红色高原主体区域为昆明、玉溪、楚雄和红河州东北部地区；滇东南岩溶高原的主体区域为文山州部分地区。山原为被大河切割的破碎性高原，地势起伏较大，地面被河流分割为长梁状山地，其间夹有深陷的河谷，从山顶面或山峰线来看有高原的特征。滇西北丽江地区和滇东北东部地区，即属于山原地貌。

山地即起伏极大的山体状地貌类型，为云南面积最大的地貌类型，主要分布在滇西横断山峡谷区。山地根据山体海拔高度划分为低山、中山、高山 3 种类型。低山地区的海拔在 1000 米以下，主要分布于西双版纳州的南部、东南部，文山州的东部、东南部，红河州南部，德宏州西南部，低山区约占山地总面积的 10%。低山地区的气候属于热带、亚热带气候区，地势较低，起伏较和缓，谷地浅而阔，降水丰富，植被好，土层厚，适合发展农业生产。中山地区的海拔在 1000 米以上 3500 米以下，主要分布于北部、西北部高山与南部低山之间，其面积约占全省山地总面积的 77%。中山多处于亚热带气候带，地貌类型复杂，山地坡度较陡，山地开发易造成水土流失。高山的海拔在 3500 米以上，多分布于滇西北丽江、迪庆地区，山高谷深、坡陡、土层薄、气温低，属于温带、寒带气候，不适合耕作种植。各种海拔山地不仅气候不同，植被状况也各不相同。低山地区的植被为热带雨林和亚热带常绿阔叶林；中山地区植被多为亚热带阔叶林、云南松原始林、思茅松原始林；高山地区则为针叶林、高山松。

从各种地貌的面积来看，坝子（盆地、河谷）占全省总面积的 6%；高原占总面积的 10%；山地占总面积的 84%。除坝区外的山区面积占全省总面积的 94%。山多坝少、山高坡陡成为云南地貌的基本类型特征。根据云南省测绘局的测绘数据，从海拔高度来看，全省东部海拔在 1000 米以下、西部海拔在 1400 米以下的面积共为 7.87 万平方公里，东部海拔在 2100 米以上、西部海拔在 2400 米以上的面积共为 9.54 万平方公里，其余 20.93 万平方公里的面积海拔在 1000～2100 米（东部）和 1400～2400 米（西部）之间；从地形坡度来看，全省坡度在 25 度以上的面积为 15 万多平方公里，8 度至 25 度的面积为 19.6 万多平方公里，8 度以下的面积仅有 3.4 万多平方公里。[1]

在高山丘陵之间，穿行着众多河流，也分布着许多湖泊。云南省内的大小河流共有 600 多条，分别属于伊洛瓦底江、怒江、澜沧江、金沙江、红河、珠江六大水系。六大江河中，除珠江和红河发源于云南境内外，其余均为过境河流。全省大小湖泊有 40 多个，分布于滇东、滇西、滇南各地，湖泊总面积约 1100 平方公里，占全省总面积的 0.28%，集水面积 9000 多平方公里，占全省总面积的 2.34%。[2] 滇东（或滇中）地区较大的湖泊有滇池、抚仙湖、阳宗海、杞麓湖、星云湖等；滇西地区最大的湖泊为洱海，其他较大湖泊有程海、泸沽湖、剑湖、茈碧湖等；滇南地区主要的湖泊有异龙湖、长桥海、大屯海等。依湖面面积而言，全省的九大高原湖泊依次为：滇池、洱海、抚仙湖、程海、泸沽湖、杞麓湖、星云湖、阳宗海、异龙湖。这些湖泊多为断层陷落湖，湖泊周围地区大多地势平坦，平坝面积较大，农业生产条件较好，滇池、抚

---

〔1〕 中共云南省委政策研究室主编：《云南省情》，云南人民出版社 1986 年版，第 12 页。

〔2〕 中共云南省委政策研究室主编：《云南省情》，云南人民出版社 1986 年版，第 19 页。

仙湖、洱海等湖泊地区自古以来即是人类开发较早、农业发展水平较高的地区。

从全省地形地貌的总体情况来看，云南地区虽然国土面积较大（居全国第8位），但由于地形地貌复杂，全省山多平地少、山高坡度大，从农业生产而言，便利开垦、适合耕作的土地资源相对不足，农业耕作条件相对较差，这是云南省情、农情的一个显著特点。

二、云南的气候条件

云南的气候受到季风、纬度、地势等因素的综合影响，形成了寒温热三带气候并存、立体气候明显的气候特征。总体而言，全省气候类型为亚热带—热带高原型湿润季风气候。

从季风气候而言，全省气候受印度洋季风和太平洋季风的影响，季风气候特征明显，冬季盛行干燥的大陆季风，夏季盛行湿润的海洋季风，干湿季分明，每年5月至10月为雨季，11月至次年4月为干季。全省大部分地区年降雨量在1000毫米以上（年平均降雨量约为1260毫米）。降雨量在季节上和地域上分布不均。从季节上来说，85%的雨量集中在5~10月的夏、秋两季，其中，尤以6、7、8三个月的降雨量为多，约占全年降雨量的60%，每年11月至次年4月的冬、春两季，云南地区大多天晴日暖，气候干燥，雨雪较少，降雨量约占全年的15%，“春旱”气候频现。2009~2012年，云南地区连续4年出现严重的“春旱”现象，对农业生产造成严重影响。从地域上来说，全省降雨在地域上呈现出南多北少、西多东少的差异，滇南的江城、金平、西盟等地年降雨量达2200~2700毫米，而金沙江上游河谷地区仅有500多毫米，如滇西北金沙江附近的宾川县年降雨量仅有580毫米。

从纬度和地势而言，不仅不同纬度、不同海拔地区气候差别较大，而且同一纬度、不同高度的地区，气候也各不相同。在水平方向上，低纬度与低海拔的结合使得滇南地区气温较高，高纬度与高海拔的结合使得滇西北、滇东北地区气温较低，除了元江河谷和金沙江河谷地区外，全省气温由北向南随纬度和海拔的降低而不断升高：滇南边缘地区年平均气温在20℃以上，滇中地区在16℃左右，滇西北地区不足6℃。根据1951~1970年的气象监测数据，全省最冷的地方为中甸（即今香格里拉县，1969年1月31日，中甸极端最低气温为-25.4℃），最热的地方为元江河谷（1958年4月26日、1966年5月1日，元江极端最高气温为42.3℃）。[1] 低纬度与高海拔的结合使得全省大部分地区“冬无严寒、四季如春”（冬季气流干暖、日照充分）、“夏无酷暑”（夏秋多雨、一雨成冬），全省年平均气温在4~24℃之间，大部分地区为15℃左右，年温差变化小（年温差为10~12℃），日温差变化大（早晚与中午的温差可达12~20℃）。这种气候状况有利于农作物的生长。

在垂直方向上，各地气候随海拔高度的升降而变化，海拔每上升100米，气温即降低0.6℃，这种立体气候以滇东北的东川地区最为典型：东川市（今为昆明市东川

[1] 《中华人民共和国分省地图集》，中国地图出版社1988年版，第107页。

区）的新村、汤丹、落雪三地水平距离 30 多公里，纬度相差不足 20′，但相对高差各约 1000 米，年平均气温分别为 20℃、13℃、7℃，无霜期分别为 316 天、260 天、173 天，年降水量分别为 679 毫米、835 毫米、1167 毫米。[1] 真正是“一山有四季，十里不同天”。

总的来看，云南地区温润湿热的气候条件为动植物的生长提供了良好的条件，使云南成为全国生物资源数量最为丰富的地区之一，使云南成为中国的“植物王国”“动物王国”和生物基因库。农业作为依托自然、顺应自然、利用自然的人类经济活动，良好的气候环境为云南地区农业生产的发展提供了有利条件，使“靠天吃饭”有了较好的保障，同时云南复杂的地形地貌和多样性的气候状况也为不同类型、不同种类农业生产的发展提供了环境和条件。

三、云南的土壤状况

土壤是生物生长发育的物质基础和养分的重要来源。土壤的类型和性质影响着植物和作物的生长情况。云南地区由于地形、地质、气候、生物等因素的相互作用，形成了多种土壤类型。根据土壤学家的分类，云南的土壤分为铁铝土、淋溶土、半淋溶土、初育土、水成土、人为土、高山土等 7 个土纲，包含 14 个亚纲、19 个土类、34 个亚类、145 个土属。[2] 其中，铁铝土纲红壤系列的土壤占 56.55%；淋溶土纲的棕壤系列的土壤占 18.12%；初育土纲的紫色土、石灰岩土等占 17.19%；人为土纲的水稻土占 3.88%；高山土纲占 1.92%；半淋溶土纲的燥红土等占 1.34%；其他占 1%。红壤是云南主要的土壤类型。[3]

具体来看，各种土纲在云南的土类分布情况如下：

铁铝土：铁铝土纲在云南的土类包括砖红壤、赤红壤、红壤、黄壤等 4 个。砖红壤分为砖红壤、黄色砖红壤、褐色砖红壤 3 个亚类，主要分布在云南南部、西南部海拔 800 米以下的河谷阶地、丘陵低山区和东南部海拔 400 米以下的河口等地。砖红壤的形成过程为岩石的脱硅富铝化过程和以生物为主导的养分吸收过程。砖红壤的土壤肥力较高。赤红壤由各种母岩风化后的沉积物经过富铝化作用和生物积累作用而形成。赤红壤分为赤红壤、黄色赤红壤、赤红壤性土等 3 个亚类，分布在德宏州及临沧地区

[1] 《中华人民共和国分省地图集》，中国地图出版社 1988 年版，第 107 页。

[2] 张乃明主编：《作物营养与合理施肥》，云南人民出版社 2012 年版，第 40 页。

[3] 张乃明主编：《作物营养与合理施肥》，云南人民出版社 2012 年版，第 40 页。

另外，《云南省情》将云南的土壤分为 16 个土类，这 16 个土类依海拔高低从高到低分别为：高山寒漠石质土、亚高山灌丛草甸土、棕色暗针叶林土、暗棕壤、棕壤、山地黄壤、山地红壤、砖红壤性红壤、砖红壤、燥红土、褐土、紫色土、石灰岩土、水稻土、沼泽土、冲积土等。红壤占全省土地面积的一半，黄壤占 20%（见《云南省情》，云南人民出版社 1986 年版，第 26 ~ 27 页）。《云南农业地理》一书则将云南的土壤分为砖红壤、砖红壤性红壤、山地红壤、山地黄壤、棕壤、高山针叶林土、高山草甸土、燥红土、紫色土、石灰石土等 10 类（见云南农业地理编写组编：《云南农业地理》，云南人民出版社 1981 年版，第 64 ~ 65 页）。

西南部，土壤水热条件好，植被为南亚热带季风常绿阔叶林，适合各种农作物生长，是现今云南双季稻、杂交稻、玉米、柑橘、甘蔗、薯类等作物的主要产区。红壤的母质为古红土和岩石风化残积物，成土过程为富铝化过程和生物积累过程的长期作用。红壤可分山地红壤（红壤）、山原红壤、黄红壤、红壤性土4个亚类，广泛分布于北纬24～26°之间，海拔1500～2500米的高原湖盆边缘及中低山地，是云南分布面积最大的土壤类型，也是现今云南优质烟叶、玉米、杂粮、薯类、小麦等作物的主产区。黄壤是在多种成土母质的基础上，经过脱硅富铝化、生物积累和黄化等过程的作用而形成。黄壤分为暗黄壤（山地黄壤）和黄壤性土两种，其中以暗黄壤为云南黄壤的主体种类，广泛分布于滇东北、滇东南、滇西南和滇西北海拔2000～2300米的山区，在滇东北的昭通地区成片分布。黄壤有机质积累较红壤多，呈酸性反应，黄壤分布区气候冷凉潮湿，农作物一年两熟，一般种植玉米、小麦、马铃薯等作物。

半淋溶土：半淋溶土纲在云南的土类有燥红土、褐土2个。燥红土为发育于干热河谷的一种地域性红色土，成土过程为有机质的积累、生物富积作用和脱硅富铝化作用。燥红土分为燥红土与褐红土两个亚类。燥红土主要分布于元江、金沙江、怒江流域一些深切的干热河谷地带及其他一些干热坝子，主要的燥红土地区有元江河谷、金沙江河谷、保山潞江坝以及蒙自、开远、宾川、永胜、华坪等地区。燥红土地区光热条件好，适合种植甘蔗、香蕉、芒果等热带水果及反季节蔬菜等农作物。

淋溶土：淋溶土纲在云南的土类有黄棕壤、棕壤、暗棕壤、棕色针叶林土等4个。黄棕壤的成土过程为淋溶、黏化和富铝化作用。黄棕壤是介于红壤与棕壤之间的过渡性土壤，在海拔1800～2700米的中山坡地上部呈垂直带谱出现，主要分布于滇东北、滇西北和滇中地区，以昭通地区分布面积最大，黄棕壤地多为林地，在平缓坡地上也可种植马铃薯、小黑麦、白芸豆等作物。棕壤的成土过程为腐殖质淋溶过程、黏化过程和生物富盐基过程。云南地区棕壤主要出现于北纬25°以北、海拔2600～3200米的中高山地区，集中分布于滇西和滇西北的丽江、怒江、迪庆、大理等州市的高山地带，是较好的林地土壤资源，适宜多种树木的生长。暗棕壤的成土过程与棕壤基本相同。暗棕壤介于亚高山草甸土（或棕色针叶林土）与棕壤之间，在土壤表层累积了一个较厚的暗棕色有机物层，主要分布于滇西北的怒江州、迪庆州和大理州部分地区。暗棕壤是云南主要的森林土壤资源，暗棕壤上的植被是由高山松、云杉、铁杉、落叶松、高山栎、桦树等组成的针叶、阔叶混交林。棕色针叶林土的成土过程为表层酸性泥炭化物质的积累过程。棕色针叶林土介于亚高山草甸土与棕壤之间，与暗棕壤交错分布在同一土壤带，主要分布地为滇西北的怒江、丽江、迪庆、大理4州市，地面树木为冷杉和云杉。

高山土：高山土纲在云南的土类有亚高山草甸土和高山寒漠土2个。亚高山草甸土的成土过程为腐殖质积累、氧化—还原和淋溶的相互作用，分布于滇西、滇东海拔3000米以上的亚高山地带，土壤有机质含量较高，地面植被为亚高山灌丛草甸。高山寒漠土分布于滇西北玉龙雪山、哈巴雪山、白马雪山、梅里雪山等海拔4500米以上的高山流石滩地带，是云南分布位置最高、分布地带最窄、成土时间最短的一个土类，土层薄，有机质含量低，难以开发利用。

初育土：初育土纲在云南的土类有紫色土、石灰岩土、火山灰土、新积土等4个。紫色土是由紫红色砂页岩风化形成的地域性土壤，多与红壤交错分布，在滇中地区分布于海拔1500～2500米的地带，在滇南分布于海拔1000～2000米的地带，土壤酸碱适中，土层薄，蓄水性差。石灰岩土是由碳酸盐岩石风化、灰化后形成的岩性土壤，主要分布于滇东、滇中的岩溶地貌地区，土壤有机质和养分含量较丰富，但土层浅薄，抗旱能力差，分布零星，耕作不便。火山灰土是由火山灰或熔岩风化母质发育的初育土，主要分布于滇西腾冲县中部的火山群熔岩台地区，是一种养分含量很高的土壤，有机质和氮、磷含量丰富，但土层较薄，石砾较多，干旱缺水，适合玉米、旱谷、烤烟、小麦等的种植。新积土即冲积土，是在不同土质冲积、沉淀基础上发育出的非地带性土壤，主要分布于各江河沿岸地区和坝子的边缘地带。新积土母质来源复杂，因而养分丰富、土质肥沃、质地适中。新积土通透性好、易耕期长、宜种性广，是优质的耕作土壤。

水成土：水成土纲只分为沼泽土一个土类，成土过程为腐殖质泥炭积累过程和潜育化过程，是低湿地区沼泽植物下形成的具有潜育层或兼有泥炭层的土壤，主要分布于丽江、曲靖等地，植被为湿生类型，土壤呈酸性，有机质含量高，磷、钾缺乏，只适宜沼泽植物生长。

人为土：人为土纲的典型土类为水稻土。水稻土是在人类耕作、施肥、淹水条件下，水耕熟化形成的特殊土壤，成土过程为淋溶作用和水耕熟化。水稻土分为淹育型水稻土、潴育型水稻土、潜育型水稻土3个亚类。云南地区水稻土还可再细分为鸡粪土、油沙土、沙泥、胶泥、红泥、黄泥、酸白泥、紫泥、砂田、冷浸田、发红田等类型。云南地区的水稻土是经过长期耕作种植形成的熟化水田土壤，主要分布于海拔2500米以下的地势平缓的坝区、山间盆地、河流两岸的冲积台地和山谷谷底，在丘陵地区的缓坡梯田里也分布着水稻土。由于开发较早和耕作水平较高，滇中的昆明、曲靖、玉溪、楚雄，滇西的大理、保山等地，滇南的文山、红河、普洱等地，均有大面积的水稻土。[1]

总的来看，云南地区土壤类型丰富，分布于海拔1000米至2500米的红壤和黄壤是云南主要的土壤类型，也是云南地区农作活动所依赖的基本土壤。一般而言，云南地区的土壤有机质丰富，肥力较高，适合农作物的生长，有利于农业生产活动的开展。

第三节　云南少数民族农业的起源传说

人类出现于地球上已经有200万年至250万年的时间。在此期间的99%的时间里，

〔1〕参见张乃明主编《作物营养与合理施肥》，云南人民出版社2012年版，第40～52页。

人类都靠采集、渔猎来获取生活资料。人类的食物获取方式是如何从自然攫取变为生产自给呢？或者说，原始农业是如何产生的呢？这是农业起源研究中长期争议不休、悬而难决的问题。在国际学术界，形成了农业起源于绿洲、农业起源于原生地、农业起源于人口增长压力以及气候变化等假说。[1] 中国学者认为，农业起源的原因是相当复杂的，是在各不相同的自然环境中由多种因素构成的，不能仅仅归结为一两个孤立的因素。从中国农业起源的考古和民族学材料来看，中国的农业起源于本土而非外来传播，农业起源于采集、狩猎时代，原始农业起源于山地，最早种植的作物可能是块根或块茎作物，这些观点逐步成为大家的普遍看法。在农业起源问题研究上，由于没有文献记载（也不可能有文献记载），也难于找到考古证据，因此，我们只能从一些民族学材料中来寻找相关的线索和依据。而云南少数民族的社会历史发展情况，为我们认识这一问题提供了相关信息和线索。

在近代以前的很长历史时期里，云南边地的许多少数民族都是靠采集、渔猎为生，他们的生存情况反映了农业产生之前原始人类的普遍生活状态。根据唐代樊绰《云南志》记载，当时居住在南诏西南边地（今腾冲、德宏一带）的“寻传蛮”，其生活情景是这样的：

寻传蛮，阁罗凤所讨定也。俗无丝绵布帛，披娑罗笼。跣足可以践履榛棘。持弓挟矢，射豪猪，生食其肉，取其两牙双插顶傍为饰，又条其皮以系腰。[2]

而“裸形蛮”或“野蛮”的生活情况是：

裸形蛮，在寻传城西三百里为巢穴，谓之为野蛮。阁罗凤既定寻传而令野蛮散居山谷。……其男子遍满山野。亦无君长。作擖栏舍屋。多女少男。无农田，无衣服，惟取木皮以蔽形。或五妻十妻共养一夫。……其妻入山林，采拾虫鱼菜螺蚬等归啖食之。[3]

学者们认为，“寻传蛮”为今阿昌族的先民，而“裸形蛮”应为今景颇族的先民。[4] 在唐代，他们仍处于散居山谷、不事生产、不相统属的原始社会时期，过着茹毛饮血的原始生活，完全依靠采集、狩猎从自然界获取食物来源。这种情况，到了元代仍是如此。据元代李京《云南志略》记载：“野蛮，在寻传以西，散居岩谷。无衣服，以木衣蔽体，形貌丑恶。男少女多，一夫有十数妻。持木弓以御侵暴。不事农亩，

〔1〕 参见陈文华：《农业考古》，文物出版社2002年版，第13～15页。

〔2〕 ［唐］樊绰撰，向达原校、木芹补注：《云南志补注》，云南人民出版社1995年版，第58～59页。

〔3〕 ［唐］樊绰撰，向达原校、木芹补注：《云南志补注》，云南人民出版社1995年版，第59～60页。

〔4〕 ［唐］樊绰撰，向达原校、木芹补注：《云南志补注》，云南人民出版社1995年版，第59页。

入山林采草木及动物而食。无器皿，以芭蕉叶藉之。”[1] 与唐代的“裸形蛮”或“野蛮”的生活状况完全相同。

那么，从自然的攫取经济向自为的生产经济的转变是如何发生的呢？怒族的民间传说，为我们认识这一问题提供了朴素的资料。怒族是生活于滇西怒江流域的一个人口较少民族，在20世纪50年代初期，怒族尚处于原始社会时期，社会组织是以氏族为单位的村社制，生产方式已由采集、狩猎过渡到原始农业。关于怒族原始农业产生的原因，怒族人民是这样传说的：

远古时候，怒族先民们肚子饿了就到野外采食野果，嘴馋了就成群结队地捕捉野兽，但细心的怒族女子很节俭，除把采集、猎获的食物作食用外，匀出少量进行培植和驯养。而彪悍强壮的男子任性、高傲，居无定所，总是外出游猎采集，不思日后。终因年复一年的采摘、捕杀，野外食物逐渐稀缺，男子生存遇到很大的威胁，便开始注意到女子有自己亲手栽培的植物和驯养的畜禽，于是不得不红着脸，很不情愿地投靠了女子，共同生活生产。[2]

怒族的这一传说，大体包含着这样一些信息：第一，同世界上其他民族一样，怒族的原始农业从采集和狩猎发展而来；第二，较之纯粹的采集和狩猎，人工栽培植物和驯养动物更能保障人们的食物需要；第三，在原始农业的发展过程中，妇女扮演了重要的角色，发挥着关键的作用。

其实，不仅是云南的民族传说，而且世界其他地区的民族志材料也证明了人类农业起源情况的相似性。20世纪20年代，出生于云南剑川而后留学德国的白族青年理论家张伯简，在其编译的《社会进化简史》一书中对农业的起源作了这样的描述：

人类不是生来就会种田的，种田的发生，必经过许多过程。大概人类最初发现谷类，必在采果时，将谷与果一并采回来，于无意间遗落谷粒于地上，这些遗落的谷粒经过一定的时间，自然在地上生长起来，这样一两次人还不注意，到次数太多了，他们必觉得这种谷粒，是可以随地生产的。后来他们就拿来种植。但是我们要知道发现种植的行为，必是女子的功劳。因为女子当时所做的工作，大半是收集果实等轻细的事，并且他们时常带着孩子出游，低头望地，无意间就注意到遗落地上的谷粒。但谷粒虽发现，种的方法还是渐次进步的。起初不过是以尖石或木头掘土种之，后来见其大有成效，才想出种植的方法，大块地的种起来。[3]

---

〔1〕［元］郭松年、李京撰，王叔武校注：《大理行记校注·云南志略辑校》，云南民族出版社1986年版，第95页。

〔2〕王连芳：《王连芳云南民族工作回忆》，云南人民出版社1999年版，第43页。

〔3〕张伯简：《社会进化简史》，收入中共云南省委党史资料征集委员会编的《张伯简文集》一书，云南民族出版社1987年版，第12～13页。张伯简译著的《社会进化简史》，最初出版于1925年，在宣传介绍历史唯物主义的基本理论知识方面曾产生过较大的影响。

这种通过长期观察野生谷物生长情况而获得启发从而产生人工种植行为的推断应是能够成立的。实际上，在云南及东南亚等高山林地，本身就存在许多“天生谷”，通过采食“天生谷”然后试种“天生谷”来从事农业生产应是自然而然的事情。据明代朱孟震《西南夷风土记》记载，今云南以西的缅甸地区，就有一个出产“天生谷”的地方：“缅甸所属地方名板楞，野生嘉禾，不待播种耘耨而自秀实，谓之天生谷，每季一收，夷人利之。”[1] 云南许多少数民族种植的旱谷等谷物可能就是由野生谷类作物驯化栽培而来的。

在原始社会时期，农业虽已出现，但是生产水平十分低下，所获产品不能完全满足人类的需要，采集和渔猎仍是人类食物的重要补充来源。在此情况下，要完全改变以往那种居无定所的采集渔猎方式，在一定地区定居下来“专心务农”，仍是一件十分困难的事情。怒族的“教子务农”传说反映的就是怒族从采集、渔猎向定居农业生产过渡的情况：

在怒族农业起源之初，据说当时只有一户人家埋头耕耘自己的土地，有一天父子二人在地里干活，儿子听到猎狗“汪汪”的叫声，便向父亲提出要上山捕猎，父亲说：“孩子，埋头干你的活吧，猎物就在你的锄头下。”儿子有点不以为然，想不到晚上果真有人扛着鹿腿来换粮食。儿子这才打心眼里佩服自己的父亲，便安心种地，并教后人务农。那些仍靠打猎捕蜂生活的人，从这父子二人那里看到了自己的出路，也学着务农，并对常年打猎捕蜂的人开始鄙视，称之为“苏鲁”，意为流浪汉。[2]

上述传说表明，从采集游猎向定居农业转变是一个漫长的历史过程，只有当农业生产能够较好地满足人们的食物需要时，采取、渔猎在人们生活中的重要性才会降低；只有在农业生产获得较好发展的基础上，人类才可能实现由攫取经济向生产经济的转变。

第四节　云南原始农业的考古发现

现代科学研究认为，人类从古猿演变而来。古猿中的腊玛古猿是人类的直系祖先。非洲东部地区和亚洲南部地区是现今所知的腊玛古猿的主要分布地。考古发现表明，现今云南地区在远古时期也是人类的直系祖先——腊玛古猿的活动地区。1956 年在开

---

〔1〕［明］朱孟震撰：《西南夷风土记》，见方国瑜主编《云南史料丛刊》（第五卷），云南大学出版社 1998 年版，第 490 页。

〔2〕王连芳：《王连芳云南民族工作回忆》，云南人民出版社 1999 年版，第 43 页。

远小龙潭、1975～1976 年在禄丰县均发现了腊玛古猿的化石。基于此，一些学者认为，云南可能是远古人类的起源地之一。

1965 年，地质工作者在元谋县上那蚌村发现了属于同一个成年个体的两枚牙齿化石。经古地磁法测定，这两枚牙齿化石的绝对年代距今已有 170 万年。古人类学家将这两枚牙齿化石所属的古人类命名为“元谋人”。“元谋人”与“北京人”虽然同属猿人范畴，但已具有人的基本特征，是真正的直立行走的人。因此，“元谋人”是我国迄今已知的最早人类。元谋人的出现，揭开了中国历史的序幕。

一、新石器时代的云南原始农业

从“元谋人”生活的时代开始，中国地区的历史进入了漫长的旧石器时代。从“元谋人”开始，云南地区即有古人类的活动。现代发现的“丽江人”“西畴人”化石以及呈贡龙潭山、保山蒲缥塘子沟等地出土的人骨化石，反映了距今一两万年前的旧石器时代晚期云南地区人类活动的印记。

距今一万年前，人类进入以磨制石器、制作陶器为基本标志的新石器时代。伴随着新石器时代的开始，诞生了原始农业。现代考古发现表明，在新石器时代，现今云南境内的许多地区均有人类活动和分布。[1] 这些古人从事种植作物和驯养动物的农业生产活动，制作陶器，并以采集和渔猎作为食物的补充来源。考古学家根据地域分布和文化特征将云南新石器时代文化分为不同的类型，如汪宁生先生将其分为洱海地区、金沙江中游地区、滇池地区、澜沧江上中游地区（云县忙怀遗址）和滇东北地区（鲁甸马厂遗址和昭通闸心场遗址）等 5 个地区[2]，而李昆声先生则在这 5 个地区之外，增加了滇东南地区（麻栗坡县城附近洞穴遗址）、滇西北地区（维西县戈登村遗址）和西双版纳地区（勐腊、景洪等地遗址）等 3 个地区[3]。云南地区原始农业相关信息在云南新石器时代的各处考古遗址中均有或多或少的发现和反映，如用于农业生产的石斧等石制工具、可能用于储藏谷物的陶器、炭化了的谷物遗物、家养动物的遗骨等。从原始农业的角度而言，云南新石器时代的农业文化以滇池地区、金沙江流域地区和洱海地区最具典型性和代表性。

（一）滇池地区原始农业文化

滇池地区新石器时代的考古遗址较多，这些遗址或分布在小山上，或分布在平地，均距滇池不远。多数遗址特点是存在着螺蛳壳堆积，有的厚达 8～9 米。出土石器有

〔1〕 一般认为，中国的新石器时代约为距今 12000 年至距今 5500 年左右的远古时期（参见苏秉琦主编，张忠培、严文明撰：《中国远古时代》，上海人民出版社 2014 年版），但云南的新石器时代与中原地区和长江流域的新石器时代并不同步，云南地区发现的新石器时代遗址多为距今 4000 年左右，因此，可以认为，距今 4000 年前后，云南地区才进入新石器时代。参见杨帆等编著：《云南考古（1979～2009）》，云南人民出版社 2010 年版。

〔2〕 汪宁生：《云南考古》，云南人民出版社 1992 年版，第 12～24 页。

〔3〕 李昆声：《云南新石器时代考古资料汇编》，载《中国少数民族社会历史调查资料丛刊》修订编辑委员会编《云南民族文物调查》，民族出版社 2009 年版，第 1～9 页。

斧、有肩石斧、锥、砺、簇等。出土陶片主要是一种泥质红陶，火候甚低，手制，制作时用谷穗或谷壳作垫，故器物上能看到谷壳的痕迹；器形简单，有小碗、盘、钵等。此外，考古遗址中还发现了一些骨器，有骨锥、骨铲和有孔蚌刀。[1]

学者们在对滇池地区新石器时代考古发现作整体考察后认为，新石器时代滇池周围的居民以经营原始农业为主要生活来源，种植的农作物主要是稻，据陶片上的谷壳痕迹来看，其品种应是一种粳稻。当时人们还在滇池中捕鱼捞螺作为食物的补充，大量螺壳堆积即是当时人们食后所遗。他们的制陶技术甚为低下，与洱海各遗址及元谋大墩子出土陶器相比，显示出原始的性质。[2]

（二）金沙江流域地区原始农业文化

金沙江流域的新石器文化以元谋大墩子考古发现为代表。遗址分布在一条已经干涸的河道旁的高地上。遗址年代经放射性碳素测定，为公元前 1260 ± 90 年。元谋大墩子发现房屋遗迹十余座，皆为长方形的地上木结构房屋。房屋附近多有窖穴，有一穴内盛白色禾草类叶及谷壳粉末，当是储粮用的。房屋内有火塘，作方形或椭圆形，为人们取暖及炊爨之所。[3] 出土的石器有斧、刀、簇、纺轮、弹丸、石球、石杵、砺石等。出土陶器以夹沙灰陶为主，手制，采用泥条盘筑法。器形有罐、钵、瓮、盆、壶、杯、纺轮、弹丸等。容器共同特点是侈口、小平底、鼓腹，纹饰主要是划纹和压印纹。骨器有锥、簇、针等，骨针有孔，穿孔之法是凿槽而后钻通的。遗址中发现的动物骨骼甚多，其种类有猪、狗、牛、羊、鸡、鹿、兔、豪猪、竹鼠、松鼠、猴和熊，其中的猪、狗、牛、羊、鸡等畜禽应是驯化饲养的。在一个火塘的陶罐中发现了大量谷物炭化物，经鉴定属于粳稻。[4]

考古学家汪宁生先生对元谋大墩子遗址的考古文化特征作了这样的总结：“大墩子遗址的发掘表明，元谋地区远古居民已能建造木结构的房屋，过着定居的生活。他们种植粳稻，饲养猪、牛等家畜，并从事狩猎、捕鱼和采集。他们除了制陶和纺织外，并能制作出骨角蚌器。”[5] 其他研究者也评论说：“大墩子遗址的文化堆积很厚，建筑遗迹密集程度很大，说明遗址是一处经过长时间居住的村落遗址。遗址所反映的社会经济状况，是以农业为主，兼营狩猎、采集和饲养家畜。从大量出土的磨制石器来看，当时的农业处于原始的锄耕阶段，粳稻已经是当时的重要作物。遗址所出土的炭化粳稻和发现的储藏谷糠与禾草粉末的窖穴，说明云南种植水稻的历史很早。”[6] 这些总结概括了元谋大墩子遗址的原始农业文化要素与特征。

（三）洱海地区的原始农业文化

滇西地区新石器文化的分布较多，北到剑川、鹤庆，南到祥云、宾川，均发现了

[1] 汪宁生：《云南考古》，云南人民出版社 1992 年版，第 19～20 页。
[2] 汪宁生：《云南考古》，云南人民出版社 1992 年版，第 20～21 页。
[3] 汪宁生：《云南考古》，云南人民出版社 1992 年版，第 15～16 页。
[4] 汪宁生：《云南考古》，云南人民出版社 1992 年版，第 17～19 页。
[5] 汪宁生：《云南考古》，云南人民出版社 1992 年版，第 19 页。
[6] 杨帆、万扬、胡长城：《云南考古（1979～2009）》，云南人民出版社 2010 年版，第 5 页。

新石器时代的文化遗址，其中最为重要的发现为宾川白羊村新石器文化遗址和剑川海门口新石器时代晚期遗址的考古发现。

宾川白羊村遗址位于宾川县城东的宾居河畔，文化层堆积达 4 米多。20 世纪 70 年代云南省博物馆对遗址进行了考古发掘。遗址中出土了数量较多的刃部开于“弓背”的半月形穿空石刀，出土了扁平形、椭圆形和梯形的石斧、石锛，出土了圆底形的陶器，如圆底罐、圆底钵等，发现了 11 座住房以及众多排列规则、分布密集的圆形窑穴，这些窖穴可能用于储藏粮食。白羊村遗址的年代经放射性碳素测定，为公元前 1820 ±85 年或 1725 ±85 年。[1] 从遗址状态和出土器物可以看出，宾川白羊村是一处典型的定居农业文化遗址。

剑川海门口遗址位于剑川县甸南镇海门口村，在剑湖出水口的南部。考古工作者分别于 1957 年、1978 年和 2008 年对海门口遗址进行了 3 次考古发掘工作，有许多重要发现。滨水“干栏式”木柱建筑是海门口遗址的重要发现，共发现削尖插入地下的木桩柱 224 根，均为松木，有的木桩上端有凿孔，有的横梁两端保留枝杈。柱子的分布呈一条不甚整齐的直线。木柱应为远古村落房屋建筑遗物。根据对海门口遗址木柱的放射性碳素测定，海门口遗址年代为公元前 1150 ±90 年，经过树轮测定法校正后的时间为公元前 1335 ±155 年，即大约为距今 3100 年至 3400 年左右的历史时期，相当于中原地区的商代后期。

遗址出土了石器、骨角器、陶器、铜器等器物。石器有斧、锛、刀、簇、锥、纺轮、砺石等物，石斧多为椭圆柱形，石刀作半月形，上有单孔或双孔。铜器有斧、钺、刀、凿、鱼钩等，同时发现了铸造铜钺的残石一块。在同一遗址中同时出土石器和铜器，这在云南新石器时代遗址中尚为首次，并且，由于同时发现了铸造铜器的石范，因此，可以明确铜器为本地制造而非外来输入，故此，人们把海门口文化称为“铜石并用文化”。[2] 值得注意的是，26 件铜器中，除两件的质地是红铜外，其余为人工掺锡制作的青铜器。当然，由于石器多、铜器少，因此，海门口文化总体上仍是属于新石器时代末期的原始文化。

从农业考古的角度来看，剑川海门口遗址为云南地区原始农业的最重要发现：在海门口遗址中先后发现了稻、麦、粟等重要农作物遗物。粟、麦本为北方地区农作物，海门口遗址出土的粟、麦遗物表明，至公元前 1000 年前后，粟、麦已传入滇西北地区。海门口遗址不仅是云南考古中第一次发现麦、粟实物，同时，这也是云南考古中第一次发现稻、麦、粟三种农作物同时出现在一个遗址中，这是新石器时代后期云南地区稻、麦、粟三种作物已经同时栽培的重要证据。一些研究者据此认为，剑川海门口遗址中出现的稻、麦同时共存现象，为认识中国古代稻麦轮作技术起源的时间和地点问题提供了重要信息。[3] 当然，稻、麦同时出土与稻、麦轮作种植还不能完全等同起来，当时的种植方式也可能是水田种稻，旱地种麦。

---

〔1〕 汪宁生：《云南考古》，云南人民出版社 1992 年版，第 15 页。

〔2〕 汪宁生：《云南考古》，云南人民出版社 1992 年版，第 24 ~ 25 页。

〔3〕 杨帆、万扬、胡长城编著：《云南考古（1979 ~ 2009）》，云南人民出版社 2010 年版，第 39 页。

二、新石器时代云南地区的居民与族群

现有考古发现表明，云南新石器文化的时代大体为距今三四千年，相对现今所知的中原地区新石器时代文化，云南新石器文化的时代普遍较晚。大体而言，云南新石器文化的时代约相当于中原内地的夏商时代。从这个意义上来说，云南地区原始农业起源和发展的历史，晚于黄河、长江流域原始农业起源和发展的历史。

云南地区的新石器文化，是新石器时代云南地区的居民和族群创造的。那么，距今三四千年前，云南地区居住和生活着哪些部落和族群呢？这一点，文献资料缺乏记载，考古发掘也未能提供直接证据，从而成为一个难解之谜。尽管如此，学者们还是试图从不同的途径加以研究和探讨，并形成了大体一致的看法。

近代以来，民族史学家根据商、周以来内地的族类状况和秦汉时期云南地区的族群状况，将先秦及秦汉时期云南地区的部落和族群划分为三大族系：这就是自西北甘、青、川地区迁入的氐羌族系，自东南沿海地区迁入的百越族系，自今缅甸地区迁入的属于孟高棉语族的“濮”人族系。[1] 这些由西北、东南、西南不同方向迁来的族系，与旧石器时代晚期以来一直居住在云南地区的居民和族群，相互交流融合，共同创造了云南新石器时代的原始农业文化。[2] 具体而言，滇西北地区和金沙江中游地区的新石器文化与氐羌族系文化具有密切关系；滇池地区和滇东南地区的新石器文化，与百越族系文化具有密切关系。

从语言学和民族史的角度来看，在秦汉以后的历史发展中，从氐羌族系中演化出了现代汉藏语系藏缅语族彝语支、景颇语支各民族，如彝语支的彝族、白族（也有人认为白语应为单独的白语支）、傈僳族、纳西族、哈尼族、拉祜族、阿昌族、基诺族等民族，景颇语支的景颇族、怒族（阿侬语）；从百越族系中演化出了现代汉藏语系壮侗语族壮傣语支的傣族、壮族等各民族；从“濮”人族系中演化出南亚语系孟高棉语族佤崩语支的佤族、德昂族和布朗语支的布朗族。再加上不同历史时期从内地和西北、东北地区迁入的汉族、苗族、瑶族、回族、蒙古族、满族等民族，形成了现今云南地区多民族分布和居住的历史格局。

---

〔1〕 关于云南民族源流和族系的基本观点，参见方国瑜：《云南民族史讲义》（云南人民出版社2013年版）、马曜：《云南简史》（云南人民出版社1991年版）、尤中：《云南民族史》（云南大学出版社1994年版）等著作。

〔2〕 以往的研究中，强调了外来的三大族系对新石器时代和先秦时代云南地区历史文化发展的贡献，而忽视了云南原住族群的存在和作用，这一点，近十年来已引起了史学界的注意和反思，大家认识到，云南新石器文化并不是外来文化的简单进入和移植，而是外来文化与原有本土文化交流融合、创造发展的产物。参见林超民、秦树才：《秦汉西南夷新论》，载《林超民文集》（第一卷），云南人民出版社2008年版，第279页。

第五节　历史文献和民族调查所反映的云南原始农业

在原始农业时期，由于生产力水平低下，农业生产一般采用“刀耕火种”的方式来进行。“刀耕”也是原始农业发展的最初方式。所谓“刀耕火种”，即用石斧、石刀将林地树木砍倒，晒干后放火焚烧，以树木的草木灰作为肥料，以尖头竹棒、木棒为工具，挖穴点种或直接撒种，然后既不中耕，也不锄草，任作物自然生长，待作物成熟后，收获其果实或块茎。刀耕火种农业的特点是“焚而不耕”，即对土地不进行深耕翻土，而是以焚代耕、以砍代耕，故称“刀耕火种”。“刀耕”农业曾是原始农业的一个重要特征和阶段，在中国远古农业中，同样普遍存在过。如《国语·鲁语（上）》所说“昔烈山氏之有天下也，其子曰柱，能殖五谷百蔬。”烈山氏即神农氏，传说为农业的发明者。所谓“烈山”，即应是放火烧山，所谓“柱”，即应是点种用的木棒、竹棒，有了“烈山”，有了“柱”，然后就能种“五谷百蔬”，这是“刀耕火种”农业的拟人化描述。

从更广阔的视野来看，原始农业既是一种历史遗迹，也是一种现实存在。由于历史发展的不平衡性，中外许多民族直至20世纪都依然保留着原始农业的生产方式。从云南少数民族的历史发展进程来看，直至元明清和近代时期，云南各地特别是边疆地区的许多少数民族仍然保持着刀耕火种的原始农业生产方式。相关历史文献和民族调查材料为我们展示了云南地区原始农业的有关情况。

一、文献记载中所反映的云南原始农业

文献中对云南边地和山区各少数民族刀耕火种的生产方式多有记述。据元代李京的《云南志略》记载，居住在滇东北地区的“土獠蛮”（仡佬族先民），“山田薄少，刀耕火种。所收稻谷，悬于竹棚之下，日旋捣而食。”[1] 清代，居住在山区的彝族支系多采取刀耕火种的生产方式。如彝族的支系“黑倮倮”：“男事耕牧，高岗硗陇，必火种之。顾不善治水田，所收荞、稗无嘉种。”[2] 居住于今文山、红河地区的彝族支系“扑喇”：“刀耕火种，数易其土，以养地力”，“山居火耕，迁徙靡常”。[3] 清代，

[1]［元］郭松年、李京撰，王叔武校注：《大理行记校注·云南志略辑校》，云南民族出版社1986年版，第95页。

[2]［清］檀萃辑，宋文熙、李东平校注：《滇海虞衡志校注》，云南人民出版社1990年版，第315页。

[3]［清］阮元、伊里布等修，王崧、李诚等纂：《道光云南通志》，见方国瑜主编《云南史料丛刊》（第十三卷），云南大学出版社2001年版，第364页。

滇西地区的阿昌族、傈僳族也采取“刀耕火种”的生产方式。檀萃《滇海虞衡志》称阿昌族“性畏暑湿，好居高山，刀耕火种。”[1] 余庆远所著《维西见闻记》记载，今维西、中甸地区的傈僳族，“喜居悬岩绝顶，垦山而种，地瘠则去之，迁徙不常。刈获则多酿为酒，昼夜酖酣，数日尽之。粒食罄，遂执劲弩药矢猎，登危峰石壁，疾走如狡兔，妇从之亦然。获禽兽，或烹或炙，对坐共食，虽猿猴亦炙食。”[2]

至清朝末期，滇西地区的许多民族仍保持其刀耕火种、迁徙无常的生产、生活方式。光绪末年，湖南人夏瑚任阿墩子（今德钦）弹压委员，因公视察怒江、独龙江流域各部族，在其考察报告《怒俅边隘详情》一文中对居住于独龙江的“俅人”（即今独龙族）的生产情况作了这样的记述：

农器亦无犁锄。所种之地，惟以刀伐木，纵火焚烧，用竹锥地成眼，点种苞谷。若种荞、麦、稗、黍等类，则只撒种于地，用竹帚扫匀，听其自生自实，名为刀耕火种，无不成熟。今年种此，明年种彼，将住房之左右前后地土，分年种完，则将房屋弃之他，另结庐居，另坎[砍]地种。其已种之地，须荒十年八年，必俟其草木畅茂，方行复坎[砍]复种。[3]

民国时期，滇缅界务调查专员尹明德奉令考察滇缅界务，在其所著《滇缅北段界务调查报告》中，记述了中缅边境地区“蒲蛮”（尹明德文中所称的“蒲蛮”，非指布朗族的先民“蒲人”或“蒲蛮”，而是指景颇族的先民，即史籍中常说的“野蛮”“野人”）的生产情况：

其人多山居，迁徙无常。……种植多杂粮，旱谷、稗子、小米、芝麻、芋薯、苞谷、荞豆之属。无犁锄，惟以刀砍伐树木，晒干纵火焚之，播种于地，听其自生自实，名曰刀耕火种。其法今年种此，明年种彼，依次轮植，否则地力尽而不丰收矣。[4]

可以看出，直到近代时期，居住在中缅边境地区的景颇族、独龙族等民族，仍处于刀耕火种的原始农业发展阶段。

[1] [清] 檀萃辑，宋文熙、李东平校注：《滇海虞衡志校注》，云南人民出版社1990年版，第341页。

[2] [清] 余庆远撰：《维西见闻纪》，见方国瑜主编《云南史料丛刊》（第十二卷），云南大学出版社2001年版，第64～65页。

[3] [清] 夏瑚撰：《怒俅边隘详情》，见方国瑜主编《云南史料丛刊》（第十二卷），云南大学出版社2001年版，第149页。文中之标点，引者略有改动。

[4] 尹明德撰：《滇缅界务北段调查报告》（1931年），见马玉华主编《中国边疆研究文库·西南边疆卷》（四），黑龙江教育出版社2013年版，第217页。

二、田野调查资料所反映的云南原始农业

在现代的民族调查报告中，同样留下了许多关于云南边地少数民族原始农业生产情况的资料。中华人民共和国成立后，为了更好地制定有利于促进各民族平等进步、共同发展的方针政策，1950～1952年，中央政府派遣民族访问团到云南边疆民族地区进行访问视察，了解少数民族的生产、生活情况和社会制度发展情况，掌握了当时云南少数民族社会历史发展状况的基本资料。1956～1957年，全国人民代表大会民族工作委员会又组织了云南少数民族社会历史调查组，对云南西南边地人口较少、经济社会发展较为落后的几个少数民族的社会历史情况进行深入调查。在他们的考察报告和调查材料中，记录下了当时云南边地少数民族原始农业生产的基本情况。

王连芳先生考察了怒江流域少数民族的生产生活情况。1953年，王连芳来到了怒江边怒族居住的碧江县（今并入泸水县、福贡县），在考察了怒族的生产情况后，他认为，当时怒族的农业生产仍是以刀耕火种为主，锄耕、犁耕为辅，并兼有少量采集生产。[1] 怒族的刀耕火种地称为火山地。怒族开垦火山地的程序和方法是：在开垦火山地之前，要杀鸡祭山神"号山"（选火山地），之后，在初秋落叶之前即进行砍树活动。砍树时，要根据山势、地形从下往上砍，所砍树木的砍口定向一致，树木都不砍断，待深秋到来时，凭借风力吹倒大树，然后大树压中树、中树压小树，顷刻间便能将一片林子夷为平地。树木晒干后，在播种前十天左右准时点火烧山，烧后两三天趁雨水未到草木灰尚未流失时便点播庄稼。这时，男子收捡烧剩的残物兼撒小米，女子则用一根削尖的木棍打洞播下玉米种，点播完后留下一个男子在地里负责赶兽撵雀。[2]

宋恩常先生1957年考察了贡山县独龙江流域独龙族的农业生产情况。根据1957年所作调查统计，独龙族所居住的贡山县第四区（即今贡山县独龙江乡）总人口为2160人。宋恩常先生认为，20世纪50年代的独龙族社会，正处于由刀耕火种农业向锄耕农业过渡的时期。独龙族的刀耕火种农业经历了两个阶段，一是砍烧天然生长的树木和竹林的阶段，二是砍烧人工种植林地的阶段。在长期的生产实践中，独龙族掌握了刀耕火种农业的基本经验和知识。他们能够熟练地选择适合谷物生长的地势和土壤，分辨适合砍烧的树木种类，考虑阳光对庄稼生长的照射等，根据这些因素，独龙族大多选择坡度平缓适合耕作的山坡地来进行砍烧。适应刀耕火种农业的特点，独龙族掌握了休耕和轮种的技术。火烧地在第一次砍烧后，一般需要休耕六七年，才能进行第二次砍烧，以使地力得到恢复，砍烧的次数越多，休耕时间就越长。砍烧的种植方式对地力有较大破坏，根据独龙族的生产经验测算，种到第三次的刀耕火种地，产量比第一、二次要减少三分之一左右。为此，独龙族摸索出了许多保持地力的方法，如采取人工造林的方式恢复林地，增加产量；砍烧时割去周围的杂草树木，以防止野火蔓延；由原来的一次砍光发展为间

[1] 王连芳：《王连芳云南民族工作回忆》，云南人民出版社1999年版，第44页。

[2] 王连芳：《王连芳云南民族工作回忆》，云南人民出版社1999年版，第43～44页。

隔砍，或者只砍树枝而留下树干，以减少栽种树木的次数，缩短休耕年限等。为了充分利用土地，独龙族掌握了轮种技术，在同一块土地上，轮流地种植玉米、小米（粟）和荞麦，有时也轮种豆类和芋头，还有一些村落在相对固定的水冬瓜树土地（即砍烧水冬瓜树所形成的耕地）上，轮种燕麦、荞麦、青稞等作物。[1]

独龙族的刀耕火种农业生产工具，有石器、竹木器和铁器。历史上，独龙族曾长期使用石斧、石棒等石器作为生产工具，至20世纪50年代，独龙族已不再使用石器，但民间仍有一些家庭保存着磨制细致的石斧和石棒，并把石斧看成神圣之物。在刀耕火种农业中，独龙族以铁刀、铁斧为主要生产工具，而以木器、竹器为辅助性生产工具。独龙族地区使用的铁刀、铁斧均由相邻的纳西族、藏族地区甚至缅甸制造和传入，独龙族使用铁器的历史仅为一两百年。根据20世纪50年代的调查，当时独龙族男子使用的铁刀，刀长约45厘米，刀身前端宽约6厘米，尾宽约3厘米；妇女所使用的铁刀，刀长约30厘米，刀身前端宽约4厘米，尾宽约2厘米。从砍伐树木的效率而言，铁斧的效率要比铁刀高出三分之一至三分之二。铁斧虽然使用效率较高，但在独龙族中铁斧的拥有量不及铁刀，仅有一半的独龙族家庭拥有铁斧。铁器的作用主要用来砍倒树木，在砍倒烧光后的生产环节，则以木器和竹器作为生产工具：翻土用木锹，锄草用木锄，覆土用木耙——木耙用树丫或竹竿制成，或者将树木劈开制成二齿耙或四齿耙，播种玉米或豆类则使用竹、木制作的点种竿。在20世纪50年代的独龙族社会中，铁锄的使用尚不普遍，故而独龙族的锄耕农业尚处于起步阶段。独龙族最初使用的锄头为木锄，独龙语称为“戈拉”，后来才在木锄的刃部包上铁皮，形成木质铁尖的小锄，独龙语称为“恰卡”。[2] 直到民国后期才从纳西族、怒族地区传入铁质板锄和条锄，故此，独龙族也将板锄称为“丽江板锄”，将条锄（独龙语称为“俄尔种”）称为“怒锄”。铁质锄头的使用，有利于对土地进行深耕和锄草，从而使独龙族由刀耕火种的轮作游耕开始向固定的园地耕作转变，但直至20世纪50年代初期，刀耕火种仍是独龙族基本的农业生产方式，这一点，从独龙族的耕地构成上就可看得十分清楚。根据1956年对贡山县第四区（即独龙族居住的独龙江乡地区）第四村的调查，当时全村的耕地类别为：刀耕火种地1320亩，占总耕地面积的78.9%；固定耕地196亩，占总耕地面积的11.1%；新开的水田170亩，占总耕地面积的10%。[3]

徐志远先生于1956～1957年间考察了西盟佤山，在其调查回忆著作中，他记录下了当时佤族农业生产的基本情况。当时，西盟佤山的农业生产已有一定的发展。当时的佤山耕地有旱地和水田两种，以旱地为主；农作物以旱谷和小红米为主，同时也种植水稻、豆类、荞、玉米等作物为补充。在农业生产中，佤族群众已普遍使用铁制农具，主要生产工具为长刀、砍刀、斧子、镰刀、锄、犁等，均为铁制；木制农具有耙、

〔1〕 宋恩常：《贡山县四区独龙族社会调查》，载《中国少数民族社会历史调查资料丛刊》修订编辑委员会编《独龙族社会历史调查》（一），民族出版社2009年版，第49～50页。

〔2〕 王连芳：《王连芳云南民族工作回忆》，云南人民出版社1999年版，第45页。

〔3〕 宋恩常：《贡山县四区独龙族社会调查》，载《中国少数民族社会历史调查资料丛刊》修订编辑委员会编《独龙族社会历史调查》（一），民族出版社2009年版，第49页。

木钉耙和木刮板三种。[1] 总的来看，当时西盟佤族农业已从原始农业阶段进入传统农业阶段，但尽管如此，佤族的农业生产中仍保留着许多原始农业的生产习俗和方式。佤族旱地分为“犁挖地”和“懒火地”两种。犁挖地是把地上的小树和杂草钐倒、晒干、烧光后，再用锄挖或牛犁进行耕地。懒火地就是刀耕火种地，这类耕地保持着原始的耕作方式，其方法是：在树木砍倒、晒干、烧光后，以灰烬作肥料，不犁、不挖，直接用矛进行点种。其点种方法是：男子手持长矛或长铲在地上打穴，妇女随其后往穴中丢下种子，并用脚顺势将土盖上。懒火地杂草少，一般不中耕，直到成熟才去收割。懒火地种一年后，一般要抛荒七八年后才又再种。[2] 可以看出，犁挖地属于传统农业的锄耕和犁耕农业，而懒火地属于原始农业的刀耕农业。据徐志远先生估计，20世纪50年代，西盟全县旱地中，犁挖地和懒火地各占一半左右，也就是说原始农业和传统农业处于同时并存的状态。

同样，居住于西双版纳景洪市基诺山上的基诺族也是一个以刀耕火种而闻名的民族。据杜玉亭先生的调查，20世纪50年代基诺族的刀耕火种农业按以下农历时段和程序来进行：

一月，备耕，砍树、修枝、平整土地；
二月，开辟防止火山蔓延的山地防火道，开始烧地，种旱苞谷；
三月，继续辟防火道，平整土地，盖山地茅棚，种棉、玉米、瓜类等；
四月，在大面积山地上烧地，种旱稻、豆类和高粱等作物；
五月，为山地打栅栏，开始除草；
六月，除草，打棉花尖等；
七月，除草，修补山地栅栏，开始在预备第二年种的山地上砍树，进行“刀耕”；
八月，继续砍树，除草；
九月，收旱稻、旱苞谷、棉花，护秋管理；
十月，收割旱稻等作物；
十一月，收割、脱粒、入仓；
十二月，备耕，把砍倒的树枝烧掉，平整土地。[3]

从这些工序可以看出，基诺族的刀耕火种与其他民族的刀耕火种情况基本上相同，所不同的是，增加了除草和田间管理环节，并且由于基诺族与傣族、哈尼族等其他民族有着较密切的交往和联系，基诺族的刀耕火种工具使用的是铁质生产工具：砍树工

[1] 徐志远：《佤山行——云南西盟佤族社会调查纪实（1956～1957）》，云南大学出版社2009年版，第75页。
[2] 徐志远：《佤山行——云南西盟佤族社会调查纪实（1956～1957）》，云南大学出版社2009年版，第76页。
[3] 杜玉亭：《民族田野五十年——中国特色民族学的足迹》，云南教育出版社2009年版，第59页。

具是铁质砍刀，播种工具是安有铁头的剁铲，铲草工具是铁质小手锄，这些均较原始农业中常用的石质、木质工具有较高的生产效率。并且，基诺族的刀耕火种旱作农业产量也较高，一般山地旱谷的产量可以达到籽种的30倍，一些种得好的山地能达到亩产1千市斤旱谷，接近汉族犁耕地的产量水平。[1]

与其他刀耕火种民族的情况一样，基诺族除了从事刀耕农业外，还广泛地从事狩猎和采集活动，以此作为食物的另一重要来源。基诺族的采集和狩猎活动按照自然性别分工进行，男子从事狩猎活动，妇女则担负采集工作。狩猎是基诺族的一项重要民族传统，史籍中即有"三撮毛"（基诺族的先民）"种茶好猎"、"以捕猎野物为食"[2]的记载。基诺族男子在从事山地农业劳动的同时，都随身携带狩猎工具，无论行走途中或劳作之时，一旦发现猎物，就会去追踪捕猎，狩猎所获猎物是基诺族肉食的重要来源。基诺山上生物资源丰富，各种可食用的植物、虫类都是基诺族妇女采集的对象。主要包括六类：一是野菜类，可食用的野菜有50多种，一年四季都可采食；二是竹笋类，可采食的竹笋有10余种，是全年可食的重要菜类；三是菌类，可采食者有10余种；四是果实类，可采食者有20多种；五是块根类，可采食者有10余种；六是虫类，可采食者有20余种。[3]

第六节　云南原始农业的总体情况

根据考古发现、文献记载和民族学调查的相关成果，我们可以对云南地区原始农业的基本情况和相关特点作如下总结和说明。

一、原始农业的生产工具

（一）生产工具的材质

从考古发现和民族调查情况来看，云南原始农业生产工具的材质有石质、木质、竹质、骨质数种。石质、骨质生产工具不仅在考古遗址中有众多发现，在民族调查中也发现它们仍被普遍使用；木质、竹质生产工具虽然仅在民族调查中发现被大量使用，

〔1〕杜玉亭：《民族田野五十年——中国特色民族学的足迹》，云南教育出版社2009年版，第59页。

〔2〕［清］阮元、伊里布等修，王崧、李诚等纂：《道光云南通志》，引《皇朝职贡图》，见方国瑜主编《云南史料丛刊》（第十三卷），云南大学出版社2001年版，第392页。

〔3〕杜玉亭：《民族田野五十年——中国特色民族学的足迹》，云南教育出版社2009年版，第60页。

在考古遗址中没有实物出土，但在史前的原始农业时期，木、竹质生产工具也应被广泛使用，之所以在考古遗址中没有发现实物，原因在于木、竹质工具的易腐变质，难以保存。一般来说，在原始农业时期，尚未使用铜质、铁质生产工具。剑川海门口遗址虽发现了少量铜器，但不占主导地位，当时的大部分生产工具仍为石器，海门口文化属于新石器时代晚期向青铜器时代初期转变的历史时期。[1] 在民族调查中，一些处于原始社会末期的民族，他们的生产工具中虽然也有少数铁器，但数量极少，而且全为从其他民族中获得，并非本民族制造。如根据20世纪50年代的调查，居住在独龙江流域的独龙族，尚处于木器、石器、铁器并用的状况，其生产工具十分简陋，锄头分为全为木质的“戈拉”和以木质为主、锄尖镶一小块铁皮的“恰卡”，整个独龙江地区仅有3把被称为“俄尔种”的小铁锄。[2] 在一些盛行刀耕火种的民族中，他们砍伐树木所用的刀斧，虽然也为铁器，但大多为从其他民族中购买所得，而非自己冶炼打造，如独龙族的铁质条锄“俄尔种”，就是从怒族、傈僳族中传入的，其日常生活中重要的砍伐工具铁质砍刀和铁斧，也是由缅甸地区和纳西族地区输入的。[3] 即使是傈僳族，铁器也不多，日常生产中也仍然大量使用木器和石器，原因主要是铁器价值昂贵，一般家庭难以负担。[4] 总的来说，云南原始农业时期的生产工具，与世界其他地区和民族原始农业时期的情况一样，基本上是用石质、骨质和木质、竹质材料制作而成。

（二）生产工具的器形与种类

工具的器形与工具的功用密切相关，基于此，人们根据工具的功用将工具制作成不同的形状，并赋予工具不同的名称。从考古发掘和民族调查的情况来看，云南原始农业的生产工具，其器形和种类有：刀、斧、锛、锄、耙、镰、棒、杵等。从功用来看，刀、斧、锛等用于砍伐，锄用于翻土，耙用于覆土，棒用于播种，镰用于收割，杵用于加工谷物。各种材质和功能的工具，有不同的制作方法：石刀、石斧等工具通过打制、烧制而成，骨质工具经打制、烧制而成，木、竹质工具用石刀、石斧等劈、削而成。从石质工具的制作方法来看，据20世纪50年代的调查，一位独龙族老人回忆

---

〔1〕也有学者认为，由于海门口文化中发现了青铜器，因此，剑川海门口遗址自应属青铜时代，而不再是如过去所说的“铜石并用”文化阶段。见汪宁生《云南考古》，云南人民出版社1992年版，第226页。

〔2〕王连芳：《王连芳云南民族工作回忆》，云南人民出版社1999年版，第45页。按：“俄尔种”又称“怒锄”，其构造和“恰卡”差不多，柄长3尺，铁尖长5寸，由怒族地区传入，主要用于挖地和垦荒，其使用效率约为“恰卡”的3倍。文中所言独龙江地区仅有3把“俄尔种”铁锄的情况，应为1949年前的历史情况。1950年后，在人民政府的帮助下，独龙江地区铁质生产工具有了迅猛的增加。根据1957年的统计，独龙江地区有条锄659件，板锄856件，怒锄50件，斧头377件，铁刀860件，镰刀248件，仅在1952～1954年间，人民政府就给独龙族群众无偿发放铁锄515件，镰刀96把，铁犁19把。见宋恩常等著《贡山县四区茂顶等村独龙族社会调查统计资料》，载《中国少数民族社会历史调查资料丛刊》修订编辑委员会编《独龙族社会历史调查》（一），民族出版社2009年版，第58页。

〔3〕高志英：《独龙族社会文化与观念嬗变研究》，云南人民出版社2009年版，第363～365页。

〔4〕王连芳：《王连芳云南民族工作回忆》，云南人民出版社1999年版，第36页。

说，他爷爷制作石斧、石刀的方法是：从江边捡来很多石头，石头的颜色以蓝色、绿色者为佳，再从山上砍来干柴，燃起大火，然后将石头投入火中，通过焚烧，石头烧裂成锋利的石块，然后将其打制成石斧、石刀。在独龙族人心目中，石斧被看作是天斧，认为石斧是保证谷物丰收的神圣工具，说明石斧在独龙族农业生产中曾起过十分重要的作用。[1]

除了石质工具外，木质工具也在原始农业生产中发挥过重要作用。在中原地区的历史文献中，有许多关于史前农业生产中使用耒、耜两种生产工具的记载，并且由于耒、耜在耕作中的重要作用，后人甚至以耒耜来代指耕作，如把关于农田耕作的技术与方法命名为“耒耜经”，许多农作活动与农业生产工具的名称皆以“耒”字作为偏旁，如耕、耘、耙、耨（音 nòu，古代锄草的农具）等。耒、耜的形制与功能如何呢？由于缺少实物，后人对耒、耜有各种说法。现在人们普遍认为，耒、耜为木质的翻土工具。耜为刃部扁平的木质脚踏式翻土工具，形状类似于后来的铲，耒为一头削尖的木质翻土工具。耜从耒发展而来，耒从尖木棒演化而来，而近代时期云南一些少数民族用于翻土和点种的尖木棒，即应是古代中原地区所使用的耒。近代云南少数民族所使用的尖木棒，既有单齿的（即一头削尖的），也有双齿的（利用分叉的树枝制成），皆可用于翻土。尖木棒的使用，标志着耜耕或锄耕农业的产生，而近代云南一些少数民族的刀耕火种农业，实际上是刀耕（火耕）与耜耕农业的混合。从民族学调查材料看，近代时期，木质生产工具在独龙族、怒族等民族的农业生产中发挥着重要作用，如用细木杆制作的挖杆采挖植物块根，用木锹翻土，用木棍（或竹棍）点种，用木锄除草，用木耙覆土等。在怒江傈僳族地区，甚至犁地都用木制犁头，而较少用铁犁，原因是当地的坡耕地土层厚薄不一，土层下面多是凹凸不平的石头，铁犁又贵又不好买，使用时容易被石头碰坏，在经济上不划算，故此使用木犁而不用铁犁。[2]

二、原始农业的作物种类

从考古发现的情况来看，云南原始农业的栽培作物有稻、麦、粟三种。在云南新石器时代的考古遗址中，只在距今 3000 年左右的剑川海门口遗址中发现了麦、粟遗物。从中国农业考古发现的情况来看，麦、粟均为北方黄河流域地区最早种植的作物，粟作出现于距今约七八千年前，而中国黄河流域地区麦作出现的时间距今约 5000 多年。云南剑川海门口遗址所出土的粟、麦遗物，其物种究竟是由本地独立驯化栽培还是由北方黄河流域传入，由于缺少证据，尚无法作进一步推断。李昆声先生认为，云南地区最早栽培的麦、粟，应是从西北地区传入的，这就是新石器时代以来，伴随着西北地区氐羌民族的南迁，西北地区的农作物品种也传入今川、滇、藏相邻地区。[3]

---

〔1〕 高志英：《独龙族社会文化与观念嬗变研究》，云南人民出版社 2009 年版，第 362 页。

〔2〕 王连芳：《王连芳云南民族工作回忆》，云南人民出版社 1999 年版，第 36 页。

〔3〕 李昆声：《云南新石器时代考古资料汇编》，载《中国少数民族社会历史调查资料丛刊》修订编辑委员会编《云南民族文物调查》，民族出版社 2009 年版，第 14 页。

从考古发现来看，稻谷为云南原始农业时期最早种植的作物，也是种植范围较广、种植数量较多的作物。从稻谷的品种来看，现今所发现的稻谷遗物均为粳稻。在《云南考古》一书中，汪宁生先生对云南考古中的稻作发现作了这样的分析和研究："剑川海门口出土的炭化稻粒，谷粒短圆，谷有款毛，款面有整齐的方格，款尖有芒，并有清晰的护款，可证实属于人工栽培的粳稻，与今天的粳稻类似，而粒稍小。滇池遗址出土稻壳遗迹，呈阔圆形，也类似今天的粳稻。元谋大墩子的炭化稻粒经初步鉴定的结果，也属粳稻一类。……云南最早栽培的稻大概只有粳稻一类，后来才培育了其他品种。"〔1〕汪先生的这一总结，代表了目前学界关于云南稻作考古研究的基本看法。

说到云南稻谷的种植问题，还有必要对学术界广泛讨论的"云南稻作起源说"作一简要介绍。汪宁生、李昆声等学者认为，现代的栽培稻由野生稻驯化而来，而云南地区具有丰富的野生稻资源，在云南新石器时代多处遗存中，发现了炭化稻粒遗物，因此，云南地区的古代先民有可能较早地驯化栽培了稻谷，或者说，稻谷是由包括云南在内的中国南方地区较早栽培成功的，云南应是中国和亚洲稻作的重要起源地之一。〔2〕日本学者渡部忠世也认为，世界上水稻的原产地是由印度阿萨姆邦到中国云南的椭圆形地区。〔3〕

国内其他一些学者则对云南是中国及亚洲稻作重要起源地的观点不予认同。农史学家陈文华认为，"主张'云贵高原说'的学者的观点和日本学者的观点大致相同，主要是从生态学的角度，根据云贵（特别是云南）的地理位置、自然条件以及丰富的野生稻资源来论证，但缺乏考古学上的证据。迄今为止，云南只发现为数有限的几处稻谷遗存，既不丰富，时代也晚，最早的仅距今3500年左右，远远晚于长江中下游地区。除非将来有比长江、华南更早的稻谷遗存出土，否则只能停留在生物学上的推论。此外，云南的野生稻主要是疣粒野生稻和药用野生稻，作为栽培稻直接祖本的普通野生稻仅仅在靠南边的个别地点才有发现，因此，云南不是普通野生稻分布的中心。"〔4〕即是说，云南作为栽培稻的起源地的观点从考古上来说是不能成立的，因为云南所发现的炭化稻年代上大大晚于长江中下游地区出土的较早栽培稻；从生物性状来说，云南的野生稻与栽培稻的性状也有很大不同，或者说，现在的栽培稻不是由云南地区的野生稻驯化而来的。

著名考古学家苏秉琦先生及严文明先生认为，最近几十年来的考古发现表明，中国稻作起源的中心地区是长江中下游地区，而不是华南地区或云南地区。华南地区和云南地区尽管野生稻资源丰富，但由于华南和云南大部分地区处于北回归线以南地区，

---

〔1〕汪宁生：《远古时期云南的稻谷栽培》，载《汪宁生论著萃编》（上），云南民族出版社2001年版，第745页。

〔2〕汪宁生：《远古时期云南的稻谷栽培》，载《汪宁生论著萃编》（上），云南民族出版社2001年版，第745页；李昆声：《云南在亚洲栽培稻起源研究中的地位》，载《云南社会科学》1981年第1期。

〔3〕［日］渡部忠世著，尹绍亭译：《稻米之路》，云南人民出版社1982年版。

〔4〕陈文华：《农业考古》，文物出版社2002年版，第28页。

气候炎热，长夏无冬，雨量充沛，天然食物资源丰富，人口也较少，缺乏将野生稻驯化为栽培稻的必要性和紧迫性。而长江中下游地区，冬季气温较低，天然食物资源不足，加之人口较多、野生稻资源又少，因此，有必要将野生稻转化为人工栽培稻，以增加稻谷的产量，保障食物供给的需要，在这种情况下，长江中下游地区在事实和理论上成为中国稻作农业的起源中心。[1]

从民族调查情况来看，云南原始农业（刀耕火种农业）中所种植的农作物，除了稻、麦、粟外，还有荞子、燕麦、稗子、高粱、豆类、薯蓣、玉米、土豆等作物，当然，玉米、土豆等物种是近两三百年来从外国或外地引进种植的，而其他作物如稻（陆稻）、麦、粟、荞、燕麦等可能是云南原始农业中长期种植的作物品种。如清代中期，居于怒江流域的怒族，其农作物为："谷产黍、麦，蔬产薯蓣及芋。"[2] 顺宁（今凤庆）地区的"利米人"（彝族的一个支系），"刀耕火种，土宜荞、稗"[3]。滇南地区的"苦葱人"（拉祜族的一个支系），"居山崖，种荞、稗度日"[4]。在佤族居住的阿佤山区，主要种植旱谷和小红米，也种植荞、豆、水稻、玉米等作物，但以旱谷和小红米的种植历史最为久远，其他作物种类都是清代中期后才传入佤族地区的。

三、原始农业的耕作方式

根据考古发现和田野调查资料，云南原始农业以"刀耕"为主，锄耕为辅，这样的"刀耕"地被称为"火烧地""火山地"或"懒火地"，与"刀耕"生产方式相伴的土地利用方式为轮歇式或撂荒式。其基本的耕作方式是：以石斧、石刀或铁刀、铁斧等（近代时期）为工具，砍树烧荒，获得耕种所需的土地；然后在烧过的土地上以削尖的木棍或竹竿为工具，挖穴打洞，将种子放入穴洞中（点播），以土覆盖，或者将种子直接撒播在烧松的土地上，任其自然落地生长；播种之后，不施肥（利用土壤中原有的有机质或烧过的草木灰作肥料），不薅锄，任其自然生长，当谷物成熟时，以石镰、石刀或骨镰等为工具，进行收割；一年或几年之后，当土壤肥力耗尽、产量减少时，即将原耕土地抛荒，重新选地砍烧，进行新一轮的刀耕火种。

由于采用刀耕火种的生产方式，因此，云南原始农业应为旱作农业，或以旱作为主。目前，学术界普遍认为，由于原始农业从采集、狩猎而来，因此原始农业应起源于山地。而从云南地区的情况来看，在生产工具以石器、竹木器为主的"刀耕"农业阶段，由于不可能解决深耕翻土和有效排灌问题，云南地区的原始农业不可能是平地

[1] 苏秉琦：《中国远古时代》序言，上海人民出版社2014年版，第5～6页。

[2] ［清］余庆远撰：《维西见闻纪》，见方国瑜主编《云南史料丛刊》（第十二卷），云南人民出版社2001年版，第65页。

[3] ［清］阮元、伊里布等修，王崧、李诚等纂：《道光云南通志》，见方国瑜主编《云南史料丛刊》（第十三卷），云南大学出版社2001年版，第381页。

[4] ［清］阮元、伊里布等修，王崧、李诚等纂：《道光云南通志》，见方国瑜主编《云南史料丛刊》（第十三卷），云南大学出版社2001年版，第380页。

水田农业，而只可能是山地旱作农业。从民族调查的情况来看，近代时期仍然保持刀耕火种方式的云南边疆少数民族，如独龙族、怒族、傈僳族、佤族、布朗族、基诺族等民族，都为居住于山地的民族，他们经营的原始农业全为旱地农业，种植的作物也为旱地作物，如荞、麦、粟、黍、旱谷等。根据民族调查的情况，汪宁生先生推断，云南地区种植旱稻的历史应早于种植水稻的历史。[1] 云南新石器遗址中发现的稻谷，也应为旱稻，种植稻谷的方式为在山坡地上以刀耕火种的方式进行旱地作业。[2] 由于耕作粗放，加之缺乏灌溉和施肥，完全“靠天吃饭”，因此原始农业的产量总的来说是不高的。在这种情况下，除了经营原始农业外，远古居民或处于相似发展状况的各民族还广泛从事采集、渔猎等活动，以获得更多的食物来源，保障生存的基本需要。

〔1〕 汪宁生：《远古时期的云南稻谷栽培》，载《汪宁生论著萃编》（上），云南民族出版社2001年版，第745页。

〔2〕 汪宁生：《云南考古》，云南人民出版社1992年版，第27页。

第二章 秦汉时期的云南农业与社会

秦汉之际，云南地区存在着许多互不统属、相互征战的部族和王国。据史籍记载，在这些部族和王国中，以位于今滇池地区的“滇”王国最为强盛，并且，滇王国也以它和内地汉王朝的特殊关系而著称。大量考古发掘成果表明，当时的云南地区正处于历史上最为辉煌的青铜时代。“滇”王国是一个具有发达的青铜冶铸技术和先进的农耕文化的强大部族势力。西汉中期以后，随着郡县制度在云南的设置和推行，内地汉文化及农耕技术开始传入云南，云南地区的农业生产也随之发生了重大变化。秦汉时代是云南历史发展的一个转折时代，秦汉时代的云南农业是云南传统农业发展的初始形态。

第一节　秦汉时期云南与内地的关系

一、秦汉时代云南地区的族群状况

战国秦汉时期云南历史发展的基本情况，主要见于西汉中期司马迁所著《史记·西南夷列传》的记载。《史记·西南夷列传》是记载云南地区历史情况的最早文献资料，也是关于秦汉时期云南历史情况的最主要文献资料。《史记·西南夷列传》首先对当时巴蜀西南“蛮夷”的情况作了这样的记述：

西南夷君长以什数，夜郎最大；其西靡莫之属以什数，滇最大；自滇以北君长以什数，邛都最大。此皆椎结，耕田，有邑聚。其外，西自同师以东，北至楪榆，名为巂、昆明，皆编发，随畜迁徙，毋常处，毋君长，地方可数千里。自巂以东北，君长以什数，徙、筰都最大。自筰以东北，君长以什数，冉駹最大。其俗，或土著，或迁徙，在蜀之西。自冉駹以东北，君长以什数，白马最大，皆氐类也。此皆巴蜀西南外蛮夷也。[1]

根据这一记载，秦汉时，巴蜀（古代的“巴”国、秦汉时的“巴”郡其地约为今重庆地区；古代的“蜀”国，秦汉时的“蜀”郡，其地为今四川省成都平原及其周围地区）以西、以南的“西南夷”地区生活着夜郎、滇、邛都、巂（音“西”，古音也读作“髓”）、昆明、徙、筰都、冉駹（音“盲”）、白马等部族。根据著名历史学家方国瑜先生的考证，“夜郎”部族地域在今贵州西南的安顺地区；“滇”部族的地域为今云南省滇池周围地区；“巂”或“巂唐”[2] 的地域为今云南省西部的保山地区；“昆明”部族地域为今云南省西部的洱海周围地区；“邛都”部落地域为今四川省南部的西昌和凉山地区；“徙、筰都”部落地域为今四川省雅安地区；“冉駹”地域为今四川省成都平原西北的茂汶地区；“白马”地域在今四川成都以北的德阳、广汉地区。[3] 由

---

〔1〕［汉］司马迁撰：《史记》，岳麓书社1994年版，第830页。

〔2〕根据《史记》中的《西南夷列传》和《大宛列传》的记载，在今滇西地区有“巂、昆明”两个部族或王国，而在后代的史籍中，记载滇西地区有“巂唐”“昆明”部族，对此，方国瑜先生、林超民先生认为《史记》所说的“巂”即其他史籍所记的“巂唐”。参见方国瑜：《中国西南历史地理考释》（上册），中华书局1987年版，第19～20页；林超民、秦树才：《秦汉西南夷新论》，载《林超民文集》（第一卷），云南人民出版社2008年版，第280～281页。

〔3〕参见方国瑜：《中国西南历史地理考释》（上册），中华书局1987年版，第9～20页。

"西南夷"所居住的这些地域可以看出，从地域和方位而言，"西南夷"实包括"南夷"和"西夷"两大部分，大体说来，在今贵州、云南及川西南地区的为"南夷"，在今四川其他地区的为"西夷"。

从现今云南省的地域范围来看，秦汉时云南地区存在着地域、人口不等的大小数十个部族，其中以滇中地区的"滇"部族、滇西地区的"嶲""昆明"部族等规模较大。"滇"部族即"滇"王国，分布于滇中的滇池周围地区；"昆明"部族即分布于洱海周围地区的"昆明"人；"嶲"应即"嶲唐"，"嶲唐"既是地区名也是部族名。作为地名，嶲唐在今保山市隆阳区一带，即两汉时的"嶲唐县"地；作为部族名，嶲唐地区的部族为哀牢族，即汉晋时期永昌郡的哀牢人。[1]

从生计方式来看，根据《史记》的记载，滇中地区的"滇"部族与贵州西南部的"夜郎"部族和川南的"邛都"部族，都是"椎结"[2]"耕田""有邑聚"，即过着定居农业生活的部族；而在从同师（今保山、龙陵一带）到楪榆（楪榆也作葉［叶］榆，今大理）的滇西广大地区，巂、昆明部族的经济文化特征是"编发"（将发编成辫）"随畜迁徙""毋常处""毋君长"，即过着逐水草而居的游牧生活，部族内部尚无阶级分化和贵贱之分。

以上所言，就是司马迁《史记・西南夷列传》所展示的汉武帝时期巴蜀以南今云南和贵州西部地区部族分布的大概情况。

二、战国至西汉初期云南与内地的交往与联系

秦汉时期是中国由分裂走向统一、由分封走向郡县、由分权走向集权的重要时期。公元前221年，秦国击灭了战国后期的六大诸侯国，统一了全国，建立了专制集权的秦王朝。秦王朝采取了一系列巩固统一、维护集权的政治措施，其中最重要的就是在全国推行郡县制，各郡县由王朝中央直接管辖，消除了商周以来的分封制所带来的分裂割据的政治隐患。公元前206年，汉王朝建立后，汉承秦制，继续推行秦朝的郡县制度，同时，开疆拓土，招抚"四夷"，不断扩大汉王朝的政治影响和统治区域。正是在秦汉时期统一、开放、进取、扩张的政治态势之下，僻处西南的云南地区正式融入中国历史发展的整体进程，成为统一多民族国家中难分难舍的成员。

战国至西汉初期，内地与云南之间的交往联系主要反映在这样三件历史事件上，这就是战国后期楚将庄蹻王滇、秦开五尺道"置吏"和汉武帝通"西南夷"后在滇池

---

〔1〕林超民、秦树才：《秦汉西南夷新论》，载《林超民文集》（第一卷），云南人民出版社2008年版，第280～281页。

〔2〕过去认为，"椎结"即把头发挽成结（髻），如尖锥形。汪宁生先生认为，"椎"即"锤"，即发髻略如锤形。汪先生指出，所谓"椎结"并非尖锥形，而是以带束之，垂于脑后。《旧唐书・南蛮传》所说"东谢蛮"："男女椎髻，以绯束之，后垂向下。"这是对"椎结"发式的准确记载。"滇"人的"椎结"发式在青铜器图像上有较多反映，发掘报告将其称为"银锭髻""垂髻"或"束发"，实际这就是"椎结"发型。见汪宁生：《晋宁石寨山青铜器图像所见古代民族考》，载《汪宁生论著萃编》（上），云南民族出版社2001年版，第614页。

地区设置益州郡。

关于前两件大事，《史记·西南夷列传》是这样记载的：

始楚威王时，使将军庄蹻将兵循江上，略巴、黔中以西。庄蹻者，故楚庄王苗裔也。蹻至滇池，［地］方三百里，旁平地，肥饶数千里，以兵威定属楚。欲归报，会秦击夺楚巴、黔中郡，道塞不通，因还，以其众王滇，变服，从其俗，以长之。秦时常頞略通五尽道，诸此国颇置吏焉。十余岁，秦灭。及汉兴，皆弃此国而（开）［关］蜀故徼。[1]

根据这一记载，我们看到，战国后期至汉初云南与内地交往的情况是：战国后期，楚国派将军庄蹻率兵从长江而上，到达今重庆和贵州地区，在征服了夜郎（秦汉时的夜郎国在今贵州安顺、普定、平坝一带地区）后，然后西进到达今滇池地区，征服了当地部族，将这些地方都纳入楚国的管辖之下。然后，庄蹻率军欲返回楚国国都郢（今湖北江陵）以报告使命的完成，才走到半途，原先属于楚国的巴（今重庆一带）、黔中郡（今贵州东北地区）又被秦国发兵占领，庄蹻的归途被阻断，无奈之下，庄蹻又只好率军返回滇池地区。庄蹻及其孤军远征的楚军官兵，一方面，依靠强大的军事力量慑服当地部族，成为当地“滇”[2] 人的统领；另一方面，为了能够在“蛮夷”地区生存下来，他们也只有改换衣冠，顺从“蛮夷”的风俗习惯，慢慢地融合于当地部族之中。秦国统一天下后，在巴、蜀地区设立了郡县，派常頞修通从今四川宜宾到今滇东北昭通、曲靖一带的“五尺道”，并在这一带设置机构和官吏进行管辖，但具体情况不详。西汉王朝建立后，致力于巩固巴、蜀地区，没有余力更进一步地经略夜郎、滇、邛都、昆明等“西南夷”地区，这种情况，直到汉武帝继位后才开始发生变化。

汉武帝即位后，汉王朝经过数十年的休养生息，国力已变得非常强大，汉武帝于是致力于北击匈奴、南抚夷越的工作。而南抚夷越的主要内容就是招抚今云南、川西

---

〔1〕［汉］司马迁撰：《史记》，岳麓书社 1994 年版，第 830 页。关于楚将庄蹻入滇的时间，许多学者考证认为应在楚顷襄王十九年或顷襄王二十二年时，而非楚威王时，约为公元前 280 年或公元前 277 年。本段末句“及汉兴，皆弃此国而开蜀故徼”中的“开”字，方国瑜先生认为应为“闭”字之误，即汉朝建立后，关闭了蜀地与蜀外边徼的夜郎、滇、邛都、巂、昆明等部族的联系。见方国瑜《云南民族史讲义》，云南人民出版社 2013 年版，第 82 页。

〔2〕秦汉时，滇池地区的部族称为“滇人”或“滇国”，其首领称为“滇王”。一些人认为“滇”之名来源于“滇池”，即因滇池的存在而称滇池地区的居民为“滇人”。至于滇池的得名，又因“湖水倒流如颠”而称为颠（滇）池。也有人认为，滇之名来源于“甸”，即先民称滇池所在的平坝地区为“甸”，后转为“滇”。林超民先生认为，这两种说法都是不确的。林超民先生指出：“是先有了滇部族之后，才有滇池、滇国、滇王、滇马、滇僮等名称。‘滇’的本原既不是滇地即滇池平原，亦不是滇池，而是滇族、滇部落。”也就是说，是先有部族居民，然后才有居住地的地名，而不是先有地名，再以此命名部族名。至于滇部落名称为“滇”，可能源于其部落首领名称，即以首领名作为部落名。这种情况在古代许多民族中是较为普遍的。见林超民：《也谈滇的由来》，载《林超民文集》（第四卷），云南人民出版社 2008 年版，第 303 ~ 305 页。

南和贵州地区的“西南夷”和两广地区的“南越”。在招降“西南夷”的过程中，汉武帝使用了文、武两手措施，一方面，派中郎将司马相如往越巂、按道侯韩说往滇池等地进行和平招抚；另一方面，对不听劝说、极力反汉的部族以武力进行征服。在“西南夷”地区，汉武帝建元六年（公元前135年），汉王朝先在今四川南部和云南东北部地区设置犍为郡，管辖这一地区归附汉王朝的各部族；汉武帝元鼎五年（公元前112年）汉朝发兵攻破了南越，借兵威招抚了夜郎等部落，在今贵州中西部地区设立了牂牁郡；元鼎六年（公元前111年）汉朝征服了邛都，在今四川西南的西昌地区设立了越巂郡。这样，“西南夷”地区的重要部族只剩下滇、昆明、巂（即巂唐）等部落尚未归顺汉朝。

在“滇”部落归降汉朝之前，汉王朝与“滇”“昆明”部族之间已有时断时续的联系。在张骞通西域后，汉武帝为了打通从蜀国往西南经身毒（身读作“元”，身毒即天竺，今印度）至大夏（今阿富汗）的道路，曾派使者至“滇”，想从“滇”部落所在的滇池地区出发，经“昆明”部落居住的洱海地区前往身毒。汉使到滇后，滇王尝羌给予了友好接待，自以为人多地广的滇王甚至询问汉使：“汉孰与我大?”滇国虽未为难汉使，但汉使经过“昆明”地界时，则屡遭“昆明”部族的阻拦或劫杀，始终无法前往身毒国。汉使回到长安后，“盛言滇大国，足事亲附”[1]，汉武帝于是对滇国给予了特别的注意和重视。在攻灭了南越，招抚了夜郎后，汉武帝想通过军事威慑方式对滇王尝羌进行劝降，以达到不战而胜的目的，但尝羌自恃兵多地广，又与周围各部结有军事同盟关系，不听汉使的劝说，欲与汉军对抗，直到最后汉军大兵压境，尝羌看到众寡悬殊，迫于情势，才不得不降。《史记·西南夷列传》记其事说：

> 上使王然于以越破及诛南夷兵威风喻滇王入朝。滇王者，其众数万人，其旁东北有劳浸、靡莫，皆同姓相扶，未肯听。劳浸、靡莫数侵犯使者、吏卒。元封二年，天子发巴蜀兵击灭劳浸、靡莫，以兵临滇。滇王始首善，以故弗诛。滇王离难西南夷，举国降，请置吏入朝。于是以为益州郡，赐滇王王印，复长其民。[2]

元封二年（公元前109年），汉武帝在以军事威胁降服了滇王后，在滇王统治地区设置了益州郡。同时，仍封尝羌为“滇王”，让他继续统领原滇国的居民，根据汉王朝及益州郡太守的旨意，治理原有领地。在滇王降汉后数年，西汉政权击败了“昆明”部族，将“昆明”人分布和活动的部分地区纳入益州郡辖区，设立了云南、邪龙、来

---

〔1〕［汉］司马迁撰：《史记》，岳麓书社1994年版，第832页。

〔2〕［汉］司马迁撰：《史记》，岳麓书社1994年版，第832页。文中“离难西南夷”五字义不可解，一些学者认为，“离难”为滇王名，“西南夷”三字为衍文（见方国瑜主编《云南史料丛刊》第一卷，第9页，注［56］）；方国瑜先生根据《汉书·西南夷列传》写作“滇王离西夷”，认为“滇王离难西南夷”中的“难”字和“南”字为衍字，应为“滇王离西夷”，“离”即“丽”，为附丽之意，“西夷”即越巂夷，为羌人，已先降汉，以其地设为越巂郡，滇王附丽越巂夷之后降汉，设为益州郡。见方国瑜《云南民族史讲义》，云南人民出版社2013年版，第186页。

唯、楪榆、比苏、不韦、嶲唐等6县管理当地部族人民。

以上所述就是战国后期至西汉武帝时期内地与云南交往的基本情况。

三、两汉王朝对云南的经营与治理

汉王朝在原“滇”王国地区设置益州郡后，正式将云南大部地区纳入中央王朝的管辖之下。汉武帝时，将全国划分为13个大的行政区域，即扬州、交趾、并州、青州、兖州、荆州、幽州、徐州、朔方、益州、凉州、豫州和冀州，设立13个刺史部，派遣刺史代表中央巡察和管辖所属郡县。今四川、甘南、汉中、重庆、贵州、云南等地当时属于益州刺史部的辖区，益州刺史部治所先在雒（今四川广汉北）、绵竹（今四川德阳东北），后移至成都。巴蜀地区即今四川、重庆地区是当时益州刺史部所辖的中心地区。益州刺史部下辖汉中郡、广汉郡、蜀郡、犍为郡、越嶲郡、益州郡、牂牁郡和巴郡等8郡。也即是说，在今滇中地区设立的益州郡，以及在今滇、黔相邻地区设立的牂牁郡和在今四川西昌与云南楚雄交界的金沙江两岸地区设置的越嶲郡，都属于治所在今四川地区的益州刺史部的管辖之下。显然，两汉时的益州郡和益州刺史部，虽名称相同，但地位和辖区不可同日而语。而以益州指称今四川地区，是在三国以后，晋初分益州之南中四郡设置宁州、益州之汉中地区设置梁州以后，益州才专指今四川地区。

益州郡的治所在滇池县（今晋宁县）。益州郡共统领24县，其地域范围包括现今滇东的曲靖地区，滇中的昆明、玉溪、红河等地，以及滇西的楚雄、大理、保山地区，也就是说，今天云南省境的大部分地区西汉时都属于益州郡的管理范围。益州郡辖下的24个县分别是：滇池（今晋宁晋城、呈贡）、双柏（今易门、双柏）、同劳（今陆良县、麒麟区越州镇）、铜濑（今马龙）、连然（今安宁）、俞元（今澄江、江川、玉溪市红塔区）、牧靡（今嵩明、寻甸）、谷昌（今昆明市区及市郊各区）、秦臧（今禄丰、罗次、富民）、邪龙（今巍山、漾濞）、味（今曲靖市麒麟区、沾益县）、昆泽（今宜良）、楪榆（今大理市、洱源、剑川、鹤庆）、律高（今通海、河西）、不韦（今施甸）、云南（今祥云、弥渡、凤仪）、嶲唐（今保山市隆阳区）、弄栋（今姚安、大姚南部）、比苏（今云龙、兰坪）、贲古（今蒙自、个旧）、毋棳（今建水、石屏、开远）、胜休（今石屏、红河、元阳）、建伶（今晋宁昆阳）、来唯（今南涧）。[1]

牂牁郡郡治驻故且兰县。下辖17个县，其中有11个县在今云南地区。这17个县是：故且兰（今贵州都匀、黄平）、镡封（邱北）、鳖（音“毕”，今贵州黔西、大方、纳雍、织金、金沙等地）、漏卧（今罗平）、平夷（今贵州普安、郎岱）、同并（今弥勒）、谈指（今贵州兴仁、晴隆）、宛温（今云南富源、贵州盘县）、毋敛（今贵州独山、荔波、三都）、夜郎（今贵州安顺、镇宁、关岭、普定）、毋单（今华宁）、漏江

---

〔1〕［汉］班固撰：《汉书·地理志》，见方国瑜主编《云南史料丛刊》（第一卷），云南大学出版社1998年版，第47～48页。政区的古今地域范围依据方国瑜先生的考证和观点，见方国瑜《中国西南历史地理考释》（上册），中华书局1987年版，第135～140页。

（今泸西、师宗）、西随（今蒙自蛮耗、屏边、金平）、都梦（今西畴、麻栗坡）、谈稿（亦作谈稾，今路南［石林］、陆良南部）、进桑（今河口、马关、文山、砚山）、句町（亦作鉤町，今云南广南、富宁与广西百色、西林、凌云）。[1]

越嶲郡郡治在邛都县（今四川西昌、德昌）。下辖15个县，其中有3个县在今云南地区。在今云南境内的3个县是：遂久（今永胜、丽江）、姑复（今华坪）、青蛉（今永仁、大姚北部）。[2]

上述3郡为西汉时云南地区的郡县设置情况。到了东汉时期，在今云南境内，在3郡之外，在滇西地区增设了永昌郡，在今滇东北昭通地区，设置了犍为属国。

永昌郡设置于东汉永平十二年，即公元69年。《后汉书·西南夷列传》记述了永昌郡设置的基本情况："永平十二年，哀牢王柳貌遣子率种人内属，其称邑王者七十七人，户五万一千八百九十，口五十五万三千七百一十一。西南去洛阳七千里。显宗以其地置哀牢、博南二县，割益州郡西部都尉所领六县，合为永昌郡。"[3] 永昌郡郡治在嶲唐县。所辖的8县为：嶲唐、不韦、比苏、楪榆、邪龙、云南、哀牢（今腾冲、龙陵、德宏州西部）、博南（今永平）。

现今滇东北地区，西汉武帝时为犍为郡辖地，称为"犍为南部"，辖朱提（朱提读作"熟石"，今昭通市昭阳区、鲁甸县）、堂琅（今会泽、巧家）、汉阳（今贵州威宁、水城）和南广（今云南镇雄、威信及四川珙县、高县）4县。东汉永初元年（公元107年），改为"犍为属国"[4]，辖朱提、汉阳、南广3县，设置"属国都尉"作为"犍为属国"的行政长官，对所属区域进行治理管辖。

至东汉末期，现今云南地区属于益州郡、永昌郡、越嶲郡、牂牁郡和犍为属国等4郡1属国的辖区范围，其中益州郡和永昌郡辖区全在今云南省境内，牂牁郡大部、越嶲郡少部及犍为属国一部在今云南省境内。所有这4郡1属国都受治所设于成都的益州刺史部的节制和管辖。

两汉时云南境内4郡1属国的设置状况反映出什么历史信息和特点呢？正如方国瑜先生所指出的那样，两汉在西南地区设置郡县，是以原部落联盟为基础的，郡县区域即是原部落联盟区域，如以夜郎王属地设为牂牁郡，滇王属地设为益州群，邛都属

〔1〕［汉］班固撰：《汉书·地理志》，见方国瑜主编《云南史料丛刊》（第一卷），云南大学出版社1998年版，第48页。政区的古今地域范围依据方国瑜先生的考证和观点，见方国瑜《中国西南历史地理考释》，中华书局1987年版，第138～142页。

〔2〕［汉］班固撰：《汉书·地理志》，见方国瑜主编《云南史料丛刊》（第一卷），云南大学出版社1998年版，第47页。政区古今地域范围参见方国瑜《中国西南历史地理考释》，中华书局1987年版，第135～140页。

〔3〕［宋］范晔撰：《后汉书·西南夷列传》，见方国瑜主编《云南史料丛刊》（第一卷），云南人民出版社1998年版，第60页。

〔4〕东汉时期，在边郡地区，设置"属国都尉"，"主蛮夷降者"，即对新归附的地区实行略为特殊的管理办法，所谓"稍有分县，治民比郡"，属国都尉的官阶和待遇，与郡太守基本相同，即所谓"比二千石"。参见《后汉书·职官志》（见方国瑜主编《云南史料丛刊》第一卷，云南大学出版社1998年版，第71页）。

地设为越巂郡等，只因“昆明”部族无大的君长能够号令整个部族地区，故将“昆明”部族活动地区附属于益州郡管辖之下。[1] 后来伴随着哀牢族的归附，东汉王朝即在今滇西地区设置永昌郡，管理洱海地区的“昆明”人和澜沧江地区的“哀牢”人。为了更好地加强对西南民族地区的统治，汉王朝在原“西南夷”地区实行郡县机构与王、侯势力并立的统治方式：王朝政权根据部族势力的大小及其与中央王朝的关系，给予其首领王、侯的封号，利用其上层来进行统治，所有受封的王、侯必须听从郡县长官的号令，郡县官员则根据王朝利益的需要，利用各部族王、侯之间的矛盾来进行控制。从益州郡设置到东汉灭亡的300年间，现今云南地区，各部族之间、王朝郡县与部族之间，纷争不息、战乱时起。在此历史进程中，王朝政权对云南的控制不断深入，内地的汉族移民陆续进入云南，一些移民经过数代的经营，逐渐发展成为地方上有影响的“大姓”势力。

以上就是两汉政权经营治理云南地区的大体情况。

第二节　战国秦汉时期的云南青铜文化

一、云南青铜文化的发现

在人类历史上，有三种材料及其器物工具对人类文明发展产生了重大作用和影响，这就是石器、青铜器和铁器。青铜是一种铜锡合金，它的质地较之纯粹的红铜更为坚硬，能够以之制造各种生产工具、生活用具和作战武器。从世界文明发展史来看，青铜时代是石器时代之后、铁器时代之前的一个重要历史时代（当然，也有一些民族从石器时代直接进入铁器时代）。我国的商周时期，就是青铜文化高度发达的时代。

在20世纪50年代以前，人们对战国、秦汉时期云南地方历史文化的认识，除了依据史籍上记载的少量信息外，再无其他资料和线索。正因为此，战国、秦汉时代云南地区的历史面貌，在人们心中是十分模糊的，甚至在人们的想象中，当时的“滇”“昆明”等部族应该是十分野蛮和愚昧的。20世纪50年代以来云南考古的重大发现，刷新了人们的认识——战国、秦汉时期的云南，正处于历史上辉煌的青铜时代，那个被汉武帝赐以金印的“滇王”及其“滇”国臣民，就是云南青铜文化成就的主要代表者、创造者和传承者。

云南青铜器的发现地域甚广，包括楚雄、大姚、姚安、祥云、大理、施甸、永胜、昆明、晋宁、安宁、富民、澄江、江川、曲靖等地，以滇中滇池地区和滇西地区为主

〔1〕 方国瑜：《云南民族史讲义》，云南人民出版社2013年版，第176页。

要分布地。[1] 云南地区出土青铜器几乎全为墓葬发掘所得，主要的考古发现地有楚雄万家坝、祥云大波那、晋宁石寨山、江川李家山和官渡羊甫头，其中，尤以晋宁石寨山、江川李家山、官渡羊甫头的发掘，出土器物最多，文物价值最高，在国内外的影响也最大。

石寨山位于滇池东岸，东距晋城镇5公里，西距滇池0.5公里，是一座南北长500米、东西最宽仅200米的石灰岩小山丘。就是这样一座不起眼的小山丘，成为揭开滇王国历史之谜的重大突破口。1955～1960年，考古工作者对石寨山上古墓群进行了4次发掘，共清理墓葬50座，出土文物4800余件。[2] 其中，在1956年11月至1957年1月进行的第二次发掘中，共清理墓葬20座，出土文物4000余件，著名的“滇王之印”就是在这次发掘中出土的。“滇王之印”的出土，证明石寨山墓葬群，就是《史记》中记载的滇国的王室墓地，石寨山周围地区，就是古滇国的政治中心。

李家山位于江川县城北16公里早街村后的山头上，西北距晋宁石寨山约50公里，北距昆明市80余公里。山势为南北走向，背靠多依山，面向江川坝子和星云湖，从山脚至山顶高约100米。在20世纪60年代，李家山上的古墓里已有青铜器出土。1972年1月，云南省博物馆组织考古发掘组，在张增祺先生的主持下，对李家山古墓葬进行正式的考古发掘。1991年初，云南省文物考古研究所（原省博物馆文物工作队）联合玉溪地区文物管理所和江川县文物管理所，对李家山墓地在第一次发掘区的周围进行了第二次发掘。两次发掘出土大批青铜器文物，其中就有著名的“牛虎铜案”。

羊甫头村位于昆明市东郊官渡区小板桥镇。1998年9月至1999年6月，云南省考古研究所、昆明市博物馆、官渡区博物馆组成联合考古队，对羊甫头村的古墓群进行考古发掘，共清理古代滇文化时期墓葬524座，明清时期墓葬10座，出土文物及采集文物共计5243件。除明清墓葬外，其他墓葬的历史时期初步判断为西汉中期至东汉中期。西汉墓葬随葬品包括青铜工具、兵器、农具、车马具、乐器、纺织工具及生活用具等，东汉墓随葬品有青铜釜、甑、提梁壶、耳环、摇钱树、动物模型、熏炉、镜、洗以及陶灶、陶仓、陶釜等，特别是在一大型木椁墓里，出土了大量漆木器，以及成捆带漆木柄的兵器、工具、农具等。[3] 总的来看，羊甫头考古发现的器物，以青铜器为主，陶器、漆木器次之，有少量铁器和玉石器。青铜器、玉石器等的种类和器型与石寨山、李家山墓地无大差别，陶器及保存完整的漆木器的大量出土，则是其他滇文化墓地少见的。[4]

〔1〕 云南青铜文化，最初被划分为两个类型，即滇池地区青铜文化和滇西地区青铜文化，后来又被划分为四个类型，即滇池地区、洱海地区、滇西北地区和滇南地区。见汪宁生著《云南考古》，云南人民出版社1992年版，第235页。

〔2〕 张增祺：《滇国与滇文化》，云南美术出版社1997年版，第3页。

〔3〕 王咏刚：《我省继石寨山李家山之后又一次重大考古发现：昆明羊甫头出土大批古滇国文物》，载《云南日报》，1999年6月22日。

〔4〕 杨帆、万扬、胡长城编著：《云南考古（1979～2009）》，云南人民出版社2010年版，第99页。

二、云南青铜文化的器物类型及年代

（一）云南青铜文化的器物类型

截止20世纪90年代初期，云南各地共出土古滇国时期青铜器10000余件。青铜考古专家张增祺先生将其分为五大类80余种，即：

生产工具类（包括农业生产工具和手工业工具）：铜锄、铜锛、铜镰、铜爪镰、铜铲、铜斧、铜锯、铜凿、铜削、铜刀、铜针、铜锥、鱼钩、纺轮、成套织布工具（包括经轴、布轴、打纬刀、布撑和分经杆等）。

生活用具类：铜壶、铜洗（洗为古代盥洗用的器皿，形似浅盆）、铜罐、铜碗、铜盘、铜杯（包括耳杯及高足杯）、铜勺、铜炉、铜奁、铜案、铜盒、铜尊、铜釜、铜甑、铜鐎斗、铜盉（盉为古代酒器，用青铜制成，多为圆口，腹部较大，三足或四足，用以温酒或调酒）、铜桶、针筒、线盒、绕线板、伞盖、执伞俑、铜灯、铜枕、铜镜、贮贝器、带钩、印章、钱币等。

兵器类：铜剑、铜矛、铜斧、铜戈、铜钺、铜啄、铜戚（戚为一种斧形兵器）、铜锤、铜叉、铜簇、铜镦、狼牙棒、弩机、箭箙、剑鞘、头盔及各式铜甲等。

乐器类：铜鼓、铜钟、铜锣、铜铃、曲柄和直柄葫芦笙等。

装饰品类：圆形、长方形和不规则形浮雕扣饰，各种杖头铜饰、铜镯、铜簪、铜珠饰等。[1]

（二）云南青铜文化的年代

云南最早的青铜器为剑川海门口遗址出土的青铜器，其时代为公元前12世纪末。此后，楚雄万家坝青铜器的年代经放射性碳素测定为公元前425年±80或公元前455年±80年，祥云大波那青铜器的年代为公元前465±75年，即公元前5世纪至公元前6世纪，约当中原地区春秋末期至战国初期。

晋宁石寨山青铜文化的年代，云南省博物馆1959年编写的《云南晋宁石寨山古墓群发掘报告》，根据出土器物的时代特征和流行年代，将墓葬年代分为四期，第一期为西汉初或更早些；第二期为西汉文帝至武帝时期；第三期为西汉昭帝至成帝时期；第四期为西汉末至东汉初期。[2] 总的来说，石寨山的墓葬年代为西汉初期（或战国末期）至东汉初期。

李家山青铜文化的年代，云南省博物馆1975年发表的《云南江川李家山古墓群发掘报告》，根据墓地出土文物分为早、中、晚三期：早期墓为战国至秦汉初；中期墓为西汉中期；晚期墓为西汉末至东汉初。另外，根据中国科学院考古研究所（即今中国社会科学院考古研究所）1977年公布的对李家山一座早期墓葬的放射性碳素测定数据，

---

〔1〕 张增祺：《滇国与滇文化》，云南美术出版社1997年版，第16页。

〔2〕 云南省博物馆：《云南晋宁石寨山古墓群发掘报告》，文物出版社1959年版，第133～134页。

其年代为公元前625±105年[1]，约为公元前6世纪至公元前5世纪，比云南省博物馆发掘报告上判定的年代早了200年左右。对于这一问题，一些学者认为，新公布的墓葬年代数据可能是一个孤立的数据，它的可靠性值得怀疑，[2] 仍支持李家山青铜器年代为战国后期至西汉末期或东汉初期的判定。

羊甫头青铜文化的年代如前所述，根据发掘专家的判定，为西汉中期至东汉中期。

如何从总体上来看待云南青铜文化的年代呢？对于云南青铜文化的历史下限，人们的看法基本相同，即为东汉初期（以石寨山、李家山的出土器物为依据）或中期（以羊甫头发掘器物为据）。而对青铜文化的上限，则因所依据器物的地区和时代差异而有不同的看法：如以剑川海门口青铜器为据，则为商代后期；[3] 如以楚雄万家坝、祥云大波那出土青铜器为据，则为春秋末期、战国初期；如以滇池地区的石寨山、李家山、羊甫头出土青铜器为据，则为战国后期或西汉初期至东汉初期或中期。需要说明的是，对滇池地区青铜器年代的看法，学者们的意见则是基本相同的：张增祺先生认为，从滇国地域范围内30多处滇文化墓地出土的器物来看，滇国青铜文化的时代大致在战国末至东汉早期，亦即公元前3世纪中叶至公元1世纪初；[4] 法国学者米歇尔·皮拉左里根据对晋宁石寨山、江川李家山、呈贡天子庙等墓地出土青铜器物上的花纹组合的比较分析，认为滇池地区青铜文化的年代，应为公元前250年至公元50年之间，亦即战国晚期至东汉初期。[5] 总的来说，云南青铜文化发展的中心地区，就是以滇池为核心的滇中地区，云南青铜文化发展的辉煌时期，就是战国末期至东汉初期。

三、云南青铜文化的渊源流变

（一）云南青铜文化的源流问题

云南青铜文化究竟是独立发展起来的地方文化还是受其他文化影响而形成的多元复合文化？对于这一问题，学者们的认识大体一致，即早期青铜文化是具有浓郁地方特点和特有民族风格的地域文化，西汉中期以后，云南青铜文化受到内地汉文化的较大影响，风格和内容都发生了较大变化，至东汉初期，云南青铜文化的地方特点基本消失，最终为内地汉文化所取代。[6]

[1] 中国科学院考古研究所实验室：《放射性碳素测定年代报告（四）》，载《考古》1977年第3期。

[2] 汪宁生：《云南考古》，云南人民出版社1992年版，第67页。

[3] 张增祺先生认为，由于海门口青铜器的多数器物为范铸（非锻打）且含锡量较高（非铜锡共生矿所致），因此，海门口青铜器应是青铜冶炼铸造技术发展到一定水平的产物，它们显然还不是云南地区最早的青铜器，云南地区最早的青铜器尚有待于今后新的考古发现。见张增祺《滇国与滇文化》，云南美术出版社1997年版，第16页。

[4] 张增祺：《滇国与滇文化》，云南美术出版社1997年版，第21页。

[5] ［法］米歇尔·皮拉左里：《滇文化的年代问题》，载《考古》1990年第1期。

[6] 汪宁生先生在《云南考古》一书中这样指出："西汉以后，云南青铜文化中具有民族风格和地方色彩的特有器物全部消失，仅有铜鼓作为一种文化因素一直保留下来，为很多少数民族所继承。"见《云南考古》，云南人民出版社1992年版，第83页。

云南青铜文化的主要源流是云南新石器时代的地方文化，这是许多学者的共识。张增祺先生在详细考察滇池区域青铜文化与当地新石器时代文化之间的关系后指出："种种迹象表明，古代滇国璀璨的青铜文化，主要是在滇池区域新石器文化的基础上发展起来的，石寨山本身就是一处新石器时代遗址。"[1] 考古学家汪宁生先生在20世纪80年代所著《云南考古》一书中对云南青铜文化作过这样的总结："在公元前6～前5世纪甚至更早的时候，云南就存在着一个具有鲜明地方特点的青铜文化。这一文化是由当地新石器文化一步一步发展起来的，完全是古代少数民族人民不断创造的结果。其主要证据就是构成这一文化主要特征的一些器物，与云南新石器文化中同类器物有因袭递变之迹可寻。例如，刃部稍宽大的青铜斧与平面呈梯形的石斧类似；青铜圆刃钺可以上溯到剑川海门口出土的铜钺，再上溯到新石器时代的有肩石斧之类；爪镰有的作半月形，上有双孔，与双孔半月形石刀显然有关。"[2]

当然，云南青铜文化在形成和发展过程中也受到其他文化的影响，如中原文化、巴蜀文化、楚文化、北方草原文化等，但这些外来文化应是云南青铜文化中的次要因素，既非源头也非主流，在云南青铜文化中不占主导地位。

在外来文化对滇文化的影响中，楚文化对云南青铜文化的影响是一个争议较多的问题。汪宁生等学者认为，楚文化对云南青铜文化发展产生过一定的影响。汪宁生先生说；"从出土物看，石寨山文化和楚文化至少有一定关系。例如，'贮贝器'的双耳作虎形，正是楚器的风格。有一种卷云纹玉璧，与长沙战国及西汉前期墓葬出土者尤为相近。青铜器图像上所见'滇'人妇女发式特点为叠发为髻，中间束带，垂于脑后。这种发式它处少见，独于长沙陈家大山出土战国帛画中曾一见。又湖南西部出土月口斧、空首钺，也颇具石寨山铜器的风格。滇楚之间原有一定的文化联系，庄蹻入滇正是在这基础上发生的。"[3] 张增祺先生则对此提出不同看法。张增祺先生将出土的战国时期楚国都城郢（今湖北江陵）的青铜器和滇国都城晋宁石寨山出土的青铜器（对一种文化来说，都城附近的文化遗物最有代表性）进行比较研究，认为两者在兵器、容器、生产工具、乐器、装饰品的特征和人物的服饰、习俗特色等方面，均无共同之处，看不出两种文化有什么必然联系。[4] 看来，对楚文化和滇文化之间的相互关系，还需要进行更深入的研究，才有可能形成某些共识。

（二）云南不同地区青铜文化的相互关系问题

从考古发掘情况来看，云南青铜文化既有时代的差别，也有地域的不同，各地青铜文化之间是一种什么关系呢？对此，学者们提出了不同的看法。汪宁生先生认为，滇西的楚雄万家坝、祥云大波那青铜器和滇池地区晋宁石寨山、江川李家山青铜器之间是一种发展演变的继承关系。汪先生指出：

---

[1] 张增祺：《滇国与滇文化》，云南美术出版社1997年版，第25页。

[2] 汪宁生：《云南考古》，云南人民出版社1992年版，第81～82页。

[3] 汪宁生：《试论石寨山文化》，载《汪宁生论著萃编》（上），云南民族出版社2001年版，第571～572页。

[4] 张增祺：《滇国与滇文化》，云南美术出版社1997年版，第25页。

我们试将万家坝、大波那和李家山、石寨山出土遗物作一比较，可以看出两者基本特征相同，但前者朴质，后者豪奢；前者粗糙，后者精致；再加上前者无铁，后者出现了铁器，两者的区别是显著的。这种区别与其说是由于地区的不同，还不如说是由于时代的差异。万家坝和大波那代表的是云南青铜文化较早阶段，而石寨山和李家山代表的是云南青铜文化的鼎盛阶段，也就是从青铜时代向铁器时代过渡的阶段。从器物种类的由简到繁及形制上的变化，即可看出后者是前者的发展。[1]

张增祺先生通过对万家坝出土铜鼓与石寨山出土铜鼓的比较和分析，认为“万家坝型”铜鼓（云南现今所发现的最早铜鼓）和石寨山铜鼓之间不是发展演变关系，而是平行发展关系，两者之间不仅时代不同、起源地域不同、起源物不同（“万家坝型”铜鼓起源于炊具鼓形铜釜，“石寨山型”起源于容器铜桶），而且使用民族也不同——“万家坝型”铜鼓的主人是古代滇西地区的“昆明”人，而“石寨山型”铜鼓的主人是滇国的主体民族“滇”人。[2]

虽然目前学者们的看法不尽一致，但随着研究的不断深入，人们对云南各地青铜文化之间相互关系的认识将会更为科学准确，最终的看法也将会趋于一致。

（三）云南青铜文化的创造者

云南青铜文化的主人是哪一民族或哪些部族？这是一个长期讨论的问题。从总体历史背景来看，云南青铜文化的兴盛期为战国末期至东汉初期，而这一时期，内地王朝政权势力和汉族移民尚未大规模进入云南地区，因此云南青铜文化的创造者并非来自内地的汉人，而是当时云南地区的本地部族，这一点，从青铜器物的风格、内容上也可看出。

那么，云南青铜文化是由当时云南本地的哪些民族和部族创造的呢？根据《史记·西南夷列传》的记载，在汉武帝时代，当时的黔中、黔西地区居住着“夜郎”部落，在夜郎以西的滇东、滇中地区居住着属于“靡莫”“劳浸”部族的众多部落，其中以“滇”部落为最大，在今川西南地区居住着“邛都”部落，他们的发饰特征是“椎结”，他们的生产方式和生活习惯是“耕田，有邑聚”；而在滇西今大理、保山一带进行游牧生活的部族为“嶲”、“昆明”，他们的发饰特征是“编发”，他们的生产和生活方式是“随畜迁徙，毋常处，毋君长”。由于“椎结”民族和“编发”民族的生产方式和生活方式各不相同，因此他们的物质文化和精神文化也必然不同。基于此，汪宁生先生认为，云南青铜文化不论其分布在滇东或滇西，都应是过着定居生活的“椎结”民族所遗留。[3] 即是说，云南青铜器是过着“耕田，有邑聚”生活的“椎结”民族

---

〔1〕 汪宁生：《云南考古》，云南人民出版社1992年版，第67页。

〔2〕 张增祺：《滇国与滇文化》，云南美术出版社1997年版，第18页。

〔3〕 汪宁生：《云南考古》，云南人民出版社1992年版，第40页。汪先生进一步分析说，定居的“椎结”民族在云南分布在滇池及附近地区，游牧的“编发”民族分布在滇池以西地区，只是就其主要部分而言，实际上两者在很多地方都同时并存，交错杂居。即在滇池地区亦有“昆明”人的活动。故说祥云大波那铜棺墓的死者是“昆明”人是不对的。见《云南考古》第84页。

的创造物，即它的主人是“靡莫之属”的“滇”人及其他部落，“随畜迁徙，毋常处”的“昆明”人不是云南青铜文化的创造者。在滇池周围地区虽然也有“昆明”人，但他们在青铜器物图像中的身份是与“滇”人作战的敌人、“滇”人的俘虏和奴隶。汪宁生先生的结论是：“云南青铜文化应是《史记·西南夷列传》所说过着定居生活的‘椎髻（结）’民族的遗存。他们之中的‘滇’人，就是滇池地区高度发展青铜文化的创造者，这一点已因‘滇王之印’的发现得到证实。”〔1〕

张增祺先生的观点则有所不同。他认为，云南青铜文化的创造者除了滇国的主体民族“滇”人外，还应有不断东迁的“昆明”人。先秦时期，“昆明”人原居住在澜沧江河谷地带和洱海地区，过着“随畜迁徙”的游牧生活；秦汉时期，除了一部分仍留在滇西地区从事游牧活动外，大部分“昆明”人迁至金沙江河谷和滇池以西地区，生产、生活方式也由原来的“随畜迁徙”变为农牧结合的定居、半定居生活。同时，伴随着向东扩张，“昆明”人与“滇”人之间不断地发生冲突和战争，这种冲突和战争直到汉武帝元封二年（公元前109年）滇王降汉、元封六年（公元前105年）汉朝击败“昆明”人后才停止。正是在这一背景下，不断东迁的“昆明”人创造了具有自身风格的青铜文化。张增祺先生认为，“根据近年来云南各地发掘的考古材料证实，战国至西汉时期，今禄丰、牟定县以西发现的青铜器，诸如弧肩形铜斧、山字格铜剑、凹形铜锄、窄边铜镯等，与洱海区域青铜文化相似；而禄丰县以东出土的青铜器，则和晋宁石寨山完全相同。可见当时昆明人的分布范围已接近滇池区域。”〔2〕即是说，禄丰以西发现的青铜器属于洱海区域青铜文化风格，其创造者就是原居住于洱海地区、秦汉之后不断东迁的“昆明”人。〔3〕

汪宁生先生与张增祺先生关于云南青铜文化创造者问题的不同看法，实际上也与前述关于云南青铜文化发展源流的不同意见相联系，即云南青铜文化的发展是一条源流还是两条源流。汪先生的看法是云南青铜文化发展的源流基本上是一条，即由早期的万家坝、大波那发展到后来的李家山、石寨山，他们的创造者是那些以“滇”人为代表的“椎结”民族；而张增祺先生则认为，云南青铜文化存在着两个平行的发展源流，一个源流在滇池地区，由“椎结”的滇人所创造，以李家山文化和石寨山文化为代表，另一个源流则是起源于滇西洱海地区，并不断地由西而东地发展迁移，万家坝文化（特别是“万家坝型”铜鼓）则是其代表，它的创造者可能是原游牧于滇西，后不断东迁并逐渐在滇池以西地区定居下来的“编发”的“昆明”人。

汪宁生先生和张增祺先生的看法各有其依据和道理。如以定居的农耕生活作为青

〔1〕汪宁生：《云南考古》，云南人民出版社1992年版，第82页。

〔2〕张增祺：《滇国与滇文化》，云南美术出版社1997年版，第42页。

〔3〕在《滇国与滇文化》一书中，张增祺先生并未明言滇池以西地区的青铜器由“昆明”人所创造，只是反复强调了滇西地区青铜器在形制、工艺上与滇池地区青铜器的区别，并将其称之为“昆明式”青铜器。如他这样写道：“洱海区域及滇西地区发现的昆明文化青铜器，从器形上看，……与滇池区域青铜文化区别甚大，制作工艺和花纹图案也远不及滇文化精致。”见《滇国与滇文化》第42页。

铜文化发展的重要条件，那么“随畜迁徙”或不断东迁的“昆明”人确乎不具备发展青铜文化的有利条件；如说“随畜迁徙”并不断东迁的“昆明”人不具备发展青铜文化的条件，那么，与滇池地区风格、内容不甚相同的滇西青铜文化的创造者又是谁？同样，如说“昆明”人未曾大规模东迁，而仍在滇西地区从事游牧活动的话，那么，滇池地区青铜器图像上众多“编（辫）发”的奴隶、战俘人物形象又出自哪一部族？所有这些问题，如果完全依据《史记·西南夷列传》对秦汉时期云南地区族群分布及其经济类型的相关记载来解读和分析考古材料，确难作出一个令人满意的解释。

近年来，林超民先生经过长期辨析思考，对秦汉时期洱海地区的青铜文化和农业文化提出了新的看法。林先生认为，秦汉时期洱海地区的青铜文化，是新石器时代以来一直生活于洱海地区的“洱海人”创造的。林先生认为，距今3000年前，洱海地区就存在着较为发达的原始农业文化，这就是宾川白羊村文化和剑川海门口文化，两者均是定居的农业文化，以种植水稻为生计来源，同时兼营采集、狩猎和饲养家畜，水稻是当时居民最主要的粮食作物，房屋和窖穴的发现表明当时居民已过着定居的农业生活。到了距今2300年左右的战国后期，洱海地区又出现了以祥云大波那遗址为代表的青铜农业文化，出土了青铜锄等生产工具和“六畜”青铜模型，还出土了干栏式房屋模型，这再次证明了先秦及秦汉时期洱海地区定居农业的历史存在和兴盛发达。根据考古发现，参照文献记载，林超民先生认为，秦汉时期，洱海地区除了分布着“随畜迁徙”的“昆明人”外，还存在着文献没有记载的过着定居农业生活的“古代洱海人”，他们是新石器时代以来洱海地区农业文化的创造者，是洱海地区最早的居民，是现今白族最早的源头。[1] 林先生的看法不仅别具新意，而且是令人信服的。

综合上述观点，我们可以说，秦汉时期滇池地区高度发达的青铜文化，是由当时“滇王”统治下的“滇”人创造的；而滇西地区的青铜文化，则是史籍中没有记载的古代“洱海人”创造的。

第三节　秦汉时期的云南农业生产

在介绍了战国秦汉时期云南与内地的基本关系以及云南青铜考古发掘的基本情况后，我们对这一时期云南历史发展的时代背景和文化特征获得了较为清楚的认识。在这一背景和特征之下，我们对秦汉时期云南地区农业生产的基本情况进行论述和分析。

---

〔1〕 林超民、秦树才：《秦汉西南夷新论》，载《林超民文集》（第一卷），云南人民出版社2008年版，第287～291页；林超民：《白族形成问题新探》，载《林超民文集》（第二卷），云南人民出版社2008年版，第117～126页。按：著名历史学家马曜先生、日本学者林谦一郎博士也对战国、秦汉时代洱海地区存在定居的农业民族这一问题提出了与林超民先生相近的看法。

一、秦汉时期云南的农耕区域和农耕部族

秦汉时期的云南农业，从总体情况来看，已从原始农业阶段发展到了传统农业阶段，其根据就是滇东、滇中地区的许多“椎结”民族或部族已过着“耕田，有邑聚”的定居农业生活，他们的生产方式和生活方式已由原始的游耕发展到定居农耕，生产工具也由原始农业的石、木农具发展到以青铜工具为主的金属农具，耕作方式由“刀耕”发展为“锄耕”，这些均是原始农业发展为传统农业的重要标志。当然，在滇西地区，公元前2世纪左右，巂[1]、昆明等部族过着“随畜迁徙，毋常处，毋君长”的游牧生活，此后，他们中的一些部落可能开始由原始游牧业向半农半牧生产方式转变，而在一些更为边远的地区，许多部族可能仍处于原始的采集渔猎经济阶段和原始的刀耕火种农业阶段。此外，史籍中缺乏记载的“洱海人”应在洱海地区过着定居的农业生活，从事着较为发达的农业生产。

（一）益州郡地区的农耕民族

西汉时的益州郡辖区包括今天曲靖地区一部（即味县——麒麟区、同劳［乐］县——陆良县、同濑县——马龙县），昆明地区大部（滇池县——晋宁县和呈贡县、榖［谷］昌县——昆明市区、连然县——安宁市、建伶县——晋宁昆阳、昆泽县——宜良县、牧靡县——嵩明县和寻甸县），玉溪地区一部（俞元县——澄江县、江川县和红塔区），楚雄地区一部（双柏县——今玉溪市易门县和楚雄州双柏县、秦臧县——楚雄州禄丰县和昆明市富民县），大体说来，即今天的滇中地区，或者说以昆明为中心的昆曲公路、昆玉公路和昆楚公路沿线地区。

根据史籍记载，益州郡是在滇王降汉后在原滇王统治区域的基础上设置的，益州郡辖区即原滇王国的管辖区域。这一点也为考古发现所证明。考古学家张增祺先生以晋宁石寨山出土的青铜器作为衡量的标准器，将周围地区出土的青铜器与石寨山出土的青铜器作比较，以此判断滇国青铜文化的分布范围，他的结论是：滇文化遗物分布范围大致为东至路南（石林）、泸西一线；北达会泽、昭通等地；南抵新平、元江及个旧一带；西到安宁及其附近地区。[2] 可以看出，考古发现所揭示的滇文化分布区域与益州郡的管辖区域大体是一致的（益州郡西部6县为“昆明”人活动区域，到东汉时期划入永昌郡辖区）。

那么，秦汉时期滇国或益州郡的民族或部族有哪些呢？

《史记·西南夷列传》记述说：“西南夷君长以什数，夜郎最大；其西靡莫之属以什数，滇最大；自滇以北君长以什数，邛都最大。此皆椎结，耕田，有邑聚。”又言：“滇王者，其众数万人，其旁东北有劳浸、靡莫，皆同姓相扶。……元封二年，天子发

〔1〕 方国瑜先生认为，“巂”疑即为“巂唐”。作为部族名，巂唐在族属上属于居住于澜沧江以西的哀牢族或部落联盟；作为地名，汉晋时的巂唐为今保山市隆阳区（原保山县）。见方国瑜《云南民族史讲义》，云南人民出版社2013年版，第198页、第221页。

〔2〕 张增祺：《滇国与滇文化》，云南美术出版社1997年版，第11页。

巴、蜀兵击灭劳浸、靡莫，以兵临滇。”[1] 根据《史记》的记载，西汉初期，在夜郎（今贵州西部、北部）以西的今滇东、滇中地区，居住着属于“靡莫”族类的十多个部族或部落，其中以滇部族为最大，它们之间因血缘、地缘关系而结为互助同盟。在西汉元封二年（公元前109年），汉武帝在以武力征服了“滇”国东北部的劳浸、靡莫等部后，继续向西进军，降服了“滇”王。由这些情况我们可以看出，汉初，滇东、滇中地区的民族或部族从族类上属于“靡莫”族群，“靡莫”可能是一个专称，也可能是一个泛称，[2]“滇”部落不仅是“靡莫”族群中最大的部落，而且可能是部落联盟的盟主。“靡莫”族群与贵州的“夜郎”部族、川西南的“邛都”部族，都是过着定居农耕生活的“椎结”民族或族群。以此可以说，益州郡的主体族群就是“靡莫”族群。由于“滇”王在“靡莫”族群中的主导地位（这一点可从滇中地区青铜文化与石寨山青铜文化的共性特征上得到证明），因此，我们也可以把西汉时期滇中的“靡莫”族群统称为“滇”人。从生产方式和生计类型上来看，文献记载和考古发现均已证明，“滇”人是一个从事定居农耕生活的族群。“滇”人所居住的滇池流域地区，土地宽敞肥沃，水利资源丰富，具有发展农业生产的良好条件。《后汉书·西南夷列传》说滇池地区，“河土平敞，多出鹦鹉、孔雀，有盐池田渔之饶，金银畜产之富”[3]；《华阳国志·南中志》也说晋宁郡（原益州郡中心地区）“郡土大平敞，原田多长松，皋有鹦鹉、孔雀，盐池田渔之饶，金银畜产之富”[4]。考古发现也证明，滇人的基本经济类型就是农业，在滇国青铜器中青铜农具占有重要比例，同时，青铜器图像中也有许多表现农业生产活动的场景。

这里，还有一个问题可作进一步的考辨，这就是：“滇”人何人？或者说，“滇”人是何民族或“滇”人包含哪些民族或族群？对于这一问题，历来众说纷纭，难有定论。

方国瑜先生认为，两汉时期滇池地区的居民为叟人，为今天彝族的先民。方国瑜先生考证说，《华阳国志·南中志》说：“汉武帝元封二年，叟反。遣将军郭昌讨平之。”这就是《史记·西南夷列传》所说击灭劳浸、靡莫，即击灭叟夷。所谓“靡莫

[1] ［汉］司马迁撰：《史记》，岳麓书社1994年版，第830页、832页。

[2] 一般认为，劳浸、靡莫为地名或种属名。方国瑜先生认为，“靡莫”疑为“蛮貊”的同音异写，是通名不是专名。古书中以“蛮貊”与“中夏”或“中国”对举。故此，“靡莫”可能是对当时“夷”人的通称，非为种属的专名。“劳浸”疑为地名，或与“同劳”或“同乐”有关（汉时“同劳”或“同乐”为今陆良县）。“劳浸靡莫”犹言“劳浸夷”，即“劳浸”地方的“夷”人，也非种属的专称（见方国瑜《云南民族史讲义》，云南人民出版社2013年版，第180～181页）。不管怎么说，《史记》以“劳浸、靡莫”来指称当时滇东、滇中地区的部族群众，这是明确的。

[3] ［宋］范晔撰：《后汉书·西南夷列传》，见方国瑜主编《云南史料丛刊》（第一卷），云南大学出版社1998年版，第57页。

[4] ［晋］常璩撰：《华阳国志·南中志》，见方国瑜主编《云南史料丛刊》（第一卷），云南大学出版社1998年版，第257页。齐鲁书社2010年出版的《华阳国志》的断句和文字稍有不同：“郡土大平敞，原田，多长松皋。有鹦鹉、孔雀，盐池、田渔之饶，金银、畜产之富。”（见该书第53页）文中的“皐”即“皋”，意为水旁陆地。

之属以什数”，就是众多的叟夷部落。叟为羌族的一支，原为居住在中国西北甘、青地区的民族，后南迁至今川、滇地区，分为蜀叟、氐叟、斯叟等支系。方国瑜先生认为，“两汉纪录滇池区域住民，大都称为夷人，或郡夷，不著其专名，至蜀汉始有‘夷叟’的记载，但不能说叟民始于蜀，当古初的专名即如此。”[1] 方国瑜先生并以“汉叟邑长”印[2]的出土和《华阳国志·南中志》所言“夷人大种曰昆、小种曰叟”的记载来证明汉代时已用“叟”来称呼滇池地区的部落民族。[3] 总之，方国瑜先生的结论是，汉晋时期滇池地区的居民称为叟族，就是现在的彝族。[4]

考古学家张增祺先生则以考古发现为据，认为滇国的主体民族为越人。越人为我国先秦、秦汉时代生活在东南沿海和两广地区的民族。越人分布广泛、支系众多，云南地区的傣族、壮族即为古代越人的后裔和支系。张增祺先生根据滇文化的器物特征和滇人的风俗习惯，认为滇人为古代越系民族之支系。他认为，从器物上看，有肩石斧、有段石锛、靴形铜斧和铜鼓等，属古代越文化遗物，而这些器物在滇文化中均有发现；从风俗习惯来看，滇人的椎结发型、干栏式建筑风格以及猎头、跣足、文身等习俗，均与古越人风俗相同或相似。[5] 张增祺先生认为，除了主体民族滇人——越人外，滇国境内还生活着濮人、“昆明”人、叟人、羌人、汉人等其他民族。与方国瑜先生对“叟”的解释不同的是，张增祺先生认为“叟人”即“塞人”。塞人原为生活于我国西域（新疆）及中亚地区的游牧民族，公元前8～前3世纪，他们生活在阿尔泰山到帕米尔高原一带，后来一部分可能南迁到滇国地区，青铜器图像上那些穿窄衣长裤、着长筒皮靴、高鼻深目并蓄长须的人即应是南迁的塞人。[6]

（二）永昌郡地区的游牧部族和农耕部族

永昌郡为东汉永平十二年（公元69年）时设立。永昌郡下辖县域范围为原属益州郡的云南（今祥云、弥渡、凤仪一带）、邪龙（今巍山、漾濞一带）、来唯（今南涧）、楪榆（今大理、邓川、鹤庆一带）、比苏（今云龙、兰坪一带）、不韦（今施甸）、巂唐（今保山）等6县以及新设的哀牢（今腾冲、龙陵等地）、博南（今永平）2县，共8县，即今大理、保山地区。

永昌郡地区即西汉时期巂、昆明部族活动的地区。《史记·西南夷列传》记汉武帝时巂、昆明部族的分布和活动情况时说：“西自同师以东，北至楪榆，名为巂、昆明，皆编发，随畜迁徙，毋常处，毋君长，地方可数千里。”[7] 同师亦写作“桐师”，据考

---

〔1〕方国瑜：《云南民族史讲义》，云南人民出版社2013年版，第184页。

〔2〕此印20世纪30年代发现于昭通，可能为传世文物而非出土文物，由昭通画家和金石学家张希鲁先生的朋友自古董摊购得后转赠张希鲁先生，并由张希鲁介始于世（见汪宁生《西南访古三十五年》，山东画报出版社1997年版，第57页）。方国瑜先生认为“汉叟邑长”印的出土地应为滇池地区。

〔3〕方国瑜：《云南民族史讲义》，云南人民出版社2013年版，第184页。

〔4〕方国瑜：《云南民族史讲义》，云南人民出版社2013年版，第185页。

〔5〕张增祺：《滇国与滇文化》，云南美术出版社1997年版，第32～37页。

〔6〕张增祺：《滇国与滇文化》，云南美术出版社1997年版，第46～47页。

〔7〕［汉］司马迁撰：《史记》，岳麓书社1994年版，第830页。

证为今龙陵；楪榆即叶榆，为今大理洱海地区。“西自同师以东，北至楪榆”的广大地区即今保山至大理的滇西广大地区，西汉初这一区域分布着“嶲”“昆明”两大部族。嶲、昆明的生产方式和生活方式是“随畜迁徙，毋常处，毋君长，地方可千里”，即在滇西上千里的范围内从事游牧养殖活动。方国瑜先生在论述两汉时期滇西洱海地区社会经济状况时，认为两汉时期滇西地区的畜牧经济是很发达的，一个重要的依据就是王朝统治者在镇压滇西地区民族反抗时，抢掠了大量牲畜作为战利品。如东汉光武帝建武十八年（公元42年），滇西部族首领栋蚕联合其他部族反叛，汉王朝派军队镇压，建武二十一年（公元45年），汉军“追至不韦，斩栋蚕帅，凡首虏七千余人，得生口五千七百人，马三千匹，牛羊三万余头，诸夷悉平。”[1] 方国瑜先生总结说：“在反抗封建统治战争中，被劫的牛羊马畜产，多至三万余头、五万余头、十万余头，以人口比例来说，损失畜产平均每六人一头至二人一头，饲养的数目还要更多，两汉时期以牧畜为主要生产，可以如此判断。”[2] 总的来说，在两汉时期，滇西地区的嶲、昆明部族是以畜牧为主要生计方式的民族，他们的经济类型是畜牧经济而非农耕经济。

那么，两汉时期，滇西地区是否存在着农耕经济呢？根据考古发现来看，当时滇西地区除了“昆明人”随畜迁徙的畜牧经济外，还存在着“洱海人”发达的定居农耕经济。他们是新石器以来洱海地区发达的农业经济的继承者，是战国、秦汉时期滇西地区青铜农业文化的创造者。[3]《后汉书·西南夷列传》说哀牢人居住的地区，“土地沃美，宜五谷、蚕桑”[4]，就是滇西地区农业经济存在的明证。只是由于历史记载的不足，我们对这一时期滇西地区农业生产的具体情况难以获得深入认识。

这里，仍有必要对两汉时期嶲、昆明部族的族属情况作一辨析。方国瑜先生认为，嶲应即是嶲唐，是地区名（有时也代指居住在嶲唐地区的部族），在永昌哀牢地区；昆明原是种属名，后也用作地名。晋代常璩所撰《华阳国志·蜀志》在介绍越嶲郡（原邛都区域）定笮县的情况时说：“笮，笮夷也。汶山曰夷，南中曰昆明，汉嘉、越嶲曰笮，蜀曰邛，皆夷种也。”[5] 即是说，不同地区的“夷”，虽然称呼不同，但其同为“夷”则是一致的。南中地区（即益州郡、永昌郡、牂牁群地区）的“夷”称为“昆明”，与蜀地的“夷”为同种。《华阳国志·南中志》说“夷人大种曰昆，小种曰叟”[6]，方国瑜先生认为“昆”即“昆明”，“昆明”族与叟族都是金沙江以南羌族的两大支系，是由羌族大支派越嶲“牦牛羌”分支而来。西汉时期，“昆明”族居住在叶榆（今大理、邓川、鹤庆）、邪龙（今巍山、漾濞）、云南（今祥云、弥渡、凤仪）、

[1] [宋] 范晔撰：《后汉书·西南夷列传》，见方国瑜主编《云南史料丛刊》（第一卷），云南大学出版社1998年版，第58页。

[2] 方国瑜：《云南民族史讲义》，云南人民出版社2013年版，第204页。

[3] 林超民、秦树才：《秦汉西南夷新论》，载《林超民文集》（第一卷），云南人民出版社2008年版，第287~291页。

[4] [宋] 范晔撰：《后汉书·西南夷列传》，见方国瑜主编《云南史料丛刊》（第一卷），云南大学出版社1998年版，第60页。

[5] [晋] 常璩撰：《华阳国志》，齐鲁书社2010年版，第42页。

[6] [晋] 常璩撰：《华阳国志》，齐鲁书社2010年版，第49页。

弄栋（今姚安、大姚南部）、青蛉（今永仁、大姚北部）、姑复（今四川盐边、云南华坪）、遂久（今永胜）等7县境内，散为部落，没有发展为部落联盟。西汉王朝征服其地后，将青蛉、姑复、遂久3县的“昆明”夷划为越嶲郡管辖，将葉榆、邪龙、云南、弄栋4县的“昆明”夷划归益州郡管辖。可以看出，“昆明”夷是活动于洱海地区及滇西北金沙江流域地区的部族。

东汉永平年间，居住于澜沧江以西的哀牢人内附后，东汉王朝将“昆明”夷分布的葉榆、邪龙、云南、弄栋4县，以及原设于澜沧江以西的不韦（今施甸）、嶲唐（今保山隆阳）2县，从益州郡分出，加上新设的博南（今永平）、哀牢（今腾冲、龙陵及德宏州部分地区）2县，另设新郡永昌郡。从永昌郡的部族人口来看，永昌郡包括“昆明”人和“哀牢”人两大部族。如果说，“昆明”族是今云南滇中、滇西地区彝语系各民族的先民的话，那么，“哀牢”人又与现今的哪些民族有关呢?

方国瑜先生认为，哀牢人即是“濮”人，是现今布朗、德昂、佤族等民族的先民。哀牢原为部族首领名称，后转为部落名称，又成为种属名。濮人原居于中南半岛一带，后来北迁到潞江中段两岸地区。永昌郡内的主要人口即是濮人，他们以部落的形式，分布在澜沧江以西的广大山野间，这就是《华阳国志·南中志》所说的“分置小王，往往邑居，散在溪谷”[1]。汉武帝征服“昆明”后，越过博南山、渡过澜沧江，占领了一部分哀牢人地区，设立了不韦、嶲唐二县，哀牢部族势力由此转衰，到东汉永平年间，哀牢王率族归附汉朝。

以上所言，就是两汉时期云南地区的农业区域和农耕部族分布情况。

二、秦汉时期云南地区的农业生产工具

在农业生产中，生产工具不仅是重要的生产资料和手段，而且是生产力发展水平的重要标志。农业生产工具的材质、类别、形状、构造、功效等影响和决定着农业生产力的发展状况。秦汉时期，云南地区农业生产力较之史前时期获得了重大发展，其标志就是大批青铜农具的制造和在农业生产中的广泛使用。

考古发现表明，在滇国各地的大中型墓葬发掘中，都有数量不等的青铜农具出土，其中铜斧和铜锄较多，其次有铜铲、铜镰、铜爪镰、铁爪镰及铁锸等，还有未定名称的镂孔铜器和竹、木制作的点种棒。[2] 在晋宁石寨山墓葬中，生产工具多半放在墓坑两端或一边，很少有放在中央的，并且也是以类相从，摆放在一起。犁、锄、铲等几种，总是接近一处。[3] 各种青铜农具的基本情况如下：

（一）铜斧

铜斧既是作战武器，也是生产工具。作为生产工具，斧用于砍伐树木、开辟耕地

[1] [晋] 常璩撰:《华阳国志》，齐鲁书社2010年版，第56页。

[2] 张增祺:《滇国与滇文化》，云南美术出版社1997年版，第54页。

[3] 云南省博物馆:《云南晋宁石寨山古墓群发掘报告》，文物出版社1959年版，第18页。文中所言之犁形物，后来的学者认为应是锄头，滇文化时期，云南地区尚未使用犁耕。

以及加工制作各类竹、木器等。从形制上看，张增祺先生认为，滇池地区出土的铜斧绝大多数为梯形斧，与滇西地区的弧肩形斧及滇南地区的靴形斧差别甚大。经过综合考察，张增祺先生认为，滇池地区的铜斧整体似一长条形的木梯，銎（音“琼”，銎为斧、锄上安装木柄的孔）部在刃部之上。一般斧高12厘米，刃部宽3厘米至5厘米不等。部分铜斧的銎口中尚残留有弯曲状木柄，木柄多用天然树丫稍作修整而成，木柄与斧刃呈垂直纵置状。[1]

从滇池地区出土铜斧的具体情况来看，根据《云南晋宁石寨山古墓群发掘报告》的记述，石寨山古墓群共发现铜斧108件，分为14式。其中第一式有3件，大小3件相似，特征为单面刃，銎作半圆形；第二式共9件，全部刃微缺，特征为单面刃，似钺形，銎作半圆形，部分銎上有二钉孔；第三式有6件，特征是刃宽似钺形，方銎，两面不对称；第四式有28件，完整的有4件，特征为双面窄刃，方銎，銎上有箍，有花纹，部分有对称的两个钉孔，花纹多为云纹，也有的为万字纹和三角齿纹。部分銎内有残木柄，木柄较长，作曲形，绘有朱漆；第六式共有14件，全部刃微缺，特征为单面宽刃，作弧形，銎作半圆形，部分銎上有花纹及单耳，其花纹由回旋纹、绳纹、长三角纹等组成，其中一件斧的銎内有朱漆的残木柄一段；第十式有3件，斧身完整，特征为斧身作长方形，双面刃，刃与銎的宽度大致相等，銎作六棱形，上有钉孔，一件銎内存在残木柄等。[2] 总的来看，这些铜斧基本功能相同，区别主要在于斧身（长方形、凿形等）、刃部（宽刃或窄刃、单面刃或双面刃等）、銎部（方形、半圆、扁圆、三角等形态以及各式花纹）等的差别上。

（二）铜锄

锄为横向装柄的起土和翻土工具，使用时边挖边向前进，与直装木柄边挖边退的耜、铲等有明显区别。锄的形状与镬相同，考古上有时将器身较宽的称作锄，器身较窄呈长条形的称作镬。[3] 根据张增祺先生的研究，滇国青铜器中铜锄可分为五种不同的类型。一种是尖叶形锄。这种锄头整体似一片前尖后圆的树叶，銎口亦呈三角形，在锄身上端，銎上多有两个孔，用于固定木柄，柄作弯曲状，也多取自带叉的树枝加工而成；第二种是半圆形锄。这种锄头锄身后端呈半圆形，刃部齐平，銎部及銎口亦作半圆形，装柄方法与尖叶形锄相同。第三种为梯形锄。这种锄头后端作方形，刃部齐平，锄身两侧呈二至三台的梯形状，方形銎部突起于锄身正中，其上饰弦纹及回纹，装柄方法与半圆形锄相同。第四种为曲刃锄，后端为半圆形，刃部作钝角形，两侧弯曲呈波浪状。三角形銎部突起于锄身正中，其上饰弦纹及蝉形纹。第五种为长銎锄，锄身及刃部与曲刃锄大体相同，唯銎部横出于上端约8厘米，与锄身呈交叉状，故用直柄装置。张增祺先生解释说，这种长銎锄仅见于澄江县万海出土一件，因用途与前四种铜锄相同，都用作起土工具，只是銎部结构和装柄方法有别，故仍以铜锄

〔1〕 张增祺：《滇国与滇文化》，云南美术出版社1997年版，第54页。
〔2〕 云南省博物馆：《云南晋宁石寨山古墓群发掘报告》，文物出版社1959年版，第24页。
〔3〕 陈文华：《中国古代农业科技史图谱》，农业出版社1991年版，第21页。

定名。[1]

从晋宁石寨山青铜锄的出土情况来看，根据发掘报告的记述，石寨山共出土铜锄 23 件，分为 8 式。第一式有 2 件，这 2 件铜锄器形大小相同，特征为锄口齐平，后锋构成椭圆形，銎作三角形，銎上有花纹，銎的三面各有一钉孔，一件銎内还有残木柄一段；第二式有 1 件，锄口齐平，后锋呈椭圆形，銎作半圆形，突起于锄叶的中央，叶上右边阴刻一只孔雀，左边刻 1 个牛头，整只锄头的重量为 1400 克；第三式共 2 件，器形大小相同，锄口齐平，后锋呈钝角形，整个锄叶构成不等边的六角形，銎作三角形，銎上有钉孔 3 个，锄重 780 克；第六式 1 件，锄叶作长方形，銎作六角形，突起于锄叶的中央，渐向前端收束作竹节状，最后分为两股，直达锄口左右角端，锄叶两面刻有云纹，重 650 克；第七式共 11 件，锄叶作长方形，銎作三角形，突起于锄叶中央，到前端分为三股或两股，直达锄口左右两角端，銎的三面都有钉孔，一般为 3 个，最多的有 5 个，最少的有 1 个，重量最大的一件重 420 克，最小的重 230 克；第八式共 4 件，锄叶作长方形，銎作半圆形，突起于锄叶的中央，到前端分为三股，直至锄口。銎上有钉孔 2 个或 3 个，并有万字纹和几何纹组成的图案。其中 1 件通长 20.5 厘米，宽 11.4 厘米，銎径 3.7 厘米，重 610 克。[2] 根据以上情况，可以看出，石寨山出土铜锄其叶形多为长方形，銎形有三角形、半圆形、六角形不等，銎上多有钉孔，可能为加固木柄之用，重量从 200 多克到 1000 多克不等。

（三）铜铲

在农业生产中，铲为削平、铲平土层和杂草的工具。滇国墓葬中出土了数量较多的铜铲。从基本的情况来看，这些铜铲多作长方形，刃口齐平，銎部突起于器身正中，至顶端呈椭圆形銎口。铜铲一般长 15 厘米左右，宽 6 ~ 10 厘米。工具上多有精美的花纹，有的銎部饰半浮雕的蛇形纹，有的刃部两侧为孔雀纹。江川李家山墓出土的祭祀贮贝器上有一人肩扛铜铲的形象，可以看出这一铜铲为直柄装置，长柄与刃部呈垂直横置状。这种铜铲应是作为中耕农具，用来铲除杂草的。[3]

从晋宁石寨山古墓群的出土情况来看，根据发掘报告的记述，石寨山共出土铜铲 5 件，其中 2 件较大，2 件较小，1 件最小。最大的 2 件铲身作长方形半圆筒体，顶部稍圆，上段较宽，下端稍窄，顶部有方銎，铲身中央有菱形穿孔 4 个，背面阴刻长三角纹一组。这 2 件铜铲大小相同，为通长 30.8 厘米，宽 14 厘米，銎径 4.8 厘米；较小的 2 件无纹饰，通长 24 厘米，宽 10 厘米，銎径 4 厘米；最小的 1 件通长 18.7 厘米，宽 6.8 厘米，銎径 2.4 厘米。[4]

（四）铁锸

锸是一种铲土工具，其功能类似锹。也有人认为锸即是锹，一器二名。锸的器形

---

〔1〕 张增祺：《滇国与滇文化》，云南美术出版社 1997 年版，第 54 ~ 55 页。
〔2〕 云南省博物馆：《云南晋宁石寨山古墓群发掘报告》，文物出版社 1959 年版，第 21 ~ 22 页。
〔3〕 张增祺：《滇国与滇文化》，云南美术出版社 1997 年版，第 56 页。
〔4〕 云南省博物馆：《云南晋宁石寨山古墓群发掘报告》，文物出版社 1959 年版，第 22 页。

多作“凹”字形，直柄装置，即将凹字形的金属头安装在一块条形木板上，板上再接直柄，用于铲土。铁锸在昭通、鲁甸、东川等地的汉墓中均有发现，其器形与内地的铁锸完全相同，有的铁锸上铸有“蜀郡”“成都”等铭文，这些铁锸应为蜀郡等地制造，之后通过贸易等途径而传入云南地区。

（五）铜镰

镰为收割农具。秦汉时期云南地区的镰刀从材质上看有铜镰和铁镰2种，从器形上看也有2种：一种是不装木柄的穿孔爪镰，另一种为曲背、弧刃可以安装木柄的镰刀（即通常所见的镰刀形状）。爪镰用曲背、平刃的半圆形铜片制成（也有少量为铁制），背上有单孔或双孔，与云南新石器时代的穿孔石刀相似，显然是由半圆形穿孔石刀直接演变而来。[1] 爪镰的大小为高3～4厘米、宽约10厘米。其使用方法与穿孔石刀相同，即以绳索穿入孔内，系于右手指头上，以此割取农作物的谷穗。而安柄铜镰或铜銎铁镰则是用来收割带秆农作物的，收割时以左手握住农作物秆茎，右手持镰的木柄，将镰往身体方向用力，即可将禾秆割断。

晋宁石寨山共出土铜镰5件，分为两式。第一式2件，器形大小相同，通体作一长喙鸟头形，弧形，刃口向内凹，銎作扁圆形，有对称的2个钉孔，其中1件銎内存在残木柄；第二式3件，镰身形制与第一式相同，亦为弧背凹刃，銎作圆形，2件上有对称的2个钉孔，1件的銎内存有残木柄一段，刃上有阴刻的蛇咬鱼纹。[2]

（六）“铜犁”辨析

值得注意的是，除了青铜斧、锄、铲、镰、锸等农具外，晋宁石寨山青铜器中还有一种锄形农具，这种锄形农具一些考古学家将其定名为“犁”，一些研究者如张增祺先生认为它仍是“锄”，并在“锄”类工具中介绍（见前面的引述）。云南省博物馆的考古专家在发掘报告中将其定为“犁”，并对器物情况作了如下说明：

铜犁，共21件，分为四式。

第一式7件，尖叶形，前锋呈锐角，后锋构成两钝角，銎作三角形，突起于犁身的中央，銎端作蛇口张开状，銎的三面各有钉孔一个。从重量和大小来看，编号为M3:124的一件重1600克，通长27.6厘米，身宽23.4厘米，銎径5.6厘米；另一件（编号为M12:101）器物重1400克，通长28厘米，宽25.5厘米，銎径5.2厘米。

第二式1件，尖叶形，锋呈锐角，后锋呈圆形，銎作三角形，三面各有钉孔一个，銎内还存有残长13厘米的木柄一段。重1150克，通长27.6厘米，身宽22厘米，銎径3.6厘米。

第三式11件，尖叶形，前锋呈锐角，后锋呈椭圆形，銎作三角形，三面各有钉孔一个，銎上有一箍突起，一些器物上刻有云纹、万字纹。从大小及重量来看，编号为M13: 13的一件通长29.2厘米，身宽23.1厘米，銎径4.7厘米，重1450克；编号为M7:58的一件通长22.5厘米，身宽16.6厘米，銎径3.6厘米，重量520克；编号为

[1] 张增祺：《滇国与滇文化》，云南美术出版社1997年版，第56～57页。
[2] 云南省博物馆：《云南晋宁石寨山古墓群发掘报告》，文物出版社1959年版，第23页。

M13∶294 的一件通长 28.5 厘米，身宽 20.8 厘米，銎径 4.2 厘米。

第四式 2 件，尖叶形，前锋呈锐角，后锋及銎端呈钝三角，銎口不与犁顶齐平，向内缩短约 6 厘米。编号为 M13∶287 的一件，通长 34.5 厘米，宽 25.8 厘米，銎径 4 厘米，重量 1860 克。[1]

根据上述情况，我们可以对云南省博物馆石寨山发掘报告中所说青铜“犁”的特征作这样的归纳：器形皆为尖叶形，前锋呈锐角，后锋为钝角、圆形、椭圆形不等，銎形均为三角形，多数銎上有钉孔，器物大小、重量虽然不一，但器物的通长和身宽尺寸大体接近（如几件“犁”的通长和身宽尺寸为：27.6 厘米∶23.4 厘米、28 厘米∶25.5 厘米、22.2 厘米∶24.8 厘米、25.7 厘米∶25.5 厘米等[2]），銎径较大（多在 4 厘米至 5 厘米之间，最大者为 5.6 厘米，最小者为 3.6 厘米[3]）。

而前引石寨山报告中青铜“锄”的特征主要是：锄叶多作长方形，锄口齐平，銎作方銎、三角形、六角形、半圆形等不同形状，銎上有 2 至 3 个钉孔，通长和身宽的尺寸相差较大（一般为 2∶1 之间，如几件铜锄的尺寸为：18.3∶10.3、18.5∶9.4、20.5∶11.4、17.2∶9.8、18.2∶8 等），銎径较小（最小者为 2.3 厘米，最大者为 4.5 厘米）等。

将铜“犁”与铜“锄”的特征加以对比，我们可以发现：其一，“犁”叶的面积不仅较大，而且从通长和身宽之比来看，“犁”叶的形状几乎接近正方形（以最宽处而言，从整个器形来看，则为尖叶形），而锄叶则面积相对较小，并且都为长方形；其二，“犁”的前锋多为锐角，而锄的刃口齐平；其三，“犁”的銎径较大，锄的銎径较小。这几点，应是“犁”和锄的主要区别。由此来看，云南省博物馆石寨山发掘报告将“犁”和“锄”分作不同类别，是有其道理的。但是，仅凭上述差别，而将这些叶形较大、形状较方、銎径较大的器物定为“犁”也还是不够的，因为“犁”和“锄”不仅耕作效率不同，而且使用方式也不同：锄为人持柄高举，向下用力，以锄刃及锄身切入土中，然后翻拉起土或翻土，而“犁”则为以畜力或人力向前牵引，拉动犁架和犁头以翻耕土地。由于没有犁架的出土，我们难以判定这些形似“犁铧”的犁头是怎么使用的，根据銎部有残木柄的情况来看，应是以木柄作为受力点来进行翻土和耕作，而以木柄为受力点来进行耕作，可有两种方式：一为锄头式，即如一般锄头一样，由人持柄，上下翻动起土；另一种为将“犁铧”以某种方式固定在犁架上，将“犁”插入土中，由人力或畜力牵引木柄向前，以此翻动土块。但是正如张增祺先生所指出的，由于銎径较小（在 3～4 厘米的銎径中安装木柄是经不起人力或畜力牵引的），且曲柄与刃部之间夹角较小，是不适合用来犁田的。[4] 因此，这些所谓铜“犁”可能还是安上木柄作为锄头使用的。在《云南考古》一书，汪宁生先生也未将相关青铜器看作“犁”，均以锄头（即尖头锄）视之。后来，汪宁生先生在一篇关于晋宁石寨山青铜器研究的专文中，对所

---

〔1〕 云南省博物馆：《云南晋宁石寨山古墓群发掘报告》，文物出版社 1959 年版，第 20～21 页。
〔2〕 云南省博物馆：《云南晋宁石寨山古墓群发掘报告》，文物出版社 1959 年版，第 20 页。
〔3〕 云南省博物馆：《云南晋宁石寨山古墓群发掘报告》，文物出版社 1959 年版，第 20～21 页。
〔4〕 张增祺：《滇国与滇文化》，云南美术出版社 1997 年版，第 55 页。

谓青铜“犁”的问题作了进一步地辨析：“青铜器中有一种尖头宽叶形物，被称为‘犁’。在贮贝器（M12:2）出耕图及贮贝器（M20:1）杀人祭祀场面中，两次见到它的全形。它是在銎中安一曲柄，柄与刃身几成直角，无辕无架，亦无绳索供牵引。这样的工具显然不能作犁田之用，而且此物在出耕图中，是由妇女肩荷而行，更说明它不是犁。按照后进民族的习俗，妇女不能接触犁铧，云南有些少数民族犁田工作只能由男子担任。此物应属锄类，大理白族有一种铁锄，亦作尖头，与此物相同。”[1] 由此可以判明，石寨山出土的所谓宽叶形物，虽然形状似犁铧，但实际仍作锄用。

三、秦汉时期云南地区的农作物与农耕技术

（一）农作物种类

“五谷”是中国传统的粮食作物，是日常口粮的基本来源。虽然关于五谷的种类，有“黍、稷、豆、麦、麻”“黍、稷、豆、麦、稻”“稻、稷、麦、豆、麻”等3种不同说法，但无论哪种说法中都包含了“粟（即稷）、麦、豆（菽）”3种作物，所差异者为“黍、麻、稻”3种作物。出现这种情况的原因在于：“五谷”的说法，出现于春秋战国时期，且是以黄河流域的农作物生产情况为依据的，而黄河流域最初的农作物即为粟、黍、麦、豆、麻[2]等5种谷物，后来黄河流域也开始种植稻谷，这样，“五谷”就变成了“六谷”。汉代以后，麻、黍在粮食作物中的地位下降，麦在粮食作物中的地位上升，这样，黄河流域的“五谷”就主要是粟、麦、豆、稻、黍（或麻）。后来，无论雄麻还是雌麻，都逐渐被看成纤维植物，以之作为衣物、麻绳等纺织品原料，这样，麻（雌麻）就逐渐从五谷中退出，“五谷”就基本上固定为粟、麦、稻、豆、黍等5种作物。当然，在不同的地区，由于气候状况、水土条件、饮食习俗的差异，各种作物的地位和作用不尽相同，大体说来，在唐宋以前，北方黄河流域地区长期以粟、麦为主要粮食作物，南方长江流域地区长期以水稻或稻、麦为主要粮食作物，而大豆则为南方和北方共同种植的副食品作物，以满足人们对蛋白质营养的需要。

秦汉时期云南地区的农作物种类，文献上没有明确的记载，考古上也未有全面的发现，但根据相关零星材料，仍可作分析说明。

滇国的主要农作物为稻。这有一些材料可以佐证：一是在玉溪刺桐关发掘的一处

---

〔1〕汪宁生：《晋宁石寨山青铜器图像所见“滇”人的经济生活与社会生活》，载《汪宁生论著萃编》（上），云南民族出版社2001年版，第587页。

〔2〕麻属桑科，为一年生草本植物，种类很多，有“大麻”“苎麻”“茼麻”“亚麻”等。古籍中所说的“麻”通常指即大麻。大麻为雌、雄异株植物，古人将雄株称为“枲”（音“喜”），雄麻只开雄花，不结果实，其茎皮纤维细柔，可作为衣物原料，古代所谓“麻布”或“布”，即雄麻纤维所织衣物；雌麻称为“苴”，籽实可以食用，“五谷”中的麻，即指雌麻，雌麻由于茎皮纤维粗硬，多用来制作麻绳或丧服，一般不作为衣物原料。苎麻原产于我国北方，其茎皮纤维长而质轻，且拉力强，容易着色、不易褪色，是较好的纺织品原料，用苎麻制成的衣物质轻、细软、透气，是适合夏天穿着的衣物，被称为“夏布”。

遗址中有稻谷遗存；二是青铜器物图像中有一些播种和收获场面，一些学者推断图像反映的可能是稻谷种植和收获的景象。这是西汉中期以前的情况。西汉末期，云南地区种植水稻，则有明确的记载。西汉末年，文齐任犍为属国都尉，在今昭通地区，“穿龙池，溉稻田，为民兴利”〔1〕。后来，文齐调任益州郡太守，在滇池地区兴修水利，发展水稻种植，“开造稻田，民咸赖之”〔2〕。文齐调任益州太守的历史背景，《后汉书·西南夷列传》作了这样的记载：西汉末年，王莽当政，益州地区部族联合反抗王朝，王莽从巴蜀地区调遣十余万官兵前往镇压，由于粮草运输困难，官兵病饿交加，战事始终难以取胜。在这种情况下，朝廷任命文齐为益州郡太守。文齐到任后，“造起陂塘，开通灌溉，垦田二千余顷”〔3〕，通过修塘种稻，保障了大军的粮食供应。仅从文献来看，滇池地区大规模种植水稻是从西汉末年开始的。此前，滇池地区可能种植旱稻，或小规模地种植水稻。到了东汉时期，水稻已是滇中地区的主要粮食作物。《后汉书·西南夷列传》记载，东汉灵帝熹平五年（公元176年），益州地区各部族反叛，朝廷先委任李颙为益州太守，令其率军平叛，将叛乱初步镇压下去；李颙死后，夷人复叛，朝廷又任命景毅为太守，景毅最终将夷人的叛乱镇压下去。但是，经过这场战乱，益州地区的农业生产遭到严重破坏，食米缺乏，粮价高涨：“（景）毅初到郡，米斛万钱，渐以仁恩，少年间，米至数十云。”〔4〕这就是说，景毅初到任时，一斛（斛为容量单位，一斛等于十斗，也即一石）米的价格为上万铢铜钱，而几年间，经过发展生产，米价回落至数十铢铜钱。这说明，当时益州地区已具备稻米生产的良好条件，稍事恢复调整，即达到了一个较高的产量水平，稻米一斛数十钱应是当时稻米销售的正常市场价格，由此而言，可以认为，当时益州地区的主产作物就是水稻，益州居民的主食就是稻米。

除了稻谷外，当时云南地区可能还种植其他农作物，但由于材料缺乏，我们难以作出判定。张增祺先生说：“滇国的农作物主要是水稻，大小麦种植较少，麻、豆、黍、稷之类更少。”〔5〕张增祺先生之言，也是推测之语，他是根据唐代时云南地区农作物的种植情况来推论汉代情况的。但从考古发现来看，两汉时云南地区应已有麻（大麻、苎麻）的种植。1972年，江川李家山西汉中期墓中出土一件铜柄铁剑，剑的柄部缠绕麻布条，经鉴定为苎麻纤维织品。此外，昆明城郊上马村战国晚期墓出土的铜斧和江川团山西汉中期墓出土的铜斧上都有麻绳捆扎或麻绳残迹。这些麻绳可能为大麻纤维制品。这些发现说明，秦汉时期，云南地区已开始种植和使用苎麻、大麻，以之作为纺织品原料。〔6〕

---

〔1〕［晋］常璩撰：《华阳国志》，齐鲁书社2010年版，第55页。

〔2〕［晋］常璩撰：《华阳国志》，齐鲁书社2010年版，第170页。

〔3〕［宋］范晔撰：《后汉书·西南夷列传》，见方国瑜主编《云南史料丛刊》（第一卷），云南大学出版社1998年版，第57页。

〔4〕［宋］范晔撰：《后汉书·西南夷列传》，见方国瑜主编《云南史料丛刊》（第一卷），云南大学出版社1998年版，第58页。

〔5〕张增祺：《滇国与滇文化》，云南美术出版社1997年版，第61页。

〔6〕张增祺：《滇国与滇文化》，云南美术出版社1997年版，第114页。

除了稻、麻外，值得注意的是，史籍中多次提到当时滇东南地区有一种作物叫作“桄榔木”，可以用来制作面食。《后汉书·西南夷列传》记载：“（牂牁郡）句町县有桄榔木，可以为面，百姓资之。”[1] 东汉时的牂牁郡句町县为今文山州广南县、富宁县与广西百色交界地区；而《华阳国志·南中志》也记载，两晋之时，现今滇东南地区，“自梁水、兴古、西平三郡少谷，有桄榔木，可以作面，以牛酥酪食之，人民资以为粮。欲取其木，先当祠祀。”[2] 晋代时梁水、兴古、西平为今滇东南的个旧、蒙自、文山至现今广西百色一带地区。从这些记载可以看出，汉晋时期，现今滇东南红河、文山一带的部族群众都把桄榔木面作为粮食来食用。查相关资料，桄榔木为一种常绿乔木，羽状复叶，茎中的淀可制淀粉。汉晋时句町人等所食应即是桄榔木中的淀粉。这种淀粉形似麦面粉，可与牛、羊奶拌和在一起食用。方国瑜先生认为，桄榔木是滇东南地区（汉晋时的牂牁郡、兴古郡地区）的特产，自古及今皆有：“今桂西及滇东南麻栗坡、广南、富宁有一种棕榈树，与普通棕树形状略同，经年既久，干中满贮白粉如面，可作食品。……桄榔木是此区域的特产，所以多见纪录。”[3]

（二）稻作种植技术

从稻作而言，旱稻的种植包括这样几个环节：砍烧荒地，翻土碎土，平整土地，点播籽种，中耕管理，收获谷物，而水稻的种植则更为复杂，除了上述环节外，还有浸泡水田、移栽秧苗、薅秧除草等环节。从出土青铜农具的种类和功能来看，两汉时期云南的青铜农具能够满足稻作生产各环节的需要：铜斧能够在砍伐山林、开垦耕地上发挥重要作用，铜锄可以深翻土壤，铜铲、铁锸可以起土、铲土、锄草，铜镰可以收获谷物等。

从具体的耕作情况来看，晋宁石寨山 12 号墓出土的一件贮贝器（编号 M12:2）的胴部上有“出耕图”（也有人释为“巡狩图”），其图像情景是：“全图有肩舆四乘，内各坐一人，由四人抬之。另有持点种棒者两人、头顶篮者两人、肩荷尖头锄者两人及徒手者多人随行。猎犬数只争相奔走，天空有鸟群飞翔。除抬肩舆者为男性外，其他悉为妇女。”汪宁生先生认为，此图表现的，颇似古代贵族亲耕之礼。[4] 根据这一图像的内容，可以对当时的耕作方式作如此解读：先由两人在前以尖头锄开挖翻土，然后两人持点种棒随后开穴打洞，播种者跟随其后从竹篮里将谷种置入洞中，其他人配合将洞口掩埋。其所种植的作物应为旱谷。

从“出耕图”所反映的情况来看，“滇”人的耕作方式虽然已进入锄耕农业阶段，但总体来看，相对还是比较原始简单的，保留了新石器时代“刀耕火种”生产方式的较多痕迹。由此，一些学者推测，“西汉及西汉以前，‘滇’人种稻大概和现代云南一

〔1〕［宋］范晔撰：《后汉书·西南夷列传》，见方国瑜主编《云南史料丛刊》（第一卷），云南大学出版社 1998 年版，第 56 页。

〔2〕［晋］常璩撰：《华阳国志》，齐鲁书社 2010 年版，第 59 页。

〔3〕方国瑜：《云南民族史讲义》，云南人民出版社 2013 年版，第 194 页。

〔4〕汪宁生：《晋宁石寨山青铜器图像所见“滇”人的经济生活和社会生活》，载《汪宁生论著萃编》（上），云南民族出版社 2001 年版，第 588 页。

些少数民族种旱谷一样，采取的是比较原始的方法。当时没有水田，也不知牛耕。”[1]

那么，云南地区何时进入牛耕农业和水田稻作阶段呢？下面，我们通过学者们的研究和分析对这一问题作一梳理。

汪宁生先生认为：“滇池地区使用牛耕最早记载属蜀汉时期，牛耕的开始可能较见诸记载的略早，但不能早到西汉。如上所述，当时既不能证明有犁的存在，自不可能有牛耕。石寨山青铜器上牛的形象数以百计，无一作拉犁之状，应非偶然。大概直到王莽时期文齐大量开造梯田，以水田作业代替旱地作业，犁耕才传入滇池地区。在此之前，滇池地区还只有锄耕农业，虽然可以算是一种比较发达的锄耕农业。”[2] 这就是说，云南地区最早使用牛耕可能在东汉时期，最早开始水田稻作在西汉末期。汪宁生先生的这一看法，反映了目前学术界的普遍共识。

具体而言，关于稻田的开辟时间，张增祺先生认为，云南地区的水田稻作可能在西汉中后期就开始了，至东汉时期，水田灌溉已较为普遍。张增祺先生指出，文献上记载某件事，总比这件事发生的时间晚。西汉晚期文齐在滇池区域“起造陂池，开通灌溉”之前，滇国早已有小型的水利设施，文齐只不过将原来分散的、小规模的水利工程改建或扩建而已，否则在短时间内，不大可能建起能灌溉2000顷水田的巨大水利设施。到了东汉时期，水田灌溉已较为普遍，其证据就是考古中发现了众多水田模型。1973年，呈贡县小松山东汉早期墓中出土一件陶制的长方形水田池塘模型，这件模型的前半段纵分成两排，每排各有六个小方格代表水田，后半段有一大方格表明是陂塘（蓄水池），陂塘与水田之间有一沟槽相通，显然是灌溉渠道。在呈贡县七步场东汉墓中也发现过一件圆形水田池塘模型，该模型中的水田和池塘各占一半，池塘中有荷花、水鸭、螺蛳、团鱼、青蛙等水生物；池塘的另一侧有几个排列整齐的水方格，表明是水田。池塘与水田之间有一条较宽的沟槽相连，表明是灌溉渠道。类似的陶制水田模型在嵩明县梨花村、通海县杨山的汉墓中都有出土，结构也大致相同。[3]

关于云南地区牛耕的起源，随着一些考古资料的发现，李昆声、张增祺等先生都认为云南地区在东汉时期已使用了牛耕。1978年，昭通县（今昭阳区）城关镇东汉墓出土的一块画像砖说明此时的滇东北地区可能已使用牛耕。这块画像砖上有图画两幅：右图为一椎髻、披毡的男子，手持长杆驱赶一马，马作回首鸣叫状；左图前面为一椎髻、披毡之人，后随一头双角上翘的黄牛，牛与人之间有绳索相连，绳端系于牛鼻，另一端牵于披毡人手中，牛穿鼻系缰绳，当属耕牛无疑。[4]

[1] 汪宁生：《晋宁石寨山青铜器图像所见“滇”人的经济生活和社会生活》，载《汪宁生论著萃编》（上），云南民族出版社2001年版，第587页。

[2] 汪宁生：《晋宁石寨山青铜器图像所见“滇”人的经济生活和社会生活》，载《汪宁生论著萃编》（上），云南民族出版社2001年版，第587～588页。

[3] 张增祺：《滇国与滇文化》，云南美术出版社1997年版，第58页。相关的考古发掘报告分别见：呈文《东汉水田模型》，载《云南文物》1977年第7期；云南省博物馆文物队：《呈贡七步场东汉墓》，载《考古》1982年第1期；云南省文物考古研究所《云南嵩明梨花村东汉墓》，载《云南文物》1989年第26期。

[4] 李昆声：《云南牛耕的起源》，载《考古》1980年第3期；张增祺：《滇国与滇文化》，云南美术出版社1997版，第59页。

综合以上各种因素，我们认为，两汉时期滇中地区的农业生产，无论是在尚无牛耕的西汉时期，还是已进入牛耕阶段的东汉时期，由于类别齐全、功能多样的青铜生产工具的广泛使用以及水田的开辟，当时的农业生产力是比较先进发达的。这种状况在一些青铜器图像中，也得到了很好地反映和体现。

在石寨山出土的一件铜鼓形双盖铜贮贝器（编号为M12∶1）的腰部，有表现“献粮”或“领粮”（也有人释作“上仓”）图像。发掘报告称：“腰部作领粮之图，左右侧各作一仓房，房顶上宽下窄，略如扇形，似用木条或竹条交叉编成。……仓房右侧放置斜方格纹的囤箩，二仓房之间有领粮人一组，分为上下两列：上列右端一人，伸手向领粮者作取物之状，迎面有十人鱼贯而行，每人头上都顶着一个圆形束口的袋子，左端一人作向囤内取粮之状；下列人数及形状俱与上列相同。左边仓房之后亦作领粮人一组，亦分为上下两列：上列八人，头顶空箩筐，向仓的相反方向鱼贯而行，左端有一人作向囤中取粮发给众中之状；下列八人，作头顶粮袋向仓的方向前行之状……以上所有的人皆为妇女，多数都梳银锭式发髻，短衣跣足。”[1]

对于这一图像，汪宁生先生作了这样的释读：

> 全图分为内容大同小异两组，每组一端有‘井栏结构’的仓房一座，顶有鸟饰；另一端有竹编囤箩两个，人们排成两行往来其间，头顶口袋或竹篮，作从囤箩中取粮送进仓房之状。仓房前安置独木梯，有人蹲坐梯上等候接粮。参考景颇等族储粮习惯，仓房应属贵族所有，囤箩应为一般人民储粮之处。全图以象征的手法表现人民把自己生产的粮食献给贵族。[2]

总之，无论图像的主题是“献粮”或“上仓”，从这一图像可看出当时“滇”人稻谷的丰收景象，以及当时“滇”国农业生产的较高发展水平。

四、秦汉时期云南的畜牧养殖业

畜牧业既是农业的重要组成部分，同时畜牧养殖业也是农业种植业的重要补充。对于传统农户家庭来说，畜禽产品既是农家重要的肉食来源以及衣物原料，同时，牛、马也是农业耕作和物品运输的重要动力，并且，畜禽粪便还是农家主要的土壤肥料来源。故此，在我国农业生产中，畜禽养殖一直受到特别的重视。

（一）云南地区畜牧养殖业的起源

考古发现表明，云南地区的畜牧业开始于新石器时代晚期，距今三四千年前。在元谋大墩子、宾川白羊村、麻栗坡小河洞三个考古遗址中，均发现了大量家畜的遗骨。宾川白羊村遗址的年代为距今3700年左右，可以肯定的家畜有狗、猪、黄牛，可能还

---

〔1〕 云南省博物馆：《云南晋宁石寨山古墓群发掘报告》，文物出版社1959年版，第77～78页。

〔2〕 汪宁生：《晋宁石寨山青铜器图像所见“滇”人的经济生活和社会生活》，载《汪宁生论著萃编》（上），云南民族出版社2001年版，第588页。

有羊和猫。元谋大墩子遗址的年代为距今3200年左右，可以肯定的家畜有狗、猪、黄牛、鸡，可能还有羊。麻栗坡小河洞遗址的年代，估计与大墩子遗址的年代相当或稍晚，发现有马和猪的遗骨。此外，在元谋下棋柳遗址发现有狗、猪、牛遗骨，在广南铜木犁洞发现猪、牛、马等动物遗骨。从考古发现遗址来看，这些遗址多位于河旁台地或湖滨台地，或者洞穴之中，这说明当时居住在河湖或洞穴边的先民是云南地区家畜、家禽的最早饲养者。从畜禽种类来看，在云南各地的新石器时代遗址中，狗、猪、牛（黄牛）三种动物的遗骨发现最多也最普遍，马的遗骨相对较少，鸡仅在元谋大墩子遗址有出土，可以看出，在新石器时代，云南地区“六畜”中已经饲养了猪、狗、牛、马、鸡等五畜，羊是否已经家养，尚难确定。[1] 从饲养目的来看，狗可能用于狩猎，马可能用于骑乘，猪、牛、鸡应是用于食用。

从各种动物的具体养殖情况来看，猪是云南新石器时代饲养最普遍的动物，在许多遗址中，均发现有猪的遗骨，在元谋大墩子遗址中，猪占可供鉴定的猪、牛、狗三种饲养动物遗骨总数的48%，居第一位。从饲养方式来看，当时的猪是牧放、散养还是圈养，由于缺乏证据，尚难确定。同样，新石器时代云南饲养的猪，是本地驯化的，还是外地引进的，也难确定。[2] 牛也是云南新石器时代饲养较普遍的家畜，在元谋大墩子遗址中牛骨占可供鉴定的猪、牛、狗三种标本总数的42.2%，居第二位。从元谋大墩子出土的牛角形态和其他地区出土的牛牙形态来看，这些牛应属黄牛，并且很可能属于黄牛中的大额牛。[3] 狗的最早遗骨出土于宾川白羊村遗址，在元谋大墩子遗址中，出土了较多的狗的遗骨，占可鉴定的猪、牛、狗三种标本总数的9.8%。[4] 马的遗骨在广南铜木犁洞、江川古城山、马龙红桥仙人洞、寻甸先锋姚家村石洞、宣威格宜尖角洞等新石器时代晚期遗址中都有出土或发现，这说明，云南地区饲养马的历史已有三四千年，由于云南地区缺乏野马分布（在新石器时代，南方无野马足迹），因此，新石器时代云南饲养的马匹，可能是随着西北地区古代族群的南迁而进入云南地区的。鸡骨仅在元谋大墩子一处遗址中出土，同时还出土一件鸡形陶壶，由此可以确定此时鸡已经被人家养。

（二）秦汉时代云南畜牧养殖的基本情况

秦汉时期是云南畜牧养殖业大为发展的时期，在文献和考古中，都有许多反映云南畜牧发展状况的材料和证据。

相关历史文献中，有许多反映云南畜牧发展盛况的历史信息，如“昆明”族就是

---

〔1〕张兴永：《云南新石器时代的家畜》，载云南省博物馆编《云南省博物馆建馆三十五周年论文集》，1986年编印，第15~16页。

〔2〕张兴永：《云南新石器时代的家畜》，载云南省博物馆编《云南省博物馆建馆三十五周年论文集》，1986年编印，第16~17页。

〔3〕张兴永：《云南新石器时代的家畜》，载云南省博物馆编《云南省博物馆建馆三十五周年论文集》，1986年编印，第17页。

〔4〕张兴永：《云南新石器时代的家畜》，载云南省博物馆编《云南省博物馆建馆三十五周年论文集》，1986年编印，第16页。

以畜牧养殖为主要经济活动，过着“随畜迁徙”的游牧生活的畜牧民族；“滇”人虽然是农耕民族，但是也饲养大量牲畜。在文献资料中，有许多反映中央王朝对云南畜牧产品进行大肆征调和掠夺的历史记载：汉武帝时，派司马相如、韩说开辟益州，“得马、牛、羊属三十万”[1]，这是中央王朝征调云南畜产之始；昭帝始元五年（公元前82年），益州地区部族反抗王朝统治，西汉王朝派军正王平和大鸿胪田广明率军镇压，“大破益州，斩首捕虏五万余级，获畜产十余万”[2]；东汉建武二十一年（公元45年），王朝平定益州部族首领栋蚕等的联合反叛，得马3000匹、牛羊3万余头。这些材料既说明当时云南地区畜牧养殖之盛，也说明畜产成为社会公认的重要物质财富。

从考古来说，在青铜文化中发现了大量有关畜牧养殖的历史资料。在祥云大波那墓中，发现了铜制“六畜”模型，出土了完整的猪、狗、牛、羊、马、鸡模型，其中马上还有一名骑手，这说明在春秋末期、战国初期（祥云大波那遗址的时代为公元前465±75年），云南滇西居民中已普遍饲养“六畜”，或者说，“六畜”均已成为日常的家养动物。在晋宁石寨山青铜器和江川李家山青铜器上，更是发现了大量与畜牧养殖相关的图像和模型材料。在羊甫头墓地出土的陶器和漆木器中，出现了许多以牛、羊形象为题材的器物，如陶牛、陶羊、漆牛等。[3] 这些材料表明，秦汉时期，滇中地区畜牧养殖业是相当发达的。下面，我们根据青铜器物上的有关资料，对当时云南“六畜”养殖的情况作一论述。

1. 养牛情况

牛是滇王国时期青铜器中表现最多的动物形象。牛的形象出现在各种器物上，既出现在贮贝器、兵器的銎部，也出现在各种装饰品上。以江川李家山墓地第一次发掘情况为例，出土的青铜器上共有各种动物图像296个，其中牛为96头，约占总数的34%。晋宁石寨山和呈贡天子庙墓地的发掘情况也大体如此。[4]

晋宁石寨山贮贝器上的牛，既有铸造的牛，也有刻绘的牛，其中以铸造型牛的形象为多，也给人以深刻突出的印象。在晋宁石寨山出土的13件“圆桶形虎耳细腰铜贮贝器”中，有11件的盖上铸有牛形，牛的总数为65头。发掘报告对此作了详细描述：“器身皆作细腰圆桶形，腰部左右有对称的两虎形耳，平底，底有三足，有盖。盖上铸有立体的牛形，其数不等。M14∶2一件为一牛，M3∶1、M6∶5、M11∶4、M20∶4四件为五牛，M13∶6、M19∶13、M22∶3三件为七牛，M13∶1、M17∶1二件为八牛，M13一件盖残缺，出土时尚存三牛于器中，M7∶17盖中央作一小铜鼓形，M10∶53一件作四牛，中

[1] ［晋］常璩撰：《华阳国志》，齐鲁书社2010年版，第53页。

[2] ［汉］班固撰：《汉书·西南夷列传》，见方国瑜主编《云南史料丛刊》（第一卷），云南人民出版社1998年版，第32页。另外，《汉书·昭帝纪》记此事为：“五年秋，大鸿胪（田）广明、军正王平击益州，斩首捕虏三万余人，获畜产五万余头。”见《云南史料丛刊》（第一卷），第37页。

[3] 杨帆、万扬、胡长城编著：《云南考古（1979～2009）》，云南人民出版社2010年版，第109、103页。

[4] 张增祺：《滇国与滇文化》，云南美术出版社1997年版，第62页。

央一鎏金骑士。"[1] 在晋宁石寨山出土的一个铜鼓形铜贮贝器（即编号为 M12:2 的贮贝器）的胴部有“牧畜图”：“胴部作牧畜图，分为上、下两列：上列有一人，梳螺髻，短衣短裤，跣足，手执长棍，作赶牛之状，此人前后共有巨角牛 12 头；下列有长鬃的马 17 匹，其中两匹有人牵着，其人之服饰略如前者。"[2] 贝壳在“滇”人的生活中是作为货币和财富的代表来贮存的，在贮贝器上雕铸或刻绘有如此多的牛形，显然也是把牛作为贵重之物来对待的，牛或者与贝壳一样，都是“滇”人的重要财富。

除了贮贝器外，在一些工艺品的饰物上也有许多牛的形象。在晋宁石寨山出土的一件“圆形镶石牛头铜饰物”上，“正面遍镶小圆点绿松石，中央作一立体的牛头”；在一件“圆形牛边镶石铜饰物”上，“正面镶小圆点绿松石，中央镶一红色玛瑙扣，边沿作半立体的小牛一周，计 12 条”。[3]

上述情况说明，牛在滇王国的社会经济生活中，占有极其重要的地位，它既是重要的物质财富，也是人们喜爱的审美对象。故此，汪宁生先生认为，牛在“滇”人的经济生活中，不仅供食用，它还是一种财富的标志，甚至还可作为交换的媒介物。[4]

从青铜器物上的图像来看，滇国所饲养的牛均为黄牛，未发现有水牛的图像，这与云南新石器时代动物遗骨中未发现水牛遗骨的情况相类似。根据滇文化研究专家张增祺先生的辨析和研究，滇国的黄牛，一种体形较大，额部粗壮，额前有明显的凹陷处，角较长，从额脊两端伸出，先平直而后略向上翘，项峰较高，大耳、长尾，四肢粗大，颈下垂肌发达。此种牛可能与现在残存在云南南部的印度野牛有亲缘关系；另一种黄牛体型较小，额前突起处略成弧形，两角弯曲下垂，项上有突出的圆峰，阔尾。此类黄牛数量较少，很可能是流行于我国西北及中亚地区一带的“封牛”，后来随当地游牧民族南迁于云南，成为滇国的饲养对象。[5] 汪宁生先生也认为，“滇”人畜养的牛，牛角长而弯，颈有高峰，与现今滇池地区的牛完全不同，而与西双版纳、德宏一带的牛相近。这种牛当是《后汉书·西南夷列传》中所说的“封（峰）牛”。[6]

2. 养马情况

在滇王国的青铜文化中，马的形象有较多反映，在前述铜鼓形贮贝器的“牧畜图”上，即有长鬃马 17 匹。根据滇文化考古专家张增祺先生的研究，滇国青铜器图像上的马，其大小有两种：一种体形较大（与同一图像上的人物比较），身躯及四肢修长，长

[1] 云南省博物馆:《云南晋宁石寨山古墓群发掘报告》，文物出版社 1959 年版，第 78 页。

[2] 云南省博物馆:《云南晋宁石寨山古墓群发掘报告》，文物出版社 1959 年版，第 78 页。

[3] 云南省博物馆:《云南晋宁石寨山古墓群发掘报告》，文物出版社 1959 年版，第 83 页。

[4] 汪宁生:《晋宁石寨山青铜器图像所见“滇”人的经济生活和社会生活》，载《汪宁生论著萃编》(上)，云南民族出版社 2001 年版，第 590 页。

[5] 张增祺:《滇国与滇文化》，云南美术出版社 1997 年版，第 63 页。

[6] 汪宁生:《晋宁石寨山青铜器图像所见“滇”人的经济生活和社会生活》，载《汪宁生论著萃编》(上)，云南民族出版社 2001 年版，第 589 页。《后汉书·西南夷列传》记录说："永初元年，徼外僬侥种夷陆类等三千余口举种内附，献象牙、水牛、封牛。"（见方国瑜主编《云南史料丛刊》第一卷，云南大学出版社 1998 年版，第 61 页。）永初元年为公元 107 年，徼外应指永昌郡的边远地区，即今天的德宏、临沧等地。

鬃垂于额前及颈项，尾卷曲后扬，显得十分健壮有力；另一种马小而雄骏。张增祺先生认为，大型马或来自我国西北游牧民族地区，滇国多用于战争；小型马则属本地所产，用于狩猎或出行。[1] 在晋人常璩所撰的《华阳国志》中，记载说滇国的政治中心也即汉晋时益州郡、晋宁郡郡治所在地的滇池县，“长老传言：池中有神马，或交焉，即生骏驹，俗称之曰‘滇池驹’，日行五百里。”[2] 张增祺先生认为，《华阳国志》中所说的“滇池驹”，即是青铜器物图像中的小型马。[3]

在青铜器中有许多表现骑马作战的场景。在石寨山出土的一件编号为 M6∶1 的铜贮贝器的盖子上，就有骑马作战图，发掘报告描述说：“盖子上铸有立体的战争场面，共有人 22 个，马 5 匹，人高约 6 厘米，马长约 7～10 厘米，中央一骑马人较大，似为主将，戴盔贯甲，右手执矛作向下刺之状，矛已残缺不能复原。马右前方一人仆于地上，作挣扎状。在仆地者的右后方侧立一人，左肩负盾牌，右胁下斜佩一剑，双手横执一矛作侧刺状。右侧一人，骑马前冲，马右足踏于地下一人之身后。此人左手支地，右手上扬，作挣扎欲起之状，其左肩上亦负有盾牌一具，前面并有逸马一匹，背上有鞍，地上之人似即从此马上坠下者。”[4] 从这场面可看出战斗之激烈惊险以及马匹在战争中的重要作用。另外，在一件洗形铜贮贝器盖上（编号为 M13∶356）上，亦绘有骑马作战图，只不过骑马者仅为主将，余为徒步作战者。发掘报告描述说：“盖上有人 13 个，中央一骑马主将较大，遍体鎏金，通高 11.7 厘米，马长 12.7 厘米，余皆徒步作战，不鎏金，高约 6～9 厘米。……中央主将戴盔贯甲，着战裙，束腰带，佩剑，跣足，左手控缰，右手持矛向下刺，其马体骏肌丰，昂首而驰，辔头缰绳皆备，马颈下挂人头，当是斩获的敌人首级。”[5] 由此可以推断，“滇”人在作战时，只有指挥官才能骑乘战马（这种情形在以后历史时期的战争中也基本相似）。

3. 养羊情况

云南新石器时代遗址中，未有羊骨的出土或发现。但至少从春秋末期开始，云南地区即已养羊，前述祥云大波那遗址中铜羊模型的出土即是证明。在古滇国的青铜器物中，有许多反映养羊情况的内容。如晋宁石寨山出土的一件编号为 M12∶1 的铜鼓形双盖贮贝器的第二层盖上，就有牧羊的图像。发掘报告描述说：“第二层盖子作扁圆形，有子口，可与器口扣合。中央有一直径约 3.5 厘米的圆孔，孔外有弦纹二周，其外作三人赶六羊三犬之状，其羊颔下有胡，是为山羊。此周外又有四人赶十一只绵羊、八条猪者一周，边沿上界以双弦纹一周。”[6] 此图像上共有羊 17 只，即山羊 6 只、绵羊 11 只。江川李家山出土一件“三狼噬羊”的铜扣饰，被噬者是一只体型较大、其角

---

〔1〕 张增祺：《滇国与滇文化》，云南美术出版社 1997 年版，第 63 页。
〔2〕［晋］常璩撰：《华阳国志》，齐鲁书社 2010 年版，第 54 页。
〔3〕 张增祺：《滇国与滇文化》，云南美术出版社 1997 年版，第 63 页。
〔4〕 云南省博物馆：《云南晋宁石寨山古墓群发掘报告》，文物出版社 1959 年版，第 74～75 页。
〔5〕 云南省博物馆：《云南晋宁石寨山古墓群发掘报告》，文物出版社 1959 年版，第 75 页。
〔6〕 云南省博物馆：《云南晋宁石寨山古墓群发掘报告》，文物出版社 1959 年版，第 77 页。

甚长的山羊。[1]

4. 养猪情况

在古滇国青铜器图像上，既有家猪的形象，也有野猪的形象。对此，张增祺先生作了这样的分析："从青铜器图像看，滇国的猪似有家猪和野猪之分。石寨山贮贝器上刻有'牧猪图'，显然是家猪；李家山出土的铜扣饰上有'二人猎猪'图像，一只体型较大、凶狠异常的猪咬住一猎人，其前一猎犬惊恐逃遁，其后另一猎人手持铜剑刺入猪的后胯。从其身躯硕大及凶猛程度看，应属野猪。"[2] 这说明，在古滇王国时期，既饲养家猪，也猎取野猪作为肉食的补充来源。

5. 养狗情况

在古滇王国的青铜器中，对当时云南地区养狗的情况作了艺术反映。张增祺先生研究后认为："狗的形象在石寨山和李家山青铜器上均有出现，但品种有所不同。一种体形硕大，高与人肩齐平，尖耳竖立，尾上翘，四肢较长，显得格外健壮有力。如石寨山 12 号墓播种贮贝器图像上的两条狗；另一种体型较小，尾长而四肢较短，给人以瘦劲、灵活的感觉。如李家山 13 号墓'二骑士猎鹿'铜扣饰上两只小狗。前者主要是看守门户或牧羊犬，后者是一种专门的猎犬，多用于狩猎活动中追逐野兽。"[3] 这说明，从功用而言，当时云南地区所养之狗主要是作为守犬和猎犬而饲养的。在前述晋宁石寨山出土的铜鼓形贮贝器的第二层盖子的牧羊图上，就绘有 3 只狗的形象，从整个画面情况来看，这 3 只狗是作为牧羊犬来协助 3 位牧人，护卫所牧放的 17 只羊和 8 头猪的。

6. 养鸡情况

在秦汉时期的滇王国青铜器上，有少量关于鸡的图像。张增祺先生在深入研究后，得出这样的看法："鸡在滇国青铜器上较少见，李家山出土的铜臂甲上刻有豹（亦说是狸猫）食鸡和鸡食蜥蜴的'食物链'图像，另有长方形鸡边扣饰和鸡形杖头铜饰等；石寨山上仓贮贝器上刻有一只母鸡带领数只小鸡啄食撒在地上稻谷的生动图像。"[4] 这里所说的母鸡带领小鸡啄食稻谷的情景就出现在前述 M12∶1 号贮贝器的"献粮图"上。

根据青铜器物图像所反映的内容和信息，我们认为，秦汉时期云南地区所饲养的"六畜"，其功用大体是：马主要用于骑乘，牛、羊、鸡、猪作为食用，狗用于看家、放牧和狩猎，此外，猪、牛、羊等也还用作祭祀的牺牲（在青铜器的杀人祭祀场面中有猪、牛、马等的形象）。

---

〔1〕 张增祺：《滇国与滇文化》，云南美术出版社 1997 年版，第 63 页。
〔2〕 张增祺：《滇国与滇文化》，云南美术出版社 1997 年版，第 63 页。
〔3〕 张增祺：《滇国与滇文化》，云南美术出版社 1997 年版，第 64 页。
〔4〕 张增祺：《滇国与滇文化》，云南美术出版社 1997 年版，第 64 页。

第四节　秦汉时期的云南社会状况

一、两汉时期云南地区的人口

两汉时期是中央王朝对云南进行经营开发的最初时期，伴随着郡县制的推行，云南地区的各族人民正式纳入了中央王朝的管辖之下，成为王朝政权的“编户齐民”，对王朝承担相应的赋税和劳役责任。在郡县制下，部族首领将部族人口上报郡县官员，郡县官员又上报王朝中央，由此在史籍中留下了当时云南地区人口数的一些资料。方国瑜先生根据史籍资料，对两汉时期云南地区的人口状况做了研究和统计，得出了当时云南人口状况的基本数据。

方国瑜先生指出，西汉时期，在云南境内设置4郡43县，即益州郡24县，牂牁郡11个县，越嶲郡3个县，犍为郡5个县。当时各郡的人口数，《汉书·地理志》和《续汉书·郡国志》都有记载，但这些数据，是根据调查统计而得，以此作为编户的纳税户口，实际数可能较统计数为多。根据各郡总的户口数来平均估算，则为：益州郡每县平均3414户、24186人，牂牁郡每县平均1425户、9021人，越嶲郡每县平均4080户、27227人，犍为郡的人口，按南部各县人口为其他县的一半来计算，则为每县平均4559户、20395人。按上述数据估计，则当时云南地区4郡43县的总户口为：132656户、863355人，每县平均3085户、20078人。[1]

东汉时期，云南地区郡县和人户都发生了变化。方国瑜先生指出，牂牁郡人数比西汉时增加了75%；越嶲郡人数比西汉时增加了52%；犍为属国西汉时为犍为南部都尉，辖4县（朱提、堂琅、汉阳、南广），东汉时改为犍为属国，辖3县（朱提、汉阳、南广），《续汉书·郡国志》记载只有37000多人，比西汉时的约十万人大为减少，应有误。益州郡人数比西汉时减少了近20%，这是由于新成立永昌郡，从益州郡中割去6县划入永昌郡，同时撤销1县，所领17县照西汉时的原有数目比例，应为41万多人。永昌郡所属8县，其中6县为由益州郡分出，这6县人口数照原西汉时的人口数乘以50%的增加数计算，约为217000多人。博南县为新设县，由于地域不广，人口数也不会太多，按与其他各县相当的人口数来计算，约为36000多人。博南县人口数加上其他6县人口数共25万多人。哀牢县（即原哀牢族分布地区）人户数，按《后汉书·西南夷列传》所载，哀牢王所属有77王，51890户，553711人，已是地广人众了。所

[1] 方国瑜：《云南民族史讲义》，云南人民出版社2013年版，第175页。

以《续汉书·郡国志》所载永昌郡人口数“百八十九万七千三百四十四”[1]中的“百”字，疑是衍文。以此而论，哀牢县人口数约为55万，加上其他7县人口25万，永昌郡总人口数约为80余万。

根据上述分析判断，方国瑜先生认为，东汉时期云南境内的郡县和人口情况为：益州郡17县，永昌郡8县，牂牁郡10县，越嶲郡3县，犍为属国3县，共41县，估计有170多万人口，比西汉时的86万人多出84万人，其中55万人为新增的哀牢族人口，其余县人口比西汉时增加了29万人，增长率为30%。这样的估计不至失之过多。[2]

我们认为，方国瑜先生的上述分析是科学客观的，也是具有说服力的。依据方先生的研究结论，西汉时期云南地区的总人口为863355人，东汉时期云南地区的总人口为170多万人。

从每户家庭人口数来看，两汉时云南地区各郡平均每户人口数在5~6人左右。西汉时，益州郡“户八万一千九百四十六，口五十八万四百六十三”[3]，平均每户7人；牂牁郡“户二万四千二百一十九，口十五万三千三百六十”[4]，平均每户6.3人。东汉时，益州郡“户二万九千三十六，口十一万八百二”[5]，平均每户3.8人；牂牁郡“户三万一千五百二十三，口二十六万七千二百五十三”[6]，平均每户8.4人；犍为属国“户七千九百三十八，口三万七千一百八十七”[7]，平均每户4.6人。按照上述材料，东汉时各郡之间不仅户籍人口总数相差较大，而且每户平均人口数也相差甚大。如将上述三郡每户平均人口数再作一平均，则当时云南中心地区每户平均人口数为5.6人。从部族人户情况来看，据《后汉书·西南夷列传》记载：“安帝元初三年（公元116年），（越嶲）郡徼外夷大羊等八种，户三万一千，口十六万七千六百二十，慕义内属。”[8]按此文中的户口数计算，当时“夷人”平均每户5.4口人。

---

〔1〕晋代司马彪所撰《续汉书·郡国志》对永昌郡户口情况的记载是：“永昌郡，八城，户二十三万一千八百九十七，口百八十九万七千三百四十四。”见方国瑜主编《云南史料丛刊》（第一卷），云南大学出版社1998年版，第50页。

〔2〕方国瑜：《云南民族史讲义》，云南人民出版社2013年版，第175~176页。

〔3〕［汉］班固撰：《汉书·地理志》，见方国瑜主编《云南史料丛刊》（第一卷），云南大学出版社1998年版，第47页。

〔4〕［汉］班固撰：《汉书·地理志》，见方国瑜主编《云南史料丛刊》（第一卷），云南大学出版社1998年版，第48页。

〔5〕［晋］司马彪撰：《续汉书·郡国志》，见方国瑜主编《云南史料丛刊》（第一卷），云南大学出版社1998年版，第50页。

〔6〕［晋］司马彪撰：《续汉书·郡国志》，见方国瑜主编《云南史料丛刊》（第一卷），云南大学出版社1998年版，第50页。

〔7〕［晋］司马彪撰：《续汉书·郡国志》，见方国瑜主编《云南史料丛刊》（第一卷），云南大学出版社1998年版，第51页。

〔8〕见方国瑜主编《云南史料丛刊》（第一卷），云南大学出版社1998年版，第63页。

二、两汉时期“滇”人的社会分层与劳动分工

在汉武帝设置郡县以前，云南地区的社会关系较为简单。大体来说，在滇中的“滇”国地区，进入了“君长”统治下的部族等级社会，而在滇西“昆明”族地区，仍然是没有阶级、等级分化的原始部族社会。

从“滇”国的社会等级关系来看，“滇”人可分为贵族、平民和奴隶三个等级。这三个等级的身份地位情况，在青铜器图像中，都有所反映。

（一）贵族

汪宁生先生认为，在一些青铜器的图像或场面中，总有极少数人的形象与众不同。他们的服饰虽然也跟其他“滇”人一样，如男女均穿无领对襟外衣，男子以带束腰；男子头顶梳髻，女子之髻垂于脑后，但在青铜器图像中，这些人的形象都是身材高大或者遍体鎏金，处于图像或场面的突出位置，如晋宁石寨山青铜器“出耕图”（M12:2）中乘肩舆的妇女、纺织场面（M1）中端坐正中监督奴隶劳动的女主人、杀人祭祀场面（M20:1、M1）中乘肩舆的妇女、杀人祭祀场面（M12:26）房屋中高坐者及参与议事的男子、战争场面（M6:1、M13:256）中骑马的主将、指挥者等，这些人应是“滇”人中的贵族阶层和特权阶级。从社会分工来看，这些贵族阶层人士均不从事生产性劳动，从青铜器图像中的角色来看，他们中的男性在战争中充当首领和指挥者，妇女则主持与农业有关的祭祀仪式，并在家监督奴隶劳动；在出行方式上，他们也异于普通人：男子骑马代步，妇女乘坐肩舆；平时居家，也有奴仆随身侍候。[1]

（二）平民

石寨山青铜器图像中的大多数人物属于平民。他们的身份地位体现在他们参与的各种社会经济活动上，如“出耕图”（M12:2）中荷锄顶篮的妇女；“献粮图”（M12:1）中负粮入仓的妇女；“放牧图”（M12:1）内圈3个牧羊的男子和“放牧图”（M12:2）上晕牧牛的男子；杀人祭祀场面（M1）中列坐成排参与仪式的妇女；乐舞饰牌（M13:75、M13:64）中的跳舞者、奏乐者；战争场面（M6:1）中的“滇”人战士等。总体而言，平民是“滇”国社会阶层的主体，他们是社会生产的主要担负者（男子从事牧畜，妇女从事农业），是战争中的主要战士，是一般公共活动的参加者和观众。另外，他们还要将自己生产的部分粮食贡献给贵族或特权阶级，并要亲自送到贵族的粮仓中。[2]

（三）奴隶

青铜器图像中有些人的社会地位可能十分低下，属于奴隶身份。他们在“滇”国的

〔1〕 汪宁生：《晋宁石寨山青铜器图像所见“滇”人的经济生活和社会生活》，载《汪宁生论著萃编》（上），云南民族出版社2001年版，第607页。

〔2〕 汪宁生：《晋宁石寨山青铜器图像所见“滇”人的经济生活和社会生活》，载《汪宁生论著萃编》（上），云南民族出版社2001年版，第608页。

社会经济生活中，既从事一般的生产劳动，如男子放牧、女子纺织等，也从事一些相对更为卑贱的杂役活动，如抬肩舆、祭祀时屠宰牛羊、侍候贵族等，他们可能是“滇”人族群中地位最低者。还有些梳双辫的“编发”者，则直接是被欺凌、被伤害的对象，如战争场面（M6:1、M13:356）中与“滇”人作战者、被杀倒在地者、被生擒者，俘掠铜饰牌（M13:109、M3:72）中被俘的妇女和小孩，有的则直接成为祭祀中的牺牲，如杀人祭祀场面（M12:26、M1）中被杀后奉献给神祇的人员，他们可能都是战争中被“滇”人俘获的“昆明”人。[1]

西汉中期以后，随着郡县制的实行，王朝势力和汉族移民随之进入云南，云南地区的社会阶层较之以前发生了一些变化。大体而言，在部族内部，仍维持着原来的社会分层，即仍存在着贵族、平民和奴隶三个阶层。而从政治权力结构的角度来看，则形成了这样一个等级架构，即郡县官员—部族王侯—部落邑长—部落民众。

三、两汉时期云南地区的汉族移民

（一）汉族移民的由来

两汉时期是内地汉族人口较大规模移入云南的重要时期。虽然秦汉以前，已有内地人士零星地进入云南，如战国末期庄蹻率军入滇、秦代派军队和民工修筑从今天川南宜宾进入滇东北昭通地区的“五尺道”并设置官吏等，但汉人大规模地进入云南应是西汉元封二年（公元前109年）汉武帝征服滇王国并在滇池地区设置益州郡以后。随着郡县制的推行，内地的汉人不断地进入云南地区，有些人由此落籍云南，成为云南地区的汉人。

根据方国瑜先生的分析，当时进入云南地区的汉人，从迁移原因上来说，主要有这样三类：一是因屯田戍守而迁入的汉人；二是因战争流散不归的汉人；三是因受灾被迫而来的汉人。[2] 从职业或身份上来说，则主要是官员、士兵、“不法”之人以及商人等。其中，因从军而落籍云南的人应占多数。当时进入云南的军人，分为屯田戍守部队和战时调派入境的部队两种。就前一种情况而言，随着郡县的设置，郡县内驻守着从内地调遣来的汉族军人，这就是“郡兵”，这些军人既担负着驻防戍守的军事任务，同时也从事屯田工作，以保障军粮的供给，许多人由此而落籍云南。就后一种情况而言，两汉时期，由于王朝政权的残酷压迫和剥削，导致地方部族力量的不断反抗，双方之间战事频仍。据方国瑜先生的统计，从西汉元封二年（公元前109年）到东汉熹平五年（公元176年）的将近300年间，两汉王朝与云南地方部族力量之间的大规模战争就有14次。为了维护中央王朝在云南地区的统治地位，中央政权不断地从内地调遣军队、征发吏民，或让犯罪之人以戴罪立功的形式武装起来，派往云南地区镇压部族群众的反抗。如在汉武帝元封二年降服滇王的军事行动中，汉朝将军郭昌所率领

[1] 汪宁生：《晋宁石寨山青铜器图像所见“滇”人的经济生活和社会生活》，载《汪宁生论著萃编》（上），云南民族出版社2001年版，第608~609页。

[2] 方国瑜：《云南民族史讲义》，云南人民出版社2013年版，第125~132页。

的数万军队，就是由“三辅罪人”和巴蜀士卒所组成的；又如王莽天凤元年至六年（公元14年至19年），王莽为了镇压益州郡部族势力的反抗，先是“遣平蛮将军冯茂发巴、蜀、犍为吏士，赋敛取足于民，以击益州。出入三年，疾疫死者什七，巴、蜀骚动。”在此情况下，王莽诛杀了作战不力的冯茂，改派其他将领继续统兵镇压：“更遣宁始将军廉丹与庸部牧史熊大发天水、陇西骑士，广汉、巴、蜀、犍为吏民十万人，转输者合二十万人，击之。始至，颇斩首数千，其后军粮前后不相及，士卒饥疫，三岁余死者数万。”[1] 在所有这些战争中，都有大量内地汉族士兵或因战败或因逃亡而流散到云南各地，并由此而在云南地区长期定居生活下来。特别是在王莽天凤年间的战争中，数万大军死于饥饿和疾病，这些所谓“死者”中，肯定有大量因饥疫而逃亡失散者，在官方报告中只好把他们当作“死者”来对待。

除了军人外，两汉政权还有意识地把内地不听号令的世家大族或不法之徒迁到云南，实行所谓“移民实边”的政策，以此巩固王朝政权在边疆地区的统治。还在汉武帝开辟益州郡之初，“汉乃募、徙死罪及奸豪实之”[2]，就是将内地一些犯有“死罪”之人或“奸豪”之徒强制迁移到益州，既以此作为对他们的惩罚，同是也含有让他们立功赎罪之意，希望通过移民实边以强化对西南边地的控制。永昌郡不韦县（今保山市施甸县）的得名也是因为汉武帝时强制迁移秦相吕不韦的子孙至此而得名。《华阳国志·南中志》记其事说：“孝武时，通博南山，度兰沧水、渚溪，置巂唐、不韦二县。徙南越相吕嘉子孙宗族实之，因名不韦，以彰其先人恶。”[3] 汉朝将吕不韦后人迁移到边地的情况，另据《三国志·蜀书十三》裴松之注引用孙盛《蜀世谱》的说法是：“初，秦徙吕不韦宗族子弟于蜀汉。汉武帝时，开西南夷，置郡县，徙吕氏以充之，因曰不韦县。”[4] 也就是说，吕不韦后人是先被秦朝发配到蜀地，然后又被汉朝迁移到云南边地的。

此外，也有一些平民、商人因为征调、经商而落籍云南。在两汉政权经营云南的过程中，经常从巴、蜀、天水、广汉、犍为等地征调大批民夫承担修路、运输等劳役，这些民夫很多有来无回，或死亡，或逃散。在这些四处逃散的人群中，许多人也就在云南地区世代生活下来。此外，为了保障粮食的供给、克服粮食转运的困难，汉王朝曾招募内地的汉族商人豪民到云南地区开田耕种，然后将所获粮食就地卖给地方官军，他们中的一些人也由此而落籍云南。如汉武帝在经略西南夷的过程中，曾征发数万人修筑西南夷道（其中的南夷道为从今四川宜宾经云南昭通至曲靖，这条道的基本路线即为秦代的“五尺道”，与唐代“石门关道”的路线也大体相同），但由于远途运粮，耗费太大，甚至把巴、蜀所收租赋全部用于修路都不够用，几年下来西南夷道仍未修通，在这种情况下，不得不另谋办法，“乃募豪民田南夷，入粟县官，而内受钱于都内”[5]。即让内地“豪

〔1〕［汉］班固撰：《汉书·西南夷列传》，见方国瑜主编《云南史料丛刊》（第一卷），云南大学出版社1998年版，第33页。

〔2〕［晋］常璩撰：《华阳国志》，齐鲁书社2010年版，第53页。

〔3〕［晋］常璩撰：《华阳国志》，齐鲁书社2010年版，第56页。

〔4〕［晋］陈寿撰，［宋］裴松之注：《三国志》，中华书局2011年版，第872页。

〔5〕［汉］班固撰：《汉书·食货志》，见方国瑜主编《云南史料丛刊》（第一卷），云南大学出版社1998年版，第39页。

民”率人到云南地区耕田，实行“商屯”，商人（“豪民”）把收获粮谷交给地方官府后，回到内地都内府领取粮款。

（二）汉族移民的分布

从汉武帝在今云南地区设置益州郡、越巂郡、牂牁郡及东汉时期增设永昌郡、犍为属国以后，在所有上述地区都有内地汉族居民迁入居住和生活。关于汉族移民在云南四郡和犍为属国地区居住和生活的情况，在史籍中留下了一些零星的相关信息，近几十年来的考古发现也提供了一些片断的信息和材料。

史籍中记载的较早落籍“西南夷”地区的著名汉族移民应是西汉末年的牂牁郡大姓龙、傅、尹、董氏等。《后汉书·西南夷列传》记载：“公孙述时，大姓龙、傅、尹、董氏，与郡功曹谢暹保境为汉，乃遣使从番禺江奉贡。光武嘉之，并加褒赏。”[1] 这一事件的背景是，西汉末年王莽篡汉后，蜀郡太守公孙述趁机占据成都，并号令巴郡、汉中等地区。当建武元年（公元25年），光武帝刘秀在北方称帝后，公孙述也在成都称帝，并试图招徕“西南夷”地区郡县官民归顺自己，在此情况下，牂牁郡汉族大姓龙、傅、尹、董等家族，不愿依附公孙述，而是与郡功曹谢暹一起，保境归汉，并遣使向刘秀进贡，表达对东汉王朝的忠诚，获得刘秀的表彰和奖励。从《后汉书·西南夷列传》的上述记载可以看出，龙、傅、尹、董等家族，显然为汉族人氏，他们被称为大姓，表明他们是定居牂牁的汉族居民而非短期任职的汉族官员，同时作为汉族居民，他们不仅入籍地方，而且已经发展成为地方上有势力和影响的名门望族，正因为此，在两汉交替的政治动荡之际，他们才有能力和资格来影响地方局势，效忠他们认同的王朝政权。从汉武帝元鼎六年（公元前111年）设置牂牁郡到汉平帝初始元年（公元8年）王莽篡汉建立新朝，其间将近120年，在这120年间，部族众多、环境较差、经济落后的牂牁郡不仅有内地汉族居民迁入居住和生活，而且其中一些人已发展成为人丁兴旺、财富雄厚、拥有私人武装的方土大姓，这从侧面说明了当时牂牁郡汉族移民迁入之多、发展之快和势力之大。在益州、永昌地区，两汉时也有许多汉族移民从内地迁入居住。许多汉族移民由于其汉人身份，在“夷汉”冲突中，成为当时“夷人”伤害和冲击的对象。据《后汉书·西南夷列传》记载，“建初元年（公元76年），哀牢王类牢与守令忿争，遂杀守令而反叛，攻巂唐城。太守王寻奔楪榆，哀牢三千余人攻博南，燔烧民舍。”[2] 这里的“民舍”就是当时居住在博南（今永平）地区的汉族移民的房屋。《汉书·西南夷列传》又记载，东汉安帝元初五年（公元118年），在越巂郡南部地区，由于郡县官员对当地部族群众的剥削太重，“卷夷大牛种封离等反叛，杀遂久令。明年，永昌、益州及蜀郡夷皆叛应之，众遂十余万，破坏二十余县，杀长吏，燔烧邑郭，剽略百姓，骸骨委积，千里无人。”[3] 文中所说的“百姓”就是

---

〔1〕［宋］范晔撰：《后汉书·西南夷列传》，见方国瑜主编《云南史料丛刊》（第一卷），云南大学出版社1998年版，第56页。

〔2〕［宋］范晔撰：《后汉书·西南夷列传》，见方国瑜主编《云南史料丛刊》（第一卷），云南大学出版社1998年版，第61页。

〔3〕［宋］范晔撰：《后汉书·西南夷列传》，见方国瑜主编《云南史料丛刊》（第一卷），云南大学出版社1998年版，第63页。

移入越嶲、益州、永昌等原“西南夷”地区生活的汉族群众，在部族群众反抗郡县汉官的暴动中，他们也成为部族群众泄愤和杀害的对象。

考古材料也证明，两汉时期，云南各地皆有汉族移民迁入居住和生活。在昭通地区，发现了许多封土高大的墓葬堆，被称为“梁堆”，这些“梁堆”大多为汉晋时期居住于犍为属国、朱提郡的汉族移民的墓葬堆。1937 年，在昭通曹家老包发现东汉时期墓葬一座，出土石方一座，石方呈正方形，估计为墓葬中用来插摇钱树的基座，上刻花纹和文字，其文为“建初九年三月戊子造”，说明此墓建于公元 84 年。[1] 此墓应为汉族移民的墓葬。1901 年，在昭通城东十里的白泥井出土一块墓碑，由于墓主人为孟孝琚，此碑被称为《孟孝琚碑》。墓碑字体缺损较多，亦无立碑时之年月。方国瑜先生根据碑文中所涉及的干支、官制、风尚，考证此碑可能立于东汉中期永元八年丙申，即公元 96 年。[2] 汪宁生先生认为：“像孟孝琚碑这样洋洋数百言的碑文，西汉时是不可能有的，甚至东汉初年亦不可能。据文风、字体、碑文中所见官制等作全面考察，此碑为永寿二年或三年（公元 156 年或 157 年）所立的可能性较大。”[3] 但不论如何，此碑应是立于东汉时期，孟孝琚为汉族官宦人家子弟，年少即逝，归葬故里。在滇西地区，1987 年，在保山市（今隆阳区）龙王塘发现一处房屋遗址，出土布纹板瓦、筒瓦、兽头纹滴水、瓦当及几何花纹砖，并有铁钉出土，砖侧有纪年铭文“中平四年吉”，表明此房屋建于东汉灵帝中平四年，即公元 187 年。[4] 可以肯定，房屋的主人应是落籍永昌的汉族移民。

（三）汉族移民的管理

两汉时期进入云南的内地移民大多是由于军事征战和官府征调而来的，担负屯守之职，因此，最初的移民受朝廷将领或郡县官员的统辖，实行“夷汉分治”，与当地部族力量不发生关系。后来，他们在云南落籍后，其户籍编为“民户”，以与“夷户”相区别，其族别仍是与夷人相对的汉人或“民”人，故此，史籍中常“夷汉”对称。如东汉初期，李纯任益州西部都尉，清廉为官，与其他官员作风迥异，受到“夷汉”群众的好评，由此，在设立永昌郡后，朝廷即任命郑纯为首任太守。《华阳国志》记其事说：“孝明帝初，广汉郑纯独尚清廉，毫毛不犯。夷汉歌咏，表荐无数。……明帝嘉之，因以为永昌郡，拜纯太守。”[5] 文中的“夷汉”即指当地部族群众和汉族移民。

作为郡县官员管理下的“民户”，汉族移民担负着郡县安排的各种劳役和差遣，依靠大小官吏的扶持来谋生或获利。如王莽时期，文齐先在今昭通地区为官，任犍为属

---

〔1〕 参见汪宁生《云南考古》，云南人民出版社 1992 年版，第 90 ~ 91 页。按：建初为东汉章帝刘炟的年号，建初共有 8 年（公元 76 ~ 83 年），建初九年实为章帝元和元年，即公元 84 年。参见方诗铭编著《中国历史纪年表》，上海辞书出版社 1980 年版，第 40 页。

〔2〕 方国瑜：《云南史料目录概说》（第二册），中华书局 1984 年版，第 805 ~ 809 页。

〔3〕 汪宁生：《云南考古》，云南人民出版社 1992 年版，第 112 页。

〔4〕 汪宁生：《云南考古》，云南人民出版社 1992 年版，第 240 页。

〔5〕 ［晋］常璩撰：《华阳国志》，齐鲁书社 2010 年版，第 46 页。

国都尉，他“穿龙池，溉稻田，为民兴利”[1]，这里的“民”应即是移入属国辖区的汉人；后来，文齐升任益州太守，他组织民众在滇池地区“垦田二千余顷”[2]，“开造稻田，民咸赖之”[3]，这里的“民”也是进入益州郡的汉族移民。需要指出的是，从汉民进入“西南夷”地区开始，就有许多汉民依附统治阶层，受官吏指使或与官吏合谋，欺压当地部族群众。如东汉章帝元和年间（公元84年至86年），王阜任益州太守，当时益州郡边地的一些不法官吏和汉民相互勾结，侵害部族百姓，王阜依法进行了管束和惩治。《东观汉记》记其事说：“（王阜）为益州太守，边郡吏多放纵，阜以法绳正，吏民不敢犯禁，政教清静，百姓安业。”[4] 这里所说的“吏民”指的即是移民进入益州的汉族基层官吏和百姓。

---

〔1〕［晋］常璩撰：《华阳国志》，齐鲁书社2010年版，第55页。

〔2〕［宋］范晔撰：《后汉书·西南夷列传》，见方国瑜主编《云南史料丛刊》（第一卷），云南大学出版社1998年版，第57页。

〔3〕［晋］常璩撰：《华阳国志》，齐鲁书社2010年版，第170页。

〔4〕《东观汉记·王阜传》，见方国瑜主编《云南史料丛刊》（第一卷），云南大学出版社1998年版，第73页。

第三章　三国至初唐时期的云南农业与社会

东汉末期，伴随着黄巾军起义，各地豪强大姓趁势而起，军阀混战，天下大乱。从汉末至隋初的将近400年间，虽经三国两晋南北朝的政权更迭，但无论哪一政权都无力统一全国，中国陷入南北分裂、多朝并立的状态，直至隋初，全国才基本统一。在此历史背景下，云南地区的历史发展也进入了一个特殊时代——大姓割据、独霸南中的时代。从汉末至唐初的500多年间，云南地区基本上为地方大姓势力所控制，与内地王朝仅保持一种政治上的臣属关系，特别是在爨氏家族强盛时期（公元347～581年），虽奉内地王朝为“正朔”，形式上接受南朝（东晋、刘宋、萧齐、萧梁）和北朝（西魏、北周）的政治管辖，但实际上“高度自治”，云南地区变成爨氏家族的世袭统治区域，由此，云南历史也进入了长达400年的爨氏家族统治时期。[1]

三国两晋时期，云南地区被称为“南中”。“南中”之名，见于东晋常璩所著《华阳国志》一书，《华阳国志》中专辟《南中志》记载汉晋间云南地区史事。《华阳国志》在介绍当时云南地区总况时说：“宁州，晋泰始六年初置，蜀之南中诸郡，庲降都督治也。”又言：“南中

〔1〕方国瑜先生在《滇东地区爨氏始末》一文中指出：“爨氏为建宁大姓，逐渐发展，经百三十年，称霸于滇东区域。至被南诏破灭，约为四百年。”见《滇史论丛》（第一辑），上海人民出版社1982年版，第113页。

在昔，夷越之地。”[1] 就是说，晋代的宁州就是两汉时益州刺史部管辖下的南方各郡，就是蜀汉的庲降都督辖区，也即汉初的“西南夷”地区，宁州是行政区划名称，庲降都督等是区域行政长官名，“西南夷”、南中为地区俗称或统称。200 多年后，刘宋时期的史学家裴松之在为《三国志》中的《蜀书》李恢传作注时说：“臣松之讯之蜀人，云庲降地名，去蜀二千余里，时未有宁州，号为南中，立此职以总摄之。晋泰始中，始分为宁州。”[2]《南齐书·州郡志》“宁州”条在介绍宁州基本情况时也说：“宁州，镇建宁郡，本益州南中，诸葛亮所谓不毛之地也。”[3] 以此而言，可能自东汉末年开始，内地之人就把当时益州南部四郡地区统称为南中了。南中之得名，应是因其在巴蜀之南，故被巴蜀之人称为南中。其后，虽然朝代兴废，建置常改，但南中之名作为云南地区的代称，一直沿用数百年。故此，我们可以把自三国至唐代初期的云南历史称为大姓独霸南中的时代。

从三国至初唐的四五百年间，云南虽处于大姓割据和全国分裂的政治局势之下，但是经过三国两晋 100 多年的混战后，到爨氏称霸时期，云南地区社会环境相对安宁，加上内地汉族文化的广泛传入和传播，云南地区的经济文化是不断向前发展的，其中农业生产力的发展、农作物品种的增加、种植技术的进步、农牧之间的相互结合与共同发展等就是其中的重要方面。

〔1〕［晋］常璩撰：《华阳国志》，齐鲁书社 2010 年版，第 44 页。
〔2〕［晋］陈寿撰，［宋］裴松之注：《三国志》，中华书局 2011 年版，第 871 页。
〔3〕［梁］萧子显撰：《南齐书·州郡志》，见方国瑜主编《云南史料丛刊》（第一卷），云南大学出版社 1998 年版，第 181 页。

第一节　大姓崛起与爨氏称霸南中

一、汉末云南地区的大姓

东汉后期，中国社会中出现了一些在地方上具有特殊权势的豪门强族，这就是所谓“大姓”。“大姓”的一个重要特点就是占有巨大财富、拥有私人武装，唯利是图、称霸一方，与官府既相互勾结、又相互争斗，成为影响地方政治局势和社会秩序的重要力量。在东汉末年的黄巾起义中，许多大姓响应朝廷的号召，率领家族武装，参与镇压黄巾军起义，有的乘势而起，攻城略地，发展为称雄一方的军阀割据势力。

在现今云南地区，东汉末年，随着王朝政权力量的衰落，云南地区也变成了大姓势力的天下。大姓们对抗官府、操纵政局，占有部曲、巧取豪夺，成为地方社会生活的实际主宰力量。云南地区的大姓势力是如何形成的呢？

云南地区的大姓来源于西汉中期以后不断迁入云南的汉族移民。也就是说，大姓是汉族移民的后代，不是云南地区土著的“渠帅”“夷帅”。同时，大姓也不是一般的移民群众，而是移民中的统治阶级。如前所言，汉王朝为了维护和巩固在云南地区的统治，实行民族分化政策，将云南地区居民分为“夷户”和“汉户”，对“夷户”和“汉户”实行分而治之的政策。对于这种统治方式，方国瑜先生作了这样的总结：“受太守统治的人民，分别为夷户和汉户，使‘夷帅’统治夷户，‘长吏’统治汉户，造成民族对立。利用汉人的势力来镇压夷人，所以纪录中‘吏民’连起来称谓的甚多，这就是大民族主义统治的实质。”[1] 这些“长吏”就是在太守、县令等郡县官员领导下负责直接管理“汉户”的基层官员。长吏的来源，可能是由于儒科进阶，即由于读书知礼而被选用为基层官员，也可能是由郡吏入仕，即在政府部门长期任职而得到重用，最后，经过几代的发展，成为地方上有影响的世家大族。

长吏发展成为大姓的一个重要条件就是占有部曲、拥有私人武装力量。长吏是如何做到这一点的呢？最初迁到云南的汉族移民，大多是郡县领导下的驻屯户，他们既是作战的战士，又是耕种的农民。按照汉朝在边郡地区的制度，这些驻屯户都被编入部、曲、屯的军事组织之中。部、曲本为军事组织名称，后来变为部曲士兵的代称，称为“部曲”。部、曲、屯都设有领军长官。部的领军长官为校尉；部下有曲，领军长官为军侯；曲下有屯，设屯长一人作为长官。这些校尉、军侯、屯长就是管理屯戍汉户的长吏。长吏不是随时调动的更卒遣戍，而是落籍在云南的移民，他们的职务不仅

〔1〕方国瑜：《试论汉、晋时期的“南中大姓”》，载《滇史论丛》（第一辑），上海人民出版社1982年版，第36页。

是终身制的，甚至是世袭的，即所谓“世领其职”。这样，随着时间的推移，“兵为将有”，他们统领下的部、曲士兵，就慢慢变成他们的私人武装，成为“家部曲”或“世掌部曲”。从身份上讲，部、曲军士虽非长吏的奴隶，但在政治上和经济上对领军长吏具有极强的私人依附关系。“部曲”投靠长吏、长吏占有“部曲”，互为利用，成为一个特殊利益集团。最后，长吏发展成为左右一方的豪门大姓。对于大姓和郡县官员的关系，方国瑜先生作了这样的评析：“大姓领兵，是支持太守统治的主要势力。太守与大姓相互利用，同时各为自私利益相互矛盾，当太守有威望时，大姓屈从于太守；当太守式微时，大姓就傲慢了。也就是王朝势力强大时，大姓依靠太守，王朝势力衰落时，大姓就不肯屈服于太守，领兵自豪，别有企图，和东汉末年以来的南北豪门仗势横行的情形正相同。”〔1〕可见，云南地区长吏势力的坐大和大姓势力的崛起，也是统治阶级实行汉夷分治、以吏领军、以汉治夷政策的必然结果。

汉末云南地区的大姓有多少，史无明载，但可以肯定的是，当时云南四郡均有势力大小不一的大姓。从牂牁郡来说，还在东汉初年（公元24年至36年），公孙述占据巴蜀，威胁牂牁地区，“大姓龙、傅、尹、董氏与功曹谢暹保郡”〔2〕，这是史籍中记载的西南地区最早的“大姓”；从云南境内其他郡县来说，在东汉末年，滇池地区的大姓有雍闿、李恢、爨习等，永昌郡地区的大姓有吕凯等。根据《华阳国志》的记载，公元225年诸葛亮平定南中大姓的反叛后，对大姓采取安抚政策，以蜀汉政府的名义将南中军民中体质较差者分配给大姓作为部曲：“分其羸弱配大姓焦、雍、娄、爨、孟、量、毛、李为部曲，置五部都尉，号五子。故南人言四姓五子也。”〔3〕从这一记载中，可看出当时云南地区有权有势的大姓甚多，仅蜀汉政府需要特别重视和拉拢的大姓就有八姓之多，其中以“四姓”为大姓中势力最大者。“五子”与“四姓”是什么关系呢？从上引史料来看，“五子”或即“五部都尉”，大姓由于拥有大量部曲，达到了一定数量，被授予五部都尉之职，“四姓五子”连称，可以理解为“四姓”皆为“五部都尉”。〔4〕

二、大姓、“夷帅”联合抗蜀与诸葛亮南征

在东汉末年的军阀混战中，以汉朝宗室后裔自居的刘备于建安十九年（公元214年）率军入蜀，占领了这一沃野千里的富庶之地，准备以此作为战略基地，积蓄力量，

〔1〕方国瑜：《试论汉、晋时期的“南中大姓”》，载《滇史论丛》（第一辑），上海人民出版社1982年版，第39页。

〔2〕［晋］常璩撰：《华阳国志》，齐鲁书社2010年版，第52页。

〔3〕［晋］常璩撰：《华阳国志》，齐鲁书社2010年版，第48页。

〔4〕《华阳国志·南中志》在记述建宁郡治情况时说：“建宁郡治，故庲降都督屯也，南人谓之‘屯下’。……有五部都尉，四姓及霍家部曲。”（《华阳国志》，齐鲁书社2010年版，第54页）根据这一记载，也可理解为“四姓”及霍家皆有大量部曲，担任五部都尉，故称为“五子”，“五子”即“四姓”加上霍氏。或者，庲降都督府下设置五部都尉，管理“四姓”及霍家的部曲。

统一全国，成就帝业。公元220年，统一北方后的曹操之子曹丕废汉称帝，建立魏国；221年，刘备也在成都称帝，建立蜀国（也称蜀汉）；222年，占据江东的孙权建立吴国。由此，东汉王朝正式灭亡，中国进入三国争雄的时代。

占领巴蜀后的刘备力图控制云南，把云南变成蜀汉的战略后方和物资人力基地。为此，按照“南抚夷越”的政治方略，他不断地派遣官员前往云南地区，希望说服南中地方势力归附蜀汉政权。刘备先派邓方为庲降都督，并同时任命他为朱提太守，进驻南昌县（今贵州毕节），对南中地方势力进行招抚和劝降工作，但无效果；邓方死后，又任命投奔蜀汉的益州郡俞元县（今澄江县、江川县）大姓李恢为庲降都督，进驻平夷（今贵阳以西地区），继续招抚工作，但亦无成效。

这时的南中地区已为各郡大姓势力所控制。益州郡被以雍闿为首的大姓所把持，牂牁郡为朱提大姓出身的太守朱褒所控制，越巂郡为夷帅高定（高定也作高定元）所占据。大姓们相互勾结，想把南中地区变成自己掌控的独立王国，不愿外部政治势力进入南中地区，对蜀汉政权的招抚工作采取坚决抗拒的态度。蜀汉派到益州郡的太守或为大姓们加以放逐，或为大姓们加以杀害，如太守正昂被大姓杀死，继任太守张裔被大姓们绑送给孙吴政权。大姓们积极与孙吴政权联络，想取得孙吴的支持，借此与蜀汉政权周旋和抗衡。

蜀汉建兴元年（公元223年），刘备死后，南中大姓势力更加猖狂。蜀丞相诸葛亮以刘备新丧，后主刘禅刚刚继位，不宜用兵，采取暂时忍让策略，继续对大姓们进行安抚劝说，希望大姓们能听从蜀汉的号令，奉蜀汉为正统。可大姓们毫不领情，公开予以拒绝。蜀汉都护李严给雍闿写了6封劝说信，晓以利害，想让雍闿归附蜀汉。但雍闿只给李严回复了1封信，说：“盖闻天无二日，土无二王，今天下鼎立，正朔有三，是以远人惶惑，不知所归也。”〔1〕一方面装愚作傻、调侃讥讽，一方面不留情面、直接拒绝。史家记述这事时，都忍不住地评论道，“其桀慢如此”〔2〕，或“其傲慢如此”〔3〕。雍闿反心已定，益州郡的“夷叟”部族群众不愿跟随他一起反蜀，雍闿就让与部族群众关系较好的建宁郡（即益州郡）大姓孟获〔4〕前去说服诱导。孟获针对部族

〔1〕［晋］陈寿撰，［宋］裴松之注：《三国志》，中华书局2011年版，第872页。《华阳国志·南中志》所记字句略有不同：“愚闻天无二日，土无二主。今天下派分，正朔有三，远人惶惑，不知所归。”（见齐鲁书社2010年版，第47页）

〔2〕［晋］陈寿撰，［宋］裴松之注：《三国志》，中华书局2011年版，第872页。

〔3〕［晋］常璩撰：《华阳国志》，齐鲁书社2010年版，第47页。

〔4〕关于孟获是汉族大姓还是土著“夷帅”，史籍中没有明确记载。后人对此争论不休，但多数学者根据史籍材料推断，孟获应为建宁郡汉族大姓。如方国瑜先生认为，“从见于记载的若干史料，可以证明孟获是南中汉族大姓，如《南中志》载：‘孟获说夷叟，……故获以欺夷’，显知他不是夷人。《南中志》又说：‘孟获代（雍）闿为主’；《汉晋春秋》说：‘孟获者，为夷汉并所服’。从那时一般情况，统率夷汉部曲的是汉族大姓，《南中志》载所谓四姓五子，就有孟姓，应是孟获这一家。”（方国瑜：《汉晋时期在云南的汉族移民》，载《方国瑜文集》第一辑，云南教育出版社1994年版，第293页）范建华先生等也认为，孟获为建宁郡汉族大姓（见范建华等著《爨文化史》，云南人民出版社、云南大学出版社2012年版，第48页）。

群众仇恨郡县汉官的情绪，欺骗恐吓说："官欲得乌狗三百头，膺前尽黑，螨脑三斗，斵木构三丈者三千枚，汝能得不?"[1] "夷叟"群众听了，都被吓住了，认为孟获所言不虚，不反蜀就没有活路了。因为要找胸前尽黑的黑狗三百头，螨虫[2]脑袋三斗，以及长度达到三丈的斵木构三千枚，都是不可能完成的任务。《华阳国志》的作者常璩解释说："斵木坚刚，性委屈，高不至二丈，故获以欺夷。"[3] 孟获确是在以谎言欺骗"夷叟"群众，但就连这样的谎话"夷叟"都信了，说明平时汉官对"夷叟"群众的盘剥勒索确是无所不用其极了，这样，难怪孟获的欺骗能够轻易成功了。

蜀汉建兴元年（公元223年），南中四郡中的三郡皆反蜀，只有永昌郡在郡吏吕凯、郡丞王伉的带领下，保境安民，抗拒雍闿，拥戴蜀汉。《三国志》之《蜀书·后主传》记录这年的形势说："建兴元年夏，牂牁太守朱褒拥郡反。先是，益州郡有大姓雍闿反，流太守张裔于吴，据郡不宾。越巂王高定亦背叛。"[4] 建兴三年（公元225年）春，诸葛亮在忍让等待了一年之后，率军南征平叛。经过半年多的战斗，到了秋天，南中四郡的反叛全部被平定。

诸葛亮的平叛部署是：派马忠进攻牂牁，派李恢进攻益州，自己率军由安上县（今四川屏山县）进攻越巂夷帅高定的叛军。诸葛亮本来想等到高定的部队全部集结后再行攻击，以取得一击即全歼敌人的效果，但还未等到诸葛亮进攻，叛军即发生内乱，从益州赶来越巂助战的雍闿不知何故被高定的部属杀死。诸葛亮趁乱进攻，斩杀高定，越巂地区的叛乱遂被平定。这时，马忠率领东路军也迅速平定了牂牁地区的叛乱，只有益州地区的战事仍难以取胜。诸葛亮即率军渡过金沙江，直趋滇池地区，与李恢军队会合，共同对付益州叛军。益州大姓军队方面，在雍闿死后，由孟获继任首领。孟获顽强抵抗，与蜀汉军多次交战，最后兵败被俘，才归顺蜀汉。

关于孟获与蜀汉军交战的情况，历史上有"七擒七纵"的说法。这一说法也并非无稽之谈。《华阳国志》记载说："夏五月，亮渡泸，进征益州。生虏孟获，置军中，问曰：'我军如何?'获对曰：'恨不相知，公易胜耳。'亮以方务在北，而南中好叛乱，宜穷其诈，乃赦获，使还合军，更战。凡七虏、七赦。获等心服，夷、汉亦思反善。亮复问获，获对曰：'明公，天威也！边民长不为恶矣。'秋，遂平四郡。"[5] 诸葛亮为了使南中大姓心服口服，不再为患，既充分显示了蜀汉政权的强大政治军事力量，同时又清楚地展现了蜀汉政权对南中大姓的宽容和善意，这是"攻心为上，攻城为下"策略的体现，从这个意义上说，严格的"七擒七纵"可能未必真有其事，但在战争中诸葛亮注重剿抚并用、力图消除后患则是明确的。当然，对于"七擒孟获"之

---

〔1〕［晋］常璩撰：《华阳国志》，齐鲁书社2010年版，第47页。

〔2〕按"螨"为节肢动物的一类，体形微小，寄居在人或动物身上，吸血液。此处所说的"螨"，方国瑜先生认为应指"蚊"（参见《滇史论丛》第一辑，上海人民出版社1982年版，第43页）。

〔3〕［晋］常璩撰：《华阳国志》，齐鲁书社2010年版，第47页。

〔4〕［晋］陈寿撰，［宋］裴松之注：《三国志》，中华书局2011年版，第746页。

〔5〕［晋］常璩撰：《华阳国志》，齐鲁书社2010年版，第48页。

说，史家历来有不同看法。方国瑜先生的看法是："推测诸葛亮追击孟获，连战连进，七次始被消灭，孟获投降不杀，后来附会为七纵七擒，捏造史实。"[1] 也就是说，可能经过多次战斗，最终征服孟获，其间是否有擒有纵、擒而又纵，则恐怕未必。

诸葛亮平定南中，只是从军事上压服了南中反叛势力，南中地区的社会基础和经济基础并未改变。在此情况下，南中实际上仍然是汉族大姓和"夷叟"首领控制的天下。为此，蜀汉政权对南中地方势力只能采取又打又拉、恩威并用的策略，依靠大姓势力和部族首领来维持对南中的统治。这就是史书上说的"南中平，皆即其渠率而用之"[2]，"渠率"即大帅（渠者，大也；率同"帅"），也即南中地区汉、夷豪强势力。

在政治上，首先将南中四郡分划扩大为七郡，设置庲降都督对南中七郡进行管辖。即将益州郡改称建宁郡，犍为属国改为朱提郡，分建宁郡和牂牁郡的一部分设置兴古郡，分越嶲郡和永昌郡的一部分设置云南郡，这样，南中地区就由东汉时期的南中四郡发展为蜀汉时期的南中七郡，即建宁、朱提、牂牁、兴古、越嶲、云南、永昌。其中，兴古郡辖区为今滇东南的红河、文山地区，云南郡辖区为今大理州、楚雄州和丽江市之间相邻地区，另外，蜀汉以后，牂牁、越嶲两郡辖区基本不在今云南地区。在七郡之上，设置庲降都督进行统领和管辖，庲降都督治所在建宁郡味县（今曲靖市麒麟区）。其次，任命效忠蜀汉的大姓为南中各郡县官员，满足大姓们的权力欲求。蜀汉任命李恢为建宁郡太守，任命马忠为牂牁郡太守，吕凯为云南郡太守，王伉为永昌郡太守。诸葛亮给蜀后主刘禅上表，对吕凯、王伉的忠诚进行表彰："永昌郡吏吕凯、府丞王伉等，执忠绝域，十有余年，雍闿、高定逼其东北，而凯等守义不与交通。臣不意永昌风俗敦直乃尔。"[3] 与此同时，将新归附的地方大姓豪强调往蜀汉政权任职，既以之笼络，又加以控制。如将孟获调到蜀汉中央任御史中丞，孟琰任辅汉将军，爨习任领军将军等。第三，对地方"夷叟"部族，则在安抚的基础上，明确蜀汉政权及郡县官员对部族首领的统属关系。《华阳国志·南中志》说："诸葛亮乃为夷作图谱：先画天地，日月，君长，城府；次画神龙，龙生夷及牛马羊；后画部主吏，乘马幡盖，巡行安恤；又画牵牛负酒、赍金宝诣之之象，以赐夷。夷甚重之。"[4] 实际上，即以图画的形式，把蜀汉政府、郡县官吏与部族首领之间的统属关系展示出来，明确了各自的权力地位及夷叟部族对郡县的义务责任。

在经济上，则把南中地区作为物资、人力来源之地，大肆征调南中地区的各种物产、财富以供蜀汉的军需民用。从人力上来说，蜀汉把南中地区身体强悍的青羌部族一万多户人口迁到蜀中，编入军队，作为北伐前锋。这就是《华阳国志》所说："移南中劲卒青羌万余户于蜀，为五部，所当无前，号飞军。"[5] 蜀汉对南中物资的征调更

---

〔1〕方国瑜：《南中地方势力与蜀统治之争夺及相互利用》，载《滇史论丛》（第一辑），上海人民出版社1982年版，第65页。

〔2〕［晋］陈寿撰，［宋］裴松之注：《三国志》，中华书局2011年版，第767页。

〔3〕［晋］陈寿撰，［宋］裴松之注：《三国志》，中华书局2011年版，第873页。

〔4〕［晋］常璩撰：《华阳国志》，齐鲁书社2010年版，第49页。

〔5〕［晋］常璩撰：《华阳国志》，齐鲁书社2010年版，第48页。

多，《华阳国志·南中志》说：“出其金、银、丹、漆，耕牛、战马，给军国之用。”[1]《三国志·蜀书·诸葛亮传》说：“军资所出，国以富饶。”[2] 从这些可以看出，南中地区对保障蜀汉政权的物资供应发挥了重大作用，同时，也可看出蜀汉政权对南中地区各族人民征调剥削之重。

三、南中扰攘与爨氏称霸

（一）两晋时期的南中纷争

蜀汉政权经营南中的目的在于把南中变成它的战略后方和物资供应基地，故而采取了政治上拉拢、经济上盘剥的政策，但由于对南中地区各种政治力量进行了新的调整，一定程度上缓和了南中地区的社会矛盾，在诸葛亮执政时期以及后来时期，南中地区社会相对安定。蜀汉派驻南中的各任庲降都督或安南将军也都能处置得当，受到大姓和百姓的拥戴。如马忠任都督，“柔远能迩，甚垂惠爱，官至镇南大将军。卒后，南人为之立祠，水旱祷之。”[3] 霍弋任都督及安南将军，“抚和异俗，为之立法施教，轻重允当，夷晋安之。及晋世，因仍其任。”[4] 霍弋在南中任职十多年，从参军升任都督，受到夷汉民众的拥护。在魏军攻蜀、蜀汉将亡之时，霍弋的表现同样体现出传统忠臣良将的风范，尤为难得。裴松之注《三国志·蜀书》的霍峻传引《汉晋春秋》对霍弋事迹的记载说：“霍弋闻魏军来，弋欲赴成都，后主以备敌既定，不听。及成都不守，弋素服号哭，大临三日。诸将咸劝宜速降，弋曰：‘今道路隔塞，未详主之安危，大故去就，不可苟也。若主上与魏和，见遇以礼，则保境而降，不晚也。若万一危辱，吾将以死拒之，何论迟速也！”[5] 在蜀亡后，魏及晋继续任用霍弋为南中都督。

公元263年，蜀亡于魏。265年，晋武帝司马炎代魏而起，建立晋朝，史称西晋（公元265～317年）。公元280年，西晋灭吴，暂时统一全国。在西晋时期，云南地区的政治建制情况屡有变化。基本情况是：晋武帝泰始六年（公元270年），以南中建宁、云南、永昌、兴古四郡设置宁州。宁州与益州一样，为直属晋朝中央的地方行政区划，当时全国设为十九州，宁州为十九州之一。此前，南中四郡或七郡都属于治所在成都的益州刺史部的管辖之下。《华阳国志·南中志》说：“泰始六年，以益州大，分南中四郡为宁州，（鲜于）婴为刺史。”[6] 但在宁州设置后不久，晋朝中央即罢宁州，改设南夷府。《华阳国志·南中志》说“太康三年，罢宁州，置南夷［府］，以天水李毅为校尉，持节统兵镇南中，统五十八部夷族，都监行事。”[7]《晋书·地理志》

〔1〕［晋］常璩撰：《华阳国志》，齐鲁书社2010年版，第48页。
〔2〕［晋］陈寿撰，［宋］裴松之注：《三国志》，中华书局2011年版，第765页。
〔3〕［晋］常璩撰：《华阳国志》，齐鲁书社2010年版，第48页。
〔4〕［晋］常璩撰：《华阳国志》，齐鲁书社2010年版，第48～49页。
〔5〕［晋］陈寿撰，［宋］裴松之注：《三国志》，中华书局2011年版，第840页。
〔6〕［晋］常璩撰：《华阳国志》，齐鲁书社2010年版，第49页。
〔7〕［晋］常璩撰：《华阳国志》，齐鲁书社2010年版，第49页。文中断句本文引用时稍有改动，齐鲁书社本相关内容作：“持节统兵，镇南中，统五十八部夷族都监行事。”

也说："太康三年，武帝又废宁州入益州，立南夷校尉以护之。"[1] 晋武帝太康三年为公元282年，即是说，宁州建制在设立了12年后就改为南夷府，设南夷校尉（南夷校尉后改称镇蛮校尉）进行统领。可是这种设置情况也不长久，晋惠帝太安二年（公元303年），又复置宁州，增统牂牁、越巂、朱提三郡，恢复到南中七郡的局面，设宁州刺史为最高行政长官，并加龙骧将军、邛都县侯称号。其后，越巂郡还归益州（州治在今成都），又从建宁郡中分出西部数县设立益州郡（后改称晋宁郡，其地域为原西汉益州郡所辖的滇池周围地区）。此为西晋王朝对南中地区的管辖情况。东晋时期（公元317～420年），曾将南中七郡分为16郡；在此时期，公元303～347年在成都建国的李氏成汉政权也根据其势力的伸缩情况对南中地区进行过行政上的调整，使得南中地区的政治格局更为复杂。但无论如何划分，许多郡县名号只是一纸空文，宁州地域基本上还是原来七郡或八郡的格局。

两晋时期南中地区政治格局的变化是与当时全国动荡纷争的形势密不可分的。从西晋建立到公元347年成都的成汉李氏政权灭亡的80多年间，全国及西南地区的形势一直处于战乱纷争之中。从全国来说，西晋建立不久，即有"八王之乱"以及边地少数民族的内徙和冲击，由于内乱不断，对南中地区的控制也力有不逮；从西南来说，氐人李特、李雄在氐人部族支持下，于公元303年入主成都，建立成汉政权（其国号先为"成"；公元338年，李寿改国号为"汉"）并与晋王朝争夺对南中的控制权。在此背景下，南中地区即成为晋王朝中央、成汉政权、南中大姓三方争斗的战场。

在此期间，晋王朝先后任命李毅、王逊等人为南夷校尉和宁州刺史。李毅、王逊对南中大姓采取强硬政策，在经济上对南中汉夷群众征求无度，在政治上严格控制大姓子弟们的仕进之途，没有刺史的同意或推荐，大姓子弟不可能获得政治上的发展，"自四姓子弟仕进，必先经都监"[2]。晋王朝官员的专横残暴引起大姓们的反抗。太安元年（公元302年），建宁大姓毛诜、李睿与朱提大姓李猛分别驱逐两郡太守，联合夷帅，并与成汉政权互通声气，起兵反抗南夷校尉及郡县官员。李毅领兵镇压，毛诜、李猛被杀。夷帅于陵承为李睿的婚姻亲家，于陵承为李睿求情，李毅先答应宽恕李睿，但后又将李睿杀死，于陵承怒，联合毛诜、李猛的夷族亲家，一起起兵进攻李毅。双方征战连年。光熙元年（公元306年）春，李毅病死于州城。第二年（永嘉元年，公元307年），宁州城被于陵承等攻破。李毅死后，晋王朝任命王逊为南夷校尉和宁州刺史。王逊继任后，继续采取强硬政策，既对地方部族势力进行强硬镇压，"讨恶獠刚夷数千落，威震南方"[3]，也对大姓势力加以压制，由于"严猛太过，多所诛锄"[4]，最后引起大姓的反叛。滇东北、滇东地区的大姓纷纷投靠成汉的李雄政权。李雄派军进入宁州北部的堂狼（今会泽、巧家地区）等地，与王逊进行争夺。东晋元帝大兴四

---

〔1〕［唐］房玄龄撰：《晋书·地理志》，见方国瑜主编《云南史料丛刊》（第一卷），云南大学出版社1998年版，第167页。

〔2〕［晋］常璩撰：《华阳国志》，齐鲁书社2010年版，第49页。

〔3〕［晋］常璩撰：《华阳国志》，齐鲁书社2010年版，第51页。

〔4〕［晋］常璩撰：《华阳国志》，齐鲁书社2010年版，第51页。

年（公元321年），王逊病死任上。第二年（明帝永昌元年），东晋朝廷任命尹奉为南夷校尉、宁州刺史，但尹奉施政威严不足、举措不力，南中仍然扰攘不宁。到了晋成帝咸和八年（公元333年），成汉政权首领李雄派其弟李寿率兵大举进攻南中，尹奉等降，南中尽为成汉所有。晋王朝的势力暂时退出南中。直到永和三年（公元347年），晋将桓温伐蜀，灭了成汉政权，南中才又复为晋王朝所有。

晋王朝虽然重新恢复了对南中的统治，但这时的晋王朝政权已从北方洛阳南渡到长江边的建康（今南京），所拥有的只不过南方半壁江山而已。北方早已为各少数民族政权所占据。在此后南北方政权的长期争斗中，南方的晋、宋、齐、梁、陈各朝已无力对南中进行有效的管辖，加之北方的各族政权也曾试图招徕南中，在此情况下，南中地区虽然名义上尊奉南方各王朝（宋、齐、梁）或北方的西魏、北周为中央正朔，但实际上已是大姓爨氏掌控的地方。对此，方国瑜先生作了这样的总结："从东晋永和三年至北周亡，凡二百三十四年。在此时期，益州扰攘不宁，成都易主，不止十次。而得蜀者，外有强敌，自顾不暇，当然无余力经略南中，只由大姓来统治，大姓已不受外力的控制，争长称雄。当李雄时期，霍、爨二氏最强，霍彪被送至广州后，爨琛称霸，并吞其他大姓，统一滇东区域了。"[1]

（二）爨氏的崛起与称雄

爨氏的家世源流，《爨龙颜碑》作了这样的记述："其先世则少昊颛顼之玄胄，才子祝融之渺胤也。……霸王郢楚，子文铭德于春秋，班朗绍纵于季叶。阳九运否，蝉蜕河东，逍遥中原。班彪删定汉纪，班固述脩道训。爰暨汉末，采邑于爨，因氏族焉。……乃祖肃，魏尚书仆射、河南尹，位均九列，舒翮中朝。迁运庸蜀，流薄南入，树安九世，千柯繁茂，万叶云兴。"[2] 这就是说，爨氏的先祖原为班姓，而班姓先人与春秋战国时的楚国王室同为芈（音"米"）姓。班姓是楚令尹斗班之后，而斗班为令尹子文之子。子文姓芈，因传说幼时为虎乳养大，而楚人谓虎为"班"，故子文以"班"为其子命名。再往上追溯，楚王室的先祖为上古"五帝"中的第二帝颛顼的重孙祝融，也就是说，楚王室为颛顼的后代。《爨龙颜碑》的这一说法，与《史记》中的《楚世家第十》关于楚王室的记载相吻合："楚之先祖出自帝颛顼高阳。高阳者，黄帝之孙，昌意之子也。高阳生称，称生卷章，卷章生重黎。重黎为帝喾高辛居火正，甚有功，能光融天下，帝喾命曰祝融。"[3] 楚国的班氏家族在秦灭楚后，迁居于今山西地区。据《爨龙颜碑》的说法，东汉时期修撰《汉书》的史学家班彪、班固父子为其族先人。到了东汉末年，班氏家族的一支被封于爨地，因而以地为姓，改姓爨。

爨地究竟在何地，有两种说法。一说为汉时新兴郡晋昌县，即今山西省忻州市定襄县；一说为汉时河东郡安邑县，即今山西省运城市盐湖区[4]。两说各有所据。从晋

〔1〕方国瑜：《两晋南北朝统治宁州与地方势力的争夺》，载《滇史论丛》（第一辑），上海人民出版社1982年版，第99页。

〔2〕《爨龙颜碑》。碑文见汪宁生《云南考古》，云南人民出版社1992年版，第116页。

〔3〕［汉］司马迁撰：《史记》，岳麓书社1994年版，第325页。

〔4〕盐湖区为汉魏时的安邑县地。唐代时在安邑县外另置解县。1958年，安邑县、解县等合并为运城县，1983年运城县改为运城市，2000年，原县级运城市更名为地级运城市下辖的盐湖区。

昌（定襄）说来看，根据《爨龙颜碑》的记述，其祖为汉末魏初的尚书仆射（射音“叶”，尚书仆射职权相当于丞相）、河南尹爨肃，而爨肃的籍贯史籍记载为晋昌。从安邑说而言，唐代杜佑所编《通典》对“西爨”的来源有这样的记述：“西爨者，南宁之渠帅，梁时通焉。自云本河东安邑人，七叶祖事晋为南宁太守，属中原乱，遂王蛮夷。”[1]《通典》称爨氏“自云本河东安邑人”，应有所据，也与《爨龙颜碑》所说“蝉蜕河东”之语相符。汉时安邑县既是河东郡辖县，也为河东郡治所在地。那么，如何解释两说之间的矛盾及相互关系呢？山西学者王雪樵先生认为，晋昌为班氏迁晋后的原居住地，安邑县为其封地，至爨肃时，班氏已迁居于封地安邑，但在籍贯上仍说是晋昌[2]。王雪樵先生此说的前提是认同《爨龙颜碑》的说法，即认为爨肃是南中爨氏的先祖。而根据方国瑜先生的看法，爨肃可能并非南中爨氏的先人，而是南中爨氏因爨肃的名声而故意依附[3]。但不论怎么说，南中爨氏自称的“本河东安邑人”应是可信的，即南中爨氏南迁前的故里为“河东安邑”，其地在今山西省运城市盐湖区（区内原有安邑镇，现改为安邑街道办事处）或盐湖区的邻县夏县（夏县祺王乡为战国时魏国都城安邑所在地），而班氏获封的爨地或即夏县境内的全村[4]。总的来说，南中爨氏先人为中原内地汉族，且为世代显赫的名门望族。

爨氏家族是何时迁移到南中地区的呢？按照《爨龙颜碑》的说法，是在爨肃之后，亦即汉末魏初。迁徙路线是先到蜀地，再到南中。方国瑜先生认为，爨氏迁到南中，应不在爨肃之后，因为东汉末年，南中已有爨氏大姓。《爨龙颜碑》把汉末的河南尹爨肃说成是其先祖，可能是因为爨肃的名声而有意攀附。方先生的结论是，东汉末年已为南中大姓的爨氏，虽不详何时迁来，但可以推测南中爨氏的先人是东汉后期因遣戍屯守而落籍南中的长吏，经过数代发展，汉末称强，跻于大姓之列。[5]

南迁的爨氏，至三国时期，已闻名于南中。爨氏不仅是当时南中地区的八大姓之一，而且是其中名望、地位最高的“四姓”之一。南中爨氏家族人物最早见于历史记载的是三国时的爨习。爨习为建宁郡人，东汉末年曾任建伶县（今晋宁昆阳）县令。爨习与当时另一大姓李恢具有亲戚关系。《三国志·蜀书》记载说：“李恢，字德昂，建宁俞元人也。仕郡督邮，姑夫爨习为建伶令，有违犯之事，恢坐习免官。太守董和

〔1〕［唐］杜佑撰：《通典》，见方国瑜主编《云南史料丛刊》（第一卷），云南大学出版社 1998 年版，第 451 页。

〔2〕王雪樵：《云南爨氏始祖考》，载《运城学院学报》2006 年第 1 期。

〔3〕方国瑜：《滇东地区爨氏始末》，载《滇史论丛》（第一辑），上海人民出版社 1982 年版，第 101 页。

〔4〕据王雪樵先生考察，运城市盐湖区的邻县夏县（汉时属安邑县）瑶峰镇有“爨村”，1981 年地名普查时更名为“全村”，在中条山下，距夏县县城两公里，距战国时魏国都城安邑所在地（今夏县禹王乡）十余公里。见王雪樵《云南爨氏始祖考》，载《运城学院学报》2006 年第 1 期。

〔5〕方国瑜：《滇东地区爨氏始末》，载《滇史论丛》（第一辑），上海人民出版社 1982 年版，第 101～102 页。

以习方土大姓，寝而不许。"[1] 这就是说，李恢本来在建宁郡（即原益州郡）府里担任督邮之职，但因其姑夫、建伶县令爨习干了违法之事，被人举报，李恢因此受到牵连，被免去督邮之职，但建宁郡太守董和慑于爨习为地方上的土豪大姓，不敢过于得罪，因而对处分李恢的事情一直搁置不办。后来，董和把李恢推荐到成都益州刺史府去做官，恰逢刘备入川，李恢直接投奔刘备，受到蜀汉的重用，诸葛亮南征时担任中路军的先锋。爨习能在东汉末年担任一县之长，并且还是地方上有影响有势力的大姓力量，甚至即使干了违法乱纪的事情后上级长官都不敢予以重处，可以推断此时爨氏迁到南中已有一定时间，才能发展到如此显赫霸道的局面。诸葛亮南征后，爨习被蜀汉政权调到成都任领军之职，曾参与诸葛亮的北伐之战。

西晋时期，爨氏大姓中的爨谷被晋王朝任命为交趾太守，于泰始元年（公元265年）率领建宁姓的大姓和部曲去进攻交趾，与尚未降晋的吴国交战。爨谷病死于交趾。爨谷的部属爨熊等在交趾继续作战，泰始七年（公元271年）兵败被俘遇害。晋王朝以爨熊忠烈，封其后代为侯。

在东晋与成汉李氏政权的争斗中，爨氏家族的头面人物爨量与爨琛也深深地卷入其中。爨量为梁水郡太守，他联合滇池以南的晋宁、梁水、兴古、西平等4郡势力，与东晋王朝任命的宁州刺史王逊相抗衡，并曾进攻宁州刺史所在的建宁郡。后来，尹奉任刺史时，利用边地部族力量杀死了爨量。爨琛则追随晋朝的宁州刺史王逊、尹奉，先是率军在堂狼（今会泽一带）大破进攻宁州的成汉李雄军队，后来爨琛被晋王朝任命为兴古太守，可能是去接管爨量死后留下的爨氏部属。东晋成帝咸和八年（公元333年），成汉政权进攻宁州，爨琛率部至朱提助战失败，成汉政权攻占宁州地区后，爨琛和其他大姓一起投降了李雄。此后，南中地区为成汉政权所统治。东晋咸和九年（公元334年），成汉政权将宁州地分为两州：一为宁州，一为交州，任命原建宁太守霍彪（霍彪为霍弋之孙）为宁州刺史，爨琛为交州刺史。此时宁州和交州的各自辖区，史无明载。方国瑜先生认为，大概宁州地以建宁郡为主，交州地以兴古郡为主。[2] 成汉统治时期，南中地区的内斗仍然不息，而以势力最强的霍、爨两姓的争斗最为激烈。东晋成帝咸康五年（公元339年），东晋王朝派遣广州刺史邓岳率军伐蜀，进攻兴古、夜郎，建宁郡太守孟彦趁势而起，率领州内民众将依附成汉的宁州刺史霍彪绑缚起来，押往邓岳军中，送给东晋王朝，表示背弃成汉、归附晋朝。第二年（东晋咸康六年，公元340年），孟彦在与成汉李寿军队的战斗中死于丹川（晋时的丹川可能在今贵州兴义以南地区）。在成汉政权大势已去的情况下，原来依附成汉的将领爨頠也于东晋穆帝永和元年（公元345年），投降晋王朝。永和三年（公元347年），晋将桓温伐蜀，成汉政权灭亡，晋王朝重新控制了益、宁二州，南中地区又复纳入东晋的统治范围。

东晋王朝虽然重新恢复了对南中地区的统治，但经过数十年间的战乱，晋王朝的势力大大衰落，此后，内地王朝对南中的实际控制能力不断弱化，宁州地区逐渐成为

---

〔1〕［晋］陈寿撰，［宋］裴松之注：《三国志》，中华书局2011年版，第871页。

〔2〕方国瑜：《滇东地区爨氏始末》，载《滇史论丛》（第一辑），上海人民出版社1982年版，第104页。此交州由宁州析出分设，与一般所说之交州即交趾州无关。

爨氏地方大姓的实际掌控区域。爨氏独霸南中得益于内外两方面的环境条件。从宁州内部来看，汉末以来，大姓称强，大姓之中虽然以爨氏势力最大，但还有其他大姓特别是“四姓”中的其他三姓与爨氏之间相互牵制和争斗。如前所言，三国时，在南中大姓中即有“四姓五子”之说，“五子”即蜀汉设置的统领夷汉部曲的五部都尉。“四姓”究竟为哪四家，史无明载，但根据《爨龙颜碑》所说爨氏“乡望标于四姓”，爨氏自是“四姓”之一，其他三姓是哪三姓呢？汪宁生先生根据考古发现情况推测为孟、李、霍三姓。[1] 如是孟、李、霍三姓，则经过晋与成汉之间数十年的争斗，孟、霍二姓的代表人物均已死亡，李姓也无强有力的头面人物，南中大姓中就只剩下爨氏一姓独大了。从外部来看，在南方，东晋王朝于公元420年为刘宋王朝所取代，此后，刘宋、萧齐、萧梁和陈氏4个政权又先后继替；在北方，北魏曾一度统一北方地区，享国150年（北魏于公元386年建国，公元534年后分裂），此后为东魏（公元534～550年）、西魏（公元535～556年）所代替，而东魏、西魏很快又为北齐（公元550～577年）、北周（公元557～581年）所分别代替，直到公元581年，隋文帝杨坚取北周而代之，灭北齐，建立隋朝，统一北方并进而重新统一中国。从公元347年东晋恢复对宁州的统治到公元581年隋朝建立的230多年间，内地王朝政权虽然都曾不断地“经略”南中，行使对宁州的管辖权，爨氏地方势力也在表面上承认内地王朝的“正朔”地位，但由于南北纷争不断、王朝更迭频繁，南北政权对宁州的管辖和经略仅限于形式上的任命官员（王朝任命的宁州刺史经常无法实际到任）和索取贡赋（爨氏只向王朝政权象征性地缴纳一点贡赋），维持着表面上的中央“正朔”地位，无力对南中进行实际控制，只好听由爨氏家族为所欲为了。大体说来，从公元347年（东晋穆帝永和三年）到公元548年（梁武帝太清二年）间，爨氏奉南方的东晋、刘宋、萧齐、萧梁为正朔，公元548年后，爨氏奉北方的西魏、北周政权为正朔，并由北周政权“遥授”为宁州刺史。

在东晋和南北朝时期，爨氏势力是如何独霸南中的呢？简单地说，就是爨氏家族人员自命为宁州刺史和各郡太守，统领宁州地区，或者，当王朝政权任命的宁州刺史不能实际到任履职时，爨氏家族势力实际上控制着宁州的地方政权。

爨氏家族担任宁州刺史、独霸南中的情况可由碑刻材料和文献材料加以说明。

从碑刻材料来说，在东晋、南北朝时期，南中地区有三块关于爨氏家族的重要墓碑，这就是立于东晋太和五年实为太和六年的《爨龙骧碑》[2]、立于东晋大亨四年实

[1] 汪宁生：《云南考古》，云南人民出版社1992年版，第96页。

[2] 《爨龙骧碑》亦称《爨龙骧刻石》。与一般碑刻不同，此碑体积甚小，为长方体，高37厘米、广48厘米，厚18厘米，置于古墓后壁处，作为墓主的标识物。1965年发现于陆良县，今存云南省博物馆。碑文称立于“泰和五年岁在辛未正月八日戊寅”，“泰和”即“太和”为东晋废帝年号，但从干支来看，泰和五年岁在庚午，辛未年应为泰和六年，即简文帝咸安元年，另外，辛未年的正月初八恰为戊寅日，故干支不误，年号有误，此碑应立于泰和六年（亦即咸安元年），即公元371年。参见方国瑜《云南史料目录概说》第二册（中华书局1984年版，第829页）和汪宁生《云南考古》（云南人民出版社1992年版，第112～113页）的相关考说。

即义熙元年的《爨宝子碑》[1] 和立于刘宋大明二年的《爨龙颜碑》[2]，这三块碑刻都对爨氏家族担任宁州地区重要官员的情况有所记载和反映。从《爨龙骧碑》来看，全碑文字仅四行十九字，即“泰和五年岁在/辛未正月八/日戊寅立/爨龙骧之墓”。此墓的主人“爨龙骧”为何人，碑文未有任何记述。《爨宝子碑》称爨宝子为建宁同乐人，死时年仅23岁（以此推算，爨宝子约生于公元382年左右）。其官衔为“晋故振威将军建宁太守”。《爨龙颜碑》则对爨龙颜本人及其祖、父的身份、官职记载甚详。碑额即对墓主人的身份作了明确介绍，“宋故龙骧将军护镇蛮校尉宁州刺史邛都县侯爨使君之碑”。碑文称爨龙颜为建宁同乐（今曲靖市陆良县）人，其祖、父均曾担任宁州地区要职：“祖，晋宁建宁二郡太守、龙骧将军、宁州刺史。考，龙骧辅国将军、八郡监军、晋宁建宁二郡太守，追谥宁州刺史、邛都县侯。”爨龙颜年轻时曾被任命为宁州刺史府的礼命主簿，但未就职，后担任过州刺史的佐官别驾，在东晋安帝义熙十年（公元414年）被推举为秀才，担任郎中之职。后来爨龙颜不断升迁，先是升任南蛮府行参军、试守建宁太守，后来又任龙骧将军、试守晋宁太守，并袭封邛都县侯；刘宋元嘉九年（公元432年），爨龙颜因镇压宁州地区内乱有功，迁为龙骧将军、护镇蛮校尉、宁州刺史、邛都县侯，功名达到顶峰。爨龙颜卒于丙戌年十二月即刘宋元嘉二十三年（公元446年），享年61岁（以此推算，爨龙颜约生于公元385年或386年）。

根据爨氏家族三块碑刻材料的相关内容，我们可以得出这样几点看法：

第一，“爨龙骧”中的“龙骧”为官名，即“龙骧将军”或“龙骧辅国将军”的简称，爨龙颜的祖父和他本人均任过“龙骧将军”，其父亲任过“龙骧辅国将军”。根据惯例，龙骧将军和邛都县侯均为晋王朝及后来的刘宋王朝对宁州刺史所授予的官衔和封号，如西晋王朝在太安元年（公元302年）恢复宁州的行政建制时，即对宁州刺史“加龙骧将军，进封成（邛）都县侯”[3]。爨龙骧为爨氏家族中担任过龙骧将军者，至于其名字如何，难以明确。由于爨龙骧碑与爨龙颜碑均出土于陆良县（汉晋时的建宁郡同乐县），“爨龙骧”或许为爨龙颜的先辈或祖父。[4] 不管怎么说，“爨龙骧”为东晋恢复对宁州地区的管辖后爨氏家族中具有重要地位的人物。

第二，爨龙颜的祖父和父亲均为宁州地区的最高长官和实权人物。《爨龙颜碑》明确记述爨龙颜的祖父担任过龙骧将军、宁州刺史，爨龙颜的父亲生前虽未担任过宁州刺史，但死后被追授为宁州刺史和邛都县侯（这种追授很可能是爨氏家族内部的自我追授），或许是对其生前实际地位和权势的一种追认。爨龙颜之父生前担任龙骧辅国将军、八郡监军、建宁晋宁二郡太守，实际上就是当时宁州地区的当权人物。

---

〔1〕《爨宝子碑》即“晋故振威将军建宁太守爨府君之墓”碑，墓中所葬者为爨宝子。此碑自称立于东晋大亨四年，但实际上大亨年号只用了一年，大亨元年为公元402年，大亨四年应为义熙元年即公元405年。可能由于南中与内地之间联络沟通不畅，内地年号已改而南中尚不获知。《爨宝子碑》于清代乾隆四十三年（公元1778年）出土于曲靖扬旗田村，今保存于曲靖第一中学内。

〔2〕《爨龙颜碑》立于刘宋武帝大明二年（公元458年），现存于陆良县城东南14公里之薛官堡。

〔3〕［晋］常璩撰：《华阳国志》，齐鲁书社2010年版，第50页。

〔4〕汪宁生：《云南考古》，云南人民出版社1992年版，第113页。

第三，从碑文记载来看，爨龙颜本人虽然是因为个人才学和功德逐步升迁为宁州刺史，但其最终担任宁州刺史之职似乎也是南中家族政治的必然结果。《爨龙颜碑》记载爨龙颜年轻时，“容貌玮于时伦，贞操别于门友。温良冲挹，在家必闻”，即是说，爨龙颜不仅长相清奇美好，让人喜爱，而且品德操行也谦和高尚，令人敬仰。这一记述无论是写实还是吹捧，都说明爨龙颜作为官宦世家子弟，自小就出类拔萃，受人瞩目和期待。从他的从政简历来看，在他 20 多岁时，就被授予刺史府的各种官职，担任主簿、别驾、郎中等各种高级属官，后来更升任宁州地区最重要的两个行政区建宁郡和晋宁郡的太守——而这两郡太守之职，都是他祖父和父亲曾任之职，同时被授予龙骧将军之号，并袭封为邛都县侯——这种“袭封”，说明邛都县侯称号已为爨氏家族所世袭专有。元嘉九年（公元 432 年），爨龙颜在镇压了宁州地区的内乱后，集宁州地区的最高官职和实权于一身，担任龙骧将军、护镇蛮校尉、宁州刺史、邛都县侯。此时，爨龙颜约为 47 岁。爨龙颜如此顺畅和成功的仕途，除了个人的努力奋斗外，家族势力的庇护和支撑，无疑是其成功的根本。虽然爨龙颜祖父、父亲的生卒年月和政治活动情况历史上没有更多的记载，但爨龙颜成长的岁月无疑是其祖父、父亲当权主政，其家族控制宁州政权的时期。之后，从公元 432 年到公元 446 年，爨龙颜担任宁州刺史达 14 年之久（从碑文来看，爨龙颜的任职应是终身制的）。至少，从碑刻来看，东晋末到刘宋初的七八十年间，宁州刺史职务或南中统治权已为爨氏家族所垄断。另外，从《爨宝子碑》的记载来看，爨宝子的年龄与爨龙颜相近，宝子死时年仅 23 岁，就已担任宁州核心区同时也是爨氏家族居住地的建宁郡的太守，而这种特殊任职，非以家族势力为背景是不可能实现的。从这个意义上来看，爨宝子很可能与爨龙颜一样，都是爨氏家族中的核心成员。

第四，爨氏家族所担任的宁州地区的职务封号，可能并非出于东晋、刘宋王朝的任命和封赐，而是爨氏家族自相承袭的。这种局面是王朝政权与爨氏家族双方政治博弈的结果。从内地史籍记载来看，在爨龙颜担任宁州刺史期间，刘宋王朝就多次发布过任命宁州刺史的决定，如元嘉十五年（公元 438 年）以内地陈、南顿二郡太守徐循为宁州刺史，元嘉十八年（公元 441 年），晋宁太守爨松子反，徐循讨平反叛；元嘉十九年（公元 442 年）以晋宁太守周万岁为宁州刺史等。[1] 对于徐循、周万岁等的任命和履职情况，方国瑜先生认为：“所谓徐循、周万岁只是遥领，未必到任，讨平爨松子之说，可能是南中内讧，徐循通报讨功而已。”[2] 而在爨龙颜去世后十余年间，刘宋王朝多次发布任命宁州刺史的决定，甚至有时一年一换刺史：元嘉三十年（公元 453 年），任命沛郡太守垣闳为宁州刺史；孝建元年（公元 454 年），任命强弩将军尹怀顺为宁州刺史；大明二年（公元 458 年），任命强弩将军杜叔文为宁州刺史；大明三年（公元 459 年），以建宁太守符仲子为宁州刺史；大明四年（公元 460 年），任命员外散

〔1〕［梁］沈约撰：《宋书 · 文帝纪》，见方国瑜主编《云南史料丛刊》（第一卷），云南大学出版社 1998 年版，第 147 页。

〔2〕方国瑜：《滇东地区爨氏始末》，载《滇史论丛》（第一辑），上海人民出版社 1982 年版，第 107 页。

骑侍郎费景绪为宁州刺史等。[1] 如此频繁地更换和任命宁州最高长官，受命的官员自然难以实际到任并履职，这种决定很可能只是一种政治程序或一副政治姿态：一方面，表明刘宋政权在宁州的“正朔”地位，另一方面，也让许多官员获得政治上的地位和荣誉，如刘宋明帝泰始六年（公元470年），任命“奉朝请孔玉为宁州刺史”[2]，“奉朝请”是朝廷一个闲官，并无实际职责，而只是享受某些政治待遇，如参加朝廷举办的各种重大礼仪和宴请活动等，由奉朝请改任宁州刺史，能给人以政治上的提拔重用之感，当然他们都是无法实际到任的。而对爨氏家族而言，无论其宁州刺史等职务和封号是源于王朝的任命和封赠，还是家族内部的自相承袭，只要能够确保爨氏家族在南中地区的统治地位，强化爨氏家族的权威，都是可以“便宜行事”的，在此情况下，他们对中央政令当然是根据自身意愿，随意奉行、相机行事了，甚至连王朝中央年号的变化他们都不甚清楚或不以为意。

从文献材料来看，虽然从爨龙颜担任宁州刺史到北周末期这一百年间爨氏家族人员担任宁州刺史的具体情况不详，但在这一时期，南中政治为爨氏家族把持则是基本事实。从各种史籍的记载来看，爨氏家族称雄南中是从东晋成帝咸和、咸康年间爨琛（也作爨深）任兴古太守、交州刺史开始的。元代李京所撰《云南志略》在记述爨氏事迹时说：“晋成帝以爨深为兴古太守，自后爨瓒、爨震相继不绝。”[3] 爨深（即爨琛）在晋成帝时（晋成帝司马衍的年号为咸和与咸康，在位时间为公元326～342年）任职兴古郡太守，后来又任交州刺史（成汉时以兴古郡地为主而增设交州），而爨瓒、爨震父子后于爨琛两百多年，为北周时期所授的宁州刺史。唐代杜佑《通典》在记述“西爨”事迹时说“西爨者，南宁之渠帅，梁时通焉。自云本河东安邑人，七叶祖事晋为南宁太守，属中原乱，遂王蛮夷。”[4] 南宁为隋、唐时对宁州的称呼，事晋为南宁太守者当为爨琛，从爨琛开始，爨氏在南中地区称雄为长。南朝萧梁时期编的《南齐书·州郡志》“宁州”条在介绍宁州基本情况时说：“（宁州）道远土塉，蛮夷众多，齐民甚少，诸爨、氐强族，恃远擅命，故数有土反之虞。”[5] 这就是说，刘宋朝廷不仅不能控制宁州，而且到了担心爨氏造反的程度。到了萧梁时期，曾任命徐文盛为宁州刺史，派其经略宁州。《梁书》记载徐文盛的情况时说：“大同末，以为持节、督宁州刺史。先是，州在偏远，所管群蛮不识教义，贪欲财贿，劫篡相寻，前后刺史莫能制。文盛推心抚慰，示以威德，夷僚感之，风俗遂改。”[6] “大同”为梁武帝后期的年

〔1〕［梁］沈约撰：《宋书·孝武帝纪》，见方国瑜主编《云南史料丛刊》（第一卷），云南大学出版社1998年版，第147页。

〔2〕［梁］沈约撰：《宋书·明帝纪》，见方国瑜主编《云南史料丛刊》（第一卷），云南大学出版社1998年版，第147页。

〔3〕［元］郭松年、李京撰，王叔武校注：《大理行记校注·云南志略辑校》，云南民族出版社1986年版，第90～91页。

〔4〕［唐］杜佑撰：《通典》，见方国瑜主编《云南史料丛刊》（第一卷），云南大学出版社1998年版，第451页。

〔5〕［梁］萧子显撰：《南齐书·州郡志》，见方国瑜主编《云南史料丛刊》（第一卷），云南大学出版社1998年版，第181页。

〔6〕［唐］姚思廉撰：《梁书》，见方国瑜主编《云南史料丛刊》（第一卷），云南大学出版社1998年版，第152页。

号，大同共有12年，大同十一年为公元545年，第二年即公元546年改年号为“中大同”，第三年即公元547年又改元“太清”。根据《梁书》的记载，太清二年（公元548年），因朝廷发生内乱，徐文盛即率军东归湘东、武昌等地。这样，徐文盛在宁州任职的时间前后不过4年。徐文盛是否真到了宁州，在宁州究竟是如何“推心抚慰，示以威德”的，史焉不详、难以确考，但估计“夷僚感之，风俗遂改”为夸大之词，而文中所说的宁州地处偏远、前后刺史莫能制则应是事实。徐文清东归30年后，公元580年，北周任命梁睿为益州总管，梁睿即向丞相杨坚（即后来的隋文帝）上疏，请求经略南宁州（即宁州），其文说：“晋太（泰）始七年，以益州旷远，分置宁州。至伪梁南宁州刺史徐文盛，被湘东征赴荆州，属东夏尚阻，未遑远略。土民爨瓒遂窃据一方，国家遥授刺史。其子震，相承至今。而震臣礼多亏，贡赋不入，每年奉献，不过数十匹马。”[1] 梁睿所说是徐文盛东归后30年间的情况，按梁睿的说法，徐文盛治理宁州也并没有什么重要举措，徐文盛东归后，西魏占领了巴、蜀之地，宁州地区归附了西魏。后来，北周取代西魏后，任命爨瓒为宁州刺史，把宁州纳入北周的势力范围，爨瓒死后，他的儿子爨震继承了刺史职位。但由于宁州偏远，北周朝廷鞭长莫及，爨瓒、爨震一本其家族世代的执政作风，并不把北周朝廷放在眼里，对北周的贡赋仍只是象征性地表示下意思，引起梁睿等朝臣的愤怒，认为爨震不像臣下的样子，请求朝廷出兵讨伐。杨坚因感到讨伐时机尚不成熟，没有采纳梁睿的建议。从这些事实可以看出，从刘宋到北周，宁州一直由爨氏家族所控制，南北王朝对南中的治理和管辖，仅只是一种形式而已。

四、爨氏势力的败亡

爨氏的衰败是从隋初开始的。隋代和唐初，在全国基本统一的形势下，隋、唐中央王朝加紧了对南宁州[2]（即原宁州）的经略和控制，采取拉拢、分化、牵制等手

〔1〕［唐］魏征等撰：《隋书·梁睿传》，见方国瑜主编《云南史料丛刊》（第一卷），云南大学出版社1998年版，第331页。

〔2〕宁州何时、因何改称南宁州，范建华先生等著的《爨文化史》一书认为：“北周时，改宁州为南宁州，因北魏于彭元郡（今甘肃境）置有北宁州，故改南中之宁州为‘南宁州’。南宁州辖建宁、兴古、云南、朱提四郡。”（见《爨文化史》，云南人民出版社、云南大学出版社2012年版，第88页）即北周时（公元557～581年）因西北地区设有北宁州，故改南中地区之宁州为南宁州。林超民先生在《云南郡县两千年》一文中亦言：“北周设置南宁州，下辖朱提、建宁、兴古、云南四郡。”（见《林超民文集》第一卷，云南人民出版社2008年版，第243页）按：宁州在北周时期改为南宁州是明确的，如梁睿在北周末年（周静帝大象二年，公元580年）上疏杨坚时即说：“南宁州，汉世牂牁之地，近代以来，分置兴古、云南、建宁、朱提四郡。”但何年所改，又因何而改，史籍未有明言。据《资治通鉴》卷一七〇、陈纪四所言，太建二年（南陈宣帝太建二年为北周武帝天和五年，即公元570年），“周大将军郑恪将兵平越巂，置西宁州。”（见方国瑜主编《云南史料丛刊》第一卷，云南大学出版社1998年版，第622页）据此或可认为，北周改宁州为南宁州或在设置西宁州前后，即公元570年前后，为了与西宁州相对应和区别而改称。

段，削弱爨氏大姓势力，最终到唐朝天宝年间，唐王朝扶持新兴的南诏势力，攻灭了爨氏家族，云南历史发展进入了南诏、大理国时期。

（一）隋朝对宁州的经略和爨氏的反叛

《新唐书·南蛮传》记隋朝经略宁州地区的事件时说："（爨瓒）既死，子震、翫分统其众。隋开皇初，遣使朝贡，命韦世冲以兵戍之，置恭州、协州、昆州。未几叛，史万岁击之，至西洱河、滇池而还。震、翫惧而入朝，文帝诛之，诸子没为奴。高祖即位，以其子弘达为昆州刺史，奉父丧归。"[1] 隋朝对爨氏家族势力的这一严厉处置是云南历史上的一个重要事件，从此，爨氏家族200多年与中央王朝若即若离、虚与委蛇、为所欲为的局面发生了变化。爨氏家族命运的这一变化，既是隋朝加强对宁州经略控制的结果，也是爨氏玩弄手段、抗命朝廷的后果。大体的历史情况是：

隋朝开国后，隋文帝按照以前梁睿所提建议，着手经略南中。隋开皇四年（公元584年）隋文帝任命韦冲（韦冲字世冲）为南宁州总管，令其持节抚慰南中，即让韦冲以隋朝在宁州地区最高长官的名义到南中招抚、笼络爨氏家族及其他地方势力，让他们归附隋朝。同时，派遣柱国（"柱国"为授予高级官员的勋号）王长述统兵跟进南中，以文武两手并用之势压服爨氏地方势力。韦冲到了宁州后，原北周所任命的宁州刺史爨震及其他西爨首领都到韦冲府上来参谒拜望，表示对隋朝的归附和忠诚。韦冲将情况报告隋文帝后，隋文帝十分高兴，认为韦冲办事得力、处置得当，下诏予以表扬。但韦冲的侄子韦伯仁却给韦冲带来了麻烦：韦伯仁随韦冲来到宁州，住在韦冲府上，见到别人的漂亮妻子，即将其强行霸占，同时，纵容手下士卒滥施暴力，伤害无辜百姓，引起南中各族群众的愤恨。隋文帝听到报告后大怒，令住在成都的蜀王杨秀惩治韦伯仁的恶行，同时免去韦冲的南宁州总管之职。[2]

韦冲被免职之后的十余年间，南中地区还算太平无事。但到隋开皇十七年（公元597年）发生了爨翫（"翫"同"玩"字）叛乱的事。爨翫是爨瓒之子、爨震之弟，爨瓒死后，爨翫与爨震一起分统爨地和爨民。在韦冲南巡之时，爨翫也归降了隋朝，被授予南宁州总管下辖的昆州刺史之职，统领现今滇池周围的昆明地区。但爨翫不甘受制于隋朝，发动了反叛。这样，隋文帝即命素有战功的将军史万岁率军前往镇压。史万岁的平叛经过，《隋书·史万岁传》的记载是："入自弄冻，次小勃弄、大勃弄，至于南中。贼前后屯居要害，万岁皆击破之。……渡西二河，入渠滥川，行千余里，破其三十余部，虏获男女二万余口。诸夷大惧，遣使请降，献明珠径寸。于是勒石颂美隋德。万岁遣使驰奏，请将翫入朝，诏许之。"[3] 史万岁南征所经过的这些地方，据方国瑜先生考证，弄冻即弄栋，即今姚安；大勃弄、小勃弄即今弥渡红崖，西二河

〔1〕［北宋］欧阳修、宋祁撰：《新唐书·南蛮传》，见方国瑜主编《云南史料丛刊》（第一卷），云南大学出版社1998年版，第403页。

〔2〕［唐］魏征等撰：《隋书·韦冲传》，见方国瑜主编《云南史料丛刊》（第一卷），云南大学出版社1998年版，第332～333页。

〔3〕［唐］魏征等撰：《隋书·史万岁传》，见方国瑜主编《云南史料丛刊》（第一卷），云南大学出版社1998年版，第334页。

即西洱河，渠滥川即今大理凤仪。[1] 即是说，史万岁率军从越嶲渡过金沙江进入云南，经过今天的姚安、弥渡等地到达大理洱海地区，击败了参与叛乱的30多个部落，最后，又回师东进，进攻爨氏统治中心的滇池地区，在大兵压境的情况下，爨翫等南中叛军头目投降。大获全胜的史万岁邀功心切，立即将获胜的捷报报给了朝廷，并请求将爨翫带回都城长安，请朝廷处置。朝廷批准了史万岁的建议。至此，应该说是隋朝大军的南征达到了预期的目的，史万岁的平叛首功也是铁定了的。但是，紧接着事情出现了新的变化：爨翫投降隋军的目的在于保存个人性命和家族势力，并不真想就此拱手让出爨氏家族经营了数百年的南中地区，当得知史万岁要将其带回长安时，爨翫感到此去长安可能凶多吉少，为了保住性命，爨翫决定以重金贿赂史万岁，求其饶自己一命。对于南中大姓和夷帅来说，汉官的贪财好利、徇私枉法本是一贯作风，屡试不爽。在爨翫的金钱攻势下，史万岁改变了朝廷已批准了的处置方案，答应放爨翫一马。可这事不知怎么让驻在成都的益州总管、蜀王杨秀知道了，作为隋文帝的第四子和隋朝统领益州地区军政事务的王爷，杨秀当然有权监督和过问史万岁的受贿问题。蜀王派人来找史万岁，要其交出爨翫送他的金银财宝。史万岁听到消息后，赶紧将受贿所得的全部金宝沉入大江之中，表示没有接受过任何贿赂。蜀王索无所得，只好暂时作罢。史万岁班师回朝，因功勋卓著，被授予柱国勋号，成为地位显赫的高级军事将领。事情至此，对于朝廷和史万岁而言，南征之战算得上顺利圆满地画上了句号。可是，第二年（公元598年），不甘失败的爨翫再次发动了反隋之战，南中又陷入战火之中。这时，蜀王杨秀上奏朝廷，揭发史万岁南征时接受爨翫的重金贿赂，私放爨翫，才导致爨翫的再次反叛，史万岁的行为已丧失了作为大臣应有的基本政治品格。隋文帝下令彻底调查此事，结果情况属实。按照国法，史万岁当被处死。隋文帝顾念史万岁多年南征北战，为隋朝政权立下了汗马功劳，不忍心就这样杀了他，想再跟史万岁谈谈，看其是否有所悔悟，然后再作最后决定。《隋书·史万岁传》记载了隋文帝与史万岁的谈话情况：

上数之曰："受金放贼，重劳士马。朕念将士暴露，寝不安席，食不甘味，卿岂社稷臣也？"万岁曰："臣留爨翫者，恐其州有变，留以镇抚。臣还至泸水，诏书方到，由是不将入朝，实不受赂。"上以万岁心有欺隐，大怒曰："朕以卿为好人，何乃官高禄重，翻为国贼也？"顾有司曰："明日将斩之。"万岁惧而服罪，顿首请命。[2]

---

〔1〕 方国瑜：《史万岁南征之石门关》，载《滇史论丛》（第一辑），上海人民出版社1982年版，第145页。

〔2〕 ［唐］魏征等撰：《隋书·史万岁传》，见方国瑜主编《云南史料丛刊》（第一卷），云南大学出版社1998年版，第335页。史万岁的结局是，在大臣们的求情下，史万岁被贬为民。但过了一年多，隋文帝又恢复了他的官爵，并任命他为河州刺史，让他以行军总管的职务率军防备北方少数民族的进攻。隋文帝开皇二十年（公元600年），史万岁在抗击突厥军队的进攻中，获得大胜。但史万岁遭人嫉妒而受到陷害，隋文帝盛怒之下，下令将史万岁杀了。

隋文帝在大臣们的求情下，未斩史万岁，但由于史万岁的“受金放贼”，致使南宁地区再生变乱，在此情势之下，隋文帝只好派大军再次南征平叛。在隋军的进攻下，爨翫叛军再遭失败。这就是后来隋文帝在惩治史万岁的诏书中说的“更劳师旅，方始平定”[1]。这次，隋朝汲取以往教训，将爨震、爨翫及他们的所有儿子全部押解到长安，处死了爨震、爨翫，然后将其诸子身份降为奴隶，从事劳役工作，以此作为对爨氏家族抗命叛乱的惩罚。

（二）唐朝经略南中与爨氏的败亡

公元618年，唐朝代隋而起后，唐高祖李渊开始考虑经略南中地区的问题。鉴于爨氏家族在南中地区的特殊政治地位，唐高祖决定让降身为奴的爨翫后人爨宏达（亦作弘达）回到南宁州维持南中地区的政治秩序。于是，“大唐武德初，拜翫子宏达为昆州刺史，令其持父尸归葬本乡”[2]。同时，治所驻在成都、主持西南地区军政事务的益州刺史[3]段纶派遣俞大施作为代表，到南中地区进行招抚慰问，于是滇池以西的西爨地区各大部落在爨归王的带领下，纷纷归顺唐王朝。唐高祖武德三年（公元620年），西爨遣使向唐朝纳贡。在此情况下，唐朝考虑在南中地区设立行政机构的问题。

唐初的行政机构与汉晋以来各朝有所不同。《旧唐书·地理志》说：“高祖受命之初，改郡为州，太守并称刺史。其缘边镇守及襟带之地，置总管府，以统军戎。至武德七年，改总管府为都督府。”[4]《新唐书·地理志》说：“唐兴，高祖改郡为州，太守为刺史，又置都督府以治之。然天下初定，权置州郡颇多。”[5] 也就是说，唐初以原直属中央的“州”级行政建制称号来替代原来的“郡”级层次称号，以“州”级长官称号“刺史”替代原来的郡“太守”称号，简单地说，就是把原来的“郡”改称为“州”，把原来的“太守”改称为“刺史”，此后，“州”代替“郡”，成为由中央派出机构（总管府、都督府）巡视、监察、统领的行政区划，郡县制变为了州（府）县制。另外，设立总管府和都督府代替原来的州刺史，管辖各州（郡）县。基于此背景，宁州（南宁州）的行政建制也发生了变化。《旧唐书·地理志》记载说，武德元年

[1] [唐] 魏征等撰：《隋书·史万岁传》，见方国瑜主编《云南史料丛刊》（第一卷），云南大学出版社1998年版，第335页。

[2] [唐] 杜佑撰：《通典》，见方国瑜主编《云南史料丛刊》（第一卷），云南大学出版社1998年版，第451页。

[3] 益州自汉代以来即为朝廷派驻成都统管西南地区军政事务的行政机构或派出机构。汉代益州刺史为全国十三刺史部之一，管辖现今川、滇、甘等地区。自晋至隋初，南中地区另置宁州，直属中央王朝，不再受益州节制。唐初，在西南地区设置益州总管府，继改益州都督府，后为剑南道，设节度使统领，云南属其管辖。与此同时，唐朝在南中地区设立南宁州总管府（继改都督府）管理南中地区。作为边地的羁縻州，南宁州总管府（都督府）受益州总管府（都督府）和后来的剑南道的领导和节制。

[4] [后晋] 刘昫等撰：《旧唐书·地理志》，见方国瑜主编《云南史料丛刊》（第一卷），云南大学出版社1998年版，第564页。

[5] [北宋] 欧阳修、宋祁撰：《新唐书·地理志》，见方国瑜主编《云南史料丛刊》（第一卷），云南大学出版社1998年版，第570页。

(公元618年),开南中,置南宁州;武德四年(公元621年),置总管府,管南宁、恭、协、昆、尹、曾等九州。武德七年(公元624年),改南宁州总管府为南宁州都督府,共督西宁、南宁、恭、协等16州。贞观六年(公元632年),罢南宁州都督,置南宁州刺史。唐太宗贞观八年(公元634年),又改南宁州为郎州,置郎州都督府(治所在味县)。唐玄宗开元五年(公元717年),又恢复南宁州都督府的名称。这就是唐初对南宁州设治管理的情况。从这些变化可以看出,当时南宁州地区的政治形势仍是复杂的,在此情况下,唐王朝对南中地区的行政建制和区划也不断地进行调整和变更,直到贞观年间,才大体稳定下来。在此期间,唐王朝经略南中的重要举措就是派韦仁素巡视南中地区,进行安抚和治理。

如前所言,从武德元年唐王朝建立开始,唐高祖就不断派出使者和官员到南中地区进行招抚和慰问,传达朝廷的善意,宣传唐朝的威德,接纳部族的归附,收到了较好的政治成效。但与此同时,与所有来到边疆的内地官员一样,这些受命招抚的朝廷使者,也借王朝的威势,骚扰地方群众,接受或索取地方的财物贿赂,从而影响到中央和地方部族的关系,这就是《旧唐书·韦仁寿传》所说的"朝廷每遣使安抚,类皆受贿,边人患之,或有叛者"[1]。在这种情况下,唐高祖决定任命"素有能名"的韦仁寿为南宁州都督,让他担负招抚南宁州的使命。韦仁寿在隋朝时任蜀郡(即益州)司法书佐,负责断案平怨的司法审判工作,由于执法公正,凡是他裁定的案件,被判有罪的人都心服口服,说:"韦君所断,死而无恨。"[2] 唐朝开国后,韦仁寿被提拔为嶲州都督府(嶲州都督府的辖区大体为今四川省凉山州地区)长史。武德五年(公元622年)冬,韦仁寿出任检校南宁州都督,办公地暂时寄设在越嶲(今四川西昌),他的职责和任务就是每年代表朝廷到南中地区抚慰一次。《旧唐书·韦仁寿传》记载了韦仁寿的巡视抚慰情况:

> 仁寿将兵五百人至西洱河,承制置八州十七县,授其豪帅为牧宰,法令清肃,人怀欢悦。及将还,酋长号泣曰:"天子遣公镇抚南宁,何得便去?"仁寿以城池未立为辞,诸酋长乃相与筑城,立廨舍,旬日而就。仁寿又曰:"吾奉诏但令巡抚,不敢擅住。"及将归,蛮夷父老各挥涕相送。因遣子弟随之入朝,贡方物。[3]

韦仁寿将巡抚的情况向朝廷做了报告,唐高祖十分满意。韦仁寿借机向高祖建议将南宁州都督府的治所移驻到南宁地区,并派兵镇守。高祖同意了韦仁寿的建议,并准许他根据情况相机行事,不必事事请示,同时要求益州派兵护送韦仁寿到南中任职。

---

[1] [后晋]刘昫等撰:《旧唐书·韦仁寿传》,见方国瑜主编《云南史料丛刊》(第一卷),云南大学出版社1998年版,第416页。

[2] [后晋]刘昫等撰:《旧唐书·韦仁寿传》,见方国瑜主编《云南史料丛刊》(第一卷),云南大学出版社1998年版,第416页。

[3] [后晋]刘昫等撰:《旧唐书·韦仁寿传》,见方国瑜主编《云南史料丛刊》(第一卷),云南大学出版社1998年版,第416页。

益州刺史窦轨看到韦仁寿得到朝廷的信任和重用，暗生嫉妒，假借蜀中兵力不足，难以派兵远略，不配合韦仁寿的行动。韦仁寿也很无奈，仅将治所由嶲州移到了郎州（治所在味县，今曲靖市麒麟区）。过了一年多，韦仁寿病死。此后，南宁州都督职位由爨宏达继任。[1]

从唐太宗即位（公元626年）到唐玄宗开元年间，关于南宁州的事迹史籍记载甚少，故此，我们对这一时期的云南历史也难以了解其详。对于这种情况，方国瑜先生认为是由于此段时间云南地区大体安宁，无大事可记，故史籍记载阙如。方先生指出："自贞观、永徽以后至开元年间（约八九十年），所见有关南宁州（郎州）之事迹极少，所以如此者，由于爨地首领恭顺唐朝，未有战争，以致无此地区之纪录。韦仁寿在南宁之设施，树立规模适宜，亦当有关也。"[2] 在此期间，唐朝经略南宁州地区的一个重要措施就是在今楚雄州、大理州相邻地区设置姚州都督府，管辖原云南郡地区。姚州最初设于唐高祖武德四年（公元621年），辖3县。唐高宗麟德元年（公元664年），以姚州府为基础，在姚州府治所在地栟栋川（今姚安县城所在地）设置姚州都督府，每年从内地差募500名兵士长期镇守。唐代初期，姚州都督府与南宁州都督府并立，共同节制、管理原宁州地区。

到了唐玄宗开元后期，南宁州地区的历史情况又复见于纪录。此时的南宁州，情况已发生了重大变化，变成了唐、爨氏、南诏三方势力角逐的地方。先是唐朝在安南（今越南北部）设立了安南都护府，控制了南宁州以南的地方，在南宁州的东北和西北方向，分别是唐朝剑南节度使管辖的戎州、嶲州都督府地方，剑南节度使章仇兼琼以戎州（治所在今四川宜宾）、嶲州（治所在今四川西昌）为据点，对南宁州进行经略，直接深入到爨氏控制的滇池地区，在安宁筑城，意图打通从安宁到安南的通道。唐代的安宁县（今安宁市）即汉代的连然县，它既是滇中地区的交通要道，又盛产井盐，是滇中地区居民食盐的主要来源地。章仇兼琼在安宁筑城，引起爨氏的恐慌和愤怒，爨氏家族联合起来，杀死了筑城使者，毁坏了安宁城。其事大约在唐玄宗天宝五年至六年（公元746～747年）。而在滇西洱海周围地区，在开元年间存在着六个势力强大的部落即六诏，开元末年，蒙舍诏的首领皮罗阁在唐王朝的支持下，吞并了其他五个部落，统一了洱海地区，建立了南诏国。皮罗阁归顺了唐朝，并于唐玄宗开元二十六年（公元738年）被唐王朝册封为云南王，唐王朝并赐皮罗阁以"蒙归义"之名。在唐朝的扶持下，皮罗阁力谋东进，企图统一整个南宁州地区。正是在三方势力的角逐中，爨氏家族发生内乱，唐朝和南诏势力趁此机会，联合消灭了爨氏势力。大致的历史过程如下：

唐玄宗天宝初年（公元742年），滇东和滇中地区为爨氏家族所控制。这一地区也是爨氏家族世代统治的地区。当时，爨归王任南宁州都督，驻在石城（即味县，今曲靖市麒麟区），他向西扩张占领了升麻川（今寻甸县一带）；爨日进任昆州刺史，与其弟爨日用驻在安宁，控制着滇池地区；爨崇道为南宁州的宗教首领两爨大鬼主，占据

---

〔1〕 方国瑜：《云南史料目录概说》（第一册），中华书局1984年版，第63～64页。
〔2〕 方国瑜：《云南史料目录概说》（第一册），中华书局1984年版，第64页。

着曲轭川（今马龙县一带）。他们之间具有血亲关系：爨归王为爨崇道、爨日进、爨日用之叔，崇道、日进、日用为爨归王的哥哥爨摩湴（湴音“半”）的三个儿子。当章仇兼琼在安宁筑城威胁到爨氏家族的利益时，爨氏家族的爨归王、爨日进、爨崇道联合起来，杀了筑城使者。唐玄宗即下诏命皮罗阁（蒙归义）率军东进，代表唐朝对爨氏家族进行讨伐。当皮罗阁军队到达波州（今祥云县）时，爨氏家族首领爨归王等一千多人来到军门拜见皮罗阁，表示悔过认罪，请求唐朝宽恕。皮罗阁即将爨氏家族的请求上报朝廷，获得朝廷的批准，下诏宽恕其罪行。事情暂时得到和平解决。但是好大喜功的唐朝官员并不愿如此罢休，同样，伺机东进的南诏势力也在寻找机会。大概在天宝六年（公元747年），爨崇道在唐朝姚州都督李宓唆使下，野心膨胀，企图成为整个爨氏家族的新首领，为此，他杀死了其弟昆州刺史爨日进，并暗害了其叔南宁州都督爨归王。爨崇道的野心和杀戮引起了爨氏家族内部的惊恐和混乱。《南诏德化碑》记述此事说“东爨诸酋并皆惊恐曰：‘归王，崇道叔也；日进，弟也。信彼谗构，煞戮至亲。骨肉既自相屠，天地之所不佑’乃各兴师，召我同讨。”[1] 在此情况下，爨归王之妻阿姹起而领头，联合南诏势力，与爨崇道抗衡。阿姹本为乌蛮部落首领的女儿，在丈夫死后，阿姹就向乌蛮部落求救，请乌蛮派兵与爨崇道对抗；同时，阿姹又向南诏皮罗阁求援，在皮罗阁帮助下，唐朝任命爨归义的儿子爨守偶（“偶”亦作“隅”）为南宁州都督，皮罗阁并将自己的一个女儿嫁与守偶为妻，与此同时，为了做出不偏不倚地调和爨氏家族纷争的姿态，皮罗阁又将另一个女儿许配给爨崇道之子爨辅朝。面对南诏的这些举动，爨崇道内怀忿惋之心，外示和平之态，仍与阿姹母子攻伐不休。阿姹将此情况通报皮罗阁，希望皮罗阁向爨崇道兴师问罪，皮罗阁看到时机已到，即起兵东进，当到达昆川（今昆明地区）时，爨崇道的大本营曲轭川已分崩离析，爨崇道亦向南逃跑，皮罗阁俘虏了爨崇道的所有家人和部属，杀死了爨辅朝，带回了自己的女儿。不久，爨崇道也被杀。爨氏家族从此衰亡，退出历史舞台，甚至连爨姓，此后也少见于历史记载中。[2]

在击败爨氏家族后，南诏为了消除爨氏统治的社会基础，同时也为了促进滇西地区的发展，皮罗阁派遣昆川城使杨牟利，以武力威胁的方式，将原居住于昆川地区的20多万西爨（“白蛮”）民众，强制迁移到永昌城（今保山地区），而居住于滇东地区的东爨（“乌蛮”）民众，由于言语与永昌地区不通，加上他们多分散居住于高山深谷之中，故未被迁往滇西。后来，南诏将滇东地区的部分东爨部族，迁到滇池一带的西爨故地，以填补西爨西迁后出现的人口空白。经过这次大规模的战乱和迁徙，滇东、滇

[1] 《南诏德化碑》，立于唐代宗大历元年（公元766年），今保存于大理城南7公里的太和村。碑文文字见汪宁生《云南考古》，云南人民出版社1992年版，第158页。

[2] 爨氏家族内争的历史见于唐朝樊绰《云南志》（《蛮书》）卷四“名类第四”的记载。据《云南志》记载，爨氏家族势力亡后，爨守偶作为皮罗阁的女婿与皮罗阁的女儿一起，到南诏中心的洱海地区生活；其母亲阿姹被拥戴为乌蛮部落的首领，阿姹曾到长安朝拜唐朝皇帝，受到朝廷的封赏。参见樊绰撰，向达原校、木芹补注《云南志补注》，云南人民出版社1995年版，第47~48页。

中地区的社会经济发展遭到严重破坏，成书于唐代后期的《云南志》记载说："是后，自曲靖州、石城、升麻川、昆川南至龙和以来，荡然兵荒矣。"[1] 即是说，从曲靖州（唐初的曲州和靖州为今云南昭通及贵州威宁、水城一带）、石城（今曲靖市麒麟区）、升麻川（今寻甸）到昆川（今昆明市）、龙和（今禄丰）的原爨氏统治地区，呈现出一派荒凉破败之象。爨氏统治时期的兴盛与繁荣局面结束了。

第二节　爨氏统治区域

从东晋永和年间起，大姓爨氏称霸南中，统治宁州近400年。在这一时期，爨氏的势力范围和管辖区域究竟包括哪些地方呢?

一、宁州的建制与辖区

东汉时，南中地区共有益州、牂牁、越嶲、永昌4郡和犍为属国都尉。蜀汉初年，诸葛亮在平定南中后，设立庲降都督管辖南中地区，治所设在味县（今曲靖市麒麟区）。蜀汉时，改益州郡为建宁郡，郡治从滇池县（今晋宁）迁到味县，同时，增设了云南、兴古、朱提三郡，这样，南中地区共有7郡，这7郡包括了现在云南的大部地区、贵州西部地区和四川南部地区，这就是当时庲降都督管辖的区域。

西晋时期，将南中七郡从益州刺史部的管辖下分出，设立直属于晋朝中央的宁州，由宁州刺史进行管辖。宁州刺史按例加南夷校尉（或镇蛮校尉）、龙骧将军、邛都县侯称号。在设立宁州后不久，又将建宁郡的一部分属县分出，设立益州郡，郡治在原益州郡治所滇池县，到王逊任南夷校尉时，又将益州郡名称改为晋宁郡。这样，宁州辖郡共为8郡。《爨龙颜碑》称爨龙颜的父亲曾任"八郡监军"，这"八郡"就应是牂牁、越嶲、朱提、建宁、晋宁、兴古、云南、永昌等8郡。东晋和成汉时期，曾将宁州分为16郡或18郡，但多是旋置旋改，并不长久，大体而言，宁州实际上仍为原8郡之地。

从东晋永和三年（公元347年）至南朝末期，宁州作为中央王朝（主要是指东晋、刘宋、萧齐、萧梁各朝）直辖的行政区划的政治地位一直保持不变，而宁州内部的行政区划虽然各朝都有所变化，但其主体部分，仍为原来的南中八郡或南中八郡中的大部区域（即除越嶲、牂牁两郡外的其他6郡，此时原两汉时牂牁郡中的一部分区域已调属兴古郡）。根据方国瑜先生的梳理和分析，刘宋时期，南中地区的郡县情况是：越嶲郡8县（均不在现今云南行政区域内）、兴宁郡2县（弄栋、青蛉，即今姚安、大

[1] ［唐］樊绰撰，向达原校、木芹补注：《云南志补注》，云南人民出版社1995年版，第48页。

姚、永仁等地）、云南郡4县（其地主要在今祥云、宾川、巍山、弥渡、华坪等处）、东河阳郡2县（其地在今大理、邓川、洱源、鹤庆、剑川一带）、西河阳郡3县（其地在今云龙、兰坪一带）、晋宁郡7县（今滇池周围昆明市属各县）、建都郡6县（其地在今楚雄、武定一带）、建宁郡13县（今曲靖市大部和昆明市、红河州东部县区）、兴古郡6县（今曲靖市属富源、罗平两县和文山州大部）、梁水郡7县（今通海、建水、石屏、个旧、开远、蒙自、河口、屏边、马关等地）、西平郡5县（均在今广西境内）、牂牁郡6县（均不在今云南境内）、夜郎郡4县（均不在今云南境内）、平蛮郡2县（不在今云南境内）、朱提郡5县（今昭阳、鲁甸、会泽、巧家、彝良等县）、南广郡4县（今镇雄、威信、永善、大关、绥江等县），共计16郡，其地全部或大部在今云南境内者共有11郡。〔1〕从上述郡县范围可以看出，刘宋时，南中地区郡县虽有十几郡之多，但实际上仍是对原来8郡内部辖区的调整和增减，而其主体区域，仍是原来的建宁郡、晋宁郡、兴古郡、云南郡、朱提郡所辖区域。

另外，根据《爨龙颜碑》的题名情况，也可看出，在刘宋时期，南中地区的区划可能仍为8郡。在《爨龙颜碑》的碑刻题名中，出现籍贯者共有33人，这些籍贯地有建宁、晋宁、朱提、牂牁、南广、益州、武昌、雁门、安上、弋阳、盖宁等11个，其中建宁郡籍贯者22人，晋宁郡2人，朱提郡、牂牁郡、南广县各1人，其他武昌、雁门、安上、弋阳、益州、盖宁（盖宁为今何地，尚难确考）各1人。〔2〕除了5名南中以外郡县籍贯人氏外，南中地区的籍贯共有建宁、晋宁、朱提、牂牁等4郡或5郡（即将南广算作为单独一郡，蜀汉、西晋时期，南广为朱提郡所辖五县之一，东晋和刘宋时期，设立南广郡，辖南广县等3县或4县），不见其他郡县人氏，这或许可以说明，至刘宋时期，南中地区的郡县实际上可能仍沿袭原8郡的设置，上述16郡或11郡的调整和增减或许实际上并未实行或无实际意义。当然，在《爨龙颜碑》碑刻上题名的人员均为其属官，属官的籍贯情况并不能完全反映宁州的郡县设置情况，但它可以说明这样一个事实：爨龙颜作为宁州刺史，其属官大多来源于建宁郡和晋宁郡，据此也可以推断，建宁郡和晋宁郡是当时爨氏统治和治理的中心区域。

下面，我们将东晋、南朝时期南中8郡的基本情况整理如下：

晋宁郡：蜀汉时，将原益州郡改称为建宁郡，并将郡治从滇池县移至味县。晋太安二年（公元303年）分建宁郡的西部7县，别立为新的益州郡；永嘉二年（公元308年）改益州郡名为晋宁郡。晋宁郡治在滇池县。晋宁郡的7个属县为：滇池（今晋宁晋城、呈贡）、谷昌（今昆明市区）、连然（今安宁）、建伶（今晋宁昆阳）、俞元（今澄江、江川、红塔区）、秦臧（今禄丰、罗茨、富民）、双柏（今易门、双柏）。〔3〕可

〔1〕方国瑜：《云南民族史讲义》，云南人民出版社2013年版，第169～174页。

〔2〕《爨龙颜碑》碑文，见汪宁生《云南考古》，云南人民出版社1992年版，第117～119页。

〔3〕晋宁郡7县的名称据《宋书·州郡志》（见方国瑜主编《云南史料丛刊》第一卷，云南大学出版社1998年版，第176页）和方国瑜先生《中国西南历史地理考释》上册的“郡县沿革表”（中华书局1987年版，第137页）。而据《华阳国志·南中志》记载，晋宁郡所辖7县名称为：滇池、同劳、同安、连然、建令、毋单、秦臧（见《华阳国志》，齐鲁书社2010年版，第54页）。

以看出，晋宁郡辖区为今昆明市辖主体区域和昆明、玉溪、楚雄3州市的毗邻区域，实际上也即是以滇池为中心的滇中地区，即原古滇国的中心地区。

建宁郡：蜀汉建兴三年（公元225年）改两汉时的益州郡为建宁郡，治味县。晋太安年间分出晋宁郡后，建宁郡统13县。建宁郡所统13县为：味县（曲靖市麒麟区、沾益县）、同乐（陆良县、麒麟区越州镇）、谈稿［稾］（路南［石林］、陆良南部）、牧麻［靡］（寻甸、嵩明）、漏江（泸西、师宗）、同濑（马龙）、昆泽（宜良）、毋单（华宁）、存駅（宣威）、同并（弥勒）、新定、万安、新兴（新定、万安、新兴3县在今宣威以东的北盘江上游地区）。[1] 从地域范围来看，建宁郡的辖境为今曲靖、昆明、红河、玉溪4州市毗邻的滇东、滇中广大区域。

朱提郡：朱提郡原为西汉时的犍为郡南部数县，东汉时设置为犍为属国。刘备入据益州后，邓方任犍为属国都尉，刘备为了显示对邓方的信任和器重，将邓方的都尉一职改称为太守。蜀汉建国后，在犍为属国的基础上正式设置朱提郡。朱提郡的郡治在朱提县。蜀汉、西晋时，朱提郡辖朱提、堂狼、汉阳、南秦、南广5县。东晋、南朝时亦辖5县，但5县地方较之蜀汉时略有变化。东晋、南朝时的朱提郡5县为：朱提（今昭通市昭阳区、鲁甸、永善）、堂狼（今会泽、巧家）、汉阳（今贵州省威宁、水城、赫章）、临利（由朱提县析出分设，今彝良）、南秦（今贵州毕节）。[2] 在朱提郡的东北部东晋时设有南广郡，南广郡由朱提郡南广县析出分设，分设时间《华阳国志》记载为蜀汉刘禅延熙年间[3]，《宋书·州郡志》谓为晋怀帝永嘉年间分朱提郡置[4]。南广郡辖南广（今镇雄、威信及四川珙县、高县）、常迁、晋昌、新兴（常迁、晋昌、新兴3县地为今盐津、大关、绥江及四川筠连县）4县[5]。大体而言，东晋时的朱提郡辖区为今昭通市南部地区和曲靖市西北部地区，从自然地理上来说，也即乌蒙山和牛栏江流域一带；南广郡为今昭通市东部和北部地区。朱提郡和南广郡两郡地域，大体包含了现今昭通市辖各县区范围。

兴古郡：兴古郡为蜀汉建兴三年（公元225年）分原益州郡和牂牁郡的一部分地区而设置。兴古郡的郡治在宛温县（宛温县在今富源、盘县；东晋时宛温县改称宛暖

---

〔1〕建宁郡13县的名称据《宋书·州郡志》（见方国瑜主编《云南史料丛刊》第一卷，云南大学出版社1998年版，第175～176页）和方国瑜《中国西南历史地理考释》上册的“郡县沿革表”（中华书局1987年版，第138页）。《华阳国志·南中志》所记东晋时建宁郡13县为：味、升麻、同乐、谷昌、同濑、双柏、存駅、昆泽、漏江、谈稿、伶丘、修云、新定（《华阳国志》，齐鲁书社2010年版，第54页）。

〔2〕朱提郡5县据《宋书·州郡志》（见方国瑜主编《云南史料丛刊》第一卷，云南大学出版社1998年版，第177页）和方国瑜《中国西南历史地理考释》上册的“郡县沿革表”（中华书局1987年版，第142页）。

〔3〕［晋］常璩撰：《华阳国志》，齐鲁书社2010年版，第55页。

〔4〕［梁］沈约撰：《宋书·州郡志》，见方国瑜主编《云南史料丛刊》（第一卷），云南大学出版社1998年版，第177页。

〔5〕《华阳国志》谓南广郡4县为南广、临利、常迁、新兴4县（《华阳国志》，齐鲁书社2010年版，第56页）。

县，以避晋将桓温名讳）。兴古郡的辖县情况屡有变化，《晋书·地理志》记为 11 县：律高（今通海、曲溪［建水曲江］）、句町（今广南、富宁及广西百色、西宁、凌云）、宛温（今富源、盘县）、漏卧（今罗平）、毋棳（今建水、开远）、贲古（今个旧、蒙自）、胜休（今石屏、红河、元阳）、镡封（今丘北）、汉兴（今贵州兴义）、进乘（今河口、马关、文山、砚山）、都簷（今西畴、麻栗坡）[1]。方国瑜先生认为蜀汉、西晋时兴古郡辖县为 12 县，即在《晋书·地理志》所列 11 县的基础上增加了修云县（从律高县分出，今通海河西）[2]。东晋王逊任刺史时，从兴古郡中分出了梁水郡，《华阳国志》记梁水郡辖梁水（可能从贲古县析出设置）、贲古、西随 3 县[3]，《宋书·州郡志》记梁水郡辖梁水、胜休、西隋［随］、毋棳、新丰（今地不详）、建安（今地不详）、镡封[4]。不论兴古郡后来如何分合，从南中 7 郡或 8 郡的角度而言，按照蜀汉、西晋时兴古郡所辖 11 县或 12 县政区来看，兴古郡的政区范围为今滇南、滇东南的红河、文山地区和曲靖东南部的南盘江流域地区。

云南郡：云南郡于蜀汉建兴三年（公元 225 年）设置。《晋书·地理志》记云南郡辖 11 县，即云平（今宾川）、云南（今祥云、弥渡、凤仪）、梇栋（即西汉时的弄栋，今姚安、大姚南部）、青蛉（今永仁、大姚北部）、姑复（今华坪）、邪龙（今巍山、漾濞）、楪榆（今大理、洱源、剑川、鹤庆）、遂久（今永胜、丽江）、永宁（今地不详）[5]。这 11 县应是云南郡最初的政区范围。到了东晋时，刺史王逊从云南郡中分出了东河阳郡（辖楪榆、东河阳两县）和兴宁郡（辖青蛉、弄栋两县）。方国瑜先生认为东晋、南朝时云南郡的辖县为东姑复（原姑复县，今华坪）、西姑复（原遂久县，今永胜、丽江）、云南、云平、邪龙 5 县[6]。从原南中 7 郡的角度来看，也即从云南郡最初的辖县来看，云南郡的政区范围包括现今楚雄州西部、大理州大部和丽江市一部分地区。

永昌郡：永昌郡设于东汉永平十二年（公元 69 年），为东汉南中 4 郡之一，为蜀汉南中 7 郡之一。晋初，永昌郡属宁州辖郡之一。据《晋书·地理志》记载，东晋咸康八年（公元 342 年），永昌郡被撤销。当然这一撤销或者仅只是形式上的，因为此时，永昌郡为吕氏家族世代控制，与宁州刺史府或南夷校尉府已没有政治上的联系，撤销永昌郡也是对当时永昌地区政治状况的一种无奈表示。当时永昌地区的政治情况，东晋时常璩所撰《华阳国志》作了这样的记载：晋惠帝元康末年（约公元 299 年前

〔1〕［唐］房玄龄撰：《晋书·地理志》，见方国瑜主编《云南史料丛刊》（第一卷），云南大学出版社 1998 年版，第 166 页。政区古今范围据方国瑜先生《中国西南历史地理考释》（上册）的“郡县沿革表”（中华书局 1987 年版，第 139 ~ 140 页）。

〔2〕方国瑜：《中国西南历史地理考释》（上册），中华书局 1987 年版，第 139 页。

〔3〕［晋］常璩撰：《华阳国志》，齐鲁书社 2010 年版，第 59 页。

〔4〕［梁］沈约撰：《宋书·州郡志》，见方国瑜主编《云南史料丛刊》（第一卷），云南大学出版社 1998 年版，第 179 页。

〔5〕云南郡 11 县县名据《晋书·地理志》，见方国瑜主编《云南史料丛刊》（第一卷），云南大学出版社 1998 年版，第 166 页。政区的现今地域据方国瑜先生《中国西南历史地理考释》（上册）“郡县沿革表”（中华书局 1987 年版，第 134 ~ 135 页）。

〔6〕方国瑜：《中国西南历史地理考释》（上册），中华书局 1987 年版，第 134 ~ 135 页。

后)，永昌大姓吕凯的孙子为永昌太守，“值南夷作乱，闽濮反，乃南移永寿，去故郡千里，遂与州隔绝。吕氏世官领郡，于今三世矣。”[1] 但不管怎么说，从南中政区的角度而言，永昌郡仍为南中西部之重要区域。根据《晋书·地理志》和《华阳国志·南中志》的记载，蜀汉、两晋之际，永昌郡共领8县，这8县是：不韦（今施甸）、比苏（今云龙、兰坪）、哀牢（今腾冲、龙陵及德宏州西部）、永寿（今镇康、耿马）、嶲唐（今保山隆阳区）、雍乡（今地不明）、南涪（《华阳国志》作南里，今地不明）、博南（今永平）。[2] 永昌郡郡治原在不韦县，后迁永寿县。

蜀汉时期，牂牁郡和越嶲郡属庲降都督管辖；西晋时期，南中地区设立宁州后，牂牁郡、越嶲郡及朱提郡划归益州管辖。太安元年（公元302年），牂牁郡、越嶲郡和朱提郡又划归宁州。咸康八年（公元342年）越嶲郡又还属益州，而牂牁、朱提两郡则一直留在宁州辖区内。但从实际情况来看，东晋以后，牂牁、越嶲两郡与宁州的关系逐渐疏离，从地理区域来看，此时两郡所辖区域也已不在今云南境内（常璩《华阳国志》在介绍南中郡县情况时，也未将越嶲郡包含在内）。

以上就是东晋、南朝时期云南地区郡县设置的基本情况。总的来说，东晋、南朝时期，也即爨氏统治南中时期，宁州的行政区划为建宁、晋宁、兴古、朱提、云南、永昌、牂牁7郡，如加上曾属宁州的越嶲郡则为8郡，但爨氏能够实际控制的区域则为建宁、晋宁、兴古、朱提4郡或5郡（加上云南郡）。

到了北周时期（公元557～581年），北周政权控制了巴蜀，经略南中地区，将原越嶲地区改置为西宁州，将宁州改称为南宁州，并遥授爨瓒为南宁州刺史。南宁州下辖建宁（应含晋宁郡在内）、兴古、朱提、云南四郡[3]。这应是当时爨氏的实际控制区域。隋初，在南宁州地区设置昆州、恭州、协州，统领南中地区原有郡县，任命爨翫为昆州刺史。唐代初期，在成都设立益州总管府，管辖西南地区的17个州，其中的嶲、戎、南宁、昆、恭5州的全部或大部在今云南地区，以爨翫之子爨宏达为昆州刺史。稍后，设立南宁州总管府（后改称都督府）对南中5州进行管理。南宁州总管府先寄设于越嶲，后移治南中味县，由爨氏家族成员担任南宁州都督。贞观八年（公元634年）改南宁州为郎州。可以看出，从隋代开始，原宁州或南宁州内部的州郡级建制减少，整个南宁州并为3州或5州，或者由益州总管府直管，或者设立羁縻性质的南宁州总管府或都督府进行松散的管辖。

大体而言，隋和唐代初期，宁州（南宁州）从晋、南朝时期直属中央的大行政区建制变为益州都督府管辖下的与昆州、恭州并列的相当于原郡级建制的行政区名，或者在南中地区虽设有南宁州都督府，管辖南中各州，但都督府的权力和管辖地域再难与晋、南朝时的宁州刺史府相比。

---

〔1〕［晋］常璩撰：《华阳国志》，齐鲁书社2010年版，第58页。

〔2〕［唐］房玄龄撰：《晋书·地理志》，见方国瑜主编《云南史料丛刊》（第一卷），云南大学出版社1998年版，第167页；［晋］常璩撰：《华阳国志》，齐鲁书社2010年版，第58页。

〔3〕林超民：《云南郡县两千年》，载《林超民文集》（第一卷），云南人民出版社2008年版，第243页。

二、爨氏统治区域

爨氏统治区域即爨氏所能管理和号令的区域。从理论上讲，从东晋后期到隋初，整个宁州行政区内的所有郡县都属爨氏统治区域，当时，爨氏家族以宁州刺史的名义对整个宁州地区实行管辖和治理。但是，从东晋后期开始，宁州刺史对滇西的永昌、云南二郡就难以进行有效管辖，而由永昌大姓吕氏家族所控制。如前所言，在诸葛亮南征之战中，永昌大姓吕凯和郡丞王伉保境安民有功，受到蜀汉的奖励，战后，吕凯被任命为云南郡太守，王伉被任命为永昌郡太守。后来，吕凯的子孙均得到西晋王朝的重用，世代担任永昌郡的行政长官。《华阳国志·南中志》记载说："（吕）凯子（吕）祥太康中献光珠五百斤，还临本郡，迁南夷校尉。（吕）祥子元康末为永昌太守。值南夷作乱，闽濮反，乃南移永寿，去故郡千里，遂与州隔绝。吕氏世官领郡，于今三世矣。"[1] 即是说，从晋武帝太康年间（公元280～289年）开始，永昌郡即由吕氏家族世代控制，并且由于形势的变化，永昌郡郡治南迁，与宁州刺史府的联系也就从此隔绝了。同样，越嶲郡在两晋时划归益州。这样，宁州刺史府或爨氏家族所能控制的行政区域实际上就是原南中八郡中的建宁、晋宁、兴古、朱提四郡，这也与《爨龙颜碑》上题名的属官的籍贯情况大体一致。

在历史上，把爨氏统治区域称为"爨地"。在《云南志》等史籍中，对爨地又有"东爨""西爨"的说法。《云南志》卷四"名类第四"说："在石城、昆川、曲轭、晋宁、喻献、安宁至龙和城，谓之西爨。在曲靖州、弥鹿川、升麻川，南至步头，谓之东爨。风俗名爨也。"[2] 这是对于东爨、西爨各自含义和地望的主要记载。方国瑜先生对上述地名的现今位置作了考证。

方先生指出，曲靖州即曲州和靖州，曲州为今云南境内的昭通、鲁甸一带，靖州为今贵州境内的威宁、水城一带，曲州、靖州即原来的朱提郡辖地；弥鹿川在曲州、靖州与升麻川之间，疑为磨弥部与卢鹿蛮的省称，其地在今宣威、沾益一带；升麻川为今寻甸一带；步头可能为今元江；石城即味县，为今曲靖县（即麒麟区）；昆川即昆州，为今昆明城；晋宁即汉滇池县，今晋宁县晋城镇；喻献即俞元，今澄江、江川一带；安宁即今安宁县（市）；龙和即今禄丰。[3] 基于此，方先生认为，东爨、西爨以今之宣威、寻甸至武定一线为界，其北为东爨，其南为西爨，东西两爨中心地区的位置，为东北与西南，而非正东与正西，即东爨大体在爨地的东北部，西爨在爨地的西南部。如从郡县来看，则东爨地为原南中七郡中的朱提郡故地，西爨地为建宁、兴古二郡故地。总的来看，所谓爨地即为东晋、南朝时期的朱提、南广、建宁、晋宁、建都、兴古、梁水诸郡。[4] 我们也可以说，从今天的位置来看，东爨地包括现今的昭通

〔1〕［晋］常璩撰：《华阳国志》，齐鲁书社2010年版，第57～58页。

〔2〕［唐］樊绰撰，向达原校、木芹补注：《云南志补注》，云南人民出版社1995年版，第47页。

〔3〕方国瑜：《中国西南历史地理考释》（上册），中华书局1987年版，第347～355页。

〔4〕方国瑜：《中国西南历史地理考释》（上册），中华书局1987年版，第356页。

市辖各县，曲靖市属的富源、师宗、宣威、会泽等县，昆明市属的寻甸、东川、禄劝等县，楚雄州的武定等地，以及红河州的弥勒、泸西等县，而西爨地则包括曲靖市的南部各县、昆明市滇池周围各县、玉溪地区各县以及红河州、文山州北部各县。如要划一条分界线的话，则大体可以以今天的昆曲公路线和昆楚公路线为界，以北为东爨地区，以南为西爨地区。[1]

另外，在《爨龙颜碑》中，对爨地又有"东西二境"之说。碑文记载说："岁在壬申，百六遘衅，州土扰乱，东西二境，凶竖狼暴，缅戎寇场。君收合精税五千之众，身伉矢石，扑碎千计，肃清边嵎。"[2] 根据碑文的记载，公元432年（刘宋文帝元嘉九年，干支纪年为壬申年），宁州境内发生了一场大的内乱，即所谓"百六遘衅"（"百六"是何势力，难以明确），东西二境都受到冲击和破坏，最后爨龙颜领兵将内乱镇压下去。从文中的语气来看，"州土扰乱"即是指"东西二境，凶竖狼暴，缅戎寇场"这件事，据此，或可以说，宁州的"州土"即指"东西二境"，即在爨龙颜时，宁州的州土即已分为东境和西境两部分。那么，"东西二境"和后来说的"东爨""西爨"是什么关系呢？对此，学者们有不同的看法。方国瑜先生认为，所谓"东西二境"即东西二爨[3]。而范建华先生等则认为，"东西二境"和东爨、西爨的含义不同，爨分东、西不在爨龙颜时。

范建华先生等所撰《爨文化史》一书认为，根据《云南志》的明确记载，爨分为东爨、西爨确是一个不争的事实，但东、西爨之分是在北周时期，即爨瓒死后，其子爨震、爨翫继位之时，大概为公元570年[4]，而不是《爨龙颜碑》所记的"壬申（公元432年）之乱"时。其基本依据是：第一，《新唐书·南蛮传》说"（爨瓒）既死，子震、翫分统其众"[5]，这是明确说明，爨瓒死后，爨部民众始由其子爨震和爨翫分别统领；第二，《隋书·梁睿传》载北周大象元年（公元579年）梁睿上书说：自萧梁南宁州刺史徐文盛公元548年东归后，"土民爨瓒遂窃取一方，国家遥授刺史。其子震，相承至今"[6]。范建华先生等推测，自爨瓒死，爨震承袭刺史职位，至公元579年，至少已有10年，故爨瓒死，其子爨震、爨翫分统其众至晚在公元570年左右；第

〔1〕对于东爨、西爨的地域范围，其他学者的看法也与此大致相同。范建华先生等认为，西爨的范围应在滇池、曲靖以西至洱海以东，北抵金沙江，南至建水一带；东爨则应延伸至滇东北、黔西和黔西南、川西南、桂西北南盘江流域以北、北盘江以西，然后弧绕滇东南、滇南红河、元江流域一带，即现在的昭通、东川、寻甸以东至滇黔桂交界处，北抵四川凉山州东部，南到红河地区。《云南志》所述西爨、东爨的范围，已是爨氏势力衰减而相对缩小的区域，或者说是爨氏统治的中心地区。见范建华等著《爨文化史》，云南大学出版社、云南人民出版社2012年版，第109页。

〔2〕《爨龙颜碑》文，见汪宁生《云南考古》，云南人民出版社1992年版，第116页。

〔3〕方国瑜：《中国西南历史地理考释》（上册），中华书局1987年版，第356页。

〔4〕范建华等：《爨文化史》，云南大学出版社、云南人民出版社2012年版，第107页。

〔5〕［北宋］欧阳修、宋祁撰：《新唐书·南蛮传》，见方国瑜主编《云南史料丛刊》（第一卷），云南大学出版社1998年版，第403页。

〔6〕［唐］魏征等撰：《隋书·梁睿传》，见方国瑜主编《云南史料丛刊》（第一卷），云南大学出版社1998年版，第331页。

三，据《隋书·韦冲传》记载，隋初，朝廷任命韦冲为南宁州总管，让其持节抚慰南中夷帅和民众，“（韦）冲既至南宁，渠帅爨震及西爨首领皆诣府参谒。”[1] 这里把爨震与西爨首领并列，即西爨首领另有其人，范建华先生等认为，这西爨首领就是与爨震分统爨人的爨翫，因为在《隋书·史万岁传》中有“先是，南宁夷爨翫来降，拜昆州刺史，既而复叛。遂以万岁为行军总管，率众击之”的记载，爨翫来降即应指爨翫作为西爨首领，与爨震一起，趋府参谒持节抚慰南中的韦冲、表示归顺隋朝一事。这说明，至韦冲南巡时，爨分东爨、西爨已是十分明确的事实，爨震为东爨首领，被称为“渠帅”，爨翫为西爨首领，史万岁率军所击的就是爨翫。[2] 至于“东西二境”，范建华等先生认为是指宁州的东、西两边境，即在公元432年，宁州的东部和西部边境地区均发生叛乱，西部的叛乱发生在永昌郡地区，属于宁州的西部边隅，为“缅戎”（闽濮）反叛；东部的战乱可能就是《宋书·文帝纪》中所说的元嘉九年（公元432年）“妖贼赵广寇益州，陷没州县，州府讨平之”一事，赵广起义发生在与宁州相邻的益州（今四川、贵州）地区，属于宁州的东部边隅。经过爨龙颜的讨伐，东、西二境的叛乱都被平定，由此，爨龙颜获得加官晋爵，独步南中，故“壬申之乱”并未导致宁州的分裂，此时的宁州并无东爨、西爨之分，故此，东西二境并不能看作是东爨、西爨的意思。[3]

我们认为，根据相关记载，在隋初，爨区内部确已由原来的一统天下分为由爨震和爨翫分别领导的不同势力和群体，但这种分化与爨区地理之间的相互关系究竟怎样还需要进一步斟酌。因为，史籍上记载的是“（爨瓒）既死，子震、翫分统其众”，并不是分领其地。当然，“分统其众”与分领其地有一定的关系，在“分领其众”的同时，对爨区民众居住的地区也作了相应的势力划分。但就此断定爨震和爨翫所统领的分别就是东爨和西爨地区，似乎也还不够充分。从相关材料来看，爨翫所统领的应就是所谓西爨地区，因为隋时爨翫被任命为昆州刺史，昆州的中心地区就是滇池周围的原晋宁郡地区，而这一地区根据唐后期樊绰所撰《云南志》的记载就是西爨首领居住的地区。《云南志》说：“晋宁州，汉滇池故地也。在柘东城南八十里晋平川，幅员数百里。西爨王墓，累累相望。”[4] 柘东城即拓东城，即现代的昆明市区所在地。而爨震所统领的是否就是东爨地区呢？这尚难确定。因为，一方面，爨瓒死后，爨震、爨翫“分统其众”；另一方面，又是爨瓒死后，爨震继承其南宁州刺史职位，即梁睿上书所说的爨震“相承至今”（梁睿上书时间为公元580年），而爨震作为南宁州刺史，所统领的如果仅只是东爨地区，似乎也难以理解。《隋书·韦冲传》记载，隋开皇四年（公元584年），韦冲任南宁州总管，到南宁州进行招抚活动时说：“（韦）冲既至南宁，渠帅爨震及西爨首领皆诣府参谒。”从这条记载来看，至韦冲南巡时，爨震仍是南

〔1〕［唐］魏征等撰：《隋书·韦冲传》，见方国瑜主编《云南史料丛刊》（第一卷），云南大学出版社1998年版，第332页。

〔2〕范建华等：《爨文化史》，云南大学出版社、云南人民出版社2012年版，第107～108页。

〔3〕范建华等：《爨文化史》，云南大学出版社、云南人民出版社2012年版，第105～106页。

〔4〕［唐］樊绰撰，向达原校、木芹补注：《云南志补注》，云南人民出版社1995年版，第80页。

宁州（即原宁州）首屈一指的爨人首领，而不只是偏居一方的地方头领。因为此时，爨震仍为南宁州刺史，是整个南宁州地区的最高长官，其驻地当在石城（味县），而石城按《云南志》的记载，为西爨地区。如此推断的话，则直到隋初爨震仍为整个爨区的首领而不仅只是东爨的首领。在韦冲南巡之后，才在滇池地区设置昆州，以爨翫为刺史，爨震的政治地位才相应下降。正因为此，方国瑜先生在论及北周和隋代南宁州地区的复杂政治情况时说："据《北周书·武帝纪》：'保定二年（公元562年）十月，分南宁州置恭州'；又《元和郡县志·曲州》说：'隋开皇四年（公元584年）开南中，立为恭州'。则周、隋时于朱提郡地置恭州，而建宁、兴古二郡为昆州，惟未详其建制。又所说'震、翫分统其众'者，即震据恭州（东爨地），翫据昆州（西爨地）否？亦未能详。惟知韦冲在南中时，以爨翫为昆州刺史。"[1] 方国瑜先生的这一审慎分析，确有道理。概括地说，隋初，爨区内部，由爨震和爨翫分统其众，由此，也可能进而分领其地，但如何分统其众及如何分领其地，记载不详，据此而断言爨震所统领的为东爨地、爨翫所统领的为西爨地，证据不足。根据各种相关迹象来看，爨震和爨翫所统领的中心地区很可能都属于所谓"西爨"地，爨震的势力主要集中于石城一带，爨翫的势力分布于滇池地区，从大的范围而言，这两个地区都包含在蜀汉的建宁郡地区，而后在东晋、刘宋时分别为新划分的建宁郡和晋宁郡地区，至隋初又都包含在新设的昆州辖区内，而昆州的辖区范围，实际上即为所谓西爨地。爨震、爨翫"分统其众"可能只是爨氏内部的一种权力和地域的相对划分，而不是截然分开、互不关联。因为，直到唐代天宝年间，同属西爨地区的南宁州都督爨归王（其驻地为石城）、昆州刺史爨日进（其驻地为安宁）及南宁州大鬼主爨崇道（其驻地为曲轭川，今马龙一带）之间虽然互有矛盾，同时又联合起来对付唐朝修筑安宁城的使者竹灵倩，在史籍中称他们为"诸爨"而非很明确地称他们何为"东爨"、何为"西爨"。总的来看，爨氏内部虽有派系和地盘之分，但跟爨分东爨、西爨不是一回事。因此，所谓爨震、爨翫"分统其众"不是爨地分为东爨、西爨的标志和开始。此其一。

其二，关于"东西二境"，我们认为，"东西二境"是宁州州土内的东、西二境，即宁州的东部区域和西部区域。《爨文化史》把"东西二境"解释为宁州的东部边境和西部边境地区，从逻辑和事实上难以成立。因为无论是东部边境地区的"赵广寇益州"和西部边境地区的"闽濮"反叛都不可能称之为"州土扰乱"：从东部而言，赵广是在益州造反，而不是在宁州反叛，赵广在益州的造反可能对宁州会有所冲击和影响，但绝对不是致命威胁；从西部而言，如果是永昌郡地区的闽濮（即把"缅戎"释为"闽濮"）造反，那对宁州的威胁同样不足为患，因为从西晋开始，永昌郡地区就不是宁州刺史所能直接控制的势力范围，同样它也不是爨区的主体地域，因此永昌郡地区的动乱不可能对宁州地区的政治和社会形势造成重大的影响，需要时为建宁、晋宁二郡太守的爨龙颜率领精锐重兵前去镇压。基于此，我们认为，"东西二境"实际上就是宁州东部地区和宁州西部地区的意思，如同现在说的滇东、滇西的意义或清代、民

〔1〕 方国瑜先生对《隋书·韦冲传》的概说，见方国瑜《云南史料目录概说》（第一册），中华书局1984年版，第60页。

国时期说的“迤东”“迤西”的意义，是一个大体的地域划分和称呼，不是准确的行政区划概念。

其三，“东西二境”与东爨、西爨可能具有一定的对应关系或内在联系，也可能爨人所谓“东西二境”其实就是指东爨地区和西爨地区。如前所言，根据《云南志》的记载，东爨、西爨各自的区域有一个大致的范围，但“东西二境”的说法仅见于《爨龙颜碑》且无更多解释说明，因此，要将“东西二境”直接理解为“东爨”和“西爨”确乎证据不足，但要否认二者之间存在内在联系或对应关系似乎也缺乏理由。基于此，我们认为，把“东西二境”理解为东爨和西爨还是有一定道理的。因为无论是“东西二境”和“东爨”“西爨”都在爨区范围内，二者之间存在着高度重合的可能性。如果这样的话，那么爨区在北周和隋代才分为东爨、西爨的说法就是不能成立的了，很可能在爨瓒死后，由爨震、爨翫“分统其众”就是基于当时爨区内已存在着相对不同的地区和族群区别。至于爨震所统领的地区和民众是否就是东爨（“东爨”“西爨”既是地区名称，后来也变为族群名称，即所谓“东爨乌蛮，西爨白蛮”）或仅为东爨，由于史料缺乏，确难断定。这些，就是我们对“东西二境”和东爨、西爨关系的理解与看法。

第三节　爨人族属与爨区人口

元代李京所撰《云南志略》在叙述“诸夷风俗”时说：“晋成帝以爨深为兴古太守。自后，爨瓒、爨震相继不绝。唐开元初，以爨归王为南宁州都督，理石城郡，即今曲靖也。爨人之名原此。”[1] 这是对爨氏世系的简略梳理。在《云南志略》的“云南总叙”中，李京则说：“晋成帝时，以爨深为兴古太守。……爨人之名始此。”[2] 根据李京的说法，“爨人”之名始自晋成帝（东晋成帝司马衍的在位时间为公元326～342年）时爨深（爨琛）担任兴古郡太守后。前已指出，在爨深任兴古郡太守后不久，外而经过东晋和成汉政权的争夺，成汉败亡，宁州重为晋有，内而经过宁州大姓之间的互斗，霍、孟等大姓失败，爨氏称霸南中。根据李京的说法，从爨氏称霸南中（东晋永和三年，公元347年）开始，即有爨人的称呼，或开始形成了所谓“爨人”。那么，爨人是如何形成的呢？爨人包含了哪些族属呢？

[1] [元] 郭松年、李京撰，王叔武校注：《大理行记校注·云南志略辑校》，云南民族出版社1986年版，第90～91页。

[2] [元] 郭松年、李京撰，王叔武校注：《大理行记校注·云南志略辑校》，云南民族出版社1986年版，第70页。

一、爨人的形成

如前所述，考古发现表明，在旧石器时代，云南地区就有古人类居住和生活。从新石器时代后期（距今约4000年左右）开始，原来居住在中国西北高原、东部沿海地区和南方的中南半岛一带的各族群又不断地迁入到现今云南地区生活，形成氐羌（自中国西北地区迁入）、百越（自两广、福建等东部沿海地区迁入）和“濮”人（自东南亚地区迁入）三大族群系统。在秦汉时期，云南地区的土著居民包括“滇”“昆明”“嶲”在内统被称作“西南夷”。司马迁所著《史记·西南夷列传》对秦汉时期云南地区的民族分布和生活状况作了记述。到了东晋时期，常璩在《华阳国志》中回溯南中地区的民族状况时说：“南中在昔，夷越之地，滇、濮、句町、夜郎、葉榆、桐师、嶲唐，侯王国以十数，编发左衽，随畜迁徙，莫能相雄长。”[1] 常璩所言，与《史记》所记基本相同。至三国两晋时期，南中地区的土著居民（这里所谓“土著”相对秦汉以后迁入南中的汉族居民而言）又被统称为“夷”或“诸夷”。《华阳国志·南中志》说：“夷人大种曰昆，小种曰叟。”[2] 这说明，“夷”为汉人对南中土著居民的统称，夷人内部又分为“昆”“叟”两大族类，“昆”“叟”之名可能为自称。在“昆”“叟”内部，因族属和地区的不同，又分为更多的族群。这就是三国两晋时期云南土著民族的基本情况。

三国两晋时期，与土著居民相对应，南中地区还生活着许多汉族居民，他们是西汉以后不断迁入云南落籍的汉族移民及其后代。自从汉族移民进入云南后，汉族移民和原来土著居民的关系即所谓“夷汉关系”就成为当时社会政治生活中最为主要的一种社会关系。对于东汉以后南中地区“夷汉”关系的演变情况，方国瑜先生作了这样的梳理：“东汉以后纪录，总称南中人户为夷汉（或夷民），后来有用夷晋、夷宋之称。《南齐书》‘宁州’所说齐民，即汉人。故汉以来遣戍或其他原因定居在南中之内地人民，子孙繁衍，虽与当地土著人民休戚相关，共同生活，且逐渐融合，惟户籍则分别。蜀汉、西晋时期南中大姓所恃以造成势力之夷汉部曲，同为一体，而王朝统治者强加区别，大姓亦依仗王朝，相互利用，保留汉户（或晋户）未改。然自晋在南中衰败，汉户失其特殊地位，亦渐不复分别夷户、汉户。是时，居民经济文化生活，夷汉特征亦渐一致而融合，无分为夷户、汉户之必要而渐消失。”[3] 根据方先生的梳理和分析，东汉以来，南中地区的夷汉关系由最初“夷汉分治”“夷汉对立”逐步地走向“夷汉接近”“夷汉融合”，至东晋后期，爨氏称雄南中，夷汉之间不仅经济文化生活特征逐渐一致，甚至在户籍上也不再有夷汉之分，他们都是爨氏统治下的宁州居民——爨人。

---

〔1〕［晋］常璩撰：《华阳国志》，齐鲁书社2010年版，第44页。
〔2〕［晋］常璩撰：《华阳国志》，齐鲁书社2010年版，第49页。
〔3〕方国瑜：《南北朝时期爨氏对南中诸郡的统治》，载《方国瑜文集》（第一辑），云南教育出版社1994年版，第343页。

这就是方国瑜先生所总结的："故东晋以后，在爨氏统治地区，其原住土著之主要者曰叟人，迁徙而来者曰汉人，分别户籍。后合而称曰爨人，所以有爨人之名（不仅以其统治家族，且有其社会基础，而立新名）。是时，爨人为当地居民之称，实包有叟人和汉人。"[1] 也就是说，在爨氏统治南中以后，一个新的地方居民群体——爨人，也就出现了。

实际上，"爨人"之名的出现与爨氏称霸南中是一件事情的两个方面，它们均是两汉以来南中地区夷汉关系和中央、地方关系演变的必然结果。如前所言，两汉以来迁入云南的汉族居民，不仅长久稳定地在云南地区居住生活下来，而且一些家庭和家族经过数代的发展，获得了一定的政治地位和社会地位，拥有了较强的经济实力和武装力量，成为所谓"南中大姓"。与此同时，在与原来南中地区的夷帅和夷民的长期相处中，汉族移民的利益与"夷人"的利益逐渐融合，形成了互相帮助、互相利用的关系：大姓与夷帅结成政治同盟和婚姻关系，共同对付郡县官员，夷汉民众投靠大姓势力，成为依附大姓的夷汉部曲。在此情况下，大姓逐渐成为代表南中夷汉利益的新的政治力量。经过三国、西晋至东晋100多年的内争外斗，获胜的爨氏大姓成为南中地区新的政治领袖，成为南中地区夷汉居民的共主，而其统治下的南中居民，也就逐渐变成了所谓"爨人"。正因为此，爨人之名的出现，标志着汉族移民身份认同上的南中化和夷汉关系的一体化，标志着汉族大姓政治倾向上的地方化和爨氏家族政治上的共主化。总体而言，爨人之名的出现，标志着南中地区民族关系上的汉夷合流化和利益关系上的地方一体化。自此，"爨人"与"巴人""蜀人"一样，成为具有特定地域标志的社会群体和族群集团。可以说，"爨人"之名的出现，标志着最早的"云南人"的形成。

二、爨人的族属

爨人是一个具有地域文化特点的族群概念，是对当时宁州地区居民的统称和合称。在爨人内部，无论是从历史渊源、风俗习惯、居住地域还是生产和生活方式来看，都包含着各自不同的族别集团。这些族别集团从大的方面而言，仍可分为汉人和夷人两个族别系统。正因为此，从三国至南北朝时期，内地史书和地方文书在称呼南中地区居民时，都是用"夷汉""夷晋""戎晋""夷宋"或"夷人""晋民"等来称谓，即以"夷""戎"来称呼南中地区的土著部族群众，以"汉""晋""宋"来称呼南中的汉族居民。如《华阳国志·南中志》记录晋太安二年（公元303年），宁州汉族大姓和夷帅联合反抗刺史李毅的统治，围攻宁州府城时的情况说："夷愈强盛，破坏郡县，没吏民。会（李）毅疾甚，军运不利，晋民或入交州，或入永昌、牂牁，半亦为夷所困虏。夷因攻围州城。"[2] 这里的"民""晋民"就是指当时宁州地区的汉人，"夷"为

[1] 方国瑜：《南北朝时期爨氏对南中诸郡的统治》，载《方国瑜文集》（第一辑），云南教育出版社1994年版，第343～344页。

[2] ［晋］常璩撰：《华阳国志》，齐鲁书社2010年版，第50页。

宁州土著部族群众。同样，在立于东晋后期的《爨宝子碑》中，把南中居民称为“戎晋”（“戎晋归仁”），在立于刘宋年间的《爨龙颜碑》中把南中居民称为“宋夷”（“宋夷伤怀”）[1] 等。

从南中地区汉族的基本情况看，爨氏统治时期，宁州地区的汉人多分布在建宁郡，其次为晋宁郡和朱提郡。特别是汉族大姓，多分布在建宁郡和朱提郡。《华阳国志》记载，建宁郡“有五部都尉，四姓及霍家部曲”[2]；朱提郡，“大姓朱、鲁、雷、兴、仇、递、高、李，亦有部曲。其民好学，滨犍为，号多士人，为宁州冠冕。”[3] 具体而言，从建宁郡来说，在《爨龙颜碑》所列的 33 名属官中，有 22 人的籍贯与爨氏家族一样，都为建宁郡的汉族人士或大姓人家（其中有 12 名爨姓人士，包括碑文作者爨道庆、府长史爨道文、司马爨德泯、别驾爨敬祖等），这一方面说明爨氏家族的“任人唯亲”，另一方面也说明建宁郡汉人之众和人才之多。而爨氏家族则是世代居住在建宁郡同乐县的世家大族。南中爨氏家族最早的代表人物为三国初年时的爨习，《华阳国志》称爨习即为建宁郡人。据《华阳国志·南中志》记载，诸葛亮平定南中后，“亮收其俊杰建宁爨习、朱提孟琰及（孟）获为官属，（爨）习官至领军，（孟）琰辅汉将军，（孟）获御史中丞”[4]。蜀汉末年爨氏家族的代表人物为爨谷，曾被蜀汉任为交趾太守，其籍贯也为建宁郡。《华阳国志·南中志》记载：“咸熙元年（魏元帝咸熙元年为公元 264 年），吴交趾郡吏吕兴杀太守孙靖，内附魏。魏拜（吕）兴安南将军。时南中监军霍弋，表遣建宁爨谷为交趾太守，率牙门将军建宁董元、毛炅、孟幹、孟通、爨熊、李松、王素等，领部曲以讨之。”[5] 至东晋永和年间，在南中地区开始称雄的爨琛、爨量也同为建宁郡人。到了晋宋之际，爨氏独霸南中之势已成，其故里建宁郡同乐县（今曲靖市陆良县）成为宁州的政治中心。建宁郡同乐县为爨氏故里的证据很多，《华阳国志·南中志》在介绍建宁郡同乐县时即明确指出：“同乐县：大姓爨氏。”[6]《爨宝子碑》《爨龙颜碑》也明确指出爨宝子、爨龙颜为“建宁同乐人”。此外，《爨龙骧刻石》出土于陆良县“梁堆”内，《爨宝子碑》出土于今曲靖市麒麟区与陆良县相邻地区、《爨龙颜碑》传世并保存于陆良县等，这些都是重要证据。从朱提郡来说，考古发掘情况表明，汉晋之际朱提郡也是当时大姓和汉民的集中分布地。1963 年，昭通县（今昭阳区）后海子发现墓主人为霍氏的壁画墓，在墓主人的画像旁有题记，其文曰：

晋故使持节、都督江南交宁二州诸军、建宁、越巂、兴古三郡太守、南夷校尉、交宁二州刺史、成都县侯霍使君之像。郡讳□，字承嗣，卒是荆州南郡枝江牧。六十

[1] 见汪宁生：《云南考古》，云南人民出版社 1992 年版，第 113 页、第 117 页。
[2] ［晋］常璩撰：《华阳国志》，齐鲁书社 2010 年版，第 54 页。
[3] ［晋］常璩撰：《华阳国志》，齐鲁书社 2010 年版，第 55 页。
[4] ［晋］常璩撰：《华阳国志》，齐鲁书社 2010 年版，第 48 页。
[5] ［晋］常璩撰：《华阳国志》，齐鲁书社 2010 年版，第 60 页。
[6] ［晋］常璩撰：《华阳国志》，齐鲁书社 2010 年版，第 54 页。

六□薨，先葬蜀郡，以太元十□年二月五日改葬朱提越渡余，魂来归墓。[1]

太元为东晋孝武帝司马曜年号，太元共有21年，即公元376年~396年。霍氏墓的改葬年为太元十年以后某年，即太元十一年至十九年（公元386~394年）中的某年。由于字迹漫漶不清，霍氏之名已难辨认，仅有字“承嗣”。根据其生活年代及其经历、官职来看，霍承嗣应是跟爨琛、爨量等同时代的风云人物，长期活跃于宁州政治舞台上，并且曾担任过宁州最高军政长官。从相关史籍记载情况来看，此一时期最显赫的霍姓政治人物，就是曾担任过宁州刺史、后来降晋的霍彪。故此，汪宁生先生推测墓主人可能就是霍彪[2]，而方国瑜先生根据墓主的籍贯、任职等情况，明确认为墓主人即为霍彪[3]。另外，昭通地区（即汉晋时代之朱提郡）大量“梁堆”墓（即带有高大封土堆的坟墓）的考古发掘和研究表明，这些墓的主人均为汉人，有孟氏等姓氏，可能就是当时朱提郡的汉族大姓[4]。这些均说明，汉晋时朱提郡地区有较多汉人居住和分布。

除了汉人外，宁州的其他居民就是所谓“夷人”了。根据东晋时常璩所著《华阳国志》记载，南中地区的夷人“大种曰昆，小种曰叟”。所谓“昆”，应就是汉代的“昆明”人，而“叟”可能就是原来的“滇”人等部族。在两晋南北朝时期，由于史籍对这一时期南中“夷人”的情况较少记载，因此我们对当时“夷人”的族群情况也难知其详，但从东晋时常璩所撰《华阳国志》的简略记载来看，当时宁州内部的部族情况是相当多样而复杂的（从唐代后期樊绰所撰《云南志》对当时云南地区部族情况的记载中也可以推断出南北朝时期宁州部族情况的多样性和复杂性）。根据《华阳国志·南中志》的记载，兴古郡“多鸠、獠、濮”[5]，《永昌郡传》[6]也说：兴古郡“九

[1] 见汪宁生：《云南考古》，云南人民出版社1992年版，第91页。由于题文字迹有些模糊不清，各家所录题文字句及断句略有不同。汪宁生先生《云南考古》书中的“都督交宁二州诸军”一句，方国瑜先生《云南史料目录概说》一书作“都督交宁二州诸军事”；“兴古三郡太守”一句，由于其中两字字迹无法辨认，方国瑜先生书中作“兴古三□□守”，汪宁生先生根据内容补为“郡太”两字；“卒是荆州南郡枝江牧”一句，方国瑜先生作“本是荆州南郡枝江人”；“改葬朱提越渡余”一句，方国瑜先生录作“改葬朱提，越渡□余”。见方国瑜《云南史料目录概说》（第二册），中华书局1984年版，第815页。

[2] 汪宁生：《云南考古》，云南人民出版社1992年版，第96页。

[3] 方国瑜：《云南史料目录概说》（第二册），中华书局1984年版，第816页。

[4] 汪宁生：《云南考古》，云南人民出版社1992年版，第95~96页。

[5] ［晋］常璩撰：《华阳国志》，齐鲁书社2010年版，第59页。

[6] 方国瑜先生在《云南史料目录概说》中说，《永昌郡传》不知何时何人所作书，原书早佚，今人所见出自《太平御览》所收录的数条内容。方国瑜先生认为，根据《永昌郡传》以永昌郡为名而记录南中永昌、云南、建宁、兴古、牂牁、越嶲、朱提七郡事的情况来看，此书应作于蜀汉建兴三年（公元225年）之后，晋太安三年（公元303年）之前，疑为蜀汉、西晋时人所作，并且所记大都为亲历其境者之言，故作者可能为南中人士或曾在南中为官者。《永昌郡传》所记为南中七郡事，而以永昌郡名书者，盖以永昌郡为主，附记他郡。见《云南史料目录概说》（第一册），中华书局1984年版，第29~30页。

县之人皆号曰鸠民，言语嗜欲不与华人同”[1]；永昌郡的族群“有闽濮、鸠獠、僄越、裸濮、身毒之民”[2]；建宁郡的谈稿县（今陆良南部、路南一带）“有濮、獠”[3]；云南郡的族群“有上方夷、下方夷”[4] 等。总的来看，建宁郡、晋宁郡、朱提郡和云南郡北部地区，居住着属于氐羌系统的叟人、昆明人等族群，牂牁郡、兴古郡地区主要居住着属于百越系统的鸠人、僚人、越人等族群，永昌郡地区主要居住着濮人和哀牢人等族群。

与爨人相关的一个问题是，爨人是汉人还是夷人？我们已经说明，爨人为爨地居民的统称和合称，包括了汉人和夷人，不能笼统地把爨人看作汉人或夷人。但在相关史籍中，有时把爨人整体地看作蛮夷，有时把爨人都看作汉人，从而得出了“蛮夷众多”或“汉人众多”的不同结论。对此，方国瑜先生作了辨析。方先生指出，如果把爨氏统治时期的南中土著都看作蛮夷，如《南齐书·州郡志》所说“（宁州）道远土瘠，蛮夷众多，齐民甚少，诸爨、氐强族，恃远擅命，故数有土反之虞”[5]，即把爨人、氐人等都看作蛮夷或爨蛮，则得出“蛮夷众多，齐民甚少”的看法；如因爨氏等南中大姓的祖先为汉人，从而把爨人看作汉人的活，则得出“汉人众多”的结论，如北周末梁睿所写的《请略定南宁疏》就说南宁州“其地沃壤，多是汉人”[6]。方先生认为，《南齐书》与梁睿上书所说虽不同，但并非不相容，只是从不同角度言之，总体而言，爨人实为叟、汉之融合体。[7] 方先生之说，十分清晰合理。

三、“东爨乌蛮”与“西爨白蛮”问题

与爨人相关的另一个重要问题是所谓“东爨乌蛮”与“西爨白蛮”问题。“东爨乌蛮”和“西爨白蛮”的说法见于唐代后期樊绰所撰《云南志》。《云南志》卷四“名类第四”开篇即说：“西爨，白蛮也。东爨，乌蛮也。当天宝中，东北自曲靖州，西南至宣城，邑落相望，牛马被野。在石城、昆川、曲轭、晋宁、喻献、安宁至龙和城，谓之西爨。在曲靖州、弥鹿川、升麻川，南至步头，谓之东爨。风俗名爨也。”[8] 这一段话，说的是爨地的范围。唐代天宝年间（即爨氏败亡前夕）爨地总的范围是从东

[1]《永昌郡传》，见方国瑜主编《云南史料丛刊》（第一卷），云南大学出版社 1998 年版，第 190 页。

[2]［晋］常璩撰：《华阳国志》，齐鲁书社 2010 年版，第 57 页。

[3]［晋］常璩撰：《华阳国志》，齐鲁书社 2010 年版，第 55 页。

[4]［晋］常璩撰：《华阳国志》，齐鲁书社 2010 年版，第 58 页。

[5]［梁］萧子显撰：《南齐书·州郡志》，见方国瑜主编《云南史料丛刊》（第一卷），云南大学出版社 1998 年版，第 181 页。

[6]［唐］魏征等撰：《隋书·梁睿传》，见方国瑜主编《云南史料丛刊》（第一卷），云南大学出版社 1998 年版，第 331 页。

[7] 方国瑜：《南北朝时期爨氏对南中诸郡的统治》，载《方国瑜文集》（第一辑），云南教育出版社 1994 年版，第 344 页。

[8]［唐］樊绰撰，向达原校、木芹补注：《云南志补注》，云南人民出版社 1995 年版，第 47 页。

北的曲州、靖州到西南的宣城（据方国瑜先生考证，宣城在今元江）；爨地内部又可分为东爨和西爨两部分，大体而言，爨地东北部分（今滇东北和滇东一带）为东爨，西南部分（今滇中一带）为西爨。这些，均无多少疑义。唯对“西爨，白蛮也。东爨，乌蛮也”一语，众说纷纭，做出许多不同的解释。一种代表性的看法是，东爨和西爨地区分别分布着“乌蛮”和“白蛮”两种不同的族群，“乌蛮”是现今彝族的先民，“白蛮”是现今白族的先民。方国瑜先生不同意这种解释。

方国瑜先生指出，根据相关史籍的记载，“乌蛮”“白蛮”不仅爨地（滇东北、滇中）有，而且洱海地区、邛部（今西昌地区）也有。《云南志》卷四“名类第四”在记述滇西地区的“施蛮”“顺蛮”“磨蛮”等部落时，均称其“本乌蛮种族也”，或“亦乌蛮种类也”[1]；在记述邛部地区的部落时则说：“粟栗两姓蛮、雷蛮、梦蛮，皆在茫（茫应为‘邛’之误——引注）部台登城，东西散居，皆乌蛮、白蛮之种族。丈夫妇人以黑缯为衣，其长曳地。又东有白蛮，丈夫妇人以白缯为衣，下不过膝。”[2]另外，《新唐书·南蛮传》也对邛部地区的乌蛮、白蛮情况作了记载：“勿邓地方千里，有邛部六姓，一姓白蛮也，五姓乌蛮也。又有初裹五姓，皆乌蛮也，居邛部、台登之间。妇人衣黑缯，其长曳地。又有东钦蛮二姓，皆白蛮也，居北谷。妇人衣白缯，长不过膝。”[3] 根据这些历史材料，方先生认为，从族系来看，洱海地区是以不同族系来分“乌蛮”“白蛮”；滇东、滇中地区则以同一族系、不同地域来分“乌蛮”“白蛮”；西昌地区则是同一族系、同一地域内不同的统治者（“姓”，或近代所谓“家”）来分“乌蛮”“白蛮”。虽同用“乌蛮”“白蛮”的称谓，但在不同地区有不同的涵义。正因为此，方国瑜先生指出，“乌蛮”“白蛮”是普通称谓，不能认为是专门名称、族别名称。“乌”“白”或“黑”“白”的称呼，是当时的汉族统治者任意地强加在地方部族群众身上的，不值得从名称上进行过多的考证和推敲。如果要说所谓“乌蛮”与“白蛮”有所区别的话，那就是从汉文化的角度而言，被称作“乌蛮”的部族，社会经济发展程度相对落后些，离汉文化较远；被称作“白蛮”的部族相对先进些，与汉文化较为接近。[4] 方国瑜先生的这一考证和分析，是卓有见地的。

按照方国瑜先生的以上辨析来看“东爨乌蛮”和“西爨白蛮”问题，则可以说，在南北朝至唐初，无论是东爨地区的“乌蛮”还是西爨地区的“白蛮”，都属于同一个族群，即爨人，爨人是汉人和夷人的共同体或融合体，是地方化或“夷化”了的汉族大姓统领下的新的族群集团。从汉文化的角度而言，爨人内部可能有先进、落后之别或汉化程度深浅之异，因此之故，至唐代（在唐代以前，史籍中无“乌蛮”“白蛮”的说法），不同地区的爨人被区分为“乌蛮”和“白蛮”：东爨地区的爨人可能社会经

〔1〕［唐］樊绰撰，向达原校、木芹补注：《云南志补注》，云南人民出版社 1995 年版，第 56 页。

〔2〕［唐］樊绰撰，向达原校、木芹补注：《云南志补注》，云南人民出版社 1995 年版，第 65 页。

〔3〕［北宋］欧阳修、宋祁撰：《新唐书·南蛮传》，见方国瑜主编《云南史料丛刊》（第一卷），云南大学出版社 1998 年版，第 404 页。

〔4〕方国瑜：《关于“乌蛮”“白蛮”的解释》，载《滇史论丛》（第一辑），上海人民出版社 1982 年版，第 148 ~ 149 页。

济发展状况相对落后，被看作“乌蛮”；西爨地区的爨人可能相对汉化程度较高、社会经济发展较为先进，被看作“白蛮”。因此，不能简单地把“东爨乌蛮”看作彝族的先民、“西爨白蛮”看作白族的先民，因为无论是“东爨乌蛮”还是“西爨白蛮”都是所谓“爨蛮”，而“爨蛮”的很大部分成为后来滇东、滇东北地区彝族的先民。

四、爨区人口问题

两晋南北朝时期，南中地区的人口情况如何呢？这是一个十分复杂的问题。我们试根据相关资料，做一梳理。

根据《晋书·地理志》的记载，晋武帝泰始七年（公元271年），分益州之建宁、兴古、云南、永昌四郡，设立宁州（此时原南中七郡中的牂牁、越嶲、朱提3郡仍属益州），统辖45县，总户数为八万三千户。〔1〕如加上当时分属益州的牂牁、朱提两郡的户数，则南中地区总户数为8.68万户。各郡具体户数为：云南郡统辖9县，共9200户；兴古郡统辖11县，共6200户；建宁郡统辖17县，共29000户；永昌郡统辖8县，共38000户；朱提郡统辖5县，共2600户；牂牁郡统辖8县，共1200户。〔2〕如以每户5口人计算，则西晋初年，南中六郡总人口约为43.4万人。

根据《宋书·州郡志》的记载，刘宋时，宁州“领郡十五，县八十一。户一万二百五十三。”〔3〕此时的十五郡，包含了原南中七郡中除永昌郡、越嶲郡外的其他五郡之地。如以每户5口人计算，则刘宋时期宁州总人口约为5.1万多人。而刘宋时期正为爨氏在宁州当政时期。

《南齐书·州郡志》虽不言宁州户口数目，但列举了宁州的郡名数。根据《南齐书》的记载，当时的宁州共辖建平、南广等30郡。

何以晋以后宁州地区郡数如此之多而人口又如此之少呢？方国瑜先生认为，《宋书》《南齐书》的记载多依晋时的各种地志资料，错乱较多，不能作为宋、齐时的情况来使用。从设郡数目来说，《爨龙颜碑》记载，爨龙颜之父为八郡监军，据此，方先生认为，至爨龙颜的祖父和父亲统治时期，也即东晋、刘宋交替之际，宁州所辖范围为南中八郡（即原南中七郡加上从建宁郡分出的晋宁郡），西晋永嘉年间所新设之郡皆已废弃。方先生进一步指出：“所见东晋晚年以后纪录，无言永嘉以来新设郡名者，爨氏世守宁州，惟依旧领八郡，故宋、齐书《州郡志》宁州设郡名目，即录永嘉时之建置，非当时之设治可知也。”〔4〕即史书中所谓宁州十六郡等设置及郡名，仅为西晋永嘉年

---

〔1〕［唐］房玄龄撰：《晋书·地理志》，见方国瑜主编《云南史料丛刊》（第一卷），云南大学出版社1998年版，第166页。

〔2〕［唐］房玄龄撰：《晋书·地理志》，见方国瑜主编《云南史料丛刊》（第一卷），云南大学出版社1998年版，第166～167页。

〔3〕［梁］沈约撰：《宋书·州郡志》，见方国瑜主编《云南史料丛刊》（第一卷），云南大学出版社1998年版，第175页。

〔4〕方国瑜：《云南史料目录概说》（第一册），中华书局1984年版，第23～24页。

间（公元307～313年）的情况，东晋以后特别是刘宋、萧齐时，实无十六郡的设置及名号，《宋书》《南齐书》所言，实为西晋末年、东晋初年的情况，并非刘宋、萧齐时宁州的真实情况。此其一。其二，即使是爨氏统治时期，爨氏虽自命为宁州刺史，但其实际控制范围，也并非南中全部八郡之地。方国瑜先生指出："且爨氏据宁州号召一隅，其实力不能统治八郡之地，所直接统治，惟建宁、晋宁二郡。尚有兴古郡，自爨量、爨琛以来为其势力范围。此三郡即后称之为西爨地，又朱提郡为东爨地，其余云南郡亦为爨氏势力所及。至于越嶲郡在受益州控制，牂牁郡为谢氏世守，永昌郡为吕氏世守，此三郡爨氏未能统治，惟未脱离其号召而已。"[1] 概括地说，爨氏统治时期，宁州的地域范围实为原南中八郡之地，其郡数也应为八郡；在八郡中，爨氏实际能控制的区域也即爨区的中心区域为建宁、晋宁、兴古三郡之地，朱提、云南两郡为其影响区域，而越嶲、牂牁、永昌三郡爨氏已无法控制。这与我们前面对爨氏统治时期，宁州的政区设置及爨氏控制的实际区域的看法是一致的。基于这一历史背景，我们讨论爨氏统治时期的人口问题，需要根据不同时期和不同地域范围情况进行具体辨析。

由于史籍对爨氏统治时期（东晋后期至初唐时期）南中地区的户口情况缺乏记载或记录杂乱——由于爨氏独霸南中，王朝不可能准确掌握南中地区的户口情况，而爨氏也可能未对宁州地区户口情况进行过翔实调查统计，当然更不可能如实上报南朝或北朝各政权——在此情况下，我们不可能直接依靠南北朝时期的资料对爨区的户口情况进行研究和分析，而只能根据爨氏称霸南中前夕宁州的户口情况进行讨论和分析，以求得对爨氏统治时期南中户口情况的大体认识和了解。基于此，我们认为，常璩所著《华阳国志·南中志》关于晋时南中各郡户口情况的相关记载是我们认识当时南中户口问题的重要资料。

常璩为东晋时蜀郡人，曾在成都李氏成汉政权中担任散骑常侍官职，东晋永和三年（公元347年）晋将伐蜀时，常璩看到成汉大势已去，曾劝李势降晋。大概在成汉败亡后，常璩根据原有史籍资料和自己的见闻撰写了关于西南地区历史沿革的重要地方志著作《华阳国志》[2]。在《华阳国志·南中志》中，常璩对南中各郡历史沿革和户口变迁情况作了记录。基本情况如下：

牂牁郡："汉武帝元鼎二年开。属县，汉十七，户六万。及晋，县四，户五千。"[3]

晋宁郡："本益州也。元鼎初属牂牁、越嶲。汉武帝元封二年，叟反，遣将军郭昌讨平之。因开为郡，治滇池上，号曰益州。汉属县二十四，户二十万。晋县七，户万。"[4]

建宁郡："属县太安二年分为益州、平乐二郡，合县十三，户万。……有五部都

[1] 方国瑜：《云南史料目录概说》（第一册），中华书局1984年版，第24页。

[2] 方国瑜先生认为，常璩作《华阳国志》即在东晋永和年间（公元345～356年）。见《云南民族史讲义》，云南人民出版社2013年版，第156页。

[3] ［晋］常璩撰：《华阳国志》，齐鲁书社2010年版，第52页。

[4] ［晋］常璩撰：《华阳国志》，齐鲁书社2010年版，第53页。

尉，四姓及霍家部曲。”[1] 即是说，建宁郡在分设晋宁郡（共7县）、平乐郡（从建宁郡分出两县、新立两县设置）后，共辖13县，全郡总户数1万户，每县平均户数760多户。

朱提郡：“本犍为南部，孝武帝元封二年置，属县四。建武后，省为犍为属国。至建安二十年，邓方为都尉，先主因易名太守。属县五，户八千。”[2] 即晋时朱提郡5县总户数8000户，每县平均户数1600多户。

永昌郡：“孝明帝永平十二年，哀牢抑狼（抑狼也写作‘柳貌’——引注）遣子奉献。明帝乃置郡，以蜀郡郑纯为太守。属县八，户六万。”[3]

云南郡：“蜀建兴三年置，属县七，户万。”[4] 即晋时云南郡总户数1万户，每县约为1400多户。

兴古郡：“建兴三年置。属县十一，户四万。”[5] 即兴古郡为蜀汉建兴三年（公元225年）置，晋时兴古郡总户数4万户，每县平均3600多户。

除了上述7郡外，《华阳国志》还简略记载了平夷郡、夜郎郡、平乐郡、南广郡、河阳郡、梁水郡、西平郡的情况，这些郡皆为西晋、东晋交替之际，也即王逊、尹奉任刺史时（王逊任宁州刺史的时间为永嘉元年至太兴四年，即公元307年至321年，此后，尹奉继任刺史，直到咸和八年即公元333年投降成汉为止），为了分化控制南中或为了与成汉争夺南中而设立的新郡。这些新郡所统县较少，一般为2~4县，由原南中七郡中分出数县而设。在这些新郡中，《华阳国志·南中志》对平夷郡、夜郎郡、南广郡、河阳郡的户口情况作了记载：

平夷郡：“晋元帝建武元年（公元317年）置。属县二，户千。”[6]

夜郎郡：“夜郎国也。属县二，户千。”[7]

南广郡：“蜀延熙中置，以蜀郡常竺为太守。……建武九年省。元帝世，刺史王逊移朱提［郡］治南广。……后刺史尹奉却郡还旧治。及（李）雄定宁州，复置郡，以兴古太守朱提李播为太守。属县四，户千。”[8] 即南广郡为蜀汉后主刘禅在位后期所置，西晋惠帝建武元年（公元304年，建武“九年”应为“元年”之误，建武仅有元年，这一年也是永安元年和永兴元年，一年之中，“年号”数次更改[9]）撤销，到了咸和八年（公元333年）李雄控制宁州地区后，又恢复南广郡建制。

河阳郡：“刺史王逊分云南置。属县四，户千。”[10]

---

〔1〕［晋］常璩撰：《华阳国志》，齐鲁书社2010年版，第54页。
〔2〕［晋］常璩撰：《华阳国志》，齐鲁书社2010年版，第55页。
〔3〕［晋］常璩撰：《华阳国志》，齐鲁书社2010年版，第57页。
〔4〕［晋］常璩撰：《华阳国志》，齐鲁书社2010年版，第58页。
〔5〕［晋］常璩撰：《华阳国志》，齐鲁书社2010年版，第59页。
〔6〕［晋］常璩撰：《华阳国志》，齐鲁书社2010年版，第53页。
〔7〕［晋］常璩撰：《华阳国志》，齐鲁书社2010年版，第53页。
〔8〕［晋］常璩撰：《华阳国志》，齐鲁书社2010年版，第55~56页。
〔9〕见方诗铭编著：《中国历史纪年表》，上海辞书出版社1980年版，第48页。
〔10〕［晋］常璩撰：《华阳国志》，齐鲁书社2010年版，第59页。

根据以上记载，我们可以统计出两晋交替之际宁州十四郡有记载的户口数为14.7万户。如以每户5口人或6口人计算，则当时南中地区总人口为73.5万或88.2万人。将此户口数与两汉时期云南地区（益州、牂牁、越巂、永昌四郡）的户口数作比较，我们就可以发现，两晋之际南中地区人口数较之以往大为减少。西汉时，云南地区的人口大概为86万，东汉时云南地区人口数大概为170多万，而到了东晋时期人口数下降至七八十万人。这一情况是可靠的吗？

我们认为，常璩《华阳国志》所记录的户口情况基本是可信的。《华阳国志》所记晋时14.7万户的南中户口数与《晋书·地理志》所载8.68万户的数据大体接近——《晋书·地理志》的数据为西晋初期的数据，而《华阳国志》的数据为两晋之际、东晋初期的数据（即公元307年至333年王逊、尹奉任刺史时的数据），相较而言，《华阳国志》的数据应该更为全面准确。根据《华阳国志》的数据，相较东汉时期，东晋初期南中地区的户数及人口数确乎是下降了，这一点，《华阳国志》也作了记录，如牂牁郡："属县，汉十七，户六万。及晋，县四，户五千。"[1] 根据这一记载，汉时，牂牁郡每县平均3500多户，而至晋时，每县平均仅为1200多户，约为汉时的三分之一；晋宁郡："汉属县二十四，户二十万。晋县七，户万。"[2] 这就是说，汉时益州郡每县平均8300多户，而晋时晋宁郡每县仅为1400多户，约为汉代的六分之一。

造成晋代南中地区户数和人口下降的原因是什么呢？我们认为，这种情况可能由多种原因所造成。一是长期战乱造成人口的大量死亡、逃亡及自然增长率的下降。三国两晋之际，全国长期处于战乱和动荡之中，影响所及，南中地区也一直处于战乱和动荡之中，先有诸葛亮南征及此后对南中人口的大量征调，后有西晋时期晋、吴对交州的争夺以及晋与成汉之间的长期争斗，再加上大姓之间、大姓与郡县之间的互相争斗，对南中地区的户口状况无疑会产生严重的影响，造成南中地区人户的大量死亡、逃亡和户籍数的减少。这一点，也是当时全国的普遍趋势和状况。根据有关资料，西汉末年的平帝元始二年（公元2年），全国人口为5900多万，到了东汉光武帝建武中元二年（公元57年），经过农民起义后的长期动荡，全国人口减至2700多万，到了东汉章帝章和二年（公元88年），全国人口又恢复到5000万左右；而经过三国初年的军阀混战，全国人口减至1000多万，到了三国后期，增至5000万左右，而到了西晋太康元年（公元280年），经过晋初的内乱，全国人口又减至1600多万。[3] 由此可见战乱对人口增减的重大影响。从南中地区来说，以"夷帅"于陵承等人的反晋战争为例，在于陵承与李毅的长期争斗中，一方面造成建宁郡人口的大量逃亡："晋民或入交州，或入永昌、牂牁，半亦为夷所困虏。"[4] 另一方面造成人口的大量死亡，仅在宁州城破之时，死亡人口就超过3000人："永嘉元年（公元307年，一说为光熙元年即公元

[1] ［晋］常璩撰：《华阳国志》，齐鲁书社2010年版，第52页。

[2] ［晋］常璩撰：《华阳国志》，齐鲁书社2010年版，第53页。

[3] 上海古籍出版社编：《中国文化史三百题》，上海古籍出版社1987年版，第155页。

[4] ［晋］常璩撰：《华阳国志》，齐鲁书社2010年版，第50页。

306 年——引注）夏五月，……建宁郡夷攻陷宁州，死者三千余人。"[1] 二是汉族"部曲"人口可能未纳入当时户数统计范围。"部曲"原为军籍，不入地方户口，后来虽世代屯戍南中，但为大姓统领，成为依附于大姓的私人部曲，故也不入郡县户籍，不受郡县官员直辖。三是"夷户"由"夷帅"统领，不再纳入计户范围。汉代时，"夷汉"分治，夷户虽由"夷帅"统领，但户口纳入王朝统一管辖之下，如东汉初期，哀牢人内附时，即上报其户口情况："户五万一千八百九十，口五十五万三千七百一十一。"[2] 后来，郡县不再统计"夷户"，"夷人"对朝廷的负担改为由"夷帅"以"上贡"方式进行。实际上，还在永昌郡设立之初，永昌郡太守郑纯就与哀牢人约定，哀牢人只需上交一定的"土贡"，而不承担苛繁的赋税。《后汉书·西南夷列传》记载说："（郑）纯与哀牢夷人约，邑豪岁输布贯头衣二领，盐一斛，以为常赋，夷俗安之。"[3]

综合以上情况，我们认为，两晋之际，南中地区人口较之东汉时可能确有减少，但考虑到统计范围、统计方式等问题，对《华阳国志》所说的南中地区 14.7 万的户口数或《晋书·地理志》所说宁州四郡 8.3 万的户口数也不能做出绝对化的理解，实际情况应是实有人口远多于户籍统计人口。14.7 万或 8.3 万的户籍数或许主要是当时汉族居民和"夷汉部曲"人口的户籍数，众多散居山谷的"夷人"户口并未统计在内。上述情况可以代表爨氏统治时期南中地区户口的基本情况。

第四节　爨区社会关系

爨区的社会关系包括夷汉之间的族群关系和爨人内部的社会分层关系或等级关系两个主要方面。

一、夷汉关系

对于两晋南北朝时期的夷汉关系，我们在前面已作简要论述。这里，我们根据相关史料，再作详细分析。

---

〔1〕［唐］房玄龄等撰：《晋书·孝怀帝纪》，见方国瑜主编《云南史料丛刊》（第一卷），云南大学出版社 1998 年版，第 134 页。

〔2〕［宋］范晔撰：《后汉书·西南夷列传》，见方国瑜主编《云南史料丛刊》（第一卷），云南大学出版社 1998 年版，第 60 页。

〔3〕［宋］范晔撰：《后汉书·西南夷列传》，见方国瑜主编《云南史料丛刊》（第一卷），云南大学出版社 1998 年版，第 61 页。

在两汉时期，夷汉关系总的来说是隔阂的、对立的。不仅在户籍上是夷汉分离，而且在管理体系上也是夷汉分离，即汉官管理汉户、“夷帅”管理夷人。由于汉官对夷人的压榨和对夷帅的排斥，夷汉关系总的来看是紧张的和冲突的。《汉书·西南夷列传》记载了西汉和王莽时期益州郡、牂牁郡等地夷帅所发动的多次反叛活动。如西汉成帝河平年间（公元前28年~前25年），“夜郎王兴与鉤町王禹、漏卧侯俞更举兵相攻。牂牁太守请发兵诛兴等，议者以为道远不可及，乃遣太中大夫蜀郡张匡持节和解。兴等不从命，刻木象汉吏，立道旁射之。”[1] 本来是夷帅之间的仇怨和冲突，但由于汉朝官员处置不当，引起夷帅的怨恨。后来，朝廷任命陈立为牂牁太守，让其处理夜郎王与鉤町王、漏卧侯之间的争执事件。陈立曾任连然（今安宁）、不韦（今施甸）两县的县令，施政强硬，手段残酷，素为“蛮夷”所畏。陈立到任后，以阴谋手段杀了夜郎王兴，然后以兴头示众，威胁其他王侯邑长，在这种情况下，“鉤町王禹、漏卧侯俞震恐，入粟千斛，牛羊劳吏士”[2]。但这并不能最终解决问题。夜郎王死后，他的岳父和儿子收集余兵，胁迫夜郎地方二十多个县邑一起造反，为兴报仇，战火又起。王莽当政时期，随意更改旧制，对边地部族王侯进行贬斥打压，再次引起鉤町王等的反叛。《汉书·西南夷列传》记载说：“王莽篡位，改汉制，贬鉤町王以为侯。王邯怨恨，牂牁大尹周钦诈杀邯。邯弟承攻杀（周）钦，州郡击之，不能服。三边蛮夷愁扰尽反，复杀益州大尹程隆。”[3] 这就是说，由于王莽贬鉤町王为侯，导致鉤町王的怨恨，由此引起一连串的杀戮：牂牁郡太守周钦杀邯，邯弟杀周钦，州郡军队攻邯弟；各边地蛮夷群起反叛，杀死益州郡太守程隆。王莽发巴、蜀、天水等地士卒、民夫30多万人前往益州镇压，战乱持续数年，死亡数万人，直到王莽败亡、东汉建立后，“西南夷”的反抗活动才慢慢平息。东汉光武帝刘秀登基后，又恢复了西汉时对“西南夷”王侯的原有封号。

三国以后，南中地区夷汉关系由原来的二元对立走向接近和融合。在这其中，大姓势力发挥了重要作用。如前所言，大姓原是迁入南中的汉族移民，他们最初是在郡县太守领导下，主持屯、戍工作的长吏。两汉时边地的汉族屯户，被编入部、曲、屯的军事组织，其领军长官分别为校尉、军侯、屯长，统称为长吏；长吏管理下的汉族屯户，既是耕田的农民，又是作战的军士，世代为王朝效力。随着时间的推移，长吏与屯民之间形成了依附、占有的关系，屯户被称为“部曲”，这样，部、曲由军事编制名称变为职业身份名称。长吏与部曲合称为“吏民”。东汉后期，南中地区的许多长吏发展成为拥有部曲力量的大姓。大姓与郡县官员既有联系又有矛盾，与“夷帅”既有区别又有联系。从与郡县官员的关系而言，郡县官员代表王朝利益，对长吏既有利用

〔1〕［汉］班固撰：《汉书·西南夷列传》，见方国瑜主编《云南史料丛刊》（第一卷），云南大学出版社1998年版，第32页。

〔2〕［汉］班固撰：《汉书·西南夷列传》，见方国瑜主编《云南史料丛刊》（第一卷），云南大学出版社1998年版，第32页。

〔3〕［汉］班固撰：《汉书·西南夷列传》，见方国瑜主编《云南史料丛刊》（第一卷），云南大学出版社1998年版，第33页。

又有压制，郡县官员是流官，长吏是世职，长吏与郡县官员的利益不尽一致；从与“夷帅”的关系而言，长吏是汉族移民，“夷帅”为土著首领，两者有隔阂，但另一方面，长吏又是南中的“常住人口”，是南中地区的新居民，与夷帅同为地方实力派，在对付外来的郡县官员的盘剥压榨上有利益的共同性。正因为此，大姓成为南中政治舞台上的新生力量和沟通夷汉关系的重要桥梁。在三国初年南中地区的反蜀活动中，汉族大姓的这一角色和作用表现得十分鲜明。一方面，大姓们带头反汉，将代表王朝的郡县太守杀死或流放，如益州郡大姓雍闿先是将太守正昂杀死，接着又鼓动“夷人”起来将蜀汉新派来的太守张裔押送给孙吴政权，当益州地区的“夷叟”不愿意反蜀时，雍闿又让孟获出面对“夷叟”进行欺骗恫吓，最后，受骗的“夷人”跟随雍闿一起反蜀；另一方面，当“夷帅”因汉官的欺压而反汉时，大姓们又给予积极支持，如越嶲郡“叟帅”高定杀死本郡将军焦璜，举郡称王叛乱后，益州雍闿又给予声援和支持，虽然后来不知因何原因雍闿及其士庶被高定的部曲所杀，但最初他们之间肯定是有过合作的。

诸葛亮平定南中后，对南中大姓和夷帅实行安抚、拉拢的政策：“南中平，皆即其渠率而用之。或以谏亮，亮曰：‘若留外人，则当留兵，兵留则无所食，一不易也；加夷新伤破，父兄死丧，留外人而无兵者，必成祸患，二不易也；又夷累有废杀之罪，自嫌衅重，若留外人，终不相信，三不易也。今吾欲使不留兵，不运粮，而纲纪粗定，夷汉粗安故耳。’”〔1〕 在这样的政策指导下，为了拉拢大姓，蜀汉政权将南中部族群众强健者充实到蜀汉军中，作为军队前锋，体弱者则赏给大姓作为部曲。这就是《华阳国志·南中志》所说的：“分其羸弱配大姓焦、雍、娄、爨、孟、量、毛、李为部曲，置五部都尉，号五子，故南人言四姓五子也。”〔2〕 即不仅给予部曲，而且给予政治上的待遇和荣誉。这样，受到蜀汉政权拉拢扶持的大姓们势力不断壮大，成为在南中社会上享有极高声望和地位的“四姓五子”。不仅如此，为了削弱“夷人”的反抗力量，蜀汉政权鼓励甚至强迫南中大姓以重金厚利雇佣和收买强悍不羁的“夷人”为部曲，利用大姓势力来加强对“夷人”的控制：“以夷多刚狠，不宾大姓富豪，乃勒令出金帛，聘策恶夷为家部曲，得多者奕世袭官。于是夷人贪货物，以渐服属于汉，成夷汉部曲。”〔3〕 这样，在诸葛亮南征之后，大姓们和“夷帅”们的势力不仅没被削弱，反而得到强化，他们从幕后走向前台，成为南中地区的实权派和当权派。同时，大姓们通过与“夷帅”合作及招募“夷人”为部曲，使夷汉关系从对立走向联合。

从三国到东晋永和年间爨氏称雄的一百多年里，南中地区虽然扰攘不休，但夷汉关系却由此而更加紧密。主要表现在两个方面：

一是南中大姓及汉族移民进一步地方化，在风俗习惯和思想文化上主动地向“夷叟”靠拢，减少与“夷叟”等土著居民之间的文化风俗差异。据东晋时常璩所撰《华

〔1〕［晋］陈寿撰，［宋］裴松之注：《三国志》，中华书局2011年版，第767页。裴松之注引《汉晋春秋》语。

〔2〕［晋］常璩撰：《华阳国志》，齐鲁书社2010年版，第48页。

〔3〕［晋］常璩撰：《华阳国志》，齐鲁书社2010年版，第48页。

阳国志·南中志》记载："夷人有桀黠能言议屈服种人者，谓之'耆老'，便为主。议论好譬喻物，谓之《夷经》。今南人言论，虽学者，亦半引《夷经》。"[1] 就是说，为了向夷人靠拢，获得"夷人"的信服，汉人即使是学者都开始学习《夷经》、引用《夷经》，按照"夷人"习惯的方式来进行思考和表达。甚至在蜀汉时，大姓雍闿为了鼓动"夷人"反汉，将蜀汉派来的益州郡太守张裔驱逐出去，就利用"鬼教"（"夷人"的原始宗教）来欺骗"夷人"："闿假鬼教曰：'张裔府君如瓠壶，外虽泽而内实粗，杀之不可，缚与吴。'于是执送裔於吴。吴王孙权遥用闿为永昌太守。"[2] 这样，雍闿采取"以夷制夷"的方式，利用夷人的"鬼教"作为斗争工具，来达到自己的政治目的。

二是南中大姓通过缔结婚姻、招募部曲等方式，与夷人结成更为紧密的利益共同体。《华阳国志·南中志》记载说："与夷为姓曰'遑耶'，诸姓为'自有耶'。世乱、犯法，则依之藏匿。或曰：有为官所法，夷或为报仇。与夷至厚者，谓'百世遑耶'，恩若骨肉。为其逋逃之薮。故南人轻为祸变，恃此也。"[3] 即是说，汉族大姓们通过与"夷人"通婚，结为亲戚关系或婚姻关系[4]，称为"遑耶"，相当于汉人的"亲（读作"庆"）家"关系；大姓之间的婚姻关系即"亲家"关系，称为"自有耶"。可以看出，通过夷汉通婚，汉夷间形成了一个"亲家"网络体系。"遑耶"关系成为当时汉夷间最为亲密、稳固的社会关系，一些数代通婚者或关系至好者称为"百世遑耶"，类似于汉族间的通家之好或世交，情同手足，恩若骨肉。正因为夷汉"遑耶"间有如此亲密的关系，因此，汉人一旦遇到战乱灾祸或违法犯罪，自然而然地逃往夷人"遑耶"家躲避，而夷人"遑耶"也义无反顾地为其提供避难之所。正因为与夷人"遑耶"间有如此铁杆的交情和关系，因此，南中大姓们常常有恃无恐，不把官府和王法放在眼里，经常惹是生非，铤而走险。西晋时期的李睿、于陵承事件，就是当时夷汉"遑耶"关系的一个典型事例。晋惠帝时，李毅为南夷校尉（后加封为宁州刺史、龙骧将军、成［邛］都县侯），对大姓和夷帅采取打压政策。太安元年（公元302年），建宁太守杜俊、朱提太守雍约强夺大姓铁官令毛诜、中郎李睿的部曲，引起毛、李的不满。毛诜、李睿起兵驱逐杜俊，发动叛乱，朱提大姓李猛也起兵响应，反晋力量达到了数万人。李毅率军镇压，击败了反叛势力，杀了毛诜、李猛，李睿无路可走，投奔其"遑耶"夷帅于陵承。第二年（公元303年），于陵承出面去见李毅，请其看在自己的面子上，宽恕李睿的反叛之罪，李毅碍于李、于"遑耶"关系和于承陵的势力，答应了于陵承的请求。这样，于陵承把李睿交给了官府。但当李睿到达校尉府时，李毅的部属认为毛诜、李睿带头反叛，破乱州土，罪不可恕，必须处死。李毅无奈，同

[1] ［晋］常璩撰：《华阳国志》，齐鲁书社2010年版，第49页。
[2] ［晋］常璩撰：《华阳国志》，齐鲁书社2010年版，第47页。"瓠"即瓠瓜，为葫芦一个变种；"瓠壶"即葫芦。
[3] ［晋］常璩撰：《华阳国志》，齐鲁书社2010年版，第49页。
[4] 按汉族传统，"亲言族内，戚言族外"，即同姓本族为亲，异姓外族为戚；妻之父母与夫之父母之间为婚姻，具体而言，夫之父为姻，妻之父为婚，即娶媳为姻，嫁女为婚。

意了部下的要求，杀死了李睿。李毅的食言和李睿之死让于陵承和毛诜、李猛的“遑耶”们愤怒至极，他们决定为李睿、毛诜、李猛复仇，发动“夷人”起来造反。“夷人”烧毁了建宁郡城，然后转而围攻当时宁州府治所在的滇池县城[1]。在州城被围期间，李毅身患重病，外无救援，只能坐困孤城。在州城被围三年后，光熙元年（公元306年），李毅病死，其女儿刘秀被众人推举代领州事，当时州城内的情况是：“食粮已尽，人但焦草、炙鼠为命。”[2] 永嘉元年（公元307年），宁州城破，3000多名壮士被杀，1000多名妇女作为俘虏被送到成都，献给成汉政权。李睿、于陵承事件引起了当时整个宁州地区的动乱和浩劫，对晋王朝在南中地区的统治带来了严重冲击。这一事件展现了夷汉“遑耶”关系的强大力量。从大姓与部曲的关系来说，三国以后，南中大姓大量招募“夷人”特别是其中的“恶夷”为部曲，和汉人部曲一样，这些“夷人”部曲既是大姓们管理下的生产劳动者，也是受大姓驱使的武装力量，既是“长工”，也是“家丁”。大姓和“夷汉”部曲结成了紧密的利益关系，部曲们依靠大姓来获得生活资源和生存保障，大姓们依靠“夷汉”部曲来积累财富、争夺权力和影响政局，当时大姓之间的争斗、大姓和王朝之间的战争，实际上就是大姓们依靠和统率各自部曲力量来发动和参与的。可以看出，至东晋时期，大姓和“夷帅”之间、大姓和“夷汉”部曲之间已形成一个紧密的共同体，在此情况下，所谓“夷汉”隔阂自然不复存在。

---

〔1〕 范建华先生等著《爨文化史》一书认为于陵承所围攻的宁州城为建宁郡味县（今曲靖市麒麟区），而方国瑜先生认为当时的宁州治所已迁至益州郡（后改称晋宁郡）滇池县。方先生认为，宁州府治原在建宁郡味县，后李毅迁州治于滇池县，李毅即死于滇池县。（相关观点分别见范建华等著《爨文化史》，云南人民出版社、云南大学出版社2012年版，第82页；方国瑜：《两晋、南北朝统治宁州与地方势力的争夺》，载《滇史论丛》第一辑，上海人民出版社1982年版，第88页。）《华阳国志·南中志》对于陵承围攻郡城和州城的情况记载是：“及睿死，于陵承及诜、猛遑耶怒，扇动谋反，奉建宁太守巴西马恢为刺史，烧郡。伪发，毅方疾作，力出军。初以救恢，及闻其情，乃杀恢。夷愈强盛，破坏郡县，没吏民。会毅疾甚，军运不利，晋民或入交州，或入永昌、牂牁，半亦为夷所困虏。夷因攻围州城。毅但疾力固孤城，病笃不能战讨。”（见《华阳国志》，齐鲁书社2010年版，第50页）由这一段记载可以看出，此时的宁州州治与建宁郡治确实不在一处。建宁郡治在味县，于陵承奉建宁太守马恢为刺史，烧郡而反。所烧郡城即为建宁郡城（味县）。李毅闻讯出兵欲救马恢，在知道马恢也参与反叛后，杀了马恢，此可证建宁郡治与宁州州治不在一处。此外，于陵承在烧了郡城后，又围攻州城，亦可证建宁郡城和宁州州城不在一处。而就在于陵承反叛的同年（晋惠帝太安二年，公元303年），从建宁郡的西部分出七县设立益州郡，治滇池县。李毅可能于此时将州治迁往滇池县。于陵承后来所围攻的州城，即应为滇池县。到了东晋永和年间，宁州治所可能又迁回味县。《华阳国志·李特雄寿势志》记载，晋成帝咸康五年（公元339年），“建宁太守孟彦率州人缚宁州刺史霍彪于晋，举建宁为晋。（李寿）遣右将军李位都讨之”（《华阳国志》第125页）。从这一记载可以看出，咸和八年（公元333年）霍彪、爨琛叛晋投降成汉政权后，成汉将原宁州地分为宁州和交州两部，以霍彪为宁州刺史、爨琛为交州刺史。过了6年，晋军伐蜀，建宁太守孟彦绑缚宁州刺史霍彪，投降晋王朝，可见此时宁州州治又设于建宁郡味县，而非晋宁郡滇池县。

〔2〕 ［晋］常璩撰：《华阳国志》，齐鲁书社2010年版，第51页。

基于上述历史情况，我们认为，至东晋永和年间，伴随着爨氏家族在大姓争雄和政权争斗中的胜出，南中地区一个新的夷汉共同体——爨人的出现，实属历史的必然。因为从东汉末年来南中地区夷汉之间的密切交往和联系，已从血缘、经济、政治和文化上为新的地域族群共同体的形成奠定了坚实基础。

需要说明的是，两晋以后南中地区夷汉之间的不断融合、夷汉关系的逐步融洽以及汉人的“夷化”，并不意味着南中汉人特别是汉族大姓已经在思想观念、风俗习惯和生活方式上完全和土著“夷人”“打成一片”、无分夷汉了。事实上，南中汉人特别是其中的汉族大姓仍在许多方面坚守着汉文化的传统、传承着汉民族的习俗。这一点，在考古材料上，也多有反映。如昭通地区发现的东晋霍承嗣壁画墓（方国瑜先生认为此墓即霍彪墓），墓的四壁图画所反映的全为汉文化的习俗和内容：墓的北部上部绘龟蛇、莲花和云气，下部绘墓主人坐像。墓主人穿宽大汉式袍服，手执麈尾（麈音“主”，古书上指鹿一类的动物，尾巴可作拂尘；麈尾即拂尘），周围有伞盖、团扇等仪仗，又有侍从多人，多着汉装；东壁上部绘楼阙、白虎等，下部绘一列执幡者和一列骑马狩猎者；西壁上部绘楼阙、青龙等，下部绘人物四列，其中两列着汉装、两列着夷装；南壁上部绘朱雀、云气等，下部绘房屋一所，有斗拱，瓦顶，檐牙高翘。[1] 从壁画的内容来看，其一，墓主人生前完全是按照汉族贵族的生活方式和观念习俗来生活，如穿着、仪仗、建筑风格等；其二，墓的葬俗也遵循了汉族的传统风俗，四壁上部所绘图案反映的就是汉族传统的墓葬观念和习俗，如“四灵”（青龙、白虎、朱雀、玄武［龟蛇］）、莲花、云气等。同样，《爨宝子碑》《爨龙颜碑》从内容到形式，都反映出了以爨氏家族为首的南中大姓对汉文化的坚守和传承。从形制上说，作为墓碑，“两爨碑”的形制皆遵循了汉文化的传统习俗，如碑上有额、有穿（孔洞），穿上为蟠龙，穿左右各有日纹和月纹，月纹中刻蟾蜍，日中刻踆（踆音“存”）鸟，这些皆是汉式葬俗的体现；从书法上来说，“两爨碑”的书法极美而富特色，反映了从隶书到楷书（正书）转变过程中中国书法的特点和韵味，是中国书法史上的代表性名碑[2]；从内容上来说，不仅“两爨碑”的正文蕴含和体现出中国传统政治文化的基本内容和取向，而且文末的题名也反映出汉文化的内容，如《爨龙颜碑》文末说：“宁州长子驎弘早终，次弟驎绍、次弟驎暄、次弟驎崇等建树此碑。（下一行）大明二年岁在戊戌九月壬子朔，嗣孙硕□、□□、硕□、硕万、硕思、硕□、硕罗、硕闳、硕俗等立。”[3] 不仅子孙为祖、父树立墓碑，是汉民族的基本习俗，而且爨氏子孙的名字也反映出汉族名字的特点，这就是按辈分给子孙取名，名字中的某一字为传家的字辈，显然，爨龙颜的儿子为“驎”字辈、孙子为“硕”字辈，这些都是汉民族姓氏文化特色的体现。

〔1〕 参见汪宁生《云南考古》第97页，云南人民出版社1992年版。

〔2〕 《爨宝子碑》和《爨龙颜碑》的书体一般均认为为正书（楷书、真书），各种书史也将其归入正书类中，但也有学者认为《爨宝子碑》为“隶楷”兼有，为由隶到楷的过渡形态，如康有为就认为《爨宝子碑》“体在隶楷之间”。

〔3〕 《爨龙颜碑》文，见汪宁生《云南考古》，云南人民出版社1992年版，第117页。

二、阶层关系

两晋南北朝时期的云南社会是一个分层的社会。各个社会群体依据其在社会结构中拥有的资源、扮演的角色、发挥的作用而分为不同的阶层。大体说来，当时的社会等级结构是：州郡官员—大姓、夷帅—汉族平民—夷汉部曲—广大夷人。

（一）州郡官员

无论是爨氏称霸前还是爨氏称霸后，州郡官员都是南中地区最有权势的人，是南中地区的第一等级。在爨氏称霸前，州郡官员由各王朝中央（蜀汉、西晋、东晋、成汉）任命，在爨氏称霸后，州郡官员虽然形式上还由王朝任命，但实际上多为爨氏自命，即所谓“恃远擅命”“自相承袭”。自三国至东晋永和年间南中地区的扰攘和战乱，从王朝中央而言，是争夺对南中地区的统治权，是争夺中央任命的州郡官员对南中的实际控制权；从地方大姓和夷帅而言，是抗拒和排斥中央的管辖权，是争夺对南中的实际控制权，也是争夺州郡官员的自命权。这一点，从三国时期益州大姓雍闿杀害和驱逐蜀汉任命的益州太守，东晋时期成汉政权任命大姓霍彪和爨琛分任宁州刺史和交州刺史，南北朝时期爨氏家族成员自任宁州刺史及郡县官员就可以看得十分清楚。

州郡职位之所以为大家所争夺，州郡官员之所以是南中社会的第一等级，根源于州郡官员拥有政权、掌控资源、享受特权。实际上，这也是中国传统政治的基本特点。在传统农业社会中，社会的基本财富来源于农业，来源于土地和农民，因此，谁拥有了土地和人民，谁也就拥有了财富，上至皇帝下至一般地主，都在为争夺土地（各种自然资源）和人民（国家的赋役农户或地主的佃户、长工，实际上即劳动力资源）而斗争。在中国传统社会中，政治是决定土地、劳力资源拥有状况和分配情况的根本力量（政治的背后是武力和战争），因此，谁拥有了政权，谁就拥有了土地和劳力，也就拥有了财富和一切。而皇帝（王朝）是全国所有土地和人民的拥有者（所谓“普天之下莫非王土，率土之滨莫非王臣”），是全国最大的地主，皇帝把土地分配给农民耕种，以此获得财富（征收赋税、征发徭役），保障皇室的享受，维持国家机器的运转。而各级官员作为王朝政权的管理者，受聘于王朝，受命于皇帝，协助皇帝管理全国的土地和人民，获得皇帝所给予的利益和特权，如公开的俸禄、特殊的权利（免除赋税和劳役）和各种有形无形的利益（社会地位、特别收入、非法所得等），官员既靠给皇帝“当差”而获得利益和特权，与皇帝属于一个利益共同体，同时，官员又不断地追求个人利益的最大化，靠瞒上欺下来扩大个人的特殊利益（贪污公款、压榨民众、广占民田、广畜奴婢等），从而与皇帝（国家）、人民形成利益矛盾和冲突——减少了国家的赋税和劳役，增加了人民的负担和痛苦。由此而言，中国古代社会的运转（王朝的统治和更替）实际上就是在皇帝、人民、官员三者之间的博弈之中进行的。总体来看，在中国传统农业社会，政治决定经济，皇帝的专制统治离不开官员的支持和协助，皇帝必须给予官员一定的利益和特权，做官是发财的重要途径，发财是升官的重要目标，对官员而言，贪墨是常态，不贪是特例。按照此一背景和逻辑，我们才能很好地理解三国两晋南北朝时期南中地区的社会政治变迁问题。

两晋南北朝时期的南中州郡官员从经济上讲是社会的富裕阶层；从政治上讲，是社会的权势阶层。首先，从经济上来说，任职南中的州郡官员皆能通过各种途径而致富。对南中地区官员来说，这似乎已成惯例。远在汉代，益州郡地区就形成了“为官致富”的传统。如《后汉书·西南夷列传》在记录滇池地区的富庶情况之后说，“居官者皆富及累世”[1]；《华阳国志·南中志》也说，两汉时期，“益州西部，金银宝货之地，居其官者，皆富及十世”[2]。这就是说，由于益州郡地区富庶，使得在益州郡为官的人也“靠山吃山、靠水吃水”地富裕起来，不仅自己富，而且家人富、后代富，一人当官、全家享福。官员致富的手段，一靠贪污侵占，二靠巧取豪夺，三靠索贿受贿。从贪污侵占来说，根据《华阳国志》记载，夷帅和部族群众向南夷校尉府及郡县贡献财物，数额巨大：“每夷供贡南夷府，入牛、金、旃、马，动以万计。……其供郡、县亦然。”[3] 这些上贡财物，除了部分上交朝廷外，其余都由地方官员所控制，不仅满足了州郡官员的生活需要，而且变成州郡官员个人财富积累的重要来源。从索贿受贿、巧取豪夺来说，根据《华阳国志》的记载，在西晋李毅任南夷校尉时，“建宁太守巴西杜俊、朱提太守梓潼雍约，懦钝无治，政以贿成”[4]。即是说，这些外来官员（晋代巴西郡、梓潼郡分别为今四川阆中、绵阳一带）治事无能、受贿有术，不给钱不办事、受了贿乱办事。要么巧取豪夺、徇私枉法：“（杜）俊夺大姓铁官令毛诜、中郎李睿部曲，致诜弟罪。”[5] 要么权钱交易、买官卖官：“朱提大姓太中大夫李猛有才干，弟为功曹，分当察举，而（杜）俊、（雍）约受都尉雷逢赂，举（雷）逢子（雷）炤孝廉，不礼（李）猛，（李）猛等怨之。”[6] 即利用手中掌握的基层官员推荐选拔之权，徇私受贿，给钱就推荐任用，不给钱任你德才兼备、政绩再好，也不管你是何人请托，都一概不行。在花钱行贿，被举为孝廉后，雷炤（炤古同“昭”）的仕途很顺畅，后来做到了平夷郡太守和犍为郡太守。杜俊、雍约的贪赃枉法使得毛诜、李睿、李猛等人非常愤怒，其后果也十分严重：毛诜、李睿、李猛及夷帅于陵承等不甘受辱，联合反晋，导致宁州地区持续数年的战乱和动荡。

其次，从政治上来说，凡是南中地区的州郡官员，都有世代为官或推荐官员的特权。在汉晋及南北朝时期，官员的选拔任用实行察举、辟除、“九品中正”等制度，即由中央和地方高官（中央的“三公”、地方的刺史、郡守等）根据郡国吏民的孝廉、贤良情况，向中央推荐那些所谓德才兼备的优秀人才，然后由中央选拔任用；或者中央和地方高官自行选聘属僚，然后向中央推荐任用；或者由世族豪门人士担任“中正官”，负责向中央推荐后备官员，中正官将州郡内的士人按德才分别评定为“上上、上中、上下、中上、中中、中下、下上、下中、下下”等“九品”，列入后备官员人才库等，并按十万人口中举一人的比例，向中央推举，由中央选择任用。总的来说，就是

〔1〕［宋］范晔撰：《后汉书·西南夷列传》，见方国瑜主编《云南史料丛刊》（第一卷），云南大学出版社1998年版，第57页。

〔2〕［晋］常璩撰：《华阳国志》，齐鲁书社2010年版，第46页。

〔3〕［晋］常璩撰：《华阳国志》，齐鲁书社2010年版，第49页。

〔4〕［晋］常璩撰：《华阳国志》，齐鲁书社2010年版，第50页。

〔5〕［晋］常璩撰：《华阳国志》，齐鲁书社2010年版，第50页。

〔6〕［晋］常璩撰：《华阳国志》，齐鲁书社2010年版，第50页。

官员的任用由推荐产生，推荐权掌握在中央和地方少数高官手中，结果就是“由少数人选人、在少数人中选人”，选自己亲近的人、选对自己有利的人，最终必然出现官员的世袭制或者官职的买卖制，形成“上品无寒门、下品无世族”的门阀制度。正是在这一历史背景之下，汉晋南北朝时期，州郡职位为世家大族所把持，出现州郡官员的世袭制——一些世家大族数代为官，担任刺史、郡守、县令等职，以及官员选拔任用中的行贿受贿现象。在南中地区，情况亦复如此。从官员的世袭制来看，南中地区的许多世家大姓，都是世代为官。如南中地区的大族霍氏家族，蜀汉时，霍弋曾任建宁太守、南中监军、安南将军、南中都督，统领南中地区；晋灭蜀后，霍弋仍获重用，担任南中都督，“时交趾不附，假（霍）弋节遥领交州刺史，得以便宜选用长吏”[1]，即兼任交州刺史之职，并被授予灵活选拔任用属官的权力。霍弋死后，其子霍在袭领其兵。到了东晋初年，在东晋与成都成汉政权争夺南中之际，霍弋之孙霍彪先后担任越巂太守、建宁太守，又被成汉政权任命为宁州刺史，直到霍彪被东晋所俘后，霍氏的势力才最终衰落。而从爨氏来说，从三国时期开始，爨氏家族成员就担任南中地区的各种官职，到了成汉后期，爨琛与霍彪一起，分任交州（从宁州析出部分地区新置）和宁州刺史，成为南中地区最为显赫的两大家族。霍氏衰败后，爨氏独大。爨氏称霸南中以后，爨氏家族成员世袭担任建宁、晋宁太守、宁州刺史、龙骧将军、八郡监军等要职，建宁籍人士担任刺史府的各种长史、主簿、功曹等属官，乃是长期以来世家大族把持政权、左右官场之必然。

（二）“大姓”和“夷帅”

“大姓”与“夷帅”是南中社会的第二阶层，处于州郡县官员之下、夷汉万民之上。

从大姓的身份和职业来说，大姓是南中社会中的中下层官员、富豪和军官，掌握着一定的政治、经济资源和武装力量，是受州郡官员节制、压迫而又能与州郡官员抗衡或挑战州郡官员的力量。从政治上来说，大姓们大多担任着一些中下级行政职务，如李毅任南夷校尉时，起兵反晋的建宁大姓毛诜、李睿分别任铁官令、中郎职务，朱提大姓李猛为太中大夫，李猛弟为功曹等。作为基层官员或小吏，大姓们不仅日常要接受州郡县官员的节制和领导，而且仕途上的发展更受州郡官员的控制和掌握。如李毅为南夷校尉，“持节统兵镇南中，统五十八部夷族，都监行事。……自四姓子弟仕进，必先经都监”[2]。即南中大姓包括“四姓”子弟在内，仕途上的进步和发展，必须由李毅监督审核，实际上即由李毅说了算，如果李毅不同意，任你“四姓”子弟，也升迁无门。正因为此，大姓们与州郡官员存在着尖锐的矛盾。从经济上来说，大姓们是南中的“资产阶级”。他们的资产和财富来源于广占田地、拥有部曲，依靠农业的规模化经营和部曲的廉价劳动，获得大量财富，成为富甲一方的大地主和大土豪。可以说，经济上的富足是大姓政治地位和社会地位的物质基础。从军事上来说，大姓是

〔1〕［晋］常璩撰:《华阳国志》，齐鲁书社2010年版，第49页。
〔2〕［晋］常璩撰:《华阳国志》，齐鲁书社2010年版，第49页。

拥有私人武装力量的军事长官。大姓家的部曲，既是生产者也是战斗者，平日生产，战时出征，由于部曲对大姓的人身依附关系和二者之间紧密的利益关系，部曲队伍具有很强的凝聚力和战斗力。大姓所统领的部曲军队，成为南中地区的重要武装力量，他们或听从州郡官员的调遣，为王朝利益服务，或者与州郡官员相对立，反抗王朝的压迫。总的来看，大姓所具有的经济实力和武装力量，是大姓在南中地区纵横捭阖、称雄一方的重要基础和保障。到了爨氏统治时期，大姓们在爨氏家族的领导下，分享一定的政治权力，担任郡县的各级官员，同时，依靠对部曲的管理和剥削，获得巨大财富，过着富足享乐的生活。

从“夷帅”来说，“夷帅”是南中地区的土著统治者。在汉人进入前，当时的“夷帅”是各部族的“王”或“君长”。如澜沧江以西的广大地区为古哀牢国地，哀牢族的始祖和首领为元隆（《后汉书·西南夷列传》称作“九隆”）。“元隆死，世世相继，分置小王，往往邑居，散在山谷。”[1] 到了东汉初年，哀牢王扈栗（《后汉书·西南夷列传》作贤栗）统领各部落时，“其地东西三千里，南北四千六百里；有穿胸、儋耳种，闽、越、濮、鸠獠。其渠帅皆曰王。”[2] 即大部族中包含着小部族，大王之下有小王，大部族和小部族之间、大王和小王之间存在着统属关系，形成部落联盟，由哀牢王进行统领。东汉光武帝建武二十三年（公元47年），哀牢王扈栗遣使到越巂郡，请求归附东汉王朝。光武帝刘秀接纳其归附，任命扈栗等为君长，将其地纳入益州郡的西部属国管辖。而在滇东、滇中地区，则有“滇”、“夜郎”、句（鉤）町等部族，由“滇王”“夜郎王”“句町王”等“夷帅”进行统治。汉武帝在滇中、滇东地区设置益州郡、牂牁郡后，继续任命各部族首领为王、侯、邑长，让他们在郡县官员的领导下，统领各自区域的部族和民众，成为“土长”“夷帅”。在两汉时期，由于王朝的压迫和剥削（如任意盘剥、贬王为侯等），部族“夷帅”和王朝郡县之间不断发生冲突和战争。如哀牢地区，就在设立永昌郡（东汉明帝永平十二年即公元69年设立永昌郡）后不久，就发生哀牢王与郡县守令之间的纷争。《后汉书·西南夷列传》记载：“建初元年（公元76年），哀牢王与守令忿争，遂杀守令而反叛，攻巂唐城。太守王寻奔楪榆，哀牢三千余人攻博南，燔烧民舍。”[3] 这次反叛直到第二年才被镇压下去。三国时蜀国丞相诸葛亮的南征，也是针对“夷帅”（如高定）和大姓的联合反蜀行动而进行的。诸葛亮南征后，对大姓和“夷帅”实行安抚政策，让大姓出任郡县官员和下级属吏，让“夷帅”继续统领夷民，并以“图谱”的形式确定了夷帅的权力和义务。西晋时期，对南中实行军事强权统治（如宁州即设即废，改设南夷校尉，后改称镇蛮校尉），对“夷帅”和“夷人”实行高压政策，特别是李毅、王逊任校尉和刺史时，一味镇压，引起夷、晋之间的尖锐对立。晋王朝的高压政策，一方面严重打击了“夷帅”势力，另一方面迫使“夷帅”和大姓走向联合，最后在大姓和“夷帅”的联合反抗下，晋王朝在南中的统治受到严重削弱，导致爨氏家族的崛起和称雄。而在爨

[1] ［晋］常璩撰：《华阳国志》，齐鲁书社2010年版，第56页。

[2] ［晋］常璩撰：《华阳国志》，齐鲁书社2010年版，第57页。

[3] ［宋］范晔撰：《后汉书·西南夷列传》，见方国瑜主编《云南史料丛刊》（第一卷），云南大学出版社1998年版，第61页。

氏统治时期，爨氏和“夷帅”之间结成政治同盟，“夷帅”接受爨氏的领导，爨氏支持“夷帅”对所属部族的统治，通过联姻和结盟等形式，“夷帅”与爨氏和其他大姓之间保持着紧密的合作关系。随着时间的推移，“夷帅”和“夷人”受到大姓所代表的汉文化的不断熏陶，而大姓们也不断地仿效“夷人”的一些生活方式（如学习《夷经》等），结果出现“夷人汉化”“汉人夷化”的历史趋向，最终演变为夷汉的一体化，从而为“爨人”这一新的族群共同体的形成奠定了基础。

需要强调的是，无论是汉晋还是南北朝时期，“夷帅”作为南中地区各夷、叟族群的首领，一直是具有重要影响的地方实力派，他们依靠其所统领部族的经济、军事实力，与朝廷政权和郡县官员周旋，或称臣纳贡、收买官员，或分庭抗礼、抗命不从。从前一种方式来说，通过贿赂朝廷官员来维护自己的地位、达到自己的私利，这是汉晋以来“夷帅”与朝廷官员交往相处的基本手段，屡用不爽，如隋朝初年，奉令南征的大将史万岁就因接受爨翫的金宝之贿而纵敌，致使爨翫再次发动叛乱，史万岁因此而受到朝廷的惩处。从后一种方式来说，当“夷帅”们觉得自己势力强大、王朝势力衰弱时，便有恃无恐、不可一世，不把王朝官员放在眼中。萧齐时，发生在与宁州相邻的益州大渡河地区的“夷帅”抗命事件就说明了这一点。《资治通鉴》记载说，萧齐武帝永明二年（公元484年），“益州大度獠恃险骄恣，前后刺史不能制。及陈显达为刺史，遣使责其组赕（夷人以财赎罪曰赕——原注）。獠帅曰：‘两眼刺史尚不敢调我，况一眼乎。’遂杀其使”〔1〕。《云南志略》也记载说：“齐永平中，以陈显达为益州都督。显达一目，夷人慢之。达遣使责其租税，獠帅曰：‘两目刺史尚不能调，况一目耶?’遂杀其使。”〔2〕獠帅的这种行为当然引起了很严重的后果：“显达分遣将帅，声言出猎，夜往袭之，无少长尽杀之。蛮夷震服。”〔3〕夷帅的狂傲任性和汉官的阴毒残忍于此可见。

（三）汉族平民

两晋南北朝时期，在南中地区的汉族人口中，除了官员、大姓和部曲之外，还应有一些其他身份和职业的汉族人口，他们既非权势阶层（官员、大姓），也非受压迫剥削者（部曲），而是一些自由民，即史籍中所说的“吏民”中之“民”，或“晋民”“齐民”，他们的职业和身份，可能为自耕农、商人、手工业者等。他们是郡县管理下的编户齐民，除了担负一定的赋役外，在政治上是自由人和平民，在经济上是自食其力者。如西晋时期，于陵承反晋时，建宁郡地区，“夷愈强盛，破坏郡县，没吏民。会（李）毅疾甚，军运不利，晋民或入交州，或入永昌、牂牁，半亦为夷所困虏。”〔4〕这里的“吏民”之“民”和“晋民”，就是当时落籍南中的汉族平民，当大乱来临时，

〔1〕［北宋］司马光撰：《资治通鉴》卷一三六，齐纪二。见方国瑜主编《云南史料丛刊》（第一卷），云南大学出版社1998年版，第621页。

〔2〕［元］郭松年、李京撰，王叔武校注：《大理行记校注·云南志略辑校》，云南民族出版社1986年版，第70页。

〔3〕［元］郭松年、李京撰，王叔武校注：《大理行记校注·云南志略辑校》，云南民族出版社1986年版，第70页。

〔4〕［晋］常璩撰：《华阳国志》，齐鲁书社2010年版，第50页。

他们由于身份自由，可以四处迁徙躲避。而部曲由于附属于大姓，既受大姓保护，也受大姓制约，不可能任意迁徙。从汉族平民的人口数量来说，《华阳国志·南中志》中所记载的南中地区14.7万户的人户，可能主要就是汉族平民人户。两晋南北朝时期的南中汉族平民，随着时间的推移，其中的大部分可能逐渐地地方化和土著化，成为所谓"西爨白蛮"或各地的"白蛮"。《新唐书·南蛮传》所说的"自夜郎、滇池以西，皆庄蹻之裔"[1]，所反映的可能就是这种情况。

（四）夷汉部曲

部曲本是军队编制，后代指当兵的人。但部曲除了当兵作战外，还要从事垦田活动，成为士兵兼农户。不仅如此，由于领兵校尉的世代为官，因而其属下的部曲也变成其家族世袭统领的武装力量，称为"家部曲"和"世掌部曲"。在南中地区，统领部曲的都是汉族大姓，或者说，落籍南中的汉族移民由于统领部曲而发展成为大姓。建宁郡著名的"四姓"就是由于拥有大量部曲而成为南中地区的名门望族。部曲本为郡县所有，属于郡县的郡兵，统领部曲的校尉、军侯、屯长等长吏本为太守属官，但由于部曲由长吏直接统领，加上长吏世代任职，因此，部曲与长吏的关系更为直接和密切。为了更好地发挥长吏——大姓在维护南中地区统治秩序中的重要作用，三国时期，蜀汉政府曾鼓励大姓们占有更多部曲、收买不服管教的"刚狠恶夷"为部曲，并且规定"得多者奕世袭官"，这样，部曲就不断地演化为大姓的私人武装。在此情况下，大姓们以自身利益为出发点，统领各自部曲，或为州郡作战，或与太守互争雄长，使得三国至晋的一百年间，南中地区一直扰攘不宁、动荡不安。大姓、部曲关系演变的结果，就是部曲最终变为大姓的"家丁"和"田客"，部曲对大姓形成了严重的人身依附关系，部曲为大姓出力卖命，大姓保障部曲及其家庭的基本生存需要。部曲虽非奴隶，但也不同于一般平民，部曲的人身自由受到极大的限制，从这个意义上来说，夷汉部曲的社会地位在一般平民之下。

关于夷汉部曲生产、生活的具体历史情况，史籍中留下的记载不多。从史籍对于夷汉部曲情况的简单零星记载来看，我们发现，汉晋时期南中地区汉族大姓与夷汉部曲的关系，与近代时期凉山彝族社会中"黑彝"主子与"白彝"奴隶的关系颇为相似。

根据民族学家江应樑先生20世纪40年代初期对当时四川凉山彝族社会进行的实地调查，凉山彝族奴隶社会中，"黑彝"奴隶主和"白彝"奴隶的相互关系是：从等级和血统上来说，黑彝为主子，白彝为"娃子"，白彝对黑彝具有极强的人身依附关系；从权利义务关系上来说，白彝对主子的义务包括：对主人绝对服从；有服役、纳赋及献纳产物、财产、子女于主人的义务；有为主人从事战争的义务，虽死不敢辞；婚姻、居住、迁徙，非经主人同意，不敢自主等。显然，黑彝主子与白彝娃子的关系是极不平等的，白彝近乎于黑彝的奴隶。但是尽管如此，白彝仍然甘愿接受黑彝的统治而不反抗。根据江应樑先生的调查，白彝愿意接受黑彝统治的原因包括两个方面：一是物质生活很安定，二是精神上很痛快。从物质上来说，黑彝和白彝的吃、穿、用几乎没

[1]［北宋］欧阳修、宋祁撰：《新唐书·南蛮传》，见方国瑜主编《云南史料丛刊》（第一卷），云南大学出版社1998年版，第406页。

有分别，生活享受上无高低贵贱之分。从精神上来说，黑彝对所属的任何一家奴隶，关切爱护之情真诚而周到：凡娃子与主人同行，遇有招待赏赐，必共同饮食，平均分享；遇食物缺少时，主人宁可自己受饥，必先让娃子吃饱；娃子一家人的起码生活，主人必须绝对负责维持；娃子受其他部落的人欺侮，主人必挺身维护，纵至因娃子间的细事引起部落间的战争，亦所不惜。除了上述两方面的原因外，还因为白彝对黑彝所承担的义务是固定的，除了规定的献纳外，无其他苛扰，奴隶虽随时都有应主人之召而从事战争的义务，但每当两军对阵之时，主人必挺身在前，即使是死也是黑彝先死，所以白彝们都说，替黑彝打仗死伤是值得的。[1]

凉山彝族奴隶制度和汉晋及南北朝时期南中地区的夷汉部曲制度是否有历史渊源关系呢？我们觉得，尽管缺乏直接的历史证据，但仍是有迹可寻。其一，凉山彝族与南北朝及隋唐时期南中地区的“东爨乌蛮”在族系上有一定的渊源关系。在爨氏统治后期，朱提郡地区主要为“东爨乌蛮”所居住。“东爨乌蛮”既包括土著夷人，也包括夷化了的汉族大姓和汉人部曲。在后来的历史时期中，分布在朱提郡的“东爨乌蛮”有一部分迁到金沙江两岸的凉山地区生活。作为爨人中经济文化较为落后者，迁入凉山地区的“东爨乌蛮”可能将其原有的生产方式和生活方式也一并带入了凉山地区。也就是说，大姓转化为“黑彝”奴隶主，“夷汉部曲”转化为“白彝”奴隶，“黑彝”主子驱使“白彝娃子”进行耕田、劳作和征战，“白彝娃子”依靠“黑彝”主子的保护和保障以维持全家的基本生活。因此之故，凉山彝族奴隶制度与南中大姓时期的部曲制度有一定的历史渊源关系。其二，考古发现表明，汉晋时期的南中夷汉部曲形象确与近代凉山彝族形象十分相似。在昭通后海子霍承嗣壁画墓的西壁上，壁的上部绘楼阙、青龙等图，下部绘人物像四列。人物像最上一列人物身着汉服、手持环首刀，最下一列人物身着汉服、骑于马上，中间两列人物头顶梳尖髻，形如今四川凉山彝族的“天菩萨”，身着披毡，亦与彝族相同，他们似处于穿汉式服装者的监视之下。[2]汪宁生先生认为，霍承嗣墓西壁下部的四列人物像应就是“夷汉部曲”的形象。着汉服者为地位较高的“汉部曲”，披毡尖髻者为地位最低的“夷部曲”，他们必须在“汉部曲”的监视下劳动或行动。据此，汪宁生先生指出，东晋时今昭通一带的“夷部曲”中，有今彝族的先民。[3] 而昭通地区地接四川凉山地区，唐宋以来，包括昭通在内的川滇黔相邻的金沙江两岸地区一直是彝族先民的主要聚居地。由此而言，两晋南北朝

---

[1] 参见江应樑《凉山夷族的奴隶制度》一文，载《江应樑民族研究文集》，民族出版社 1992 年版，第 133～144 页。

[2] 参见汪宁生：《云南考古》，云南人民出版社 1992 年版，第 97 页。

[3] 汪宁生：《云南考古》，云南人民出版社 1992 年版，第 98 页。方国瑜先生在解读霍承嗣壁画内容时也认为，壁画墓主之侍从，北面为家务劳动者，东面为执幡旗与骑战马者，西面为战士，有提刀及骑马行列，装束为一般衣冠，又有披毡赤足，头上发结突出一撮如角，与近代凉山彝族服饰相同，《简报》（即云南省博物馆所发表的《云南省昭通后海子东晋壁画墓清理简报》，刊于《文物》1963 年第 12 期）称之为“夷汉部曲”（见《云南史料目录概说》第二册，第 818～819 页，中华书局 1984 年版）。即是说，近代凉山彝族服饰形象与东晋霍承嗣壁画墓中的“夷汉部曲”形象相同，汉晋时期的“夷汉部曲”演变为近代凉山彝族的先民确乎是可能的。

时期朱提郡的一部分“夷汉部曲”或“东爨乌蛮”后来迁移至金沙江两岸的大小凉山地区，并将“部曲”制度一直延续下来，演变成近代时期的所谓凉山奴隶制度，确乎是完全可能的。

（五）“夷人”

这里的“夷人”，即“夷帅”统领下的广大“夷户”。“夷户”与大小“夷帅”之间具有从属关系。由于“夷人”大多分散居住在高山林谷，社会生产方式较为落后，生活方式也与汉人有较大差异，加之与汉人相对隔绝，故在南中社会分层中，广大夷户处于社会的最底层。如“乌蛮”可能就是指当时东爨地区生产生活方式较为落后、社会地位较为低下的“夷户”。许多“夷人”在“夷帅”的松散统治下，过着刀耕火种、半农半猎或纯粹依靠采集狩猎维生的生活。如云南郡的一些“夷濮”散处山野，以劫掠为生，对此，蜀汉或西晋时期成书的《永昌郡传》作了这样的记载：“云南郡在建宁南四十五里，治云南县，亦多夷濮，分布山野，千五百人，男女大小蹲居道侧，皆持数种器杖，时寇钞，为郡之害。”[1] 朱提郡地区：“夷分布山谷间，食肉衣皮，虽有人形，禽兽其心，言语服饰不与华同。”[2] 这些均说明“夷人”生产、生活的落后状态。

第五节　三国至唐初云南地区农业生产力状况

一、铁制农具的广泛使用

云南地区何时开始使用铁器？这是一个学术界长期争议讨论的问题。一般认为，西汉中后期云南地区开始使用铁器，到东汉以后，云南正式进入铁器时代。这一看法的基本依据就是云南考古中所发现的铁器基本上出现于西汉中后期的墓葬以及东汉时期的墓葬中。从晋宁石寨山古墓群的发掘情况来说，在大量的青铜器物之外，出土了少量铁器。这些铁器从材料上来说，分为纯铁器和铜铁合制器两类；从功用类别上来说，分为生产工具和兵器两类。生产工具有：铜柄铁刃斧2件、铁斧1件、铁锛1件、铁削6件；兵器有：铜柄铁刃矛17件、铁矛17件、铜銎铁戟2件、铜柄铁刃剑48件、铁剑21件，共计120多件铁器。[3] 李家山古墓群也出土了40多件铁器，其中21号墓出土的1件铜柄铁剑引起了人们的特别注意。这件铜柄铁剑的剑柄为扁平实心体，柄上有较细的螺旋纹，剑格为山字形，山字形的中间一笔较长且直，两侧弯曲。剑刃为

〔1〕《永昌郡传》，见方国瑜主编《云南史料丛刊》（第一卷），云南大学出版社1998年版，第189页。
〔2〕《永昌郡传》，见方国瑜主编《云南史料丛刊》（第一卷），云南大学出版社1998年版，第190页。
〔3〕云南省博物馆编：《云南晋宁石寨山古墓群发掘报告》，文物出版社1959年版，第107～108页。

铁制，前半段已残，残长 26.6 厘米。[1] 相对纯铁器而言，铜铁合制器显然为铜铁过渡时代的产物。通过中国科学院考古研究所的放射性碳素测定，这柄剑的时代约为公元前 5 世纪左右，属于战国时代的器物，早于其他墓葬出土铁器的时代。[2] 此外，1979 年在呈贡天子庙滇国墓葬的发掘中出土过铁削一件，这件铁削直刃孤背，实心柄，通长 22.6 厘米。经过对该墓木椁和青铜兵器木柄的放射性碳素测定，此墓为战国中晚期（距今 2290 年 ±70 年或 2280 年 ±120 年）时的墓葬，故铁削的制造和使用年代也应为战国中晚期。[3] 根据上述两件铁器的测定年代，张增祺先生认为，至迟在战国时代中晚期，云南地区已开始使用铁器，以前认为云南地区直到西汉中期以后才开始使用铁器的传统看法是不正确的。张增祺先生的这一观点值得重视：考古发现证明，在战国时期，滇池地区确已出现和开始使用铁器，这比传统说法至少提早了 200 年。当然，开始零星使用铁器和较为普遍使用铁器对于一个地区的社会历史发展来说具有不同的意义。以此而言，我们可以说，尽管在西汉中期以前云南一些地区已开始使用铁器，但就整个历史时代而言，从战国后期到西汉中期以前，云南历史处于青铜文化高度辉煌发达的历史时代，铁器在当时的社会经济生活中不具有重大作用，从当时铁器的数量和种类就可以看得很清楚——当时的铁器从数量上来说，十分稀少；从种类上来说，主要是兵器，并且铁质主要用于兵器刃部，铁质生产工具很少，更无铁质生活用具。从总的情况来看，云南铁器时代始于东汉的说法还是正确的。

与云南何时开始使用铁器相关的一个问题就是云南最早铁器的来源问题，它们是本地制造的产品还是由外地传入的物品？过去一些学者认为云南地区最早的铁器是由巴蜀等地传入的，现在多数学者认为这些铁器应为本地制造。理由有二：一是云南早期铁器的器形、纹饰等与同时期的青铜器相同，特别是铜铁合制器的铜柄、铜銎部分与当时的青铜器器形完全相同，说明这些铁器是仿照当时的青铜器样式制作的；其二，在祥云县检村的西汉中期（或更早时期）墓中发现与铁器并存的重达 40 公斤、含铁量高达 46% 的褐铁矿，说明当时云南的铁器是本地冶炼制造的。[4]

为何云南铁器制作较早而进入铁器时代的时期又相对较晚呢？张增祺先生认为，这可能与云南最早使用的铁块原料是低温冶炼的“块炼铁”而非高温冶炼的液态生铁有关。所谓“块炼铁”，又称“固体还原铁”，它是将氧化铁块在 600℃ ~1000℃ 的低温条件下，与木炭燃烧后产生的一氧化碳接触，还原出海绵状的金属铁。可以看出，冶炼“块炼铁”的工艺较为简单，设施条件要求也不高，较易操作实行。但“块炼铁”也有明显的不足之处，这就是杂质较多，硬度不足，只能通过锻打来制造器物，而不能像液态生铁那样直接用铁水浇铸来制造器物。故此，用“块炼铁”制造器物不仅费力费时，而且质量也不高，不仅不如高温液态铸造的器物，甚至有的还不如青铜

[1] 张增祺：《滇国与滇文化》，云南美术出版社 1997 年版，第 96 页。
[2] 张增祺：《滇国与滇文化》，云南美术出版社 1997 年版，第 96 页。
[3] 张增祺：《滇国与滇文化》，云南美术出版社 1997 年版，第 96 页。
[4] 张增祺：《滇国与滇文化》，云南美术出版社 1997 年版，第 97 ~98 页。

器坚硬耐用。[1] 正因为此，即使在冶铁技术出现后，滇池地区的铁器制造业发展也很缓慢，在秦汉之际的两三百年间，仍是青铜冶炼铸造技术大放异彩、独占鳌头。

西汉中期以后，云南地区铁器数量开始增多，质量也不断提高。在西汉中期以后的大、中、小各类墓葬中都发现了铁器，有的铁器从原料上来说，是用高碳钢制成，有的铁器从制造工艺上来说，是用高温液态生铁翻铸而成。这表明，西汉中期以后，云南地区的冶铁技术水平已有极大提高，一是在“块炼铁”的基础上，制造出了“块炼钢”，即通过反复锻打，不断地去除杂质，使之达到合适的含碳量，即渗碳成钢；二是提高冶炼温度，使之达到1350℃以上，使固体铁块变成液态生铁，从而以铁水浇铸的方式连续便捷地铸造铁器，降低铁器生产成本，提高铁器制造效率。中国的生铁冶铸技术至迟出现于春秋晚期，是世界上最早发明生铁冶铸技术的国家。考古发现表明，至迟在西汉晚期，云南地区已出现生铁铸件：曲靖八塔台西汉晚期墓中出土了许多器形和大小相同的铁斧，很可能即用生铁铸造而成；八塔台西汉晚期或东汉初期墓中发现一种双耳铁釜，釜的两侧出现清楚的铸造缝，此釜无疑是生铁铸造而成。正是“块炼钢”和高温液态生铁铸造技术的出现，“锻打”与“铸造”并举，导致铁器生产数量和质量的提高，促使云南地区由青铜时代进入铁器时代。[2]

到了东汉时期，史籍中明确出现了云南各地制铁的历史记载。《续汉书·郡国志》记载，益州郡“滇池出铁”，永昌郡“不韦出铁”。[3]

在肯定秦汉时期“滇”人等部族能够独立制造铁器的同时，我们也看到，从西汉中期起，与现今四川接壤的滇东北、滇西北地区就不断地从蜀郡等地输入各种铁器制品。近代以来，在昭通地区的墓葬发掘中，出现过许多铸有“蜀郡”“成都”“千万”字样的铁口锸，它们显然是两汉时期从“蜀郡”输入的制成品。20世纪80年代，在丽江奉科的墓葬中也发现4件刻有“蜀郡”“千万”铭文的锸类铁器。对此，汪宁生先生评论说：“这种汉代或更早的四川铁器，过去只见于滇东北地区‘梁堆’封土之中，在滇西北地区这还是第一次发现。看来，文献记载四川铁器输入滇地包括了当时云南邻近四川的广大的偏北地区。”[4]

两汉时川滇边地区从蜀郡输入铁器制品应是可以理解的，一是当时四川地区的蜀郡等地冶铁业发达，二是当时的巴蜀地区与分布于现今滇、黔地区的“西南夷”之间存在着商业贸易关系。据《史记·货殖列传》记载，秦汉之际，蜀郡临邛（今四川邛崃）有两个从内地迁来的冶铁大户，这就是卓氏和程郑，他们既懂技术、又善经营，皆以经营冶铁业而获得巨额财富。卓氏的事迹是：“蜀卓氏之先，赵人也，用铁冶富。秦破赵，迁卓氏。卓氏见虏略，独夫妻推辇，行诣迁处。……乃求远迁。致之临邛，大喜，即铁山鼓铸，运筹策，倾滇蜀之民，富至僮千人。田池射猎之乐，拟于人君。”

〔1〕 张增祺：《滇国与滇文化》，云南美术出版社1997年版，第98页。

〔2〕 张增祺：《滇国与滇文化》，云南美术出版社1997年版，第99页。

〔3〕 ［晋］司马彪撰：《续汉书·郡国志》，见方国瑜主编《云南史料丛刊》（第一卷），云南大学出版社1998年版，第50页。

〔4〕 汪宁生：《云南考古》，云南人民出版社1992年版，第248页。

程郑的情况是：“程郑，山东迁虏也。亦冶铸，贾椎髻之民，富埒卓氏，俱居临邛。”[1] 临邛的这两个冶铁企业不仅规模巨大，拥有上千的生产工人，而且他们的产品都与现今云南地区的消费者发生关系，卓氏是“倾滇蜀之民”，即滇、蜀两地的消费者都使用卓氏企业所生产的铁器，程郑是“贾椎髻之民”即销售给“椎髻”发型的部族，而“椎髻”部族，就是“滇”“邛都”等部族。从两汉时期川滇间的贸易来说，在汉武帝开“西南夷”之前，川、滇间即存在着贸易关系；汉武帝开西南夷后，伴随着道路的修筑和郡县的设置，两地间的商业往来更为密切。《史记·西南夷列传》记载，秦代，曾修筑通往今云南地区的“五尺道”，并设置官吏；秦亡汉兴之后，停止经略“西南夷”地区，而把主要精力放在经营巴蜀地区，但尽管如此，巴蜀商人与“西南夷”之间的民间贸易一直持续不断：“巴蜀民或窃出商贾，取其筰马、僰僮、髦牛，以此巴蜀殷富。”[2] 汉武帝时期，为了招抚“西南夷”，征发数万人修筑从今川南通往云南地区的道路，使两地的往来更为方便，在此背景下，两地之间的商业贸易得到较大发展，蜀郡的铁器广泛地输入犍为南部、越嶲郡和益州郡等地也是十分正常的事情。

三国两晋南北朝时期，南中地区的金属工具无疑是以铁器为主，铜器为辅。铁器代替青铜器成为南中地区的主要金属器物，其原因也是十分清楚的：一是基于铁器的自然属性，铁器较之青铜器更为坚硬锋利，经久耐用，功效显著；二是自东汉以后，南中地区的冶炼技术已达到较高的水平，冶炼打造优质铁器在技术上已不是难题；三是东汉、三国以后，内地汉族移民大量进入云南地区，这些移民的生产工具和生活用具无疑都应是以铁器为主，或者说，内地移民从习惯上来说，他们是铁器的使用者，从技术上来说，他们也是铁器的制造者，在内地移民的带动下，南中地区的铁器制造和使用都应成为普遍的现象。从史籍的零星记载来看，三国两晋时期，南中各郡中应设有专管铁器冶炼制造的官员，如西晋时因郡守处事不公而起兵反晋的建宁大姓毛诜，其当时的官职就是铁官令[3]，可能就是建宁郡专管冶铁事务的官员。当然，由于文献和考古材料不足，对三国两晋南北朝时期南中地区铁器特别是铁制农业生产工具的具体制造和使用情况，我们难以作出详细深入论述，但我们认为，这一时期南中地区的农业生产中，铁质农具已得到普遍使用，这一看法应是合乎情理和事实的。

二、牛耕的使用

牛耕的使用也是云南农业发展史上的一件大事。如前所言，在西汉时期，云南地区尚未使用牛耕（滇国青铜器上牛的形象数以百计，但无任何牛的形象作拉犁耕地状；同样，出土的青铜农具众多，但也没有任何农具具有如同犁铲一样的实际功能），到了东汉时期，根据昭通地区出土的画像砖上的图像来看，已有以绳系牛鼻的形象，说明此时的牛已用作耕牛或役牛，滇、蜀交界的滇东北地区，东汉时已使用牛耕技术。蜀

[1] ［汉］司马迁撰：《史记》，岳麓书社 1994 年版，第 938 页。
[2] ［汉］司马迁撰：《史记》，岳麓书社 1994 年版，第 830 页。
[3] ［晋］常璩撰：《华阳国志》，齐鲁书社 2010 年版，第 50 页。

汉时期，史籍中明确出现关于南中地区“耕牛”情况的记载。无论是作为“正史”的《三国志》还是作为地方志的《华阳国志》都记载了诸葛亮南征后，从南中地区征调大量“耕牛”到蜀中地区的史实。《三国志·蜀书》记载，诸葛亮平定南中地区之后，“后军还，南夷复叛，杀害守将。（李）恢身往扑讨，锄尽恶类，徙其豪帅于成都。赋出叟、濮，耕牛、战马、金银、犀革，充继军资，于时费用不乏。”[1]《华阳国志·南中志》记载说：“出其金、银、丹、漆，耕牛、战马，给军国之用。”[2] 这就是说，大量征调南中地区的耕牛、战马作为蜀汉的军事物资使用，换句话说，当时南中地区有许多牛群已经作为耕牛使用。诸葛亮南征时（蜀汉建兴三年，公元225年），东汉王朝刚刚灭亡（公元220年曹魏代汉，东汉灭亡），蜀汉大量征调南中耕牛的情况说明，在东汉时期，南中地区特别是滇池地区已经广泛使用了牛耕技术。因此，可以明确地说，云南地区使用牛耕技术自东汉时期开始。

两晋南北朝时期，南中地区特别是爨氏统治的滇中建宁郡、晋宁郡、兴古郡地区，农业生产中广泛使用牛耕来进行翻土、碎土和播种，应是十分普遍的现象。但由于文献和实物资料缺乏，我们对当时南中地区牛耕技术的具体使用状况，难以做出翔实的描述，只能从略。

第六节　三国至唐初南中各地的农业生产概况

一、滇东、滇东北地区农业生产情况

滇黔桂、滇川相邻的滇东、滇东北地区，即今昭通地区、曲靖东部地区、文山地区和红河州东北部地区，在两汉时期，为犍为南部（后为犍国属国）、牂牁郡的辖区；在三国两晋南北朝时期，为朱提郡、南广郡及兴古郡的辖区。汉晋南北朝时期，这一地区的农业生产有缓慢的发展。

滇黔桂毗邻的滇东和黔西南地区，自古即为多雨少晴、多石少土的喀斯特岩溶地貌区，长期以来流传着“天无三日晴，地无三尺平”的说法，农业生产条件较差，农业生产水平也较为低下。这一特征和情况在历代的史书中都有简要记载和反映。《后汉书·西南夷列传》记载牂牁郡的自然环境和农业生产状况时说：“牂牁地多雨潦，俗好巫鬼禁忌，寡畜生，又无蚕桑，故其郡最贫。”[3]《华阳国志·南中志》也说：“（牂

---

〔1〕［晋］陈寿撰，［宋］裴松之注：《三国志》，中华书局2011年版，第871页。

〔2〕［晋］常璩撰：《华阳国志》，齐鲁书社2010年版，第48页。

〔3〕［宋］范晔撰：《后汉书·西南夷列传》，见方国瑜主编《云南史料丛刊》（第一卷），云南大学出版社1998年版，第56页。

牁）郡上值天井，故多雨潦。俗好鬼巫，多禁忌。畬山为田。无蚕桑。颇尚学书，少威仪多懦怯。寡畜产，虽有僮仆，方诸郡为贫。”[1]《永昌郡传》记述说：“牂牁郡在建宁东北千二百里，处所险峻，率皆高山，而少平地。”[2] 各书所记，反映了汉晋时牂牁郡农业生产的基本情况，即由于特殊的地理环境和气候条件，牂牁郡地区多雨多湿，崎岖不平，为了生存，当地人民只有垦山为地，种植作物，同时，当地的畜牧业也不甚发展，畜禽养殖数量很少，部族群众也不会栽桑养蚕。面对恶劣的环境条件和落后的生产力状况，部族群众无能为力，只好信奉各种鬼神，讲究各种禁忌，祈求神灵保佑，当时，虽然有部分汉族移民可能已经开始学习诗书，也雇佣或收买一些部族群众作为佃农和奴仆从事生产活动，但总体而言，牂牁郡的经济不发达，在南中各郡中最为贫困。正因为如此，汉晋时牂牁郡和兴古郡的许多部族群众还要依靠采集桄榔木中的淀粉来作为补充食物。值得注意的是，《后汉书》和《华阳国志》的记载中，都对牂牁郡地区多雨少晴的天气特征作了描述，并认为这是由于牂牁郡正处于“天井”之下，故而多雨，按现代的科学解释，滇黔相邻的曲靖东部地区和贵州西部地区处于北方南下的冷空气和东南暖热气流的交互控制下，形成了一个冷暖空气相持不下的准静止锋，由此造成本地区四季多雨特别是秋冬时节阴雨连绵不绝的天气特征。科学地来看，古人所说的牂牁郡地区上空的“天井”，实际就是气象学上说的造成降雨的准静止锋。

川、滇、黔三省相邻的滇东北地区，西汉时为犍为南部，东汉时为犍国属国，三国西晋时为朱提郡，两晋交替之际，从朱提郡中分出南广郡。朱提郡所辖为今昭通中南部地区和曲靖西北部地区，南广郡所辖为今昭通东部和北部。朱提郡（含南广郡）所在的滇东北地区，虽然历史上开发较早，是川滇之间的重要通道，汉族移民较多，但由于山高坡陡、气候寒凉，农业生产条件相对滇中地区的建宁郡、晋宁郡较差。在东汉时期的《孟孝琚碑》中就用了“凉风渗淋，寒水北流”[3] 来形容秋冬之时朱提郡的气候和景观。具体而言，由于自然环境差异和开发情况的不同，两晋和南北朝时期，朱提郡中南部（即东晋时的朱提郡辖区）和朱提郡东北部（即东晋时的南广郡地区）的农业生产发展状况也不平衡。关于朱提郡中南部（即今昭通市昭阳区、鲁甸县、巧家县及曲靖市会泽县等地）的情况，《永昌郡传》说：“朱提郡在犍为南千八百里，治朱提县。川中纵广五六十里，有大泉池水，僰名千顷池。又有龙池以灌溉种稻。”[4] 这里所说的就是汉晋时期朱提县（今昭阳区、鲁甸县一带）平坝地区（今昭鲁坝子）自然条件和农业生产的简要情况，可以看出，朱提县由于地势平坦，平地面积较大，耕地资源较为丰富，加上千顷池蓄积的充足水源，当地居民便因地制宜，开发良田、

[1] ［晋］常璩撰：《华阳国志》，齐鲁书社 2010 年版，第 52 页。

[2] 《永昌郡传》，见方国瑜主编《云南史料丛刊》（第一卷），云南大学出版社 1998 年版，第 189 页。

[3] 见汪宁生：《云南考古》，云南人民出版社 1992 年版，第 111 页。

[4] 《永昌郡传》，见方国瑜主编《云南史料丛刊》（第一卷），云南大学出版社 1998 年版，第 190 页。

建设坝塘，引水种稻。实际上，朱提县的农业生产，远在西汉末年就已打下了较好的基础，这就是文齐任犍为南部都尉时，“穿龙池，溉稻田，为民兴利”[1]，《永昌郡传》所说的“又有龙池以灌溉种稻”的“龙池”，就是西汉末年文齐主持修建的。通过汉晋以来数百年的开发，朱提县的农业生产水平自然高于其他县区。而朱提郡的东部、北部（晋时的南广郡地区，今盐津、大关、绥江、镇雄、威信等地），到了晋代仍是“土地无稻田、蚕桑”的状况，是一个虫蛇遍地、虎狼出没的地区。[2] 南广郡地区虽处于从僰道（今四川宜宾）通往朱提县（今昭阳区、鲁甸县）的必经之路上，但由于山高谷深、地势岖崎，行路也十分艰难：“水道有黑水及羊官水，至险难行。步道渡三津，亦艰阻。”[3] 路上有许多如“牛叩头”“马搏坂”之类的地名，连《华阳国志》作者常璩都感叹“其险如此”[4]。在这样的自然环境条件下，要发展农业生产，实为不易，当地部族民众的生活状况也较为原始落后。对此，《永昌郡传》有这样的记载：“与僰道接，特多猿，群聚鸣啸，于行人径次，声聒人耳。夷分布山谷间，食肉衣皮，虽有人形，禽兽其心，言语服饰不与华同。”[5]

二、滇中地区农业生产情况

滇中地区即今昆明市、曲靖市、玉溪市的大部分地区和楚雄州的东部区域，在两汉时为益州郡地区，在三国、西晋时为建宁郡地区，在东晋、南北朝时期为建宁郡和晋宁郡地区。滇中地区自古即为云南农业生产最为发达的地区，在西汉时为云南青铜文化的中心，在东汉时为汉族移民迁入的主要区域。到了三国两晋南北朝时期，滇中地区作为汉族大姓的集中分布地区和爨氏家族统治的主体区域，农业生产发展条件最好、水平最高，是当时南中地区农业生产水平最为先进的地区。正因为此，《云南志》记载说，至唐代天宝年间，“东北自曲、靖州，西南至宣城，邑落相望，牛马被野”，这正是滇中地区生产发展、村镇密布、人户兴旺的繁荣景象。

从建宁郡来说，建宁郡是当时南中地区的政治中心，建宁郡治味县也是庲降都督府和宁州刺史府的驻地，是爨氏家族和其他汉族大姓的世居之地和发迹之地。味县（今麒麟区、沾益县）是当时农业垦殖的集中之地，也是当时农业生产最为发达的地区。《华阳国志·南中志》说：“建宁郡治，故庲降都督屯也，南人谓之‘屯下’。”[6] 这就是说，味县是蜀汉时期南中地区农业垦殖活动的中心和基地，它既是政治中心、军事重镇，同时又是屯垦生产基地。受到蜀汉政权扶持的建宁大姓们既是郡县官员，

〔1〕［晋］常璩撰：《华阳国志》，齐鲁书社2010年版，第55页。
〔2〕［晋］常璩撰：《华阳国志》，齐鲁书社2010年版，第56页。
〔3〕［晋］常璩撰：《华阳国志》，齐鲁书社2010年版，第56页。
〔4〕［晋］常璩撰：《华阳国志》，齐鲁书社2010年版，第52页。
〔5〕《永昌郡传》，见方国瑜主编《云南史料丛刊》（第一卷），云南大学出版社1998年版，第190页。
〔6〕［晋］常璩撰：《华阳国志》，齐鲁书社2010年版，第54页。

又是领军长吏，他们率领各自世袭统领的部曲士兵，开荒种地，耕作生产，承担着庲降都督安排的屯戍任务，也在政治上、军事上、经济上发展壮大着自己。[1] 正因为此，建宁郡治所味县由政治中心发展成为军事重镇和屯垦中心，“有五部都尉，四姓和霍家部曲”[2]。爨氏统治时期，建宁郡是爨区的政治中心和经济中心，爨氏家族成员世代担任建宁郡太守（如爨宝子、爨龙颜均曾担任建宁郡太守），建宁郡的农业生产当得到更进一步的发展。从自然环境条件来看，建宁郡具有发展农业生产的良好条件：一是平地沃土面积广大，建宁郡郡治味县所在地即当今的曲靖、沾益坝子，平坝面积达435.82平方公里，在全省坝子中居第5位；爨氏家族的世居地建宁郡同乐县即今陆良县，是云南省最大的平坝地区，坝子面积达771.99平方公里。[3] 二是气候条件良好，无论是降雨量、温度、湿度等因素都相对适当，适合农业生产的发展。这种情况不仅从现在来看，相对其他地区具有比较优势，而且在历史上就受到人们的注意和重视，如《永昌郡传》说：“建宁郡在朱提之南六百里，土气和适，盛夏之月，热不郁蒸，猛冬时，寒不惨慄。”[4] 晋代郭义恭所著《广志》也说：“建宁郡，其气平，冬不极寒，夏不极暑。盛夏如此五月，盛冬如此九月，天下之异地，海内唯有此。”[5] 也就是说，一年四季无严寒酷暑，盛夏不炎热，只相当于其他地方五月的气温，盛冬不太冷，只相当于外地九月的气温，这样的气候不仅适宜居住和生活，也适合农作物

[1] 关于汉晋时期在西南边地进行屯垦戍边的具体历史情况，由于史籍缺乏记载，我们对此难以获得更深入的认识。但是，汉晋以来，许多朝代均在边地开展过戍边屯垦工作，直到近代时期，这种军屯活动都在一定范围存在过。20世纪40年代，著名学者曾昭抡等人考察大凉山地区，在今四川省雷波县（雷波隔金沙江与云南昭通市永善县相望）的箐口乡地区见到了政府军队开展屯垦活动的情况，当时箐口镇设有垦场，场长姓樊，兼有指挥当地驻军和开展屯垦的职责，场部设于箐口街上，场下设队，队长们自己在镇上兼营商业。曾昭抡先生记述了屯垦活动的情况：“此处采用屯田制度，一切均归垦场指挥，同时该场则负责保护治安的责任。附近一带田地，大部系由垦场本身经营，即以兵士屯田，夷匪来则对之作战。除马湖湖滨有些稻田以外，所垦都是山地，只能出产苞谷或其他杂粮，所以苞谷成为本地主要的农作物。此等山地以前多半种过，后因夷患荒废。因此乃系熟荒性质。军人而兼农夫的屯垦士兵，仍向政府领军饷。可是为数甚微（在当时普通士兵不过六元国币一月，张队长也不过十元），不足维持生活，全赖种田所入以资弥补。即如此也不过仅够吃饭。比较有办法的人，兵农以外，兼作商人，这样生活可以比较舒展。……在垦区内，官员所耕的田，系按耕种能力，向公家领来，即算作各人的私产。他们唯一的义务，是遇有匪警，立需持械聚合，以谋抵抗。”（曾昭抡：《大凉山夷区考察记》，中国青年出版社2012年版，第302页）曾昭抡先生所记述的屯垦情况，实际上代表或反映了历代屯垦活动的基本情况，即戍边战士在军官的领导下，一边生产自救解决粮饷来源问题，一边履行戍守责任，维持地方安宁，镇压“夷人”的反抗。

[2] ［晋］常璩撰：《华阳国志》，齐鲁书社2010年版，第54页。

[3] 中共云南省委政策研究室主编：《云南省情》，云南人民出版社1986年版，第9页。

[4] 《永昌郡传》，见方国瑜主编《云南史料丛刊》（第一卷），云南大学出版社1998年版，第190页。

[5] ［晋］郭义恭撰：《广志》。《广志》为杂录之书，书已不传，书中内容为《太平御览》等辑录征引。方国瑜先生等将《广志》的一些内容，编入《云南史料丛刊》。见方国瑜主编《云南史料丛刊》（第一卷），云南大学出版社1998年版，第212页（文中的两处“此”字，徐文德先生认为疑为“北”之误）。

的生长。正因为此，建宁郡成为农业生产的宝地，向为滇中地区的农业主产区。只是限于历史资料的不足，我们无法对爨氏统治时期建宁郡地区的农业生产情况进行深入讨论。

从晋宁郡来说，晋宁郡本为两汉时益州郡的中心地区，晋宁郡所辖7县皆在滇池流域地区，也即原滇王国的核心区域。晋宁郡各县土地平坦、水量充足、资源丰富，具有发展农业生产的良好条件。从土地资源状况来说，晋宁郡所在的滇池周围地区，是云南省第二大平坝地区，坝子面积达763.60平方公里；从水资源来说，滇池周围地区降雨量充沛，河湖密布，灌溉方便；从气候条件来说，滇池周围地区四季如春，有利于农作物的生长。所有这些良好条件，使得晋宁郡所在的滇池流域地区成为云南省农业发展的中心地区之一。从秦汉以来，滇池地区的农业生产就走在云南各地的前列。《史记·西南夷列传》说，滇池地区，“地方三百里，旁平地，肥饶数千［十］里”，“滇”王国的各部族，“耕田，有邑聚”[1]；《后汉书·西南夷列传》说，滇池周围地区，“河土平敞［敞］，多出鹦鹉、孔雀，有盐池田渔之饶，金银畜产之富。人俗豪忕。”[2] 西汉末期，文齐任益州太守时，在滇池流域地区修建池塘、水坝，引水灌溉稻田，新垦农田两千多顷。三国两晋时期，伴随着铁制农具的普及、牛耕的使用和水利条件的改善，再加上汉族移民的不断迁入，晋宁郡地区的农业生产应该有更进一步的发展。三国之初，蜀汉从南中征调了大量粮草、耕牛、战马，“军资所出，国以富饶”[3]，这些财富大多出自汉代的益州郡、三国两晋时的建宁郡和晋宁郡地区，由此也可看出汉晋时期滇池流域地区农业生产之发展和物质财富之丰富。两晋南北朝时期，晋宁郡是爨氏统治的中心地区之一，晋宁郡太守职位一直为爨氏家族成员世代承袭；隋唐初期，爨氏家族人员世代担任昆州刺史，统治滇中地区。作为爨氏家族统治的主体区域，晋宁郡地区的农业生产得到了更进一步的发展。

除了农业生产外，晋宁郡连然县（今安宁市）的重要物产——食盐，在汉晋至隋唐时期云南各族人民的生活中，具有特别重要的意义。对此，《华阳国志》记载说：“连然县，有盐泉，南中共仰之。”[4] 此为东晋时的情况。至唐初，安宁（即汉晋时期之连然）仍为爨区最为重要的盐业基地。《云南志》记载说：“安宁城中皆石盐井，深八十尺。城外又有四井，劝百姓自煎。”[5] 另外，《南诏德化碑》也说：“安宁雄镇，诸爨要冲。山对碧鸡，波环碣石。盐池鞅掌，利及牂欢［涧］。”[6] 安宁丰富的盐产和重要的战略位置使其成为唐初爨氏家族、唐王朝及南诏三方势力争夺的战场。

---

〔1〕［汉］司马迁撰：《史记》，岳麓书社1994年版，第830页。

〔2〕［晋］范晔撰：《后汉书·西南夷列传》，见方国瑜主编《云南史料丛刊》（第一卷），云南大学出版社1998年版，第57页。

〔3〕［晋］陈寿撰，［宋］裴松之注：《三国志》，中华书局2011年版，第765页。

〔4〕［晋］常璩撰：《华阳国志》，齐鲁书社2010年版，第54页。

〔5〕［唐］樊绰撰，向达原校、木芹补注：《云南志补注》，云南人民出版社1995年版，第101～102页。

〔6〕《南诏德化碑》碑文，见汪宁生《云南考古》，云南人民出版社1992年版，第161页。

三、滇西地区农业生产情况

三国两晋南北朝时期的滇西地区，即云南郡和永昌郡所辖地区，自两汉在此地区设立郡县后，农业生产也在不断地进步和发展中。根据《华阳国志》的记载，至东晋时期，云南郡辖7县，户数1万多，与建宁郡13县的户数相当，“土地有稻田、畜牧，但不蚕桑”[1]。这一记载表明，至东晋时，云南郡地区也得到较好的开发，当地居民虽然还未掌握种桑养蚕缫丝的技术，但水稻种植和畜牧养殖可能已接近滇中地区的水平，因为此时云南郡7县的户数已与建宁郡13县的户数相当，说明当时的云南郡已是人口较多的生产发展之区。云南郡地区农业生产的发展可能得益于两个重要因素。一是云南郡地区土地相对平坦，耕地资源丰富；二是汉晋以后，许多内地汉族移民迁入云南郡地区居住和生活，他们带来了先进的农业生产技术，促进了云南郡地区农业生产的发展。从耕地资源来说，云南郡地区，即今楚雄州西部、大理州洱海周围地区，土地面积广大，地势相对平坦，有利于农业生产发展，云南郡郡治所在的云南县，即今祥云、弥渡、大理凤仪一带，平坝地区较多，祥云坝子面积为338.75平方公里，而洱海盆地面积更达601平方公里，为云南省第三大坝子。[2] 两晋南北朝时期，除了原住民外，汉族移民也是云南郡地区人口的重要组成部分。从汉族移民的进入来说，考古发现证明，汉晋以后，已有较多汉族居民迁入云南郡地区。20世纪80年代，考古工作者在洱海之滨的大理市发现了多处西晋时代的砖室墓：1985年，在大理市下关荷花寺村发现券顶石室墓一座，出土墓砖上有铭文“太康十年”（太康十年为公元289年）、“元年九月造作吉羊”；1988年在大理市喜洲镇文阁村及凤阳村各发现一座西晋砖室墓，墓砖上的铭文有：“泰始三年县官作”（泰始三年为公元267年）、“泰始五年造作大吉羊”（泰始五年为公元269年）、“太康六年正月赵氏作吉羊”（太康六年为公元285年）。[3] 这些墓葬的主人显然为汉族移民。

从永昌郡的情况来看，根据《华阳国志》的记载，永昌郡是“属县八，户六万”，其农业生产情况是“土地沃腴”“宜五谷”[4]。成书于南朝时期的《九州要记》也说永昌郡哀牢人所居住的地区，“土地沃美，宜五谷蚕桑，知染彩文绣，有兰干细布。”[5] 永昌郡地区广大的地域（永昌郡的地域包括了现今保山市全部和临沧市、德宏州的大部分地区）和众多的人口（汉人、濮人、哀牢人、僚人等）必然要求农业生产的较大发展才能保障充足的食物来源。可以肯定，自从东汉设郡以来，伴随着内地

[1] ［晋］常璩撰：《华阳国志》，齐鲁书社2010年版，第58页。
[2] 中共云南省委政策研究室主编：《云南省情》，云南人民出版社1986年版，第9页。
[3] 汪宁生：《云南考古》，云南人民出版社1992年版，第247～248页。
[4] ［晋］常璩撰：《华阳国志》，齐鲁书社2010年版，第57页。
[5] 见方国瑜主编《云南史料丛刊》（第一卷），云南大学出版社1998年版，第186页。

汉族人口的进入[1]，在两晋南北朝时期永昌郡地区的农业生产也是不断发展的。

第七节 唐代初期洱海地区的农耕生活

两晋至隋唐初期，由于爨氏称霸南中，加上内地政权的分裂对立，导致南中地区与内地的联系交往相对稀疏，在此背景下，内地汉文献对南中地区情况的记载也相对较少，因此之故，我们对两晋至初唐时期南中地区的农业生产和居民生活情况很难做出详细论述。尽管如此，内地汉文献中仍有少数材料涉及相关内容，而较为翔实重要者，为杜佑《通典》一书中的《边防典》“松外诸蛮”条关于唐初西洱河（洱海）地区各部族情况的记载。

根据方国瑜先生的考证，《通典·边防典》中关于“松外诸蛮”的记载来源于唐初梁建方率军征讨“松外诸蛮”后所写的战事情况报告。[2] 唐太宗贞观二十二年（公元648年），松外地区诸蛮反叛，为了保障经由松外、西洱河前往天竺（印度）道路的畅通，同时也为了牵制新兴的吐蕃势力，唐太宗决定派右武侯将军梁建方率军征讨。《新唐书·南蛮传》记其事说：“贞观中，巂州都督刘伯英上疏：‘松外诸蛮，率暂附亟叛，请击之，西洱河天竺道可通也。’居数岁，太宗以右武侯将军梁建方发蜀十二州兵进讨，酋帅双舍拒战，败走，杀获十余万，群蛮震骇，走保山谷。建方谕降者七十余部，户十万九千，署首领蒙和为县令，余众感悦。”[3] 林超民先生根据方国瑜先生的考证指出，文中的“酋帅双舍”应为“双舍酋帅”，“双舍”为地名，即寻声，在今四川省盐边县城区，寻声与松外、林开为贞观二十二年唐朝开松外蛮后所置的三个县，松外在今盐边城北、林开在城西，“松外诸蛮”就是唐初盐边地区及其西南部的各少数民族部落，唐初属于巂州都督府管辖。[4] 在征服了“松外诸蛮”后，梁建方又挥师西进，进讨今洱海地区的“西洱河蛮”。《新唐书·南蛮传》记载说：“西洱河蛮，亦曰河蛮，道由郎州走三千里，建方遣奇兵自巂州道千五百里掩之，其帅杨盛大骇，欲遁去，使者好语约降，乃遣首领十人纳款军门，建方振旅还。二十二年，西洱河大首领

〔1〕 考古发现表明，东汉以后，不断有内地汉族移民迁入永昌郡地区。如1982年，保山市隆阳区汪官庄发现了一座有墓道及前后两室的砖墓，砖上有铭文“延熙十六年七月十日”“官吏建”等字样。延熙为蜀汉后主刘禅的第二个年号，延熙十六年为公元253年。墓的形制和铭文表明了墓主人的汉族身份。见汪宁生《云南考古》，云南人民出版社1992年版，第248页。

〔2〕 方国瑜：《云南史料目录概说》（第一册），中华书局1984年版，第147~150页。

〔3〕 [北宋] 欧阳修、宋祁撰：《新唐书·南蛮传》，见方国瑜主编《云南史料丛刊》（第一卷），云南大学出版社1998年版，第406~407页。

〔4〕 林超民：《西洱河风土记及其史料价值》，载《林超民文集》（第一卷），云南人民出版社2008年版，第345页。

杨同外、东洱河大首领杨敛、松外首领蒙羽皆入朝，授官秩。"[1] 可以看出，梁建方所讨伐的地区，包括今川滇边的松外（盐边）地区和滇西的西洱河地区，所讨伐的部族包括“松外蛮”和“西洱河蛮”两大部族。但在《通典·边防典》“松外诸蛮”条中，所记载的全是“西洱河蛮”的情况，其文开头便言：“松外诸蛮，大唐贞观末为寇，遣兵从西洱河讨之。"[2] 故此，《通典·边防典》的“松外诸蛮”条，实应为“西洱河蛮”，又因所记为西洱河（洱海）地区的风土情况，故方国瑜先生将《通典·边防典》的“松外诸蛮”条文字称为《西洱河风土记》，认为是反映唐初洱海地区部族社会经济文化情况的重要史料，应予特别重视。[3] 同时，林超民先生也撰写专文，对《西洱河风土记》的史料价值予以专门研究和介绍，认为是我们研究唐代前期洱海地区白蛮社会的重要史料。[4]

梁建方所写关于“西洱河蛮”的文字原稿已不留存，相关内容保留在史家转录的材料中。由于各家著作转录的文字有取有舍、有详有略，因此，关于“西洱河蛮”情况的记载也不尽一致。《通典·边防典》“松外诸蛮”条的文字共约404字，[5] 而方国瑜先生以《太平御览》所载为本，以《册府元龟》所载来补《太平御览》所载之缺，整理出约532字内容的《西洱河风土记》。[6] 下面我们就以方国瑜先生整理的《西洱河风土记》内容为据，结合其他材料，分析唐初洱海地区及初唐以前南中地区农业生产和居民生活的情况。

一、唐初西洱河地区的部族

《西洱河风土记》首先对西洱河地区的部族情况作了记述：

其西洱河，从嶲州西千五百里。其地有数十百部落，大者五六百户，小者二三百户。无大君长，有数十姓，以杨、李、赵、董为名家。各擅山川，不相役属。自云其先本汉人。有城郭村邑弓矢矛鋋。言语虽稍讹舛，大略与中夏同。有文字，颇解阴阳

---

〔1〕［北宋］欧阳修、宋祁撰：《新唐书·南蛮传》，见方国瑜主编《云南史料丛刊》（第一卷），云南大学出版社1998年版，第407页。唐初郎州地约为今曲靖地区和文山州北部地区，即南中七郡时的建宁郡地区，郎州治所在味县（今曲靖市麒麟区）；嶲州地约为南中七郡中的越嶲郡地区，即今四川省凉山州地区和攀枝花市属地区，唐初嶲州治所在越嶲县（即汉邛都县，今西昌市）。

〔2〕［唐］杜佑撰：《通典·边防典》，“松外诸蛮”条，见方国瑜主编《云南史料丛刊》（第一卷），云南大学出版社1998年版，第452页。

〔3〕方国瑜：《云南史料目录概说》（第一册），中华书局1987年版，第150页。

〔4〕林超民：《西洱河风土记及其史料价值》，载《林超民文集》（第一卷），云南人民出版社2008年版，第344～355页。

〔5〕［唐］杜佑撰：《通典·边防典》，“松外诸蛮”条，见方国瑜主编《云南史料丛刊》（第一卷），云南大学出版社1998年版，第452～453页。

〔6〕见方国瑜：《云南史料目录概说》（第一册），中华书局1984年版，第149～150页。

历数。自夜郎、滇池以西，皆云庄蹻之余种也。[1]

唐初的西洱河地区，就是南中七郡时的云南郡地区，即今以洱海为中心的大理州地区和楚雄州西部地区。从文中可以看出，这一地区分布着数十上百部落，这些部落多的有五六百户人家，少的也有二三百户人家。这些“部落”属于什么性质的组织和单位呢？我们认为，这些部落是一种血缘和地缘组织，即具有血缘和地缘关系的人们共同体，它们分布在不同的山川地域，各部落间没有统属关系，即所谓“各擅山川，不相役属”，部落内除了血缘姓氏关系外，也无统属关系，即“无大君长，有数十姓”。值得注意的是，这些部落的民族属性，按文中的说法，这些部落在族群认同上认为其祖先为汉人，在文化习俗上能够写汉字、说汉话，懂得阴阳历数等汉文化的基本知识，由这些内容可以看出，这些部落应为汉族部落或受汉文化影响较深的部落。

唐初西洱河地区居住着众多汉族部落或受汉文化影响较深的部落，这一情况是可能的吗？我们认为，梁建方的这一说法大体是可信的。

从族源上来说，一是东汉以后，不断地有内地汉族移民和滇东地区居民迁到今洱海盆地区域居住和生活，特别是两晋交替之际，建宁郡、晋宁郡、朱提郡地区战乱不断，许多“晋民”为避乱而迁居云南郡和永昌郡地区；二是晋代以后，原居住于今川滇交界的宜宾地区和滇东北地区的僰人可能受到东爨乌蛮等的压力，被迫西迁至洱海地区生活，成为现今白族的先民和白族的族源之一。[2] 而僰人是受汉文化影响较深的一个族群。僰人原居住的犍为郡和朱提郡地区，均是受汉文化影响较大的地区，如汉晋时期的朱提郡地区，“其民好学，滨犍为，号多士人，为宁州冠冕。”[3] 即受到内地汉文化的深刻影响。正因为三国两晋以后有大量汉族和僰人迁往滇池以西的云南郡地区，才有梁建方所说的“自夜郎、滇池以西，皆云庄蹻之余种也”“自云其先本汉人”的现象。

从文化上来看，唐初洱海地区的一些部落，作为汉族移民的后代或者僰人的后代，他们在文化习俗上使用汉族语言文字和保持汉文化的一些风俗习惯也是十分自然的事情。如李京在记述元代“白人”的语言词汇时说：“白人语，着衣曰衣衣，吃饭曰咽羹茹，樵采曰拆薪，帛曰幂，酒曰尊，鞍鞊曰悼泥，墙曰砖垣，如此之类甚多。则白人之为僰人，明矣。”[4] 李京所言为元代“白人”的情况，由元代“白人”的语言中可以看出白人的语言深受汉族语言文化的影响，这也可以证明，“白人”的先民中确有许多为迁入洱海地区的汉人或僰人，他们确乎是“言语虽稍讹舛，大略与中夏同”。除了语言外，以姓氏为标准，以城郭、村邑的形式聚族而居，这些都是汉人的风俗习惯。

---

〔1〕 方国瑜：《云南史料目录概说》（第一册），中华书局1984年版，第149页。文中的“矛鋋”，方先生著作中作“矛诞”，据《通典·边防典》改作“矛鋋”。鋋音“婵”，古代一种铁柄短矛。

〔2〕 方国瑜：《云南民族史讲义》，云南人民出版社2013年版，第352～353页。

〔3〕 ［晋］常璩撰：《华阳国志》，齐鲁书社2010年版，第55页。

〔4〕 ［元］郭松年、李京撰，王叔武校注：《大理行记校注·云南志略辑校》，云南民族出版社1986年版，第86页。

我们说唐代初期居住在洱海地区的“西洱河蛮”为汉族部落或受汉文化影响较深的部落，并不意味着他们与内地的汉人没有区别。实际上，唐朝官方称其为“西洱河蛮”，其缘由正如南北朝后期和隋唐初期内地王朝政权把滇东、滇中地区爨氏统治下的居民称作“爨蛮”一样，这意味着这些汉族移民或僰人的后代已经在一定程度上“夷化”了。唐初的“西洱河蛮”虽然在族源和文化上保持着许多汉人和汉文化的因素，但是由于落籍已久，通过通婚和其他社会经济活动，他们与当地原有部族发生了密切的关系，由此而逐步地实现了土著化和地方化，因此可以说，“西洱河蛮”与爨人一样，都是“夷化”了的汉族移民及僰人的后代。这就是我们对“西洱河蛮”族属的基本看法。

除了“西洱河蛮”外，在洱海地区还居住着“昆明夷”“乌蛮”等其他一些部族。“昆明夷”为洱海地区的世居部族，从汉代以来，就一直居住生活在以洱海为中心的滇西云南郡地区。杜佑《通典·边防典》介绍“昆弥（昆明）”时说：“昆弥国，一曰昆明，西南夷也。在爨之西，洱河为界，即叶榆河。其俗与突厥略同，相传云，与匈奴本是兄弟国也。汉武帝得其地，入益州郡，其后复绝。诸葛亮定南中，亦所不至。……贞观十九年四月，右武侯将军梁建方讨蛮，降其部落七十二，户十万九千三百。”〔1〕由这条记载可知，从汉代开始，“昆明”部族虽然从形式上纳入益州郡或云南郡的管辖之下，但作为游牧部族，王朝政权对昆明部族的管理几乎是不可能实行的，他们游牧于爨之西、洱海之东、越嶲之南，即今大理州和楚雄州北部、丽江市东部、四川省凉山州南部之间的广大区域，成为一个人口众多、势力强大的独立部族，而唐初梁建方所征讨的“松外蛮”可能就属于昆明部族。〔2〕另外，《华阳国志·南中志》记载，晋代时，云南郡地区的部族有上方夷、下方夷之分，按照洱海地区居民以北为上、以南为下的传统习俗，方国瑜先生和林超民先生均认为，“上方夷”即原居住于洱海北部的昆明部族，“下方夷”即后来迁入的“西洱河蛮”等族群，从“乌蛮”和

〔1〕［唐］杜佑撰：《通典·边防典》，“松外诸蛮”条，见方国瑜主编《云南史料丛刊》（第一卷），云南大学出版社 1998 年版，第 452～453 页。梁建方征讨松外蛮的时间有贞观十九年（公元 645 年）、贞观二十二年（公元 648 年）等多种记载，方国瑜先生认为应是贞观十九年刘伯英上疏请求讨伐，贞观二十二年梁建方出兵，因此实际的征讨时间应为贞观二十二年。

〔2〕《新唐书·南蛮传》在记述梁建方讨“松外蛮”时说，“居数岁，太宗以右武侯将军梁建方发蜀十二州兵进讨，酋帅双舍拒战，败走，杀获十余万，群蛮震骇，走保山谷。建方谕降者七十余部，户十万九千，署首领蒙和为县令，余众感悦。”与《通典·边防典》关于“昆明蛮”的记载相比较，则可知梁建方在松外地区所讨伐的即为昆明蛮。又，《新唐书·南蛮传》在记述梁建方征讨“西洱河蛮”后说：“二十二年，西洱河大首领杨同外、东洱河大首领杨敛、松外首领蒙羽皆入朝，授官秩。”则知西洱河蛮、东洱河蛮的首领为杨氏，松外蛮的首领为蒙氏。但方国瑜先生在《云南史料目录概说》中引述《新唐书·南蛮传》上述材料时则加按语说：“……群蛮震骇，走依［保］山谷，建方谕降者（按以上为松外蛮事，下为西洱河事）七十余部，户十万九千，署首领蒙和为县令，余众感悦。”（见《云南史料目录概说》第一册，中华书局 1984 年版，第 147 页）则不知方先生此说据何而言。

"白蛮"的角度而言，昆明部族属于"乌蛮"种类，"西洱河蛮"属于"白蛮"种类。[1]

二、唐初云南地区的农作物种类和农业生产情况

《西洱河风土记》简要记述了当时西洱河地区的农作物种类和农业生产情况：

其土有稻、麦、粟、豆，种获亦与中夏同。而以十二月为岁首。菜则葱、韭、蒜、菁，果则桃、梅、李、柰。有丝麻女工蚕织之事，出绳绢丝布，幅广七寸以下。早蚕以正月生，三月熟。畜有牛、马、猪、羊、鸡、犬。饭用竹箸拷之而啖，羹用象杯若鸡彝。[2]

上引材料虽然极为简略，但却是史籍中关于云南地区"五谷"、"六畜"和蚕桑生产情况的最早最完整的记载。在此之前，没有任何史籍对唐代以前云南地区农作物种类和农业生产的基本情况作过系统记载。根据这一材料，我们可以做出以下分析。

第一，从农作物种类来说，当时的云南地区已经是"五谷"齐全，果蔬丰富。

从云南地区"五谷"种植的历史发展情况来说，虽然剑川海门口遗址的考古发现表明，在距今3000年前，云南地区的先民就已开始种植稻、麦、粟等3种作物，但从文献材料来看，从秦汉至南北朝的数百年间，见于记载的多是稻谷的种植情况，其他谷类作物的种植情况，史籍几无明确记载。尽管如此，我们认为，从一些零星的历史信息来看，三国两晋南北朝时期，稻、麦、粟、菽（豆）、黍等五谷在南中地区都应得到了种植。

东晋时常璩所撰的《华阳国志·南中志》记载说，永昌郡"宜五谷"[3]。这里，常璩虽未明言永昌郡地区已有"五谷"种植，但可以认为，"宜五谷"的说法应非推断之语，而应是对客观事实的如实记述。成书于蜀汉或西晋时期的《永昌郡传》对越嶲郡种植"五谷"的情况作了明确记载："越嶲郡在建宁西北七百里，治邛都县。自建宁高山相连，至川中平地，东西南北八十余里。特好桑蚕，宜黍、稷、麻、麦、稻、粱。"[4] 从《永昌郡传》所记述的越嶲郡作物种植情况以及以建宁郡作为中心来判别其他6郡的方位和距离情况来看，《永昌郡传》所记述的应是蜀汉时期南中地区的情况，因为此时，尚未设置宁州，南中地区共有建宁、兴古、云南、朱提、永昌、越嶲、

[1] 方国瑜：《云南史料目录概说》（第一册），中华书局1984年版，第149页；林超民：《西洱河风土记及其史料价值》，载《林超民文集》（第一卷），云南人民出版社2008年版，第347～348页。

[2] 见方国瑜：《云南史料目录概说》（第一册），中华书局1984年版，第149～150页。

[3] ［晋］常璩撰：《华阳国志》，齐鲁书社2010年版，第57页。

[4] 《永昌郡传》，见方国瑜主编《云南史料丛刊》（第一卷），云南大学出版社1998年版，第189页。

牂牁等7郡，属于治所设在建宁郡味县的庲降都督或南中都督管辖，而在西晋初年设置宁州后，越嶲郡就从此划归了治所设于蜀郡成都的益州，在行政上不再隶属南中地区了。从《永昌郡传》的上述记载可以看出，虽然越嶲郡的大多数地区高山深谷、地势不平，但越嶲郡郡治周围的河谷地带，却有数十乃至上百平方公里的平坝地区，这些地区不仅桑、麻等衣料作物种植水平较高，而且“适宜”种植黍、稷（粟）、麻、麦、稻、梁等各种粮食作物。〔1〕这种“适宜”既是对当时越嶲郡地区农业生产现象的真实记述，也是按照农业“土宜论”对当地农业生产条件的客观评价。如果蜀汉时越嶲郡地区已经是“五谷丰登”的景象，那么与越嶲郡相邻的建宁、云南、朱提等地自然也是“五谷”皆生的，因为这些地区即使在蜀汉之际尚不会种植麦、粟、黍、麻等作物，那么他们也应该很快就能够从越嶲郡地区获得相关作物种植所需要的种子和技术。作此判断的依据是，建宁、朱提、云南等郡与越嶲郡不仅在蜀汉之际同属庲降都督管辖，在南中大姓反叛蜀汉的活动中，建宁大姓雍闿与越嶲夷帅高定互通声气、相互支持，各地之间政治、经济往来密切，而且远在西汉武帝之时，滇池地区的“滇”部落与越嶲地区的“邛都”部落就都同属“西南夷”中“椎髻，耕田，有邑聚”的农耕部落，农业生产相对其他部落就已较为发达，经过汉晋时期南中各地之间密切的经济文化交往联系，各地之间互通有无、相互促进，建宁、晋宁等滇中地区与越嶲地区农业生产的发展水平应该大体相同和接近。而从史籍记载来说，至少，粟、黍类作物，汉晋时期建宁郡、晋宁郡、朱提郡地区已能种植。《华阳国志·南中志》记载，经过太安元年（公元302年）以来南夷校尉、宁州刺史李毅与地方大姓、夷帅之间的长期内乱，至永嘉四年（公元310年）王逊至南中任南夷校尉、宁州刺史时，“时荒乱后，仓无斗粟，众无一旅，官民虚竭，绳纪弛废。（王）逊恶衣菜食，招集夷民。”〔2〕文中明确提到了南中粮仓中的谷物为粟，此处所谓“粟”，应是指具体的作物种类，而非仅作为谷类作物的代称。同样，在晋代郭义恭所著《广志》中，也提到了建宁、朱提地区出产黍类作物：“秬豆，苗似小豆，紫花，可为面。生朱提、建宁。”〔3〕文中的“秬

〔1〕汉晋时期越嶲郡治所在的邛都县为今四川省凉山州州府所在地西昌市。西昌市所在的安宁河谷，有较大面积的平坝地区，也有良好的气候、降水等农业生产条件，自来为重要的农业生产区。20世纪40年代，西南联合大学教授曾昭抡先生考察凉山地区时，记录下了当时西昌坝子农业生产的繁盛景象：“从地理上的位置说来，西昌正当宁属八县（即宁远府属八县。汉晋时的越嶲郡地区清代为宁远府，宁远府治在西昌县——引注）的中心，位在安宁河东岸。附近河流纵横环抱，皆是安宁河的支流。该河在此一带，流速颇缓，蜿蜒殊甚，因此在城附近，造成一片长宽各数十里（比较地南北略长而东西略窄）的大坝子。在这片肥沃的坝子（所谓‘西昌坝子’）上，夏季一望全是稻田，沟渠纵横，地面一平如纸，显是一种农业繁盛的区域；在冬季则所种农作物，改为蚕豆、小麦及油菜。多数年头，这片平原上，可望丰收。一年两次收成，使当地人民，可以安居乐业。”（见曾昭抡《大凉山夷区考察记》，中国青年出版社2012年版，第3~4页）西昌坝子的良好条件，使该地自汉代以来就是“耕田，有邑聚”的农业发达地区。

〔2〕［晋］常璩撰：《华阳国志》，齐鲁书社2010年版，第51页。

〔3〕［晋］郭义恭撰：《广志》，见方国瑜主编《云南史料丛刊》（第一卷），云南大学出版社1998年版，第214页。

（音‘巨’）豆”非一般的豆科作物，而是黍类作物，即“黑黍”，古人视其为嘉谷。这说明，至迟到晋代，南中地区已经种植黍类作物。

在史籍中，对南中地区豆类作物种植情况的记载尤为稀少，但仍留下了蛛丝马迹的线索。在成书于蜀汉或西晋的《永昌郡传》中，对兴古郡的情况作了这样的介绍：“兴古郡在建宁南八百里，郡领九县，经千里皆有瘴气，菽、谷、鸡、豚、鱼、酒不可食，食皆病害人。”[1] 文中所言兴古郡地区由于瘴气极大，“菽、谷、鸡、豚、鱼、酒不可食，食皆病害人”的说法，显然荒诞不经，不可置信，但文中提到了“菽”（大豆），这表明蜀汉或西晋时期兴古郡及南中地区或许已有菽的种植和产出。除了大豆外，其他一些豆类作物及黍类作物汉晋时南中地区已经开始普遍种植。晋代郭义恭所撰《广志》有这样的记载：“重小豆，一岁三熟。椠甘白豆，粗大可食，刺豆亦可食。……生朱提、建宁。”[2] 文中的重小豆应即为一般所称之小豆，包括小红豆和小绿豆，白豆和刺豆也应为豆科作物。[3]

根据史籍的记载，两晋南北朝时期，与现今广西和越南北部相邻的兴古郡地区，还种植了薯类作物甘薯和芋。《南方草木状》记载说：“甘薯，民家常以二月种之，至十月，乃成卵，大者如鹅，小者如鸭。掘食，其味甜，经久得风，乃淡泊耳。出交趾、武平、九真、兴古。”[4] 这种甘薯即俗称的红山药。明代徐光启所撰《农政全书》卷二五“树艺”在介绍甘薯时，引《异物志》的记载说：“甘薯似芋，亦有巨魁。剥去皮，肌肉正白如脂肪。南人专食，以当米谷。”[5] 同时，叶榆、永昌地区还出产芋。晋代郭义恭所著《广志》在介绍各地芋的出产情况时说：“又有百子芋，出叶榆县；有魁芋，无旁子，生永昌。”[6]

---

〔1〕 见方国瑜主编：《云南史料丛刊》（第一卷），云南大学出版社 1998 年版，第 190 页。

〔2〕 ［晋］郭义恭撰：《广志》，见方国瑜主编《云南史料丛刊》（第一卷），云南大学出版社 1998 年版，第 214 页。

〔3〕 从作物栽培史的角度来看，云南地区的豆科作物品种多、种植面积广，是云南地区重要的杂粮和副食来源。由于品种众多，加之各地称呼不一，故而豆科作物的名称也相对杂乱。民国时期编纂的《新纂云南通志·物产考》在介绍近代云南地区的豆科作物时说：“滇产豆类，约计在五十种以上。或以形名，如刀豆、筷豆、荷包豆（鹤庆特产）、狮子豆、羊角豆等；或以色举，如黄豆、绿豆、红豆、金豆、朱砂豆等；或以地方著称，如三甲豆、小衣庄豆等；或以生态命名，如扁豆、毛豆、架豆、朝天豆、爬山豆等。名类之多，举不胜举，甚有一物数名或数物一名者。若以科学严格范围之，大致蚕豆、黄豆（即大豆）、豌豆、鹊豆（即扁豆）、刀豆、菜豆、豇豆、小豆（绿小豆、红小豆）等，乃滇中最普通之豆类也。此等豆类，形虽各异，均属豆科，蝶形花为其通性，子叶中蛋白质或脂肪质含量甚丰，即其嫩荚、嫩叶，或佐食用，或作饲料，需用尤广。”此一介绍，把豆科作物的种类及近代云南豆科作物的种植情况与命名习俗作了全面的说明，对我们了解相关情况极有帮助。见《新纂云南通志》（四），云南人民出版社 2007 年版，第 102 页。

〔4〕 《南方草木状》，见方国瑜主编《云南史料丛刊》（第一卷），云南大学出版社 1998 年版，第 217 页。

〔5〕 ［明］徐光启撰：《农政全书》，上海古籍出版社 1979 年版，第 688 ~ 689 页。

〔6〕 ［晋］郭义恭撰：《广志》，见方国瑜主编《云南史料丛刊》（第一卷），云南大学出版社 1998 年版，第 214 页。

综合上述情况，我们认为，蜀汉两晋之时，作为南中中心地区的建宁郡以及其他各郡，除了普遍种植稻谷外，也种植麦、粟、黍、菽及麻、粱、薯等作物，这一推断既不背离基本逻辑，亦不会远离历史事实。

到了爨氏统治时期，根据《西洱河风土记》的记载，可以十分明确地说，自南北朝至唐代初期，中国传统的“五谷”——稻、麦、粟、黍、菽及麻、粱等作物在云南地区已得到了普遍地栽培和种植。虽然《西洱河风土记》中仅提到了“稻、麦、粟、豆”4种作物，未提到黍、麻、粱等作物，但可以肯定，当时西洱河地区及南宁州地区已经种植了黍、麻等作物，只是所种面积较少而已，这一点，纪录唐代中期云南地方风土物产的《云南志》做了说明：“从曲靖州已南，滇池已西，土俗唯业水田。种麻豆黍稷，不过町疃。”[1] 即是说，唐代前期，云南大部分地区所种植的作物都为水稻，稻米是当时人们的主粮，农民们只在“町疃”（房前屋后或田埂地角的空地）之地上种植少量“麻豆黍稷”作为杂粮。《云南志》所记载的这一情况应是南北朝至唐初建宁、晋宁、兴古、云南等郡的普遍情况。实际上，即使到近代时期，良田好地用来种稻、麦，房前屋后及田边地角的空地用来种植少量豆、麻、粟、粱等杂粮，仍是云南各地普遍的种植习俗，这一种植特点，既基于云南大部分地区以稻、麦或玉米、土豆为主粮的粮食结构，也源于云南山多坝少、平地不足、水田稀少的农业资源条件。

由于资料缺乏，我们对两晋南北朝至唐初南中地区“五谷”种植的具体情况，相关的土地耕作方式、作物种植技术等难以做出详论，但从“种获亦与中夏同”的评述来看，其种植技术与作物产量应达了一个较高的水平，估计应与南诏、大理国时期的情况相差不远。在下一章关于南诏、大理国时期农业生产情况的论述中，我们将进行深入讨论。

除了“五谷”外，唐初西洱河地区也种植了果蔬等园圃作物。这就是《西洱河风土记》所说的“菜则葱、韭、蒜、菁，果则桃、梅、李、柰。”值得注意的是，这是史籍中关于云南地区蔬菜和水果种植情况的第一次较为明确的记载。这则记载表明，从作物结构上讲，至迟至南北朝和隋唐初期，云南地区的农作物不仅有谷类作物，也已有果蔬作物；从食物结构上来说，此时的云南地区，不仅食用谷物、肉类食物，也已开始食用自种的蔬菜和水果等副食（在此之前，土著的部族民众尽管已经食用果蔬食物，但这些果蔬食物应是通过采集而获得的野生植物，即所谓“山茅野菜”和野生瓜果，人工栽培果蔬作物，是农业生产上的一大进步），从而使得食物品种更为丰富、营养构成更为全面。可以认为，南中地区果蔬作物的栽培，应是汉族移民率先开展的结果，因为两晋南北朝时期，内地的园圃业已获得较大发展，栽培品种众多，种植技术不断改良，这些在《齐民要术》中都有翔实记载和反映，汉族移民把内地的果蔬种子和种植技术带到南中，在南中地区开展果蔬种植活动，应是十分自然的事情，而对居住在偏远地区的少数民族群众来说，直到近代时期，云南边疆地区的许多少数民族群众仍不会种菜或不喜种菜，靠采集野生植物的果实、根茎、叶菜来满足日常饮食生活的需要。实际上，南中地区种植果蔬作物，可能在汉晋时期即已开始。据《宋书·符

[1] ［唐］樊绰撰，向达原校、木芹补注：《云南志补注》，云南人民出版社1995年版，第96页。

瑞志》记载，“晋成帝咸和六年（公元331年）三月，甘露降宁州城内北园榛桃树，刺史以闻。”[1] 又说，“晋孝武帝太康元年十二月戊子，嘉瓠生宁州，宁州刺史费统以闻。”[2] 前一条记载中，宁州城内是否真降甘露值得怀疑，或许是宁州刺史为了讨好皇帝而编造的假消息，但宁州城里北园种植有榛树和桃树的情况却应是真实的，根据这一记载，我们可以推测：东晋时宁州城内或许辟有专门的果园；从后一条记载中，我们看到，当时宁州境内生长着瓠瓜，宁州刺史费统把“嘉瓠”作为祥瑞之兆报告皇帝，显然认为“嘉瓠”关系着国计民生，以此而言，宁州所产的“嘉瓠”应是人工种植用来食用的蔬菜作物，而非仅仅是一种观赏植物或作其他用途（如待其果实成熟后作为盛水或盛酒器物的“葫芦”）的作物。瓠，即葫芦，瓜嫩时可食，为蔬菜之一类，各代农书对此均有专门介绍，元代王祯所著《农书》（即《东鲁王氏农书》）在介绍“蓏属”植物时即说：“夫瓠之物者，累然而生，食之无穷，最为佳蔬，烹饪无不宜者。”[3]

在《西洱河风土记》中，对西洱河地区的蔬、果各只记载了4个种类，这就是蔬菜：葱、韭、蒜、菁（即“芜菁”，也称“蔓菁”），水果：桃、梅、李、柰（音“奈”，即绵苹果，通称“柰子”，亦称“花红”“沙果”）。仅从史料记载上来看，当时西洱河地区所种植的菜、果种类较少，同期内地所种的蔬菜作物除了上列几种外，还有芸苔（油菜）、胡荽（香菜之一种）、胡瓜（黄瓜）、菘（白菜）、芹、兰香（香菜）、姜等多种，果树除了桃、梅、李、柰外，还有枣、梨、栗、柿、安石榴、木瓜等多种。[4] 我们认为，这种情况可从几个方面来进行解释：一是相对内地而言，当时南中地区所种果蔬种类确乎较少，因为此一时期，许多果蔬种类即使在中原内地也是刚从西域等地引种不久，南中地区尚不能种植也在情理之中；二是一些果蔬品种南中地区已经能够种植，只是史籍中缺乏记载或记载不足而已，如前述的“瓠”“榛”等；三是南中地区居民特别是一些部族群众喜好辛香酸辣等口味，故所种蔬菜，也多为葱、蒜、韭等调味蔬菜。

第二，初唐时期，云南地区“六畜兴旺”，农牧结合的家庭畜牧业或专门的畜牧经济均有较大发展。

云南地区由于山高谷深、平地较少，虽然种植业发展的条件相对不利，但植被茂盛，草场资源丰富，畜牧养殖业发展的条件较优。在两汉时期，滇中地区的畜牧业就已得到了较好的发展，不仅“六畜”种类齐全，而且牛、马的饲养尤为兴盛，“滇”

〔1〕［梁］沈约撰：《宋书》，见方国瑜主编《云南史料丛刊》（第一卷），云南大学出版社1998年版，第148页。

〔2〕［梁］沈约撰：《宋书》，见方国瑜主编《云南史料丛刊》（第一卷），云南大学出版社1998年版，第148页。经查《中国历史纪年表》，东晋孝武帝刘曜无太康年号，只有宁康和太元年号，宁康元年为公元373年，太元元年为公元376年。见方诗铭编著《中国历史纪年表》，上海辞书出版社1980年版，第54页。

〔3〕［元］王祯撰，缪启愉、缪桂龙译注：《东鲁王氏农书译注》，上海古籍出版社2008年版，第180页。

〔4〕参见［北魏］贾思勰撰，缪启愉校释：《齐民要术校释》，农业出版社1982年版。

国青铜器直观地展现了当时滇池地区畜牧业兴旺发达的生动景象。两晋南北朝时期，云南地区的畜牧业仍处在不断发展的状态中。《华阳国志·南中志》记载，西晋时，在宁州地区设置南夷校尉，统辖南中地区的五十八部夷族，“每夷供贡南夷府，入牛、金、旃、马，动以万计，……其供郡、县亦然。”[1] 这一方面说明当时南夷校尉及郡县官员对各部族群众剥削之重，另一方面也说明西晋时南中地区畜牧养殖之兴盛。

至唐代初期，南中地区的畜牧养殖业仍十分发达。从洱海地区的畜牧养殖情况来看，《西洱河风土记》说当时洱海地区“畜有牛、马、猪、羊、鸡、犬”，这说明当时洱海地区不仅“六畜”种类齐全，而且应是农牧结合，以农为主、以牧为辅来进行养殖活动的。因为从一般的养殖方式来看，牛、马、羊可以游牧放养，而猪、鸡一般都是固定地圈养或在畜舍附近放养，这一点与西洱河地区居民种植“五谷”、果蔬的情况联系起来看，表明西洱河地区居民以农业种植业为主，辅之以畜牧养殖业：饲养牛、马用来耕田和役使，养羊是为了食用并以其皮毛作为衣物原料，而养猪和养鸡则全是为了食用。农牧结合的经济类型和生产方式，不仅西洱河地区如此，在整个南中地区都是如此。樊绰《云南志》记载说，天宝年间，自滇东北的曲州、靖州到滇南的宣城（今元江），“邑落相望，牛马被野”[2]。“邑落相望”的景观与“牛马被野”的盛况并存，说明这些地区满山遍野的牛马皆是定居的村落农民家庭所饲养，这些地区的经济类型也是以农为主、农牧结合的。考古发现也证明了这一点。从考古材料来看，唐朝（武周）圣历元年（公元698年）重葬于今安宁市鸣矣河乡小石庄村的“大周故河东州刺史”王仁求夫妇合葬墓中，出土了较多的陶制畜禽模型，计有驮马2件、鞍马4件、马6件、黄牛14件、水牛3件、绵羊5件、猪10件、狗7件、鸡4件、鸭4件、鹅4件[3]，占了随葬品的大多数，表明了畜禽在当时人们生活中所具有的重要价值，同时也显示出当时南中地区畜牧养殖业的兴盛。

值得注意的是，在滇西地区，既有“西洱河蛮”等以农为主、农牧结合的部族，也有“昆明蛮”等以牧为主、世代游牧的部族。“昆明蛮”自西汉以来，一直游牧生活于洱海以东、以北，越嶲以南，滇池以西的广大地区，主体活动区域即为云南郡地区。《新唐书·南蛮传》说：“爨蛮西有昆明蛮，一曰昆弥，以西洱河为境，即叶榆河也。距京师九千里。土歊湿，宜粳稻。人辫首，左衽，与突厥同。随水草畜牧，夏处高山，冬入深谷。尚战死，恶病亡，胜兵数万。”[4] 这就是说，“昆明蛮”活动于洱海周围及其以东、以北的广大地区，这些地区的河谷地带，湿热多雨，可以种植稻谷（如“西洱河蛮”等部族就是从事农业种植活动），但“昆明蛮”却一直沿袭着其自汉代以来的游牧传统，在一定的地域范围内过着迁徙不定的游牧生活，他们按照四季气

---

〔1〕［晋］常璩撰：《华阳国志》，齐鲁书社2010年版，第49页。

〔2〕［唐］樊绰撰，向达原校、木芹补注：《云南志补注》，云南人民出版社1995年版，第47页。

〔3〕杨帆、万扬、胡长城编著：《云南考古（1979～2009）》，云南人民出版社2010年版，第314页。

〔4〕［北宋］欧阳修、宋祁撰：《新唐书·南蛮传》，见方国瑜主编《云南史料丛刊》（第一卷），云南大学出版社1998年版，第405页。

候变化和水草生长的情况，当冬天天冷草枯之时，将牲畜赶入河谷地带避寒，当夏天天热草茂之时，将牲畜赶到高山地区放牧。作为游牧民族，昆明族的风俗习惯与民族性格看上去与洱海周围地区的汉族或其他“蛮夷”不甚相同，而与中国北方地区的匈奴、突厥等民族倒是有些相同或相近。

在汉晋南北朝时期南中地区的畜牧业中，马的饲养不仅数量众多，而且质量较优，成为名闻中原内地的优良畜产。虽然关于唐代以前南中地区养马的具体情况史无明载，但在一些相关史籍中，仍留下了南中地区出产名马的相关信息。北周末年，益州代理总管梁睿在给丞相杨坚（即后来的隋文帝）的两次上疏中，就说：宁州地区，“户口殷富，金宝富饶，二河有骏马、明珠，益宁出盐井、犀角”。在另一疏中也说：“南宁州，汉代牂牁之郡，其地沃壤，多是汉人，既饶宝物，又出名马。”[1] 对当时宁州出产“名马”的情况反复提及，可见当时宁州养马之盛和马匹品质之优。正因为当时宁州地区骏马多、品质好，而爨氏又不愿把更多的好马贡献给北周和隋朝，才引起梁睿的不满。在给杨坚的报告中，梁睿说：“至伪梁南宁州刺史徐文盛，被湘东征赴荆州，属东夏尚阻，未遑远略。土民爨瓒遂窃据一方，国家遥授刺史。其子震，相承至今。而震臣礼多亏，贡赋不入，每年奉献，不过数十匹马。”[2] 即是说，从梁朝、北周以来，爨瓒、爨震父子虽被北周遥授刺史之职，但他们并未尽到臣子的本分，未向北周朝廷贡献更多的赋税和方物，只是每年象征性地缴纳数十匹马而已，远远达不到朝廷的预期愿望和目标。为此，梁睿建议朝廷出兵南中，对爨氏的不臣行为进行讨伐。

第三，经过两晋以来数百年的实践探索和经验积累，到唐初，云南地区种桑养蚕和缫丝纺织技术水平获得了较大的提高。

在《西洱河风土记》中，明确记载了唐初西洱河地区：“有丝麻女工蚕织之事，出绳绢丝布，幅广七寸以下。早蚕以正月生，三月熟。”[3] 这一记载反映出这样的信息：西洱河地区的纺织品有丝和麻两类，纺织物有麻绳、麻布、绢丝织品等，这些织物原料面幅较小，每幅不足一尺。丝为种桑养蚕所织，早蚕从正月出生，到三月即成熟为茧。对于这些信息还可作进一步的深入解读。

从丝织品来说，种桑养蚕、缫丝织绢是两晋南北朝时期南中地区农耕和纺织上的一大进步和发展。西汉时期，云南地区尚不能养蚕缫丝，在石寨山和李家山的一些墓葬中，虽发现了少量的丝织品残片和丝线，经鉴定为蚕丝，但估计应为内地输入之物。[4] 东汉以后，云南地区开始种桑养蚕。《后汉书·西南夷列传》说，哀牢人地区，“土地沃美，宜五谷蚕桑”[5]。这说明东汉时哀牢人所居住的永昌地区，已能种桑养

〔1〕［唐］魏征等撰：《隋书·梁睿传》，见方国瑜主编《云南史料丛刊》（第一卷），云南大学出版社 1998 年版，第 330～331 页。

〔2〕［唐］魏征等撰：《隋书·梁睿传》，见方国瑜主编《云南史料丛刊》（第一卷），云南大学出版社 1998 年版，第 331 页。

〔3〕见方国瑜：《云南史料目录概说》（第一册），中华书局 1984 年版，第 149 页。

〔4〕张增祺：《滇国与滇文化》，云南美术出版社 1997 年版，第 116 页。

〔5〕［宋］范晔撰：《后汉书·西南夷列传》，见方国瑜主编《云南史料丛刊》（第一卷），云南大学出版社 1998 年版，第 60 页。

蚕，但具体情况如何，不得而知。到了西晋时期，永昌地区出产的蚕、桑、绢、帛等物，已成为永昌地区有名的特产。《华阳国志·南中志》对此记载说，永昌郡地区，“土地沃腴，黄金、光珠、琥珀、翡翠、孔雀、犀、象、蚕、桑、绵、绢、彩帛、文绣”[1]。尽管如此，直至东晋时期，南中地区种桑养蚕的地方仍不很多。与永昌郡相邻的云南郡地区就不会种桑养蚕：“（云南郡）土地有稻田、畜牧，但不蚕桑。”[2] 牂牁郡地区也是“无蚕桑”[3]。南广郡地区“土地无稻田、蚕桑”[4]。这表明，至东晋时期南中的大多数地区仍不掌握种桑养蚕技术，种桑养蚕仍是当时少数地区才有的先进技术。至于当时属于边地的永昌郡何以率先掌握种桑养蚕技术，仍是一个历史之谜，一个合理的解释是，两汉时期迁入永昌地区的汉族移民，如著名的吕氏家族等，将内地先进的种桑养蚕和缫丝织绢技术带入了永昌地区，并很快在永昌地区推广普及开来。此后，经过数百年的发展，至唐初，洱海地区的“西洱河蛮”等部落，蚕桑种养和丝帛纺织技术已达到了一个较高的水平。

从麻织品来说，从秦汉时代开始，云南地区就已能够种麻，并且在一个很长的时期里，麻布可能是南中居民主要的衣物原料。在两晋南北朝时期，南中居民麻类作物的种植规模虽然远不及谷类作物，但在房前屋后和田边地角的空地上因地制宜地种植一些麻类作物，以此作为纺织品原料的来源，并收获一部分籽实作为副食补充来源，应是一种普遍现象。南中居民的麻织品包括大麻制品和苎麻制品等种类。《华阳国志·南中志》说永昌郡地区：“有兰干细布，兰干獠言紵也，织成，文如绫锦。”[5] 紵即纻，也就是苎，永昌地区“獠”人所说的兰干细布，就是苎麻布，可能由于“獠”人织艺较精，所织的苎麻制品，其纹理像带有彩色花纹的丝织品一样美观。

除了“兰干细布”外，永昌地区还出产“桐华布”。《华阳国志·南中志》说，永昌郡地区，“有梧桐木，其华柔如丝，民绩以为布，幅广五尺以还，洁白不受污，俗名曰‘桐华布’，以覆亡人，然后服之，及卖与人”[6]。即是说，永昌郡地区出产一种名为“梧桐木”的树，梧桐木的花柔软如丝，可以用来织布，用梧桐木花织成的布称为“桐华（花）布”。有的学者认为，梧桐木即木棉科属的落叶大乔木攀枝花树，但也有学者不同意这种看法，认为攀枝花的花絮纤维短，只能用来填充枕垫和褥子，不能用来织布，能够用来织布的是原产于印度的“树棉”，树棉为锦葵科的常绿小乔木，近代时期云南的文山、个旧、蒙自、元谋等地均有树棉，当地少数民族用树棉的茸毛织布，织出的布与草棉布相似。[7] 实际上，“梧桐木”应即是滇西南傣族地区常见的一年生草本棉或多年生灌木木棉，即栽培棉树分类中的海岛棉（详见第五章考辨）。20 世纪

[1] ［晋］常璩撰：《华阳国志》，齐鲁书社 2010 年版，第 57 页。
[2] ［晋］常璩撰：《华阳国志》，齐鲁书社 2010 年版，第 58 页。
[3] ［晋］常璩撰：《华阳国志》，齐鲁书社 2010 年版，第 52 页。
[4] ［晋］常璩撰：《华阳国志》，齐鲁书社 2010 年版，第 56 页。
[5] ［晋］常璩撰：《华阳国志》，齐鲁书社 2010 年版，第 57 页。
[6] ［晋］常璩撰：《华阳国志》，齐鲁书社 2010 年版，第 57 页。
[7] 张增祺：《滇国与滇文化》，云南美术出版社 1997 年版，第 115 页。

70年代，汪宁生先生以实地考察所见，也证实了这一看法。[1]《华阳国志》的记载表明，汉晋时的云南地区已能利用木棉花絮织布则是可以肯定的，“桐华布”应是中国较早的棉织品。

除了丝、麻、棉织品外，汉晋以来云南地区的另一种重要衣物原料即为皮、毛制品。而文献记载中较早制作、使用皮毛制品的地区仍为永昌郡地区。《后汉书·西南夷列传》说哀牢人“知染采文绣，罽毲帛叠，兰干细布，织成文章如绫绵”[2]，文中的“罽毲”（音“季多”）即为毡毯之类的毛织品。值得注意的是，用牛、羊等动物皮张来制作衣物被褥并不是特别稀奇的事情，在许多游牧民族中，“食肉寝皮”是一种十分普遍的现象，但是要将羊毛等物擀制成毡毯等物却需要一些特别的技艺，故此，汉晋时期相对边远落后的永昌郡地区能够制作罽、毲等物就是一件特别的事情。而尤为令人惊异的是，汉晋时的永昌郡地区可以说是当时南中地区的纺织业重地，永昌郡地区不仅丝、麻、棉、毛各类产品一应俱全，而且种桑养蚕、抽丝剥茧、纺纱织布、染色刺绣样样皆能，个中缘由，不得而知。

三、唐初西洱河地区的民风民俗

《西洱河风土记》说：

饭用竹筲抟之而啖，羹用象杯若鸡彝。有船无车。男女以毡皮为披，女子絁布为裙，衫仍帔毡皮之帔。头髻一盘而成，形如鉴。男女皆跣。至于死丧哭泣，棺椁袭敛，无不毕备。三年之内，穿地为坎，殡于舍侧，上作小屋；三年之外，出而葬之，蠡蚌封棺，令其耐湿。豪富者杀马牛祭祀，亲戚必会，皆赍牛酒□焉，多者至数百人。父母死皆斩衰布衣，远者至四五年，近者三二年，然后即吉。其被人杀者，丧主以麻髻发而黑其面，衣裳不缉。唯服内不废婚嫁。娶妻不避同姓。富室娶嫁，金银各数十两，马、牛、羊皆数十头，酒数十瓶，女之所赍金银将□亦称是。婿不亲迎，女至其家，亦有拜谒尊卑之礼。其俗有盗窃杀人淫秽之事，酋长即立一长木，为击鼓警众，共会其下，强盗者众共杀之。若贼家富强，但烧其屋宅，夺其田业而已，不至于死。穿窬盗者，九倍偿赃。处女、嫠妇淫秽不坐，有夫而淫，男女俱死。男子不跨有夫女子之

[1] 1973年4月5日，民族考古学家汪宁生先生在德宏州潞西县（今芒市）西山毛将寨调查，见到了景颇族妇女纺织的场面，“问纺线用的棉花何来，群众笑指村寨四周曰：‘这不是吗？’乃一种高与人齐之植物，当地人称‘达俄磨’（意为‘大棉’），棉花采摘未尽尚有存树上。我恍然大悟，所谓能织布之木棉，应指此。忆前在西双版纳亦见此物。张君（县农水科陪同调查者——引注）为农业专门人材，承告此为多年生草棉，纤维不如一年生草棉长，尚可纺成线，而攀枝花树则根本不能纺线。这种多年生草棉又有海洋种及大陆种之分。前人尽信古书，以‘红棉花开十里香’之攀枝花为可织布之物，实误。”见汪宁生《西南访古三十五年》，山东画报出版社1997年版，第144页。

[2] ［宋］范晔撰：《后汉书·西南夷列传》，见方国瑜主编《云南史料丛刊》（第一卷），云南大学出版社1998年版，第60页。

衣。若妇淫之人，其族强者，输金银请和，妻则弃之；其两杀者死，其家即报复，力不能敌，则招其部落举兵相攻。[1]

根据上引材料，我们可以对唐初西洱河地区村落社会的民风习俗作如下分析：

其一，衣食之俗。在穿衣方面，男女均以毛毡和羊皮制成外衣披于肩背上（这种衣服应即俗称之“羊皮褂”），女子下身穿粗绸制成的裙子，上身仍以毡褂或皮褂为衣，发髻盘成髽（音“抓”，古代妇女服丧时用麻扎成的发髻）形，即将头发梳在头顶的两边。无论男女，皆光脚、不穿鞋。“西洱河蛮”的这种服饰习俗与南诏时“乌蛮”系统各族群（如彝族、纳西族等民族的先民）的衣饰之俗十分相近，即外披羊皮衣褂，内穿布衣或不穿任何内衣，与汉族的衣饰之俗区别较大。在饮食方面，“西洱河蛮”用筲箕（盛装食物的竹筐）盛饭，用手将饭粒揉成团后直接进食，不用碗筷，汤羹用形若鸡彝（古代的一种酒器）的象杯[2]盛而饮之。这种饮食方式在近代时期云南地区的许多少数民族（如傣族、佤族等）中仍可看到，即所谓“手抓饭”，唐初“西洱河蛮”的饮食风俗，与唐代及后来云南地区许多“蛮夷”的饮食风俗相同或相似。

其二，丧葬之俗。文中说，“至于死丧哭泣，棺椁袭敛，无不毕备”（《通典·边防典》对此句的断句为：“至于死丧，哭泣、棺椁、袭敛，无不齐备”[3]）。这一葬俗与汉族的葬俗较为相近。樊绰《云南志》记载南诏时期云南各部族的葬俗时说：“西爨及白蛮死后，三日内埋殡，依汉法为墓。稍富室广栽杉松。蒙舍及诸乌蛮不墓葬。凡死后三日焚尸，其余灰烬，掩以土壤，唯收两耳。”[4] 将《云南志》的记载与《西洱河风土记》的记载相比较，我们认为，“西洱河蛮”的葬俗与“西爨白蛮”的葬俗十分相近，而“西爨白蛮”即为汉晋以来不断夷化的汉族移民后裔或汉夷混血族群，以此而言，“西洱河蛮”应即为“白蛮”之一种，即与汉族移民具有血缘关系并受到汉文化深刻影响的南中地方族群，而这也与前述“西洱河蛮”的汉族移民后裔身份相一致。因此之故，“西洱河蛮”在族人去世之后，不仅依汉法进行土葬，而且在丧仪上，哭泣、装敛（殓）、入棺等程序皆不可少。并且，在为亲人守孝上，也遵从汉俗，也即是：作为死者最亲近的人，要穿名为“斩衰”[5] 的丧服，并且一穿四五年或二三年，

---

〔1〕 见方国瑜：《云南史料目录概说》（第一册），中华书局1984年版，第149～150页。

〔2〕 “象杯”《新唐书·南蛮传》作“乌杯”：“乌杯贮羹如鸡彝”（见方国瑜主编《云南史料丛刊》第一卷，云南大学出版社1998年版，第406页）。“象杯”“乌杯”其形状究竟如何，史无记载，也无实物可睹，难以想见。

〔3〕 见方国瑜主编：《云南史料丛刊》（第一卷），云南大学出版社1998年版，第452页。《云南史料丛刊》节录《通典》文字，出自商务印书馆万有文库本。

〔4〕 ［唐］樊绰撰，向达原校、木芹补注：《云南志补注》，云南人民出版社1995年版，第118页。

〔5〕 古代将家族内的亲疏远近关系分为五个差等，并且将其与丧葬时所穿丧服的式样等次相对应，这五种丧服依次称为：斩衰（衰读作“崔”）、齐衰（齐衰读作“资崔”）、大功、小功、缌（音“思”）麻，这就是所谓“五服”。因此，也以“五服”来代称亲族远近关系。

之后才改穿常服，以表示对死者的哀思和自己的孝心[1]。另外，亲人去世后，棺木三年之内不下葬，而是将其陈放于住屋旁的小屋内，三年之后，才出而葬于地下。这种习俗也与古代为亲人在墓地守孝之俗有关。由此而言，“西洱河蛮”的葬俗应是对古代汉地丧葬之俗的继承和沿袭。

其三，婚姻之俗。按照汉族的婚姻习俗，“同姓不婚”的规矩千百年来一直被世代严格遵守。根据《西洱河风土记》的记载，唐初西洱河地区有许多汉族名家大姓，如杨、李、赵、董等，但这一地区却是“娶妻不避同姓”。这一现象是如何形成的呢？是对汉族传统婚姻习俗的变革还是受到当地土著部族婚姻习俗的影响？由于缺乏更多的历史信息，我们对此难以做出进一步的推测和解释。“西洱河蛮”在缔结婚姻时，也讲究“彩礼”，即男方家庭要赠送给女方父母家一定的物质财富，在西洱河地区，这种彩礼对于富裕家庭来说，一般包括金银等贵金属和牛、马、羊等重要财产，同时还要送上数十瓶酒，当然，女方家也要给男方家一定的财物作为陪嫁，其种类与男方家所送物品基本相同。[2] 与婚姻相关的其他习俗是对男女双方婚恋行为的相应规范。在“西洱河蛮”中，对尚未出嫁的处女和丧偶的寡妇的两性行为不作强制性限制，她们即使发生了所谓的“淫秽”行为，也不会受到惩处，也就是说，作为处女和寡妇，她们与异性的交往行为受到社会许可和承认。对于有夫之妇，其与丈夫以外的男性的两性行为则受到社会的严格限制，若发生这种行为，男女都要被处死；当然，也存在着变通的处理方式，这就是有钱有势人家的子弟与他人的妻子发生了私通行为，可以通过支付金银给受到伤害的丈夫家族，求得对方的宽恕，从而免死，而对不守妇道的女子则以休妻的方式予以惩罚。也就是说，女性婚前或丧偶后的性爱活动，受到社会的宽容，而婚后的私通行为则受到严格禁止。这种婚恋习俗在云南许多少数民族中长期沿袭。

其四，恶行处罚。进入文明时代以来，各个社会或族群都有其行为规范，包括成文的法律、制度和不成文的规矩、习俗等。在许多农业社会中，村规民约、乡风民俗起到了法律约束和道德规范的作用，凡有违犯者，将受到相应的惩处。根据《西洱河风土记》的记载，“西洱河蛮”日常生活中主要的为非作恶行为包括盗窃、杀人、淫秽三类事项，对于每一类事项，均形成了众所遵循的惩处方式。当有为非作歹、伤风败俗之事发生，部落酋长即召集部落群众，举行公审判决活动。部落酋长扮演法官角色，主持公判活动，全体村民充当旁听员和监督员。对于抢劫盗窃行为，一般的惩处方式是由部落民众共同将盗抢者杀死，但如果盗抢者家室富足、势力强大，则可以用钱财赎罪，对其仅施予烧房、夺产的处罚，而饶其性命，对于翻墙入室盗窃者，则处以赔偿所盗之物九倍价值的处罚。对于杀人行为，则按照“杀人偿命”的铁律，予以报复，

〔1〕《新唐书·南蛮传》对西洱河蛮丧俗的记载为：“父母丧，斩衰布衣不澡者四五年，近者二三年。”见方国瑜主编《云南史料丛刊》（第一卷），云南大学出版社 1998 年版，第 406 页。

〔2〕《新唐书·南蛮传》对此的记载是：“富室娶妻，纳金银牛羊酒，女所赍亦如之。”见方国瑜主编《云南史料丛刊》（第一卷），云南大学出版社 1998 年版，第 406 页。

如受害者亲友势单力薄，无力为亲人报仇雪恨，则其所在部落有义务帮助受害者复仇[1]。这一做法也符合农村社会的日常伦理，即作为聚族而居的亲友，村民之间有互帮互助的义务，因为帮受害乡亲复仇不仅关系到维护部落、村邑的尊严和荣誉，也关系到全体部落成员的共同利益：当部落成员的力量不足以维护自己的正当利益时，只有依靠集体力量的帮助和支持，才能使自己的利益得到有效维护，也只有这样，才能保持村落社会间的平衡与秩序，强化村落社会内部的团结与和谐。对于所谓"淫秽"行为的处罚方式，则如上文所述。

〔1〕 上引文中的"其两杀者死，其家即报复，力不能敌，则招其部落举兵相攻"一句，《新唐书·南蛮传》作"凡相杀必报，力不能则其部助攻之"（见方国瑜主编《云南史料丛刊》第一卷，云南大学出版社 1998 年版，第 406 页）。

第四章　唐宋时期的云南农业与社会

唐代天宝年间，唐王朝与新兴的南诏国在洱海地区发生大规模战争，唐王朝军队战败。此后，云南地区历史发展进入了地方民族政权割据称雄时期。从公元8世纪中叶到公元10世纪初，南诏政权在今云南地区统治了150多年。南诏灭亡后，在经过长和、天兴、义宁三个短期政权的相继更替后，10世纪中期，大理政权继起。大理政权在南诏政权建立的政治经济基础上，保持了300多年的统治，最后为北方南下的蒙古势力所征服。从时间上看，南诏(公元752~902年)、大理国（公元937~1253年）在现今云南地区的统治时间，大体与内地唐、宋王朝的统治时间相一致，南诏政权相当于唐王朝的中后期，大理政权几乎与宋王朝相始终。也就是说，云南历史上的南诏、大理国时期，就是中原内地的唐宋时期，南诏、大理国时期云南地区的历史发展情况，从全国的角度而言，就是唐宋时期云南地区的历史发展状况。南诏、大理国时期的云南历史，是唐宋时期中国历史的重要组成部分。

南诏、大理国时期，在相对独立的政权形式下，云南地区外而与内地汉族中央政权保持着政治上的臣属关系以及经济文化上的广泛交流，内而各地各部族之间政治联系加强、经济关系密切、文化交流频繁。在此背景下，在500多年的历史时期里，以汉文化的地方化为主线，南诏、大理国内的各部族之间进行了广泛的交流和互动，促进了汉文化在云南地区的深入传播，促进了唐宋时期云南地区农业生产的较快发展，使唐宋时期成为云南农耕文明发展的新时期——在交流、融合、整合的基础上创造出了新的历史成就。

第一节　唐宋时期云南地区政治变迁

一、天宝战争与南诏建国

（一）唐初云南地区的政治形势

公元618年，唐王朝建立。此时，南中的东部（东爨地区）和中部地区（西爨地区）处于爨氏家族的世袭统治下，而南中的西部地区，即南中七郡时期的云南郡和永昌郡地区，处于不相统属的各部族首领的控制之下。唐高祖李渊和唐太宗李世民在位时期，曾对南中地区进行过积极的经略和治理。唐王朝承认和支持爨氏家族对南宁州地区的统治权，设置南宁州总管府（公元624年，改为南宁州都督府，并曾一度改称为郎州都督府，后又恢复为南宁州都督府），由爨氏家族成员担任都督，代表唐王朝对南宁州地区的州县进行管辖和治理。实际上，唐朝对南宁州实行的是羁縻统治政策，即鉴于爨氏称霸南中的现状和南宁州各地尽为“爨蛮”的现实，承认爨氏家族对南宁州的世袭统治，以换取爨氏家族对唐王朝的效忠和贡奉。而这一点，与汉晋以来南中郡县官员由中央任命的制度有所不同（尽管南朝时期中央政权对宁州官员的任命也仅具形式而已）。但作为羁縻府州，南宁州都督府与姚州都督府一样，先后受唐朝益州大都督府、蜀郡大都督府和剑南节度使的领导和节制。[1]

唐高祖武德四年（公元621年），唐王朝根据安抚大使李英的建议，在今楚雄州、大理州相邻的姚安地区设置姚州。姚州原为云南郡所属的梇栋县地区，取名姚州是因为此州内的居民多姓姚，故命名为姚州。姚州下辖姚城、泸南、长明3个县（3县均在今姚安县及姚安县与大姚县相邻地区）。姚州初设时，属于南宁州（郎州）都督府所辖州之一。唐高宗麟德元年（公元664年），唐朝在姚州的基础上，设置姚州都督府，将原南宁州都督府所辖的西部各州划归姚州都督府管辖。姚州都督府初辖22州，至天宝年间扩大到32州。[2] 姚州都督府所辖地域，大体为原云南郡地区，即今大理州、丽江市和楚雄州西部地区。这样，在原南中地区，唐初设置了南宁州和姚州两个都督府进行管辖和治理。与南宁州都督由爨氏家族成员担任不同的是，姚州都督由内地派来的流官担任，并且，每年从内地征募500名士兵常年镇守姚州。姚州都督府下辖的各

---

〔1〕 此据后晋刘昫等撰《旧唐书·地理志》的记载，见方国瑜主编《云南史料丛刊》（第一卷），云南大学出版社1998年版，第565页。益州大都督府、蜀郡大都督府和剑南节度府及后来的剑南西川为唐朝先后设置的管辖、节制、监察当时西南各州县、边州、羁縻州军政事务的机构，治所设于成都，名称虽异，职责基本相同。

〔2〕 方国瑜：《云南史料目录概说》（第一册），中华书局1984年版，第90~91页。

部族，定期向唐王朝进奉地方特产，表示忠诚和归顺。

从公元618年唐朝建国至唐玄宗开元年间（公元713～741年）的一百多年间，除了对洱海地区的一些部落发动过几次征讨战争外，唐王朝与爨氏家族及南宁州的其他大小部落之间总体上保持着一种和平交往的政治关系，各部落通过朝贡的方式向唐王朝显示政治上的效忠和臣服。这种和平局面到唐玄宗天宝年间（公元742～756年）南诏势力崛起后被打破。

（二）南诏统一洱海地区

南诏原为蒙舍诏，是唐初洱海以南的一个部落。洱海地区原为汉晋时的叶榆县故地。唐初，洱海地区部落林立，不相统属，较大的部落有六个，称为“六诏”。“诏”为汉语“王”之意，也被用来代指部落。这六诏为：蒙嶲诏、越析诏、浪穹诏、邆赕诏、施浪诏、蒙舍诏。根据方国瑜先生的考证，六诏的地域大体为：蒙嶲诏在今大理州漾濞县一带；越析诏在今大理州宾川县；浪穹诏在今大理州洱源县一带；邆赕诏在今大理州洱源县所属邓川镇地区；施浪诏在今大理州洱源县瀰（音“弥”，也写作沵或弥）苴河口一带；蒙舍诏在今大理州巍山县。[1] 根据《云南志》的记载，“（蒙舍诏）居蒙舍川，在诸部落之南，故称南诏也”[2]。

蒙舍部落自称为哀牢人之后。哀牢人原居永昌郡地区，后来一部分哀牢人迁移到洱海周围地区。蒙舍部落即为迁移到蒙舍川（蒙舍川为今巍山县城周围地区）的哀牢人之后，以所居地名为部落名。蒙舍诏的王族姓蒙，也是以地名为姓，是按照汉族的习俗为自己取的姓氏。在蒙舍王族内部，则按照父子连名制的习俗来命名，即以父名的末尾一字为子名的首字。蒙舍诏的首领名字见于记载的最早为舍龙，舍龙以后为龙迦独，龙迦独之后为独罗消，独罗消又名细奴罗。舍龙和龙迦独的事迹不可考，到细奴罗时，则有一些事迹见于记载。细奴罗为蒙舍诏首领时，内地为唐朝高宗时代。细奴罗曾协助唐朝将领平定了今祥云、弥渡和凤仪一带的大勃弄、小勃弄两个部落的反叛，因功被授予阳瓜州（阳瓜州在蒙舍川）刺史一职；此后，细奴罗几次派遣其子罗盛到长安朝贡，被唐王朝赐以锦袍。细奴罗死后，罗盛继位。罗盛及其子盛罗皮继承了细奴罗的事业，不断扩张势力，兼并了洱海以南的各部落。至唐朝开元年间，蒙舍诏的首领为皮罗阁。皮罗阁积极靠拢唐王朝，并在唐王朝的扶持下，统一了洱海地区。

唐王朝为何会大力扶持蒙舍诏统一洱海地区各部落呢？主要基于两个方面的原因，一是在洱海地区，蒙舍诏的势力最为强大，并且与唐王朝关系密切；二是吐蕃势力南下洱海地区，强迫浪穹（今洱源县）以北地区的一些部落臣服吐蕃，从而对唐王朝形成战略包围态势，唐王朝需要在洱海地区培植为自己所用、能够对抗吐蕃的强大势力。开元二十六年（公元738年），在唐王朝的支持下，皮罗阁打败或驱逐了洱海地区的其他“五诏”及各部落，占有了富庶的洱海地区，以太和城（今大理市郊太和村）为都城，并被唐王朝赐名“蒙归义”，封为“云南王”。

关于皮罗阁统一洱海的过程，《南诏德化碑》在记述皮罗阁及其子阁罗凤平定洱海

[1] 方国瑜：《中国西南历史地理考释》（上册），中华书局1987年版，第358～362页。
[2] ［唐］樊绰撰，向达原校、木芹补注：《云南志补注》，云南人民出版社1995年版，第37页。

各部落的事迹时说："洎先诏与御史严正诲谋静边寇，先王统军打石桥城，差诏与严正诲攻石和子，父子分师，两殄凶丑，加左领军卫大将军。无何，又与中使王承训同破剑川，……二河既宅，五诏已平，南国止戈，比朝分政。"[1] 文中的"诏"即阁罗凤，"先诏"即皮罗阁。根据这一记载，南诏统一"五诏"及西洱河各部的行动，是从攻打石桥城、石和子两地的部落开始的，并得到了唐朝官员严正诲、王承训的协助。据方国瑜先生考证，"石桥城"为今下关城西五里的天生桥，"石和子"即"石和城"，在今大理市凤仪镇西边的飞来寺附近，两地均在洱海的南边。[2] 在占领石和城、石桥城后，南诏即挥军北上，进攻洱海地区的各部落。《新唐书》记其事说：

开元末，皮罗阁逐河蛮，取大和城，又袭大厘城守之，因城龙口。夷语山坡陀为"和"，故谓"大和"，以处阁罗凤。天子诏赐皮罗阁名归义。当是时，五诏微，归义独强，乃厚以利啖剑南节度使王昱，求合六诏为一，制可。归义已并群蛮，遂破吐蕃，浸骄大。入朝，天子亦为加礼。又以破渳蛮功，驰遣中人册为云南王，赐锦袍、金钿带七事。于是徙治大和城。天宝初，遣阁罗凤子凤伽异入宿卫，拜鸿胪卿，恩赐良异。[3]

文中的"河蛮"即为洱海周围地区的"西洱河蛮"；"渳蛮"即"昆弥蛮"，也即汉唐以来洱海地区的"昆明人"，浪穹、施浪、邆赕等三诏的居民"施蛮"、"顺蛮"即属"昆明人"，其时三诏依附吐蕃，被南诏所攻击，从今洱源、邓川一带北退到剑川、鹤庆一带。[4] "大和"即"太和"，是南诏初期的都城；"大厘"城为今大理市喜洲镇所在地；龙口城在今大理市上关，是南诏的军事要塞。这样，从今洱海之南的下关，往北而上，经太和城、大厘城（喜洲）至龙口城（上关），所有洱海西部重镇都为南诏所有，并且南诏将浪穹等诏势力驱逐至剑川、鹤庆等地，从而占有了整个洱海地区。南诏击败六诏、统一洱海地区的时间，约为唐朝开元二十四年至二十六年间(公元 736 ~738 年)。

（三）南诏扩张与天宝战争

皮罗阁统一洱海地区后，云南地区的政治格局发生了重大变化。从唐王朝来说，支持南诏统一洱海地区，本是为了利用南诏来遏制和抗击吐蕃势力的南下，以稳定和巩固西南地区的政治军事形势。但从南诏而言，它并不甘心仅仅成为唐王朝的驯服工具，在统一洱海地区后，随着势力的不断壮大，南诏也开始谋求自己的特殊利益，不仅要称雄洱海地区，而且试图把势力扩张到滇池地区，并进而控制整个南宁州地区

---

〔1〕《南诏德化碑》文，见汪宁生《云南考古》，云南人民出版社 1992 年版，第 157 页。

〔2〕方国瑜：《中国西南历史地理考释》（上册），中华书局 1987 年版，第 363 页。

〔3〕［北宋］欧阳修、宋祁撰：《新唐书·南诏传》，见方国瑜主编《云南史料丛刊》（第一卷），云南大学出版社 1998 年版，第 389 页。

〔4〕林超民：《试论汉唐间西南地区的昆明》，载《林超民文集》（第一卷），云南人民出版社 2008 年版，第 324 页。

（唐初南宁州都督府所辖地区，含后来的姚州都督所督辖区域）。这样，南诏与唐王朝的亲密合作关系很快结束，唐、诏矛盾开始凸显。

南诏扩张的主要行动就是利用唐朝和爨氏家族的矛盾及诸爨内部矛盾，向东扩展势力，吞并了西爨地区。大概在天宝二年（公元743年）或三年（公元744年），唐朝主持西南地区军政事务的最高长官剑南节度使章仇兼琼，派遣越嶲都督（治所在今四川西昌，管辖原越嶲郡地区）竹灵倩至爨氏统治的核心区域——滇池地区的安宁县修筑城池，以此作为战略据点，打通越嶲都督府、戎州都督府（驻今四川宜宾，管辖原犍为郡地区）与安南都护府之间的战略通道，开通步头路（据方国瑜先生考证，步头在今元江），并控制安宁地区的丰富盐产。章仇兼琼此举的目的在于对爨地形成合围之势，并进而瓦解爨氏的势力，从而直接控制滇池地区。竹灵倩的筑城举动引起爨氏家族的激烈反应，爨氏各部联手，一举消灭了唐朝的筑城势力，杀死了竹灵倩，毁坏了其所筑城池。在此情况下，唐玄宗令蒙归义（皮罗阁）率军东进，代表唐王朝对爨氏的反抗行为进行讨伐。当蒙归义军队到达波州（今祥云县）时，自知理亏的爨氏家族各部首领1000多人主动来拜见蒙归义，请蒙归义代为奏明唐王朝，请朝廷赦免其罪过。蒙归义将此情况报告了唐王朝，获得唐玄宗批准，同意宽恕爨氏罪过。在爨氏家族的配合下，安宁城得到修复。这就是《南诏德化碑》说的："诸爨畏威怀德，再置安宁。"[1] 事情至此，应该说获得了和平解决。由爨氏毁坏安宁城所引发的战争风波已经过去。

但是，当事各方特别是唐朝在西南地区的军政官员对此结果并不满意。从大局而言，他们觉得这是对爨氏的纵容，不利于加强唐王朝在南宁州的影响和势力；从个人而言，他们失去了一次威镇蛮夷、邀功请赏的机会。故此，他们试图制造新的机会，来削弱爨氏势力。在唐朝官员的讨爨谋划中，姚州都督李宓充当了急先锋。李宓的计划是，挑动爨氏内斗，借此削弱和消灭爨氏势力。在李宓的挑唆下，两爨大鬼主爨崇道杀其叔父南宁州都督爨归王，又杀其弟昆州刺史爨日用，引起爨氏内部的自相残杀。在爨归王被害后，归王妻阿姹寻求南诏蒙归义的帮助，在蒙氏的帮助下，爨归王之子爨守偶（"偶"也作"隅"）被唐朝任命为新的南宁州都督，蒙归义并将一个女儿嫁给爨守偶为妻，又将一个女儿许配给爨崇道之子。在爨归王之妻阿姹与爨崇道的冲突中，蒙归义似乎不偏不倚，对双方都十分友好。而恰恰是这种看似"公正"的态度使得双方的冲突一直不断。这样，"崇道内怀忿惋，外示和平，犹与守偶母子日相攻伐。阿姹又诉于归义，兴师问罪。"[2] 到了这时，蒙归义站到了阿姹一边，率军东进，直抵爨崇道的老巢曲轭川（今马龙县一带），尽杀爨崇道的家人和亲信党羽，接着杀死了南逃的爨崇道。南诏由此占有了滇池地区，统治滇东和滇中地区数百年的爨氏家族自此败亡。爨氏内乱和败亡的时间大概在天宝五载至六载（公元746～747年）。

在爨氏家族的内乱中，挑起事端的是唐朝官员，而最终得利的却是南诏蒙归义。在《南诏德化碑》中，南诏把一切罪责都推到了唐朝官员尤其是李宓的身上，对"诸

[1] 《南诏德化碑》文，见汪宁生《云南考古》，云南人民出版社1992年版，第157页。
[2] ［唐］樊绰撰，向达原校、木芹补注：《云南志补注》，云南人民出版社1995年版，第48页。

爨内乱”事件作了这样一个版本的记述：“其李宓忘国家大计，蹑章仇诡踪，务求进官荣。宓阻扇东爨，遂激崇道，令煞归王，议者纷纭，人各有志。王务遏乱萌，思绍先绩，乃命大军将段忠国等与中使黎敬义、都督李宓又赴安宁，再和诸爨。而李宓矫伪居心，尚行反间，更令崇道谋煞日进。东爨诸酋，并皆惊恐，曰：‘归王，崇道叔也；日进，弟也。信彼谗构，煞戮至亲。骨肉既自相屠，天地之所不佑。’乃各兴师，同我召讨。李宓外形忠正，佯假我郡兵；内蕴奸欺，妄陈我违背。赖节度郭虚己仁鉴，方表我无辜。李宓寻被贬流，崇道因而亡溃。”[1] 在“诸爨内乱”事件中，如果说李宓等唐朝官员是台前指挥的话，那么南诏蒙氏就是幕后导演，正是蒙氏利用爨氏的不和、李宓的不智，居间播弄，顺势出兵、趁势而为，导致爨氏的灭亡和唐朝的失败，最后，背骂名的是李宓，而占据爨地的却是南诏，确乎是“螳螂捕蝉，黄雀在后”。

对于唐王朝来说，爨氏的败亡自不足惜，但爨地落入南诏之手则是其所绝不能容忍的，双方的冲突势所难免。天宝七年（公元748年），南诏王蒙归义（皮罗阁）去世，其子阁罗凤继位，并被唐朝继续册封为“云南王”。而在唐朝方面，在继章仇兼琼、郭虚己两任剑南节度使后，天宝七年，唐朝任命御史中丞鲜于仲通为剑南节度使，又将越嶲都督张虔陀调任为姚州都督[2]（因所辖地域为原云南郡地区，故也称为“云南太守”），而鲜于仲通和张虔陀都是具有明显性格缺陷的人物，仲通“褊急寡谋”[3]、“卞忿少方略”[4]，即是个心胸狭隘、急躁易怒、有勇少谋的人物，而张虔陀同样是个骄狂奸诈、不可一世的人物，两人都对南诏持强硬态度、不把南诏放在眼里，准备以武力对南诏进行教训和惩治。尤为特殊的是，此时的唐朝政权内，朝政由唐玄宗的宠妃杨玉环（即俗称之“杨贵妃”）的堂兄宰相杨国忠所把持，而杨国忠又与鲜于仲通有深厚的个人私交，是鲜于仲通在朝廷里的靠山，杨国忠同样希望通过惩治南诏来扬威边地、恃功擅权。在南诏力谋扩张、吐蕃伺机而动的态势下，由杨国忠、鲜于仲通、张虔陀之辈主持西南军

---

〔1〕《南诏德化碑》文，见汪宁生《云南考古》，云南人民出版社1992年版，第157～158页；又见《新纂云南通志》（五）之《金石考六》，云南人民出版社2007年版，第113～114页。

〔2〕关于张虔陀的职务，《新唐书》《旧唐书》的《南诏传》皆作“云南太守”，云南太守即云南郡太守，“云南郡”为蜀汉至北周时期在洱海区域设置的行政机构，隋唐以来无“云南郡”也无云南太守一职。方国瑜先生认为，云南郡太守即姚州都督，因姚州都督领云南郡地，故二名互用。方先生并引相关史籍加以证明：杜佑《通典·州郡典》说：“姚州，或为云南郡。”樊绰《云南志》引异牟寻于贞元十年（公元794年）与唐和好的誓文说：“去天宝九载，被姚州都督张虔陀等离间部落，因此与汉阻绝，经今四十三年。”《新唐书·玄宗纪》也说：天宝九年，“云南蛮陷云南郡，都督张虔陀死之。”（见方国瑜《中国西南历史地理考释》上册，中华书局1987年版，第304～305页）也就是说，张虔陀的正式职务就是姚州都督，别称云南太守。另外，《南诏德化碑》的记载也表明，所谓云南郡太守或云南郡都督就是姚州都督。天宝十三年（公元754年），李宓率军征讨南诏，《南诏德化碑》对李宓的职务称呼为“前云南郡都督兼侍御史李宓”，而李宓就是原姚州都督，可见云南郡太守或都督即是指姚州都督。

〔3〕［后晋］刘昫等撰：《旧唐书·南诏传》，见方国瑜主编《云南史料丛刊》（第一卷），云南大学出版社1998年版，第374页。

〔4〕［北宋］欧阳修、宋祁撰：《新唐书·南诏传》，见方国瑜主编《云南史料丛刊》（第一卷），云南大学出版社1998年版，第389页。

政事务，唐、诏战争也就为期不远了。天宝八年（公元749年）唐朝进兵安宁和天宝九年（公元750年）南诏攻破姚州拉开了唐、诏战事的序幕。

天宝八年（公元749年），唐玄宗委派特进（“特进”为官名，唐时特进的官阶相当于正二品）何履光率领十道兵马，从安南（今越南北部地区）出发讨伐“云南蛮”（即南诏），第二年（公元750年）收复了安宁城及五处盐井，重新控制了滇池地区。而就在天宝九年（公元750年），阁罗凤出兵姚州，杀死了姚州都督张虔陀，攻陷了姚州都督府所属州县。阁罗凤攻占姚州的背景，《新唐书·南诏传》的记载是：“故事，南诏尝与妻子谒都督，过云南，太守张虔陀私之，多所求丐，阁罗凤不应。虔陀数诟靳之，阴表其罪，由是忿怨，反，发兵攻虔陀，杀之，取姚州及小夷州凡三十二。”[1]阁罗凤起兵攻陷姚州，虽然是由于不堪忍受姚州都督张虔陀的侮辱和勒索，但攻陷姚州、杀死都督的行为对唐朝而言，却是公然叛逆的造反行为，必须惩罚，这样，唐朝以剑南节度使鲜于仲通为统帅，派大军进入云南，对阁罗凤进行武力征讨。

天宝十年（公元751年），剑南节度使鲜于仲通统领六万（一说八万）大军从戎州（今宜宾）、嶲州（今西昌）两路出发，进伐南诏，同时，唐朝安南节度王知进也率军从红河而上，沿步头路进入今云南境，配合鲜于仲通的讨伐行动。当鲜于仲通的大军进至现今滇东北昭通地区的曲州和靖州时，阁罗凤遣使求和，向鲜于仲通承认错误，表示愿意归还从姚州等地掳掠的人员和财物，改过自新，重新恢复姚州、安宁等城池，希望唐军就此停止讨伐行动，重修旧好，遭到鲜于仲通的坚决拒绝。鲜于仲通率大军继续西进，在洱海地区与南诏进行决战，南诏请吐蕃出兵援助，将唐朝大军全部消灭，只有鲜于仲通一人逃回。这是天宝年间唐朝与南诏的第一次大战。关于这次战争的情况，各种史籍都做了记述：

《旧唐书·南诏传》的记载是：“明年（即天宝十年，公元751年——引注），仲通率兵出戎、嶲州。阁罗凤遣使谢罪，仍与云南录事参军姜如芝俱来，请还其所掳掠，且言：‘吐蕃大兵压境，若不许，当归命吐蕃，云南之地，非唐所有也。’仲通不许，囚其使，进兵逼太和城，为南诏所败。”[2]

---

〔1〕［北宋］欧阳修、宋祁撰：《新唐书·南诏传》，见方国瑜主编《云南史料丛刊》（第一卷），云南大学出版社1998年版，第389页。张虔陀的具体死因，《南诏德化碑》的记载为服毒自杀：“三军齐奋，先灵冥佑，神炬助威，天人协心，军郡全拔，虔陀饮鸩，寮庶出走。”（见汪宁生《云南考古》，云南人民出版社1992年版，第158页）方国瑜先生注意到了《南诏德化碑》所记张虔陀死因与《新唐书》、《旧唐书》记载的不同，认为“凡此《碑》与史出入，当从碑文为是”，又说：“见于碑文之事迹，大都与史相合，以《碑》证史而益彰也。”（见《新纂云南通志》五之《金石考六》方国瑜先生为《南诏德化碑》所作之跋文，云南人民出版社2007年版，第129～130页）即认为张虔陀是服毒自杀而亡。方先生所言，自有其理，《南诏德化碑》文作于天宝战争后不久（碑立于唐代宗大历元年，公元766年），所述事实自然可信，但对于张虔陀死因的记述，我们认为，南诏出于自我开脱和减轻罪责的缘故，确有可能将杀死张虔陀的行为故意说成是张虔陀饮鸩自杀，因此，张虔陀的死因真相，仍然存疑。

〔2〕［后晋］刘昫等撰：《旧唐书·南诏传》，见方国瑜主编《云南史料丛刊》（第一卷），云南大学出版社1998年版，第374页。

《新唐书·南诏传》的记载相同："明年，仲通自将出戎、巂州，分二道进次曲州、靖州。阁罗凤遣使者谢罪，愿还所虏，得自新，且城姚州；如不听，则归命吐蕃，恐云南非唐有。仲通怒，囚使者，进薄白厓城（今弥渡红崖镇——引注），大败引还。"〔1〕

第一次唐、诏之战以唐军的全军覆没结束，然而由于杨国忠的包庇和遮掩，唐朝上下竟无人知道征南战争的惨败，反而以为唐军南征之役取得了重大胜利。"杨国忠掩其败状，仍叙战功。"〔2〕只身逃回的鲜于仲通在朝廷中仍得到了大家的尊崇。在杨国忠的授意下，鲜于仲通向唐玄宗上表建议，让杨国忠亲自兼任剑南节度使，得到唐玄宗的批准。这样，杨国忠就"遥领"（并不实际到任）剑南节度使之职，以便于策划发动第二次讨伐南诏之战。

而在南诏方面，由于吐蕃的帮助，取得了击败唐军的重大胜利，南诏自然与吐蕃走到了一起。天宝十一年（公元752年），吐蕃与南诏结为兄弟之国，吐蕃赞普（赞普为吐蕃首领称号）册封阁罗凤为"赞普钟南国大诏"〔3〕（赞普钟意为"赞普之弟"），号为"东帝"，并授以金印。阁罗凤自号"蒙国大诏"，正式建立独立政权"蒙国"，也即所谓南诏国〔4〕，并以"赞普钟"为年号，以天宝十一年为"赞普钟元年"。

杨国忠的隐瞒败绩和南诏的建国及投靠吐蕃意味着唐、诏之间矛盾的持续和深化，唐、诏之间不可避免地还有一战。天宝十三年（公元754年），杨国忠亲自兼任剑南节度使，从两京（长安、洛阳）及河南、河北一带大肆征兵，再击南诏。杨国忠以原姚州都督、此时的侍御史李宓为统帅，率领十万大军和数万后勤人员，渡过金沙江进入云南，与南诏军再战于洱海地区，唐军又大败，李宓被杀。

关于战事的情况，《旧唐书·南诏传》的记载是："十二年（应为十三年，即公元754年——引注），剑南节度使杨国忠执国政，仍奏征天下兵，俾留后、侍御史李宓将十余万，辇饷者在外，涉海瘴死者相属于路，天下始骚然苦之。宓复败于太和城北，死者十八九。会安禄山反，阁逻［罗］凤乘衅攻陷巂州及会同军，西复降寻传蛮。"〔5〕《资治通鉴》的记载是：天宝十三年六月，"侍御史、剑南留后李宓将兵七万击南诏。

〔1〕［北宋］欧阳修、宋祁撰：《新唐书·南诏传》，见方国瑜主编《云南史料丛刊》（第一卷），云南大学出版社1998年版，第389~390页。

〔2〕［北宋］司马光撰：《资治通鉴》，卷二一六、唐纪三二，见方国瑜主编《云南史料丛刊》（第一卷），云南大学出版社1998年版，第628页。

〔3〕据《南诏德化碑》记述，天宝十一年（公元752年）正月一日，吐蕃赞普于邓川"册诏为赞普钟南国大诏"。见汪宁生《云南考古》，云南人民出版社1992年版，第159页。

〔4〕南诏的正式国号或政权称号应为"蒙国"，"蒙"来源于"蒙舍"的部落族名，也是蒙舍王族的姓氏；而南诏先为对蒙舍部族首领的称号（"诏"为"王"的意思，因蒙舍部居于各部之南，故其首领被称为"南诏"），后亦成为对"蒙国"国王的称号。从"蒙国"内部而言，"诏""南诏"均是对蒙舍部落和蒙国首领的称呼，后来在汉文史籍中才被习用为地域名或国名。见方国瑜《南诏名号考》，载《方国瑜文集》（第一辑），云南教育出版社1994年版。

〔5〕［后晋］刘昫等撰：《旧唐书·南诏传》，见方国瑜主编《云南史料丛刊》（第一卷），云南大学出版社1998年版，第374页。

阁逻［罗］凤诱之深入，至大和城，闭壁不战，宓粮尽，士卒罹瘴疫及饥死什七八，乃引还，蛮追击之，宓被擒，全军皆没"[1]。又说："杨国忠隐其败，更以捷闻，益发中国兵讨之，前后死者几二十万人，无敢言者。"[2]

《南诏德化碑》对战争的叙述更为翔实生动："三年（即赞普钟三年，公元754年——引注），汉又命前云南郡都督兼侍御史李宓、广府节度何履光、中使萨道悬逊，总秦陇英豪，兼安南子弟，顿营陇坪，广布军威。乃舟楫备修，拟水陆俱进。遂令军将王乐宽等潜军袭造船之师，伏尸遍毗舍之野。李宓犹不量力，进逼邓川。时神州都知兵马使论绮里徐来救，已至巴蹻山，我命大军将段附克等内外相应，竞角竞冲，彼弓不暇张，刃不及发，白日晦景，红尘翳天，流血成川，积尸壅水，三军溃衄，元帅沉江。"[3] 唐军惨败之状于此可见。

（四）天宝战争的是非问题

天宝十年和十三年两次洱海之战的失败，不仅使唐朝丧失了在洱海地区的影响力，而且连滇池地区的势力都损失殆尽，整个云南地区（即南宁州都督府和姚州都督府所辖区域）都尽归南诏所有，唐朝的政治和军事势力由此退出云南。对唐王朝而言，天宝战争失败之惨重、教训之深刻既是令人震惊的，也是难以理喻的。那么，如何客观、历史地看待天宝年间唐、诏之间的两次惨烈大战呢？

首先，天宝之战是维护唐王朝战略利益的需要。长期以来，人们从道义的角度对天宝年间唐王朝在洱海地区的用兵活动加以谴责，认为这是唐王朝穷兵黩武、边官将领残暴逞强的结果，如唐德宗时大臣李宓在劝唐德宗南和南诏时即说："云南自汉以来臣属中国，杨国忠无故扰之使叛，臣于吐蕃。"[4] 现代的一些学者也认为，李泌的话是当时人对这一事件的比较正确的评价。[5] 即是说，从唐王朝而言，天宝战争既无必要，也不仁义。实际情势果如此吗？林超民先生对此提出了自己的看法。

林超民先生在《天宝西洱河战事及其影响》[6] 一文中，从唐朝国家安全的角度对天宝战争发生的原因、性质和影响作了深刻的分析。林超民先生认为，天宝战争表面上是唐与南诏之间的战争，实际上是唐与吐蕃在洱海地区甚至唐朝西南地区的战略争斗，关系到唐王朝的国家安全与边疆稳定。林超民先生引用《新唐书》对唐代边疆与国家安全问题的总结来说明当时唐王朝与吐蕃、南诏三者之间的战略利益关系。《新唐

〔1〕［北宋］司马光撰：《资治通鉴》，卷二一七、唐纪三三，见方国瑜主编《云南史料丛刊》（第一卷），云南大学出版社1998年版，第631页。

〔2〕［北宋］司马光撰：《资治通鉴》，卷二一七、唐纪三三，见方国瑜主编《云南史料丛刊》（第一卷），云南大学出版社1998年版，第631页。此条材料所记，应包含了前后两次天宝战争的情况，即前后两次战争中，唐军阵亡或疫死、被俘者几达20万人。

〔3〕《南诏德化碑》文，见汪宁生《云南考古》，云南人民出版社1992年版，第160页。

〔4〕［北宋］司马光撰：《资治通鉴》，卷二三三、唐纪四九、德宗八，见方国瑜主编《云南史料丛刊》（第一卷），云南大学出版社1998年版，第633页。

〔5〕马曜主编：《云南简史》，云南人民出版社1991年版，第88页。

〔6〕林超民：《天宝西洱河战事及其影响》，载《林超民文集》（第一卷），云南人民出版社2008年版。

书·突厥传》指出："唐兴，蛮夷更盛衰，尝与中国抗衡者有四：突厥、吐蕃、回鹘、云南是也。"[1] 这就是说，有唐一代，对唐朝的周边安全产生过严重威胁的部族势力或民族政权有四个：突厥、吐蕃、回鹘、南诏。这是唐朝与周边政权关系的基本历史事实。突厥的威胁来自唐朝的北方，时间为唐前期；回鹘的威胁也来自北方，时间上为唐朝的中后期；吐蕃的威胁主要来自唐朝的西北和西南方向，时间上从唐朝前期一直持续到唐朝中后期；而南诏的威胁来自西南方向，时间上为唐朝的中后期。从威胁的程度来看，突厥、吐蕃都曾对唐朝的边疆稳定、国家安全甚至政权存亡产生过严重的冲击和影响，而南诏的威胁主要是对唐王朝西南边疆稳定和人民生命财产安全带来冲击和危害，回鹘总体上能与唐朝和平相处。至唐朝开元、天宝年间，吐蕃对唐朝的威胁最烈，西北方向，尽占河湟之地，兵锋直指唐王朝的政治中心关中地区；西南方向，不仅与唐王朝在今川西地区长期争斗，而且南下洱海地区，姚州都督府下辖的许多州县和部落臣服于吐蕃。在此情况下，唐王朝谋划扶持南诏，与南诏联合，共抗吐蕃，这是唐王朝出于维护国家安全和边疆稳定需要做出的战略决策。对此，林超民先生指出，唐王朝支持南诏统一洱海区域，主要目的是为了剪除洱海地区亲吐蕃的酋邦部落，建立一个归属唐朝而反对吐蕃的地方政权，与西北地区相呼应，对吐蕃形成环攻之势。[2] 因此，唐王朝经营云南，不仅只是唐朝和南诏的局部关系，对于抗击吐蕃、保卫西川，以至防护关陇、王畿之地都有重大意义，是牵涉唐朝全局利益，关系巩固国家统一的大事。[3] 这是对天宝战争前唐朝、南诏、吐蕃三者战略关系的正确分析。从唐与南诏的关系来说，双方合作，共抗吐蕃，于唐有利，可以在战略上对吐蕃形成牵制和遏制；于南诏也有利，可以维护和巩固自己在洱海地区的既得利益，称雄洱海地区。而打破这种战略合作关系甚至战略平衡关系的恰恰是南诏，南诏东进灭爨并进而占领爨地损害了唐王朝的重大利益，如果任由南诏长期占有爨地，不仅不可能利用南诏来牵制和抵御吐蕃，而且唐王朝的西南地区也将难保：南诏占领爨地不仅直接切断了唐朝安南都护府与唐朝西南地区的战略联系，而且直接威胁到唐朝嶲州都督府、戎州都督府乃至整个剑南地区的安全（天宝战争后南诏的对外侵略扩张行为已证明了这一点）。在此情况下，双方发生冲突乃是必然的结果，而战争也是解决问题的最后手段。从这一点来说，无论唐玄宗、杨国忠、鲜于仲通、李宓等人道德上、性格上有何缺陷或不足，但从维护唐朝国家利益的角度来说，他们对南诏发动讨伐战争，以此阻止南诏对唐地的侵略扩张势头，仍属正确的政治决策。

其次，唐军在天宝战争中的失败主要源于谋略和战术的失误。既然唐朝对南诏用兵的战略决策没错，唐军的力量也相对强大，为什么两次战役唐军皆败北呢？从相关

[1] ［北宋］欧阳修、宋祁撰：《新唐书》，卷二一五上《突厥上》，中华书局 1999 年版，第 4587 页。

[2] 林超民：《天宝西洱河战事及其影响》，载《林超民文集》（第一卷），云南人民出版社 2008 年版，第 371 页。

[3] 林超民：《天宝西洱河战事及其影响》，载《林超民文集》（第一卷），云南人民出版社 2008 年版，第 375 页。

情况来看，唐军劳师远征、粮饷不足、士兵厌战，气候不适、疫病流行等因素固然对唐军的战斗力造成了不利影响[1]，但作战方略上的失误才是唐朝在天宝战争中战败的重要原因。从作战方略来说，唐军深入边地，面对南诏、吐蕃合力的态势，本应采取分化瓦解、合个击破的基本方略，以消除吐蕃、南诏联合对唐军带来的重大威胁，这也符合兵法所主张的“上兵伐谋”原则，即破坏敌人的作战计划；同时，从战术上来说，可以采取灵活的作战战术，如避实击虚、声东击西等，以取得出奇制胜的效果。但实际情况却是，面对深入敌境、蕃诏联合的严峻态势和复杂局面，唐军统兵将领不能审时度势、力谋智取，而是狂妄轻敌、恃强蛮干，致使全军覆没，在这一点上，鲜于仲通、李宓等统兵将领狭隘急躁、刚愎自用、有勇寡谋的性格特点确乎对战争结果产生了重要影响。如天宝十年，鲜于仲通率军至曲州、靖州，阁罗凤派使者带着乞和文书前去认错请和，其文说：“往因张卿（指张虔陀）谗构，遂令蕃汉生猜。赞普今见观衅浪穹，或以众相威，或以利相导。倘若蚌鹬交守，恐为渔父所擒。伏乞居存见亡，在得思失。二城（指姚州、安宁——引注）复置，幸容自新。”[2] 南诏所言，既有辩解，也有实情，既有请求，也有警告，但是，鲜于仲通不能对当前的敌我态势进行正确分析，作出有利于自己的抉择和部署，而是对南诏的请求和建议一概加以呵斥拒绝，这就是《南诏德化碑》所说的“仲通拂谏弃亲，阻兵安忍，吐发唯言屠戮，行使皆被诋呵”[3]。最后，为南诏与吐蕃联手所败。

与唐军将领的恃强蛮干、有勇无谋相反，南诏在与唐军的争斗中，则是利字当先、因利而动，有勇有谋、有礼有节，表现出了高超的军事谋略和高度的政治智慧。

在战术指挥上，南诏充分发挥地利、人和的优势，做出有利的作战部署。在第一次战役中，当鲜于仲通兵临洱海时，“王（阁罗凤）审孤虚，观向背，纵兵亲击，大败彼师”[4]。第二次战役时，阁罗凤先派军队偷袭唐军的造船部队，使唐军“水陆俱进”的作战计划被打破；当唐朝大军到达洱海，士气正盛之时，阁罗凤闭城不战，避其锋芒，待唐军势衰粮绝之时，全面出击，大败唐军。

在战略谋划上，南诏不仅在战前即攻占了唐朝在洱海地区的战略据点姚州，使唐军在洱海地区失去前哨阵地和立足之地，而且与吐蕃联合，既增强了反唐力量，更形成了奇兵之势，在两次战役的关键时刻，吐蕃军队的参战给了唐军以致命一击，决定了战争的胜负。这一点，南诏政权在《南诏德化碑》中作了如实陈述。第一次战役时，当南诏与唐和解无望时，南诏“即差首领杨利等于浪穹参吐蕃御史论若赞。御史通观

〔1〕《旧唐书·杨国忠传》在评述杨国忠发动的两次征南之战时说：“自仲通、李宓再举讨蛮之军，其征发皆中国利兵，然于土风不便，沮洳之所陷，瘴疫之所伤，馈饷之所乏，物故者十八九。凡举二十万众，弃之死地，只轮不还，人衔冤毒，无敢言者。”对天宝战争唐军失败的部分原因作了分析和总结。见方国瑜主编《云南史料丛刊》（第一卷），云南大学出版社 1998 年版，第 433 页。

〔2〕《南诏德化碑》文，见汪宁生《云南考古》，云南人民出版社 1992 年版，第 159 页。

〔3〕《南诏德化碑》文，见汪宁生《云南考古》，云南人民出版社 1992 年版，第 159 页。

〔4〕《南诏德化碑》文，见汪宁生《云南考古》，云南人民出版社 1992 年版，第 159 页。

察情，分师入救”[1]。第二次战役时，当李宓大军进抵邓川时，又是吐蕃神川都知兵马使论绮里徐来救，南诏军与吐蕃军内外相应，击败唐军。在某种程度上可以说，正是南诏与吐蕃的联盟奠定了天宝战争南诏获胜的基础。而南诏与吐蕃的联盟同样符合吐蕃的战略利益，双方合力击败唐军，属于互利共赢之举。当第一次战役获胜后，吐蕃对南诏方面予以了重大封赏，这就是《南诏德化碑》所说的“属赞普仁明，重酬我勋效”[2]。

在政治谋略上，南诏更是利用唐朝与吐蕃之间的敌对态势，首鼠两端、左右逢源，既挟吐蕃以自重，又为唐、诏修好留下余地，在看似凶险的环境中转危为机，以四两拨千斤之势谋取自身利益的最大化。总的来看，在与唐朝的博弈中，南诏一方面占尽先机、尽得实利；另一方面，又处处表现出含冤受辱、被逼无奈之状，可以说是“仁义挂嘴上，利字藏心间”。《南诏德化碑》把南诏在天宝战争中的政治表演作了充分展示。当南诏东进，占领爨地后，唐朝官员力谋反击，采取了一些反制措施，同时将南诏的野心上报朝廷，但南诏认为这些都是诬陷和迫害。于是阁罗凤向唐玄宗上表，请求明察雪冤。《南诏德化碑》记述了唐、诏之间的博弈过程：“于是驰表上陈，屡申冤枉，望上照察。降中使贾奇俊详覆。属竖臣无政，事以贿成，一信虔陀，共掩天听，恶奏我将叛。王乃仰天叹曰：‘嗟我无事，上苍可鉴。九重天子，难承咫尺之颜；万里忠臣，岂受奸邪之害。’”[3] 于是以“安得知难不防，坐招倾败于此”为理由，抢先出手，攻占姚州都督府，杀死都督张虔陀，尽占姚州之地，并进而占领安宁。当南诏的求和请求被鲜于仲通拒绝后，“于是具牲牢，设坛墠，叩首流血曰：‘我自古及今，为汉不侵不叛之臣。今节度背好贪功，欲致无上无君之讨。敢昭告于皇天后土。’史祝尽词，东北稽首，举国痛切，山川黯然，至诚感神，风雨震霈。遂宣言曰：‘彼若纳我，犹吾君也；今不我纳，即吾仇也。断，军之机；疑，事之贼’”[4]。于是，南诏与唐朝决裂，并以“至忠不可以无主，至孝不可以无家”的理由，投靠吐蕃，联合吐蕃反唐。而当大败唐军，唐将王天运“悬首辕门”，唐军统帅鲜于仲通趁夜逃跑，军士欲追击时，阁罗凤又下令阻止说：“止，君子不欲多上人，况敢凌天子乎？”[5] 让鲜于仲通只身逃回。当第二次战役李宓及数万唐军战死沙场，面对唐军“积尸壅水”“元帅沉江”的景象，阁罗凤又下令予以安葬：“诏曰：‘生虽祸之始，死乃怨之终，岂顾前非而忘大礼。’遂收亡将之尸祭而葬之，以存恩旧。”[6] 所有这些做法，既显示出了阁罗凤的大度仁义，又体现了其政治谋划，为今后与唐朝的修好留有余地、埋下伏笔。而在天宝战争十余年后，南诏专门树立《蒙国大诏德化碑》（即通称的《南诏德化碑》），对南诏建国的历史进行追述，对阁罗凤的功德进行歌颂，对南诏与唐朝开战的行为进行

[1]《南诏德化碑》文，见汪宁生《云南考古》，云南人民出版社1992年版，第159页。
[2]《南诏德化碑》文，见汪宁生《云南考古》，云南人民出版社1992年版，第159页。
[3]《南诏德化碑》文，见汪宁生《云南考古》，云南人民出版社1992年版，第158页。
[4]《南诏德化碑》文，见汪宁生《云南考古》，云南人民出版社1992年版，第159页。
[5]《南诏德化碑》文，见汪宁生《云南考古》，云南人民出版社1992年版，第159页。
[6]《南诏德化碑》文，见汪宁生《云南考古》，云南人民出版社1992年版，第160页。

辩护，因此它既是一篇“功德颂”，又是一篇“自辩状”，碑文虽出自南诏政权内部的汉族官员之手，但体现出了阁罗凤的意图和想法。碑文在典雅的字句和优美的文辞之下，着力表达阁罗凤对唐王朝的赤诚忠心及所蒙受的不白冤屈，说明南诏反唐的不得已，为以后唐诏和好打下基础。这就是阁罗凤所说的：“我上世世奉中国，累封赏，后嗣容归之。若唐使者至，可指碑澡祓吾罪也。”[1] 可谓深谋远虑、用心良苦。而从实际情况来看，阁罗凤的所有这些谋略和举措都为南诏带来了重大利益。由这些可以看出，在天宝年间南诏与唐朝的政治博弈中，阁罗凤的政治谋略和权术手腕远胜于与之对阵的唐朝官员，唐朝之败，不仅是军事之败，也是政治之败和谋略之败。在《南诏德化碑》中，碑文作者对阁罗凤的雄才大略作了这样的称颂：“我王气受中和，德含覆育，才出人右，辩称世雄。高视则卓尔万寻，运筹则决胜千里。观衅而动，因利兴功，事叶神衷，有如天启。故能攻城挫敌，取胜如神，以危易安，转祸为福，绍开祖业，宏覃王猷，坐南面以称孤，统东偏而作主。”[2] 作者的这段话，虽是歌功颂德，但也是纪实之言，其中的“观衅而动，因利兴功”“以危易安，转祸为福”等语，就是唐诏天宝之战历史的真实写照。

第三，天宝之战，是利益之战，不是是非之战，更不是道义之战。从前面的分析可以看出，天宝之战的发生，是唐朝与南诏之间重大利益冲突的结果，因此它是直接的利益之战。那么，在唐、诏之战中，是否有正义与非正义之分或仁义与非仁义之别呢？我们认为，天宝之战不存在明显的是非或对错问题，更谈不上仁义与否，所有的行为都是围绕着维护或扩张自身利益的目的而进行的，其他都仅是方式、手段、策略而已。如果要论对错的话，唐朝方面似乎更有理一些：其一，唐、诏联合抗击吐蕃，于南诏而言，可以维护自己在洱海地区的既得利益，是双赢之举，唐朝并未损害南诏在洱海地区的利益；其二，从唐朝建立开始，爨地就是唐朝的势力范围，是唐朝南宁州都督府所辖区域，是唐朝的“领土”和“地盘”，南诏的东进和占据爨地，损害了唐朝的重大利益，唐朝对南诏的扩张行为进行遏制和反击乃是理所当然；其三，南诏虽是唐朝羁縻下的“南蛮”，但从封建政治关系来说，仍是唐朝的臣民，与唐朝有君臣之义，南诏进占爨地、攻占姚州，是犯上作乱的不臣行为，按封建法律和伦理来说，是十恶不赦的罪行，必须进行讨伐和惩治，从这个意义上来说，唐军讨伐南诏，既有事实根据，也有法律和道德依据。其实，就连南诏自身也清楚，其反叛行为有违君臣之道，为此，《南诏德化碑》记录下了阁罗凤为自己所作的辩解：“我自古及今，为汉不侵不叛之臣。今节度背好贪功，欲致无上无君之讨。敢昭告于皇天后土。”“嗟我无事，上苍可鉴。九重天子，难承咫尺之颜；万里忠臣，岂受奸邪之害。”说明自己对唐朝皇帝的无限忠诚和唐朝官员对自己的逼迫陷害，并为自己的叛唐行为找到了说法：“彼若纳我，犹吾君也；今不我纳，即吾仇也。”最终，以“至忠不可以无主，至孝不

[1] ［北宋］欧阳修、宋祁撰：《新唐书·南诏传》，见方国瑜主编《云南史料丛刊》（第一卷），云南大学出版社 1998 年版，第 390 页。

[2] 《南诏德化碑》文，见汪宁生《云南考古》，云南人民出版社 1992 年版，第 161 页。

可以无家”[1] 为理由，投靠了吐蕃，成为了唐朝的“叛臣”。

而从南诏来说，除了上述辩解之词外，是否有什么更具体、更有力的理由来说明自己反唐行为的正当性、合理性呢？在《南诏德化碑》中，南诏对自己进占爨地的事实避而不谈，振振有词地列举了姚州都督张虔陀的六大罪状，说明自己的反唐是由于唐朝边官的压迫、侮辱、诬陷、进逼而不得已的：

吐蕃是汉积仇，遂与阴谋拟共灭我，一也。诚节，王之庶弟，以其不忠不孝，贬在长沙，而彼奏归，拟令间我，二也。崇道蔑盟构逆，罪合诛夷，而却收录与宿，欲令仇我，三也。应与我恶者，并授官荣，与我好者，咸遭抑屈，务在下我，四也。筑城收质，缮甲练兵，密欲袭我，五也。重科白直，倍税军粮，征求无度，务欲敝我，六也。

可以看出，南诏所列举的六大理由，都是南诏的主观臆想或夸大其词，没有一条是唐朝严重侵犯南诏利益的既成事实，都是“拟共灭我”“拟令间我”“拟令仇我”“务在下我”“密欲袭我”“务欲敝我”的主观推断，而就凭这些主观推断，南诏就先下手为强，攻占了姚州都督府并杀死了张虔陀，导致双方的彻底决裂。如果说，从抢占先机、先发制敌的战略考虑出发，南诏的做法具有军事上的合理性和有效性的话，那么从政治和道义上来说，南诏进占爨地、攻陷姚州的行为则是让人难以认可的。当然，对唐、诏双方来说，政治上的是非和道义上的对错都是次要的，各自的真实利益才是第一位的。因此之故，我们认为，天宝之战就是完全的利益之战，不是政治上的是非之争和道义上的对错之论。南诏的一系列“悲情”表演让人从政治上和道义上对南诏寄予认可和同情，以为天宝战争是唐朝穷兵黩武、以大欺小，边将残暴苛刻、喜功好战的结果，其实这些都仅是历史的表象而已，“观衅而动，因利兴功”才是南诏的真实意图和目的。

二、南诏建国后的唐诏关系

（一）天宝战争后南诏的开疆拓土

唐朝天宝十三年（公元754年）南诏与吐蕃联手击败唐军后，唐朝势力退出原南中地区，南诏由此开始更大规模的扩张活动，东征西讨，开疆拓土，建立了势力范围包括今云南全境及四川南部、贵州西部、广西西部的强大地方民族政权。南诏的对外扩张包括以下重大活动：

攻占嶲州。嶲州即汉晋时的越嶲郡地区，是汉晋以来经略南中的重要据点。李宓兵败洱海的第二年，即天宝十四年（公元755年），唐朝内地发生范阳节度使安禄山反叛事件，叛军攻占了中原地区，进逼长安，唐玄宗逃亡到剑南（今四川）。趁此时机，吐蕃给南诏发来文书，邀约南诏共同进攻嶲州：“树德务滋长，去恶务除本。越嶲会

[1] 《南诏德化碑》文，见汪宁生《云南考古》，云南人民出版社1992年版，第158、159页。

同，谋多在我，图之此为美也。"[1] 南诏即"恭承上命"，派出大军，与吐蕃军队一起，同伐越巂。阁罗凤亲率部卒围逼会同（即会川，今四川省会理县）地区的唐军。战争的结果是："越巂固拒被僇，会同请降无害。子女玉帛，百里塞途。牛羊积储，一月馆谷。"[2] 即攻陷了越巂、降服了合同，将巂州地区的人员、牛羊、财物等掠夺一空，然后班师回洱海地区。其时为唐肃宗至德元年（南诏赞普钟五年，公元756年）。第二年（唐肃宗至德二年，公元757年），唐朝又恢复了巂州都督府，任命杨廷琎为都督，并强化了对台登县（今西昌市以北的泸沽镇）的防守。这样，又引起了吐蕃的仇视，吐蕃又邀南诏对越巂进行攻伐："汉又更置越巂，作爰昆明。若不再除，恐成滋蔓。"[3] 于是阁罗凤又奉吐蕃"明旨"，派长男凤伽异和大军将杨传磨侔等率军数路进攻，大获全胜。这就是《南诏德化碑》所说的："越巂再扫，台登涤除，都督见擒，兵士尽勇。于是扬兵邛都，而汉将大奔，回旆昆明，倾城稽颡。"[4] 此后，巂州地区一直为吐蕃、南诏所占据。

西开寻传。寻传为今德宏一带的土著部族。所谓"西开寻传"是指阁罗凤以武力威胁或和平招抚将澜沧江以西今保山、德宏地区的各部族纳入南诏的控制之下。南诏与澜沧江以西地区各族的联系在阁罗凤之前即已存在，皮罗阁时即曾领兵攻陷永昌（今保山隆阳）。天宝战争之后，阁罗凤大举向澜沧江以西扩张势力，使"寻传""裸形"等部族归顺南诏。《南诏德化碑》对此事作了详细记述："爰有寻传，畴壤沃饶，人物殷凑，南通北海，西近大秦，开辟以来声教所不及，羲皇之后兵甲所不加。诏欲革之以衣冠，化之以义礼。十一年（南诏赞普钟十一年，公元762年）冬，亲与寮佐，兼总师徒，刊木通道，造舟为梁，耀以威武，喻以文辞。款降者抚慰安居，抵捍者系颈盈贯。矜愚解缚，择胜置城，裸形不讨自来，祈鲜望风而至。"[5]

筑城拓东。天宝战争之后，南诏永久地占据了以滇池为中心的原爨氏统治地区，这就是《南诏德化碑》所说的"东爨悉归，步头已成内境"[6]。为了巩固对爨区的占领，南诏在滇池地区修筑城池，加强监管。一是在安宁设置城监，控制安宁的丰富盐产，强化安宁的战略地位。《南诏德化碑》记其事说："且安宁雄镇，诸爨要冲，山对

---

〔1〕《南诏德化碑》文，见汪宁生《云南考古》，云南人民出版社1992年版，第160页。

〔2〕《南诏德化碑》文，见汪宁生《云南考古》，云南人民出版社1992年版，第160页。文中"越巂固拒被僇"的"僇"（即"戮"）字，《新纂云南通志·金石考六》录作"夷"字。见《新纂云南通志》（五），云南人民出版社2007年版，第115页。

〔3〕《南诏德化碑》文，见汪宁生《云南考古》，云南人民出版社1992年版，第160页。文中"作爰昆明"的"爰"字，《新纂云南通志·金石考六》录作"援"字。见《新纂云南通志》（五），云南人民出版社2007年版，第115页。

〔4〕《南诏德化碑》文，见汪宁生《云南考古》，云南人民出版社1992年版，第160页。文中的"昆明"指巂州都督府下属的"昆明县"（今四川省盐源县），"昆明县"即汉代的"定筰县"，唐朝武德二年（公元619年）改为"昆明县"，以其地南接"昆明"部族地区而得名；"稽颡"为古代一种屈膝下跪、以额触地的礼节，一般在居丧、请罪、投降时行此礼，此处意指昆明县的唐朝官民全体跪拜投降。

〔5〕《南诏德化碑》文，见汪宁生《云南考古》，云南人民出版社1992年版，第160～161页。

〔6〕《南诏德化碑》文，见汪宁生《云南考古》，云南人民出版社1992年版，第161页。

碧鸡，波环碣石，盐池鞅掌，利及牂欢［泂］，城邑绵延，势连戎僰。乃置城监，用辑携离，远近因依，闾阎栉比。”[1] 二是于昆川设置拓东城，作为滇池地区的政治中心和军事重镇。昆川即昆州，隋朝所置，唐代沿袭，是隋唐时期管辖滇池地区各县的行政机构，由爨氏家族成员担任刺史，昆州治所在今昆明市区。鉴于昆川地区优越的自然条件、丰富的资源物产和重要的战略位置，公元765年，阁罗凤命长子凤伽异在昆川大规模地筑城，并将其命名为拓东城，令凤伽异以“二诏”（副王）的名义驻扎镇守，以此强化对滇池和东爨地区的控制。具体的情况是：“十二年（阁罗凤赞普钟十二年，公元763年——引注）冬，诏侯隙省方，观俗恤隐，次昆川，审形势，言山河可以作藩屏，川陆可以养人民。十四年（阁罗凤赞普钟十四年，公元765年——引注）春，命长男凤伽异于昆川置拓东城，居二诏，佐镇抚。于是威慑步头，恩收曲靖，颁诏所及，翕然俯从。”[2]

通过上述重大军事、政治行动，南诏以洱海为中心，占据和控制了相当或超过蜀汉时期南中七郡的地域范围，在今云南全境内建立了蒙氏家族统治的“蒙国”，也即所谓“南诏国”。

（二）唐诏修好与唐廷册封异牟寻为“南诏”

南诏由于利益争夺而叛唐投蕃。南诏与吐蕃的合作使南诏的利益在特定时期实现了最大化。为此，南诏对吐蕃感恩戴德、恭敬有加。在《南诏德化碑》文中，南诏不仅对吐蕃的旨意以“上命”“明旨”（根据吐蕃与南诏的约定，双方本为平等的“兄弟”之国，而非君臣属国关系）来看待，而且明确把南诏的功业归结为吐蕃帮助支持的结果：“岂唯我钟王之自致，实赖我圣神天帝赞普德被无垠，威加有截，春云布而万物普润，霜风下而四海飒秋。”“明明赞普，扬干之光。赫赫我王，实赖之昌。”[3] 正因为此，从天宝战争到唐代宗大历元年（公元766年）《南诏德化碑》撰立前后的近20年间，是南诏与吐蕃关系最为亲密、合作最为紧密的政治“蜜月”时期。

然而，正如天下没有永远的朋友，也没有永远的敌人一样，南诏与吐蕃为利而结盟，也为利而结怨。唐代宗大历十四年（公元779年），蒙国大诏阁罗凤死。阁罗凤从天宝七年（公元748年）受唐册封为“云南王”，到大历十四年去世，共统治洱海地区和“蒙国”30多年，其间，凭借其雄心抱负和大智大勇，东征西讨、纵横捭阖，奠定了南诏国的广阔疆域和百年基业。阁罗凤死后，由于其长子凤伽异早逝，故南诏王位由阁罗凤之孙、凤伽异之子异牟寻继承。在异牟寻统治时期，南诏与吐蕃的矛盾和仇怨不断加深，在唐朝的策反下，异牟寻反蕃归唐，唐与南诏的关系又走向和好与联盟。

唐、诏重新和好缘于这样几个因素：

一是吐蕃对南诏的征发剥削使南诏不堪忍受，由此萌生反意。在天宝战争中，吐蕃帮助南诏对付唐军，使南诏取得了天宝战争的胜利，在此之后，南诏与吐蕃继续合

---

〔1〕《南诏德化碑》文，见汪宁生《云南考古》，云南人民出版社1992年版，第161页。

〔2〕《南诏德化碑》文，见汪宁生《云南考古》，云南人民出版社1992年版，第161页。

〔3〕《南诏德化碑》文，见汪宁生《云南考古》，云南人民出版社1992年版，第161～162页、163页。

作，攻取了巂州（越巂），吐蕃控制了巂州的北部，南诏占据了南部。此一时期，南诏从与吐蕃的合作中获得了巨大的利益。然而，天下没有免费的午餐，南诏也必须为吐蕃的战略利益服务。这就是以自身的人力、物力协助吐蕃进攻唐朝、对付回鹘。本来，作为“兄弟”和盟友（甚至在一定程度上，南诏把吐蕃当作主子来看待，如对吐蕃执臣下之礼），南诏协助吐蕃进攻双方共同的敌人或一方的敌人，也是理所当然的分内之事。正因为此，异牟寻即位之后，也多次参与吐蕃对唐朝剑南地区的侵犯和掳掠行动。《新唐书·南诏传》记载南诏的寇掠行为时说：“异牟寻立，悉众二十万入寇，与吐蕃并力。一趋茂州，逾文山，扰灌口；一趋扶、文，掠方维、白坝；一侵黎、雅，叩邛郲关。令其下曰：‘为我取蜀为东府，工伎悉送逻娑城，风赋一缣。’于是进陷城聚，人率走山。”[1] 即与吐蕃联合，进掠今四川成都附近的茂县、北川、汶川、汉源、雅安、邛崃等地。但是，当吐蕃对南诏的征求超过了一定程度后，也引起了南诏的不满和怨愤。这就是《新唐书·南蛮传》所说的：“然吐蕃责赋重数，悉夺其险立营候，岁索兵助防，异牟寻稍苦之。”[2] 另外，异牟寻即位后，吐蕃不按原先册封阁罗凤的“赞普钟”名号来继续册封异牟寻，而是另封异牟寻为“日东王”，这样，南诏与吐蕃的关系，就从原先表面平等的“兄弟”关系，变成臣属吐蕃的君臣关系。两国之间尊卑关系的变化也引起了南诏的不满。在这种情况下，异牟寻也在谋求改变对吐蕃的役属关系。

二是南诏内部汉族官员的劝说诱导，使异牟寻产生归心。南诏政权内部，有一些汉族官员，他们或是被南诏掳掠而来的内地汉族官员，如清平官郑回，或是家道中落后流入南中的世家子弟，如撰写《南诏德化碑》的蛮盛，这些官员世受汉文化教育，既对南诏政权表现出忠诚之心，也希望唐、诏能够重修旧好，在吐蕃征求无度的情况下，他们劝说异牟寻作出弃蕃投唐的政治选择。其中，清平官郑回发挥了重要作用。郑回本为唐朝相州（唐时的相州治所在今河南安阳）人，天宝年间参加明经考试，被授予巂州西泸县（今四川省德昌县）县令一职。其后不久，在南诏破巂州时郑回被掳入南诏，因其学识渊博、通晓儒家典籍，甚得阁罗凤的喜爱和重用，阁罗凤为其取名“蛮利”，让他担任王室子弟的教师，郑回先后教过凤伽异、异牟寻、寻梦凑（异牟寻之子）等人。郑回担任王室教师时，阁罗凤授其鞭挞之权，凡牟寻、梦凑等人，郑回均可加以棰挞，故异牟寻及其以下人员对郑回皆很惧惮。后来，郑回又担任南诏的清平官，南诏的清平官其职责等同于中央王朝的宰相，清平官虽设有六人，但其余五人对郑回均十分尊重、敬畏，执礼甚恭。如他们有过错，郑回照样可以加以棰挞惩罚。异牟寻对郑回十分倚重，凡遇大事难以决断时，经常向郑回进行咨询商议。可以看出，作为异牟寻的老师和南诏的清平官，郑回对南诏的政治决策具有异乎寻常的特殊影响和作用。郑回也利用自己的特殊地位，为异牟寻分析利弊得失，策划归唐之事。在异

[1] ［北宋］欧阳修、宋祁撰：《新唐书·南诏传》，见方国瑜主编《云南史料丛刊》（第一卷），云南大学出版社1998年版，第390页。

[2] ［北宋］欧阳修、宋祁撰：《新唐书·南诏传》，见方国瑜主编《云南史料丛刊》（第一卷），云南大学出版社1998年版，第390页。

牟寻即位后不久，郑回即对异牟寻说："自昔南诏尝款附中国，中国尚礼义，以惠养为务，无所求取。今弃蕃归唐，无远戍之劳、重税之困，利莫大焉。"[1] 异牟寻赞同郑回的主张，但鉴于事情的重大，异牟寻也不敢轻举妄动，只能先暗中进行谋划。

三是唐朝官员的拉拢策反，使南诏最终叛蕃投唐。异牟寻打算归唐的想法通过现今川西南地区部落首领之口传到剑南西川节度使（公元757年，唐朝将原剑南节度使所辖军事区域分为东川和西川两个方镇，东川治所在梓州，即今四川三台，辖区为今四川中东部地区；西川治所在成都，辖区为今四川成都平原及其以西以北和雅砻江以东地区）韦皋的耳中，韦皋认为南诏若能归唐，这是"断吐蕃右臂"的重大举措，符合唐朝的战略利益，决定对南诏进行拉拢和策反。其时为唐德宗贞元四年，即公元788年。以后，韦皋与南诏间不断有信使往来。吐蕃得知唐、诏间的频繁联系后，对南诏的忠诚产生怀疑，为防生变，要求南诏派大臣之子到吐蕃去作为人质，异牟寻虽然口中答应，但心中对吐蕃更增怨怒。贞元九年（公元793年）四月，异牟寻派出三批使者，从不同的路线前往成都，致函剑南节度使韦皋，表示归唐之意。三批使者均到达了成都。异牟寻在信函中，历数吐蕃对南诏的欺凌与难忍之事，表示归唐的诚意："曾祖有宠先帝，后嗣率蒙袭王。人知礼乐，本唐风化。吐蕃诈绐（绐音'代'，古同诒，欺骗、欺诈之意——引注）百情，怀恶相戚。异牟寻愿竭诚自新，归款天子。"[2] 同时，南诏使者向韦皋赠上黄金、丹砂，表示忠心归顺之意："献金，示顺革；丹，赤心也。"[3]

异牟寻归唐，受到唐德宗的嘉许。唐德宗令韦皋主持办理异牟寻的归唐事宜。这样，南诏归唐经过了"会誓"和册封两道重要程序，终于得以达成。具体经过如下：

贞元九年底，韦皋派其属官崔佐时作为唐朝代表到南诏考察南诏归唐的实情。崔佐时到了南诏都城阳苴咩城[4]。此时，吐蕃使者尚在城内，为了保密起见，南诏方面希望崔佐时穿上牂牁使者的服装入城，遭到崔佐时的拒绝。崔佐时说："我乃唐使者，安得从小夷服？"异牟寻无奈，只好在夜间迎接崔佐时入城。晚上，异牟寻设位掌灯，召集众官与会，商量归唐之事。"佐时即宣天子意，异牟寻内畏吐蕃，顾左右失色，流涕再拜受命。"[5] 异牟寻就在这种谨慎惊惧状态中重新归附了唐朝。其后，异牟寻让

---

〔1〕［后晋］刘昫等撰：《旧唐书·南诏传》，见方国瑜主编《云南史料丛刊》（第一卷），云南大学出版社1998年版，第374页。《新唐书·南诏传》对郑回劝导异牟寻话语的记载基本相同："中国有礼义，少求责，非若吐蕃惏刻无极也。今弃之复归唐，无远戍劳，利莫大此。"见《云南史料丛刊》（第一卷），第390页。

〔2〕［北宋］欧阳修、宋祁撰：《新唐书·南诏传》，见方国瑜主编《云南史料丛刊》（第一卷），云南大学出版社1998年版，第391页。

〔3〕［北宋］欧阳修、宋祁撰：《新唐书·南诏传》，见方国瑜主编《云南史料丛刊》（第一卷），云南大学出版社1998年版，第391页。

〔4〕南诏都城原在太和城（今大理古城南之太和村），公元779年迁于阳苴咩城。据考证，阳苴咩城在今大理古城西边中和峰的缓坡上。

〔5〕［北宋］欧阳修、宋祁撰：《新唐书·南诏传》，见方国瑜主编《云南史料丛刊》（第一卷），云南大学出版社1998年版，第391页。

其子寻阁劝及清平官与崔佐时在苍山上举行了结盟仪式。其盟誓文说：

谨请西洱河玷苍山神祠监盟，牟寻与清平官洪骠利时、大军将段盛等，请全部落，归附汉朝，山河两利。即愿牟寻、清平官、大军将等，福祚无疆，子孙昌盛不绝。管诸赕首领，永无离二。兴兵动众，讨伐吐蕃，无不克捷。如会盟之后发起二心，及与吐蕃私相会合，或辄窥侵汉界内田地，即愿天地神祇共降灾罚，宗室殄灭，部落不安，灾疾臻凑，人户流散，稼穑产畜，悉皆减耗。如蒙汉与通和之后，有起异心，窥图牟寻所管疆土，侵害百姓，致使部落不安，及有患难，不赐救恤，亦请准此誓文，神祇共罚。[1]

崔佐时此行南诏，见到了南诏清平官郑回，郑回把南诏的一些真实情况告诉了崔佐时。于是，崔佐时就劝异牟寻将吐蕃使者杀掉，以示归唐的诚心。异牟寻照办，并将吐蕃所赐金印交出，同时请崔佐时报告朝廷，希望以唐朝的名义，恢复“南诏”的名号。

就在会盟后不久，贞元十年（公元 794 年），吐蕃与回鹘因争夺唐朝北庭都护府（辖今新疆北部广大地区，治所在吉木萨尔）地区，发生大战，吐蕃官兵死伤众多，于是向南诏征兵，要求南诏派万名官兵助战。异牟寻此时已决意归唐，于是决定利用吐蕃征兵之机对吐蕃发动突袭。异牟寻假意说派不出上万兵员，只能派出 3000 名官兵；吐蕃嫌少，要求增加到 5000 名，异牟寻答应了。于是派出 5000 名官兵先行北上，以为吐蕃戍边，然后自己率领数万重兵尾随其后，昼夜兼行，乘吐蕃不备，突袭吐蕃在金沙江边的战略要地神川（今丽江市玉龙县塔城乡与迪庆州维西县塔城镇交界之地），大败吐蕃守军，占领了城堡，斩断了连接金沙江两岸的铁桥，并遣使向唐朝报捷，表示从此彻底归附唐朝，与吐蕃一刀两断。剑南节度使韦皋将异牟寻的战绩上报朝廷：“牟寻收铁桥以来城垒一十六，擒其王五人，降其众十余万。”[2] 在看到南诏显示忠心和诚意后，唐朝决定按照异牟寻的请求，册封其为“南诏”。

就在贞元十年，唐朝派祠部郎中袁滋为正使，成都府少尹宠颀为副使，崔佐时为判官，组成册南诏使团，来到阳苴咩城，受到异牟寻等的隆重迎接。在册封仪式上，异牟寻率百官面北而立，袁滋面向南方，宣读册封诏命。异牟寻长跪地上，以额触地，拜受册封诏书和金印。之后致辞说：“开元、天宝中，曾祖及祖皆蒙册袭王，自此五十年。贞元皇帝洗痕录功，复赐爵命，子子孙孙永为唐臣。”[3] 唐廷所授异牟寻印为黄金印，以与吐蕃原授南诏之印质地相同，印文曰：“贞元册南诏印”。册封仪式后，南

---

〔1〕“云南诏蒙异牟寻与中国誓文”，樊绰将其录入《云南志》中。见《云南志补注》，云南人民出版社 1995 年版，第 143～144 页。

〔2〕［后晋］刘昫等撰：《旧唐书·南诏传》，见方国瑜主编《云南史料丛刊》（第一卷），云南大学出版社 1998 年版，第 375 页。

〔3〕［北宋］欧阳修、宋祁等撰：《新唐书·南诏传》，见方国瑜主编《云南史料丛刊》（第一卷），云南大学出版社 1998 年版，第 392 页。

诏大宴唐使和百官，以示庆贺。这样，唐朝与南诏之间在经过了四十多年的风雨恩怨之后，再度和好，重新确立了大唐与南诏之间政治上的君臣关系。

（三）南诏后期的唐诏关系

南诏与唐会盟后，南诏向北扩展，压缩吐蕃的势力范围，收复了昆明城（今四川盐源），击败了依附吐蕃的施蛮、顺蛮（施蛮、顺蛮为原施浪、浪穹、邆川三诏，居于洱海地区，被阁罗凤击败后退居今剑川、丽江地区），将其首领迁到洱海地区的白崖城（今弥渡红岩）；收服了磨些蛮、弄栋蛮和汉裳蛮等紧邻吐蕃边地的部落，将其迁到南诏内地居住。与此同时，南诏与唐朝联合，与吐蕃在今川西南地区展开争夺，南诏俘获甚多，大大削弱了吐蕃的势力。唐德宗派人对异牟寻的功绩表示慰问，异牟寻也连年向唐纳贡，献上地方特产，受到唐朝天子的礼遇。

唐宪宗元和三年（公元808年），异牟寻死，唐朝停朝三日，表示哀悼，并派太常卿武少仪代表唐朝皇帝前来吊祭。异牟寻之子寻阁劝继承王位后，唐朝册封寻阁劝为“南诏”，并铸“元和册南诏印”赐之。第二年，寻阁劝死，其子劝龙晟立；劝龙晟为权臣王嵯巅所杀后，其弟劝利晟、劝丰祐相继而代。在此期间，唐朝与南诏之间保持着密切的朝贡和往来关系。

在唐朝穆宗长庆元年（公元821年）后，唐与南诏的关系开始恶化。一方面，此时吐蕃开始衰落，对南诏的威胁减轻，南诏不再需要挟唐自重；另一方面，南诏看到唐王朝后期国力衰退后，也欲趁势扩张、获取利益。这样，南诏对唐朝采取了表面尊奉、实际攻略的唯利是图策略，大肆寇掠唐朝西南的西川、安南、邕州（今广西南宁）地区，获得众多财物、人民和土地。

在西川地区，南诏对唐朝辖境发动了多次进攻，掳掠大量财物、人员而去。其中，最重要的行动即为唐文宗大（太）和三年（公元829年）南诏对成都的攻掠事件。《旧唐书·南诏传》记载说：

（大和）三年，杜元颖镇西川，以文儒自高，不练戎事。南蛮趁我不备，大举诸部入寇。牧守屡陈，亦不之信。十一月，蜀川出军与战，不利。陷我邛州，逼成都府，入梓州西郭，驱劫玉帛子女而去。上闻之，大怒，再贬元颖为循州司马。明年正月，其王蒙嵯颠（即王嵯巅，因立劝利晟有功，被劝利晟赐姓蒙——引注）以表自陈请罪，兼疏元颖过失。国家方事柔远，寻释其罪，复遣使来朝。[1]

《新唐书·南诏传》对此事也作了记载：

西川节度使杜元颖治无状，障候弛沓相蒙，时大和三年也。嵯巅乃悉众掩邛、戎、嶲三州，陷之。入成都，止西郛十日，慰赉居人，市不扰肆。将还，乃掠子女、工技

〔1〕［后晋］刘昫等撰：《旧唐书·南诏传》，见方国瑜主编《云南史料丛刊》（第一卷），云南大学出版社1998年版，第376页。

数万引而南，人惧，自杀者不胜计。救兵逐，嵯巅身自殿，至大度河，谓华人曰："此南吾境，尔去国，当哭。"众号恸，赴水死者十三。南诏自是工文织，与中国埒。明年，上表请罪。[1]

在国力衰退的情况下，唐朝对南诏的侵略行为采取了忍让和宽恕的态度，未予反击和惩罚。而南诏方面，由于"抢了白抢"，自然是"不抢白不抢"，故而一边认错赔罪，一边继续进犯抢掠。继西川之后，播州（今贵州遵义地区）、邕州、交州（安南都护府）等地不断遭到南诏的进攻。唐懿宗咸通元年（公元860年），世隆继劝丰祐之后为南诏王，对唐朝展开全面进攻。咸通三年（公元862年），南诏进攻安南，咸通四年初，安南都护蔡袭战死，之后，南诏进犯邕州，唐朝从内地发兵救援。唐将高骈率禁军将南诏军击退。咸通年间（公元860～873年），南诏继续进扰西川，占据了嶲州（今四川西昌地区），攻陷了雅州（今四川雅安地区）、黎州（今四川汉源地区），并围攻成都，西川地区生灵涂炭、民不聊生。唐僖宗乾符元年（公元874年），唐朝任命高骈为西川节度使，高骈率军出击，始将南诏军队赶到大渡河以南地区，并沿大渡河一线筑城设关镇守，自此，南诏对西川的寇掠，才得到平息，而嶲州则一直为南诏所侵占。

三、南诏灭亡与大理建国

（一）南诏亡国

世隆在位期间（公元860～877年），与唐朝争斗不断，最后弄得两败俱伤。《新唐书·南诏传》说："酋龙（即世隆，唐朝方面因世隆名字与唐太宗李世民和唐玄宗李隆基名字中各一字相同而极为不满，责令其易名，而世隆置之不理，唐朝方面称其为酋龙——引注）年少嗜杀戮，亲戚异己者皆斩，兵出无宁岁，诸国更仇忿，屡覆众，国虚耗。蜀之役，男子十五以下悉发，妇耕以饷军。"[2] 公元877年（唐僖宗乾符四年），世隆死，其子隆舜即位，之后，南诏与唐的关系有所改善，隆舜向唐求婚，唐以宗室女许之。隆舜热衷玩乐、喜爱享受，国事交给大臣管理，后来唐朝设计杀死南诏宰相赵隆眉等三人，南诏谋臣尽丧，从此益发衰弱。

公元898年（唐昭宗光化元年），隆舜死，其子舜化（也作舜化贞）继立。此时权柄操于权臣郑买嗣之手。公元902年，舜化死后，郑买嗣取代蒙氏自立，于公元903年建立"大长和"国，南诏由此灭亡。至公元907年，在农民起义、军阀混战的打击下，唐朝也告灭亡。

---

〔1〕［北宋］欧阳修、宋祁等撰：《新唐书·南诏传》，见方国瑜主编《云南史料丛刊》（第一卷），云南大学出版社1998年版，第394～395页。

〔2〕［北宋］欧阳修、宋祁等撰：《新唐书·南诏传》，见方国瑜主编《云南史料丛刊》（第一卷），云南大学出版社1998年版，第398页。

（二）从南诏灭亡到大理建国

从公元902年南诏灭亡到公元937年大理国建立，短短的30多年间，云南地区经历了三个政权的相继建立与更替，这就是郑买嗣建立的大长和国（公元903～927年）、赵善政建立的大天兴国（公元928～929年）和杨干贞（贞也作“真”）建立的大义宁国（公元930～937年）。三个政权都是通过朝臣篡位的宫廷政变形式建立的。

郑买嗣为南诏清平官郑回七世孙。隆舜在位时，任侍中，由于隆舜专喜享乐、巡幸无度，不理政事，故而国政逐渐操于买嗣之手。舜化继位后，郑买嗣任清平官，由于舜化年幼，郑买嗣遂把持了朝中大权。后来，郑买嗣杀死舜化（一说舜化非郑氏杀死，郑氏所杀者为舜化之子）及其子并蒙氏王室成员800多人，篡夺了政权，建立了大长和国。郑买嗣建立大长和国后，由于自知篡权过程中杀罪太重，故铸佛像一万尊送到寺中祈福。郑氏大长和政权传三世，共26年。公元928年，剑川节度使杨干贞杀郑买嗣孙隆亶，拥立清平官赵善政，建立“大天兴国”。赵善政在位仅为10个月，杨干贞就废赵善政而自立，建立“大义宁国”。杨干贞在位8年，其间，贪暴异常，引起朝野内外官民的极大愤恨，通海节度使段思平起兵造反，进逼都城，杨干贞兵败后出逃，段思平获胜后，赦免了杨干贞的罪行，令其出家为僧。公元938年，段思平建立了大理国。

段思平约生于南诏隆舜嵯耶五年（公元893年）[1]。段思平的先祖为武威郡人，后迁入南中（也有人认为段氏应为南中土著）。在阁罗凤时，段氏先人段俭魏参加了抗击唐军的天宝战争，因功升为清平官，并被赐名忠国，得题名于《南诏德化碑》碑阴。此后，段氏世代担任蒙氏将军。段忠国传六世到段思平。根据传说，段思平年轻时，曾放牧于山中，当时民间就预言段思平将为王者。后来，段思平出仕为官，升至通海节度。杨干贞建立“大义宁国”后，国内矛盾复杂尖锐，段思平顺应时势，决定推翻大义宁政权，改换天地。杨干贞及其弟杨昭闻讯后，对段思平展开追杀，段思平得民众的掩护，逃过数劫，最后在官民的拥护和滇东三十七部的支持下，进兵洱海，击败杨氏势力，夺取政权。后晋天福二年（公元937年），段思平即位，国号“大理”，仍以南诏都城阳苴咩城为国都。

（三）大理国的政治特点

大理国共传22世，315年（公元937～1253年）。大理国在疆域、政区、制度、经济、文化等方面保持着南诏国的规模与特点。从总的情况来看，大理国可以看作是南诏国的继承和发展。大理国时期，云南地区社会比较安定，经济文化继续向前发展。大理国的政治特点体现在以下两个方面。

一是大理国与内地宋王朝的政治关系比较疏远。大理国建立之际，中原内地正值五代十国的分裂时期，大理国与内地各政权无甚联系。公元960年，宋王朝建立后，展开统一全国的军事行动。在西南地区，宋太祖乾德三年（公元965年），宋军攻灭了今四川地区的后蜀政权后，领军将领欲趁机进军云南，为宋太祖赵匡胤所阻止。元代

[1] 段玉明：《大理国史》，云南人民出版社、云南大学出版社2011年版，第14页。

李京《云南志略》记其事说："宋太祖建隆三年（建隆三年［公元962年］应为乾德三年［公元965年］之误——引注），王全斌克蜀，欲因取云南。太祖止之曰：'德化所及，蛮夷自服，何在用兵。'于是开边之衅息矣。"[1]《僰古通记浅述》记其事说："乾德三年，王全斌平蜀，欲取云南，负版图进太祖，太祖以玉斧画大渡河，由是段氏据南诏。"[2] 其他一些史籍也记载说，宋太祖以玉斧在地图上沿大渡河一划说："此外非吾有也。"即宋朝主动选择以大渡河作为宋与大理国的边界，不再经略云南。这就是昆明大观楼长联所说的"宋挥玉斧"故事。方国瑜先生认为，"宋挥玉斧"之说不见于北宋初年的纪录，或为南宋时儒生的臆造，目的在于阻绝大理国与宋的相互往来，以免引起边患。但不管怎么说，宋王朝由于北方强敌不断进逼，国势衰弱，确实无力经营云南，在此情况下，大理段氏得以睥睨自雄，割据一方。宋与大理国虽然关系疏远，但大理国也曾多次遣使入贡，请求赐予封号。宋徽宗政和七年（公元1117年），大理国遣使到宋朝京都汴梁（今河南开封），贡马380匹及麝香、牛黄、细毡等物，宋朝封大理国王段和誉（即段正严）为"金紫光禄大夫、检校司空、云南节度使、上柱国、大理国王"[3]。宋室南渡后，仅有半壁江山，对大理国的防范戒备心理更为强化，即使是双方的市马贸易，宋朝君臣也唯恐引起边患，要求地方官员谨慎应对。但即使如此，双方的经贸关系与民间交往仍然持续不断，大理国对学习和借鉴汉文化的热情始终高涨，因此，大理国立国的数百年间，地方化与汉化的交织并行是大理国历史文化的基本特色。元朝至元、大德年间（约1286～1300年间），内地官员郭松年从中庆城（今昆明城）出发，前往大理城，他将沿途所见写成《大理行记》。在《大理行记》中，郭松年对大理国的历史文化特色作了这样的总结："故大理之民，数百年间五姓（'五姓'即南诏蒙氏、大长和国郑氏、大天兴国赵氏、大义宁国杨氏和大理国段氏——引注）守固。值唐末、五季衰乱之世，尝与中国抗衡。宋兴，北有大敌，不暇远略，相与使传往来，通于中国。故其宫室楼观、言语书数，以至冠婚丧祭之礼，干戈战阵之法，虽不能尽善尽美，其规模服色、动作云为，略本于汉，自今观之，犹有故国之遗风焉。"[4] 这一看法，确是十分中肯的。

二是大理国内部王位或皇位（段氏国王也称为皇帝）废立无常，贵族专权特色明显。从南诏后期开始，大姓贵族如郑、杨、赵、段、高等族氏即在南诏政治生活中扮演重要角色，影响朝政，南诏的灭亡与长和、天兴、义宁政权的兴替，即是贵族干政篡权的结果。在段思平建立大理国的过程中，贵族高氏等发挥了重要作用，大理建国后，他们也在政权中担负军政要职，享受各种特权。大理国立国300多年，虽然形式

〔1〕［元］郭松年、李京撰，王叔武校注：《大理行记校注·云南志略辑校》，云南民族出版社1986年版，第78页。

〔2〕尤中校注：《僰古通记浅述校注》，云南人民出版社1988年版，第102页。

〔3〕［元］脱脱等撰：《宋史·大理国传》，见方国瑜主编《云南史料丛刊》（第一卷），云南大学出版社1998年版，第478页。

〔4〕［元］郭松年撰：《大理行记》，方国瑜主编《云南史料丛刊》（第三卷），云南大学出版社1998年版，第136页。按：王叔武先生校注本若干字句、标点略有不同。

上是段氏天下，但朝政却基本上为大姓贵族所把持，特别是大姓高氏，不仅世代为相，而且曾短期取段氏而自代，后虽还政段氏，但滇东、滇中却完全变为高氏的世袭领地。由于高氏专权，大理国王位（皇位）的废立取决于高氏的意愿，在大理国后期，多位段氏国王或出于自愿，或迫于形势，避位为僧，形成大理国史上国王频繁出家的现象。高氏专权的局面一直沿袭至大理国灭亡。

第二节　南诏大理国的疆域与政区

一、南诏大理国的疆域

唐宋时期，经过南诏政权的大肆扩张，南诏国和大理国拥有广阔的疆域。《新唐书·南诏传》在介绍南诏的疆域情况时说："居永昌、姚州之间，铁桥之南，东距爨，东南属交趾，西摩伽陀，西北与吐蕃接，南女王，西南骠，北抵益州，东北际黔、巫。王都曰羊苴咩城，别都曰善阐府。"[1] 这就是说，南诏国的核心区域为永昌（今保山市隆阳区）和姚州（今楚雄州姚安县）之间的大理洱海地区，西北部抵铁桥（今丽江市玉龙县北部金沙江边之塔城乡），东边到达原爨氏统治的东部地区（今滇东北地区），东南紧接交趾（今越南北部地区），西接摩伽陀（今缅甸、印度交界地区），南边到达今中老、中缅相邻地区，北边到达今四川大渡河以南地区，东北部到今贵州贵阳、遵义以西地区。[2]

大理国在南诏国的基础上建立，其疆域也与南诏时期基本相同。大理国的疆域，东接宋境（今广西、贵州西部和川东南宜宾一线），西距蒲甘（今缅甸北部），南接交趾（今越南北部），北接吐蕃（今西藏）和今四川大渡河以南地区。

二、南诏大理国的政区

（一）南诏国的政区

南诏国的政区分为十赕（十赕自成一区域）、七节度和二都督，共十个行政区域。

1. 十赕

赕也写作睑、甸，意为川、州，它既是自然区域（一般为一个较大的河谷平坝地区），也成为行政建制。南诏之"赕"，初为六赕，后增为十赕。根据《新唐书·南诏

---

〔1〕［北宋］欧阳修、宋祁撰：《新唐书·南诏传》，见方国瑜主编《云南史料丛刊》（第一卷），云南大学出版社 1998 年版，第 387 页。

〔2〕参见方国瑜：《中国西南历史地理考释》（上册），中华书局 1987 年版，第 416 ~ 421 页。

传》的记载，十睒为：云南睒、白崖睒（也称勃弄睒）、品澹睒、邆川睒、蒙舍睒、大厘睒（也称史睒）、苴咩睒（也称阳睒）、蒙秦睒、矣和睒、赵川睒。[1] 据方国瑜先生的考证，十睒的地理位置为：云南睒，为今祥云县云南驿地区；白崖睒为今弥渡至凤仪间地区；品澹睒为今祥云县云南驿西北至祥云县城地区；邆川睒即今洱源县邓川镇地区；蒙舍睒即今巍山县城周围地区；大厘睒即今大理市喜洲镇；苴咩睒即今大理古城地区；蒙秦睒或即蒙嶲睒，即今巍山北部及漾濞地区；矣和睒应即太和睒，即今大理古城南之太和村；赵川睒即今大理市凤仪镇。[2] 十睒即河睒和六诏之地，即西洱河周围的河谷平坝地区。河睒为泛称，即西洱河诸睒之意。蒙舍诏吞灭河睒和五诏后，即以此一区域为统治中心，然后向外扩张势力。十睒也成为南诏的核心地区。

2. 七节度

南诏的军事将领称为大军将，共设有 12 人，其地位略低于清平官（宰相），在朝则参与南诏重大军政事务的商议和决策，外出则统兵作战、攻城略地。南诏建国后，在重要城镇驻扎重兵，派大军将作为统兵官员，称为节度，节度成为所在镇守区域的最高军政长官，其职权相当于现在的军区（或军分区）司令兼地方行政长官。在节度之下，则有城使、镇使等职，分掌所属区域。南诏所设节度初为 6 个，贞元十年（公元 794 年）攻占今滇西北丽江地区的铁桥城后，增设铁桥节度。

南诏的七节度如下：

弄栋节度：弄栋节度驻弄栋城，弄栋城即原姚州府城。弄栋节度所辖区域，大概为原姚州府所辖区域，即今姚安、大姚、祥云一带地区。

拓东节度：拓东节度驻拓东城，拓东城址在今昆明市区。拓东节度统辖以滇池为中心的原西爨地区，即今昆明、曲靖等地。

剑川节度：剑川节度驻剑川，其所辖地域即为今洱源以北、丽江以南的剑川、鹤庆、兰坪等地。

铁桥节度：铁桥节度驻铁桥城。铁桥城在今丽江市玉龙县塔城乡与迪庆州维西县塔城镇相交之金沙江边。铁桥城原为吐蕃的战略要地，吐蕃在此建有连接金沙江两岸的铁桥，吐蕃军队经由铁桥南下洱海地区。唐朝贞元十年（公元 794 年），南诏王异牟寻率军突袭铁桥城，大败吐蕃军队，斩断了江上的铁桥，并在此设铁桥节度，派重兵驻扎镇守，管辖今丽江、迪庆地区及四川盐源、盐边各地。

永昌节度：永昌节度驻永昌城，永昌城即汉晋时期的永昌郡治，今保山市隆阳区。永昌节度的辖地大概为原永昌郡地区，即今保山地区、临沧地区和德宏州部分地区。

丽水节度：丽水节度驻丽水城。据方国瑜先生考证，丽水城在今腾冲县城往西直至伊洛瓦底江处之打罗。[3] 丽水节度所居之丽水即伊洛瓦底江，也称为南丽水，与北丽水（金沙江）有别。丽水节度所统领的区域为今腾冲县、德宏州及其以西地区，即

---

〔1〕［北宋］欧阳修、宋祁撰：《新唐书·南诏传》，见方国瑜主编《云南史料丛刊》（第一卷），云南大学出版社 1998 年版，第 388 页。

〔2〕参见方国瑜：《中国西南历史地理考释》（上册），中华书局 1987 年版，第 442～450 页。

〔3〕方国瑜：《中国西南历史地理考释》（上册），中华书局 1987 年版，第 479 页。

伊洛瓦底江上游两岸地区，这些地区是阁罗凤“西开寻传”后“寻传”“裸形”等部族所居地区。

银生节度：也称开南节度，驻银生城，银生城为今景东县城。银生节度管辖南诏的南部地区，所辖区域大概相当于今普洱和西双版纳一带地区。

3. 二都督

南诏所设二都督即通海都督和会川都督。

通海都督驻今通海。“通海”之名始见于唐代文献，大概为取通往海上之意。通海都督所辖区域，北抵拓东节度所辖区域，南接安南都护府地域，略相当于东晋以后的梁水郡地区，包有今玉溪市南部、红河州全部和文山州部分地区。

会川都督驻会川。会川原称会同，即今四川会理。会川本为唐嶲州都督府所辖县，天宝战争后为南诏所占领，南诏在此设会川都督进行镇守。会川都督府所辖地区即原唐朝嶲州都督府所辖区域，也即汉晋以来的越嶲郡地区。

由上面情况可以看出，“十赕”地区即洱海周围地区，为南诏的核心地区；“七节度”地区为现今滇西和滇中地区，为南诏的主体区域；“二都督”地区为南诏的前线地区，“二都督”区域外即为唐朝的行政区域：通海都督的前方为唐朝的安南都护府，会川都督的前方为唐朝的剑南节度府或西川、东川节度府。无论是“七节度”还是“二都督”，都带有鲜明的军事统治色彩，也可以说，南诏的政区是军政合一的建制。其所以如此，是因为南诏区域内生活着众多不相统属的部族和部落，为了防范和镇压各部族的反抗，必须加强军事统治，设立“七节度”的目的即在于此，而“二都督”的军事色彩更为浓厚，兼有对内和对外两个方面的军事目的。

除了十赕、七节度、二都督所辖区域，南诏还有若干进行羁縻统治的区域。在这些边缘地区，南诏不直接设置行政机构进行统治，而是依靠当地部族首领进行间接控制。这些区域包括：原东爨地区，即今滇东和滇东北地区，为东爨乌蛮居住地；牂牁地区，即今贵州西部地区；勿邓诸部地，即今四川凉山的越西、喜德、冕宁等地区，勿邓诸部虽分散而又相统属。[1]

（二）大理国的政区

大理国的政区，前期与南诏基本相同，后期略有调整。前期除首府（即大理府，为大理国都城阳苴咩城及周围地区，也即原“十赕”地区）外，外设二都督、六节度，即通海、会川二都督和弄栋、永昌、银生、剑川、拓东、丽水六节度。大理政权后期，首府之外，设八府、四郡、四镇，府、郡、镇之下，设部、赕、甸等建制。[2]

大理国后期的八府为善阐（今昆明地区）、威楚（今楚雄地区）、统矢（今姚安地区）、会川（今四川会理地区）、建昌（今四川西昌地区）、永昌（今保山地区）、腾冲（今腾冲地区）、谋统（今鹤庆地区）。四郡为东川郡（辖今会泽、东川及会理、昭通部分地区）、石城郡（辖今曲靖市麒麟区及陆良、罗平、师宗各地）、河阳郡（辖今玉

〔1〕 方国瑜：《中国西南历史地理考释》（上册），中华书局1987年版，第503～505页。

〔2〕 方国瑜：《中国西南历史地理考释》（上册），中华书局1987年版，第640～641页。

溪市红塔区、澄江县、江川县等地)、秀山郡（辖今通海、建水、石屏、蒙自等地)，四郡之地主要为原西爨地。四镇为蒙舍镇（驻今巍山)、最宁镇（驻今开远)、成纪镇（驻今丽江)、金齿镇（驻今盈江)，分别管辖今哀牢山地区、红河流域、丽江地区、德宏地区等大理国边地的各部族。[1]

第三节 南诏大理国的部族

南诏、大理都是相对独立的地方行政区域。在南诏、大理国的辖区内，生活着众多部族和居民。这些部族和居民构成了南诏、大理国的社会主体。相对内地汉族而言，南诏、大理国的部族都是所谓“蛮夷”，正因为此，在内地汉文献中，都以“蛮”称之。那么，南诏、大理国时期，现今云南境内，究竟生活着哪些“蛮族”呢？这是一个十分复杂的问题。这里，我们试根据相关文献记载和方国瑜、木芹、林超民等先生的研究，对南诏、大理国的部族情况作一梳理。

一、白蛮

白蛮和乌蛮一起，构成南诏、大理国的主体部族。白蛮由僰人、叟人、汉人等混合而成。

僰人为羌人的一支，原居于黄河上游的今甘肃、青海、四川北部地区，后来与其他羌人一起，举族南迁。秦汉之际，僰人居住于犍为郡僰道县（今四川宜宾)，建立了所谓“僰侯国”。两汉时期，因居住地域受到汉人的挤压，僰人继续南迁至犍为南部（今滇东北昭通地区)。僰人迁入犍为南部后，与当地的汉族交错而居，互相学习、相互影响，促进了犍为南部即蜀汉后的朱提郡地区农业、冶炼业、手工业等的快速发展，特别是僰人积极学习汉文化，使朱提郡成为当时南中地区汉文化最为发达的地方。正因为此，僰人是一个受汉文化影响较深的族群。西晋以后，由于朱提郡地区战争不断，加之汉人、叟人的不断迁入，僰人也因之不断南迁和西进，一部分到了今滇池地区，一部分继续西迁，进入云南郡地区。到了唐初，迁入洱海地区的僰人以白崖（今弥渡红岩地区）为中心建立了以僰人为主体的部落组织“白子国”。[2] 洱海地区的僰人后来为蒙舍诏所降服，成为南诏国统治下的“白蛮”种群之一。把僰人视作“白蛮”的一部分或白族的先民，远在白族形成之初的元代，就已有这种看法。元代李京所撰

〔1〕 参见方国瑜《中国西南历史地理考释》(上册)，中华书局 1987 年版，第 725～730 页。

〔2〕 林超民:《僰人的族属与迁徙》，载《林超民文集》(第一卷)，云南人民出版社 2008 年版，第 295～305 页。

《云南志略》“诸夷风俗”部分在介绍“白人”的来源时说：“白人，有姓氏。汉武帝开僰道，通西南夷道，今叙州属县是也。故中庆、威楚、大理、永昌皆僰人，今转为白人矣。”[1]

汉人是白蛮的一个重要族源。自两汉以来，就不断有汉族居民迁移到今滇东、滇中和滇西地区生活。汉族居民落籍南中后，经历了一个不断地方化的过程。在爨氏统治时期，建宁、晋宁郡的汉族移民逐渐融入当地“夷人”（以叟人为主）中，形成“爨人”。“夷化”的汉人和“汉化”的“夷人”主要居住在以滇池为中心的西爨地区，到了唐初，这些“爨人”被称为“西爨白蛮”，即爨区的“白蛮”。西爨地区的“白蛮”，在南诏占领爨地后，被大量迁移到滇西地区，尤以永昌地区（今保山地区）最为集中。而在两晋南北朝时的云南郡地区，同样有许多汉族移民迁入，如唐初在弄栋（今姚安）地区设置姚州时，就因境内居民多姓姚而取名姚州，而这些姚姓居民应是迁入本地的汉族移民后裔。在洱海地区，自晋以来，有更多的汉族移民先后迁入这一地区居住和生活。如东晋时常璩所著《华阳国志·南中志》，就说云南郡地区，有“上方夷”和“下方夷”。方国瑜先生认为，“上方夷”即原住之“昆明蛮”，下方夷即后来的“河蛮”，也即迁入的汉族移民。[2] 到了唐初，在西洱河地区，居住着众多的西洱河蛮（即“河蛮”），根据唐朝右武侯将军梁建方的记述，西洱河蛮“自云其先本汉人”，“无大君长，有数十姓，以杨、李、赵、董为名家”，其所使用的语言文字，也为汉人语言：“言语虽稍讹舛，大略与中夏同。有文字，颇解阴阳历数。”[3] 显然，唐初的“西洱河蛮”是汉族移民后裔无疑。而这些汉族移民后代，到了唐代中期以后，都成为所谓“白蛮”了。如南诏时期渠敛赵（今大理凤仪）地区的居民就是今山西地区汉族移民的后代，《云南志》对此记载说：“渠敛赵，本河东州也。……州中列树夹道为交流，村邑连甍，沟塍弥望。大族有王、杨、李、赵四姓，皆白蛮也。云是蒲州人，迁徙至此，因以名州焉。”[4] 蒲州初设于北周明帝二年（公元558年），原为秦汉时的河东郡地区，隋代曾改为河东州，治所在今山西省永济县蒲州镇，唐代时蒲州辖境包括今山西永济、河津、临猗、闻喜、万荣及运城西南部分地区。渠敛赵的蒲州人迁来云南的时间大概在唐初。

从各种材料来看，唐初，姚州都督府地区（即原云南郡地区），从姚州到洱海一线，即今云南姚安、祥云、弥渡、凤仪一带地区，是“白蛮”的集中分布地。对此，《云南志》作了这样的记载：“弄栋蛮，则白蛮苗裔也。本姚州弄栋县部落。”[5] “青蛉蛮，亦白蛮苗裔也。本青蛉县部落。天宝中嶲州初陷，有首领尹氏父兄子弟相率南奔河赕。阁罗凤厚待之。贞元年中南诏清平官尹辅酋、尹宽求，皆其人也。衣服言语

〔1〕［元］郭松年、李京撰，王叔武校注：《大理行记校注·云南志略辑校》，云南民族出版社1986年版，第86页。

〔2〕方国瑜：《云南史料目录概说》（第一册），中华书局1984年版，第149页。

〔3〕方国瑜：《云南史料目录概说》（第一册），中华书局1984年版，第149页。

〔4〕［唐］樊绰撰，向达原校、木芹补注：《云南志补注》，云南人民出版社1995年版，第75页。

〔5〕［唐］樊绰撰，向达原校、木芹补注：《云南志补注》，云南人民出版社1995年版，第52页。

与蒙舍略同。"[1] 这些白蛮可能多是汉族移民的后裔或汉人与僰人、"昆明人"互为婚姻而形成的部族。

总的来看，唐初的"白蛮"不是一个单一的部族，而是一个复合体。不同地区的"白蛮"，有不同的涵义。爨区的"白蛮"，与"乌蛮"一样，同属"爨人"，因为汉化程度较高及社会经济发展水平较为先进而被称为"白蛮"，他们中的一部分成为后来彝族的先民，而西迁入洱海和永昌地区的"西爨白蛮"则成为白族的先民；而洱海地区的"白蛮"，应为汉人、僰人、"昆明"人等的混合体，同样由于汉化程度较高、社会经济较为发达，并且以汉人、僰人为主体，而被称为"白蛮"。

作为汉族移民的后裔或受汉文化影响较深的部族，"白蛮"不仅能够讲汉语，而且可能以汉语作为日常生活语言。《云南志》记载唐代时"白蛮"的语言情况时说："言语音白蛮最正，蒙舍蛮次之，诸部落不如也。但名物或与汉不同，及四声讹重。大事多不与面言，必使人往来达其词意，以此取定，谓之行诺。"[2] 所谓"言语音白蛮最正"指的是讲说汉语的情况，即"白蛮"汉语讲得最好，最接近汉地的标准，当然相较汉地而言，"白蛮"说的汉话不仅音调上与内地有所不同，而且对同一事物的称呼也不尽相同。

南诏以后，洱海地区的"白蛮"融合其他族群，形成一个新的民族共同体——"白人"，即白族。

二、乌蛮

乌蛮是南诏时期分布广泛的一个族群。同"白蛮"一样，乌蛮也不是一个单一的族群，而是汉族官员、学者对当时云南地区众多部族的一个泛称。在唐代初期，"乌蛮"分布广泛，主要有滇东地区的乌蛮、滇西地区的乌蛮和越嶲地区的乌蛮。

在爨氏败亡前，今滇池以东的东爨地区，分布着被称为"乌蛮"的爨人，这就是《云南志》所说的"东爨乌蛮"。"东爨乌蛮"与"西爨乌蛮"一样，都是"爨人"的一部分，即爨氏统治下"夷汉"各部族的混合体，只是相对"白蛮"而言，"乌蛮"的社会经济发展水平较低，受汉文化影响的程度也较低。爨氏败亡后，与"西爨白蛮"被南诏迁往永昌地区不同，"东爨乌蛮"仍居住在滇池以东的滇东地区，这就是《云南志》所说的："阁罗凤遣昆川城使杨牟利以兵围胁西爨，徙二十余万户于永昌城。乌蛮以言语不通，多散林谷，故得不徙。"[3] 这是唐朝天宝年间的情况。到了南诏中后期，乌蛮的势力得到一定的恢复，一部分乌蛮迁移到西爨故地即今滇池流域地区生活。大体而言，"东爨乌蛮"仍居住和生活在原爨氏统治区域，即今昆明地区、曲靖地区、红河州北部地区和昭通地区。到大理国时期，滇东地区的"乌蛮"形成了37个不相统属的部落。东爨地区的"乌蛮"其大部分是现今彝族的先民。

---

[1] [唐] 樊绰撰，向达原校、木芹补注：《云南志补注》，云南人民出版社1995年版，第53页。
[2] [唐] 樊绰撰，向达原校、木芹补注：《云南志补注》，云南人民出版社1995年版，第119页。
[3] [唐] 樊绰撰，向达原校、木芹补注：《云南志补注》，云南人民出版社1995年版，第48页。

除了东爨乌蛮外，在滇西洱海地区同样有被称为“乌蛮”的部族。在唐初，洱海地区的各部族，除了僰人、汉人、“河蛮”等被称为“白蛮”外，其余的都被称作“乌蛮”。“乌蛮”中包括了哀牢、昆明、磨些等部族。从“六诏”而言，“六诏”皆是“乌蛮”：邆赕、浪穹、施浪三诏为昆明族，越析诏为磨些族（今纳西族先民），蒙舍诏和蒙嶲诏为哀牢族。如果从分布地域来看，则洱海以东、以南的今大理市、凤仪镇、弥渡县、祥云县、姚安县、大姚县等地为“白蛮”分布地；洱海以北的今邓川、洱源、剑川、鹤庆、兰坪等地是昆明族的分布地，以西的巍山、漾濞、永平等地则是哀牢族的分布地，以东的宾川、永胜等金沙江两岸地区则是磨些族的分布地。[1]

唐初的“乌蛮”中包含了“昆明”族。昆明人自汉晋以来，一直分布于洱海周围地区，其分布区域，南起洱海，北至今四川盐源，在这一地区活动的浪穹、施浪、邆赕等“三浪诏”就属于昆明族。蒙舍诏攻占洱海地区以后，“三浪诏”被迫向北迁移，进入今鹤庆、剑川、丽江地区，“三浪诏”各部变成了“施蛮”“顺蛮”等部族。唐代中期以后，“昆明”和“乌蛮”的称谓不再出现于洱海地区的部族之中，这说明，“昆明”或“乌蛮”已融入其他部族之中，或者有了更明确的部族称呼。樊绰所撰《云南志》对唐代后期“施蛮”“顺蛮”“长裈（裈音‘昆’，即裤子）蛮”等的情况作了记载：

施蛮，本乌蛮种族也。铁桥西北大施赕、小施赕、剑寻赕皆其所居之地。男以缯布为缦裆袴。妇人从顶横分其发，当额并顶后各为一髻。男女终身并跣足披羊皮。部落主承上，皆吐蕃伪封为王。贞元十年南诏攻城邑，虏其王寻罗并宗族置于蒙舍城，养给之。[2]

顺蛮，本乌蛮种类，初与施蛮部落参居剑、共诸川。咩罗皮（咩罗皮为邆赕诏主——引注）、铎罗望（铎罗望为浪穹诏主——引注）既失邆川、浪穹，退而逼夺剑、共，由是迁居铁桥已上，其地名剑羌。在剑寻赕西北四百里。男女风俗，与施蛮略同。其部落主吐蕃亦封王。贞元十年，南诏异牟寻虏其王傍弥潜宗族，置于云南白岩，养给之。其施蛮部落百姓，则散隶东北诸川。[3]

[1] 方国瑜：《云南民族史讲义》，云南人民出版社2013年版，第354~355页。

[2] [唐] 樊绰撰，向达原校、木芹补注：《云南志补注》，云南人民出版社1995年版，第56页。文中的剑寻赕，方国瑜先生《中国西南历史地理考释》作“敛寻赕”。关于大施赕、小施赕、剑（或敛）寻赕的位置，方国瑜先生作了这样的考说：“敛寻赕在剑川城南，为施蛮初居之地，后迁至铁桥西北，其地名施赕者，盖因施蛮所居也。不详其位置，惟今塔城关西北其宗、普喇等处有较广阔之地，或即在此也。”（见《中国西南历史地理考释》上册，中华书局1987年版，第464页）方国瑜先生又言，敛（剑）寻城为今剑川沙溪镇，而傍弥潜城在其西（见《中国西南历史地理考释》上册，第462页）。

[3] [唐] 樊绰撰，向达原校、木芹补注：《云南志补注》，云南人民出版社1995年版，第56~57页。文中的地名，据方国瑜先生考证，共川即野共川，可能为今鹤庆南部与邓川相接之姜邑坝；剑羌可能在铁桥（今丽江塔城）附近，盖因由剑、共之地迁到羌（吐蕃）地而称之。见《中国西南历史地理考释》（上册），中华书局1987年版，第460、464页。

长裈蛮，本乌蛮之后，部落在剑川，属浪诏。其本俗皆衣长裈曳地，更无衣服，惟披牛羊皮。南诏既破剑浪，遂迁其部落，与施、顺诸蛮居，养给之。[1]

根据《云南志》的上述记载，可知施浪诏（施蛮）、邆赕诏和浪穹诏（顺蛮、长裈蛮）在退出洱海地区后，向北来到今天的鹤庆、剑川、丽江等地，受庇于吐蕃势力之下。贞元十年（公元794年），南诏异牟寻攻占铁桥地区后，将“三浪诏”的首领迁到蒙舍（今巍山）、白崖（今弥渡红岩）等地，并将数万户部落百姓迁到滇中的拓东城居住[2]，但仍有众多部落百姓继续生活在今滇西北丽江、剑川、永胜等地。到了唐代后期，这三个部落的名称变成了“施蛮”“顺蛮”“长裈蛮”等族名（自称或他称）。在后来的岁月中，他们成为彝族的一个支系[3]。

除了“三浪诏”外，“六诏”中的越析诏也是所谓“乌蛮”。越析诏原居于今宾川地区，后为南诏所败，于是向北迁移，渡过金沙江来到今永胜、宁蒗及四川盐边地区居住。至唐代后期，北迁的越析诏部众被称为“磨蛮”或“磨些蛮”。关于磨蛮的情况，《云南志》作了这样的记载：“磨蛮，亦乌蛮种类也。铁桥上下及大婆、小婆、三探览、昆池［明］等川，皆其所居之地也。……磨些蛮，在施蛮外，与南诏为婚姻家，又与越析诏姻娅。”[4]“磨些蛮”是今纳西族的先民。

三、其他部族

（一）澜沧江以西部族

南诏西开寻传后，控御了澜沧江以西的各部族，这些部族有“寻传蛮”“裸形蛮”“扑子蛮”“望蛮”（“望苴子蛮”）等。

“寻传蛮”的情况，《云南志》的记载是：“寻传蛮，阁罗凤所讨定也。俗无丝绵布帛，披娑罗笼。跣足可以践履榛棘。持弓挟矢，射豪猪，生食其肉，取其两牙双插顶傍为饰，又条其皮以系腰。每战斗，即以笼子笼头作兜鍪状。”[5]从这一记载可以看出，至唐代，“寻传蛮”尚处于原始社会阶段，无农桑之业，完全靠打猎为生。在南诏时期，“寻传蛮”常被南诏征作兵员，参加南诏发动的各种侵略战争，在南诏进攻唐

〔1〕［唐］樊绰撰，向达原校、木芹补注：《云南志补注》，云南人民出版社1995年版，第54页。

〔2〕《云南志》卷六“云南城镇”中的“拓东城”条说：“贞元十年，南诏破西戎，迁施、顺、磨些诸种数万户以实其地。”见《云南志补注》，云南人民出版社1995年版，第80页。

〔3〕参见林超民：《试论汉唐间西南地区的昆明》，载《林超民文集》（第一卷），云南人民出版社2008年版，第325页。尤中先生认为，“施蛮”、“顺蛮”后来演变为“卢蛮”，即今之傈僳族（见《云南民族史》，云南大学出版社1994年版，第177～178页）。

〔4〕［唐］樊绰撰，向达原校、木芹补注：《云南志补注》，云南人民出版社1995年版，第57页。据方国瑜先生考证，大婆在今之永胜，小婆在今宁蒗县城南25公里之蒗蕖旧城，三探览在今宁蒗之永宁。见《中国西南历史地理考释》（上册），中华书局1987年版，第472页。

〔5〕［唐］樊绰撰，向达原校、木芹补注：《云南志补注》，云南人民出版社1995年版，第58～59页。

朝安南都护府地区的战斗中，即有众多“寻传”士兵参战。关于“寻传蛮”的族属，有不同说法，一般认为，“寻传”为今阿昌族的先民。〔1〕

“裸形蛮”的情况，《云南志》的记载是：“裸形蛮，在寻传城西三百里为巢穴，谓之为野蛮。阁罗凤既定寻传而令野蛮散居山谷。其蛮不战自调伏集，战即召之。其男女遍满山野。亦无君长。作擖栏舍屋。无农田，无衣服，唯取木皮以蔽形。或五妻十妻共养一丈夫。尽日持弓，不下擖栏。有外来侵暴者则射之。其妻入山林，采拾虫鱼菜螺蚬等归啖食之。”〔2〕从这一记载可以看出，“裸形蛮”的居住地域、生活状况都与“寻传蛮”相近，而他们也常被南诏征召参加各种对外战争。“裸形蛮”的族类，木芹先生认为，当与“寻传蛮”为同一族属，即现在阿昌族或景颇族及缅甸境内克钦族的先民，并且，“裸形”“野蛮”等皆为任意称呼，非专门的族名。〔3〕

“望苴子蛮”的情况是：“望苴子蛮，在澜沧江以西，是盛罗皮所讨定也。其人勇捷，善于马上用枪。所乘马不用鞍。跣足衣短甲，才蔽胸腹而已。股膝皆露。兜鍪上插犛牛尾，驰突若飞。其妇人亦如此。南诏及诸城镇大将出兵，则望苴子为前驱。”〔4〕盛罗皮为蒙舍诏主的时期为唐玄宗开元初年。唐代时的“望苴子蛮”当为今佤族的先民。

除了上述各族外，在今滇西南地区，南诏时还居住和生活着“扑子蛮”。《云南志》记载：“扑子蛮，勇悍趫捷，以青娑罗段为通身袴。善用泊箕竹弓，深林间射飞鼠，发无不中。部落首领谓酋为上。土无食器，以芭蕉叶藉之。开南、银生、永昌、寻传四处皆有。铁桥西北边延澜沧江亦有部落。”〔5〕“扑子蛮”亦被南诏、大理政权征作兵员参加对外战争，在南诏进攻唐朝安南都护府的战场上，《云南志》作者樊绰就见到参战的“扑子蛮”士兵：“臣本使蔡袭咸通四年正月三日阵面上生擒得扑子蛮，拷问之并不语，截其腕亦不声。”〔6〕南诏时的“扑子蛮”为今布朗族、德昂族的先民。

（二）南诏南部地区的部族

南诏南部地区的部族，主要为今傣族和哈尼族的先民。属于傣族先民的部族有“茫蛮”以及“黑齿”“金齿”“银齿”等部落，主要居于银生节度辖区；属于哈尼族先民的部族为“和尼”等部落，主要居于通海都督辖区。

“茫蛮”的情况，樊绰《云南志》的记载是：“茫蛮部落，并是开南杂种也。茫是其君之号，蛮呼茫诏。从永昌城南，先过唐封，以至凤蓝苴（苴也作茸，疑因形似而异写——引注）。以次茫天连，以次茫吐薅。又有大赕、茫昌、茫盛恐、茫鲊、茫施，

〔1〕方国瑜先生则认为，“寻传”或为“寻博”之误，寻传蛮为今德宏景颇族及缅甸境内克钦族的先民。见《云南志补注》木芹先生补注之文，云南人民出版社1995年版，第59页。

〔2〕［唐］樊绰撰，向达原校、木芹补注：《云南志补注》，云南人民出版社1995年版，第59～60页。

〔3〕［唐］樊绰撰，向达原校、木芹补注：《云南志补注》，云南人民出版社1995年版，第60页。

〔4〕［唐］樊绰撰，向达原校、木芹补注：《云南志补注》，云南人民出版社1995年版，第60页。

〔5〕［唐］樊绰撰，向达原校、木芹补注：《云南志补注》，云南人民出版社1995年版，第58页。

〔6〕［唐］樊绰撰，向达原校、木芹补注：《云南志补注》，云南人民出版社1995年版，第58页。

皆其类也。楼居，无城郭。或漆齿。皆衣青布袴，藤篾缠腰，红缯布缠髻，出其余垂后为饰。妇人披五色娑罗笼。孔雀巢人家树上。象大如水牛。俗养象以耕田，仍烧其粪。贞元十年南诏异牟寻攻其族类。"[1]从这一记载反映的情况来看，"茫蛮"为今傣族的先民无疑。从称"茫蛮"为"开南杂种"（开南城在今景东地区）和居住于永昌以南的情况来看，"茫蛮"应为居住于今临沧、普洱及以南地区的傣族先民。另外，樊绰《云南志》谓"茫为其君之号，蛮呼茫诏"，从文中众多带有"茫"字的地名来看，"茫"即今日所称之"勐"或"曼"之意，是傣族地区常见的地名或村寨名，故"茫为其君之号"的说法是错误的，而"诏"才是对首领的称号。

"黑齿""金齿""银齿"等部落的情况是："黑齿蛮、金齿蛮、银齿蛮、绣脚蛮、绣面蛮，并在永昌、开南，杂类种也。黑齿蛮以漆漆其齿，金齿蛮以金镂片裹其齿，银齿以银。有事出见人则以此为饰，寝食则去之。皆当顶上为一髻。以青布为通身袴，又斜披青布条。绣脚蛮则于踝上腓下，周匝刻其肤为文彩。衣以绯布，以青色为饰。绣面蛮初生后出月，以针刺面上，以青黛涂之，如绣状。……皆为南诏总之，攻战亦召之。"[2]从"漆齿""文身"等习俗来看，"黑齿蛮""金齿蛮"等同样为今傣族的先民，而从居住地区来看，"黑齿蛮""金齿蛮"等应为居住于今德宏地区的傣族。[3]至大理国时期和元代初期，黑齿、金齿、银齿等部落被称为"金齿百夷"，元代李京所撰《云南志略》对"金齿百夷"各部落的得名作了这样的说明："金裹两齿，谓之金齿蛮；漆其齿者，谓之漆齿蛮；文其面者，谓之绣面蛮；绣其足者，谓之花脚蛮；彩缯分撮其发者，谓之花角蛮。西南之蛮，百夷最盛。"[4]可以看出，宋元时期的"金齿百夷"，就是南诏时的"黑齿""金齿""银齿"各部，也即现今傣族的先民。

---

〔1〕［唐］樊绰撰，向达原校、木芹补注：《云南志补注》，云南人民出版社1995年版，第64页。对于这一段记载所涉及的地名，方国瑜先生作了这样的考释："此数地名，别无可考，惟在永昌城南，且为茫蛮所居，'茫'犹'勐'之称，意即平川也。其中茫天连与孟连之名称相同，《元史·地理志》有木连路军民府，即今之孟连。则此数地为永昌城南至孟连以南之地名，姑假定唐封川在今凤庆（顺宁），凤蓝苴在今耿马，茫天连在今孟连，茫吐薅在今勐阿，临南卡江，与芬班养相接，为今云南最西南境也。"见方国瑜《中国西南历史地理考释》（上册），中华书局1987年版，第476页。

〔2〕［唐］樊绰撰，向达原校、木芹补注：《云南志补注》，云南人民出版社1995年版，第62～63页。

〔3〕关于金齿、茫蛮等部的族属问题，学界的看法是一致的，即认为是现今傣族的先民。对此，木芹先生作了进一步地阐释："不论金齿或茫蛮，议者多认为是今之傣族先民，惟因居地不同，名称有别。大抵称金齿云云，为南诏永昌及丽水节度辖区内的傣族先民，即今德宏地区的傣族；称茫蛮者在开南节度辖区内，即今西双版纳的傣族，《樊志》分别纪述是有道理的。"见《云南志补注》第65页。

〔4〕［元］郭松年、李京撰，王叔武校注：《大理行记校注·云南志略辑校》，云南民族出版社1986年版，第93页。

四、南诏大理国境内的汉人

唐宋时期，南诏国、大理国境内仍居住着相当数量的汉人。这些汉人是不同时期、因不同原因而进入南诏、大理区域，后来逐渐落籍南诏国、大理国地区的。主要包括：天宝战争时期流落南诏地区的汉族官兵；南诏在对唐朝的侵略战争中掳掠的人口；因其他原因进入南诏、大理地区的内地汉族人口。

在天宝年间鲜于仲通和李宓对南诏的两次征战中，有20多万唐军官兵进入云南，这两次战争皆以唐军的大败而结束。在唐军的“大败”中，南征官兵既有死伤，也有被俘和逃亡，也就是说，有许多被俘和逃亡的士兵从此流落南诏，在洱海周围地区定居下来。被俘和流散在南诏地区的唐军士兵估计至少数万人，多则可能达十数万人。后来，李宓等唐军将领在大理白族地区被作为“本主”供奉，供奉李宓的民众即应是落籍大理并已白族化的唐军士兵及其后人。另外，天宝年间，南诏攻陷了唐朝的姚州都督府，将姚州都督府治所弄栋（今姚安县）地区汉族百姓，强制迁往他处。《云南志》记载说：“弄栋城在故姚州川中，南北百余里，东西三十余里。废城在东岩山上。当川中有平岩，周回五六顷，新筑弄栋城在其上。管杂蛮数部落，悉无汉人。姚州百姓陷蛮者，皆被移隶远处。”[1] 所有这些，都是天宝年间因战争而流落南诏地区的汉族人口。

天宝战争后，南诏攻占巂州，掳掠了大量巂州官民到南诏。其中西泸县（今四川德昌）县令郑回就在这次战争中被俘到南诏，受到阁罗凤和异牟寻的器重，成为南诏王室的儒学教师并担任南诏政权的清平官。唐朝太和至咸通年间（公元827～873年间），南诏对唐朝剑南西川地区（以成都为中心的今四川中西部地区）和唐朝安南都护府地区（今越南北部地区）及邕州地区（今广西南宁地区）多次发动大规模的侵略战争，俘掠了大量汉族百姓到南诏地区。如大（太）和三年（公元829年），南诏权臣蒙嵯巅率兵侵略西川成都地区，俘虏了大量百姓和技工到南诏。宋朝熙宁七年（公元1074年），北宋进士杨佐奉命出使大理国，在云南驿（今祥云县云南驿）见到了一些被称为“头囊”的人物，杨佐解释说：“所谓‘头囊’者，乃唐士大夫不幸为蛮贼驱过大渡河而南，至今有子孙在都王世禄，多聪明挺秀，往往能通汉语。”[2] 这就是说，被南诏所俘虏的唐朝官员，后来在南诏地区繁衍生活下来，其子孙也受到南诏、大理政权的厚待，在官府里任职并享受世禄，成为南诏、大理政权中能够在发髻上裹“头囊”的中高级官员；至北宋时期，这些唐朝官员的后代仍能讲汉语。

除了战争俘虏外，也有一些内地汉人因为逃亡和谋生等原因而迁到南诏大理地区。在唐朝武则天圣历元年（公元698年），蜀州刺史张柬之在奏请罢除姚州都督府的奏疏中即说：“剑南逋逃，中原亡命，二千余户，见散在彼州，专以掠略为业。”[3] 到了宋

---

〔1〕［唐］樊绰撰，向达原校、木芹补注：《云南志补注》，云南人民出版社1995年版，第79页。

〔2〕［北宋］杨佐撰：《云南买马记》，见方国瑜主编《云南史料丛刊》（第二卷），云南大学出版社1998年版，第246～247页。

〔3〕［北宋］王溥撰：《唐会要》，见方国瑜主编《云南史料丛刊》（第一卷），云南大学出版社1998年版，第457页。

代，仍有西川等地的汉人来到大理国地区谋生。宋代熙宁七年（公元 1074 年），峨眉进士杨佐应募到大理国地区商量购买马匹事宜，就在大理国境内的“束密”（方国瑜先生认为“束密”即“撒马都”，为今姚安地区的夷人部落）见到了流亡至“束密”谋生的汉族老者，当得知杨佐等来自西川地区时，老者涕泣说：“我乃汉嘉之耕民也。皇祐中，以岁饥，来活于兹，今发白齿落，垂死矣，不图复见乡人也。”〔1〕宋代，嘉州辖地约为今四川乐山、峨眉、夹江、犍为等县地，治所在今乐山，皇祐年间为公元 1049～1054 年。来自嘉州的老者在离开家乡 20 多年后，见到了来自峨眉的杨佐，老乡相见，故而十分惊喜。

唐宋时来到南诏、大理地区的汉人最初保持着汉人身份和习俗，后来，随着时间的推移，也逐渐地地方化和蛮夷化。他们中的很大部分最后逐渐融入“白人”之中。如南诏时的“裳人”，就是逐渐地方化的汉人。据《云南志》记载：“裳人，本汉人也。部落在铁桥北，不知迁徙年月。初袭汉服，后稍参诸戎风俗，迄今但朝霞缠头，其余无异。贞元十年，南诏异牟寻领兵攻破吐蕃铁桥节度城，获裳人数千户，悉移于云南东北诸川。”〔2〕铁桥城北部即今丽江北部塔城和迪庆中甸地区，这一地区为何会有数千户汉人部落，史籍没有记载，方国瑜先生推测，此地原为吐蕃控制区，故这里的汉人部落可能是吐蕃从西川地区掳掠来的汉族人口，南诏占领铁桥城后，将“裳人”迁到云南郡故地，即洱海地区。〔3〕“裳人”后来可能融合于白族之中。

第四节　南诏大理国的农业生产

唐宋时期也即南诏大理国时期是云南历史上农业生产获得较大发展的时期。唐宋时期云南农业生产的发展状况在相关史籍中有所记载，而唐代后期樊绰所著《云南志》则对唐代中期（即南诏前期）云南地区的农业生产情况作了较为集中的记录和反映。

一、农业种植业的发展

（一）粮食作物的种植

《云南志》卷七的“云南管内物产”对南诏时期的农作物种植情况作了如下记载：

〔1〕［北宋］杨佐撰：《云南买马记》，见方国瑜主编《云南史料丛刊》（第二卷），云南大学出版社 1998 年版，第 246 页。

〔2〕［唐］樊绰撰，向达原校、木芹补注：《云南志补注》，云南人民出版社 1995 年版，第 548 页。

〔3〕方国瑜：《唐宋时期在云南的汉族移民》，载《方国瑜文集》（第一辑），云南教育出版社 1994 年版，第 465 页。

从曲靖州以南，滇池已西，土俗唯业水田。种麻豆黍稷，不过町疃。水田每年一熟。从八月获稻，至十一月十二月之交，便于稻田种大麦，三月四月即熟。收大麦后，还种粳稻。小麦即于冈陵种之，十二月下旬已抽节如三月，小麦与大麦同时收刈。其小麦麫［面］软泥少味。大麦多以为麨，别无他用。[1]

《云南志》的这一记载含有丰富的信息，它对南诏地区农作物种类和种植方式均作了说明。从这一记载可以看出：

第一，至唐代中期，南诏地区的粮食作物虽是稻、麦、黍、稷（粟）、豆、麻“五谷”俱全、“五谷”俱种，但以水稻种植为主，次为大麦、小麦，即是说，稻、麦是当时南诏地区居民的主粮，稻米可能为坝区居民的主粮，小麦可能多为山区居民的主粮。

第二，作为南诏地区居民的主粮，水稻是当时南诏地区种植区域最广、种植面积最多的粮食作物。唐代中期，从现今滇东北地区的曲州、靖州，到滇池流域的昆州，再到昆州以西的洱海地区，都以水稻种植为主要农事活动，即所谓“土俗唯业水田”，当时南诏地区所种稻谷为粳稻。这是南诏、大理时期农业生产的重要特点。隋唐以前，南中地区的农业生产虽是水田与旱地并存，但水田在耕地中所占比例如何，不得而知，另外，水稻是否是南中地区的主产作物，也难下结论，而到了南诏时期，虽然还是“五谷”并种，但已是以稻谷为主，且是以水田种稻为主。这既是云南地区粮作结构的重要变化，也是云南耕地构成的重要变化。这种变化，反映出了云南农业生产条件的不断改善和耕作技术的不断进步。

第三，唐代南诏地区已开始进行稻、麦轮作复种，实现了一年两熟[2]。其种植方式是：农历八月收获稻谷后，到了秋冬之际的十一二月，即在稻田里种植大麦，来年三四月大麦成熟，即行收割，生长期约为5个月左右。与此同时，在冈陵地区的山地里种植小麦，小麦秋后种植（即冬小麦），十二月下旬已抽节，其长势如同内地三月份的小麦一样[3]，到来年春夏之交的三四月即可与大麦同时收获，小麦的收获期与大麦相同，但生长期可能较大麦略长。《云南志》关于唐代南诏地区稻麦轮作复种的记载是中国史籍中关于稻麦复种技术的最早记载，云南地区也可能是中国最早推行稻麦轮作复种技术的地区[4]。

从生产工具来看，南诏、大理时期，随着冶铁技术的不断进步，铁制农具不仅得到广泛使用，而且其生产效能应该得到进一步的提高。在史籍中，关于南诏、大理铁

〔1〕［唐］樊绰撰，向达原校、木芹补注：《云南志补注》，云南人民出版社1995年版，第96页。

〔2〕《云南志》说“水田每年一熟”，方国瑜先生认为根据整段记载来看，文中的“一”应为“二”之误（见《云南民族史讲义》，云南人民出版社2013年版，第502页。）。从上述文字的记载来看，南诏地区在水田里实行稻麦轮作复种，达到了一年两熟，确应为“水田每年二熟”。

〔3〕关于《云南志》中所说的小麦“十二月已抽节如三月，小麦与大麦同时收刈”一句，不同的校注者作了不同的断句，向达先生断为“十二月已抽节，如三月小麦与大麦同时收刈”，方国瑜先生采前一种断法，今从方国瑜先生说。按：南诏地区种植的小麦为秋季播种的“冬小麦”，故《云南志》说至十二月下旬，其长势已如同（内地）三月份的春小麦（春季播种）一样。

〔4〕张芳、王思明主编：《中国农业科技史》，中国农业科学技术出版社2011年版，第171页。

制农具如锄、犁等制造情况的记载几乎没有，但却有较多南诏、大理铁质刀、剑制作情况的介绍。《云南志》在介绍“南诏剑”的制作时说：“造剑法，锻生铁，取进汁，如是者数次，烹炼之。……浪人诏能铸剑，尤精利，诸部落悉不如，谓之浪剑。”[1]所谓“锻生铁”即煅烧生铁，通过加热锻打，使生铁脱碳成钢，以增强铁器的硬度。[2]到了大理国时期，大理所制佩刀以质地优良名闻内地。南宋周去非《岭外代答》记载说：“蛮刀以大理所出为佳。……今世所谓吹毛透风乃大理刀之类。盖大理国有丽水，故能制良刀云。”[3]从这些记载可以看出，南诏、大理时期的铁器冶炼、锻造技术提高到了一个新的水平，能够制造出坚硬锋利的“南诏剑”“大理刀”等利器，并且这些刀、剑已是寻常日用之物，即所谓“使人用剑，不问贵贱，剑不离身”[4]。以刀剑的制造情况来推论，我们认为，南诏、大理国的铁质农具不仅已经普及，而且随着锻造技术的进步，铁质农具的质量也应得到相应的改进，其生产效能也因之得到进一步的提高。

从耕作方式来看，南诏地区已广泛使用了牛耕作为主要生产力。《云南志》记载南诏的牛耕方式为：“每耕田用三尺犁，格长丈余，两牛相去七八尺，一佃人前牵牛，一佃人持按犁辕，一佃人秉耒。”[5]这种方式被称为“二牛三夫”式。《新唐书·南诏传》记载南诏的犁田方式为：“犁田以一牛三夫，前挽、中压、后驱。”[6]无论是“二牛三夫”还是“一牛三夫”，其基本方式都是一人牵牛引导方向，一人按压长直辕以控制犁耕深浅，一人扶持犁梢以保持平衡。“二牛三夫”犁田方式俗称“二牛抬杠”，起源于西汉时期。“二牛抬杠”耕作方式所用犁具，是比较原始的长直辕形制的犁具，而非改进后的曲辕犁。由于是长直辕形犁，所以需要“二牛”合耕，“三夫”前挽、中压、后驱。《云南志》中所说的“三尺犁”，应是指犁辕与地面的平行垂直高度为“三尺”，这样的高度，才便于扶犁人操作[7]。《云南志》文中所说“格长丈余”之“格”，向达先生认为即为牛肩上之横木[8]，即“二牛抬杠”之“杠”（直形肩轭）。由于是长直辕，犁耕时必须要有一人压辕，“格长丈余”的目的是便于压辕人坐于二牛之间的“格”上压辕，如“格”太短，则不方便操作。[9]“二牛抬杠”式耕作

〔1〕［唐］樊绰撰，向达原校、木芹补注：《云南志补注》，云南人民出版社1995年版，第113页。

〔2〕张增祺：《云南冶金史》，云南美术出版社2000年版，第168页。

〔3〕［南宋］周去非撰：《岭外代答》，见方国瑜主编《云南史料丛刊》（第二卷），云南大学出版社1998年版，第251～252页。

〔4〕［唐］樊绰撰，向达原校、木芹补注：《云南志补注》，云南人民出版社1995年版，第113页。

〔5〕［唐］樊绰撰，向达原校、木芹补注：《云南志补注》，云南人民出版社1995年版，第96页。

〔6〕［北宋］欧阳修、宋祁撰：《新唐书·南诏传》，见方国瑜主编《云南史料丛刊》（第一卷），云南大学出版社1998年版，第389页。

〔7〕李朝真：《关于白族地区二牛三夫的耕作方法》，载《中国少数民族社会历史调查资料丛刊》修订编辑委员会云南省编辑组编《云南民族文物调查》，民族出版社2009年版，第26页。

〔8〕［唐］樊绰撰，向达原校、木芹补注：《云南志补注》，云南人民出版社1995年版，第3页。“格”即“槅”，也即放在牛肩上的轭。

〔9〕李朝真：《关于白族地区二牛三夫的耕作方法》，载《中国少数民族社会历史调查资料丛刊》修订编辑委员会云南省编辑组编《云南民族文物调查》，民族出版社2009年版，第26～27页。

方式在中原地区也曾广泛使用过，在后来的历史时期中，“二牛抬杠”经过改进，变为一牛一夫式或二牛一夫式，直辕也改为曲辕，直轭也改为曲轭，从而更便于灵活操作。但在一些地区，“二牛抬杠”式耕作方式，则一直沿袭着。在近现代时期，剑川、洱源、兰坪、丽江等地仍保留着“二牛抬杠”的耕作方式。据对民国时期剑川使用“二牛抬杠”耕作方式的调查，使用“二牛抬杠”方式犁地，一天可耕地3至4亩。[1] 甚至居住在昆明近郊西山区核桃箐村的彝族群众，在1949年前，犁地所用犁具，也均为二牛抬杠式。[2] 值得注意的是，南诏时的牛耕情况，不仅有文字记述，也有形象描绘，在传世的《南诏中兴二年画卷》中，就表现了南诏先祖细奴逻（也写作细奴罗）躬耕于巍山的情景：“第三段表现细奴罗父子耕田处，画有一犁，直辕，犁铧宽大，呈正三角形，驾牛之横杠甚长，旁有两牛正休憩于地，表示犁由二牛抬杠而耕。这是云南文物中第一次出现犁的形象，它与《蛮书》卷七所说‘每耕田用三尺犁，格长丈余，两牛相去七八尺’，完全符合。就耕作方法和犁的形制来说，它和敦煌莫高窟及安西榆林壁画中的犁相似，说明这时云南一些先进地区农耕技术已达到或接近内地的水平。”[3]

从耕作畜力来看，南诏时期耕田所用之牛多为黄牛（“沙牛”），但在通海都督管辖的地区（今通海县以南的红河州等地）则可能较多使用水牛，同时，在银生节度辖区，也即今景东以南的傣族地区，傣族的先民“茫蛮”等部族则是使用大象作为畜力来进行耕作：“象大如水牛。俗养象以耕田，仍烧其粪。”[4] 当然，“茫蛮”等部族使用大象耕田的方法可能不是以象牵犁耕田，而是驱象入田，通过大象的践踏使田土变得松软匀润。

南诏的土地制度，应是国家土地所有制。土地的最高所有权属于南诏王室。南诏国根据国内官民的政治地位和职业类别，授予其不同数量的田地，获得土地的官员和农民，对南诏承担相应的义务。从一般农民而言，其义务是每年上缴二斗米的田赋；对有一技之长的手工业者，政府在授予他们田地的同时，给予一定的政策优惠，他们可以享有一年的免税待遇，到第二年收获时才缴纳相应的赋税。这就是《新唐书·南诏传》所说的：“然专于农，无贵贱皆耕。不徭役，人岁输米二斗。一艺者给田，二收乃税。”[5] 各级官员所获得的土地，由其所控制的佃农来耕种，而一般平民所获得或占有的土地，则自耕自种。关于官员占有土地的情况，《云南志》卷九“南蛮条教”记载说：“上官授予四十双，汉二顷也。上户三十双，汉一顷五十亩。中户下户各有差降。”[6] 南诏的“一双”等于中原汉地的“五亩”。对于佃人耕作情况，《云南志》卷

---

〔1〕 白族简史编写组：《白族简史》，云南人民出版社1988年版，第88页。

〔2〕 董绍禹、雷宏安：《西山区核桃箐彝族习俗和宗教调查》，载《中国少数民族社会历史调查资料丛刊》修订编辑委员会编《昆明民族民俗和宗教调查》，民族出版社2009年版，第54页。

〔3〕 汪宁生：《云南考古》，云南人民出版社1992年版，第200页。

〔4〕 ［唐］樊绰撰，向达原校、木芹补注：《云南志补注》，云南人民出版社1995年版，第64页。

〔5〕 ［北宋］欧阳修、宋祁撰：《新唐书·南诏传》，见方国瑜主编《云南史料丛刊》（第一卷），云南大学出版社1998年版，第389页。

〔6〕 ［唐］樊绰撰，向达原校、木芹补注：《云南志补注》，云南人民出版社1995年版，第120页。

七的记载说："每一佃人佃，疆畛连延或三十里。……收刈已毕，蛮官据佃人家口数目，支给禾稻，其余悉输官。"[1] 文中的"每一佃人佃"义不可解，方国瑜先生认为，"每一佃人"当作"每一佃区"，即众多佃人劳作的区域。众多佃人在官员的土地上，辛苦地劳作，所获仅能维持个人与家庭的温饱，因此一些学者认为，这些"佃人"的身份应是没有人身自由的农奴或奴隶。[2] 从"佃人"的劳作情况来看，也可看到他们的劳动受到官员所派监工的监督："悉被城镇蛮将差蛮官遍令监守催促。如监守蛮乞酒饭者，察之，杖下捶死。"[3] 即是说，在农业生产中，即使"监守蛮"有不轨行动，都要受到捶打至死的惩罚，那么"佃人"的地位就更为低下了。

南诏国农业生产的发展特别是水稻的广泛种植与水利设施的兴修和水利条件的改善密切相关。对此，《云南志》以不同的文字作了记述和说明："从曲靖州以南，滇池已西，土俗唯业水田""蛮治山田，殊为精好""浇田皆用源泉，水旱无损"[4]，等等。南诏建国之初，《南诏德化碑》在歌颂阁罗凤的功绩时即说："厄塞流潦，高原为稻黍之田；疏决陂池，下隰树园林之业。"[5] 在洱海地区的许多城镇，都有良好的水利设施。《云南志》记载，蒙舍川（今巍山县城地区），"肥沃宜禾稻。又有大池，周回数十里，多鱼及菱芡之属。川中水东南与勃弄川合流"[6]。至大理国时期，水利建设仍是农业生产发展的重要保障。据元初郭松年《大理行记》记载，元初的品甸（即唐时的波州，今祥云县城地区），"甸中有池，名曰青湖，灌溉之利达于云南之野"[7]。南宋宝祐元年（公元 1253 年），汉族文人刘秉忠随忽必烈南征大理国，在从鹤庆至大理城的路上，刘秉忠看到了沟渠纵横、稻田密布的农业生产景象，为此，他作了多首诗歌来描写这一动人景象，其中描写山麓村庄和山坡梯田景观的诗句有："鳞层竹屋倚岩阿，是岁秋成粳稻多。远障屏横开户牖，细泉磴引上坡陀。"描写水田灌溉的诗句有："纵横水入稻畦流"、"绿水洄环浇万垅"[8]。应当指出，南诏、大理国时期水田的广泛开辟和水利条件的改善是南北朝以来南中地区劳动人民长期建设发展的结果，而并不全是南诏、大理政权的功绩。

南诏大理时期农业生产发展的重点区域仍是各地的大小平坝地区，即各种川、甸、赕地区。这些地区平地宽广、河流较多，气候温热，具有发展农业生产的良好条件。如白崖城所在的勃弄川（今弥渡县城周围地区），南诏时的情况是："川东西二十余里，南北百余里。清平官已下，官给分田，悉在。"[9] 即勃弄川地区由于地势平坦、面积

---

〔1〕［唐］樊绰撰，向达原校、木芹补注：《云南志补注》，云南人民出版社 1995 年版，第 96 页。
〔2〕尤中：《云南民族史》，云南大学出版社 1994 年版，第 155 页。
〔3〕［唐］樊绰撰，向达原校、木芹补注：《云南志补注》，云南人民出版社 1995 年版，第 96 页。
〔4〕［唐］樊绰撰，向达原校、木芹补注：《云南志补注》，云南人民出版社 1995 年版，第 120 页。
〔5〕《南诏德化碑》文，见汪宁生《云南考古》，云南人民出版社 1992 年版，第 161 页。
〔6〕［唐］樊绰撰，向达原校、木芹补注：《云南志补注》，云南人民出版社 1995 年版，第 74 页。
〔7〕［元］郭松年、李京撰，王叔武校注：《大理行记校注·云南志略辑校》，云南民族出版社 1986 年版，第 11 页。
〔8〕《中国史稿》编写组：《中国史稿》（第五册），人民出版社 1983 年版，第 352 页。
〔9〕［唐］樊绰撰，向达原校、木芹补注：《云南志补注》，云南人民出版社 1995 年版，第 75 页。

广大，成为南诏官员的“官田”集中分布地。到了大理国时期和元代初年，白崖（白岩）地区仍是生产发展、人户稠密的地区。元初郭松年经过白崖，记录下了其所见到的白崖地区情况：“又三十里至白岩甸，其地形南北袤，大小略与云南、品甸相埒。居民凑集，禾麻蔽野。县西石崖斩绝，其色如雪，故曰白岩。赤水江回环曲折，经于其中。”〔1〕除了白崖，赵州（即唐时的渠敛赵，今大理市凤仪镇）也是南诏、大理时期农业生产比较发达的地区。郭松年《大理行记》记录说：“又山行四十里至赵州甸，即赵睑也。山形四周回抱，有藏风蔽气之势。川泽平旷，故家乔木犹有存者。神庄江贯于其中，溉田千顷，以故百姓富庶，少旱虐之灾。”〔2〕值得注意的是，史籍中所记载的这些人烟稠密、生产发展的河谷平坝地区，多分布在今姚安、祥云、弥渡、大理一线地区，即楚雄至大理高速公路沿线地区，而这些地区也是唐代“白蛮”的主要分布区域，这说明，隋唐以来，经过汉、僰等民族的开发建设，洱海周围地区（即原云南郡和姚州都督府地区）已成为当时南诏、大理国农业生产发展的重点区域。

总的来看，唐宋时期，在南诏、大理国的主体区域，农业生产已达到与内地汉族地区相近的水平。无论是水田的大量开辟、牛耕的广泛使用以及稻麦轮作复种技术的推行，都反映出了当时南诏、大理国地区农业生产的较高水平。北宋时，今四川峨眉地区进士杨佐应募到大理国地区商议买马之事，在束密（今姚安地区）地区见到与蜀地大体相同的农业生产景象：“前此三四十里，渐见土田生苗稼，其山川、风物略如东蜀之资、荣。”〔3〕尤其重要的是，在反映农业综合生产力的农业亩产量指标上，即使从内地人士的眼光来看，南诏大理国地区的农业亩产也与内地基本持平，如唐初梁建方《西洱河风土记》就说洱海地区“种获亦与中夏同”〔4〕，元初李京所作《云南志略》也说“白人”（即白族）地区“麻、麦、蔬、果颇同中国”〔5〕，这些均反映出唐宋时期南诏、大理地区农业生产确乎实现了重大的进步与发展。正因为如此，《南诏德化碑》夸耀说：“业留万代之基，仓贮九年之廪。”〔6〕农业生产的发展增强了南诏、大理国的综合实力，为其割据一方、对外扩张奠定了物质基础。

（二）果蔬作物的栽培

除了粮食作物外，南诏地区还广泛种植果蔬园艺作物。

根据《西洱河风土记》的记载，唐初洱海地区的果蔬作物种类是：“菜则葱、韭、

---

〔1〕［元］郭松年、李京撰，王叔武校注：《大理行记校注·云南志略辑校》，云南民族出版社1986年版，第11页。

〔2〕［元］郭松年、李京撰，王叔武校注：《大理行记校注·云南志略辑校》，云南民族出版社1986年版，第14页。

〔3〕［北宋］杨佐撰：《云南买马记》，见方国瑜主编《云南史料丛刊》（第二卷），云南大学出版社1998年版，第246页。资、荣即今四川资中、荣县一带地区。

〔4〕见方国瑜：《云南史料目录概说》（第一册），中华书局1987年版，第149页。

〔5〕［元］郭松年、李京撰，王叔武校注：《大理行记校注·云南志略辑校》，云南民族出版社1986年版，第88页。

〔6〕《南诏德化碑》文，见汪宁生《云南考古》，云南人民出版社1992年版，第163页。

蒜、菁，果则有桃、梅、李、柰。”[1] 这些果蔬作物到了南诏、大理政权时期仍是广泛种植的果蔬作物。在蔬菜方面，除了葱、韭、蒜、菁外，还有椒、姜、桂等调味作物，《云南志》在记述云南境内所产茶叶的食用方法时，即说“蒙舍蛮以椒姜桂和烹而饮之”[2]。另外，南诏、大理时期，今滇西北金沙江流域地区还广种蔓菁作为粮食作物和蔬菜作物。唐代韦齐休所撰《云南行记》记载说：“嶲州界缘山野间有菜，大叶而粗茎，其根若大萝卜。土人蒸煮其根叶而食之，可以疗饥，名之为诸葛菜。云武侯南征，用此菜子莳于山中，以济军时。”[3] “诸葛菜”即蔓菁，也叫圆根，是纳西族的先民“磨些”等民族的主要食物。至元代，情况仍是如此，元代李京《云南志略》说：“末些蛮”的日常饮食是：“俗甚简约，饮食疏薄，一岁之粮，圆根已半实粮也。”[4]

南诏地区广泛出产各类水果。根据唐代韦齐休出使南诏后所写的《云南行记》记载，“云南出甘橘、甘蔗、橙、柚、梨、蒲桃、桃、李、梅、杏，糖酪之类悉有。”[5] 除此之外，还出产石榴、荔枝、槟榔、椰子等果品。对于这些水果的出产情况，《云南志》等史籍作了如下记载：“甘橘，大鳌城有之，其味甚酸。穹赕有橘，大如覆杯。”[6] “南诏石榴，子大皮薄如藤纸，味绝于洛中。”[7] “荔枝、槟榔、柯黎勒、椰子、桄榔等诸树，永昌、丽水、长傍、金山并有之。”[8] 文中的大鳌（厘）即今大理喜洲，穹赕在今保山隆阳区之潞江坝[9]，永昌为今保山地区，丽水在今缅甸密支那南部之打罗，长傍在今腾冲西北之伊洛瓦底江附近地区。总的来看，上述水果产地均在今滇西、滇西南地区及与之相邻的今缅北地区。

除了上述水果品种外，当时南诏西南地区之丽水城（今缅甸密支那南之打罗）及蒙舍（今巍山）、永昌（今保山）等地还盛产波罗蜜果（即今称之树波萝），为当时南诏民众珍食之果。对此，《云南志》有如下记载：“丽水城又出波罗蜜果，大者若汉城甜瓜，引蔓如萝葡。十一月十二月熟。皮如莲房，子处割之，色微红，似甜瓜，香可食。或云此即思难也。南蛮以此果为珍好。”又言：“禄卑江左右亦有波罗蜜果，树高数十丈，大数围，生子，味极酸。蒙舍、永昌亦有此果，大如甜瓜，小者似橙柚，割食不酸，即无香味。土俗或呼为长傍果，或呼为思漏果，亦呼思难果。”[10] 禄卑江即

[1] 见方国瑜：《云南史料目录概说》（第一册），中华书局1984年版，第149页。

[2] [唐] 樊绰撰，向达原校、木芹补注：《云南志补注》，云南人民出版社1995年版，第103页。

[3] [唐] 韦齐休撰：《云南行记》，见方国瑜主编《云南史料丛刊》（第二卷），云南大学出版社1998年版，第243页。

[4] [元] 郭松年、李京撰，王叔武校注：《大理行记校注·云南志略辑校》，云南民族出版社1986年版，第94页。

[5] 见方国瑜主编《云南史料丛刊》（第二卷），云南大学出版社1998年版，第242页。

[6] [唐] 樊绰撰，向达原校、木芹补注：《云南志补注》，云南人民出版社1995年版，第104页。

[7] 见方国瑜：《云南民族史讲义》，第503页，云南人民出版社2013年版。

[8] [唐] 樊绰撰，向达原校、木芹补注：《云南志补注》，云南人民出版社1995年版，第103页。

[9] 见方国瑜《中国西南历史地理考释》（上册），第474页，中华书局1987年版。

[10] [唐] 樊绰撰，向达原校、木芹补注：《云南志补注》，云南人民出版社1995年版，第104页。根据《云南志》记载，“丽水亦名禄卑江”，即今缅甸境内之伊洛瓦底江。

伊洛瓦底江。

（三）柘蚕种养及麻棉种植

南诏居民的衣物原料包括丝、麻、棉、皮等多种，故此，养蚕、种麻、植棉等同是南诏地区重要的农业生产活动。

南诏地区通过养蚕来抽丝织锦，制作相关衣物。唐代时南诏地区蚕虫所吃之叶多为柘叶而非桑叶。《云南志》对南诏以柘叶养蚕及抽丝织锦情况作了如下记载：

> 蛮地无桑，悉养柘蚕绕树，村邑人家柘林多者数顷，耸干数丈。二月初蚕已生，三月中茧出。抽丝法稍异中土。精者为纺丝绫，亦织为锦及绢。其纺丝入朱紫以为上服。锦文颇有密致奇采。蛮及家口悉不许为衣服。其绢极粗，原细入色，制如衾被，庶贱男女，许以披之。亦有刺绣。蛮王并清平官礼衣悉服锦绣，皆上缀波罗皮。俗不解织绫罗。

又言：

> 自太和三年蛮贼寇西川，虏掠巧儿及女工非少，如今悉解织绫罗也。[1]

上述记载表明，南诏时期，植柘养蚕已是十分普遍。村寨里大面积地种植柘树，一些柘树经年累月长得高大耸立（柘树既有低矮的灌木也有高大的乔木）。南诏民众能够以蚕丝来编织普通的绢以及有彩色花纹的锦，也能够在锦上刺绣上花纹图案，只是在绫罗编织技艺上，南诏的织工最初尚不掌握这项工艺技术。唐文宗大和（也作太和）三年（公元829年），南诏进犯成都地区，从成都这座著名的“锦城”掳掠了大量织锦女工回到南诏，从此，南诏的织锦技术获得了大大地提高，不仅能织普通的绢、锦，而且能织细薄美观的绫罗了。南诏虽出产绢、锦，但对绢、锦等丝织品的用途范围，有着严格的等级规定，即普通民众不准穿丝织品制成的衣服，只能将粗绢原丝着色后制成被盖使用；在南诏地区，只有南诏国王及清平官等高级官员才有资格穿着锦绣衣服，并且还要在锦绣衣服外再披上象征权力地位的波罗皮（即虎皮）。

麻布可能是当时南诏地区“白蛮”“乌蛮”等普通民众的主要衣物原料。南诏民众多利用房前屋后和田间地头的空地来种植苎麻、大麻等作物，抽取其纤维质来作为衣物原料。

在银生、永昌节度所辖地区，即今滇南、滇西南地区，当地的“茫蛮”“金齿”“银齿”等部族则利用“娑罗树”（也写作“莎罗树”）的蒴果纤维纺线织布来作为衣物原料。《云南志》记载说：“自银生城、柘南城、寻传、祁鲜已西，蕃蛮种并不养蚕，唯收娑罗树子破其壳，中白如柳絮。纫为丝，织为方幅，裁之为笼段。男子妇女通服

[1]［唐］樊绰撰，向达原校、木芹补注：《云南志补注》，云南人民出版社1995年版，第100页。

之。骠国、弥臣、弥诺，悉皆披娑罗笼段。”[1] 银生城在今景东，柘（拓）南城在今保山市隆阳区西南方向，具体位置不详，寻传、祁鲜在今缅甸密支那附近地区，骠国、弥臣、弥诺为今缅甸北部地区。南诏时，今滇西南和缅北地区的傣族等部族的先民，取娑罗树子壳中的棉絮抽丝织布，作为衣物原料，制成“笼段”（“笼段”可能即为今天傣族人民所穿的“笼基”，即筒裙或桶裙），作为日常衣服。这种情况在南诏、大理国的数百年间，皆是如此，元代李京在记述云南地区的物产时，即说莎罗树“出金齿及元江地面。树大者高三五丈，叶似木槿，花初开黄色，结子变白。一年正月、四月开花结子，以三月、八月采之。破其壳，中如柳绵，纺为线，白氎（音‘叠’，即细棉布——引注）、兜罗锦皆此为之。即汉地之木棉也。”[2] 娑罗树或所谓“木棉”树，应即汉晋时期史籍中所说的“梧桐木”，即滇南地区常见的木棉。这种木棉有一年生草本或多年生灌木两种，傣族的先民使用木棉子絮作为衣物原料具有较为久远的历史。

与南诏时期不同，到了大理国时期，傣族的先民也学会了种桑养蚕、抽丝织锦。这就是李京《云南志略》所说的“金齿百夷”地区“地多蚕柘，四时皆蚕”[3]。

（四）茶叶采食或茶树种植

《云南志》卷七“云南管内物产”记载说：“茶出银生城界诸山，散收无采造法。蒙舍蛮以椒姜桂和烹而饮之。”[4] 这是史籍中关于云南地区产茶的最早记载。在此之前，云南地区是否种茶、采茶、饮茶，史无明载，而在内地，种茶、饮茶之俗，已有上千年的历史了。我国最早种茶的部族为生活于今重庆地区的古代巴人，自西周时期起，巴人就开始种茶并将茶叶作为特产上贡中原王朝。春秋战国以来，巴蜀地区一直是我国种茶的主要区域。晋时常璩所撰《华阳国志·巴志》在介绍巴地的物产时就说：“土植五谷，牲具六畜。桑、蚕、麻、苎、鱼、盐、铜、铁、丹、漆、茶、蜜、灵龟、巨犀、山鸡、白雉、黄润、鲜粉，皆纳贡之。”[5] 又说涪陵郡（蜀汉时涪陵郡治涪陵县，为今重庆市彭水县，涪陵郡辖今重庆市彭水、黔江、酉阳等地）“惟出茶、丹、漆、蜜、蜡”[6]。汉晋以后，饮茶之风大盛。到了唐代，陆羽撰著《茶经》，对种茶、制茶、饮茶的经验、习俗加以总结。而相比当时内地发达的茶产业和茶文化，南诏时云南地区的茶叶采收、加工和饮用方式，尚处于较为原始简单的状态。《云南志》的上述记载表明，当时南诏的产茶区集中于银生节度辖区，即今普洱、版纳地区，茶叶的采收、加工相较内地而言，无固定成熟的技术和方法，茶叶的饮用是以干叶加入椒、姜、桂等调味料一起煮沸饮用，这也是内地曾经有过的饮茶古法。当时银生节度地区

---

〔1〕［唐］樊绰撰，向达原校、木芹补注：《云南志补注》，云南人民出版社1995年版，第101页。

〔2〕［元］郭松年、李京撰，王叔武校注：《大理行记校注·云南志略辑校》，云南民族出版社1986年版，第99页。

〔3〕［元］郭松年、李京撰，王叔武校注：《大理行记校注·云南志略辑校》，云南民族出版社1986年版，第89页。

〔4〕［唐］樊绰撰，向达原校、木芹补注：《云南志补注》，云南人民出版社1995年版，第103页。

〔5〕［晋］常璩撰：《华阳国志》，齐鲁书社2010年版，第2页。

〔6〕［晋］常璩撰：《华阳国志》，齐鲁书社2010年版，第12页。

所产茶叶已销往“蒙舍蛮”所居住的洱海地区。

虽然从史籍的记载来看，云南地区生产、加工、食用茶叶的历史晚于巴蜀等地，但云南地区在中国茶叶的生产和发展史上却占有独特的地位，原因即在于云南地区有丰富的古茶树资源。在勐海、澜沧所发现的3株古茶树，代表了茶树从野生、初步驯化到人工栽培的3个类型和阶段。1961年，中国科学院西双版纳植物研究所张顺高先生在勐海县巴达公社的原始森林中发现9棵大茶树，其中一棵茶树高32.12米、胸径1.03米，估计树龄达1700年，这棵茶树被专家确定为野生茶树。[1] 在1991年，思茅地区（今普洱市）茶业专家在澜沧县富东乡邦崴村发现了一棵大茶树，这棵茶树高12米，树冠最大幅度7.8米，树干最粗处直径180厘米，主干分枝共13枝，整棵茶树树冠挺拔，树叶繁茂，充满生机，其树龄在1000年左右。经过化验分析，茶学专家认为，邦崴茶树所含化学成分、细胞组织结构与栽培型茶树相同，但其树冠、茶柱、花粉粒、茶果皮等方面特征，又与野生型茶树接近，综合地来看，邦崴大茶树既具有野生大茶树的花果种子形态，又具有栽培型茶树芽叶枝梢的特点，是介于野生型和栽培型之间的过渡型大叶茶树。[2] 另外，在20世纪50年代，西双版纳佛海茶叶实验站在勐海县南糯山深箐中发现3株野生大茶树，其中已经枯死的一株经年轮测定，其树龄为800多年（另外两株现今也已枯死），当地人称这棵茶树为“茶王树”。这棵古茶树属于栽培型茶树。这样，在云南地区现有的古茶树资源中，从野生、驯化（从野生到栽培的过渡形态）到栽培三种类型和形态的茶树都有代表和反映，这表明云南地区的先民是独立地完成将野生茶树驯化为栽培茶树这一发展历程的，云南很可能是中国和世界茶树的原生地之一。

那么，南诏时银生地区所产茶叶是采自野生茶树还是采自人工栽培茶树呢？根据现今所发现的古茶树资源状况，结合《云南志》的相关记载，我们认为，至南诏时期，银生地区即现今普洱、西双版纳等滇南地区，已经能够种植栽培型茶树，当时银生地区的居民已有种茶、采茶、食茶的习俗（从化学成分来看，纯野生茶叶由于简单儿茶素含量较高，不适合饮用，只有栽培型茶叶才能饮用）。另外，值得注意的是，虽然云南地区采食或种植茶叶的历史最早见于唐代樊绰《云南志》的记载（樊绰《云南志》成书于唐代咸通四年，即公元863年，但书中资料多取自公元794年以前南诏的档案或史志资料），并且茶叶采收之法较为简单粗糙，但银生节度地区各部族采食茶叶的历史可能在唐代以前即已开始，由此而言，现今云南地区也是中国较早采茶、饮茶或植茶的地区。傣族、僾尼人（哈尼族的一个支系，居住于现今西双版纳地区）等族的先民可能是云南地区最早采摘、食用茶叶的部族。方国瑜、林超民先生认为，从语言学上

〔1〕参见林超民《普洱茶散论》，载《林超民文集》（第二卷），云南人民出版社2008年版，第299页。除了巴达古茶树外，20世纪90年代，在普洱市镇沅县九甲乡千家寨的原始森林中，发现了面积约280公顷，树龄在2500～2700年间的野生茶树群落，被认为是目前世界上已发现的最大面积的原始茶树植物群落。

〔2〕参见黄桂枢《澜沧邦崴过渡型古茶树考》，载《思茅文物考古历史研究》，云南民族出版社2001年版，第345～349页。

来说，云南各族人民饮用的茶叶主要来自西双版纳："今西双版纳的僾尼人、傣族称茶为'la'，彝族撒尼方言、武定方言也称茶为'la'，纳西族语称为'le'，拉祜族语称为'la'，皆用僾尼人和傣族语，可知这些民族最早饮用的茶叶是僾尼人和傣族供应的。西南各族人民仰赖西双版纳茶叶的历史已十分久远。"[1] 林超民先生认为，《云南志》所记的"银生城界诸山"当即现今普洱、西双版纳地区的"六大茶山"及其他各山。[2] 以此而言，明清以来中国兴盛不衰的普洱茶文化其源头至少可追溯至唐代的南诏国时期，云南地区种茶、饮茶的历史至少在1300年以上。

二、南诏大理国的畜牧生产

南诏大理国时期，畜牧养殖是"白蛮"等部族农业经济的重要组成部分，也是"乌蛮"等部族主要的经济类型，如"乌蛮"中的"磨些蛮"就是"土多牛羊，一家即有羊群"[3]。畜牧产品满足了南诏、大理国各部族日常生产、生活及军事征战的需要，也是南诏、大理国对外贸易的重要商品。从史籍的记载来看，唐宋时云南地区"六畜"皆有饲养，其他动物也有养殖。唐初梁建方所著《西洱河风土记》即说，洱海地区，"畜有牛、马、猪、羊、鸡、犬"[4]。唐代樊绰所撰《云南志》介绍南诏地区畜禽种类时说："猪、羊、猫、犬、骡、驴、豹、兔、鹅、鸭，诸山及人家悉有之。"[5] 这10种动物中，除了豹为凶猛的野生动物，不可能像其他家畜一样饲养外，其他畜禽皆已为南诏地区民众所饲养。

下面，我们从生产、贸易和消费的角度对南诏、大理国时期云南地区的畜牧发展情况进行论述。

（一）畜牧养殖情况

唐代，云南地区养马更为普遍，并且培育出了许多优良马种。樊绰《云南志》对南诏地区的养马情况作了这样的记载：

马出越赕川东面一带，岗西向，地势渐下，乍起伏如畦畛者，有泉地美草，宜马。初生如羊羔，一年后纽莎为拢头縻系之。三年内饲以米清粥汁。四五年稍大，六七年方成就。尾高，尤善驰骤，日行数百里。本种多骢，故代称越赕骢。近年以白为良。

又言：

〔1〕方国瑜、林超民：《普洱茶史话》，载《林超民文集》（第二卷），云南人民出版社2008年版，第289页。

〔2〕林超民：《普洱茶与少数民族》，载《林超民文集》（第二卷），云南人民出版社2008年版，第294页。

〔3〕［唐］樊绰撰，向达原校、木芹补注：《云南志补注》，云南人民出版社1995年版，第57页。

〔4〕见方国瑜《云南史料目录概说》（第一册），中华书局1984年版，第149页。

〔5〕［唐］樊绰撰，向达原校、木芹补注：《云南志补注》，云南人民出版社1995年版，第111页。

藤充及申赕亦出马，次赕、滇池尤佳。东爨乌蛮中亦有马，比于越赕皆少。一切野放，不置槽枥。唯阳苴咩及大厘、邆川各有槽枥，喂马数百匹。[1]

从上引材料可以看出，唐代时，滇西的越赕（今腾冲）、滇中的滇池（今晋宁）、次赕（今禄丰县碧城镇）和滇东的乌蛮地区（主要为今曲靖、昭通地区），皆产马，马的饲养遍于云南各地。越赕、次赕、滇池地区所养之马，品质最佳，越赕马尤其善于奔跑驰骋，能够日行数百里。越赕（越赕、藤冲、申赕均为今天的腾冲地区）地区所产马以青白色的骢马为多，故称为越赕骢。出产越赕马的越赕川地区，水草肥美，适合大规模地养殖马匹。在长期的饲养实践中，牧民们总结出了一套行之有效的饲养方式，如在马驹一岁之后即用莎草织成绳索作为笼（拢）头来控御小马，在马三岁之前一直用米汤米粥来喂养，以保证马驹成长所需要的营养等。养马的方式多为野外牧养，很少以马槽装盛饲料来喂养，但在南诏都城阳苴咩城（今大理古城西面苍山中和峰下）和都城周围的大厘（今喜洲）、邆川（今邓川）等城镇有少数以马槽集中喂养的马匹，大概是为了满足政府官员和军队官兵日常骑乘的需要而设置。

大理国时期，产马更盛，马匹品质更好。“大理马”也成为闻名天下的名马。宋代范成大所著《桂海虞衡志》记载说：“蛮马出西南诸蕃，多自毗那、自杞等国来。自杞取马于大理，古南诏也，地连西戎，马生尤蕃。大理马为西南蕃之最。”[2] 对于当时大理马的特性，宋人周去非在《岭外代答》中作了这样的记述：“南方诸蛮马皆出大理国。罗殿、自杞、特磨岁以马来，皆贩之大理者也。……惟地愈西北，则马愈良。南马狂逸奔突难于驾驭，军中谓之拼命骀（骀音‘太’，即劣马——引注）。一再驰逐则流汗被体，不如北马之耐然。忽得一良者，则北马虽壮不可及也。此岂西域之遗种也耶。是马也，直黄金数十两。苟有，必为峒官所买，官不可得也。蛮人所自乘，谓之座马，往返万里跬步必骑，驼负且重，未尝困乏。蛮人宁死不以此马予人。盖一无此马则不可返国，所谓真堪托死生者。”[3] 这是作者在今广西地区所见到的大理马情况。周去非认为，南方地区所产马即“南马”速度快、爆发力强，善于奔跑驱驰，但其体力和耐力则相对“北马”稍差，然而大理等地所产马匹或许由于产地接近于中国西北地区的缘故，马的品质总体较好，其中少数“良马”远胜北方所产之马，其价格也非寻常马匹可比。

对于云南地区所产马的特性，历来学者多有比较、总结，如清代学者檀萃在比较云南地方马种与内地之马的特性时说：“内地之马，撒蹄而驰，于平原广地便。滇马敛蹄，于历险登危便。”[4] 一般而言，云南地区所产马，体型较小，耐力较好，适合高原山

[1] ［唐］樊绰撰，向达原校、木芹补注：《云南志补注》，云南人民出版社1995年版，第107页。

[2] ［南宋］范成大撰：《桂海虞衡志》，见方国瑜主编《云南史料丛刊》（第二卷），云南大学出版社1998年版，第231页。

[3] ［南宋］周去非撰：《岭外代答》，见方国瑜主编《云南史料丛刊》（第二卷），云南大学出版社1998年版，第252～253页。

[4] ［清］檀萃撰，宋文熙、李东平校注：《滇海虞衡志校注》，云南人民出版社1990年版，第150页。

地的运输和行走。但在《马可波罗行纪》中，对大理地区的马种有这样的记载：“此州亦产良马，躯大而美，贩售印度。”[1] 后人对“躯大而美”的大理马一直存疑，认为可能是马可波罗的误记，因为云南地区虽出良马，但身躯皆小，身躯高大的马匹似乎非本地所产。对此，考古学家汪宁生先生认为，大理地区因“地连西戎”，所养马中可能有西北地区少数民族所养马种的血缘，故“躯大”。[2] 汪先生此说，应是能够成立的。这既与宋人“地愈西北，则马愈良”的看法相一致，也与历史事实相符合：唐宋时期，南诏、大理国与吐蕃等西北部族一直保持着密切的经济文化联系，不仅吐蕃势力曾南下洱海地区，而且南诏军民也曾应吐蕃的要求远征西北地区，协助吐蕃与唐军作战，在此情况下，西北地区的良骏健马传入南诏、大理地区，是十分自然的事情。

为了使马匹便于骑乘驾驭，防止马以尾扫击主人，南诏、大理国的牧马人总结出了一种折断马尾的驯驭方法。对此，元代李京所著《云南志略》记载说，“罗罗”（今彝族先民）的骑马习俗就是“马贵折尾”[3]。元初，意大利旅行家马可波罗经过云南地区时，也见到这种驯驭方法，在其行纪中，他作了这样的记述：“然应知者，人抽取尾筋二三条，俾其不能用尾击其骑者。”[4]

南诏、大理国时期，现今云南各地广泛饲养黄牛、水牛作为耕作畜力和肉食来源。对此，《云南志》作了这样的记载：“沙牛，云南及西爨故地并只生沙牛，俱缘地多瘴，草深肥，牛更蕃生犊子。天宝中，一家便有数十头，通海已南多野水牛，或一千二千为群。”[5] 沙牛即黄牛。这一记载表明，唐代时云南地区广泛饲养黄牛、水牛，滇中地区（即西爨故地）多饲养黄牛，通海（通海都督府驻地）以南的滇南地区多有水牛，《云南志》说这些水牛为成群结队的野水牛，当也有饲养以耕田的家养水牛。

南诏、大理国时期，许多部族都养羊，居住在山区的“乌蛮”部族，所养羊群尤多。《云南志》对南诏地区的养羊情况有这样的记述：“大羊多从西羌、铁桥接吐蕃界三千二千口将来博易。”[6]《云南志》的这一记述表明，南诏时，有数以千计的来自现今川、滇、藏交界地区的绵羊被贩运到南诏内地进行交易，这一方面表明当时南诏西北边境的铁桥节度地区盛产绵羊，也说明南诏内地可能以山羊养殖为主，绵羊养殖相对较少。甚至至清代时，檀萃在记述大尾羊时，仍言：“时亦有大尾羊，皆来自迤西者。”[7] 这表明，云南地区养殖绵羊特别是大尾羊，以滇西地区最为普遍。《云南志》所说的“大羊”或即大尾羊。大尾羊属于绵羊之一种，因臀部脂肪堆积、形如大尾而

---

[1] [意] 马可波罗著，冯承钧译：《马可波罗行纪》，东方出版社 2011 年版，第 301 页。

[2] 汪宁生：《古代云南高原上的养马业》，载《汪宁生论著萃编》（上），云南民族出版社 2001 年版，第 754 页。

[3] [元] 郭松年、李京撰，王叔武校注：《大理行记校注·云南志略辑校》，云南民族出版社 1986 年版，第 89 页。

[4] [意] 马可波罗著，冯承钧译：《马可波罗行纪》，东方出版社 2011 年版，第 301 页。

[5] [唐] 樊绰撰，向达原校、木芹补注：《云南志补注》，云南人民出版社 1995 年版，第 109 页。

[6] [唐] 樊绰撰，向达原校、木芹补注：《云南志补注》，云南人民出版社 1995 年版，第 111 页。

[7] [清] 檀萃撰，宋文熙、李东平校注：《滇海虞衡志校注》，云南人民出版社 1990 年版，第 159 页。

得名，大尾羊在今云南地区较为少见，但在西北的新疆地区仍有牧民饲养大尾羊，并且牧民尤其喜食“大尾”里的脂肪。

《云南志》对唐代南诏地区的养鸡情况有这样的简单记载：“大鸡，永昌、云南出，重十余斤，觜距劲利，能取鸇、鹗、鸢、鹊、凫、鸽、鸲鹆之类。”[1]这一记载表明唐时永昌（今保山地区）、云南（即云南县，今祥云县）地区饲养着一种体形大、体重沉且善斗的大鸡。这种鸡或许就是近代滇西地区所饲养的“九斤黄”大鸡。对此，《新纂云南通志·物产考》有这样的记述：“保山大鸡重十余斤，嘴距劲利，……此鸡体壮大，性驯良，足部较高，亦云高脚鸡。腿、足均蔽毛，色有种种，红黄、黑黄诸色较多，白色较少。体重有至九斤以上者，故外间又云九斤黄，或黑十二。”[2]

除了永昌大鸡外，南诏大理国还养有“长鸣鸡”。宋代周去非所著《岭外代答》记载说：“长鸣鸡，自南诏诸蛮来，一鸡直钱一两，形矮而大羽，毛甚泽，音声圆长，一鸣半刻。”[3] 周去非所说的“长鸣鸡”或许就是明清以来滇南地区所饲养的“矮脚鸡”“摆夷鸡”“茶花鸡”（这些名称应是对同一鸡种的不同称呼）。关于“摆夷鸡”，清代檀萃所著《滇海虞衡志》记载说：“摆夷鸡，鸡身而凫脚，鸣声无昼夜，寺庙多畜之。镇沅谓之小鸡，南甸谓之叫鸡。然鸡非小也，以为叫鸡，又不应司晨之节，且好逐小儿而啄其眼，故人家不敢畜，多送之寺院。”[4] 民国时期编纂的《新纂云南通志·物产考》认为，摆夷鸡就是所谓“长鸣鸡”“矮脚鸡”：“矮鸡：小于家鸡，足短，鸣长，应时无差，距长寸许，保山、顺宁、思茅、镇沅、临江等处产之。缅宁亦名矮脚鸡，镇沅并名小鸡，以其长鸣，故又云长鸣鸡，或叫鸡。……此鸡来自沿边夷地，故通常更名摆夷鸡。”[5] 而“摆夷鸡”或“长鸣鸡”或许就是人们常说的“茶花鸡”（或者，“茶花鸡”为“摆夷鸡”、“矮脚鸡”之一种[6]）。据民族学家江应樑先生20世纪40年代对滇南傣族地区的考察，“十二版纳及耿马一带地，特产一种摆夷鸡，形如常鸡而体略小，羽毛色泽极美丽，啼声与常鸡不同，听之好似呼‘茶花两朵’，故又称为茶花鸡”[7]。由此而言，滇南傣族地区饲养“长鸣鸡”（矮脚鸡、摆夷鸡、茶花鸡）的历史，从南诏、大理时期算起，已达一千多年。

---

〔1〕［唐］樊绰撰，向达原校、木芹补注：《云南志补注》，云南人民出版社1995年版，第110页。按：鸇（音“毡”）为猛禽，鹗或为鹗（鹗即鱼鹰），鸢（音“渊”）即俗称的“老鹰”，凫（音“伏”）即野鸭，鸲鹆（音“渠育”）即俗称的“八哥儿”，能模仿人说话。

〔2〕［民国］周钟岳等纂修：《新纂云南通志》（四），云南人民出版社2007年版，第54～55页。

〔3〕［南宋］周去非撰：《岭外代答》，见方国瑜主编《云南史料丛刊》（第二卷），云南大学出版社1998年版，第253页。

〔4〕［清］檀萃撰，宋文熙、李东平校注：《滇海虞衡志校注》，云南人民出版社1990年版，第132页。

〔5〕《新纂云南通志》（四），云南人民出版社2007年版，第55页。文中的顺宁为今临沧市凤庆县，缅宁为今临沧市临翔区，临江即宁江，今属西双版纳勐海县。

〔6〕《新纂云南通志·物产考》认为，茶花鸡的旧名为“哈唎鸡”，亦属于矮鸡种类，“鸣时似呼茶花两朵，故又称为茶花鸡。大理、永昌、顺宁、景东、新平、五福、临江、金河等处产。”见《新纂云南通志》（四），云南人民出版社2007年版，第55页。

〔7〕江应樑：《摆夷的经济文化生活》，云南人民出版社2009年版，第125页。

特别值得一说的是，当时滇南一些地方，还饲养大象。对此，《云南志》记载说："象，开南已南多有之。或捉得人家多养之，以代耕田也。"[1] 又言："开南已南养象，大于水牛。一家数头养之，代耕田也。"[2] 开南即开南城，其地在今景东县境；开南已南即南诏银生（开南）节度所辖之南境，其地即今之普洱、西双版纳地区，版纳地区自古养象，唐代时这一地区的居民已使用大象来作为耕田畜力。

南诏、大理时期养殖猪、狗的情况，史籍缺乏记载，难以详论。同时，南诏大理时期也养殖鸭、鹅等禽类和鱼虾等水产。《云南志》记载说："鲫鱼，蒙舍池鲫鱼大者重五斤。西洱河及昆池之南接滇池，冬月，鱼、雁、丰雉、水扎鸟遍于野中水际。"[3] 蒙舍池、西洱河（洱海）、滇池等河湖中的鱼类应是野生鱼类。元代初期，游历至押赤城（今昆明城）的意大利旅行家马可波罗见到了滇池鱼类出产的情况："尚有一湖甚大，广有百哩，其中鱼类繁殖，鱼最大，诸类皆有，盖世界最良之鱼也。"[4] 洱海地区也开辟池塘进行人工养殖，如南诏都城阳苴咩城的客馆前，就养有鱼、鳖等水产："客馆在门楼外东南二里。馆前有亭，亭临方池，周回七里，水深数丈，鱼鳖悉有。"[5] 鱼、鳖等物是南诏居民制作"鱼生""鱼脍"等特色食物的基本食材。

（二）马匹贸易

宋代，大理国虽然与宋王朝中央政权之间政治关系不够密切，但经济文化联系却一直未曾中断。在大理国与宋王朝的经济文化交往中，市马贸易一直占有重要地位。大理马是当时宋王朝军需民用马匹的重要来源。

大理马输入内地的途径共有两条，一条路通过四川，一条路是通过广西。从四川通道而言，宋初即在四川、陕西设置茶马司，从西北、西南少数民族中买马，或以茶换马。从西北地区少数民族手中买的马称为"战马"，从西南地区少数民族手中买的马称为"羁縻马"，其中就包括大理国所出产的马匹。[6]

从广西通道而言，宋朝政权南渡后，当时南宋政权为了获得充足的战马来源，专门在广西邕州（今南宁）设立马市，与大理国进行马匹贸易，并于绍兴三年（公元 1133 年）成立了专门管理马匹贸易的机构"买马司"。邕州辖下的横山寨（今广西壮族自治区田东县平马镇）成为主要的贸易市场。交易的方式有两种，一是广西官员派人到大理国购马；二是大理国商人赶马来邕州交易。由于马匹贸易昌盛，当时滇、桂之间，贩马商人不绝于途。从事贩马生意的商人，既有大理国的商人，也有居住在大理国与广西商道之间的各部族商人，如自杞（今贵州兴义、贞丰一带）、罗殿（今贵州罗甸一带）、特磨（今云南广南、富宁一带）[7] 等地或部落的商人，他们从大理国买马，然后转卖给宋朝

---

〔1〕［唐］樊绰撰，向达原校、木芹补注：《云南志补注》，云南人民出版社 1995 年版，第 111 页。

〔2〕［唐］樊绰撰，向达原校、木芹补注：《云南志补注》，云南人民出版社 1995 年版，第 109 页。

〔3〕［唐］樊绰撰，向达原校、木芹补注：《云南志补注》，云南人民出版社 1995 年版，第 110 页。

〔4〕［意］马可波罗著，冯承钧译：《马可波罗行纪》，东方出版社 2011 年版，第 296 ~ 297 页。

〔5〕［唐］樊绰撰，向达原校、木芹补注：《云南志补注》，云南人民出版社 1995 年版，第 73 页。

〔6〕汪宁生：《古代云南高原上的养马业》，载《汪宁生论著萃编》（上），云南民族出版社 2001 年版，第 751 页。

〔7〕自杞、罗殿、特磨古今位置的考证，参见方国瑜先生《云南民族史讲义》，云南人民出版社 2013 年版，第 597 ~ 599 页。

政府。南宋政府每年从大理国地区购买的马匹，每年约为1500匹左右，分为30“纲”即30个批次购买和转运。

伴随着市马贸易，大理国的其他畜产品也一同销往南宋地区。周去非《岭外代答》记述说：“蛮马之来，他货亦至。蛮之所赍麝香、胡羊、长鸣鸡、披毡、云南刀及诸药物。”[1]

（三）畜禽产品的消费

南诏、大理国各部族饲养的畜禽，除了马、牛、狗供役使或守护，并兼供食用外，其他猪、羊、鸡、鸭等皆为消费之用。畜禽产品的消费包括两个方面，一为肉类的食用，二为皮毛的物用。

畜禽产品是南诏、大理国各部族居民主要的肉食来源。从相关材料来看，南诏、大理国内的各部族，由于经济发展水平的限制，平时可能甚少食用肉类食品，而是把肉类食品作为逢年过节、亲友相聚时招待客人、宴请亲友的美味，以及祭祀神灵时的牺牲，即是说，肉食平时舍不得享用，只有到逢年过节、招待客人和祭祀神灵时，才杀猪宰羊，开怀享受。《云南志》记载说，南诏地区民众，“每年十二月一日盛会客，造酒醴，杀牛羊，亲族邻里，更相宴乐，三日内作乐相庆，惟务追欢”[2]。这表明，只有当过节时，南诏居民才宰牛杀羊、大宴宾客，不欢不散。而招待客人时，也必须宰杀牛羊，让客人吃好、喝好，主人家才有面子。宋元时期，居住在大理以北、金沙江两岸地区的“末些蛮”（即南诏时的磨些蛮，今纳西族的先民），由于气候寒凉，农业出产甚少，而多饲养羊、马等畜产，尽管如此，肉食仍是寻常不易多食之物，只有在招待客人时，才大量宰杀，供客人享用，以此获取良好的社会声誉和有利的社会地位。据元代李京《云南志略》记载，“末些蛮”：“俗甚简约，饮食疏薄，一岁之粮，圆根已半实粮也。贫家盐外不知别味。有力者尊敬长官，每岁冬月宰杀牛羊，竞相邀客，请无虚日；一客不至，则为深耻。”[3] 其俗颇类似现在云南农村地区年末盛行的吃“杀猪饭”，请客吃饭是形式，构建有利的社会关系网络或获取良好的社会声望和地位才是目的。可以看到，云南地区吃“杀猪饭”的习俗从宋元时期即开始了。另外，畜禽产品也是祭祀时的必备牺牲和祭品，如“乌蛮”，“祭祀时，亲戚毕至，宰杀牛羊动以千数，少者不下数百”[4]。实际上，在丧葬、祈福等活动中，畜禽产品既是祭祀的祭品，也是招待祭司和亲友的食品。杀牲祭祀之俗，虽然难考其源头，但至少从南

[1] [南宋]周去非撰：《岭外代答》，见方国瑜主编《云南史料丛刊》（第二卷），云南大学出版社1998年版，第251页。

[2] [唐]樊绰撰，向达原校、木芹补注：《云南志补注》，云南人民出版社1995年版，第116页。文中的“十二月”原为“十一月”，“三日”原为“三月”，据方国瑜先生的意见改。南诏以“十二月”为岁首，过节凡“三日”。

[3] [元]郭松年、李京撰，王叔武校注：《大理行记校注·云南志略辑校》，云南民族出版社1986年版，第94页。

[4] [元]郭松年、李京撰，王叔武校注：《大理行记校注·云南志略辑校》，云南民族出版社1986年版，第90页。

诏开始，云南地区的许多民族都一直保持和传承着这一风俗。

一般来说，各民族在食用肉类产品时都要通过水煮、火烤、油炸等手段，高温加热成熟后方可食用。这既有利于咀嚼消化、杀菌去腥，也能够使肉类产品所蕴含的芳香物质得到释放，从而强化食品的美味，增强享用时的快感。但是，仍有一些族群对于某些肉类食品采取不加烹制的"生食"方式来食用，认为这种食用方式能够保留食物本身的原味和鲜味。云南大理地区的白族群众长期以来保持着喜食"生肉"（也称"生皮"）的习俗。这种肉食的做法和吃法是：将猪杀死后，刮洗干净，用稻草点火将猪表皮面烤黄，使得猪皮半生半熟，然后，将猪皮切细，或将生的瘦肉、五花肉切成碎末或细条，将猪皮蘸上盐巴、椒盐，或者将生肉蘸上用姜、葱、醋、酱油、辣椒甚至酸梅制成的"蘸水"，即成美味的"生皮"。

大理白族食用"生肉"的习俗，可追溯至白族的先民"白蛮"，也就是说，从南诏、大理国时期开始，洱海地区的"白蛮"等部族，就形成了喜食"生肉"的特殊饮食风尚。白族先民喜食生肉的记载，最早见于唐代樊绰所著《云南志》。《云南志》卷七"云南管内物产"说："猪、羊、猫、犬、骡、驴、豹、兔、鹅、鸭，诸山及人家皆有之。但食之与中土稍异。蛮不待烹熟，皆半生而食之。"〔1〕又言："取生鹅治如脍法，方寸切之，和生胡瓜及椒榝啖之，谓之鹅阙，土俗以为上味。"〔2〕"鹅阙"即"鱼脍"或"鱼生"〔3〕。400多年后的元朝时期，洱海地区的"白人"（白族先民），其"食生"之俗仍然保持不变："食贵生，如猪、牛、鸡、鱼皆生醢之，和以蒜泥而食。"〔4〕而在公元1280年（或1287年）左右，当意大利旅行家马可波罗〔5〕游历云南时，他目睹和感受到了云南地区的食生习俗。在《马可波罗行纪》中，他作了这样的记载："尚有为君等言者，此地之人食生肉，不问其为羊、牛、水牛、鸡之肉，或其他诸肉，赴屠市取兽甫破腹之生肝，归而脔切之，置于热水掺合香料之酌料中而食。其

---

〔1〕［唐］樊绰撰，向达原校、木芹补注：《云南志补注》，云南人民出版社1995年版，第111页。

〔2〕［唐］樊绰撰，向达原校、木芹补注：《云南志补注》，云南人民出版社1995年版，第117页。

〔3〕"鹅阙"，又称"鱼寸"。《新唐书·南诏传》说："脍鱼寸，以胡瓜、椒、蘱和之，号'鹅阙'。""鹅阙"和"鱼寸"的原料是不是分别为"鹅"和"鱼"呢？研究民族语言的学者王育弘先生及杨文辉先生作出了这样的解释，"鹅阙"和"鱼寸"实为一物，"鹅阙"之"鹅"为音译，"鱼寸"之"鱼"为意译。在缅语及羌语中，鱼、鹅同音，因此记"鱼"音为"鹅"；汉字"阙"当为汉越语中的quet的音译，为"捣碎、舂碎"之意，在佤语中，"阙"意为"用辣椒、姜、葱、蒜、香菜等加盐或再加荤腥食品舂成的小菜"。故此，白蛮语中的"鹅阙"或"鱼寸"，实际上就是汉语中的"鱼脍"或"鱼生"。参见王育弘《释"鹅阙"》，载《云南民族语文》1998年第2期；杨文辉：《白语与白族历史文化研究》，云南大学出版社2009年版，第77～78页。

〔4〕［元］郭松年、李京撰，王叔武校注：《大理行记校注·云南志略辑校》，云南民族出版社1986年版，第87页。

〔5〕关于马可波罗游历云南的时间，一般认为在1277～1280年间。林超民先生认为，马可波罗来云南的时间应为元朝至元二十四年，即公元1287年。参见林超民《关于马可·波罗"云南行纪"的几个问题》，载《林超民文集》（第二卷），云南人民出版社2008年版，第3～5页。

食其他一切生肉，悉皆类此。其食之易，与吾人之食熟食同。”[1] 而在另一版本（剌木学本）的《马可波罗行纪》中，对云南地区食生习俗的记载则是：“脔切肉为细块，先置盐中腌之，然后用种种香料调和，是为贵人之食。至若贫民，则将脔切之肉置于蒜制之酌料中而食。其食之易，与吾人食熟食同。”[2] 两版本之内容合而观之，我们对元代云南地区“白人”等部族食用生肉的方法就了解得更为细致明白。

一千多年来，白族地区的“食生”习俗长盛不衰，“生皮”成为大理本地居民的特殊喜爱之物，也是他们招待客人的必备菜品。清代乾隆十年（公元1745年）任剑川州知州的张泓在《滇南新语》中记述了当时大理、剑川地区“生啖彘”的风俗：“碎切生彘肉，杂以生豆腐、豆瓣、蒜、醋之属。或挺击豕毙，丛草燎毛，入涧涤净，仿前切制，均生啖，如嗜珍馐。遇佳节，则比户皆然，然剑人究以燎毛者为上品。”[3] 即使在20世纪60年代初的“困难时期”，大理地区的白族同胞仍把“生肉”作为招待客人的上品。1961年，民族考古学家汪宁生先生在大理地区作社会历史调查，即受到当地部门以“生皮”作为主菜的款待。在其1961年12月31日的调查日记中，汪先生作了这样的记录：“今晚州政协请现在下关调查组人员聚餐。政协老人亲自喂养的仅有一口年猪已经杀死，乘其肉尚温，即切割剁细，拌以调料上桌，是今日之主菜，称为‘生皮’。尝之无异味，然不敢多下箸。”作为考古学家，汪宁生先生自然想到了《蛮书》（《云南志》）的相关记载，发出了这样的感慨：“据《蛮书》载，南诏即喜食生，生鹅切块食之，谓之‘鹅阙’；各种动物均可‘半生而食之’。不意此俗流传至今！”[4] 白族食生习俗之久远深厚确实令人惊叹。

除了食用肉质外，对牲畜皮毛进行加工利用，制成披毡、毯子、甲胄等物，是南诏、大理时期各部族利用畜牧副产品的另一种重要方式。以羊皮制成褂子穿于身上，或以羊毛擀毡毛制成披风披于身上，是云南地区许多民族特别是“乌蛮”（彝语系民族）的一个普遍习俗。在南诏时期，披毡也是南诏的“国俗”。《云南志》记载南诏地区的“蛮夷风俗”时说：“其蛮，丈夫一切披毡。”[5] 具体而言，如居于今剑川、丽江地区的“施蛮”（施浪诏部族）：“男女终身并跣足披羊皮”[6]；居于今丽江、永胜等地的“磨蛮”（磨些诏部族）：“终身不洗手面，男女皆披羊皮”[7]；居于今剑川地

[1] [意] 马可波罗著，冯承钧译：《马可波罗行纪》，东方出版社2011年版，第297页。

[2] [意] 马可波罗著，冯承钧译：《马可波罗行纪》，东方出版社2011年版，第297页。

[3] [清] 张泓撰：《滇南新语》，见方国瑜主编《云南史料丛刊》（第十一卷），云南大学出版社2001年版，第386页。

[4] 汪宁生：《西南访古三十五年》，山东画报出版社1997年版，第89页。

[5] [唐] 樊绰撰，向达原校、木芹补注：《云南志补注》，云南人民出版社1995年版，第114页。

[6] [唐] 樊绰撰，向达原校、木芹补注：《云南志补注》，云南人民出版社1995年版，第56页。文中“男女终身并跣足披羊皮”的“并”字，《太平御览》等书无，而是作“男女终身跣足，披牛羊皮”，见方国瑜主编《云南史料丛刊》（第二卷），云南大学出版社1998年版，第256页。

[7] [唐] 樊绰撰，向达原校、木芹补注：《云南志补注》，云南人民出版社1995年版，第57页。

区的“长裈蛮”（浪穹诏部族）：“其本俗皆衣长裈曳地，更无衣服，惟披牛羊皮。”[1]即使贵为“南诏”国王和清平官，也披毡，只不过所披毡为高档毛皮“波罗皮”，即“大虫皮”（虎皮）。《云南志》说：“大虫，南诏所披皮，赤黑文深，炳然可爱。云大虫在高山穷谷者则佳，如在平川，文浅不任用。”[2] 可见南诏披毡风俗之盛。至大理国时期，情况亦复如此。从国王、贵族到普通百姓，都是以毡为衣。只不过如同南诏时一样，贵族贴身穿上锦衣，再外披皮毡，而普通百姓，则是直接以皮、毡为衣物，即赤身而披毡。宋代周去非《岭外代答》记述说：“西南蛮地产绵羊，固宜多毡毳（音‘翠’，细毛、寒毛——引注），自蛮王而下，至小蛮无一不披毡者。……昼则披，夜则卧，雨晴寒暑未始离身，其上有核桃纹，长大而轻者为妙，大理国所产也。”[3]大理国地区披毡的式样和方法是：“南毡之长至三丈余，其阔亦一丈六七尽，折其阔而夹缝之，犹阔八九尺许，以一长毡带贯其折处，乃披毡而系带于腰，婆娑然也。”[4]由此而言，在南诏、大理时期以及后来的历史时期，畜牧经济确是“乌蛮”等部族重要的经济类型，畜牧生产是彝族先民的衣食之源。

第五节　南诏大理国的农村社会与农民生活

一、南诏大理国时期的社会阶层

从社会结构关系来看，南诏国和大理国都是分层社会或等级社会。分层的基本依据为各自的政治地位和经济地位。根据史籍的简要记载，南诏、大理国时期的社会等级关系大体如下。

（一）上层阶级

南诏、大理国的上层阶级包括王室、贵族、高官、僧侣、部落首领等群体。他们不仅具有显赫的政治地位，而且还掌握着重要的经济资源或武装力量，既是政府官员，也是贵族领主或部族首领，是南诏、大理国的统治阶级。

王室是南诏国和大理国的最高统治者，也是南诏和大理国一切土地的所有者。国王将土地分配给各级官员、平民占有和使用，同时这些官员和平民对王室承担相应的

[1] ［唐］樊绰撰，向达原校、木芹补注：《云南志补注》，云南人民出版社 1995 年版，第 54 页。

[2] ［唐］樊绰撰，向达原校、木芹补注：《云南志补注》，云南人民出版社 1995 年版，第 108 页。

[3] ［南宋］周去非撰：《岭外代答》，见方国瑜主编《云南史料丛刊》（第二卷），云南大学出版社 1998 年版，第 252 页。

[4] ［南宋］周去非撰：《岭外代答》，见方国瑜主编《云南史料丛刊》（第二卷），云南大学出版社 1998 年版，第 252 页。

责任和义务，如官员为王室办理政事、处理公务，平民向王室缴纳赋税、承担兵役等。

贵族和官员是南诏、大理国的统治阶级。他们担任各种军政职务，入而参与政事，出而领兵打仗、镇守一方。在南诏政权里，协助南诏国王处理军政事务的为清平官和大军将。清平官共设6人，其职责相当于中原朝廷的宰相，每日与南诏国王一起商议军政大事。大军将共12人，政治地位与清平官大体相同而略低，大军将与清平官一起参加南诏国王每天召开的政务会议，商量政事，提出决策咨询意见。大军将外出任职，则担任要害城镇的节度，如果建立了特殊的功勋，则可以升任清平官。在6名清平官中，根据惯例要从中推举出1人担任“内算官”，内算官协助国王处理日常政务，代国王拟定或签署公文意见；又从清平官或大军将中推举2人担任“外算官”，处理“六曹”（“六曹”为兵曹、户曹、客曹、刑曹、工曹、仓曹，为南诏政权办理相关事务的职能部门）提出的公事文书，并下发执行。在南诏后期，许多清平官和大军将发展成为世代专权的世家大族，左右朝政、影响政局，广占田地、独踞一方，如权臣郑氏家族（郑回之后）、段氏家族、高氏家族等。到了大理国时期，情况仍复如此，如高氏家族对大理国国政有着重大影响，高氏家族成员不仅担任大理国各地重要城镇的要职，甚至能够左右大理国皇帝的废立。除了这些在朝的高级官员外，南诏各赕、节度、都督之下，还有大小不一的地方官员。他们都是统治阶级中的一员，享有相应的政治、经济特权。

僧侣也是南诏、大理国的上层阶级。自南诏时期起，佛教传入云南，尤以密宗和禅宗为兴盛。至大理国时期，佛教几乎成为国教，由于各种原因，大理国22任皇帝中有8人曾避位为僧。并且，大理国也从僧侣和佛教徒中选拔官员。对此，元代李京《云南志略》记述说：“佛教甚盛。戒律精严者名得道，俗甚重之。有家室者名师僧，教童子，多读佛书，少知六经者；段氏而上，选官置吏皆出此。”[1] 也就是说，僧侣不仅可以出家或居家修行，也可还俗担任官员，成为亦官亦僧的人物。

各大部族的首领也是南诏、大理国的上层阶层。他们不仅对所属部族群众享有统治权力，而且在南诏、大理政权内也具有一定的政治地位，如居住于秦藏川（原秦臧县，今富民、禄劝、罗次地区）、属于“乌蛮”族类的“独锦蛮”，不仅与南诏王室之间互为婚姻关系，一些“独锦蛮”首领还担任南诏政权的高官。《云南志》对此记载说：“独锦蛮者，乌蛮之苗裔也。在秦藏川，南去安宁两日程。天宝中命其长为崑州刺史。其族多姓李。异牟寻母，独锦蛮女也。牟寻之姑，亦嫁独锦蛮。独锦蛮之女为牟寻妻。有李负蓝，贞元十年为大军将，为城使等。”[2] 即使被南诏所征服的部落，其首领也得到优待和安置。如施蛮部落，在从洱海地区退居今剑川、丽江地区后，依附吐蕃势力，贞元十年（公元794年），又被南诏击败，南诏“虏其王寻罗并宗族置于蒙

[1] ［元］郭松年、李京撰，王叔武校注：《大理行记校注·云南志略辑校》，云南民族出版社1986年版，第87页。

[2] ［唐］樊绰撰，向达原校、木芹补注：《云南志补注》，云南人民出版社1995年版，第51～52页。

舍城，养给之"[1]。在南诏后期和大理国时期，随着南诏、大理政权的衰落，一些部族首领据地自雄，成为挑战南诏、大理政权的地方反叛力量，如南诏后期的滇东三十七部，成为段思平推翻义宁政权、建立大理政权的重要依靠力量。

（二）平民阶层

南诏社会的中间阶层应是平民阶层。这些平民应是具有人身自由、拥有少量田地并承担相应赋役的自耕农。

在南诏的中心区域，也即洱海地区和滇池地区，应该存在着一定数量的自耕农。关于南诏自耕农的经济地位情况，虽然史无明载，但可进行一些推测和分析。根据《云南志》的记载，南诏的基层行政单位为村邑，村邑的性质相当于现今的行政村。村邑由社区内的家庭构成，换言之，家庭是南诏社会的最基本单位。根据《云南志》关于南诏政治制度的记载："百家已上有总佐一，千人已上有理人官一。人约万家以来，即制都督，递相管辖。"[2] 即是说，南诏的基层社会组织结构是：家庭—总佐（百家）—理人官（村邑，管千人或数百家）—都督（万家以上）。由于南诏实行军政合一、军民合一的体制，因此，村邑组织又对应于一定的军事组织："每家有丁壮，皆定为马军。各据邑居远近，分为四军。以旗幡色别其东南西北，每面置一将，或管千人，或五百人。四军又置一军将统之。"[3] 也就是说，在一定的地域范围内，将社区内的成年男丁根据居住地位置就近编入东南西北四个方向的民兵组织，每个方向编为一军，设一军官统领，东南西北四军由一军将总领。由这些可以看出，南诏基层社区内的各个家庭及其成员，除了按照相关制度规定编入一定的基层社会组织和军事组织，承担相应的政治军事义务外，相互间没有统属关系和隶属关系，换言之，除了来自国家政权的约束和规定外，村社内的各个家庭或成员之间社会地位是平等的、个人行为是自由的，基于此，我们认为，南诏中心地区的普通村社成员，其政治身份为自由民，其经济地位为自耕农，他们应是南诏社会的平民阶层。从族群成分来看，这些平民应以"白蛮"和"乌蛮"为主。

同样，从南诏村邑民众承担兵役的情况也可看出，南诏的村邑民众应是自由民和自耕农。根据南诏的规定，编入军事组织的村邑民众农闲时要进行严格的军事训练，以提高战时的作战能力。《云南志》记载说："每岁十一、十二月农收既毕，兵曹长行文境内诸城邑村谷，各依四军，集人试枪剑甲胄腰刀，悉须犀利，一事阙即有罪。其法一如临敌。"[4] 而出征时的情况则是："每有征发，但下文书与村邑理人处，克往来月日而已，其兵仗人各自赍，更无官给。"又说："每出军征役，每蛮各携粮米一斟五升，各携鱼脯，此外无供军粮料者。蛮军忧粮易尽，心切于战。出界后，许行劫掠，收夺州溪源百姓禾米牛羊等辈。"[5] 从这些材料可以推断，村邑民众所耕田，应是来

---

〔1〕［唐］樊绰撰，向达原校、木芹补注：《云南志补注》，云南人民出版社1995年版，第56页。

〔2〕［唐］樊绰撰，向达原校、木芹补注：《云南志补注》，云南人民出版社1995年版，第120页。

〔3〕［唐］樊绰撰，向达原校、木芹补注：《云南志补注》，云南人民出版社1995年版，第120页。

〔4〕［唐］樊绰撰，向达原校、木芹补注：《云南志补注》，云南人民出版社1995年版，第124页。

〔5〕［唐］樊绰撰，向达原校、木芹补注：《云南志补注》，云南人民出版社1995年版，第125页。文中的"斟"应即作为容器的"斗"。

自南诏政权的授田[1]，其所出产，除了应缴赋税外，剩余者应为家庭所有；村邑民众农忙时耕田种地，农闲时参加政府组织的军事训练；村邑民众无论是作战用的武器，还是出征时的粮米，均需自备自带，而非政府提供，由此可以看出，具有兵役义务的南诏村邑民众应是自耕自食、拥有一定私有财产的自耕农。南诏后期和长和、天兴、义宁三个政权更替时期，由于自耕农所承担的赋税、徭役太重，引起广大民众的不满，通海节度段思平乘机鼓动大家起来造反，表示夺取天下后将减轻民众的赋税徭役："尔等协力，我得国必报之，减尔税粮半，宽尔徭役三载。"[2] 希望"轻徭薄赋"是中国封建社会中广大农民的共同愿望，由此而言，南诏、大理时期，存在着自耕农阶层应是可以肯定的，而这些自耕农从社会阶级结构而言，属于南诏、大理社会中的平民阶级。

（三）下层阶级

下层阶级包括两个方面的群体：一是南诏、大理统治中心地区的农奴或奴隶阶层；二是南诏、大理边地的部族群众。

一些学者认为，南诏为奴隶制社会、大理为农奴制社会或领主制社会[3]；有的学者则认为，无论是南诏还是大理，其主体生产关系应是封建制生产关系，其社会性质，应是封建社会[4]。我们认为，南诏、大理社会，总体上确应是封建生产关系占主导，但由于南诏由部族社会和军事征服发展而来，南诏、大理国社会中确实存在着一定数量的奴隶和农奴阶层。奴隶和农奴的来源，一为战争中掠夺的人口，二为南诏、大理政权对其他部落的征服，也就是说，战争中的俘虏或被掳掠的人口，以及被征服的其他部族人口成为奴隶或农奴的主要来源。

南诏、大理时期，对高级官员均实行分封制，授予清平官、大军将、六曹长等官员土地和人民，久之，这些高官及其后代就变成世袭贵族和领主。这些贵族和领主的剥削对象，就是奴隶和农奴。南诏社会中的奴隶，应是家内奴隶，他们在贵族、领主的家庭和庄园内承担各种劳役和杂役；所谓农奴，即为替贵族耕种田地并具有人身依附关系的佃农。佃农的劳动，受到监工的监督，佃农的劳动所获其绝大部分要上缴贵族、官员，自己仅留下维持家人温饱的粮食。这就是《云南志》所说的"收刈已毕，蛮官据佃人家口数目，支给禾稻，其余悉输官"[5]。从这一记载可以看出，佃人耕种的田地，为"官家"的田地；佃人有自己独立的家庭；佃人由于收获微薄，不可能自备粮米、兵器，出征打仗，因此佃人不是一般的村邑居民，而是对各级官员具有人身

〔1〕《云南志》在记述南诏的授田情况时说，上官授四十双，上户授田三十双，"中户下户各有差降等"，这些中户下户可能就是普通百姓。

〔2〕［明］蒋氏彬撰：《南诏源流纪要》，见方国瑜主编《云南史料丛刊》（第四卷），云南大学出版社 1998 年版，第 748 页。

〔3〕参见白族简史编写组编：《白族简史》，云南人民出版社 1988 年版；尤中：《云南民族史》，云南大学出版社 1994 年版。

〔4〕段玉明：《大理国史》，云南人民出版社、云南大学出版社 2011 年版，第 24～25 页。

〔5〕［唐］樊绰撰，向达原校、木芹补注：《云南志补注》，云南人民出版社 1995 年版，第 96 页。

依附关系的农奴。自然，奴隶和农奴的身份，较之村邑自耕自食的平民，就更为低下。

在南诏、大理国的边远地区，还居住和生活着大量不相统属的部族民众。这些部族内部尚无阶级分化，过着散居山谷、半耕半猎或完全依靠采集、渔猎为食的生活。由于这些部族已为南诏所征服或招抚，因此他们对南诏政权也承担着相应的贡赋义务，战时受南诏政权调派，参加南诏的对外扩张战争。根据樊绰《云南志》的记载，在南诏后期对唐朝安南都护府地区发动的侵略战争中，南诏士兵中有许多边地部族民众，如“寻传蛮”（今阿昌族或景颇族先民）、“裸形蛮”（今景颇族先民）、“扑子蛮”（今布朗族、德昂族先民）、“望苴子蛮”（今佤族先民）等。

二、南诏大理国时期的农民生活

从基本的经济类型来看，南诏、大理国的经济类型包括“白蛮”等族的农业经济、“乌蛮”族系的半农半牧经济和边地部族的采集渔猎经济等三种类型，而其基本经济类型则是以种植业为主的农业经济。《云南志》卷九“南蛮条教”开篇即说：“南俗务田农菜圃。”[1]《新唐书·南诏传》也说南诏民众“然专于农，无贵贱皆耕”[2]，即是指南诏国的主体民众皆是从事农业生产的农民。总体而言，南诏、大理国是一个农业社会，农民群众的衣食住行状况和相关生活习俗反映出南诏、大理国社会生活的基本面貌。

（一）南诏大理国居民的物质生活

1. 村邑民居

南诏、大理国时期，“白蛮”等族的民居建筑式样大体与同时期内地汉族的房屋式样相同。《云南志》记载说：“凡人家所居，皆依傍四山，上栋下宇，悉与汉同。惟东西南北，不取周正耳。别置仓舍，有栏槛，脚高数丈，云避田鼠也。”[3] 从这段记载可以解读出这样一些信息：在房屋选址上，南诏村邑民居多建在山脚地带，背有靠山，前有开阔的空地；房屋朝向不完全按正南、正北、正东、正西的方向来设置，而是略有偏向，即“不取周正”，“不取周正”的原因应是基于风水方面的考虑，即房屋大门的正前方，不能有大山等阻挡，如有大山等阻挡，则要通过调整建筑朝向来回避，这样才不会挡了风水，民居建筑朝向上的这一“规矩”，至今仍是云南农村地区建房时的重要考量因素；村邑房屋的主体结构为“上栋下宇”，即上下两层的木结构建筑，同时，在主体房屋周围，建设仓房、畜厩等附属建筑，为了避免鼠害和潮湿等的影响，仓房不直接建在地面上，而是在地面上打下木桩，然后在木桩之上搭建房屋，即所谓“干栏”式建筑。从这些情况可以看出，南诏村邑特别是坝区的村邑，其民居建筑式样确乎与内地汉族地区基本相同。元代李京所撰《云南志略》说，“白人”房屋式样为：

〔1〕［唐］樊绰撰，向达原校、木芹补注：《云南志补注》，云南人民出版社1995年版，第120页。

〔2〕［北宋］欧阳修、宋祁撰：《新唐书·南诏传》，见方国瑜主编《云南史料丛刊》（第一卷），云南大学出版社1998年版，第389页。

〔3〕［唐］樊绰撰，向达原校、木芹补注：《云南志补注》，云南人民出版社1995年版，第118页。

“居屋多为回檐，如殿制。”[1] 这说明，大理国和元代时期，“白蛮”或“白子”的民居房屋是“回檐”式建筑，而“回檐”式建筑应即是通常所说的“合院”式建筑，这种如“殿制”的房屋应是白族传统“一正两耳”“三房一照壁”或“四合五天井”民居建筑的原型。

值得注意是，殿制不仅是“白蛮”民居的风格，更是南诏宫殿、官衙的基本格局。根据《云南志》的记载：“阳苴咩城，南诏大衙门。上重楼，左右又有阶道，高二丈余，甃（音‘昼’，砌、垒之意——引注）以青石为磴。楼前方二三里。南北城门相对，大（太）和往来通衢也。从楼下门行三百步至第二重门，门屋五间。两行门楼相对，各有牓（牓同‘榜’——引注），并清平官、大军将、六曹长宅也。入第二重门，行二百余步，至第三重门。门列戟，上有重楼。入门是屏墙。又行一百余步，至大厅，阶高丈余。重屋制如蛛网，架空无柱。两边皆有门楼。下临清池。大厅后小厅，小厅后即南诏宅也。”[2] 可以看出，南诏都城阳苴咩城是一个多进式复合建筑群，由南往北，共有多进由大门和门楼组成的院落，这些院落就是南诏国王与高级官员的宫殿、府邸和寝宫。有学者认为，阳苴咩城的布局和结构与唐朝的皇城长安大明宫十分相似。[3]

总的来看，南诏、大理国的建筑风格受到内地唐朝建筑的深刻影响，许多建筑实际上是内地建筑风格在边疆地区的复制和移植。1938 年，近代建筑学家刘敦桢、梁思成对大理崇圣寺塔考察后认为，崇圣寺塔的建筑风格，属于唐代中国式建筑，与今存西安小雁塔相似，而与印度和东南亚各地塔的风格不同。[4] 这与史籍记载主持修建崇圣寺塔的建筑师为来自唐朝内地的恭韬、徽义的情况相符合。[5] 刘敦桢先生并对方国瑜先生言，洱海地区旧时房屋结构，大略与唐时中原地区房屋构造相同，至今中原房屋结构已多改变，而在洱海地区仍保存唐朝建筑风格，这对于研究古代建筑史有重要参考价值。[6]

除了汉式建筑外，南诏、大理国的许多部族根据居住地的自然环境条件，因地制宜地建盖民居房屋。如“金齿百夷”地区，“风土下湿上热，多起竹楼”[7]，由此而言，傣族地区建盖干栏式竹楼民居，已有近千年历史。

---

〔1〕［元］郭松年、李京撰，王叔武校注：《大理行记校注·云南志略辑校》，云南民族出版社 1986 年版，第 87 页。

〔2〕［唐］樊绰撰，向达原校、木芹补注：《云南志补注》，云南人民出版社 1995 年版，第 72～73 页。

〔3〕张增祺：《云南建筑史》，云南美术出版社 1999 年版，第 96 页。

〔4〕方国瑜：《云南史料目录概说》（第三册），中华书局 1984 年版，第 888 页。

〔5〕郭松年《大理行记》记载：“（苍山）中峰之北有崇圣寺，中有三塔，一大二小，大者高二百余尺，凡十六级，样制精巧，即唐遗大匠恭韬、徽义所造。塔成，韬、义乃归。”见《大理行记校注·云南志略辑校》，云南民族出版社 1986 年版，第 23 页。

〔6〕方国瑜：《云南史料目录概说》（第三册），中华书局 1984 年版，第 888 页。

〔7〕［元］郭松年、李京撰，王叔武校注：《大理行记校注·云南志略辑校》，云南民族出版社 1986 年版，第 87 页。

2. 衣饰习俗

据唐代樊绰所撰《云南志》记载，南诏地区的衣饰习俗为："其蛮，丈夫一切披毡。其余衣服略与汉同，唯头囊特异耳。……俗皆跣足，虽清平官大军将亦不以为耻。"〔1〕数百年后，元代李京《云南志略》记当时云南地区"白人"衣饰习俗时说："男子披毡，椎髻。"〔2〕又记"罗罗"（即"乌蛮"）的习俗说："男女无贵贱皆披毡，跣足，手面经年不洗。"〔3〕可见披毡、椎髻、跣足（赤脚）是南诏、大理时期白蛮、乌蛮男、女衣饰的主要特点。即使贵为南诏国王，也是内穿锦衣，外披虎皮。

南诏、大理男子服饰的另一特点是"头囊"。《云南志》记述"头囊"的制作和使用情况时说："南诏以红绫，其余向下（'向下'应为'官将'二字缺损之误——引注）皆以皂绫绢。其制度取一幅物，近边撮缝为角，刻木如樗蒲头，实角中，总发于脑后为一髻，即取头囊都包裹头髻上结之。"〔4〕从这一记载可以看出，所谓头囊即一包头物，用绫绢制成，南诏国王所用为红色绫绢，其余官将所用为黑色绫绢。头囊的制作方法是，将绫绢的某一边撮缝为一角，角中置一状如樗蒲（樗音"初"，樗蒲为古代一种类似掷骰子的赌博游戏，这里指置入角中的木头状如骰子）的木头即可。头囊的功用是用来包裹发髻。由于只有一定职位的官员才可使用"头囊"来包裹发髻，因此，"头囊"也就成为官员的"官帽"或官员的代称。

南诏时期，妇女的服饰习俗是："妇人一切不施粉黛。贵者以绫锦为裙襦，其上仍披锦方幅为饰。两股辫其发为髻。髻上及耳，多缀珍珠、金贝、瑟瑟、琥珀。贵家仆女亦有裙衫。常披毡及以缯帛韬其髻，亦谓之头囊。"〔5〕即妇女的衣饰为上身穿短衣，下身穿裙子，短衣外再披一块方幅作为装饰。所有这些衣物的原料，富贵人家用绫锦，其他阶层用麻布，因为在南诏，只有贵族和官员才有资格穿丝织绫锦，其他阶层不能穿精致的丝织物。妇女亦辫发为髻，髻上也以缯帛等丝织物来包裹。妇女梳两辫为髻可能为成年妇女的发型〔6〕。同时女性也常披毡。南诏妇女的这种衣饰习俗主要应为"白蛮""乌蛮"妇女特别是富贵人家妇女的衣饰风俗。除了裙装外，一些部族的妇女可能也穿裤装，如属于乌蛮族类的"长裈蛮"，"其本俗皆衣长裈曳地，更无衣服，惟

〔1〕［唐］樊绰撰，向达原校、木芹补注：《云南志补注》，云南人民出版社1995年版，第114页。

〔2〕［元］郭松年、李京撰，王叔武校注：《大理行记校注·云南志略辑校》，云南民族出版社1986年版，第87页。

〔3〕［元］郭松年、李京撰，王叔武校注：《大理行记校注·云南志略辑校》，云南民族出版社1986年版，第89页。

〔4〕［唐］樊绰撰，向达原校、木芹补注：《云南志补注》，云南人民出版社1995年版，第114页。

〔5〕［唐］樊绰撰，向达原校、木芹补注：《云南志补注》，云南人民出版社1995年版，第115页。

〔6〕根据20世纪40年代民族学家江应樑先生对凉山彝族社区的调查，彝族妇女的发型习俗是："夷俗，女子在未有月经之前，发梳单辫垂脑后，第一次经期后，即改作双辫，男子不能向垂单辫女子调情，犯则认为将蒙不祥；若已梳双辫，表示已成年，任何男子均可向之求爱了。"见江应樑《凉山夷族的奴隶制度》，载《江应樑民族研究文集》，民族出版社1992年版，第150页。

披牛羊皮。"[1] 即身穿拖地长裤（长褌即长裤），外披牛羊皮，这种情况，想必男女皆然。

至大理国时期和元代，“白蛮”或“白子”妇女的衣饰习俗是：“妇人不施脂粉，酥泽其发，以青纱分编绕首盘系，裹以攒顶黑巾；耳金环，象牙缠臂；衣绣方幅，以半身细毡为上服。"[2] 这应是富贵人家妇女的衣饰之俗，较之南诏时期妇女的服饰，有所继承，如不施粉黛，上披方幅或半身细毡，也有所变化，如发饰不再完全是髻形，而是以青纱分编盘绕于头上。至于“罗罗”（“乌蛮”）妇女的服饰则更为简单：“妇女披发，衣布衣，贵者锦缘，贱者披羊皮。"[3] 即披发、穿布衣，富贵家庭的女性在布衣边缘加条锦边作为装饰，而贫穷之家的妇女则在粗布衣裳外直接披羊皮。“末些蛮”（即南诏时的“磨些蛮”，今纳西族先民）妇女的服饰为：“妇人披毡，皂衣，跣足，风鬟高髻。女子剪发齐眉，以毛绳为裙，裸霜不以为耻。既嫁，易之。"[4] 由此可以看出，披毡、黑衣、赤脚、高髻是“末些”妇女衣饰的基本特点，而这些特点，与南诏时“乌蛮”族系妇女的衣饰之俗有明显的承继关系。

3. 饮食风尚

南诏、大理国地区，农业物产丰富，食物种类多样。从基本的情况来看，南诏、大理国的居民以米、麦为主粮，以豆、黍、稷等为杂粮。大米为坝区或水田地区居民的主粮，而小麦或大麦为半山区或山区居民的主粮。小麦面的食用方式可能为蒸食或制作粑粑（面饼）食用，而大麦面则用来制作炒面，即将麦粒炒熟，然后磨成面粉，加水和而食之。公元1280年前后，意大利旅行家马可波罗来到押赤城（今昆明），发现当时押赤城居民以大米为主食，对麦类食物不太喜欢食用。在游记中，他作了这样的记述：“颇有米麦，然此地小麦不适卫生，不以为食，仅食米，并以之掺和香料酿成一种饮料，味良而色明。"[5] 所谓“小麦不适卫生”的说法可能不是实情，押赤城居民不食小麦的原因应是滇池地区稻米产量丰富，长期以来居民形成了以稻米为主食的饮食习惯。文中所说的以米酿成的“味良而色明”的饮料或即是民间所喜食的“米酒”，即“甜白酒”。

南诏、大理国的居民喜欢食用半生半熟的肉食品，喜欢用各种辛辣的调味品来烹调食物。即使茶叶，也是加入椒、姜、桂等合煮而食。可以说，南诏居民的饮食口味是偏于辛辣刺激的重口味。“重口味”的食物，既需要姜、桂等调料来调味，更需要食盐来提味。而南诏、大理各地盛产食盐，保障了居民“重口味”的需要。南诏国内各地，产盐之处甚多。《云南志》记之颇详：

[1] ［唐］樊绰撰，向达原校、木芹补注：《云南志补注》，云南人民出版社1995年版，第54页。

[2] ［元］郭松年、李京撰，王叔武校注：《大理行记校注·云南志略辑校》，云南民族出版社1986年版，第87页。

[3] ［元］郭松年、李京撰，王叔武校注：《大理行记校注·云南志略辑校》，云南民族出版社1986年版，第89页。

[4] ［元］郭松年、李京撰，王叔武校注：《大理行记校注·云南志略辑校》，云南民族出版社1986年版，第93页。

[5] ［意］马可波罗著，冯承钧译：《马可波罗行纪》，东方出版社2011年版，第296页。

其盐出处甚多，煎煮则少。安宁城中皆石盐井，深八十尺。城外又有四井，劝百姓自煎。升麻、通海以来，诸爨蛮皆食安宁井盐。唯有览赕城内郎井盐洁白味美，惟南诏一家所食取足外，辄移灶缄闭其井。泸南有美井盐，河赕、白崖、云南已来供食。昆明城有大盐池，比陷吐蕃。蕃中不解煮法，以咸池水沃火上，以火焚柴成炭，即于炭上掠取盐也。贞元十年春，南诏收昆明城。今盐池属南诏，蛮官煮之，如汉法也。……剑寻东南有傍弥潜井、沙追井，西北有若耶井、讳溺井。剑川有细诺邓井。[1]

根据这一记载，可以看出南诏各地盐井分布与居民食盐来源的基本情况：滇中和滇东地区食用安宁井盐所产食盐；南诏王室食用览赕（今楚雄市）郎井所产食盐，并且郎井盐为南诏王室的专供盐，不对普通民众销售；姚安以西的洱海地区居民食用泸南美井（泸南即姚州府泸南县，泸南美井可能在民国时期的盐丰县内，即今楚雄州大姚县西北部的石羊镇地区）所产食盐；剑川地区居民则食用傍弥潜井、沙追井、若耶井和讳溺井所产食盐[2]；细诺邓井在今云龙县诺邓村，从南诏开始至今，诺邓及附近地区居民一直食用本地所产诺邓井盐，并以之腌制著名的诺邓火腿。昆明城即汉代时越巂郡所属定莋县，即现今四川省盐源县，以产盐而得名，原为唐朝政区，后为吐蕃、南诏占据，是南诏地区食盐的又一重要来源地。

南诏居民也喜欢饮酒。南诏居民所饮酒以稻米为麴（即“曲”，酒曲、酒母）酿制：“酒以稻米为麴者，酒味酸败。”[3] 虽然从内地人士的眼光来看，南诏地区所酿酒品质不高、口味不好，但对南诏居民来说，仍是佳酿，是南诏居民待客和自饮的美酒。招待客人时，必以酒相劝，不饮不欢：“每饮酒欲阑，即起前席奉觞相劝。有性所不能者，乃至起前席扼腕的颡，或挽或推，情礼之中，以此为重。”[4] 这种劝酒方法虽有些“霸道”，但也表现出对客人的真情，颇有当今彝族同胞劝酒时所说的“喜欢呢也要喝，不喜欢也要喝，管你喜欢不喜欢都要喝”的味道，以此而言，云南少数民族浓烈的劝酒风俗，有着深厚的历史文化渊源。

南诏、大理地区饮食所用餐具，既有等级之别，也有风俗之异。《云南志》记载说：“南诏家食用金银，其余官将则用竹簟。贵者饭以箸不匙，贱者抟之而食。”[5] 即南诏王室家族的餐具用金银器皿制成，其他官将家庭用竹篮盛放食物；富贵人家吃饭用筷，而普通百姓则是直接用手抟饭而食。南诏地区餐饮方式上的差别，既有富贵贫贱的因素，也有风俗习惯上的不同。如“扑子蛮”的饮食习俗就是：“土无食器，以芭蕉叶藉之。”[6]

---

[1] ［唐］樊绰撰，向达原校、木芹补注：《云南志补注》，云南人民出版社 1995 年版，第 101 ~ 102 页。

[2] 木芹先生认为，傍弥潜井和沙追井在今剑川城南五十里的沙溪镇，若耶井、讳溺井在今怒江州兰坪县。见《云南志补注》第 103 页，云南人民出版社 1995 年版。

[3] ［唐］樊绰撰，向达原校、木芹补注：《云南志补注》，云南人民出版社 1995 年版，第 96 页。

[4] ［唐］樊绰撰，向达原校、木芹补注：《云南志补注》，云南人民出版社 1995 年版，第 117 页。

[5] ［唐］樊绰撰，向达原校、木芹补注：《云南志补注》，云南人民出版社 1995 年版，第 117 页。

[6] ［唐］樊绰撰，向达原校、木芹补注：《云南志补注》，云南人民出版社 1995 年版，第 58 页。

（二）南诏大理国居民的社会生活

1. 婚恋风俗

南诏、大理国各地居民有自己独特的婚恋习俗。其基本婚俗是，以一夫一妻为基本婚姻形式，也有一夫多妻或一妻多夫的习俗；青年男女自由恋爱，女性结婚前享有充分的交友择偶权利，婚后与异性的交往或受到严格限制，或仍保持相当程度的自由。

《云南志》记载，南诏“白蛮”青年男女，婚前享有充分的自由恋爱权利，寡妇也有自由结交异性的权利：“俗法：处子孀妇出入不禁。少年子弟暮夜游行闾巷，吹壶卢笙，或吹树叶。声韵之中，皆寄情言，用相呼召。嫁娶之夕，私夫悉来相送”[1]。对妇女婚后的两性行为，则有着严格的限制，已婚妇女必须对丈夫保持忠贞，违者要么处死，要么流放远方：“既嫁有犯，男子格杀无罪，妇人亦死。或有强家富室责资财赎命者，则迁徙丽水瘴地，终弃之，法不得再合。”[2] 这种婚恋风俗，实际上也是“白蛮”等部族的传统习俗，在洱海地区有着久远的传统，这就是唐代初期梁建方《西洱河风土记》所说的：“处女、孀妇淫秽不坐，有夫而淫，男女俱死。……若妇淫之人，其族强者，输金银请和，妻则弃之。”[3] 到了大理国时期，“白子”的婚恋风俗仍是如此。李京《云南志略》记载，“白子”的风俗是：“处子孀妇出入无禁。少年子弟号曰妙子，暮夜游行，或吹芦笙，或作歌曲，声韵之中皆寄情意，情通私耦，然后成婚。”[4] 宋代杨佐《云南买马记》也记载说：“蛮女嫠（音‘犁’，即寡妇——引注）妇与人乱，不禁，惟已嫁，奸者抵死。”[5] 总的来说，“白蛮”部族的婚恋“规矩”是：婚前恋爱自由，婚后必须保持忠贞。“白蛮”的这一婚恋习俗，或许是土著部族习俗与汉族移民婚俗相互融合的结果。

值得注意的是，南诏时期“白蛮”等族的婚恋习俗在后来的历史时期仍然沿袭着。根据白族学者张锡禄先生的调查，“直至现代，大理周城、鹤庆甸北一带白族青年在婚前可以自由恋爱，有性自由，为风俗习惯所允许。至结婚之日，原有的情人可以来相送，在宴席上也可特别优待，但从此以后便一刀两断，不得再相往来，如往来，将为人们所不齿，要发生斗殴流血的事件，身败名裂。”[6]

大理国时期，根据《云南志略》的记载，“罗罗”（“乌蛮”）的婚俗是：“嫁娶尚舅家，无可匹者，方许别娶。”[7] 即舅家享有优先婚配权，目的是为了所谓“亲上加

[1] ［唐］樊绰撰，向达原校、木芹补注：《云南志补注》，云南人民出版社1995年版，第116页。

[2] ［唐］樊绰撰，向达原校、木芹补注：《云南志补注》，云南人民出版社1995年版，第116页。

[3] 见方国瑜：《云南史料目录概说》（第一册），中华书局1984年版，第150页。

[4] ［元］郭松年、李京撰，王叔武校注：《大理行记校注·云南志略辑校》，云南民族出版社1986年版，第87页。

[5] ［北宋］杨佐撰：《云南买马记》，见方国瑜主编《云南史料丛刊》（第二卷），云南大学出版社1998年版，第246页。

[6] 张锡禄：《试论白族婚姻制度的演变》，载张锡禄《南诏与白族文化》一书，华夏出版社1992年版，第128页。

[7] ［元］郭松年、李京撰，王叔武校注：《大理行记校注·云南志略辑校》，云南民族出版社1986年版，第89页。

亲”。《云南志略》又言：“凡娶妇必先与大奚婆通，次则诸房昆弟皆舞之，谓之和睦；后方与其夫成婚。昆弟有一人不如此者，则为不义，反相为恶。正妻曰耐德，非耐德所生，不得继父之位。若耐德无子，或有子未及娶而死者，则为娶妻，诸人皆得乱，有所生，则为已死之男女。酋长无继嗣，则立妻女为酋长。妇女无女侍，惟男子十数奉左右，皆私之。”[1] “大奚婆”为“乌蛮”社会中的男巫，也称“西波”或“毕摩”。“罗罗”夫妇的婚后生活是：“夫妇之礼，昼不相见，夜同寝。子生十岁，不得见其父。妻妾不相妒忌。”[2] “罗罗”的这些婚俗，实际上可能是“乌蛮”族系许多民族的共同风俗。

“末些蛮”“金齿百夷”等也有自己的婚恋习俗。《云南志略》记载说，“末些蛮”的两性关系是“淫乱无禁忌”[3]，说明大理国时期，“末些蛮”的婚恋习俗尚保持着质朴天然的状态，未受到外来习俗的影响。“金齿百夷”的婚恋习俗是：“嫁娶不分宗族，不重处女，淫乱同狗彘。女子红帕首，余发下垂。未嫁而死，所通之男人持一幡相送，幡至百者为绝美。父母哭曰：‘女爱者众，何期夭也！”[4] 这是汉族官员学者以汉文化眼光对“金齿百夷”婚恋习俗的记载，它表明，大理国和元代初期，“金齿百夷”青年男女婚前保持着一种自由天然的交往关系，以“两情相悦”作为男女交往的基本取向，甚至以能够获得众多爱慕者为荣耀，这种婚恋方式得到社会的普遍尊重和认同。

除了一夫一妻制婚俗外，少数原始部族实行“一妻多夫”或“一夫多妻”婚俗。如“裸形蛮”，由于女多男少，或五妻，或十妻共养一丈夫。而南诏国王和高官贵族则是妻妾成群：“南诏有妻妾数百人，总谓之诏佐。清平官、大军将有妻妾数十人。”[5]

除了上述婚恋习俗外，根据史籍记载，大理国时期和元代初期，今川、滇相接的金沙江流域的一些部族，为了表示对远道而来的客人的盛情，或者为了祈求神道赐福，有以女眷接待客人的奇特习俗。对于此种习俗，元初意大利旅行家马可波罗作了这样的记录：“此州（指建都州，即原越嶲地区，属大理国辖区，元代称建都或建昌，今四川西昌地区——引注）有一种风俗而涉及其妻女者，兹为君等述之。设有一外人或任何人奸其妻女、其姊妹或其家之其他妇女者，居民不以为耻，反视与外人奸宿后之妇女为可贵。以为如是其神道偶像将必降福，所以居民情愿听其妇女与外人交。”又言：“设其见一外人觅求顿止之所，皆愿延之来家。外人至止之后，家主人命其家人善为款待，完全随客意所欲；嘱毕即离家而去，远避至其田野，待客去始归。客居其家有时

[1] ［元］郭松年、李京撰，王叔武校注：《大理行记校注·云南志略辑校》，云南民族出版社 1986 年版，第 89～90 页。

[2] ［元］郭松年、李京撰，王叔武校注：《大理行记校注·云南志略辑校》，云南民族出版社 1986 年版，第 89 页。

[3] ［元］郭松年、李京撰，王叔武校注：《大理行记校注·云南志略辑校》，云南民族出版社 1986 年版，第 87 页。

[4] ［元］郭松年、李京撰，王叔武校注：《大理行记校注·云南志略辑校》，云南民族出版社 1986 年版，第 87 页。

[5] ［唐］樊绰撰，向达原校、木芹补注：《云南志补注》，云南人民出版社 1995 年版，第 58 页。

亘三四日，与其妻女、姊妹或其他所爱之妇女交，客未去时，悬其帽或其他可见之标识于门，俾家主人知客在室未去。家主人见此标识，即不敢入家。此种风俗全州流行。"〔1〕马可波罗所记，似乎荒诞离奇、不可思议，但并非无稽之谈。北宋时，今四川峨眉人杨佐出使云南，在束密（今云南姚安一带）受到束密王的热情款待，其中就有安排女性陪伴客人的项目："束密王悦蜀之缯帛，且知市马之来其国也，待（杨）佐等甚厚，不惜椎羊剌豕，夜饮藤篅［嘴］酒。蛮女嫠妇与人乱，不禁，惟已嫁，奸者抵死，故饮散，辄择其女妇遍匹华人押，所以重汉之贵也。"〔2〕从文中叙述的情况来看，陪伴客人的女性是经过选择的，所挑选的应是未婚或寡居的女性，并且可能还须得到女性的同意，如马可波罗所言的："居民不以与他人妻奸宿为异，只须妻同意可矣。"〔3〕

大理国地区这种"以妻待客"之俗，在近代的大理地区仍有反映。近代时期，洱源县西山乡的白族群众，不仅婚前可以自由恋爱，婚后夫妻双方也可以各自结交情人，白语称为"都板活"，汉语译为"采百花"。这种自由自愿的情爱关系为当地社会习俗所认可。由于夫妻双方充分尊重对方的交友权利，在这种情况下，"以妻待客"之俗也是可以理解的了。对此，张锡禄先生这样写道：

西山白族的男子还有"让客一夜"的习俗。一般男子在结婚后，要大胆而公开地支持原配妻子去"采百花"。当男子发现她还没有找到合心合意的情夫时，碰到家里来了年岁相合的男客，赶快叫她出来热情招待。妻子看见心里高兴，留住客人在家里歇脚。晚餐过后，男子就对客人说："他舅，我有事要走远方，你安心在家歇息啊。"说罢，走出家门去寻找他的情妻，让原配妻子同客人过夜。男子出走后，女子心里看上客人，就主动点燃松明火把，引客人进自己的卧室（这里婚后女子都要独居一间不连主房的木楞房）升起篝火，围在火塘边叙情对歌，以歌为媒，结成采百花的情侣。〔4〕

从各种情况来看，在南诏、大理国时期，男性和女性的社会地位是平等的，并不存在对女性的性别歧视行为。男女在生产、生活中扮演不同的角色，更多地是习俗使然，这一点从"金齿百夷"的情况可以看得很清楚。根据《云南志略》的记载，"金齿百夷"男子的行为方式是："男子文身，去髭须鬓眉睫，以赤白土傅面，彩缯束发，衣赤黑衣，蹑绣履，带镜，呼痛之声曰'阿也韦'，绝类中国优人。不事稼穑，唯护小儿。"〔5〕显然，"金齿百夷"男性的行为方式更像内地汉族女性的行为方式，或者像内

〔1〕［意］马可波罗著，冯承钧译：《马可波罗行纪》，东方出版社 2011 年版，第 292 页。

〔2〕［北宋］杨佐撰：《云南买马记》，见方国瑜主编《云南史料丛刊》（第二卷），云南大学出版社 1998 年版，第 246 页。

〔3〕［意］马可波罗著，冯承钧译：《马可波罗行纪》，东方出版社 2011 年版，第 296 页。

〔4〕张锡禄：《试论白族婚姻制度的演变》，载张锡禄《南诏与白族文化》一书，华夏出版社 1992 年版，第 124 页。

〔5〕［元］郭松年、李京撰，王叔武校注：《大理行记校注·云南志略辑校》，云南民族出版社 1986 年版，第 91 页。

地戏子、演员的穿衣、打扮方式。而“金齿百夷”女性的行为方式则是：“妇女去眉睫，不施脂粉，发分两髻，衣文锦衣，联缀珂贝为饰。尽力农事，勤苦不辍。及产，方得少暇。既产，即抱子浴于江，归付其父，动作如故。”[1] 即是说，“金齿百夷”女性承担了全家主要的劳动生产任务，是全家的经济支柱，而这些任务和角色，按照一般的社会分工模式，本是应由男性社会成员担负的。“金齿百夷”男女之间特殊的社会分工和行为方式，应是长期以来社会生活演化的产物，是一种特别的社会风俗，无关乎男女的社会地位或政治权利，也谈不上不公正或不平等。并且，在一些部族中，妇女在调解纷争、制止冲突上还能发挥特殊的作用，如“末些磨”，“男子善战喜猎，挟短刀，以砗磲为饰。稍不如意，鸣钲相雠杀，两家妇人中间和解之，乃罢”[2]。

妇女在调解部族和家族冲突中的特殊作用，在近代彝族社会及其他民族中仍然如此。在近代凉山彝族社会中，部落或家族之间为了各自的利益经常发生冲突和械斗，但无论冲突如何激烈，只要有一名妇女走入阵中劝阻，双方就必须立即罢兵休战，即使冲突仍得不到最后解决，也得暂时停战一日。对于这种特殊习俗，民族学家江应樑先生经过调查，做出了这样的解释：“一个女子可以阻止两军的战斗，原因是夷人以不服强、不凌弱为英雄，尊重一个女子，正可表示英雄的身份。又当一个女子走到两军阵中劝和时，如止不住双方的暂时停战，女子便以为大失面子，便可以进一步取两种对策，一是当阵自杀，另一是脱下裙子，表示被两军所辱，这样，女方的亲戚，便可以不问是非曲直，联合起来向不愿停战的一方总攻击，为这女子复仇。在此种强大势力下面谁也不愿多树敌人。更且，女子若不采取自杀或自辱的两项办法，也可采一种和平的方法，即走去把不愿停战的一方的主帅（必是黑夷酋长）拉出阵地。夷人今日尚保有一种原始禁忌，认为作战的武士，身体任何一部分被女子触着，纵不阵亡，也必受伤，主帅既触犯了此种禁忌，只好宣告暂时停战了。由此诸种内情以观，所以说夷人之尊崇妇女，实基于经济的、武力的、习俗的及禁忌的关系。”[3] 江先生所说的经济原因，是指在彝族社会中，一个女子的“身价”远高于男子，当一名妇女受到侵害后，女方的所有亲戚均可来要求赔偿，这种索命债不是一般人所能承担的。总的来说，彝语系民族械斗时接受妇女调解的习俗，既与彝语系民族尊重妇女的习俗有关，也基于其他各种考虑。在某种意义上，这也可看作彝语系民族中一种特殊的冲突调解和化解机制，因为在争强好胜、好勇斗狠的部族社会中，如果没有一种适当的方式来使冲突得到调解、化解或缓和的话，那么，部族社会中时常发生的各种矛盾和冲突将致使整个社会生活走向瓦解和崩溃。

---

〔1〕［元］郭松年、李京撰，王叔武校注：《大理行记校注·云南志略辑校》，云南民族出版社 1986 年版，第 92 页。

〔2〕［元］郭松年、李京撰，王叔武校注：《大理行记校注·云南志略辑校》，云南民族出版社 1986 年版，第 93 页。

〔3〕江应樑：《凉山夷族的奴隶制度》，载《江应樑民族研究文集》，民族出版社 1992 年版，第 151 ~152 页。

2. 岁时习俗

南诏、大理时期云南地区的岁时习俗，与当时内地习俗大体相同而又有所区别。《云南志》记载“蛮夷风俗”时说：“每年十二月一日盛会客，造酒醴，杀牛羊，亲族邻里，更相宴乐，三日内作乐相庆，惟务追欢。户外必设桃茢（茢音‘列’，意为笤帚，桃茢为以桃枝编的扫帚，以之表示扫除不祥——引注）如岁旦然。改年即用建寅之月。其余节日，粗与汉同，唯不知有寒食、清明耳。”〔1〕这段记载所反映的是南诏过年的习俗。根据梁建方《西洱河风土记》的记载，唐初“西洱河蛮”地区“以十二月为岁首”〔2〕，则唐朝内地的农历“十二月一日”即为南诏地区的“正月”（寅月）初一，从十二月初一至初三，南诏地区居民过年三天。除了没有寒食、清明两节外，其他节日与内地相同。

在过年期间，南诏、大理国的居民如同中原内地居民一样，在辛劳了一年之后，放松身心、尽情欢乐，除了亲友相聚吃饭喝酒外，还开展各种娱乐活动。如唐代的“乌蛮”、大理国及元初的“罗罗”过年时就要举行荡秋千活动：“每岁以腊月春节，竖长竿横设一木，左右各坐一人，以互相起落为戏。”〔3〕同时，还开展打歌、跳脚等歌舞活动：“俗传正月初夜，鸣鼓连腰以歌，为踏蹄之戏。”〔4〕如“末些蛮”的“打跳”情景是：“男女动百数，各执其手，团旋歌舞以为乐。”〔5〕

火把节是彝族、白族等民族的重要民族节日。关于火把节的由来，传说不一，也难以确考。但火把节的习俗至少从大理国时期即已形成。根据元初李京《云南志略》的记载，当时洱海地区的“白人”已过火把节：“六月二十四日，通夕以高竿缚火炬照天，小儿各持松明火相烧为戏，谓之驱禳。”〔6〕这是史籍中关于火把节习俗的最早记载，举行火把夜游的目的是为了消除灾祸、去邪除恶。

3. 商业贸易

如同大多数农业民族一样，南诏、大理国的居民过着自耕自食的生活，日常生活所需生产资料和消费资料，大部分依靠家庭生产自给。与此同时，他们也通过商业交换出售部分剩余农产品，换回自家所缺少或需要的各种生产、生活资料，以此互通有无、调节生活。南诏、大理国居民的商业交易活动，以定期举行集市贸易的方式来进行，即俗称的“赶街子”。赶街子的日期按照各地约定俗成的时期来进行，或五日一集，或十日一市。据《云南志略》记载，洱海地区“白子”的“赶街”习俗是：“市井谓之街子。午前聚集，抵暮而罢。交易用贝子，俗呼为肌。以一为庄，四庄为手，

〔1〕［唐］樊绰撰，向达原校、木芹补注：《云南志补注》，云南人民出版社 1995 年版，第 116 页。
〔2〕见方国瑜：《云南史料目录概说》（第一册），中华书局 1984 年版，第 149 页。
〔3〕［元］郭松年、李京撰，王叔武校注：《大理行记校注·云南志略辑校》，云南民族出版社 1986 年版，第 90 页。
〔4〕［唐］樊绰撰，向达原校、木芹补注：《云南志补注》，云南人民出版社 1995 年版，第 142 页。
〔5〕［元］郭松年、李京撰，王叔武校注：《大理行记校注·云南志略辑校》，云南民族出版社 1986 年版，第 93 页。
〔6〕［元］郭松年、李京撰，王叔武校注：《大理行记校注·云南志略辑校》，云南民族出版社 1986 年版，第 87 页。

四手为苗，五苗为索。"[1] 贝子即海贝，称作“𧴩”或“𧵍”。从古“滇”王国时候起，云南地区少数民族就以海贝作为日常交易的货币使用，海贝可能来源于中南半岛地区。贝币以庄、手、苗、索为计量单位，如同现代货币的元、角、分一样。居住于南诏、大理国西南地区的“金齿百夷”族群也有自己的集市，其赶集习俗是：“交易五日一集，旦则妇人为市，日中男子为市，以毡、布、茶、盐互相贸易。"[2] 这种男性、女性区分不同时段入市交易的赶集方式是傣族先民的一个特殊习俗。

伴随着商业贸易的扩大，作为交易媒介的贝币也成为了财富的象征，受到人们的珍视和崇拜。如哈尼族的先民“斡泥蛮”就把海贝视为财富的化身，藏之密窟，轻易不用。《云南志略》对此记述说：“斡泥蛮，在临安西南五百里，巢居山林。治生极俭。家有积贝，以一百二十索为一窖，藏之地中。将死，则嘱其子曰：‘我平日藏若干，汝可取几处，余者勿动，我来生用之。’其愚如此。"[3] 这种货币崇拜在西南地区许多少数民族中都曾经存在过，如民国时期凉山地区的黑彝奴隶主就把获得的白银银锭积攒起来，放入酒坛或羊皮袋中，埋在地下或藏在人所不知的崖洞中，视为家族中镇家的财产，传给子孙，永不动用，有的大户人家甚至藏有白银数万锭（每锭十两）。[4]

（三）南诏大理国居民的灵魂世界

1. 宗教信仰

南诏、大理国的宗教信仰包括原始宗教和佛教两大类别。大体而言，“白蛮”族群信仰佛教，而“乌蛮”等其他族群则信仰各种原始宗教。

原始宗教是南中地区各族群的传统信仰体系，包括各种鬼神信仰。从汉晋时期开始，南中“夷人”就信仰各种“鬼教”，如牂牁郡居民就是“俗好鬼巫，多禁忌"[5]，南广郡地区（今昭通市东部、北部的镇雄、威信、大关、盐津各县）也是“俗妖巫，惑禁忌，多神祠"[6]，三国时，反叛蜀汉的益州大姓雍闿更以“鬼教”惑众，将蜀汉派来的益州郡太守张裔绑送到吴国，可见“鬼教”对南中“夷人”的影响力。夷人中的神职人员称为“鬼主”，许多“鬼主”同时也是南中地区的豪强和首领，如唐代天宝年间，爨氏家族成员爨崇道就是“两爨大鬼主”，驻扎在曲轭川（今马龙地区），与南宁州都督爨归王争战不休。至南诏、大理国时期，“鬼教”仍在人们的社会生活中发挥着特殊的作用，宗教人员仍然有着特殊的重要地位，在日常生活中扮演着祭师、巫医和政治顾问等多重角色。如“罗罗”族的习俗就是：“有疾不识医药，惟用男巫，号

---

[1] [元] 郭松年、李京撰，王叔武校注：《大理行记校注·云南志略辑校》，云南民族出版社 1986 年版，第 88 页。

[2] [元] 郭松年、李京撰，王叔武校注：《大理行记校注·云南志略辑校》，云南民族出版社 1986 年版，第 93 页。

[3] [元] 郭松年、李京撰，王叔武校注：《大理行记校注·云南志略辑校》，云南民族出版社 1986 年版，第 95 ~ 96 页。

[4] 江应樑：《凉山夷族的奴隶制度》，载《江应樑民族研究文集》，民族出版社 1992 年版，第 156 页。

[5] [晋] 常璩撰：《华阳国志》，齐鲁书社 2010 年版，第 52 页。

[6] [晋] 常璩撰：《华阳国志》，齐鲁书社 2010 年版，第 56 页。

曰大奚婆，以鸡骨占吉凶；酋长左右斯须不可阙，事无巨细皆决之。凡娶妇必先与大奚婆通。"[1] 这里所谓"大奚婆"就是后来彝族社会中的"毕摩"或"西波"。

南诏、大理国时期，洱海等地的"白蛮"居民开始信仰佛教。大概在南诏后期，佛教传入洱海地区，受到"白蛮"居民的信奉。到了大理国时期，佛教几为"国教"，上至王室，下至百姓，普遍信仰佛教。留存至今的大理崇圣寺三塔、昆明东寺塔和西寺塔、昆明地藏寺经幢以及众多佛像、绘画、佛经等重要文物反映出南诏、大理国佛教的兴盛状况。

南诏、大理国佛教信仰的中心地区为今洱海地区，也即南诏、大理国的王都地区。元初，内地人士郭松年、李京旅行到今大理地区，目睹了当地佛教兴盛的状况。郭松年在《大理行记》中记述说："然而此邦之人，西去天竺为近，其俗多尚佛屠法，家无贫富皆有佛堂，人不以老壮，手不释数珠；一岁之间斋戒几半，绝不茹荤、饮酒，至斋毕乃已。"[2] 李京《云南志略》也说洱海地区"白人"的信仰习俗是："民俗，家无贫富皆有佛堂，旦夕击鼓参礼，少长手不释念珠，一岁之中斋戒几半。"[3] 大理国佛教信徒的修行方式有两种，一为出家到寺庙中专修，一为居家修行，出家修行者称为"得道"，居家修行者称为"师僧"。"得道"的戒律更严，其道行和地位也远高于师僧，受到官民的敬重，而师僧则成为后备官员的来源，即所谓"段氏而上，选官置吏皆出此"[4]。

南诏、大理国时期的佛教宗派有净土宗、密宗和禅宗数种。密宗为从印度传来之教派，净土宗、禅宗为从中原内地传入之教派。大理国时期，密宗最为兴盛，民众居家修行者甚多，这些居家修行的信徒就是所谓"师僧"，也称为"阿吒力"。为了表示对佛教的虔诚信仰，许多信徒将佛教名号嵌入自己的"姓""名"之间，取了许多颇具特色的名字，如李观音得、张般若师等[5]。

佛教的传播对南诏、大理国历史发展产生了重要影响，特别是对"白人"习俗风尚的转变产生了积极作用。李京《云南志略》对此评论说："诸种蛮夷刚愎嗜杀，骨肉之间一言不合，则白刃相剸；不知事神佛，若枭獍然。惟白人事佛甚谨，故杀心差少。由是言之，佛法之设，其于异俗亦自有益。"[6] 郭松年也认为大理居民修习佛教，对净化心

〔1〕［元］郭松年、李京撰，王叔武校注：《大理行记校注·云南志略辑校》，云南民族出版社 1986 年版，第 90 页。

〔2〕［元］郭松年、李京撰，王叔武校注：《大理行记校注·云南志略辑校》，云南民族出版社 1986 年版，第 22～23 页。

〔3〕［元］郭松年、李京撰，王叔武校注：《大理行记校注·云南志略辑校》，云南民族出版社 1986 年版，第 87 页。

〔4〕［元］郭松年、李京撰，王叔武校注：《大理行记校注·云南志略辑校》，云南民族出版社 1986 年版，第 87 页。

〔5〕［南宋］范成大撰：《桂海虞衡志》，见方国瑜主编《云南史料丛刊》（第二卷），云南大学出版社 1998 年版，第 232 页。

〔6〕［元］郭松年、李京撰，王叔武校注：《大理行记校注·云南志略辑校》，云南民族出版社 1986 年版，第 87 页。

灵、改变性情具有重要作用："其得道者，戒行精严，日中一食，所诵经律一如中国；所居洒扫清洁，云烟净境，花木禅房，水潺潺循堂厨，至其处者，使人名利之心俱尽。"〔1〕可以认为，洱海地区的居民在从"白蛮"演化为"白人"的过程中，佛教起到了积极的促进作用。

2. 丧葬习俗

南诏、大理国时期的葬俗分为土葬和火葬两种。《云南志》对南诏时期的葬俗作了这样的记载："西爨及白蛮死后，三日内埋殡，依汉法为墓。稍富室广栽杉松。蒙舍及诸乌蛮不墓葬。凡死后三日焚尸，其余灰烬，掩以土壤，唯收两耳。南诏家则贮以金瓶，又重以银为函盛之，深藏别室，四时将出祭之。其余家或铜瓶铁瓶盛耳藏之也。"〔2〕根据《云南志》的记载可以看出：南诏时期，西爨及白蛮实行土葬，南诏王室和乌蛮族类实行火葬。

先看白蛮的葬俗。如何理解《云南志》所说的"西爨及白蛮死后，三日内埋殡，依汉法为墓"呢？文中以"西爨"与"白蛮"并举，说明在樊绰的心目中，"西爨"与"白蛮"是两个不同的族群，而不是一个族群。这里所言的"西爨"应即是与"东爨乌蛮"相对而言的"西爨白蛮"，是指居住在爨氏统治的核心地区即今滇池地区（两晋南北朝时的建宁郡、晋宁郡地区，隋唐初期的昆州）的人群，而"白蛮"应指居住于洱海地区（即原云南郡地区）的"河蛮"或"西洱河蛮"之类的人群，他们均是具有汉族血统或是受汉文化影响较深的人群。正因为"西爨"和"白蛮"多为汉人后裔或受汉文化影响较深，所以至南诏时期，他们实行土葬，依汉法为墓。这一葬俗既与内地汉族的葬俗相符，也与唐初梁建方所记"西洱河蛮"的葬法相同。樊绰以"西爨"和"白蛮"对举，说明在唐代中期，居住在滇池地区的西爨（南诏灭爨后，也从滇池地区迁移了大批居民到永昌地区和洱海地区）与居住在洱海地区的"白蛮"（主要为不同时期迁入的汉族移民后裔和僰人后裔）在居住地域、族群来源、风俗习惯上仍有较多区别。而这种区别，经过南诏、大理国时期数百年间白蛮族群间（包括原"西爨白蛮"、"西洱河蛮"、不断地方化的汉人后裔等）的交流、互动与融合，不断消失，至大理国后期和元代初期，从滇池地区到洱海地区，形成了一个新的族群——"白人"。而白人的葬俗，依元代李京《云南志略》的记载则是："人死，浴尸，束缚令坐，棺如方柜。击铜鼓送丧，以翦发为孝，哭声如歌而不哀。既焚，盛骨而葬。"〔3〕可以看出，白人的葬俗似乎是火葬与土葬相结合，先焚尸，后以棺盛骨而葬。这一葬法较之先前的汉式土葬，显然是受到"乌蛮"火葬习俗和佛教阿吒力教的影响，同时也吸收了其他族群的葬俗，如击铜鼓送丧，可能就是受到百越族系葬俗的影响。

再看"乌蛮"的葬俗。《云南志》的记载表明，南诏时，乌蛮族类各部族实行火

〔1〕［元］郭松年、李京撰，王叔武校注：《大理行记校注·云南志略辑校》，云南民族出版社1986年版，第23页。

〔2〕［唐］樊绰撰，向达原校、木芹补注：《云南志补注》，云南人民出版社1995年版，第118页。

〔3〕［元］郭松年、李京撰，王叔武校注：《大理行记校注·云南志略辑校》，云南民族出版社1986年版，第88页

葬，即先将尸体焚烧，然后将骨灰就地掩埋，仅取两耳以金瓶、铜瓶或铁瓶装盛，在家中特辟一室置放，遇到特别时日，则取出进行祭祀。这一葬俗，上至南诏国王，下至一般民众，皆是如此，仅在装盛两耳的瓶子的材质上有所区别而已。火葬是汉晋以来南中地区氐羌族系“夷人”的传统葬俗。在蜀汉、两晋之际，建宁郡地区的“夷人”就实行火葬。对此，《永昌郡传》作了这样的记载：“建宁郡葬夷，置之积薪之上，以火燔之。烟气正上，则大杀牛羊，共相劳贺作乐；若宜风，烟气旁邪，尔乃悲哭也。”[1] 作为汉晋时期南中“夷人”的后代，南诏时的“乌蛮”各部保持着本族系的历史传统，普遍实行火葬，即使王室贵族也不例外（南诏本为哀牢人之后，但在迁入洱海地区之后，已经“乌蛮”化）。到了大理国和元朝时期，“乌蛮”各部演化为“罗罗”族系（以彝族为主的彝语支各民族的先民），他们的葬俗为：“酋长死，以豹皮裹尸而焚，葬其骨于山，非骨肉莫知其处。葬毕，用七宝偶人，藏之高楼，盗取邻近贵人之首以祭。如不得，则不能祭。祭祀时，亲戚毕至，宰杀牛羊动以千计，少者不下数百。”[2] 这里所说的虽然为酋长的葬法，但也反映出了“罗罗”民众的普遍葬俗，即焚烧尸体，然后将骨灰埋于地下。

〔1〕《永昌郡传》，见方国瑜主编《云南史料丛刊》（第一卷），云南大学出版社 1998 年版，第 189 页。

〔2〕［元］郭松年、李京撰，王叔武校注：《大理行记校注 · 云南志略辑校》，云南民族出版社 1986 年版，第 90 页

第五章 元明清时期的云南农业与社会

公元1253年，元世祖忽必烈率蒙古大军从西北南下，渡金沙江而直趋洱海，攻灭了大理国，结束了自南诏以来云南与内地相互隔绝、不相统属的分裂割据局面。元朝在云南建立行省后，云南行省首任平章政事赛典赤实施了一系列促进政治统一、生产发展和民族和谐的政策措施，奠定了元代云南行省经济社会发展的政治基础，成为历代治滇官员的楷模。明代，伴随着卫所制度在云南的推行，数十万江南及内地汉族移民进入云南，从事屯垦和戍守。汉族移民的大规模进入，不仅历史性地改变了汉晋以来云南地区“夷多汉少”“汉人夷化”的民族关系格局，而且将内地先进的生产方式、“文明的”生活方式及礼乐教化带入云南，促进了云南地区生产的发展、社会的变革和文化的进步。清代，在平定吴三桂叛乱之后，云南与内地中央政权之间的政治关系得到巩固和强化，清朝政府实行了一系列有利农业生产发展和农民休养生息的政策措施，使乾隆、嘉庆、道光年间的云南社会成为难得的物阜民丰、安居乐业的太平盛世。

元明清时期，云南的农业生产进入到传统农业发展的新阶段。垦殖区域由原来的坝区扩展至半山区和深山区，耕地面积达到新的数量规模，农作物种类齐全多样，种植方式实现了精耕细作，农作物产量达到历史较高水平。元明清时期的云南农业生产状况，代表了云南传统农业的基本形态和历史特征；清代云南地区的农业生产水平，达到了传统农业的历史高峰。

第一节　元明清时期云南地区的政治变迁

一、元代云南行省的建立

（一）蒙古军攻灭大理国

13 世纪初，蒙古部落兴起于中国北方蒙古高原地区。在铁木真的领导下，蒙古部落打败了蒙古草原地区的其他各部落，实现了蒙古草原各部落的统一。公元 1206 年，蒙古草原各部在斡难河（鄂嫩河）畔聚会，推举铁木真为各部共同的大汗，尊称其为成吉思汗[1]，建立了蒙古汗国。蒙古汗国建国后，在成吉思汗及其后继者窝阔台、蒙哥的统领下，蒙古军队征服了中亚、西亚地区，攻灭了北方的金国和西夏国，并致力于消灭偏安南方的宋王朝，以建立地域更广、势力更强的蒙古帝国。蒙古军队与宋王朝军队在今四川、湖北地区长期激战，相持不下。在此情况下，蒙古军队决定迂回占领今云南地区，从西南方向对宋王朝形成战略包围态势，以打破战略上的僵局。

南宋宝祐元年（元宪宗三年，公元 1253 年）七月，蒙古大汗蒙哥（成吉思汗第四子拖雷的长子，后被元朝尊为宪宗）命其弟忽必烈统军南征大理。八月，忽必烈率领大军从甘肃临洮出发，经青海到四川，十月，渡过大渡河，又经山谷前行，到达金沙江边。蒙古军从今丽江市玉龙县北部的奉科乡附近以革囊（羊皮口袋）和木筏为工具，渡过金沙江，磨些部落首领投降蒙古军队。十二月，蒙古军进至大理城下。当时大理国王段兴智势弱，权臣高祥、高和兄弟当政。蒙古军进攻大理时，段兴智弃城逃往善阐（善阐也写作“鄯阐”，大理国时称今昆明为善阐），高祥逃至姚州被蒙古军追击杀死。蒙古军占领大理后，忽必烈北返，留下大将兀良合台镇守。

南宋宝祐二年（元宪宗蒙哥四年，公元 1254 年），兀良合台继续东进，攻占了善阐府治押赤城（押赤也写作“鸭池”，今昆明市），俘虏了段兴智，征服了滇东各部，在段兴智的协助下，平定了原大理国的八府、四郡、三十七部。

蒙古军平定大理后，蒙哥以兀良合台为元帅，授予银印，让其镇守原大理国地区。兀良合台在原大理国地区建立 19 个万户府，万户之下，设立千户、百户递相统领。在万户府之上，又设立 5 个总管府进行管辖。这 5 个总管府是：（1）大理总管府，统领大理上万户府、大理下万户府和威楚万户府[2]，辖境相当于今大理、楚雄和保山地区；（2）鄯（也写作善）阐总管府，统领鄯阐、阳城堡、巨桥和嵩明 4 个万户府，辖区为今滇中

〔1〕“成吉思”意为“天赐”之意（一说为“海洋”之意）。

〔2〕根据蒙古军的规定，管军 7000 人以上的为上万户府，管军 5000 人以上的为中万户府，管军 3000 人以上的为下万户府。上万户府的首领（达鲁花赤、万户）为正三品，中万户府和下万户府的首领为从三品。见《元史·百官志》。

的昆明和玉溪地区；（3）北路总管府，统领罗婺、仁地、于矢和闷畔4个万户府，辖区相当于今昆明以北的武定、禄劝、寻甸、东川等地；（4）中路总管府，统领磨弥、罗蒙和罗伽3个万户府，辖区为今曲靖地区和玉溪部分地区；（5）南路总管府，统领阿僰、宁部、阿宁、元江、落恐5个万户府，辖区为今红河州地区。南、北、中3个总管府地区为原大理国三十七部地区。大理总管府所辖地区则为原大理国的核心地区，由于段氏助蒙古平定云南有功，大理总管一职由段智兴及其子孙世领其职。

（二）赛典赤建立云南行省

从元宪宗四年（公元1254年）蒙古军占领大理国，到元世祖忽必烈至元十三年（公元1276年）元朝建立云南行省，其间，蒙古政权一直对云南地区实行军事统治，内外争斗不休。外部，在蒙哥于宪宗九年（公元1259年）战死于四川合州（今重庆合川）后，忽必烈于中统元年（公元1260年）在开平（今内蒙古正蓝旗东）继承大汗之位，并与南宋在江、淮一线形成对峙之势。在云南地区内部，初期，蒙古在云南先后设立元帅府、大理善阐等路宣慰司都元帅府（大理善阐等路宣慰司与都元帅府有时分立，有时合一[1]）、大理鄯阐都元帅府作为最高统帅机构，统辖各总管府和万户府，管理云南地区军政事务。至元四年（公元1267年）忽必烈又封其第五子忽哥赤为“云南王”，设立“大理等处行六部”管理行政，云南王与都元帅府形成争权之势。至元八年（公元1271年），都元帅宝合丁毒杀了忽哥赤。其时张立道为忽哥赤的随从，并担任大理等处劝农官，目睹了忽哥赤被害的经过，《元史·张立道传》对此事作了记载：

> 云南三十七部都元帅宝合丁专制岁久，有窃据之志，忌忽哥赤来为王，设宴置毒酒中，且赂王相府官无泄其事。立道闻之，趋入见，守门者拒之，立道怒与争，王闻其声，使人召立道，乃得入，为王言之。王引其手，使探口中，肉已腐矣。是夕，王薨。宝合丁遂据王座，使人讽王妃索王印。立道潜结义士，得十三人，约共讨贼，刺臂血和金屑饮之，推一人走京师告变。……宝合丁及王府官尝受赂者，皆伏诛。有旨召立道等人入朝，问王薨时状。帝闻立道言，泣数行下，觑欷久之，曰：“汝等为我家事甚劳苦，今欲事朕乎，事太子乎，事安西王乎？惟汝意所向。”立道等奏愿事陛下，于是赐立道金五十两，以旌其忠。[2]

宝合丁虽然被诛，但是宗王、宣慰司、元帅府之间的权力斗争，各万户府、千户所对民众的压迫与掠夺，各部族民众的反抗与暴动等矛盾和问题仍然没得到根本解决，云南地区仍然处于动荡、冲突的漩涡之中。

至元八年（公元1271年），忽必烈正式建立元朝，定都大都（今北京）。为了加强对全国的控制，元朝在全国推行行省制度。行省即“行中书省”。中书省为元朝中央的最高行政机构，辖吏、户、礼、兵、刑、工等六部，办理全国行政事务。行中书省本为中书省的临时派出机构，后来变为各地的常驻机构，成为地方上的最高行政机构。元朝在全国建立了10个行省，云南行省即为其中之一。云南行省的筹建工作忽必烈委

---

〔1〕见方国瑜：《中国西南历史地理考释》（下册），中华书局1987年版，第794页。

〔2〕［明］宋濂等撰：《元史·张立道传》，见方国瑜主编《云南史料丛刊》（第二卷），云南人民出版社1998年版，第562页。

派中书省平章政事赛典赤·赡思丁负责。

赛典赤·赡思丁的身世众说不一，难以确考。《元史·赛典赤传》说："赛典赤赡思丁一名乌马儿，回回人，别庵伯尔之裔。其国言赛典赤，犹华言贵族也。"[1] 即是说，赛典赤·赡思丁为中亚、西亚地区人士，可能为伊斯兰教先知穆罕默德的后裔（"别庵伯尔"为穆罕默德的别称，意为"天使"），名叫赡思丁或乌马儿，"赛典赤"为对其高贵家世的尊称。赡思丁约生于公元1211年，早年即跟随蒙古政权，先后在今内蒙、山西等地担任"达鲁花赤"（地方长官，由蒙古人或色目人担任），历事蒙古太宗、定宗、宪宗三朝，至忽必烈继大汗位时，赛典赤·赡思丁担任燕京路宣抚使。中统二年（公元1261年），赛典赤被忽必烈提升为中书平章政事，成为中书省的副长官，官级为从一品。忽必烈的任命决定"制辞"对赛典赤的成绩和德才给予了高度评价："两朝眷遇，凡事勤精，常办集于军前，能经营于意外。欲旌成绩，宜处台司。当奉至公，用遵大体。尽尔赞襄之力，副予委任之诚。"[2] 至元元年（公元1264年）赛典赤调任"陕西五路西蜀四川行中书省"平章政事，主持川陕地区的行政工作，以保障蒙古军在湖北襄阳等地与宋军作战所需人员、物资的供应。在长期的行政工作中，赛典赤形成了忠君爱民、治事勤谨、处事周详、宽厚大度的政治品格，拥有丰富的行政管理经验。由于赛典赤卓越的品德与才能，至元十一年（公元1274年），元世祖忽必烈任命赛典赤为云南行省平章政事，让其前往云南处理当地动荡复杂的政治社会情势。这一年，赛典赤·赡思丁已经64岁。

赛典赤赴任前，元世祖忽必烈与赛典赤进行了谈话。忽必烈对赛典赤说："云南朕尝亲临，比因委任失宜，使远人不安，欲选谨厚者抚治之，无如卿者。"赛典赤接受了忽必烈的委任，退朝后，即着手进行相关准备工作："即访求知云南地理者，画其山川城郭，驿舍军屯、夷险远近为图以进。"[3] 忽必烈看到赛典赤如此勤勉认真，不负使命，十分高兴，正式任命他为平章政事，行省云南，即代表中书省主持云南地区的行政工作，成为云南地区的最高行政长官。

赛典赤到任后，注意搞好与镇守云南的蒙古宗王脱忽鲁的关系，表示遇事要与宗王共商决定。宗王十分高兴，打消了对赛典赤的猜疑，表示支持赛典赤的行政工作，一切政令都按赛典赤的意见办理。之后，赛典赤即着手改革云南地区的政治体制，把云南的政治制度从军政不分、以军统政的军事管制体制向行省统领政务、军事服从行省的行省制度转变，将大理鄯阐等路宣慰司、都元帅府置于行省的领导之下。赛典赤的政治改革工作得到了元世祖忽必烈的大力支持。据《元史·世祖本纪》载，至元十二年（公元1275年）正月，忽必烈根据赛典赤的奏请下令，云南地区，"以蛮夷未服者尚多，命宣慰司兼行元帅府事，并听行省节度；置郡县，尹长选廉能者任之。置云南诸路规措所，以

[1] ［明］宋濂等撰：《元史·赛典赤传》，见方国瑜主编《云南史料丛刊》（第二卷），云南人民出版社1998年版，第556页。

[2] 见李清升：《赛典赤·赡思丁评传》，云南民族出版社1998年版，第24页。

[3] ［明］宋濂等撰：《元史·赛典赤传》，见方国瑜主编《云南史料丛刊》（第二卷），云南人民出版社1998年版，第556页。

赡思丁为使”[1]。

赛典赤政治改革的主要工作就是废除军事化的万户、千户制度，建立行政主导的路、府、州、县制度。即将原来5个总管府所统的19个万户府改为路、府或州，将各千户所根据户口的多寡或改为州，或改为县。如将鄯阐总管府属的4个万户府分别改为路、州：将鄯阐万户府改为中庆路，阳城堡万户改为晋宁州，巨桥万户府改为昆阳州，嵩明万户府改为嵩明州，同时，将昆明千户改为昆明县、安宁千户改为安宁县等，晋宁州、昆阳州、嵩明州和安宁州、昆明县等均为中庆路下辖州、县；将大理总管府所统领的大理上万户府、大理下万户府改为大理路军民总管府，威楚万户府改为威楚开南等路。至元十三年（公元1276年），赛典赤将改定后的各路、府名称上报元朝中央，当时行省所辖路、府、州、县数为：37路、2府、3属府、54州、47县。[2] 各路、府置总管府，总管府设达鲁花赤1员、总管1员，均为正三品；各州、县根据户口的多寡设达鲁花赤1员，知州或州尹、县尹1员，州、县尹长的品级各有差等。[3] 各路、府、州、县长官一般由当地土长、土酋担任，而州、县之下的甸、寨头目，则全由地方头人担任。

考虑到当时云南地区的特殊情况，又在行省内各路、府之上设置宣慰司或宣抚司，作为行省的派出机构。如大理金齿等处宣慰司，统辖大理路、鹤庆路、姚安路、永昌路、腾冲府等路、府；曲靖等路宣慰司，统辖曲靖、澄江、普安、普定诸路和仁德府等。据方国瑜先生考证，元代云南行省内设置的宣慰司、宣抚司共计13个。[4] 宣慰司的职责是：“掌军民之务，分道以总郡县。行省有政令则布于下，郡县有请则为达于省。”[5] 元代宣慰司的职责和地位，类似于后代省政府派出的地方行政公署。元代时，云南各地宣慰司、宣抚司的长官由“流官”（“流官”即由上级机关任命并定期更换调派的官员）担任，他们掌握一方军政大权，履行承上启下、巡视监察之责，起到沟通行省与地方关系的作用。

至元十三年（公元1276年），在完成了路、府、州、县的建置工作后，赛典赤把行省的驻地从洱海地区的大理迁至滇池地区的中庆路，至此，云南诸路行中书省即云南行省的筹建工作正式完成。由此，在经过了唐代中期以来五百多年的历史变迁后，云南地区重新成为直属中央政府的地方行政区划，“云南”也由一个县级（汉代及其后的云南县）、郡级（蜀汉以来的云南郡）行政区划名称变为一个省级行政区划名称[6]，滇池地区也在千年之后再次成为云南地区的政治中心。自元代至今，云南成为中央政

[1] ［明］宋濂等撰：《元史·本纪·世祖六》，见方国瑜主编《云南史料丛刊》（第二卷），云南大学出版社1998年版，第486页。

[2] ［清］冯甦撰：《滇考·元世祖平云南》，见李春龙主编《云南史料选编》，云南民族出版社1997年版，第253页。《元史·地理志》所记相同。

[3] ［明］宋濂等撰：《元史·百官志》，见李春龙主编《云南史料选编》，云南民族出版社1997年版，第254、255页。

[4] 参见方国瑜《中国西南历史地理考释》（下册），中华书局1987年版，第795~805页。

[5] ［明］宋濂等撰：《元史·百官志》，见李春龙主编《云南史料选编》，云南民族出版社1997年版，第252页。

[6] 从唐代开始，内地的唐、宋王朝即以“云南”来指称原南中地区，如封南诏国王、大理国王为“云南诏”“云南王”等。

府直接有效管辖下的一个地方行政区域，云南地区成为多民族统一国家不可分割的组成部分。这是元朝建立云南行省最为重要的历史意义。

在完成行省建设工作后，赛典赤开展了大量招抚安辑、兴利除弊、劝垦农桑、兴学教化等工作，取得了较好的成效。特别是赛典赤仁义行事、宽厚待人，获得了官民一致的敬佩和拥戴。《元史·赛典赤传》记载下了这样两件事：

一是诚心待人，说服交趾与元朝重归于好。对此事，《元史·赛典赤传》的记载是："交趾叛服不常，湖广省发兵屡征不利，赛典赤遣人谕以逆顺祸福，且约为兄弟。交趾王大喜，亲至云南，赛典赤郊迎，待以宾礼，遂乞求为藩臣。"[1]

二是宽仁为怀，招降反叛的部族势力。当时，元江路的萝槃甸部落反叛，赛典赤前往征讨，希望能够不战而招降叛乱部族。赛典赤大军到达萝槃城下后，对叛军围而不攻，三日后，看到叛军并无投降之意，诸将请求攻城，赛典赤不许，派遣使者前去劝降。萝槃甸主答应投降，说："谨奉命。"三日后，叛军仍不降，诸将再次请求进攻，又被赛典赤制止。这时，有将卒不听号令，擅自攻城，赛典赤大怒，命令鸣金收兵。赛典赤将违令攻城的万户召来责骂道："天子命我安抚云南，未尝命以杀戮也。无主将命而擅攻，于军法当诛。"于是命左右将万户绑缚，准备将其处死。诸将见状，下跪求情，请求等到城下之日再行处罚。萝槃甸主听闻此事后说，"平章宽仁如此，吾拒命不祥。"[2] 于是，举城出降。违令将卒也得到宽大处理。自此以后，西南各部落主动归顺、翕然款附。

至元十六年（公元1279年），赛典赤在主政云南6年后去世，享年69岁。云南百姓感念赛典赤的德政，闻讯痛哭不已。"及薨之日，遥近闻知，如丧父母。"千里外的交趾国王也感于赛典赤生前的诚挚情意，派人披麻戴孝致祭："交趾王遣使者十二人，齐经为文致祭，其辞有'生我育我，慈父慈母'之语，使者号泣震野。"[3] 赛典赤去世后，葬于城东一处名叫斡耳朵的地方（即今"五里多"小学旁）。[4]

赛典赤的治滇功绩，得到当时朝野的普遍赞誉。大德五年（公元1301年）枢密院（元朝中央军事机关）官员李京奉命到云南宣慰乌蛮，根据亲自考察所见，对赛典赤的治滇功绩作了这样的评价："下车之日，立州县，均赋役；兴水利，置屯田；擢廉能，黜汗滥；明赏罚，恤孤贫。秉政六年，民情丕变，旧政一新，而民不知扰。"又说：

〔1〕［明］宋濂等撰：《元史·赛典赤传》，见方国瑜主编《云南史料丛刊》（第二卷），云南人民出版社1998年版，第557页。

〔2〕［明］宋濂等撰：《元史·赛典赤传》，见方国瑜主编《云南史料丛刊》（第二卷），云南人民出版社1998年版，第557页。

〔3〕［明］宋濂等撰：《元史·赛典赤传》，见方国瑜主编《云南史料丛刊》（第二卷），云南人民出版社1998年版，第557页。

〔4〕关于赛典赤墓地的位置，历来有不同说法。一说在昆明城东的斡耳朵（即五里多）处，一说城北的松华坝马家庵处，两处皆有名为赛典赤的墓冢。或谓五里多处墓为衣冠冢，松华坝墓为遗骨埋葬处，或谓五里多墓即为原冢。参见李清升《赛典赤·赡思丁评传》，云南民族出版社1998年版，第112～126页。

“后之继者，虽有善政，莫能及也。”[1] 元世祖忽必烈对赛典赤的去世甚为惋惜，感念于赛典赤的忠诚和功勋，下令云南省臣尽守赛典赤的成规，不得随意更改。元成宗大德元年（公元1297年），元朝廷对赛典赤的功勋进行了表彰，追赠赛典赤为“守仁佐运安远济美功臣、太师、开府仪同三司、上柱国、咸阳王”，谥号“忠惠”[2]，从此，赛典赤以“咸阳王”的名号传世。

赛典赤共有五子：长子纳速剌丁，次子哈散，三子忽辛，四子苫速丁兀默里，五子马速忽。五个儿子均在云南或其他地区担任过军政官员，其中纳速剌丁曾任云南行省平章政事和陕西行省平章政事，哈散曾任广东道宣慰使都元帅，忽辛曾任江西行省平章政事，马速忽曾任云南行省平章政事，苫速丁兀默里曾任建昌路（今西昌）总管等，他们均以德政名于世。元代以后，赛典赤的子孙分布于云南和全国各地。在云南的赛氏子孙集中分布于通海县纳古镇、个旧市沙甸区和巍山县永建乡等3个回族聚集区，其中纳古镇的纳氏为纳速剌丁的后代，沙甸区的赛、沙、纳、马、白、丁等姓也自认为咸阳王的后代，永建乡的马姓回族为马速忽的直系后裔。[3]

二、明代“三司”治理云南

（一）明军平定云南

元朝是一个建立在民族压迫和阶级压迫基础上的专制帝国。元朝“以马上得天下”，但却难以“马上治之”。在民族矛盾、阶级矛盾不断加深的同时，蒙古统治阶级内部的权力斗争日趋激烈。忽必烈去世后，从公元1295年元成宗继位至公元1333年元惠宗（顺帝）登基的38年间，一共更换了9个皇帝。元顺帝至正十一年（公元1351年），全国反元的红巾军起义爆发。在风起云涌的反元战争中，朱元璋脱颖而出，他东征西讨，消除异己，击败元军，于公元1368年正月称帝，建元洪武，国号大明。洪武元年（公元1368年），明军北伐，八月，攻占大都（今北京），元顺帝北逃至蒙古草原，两年后死于应昌（今内蒙古克什克腾旗西达来诺尔附近）。此后，元朝皇室贵族又在草原上维持了近20年的统治，洪武二十一年（公元1388年），北元最终灭亡。

明朝建国后，云南行省为元朝宗室梁王所统治。梁王是元朝皇帝派到云南地区的最高统治者，代表皇帝监督和干预云南的军政事务。其实，就在赛典赤去世后不久，至元十七年（1280年），忽必烈即封原“云南王”忽哥赤的儿子、皇孙也先贴木尔为“云南王”。至元二十二年（公元1285年）又规定：“事不议于云南王也先贴木儿者，毋辄行。”[4] 即规定云南王有权参与行省事务的领导工作。至元二十七年（公元1290年）

[1] ［元］郭松年、李京撰，王叔武校注：《大理行记校注·云南志略辑校》，云南民族出版社1986年版，第83页。

[2] ［明］宋濂等撰：《元史·赛典赤传》，见方国瑜主编《云南史料丛刊》（第二卷），云南人民出版社1998年版，第557页。

[3] 李清升：《赛典赤·赡思丁评传》，云南民族出版社1998年版，第184~188页。

[4] ［明］宋濂等撰：《元史·本纪·世祖十》，见方国瑜主编《云南史料丛刊》（第二卷），云南大学出版社1998年版，第491页。

冬，忽必烈又封皇孙甘麻剌为梁王，赐金印，出镇云南。梁王作为一等王，不仅地位高，而且权力更大，从此，梁王即成为云南地区的最高统治者，监督和节制云南行省的军政工作。明军攻占大都后，云南梁王把匝剌瓦尔密仍然效忠元朝，不奉明朝为正朔，使用北元昭宗的宣光年号来纪年。明太祖朱元璋先后三次派遣使者到云南来招降梁王，均为梁王所拒绝，招抚使者也被梁王杀害。朱元璋大怒，决定以武力平定云南。

洪武十四年（公元 1381 年）秋九月，朱元璋任命颍川侯傅友德为征南将军，永昌侯蓝玉为左副将军、西平侯沐英为右副将军，统率 35 万大军往征云南。行前，朱元璋面授行军作战机宜：

> 云南僻在遐荒，行师之际，当知其山川形势，以规进取。朕尝览舆图，咨询于众，得其厄塞。取之之计，当自永宁先遣骁将别率一军以向乌撒，大军继自辰、沅以入普定，分据要害，乃进兵曲靖。曲靖，云南之喉襟，彼必并力于此以拒我师，审察形势，出奇取胜，正在于此。既下曲靖，三将军以一人提劲兵趋乌撒应永宁之师。大军直捣云南。彼此牵制，彼疲于奔命，破之必矣。云南既克，宜分兵劲趋大理，先声以振，势将瓦解。其余部落，可遣人招谕，不必苦烦兵也。[1]

傅友德等人按照朱元璋的部署方略进兵，顺利地平定了云南。战事经过如下：

洪武十四年（公元 1381 年）秋，傅友德等三将军率大军至湖南，命将领郭英率 5 万人由永宁路（今云、贵、川、渝交界地区，治所在今四川叙永县西南）进攻乌撒路（今贵州威宁），主力则由辰州（今湖南沅陵）、沅州（今湖南芷江）进兵贵州。12 月，明军攻下普定、普安（元代时普定路属云南行省管辖）后进入云南。在曲靖，梁王命大将达里麻率精兵十万屯驻曲靖以阻击明军。两军在曲靖城郊之白石江展开决战，明军击败梁王军队，生擒达里麻，俘其众上万，取得曲靖之战的胜利。[2] 之后，傅友德

---

〔1〕《明太祖实录》卷一三九，见方国瑜主编《云南史料丛刊》（第四卷），云南大学出版社 1998 年版，第 4 页。

〔2〕曲靖白石江之战的经过，《明太祖实录》依据傅友德、沐英的汇报作了这样的记录：“未至曲靖数里，忽大雾四塞，冲雾而行，阻水而止，则已临白石江矣。顷之雾霁，达里麻见之大惊，仓皇失措。友德即欲济师。（沐）英曰：‘我军远来，形势既露，固利速战，然亟济恐为所扼。’乃整师临流，势若欲济。达里麻果拥精锐扼水上。英于是别遣数千人，从下流潜渡出其后，鸣金鼓，树旗帜。达里麻见之，急撤众以御，众乱。英乃拔剑督师济江。达里麻却数里而陈。我师毕济。既陈，友德麾兵进战，矢石齐发，呼声动天地。战数合，英纵铁骑捣其中坚。敌众披靡，遂大败，生擒达里麻，俘其众万计。”（《明太祖实录》卷一四〇，见方国瑜主编《云南史料丛刊》第四卷，云南大学出版社 1998 年版，第 5 页）在这段记述中，将白石江之役描写得生动细致、惊心动魄，然白石江为一小江（河），冬天时的白石江差不多如同一条水沟，明军在白石江的渡江之战是否如此起伏曲折，明末的旅行家徐霞客在亲历其地后，提出了怀疑：“（白石江）源短流微，潆带不过数里之内，而沐西平（即沐英）曲靖之捷，夸为冒雾涉江，自上流渡而夹攻之，著之青史，为不世勋，而不知与坳堂（即坳塘）无异也。征事考实，书之不足尽信如此！”（见《徐霞客游记校注》下册，云南人民出版社 1985 年版，第 773 页）客观地来看，史书对白石江战斗过程的描述可能有夸大、渲染之处，但白石江之战击败梁王军队主力却是基本事实。

率一军北击乌撒，蓝玉、沐英则率大军进攻中庆城。梁王闻曲靖兵败，知大势已去，对其右丞说："我宗室，无降理，有死以报国耳！"于是先缢死其妃，在服药自杀未遂之后，与家人一起投滇池而死。明朝大军进入中庆城（今昆明市）。洪武十五年（公元1382年）正月，傅友德、蓝玉、沐英会集于中庆，然后分兵进攻临安（今建水）、澄江、威楚（今楚雄）、仁德（今寻甸）等地，皆一战而下。其时，大理总管段明去世，由其叔段世掌权[1]。当明军进至楚雄时，段世致书傅友德，表示愿意归顺明朝，奉明朝为正朔，但要求明朝按照唐、宋成例，把自己作为外臣即藩属对待，以保持自己独立的政治实体地位。傅友德不许，谕令速降。段氏试图抵抗，明军发动进攻，占领了大理城，俘获了段世及原大理总管段宝（段明之父）的两个孙子苴仁、苴义。之后，分兵攻鹤庆、丽江及金齿等地，云南行省平章月鲁贴木儿投降。至此，云南悉平。明朝将所俘蒙古贵族及段氏势力迁至北方安置。

（二）云南"三司"的设置与治理

明朝建国后，改各地行省为布政使司，作为地方最高行政机构，但一般仍将各布政使司称为省。全国设有13个布政使司，云南布政使司即为其中之一。

明朝大军平定云南后，设立"三司"以统治云南。"三司"即云南等处承宣布政使司（简称布政司）、云南都指挥使司（简称都指挥司或都司）和云南等处提刑按察使司。云南承宣布政使司设置于洪武十五年（公元1382年），为全省行政主管机构，设左、右布政使各1人，职权略同于元代的云南行省，统领各府、州、县、司行政工作。云南都指挥使司设置于洪武十五年（公元1382年），为全省军事领导机构，设都指挥使和都指挥同知、佥事各1人，统领各卫、所驻军，主持军队的训练和屯田工作，服从中央都督府的调遣和指挥；云南提刑按察使司设置于洪武三十年（公元1397年），掌全省刑狱、监察工作，设按察使、副使、佥事各1人，分道巡视地方，纠察地方军政官员履职、守法情况。"三司"各有职责，遇有涉及全省重大事务，则由"三司"会商办理。

"三司"之下，改元代的路为府，设立府、州、县、司作为地方行政区划，设立卫、所作为军队驻防区域。府、州、县专管行政、民事，隶属于布政司，但也有若干府为军民府，军民兼管，如丽江军民府、永昌军民府、姚安军民府、鹤庆军民府等，军民府的政治地位略高于一般的府，且多设于部族群众聚居的地区。此外，在边地设置的宣慰司、宣抚司、安抚司、长官司等政权机构，由于由地方部族首领出任各司长官并握有军政大权，故由云南都指挥使司直接管辖。

明代，云南地方政治治理的一个重要特点就是"流官为主，土流并治"，即针对不同地方，依据不同情况，或任命流官，或任命土官、土司来进行治理和管理。这一点，与汉、唐以来云南地区的治理方式有重大区别。在汉晋时期，云南郡县官员全由中央

---

〔1〕根据《僰古通记浅述》的记载，当明太祖朱元璋在南京登基后，大理总管段宝曾遣使上表表示归附。段宝去世后，其子段明继承大理总管之位。洪武十四年（公元1381年），明朝授予大理总管段明宣慰之职，但不久段明即死去，由其叔段世执掌政事。见尤中校注《僰古通记浅述校注》，云南人民出版社1988年版，第132页。

委派内地官员担任，地方王、侯和部族首领只能在郡县官员的领导下管辖、治理部族民众，所有政令全出于郡县。而到了唐、宋时期，蒙诏、段氏地方势力割据云南，中央政令难达地方，自然，各级官员也由地方“蛮夷”担任。元代，除了行省、宣慰司、都元帅府等省级机构高官及地方路、府、州主官由蒙古人、色目人担任外，其他官职大多任命地方土酋、土长担任，土酋、土长构成元代云南地方官员队伍的主体。明朝平定云南后，随着中央势力的深入和大量内地官员的进入，中央王朝对云南地方军政事务的管理进一步强化，在此情况下，明朝将地方官员的任命、管理、监督大权牢牢掌握在中央手中，采取“土流并治”的办法，来加强对云南地方的控制和统治。具体办法是：在云南内地腹心地区或汉族聚集地区，建立府、州、县，任命“流官”进行治理；在靠近边地的府、县或内地土著民族群众较多的地方，设立府、州、县，或以“土官”为主、“流官”为辅进行治理，或以“流官”为主、“土官”为辅进行治理；而在边地土著民族聚集的地区，则设置宣慰司、宣抚司、安抚司、招讨司、长官司等机构，任命部族头领担任各司长官，即所谓“土司”[1]，由“土司”对边疆地区部族群众进行统治和治理。流官有固定的任期，任期届满根据情况进行调遣或升迁；“土官”或“土司”则是终身任职，其职位经中央批准可以继承和世袭。从人事管理上来说，“流官”和内地府县的“土官”，属于文职官员，隶属于布政使司，其任免、考核由朝廷吏部验封司负责；边地的“土司”则属于武职官员，隶属于都指挥使司，其任免、考核由兵部武选司主管。

明代，任命流官、土流并治及全由土司治理的府、州、县、司情况分别如下：

全部由“流官”治理的府有云南（今昆明市辖各县区域）、曲靖、澄江、临安（以建水为中心的红河州地区）、大理、永昌（今保山地区）等6府；以“流官”为知府，以“土官”为同知、通判的府有楚雄、姚安、广南3府。

任命“土官”为知府、知州、知县的土府、土州、土县分别为：永宁（今宁蒗县永宁乡东北及四川木里县地区）、丽江、鹤庆、蒙化（今巍山）、景东、顺宁（今凤庆）、镇沅、元江、广西（今泸西）、武定、寻甸、东川、乌蒙（今昭通）、镇雄、乌撒（乌撒为今贵州威宁；东川、乌蒙等4府后划归四川布政司管辖）等府；蒗蕖（今宁蒗县南部地区）、北胜（今永胜）、兰州（今兰坪县）、邓川（今洱源邓川）、云龙、大侯（今云县）、威远（今景谷）、安宁、阿迷（今开远）、宁州（今华宁）、路南（今石林）、越州（今麒麟区越州镇）、沾益（今宣威、沾益）、马龙、陆凉（今陆良）、罗雄（今罗平）、弥勒、维摩（今丘北）、富州（今富宁）等州；云南（今祥云）、元谋、罗次（今禄丰县碧城镇）、亦佐（今罗平、富源相邻地区）、嵋峨（今峨山）、蒙自、临西（今维西县西北，后废）等县。[2] 在内地设置土知府、土知州、土知县的府、州、县，则以流官担任府同知、州同知、县丞等副职。在其他一些府、州、县，则是以流官担任知府、知州、知县等正职，而以土官担任“府同知”“州同知”“县丞”等

〔1〕 一般而言，凡是土著部族首领出任地方官员，均称为“土官”，但有时也将担任府、县官员的部族首领称为土官，而将担任边地各“司”长官的部族首领称为“土司”。

〔2〕 参见方国瑜：《云南民族史讲义》，云南人民出版社2013年版，第753页。

副职，既相互协作，也相互制约。值得注意的是，在明朝洪武、永乐后的两百多年间，朝廷不断增加流官的比重，或改土府、土州为流官知府、知州，如正统八年（公元1443年）改鹤庆土府为流官知府；或增设流官知府、知州，协同土官视事，如姚安府先以土官为知州，景泰元年即公元1450年改以流官为知州等。

在边地部族地区，则设置宣慰司、宣抚司、安抚司、长官司等机构，任命当地部族首领担任宣慰使、宣抚使、安抚使等职务，各司以下甸、寨头目，也概由当地大小头人担任。从地理上看，土司地区主要为“三江（元江、澜沧江、怒江）”以南、以西地区。

明代的土官、土司制度，既是对历代羁縻制度的继承，同时又根据时代的需要，进行了系统的制度设计和建设，较之元代更为完备。在云南地区，根据加强中央集权的需要，适应汉族移民大量入滇的形势，总体上推行与内地一致的政治制度来进行统治和治理，既有利于维护国家的统一，又有利于促进云南地区社会经济发展。与此同时，根据云南地区部族众多、社会经济发展落后的现实，在部分地区实行“以夷官治夷民”的特殊政策，在效忠王朝政权的前提下，赋予当地部族头人更大的统治权力，这同样有利于维护国家的统一和政权的稳定，历史地看，具有一定的必要性和合理性。当然，由于土官、土司不断地追求自身权力、利益的最大化，其与中央王朝及当地部族民众的矛盾不断地加剧，最后，废土置流、“改土归流”也就成为历史的必然趋势。

（三）明代云南地区的卫所设置

1. 明朝的卫所制度

明朝建国后，朱元璋不断完善各项军政制度。在军事方面，在中央层面，建立中、左、右、前、后五军都督府，分掌全国军务；在省级层面，建立都指挥使司，作为一省最高军事领导机构；在省级以下地区，则建立卫、所，作为基本的军事单位，也是军队的基本组织。这就是《明史·兵志》所说的：“明以武功定天下，革元旧制，自京师达于郡县，皆立卫所。外统之都司，内统于五军都督府，而上十二卫为天子亲军者不与焉。征伐则命将充总兵官，调卫所军领之；既旋则将上所佩印，官军各回卫所，盖得唐府兵遗意。”[1]

卫所的设置原则是：“天下既定，度要害地，系一郡者设所，连郡者设卫。大率五千六百人为卫，千一百二十人为千户所，百十有二人为百户所。”[2] 百户所之下，设2个总旗和10个小旗，每总旗管军士50名，每小旗军士人数10名。卫的长官为指挥使、指挥同知、指挥佥事；千户所的长官为正副千户（守御千户所也设指挥佥事1人）；百户所的长官为百户伍。卫所军官的品级为：指挥使为正三品，同知从三品，佥事正四品；正千户为正五品，副千户为从五品；正百户的品级为正六品。

卫所的士兵称为“军”或“军士”。“军士”由从征、归附、谪发而来。从征之兵

〔1〕［清］张廷玉等撰：《明史·兵志》，见方国瑜主编《云南史料丛刊》（第三卷），云南大学出版社1998年版，第385～386页。

〔2〕［清］张廷玉等撰：《明史·兵志》，见方国瑜主编《云南史料丛刊》（第三卷），云南大学出版社1998年版，第386页。

即原为诸将士兵，跟随将领出征，平定地方后，即定居下来，世守其地；归附之兵即被明军打败后投降归附的各种兵丁，如地方土军等；谪发则是因犯罪而罚为军者，即所谓“以罪充军”。军人一旦从军，即编为“军籍”，必须世代为军，不得改变。同时，由于一人从军，妻子必须随迁，因此，军士有自己的家庭，军士之家也就成为“军户”。按照明朝的军制，军士的亲属有协助军士的义务。“军户”之中，卫所军人被称为“正军”，正军之外的军户子弟被称为“军余”，也称“余丁”“羡丁”“帮丁”。一名“正军”之外，必须要有 1～3 名子弟编为在营“军余”或“余丁”。“余丁”的职责是在“军士”出征或应役时供给往来“盘缠”，资助往来费用。同时，当正军出缺或亡故时，即以“余丁”补上，因此，“余丁”实际上也是预备军人。此外，卫所军官的子弟称为“舍丁”“舍人”或“舍余”，也为在籍的准军事人员，担任卫所里的相应公差。

2. 云南地区卫所的设置

明军平定云南后，即留军进行镇守，建立云南都指挥使司统领全省军队，属中央右军都督府管辖。都司之下，则建立卫、所，分驻全省各地。

明代云南地区的卫所数目，前后有所增减变化。方国瑜先生根据史书的记载，对明代云南地区卫所数目的变化情况作了这样的概述：“大抵洪武年间，卫所共十六处，正统以后增为二十五处，嘉靖以后为三十六处，万历以后为四十处，布置周密。”[1] 卫所数增加的原因在于边地用兵和巩固边防的需要。据万历年间所修《云南通志·兵食志》记载，当时云南地区的卫所数目为：卫 20 个，守御千户所 8 个，隶属于卫的守御千户所（一般称为御）8 个，卫、所、御共计 36 个。除分隶于卫的守御千户所外，其余卫、所直隶于云南都指挥使司。根据万历《云南通志》的记载，万历初年，云南 36 个卫所的名称、驻地（卫、所指挥部所在地）、设置年代和人员数量如下：

云南左卫：设置于洪武十五年（公元 1382 年），驻地在云南府治（今昆明市中心城区）城东。统领人员为：马步旗军 2078 名，屯军 1750 名，舍丁 676 名，军余 12282 名。

云南右卫：设置于洪武十五年（公元 1382 年），驻地在云南府治城西南。统领人员为：马步旗军 1436 名，屯军 1132 名，舍丁 549 名，军余 10317 名。

云南中卫：设置于洪武十五年（公元 1382 年），驻地在云南府治城东北。统领人员为：马步旗军 1003 名，屯军 1356 名，舍丁 620 名，军余 1356 名。

云南前卫：设置于洪武十五年（公元 1382 年），驻地在云南府治城西南。统领人员为：马步旗军 1232 名，屯军 1287 名，舍丁 603 名，军余 7384 名。

云南后卫：设置于洪武十五年（公元 1382 年），驻地在云南府治城东。辖马步旗军 520 名，屯军 526 名，舍丁 263 名，军余 4529 名。

广南卫：设置于洪武二十九年（公元 1396 年），原驻广南府（广南府治所在今文山州广南县），永乐元年（公元 1403 年）迁到云南府城，卫指挥使司设在府治东。迁

[1] 方国瑜：《明代在云南的军屯制度与汉族移民》，载《方国瑜文集》（第三辑），云南教育出版社 2003 年版，第 160 页。

于云南府城的原因是："以广南瘴疠之地，命置于云南城中。"[1] 统领人员为：操军880名，屯军1205名，舍丁277名，军余4670名。

宜良守御千户所：设置于洪武二十四年（公元1391年），驻地在宜良县治（今宜良县城）城西，直隶于都指挥使司。统领人员为：旗军427名，屯军2300名，舍丁133名，军余3509名。

安宁守御千户所：设置于洪武二十四年（公元1391年），驻地在安宁州治（今安宁市）城西，直隶都指挥使司。统领人员为：旗军379名，屯军300名，舍丁85名，军余3529名。

易门守御千户所：设置于洪武二十四年（公元1391年），驻地在易门县治（今易门县城）城南，直隶都指挥使司。统领人员为：马步旗军380名，屯军370名，舍丁136名，军余874名。

杨林守御千户所：设置于洪武二十四年（公元1391年），驻地在嵩明州治（今嵩明县城）南35里，即今嵩明县杨林镇，直隶都指挥使司。统领人员为：马步旗军555名，屯军410名，舍丁197名，军余2181名。

云南十八寨守御千户所：设置于正德十六年（公元1521年），驻地在弥勒州西南，即今虹溪镇，直隶都指挥使司。统领人员为：马步旗军245名，屯军217名，舍丁210名，军余1283名。

武定守御千户所：设置于隆庆三年（公元1569年），驻地在武定府治（今武定县城）西南，直隶都指挥使司。统领人员为：马步旗军530名，屯军200名，舍丁30名，军余782名。

木密守御千户所：设置于洪武十五年（公元1382年），驻地在寻甸府东的易隆（即今寻甸易隆），直隶都指挥使司。统领人员为：马步旗军367名，屯军263名，舍丁117名，军余2218名。

凤梧守御千户所：设置于嘉靖六年（公元1527年），驻地在寻甸府治（今寻甸县城）城东，直隶都指挥使司。统领人员为：马步旗军655名，屯军147名，舍丁176名，军余2412名。

大理卫：设置于洪武十五年（公元1382年），驻地在大理府治（今大理古城）城南。统领人员为：马步旗军1210名，屯军1104名，舍丁290名，军余10314名。

鹤庆御：设置于洪武二十年（公元1387年），驻地在鹤庆军民府治（今鹤庆县城）城北。隶属于大理卫。统领人员为：马步旗军802名，屯军1100名，舍丁53名，军余1518名。

洱海卫：设置于永乐年间（一说洪武二十年，即公元1387年[2]），驻地在云南县治（今祥云县城）城东。统领人员为马步旗军357名，屯军763名，舍丁919名，军

〔1〕《明太宗实录》卷二三，见方国瑜主编《云南史料丛刊》（第四卷），云南大学出版社1998年版，第43页。

〔2〕方国瑜：《明代在云南的军屯制度与汉族移民》，载《方国瑜文集》（第三辑），云南教育出版社2003年版，第161页。

余 7358 名。

大罗卫：设置于弘治七年（公元 1494 年），驻地在宾川州治（即今宾川县城）城北。统领马步旗军 1401 名，屯军 205 名，舍丁 248 名，军余 2405 名。

临安卫：设置于洪武二十七年（公元 1394 年。一说洪武十五年[1]，即公元 1382 年），驻地在临安府治（今建水县城）城东。统领人员为：马步旗军 932 名，屯军 1197 名，舍丁 3002 名，军余 18202 名。

通海御：设置于洪武十五年（公元 1382 年），驻地在通海县治（通海县城）城北，隶属于临安卫。统领人员为：马步旗军 1267 名，屯军 1131 名，舍丁 1325 名，军余 1500 名。

新安守御千户所：设置于正德十四年（公元 1519 年），驻地在蒙自县东南，即今蒙自县新安所镇，隶属于临安卫。统领人员为：马步旗军 145 名，屯军 100 名，舍丁 1125 名，军余 260 名。

永昌卫：设置于洪武十五年（公元 1382 年），驻地在永昌府治（今保山市隆阳区）城西南。统领人员为马步旗军 867 名，屯军 2281 名，舍丁 756 名，军余 2789 名。

永平御：设置于洪武年间，驻地在永平县治（今永平县城）城北，隶属于永昌卫。统领人员为：马步旗军 841 名，屯军 223 名，纪录（“纪录”亦为军中在编正式军人）11 名，舍丁 235 名，军余 1775 名。

腾冲卫：设置于正统二年（公元 1437 年），驻地为腾越州治（今腾冲县城）城南。统领人员为：马步旗军 1125 名，屯军 1209 名，舍丁 1258 名，军余 6166 名。

楚雄卫：设置于洪武十五年（公元 1382 年），驻地在楚雄府治（今楚雄市区）城东。统领人员为：马步旗军 775 名，屯军 721 名，舍丁 510 名，军余 11060 名。

定远守御千户所：设置于洪武二十四年（公元 1391 年），驻地在定远县治（今楚雄州牟定县城）城东，隶属于楚雄卫。统领人员为：马步旗军 347 名，屯军 133 名，舍丁 560 名，军余 1956 名。

姚安千户所：设置于洪武二十一年（公元 1388 年），驻地在姚安府治（也是姚安州治所在地，今姚安县城）城北，隶属于楚雄卫。统领人员为：马步旗军 453 名，屯军 652 名，舍丁 470 名，军余 490 名。

中屯千户所：设置于洪武二十八年（公元 1395 年），驻地在大姚县治（今大姚县城）城东，隶属于楚雄卫。统领人员为：马步旗军 392 名，屯军 515 名，舍丁 350 名，军余 2127 名。

曲靖卫：设置于洪武二十年（公元 1387 年），驻地在曲靖府治（今曲靖市麒麟城区）城西。统领人员为：马步旗军 1458 名，屯军 1716 名，舍丁 618 名，军余 7204 名。

马隆守御千户所：设置于永乐二年（公元 1404 年），驻地在马隆州治（今马龙县城）城北，隶属于曲靖卫。统领人员为：马步旗军 313 名，屯军 145 名，舍丁 197 名，军余 1181 名。

---

〔1〕 方国瑜：《明代在云南的军屯制度与汉族移民》，载《方国瑜文集》（第三辑），云南教育出版社 2003 年版，第 161 页。

平夷卫：设置于洪武二十三年（公元1390年），治所在曲靖府治（今曲靖市麒麟区）东北方向的平夷[1]，即今富源县城所在地。统领人员为：马步旗军732名，屯军644名，舍丁224名，军余1252名。

越州卫：设置于洪武二十三年（公元1390年），驻地在曲靖府治东南六十里的越州（即今曲靖市麒麟区越州镇）。统领人员为：马步旗军580名，屯军820名，舍丁125名，军余1921名。

六凉卫：设置于洪武三十一年（公元1398年），驻地在六凉州治（今陆良县城）西南。统领人员为：马步旗军1100名，屯军516名，舍丁221名，军余6061名。

蒙化卫：设置于洪武二十三年（公元1390年），驻地在蒙化府治（今巍山县城）城南。统领人员为：马步旗军587名，屯军1473名，舍丁526名，军余3279名。

景东卫：设置于洪武二十三年（公元1390年），驻地在景东府治（今景东县城）西北，与知府同城。统领人员为：马步旗军447名，屯军422名，舍丁281名，军余2255名。

澜沧卫：设置于洪武二十九年（公元1396年），驻地在北胜州治（今永胜县城）之南。澜沧卫因北胜州内有澜沧山而得名。统领人员为：马步旗军1017名，屯军1126名，舍丁1221名，军余6262名。[2]

以上为万历《云南通志·兵食志》所记载的万历初年云南36卫所的基本情况。万历十三年（公元1585年）后，云南卫所又增加了4个，增加的4个所为：镇安守御千户所，设置于万历十三年，改金齿千户所而建，隶属于永昌府，驻地在永昌府猛淋（今保山市龙陵县镇安镇）；镇姚守御千户所，设置于万历十三年，改永昌千户所建，隶属于永昌府，驻地在永昌府姚关（今保山市施甸县东南姚关镇）；定雄守御千户所，设置于万历十四年（公元1586年），驻地在今曲靖市罗平县城；右甸土守御千户所，设置于万历三十年（公元1602年），驻地在顺宁府右甸（今保山市昌宁县）。[3]

根据万历《云南通志·兵食志》的记载，云南36卫所共有马步旗军27838名，屯军34591名，舍丁18386名，军余254611名，[4] 全部军户和预备军户共计335426人，

[1] 万历《云南通志·兵食志》仅言平夷卫在曲靖府治东北，未言东北何地，而正德《云南志》卷九“曲靖府”条说“平夷卫在府治东北一百二十里”，则明代的平夷卫驻地即为清代的平夷县治所，即今富源县城。见方国瑜《中国西南历史地理考释》（下册），中华书局1987年版，第1143页。

[2] ［明］邹应龙修、李元阳纂：《云南通志·兵食志》，见方国瑜主编《云南史料丛刊》（第六卷），云南大学出版社2000年版，第581～594页。

[3] ［明］刘文征撰：《天启滇志·兵食志》，见方国瑜主编《云南史料丛刊》（第七卷），云南大学出版社2001年版；方国瑜：《明代在云南的军屯制度与卫所移民》，载《方国瑜文集》（第三辑），云南教育出版社2003年版，第161页。关于顺宁府右甸在今何地的考证见方国瑜《中国西南历史地理考释》（下册），中华书局1987年版，第1145页。

[4] ［明］邹应龙修、李元阳纂：《云南通志·兵食志》，见方国瑜主编《云南史料丛刊》（第六卷），云南大学出版社2000年版，第580页。

如加上军官数，则为 337724 人[1]。

从卫、所的驻地可以看出，明代云南卫所集中分布的区域为：以今曲靖市麒麟区为中心的滇东地区（曲靖卫、平夷卫、越州卫、六凉卫、马隆所、定雄所），以今昆明市为中心的滇池地区（云南左卫、云南右卫、云南中卫、云南前卫、云南后卫、广南卫、宜良所、安宁所、易门所、杨林所、木密所、凤梧所、武定所），以今楚雄州、大理州相邻地区为主的滇西地区（楚雄卫、定远所、姚安所、中屯所、澜沧卫、大理卫、鹤庆御、洱海卫、大罗卫），以保山为中心的滇西南地区（永昌卫、镇安所、永平御、镇姚所、腾冲卫、右甸所），以及以建水为中心的滇南地区（临安卫、通海御、十八寨所、新安所、景东卫），也即现今曲靖地区、昆明地区、楚雄地区、大理地区、保山地区和红河地区。

从卫所的分布区域也可以看出，明代云南卫所的所在地，或者是当时云南各地区域性的政治中心，或者是内地肥沃富庶之区，或者是具有战略意义的边地重镇（如景东卫、腾冲卫、澜沧卫等地区）。这种布局反映出明代卫所设置的基本目的，即维护明王朝在云南地区的政治统治，抵御外敌进犯和部族反叛，同时保障驻军粮食物资的供给。如洪武二十三年（公元 1390 年）设置六（陆）凉卫指挥使司的背景是："初，越州阿资叛，西平侯沐英等讨平之，以陆凉西南要冲之地，请设卫屯守。至是，命云南指挥佥事方用、洱海卫指挥佥事滕聚于古鲁昌筑城置卫守之。"[2] 洪武二十三年（公元 1390 年）景东卫、蒙化卫设置的情况是："先是永昌侯蓝玉取大理，命景川侯曹震驻兵楚雄，景东土官俄陶来降，就令为景东知府。后百夷土酋思伦发叛，率众据景东，俄陶走大理白崖川。西平侯沐英讨之，大败其众，思伦发惧，请降，遂复景东之地。至是，英奏：'景东乃百夷要冲，蒙化州所管火头字青等亦梗化不服，俱宜置卫，以锦衣卫指挥佥事胡常守景东，府军前卫指挥佥事李聚守蒙化。'上从之，命守洱海卫都督佥事祝哲领兵会都督冯诚往置二卫，就以胡常等守之，俄陶仍其旧职。"[3] 宜良千户所设置的情况是："宜良去云南布政司百里，西平侯沐英遣千户许文、吴善等领兵镇守。（许）文等乃筑城堡控制诸蛮，屯田以给军饷，民皆悦服输赋。"[4] 总的来说，就是镇慑地方势力，防守要冲之地，捍卫边境要塞。[5]

在卫、所之下，明朝还在交通要道和险要之地设立驿堡、哨戍、亭铺等机构，以担负人员接送、信息传递和治安维护工作。关于驿堡、关哨、亭铺的功能，《万历云南

[1] 方国瑜：《明代在云南的军屯制度与卫所移民》，载《方国瑜文集》（第三辑），云南教育出版社 2003 年版，第 169 页。

[2] 《明太祖实录》卷二〇〇，见方国瑜主编《云南史料丛刊》（第四卷），云南大学出版社 1998 年版，第 41 页。

[3] 《明太祖实录》卷二〇六，见方国瑜主编《云南史料丛刊》（第四卷），云南大学出版社 1998 年版，第 42 页。

[4] 《明太祖实录》卷二〇二，见方国瑜主编《云南史料丛刊》（第四卷），云南大学出版社 1998 年版，第 41 页。

[5] 方国瑜：《明代在云南的军屯制度与卫所移民》，载《方国瑜文集》（第三辑），云南教育出版社 2003 年版，第 187 ~ 191 页。

通志·建设志》指出“驿堡以待宾旅，关哨以警道路，亭铺以速传命”[1]。关于驿堡的设置情况，《正德云南志》卷二“云南府”记述说：“云南有驿无递，故以堡代之。有驿必有堡，堡主递送，领以百户，世职其事，实以军士，世役其事。官军皆国初拨定人数，环堡居住，有田无粮。”[2] 即是说，堡就是负责各地驿站人员、物资往来运输任务的机构，堡的负责人由百户充任，实际工作则是普通军士担负，军士们沿堡而居，世代以此为业，自耕自食。明代的这些堡军实际上就是当时的后勤保障部队。而对于“哨戍”的设置情况，《正德云南志》则说：“云南地方夷汉杂处，盗贼出没无常，故于各道路每十里或二三十里各设哨戍以守之。大哨五十人，小哨或二三十人，俱以指挥、千百户等官主之。官及各哨兵俱连家小住扎，一年一换，亦有民哨与军哨相兼守戍。”[3] 明代的哨戍即是负责维持地方治安的基层军事机构，其职责类似于现今的武装警察部队，其人员配备大体相当于现今一个连、排或中队的规模建制。堡、哨的官兵都是各相应卫所的下属官军。

（四）三征麓川与明朝的西南边疆

元代，今滇西南德宏、腾冲及境外相邻地区归元朝金齿宣抚司管辖。金齿宣抚司治所在永昌（今保山隆阳），下领六路一赕，即：柔远、范施、镇康、镇西、平缅、麓川、南赕，由各路总管府统辖。明初，今德宏地区及境外相邻地区的部族首领皆归附明朝，洪武和永乐年间，明朝在这些区域设置了孟养、木邦、缅甸、麓川宣慰司和干崖、南甸宣抚司，以部族首领为宣慰使和宣抚使，管辖各地。孟养宣慰司地在今德宏境外伊洛瓦底江以西的缅甸克钦邦地区，木邦宣慰司地为今德宏境外伊洛瓦底江以东的缅甸掸邦地区（木邦城在今腊戍东北的新维，新维应即“宣慰”的音译），缅甸宣慰司地为今缅甸中部曼德勒地区，麓川宣慰司地为今德宏傣族景颇族自治州的瑞丽、陇川、遮放及瑞丽江南岸一带地区，干崖安抚司地为今德宏盈江地区，南甸宣抚司地为今德宏梁河地区。明初，云南西南边疆的形势与麓川宣慰司地区“百夷”（今傣族先民）部族势力的崛起和扩张息息相关。

明代的麓川宣慰司地为元朝时的麓川（今瑞丽）、平缅（今陇川）两路辖地。从元朝后期开始，麓川地区“百夷”部族势力不断强大，在首领思可法（元朝官方文书有时写作“死可伐”，“思可”为名，“法”为百夷语对“王”的称呼，有的文献也把“法”写作“发”）的率领下，四处扩张，吞并了平缅及其他各路地区，成为影响边地安宁的重大威胁。元朝数次派军镇压，都未能取胜，只得改行招抚，以麓川路及附近地区设置平缅宣慰司，任命思可法为宣慰使。思可法的都城在“者阑”城（者阑城在今中缅边境上的缅甸南坎）。明朝建立后，思可法已死，其孙思伦为麓川主。洪武十七

[1] ［明］邹应龙修、李元阳纂：《云南通志·建设志》，见方国瑜主编《云南史料丛刊》（第六卷），云南大学出版社 2000 年版，第 519 页。

[2] ［明］周季凤撰修：《正德云南志》，见方国瑜主编《云南史料丛刊》（第六卷），云南大学出版社 2000 年版，第 129 页。

[3] ［明］周季凤撰修：《正德云南志》，见方国瑜主编《云南史料丛刊》（第六卷），云南大学出版社 2000 年版，第 129 ~ 130 页。

年（公元 1384 年），明朝改平缅宣慰使司为平缅军民宣慰使司，任命思伦为宣慰使，使其政治地位得到保持和提高。不久，明朝鉴于思氏实际掌控麓川、平缅地区的事实，改平缅军民宣慰使司为麓川平缅宣慰使司。《明实录》对此的记载是："麓川与平缅边境，元时分置为两路，以统领其所部。至是，以思伦发遣使来贡，乃命兼统麓川等地，故改之。"[1] 此时，思伦不仅控制了麓川、平缅地区，整个"金齿百夷"地区及相邻地区都为其所控制。思氏的势力范围，东北到了景东，东南到了车里（今西双版纳），北部到达永昌（今保山），南边到八百媳妇（今泰国北部），西南到缅甸，最西边与印度相接。就在洪武十八年（公元 1385 年），思伦反，率众进攻景东，都督冯诚率兵出击，恰逢大雾，仓促迎战，明军失利。洪武二十一年（公元 1388 年），思伦又率领各部兵马 15 万人进攻马龙他郎甸的摩沙勒寨（今新平漠沙），西平侯沐英派都督宁正率军迎战，击败思伦军。于是，思伦倾巢而出，纠集各部势力 30 万人，携带作战大象百余头，进攻定边（今大理南涧），欲报摩沙勒战败之仇。沐英选调精兵 3 万，以强弩、火器对付思伦的象战，在明军的轮番进攻下，思伦象阵大乱，思氏军队战败，明军斩首 3 万，俘获 1 万多人，思伦逃回麓川。第二年，思伦遣使认罪，表示愿意向明朝称臣纳贡。明朝同意了思伦的请求。洪武三十年（公元 1397 年），麓川内部发生内讧，思伦被麓川部长刀干孟驱逐出麓川，思伦及家人来到省城昆明，西平侯沐春（沐英长子）派人护送其到南京，朝见明太祖朱元璋。朱元璋对思伦的境况表示同情，令沐春率军征讨刀干孟，助思伦复位。洪武三十一年（公元 1398 年），沐春进兵麓川，擒获刀干孟，思伦复任麓川平缅宣慰使。

明朝平定思氏反叛势力后，对原思氏控制的地区进行了行政调整。永乐初年，将思氏麓川平缅宣慰司的辖区重新确定为原麓川（今瑞丽）、平缅（今陇川）地区，在平缅宣慰司的西南设置了木邦军民宣慰司，在其西设置了孟养军民宣慰司[2]，在其东设置了孟定府，麓川以北的靠内地区设置了潞江（今隆阳区潞江坝）、干崖（今盈江）、大侯（今云县）、湾甸（今昌宁县南部）四个长官司，隶属金齿卫（金齿卫驻永昌，即今保山市隆阳区）管辖。在今缅甸中部地区设置了缅甸军民宣慰使司，在今缅甸南部地区设置了底兀剌宣慰使司、大古喇军民宣慰使司、底马撒军民宣慰使司。所有这些宣慰司、宣抚司、安抚司、长官司地区，都是云南布政司辖下的土司地区（永乐以后，底兀喇、大古喇、底马撒三个宣慰司与明朝的关系逐渐疏远）。

建文元年（公元 1399 年）思伦死后，其子思行、思任先后继为麓川主。永乐十一年（公元 1413 年），明朝任命思任为麓川平缅宣慰使。思任表面上向明朝称臣纳贡，表示恭顺，暗地里力谋扩张，企图恢复思可法时期麓川的势力和地盘。明英宗正统初年，思任向北扩张，侵占了南甸、腾冲、潞江等地，进攻金齿（今保山隆阳），杀害官

---

〔1〕《明太祖实录》卷一六四，见方国瑜主编《云南史料丛刊》（第四卷），云南大学出版社 1998 年版，第 33 页。

〔2〕孟养宣慰司地区原为元代的云远路，明初设为孟养府，永乐二年（公元 1404）改为孟养军民宣慰使司，实际已为麓川思氏所吞并。正统十三年（公元 1448 年）后，又为麓川思氏所占据，明朝因此废除孟养军民宣慰司建制。万历十三年（公元 1585 年），明朝才给予孟养长官司的行政建制。

军，朝野震动。在此形势下，明朝决定对思任进行武力讨伐。正统六年（公元1441年），明朝令兵部尚书王骥总督军务，以蒋贵为总兵官，率领四川、贵州、南京、湖广等地的15万大军进军云南，讨伐麓川，破敌于杉木笼山（杉木笼也写作沙木笼，在今梁河、陇川交界处），并攻占麓川，思任及其子思机逃往孟养，第一次征讨麓川之战结束，明军撤至内地。明军撤兵后，思机又图恢复势力，从孟养回到麓川，并进攻腾冲、芒市。正统八年（公元1443年），明英宗又命第一次征战部队再征麓川，攻占了者阑城，思机又逃至孟养。第二年，缅甸宣慰使抓获思任，将其首级献给明军。正统十三年（公元1448年），明朝以兵部尚书王骥总督军务，宫聚为总兵官并挂平蛮将军印，率南京、直隶、湖广、四川、贵州、云南等省汉、夷士兵13万人，第三次征讨麓川。明军与思任之子思机、思卜等战于伊洛瓦底江两岸，大败思氏军队，占领了孟养。此役中，贵州都指挥同知、湖广九溪卫指挥等数名明军高级军官战死。思氏方面，思机、思卜不知所踪，实际上逃入缅甸地区隐藏起来，明军以为二人死于乱军之中，故而撤军。明军撤退后，思氏又占有了孟养地区。这时，思任幼子思禄（也称作思洪）被推为首领（“法”）。思禄上书王骥，表示愿意臣服明朝，永为明朝差遣。王骥考虑到明军劳师远征，数次进剿，终难彻底消灭思氏，在兵疲粮乏的情况下，同意了思禄的讲和请求，让思禄居于孟养，每年向明朝承担贡纳和差遣义务。正统十四年（公元1449年）正月，王骥与思禄盟誓于伊洛瓦底江边，双方约定，以伊洛瓦底江为界，思氏不得越过伊洛瓦底江东侵。王骥与思禄在江边刻石为据：“石烂江枯，尔乃得渡。”〔1〕这就是明朝历史上著名的“三征麓川”事件。

三征麓川后，思氏在麓川地区的势力破灭。麓川、平缅地区为明军所控制。明朝将麓川、平缅地区分为四个土司地区，在平缅地区设置陇川宣抚司，在麓川地区设置副宣抚司，在猛卯地区设置同知，在芒市设置长官司。在麓川以南、以西地区，则为木邦宣慰司、原孟养宣慰司（孟养宣慰司建制被取消，由思禄实际占据）和缅甸宣慰司地。成化二十年（公元1484年），明朝从木邦宣慰司中析出部分地区设置孟密安抚

〔1〕文中的“石烂江枯，尔乃得渡”的“尔”字，多数文献都作“尔”，《滇云历年传》作“汝”（见［清］倪蜕辑，李埏校点：《滇云历年传》，云南大学出版社1992年版，第311页）。据清代曾亲见此碑者记录，碑文为“石烂江枯，尔乃得渡。兵部尚书靖远伯王骥”17个字。碑立于缅北伊洛瓦底江上游的戛鸠江，在今密支那附近。1886年，英国占据缅甸后，庚子年（1900年），英国人将石碑毁坏后倾于江中（参见方国瑜：《云南史料目录概说》第三册，中华书局1984年版，第1147页）。1944年，中国远征军（驻印军）对日军作战，反攻缅北，占领缅北重镇密支那后，远征军军官孙克刚（孙年轻时毕业于北京师范大学历史系）曾留意寻找王骥所立石碑：“当部队攻克密支那时，地雷还没有扫清，我就到处去寻找明兵部尚书王骥所立的那块纪功石，只晓得那块石头上刻有‘石烂江枯，尔乃得渡’的碑文，私念此外一定还有其他的文字，可以帮助我对这一段的历史有进一步的发现。但是找来找去，不但不见那块石碑的踪迹，连石碑原来立在何处，都没有人能说得出来。后来在一位熟悉当地掌故的老华侨口中，才知道那块石碑早在1886年就被人推到伊洛瓦底江里去了。碑虽湮没不存，但‘海枯石烂，尔乃得渡’这八个字却被牢牢记在人们的脑海里，从这八个字的涵意，可以看出密支那是当时的边防重镇之一，而且一定还有重兵扼守的。”（见孙克刚：《中国远征军缅甸荡寇志》，辽宁教育出版社2005年版，第85～86页）。

司（后升为宣抚司），孟密为今缅甸掸邦西北角的孟密，也称作蒙米特（Mong Mit）。

思氏从麓川败退后，占有了伊洛瓦底江以西的原孟养宣慰司地，但未获得明朝给予的宣慰司印信。此后，木邦、缅甸、思氏之间争斗不断。嘉靖五年（公元1526年），孟养思氏为报当年缅甸宣慰司将思任擒献明军的世仇，联合木邦、孟密土司，攻破缅甸宣慰司，虏宣慰莽纪岁并其妻子，分据其地。缅甸宣慰司人员上报明朝廷，希望朝廷主持公道。嘉靖六年（公元1527年）明朝派员前往调查处置，但碍于思氏强势，不仅未能作公正合理的处置，甚至将缅甸宣慰司的金牌印信收回。[1] 这样，明朝所设缅甸宣慰司也就此灭亡。缅甸宣慰司被灭后，莽纪岁之子莽瑞体逃至今缅甸东南部的洞吾（也作东胡、东吁，即原底兀剌宣慰司），投奔同为缅族并有亲缘关系的洞吾土酋，被收为义子。莽瑞体长大后继承了洞吾酋长之位。在莽瑞体统领下，新的缅甸洞吾王朝迅速强大起来，吞并了其周围的大古喇、底马撒之地，并向中部进军，占领了阿瓦（原缅甸宣慰司地区），并进而控制了木邦、孟密、孟养等宣慰司地区。从万历年间开始，莽瑞体及其子莽应礼（“礼”字也写作“理”）不断进犯麓川以内地区。万历十一年（公元1583年）二月，莽应礼引兵进攻姚关（今施甸姚关镇）；四月，莽应礼进犯永昌（今保山隆阳）、腾越，杀掠无数。[2] 不仅如此，由于担心木邦、孟密、孟养等地的汉族居民可能会在明军南进讨伐时协助明军，莽应礼对居住于江头城（今缅甸杰沙）的汉族民众大肆屠杀，以绝后患：“江头城外有大明街，闽、广、江、蜀居货游艺者数万，而三宣六慰被携者亦数万。顷岁闻天兵将南伐，恐其人为内应，举囚于江边，纵火焚死，弃尸蔽野塞江。”[3]

缅甸洞吾王朝的向北扩张，直接威胁到明朝西南边疆的安宁稳定。为此，明朝加强了在陇川、腾冲地区的防御，与缅甸洞吾势力展开了长期的争战。万历十一年十一月，明朝以邓子龙为永昌参将，刘綎为腾越参将，各率5000卫所士兵，从陇川、孟密，进击阿瓦，击溃缅军。刘綎进至蛮莫（今德宏境外大盈江北岸的八莫，蛮莫城即今谬迪，也译作庙堤、新店），木邦、孟养、孟密三司重新归附明朝。明朝令刘綎以副总兵兼署临元参将的名义，移镇蛮莫。万历十二年（公元1584年）二月，刘綎召集各司首领歃血盟誓，宣示朝廷的恩威。360年后的1944年11月，中国远征军（驻印军）在孙立人将军率领下，攻占八莫，远征军在八莫东北70多里的庙堤（今写作谬迪），发现了明朝万历十二年刘綎与各土司盟誓的誓词石碑。时任远征军新38师政治部副主任的孙克刚在《中国远征军缅甸荡寇志》一书中记录了石碑的相关信息：“这块碑被埋在庙堤对岸的一个土岗上，为花岗岩质，长六尺，宽四尺，厚一尺，已裂成三块，我

---

〔1〕 明代后期谢肇淛所撰《滇略》卷七《事略》记其事说：“嘉靖五年，孟养思伦法攻缅甸，破阿瓦城，虏其宣慰莽纪岁，杀掠无算，遂与木邦瓜分其地，盖以报执思任发之怨也。诏遣永昌知府严时泰往谕之，不听。”（见方国瑜主编：《云南史料丛刊》第六卷，云南大学出版社2000年版，第738页）。

〔2〕 ［明］谈迁撰：《国榷》（有关云南事迹），见方国瑜主编《云南史料丛刊》（第五卷），云南大学出版社1998年版，第107页。

〔3〕 ［明］朱孟震撰：《西南夷风土记》，见方国瑜主编《云南史料丛刊》（第五卷），云南大学出版社1998年版，第485页。

们费了一排工兵的一天时间，把它挖掘起来，重新竖起，碑石中央镌刻‘威远营’三个大字，左刻‘大明征西将军刘筑坛誓众于此，誓曰：六慰拓开，三宣恢复，众夷格心，永远贡赋，洗甲金沙，藏刀鬼窟，不纵不擒，南人自服’。右刻‘受誓：孟养宣慰司，木邦宣慰司，孟密安抚司，陇川宣抚司，万历十二年三月十二日立刻。’”〔1〕这块碑刻是明代后期明朝与木邦、孟养、孟密等宣慰司、宣抚司之间政治、军事关系的重要历史见证。

万历十三年（公元1585年），明朝将孟密安抚司升格为宣抚司，同时增设蛮莫安抚司，对孟养思氏则给予长官司的建制。〔2〕明朝兵部对腾越、三宣（陇川、南甸、干崖）地区的军事部署是：“腾冲以三宣为护卫，三宣与蛮莫接壤，三宣安，内地得宁；蛮莫靖，外藩可固。”〔3〕此后数年，明朝加强腾越、三宣、蛮莫地区的防卫，令刘綎、邓子龙在腾越、陇川、孟密、蛮莫等地镇守，对缅甸莽氏形成威慑之势。

万历二十一年（公元1593年），右佥都御史陈用宾巡抚云南（即任云南巡抚），为了防备缅甸洞吾势力北进，在腾冲（腾越）筑八关进行防守。这八关是：万仞、神护、巨石、铜壁、铁壁、虎踞、天马、汉龙。每四关设一守备镇戍。八关设置后，虽然缅甸不敢再深入内地杀掠，但关外的木邦、孟密、蛮莫、孟养等土司地区，也就从此为缅甸所控制，不再是云南布政使司的辖区了。

综上所述，从明朝洪武至嘉靖年间，今缅甸中部和北部地区，为云南布政司辖下的木邦、孟养、缅甸三个宣慰司属地；嘉靖至万历年间，今缅甸南部的洞吾王朝兴起，向北扩展，侵入木邦、孟密、孟养地区，进犯三宣、腾冲地区，与明朝守边军队长期争战。万历后期，木邦、孟密、孟养等伊洛瓦底江以东、以西地区为缅甸所吞并，云南的西南边疆退至今中缅边境一线地区。这是明朝两百年间，云南西南边疆辖区范围的重大变化。至清代，仍然沿袭着明末的这一疆域界限。

〔1〕孙克刚：《中国远征军缅甸荡寇志》，辽宁教育出版社2005年版，第86页。文中的“六慰”指当时云南西南边地的木邦、孟养、缅甸、车里（今西双版纳）、老挝（今老挝北部）、八百大甸（今泰国北部）等六个宣慰司；“三宣”即陇川、南甸、干崖三个宣抚司；“金沙”指大金沙江，即今之伊洛瓦底江；“鬼窟”即鬼窟山，是孟养境内的险隘之地，夷人据为硬寨，在今德宏境外缅甸克钦邦境内。另外，根据《明史·地理志》的记载，孟养宣慰司在正统十三年（公元1448年）后为麓川思氏所据，朝廷因此废除了宣慰司建制，但此碑中仍称为“孟养宣慰司”，或许当时孟养宣慰司建制仍然存在。史料记载不一，暂且存疑。

〔2〕谈迁《国榷》记载：万历十三年正月，“铸陇川宣抚司及孟定府印。猛［孟］密安抚司进为宣抚司。增安抚司二：曰蛮莫，曰耿马。长官司二：曰猛［孟］脸，曰猛［孟］养。”见方国瑜主编《云南史料丛刊》（第五卷），云南大学出版社1998年版，第110页。

〔3〕［明］谈迁撰：《国榷》（有关云南事迹），见方国瑜主编《云南史料丛刊》（第五卷），云南大学出版社1998年版，第112页。

三、清王朝统治云南

（一）清军攻占云南

明朝崇祯十七年（清顺治元年，公元1644年）三月十八日（本书中的日期，除注明者外，均为农历月、日），随着明思宗朱由检（即崇祯皇帝）在北京景山自缢而死，统治中国276年的明王朝在农民起义的打击下灭亡。李自成农民起义军进入北京，在北京建立"大顺"政权。然而仅在42天后，即四月三十日，李自成就被迫撤离北京城，率部向陕西方向转移。在此之前，明朝山海关守将吴三桂率部降清，引满族贵族和八旗军队入关，李自成战之不胜，在强敌进逼的情势下，只好让出尚未坐热的皇帝宝座，退出紫禁城，再次转战四方。第二年，李自成在湖北通山县战败而亡。

在李自成退出北京后，伴随着八旗军队南下的铁蹄，原先建都于沈阳的满族政权"清"王朝迁都北京，开始了对中国长达268年的统治。清军虽已占领北京，但当时全国的大部分地区仍为明朝官员和农民起义军所控制，在江南地区，有明朝宗室建立的南明政权；在西南地区，有农民起义队伍"大西军"的势力，他们在"抗清扶明"的口号下，与满清八旗军队和明朝降清官兵进行激烈的争战。

崇祯皇帝自缢后，明朝宗室的福王、鲁王、唐王、桂王在长江以南地区先后建立过四个政权，史称"南明"。南明政权中，福王、鲁王、唐王三个政权都为时甚短，只有继之而起的桂王政权坚持了16年。清顺治三年（公元1646年）十一月，在唐王于福州被清军俘获处死后，桂王朱由榔在广东肇庆继皇帝位，建立桂王政权，年号永历。桂王政权在农民起义军势力的支持下，与清军在广东、广西、湖南、贵州、四川、云南等地反复争斗，其中，云南成为南明抗清的最后根据地。

明清交替之际，云南地区由于土司叛乱，战祸连连，明朝世代镇守云南的沐氏家族无力控制局势。清朝顺治四年（公元1647年）四月，原在四川地区活动的农民起义军"大西军"在首领张献忠战死后，在孙可望、李定国、刘文秀、艾能奇四将军的率领下，进入云南。在剿灭了滇南叛乱土司沙定洲和安抚了黔国公沐天波后，云南成为"大西军"控制的势力范围。孙可望与李定国等人原本同为张献忠手下的将军，在张献忠死后，大家推举以孙可望为尊。随着个人势力的扩大，孙可望的政治野心不断膨胀，意图凌驾于其他众将之上，为此，他一方面对李定国等人进行打压和羞辱，一方面派人与桂王永历帝联络，表示愿意归顺永历政权，希望永历帝给孙可望予封号，以号令诸将。在孙可望的威逼之下，永历帝封孙可望为秦王。随着清朝大军进兵湖南、两广，永历帝从广东肇庆退入广西南宁，再退入贵州安隆所（今贵州安龙），愈发为孙可望所制约。为此，永历帝对左右抱怨说："秦王待朕无人臣礼。"永历帝想让身边亲信联络李定国来护驾，可惜事情败露，手下亲信大臣十数人被害。此时，李定国也已不再听从孙可望号令，自率本部军队在湖南、广西征战，屡败清军。顺治十三年（公元1656年）三月，李定国率军回到安隆，拥永历皇帝西行入滇，孙可望此时在贵州，欲让永历帝到贵阳，派人阻止未成。在守滇将领刘文秀的支持下，李定国护送永历帝进入昆明，自此，云南成为南明政权的政治中心。永历帝的皇宫先在云南贡院（今云南大学内），后移驻五华山。永历帝封勤王有功的李定国为晋王，刘文秀为蜀王，其他人员各有封赏。顺治十四年（公元1657年），孙可望率军进攻李定国军，为李定国击败。在挟持永历帝未果、攻滇未遂的情况下，孙可望到长沙向清军经略洪承畴投诚，被清廷封为义王，孙可望为清军献上进取云南之策。

清顺治十五年（公元1658年），清军分别由信郡王尼堪、征南将军赵布泰、平西王吴三桂率领，从贵州、广西、四川三路进攻南明政权。李定国率军与清军战于贵州，不胜，退回云南。十二月，清军入滇，会师于曲靖。永历帝召集文臣武将商议对策。李定国建议向滇南方向撤退，这样，形势和缓的话，可以向广西发展，形势紧急时，则可退入交趾（今越南北部、中部地区）。有人以临安、元江、广南等地道路阻绝加以反对。第二个方案是退入四川发展，这一方案是刘文秀生前提出的建议（此时刘文秀已病死），但也未获赞成。这时，黔国公沐天波提出退向滇西的建议，他的理由是："走迤西，则地近缅甸。事急，退入阿瓦、太公诸城。缓，则据守两关，犹不失为蒙、段也。"〔1〕永历皇帝采纳了沐天波的建议，决定退向滇西。十二月十五日，永历帝一行从昆明出发，前往滇西。百姓愿从而未能从者号哭震天，而跟随永历帝西行的男女老幼尚有20多万人。

顺治十六年（公元1659年）正月初三日，清朝大军进入昆明，兵不血刃地占领了滇中地区。随后，云南各府州相继归附了清王朝。赵布泰、吴三桂率军一路追击永历帝，李定国在磨盘山（即高黎贡山）设伏阻敌，大败清军，永历帝得以退入缅甸。永历帝退入缅甸以后，手下官员见大势已去，人心也就散了。缅王莽达喇见永历帝落魄之状，待永历帝也甚为轻慢。李定国陈兵于中缅边境的孟定、木邦一带，闻永历帝近况，想率军攻入缅甸救出永历帝。缅王惧怕，与吴三桂联络，欲把永历帝献给吴三桂。李定国等人想营救永历帝而不成功。康熙元年（公元1662年）正月，缅酋莽猛白（缅王之弟，此时已杀兄自立）杀明宗室及沐天波等数百人。稍后，清朝内大臣爱星阿、安南将军卓罗奉旨与吴三桂一起征缅，莽猛白遂将永历帝献给吴三桂。

康熙元年三月十二日，吴三桂将永历帝朱由榔带回昆明，四月二十五日将永历帝缢死于篦子坡。清朝内大臣爱星阿原本建议将永历帝送到北京交清廷处置，吴三桂认为路途遥远，路上恐有不测，奏请就地处死。在处死方式上，吴三桂本欲将永历帝"骈首"（刀劈斩首），爱星阿认为不可。安南将军卓罗也说："一死而已，彼亦曾为君，全其首领可也。"〔2〕这样，吴三桂下令将永历帝绞死。永历帝遇害后，昆明居民同情其遭遇，将篦子坡改称为"逼死坡"。1911年辛亥革命后，云南都督蔡锷领导的云南军政府，以"三迤士民"的名义，在永历帝殉难的地方树立"明永历帝殉国处"的石碑，以示怀念之意。

永历帝被俘后，李定国拟由今西双版纳经交趾到广东，再谋举事。在听闻永历帝

〔1〕［清］倪蜕辑，李埏校点：《滇云历年传》，云南大学出版社1992年版，第516页。

〔2〕［清］刘健撰：《庭闻录》，见方国瑜主编《云南史料丛刊》（第八卷），云南大学出版社2001年版，第399页。

遇害后，哀愤成疾，于六月二十七日死于勐腊。李定国死后，其部属多数归降了清军。另有少部则继续坚持在中缅边境的木邦地区独立活动，被称为“桂家”（因永历帝初为桂王）。清代中期，桂家在首领宫里雁领导下，开办银矿，势力强大。现今缅甸北部果敢地区的“果敢族”，即为桂家的后裔。

（二）吴三桂与“三藩之乱”

吴三桂（1612～1678年），高邮（今江苏高邮）人，流寓辽东（今辽宁辽阳）后，改为辽东籍。武举出身，以父荫得袭职为军官。三桂自少即为边将，勇而敢战，明末时为镇守宁远（今辽宁兴城）的总兵官。崇祯十七年（清朝顺治元年，公元1644年）春，当李自成农民起义军由陕、晋进军北京时，吴三桂奉朝廷之命驻守山海关，以便情况紧急时驰援北京。三月五日，明朝廷封吴三桂为平西伯，令其率军入援京师。吴三桂尚在半途，闻李自成军占领了北京，又还师山海关。此时，作为明朝的边将，在崇祯皇帝自缢身亡之后，吴三桂失去了效忠的对象。李自成和沈阳的满清都想拉拢吴三桂为自身效力。正当吴三桂彷徨之际，李自成军扣押了居于北京的吴三桂父亲吴骧和三桂的爱妾陈圆圆，引起三桂的愤怒，于是三桂以讨贼复仇的名义，请求清军援助。清军正苦无机会和借口入关，得吴三桂之请，摄政王多尔衮大喜，于是允诺助吴三桂讨贼。四月十三日，李自成以数十万精兵东进进攻吴三桂，十八日，李自成军将山海关关城围得水泄不通，吴三桂坚守抵抗，同时派人向清军求援，多尔衮率清军驰援，李自成军溃败。五月七日，清朝封吴三桂为平西王，吴三桂也由此正式投靠了满清。

清军入关后，吴三桂继续为满清效力，镇压农民起义军和反清力量。顺治二年（公元1645年），吴三桂率军进入陕西，驻扎汉中。顺治九年（公元1652年），吴三桂从汉中入川，与“大西军”作战，在保宁（今四川阆中）击败了刘文秀所部。顺治十五年（公元1658年）春，吴三桂从四川进入贵州，与另外两路清军会合后，合力进攻云南李定国军。进入云南后，吴三桂率军追击永历帝至腾冲，不获而还。康熙元年（公元1662年），吴三桂逼缅甸交出永历帝后，将其缢死于昆明。南明政权由此灭亡。

吴三桂为清军入主中原和统治全国立下了汗马功劳，清王朝对吴三桂也恩赐有加，另眼相待。清军占领云南后，清王朝即任命吴三桂为总管，令其镇守云南，全省文武官员俱由吴三桂奏请任命。永历帝被害后，吴三桂的功勋也达于顶点。康熙元年十一月，清廷下诏加吴三桂爵为平西亲王。第二年，又令吴三桂综理贵州事务，这样，云、贵两省都为吴三桂所控制。作为降清明将，镇守云南的平西王吴三桂与镇守广东的平南王尚可喜、镇守福建的靖南王耿继茂，受到清王朝的重用，享有其他地方大员没有的地位和特权，被看作是清王朝的特殊屏藩，称为“三藩”。“三藩”之中，吴三桂的势力尤众，清廷给予他的特权尤大：用人，吏部、兵部不得掣肘；用财，户部不得掩延阻碍。

吴三桂自镇守云南后，即积极扩充自己的个人势力，几乎把云南变成了吴氏的私人天下。政治上，他以亲王之尊，不仅自行任用省内府州官员，而且还向他省推荐官员，称为“西府选举”，要求中央吏部加以任用，一时有“西选之官遍天下”的说法，当然“西选”之官都是吴三桂的部属亲信，他们都唯吴三桂马首是瞻。甚至“西选”

官员上任之时，相关省区总督、巡抚都要给予礼遇，以示对吴三桂的尊敬。对省内各级官员，吴三桂采取威胁利诱等手段，将大小官员培养为自己的私人势力。许多官员为了求得人身安全和政治升迁，不仅不敢得罪吴三桂，甚至以“卖身”的方式投靠吴三桂。如楚雄府知府冯甦就经吴三桂女婿胡国柱的介绍，自卖为三桂奴。冯甦为浙江临海人，顺治十五年（公元 1658 年）进士。顺治十八年（公元 1661 年），冯甦入滇，在滇居官达 15 年，先后任永昌府推事、楚雄府知府、云南省左布政使等职，后升任刑部侍郎。冯甦留心云南史事，曾著《滇考》二卷，是一名有学问的官员。可惜这样一位进士出身的清朝官员，在滇期间，竟以居官之身，“卖”与吴三桂。其卖身契书说：“楚雄府知府冯甦，本籍浙江宁［临］海县人，今同母某氏，卖到平西王藩下，当日得受身价银二万七千两。”当然这种“卖身”方式，实际上是官员们向吴三桂表示效忠的方式。故此，时人谓滇中有“三好”：三桂好为人主，士大夫好为人奴，胡国柱好为人师（凡卖身者，皆师事胡国柱）。[1]

经济上，吴三桂将全省重要经济利益占为己有，成为自己的私人财富。主要是：将原沐氏“勋庄”田地转为藩属产业，所获归自己所有；圈占原明代卫所屯田，作为兵士口粮来源，对耕田农民加收高额租赋；将云南各地的铜矿、盐井等或占为己有，或加重赋税，变为自己的财源；铸造铜钱，称为“西钱”，通行各省等。

军事上，利用镇守名义，大肆扩充军队。起初，吴三桂奉旨开藩之初，清廷给予的军事编制与其他省区相同，共有甲兵 8400 多人，都驻在昆明，称为“藩下”。很快，吴三桂即以各种理由和借口扩充军队，将投诚兵士增设为“忠勇”五营、“义勇”五营和“援剿”四镇，总数达到了 6 万多名，对投诚的军官均奏请给予总兵、副将、参将、守备、千总、把总等各级职务，进行笼络和利用。虽然清廷给予了吴三桂 3 万名的兵员定额，但实际上吴氏的藩兵大大超过此数。为了养兵，吴三桂向清廷索要大量军费，在俘获永历以前，吴三桂藩兵的军饷每年达 900 万两白银，在此之后，每年的军饷也达到 400 多万两，而当时全国每年的财政收入也不过 2000 多万两。再加上广东、福建两藩的军饷，清政府的全年收入仅够“三藩”养兵之用。

吴三桂自镇守云南后，名为藩臣，实际上拥兵自重，割据一方，已成尾大不掉之势。吴三桂的所作所为，不能不引起清廷的担心。还在康熙二年（公元 1663 年），清廷内大臣就传谕吴三桂之子、清朝额附（驸马）吴应熊，让其父亲上交大将军印：“他日，永历在缅，边方多故，故予若父将印，重事权也；今天下大定矣，据之不还，何为者？”[2] 吴三桂不得已，奏缴大将军印，但心中着实不乐。此后，为了保持自己的武力，吴三桂不断夸大边患、捏造边警，以此要挟清廷。清廷鉴于吴三桂功高势大，只好暂时容忍。康熙十二年（公元 1673 年）三月十二日，平南王尚可喜向朝廷上疏，请求准许其回辽东养老。朝廷批准了他的请求。吴三桂看到这种情形，也假意上疏，康熙皇帝知道其非出于真心，决定将计就计，同意了他的请求，下旨说：“吴三桂请

[1] ［民国］罗养儒撰：《云南掌故》，云南民族出版社 1996 年版，第 31 页。

[2] ［清］刘健撰：《庭闻录》，见方国瑜主编《云南史料丛刊》（第八卷），云南大学出版社 2001 年版，第 399 页。

撤，情词恳切，著率所属官兵家口，俱行搬移。其满洲官兵，不必遣发，如有用满洲官兵之处，该藩请奏。”兵部也奏请说：“三桂所属绿旗、援剿前后左右四镇官兵万二千名，仍留武定、曲靖、楚雄等处，令督臣统辖。”[1] 这样，清廷既同意吴三桂撤藩北归，又不准其带兵北上，既确保地方的镇守力量，又削去吴三桂的兵权。吴三桂请求撤藩，不过是摆个政治姿态，目的在于要挟朝廷“慰留”，以便能够像明代沐氏家族一样，得以世守藩封、永踞云南，不料弄巧成拙，反为朝廷所制，令其搬移至河北安置，三桂心中自不情愿、也不甘心。面对此一骑虎之势，吴三桂如何应对呢？在部下的怂恿下，吴三桂在权衡了力量态势之后，决定举兵反叛：“三桂亦自负才武不世出，地险，财富所属；亲军与两迤诸镇战将健卒，皆百战之锐，素得其死力；他直省平日所植党羽，兵起，当无不从命；且开国诸宿将，多先后物故，无足抗我戎行者，遂决计反。”[2] 为了师出有名，吴三桂召集部下谋士商议起兵名义，谋士刘茂遐建议以“复明”相号召，说：“明亡未久，人心思旧，宜立明后，奉以东征，老臣宿将，无不愿为前驱矣。”另一谋士方光琛鉴于吴三桂投清杀帝（永历帝）的历史，觉得立明朝后代的办法既难服众，又作茧自缚。方氏劝告说：“出关乞师，力不足也，此尚可解；至明永历已窜蛮夷，必擒而杀之，此不可解矣。今以王兵力，恢复明土甚易，但不知功成之后，果能从赤松子游乎？事势至迫，万不能终守臣节，篦子坡之事，可一行之、又再行之乎？”[3] 吴三桂听后心中也悚然一惊，决定不用“复明”名义，而自铸“天下都招讨兵马大元帅”印，以此号令天下。

康熙十二年（公元1673年）十一月二十一日，吴三桂部属杀云南巡抚朱国治，举兵反叛。其时，云贵总督甘国焜驻贵阳，不欲从吴，为吴氏叛军所逼而自杀。吴三桂令其女婿郭壮图留守滇中，自己亲率大军进兵贵州、湖南，攻陷了长沙、常德、岳州等地，广西、四川地方势力纷纷投靠吴三桂，吴三桂的原属部将、陕西提督王辅臣也叛清投吴，占领了陕西、甘肃。不久，广东的平南王尚之信（尚可喜之子）、福建的靖南王耿精忠（耿继茂之子）起兵响应，这就是“三藩之乱”。吴三桂起兵不到一年间，云南、贵州、广东、广西、四川、湖南、福建等省以及陕西、甘肃、江西、湖北、浙江部分地区即为其所控制，全国为之震动。在此有利形势下，吴三桂本可渡过长江，北进中原，一决雌雄，但他采取保守稳重的战略，意图与清廷讲和，划江而治，各得半壁江山，从而给了清廷从容应对的机会。

年轻的康熙帝对吴三桂的反叛采取坚决镇压的政策，杀死了留在京城的吴三桂长子吴应熊及孙子吴世霖，对参与叛乱的各地势力实行军事打击与安抚收买的两手策略，特别是对广东的尚之信、福建的耿精忠采取暂缓撤藩的拉拢、分化政策，使得尚之信、

[1] ［清］刘健撰：《庭闻录》，见方国瑜主编《云南史料丛刊》（第八卷），云南大学出版社2001年版，第405页。

[2] ［清］刘健撰：《庭闻录》，见方国瑜主编《云南史料丛刊》（第八卷），云南大学出版社2001年版，第405页。

[3] ［清］刘健撰：《庭闻录》，见方国瑜主编《云南史料丛刊》（第八卷），云南大学出版社2001年版，第406页。

耿精忠及王辅臣等人又转而叛吴投清，这样，清廷又重新控制了广东、广西、福建、陕西、江西等省。此后，吴三桂军队与清军在湖南地区进入相持之势。康熙十七年（公元1678年）三月一日，在形势不利的情况下，自感日暮途穷的吴三桂在湖南衡州（今衡阳）称帝，国号周，年号昭武，既以此自娱，也想借此鼓舞士气。称帝之后，吴三桂对部将进行了封赏。八月，吴三桂病死于衡阳。其孙吴世璠（吴应熊庶子）在昆明继位，改元洪化。面对日益危急的形势，主持吴军军务、从关外即跟随吴三桂征战的吴国贵建议放弃云南，大举北伐，拼死一搏，以图摆脱困境。吴国贵对诸将说："从前所为大误，今日之计，宜舍滇不顾，北向以争天下。以一军图荆州，略襄阳，直趋河南；一军下武昌，顺流而下，经略江北。吾辈勿畏难，勿惜身，宁进死，勿退生，拼死决战，剜中原之心腹，断东南之漕运，即令不能混一，黄河以南我当有之。"〔1〕吴国贵的计划，虽然冒险，但如成功，确可为吴氏政权打开一新局面。可惜诸将均反对吴国贵的提议，他们舍不得放弃云南，不敢放手北上一搏，最后，吴氏军队只能继续困守湖南。清军在勇略将军兼云贵总督赵良栋、绥远将军兼湖广总督蔡毓荣、征南大将军赖塔的率领下，从四川、湖南、广西三路进兵合击，吴军军心涣散、粮饷不继，从湖南、贵州不断败退回云南。康熙二十年（公元1681年）二月，清军进入云南，与吴军在各地不断地激战，吴军将领胡国柱、马宝、夏国相等或死或降。十月，数十万清军兵临昆明城下，展开最后的攻城之战。清军四面进攻，连连得胜。在大势已去的情势下，守城将领线域准备擒捕郭壮图、吴世璠降清，郭壮图闻讯自焚，吴世璠亦自杀而亡，其余官员出城投降。十月二十八日，清军进入昆明城，将郭壮图、吴世璠斩首示众，戮吴三桂尸以泄恨。历时8年的"三藩之乱"，最后为清廷所平定。

吴氏政权覆灭后，云南地区自明末以来40多年的战乱始告结束。鉴于云南地区治乱安危的历史经验和教训，清廷在撤藩和平定吴氏叛乱后，强化了对云南的统治和控制，实行了中央集权下的督抚体制，由朝廷任命的云贵总督和云南巡抚代表王朝中央对云南进行管辖和治理。总督即总督军务之意，巡抚即巡察地方之意。总督和巡抚本为明代皇帝派出到地方办理特定事务的高级官员，事毕即回京复命，后来逐渐常设，凌驾于地方"三司"之上。清代，正式把总督、巡抚作为地方最高长官，常驻于各省。总督辖二省或三省，综理军民要政，官级为正二品，如加尚书衔，则为从一品。后来，为了行事方便，总督例兼兵部尚书及都察院右都御史衔，这样，总督就全为从一品大员。总督因有节制文武官员之权，别称制军、制台。巡抚为省级地方政府长官，总揽一省的军事、吏治、民政、刑狱等事务，地位略低于总督，但与总督仍是平行官员，而非总督的属官。巡抚别称抚军、抚台，又因例兼都察院右副都御史，故又称抚院。巡抚的品级为从二品。

清朝在永历政权退往滇西、清军进占云南后，即设立云贵总督、云南巡抚作为云南地区的最高军政长官。云贵总督初驻贵阳。但在康熙前期（康熙元年至康熙二十年间，公元1662～1681年），云南作为平西王吴三桂的藩地，吴三桂是当时云南和贵州

〔1〕［清］刘健撰：《庭闻录》，见方国瑜主编《云南史料丛刊》（第八卷），云南大学出版社2001年版，第412～413页。

两省的实际统治者。云贵总督和云南巡抚不仅难与吴三桂抗衡，而且经吴三桂奏请清廷特许，云贵总督和云南、贵州两省巡抚均受吴三桂节制，从而为吴三桂的独霸一方提供了方便。在平定吴三桂叛乱后，清廷重新加强对云南地区的统治，实行与内地其他省区相同的管理体制，选派能臣担任云南督、抚之职。康熙二十一年（公元 1682 年），清廷任命蔡毓荣为云贵总督，负责云贵两省的军政要务，将云贵总督驻地从贵阳移至昆明；任命王继文为云南巡抚，主持云南地区的军、政、民、刑各项事务，清廷给云南巡抚确定的职责是“抚绥六诏、安辑百蛮”。康熙皇帝在位时期（公元 1662 ~ 1722 年），对云南督、抚的德才和履职情况十分重视，随时加以考察，不称职者即加以调整处理。康熙二十六年（公元 1687 年），云贵总督蔡毓荣即因居官贪酷、品行污秽、隐藏逆女（蔡毓荣将吴三桂嫡孙女及郭壮图之媳隐占为妾）、贪取逆财而被革职查办，流放黑龙江。此后，每当云南督、抚赴京陛见或陛辞之时，康熙帝均对他们的施政工作提出明确要求。康熙三十七年（公元 1698 年）十二月，云贵总督王继文到北京汇报工作，康熙帝对王继文的汇报并不满意，谕示大学士等说：“督、抚乃封疆大臣，陛见之时，应将有司贤否、小民疾苦详明陈奏，以裨治理。夫民之苦乐，皆系于官之贤否，官贤则民安，否则民之困苦无所底止矣。是以考察官吏，以奖励廉洁为要。今云南贵州总督王继文入觐，并不陈奏及此。”〔1〕康熙四十五年（公元 1706 年）四月，郭瑮任云南巡抚之职，即将赴任前，康熙帝对其今后施政工作作出专门指示：“云南乃极边地方，以尔贤能，特加简用，尔往当小心办事。云南粮食丰足，地方太平，尔当加意爱惜兵民，不得生事。既为督、抚，必不至衣食缺乏，前任督、抚一味欺蔽，尔当以此为戒。”〔2〕康熙四十九年（公元 1710 年）三月，康熙帝对云南、四川督抚所担负的职责、使命作出谕示：“云南、四川等处俱系边疆，殊为紧要。督、抚以下官员，谓去京辽远，朕不及闻知，故违法妄行者多。督、抚为一省之表率，职任极重，用伊等者原为爱养生民，安抚地方，非使之富贵而已。”〔3〕康熙帝的上述指示，可谓语重心长，对地方督、抚望之重、责之切。当然，对办事认真而过于严苛的官员，康熙帝也会加以提醒，希望他们注意工作方法。康熙五十三年（公元 1714 年）十二月，云南巡抚施世纶上任前，康熙帝就对其交代说：“尔居官声名甚好，但过于偏执，不度事理，惟以己所知者为是。天下凡事当中道而行，今为封疆大臣，理宜尽改前非，不可拘执己性。……至驭下属，务以宽恕为本。”〔4〕由于康熙帝治国有道、用人有方，许多忠诚、能干的官员相继担任云南督、抚之职，从而使云南在长期的动乱之后走上了社会安定、生产发展、民生改善的正轨。

〔1〕《圣祖实录》卷一九一，见云南省历史研究所编《清实录有关云南史料汇编》（卷三），云南人民出版社 1984 年版，第 9 页。

〔2〕《圣祖实录》卷二二五，见云南省历史研究所编《清实录有关云南史料汇编》（卷三），云南人民出版社 1984 年版，第 11 页

〔3〕《圣祖实录》卷二四一，见云南省历史研究所编《清实录有关云南史料汇编》（卷三），云南人民出版社 1984 年版，第 11 页。

〔4〕《圣祖实录》卷二六一，见云南省历史研究所编《清实录有关云南史料汇编》（卷三），云南人民出版社 1984 年版，第 12 页。

在督、抚之下，省级机构设有“两司两道”。“两司”为承宣布政使司和提刑按察使司，“两司”在明代时为全省最高行政机构和司法监察机构，直接对中央负责，至清代“两司”变为督抚领导下的相关职能机构。承宣布政使司掌全省人事和财政，管理吏治、民政、田赋、户籍等事务，设布政使一员，官阶为从二品。提刑按察使司掌全省司法和驿传，设按察使一员，官阶为正三品。在昆明以外地区，设置三个分巡道，作为省级派出的巡视监察机构，迤东道驻曲靖（实际驻寻甸），迤西道驻大理，迤南道驻普洱，故清代也以“三迤”代称云南全省。

“两道”为粮储道和盐法道，粮储道主管全省粮政，包括屯田、水利、征粮等事；盐法道专管全省盐政事务。“两道”的长官为道员（也称道台），官阶为正四品。在省级之下，设有府、州、厅、县等地方行政机构。

明代，行省的军事领导机构为都指挥使司，是当时与布政使司、按察使司并立的“三司”之一，主管全省卫所官兵训练和屯田事务。清初，都使挥使司和卫所被裁撤，而代之以满汉八旗军队和绿营军队。在吴三桂镇滇时，云南的军队包括吴三桂的藩兵、云贵总督和云南巡抚统领的标兵和云南提督统领的各镇军队。在“三藩之乱”平定后，云南地区的军队逐渐清理归并，管理体制也逐步理顺。大体来说，驻守云南地区的军队为由汉人组成的绿营兵，分为三标七镇六协七营。[1] 三标为云贵总督统辖的督标5营，云南巡抚统辖的抚标2营，云南提督直辖的提标5营，七镇六协七营为分驻各地由提督统辖并由总督节制的绿营部队。清代，提督的全称为提督军务总兵官，为一省最高武职官员，相当于云南军区的司令长官，官阶为从一品，但仍受总督节制。云南提督驻大理。各镇长官为总兵官，由提督节制，相当于省内各军分区的司令长官。清代中期，云南地区共设有六镇，这六镇是：临元镇（驻临安府，即今建水县）、开化镇（驻开化府，即今文山县）、腾越镇（驻腾越厅，今腾冲县）、昭通镇（驻昭通府，今昭阳区）、鹤丽镇（驻鹤庆州，今鹤庆县）、普洱镇（驻普洱府，今宁洱县），各镇守总兵官的官阶为正二品。镇以下，有协、营、汛、塘等建制。各协长官为副将，隶属于总兵官，官阶为从二品；各营长官为参将，位次于副将，官阶为正三品。营以下设有游击（从三品）、都司（正四品）、守备（正五品）、千总（正六品）、把总（正七品）等各层级军官。

（三）雍正年间云南地区的改土归流

清朝统治云南后，除了省级军政机构在明代的基础上作了相应调整，即常设总督、巡抚为全省最高军政长官，改卫所制度为绿营兵制度外，其他基本上沿袭明代的行政管理制度。在省级之下，根据地方大小、人民多寡设立府、州、厅、县等政区和机构，由中央任命官员进行管辖和治理，这些官员均有一定的任期，根据任职情况不断进行调整更换；在边远地区和少数民族聚居地位，继续实施土司、土官制度，承认土司、土官对相应地区和部族的统治权力，土司、土官只要定期向朝廷进行贡奉、服从中央

〔1〕 参见秦树才：《清代云南绿营兵研究——以汛塘为中心》，云南教育出版社2004年版，第20页。

的征调，就可以终身任职，同时，其土司、土官的名号和特权也可以世袭承继。

土司土官制度是一定历史条件的产物。历史地来看，中国西南的云南、贵州、广西及四川、湖南等地，历来就是土著部族长期居住和生活的地区。元明以来，随着中央政权控制的加强和汉族移民的大量进入，西南地区的民族构成和地域分布状况发生了较大变化，但在局部地区，土著民族仍是居民的主体，部族酋长仍是当地有影响的政治力量。土司制度就是中央政权对部族群众"因俗而治"的产物，通过土司制度，中央王朝对部族地区和部族民众进行有效的羁縻和控制。根据中央王朝的标准，一个合格的土司、土官上要对王朝忠诚、下要能够安民，才能得到王朝的信任，保有职位，世袭罔替，否则就要革职拿办，取消名号。明清以来，不断有土司由于对抗中央、残酷虐民而受到王朝的惩处，被革去名号，废除特权，改设流官。清代雍正年间云南及西南其他省区大规模的改土归流就是王朝中央与地方部族上层势力之间权力、利益博弈、斗争的产物。关于清王朝对西南土司地区实行改土归流政策的原因，雍正皇帝的上谕说得很清楚："向来云、贵、川、广以及楚省各土司，僻在边隅，肆为不法，扰害地方，剽掠行旅。且彼此互相仇杀，争夺不休，而于所辖苗蛮，尤复任意残害，草菅人命，罪恶多端，不可悉数。是以朕命各省督、抚等悉心筹划，可否令其改土归流，各遵王化。"[1]

雍正年间云南改土归流的地区主要为现今滇东北的昭通、会泽、宣威等地，滇西南的普洱地区和滇西北的丽江地区。现今滇东北的东川、昭通、镇雄等地汉晋以来即为云南的行政辖区，唐宋以来，这一地区的居民为乌蛮、"罗罗"（彝族先民）等部族。明初，这一区域最先为明军所占领，明朝即在此设立东川、乌蒙、镇雄三个军民府，任命土官担任土府的长官，随后即将这一区域划入四川布政司辖区。至清代，东川、乌蒙、镇雄三府仍归四川省所辖。三府界于川、滇、黔相邻地带，虽归四川省管辖，但离四川省会（成都）远、离云贵省会（昆明、贵阳）近，遇有事变，四川省鞭长莫及，云、贵有心无权，这样，东川（府治在今会泽）、乌蒙（今昭通）、镇雄就成为土官、土司胡作非为、作威作福的法外之地。一方面土官、土目对管内百姓任意欺压，其每年上交朝廷的钱粮不过三百多两，但向土民征取的数额却是百倍于此数；另一方面，许多土民不事耕作，以劫杀为生，给周围地区的边民带来无尽祸患。为此，清世宗雍正四年（公元 1726 年），云贵总督鄂尔泰上奏清廷，请求将东川、乌蒙、镇雄三府改隶云南，以加强对这一区域的有效管辖。雍正皇帝批准了鄂尔泰的奏请，将东川、乌蒙、镇雄三府地划入云南省管辖。随后，鄂尔泰即废土改流，将各土司、土官名号革除，迁至他处安置，在三府地区设置流官。东川府在康熙三十八年（公元 1699 年）即设流官，但基层仍为各土目控制，流官知府要通过土目才能收取钱粮。雍正五年（公元 1727 年），清廷将东川土目全部革职后迁往腹地，加强了对土民的直接控制。乌蒙府在划归云南后，于雍正六年（公元 1728 年）设置流官，下辖恩安（今昭通市昭阳区）、永善两县及大关、鲁甸两厅。雍正九年（公元 1731 年），清廷将乌蒙府改名为昭通府。同时，将原镇雄府降为州，隶属昭通府。此外，鄂尔泰将与东川、乌

[1] 《世宗实录》卷六四，见云南省历史研究所编《清实录有关云南史料汇编》（卷三），云南人民出版社 1984 年版，第 645 ~646 页。

蒙相邻的沾益州土知州安于藩强制迁往江南安置，把沾益由土州改为流州，并将原沾益州地分设为宣威州和沾益州两个行政区。鄂尔泰在滇东北地区的废土改流引起土官、土民的抵制和反抗，鄂尔泰派军队进行残酷镇压，始将事件平息。

在滇西南的今普洱地区，清初为镇沅府和元江府属地区。镇沅府为土府，居民为摆夷、哈尼、拉祜等民族。雍正四年（公元1726年），清廷以镇沅土知府刀澣（澣同“浣”）奸占民妻、强夺田产而将其革职查办，并将其家口迁往江苏南京。随之，镇沅府改土归流。清廷任命威远同知刘洪度为代理知府。刘洪度上任后，完全按照对待内地居民的方式来进行治理和统治，清丈田地，按亩征赋，勒索钱财，任意盘剥，引起摆夷、拉祜等民族的愤恨。雍正六年（公元1728年）正月，镇沅“夷民”群起反抗，杀死刘洪度及其手下防兵，夺了府印。鄂尔泰闻变，派军镇压，噪变的“夷民”自言仇愤已泄，情愿受缚就诛，主动到军营投案。在平息了镇沅府“夷民”的反抗后，清军顺势南下，镇压六大茶山地区“夷民”和汉商冲突引起的茶山之乱，捕杀了清廷认为是茶山叛乱幕后指使者的橄榄坝土目刀正彦。雍正七年（公元1729年），云南贵州广西总督鄂尔泰（此时为了推进广西地区的改土归流工作，清廷特令鄂尔泰兼督广西）奏请朝廷，将元江府所辖之普洱六大茶山及橄榄坝江内六版纳地，增设为普洱府，设知府一员，经历一员，原设于普洱的通判，移驻思茅。在普洱府属的攸乐（今景洪基诺山）设同知一员、游击一员。同时，在军事上加强普洱地区的防卫力量，增设普洱镇，设总兵官一员，驻防兵3200名，分汛防守各地。这样，清廷就将澜沧江以东地区都实行了改土归流，纳入普洱府的直接管辖之下。清廷并令澜沧江以西的车里宣慰司也归普洱府统辖。通过镇沅改流和普洱置府，基本上实现了“江内宜流不宜土，江外宜土不宜流”的改土归流目标。

在滇西北的丽江地区，明代设置丽江军民府，由木氏世代担任土知府。清代丽江仍为土府。雍正三年（公元1725年），云贵总督高其倬上奏朝廷，请求将丽江改土为流，清廷批准了他的奏请。在给雍正皇帝的奏疏中，高其倬将丽江改土归流的情况做了说明：“云南丽江府土知府木兴病故，臣以其胞弟木钟声名平常，不能管辖土人，将丽江土知府奏请改流，以流通判改为土通判在案。今查木钟之外，悉皆远族，请将木钟改袭丽江府土通判。”[1] 这样，自元代以来木氏家族对丽江地区500多年的世袭统治被废除。其实，丽江府的改土归流，同样是由于土知府木氏独霸一方、如同王侯，对所辖“夷民”任意苛求压迫，导致丽江居民赴省会昆明控告木氏的贪暴罪行。清廷查实后即将木氏由土知府降为土通判，另设流官知府进行治理。

经过雍正年间的改土归流，云南大部分地区纳入了清王朝的直接控制下，仅在澜沧江外的滇西南摆夷地区、红河以南的哈尼族彝族地区，以及靠内部分府、州保留少数土司、土官，从而实现了全省政令、制度的基本统一。总的来看，改土归流既维护了中央王朝的政治统治，增加了朝廷的赋税收入，同时也促进了少数民族地区社会经济的进步和发展。

---

[1] 《世宗实录》卷三三，见云南省历史研究所编《清实录有关云南史料汇编》（卷三），云南人民出版社1984年版，第644页。

第二节 元明清时期云南的疆域与政区

一、元代云南行省地区的疆域与政区

（一）元代云南行省的疆域范围

元代云南行省的疆域范围大体为大理国时期的统治范围。而大理国的统治范围即南宋末期忽必烈南征时大理国的势力范围，这就是《元史·地理志·云南行省》所说的："元世祖征大理，凡收府八，善阐一也。郡四，部三十有七。其地东至普安路之横山，西至缅地之江头城，凡三千九百里而远；南至临安路之鹿沧江，北至罗罗斯之大渡河，凡四千里而近。"[1] 元代建立云南行省后，其控制范围为："其东包有罗甸普定路及亦奚不薛（水西）宣慰司，其南包有宁远州黑河以南地，其西包有蒙光路、云远路以抵天竺，此为段氏时势力所及，至元代设置较为稳定之政权。其西南则扩张，以蒲甘地设邦牙宣慰司，并与登笼（得楞）国联系以至海上。又收八百设宣慰司，并服老告设总管府，亦段氏时势力所及，至元代建立较为稳定之政权。故元代在段氏疆域之基础上，加强统治，且较稳定也。"[2] 据方国瑜先生考证，罗甸、普定为今贵州安顺地区，亦奚不薛为今贵州西北部的黔西、大方、织金等地，宁远州为今越南北部的莱州省地区，蒙光路、云远路为今缅北伊洛瓦底江上游西部地区，即今孟拱周围地区，蒲甘为今缅甸伊洛瓦底江中游地区，老告为今之老挝，八百为今泰、老、缅交界之泰国北部地区，得愣为今缅甸南部滨海地区。[3] 以此而言，则元朝云南行省的统辖范围为东至今贵州安顺地区，南至今越南北部莱州省地区和老挝地区，西南至今缅甸中北部地区，西至今缅甸北部地区，北至四川大渡河以南地区。

（二）元代云南行省的行政区划

从公元1253年蒙古军攻占大理至公元1274年元朝在云南设立行省，其间的行政区划经过了一个复杂的过渡时期。至元十一年（公元1274年），设立云南行省后，行省内的行政区划大体稳定下来。

据《元史·地理志》记载，云南行省的建制为："云南诸路行中书省，为路三十七、府二、属府三，属州五十四，属县四十七。其余甸寨军民等府不在此数。"[4]《元

〔1〕［明］宋濂等撰：《元史·地理志》，见方国瑜主编《云南史料丛刊》（第三卷），云南大学出版社1998年版，第70页。

〔2〕方国瑜：《中国西南历史地理考释》（下册），中华书局1987年版，第774页。

〔3〕参见方国瑜《中国西南历史地理考释》下册相关内容，中华书局1987年版。

〔4〕［明］宋濂等撰：《元史·地理志》，见方国瑜主编《云南史料丛刊》（第三卷），云南大学出版社1998年版，第70页。

史·地理志》所记，为元朝至元十二年至十五年间（公元 1275～1278 年）的设置情况，其后，有所增改。林超民先生据柯绍忞《新元史》，认为元代云南行省，领路四十二，府七，属府三，属州五十，属县五十三。[1] 方国瑜先生认为，《明太祖实录》记载：洪武十五年（公元 1382 年），更置云南布政使司所属府、州、县，领府五十二、州六十三、县五十四、千户所二、蛮部六，这些府、州、县名称及数目，应即是元末云南行省建制区划的基本情况："是时，初定云南，设置行政机构，所有名号，即依元季之区划，惟改路为府，亦有改府为州而已。"[2] 据方国瑜先生考订和《元史·地理志》等的记载，元代云南行省行政区划在今云南省境内者如下：

中庆路：领 3 县 4 州。3 县为：昆明、富民、宜良；4 州为：嵩明、晋宁、昆阳、安宁。州领 8 县：嵩明州领杨林、邵甸（今嵩明白邑）2 县，晋宁州领呈贡、归化 2 县，昆阳州领三泊、易门 2 县，安宁州领禄丰、罗次 2 县。共计 4 州、11 县。

澄江路：领 3 县：河阳、江川、阳宗；2 州：新兴、路南。州领 3 县：新兴州领普舍、研和 2 县，路南州领邑市县。共计 2 州、6 县。

临安路：领 2 县、1 千户所和 3 州。2 县即河西、蒙自；1 千户所：舍资千户；3 州（如加上宁远州，则为 4 州）为：建水、石坪、宁州。州领 2 县：宁州领通海、嶍（音"习"）峨 2 县。共计 3 州、4 县、1 千户所。

和泥路：领 6 个甸寨。

哈迷万户府：领甸寨。哈迷万户府清代时为开化府（今文山）。

广西路：领 3 州：师宗、弥勒、维摩。

广南西路：领 3 州（从方国瑜先生说），州名缺。明清时为广南府。据《新元史·地理志》"广南西路宣抚司"条说："宋特麽道依智高后裔居之，至元中立广南西路宣抚司，旧领路城、上林、罗佐、安宁、富州五州，后析路城、上林、罗佐三州隶来安路，本路领州二：安宁州、富州。"[3] 即安宁州、富州为元代时广南西路下辖州。

元江路：领 6 长官司。各长官司名缺。明代为元江府。

彻（彻亦写作"车"）里军民总管府：领 1 府。设置的具体情况不详。

耿冻路：领 2 州。具体情况不详。

景东府：领 3 州。所领 3 州情况不详。据《元史·文宗本纪》载：至顺二年（公元 1331 年）二月甲戌，"云南景东甸蛮官阿只弄遣子罕旺来朝，献驯象，乞升甸为景东军民府，阿只弄知府事，罕旺为千户，常赋外，岁输金五千两、银七百两。许之。"[4]

---

〔1〕林超民：《云南郡县两千年》，载《林超民文集》（第一卷），云南人民出版社 2008 年版，第 250 页。

〔2〕方国瑜：《中国西南历史地理考释》（下册），中华书局 1987 年版，第 776 页。

〔3〕［民国］柯绍忞撰：《新元史·地理志》，见方国瑜主编《云南史料丛刊》（第三卷），云南大学出版社 1998 年版，第 86 页。

〔4〕［明］宋濂等撰：《元史·文宗本纪》，见方国瑜主编《云南史料丛刊》（第二卷），云南大学出版社 1998 年版，第 512 页。

远幹府：明代为镇沅府。

威楚路：领3县[1]和2州。3县为：威楚、定远、㟥嘉；2州为：镇南、南安。州领1县：南安州领广通县。

大理路：领1县2府5州。1县为太和县；2府为：永昌府、腾冲府；5州为：邓川、蒙化、赵州、姚州[2]、云南。府领1县：永昌府领永平县；州领2县：邓川州领浪穹县、凤羽县。

金齿宣抚司：方国瑜先生谓领迤东十路[3]，《元史·寰宇志》谓领6路1赕。6路为：柔远路、茫施路、镇康路、镇西路、平缅路、麓川路；1赕为：南赕。[4] 金齿宣抚司治所在永昌。

顺宁府：领1县：庆甸；1州：宝通。

鹤庆路：领1县：剑川。

丽江路：领1府7州。1府为北胜府；7州为：顺州、蒗蕖州、永宁州（以上3州为北胜府所属）、通安州、兰州、宝山州、巨津州。

武定路：领2州：和曲、禄劝。州领4县：和曲州领南甸、元谋2县，禄劝州领易笼、石旧2县。

曲靖路：领1县、5州。1县为南宁县；5州为：陆凉州、越州、罗雄州、马龙州、沾益州。州领6县：陆凉州分领芳华、河纳2县，马龙州分领通泉县，沾益州分领交水、石梁、罗山3县。

仁德府：领2县：为美、归厚2县。

乌蒙路：即明代的乌蒙府，清代的昭通府。

东川路：设置于元至元二十八年（公元1291年），即明、清时的东川府。

茫部路：领2州：益梁州、强州。

以上，即为元代云南地区行政区划和建制的大体情况。

二、明代云南布政使司的疆域与政区

（一）明代云南布政使司所辖疆域

明代设立云南布政使司统辖原云南行省地区。云南布政使司所辖地区较之元代大体相同而有所变化。在金沙江流域地区，罗罗斯（今西昌地区）、乌蒙地区划归四川省；在今滇东北方向，乌撒路（今威宁地区）划归四川省（清代又划入贵州），普安、

〔1〕《元史·地理志》谓领县二（威楚、定远），《元书》谓领县三（见李春龙主编《云南史料选编》，云南民族出版社1997年版，第260页）。

〔2〕方国瑜先生《中国西南历史地理考释》列有姚安路之名，谓领州一，县一，而《元史·地理志》则列有姚州，谓属大理路，领县一：大姚县。见《中国西南历史地理考释》下册，第779页，中华书局1987年版；《云南史料丛刊》第三卷，云南大学出版社1998年版，第83页。

〔3〕方国瑜：《中国西南历史地理考释》（下册），中华书局1987年版，第780页。

〔4〕［明］宋濂等撰：《元史·寰宇志》，见李春龙主编《云南史料选编》，云南民族出版社1997年版，第276页。

普定地区划入贵州省。在滇西南地区，明初，今缅甸北部、泰国北部（景迈地区）、老挝北部、越南西北部（莱州）均属云南布政使司辖地，明朝在这些地区设立了孟养、木邦、缅甸、底兀拉、古剌、底马撒、八百大甸、老挝等8个宣慰司，孟密、莫蛮二宣抚司，孟艮府、宁远州等行政区，嘉靖、万历以后，今缅甸中南部缅族建立的洞吾王朝兴起，并不断北侵，云南布政使司仅保有孟养、木邦、孟密、蛮莫之地。[1] 基于此，《明史·地理志》说，云南布政使司地域，北至永宁（元永宁路，治所在今四川叙永西南）与四川交界，东至富州（今滇、桂交界处的富宁县）与广西交界，西至干崖（今盈江）与西番界，南至木邦（应为宁远）与交趾交界。[2] 明代后期谢肇淛所著《滇略》（《滇略》撰于万历末年，刻印于天启五年［公元1625］后[3]）也说："全省封疆，东界广西，南界交趾，西界僰夷，北界四川。"[4] 以此来看，明代后期云南布政使司疆域与今云南省大体相当。

（二）云南布政使司行政区划

云南布政使司的行政区划，270多年间（公元1382～1659年）经过了一个调整变化过程。洪武十五年（公元1382年），云南布政使司地区的行政建制为：52府、63州、54县、2千户所、6蛮部。[5] 此后，进行了多次调整。如东川军民府（元代的东川路，治所在今会泽）、镇雄府（元代的茫部路）、乌蒙军民府（元代乌蒙路，治所在今昭通昭阳）、乌撒军民府（元代乌撒路，治所在今贵州威宁）设置于洪武十五年（公元1382年）正月，属云南布政使司，但到洪武十六年（公元1383年）正月均改属四川布政使司。《明史·地理志》说，洪武十五年置云南等处承宣布政使司，"领府五十八，州七十五，县五十五，蛮部六。后领府十九，御夷府二，州四十，御夷州三，县三十，宣慰司八，宣抚司四，安抚司五，长官司三十三，御夷长官司二。"[6] 即明代云南地区的行政区划，在洪武十五年后，又调整为58府、75州、55县，6蛮部。最后，经过多次调整后，大体稳定下来，共计：19府、2御夷府、40州、3御夷州、30县及8宣慰司、4宣抚司、5安抚司、33长官司和2御夷长官司。各府、州、县及土司地区的具体情况如下[7]：

［1］林超民：《云南郡县两千年》，载《林超民文集》（第一卷），云南人民出版社2008年版，第251页。

［2］［清］张廷玉等撰：《明史·地理志·云南贵州》，见方国瑜主编《云南史料丛刊》（第三卷），云南大学出版社1998年版，第369页。

［3］方国瑜：《云南史料目录概说》（第一册），中华书局1984年版，第432～433页。

［4］［明］谢肇淛撰：《滇略》，卷一"版略"，见方国瑜主编《云南史料丛刊》（第六卷），云南大学出版社2000年版，第668页。文中的"僰夷"，即"百夷"，即今滇西南傣族地区。

［5］《明太祖实录》卷一四三，见方国瑜主编《云南史料丛刊》（第四卷），云南大学出版社1998年版，第31～32页。

［6］《明史·地理志》，见方国瑜主编《云南史料丛刊》（第三卷），云南大学出版社1998年版，第369页。

［7］据《明史·地理志》及《明史》的相关记载。

1. 各府、州、县

云南府：原为元中庆路，洪武十五年正月改为云南府。领4州、9县。4州为：晋宁、安宁、昆阳、嵩明。9县为：昆明、富民、宜良、罗次（此4县直属云南府，罗次为今禄丰县东部的碧城镇）、归化（今呈贡县归化地区）、呈贡（归化、呈贡2县属晋宁州）、禄丰（属安宁州）、三泊（三泊县为今安宁市县街镇地区）、易门（三泊、易门2县属昆阳州）。云南府治所在今昆明市区内。

曲靖府：元代为曲靖路，明朝洪武十五年三月设府。领4州、2县。4州为：沾益、陆凉、马龙、罗平；2县为：南宁（今麒麟区）、亦佐（今富源县东南部富村镇及富源与罗平相邻地区，清代并入罗平县和平夷县）。曲靖府治所在南宁县，即今麒麟区。

寻甸府：元代为仁德府，明朝洪武十六年（公元1383年）十月设为寻甸军民府，成化十二年（公元1476年）改为寻甸府。治所在今寻甸县城。

广西府：元代为广西路，洪武十五年三月设为广西府。领3州：师宗、弥勒、维摩（今文山州丘北县[1]）。广西府治所在今泸西县城。

广南府：元代为广南西路宣抚司，明朝洪武十五年（公元1382年）十一月置为广南府。领1州：富州（今文山州富宁县）。广南府治所在今广南县城。

澄江府：元代为澄江路，明朝洪武十五年（公元1382年）三月置为澄江府。领2州、3县。2州为：新兴（今玉溪市红塔区）、路南（今石林县与弥勒县交界地带）；3县为：河阳（今澄江）、江川、阳宗（今澄江县东北部的阳宗镇地区）。治所在今澄江县城。

临安府：元代为临安路，明朝洪武十五年（公元1382年）正月设为临安路。领6州、5县、9长官司。6州为：建水、石屏、阿迷（今开远）、宁州（今华宁县）、新化（今新平县西部新化乡一带）、宁远（今越南莱州省地区，宣德元年即公元1426年划与安南）；5县为：通海、河西（今通海县西北部河西镇地区）、嶍峨（今峨山县）、蒙自、新平（今新平县平甸乡一带）；9长官司为：纳楼茶甸（今建水县南部与个旧相邻地区）、教化三部（今文山县开化镇地区）、王弄山（今文山县西部）、亏容甸（今红河县东北部）、溪处甸（今红河、绿春县等地）、思佗甸（今红河县境内）、左能寨（今红河县西南部）、落恐甸（今红河县东南部）、安南（今蒙自县东部）。临安府治在今建水县城。

元江府：元代为元江路，明朝洪武十五年（公元1382年）三月设为元江府。永乐初年升为军民府。领2州：奉化（今元江县境）、恭顺（今墨江县境）。府治在今元江县城。

景东府：即元代景东府。府治在今景东县城。

镇沅府：本为镇沅州，永乐四年（公元1406年）升为镇沅府。领1长官司：禄谷寨长官司。府治在今镇沅县城。

---

〔1〕 维摩州沿革的考证，参见方国瑜《中国西南历史地理考释》（下册），中华书局1987年版，第1180～1181页。

楚雄府：元代为威楚开南路，明朝洪武十五年（公元1382年）三月改为楚雄府。领2州、5县。2州为：南安（今双柏县与楚雄市相邻地区）、镇南（今南华县）；5县为：楚雄、广通（今禄丰县西部广通镇地区）、定远（今牟定县）、定边（今大理州南涧县）、嶍嘉（今双柏县西南部的碍嘉镇地区）。府治在今楚雄市。

姚安军民府：元代为姚安路，洪武十五年（公元1382年）三月设为姚安府，洪武二十七年（公元1394年）升为姚安军民府。领1州、1县。1州即姚州（今姚安），1县即大姚。府治在今姚安县城。

武定府：元代为武定路，洪武十五年（公元1382年）三月设为府（其后一度升为军民府）。领2州、1县。2州为：和曲（今武定县）、禄劝，1县即元谋县。府治在今武定县城。

大理府：元代为大理路，洪武十五年（公元1382年）三月设为大理府。领4州、3县、1长官司。4州为：赵州（今大理市凤仪镇）、邓川（今洱源县邓川镇）、宾川、云龙；3县为：太和县（今大理市）、云南县（今祥云县）、浪穹县（今洱源县）；1长官司即十二关长官司（今祥云县北部米甸镇一带地区）。府治在今大理古城。

蒙化府：元代为大理路下辖的蒙化州，明初仍为州，正统十三年（公元1448年）六月升为府。蒙化府即今巍山县。

鹤庆军民府：元代为鹤庆路，洪武十五年（公元1382年）三月设为府，洪武三十年（公元1397年）十一月升为军民府。领2州：剑川、顺州（今永胜县西部）。治所在今鹤庆。

丽江军民府：元代为丽江路宣抚司，洪武十五年（公元1382年）设为府，三十年（公元1397年）升为军民府。领4州：通安（今丽江市玉龙县东南部）、宝山（今玉龙县北部大具乡及香格里拉县一部）、兰州（今怒江州兰坪、泸水一带地区）、巨津（今玉龙县西北部）。府治在今丽江古城。

永宁府：元代时为丽江路永宁州，明代永乐四年（公元1406年）设为府。领4长官司：剌次和、革甸、香罗甸、瓦鲁之。4长官司地，除了革甸在今香格里拉县外，其他均在今宁蒗县以东的四川省木里县境内。永宁府治所在今宁蒗县永宁乡。

永昌军民府：元代时为大理路永昌府，洪武十五年（公元1382年）三月置，属云南布政使司。后屡有变化，洪武十八年（公元1385年）二月兼置金齿卫，属都指挥使司。二十三年（公元1390年）十二月罢府，升卫为金齿军民指挥使司。嘉靖元年（公元1522年）十月罢军民司，止为卫，复置永昌军民府。领1州、2县、4安抚司、3长官司。1州即腾越（今腾冲）；2县为：保山（今隆阳区）、永平；4安抚司为：潞江（今隆阳区潞江坝）、镇道（今怒江州泸水县境）、杨塘（今怒江州境内）、瓦甸（今腾冲县北部）；3长官司为：凤溪（今隆阳区北部）、施甸（今施甸县境）、茶山（今缅甸境内）。

顺宁府：即元顺宁府，明代因之。辖区相当于今凤庆、云县、昌宁地区。领1州：云州（今云县）。府治在今凤庆县。

北胜州：元代时为丽江路北胜府，洪武十五年（公元1382年）置为州，直属云南布政使司。治所与澜沧卫同城，即今永胜县城。

广邑州：本为金齿军民司之广邑寨，宣德五年（公元1430年）升为州，直隶布政使司，正统元年（公元 1436 年）徙治于顺宁府的右甸。

孟定御夷府：元代为孟定路，洪武十五年（公元 1382 年）三月置为府。辖区包括今耿马、沧源及缅甸境内萨尔温江以东部分地区。领 1 安抚司：耿马安抚司。府治在今耿马县孟定镇。

孟艮御夷府：永乐三年（公元 1405 年）三月置，先直隶于都指挥使司，后直隶于布政使司。治所在今缅甸掸邦景栋。

威远御夷州：元代为威楚路威远州，洪武二十五年（公元 1392 年）置为州，直隶云南布政使司。辖地为今景谷县和墨江县西部。

湾甸御夷州：本为湾甸长官司。永乐元年（公元 1403 年）正月析麓川平缅地置，直隶于都使挥使司。永乐三年（公元 1405 年）升为州，直隶于布政使司。湾甸州治所在今昌宁县湾甸乡。

镇康御夷州：元代为镇康路。洪武十五年置为府，直隶布政使司。治所在今永德县永康镇。

大体而言，共计 20 府（含军民府，其中永宁府辖地不在今云南境内）、2 直隶州、2 御夷府（其中孟艮御夷府地不在今云南境内），3 御夷州。

2. 各宣慰司、宣抚司、安抚司、长官司

车里军民宣慰使司：元代为彻（或“车”）里总管府。洪武十五年（公元 1382 年）闰二月置为军民府，洪武十九年（公元 1386 年）十一月改为军民宣慰使司。

缅甸军民宣慰使司：洪武二十七年（公元 1394 年）六月置。领长官司一：东倘长官司。

木邦军民宣慰使司：元代为木邦路。洪武十五年三月置为府。永乐二年（公元 1404 年）二月改军民宣慰使司。

八百大甸军民宣慰使司：元代为八百等处宣慰使司。洪武二十四年（公元 1391 年）六月改置。

孟养军民宣慰使司：元代为云远路。洪武十五年三月置为府。永乐二年（公元 1404 年）六月改军民宣慰使司。

老挝军民宣慰使司：永乐二年（公元 1404 年）四月置。

南甸宣抚司：元代至元二十六年（公元 1289 年）置南甸路。永乐十二年正月置州，直隶布政使司。正统九年升宣抚司，仍直隶布政使司。

干崖宣抚司：元代为镇西路。洪武十五年三月为府，后废，属麓川平缅司。永乐元年（公元 1403 年）正月析置干崖长官司，直隶于都指挥使司。正统九年（公元 1444 年）六月升宣抚司，直隶布政使司。

陇川宣抚司：本为麓川平缅军民宣慰使司，正统九年（公元 1444 年）改置为陇川宣抚司。

孟密安抚司：成化二年（公元 1466 年）析木邦地置。

蛮莫安抚司：万历十三年（公元 1585 年）析孟密地置。

者乐甸长官司：永乐元年（公元 1403 年）析麓川平缅地置，直隶布政使司。治所在今镇沅县恩乐镇。

芒市御夷长官司：元代为茫施路。正统八年（公元1443年）置，直隶布政使司。治所在今芒市。

孟琏长官司：元代为木连路。永乐四年（公元1406年）改置为长官司，辖今孟连、澜沧、西盟等地。治所在今孟连县。

以上宣慰司、宣抚司、安抚司中，缅甸、孟养、八百大甸、木邦、孟密、蛮莫等土司地区到明末时皆为缅甸洞吾王朝所吞并。

三、清代云南省的疆域与政区

（一）清代云南省的疆域

清代云南省的疆域，大体与明末相近。东至广西泗城府（治所在今广西凌云县，辖布柳河、澄碧河以西地区），南界安南，北至四川会理，西至天马关（天马关在今瑞丽市勐卯镇外缅甸境内）接缅甸，在高黎贡山以西、尖高山以北尚有一部分地区属于中缅之间的未定界。明代永乐年间曾属中国管辖的中南半岛北部地区此时已在中国控制范围之外。

在川、滇相邻地区，明代划入四川省的东川府、乌蒙府和镇雄府，于雍正四年（公元1726年）、五年（公元1727年）滇东北地区改土归流时，重新划归云南省管辖。

（二）清代云南省的行政区划

清代云南省的地方行政区划，大体稳定而时有更易。道光年间，云南省的行政区划为：14府，4直隶厅（即景东、蒙化、永北、腾越。厅为清代在新开发地区所设的一种政区建置，其长官为同知或通判，直隶厅的行政层级与府相当，散厅的层级与县相当。腾越原为永昌府属州，嘉庆二十四年，即公元1819年，升改为省直隶厅），4直隶州（广西、武定、元江、镇沅）。[1] 至清朝末年，云南省的地方区划为：14府、6直隶厅、3直隶州、12厅、26州、41县，此外，尚有1个土府、3个土州和18个土司。[2] 各府、直隶厅、直隶州直属于省，州（散州）、厅（散厅）、县则由各府管辖。各府、州、县官员的品级为：知府为从四品，直隶州知州、直隶厅同知及其他同知为正五品，隶属于府的知州为从五品，知县为正七品。

根据《清史稿·地理志》和《新纂云南通志·地理志》等的记载，清代云南各府、州、县的建置情况如下：

云南府：领7县、4州。7县为：昆明、富民、宜良、呈贡、罗次（今禄丰县东部碧城镇地区）、禄丰、易门；4州为：晋宁、嵩明、安宁、昆阳。府治在昆明县。

---

〔1〕清代云南地区行政区划不时有所调整。因此，各种史籍的记载也略有歧异。据谭其骧主编《简明中国历史地图集》的“图说”，清代云南省的行政建制为：14府，4直隶州（广西、武定、元江、镇沅），4直隶厅（景东、蒙化、永胜、腾越）。见谭其骧主编《简明中国历史地图集》，中国地图出版社1991年版。

〔2〕［民国］周钟岳等纂修：《新纂云南通志》（三），云南人民出版社2007年版，第310页。

武定直隶州：元代为武定府，乾隆三十五年（公元1770年）降为直隶州。领1县、2州。1县为和曲（今武定县）；2州为：元谋、禄劝。府治在和曲县。

大理府：领4州、3县、1长官司。4州为：赵州（今大理市凤仪镇）、邓川（今洱源县邓川镇地区）、宾川、云龙；3县为：太和（今大理市）、浪穹（今洱源县）；1长官司：十二关长官司（今祥云县米甸镇楚场地区）。大理府治在太和县。

丽江府：明代为丽江军民府，清代为丽江府。领2州、2厅、1县。2州为：鹤庆、剑川；2厅为：中甸厅、维西厅；1县为丽江（明代为通安州，乾隆三十六年即公元1771年改为丽江县）。丽江县为府治所在地。

楚雄府：领3州、4县。3州为：南安（今双柏县）、镇南（今南华县）、姚州（今姚安县）；4县为：楚雄（今楚雄市）、广通（今禄丰县西部广通镇地区）、定远（今牟定县）、大姚。府治在楚雄县。

永昌府：明代为永昌军民府，乾隆三十年（公元1765年）削“军民”字，改为永昌府。领2厅、2县、1土府、2土州、5宣抚司、3安抚司、2长官司。2厅为：龙陵厅、腾越厅（腾越厅原为州，后升为省直隶厅）；2县为：保山、永平；1土府为：孟定土府（驻今耿马县孟定镇）；2土州为：湾甸土州（驻今昌宁县西南的湾甸乡），镇康土州（驻今永德县东北的永康镇）；5宣抚司为：南甸宣抚司（驻今梁河县东北的九保）、干崖宣抚司（驻今盈江新城）、陇川宣抚司（驻今陇川县城）、盏达副宣抚司（驻今盈江县北莲花山）、遮放副宣抚司（驻地在今芒市西南部）；3安抚司为：潞江安抚司（驻今保山市隆阳区西南之潞江坝）、芒市安抚司（驻今芒市）、猛卯安抚司（驻今瑞丽县城）；2长官司为：户撒长官司（驻今陇川县北之户撒）、腊撒长官司（驻今陇川县北之腊撒）。永昌府治在保山县（今隆阳区）。

顺宁府：领1厅、1州、1县、1宣抚司。1厅为缅宁厅（今临沧市临翔区），1州为云州（今云县），1县为顺宁县（今凤庆县）。顺宁县设置于乾隆三十五年（公元1770年）也是顺宁府治所在地。1宣抚司为耿马宣抚司（驻今耿马）。耿马宣抚司地区本属孟定土府所辖。明万历十三年（公元1585年）析孟定地置安抚司，旋升宣抚司。

永北直隶厅：明代为北胜州，隶属鹤庆府，与澜沧卫同治。清代撤卫入州，先设为直隶州，所升为永北府。乾隆三十五年（公元1770年）改为直隶厅。领1县、1土府、1土州。1县为华坪县，1土府为永宁土府（驻今宁蒗县北的永宁乡），1土州为蒗蕖土州（驻地在今宁蒗县城南25公里的蒗蕖旧城）。府治在今永胜县城。

蒙化直隶厅：明代为蒙化府。雍正七年（公元1729年）省楚雄府的定边县（今南涧县）入蒙化府。乾隆三十五年（公元1770年）改为直隶厅。治所在今巍山县城。

景东直隶厅：明代为景东府。乾隆三十五年（公元1770年），改为直隶厅。治所在今景东县城。

曲靖府：明代即为曲靖府。康熙八年（公元1669年），将原明代曲靖府所设亦佐县并入罗平县，降寻甸府为州，隶属曲靖府。改原平夷卫为平夷县。雍正五年（公元1727年）析沾益州地置宣威州。清代曲靖府领6州、2县。6州为：沾益（即今沾益县），陆凉（今陆良县）、罗平、马龙、寻甸、宣威（今宣威市地区，明代为沾益州，包有今沾益、宣威2县市地，清代分置宣威州），2县为南宁县（今麒麟区）、平夷县

（今富源县）。曲靖府治在南宁县。

昭通府：明代为乌蒙府，隶属四川省，清雍正五年（公元1727年）改隶云南省。雍正九年（公元1731年）改名昭通府。领2厅、3县（原为2县，后增置靖江县）。2厅为：大关、鲁甸；3县为：恩安（今昭阳区）、永善、靖江（今绥江）。昭通府治所驻恩安县。

镇雄直隶州：明代为镇雄府，隶属四川省。清代雍正五年（公元1727年）改隶云南省，降为州，属昭通府。光绪三十四年（公元1908年）升为直隶州。辖今镇雄、彝良、威信等地。

澄江府：领2州、2县。2州为：新兴（今玉溪市红塔区）、路南州（今石林县）；2县为：河阳（今澄江县）、江川。

广西直隶州：明代为广西府，清代为直隶州。领3县：师宗、弥勒、丘北。州治在今泸西县城。

临安府：领3州、5县。3州为：石屏、阿迷（今开远市）、宁州（今华宁县），5县为：建水、通海、河西（今通海县河西镇、四街、纳古乡等地）、嶍峨（今峨山县）、蒙自。临安府治在建水县。

广南府：领1县、1州。1县即宝宁县（今广南县），1州即土富州（今富宁县）。治所在宝宁县城即今广南县城。

开化府：明代为教化、王弄、安南三长官司，属临安府。康熙六年（公元1667年），改流设府。领1厅、1县。1厅为安平厅（今马关县），1县为文山县（雍正八年即公元1730年置为府治）。

镇沅直隶厅：明代为镇沅府。雍正五年（公元1727年）设流官，并改者乐甸长官司为恩乐县来属。乾隆三十五年（公元1770年）降为直隶州，道光二十年（公元1840年）升为厅，并将恩乐县省并入厅。

镇边直隶厅：明代为猛甸长官司地。乾隆十二年（公元1747年）置缅宁厅，其地属缅宁厅。光绪十三年（公元1887年），析倮黑土司地置厅，以猛朗坝（今澜沧县城所在地勐朗镇）为厅治，辖今澜沧、双江、孟连等地。

元江直隶州：明代为元江府。顺治六年（公元1649年）设流官。顺治十八年（公元1661年），撤销原府属恭顺、奉化2州。乾隆三十五年（公元1770年）降元江府为直隶州，领新平1县。新平县原属临安府，雍正十年（公元1732年）划入元江府，并将原新化县并入新平县。清代元江直隶州辖地包括今元江、新平地区。

普洱府：明代为车里宣慰司地。雍正七年（公元1729年）置普洱府。领3厅、1县、1宣慰司。3厅为：威远（今景谷）、思茅（今思茅区）、他郎（今墨江），1县为宁洱县，1宣慰司为车里宣慰司。他郎厅原为明代恭顺州，清初撤省入元江府，雍正十年（公元1732年）设为厅，乾隆三十五年（公元1770年）划入普洱府。普洱府治在宁洱县。车里宣慰司驻今景洪北部的小勐养，辖江外六版纳地。

从清代云南省的行政区划建置可以看出，清代云南各地的区划建置，既是元、明以来云南省地方行政区划和建置的继承与发展，同时又是现今云南省各州、市行政建制的历史基础，清代的行政区划和建制，奠定了现今云南地方行政区划的基本格局。

第三节　元明清时期云南地区各民族

元明清时期是现今云南地区民族类别和分布格局发展变化和基本形成的重要时期。从民族类别而言，其一，在继承元代以前云南地区部族族属状况的基础上，形成了云南地区的世居少数民族，如白族、彝族、纳西族、哈尼族、傣族、壮族等民族；其二，伴随着元明清各代的政治变迁，内地和西域的一些部族迁移到云南地区居住和生活，形成了若干外来民族，如元代进入云南的蒙古族、回族，清代进入云南的满族、苗族等民族；其三，从明代洪武年间开始，内地大批汉族居民因从军、戍守、屯田、经商、做官等原因而迁入云南，并在云南地区长期定居下来，从明代开始，云南地区的汉族居民在人数上历史性地超过"土著"民族和其他民族，成为云南的"多数民族"，而"土著"民族和其他外来民族，则成为"少数民族"。从民族分布来看，各民族根据历史背景和文化传统，形成了大体稳定的居住地域和分布特点，这就是汉族、回族主要分布于内地城镇、坝区和半山区，白族主要分布于滇西洱海周围的坝区、半山区和山区，彝族则主要分布于滇东、滇中和滇西的山区，纳西族分布于滇西北的山区、半山区，傣族分布于滇西南河谷平坝地区，哈尼族主要分布于滇南、滇西南的山区，壮族则聚居于滇东南山区，苗族则分布于滇东、滇中和滇南的高寒山区，蒙古族集中分布于滇中的通海县。总体而言，经过元明清以来700多年的历史变迁，形成了现今云南地区20多个民族（人口在5000人以上）多元一体、交融共存的分布格局。

一、元明清时期云南地区的汉族

（一）明代浩大的汉族移民入滇活动

元明清时期云南地区民族关系变化的一个重要特点就是内地汉族人口大量移居云南，以汉族的族别身份在云南地区长期稳定地居住和生活下来。从明代开始，汉族人口逐渐超过其他土著民族人口，成为云南的"多数民族"，而各"土著"民族及其他民族则在人口数量上成为"少数民族"。元明清时期云南民族关系的历史变化形成了今天云南民族分布与构成状况的基本格局。

汉晋以来，历代都有一些汉族人口进入云南，但随着时间的推移，移入云南的汉族人口及其后裔，无论在血统上，还是文化上，都与土著民族发生交融关系。从唐代开始，移入云南的汉族人口与其他民族融合，形成所谓"白蛮"，经过南诏、大理国数百年的变迁，"白蛮"演变为"僰人""白人"，即今天白族的先民。到了元代初期，云南地区已无作为单一族群的汉族人口。忽必烈平定大理国后，虽然有一些汉族人口零星地进入云南行省地区，但数量较少，在当时云南地区的民族构成中，不占主要比例。明代景泰六年（公元1455年）刊印的《景泰云南图经志书》说元代及明初云南的人口分布是“夷汉杂处”：“云南土著之民，不独僰人而已，有曰白罗罗，曰达达，曰色目，及四方之为商贾军旅移徙曰汉人者，杂处焉。”[1] 文中的“白罗罗”为今彝族的先民，“达达”即蒙古人，“色目”即畏吾儿等民族。文中以“土著之民”来指称云南的族群状况，其所说的应是元末明初云南的民族构成状况，即明代汉族移民大规模进入云南前的民族构成状况。从文中的内容来看，明初云南的“土著之民”数量最多的为“僰人”，其次为“白罗罗”，再次为元代进入云南的“达达”和“色目”，最后才是汉人，而这些汉人是元代移徙到云南地区经商或当兵的外来人口，并非世代生活在云南地区的“土著”居民——《景泰云南图经志书》所言的“土著”是相对明代移入云南地区的人口而言的。总的来看，在明朝大军进入云南之前，作为单一族群的“汉人”，不仅数量较少，而且都是由于经商、从军、仕宦而进入云南的外来人口或流动人口。或者说，明代以前的云南社会，是一个“夷多汉少”的土著“夷人”占人口多数的“夷人”社会，今天所谓的“少数民族”，在元代以前，相对汉族而言，是云南地区的“多数民族”。

土著“夷人”变为云南地区的少数民族始于明代。从明初开始，随着内地汉族移民大规模地迁入云南，汉人成为云南地区人口数量上的“多数民族”，从而历史性地改变了云南地区的民族构成状况。明代汉族移民迁入云南的原因和形式有多种，如从军、屯田（包括军屯和民屯）、充军、经商、做官等多种，其中最多者为从军及屯田。

明朝为了巩固对云南的统治，在云南地区驻有大量军队。按明代的制度，一旦从军，即成为“军户”，即世袭的职业军人。军户不仅职业世袭，而且驻地不变，久而久之，“军户”也就成为定居于驻地的特殊居民（相对“民户”而言）。并且，由于明代实行军粮自给制，因此，明代的军士负有屯田之责，即所谓“三分守城、七分屯田”，因此，军士也就成为依靠耕种自食的特殊“农民”。由于军士长期驻守和世代为军，因此，军士的亲属也就成为随军人员，与军士一起长期生活于卫所驻地。所有这些，导致明代的汉族驻军及其亲属，成为移居云南的新族群。

明代的卫所驻军人员包括军士（在编的正式军人，包括马步旗军和屯军）、军余（军士的亲属，是编入军籍的预备军人或后勤人员）、军官和舍丁（军官亲属，也是编入军籍的公差人员）。如前所言，根据明朝万历年间所编《云南通志·兵食志》的记载，云南36个卫所共有马步旗军27838名，屯军34591名，舍丁18386名，军余254611名，[2] 全部军户和预备军户共计335426人。万历后，云南地区卫所数增至40个。以万历《云南通志·兵食志》的记载为基础，加上天启《滇志·兵食志》所记载的4个新增卫所的相关资料，可以计算出万历至天启年间云南40个卫所军官、军士、军余、舍丁的总数，即军官

[1] [明] 陈文纂修：《景泰云南图经志书》，见方国瑜主编《云南史料丛刊》（第六卷），云南大学出版社2000年版，第21页。

[2] [明] 邹应龙修、李元阳纂：《云南通志·兵食志》，见方国瑜主编《云南史料丛刊》（第六卷），云南大学出版社2000年版，第580页。

数为2309人，马步旗军数28838人（新增4所中，镇安所和右甸所马步旗军数缺，镇姚所为809人，定雄所为191人，合计1000人，加上其他36卫所的27838人，共计28838人；方国瑜先生计算出的数据为28476人[1]），屯军34654人（新增4所中，镇姚、右甸、定雄3所屯军数缺，镇安所为63人），军余数254611人（新增4所的军余数据缺），舍丁18386人（新增4所的舍丁数据缺），合计共计338436人。[2] 这是明代中后期云南各卫所在籍的军户或准军户的总人数。而这些人，都是从洪武年间以来内地来滇戍守的汉族军户移民的后代。[3]

值得注意的是，这些在籍的军户，并非汉族军户移民的全部。由于明朝规定，驻守云南的官兵，必须把家属从内地迁到云南驻地安家落户——已婚者须携带妻子、儿女同行，或由地方政府将其妻儿送至戍所，未婚者也须完婚后同行，因此，无论是明朝初期，还是中后期，除了在籍军士和军余外，一个“军户”尚有妻儿或父母等其他家人随同生活，而这些人无论是从内地迁来，或是在云南出生，在族别上，他们都是“汉人”。如果一个在籍军人（包括“军官”“军士”“军余”“舍丁”）按两名家人计算，则各卫所的军人及其家属约有近百万人。他们都是明代云南地区的“汉人”。

明代云南地区的汉族移民，除了“军户”移民外，还有“民户”移民以及因仕宦、经商而留滇者。明朝初期，为着开发和镇守云南的战略需要，曾迁移大量内地人口移民入滇。据清末所编《滇粹》记载，洪武二十二年（公元1389年），沐英赴南京朝见明太祖朱元璋，回滇时携江南（今江苏、安徽地区）、江西人民250余万人入滇，安置于曲靖、临安等府县，给予籽种、资金，令其屯田；沐英死后，其子沐春镇守云南期间（公元1392～1398年间），再移南京人民30余万入云南。[4] 这些数据可能有夸大之处，但明初有数十万江南地区民户移民至云南则是可能的。此外，洪武二十年（公元1387年），朱元璋下令从湖广的常德、辰州（今湖南沅陵）地区抽调部分民户往屯云南，其原则是凡每家有三名成年男丁者，必出一丁到云南屯田。所有这些人，最后都在云南定居生活下来。200多年后，在云南居住生活的汉人已占当时云南人口的大多数。对此，明万历后期居官云南的谢肇淛[5]（淛同“浙”）在其所撰《滇略》一书的“俗略”卷中作了这样的总结：“高皇帝既定滇中，尽迁江左良家闾右以实之，及有罪窜戍者，咸尽室以行，故其人土著者少，寄籍者多，衣冠礼法，言语习尚，大率类

[1] 方国瑜：《明代在云南的军屯制度与汉族移民》，载《方国瑜文集》（第三辑），云南教育出版社2003年版，第166页。

[2] 依据万历《云南通志·兵食志》的数据，加上天启《滇志》新增4所的相关数据，计算出万历至天启年间云南卫所在籍军户数338436人，而方国瑜先生计算出的总数为337724人。见《明代在云南的军屯制度与汉族移民》，载《方国瑜文集》（第三辑），云南教育出版社2003年版，第169页。

[3] 这是就总体的情况而言，边疆地区一些卫所，也有部分土军，即由当地部族民众充当士兵，如永昌、金齿千户所的土军。

[4] 参见尤中：《云南民族史》，云南大学出版社1994年版，第357页。

[5] 谢肇淛，福建长乐人，万历四十六年（公元1618年）任云南布政使司右参政，两年后离滇任广西按察使司按察使。《滇略》约成书于天启元年（公元1621年），刻印于天启五年（公元1625年）后。

建业。二百年来，熏陶渐染，彬彬文献与中州埒矣。”[1]

至万历年间（公元 1573～1619 年），云南地区的汉族人口到底有多少呢？万历《云南通志·赋役志》统计了各府应承担赋役的户口，其数字为：135622 户，1606361 口。[2] 这些户、口是云南布政司管辖下的民户，不包括在籍军户。万历《云南通志·赋役志》统计范围包括了云南府、大理府、临安府、永昌府、楚雄府、曲靖府、澄江府、蒙化府、鹤庆府、姚安府、广西府、寻甸府、武定府、景东府、元江府、丽江府、广南府、顺宁府、永宁府、北胜州和新化州等 21 府、州的人户，这些府、州人、户中包含了部分夷户人口在内，但不包括边地土司管辖下的部族人口。内辖夷户人口较多的府、州为广南府、镇沅府、丽江府、北胜州等，如北胜州，“所辖人户俱系西番、力些、僰人、摩些，不通汉语”[3]。但大多数府、州的居民为应承担赋役的汉族人口。以此而言，万历《云南通志·赋役志》所记载的 13 万多户、160 多万人中，大多数应为汉族人户。此一民户数，加上 30 多万军户数，估计明代后期云南地区汉族人口应在 150 万人以上。另外，《明史·地理志》也记载，明代万历年间，云南的人户数为：135560 户，1476692 口，[4] 与万历《云南通志·赋役志》记载的数字大体相近。这一数字同样也可看作是万历年间云南地区汉族人口的基本数据。

明代迁入云南的汉族移民来自内地何方呢？或者说，云南汉族居民的祖籍何地呢？在云南汉族的民间传说中，自己的先祖大多来自“南京”或“应天府”。这一说法真伪参半。真的是：确有一部分明代的云南汉族移民来自南京（南直隶，今江苏、安徽地区），或先在南京集中，然后从南京出发前来云南；伪的是：并非所有云南汉族居民的先祖均来自南京，实际上，从省籍来说，明代移居云南的汉族籍贯广泛，各省均有。在讨论这一问题前，我们有必要对明代全国的的行政区划及“南京”的历史概念作一说明。

从明代的行政区划来看，洪武年间，全国共设 1 个直隶区或直隶省，另外设 13 个布政使司（即 13 个省）。永乐初年，明成祖迁都北京后，将北京周围地区也设为直隶区，这样全国即有两个直隶区：京师（北直隶）、南京（南直隶）。直隶于京师的北直隶，其区域相当于今北京、天津两市，以及河北大部和河南、山东一部；直隶于南京的南直隶，其区域相当于今江苏、安徽两省。到了清初，以南直隶地区为江南省，以北直隶地区为直隶省。清朝康熙六年（公元 1667 年），将江南省分置为江苏、安徽两省，但习惯上仍合称两省为江南。另外，今天的南京市，在元朝时为集庆路，明朝洪武年间更名为“应天府”，作为首都所在地，辖境相当于今江苏江南大茅山、溧阳以西，及江北的江浦、六合县地，治所在上元、江宁（上元、江宁为两县，县治均在今

[1] ［明］谢肇淛撰：《滇略》，见方国瑜主编《云南史料丛刊》（第六卷），云南大学出版社 2000 年版，第 699 页。

[2] ［明］邹应龙修，李元阳撰：《云南通志·赋役志》，见方国瑜主编《云南史料丛刊》（第六卷），云南大学出版社 2000 年版，第 559 页。

[3] ［明］邹应龙修，李元阳撰：《云南通志·赋役志》，见方国瑜主编《云南史料丛刊》（第六卷），云南大学出版社 2000 年版，第 578 页。

[4] ［清］张廷玉等撰：《明史·地理志》，见方国瑜主编《云南史料丛刊》（第三卷），云南大学出版社 1998 年版，第 369 页。

南京市区，因此两县也就成为元明时期集庆路、应天府的治所所在地）。明成祖永乐十九年（公元1421年）迁都顺天府（北京）后，改顺天府为“京师”，而将应天府改称为“南京”。清代，又将南京更名为江宁，但习惯上仍称“南京”。因此，在明朝时期，“应天府”即“南京”。值得注意的是，在明代，“应天府”可称为南京，但“南京”并不仅包含应天府区域，所有直隶于“南京”的区域都可称为南京，即南京可代指“南直隶”地区，即今江苏、安徽两省地区。因此，从地域上而言，明代的“南京”有两层含义：狭义的南京即应天府，广义的南京即南直隶，也即清初的“江南省”，包含了今江苏、安徽两省的地域范围。[1]

明代设置布政使司的13个地区是：山东、山西、河南、陕西、四川、湖广、浙江、江西、福建、广东、广西、云南、贵州。[2] 这13个布政使司统辖地区加上2个直隶区，就是全国的基本行政区域。或者说，明代全国共有15个省级行政区域。这15个行政区域就是当时全国各族人民生活、居住的地区，也是民众的落籍地或寄籍地。这15个行政区域构成了明代云南汉族移民来源的基本历史地理背景。

下面，我们再以腾冲汉族居民的籍贯情况为例，讨论明代云南地区汉族移民的来源问题。

腾冲在明代以前为边陲“蛮夷”之地。南诏、大理国时置为腾冲府。元代改为腾越府（先为州，后改为府）。明朝洪武十五年（公元1382年）明军平定大理后，即分兵平定腾越。明成祖永乐元年（公元1403年），置腾冲守御千户所，隶属金齿军民指挥使司（金齿司治所在永昌，今保山隆阳）。明英宗正统二年（公元1437年），因麓川思氏的扩张威胁，腾冲成为防御边患的军事要地，朝廷决定从云南其他各卫调兵进驻腾冲，设置腾冲卫[3]，以加强腾冲地区的防卫力量。腾冲卫共辖6千户所，即左、中、右、前、后5千户所及腾冲守御千户所。据万历《云南通志·兵食志》的记载，腾冲卫的军官编制数为：指挥使1人，指挥同知2人，指挥佥事3人，经历司经历1人、知事1人，镇抚司镇抚1人，正副千户17人，百户伍47人，守卫仓大使1人，合

〔1〕如在景东地区卫所官员中，就有许多人的籍贯为直隶省籍，如直隶省凤阳府定远县、直隶省庐州府合肥县、直隶省淮安府安东县、直隶省应天府江宁县等。见方国瑜《明代在云南的军屯制度与汉族移民》，载《方国瑜文集》（第三辑），云南教育出版社2003年版，第305页。

〔2〕［清］张廷玉等撰：《明史·地理志》，见方国瑜主编《云南史料丛刊》（第三卷），云南大学出版社1998年版，第366页。

〔3〕根据万历《云南通志·兵食志》和天启《滇志·兵食志》的记载，腾冲卫设置于明英宗正统二年（公元1437年），而据《明史·地理志》的记载，腾冲卫则是设置于嘉靖十年（公元1531年）。《明史·地理志》关于“腾越州”的建置作了这样的记载：“腾越州：元腾冲府，属大理路。洪武十五年三月属布政司，寻废。永乐元年九月置腾冲守御千户所，属金齿军民司。宣德六年八月直隶都司。正统十年升所为腾冲军民指挥使司。嘉靖三年十月置腾越州，属府。十年十二月罢司为卫。”（见方国瑜主编《云南史料丛刊》第三卷，云南大学出版社1998年版，第376页）实际的历史情况应当是：正统初年，麓川土司思任法反叛，侵腾冲、南甸等地，朝廷从全国及云南各卫调兵至腾冲平叛。叛乱平定后，留守官兵组成了左、中、右、前、后5千户所，与腾冲守御千户所共同驻扎于腾冲，并由腾冲守御千户所统左、中、右、前、后5千户所。这实际上可看作是腾冲建卫之始。至正统十年，升守御千户所为腾冲军民指挥使司，统辖驻腾的6个千户所。嘉靖十年，正式废司设卫。

计 74 人。在籍士兵数为：马步旗军 1125 人，屯军 1209 名，舍丁 1258 人，军余 6166 人，合计 9758 人。腾冲卫的官兵总数接近 1 万人。

从腾冲卫官兵的籍贯来说，根据乾隆《云南腾越州志》卷七《职官志》的记载，腾冲卫所属六千户所官兵的籍贯情况是："左所"多江南、山陕、湖广籍，"右所"多江南、河南、湖广籍，"中所"多江南、浙江、山西籍，"前所"多江南、山东、湖广籍，"后所"多福建、江南、湖广籍，"腾冲"所系由守御千户所改设，多为"土人"，亦间有江南、山陕、湖、川等籍。[1] 从这些籍贯地可以看出，腾冲卫的官兵来自全国几乎所有省区。在全国除云南外的 14 个行政区中，至少包含了 10 个行政区的人员，其中，以江南、湖广籍人员为多，其他为陕西、河南、山东、山西、浙江、福建、江西、四川等省籍人员。而"江南"籍人氏，就是南直隶区人氏，即所谓广义的"南京"人。

另外，民国时期所编《民国腾冲县志稿》也对腾冲的"氏族"来源作了这样的记述：腾冲虽于元代内附，但其时汉族尚少。明代于腾冲先设守御千户所，后置腾冲军民指挥使司，其后军民分设，罢司为卫，并于嘉靖三年（公元 1524 年）设腾越州，隶属永昌府。"而一代军政，凡二百余年，凡卫职有起家为士大夫者，为将帅者，一时文学方技亦出于其间。原籍均从江、浙、湖广、山陕、江西、四川等处调拨，以示用夏变夷之道，氏族世系皆从此起。故腾冲氏族除土著外，其客籍则自明以来大多由于军籍，其次则为游宦服贾。"[2]《民国腾冲县志稿》列举了腾冲十二大姓的来源[3]：

李姓：有南京、山东、四川、土著各籍。

张姓：有南京、江西、湖广各籍。

杨姓：有南京、湖广、河南、陕西、土著各籍。

刘姓：有南京、湖广、四川、土著各籍。

赵姓：南京籍多，土著亦有。

王姓：有南京、江西、广东、四川、土著各籍。

黄姓：南京籍。

董姓：南京籍。

尹姓：有南京、四川各籍。

许姓：南京籍。

段姓：土著，大理总管段实之后；或亦有南京籍。

陈姓：有南京、湖南籍。

上列民国年间腾冲十二大姓中，除段氏一姓为土著外，其余十一大姓均为外省籍汉族人氏。他们进入云南的时间，多为明朝洪武或正统年间，也有部分姓氏为清初进入。

除了上列十二大姓外，腾冲尚有 130 多次姓。这些次姓氏族以南京籍为多，其次

[1] [清] 屠述濂修，文明元、马勇点校：《云南腾越州志》，卷七《职官志》，云南美术出版社 2006 年版，第 132～135 页。

[2] 李根源、刘楚湘主纂：《民国腾冲县志稿（点校本）》，云南美术出版社 2004 年版，第 416 页。

[3] 李根源、刘楚湘主纂：《民国腾冲县志稿（点校本）》，云南美术出版社 2004 年版，第 416 页。

为湖广、四川、山西各籍。他们入滇的时间多为明朝洪武年间或正统年间。[1]

下面以十二大姓中的山东李姓和南京许姓为例说明明内地汉族迁移腾冲的历史情况。

关于"山东李姓"入滇情况，民国十九年（公元1930年）所撰《腾冲青齐李氏宗谱序》对李氏家族的族源作了这样的记载："吾族籍出山东青州府益都县，自昭信公以千户从西平侯沐公英征云南，遂为迁滇始祖。正统间思机发叛麓川，三世祖全公、和公奉调至腾越，厥后子孙繁衍，几遍腾冲。而龙陵、永平、漾濞各县，亦有分居之者。"[2] 即是说，李姓始祖昭信公原籍山东青州府益都县（今山东省青州市），在洪武初年即随沐英南征而入滇，并落籍于云南；60年后的正统年间，昭信公的孙辈全公、和公因平定麓川思氏叛乱而调戍腾冲，最后李氏子孙遂定居于腾冲和滇西各地。根据族谱的记载，民国时期著名军政人物李根源先生即出自迁腾的山东青齐李氏。

关于"南京许姓"，明代英宗正统、天顺年间任腾冲副千户的许氏先祖许斌（字福山）于天顺二年（公元1458年）亲自撰写了《腾冲许姓自南京到腾肇基序》[3] 一文，记录了其自身及其叔伯、子侄来滇戍守的经过。关于许氏籍贯，许斌记述说："我南京应天府上元人也，历代皆理学名家。"据许斌的记述，许斌的祖父共生有5子，有学文者，亦有从武者。许斌一辈，也是兄弟五人。许斌约生于洪武三年（公元1370年），为家中长子。许斌记述了他从军及来滇的经历：

我业儒，至二十五岁，地方以丁赋征军，我与二弟、三弟舍文就武。宣德四年乙酉，我年六十，授百户职，二弟亦授职，浙江之堂弟忠、信二人亦授职，皆正六品世职。举家子弟俱入军伍效力。……因正统三年麓川贼思任发入据腾冲，黔国公昂（乃英之子）平之。任法谢罪，上不允。六年，命尚书王骥总督军伍，调京、湖、江、浙、川、广、山、陕、福建各处大军共十五万征之。是岁辛酉，我年已七十三，以年老告辞。上司见我身体康强，且嘉之曰：'此去万里云南，必得如此老成持重之人，率领子弟，庶不失事。'辞之不可，乃寄室于家门，率我子弟并所属军丁从征，于此往杉木笼等处破象阵，焚贼寨。思任发父子出走，我军获全胜，即留我各属军丁以守之。逾年，升腾冲军民指挥使司，以腾冲所统前、后、左、中、右五所，作军屯田亩之制。以军功升我腾冲副千户，授田六十七亩；刚、世二子俱升百户，各授田四十八亩，俱准世袭。其田归所属军丁管种，其屯军以三分应操，七分耕种。上以滇属地土每为蛮夷所分据，全腾历年多故，皆土酋蛮夷为患，宜调京都等处中华人物以充其地，庶几用夏变夷焉。此时，我之叔伯、兄弟、子侄，或留永昌，或留大理，或留楚雄、石屏、镇南，俱获送家口来。我妻王氏，少我三岁，亦七旬有余，森、毅、时三子在旁，愿以京都守其旧业。从我来之长子林，职名亮铨，娶毕氏，生德明；三子刚，娶叶氏，生

[1] 李根源、刘楚湘主纂：《民国腾冲县志稿（点校本）》，云南美术出版社2004年版，第416~420页。

[2] 李根源、刘楚湘主纂：《民国腾冲县志稿（点校本）》，云南美术出版社2004年版，第424页。

[3] 见李根源、刘楚湘主纂：《民国腾冲县志稿（点校本）》，云南美术出版社2004年版，第426~427页。

重甫；五子世未娶，俱获来腾，授基于南关外晋家园。

许斌的这一“九十自序”或“九十自传”（许斌写序时年已九十），是明代汉族移民入滇史的典型“样本”，包含着丰富的历史信息：明英宗正统年间，有大批内地军人因南征讨伐麓川思氏叛乱而留驻云南，他们的籍贯包括了除贵州、广西两布政使司地区外的内地各省；从明朝洪武年间开始，至正统、天顺年间的90年间，南京许氏家族三代从军、十数人或数十人世袭当兵，其中，叔伯、兄弟、子侄三代军人皆因南征而留居云南各地，并将原籍家属迁来后落籍于云南，尚未婚配者则在云南驻地娶妻生子（军户子女之间互相婚配）；在英宗正统年间，腾冲共驻有6千户所，除守御千户所外的其他前、后、左、中、右5所由腾冲守御千户所统领，这实际上是腾冲建卫之始；明朝在腾冲及云南地区建立卫所，具有军事、政治、文化等多重目的，总的目的就是“以夏变夷”、巩固边防、开发边地。

从腾冲汉族移民入滇的情况可以看出，明朝洪武、正统年间，内地各省有大批汉族军士及其家属因南征而留驻云南，成为云南地区的汉族移民；明代云南汉族移民的来源地或籍贯包括了内地所有省份，其中以南京、湖广（今湖南、湖北）、江西、四川等省籍为多，云南汉族居民常自称祖籍为“南京”或“南京应天府”的说法确有历史依据——以腾冲为例，《民国腾冲县志稿》“腾冲县宗祠一览表”所列举的有明确籍贯来源的76个宗族中，有41个宗族的籍贯来源为“南京”“南京上元”或“南京应天”,〔1〕但不能因此就一概而论，对于全省汉族各姓氏宗族的来源，仍应根据历史情况进行具体翔实的考察分析。这就是我们对明代云南汉族移民入滇情况的基本看法。

（二）明代入滇的汉族移民的分布状况

从汉族移民的地理分布来看，明代入滇的汉族移民集中分布于曲靖府、云南府、楚雄府、姚安府、大理府、永昌府以及临安府等地，即今天滇东的曲靖地区，滇中的昆明地区、楚雄地区，滇西的大理地区、保山地区，以及滇南的建水地区。值得注意的是，曲靖、昆明、楚雄、大理、保山（永昌）等地，自汉晋以来即是云南地区的政治中心、军事重镇和交通要道，也是历代汉族移民集中的地区，而滇南的建水地区（即元明清时的临安府地区），相对而言，在元代以前经济社会发展较为滞后，主要为各土著民族部落分布地，明代以后，随着内地汉族移民的进入，得到了较快的开发和发展。

随着明代汉族移民的大量进入，云南地区的民族分布格局，也随之发生重要变化，形成了以汉族居民为主的地区、“夷汉”杂居地区和以“夷人”为主的地区三种类型。

〔1〕见李根源、刘楚湘主纂：《民国腾冲县志稿（点校本）》，云南美术出版社2004年版，第416～423页。另外，明代云南地区的汉族移民中，南京籍移民较多，这也是当时人们的一个普遍看法。明代后期谢肇淛所撰《滇略》卷四的“俗略”即说：“（云南）汉人多江南迁徙者，其言、音绝似金陵，但呼院曰‘万’，街曰‘该’，鞋曰‘孩’，虹曰‘水椿’，松炬曰‘明子’，蓄水曰‘海子’，岭曰‘坡子’，沟曰‘龙口’。”（见《云南史料丛刊》第六卷，云南大学出版社2000年版，第701页）

明代万历年间任云南右参政的谢肇淛在其所著《滇略》中对当时各府的“文明开化”程度曾有这样的评论：“云南、大理、临安、鹤庆、永昌诸郡，四民乐业，守法度，子弟颖秀，士大夫多才能，尚节义；曲靖、楚雄、姚安、澄江之间，山川夷旷，民富足而生礼义，人文日益兴起；其他夷、夏杂处，然亦蒸蒸化洽，惇朴易治，庶几一变至道者也。”[1] 谢肇淛所说的虽然是各地受汉文化特别是儒家文化影响的程度和状况，但也在一定程度上反映出了云南各地汉族移民的分布状况——汉文化的传播与汉族移民的分布具有密切的关系。清代光绪年间刘慰三所撰《滇南志略》也说清代云南省治所在的“云南府城”（今昆明市）的居民状况是：“会城五方杂处，江右、川、楚之人为多，其民遵礼教，畏法度，士大夫多才能，尚节义，彬彬乎声名文物与中州相埒。”[2] 十分明显，明清时期云南府城居民大多是江西、湖广、四川等各省移民的后裔。

需要强调指出的是，明代入滇的汉族移民，以从军戍守者为多，因此，汉族移民的分布地也集中于卫所驻地及周围地区。根据明朝的制度，驻守在卫、所、屯、堡（设于交通要道的驿站或防哨）、哨（设于险要之地的关卡、防哨）、铺（即铺舍，负责邮传往来的卫军或民夫驻地）的军丁，不仅要担负相应的戍守、递送、运输等工作，而且就地耕田自食，久而久之，他们也就成为当地的常往居民。因此，凡卫、所驻地及卫、所下的营、屯、堡、哨、铺等地，均是明代汉族移民的分布地，而其中名为堡、屯者，更是卫所驻军的集中分布聚落。因此，根据卫、所、营、屯、堡、哨、铺的分布状况即可大体描绘出明代汉族移民的分布格局。下面，以曲靖府地区卫、所的分布状况来加以说明。

明代曲靖府地区共分布有曲靖卫、越州卫、陆凉卫、平夷卫、马隆守御千户所等5个卫、所，5卫、所的军士数共计8024名，舍丁和军余数计为19004名[3]，合计27028名。围绕着曲靖府城及周围地区，卫所驻军开展了广泛的屯田活动，设立了许多屯地、屯仓。根据万历《云南通志·兵食志》的记载，曲靖府城周围地区（今麒麟区、马龙县、沾益县、宣威市辖区）的部分屯地、屯仓如下：

东山堡屯（在府东三十里）、何家屯（在府东十里）、石宝山屯（在府南三十里）、王百户屯（在城南三十里）、碌碑村屯（在城西南十五里）、犬蹄铺屯（在城西十五里）、卜浪川屯（在城北八十里）、鲁石屯（在城西南一百里），木叶村屯（在城西五十里）、龙井屯（在城西五十里）、古城屯（在城北十五里）、交水屯（在城北三十五里）、西冲屯（在城北三十里）、陈方桥屯（在城东北七十里）、普鲁吉屯（在城北七十里，今沾益松林）、高桥屯（在沾益州北二十里）、东屯（在沾益州东五十里）、杓

〔1〕［明］谢肇淛撰：《滇略》，见方国瑜主编《云南史料丛刊》（第六卷），云南大学出版社2000年版，第699页。

〔2〕［清］刘慰三撰：《滇南志略》，见方国瑜主编《云南史料丛刊》（第十三卷），云南大学出版社2001年版，第43页。

〔3〕据万历《云南通志·兵食志》数据统计，见方国瑜主编《云南史料丛刊》（第六卷），云南大学出版社2000年版，第592～593页。

得屯（在沾益州西北三十里）、罗木屯（在沾益州东南五十里）。[1]

实际上，曲靖府地区的屯地、屯仓当不仅如此，志书所载可能为其中较大者。以马隆（即马龙）州境内为例，在曲靖府地区的5卫、所中，马隆千户所的兵丁数相对最少，但尽管如此，在马隆千户所治所（据志书记载，马隆所治在马隆州治北，也即今马龙县城北）周围地区（据相关情况推断，马隆千户所官兵驻屯的重点区域，当为今马龙县通泉镇、王家庄镇区域），仍留下了许多与屯田有关的地名。据史籍记载，明代马隆州境内有一个重要屯地为鲁石，而明代的鲁石即今马龙县西北部与寻甸县七星乡相邻的马过河镇鲁石村委会所在地。鲁石村周围有上官坝、黄瓜屯等村庄，而在鲁石村的东北方向，还有名为新屯、中屯、张安屯、晏家屯、湛家屯等的村庄，这些村庄显然与明代在这一地区的屯田有关。而在鲁石村往北数公里的寻甸县境内，有一块宽阔茂盛的草场，名为"北大营"草场，"北大营"草场的得名，也应与明代军屯有关。除了马过河镇外，现今马龙县境内，与屯田有关的村名尚有：通泉镇（县城所在地）的中小屯，月望乡附近的下营、上营、越州屯，纳章镇附近的民村、军村，旧县镇附近的上南屯、大路屯等。

这里，我们对明代鲁石及周围地区的屯田和驻守情况再作进一步的讨论和说明。根据万历《云南通志·兵食志》的记载，鲁石尽管在今马龙县境内，却是曲靖卫下属的6屯仓之一，而非马隆守御千户所的屯仓（马隆守御千户所的屯仓只有一个，叫作"江南村"），由此来看，鲁石似乎属于曲靖卫的屯地，但根据明末旅行家徐霞客（弘祖）的实地考察，鲁石却是平彝卫所属的屯地。明崇祯十一年（公元1638年）九月二十三日，徐霞客在游历马龙县西北部地区时，对鲁石的屯垦情况作了这样的记述："有大聚落在西坡下，是为鲁石哨，其处已属寻甸，而屯者犹平彝军人也。"[2] 即是说，明代时，鲁石属于寻甸府的地域，但却是曲靖卫的屯仓，而驻屯的军人又是平彝卫的士兵。情况为何如此复杂呢？原因在于今马龙县北部地区实为明代曲靖府、寻甸府交界的地区，也是曲靖府区域内马龙、南宁（今曲靖市麒麟区）、平彝三州县、卫所相邻和交界的地区，故而形成了如此复杂的情况。实际上，不仅鲁石的军政隶属关系如此复杂，鲁石周围其他屯地和聚落的情况也同样如此。徐霞客在今马龙北部色卡（当时称作洒家）、新屯等村落考察时，把这种复杂的情况作了了解和记录："坞（徐霞客笔下的'坞'即山间的平地，其意如同一般所称的'坝子'或'平坝'——引注）北有村聚当北岗上，是为洒家，乃一里经坞登岗，由洒家西向行。一里，越陇西下，有峡自北来，小水从之，是亦麦冲南来之道。遂循其坞转而西南行，二里抵新屯，庐舍夹道，丰禾被坞。其处为平彝之屯。据土人言，自堰口之北兔街子，屯属平彝，而粮则寄于南宁；自洒家之西抵三车，屯属平彝，粮则寄于马龙；自一碗冲之西抵鲁石，屯属平彝，而界则属于寻甸。盖寻甸、曲靖，以堰口老龙南分之脊为界；马龙、南宁，

---

〔1〕见方国瑜《明代在云南的军屯制度与汉族移民》，载《方国瑜文集》（第三辑），云南教育出版社2003年版，第243页。

〔2〕［明］徐弘祖撰，朱惠荣校注：《徐霞客游记校注》（下），云南人民出版社1985年版，第784页。

以堰口老龙为界；而平彝则中错于两府之交而为屯者也。”[1] 不管马龙县北境明代时各屯的军政隶属关系如何，其作为当时曲靖府地域（这一区域的主体部分属于曲靖府管辖）内卫所驻守和屯垦的一处重点区域则是十分明确的。因此之故，它也是明代云南汉族移民分布和居住的重点区域——随着时间的推移，至明末徐霞客游历时，这些屯垦地都变成了“庐舍夹道，丰禾被坞”的移民新村。而新屯附近的保谷庄（明时称为保官儿庄），同样是一个由于屯垦而兴起的大村庄。徐霞客游历马龙北境时，考察了保谷庄并作了记录：“自屯（即新屯——引注）西逾坡，共一里余，过一坞，有两三家在西岭，其坞复自北而南。由村南转而逾冈西南下，二里，复有一坞，溪畴南环，聚落北倚，是为保官儿庄，夹路成衢，为村聚之最盛者，此亦平彝屯官之庄也”[2]。

另外，曲靖府陆凉州（今陆良县）作为六凉卫驻地和重要的军屯区域，也留下了许多与卫所驻防、屯田有关的村落名字，可以认为，这些村落即是明代卫所驻军的分布地和居住地。方国瑜先生据民国《陆良县志》记载，对民国时期陆良县与军屯有关的村落名称作了列举：有称“所”者，如右所、左所、后所；有称“堡”者，如刘官堡、计官堡、李官堡、郭地堡、朱家堡、吴胜堡，以及薛官堡、杜旗堡、常旗堡、双官堡等；有称“屯”者，如方官屯、占屯、邑市屯、中舟屯等；有称“旗”者，如周旗营、韩旗营、白旗营、杨旗田、黄旗田等；有称“庄”者，如周官庄、孙官庄等，还有直接称“小百户”者（今陆良县尚有“小百户镇”），等等。[3]

总的来说，明代云南各地凡带有卫、所、屯、堡、哨、旗、铺的地名，均为卫、所官兵及家属的驻防地和屯田地，也是明代汉族移民的分布地。现今云南各地带有“屯”“所”“旗”“营”“哨”等字样的村落和地区，其居民多为明代迁滇汉族移民的后代。这就是我们对明代迁滇汉族移民分布状况的基本看法。

二、元明清时期云南地区的少数民族

从元代开始，关于云南地区各部族、民族的发展状况，不仅有较多的历史记载，可供我们认识和分析，而且各民族的发展线索，也相对较为清晰。这就是，从明代开始，汉族成为云南地区的多数民族，而其他民族均是云南的“少数民族”；云南地区的少数民族既有元代以前的“土著”民族，也有元以后迁入的民族，而元代以前居住和生活于云南的“土著民族”或世居民族，构成了云南地区少数民族的主体。根据元代李京《云南志略》的记载，元代及以前云南地区的土著民族，包括“白人”“罗罗”“土獠蛮”“斡泥蛮”“金齿百夷”“磨些”“野蛮”“蒲蛮”等，他们是今天白族、彝

[1] [明] 徐弘祖撰，朱惠荣校注：《徐霞客游记校注》（下），云南人民出版社 1985 年版，第 782 页。

[2] [明] 徐弘祖撰，朱惠荣校注：《徐霞客游记校注》（下），云南人民出版社 1985 年版，第 782 ~783 页。

[3] 方国瑜：《明代云南的军屯制度与汉族移民》，载《方国瑜文集》（第三辑），云南教育出版社 2003 年版，第 248 ~249 页。

族、傈僳族、壮族、哈尼族、傣族、纳西族、景颇族、阿昌族、布朗族、德昂族、佤族等民族的先民。明清时期，云南地区的部族和民族，虽然种类甚多，但主要者仍为“罗罗”、“白子”（民家）、“摆夷”、“磨些”等各族。清代吴大勋所著《滇南闻见录》作了这样的记述：“夷人不啻百种，古时各据一方，各自为类，语言、嗜好、情性、风俗亦不相通。惟服麻、赤足、短衣、小帽，大略相似。迤东之夷，鲁倮居多，迤西、南之夷，摆夷居多。其中男之秀者，大理之民家；女之美者，普洱之白夷也。”[1]

下面，我们根据史籍记载，对元明清时期云南地区少数民族的历史情况作一简要论述。

（一）彝族

彝族是云南人口最多、历史最为悠久的少数民族。根据2010年的人口普查数据，云南省全省彝族人口为502万人，占全省总人口的10.94%。[2]

彝族的先民为唐代前期爨氏统治地区的“乌蛮”族群，即汉晋时期居住于滇东、滇中及金沙江两岸地区的“夷”“叟”，是爨氏统治下的主要族群或族属，也是“爨人”的主体部分。至唐代前期，爨人中经济文化较发达者，被称为“西爨白蛮”，经济文化发展较滞后者被称为“东爨乌蛮”。唐代中期爨氏败亡后，“西爨白蛮”被西迁至洱海地区，并与洱海地区的“白蛮”逐渐融合形成南诏、大理时期包含着更多族源的新的民族群体“白蛮”——“白人”，而居住于滇东、滇中地区的“东爨乌蛮”则陷入各据山川、不相统属的部落状态。南诏后期和大理国时期的滇东“三十七部”，其主要部族就是原来的“东爨乌蛮”，他们与大理国之间是一种结盟或羁縻的关系，大理国政权不能对他们进行直接有效的管辖。

到了元代，滇东地区的“乌蛮”被称为“罗罗”。“罗罗”的名称由滇东“乌蛮”中一部“卢鹿蛮”的称谓衍化而来。元代李京《云南志略》说：“罗罗，即乌蛮也。”“自顺元、曲靖、乌蒙、乌撒、越嶲，皆此类也。”[3] 元代的顺元路即今贵州贵阳地区，曲靖即今滇东曲靖，乌蒙为今昭通，乌撒为今贵州威宁，越嶲即四川西昌，即是说，今川、滇、黔相邻的金沙江流域地区即为元代“罗罗”的主要分布区域。元代以后，整个云南地区的“乌蛮”都被统称为“罗罗”，或“爨夷”（滇东、滇东北地区的“罗罗”也被称为“爨夷”或“爨蛮”），或“夷”（明清时期，广义的“夷”泛指各少数民族，狭义的“夷”即指“罗罗”，即今彝族先民），而各地的“罗罗”，除了“罗罗”的统称外，又有许多地域性或支系性称呼。如明代谢肇淛《滇略》中的“夷略”记载武定地区的“夷人”时说：“武定诸夷曰罗婺，曰黑、白爨，曰木察，种类

[1] ［清］吴大勋撰：《滇南闻见录》，见方国瑜主编《云南史料丛刊》（第十二卷），云南大学出版社2001年版，第19页。

[2] 云南省统计局、云南省第六次全国人口普查办公室：《2010年云南省第六次全国人口普查主要数据公报》（2011年5月9日）。其他少数民族人口数据来源相同。

[3] ［元］郭松年、李京撰，王叔武校注：《大理行记校注·云南志略辑校》，云南民族出版社1986年版，第89页、第90页。

不一，俗尚略同，而黑爨尤为凶顽。"[1] 据统计，在近代时期，云南各地彝族的名称多达百余种。

明代，随着汉族移民的大量入滇，滇东、滇中、滇南的许多地区变成了"罗罗"与汉族"夷汉杂居"的局面。而在滇西地区，同样生活和居住着许多"罗罗"族系。从地理特点来看，"罗罗"主要居住于山区、半山区，而汉族大多居住于坝区。汉族以农耕为基本生计类型，而"罗罗"的生计方式，既有以农耕为生的，也有以畜牧、射猎为生的。如明代谢肇淛所撰《滇略》记载说："曲靖之夷，亦曰黑、白爨，椎髻皮服，居深山，虽高岗硗陇，亦力垦之，种甜、苦二荞以自赡。"[2] "楚雄之夷曰罗婺，居山林高阜，以牧养为业。"[3] 而在文化习俗上，"罗罗"总体上保持着自唐宋以来本部族的风俗习惯和生活方式，如披毡、跣足、火葬、好斗等。如"罗婺"，"男子髻束高顶，戴笠披毡，妇人方领黑衣，长裙，披发跣足。所居有房屋，无床榻，以松毛铺地而卧。"[4]

清代，"罗罗"仍呈现出大杂居、小聚集的特点，既分布于全省各地，而又以滇东的乌蒙、东川、曲靖、寻甸，滇中的楚雄、姚安，滇西的蒙化（今巍山）、鹤庆、永胜等地为主要聚居区。或者说，以今昭通地区、曲靖地区、红河州北部、昆明地区北部、楚雄地区、大理地区北部为其主要分布地。这一地区，实际即南北朝以来的"乌蛮"和"东爨乌蛮"分布地域。其名称，仅以"罗罗"为名者，就有"黑罗罗""白罗罗""撒弥罗罗""妙罗罗""阿者罗罗""干罗罗""鲁屋罗罗""撒完罗罗""海罗罗"等。[5]

（二）白族

白族也是云南主要的少数民族。根据2010年的人口普查数据，云南省的白族人口为156.1万人。

白族的先祖为唐宋时期的"白蛮"和元明清时期的"僰人""白人""白子""民家"。经过南诏、大理国数百年的不断积累和发展，特别是对内地汉文化的广泛借鉴、学习，至大理国后期，洱海地区的"白蛮"族群融合形成了一个相对稳定的新的民族共同体——"僰人"或"白人"。至元代初年，"僰人"或"白人"与由"乌蛮"演化而来的"罗罗"或"爨人"成为云南境内最主要的民族共同体，元朝在云南所征发的地方军队，即统称为"爨僰军"。

蒙古人攻灭大理国后，大理国王段兴智及其弟段实积极投靠蒙古贵族，为蒙古军

---

〔1〕［明］谢肇淛撰：《滇略》，见方国瑜主编《云南史料丛刊》（第六卷），云南大学出版社2000年版，第780页。

〔2〕［明］谢肇淛撰：《滇略》，见方国瑜主编《云南史料丛刊》（第六卷），云南大学出版社2000年版，第781页。

〔3〕［明］谢肇淛撰：《滇略》，见方国瑜主编《云南史料丛刊》（第六卷），云南大学出版社2000年版，第780页。

〔4〕［明］谢肇淛撰：《滇略》，见方国瑜主编《云南史料丛刊》（第六卷），云南大学出版社2000年版，第780~781页。

〔5〕［清］檀萃辑，宋文熙、李东平校注：《滇海虞衡志校注》，云南人民出版社1990年版，第314~317页。

队南征北战，受到忽必烈的封赏。中统二年（公元1261年），段实入觐朝见忽必烈，被授予统领大理、鄯（或作“善”）阐、威楚、统矢、会川、建昌、腾越各府的权力；终元之世，段氏家族一直世袭担任“大理总管”一职，统辖着今楚雄以西的滇西地区。基于这一历史背景，元代，“白人”主要聚居于滇西的大理路（今大理洱海地区）、鹤庆路（今鹤庆周围地区）以及滇中的威楚路（今楚雄地区）、中庆路（今昆明地区）、滇西的永昌府（今保山地区）等地，此外，滇东的曲靖、寻甸，金沙江以北的建昌（今西昌地区），滇南的元江等地都有少量白人分布。在上述地区，白人主要居住于城镇、坝区和交通沿线地区，而在山区则为“罗罗”等民族所杂居。

明代，白人的居住地域与元代基本相同。明末所编《天启滇志·羁縻志·种人》记载“白人”时说：“滇郡及迤西诸郡，强半有之。习俗与华人不相远，上者能读书，其他力田务本，或服役公府，庶几一变至道者矣。”[1]《道光云南通志·南蛮志·种人》引《皇朝职贡图》的资料说：“白人，其先居大理白崖川，即金齿白蛮部，皆僰种（‘白人’先民为南诏、大理时由僰人、汉人等融汇而成的‘白蛮’，与傣族的先民‘金齿百夷’无关，把‘白人’称为僰种是正确的，但说成‘金齿僰夷’则是错误的，这一说法显系明代白族学者李元阳把‘金齿百夷’或‘百夷’写作‘僰夷’，而把由僰人演化而来的白人称作‘民家’‘郡人’后而引起的误读——引注）。后居景东府地，而云南、临安、曲靖、开化、大理、楚雄、姚安、永昌、永北、丽江等府俱有之，随各属土、流兼辖。其居处与民相杂，风俗、衣食悉仿齐民。有读书应试者，亦有缠头、跣足、衣短衣、披羊皮者。又称民家子，岁输赋税。”[2]

值得注意的是，明代以后，随着内地大量汉族人口的迁入，在原来主要为白人居住的地区，变成汉、白共居的局面。并且，在大理以外的地区，汉族人口数量超过了“白人”的人口数。由于汉、白共居，白人的社会经济文化水平继续领先于其他各少数民族，白人学习汉文化的风气更盛，涌现出了许多卓有成就的知识分子，如编纂万历《云南通志》的李元阳等。李元阳有感于白人较高的经济文化发展水平，出于民族自尊心理，在其所撰著的文献中，将“白人”称作“郡人”，而将“僰人”的“僰”字用来指称现今傣族的先民“百夷”，将元代以来所称的“百夷”，改称“僰夷”，引起文献识读上的混乱。

从明代后期开始，“白人”又自称“民家”，即把自己当作与汉族移民相同的“民户”，以与“军户”和其他“夷户”相区别。如《顺宁府志》记载顺宁（今凤庆）地区的白人时即说：“此多大理、剑川来者。彼以夷从汉，自称为民家，即如民家曲，实夷语也。能知汉语，识字读书，或习梓匠，为杂工，凡作室、制器，取利则来。”[3]

---

〔1〕［明］刘文征撰：《天启滇志·羁縻志》，见方国瑜主编《云南史料丛刊》（第七卷），云南大学出版社2001年版，第78页。

〔2〕［清］阮元、伊里布等修，王崧、李诚等纂：《道光云南通志》，见方国瑜主编《云南史料丛刊》（第十三卷），云南大学出版社2001年版，第347页。

〔3〕［清］阮元、伊里布等修，王崧、李诚等纂：《道光云南通志》，见方国瑜主编《云南史料丛刊》（第十三卷），云南大学出版社2001年版，第348页。

这说明所谓“民家”实即不断汉化的“白人”。清代顺宁地区的“民家”可能即是当时到顺宁做工谋生的大理、剑川白族木匠。

（三）哈尼族

哈尼族主要分布于滇南的红河、普洱、玉溪地区。2010年，云南省的哈尼族人口为163万，是云南人口较多的少数民族。

哈尼族也是南迁的氐羌族系之一。唐代，哈尼族的先民被称为“和蛮”。“和蛮”的得名，可能与哈尼族先民居于高山有关，因为南诏时称山为“和”。唐朝初期，“和蛮”首领王罗祁归附唐朝，并向唐朝贡献方物。南诏时，“和蛮”主要分布在通海节度和银生节度辖区，即今红河州和普洱市境内，与“僚子”“百夷”等错杂而居。元代，李京所撰《云南志略》对哈尼族先民“斡泥蛮”的情况作了记载：“斡泥蛮，在临安西南五百里，巢居山林。”[1]“斡泥”即“哈尼”，由“和蛮”演化而来，“哈”即“和”，“尼”为人之意。

明清时期，哈尼族的先民被称为“窝泥”“和尼”“阿泥”“阿卡”“卡惰”等，关于哈尼族先民情况的记载也逐渐增多。刘文征所撰《天启滇志》记载说：窝泥，“临安郡属县及左能寨、思陀、溪处、落恐诸长官司，景东、越州皆有之。”[2] 明代天启初年谢肇淛所撰《滇略》在记述楚雄地区彝族情况后说，“其西南有和泥蛮，男子剪发齐眉，衣不掩胫；妇人头缠布，或黑或白，长五尺，以红索尺许缀海贝、青绿珠为璎珞，桶裙无襞积；女子以红黑布相间，缀于裙之左右，既适人，则以藤丝圈束膝下。婚姻，男以水泼女足为定”[3]。

清代道光《普洱府志》记载辖区内的窝泥情况说：“黑窝泥，宁洱、思茅、威远、他郎皆有之。性情和缓，服色尚黑。鸡卜占吉凶，遇病不服药，宰牲祈祷而已。在思茅者，采茶为生。在威远、他郎（威远为今景谷，他郎为今墨江——引注）者，男勤耕耘，女务织纺，采薪入寺交易；嫁娶婚丧，略似汉礼；通晓汉语，近有读书应试者。在宁洱者，刀耕火种。妇女虽行路负载，亦撵［捻］线，苦勤食力。”“白窝泥，宁洱、他郎有之。性情愚鲁，服饰尚白，身挂海𧴩，耳坠大环。所住上楼下屋，人住楼上，畜住楼下，名为掌子房。以耕种为生。土产花猪，家家多畜养之。”[4]《道光云南通志·南蛮志》则对清代哈尼族的总体情况作了记述：“窝泥，本和泥蛮之裔。南诏蒙氏置威远睒［赕］，称和泥，为因远部。明置元江府，东至元江，南至车里，西至威远，北至思陀，皆和泥种。今云南、临安、景东、镇沅、元江五府皆有之。居深山，

[1] ［元］郭松年、李京撰，王叔武校注：《大理行记校注·云南志略辑校》，云南民族出版社1986年版，第95~96页。

[2] ［明］刘文征撰：《天启滇志·羁縻志》，见方国瑜主编《云南史料丛刊》（第七卷），云南大学出版社2001年版，第79页。

[3] ［明］谢肇淛撰：《滇略》，见方国瑜主编《云南史料丛刊》（第六卷），云南大学出版社2000年版，第781页。

[4] 道光《普洱府志》卷一八《土司·种人附》，见姜定忠编纂《哈尼族史志辑要》，云南民族出版社2007年版，第24页。

性朴鲁，面黛黑，编麦秸为帽，以火草布及麻布为衣。男女皆短衫长裤。耕山牧豕，纳粮赋，常入市贸易，亦有与齐民杂处村寨。其俗：女适人，以藤束膝下为别。娶妇数年，无子则逐之。祭祀宴会，击钲鼓、吹芦笙为乐。"[1] 总的而言，清代哈尼族主要分布于临安、元江、镇沅、景东、普洱等府相邻地区，过着耕山而食的生活，生活条件较为艰苦。

（四）傣族

傣族也是云南的世居民族，在全省许多地区均有分布，其集中分布区域，则为滇西南的西双版纳傣族自治州和德宏傣族景颇族自治州，在临沧、普洱、玉溪、红河等地也有较多分布。根据2010年的人口普查数据，云南省的傣族人口数为122万人。

傣族与壮族一样，属于百越系统的民族，均由汉晋时期的"僚""鸠僚"发展而来。唐代，分布于滇南、滇西南地区的"僚"人成为"金齿""银齿""茫蛮"等部落，他们即是现今傣族的先民。元代，傣族的先民被称为"金齿百夷"。至明代，则称为"百夷""白夷"或"伯夷"，到了清代，则被统称为"摆夷"。从唐代开始，傣族的先民其自称即为"傣"。傣族的语言属于汉藏语系壮侗语族壮傣语支。

明清时期，傣族先民主要分布于滇西南、滇南的永昌府、南甸宣抚司、陇川宣抚司、芒市长官司、镇康州、孟定府、车里军民宣慰司、景东府、镇沅府等地区，即今德宏州、临沧地区南部、西双版纳州、普洱市等地，另外，在云南省内其他各地也有分布。故此，清朝乾隆年间所编《皇朝职贡图》在介绍"摆夷"的情况时说："元初内附，其部落接壤缅甸、车里。今云南（即云南府，今昆明地区——引注）、曲靖、临安、武定、广南、元江、开化、镇沅、普洱、大理、楚雄、姚安、永北、丽江、景东十五府皆有之。随各属土、流兼辖，与齐民杂处。"[2] 明清时期，傣族的居住环境与生活方式与宋元时期的"金齿百夷"等相同，即主要分布于湿热的河谷平坝地带，建竹楼而居，种稻为食，信奉佛教，喜欢文身、漆齿、沐浴等。

据明代万历年间谢肇淛所撰《滇略》记载，今滇西南地区的"百夷"被称为"大伯夷"和"小伯夷"。其各自的情况是："小伯夷，熟夷也，永昌西南，环境皆是。男妇服饰稍近中华，亦通汉语，居村寨，性驯谨，耕食织衣，种类不甚繁，无长幼礼。其人体貌颇清秀，而语言缺舌。""大伯夷，在陇川以西，男子剪发文身，妇人跣足染齿，以色布裹其首，饮食简而颇精。居喜近水，男女皆袒浴于河，妇女惟紧护两乳，谓乳非父母所生，乃天地所赐，不宜人见也。男逸女劳，纺绩、负担不辍。其人强壮者寡，柔弱者多。"[3]

清代，将傣族称为"摆夷"，因近水位置的不同，又把摆夷分为"水摆夷"和"旱摆夷"。一般来说，把麓川（今德宏地区）地区的摆夷称为"旱摆夷"，把车里

---

〔1〕［清］阮元、伊里布等修，王崧、李诚等纂：《道光云南通志》，见方国瑜主编《云南史料丛刊》（第十三卷），云南大学出版社2001年版，第364～365页。

〔2〕［清］阮元、伊里布等修，王崧、李诚等纂：《道光云南通志》，引《皇朝职贡图》，见方国瑜主编《云南史料丛刊》（第十三卷），云南大学出版社2001年版，第355页。

〔3〕［明］谢肇淛撰：《滇略》，见方国瑜主编《云南史料丛刊》（第六卷），云南大学出版社2000年版，第788页。

（今西双版纳）地区的摆夷称作“水摆夷”。但同一地区的“摆夷”，也有“水”“旱”之分，有的群体被认为是“水摆夷”，有的群体被认为是“旱摆夷”。关于“旱摆夷”的习俗和情况，《道光云南通志》引《伯麟图说》的记载说：“旱摆夷，山居，性勤。男子衣及膝，女高髻帕首，缀以五色丝，裳亦然。开化府及普洱有之。”〔1〕关于“水摆夷”，《道光云南通志》引《开化府志》的记载说：“水摆夷，居多傍水，喜浴，男渡船、女佣工糊口。”又引《宁洱县采访》说：“思茅、威远、宁洱有之，性情柔懦，多近水结草楼居之，男女皆浴于江河。”〔2〕

其实，除了居处位置外，“旱摆夷”和“水摆夷”的习俗与文化并无显著区别。近代学者李拂一在其所著《车里》一书中，对“水摆夷”“旱摆夷”说法作了这样的辨析：“《普洱府志》、《思茅沿边志略》，具有旱摆夷、水摆夷之分，其解释水摆夷曰：妇女日赴清流沐浴，故曰水摆夷。旱摆夷之下，则不见有何解说，其实，旱摆夷又何尝不日赴清泉沐浴？不过，旱摆夷大多为汉族混种，华父摆母，受汉化较深，为汉人礼教所缚，不敢再万目瞪瞪之下，如水摆夷妇女之公然裸浴耳。按旱字当为汉字同音之误，盖谓其为受汉化或与汉族混血之摆夷也。至水摆夷命名之由来，当为因汉误为旱，由旱之对称上得来，欲圆其说，遂附会到日赴清泉沐浴之上。至其自称，则水摆夷曰‘歹勒’，旱摆夷曰‘歹捏’，对外则概称‘歹’。”〔3〕傣族史研究专家江应樑先生同意李拂一的看法，并引民国时期芒市傣族土司方裕之的话说：“如果旱摆夷指汉化的摆夷而言，则水摆夷实应当呼为‘暹摆夷’或‘缅摆夷’，因为他们的生活，大都是暹罗化或缅甸化了的。”〔4〕实际上，就整体特征而言，水、旱摆夷之间的区别实在微不足道。20世纪30年代，历史学家方国瑜先生考察滇西南地区，在孟定土司衙署，见到了居于同一村寨的水摆夷和旱摆夷：“土署附近居民百数十户，多旱摆夷，间亦有水摆夷，以旱摆夷居平房，水摆夷楼居，故易辨之，然面貌则难分别。”〔5〕从方国瑜先生的观察可以看出，孟定地区水、旱摆夷之间的差异仅仅是楼居与否的区别而已。

另外，普洱地区的摆夷，被称为“花摆夷”。原因是这些地区的摆夷妇女多喜穿花筒裙，故被称为“花摆夷”或“花腰摆夷”。《道光云南通志·南蛮志》引《伯麟图说》的记载说：“花摆夷，性柔弱，嗜辛酸。居临水，以渔稼。每岁三月，男子击鼓、采花、堆沙、献佛，以迓吉祥。普洱府属有之。”〔6〕

（五）壮族

壮族也是云南省的世居民族之一，现今主要分布于滇东南的文山壮族苗族自治州。

〔1〕［清］阮元、伊里布等修，王崧、李诚等纂：《道光云南通志》，见方国瑜主编《云南史料丛刊》（第十三卷），云南大学出版社2001年版，第359页。

〔2〕［清］阮元、伊里布等修，王崧、李诚等纂：《道光云南通志》，见方国瑜主编《云南史料丛刊》（第十三卷），云南大学出版社2001年版，第359页、360页。

〔3〕江应樑：《摆夷的经济文化生活》，云南人民出版社2009年版，第4页。

〔4〕江应樑：《摆夷的经济文化生活》，云南人民出版社2009年版，第4页。

〔5〕方国瑜：《滇西边区考察记》，云南人民出版社2008年版，第130页。

〔6〕［清］阮元、伊里布等修，王崧、李诚等纂：《道光云南通志》，见方国瑜主编《云南史料丛刊》（第十三卷），云南大学出版社2001年版，第360页。

壮族属于百越族系民族，与傣族等民族在族源与文化上有相近关系。壮族的语言属于汉藏语系壮侗语族壮傣语支。2010 年，云南省的壮族人口数为 121 万人。

壮族的历史十分悠久。汉晋时期益州郡、兴古郡、永昌郡境内的“僚”（或写作“獠”）、“鸠僚”（或写作“鸠獠”）就是现今壮族、傣族的先民。唐代以后，滇东南地区的“僚人”发展成为壮族、布依族等民族，滇南、滇西地区的“僚人”发展成为傣族。

元代，东部地区的“僚人”因居住地域的不同，被称为“侬人”“沙人”“山僚”“土僚”等族类，其中，“侬人”“沙人”“山僚”都属于现今壮族系统，而“土僚”则演化为今天贵州境内的仡佬族。[1]

明清时期，云南境内的“侬人”“沙人”主要分布于广南府、土富州地区，即今文山州广南县、富宁县地区。此外，在临安府境内的一些州县如教化三部长官司属地（今文山县、马关县）、阿迷州（今开远市）、蒙自县以及师宗、罗平等地也有侬人、沙人与彝族、哈尼族、傣族等错杂而居。道光《云南通志·南蛮志·种人》引《皇朝职贡图》关于“侬人”“沙人”的记载说：“侬人，其土酋侬姓，相传为侬智高之裔。宋时地曰特磨道，明改广南府，本朝平滇，设流官，仍授侬氏后为土同知。今广南、广西、临安、开化等府有此种。”“沙人，安南土酋沙氏之裔。明初隶广南、广西府，屡不靖，沐氏讨平之。……本朝顺治十五年平滇，与迤东各郡同时归顺，岁输粮赋，散处广南、广西、曲靖、临安、开化等五府。其居多在高山深箐，名曰掌房。”[2] 可以看出，明清时期云南境内侬人、沙人的分布地域与现今云南境内壮族的分布地区基本相同，即今文山州各县、红河州东北部、曲靖市南部各县。

关于侬人、沙人的习俗与特征，明代谢肇淛《滇略》记载说：“广南之夷曰侬人、沙人，男女同事犁锄，构楼而居。男服青衣曳地，贱者掩胫，妇人绾发跣足。取虫、鼠而食。病惟祭鬼，不知医药。其酋姓侬，（侬）智高之裔也。”[3]《天启滇志·羁縻志》记载“侬人”时说：“侬人，其种在广南。习俗大略与僰夷同。其酋为侬智高裔，部夷亦因号侬。楼居，无几凳，席地而坐，脱屦楼下而后登。甘犬嗜鼠。……王弄山、教化三部亦有之，盖广南之流也。”又说：“沙人，习俗多同侬人，剽悍过之。”[4] 总的来看，农耕、渔猎、楼居、嗜犬等为侬人、沙人的习俗特征。

（六）纳西族

纳西族也是云南的世居民族之一。纳西族的先民在元明清时期被称为“麽些”“末些”“摩㱔”等，即南诏时的“磨些蛮”。明清时期，“麽些”主要居于丽江军民府

---

〔1〕尤中：《云南民族史》，云南大学出版社 1994 年版，第 321 页。

〔2〕［清］阮元、伊里布等修，王崧、李诚等纂：《道光云南通志》，见方国瑜主编《云南史料丛刊》（第十三卷），云南大学出版社 2001 年版，第 370 页。

〔3〕［明］谢肇淛撰：《滇略》，见方国瑜主编《云南史料丛刊》（第六卷），云南大学出版社 2000 年版，第 780 页。

〔4〕［明］刘文征撰：《天启滇志·羁縻志》，见方国瑜主编《云南史料丛刊》（第七卷），云南大学出版社 2001 年版，第 81 页。

（清代为丽江府）辖地，即今丽江市玉龙县以及永胜、宁蒗、中甸、维西等地。据《道光云南通志·南蛮志·种人》引《皇朝职贡图》的记述，明清时期“麽些”基本情况为：“麽些蛮，宋时其长蒙醋据丽江，元初平之，置茶罕章宣慰司。明以木氏为土知府，今丽江、鹤庆二府皆有之。居处与齐民相杂，性淳朴，语多鴂舌。男子剃发，戴毡帽，著大领布衣，披羊皮。其读书人学者，衣冠悉同士子。妇女高髻，戴漆帽，耳缀大环，短衣长裙，力作勤苦。俗于五月五日，登山祭神。土宜荞、稗，岁输粮赋。”〔1〕

明清时期“麽些”习俗与南诏、大理时期（唐宋时期）基本相同。明代景泰年间所编《景泰云南图经志书》在记述“丽江军民府”情况时说：“境内摩㱔蛮独多，形貌丑恶。男子头绾二髻，旁剃其发，名为三搭头。妇人结高髻于顶前，衣服只用麻布。饮食疏薄，一岁所食，圆根半之。圆根者，蔓菁也。贫家食盐之外，不知别味。其习气与居澜沧者大抵相同。”又说：“摩些蛮不事神佛，惟每岁正月五日，具猪羊酒饭，极其严洁，登山祭天，以祈丰禳灾。祭毕，男女百数，执手圆旋歌舞为乐。”〔2〕清代乾隆年间，丽江知府吴大勋所撰《滇南闻见录》说：“至（丽江）郡城左右，皆摩莎也。性柔弱愚蠢，穿麻布衫、裤，皆甚短，衫袖露肘，裤管露膝，冬则背羊皮一方以御寒。”〔3〕《道光云南通志·南蛮志·种人》引《永北府志》的记载说：“（末些蛮）无姓氏，任意立名。其性稍淳，听约束，通汉语。披发左衽，赤足，穿耳贯环。婚姻听从父母，止有牛、羊、猪、酒聘娶。殁后剜木为棺，焚化弃骸，不行掩埋。以种荞、稗为食。披毡毯为衣。男人绞索，女人绩麻，此外别无生理。”〔4〕可以看出，男子戴帽披毡，妇女高髻贯环、短衣长裙，种荞畜牧，登山祭天等是“麽些”的习俗特点。

（七）傈僳族

傈僳族亦为“乌蛮”之一种，其语言属于汉藏语系藏缅语族彝语支。傈僳族主要分布于滇西的怒江、澜沧江、金沙江“三江”相邻地区，即怒江州、大理州、保山市、丽江市境内。根据2010年的人口普查数据，云南省傈僳族人口为66.8万人。

明清时期，傈僳族的先民被称为“力些”“栗㱔”“栗粟”等。《景泰云南图经志书》在介绍北胜州（今永胜）的风俗时说：“有名栗㱔者，亦罗罗之别种也。居山林，无室屋，不事产业，常带药箭弓弩，猎取禽兽。其妇人则掘取草木之根，以给日食。岁输官者，惟皮张耳。”〔5〕道光《云南通志·南蛮志·种人》引雍正《云南通志》的

〔1〕［清］阮元、伊里布等修，王崧、李诚等纂：《道光云南通志》，见方国瑜主编《云南史料丛刊》（第十三卷），云南大学出版社2001年版，第371页。

〔2〕［明］陈文纂修：《景泰云南图经志书》，见方国瑜主编《云南史料丛刊》（第六卷），云南大学出版社2000年版，第89页。

〔3〕［清］吴大勋撰：《滇南闻见录》，见方国瑜主编《云南史料丛刊》（第十二卷），云南大学出版社2001年版，第20页。

〔4〕［清］阮元、伊里布等修，王崧、李诚等纂：《道光云南通志》，见方国瑜主编《云南史料丛刊》（第十三卷），云南大学出版社2001年版，第372页。

〔5〕［明］陈文纂修：《景泰云南图经志书》，见方国瑜主编《云南史料丛刊》（第六卷），云南大学出版社2000年版，第73页。

记述说："力些，迤西皆有之。在大理名栗粟，在姚安名傈漱。有生熟二种。男囚首跣足，衣麻布衣，披毡衫，以毳为带束其腰。善用弩，发无虚矢。"[1] 又引《皇朝职贡图》的记载说：傈僳，"无部落，散居姚安、大理、永昌、丽江四府。其居六库山谷者，在诸夷中为最悍。其居赤石崖、金江边地，与永江连界者，依树木岩穴，迁徙无常。男人裹头，衣麻布，披毡衫，佩短刀，善用弩，发无虚矢。妇女短衣长裙，跣足，负竹筐出入。种荞稗，随地输赋。"[2] 总的来看，明清时期，傈僳族先民在滇西北地区过着迁徙无常、游耕射猎为生的艰苦生活。傈僳内部由于经济社会发展水平高低的差异，又被分为"熟栗粟"和"生栗粟"两种。

（八）怒族、独龙族

怒族与独龙族均是云南省人口较少的民族。怒族分布于怒江傈僳族自治州的贡山、福贡、泸水等县，人口接近3万人。独龙族则分布于怒江州贡山县的独龙江流域，人口接近6000人。怒族、独龙族的语言分属于汉藏语系藏缅语族的彝语支和景颇语支（也有研究者认为贡山县的怒族语言与独龙语接近，皆属于景颇语支）。

明清时期，怒族、独龙族的先民分别被称为"怒子""俅人"，分布于怒江流域地区，与傈僳族的先民杂错而居，属于丽江府、鹤庆府（鹤庆明代为府，清代降为丽江府下辖之州）的"羁縻"族群。清代丽江知府吴大勋[3]记述丽江地区的民族分布时说："丽郡夷人有九种，如民家、白夷、鲁倮之类，散处各乡。山外江外，则俅人、怒子、生熟栗粟四种，已远于人类，有茹毛饮血，巢居穴处之风。"[4]《道光云南通志·南蛮志·种人》引《皇朝职贡图》关于怒族先民"怒子"的记载说："怒人，以怒江

[1] [清] 阮元、伊里布等修，王崧、李诚等纂：《道光云南通志》，见方国瑜主编《云南史料丛刊》（第十三卷），云南大学出版社2001年版，第373页。

[2] [清] 阮元、伊里布等修，王崧、李诚等纂：《道光云南通志》，见方国瑜主编《云南史料丛刊》（第十三卷），云南大学出版社2001年版，第373页。"赤石崖"在今宾川北部。文中的"永江"，他本亦作"永仁"或"永北"。以地理位置来看，似应为"永北"，即今永胜，因"江""仁""北"字形相近而误。

[3] 吴大勋，江苏青浦人，乾隆三十七年（公元1772年）任寻甸知州，三十八年（公元1773年）任丽江知府，四十四年（公元1779年）卸任丽江知府后任职昆明五华书院，四十七年（公元1782年）离滇。根据在滇期间的见闻、经历撰成《滇南闻见录》二卷，极富史料价值。

值得一提的是，吴大勋任丽江府知府期间的一件事功即是主持修筑丽江城内街市上的石板路，每日引象山水冲洗街道，形成今日丽江古城内小桥、流水、石路、店铺的优美景观。关于此事的缘由，《滇南闻见录》有详细记述："郡城西关外有集场一所，宽五六亩，四面皆店铺，每日已刻，男妇贸易者云集，薄暮始散。因逼近象山，山水流澌入市，然后东注于溪湖。市廛之民向以泥泞受困，余思另辟一沟，使水从市外行，非不便民，惧于街市风水不利。因谕街傍众铺，各就门面铺砌石街，于进水之口筑一小闸，晨则下闸阻水不得入街，暮则启闸放水涤场使净，俾入市者既免于泥泞，又免于尘埃。而水仍由市流行，当无所碍，各铺家所费无几，而便益无穷，城乡之民，无不感惠焉。"见方国瑜主编《云南史料丛刊》（第十二卷），云南大学出版社2001年版，第16页。

[4] [清] 吴大勋撰：《滇南闻见录》，见方国瑜主编《云南史料丛刊》（第十二卷），云南大学出版社2001年版，第20页。

甸得名。明永乐间，改为潞江长官司。其部落在维西边外，过怒江十余日，环江而居。本朝雍正八年归附，流入丽江、鹤庆境内，随二府土、流兼辖。性猛悍，以弓矢射猎。男子编红藤，勒首披发，麻布短衣，红帛为袴，而跣足，妇亦如之。常负筐持囊，劚黄连。亦知耕种。以虎皮、麻布、黄蜡等物，由维西通判充贡。"[1] 同书引《皇朝职贡图》关于独龙族的先民"俅人"的记载说："俅人，居澜沧江大雪山外，系鹤庆、丽江西域外野夷。其居处结草为庐，或以树皮覆之。男子披发，著麻布短衣、袴，跣足；妇耳缀大铜环，衣亦麻布。种黍、稷，劚黄连为生。性柔懦，不通内地语言，无贡税。更有居山岩中者，衣木叶，茹毛饮血，宛然太古之民。俅人与怒人接壤，畏之不敢越界。"[2] 说明当时的"怒子""俅人"，尚处于较原始落后的状态之中。

（九）藏族、普米族

藏族的先民即唐代的"吐蕃"。从南诏时期起，现今滇西北的迪庆、丽江地区即有藏族先民居住和生活。明清时期，云南地区的藏族被称为"古宗"，其自称则为"博""博巴"，主要分布于滇西北丽江府所属的丽江、中甸、阿墩子（今德钦）、维西等地，滇西南的景东府地区也分布有部分"古宗"。

清代乾隆年间余庆远所著《维西见闻纪》说："古宗，即吐蕃旧民也。有二种，皆无姓氏。近城（即维西厅土城，是乾隆年间丽江府通判治所驻地——引注）及其宗、喇普，明木氏屠未尽者，散处于麽些间，谓之麽些古宗；奔子栏、阿墩子者，谓之臭古宗。语言虽同，习俗性情迥别。麽些古宗大致同麽些，惟妇髻辫发百股，用五寸横木，于顶挽而束之，耳环细小，与麽些异。臭古宗，以土覆屋，喜楼居。近衢市者，男则剃头，衣冠尚仍其旧；僻远者，男披发于肩，冠以长毛羊皮，染黄色为檐，顶缀红线缨。夏亦不改。红、绿十字，文罽为衣，冬或羊裘，不表，皆盘领阔袖，束带，佩尺五木鞘刀于左腰间。著茜红革靴，或以文罽为之。出入乘马，爱驰骋。鞍鞯极丽，多饰以金银宝石。"[3] 这是清代"古宗"服饰、习尚的大体情况。

明清时期，"古宗"的生计和饮食习俗为："垦山地，种青稞、麦、黍，炒为面。畜牛、羊取酥。嗜茶。食则箕踞于地，木豆盛面，釜烹浓茶，入酥酪和炒面，指搦而食之，曰'糌粑'，餐只拳大一团。延客，置酒盈樽，自酌尽醉。牛、羊肉及酥食不尽，以衣裹去。食毕，手脂腻悉揩于衣，无贵贱皆然。其人率膻秽不可近，臭古宗所由名欤。"[4]

"古宗"的婚姻多为"兄弟共妻制"或"一妻多夫制"。余庆远《维西见闻纪》记

[1] [清] 阮元、伊里布等修，王崧、李诚等纂：《道光云南通志》，见方国瑜主编《云南史料丛刊》（第十三卷），云南大学出版社 2001 年版，第 368 ~ 369 页。

[2] [清] 阮元、伊里布等修，王崧、李诚等纂：《道光云南通志》，见方国瑜主编《云南史料丛刊》（第十三卷），云南大学出版社 2001 年版，第 381 ~ 382 页。

[3] [清] 余庆远撰：《维西见闻纪》，见方国瑜主编《云南史料丛刊》（第十二卷），云南大学出版社 2001 年版，第 62 ~ 63 页。文中的"罽"，音"季"，意为用毛做成的毯子等物。

[4] [清] 余庆远撰：《维西见闻纪》，见方国瑜主编《云南史料丛刊》（第十二卷），云南大学出版社 2001 年版，第 63 页。

"古宗"的婚俗说:"兄弟三四人共妻一妻,由兄及弟,指各有玦,入房则系之门以为志,不紊不争。共生子三四人,仍共妻,至六七人,始二妻。或欲独妻,则群谓之不友,而女家不许。以其地寒,不产五谷,乃如此。亦由污俗,习为故然。故土官、头目家,非不裕,亦共聚。兄弟之子女,即互配。华人通其妻,亦莫之问,下之更可知也。"[1]

普米族人口较少,现今约有 3 万多人,主要分布于滇西北的宁蒗、兰坪两县,在永胜、丽江、中甸、维西等地也有少量分布,四川境内的普米族主要分布于木里县和盐源县。普米族的语言属汉藏语系藏缅语族羌语支。普米族的先祖为羌族的一支,后来迁居于川西的贡嘎岭地区和川、滇相邻的泸沽湖周围地区。普米族的先民在明清时期被称为"西番""西蕃"或"巴苴"。《道光云南通志·南蛮志·种人》引《皇朝职贡图》的记载说:"西番,本滇西北徼外夷,又名巴苴,流入永北、丽江二府。居深山,聚族而处。男子辫发,戴黑皮帽,麻布短衣,外披毡单,以藤缠左肘,跣足,佩刀,伐竹为业,不通汉语。妇女辫发,缀以玛瑙、砗磲,亦衣麻披毡,系过膝筒裙,跣足。地种荞、稗,纳粮。"[2] 明清时期,"西番"过着或定居耕作,或游牧迁徙的生活方式。如明代永宁府(今川、滇相交的泸沽湖地区)的"西番",其风俗就是:"民性最暴悍,佩刀披毡,无室屋,夏则山巅,冬则平野以居,而畜多牛、马,有草则住,无草则移,初无定所。"[3] 这是以游牧为生计方式的"西番"。

(十)布朗、德昂、佤族

布朗、德昂、佤族是分布于今滇西南西双版纳、临沧、德宏等州、市的少数民族。布朗族主要分布于西双版纳州勐海县,此外,在临沧市属的云县、镇康、永德、耿马以及普洱市属的墨江、景东、澜沧等县也有分布。德昂族主要分布于德宏州芒市和临沧市镇康县,此外,在德宏州的瑞丽、梁河、陇川等地也有分布。佤族主要分布于临沧市的沧源、耿马、双江、镇康和普洱市属的西盟、孟连等县,此外,在西双版纳州和德宏州也有部分分布。布朗族、德昂族和佤族在语言上具有相近关系。布朗、德昂和佤族的语言均属于南亚语系孟高棉语族,在语支上,布朗语属布朗语支,德昂语和佤语属佤崩语支。

布朗族和德昂族在历史上具有十分密切的关系,不仅来自同一族系,而且直至清代,德昂族才从布朗族中分化出来。布朗族的先民为古代的"濮人",至唐代,被称为"扑子蛮",分布于澜沧江、怒江流域的开南、永昌、寻传等地。元明时期,布朗族的先民被称为"蒲人"或"蒲蛮"。元代李京《云南志略》记载说:"蒲蛮,一名扑子

[1] [清]余庆远撰:《维西见闻纪》,见方国瑜主编《云南史料丛刊》(第十二卷),云南大学出版社 2001 年版,第 63 页。

[2] [清]阮元、伊里布等修,王崧、李诚等纂:《道光云南通志》,见方国瑜主编《云南史料丛刊》(第十三卷),云南大学出版社 2001 年版,第 376 页。文中的"砗磲",音"车渠",砗磲为生活于海中的一种软体动物,肉可食,这里指用砗磲介壳制成的装饰品。

[3] [明]陈文纂修:《景泰云南图经志书》,见方国瑜主编《云南史料丛刊》(第六卷),云南大学出版社 2001 年版,第 71 页。

蛮，在澜沧江以西。性勇捷，专为盗贼，骑马不用鞍。跣足，衣短甲，膝胫皆露。善用枪弩。首插雉尾，驰如飞。”[1] 明代，蒲人分布于澜沧江以西的顺宁府、永昌府、腾越州等地，即今临沧市凤庆县和保山市隆阳区、昌宁县、施甸县、腾冲县相连的怒江两岸地区。明代陈文所纂《景泰云南图经志书》以“屈膝为礼”和“服食陋恶”来概括顺宁府（府治在今凤庆）地区“蒲蛮”的风俗：

境内多蒲蛮，形恶体黑，男子椎髻跣足，妇人绾髻于脑后，见人无拜礼，但屈膝而已。不知节序，不奉佛教，惟信巫鬼，其心性狠毒而勇悍，好斗轻生，兵不离身，多为盗贼。[2]

又说：

蒲蛮，男子以布二幅缝为一衣，中间一孔，从首套下。富者以红黑丝间其缝，贫者以黑白线间之，无襟袖缘，两臂露出。夜寝无床席，惟以此衣蒙首拳曲而卧。妇人用红黑线织成一幅为衣，如僧人袈裟之状，搭于右肩，穿过左胁，而报于胸前，下无里衣，用布一幅，或白，或黑，缠蔽其体，腰系海肥，手带铜钏，耳有重环。凡饮食不用箸，惟以手捻，酷嗜犬鼠。其土蜂、蛇、虺、虾蟆、蜻蜓、蜘蛛、蝼蚁、水虫，无不食之。[3]

到了清代，蒲人的分布范围有所扩大，除了原先的澜沧江以西地区外，在澜沧江以东地区也有分布。《道光云南通志·南蛮志·种人》引《皇朝职贡图》的记载说：“蒲人，即蒲蛮，相传为百濮苗裔。宋以前不通中国，元泰定间始内附，以土酋猛氏为知府。明初因之，宣德中改土归流。今顺宁、澄江、镇沅、普洱、楚雄、永昌、景东等七府皆有此种。居多傍水，不畏深渊。寝无衾榻，食惟荞稗。男子青布裹头，著青蓝布衣，披毡褐，佩刀跣足；妇青布裹头，著花布短衣，长裙跣足。常负米入市，供赋税。”[4] 由此可以看出，蒲人在原来以顺宁、景东、永昌等府为主要分布地的基础上，进一步迁移、扩展至周围地区。后来，迁移至各地的蒲人可能与其他民族相融合，而进入普洱府的蒲人，则可能变成今天西双版纳境内的布朗族的先民。

德昂族的先民为“蒲人”。至清代，德昂族的先民从蒲人中分化出来，被称为“崩龙”“崩子”“绷子”。《永昌府志》记载说：“崩龙，类摆夷，惟言语不同。男以背负，

[1] ［元］郭松年、李京撰，王叔武校注：《大理行记校注·云南志略辑校》，云南民族出版社1986年版，第96页。

[2] ［明］陈文纂修：《景泰云南图经志书》，见方国瑜主编《云南史料丛刊》（第六卷），云南大学出版社2000年版，第70页。

[3] ［明］陈文纂修：《景泰云南图经志书》，见方国瑜主编《云南史料丛刊》（第六卷），云南大学出版社2000年版，第70~71页。

[4] ［清］阮元、伊里布等修，王崧、李诚等纂：《道光云南通志》，见方国瑜主编《云南史料丛刊》（第十三卷），云南大学出版社2001年版，第361~362页。

女以尖布套头，以藤缠腰。漆齿文身，多居山巅。土司地皆有。”[1] 尤中先生认为，清代，崩龙主要分布于永昌府所属的傣族土司地区，即今德宏州和临沧市的永德、镇康二县，与傣族交错而居，傣族居平坝，崩龙居山上；这一地区原为蒲人和摆夷（傣族）的交错居住区，至清代，居住于南定河以西的部分蒲人从蒲人族群中分出，成为“崩龙”，而居住于南定河以东的蒲人仍保持原来的族群称号，成为现今的布朗族；由于与摆夷（傣族）杂错而居，崩龙的生活习俗接近摆夷，但语言却与摆夷不同。[2]

佤族的先民为唐代的“望蛮”“望苴子蛮”。至明代，佤族的先民由于氏族部落和居住地域的不同，分为“哈瓦”“古喇”“哈喇”“哈杜”等部族。明代，佤族先民各部主要分布在现今滇西南的保山、临沧、德宏地区，与“百夷”“蒲人”等交错而居。《道光云南通志·南蛮志·种人》引旧《云南通志》（从内容来看，应即康熙朝云贵总督范承勋主持纂修的《云南通志》）的记载说：“哈喇，男女色深黑，不知盥栉。男子花布套衣，妇人红、黑藤缠腰数十围。产子，竹兜盛之，负于背。又有古刺，男女色黑尤甚，种类略同。哈杜，亦类哈喇，居山，言语不通，略似人形耳。”[3] 明代陈文所撰《景泰云南图经志书》记“腾冲军民指挥使司”辖地“哈刺”风俗说：“哈刺蛮有名无姓，形陋体黑。服饰相类蒲蛮，而性则柔懦，惧官府。巢居山中，刀耕火种，多旱谷。”[4]

清代，佤族的先民被称为“戛喇”和“卡瓦”，“戛喇”即明代的“古喇”，“卡瓦”即明代的“哈瓦”。[5] 关于“戛喇”的情况，《道光云南通志·南蛮志·种人》引旧《云南通志》（应即雍正朝鄂尔泰主持纂修的《云南通志》）的记载说：“戛喇，永昌、腾越内外境俱有之。耕种类阿倡，形状似裸儸，凶悍善斗。妇女斜缠绵布于腰。居山巅，户不正出，迎山开门。迁徙无常，不留余粟。”[6] 关于“卡瓦”，《道光云南通志·南蛮志·种人》引旧《云南通志》（应即雍正《云南通志》）的记载说：“卡瓦，夷中之顽梗者也，永顺东南辣蒜江（辣蒜江即临沧南部的小黑江——引注）外有之。貌丑性恶，亦耕种，有寨落。红藤束发缠腰，披麻布，持利刀、梭镖于要路，窃伏劫掠。行商必结伴多人，兼有保护者，乃敢过。”[7] 辣蒜江外地即今佤族聚集的阿佤山区。

〔1〕［清］刘毓珂等纂修：《永昌府志》，见云南省编辑组编《云南方志民族民俗资料琐编》，民族出版社 2009 年版，第 109 页。

〔2〕尤中：《云南民族史》，云南大学出版社 1994 年版，第 562 页。

〔3〕［清］阮元、伊里布等修，王崧、李诚等纂：《道光云南通志》，见方国瑜主编《云南史料丛刊》（第十三卷），云南大学出版社 2001 年版，第 388 页。

〔4〕［明］陈文纂修：《景泰云南图经志书》，见方国瑜主编《云南史料丛刊》（第六卷），云南大学出版社 2000 年版，第 97 页。

〔5〕尤中：《云南民族史》，云南大学出版社 1994 年版，第 560 页。

〔6〕［清］阮元、伊里布等修，王崧、李诚等纂：《道光云南通志》，见方国瑜主编《云南史料丛刊》（第十三卷），云南大学出版社 2001 年版，第 381 页。

〔7〕［清］阮元、伊里布等修，王崧、李诚等纂：《道光云南通志》，见方国瑜主编《云南史料丛刊》（第十三卷），云南大学出版社 2001 年版，第 391 页。

（十一）拉祜族、基诺族

拉祜族主要分布在今普洱、临沧、版纳、红河等州市，以普洱市澜沧县、孟连县分布最为集中。拉祜族分为“拉祜纳”（黑拉祜）、“拉祜西”（黄拉祜）和“拉祜普”（白拉祜）三个支系。拉祜是自称，“拉”是老虎，“祜”为烤肉的香味，拉祜意为烤吃老虎肉的人，意为拉祜族是一个“猎虎民族”。[1] 拉祜族还有一个特殊的支系，即所谓“苦聪”人。苦聪人主要居住于红河州的金平、绿春两县和普洱市的镇沅、墨江县。苦聪人曾被当作哈尼族的一个支系来看待。1985 年，根据“苦聪”人自称“拉祜西”“拉祜普”，以及其语言、习俗与澜沧拉祜族语言、习俗的相同或相近，将苦聪人识别为拉祜族。拉祜族的语言属汉藏语系藏缅语族彝语支。根据 2010 年的人口普查数据，云南省的拉祜族人口为 47.5 万人。

明清时期，拉祜族的先民被称为“倮黑”，居住于顺宁（今凤庆）、云州（今云县）、他郎（今墨江）等地，即今临沧、普洱地区各县。《道光云南通志·南蛮志·种人》引雍正《云南通志》关于顺宁地区“倮黑”的记载说：“其俗与僰人（此处所谓‘僰人’应是指‘僰夷’，即‘摆夷’——引注）不远，蜂、蛇、鼠、蛤无所不啖。然勤于耕作，妇人任力，男子出猎，多居山箐间。”[2] 清代，“倮黑”又有“大倮黑”与“小倮黑”之分，大倮黑居于云州，小倮黑居于顺宁。《道光云南通志·南蛮志·种人》引雍正《云南通志》的记载说：“大倮黑，云州有之，黑陋愚蠢，所食荞、稗即为上品，其余树皮、野菜、藤蔓及蛇、虫、蜂、蚁、蝉、鼠、禽、鸟，遇之生啖。不葺庐舍，崖居野处，与野人同类也。”[3] 又引《古今图书集成》的记载说：“小倮黑，顺宁府有之。习尚与大倮黑同，而形体差小。”[4]

苦聪也写作“苦葱”。雍正年间鄂尔泰主持编修的《云南通志》记载说：“苦葱，临安、元江、普洱皆有之，性俭，居山崖，种荞、稗度日。男女混杂，不知礼仪，衣服多同糯比（糯比为哈尼族的一个支系——引注）。”[5] 《道光云南通志·南蛮志·种人》引《皇朝职贡图》的记载说：“苦葱，爨蛮之别种。自元时归附，今临安、元江、镇沅、普洱四府有此种。居傍山谷，男子椎结，以蓝布裹头，著麻布短衣，跣足。挟刀弩，猎禽、兽为食。妇女短衣长裙，常负竹笼，入山采药。土宜禾稻，岁输粮赋。其在三猛者，以六月二十四日为年，十二月廿四日为岁首。至期，烹羊、豕，祀先，醉饱歌舞。”[6] 又引《宁洱县采访》《他郎厅志》的记载说：“思茅、威远、他郎、宁

---

〔1〕王连芳：《王连芳云南民族工作回忆》，云南人民出版社 1999 年版，第 117 页。

〔2〕［清］阮元、伊里布等修，王崧、李诚等纂：《道光云南通志》，见方国瑜主编《云南史料丛刊》（第十三卷），云南大学出版社 2001 年版，第 363 页。

〔3〕［清］阮元、伊里布等修，王崧、李诚等纂：《道光云南通志》，见方国瑜主编《云南史料丛刊》（第十三卷），云南大学出版社 2001 年版，第 363 页。

〔4〕［清］阮元、伊里布等修，王崧、李诚等纂：《道光云南通志》，见方国瑜主编《云南史料丛刊》（第十三卷），云南大学出版社 2001 年版，第 363 页。

〔5〕雍正《云南通志》，见云南省编辑组编《云南方志民族民俗资料琐编》，民族出版社 2009 年版，第 63 页。

〔6〕［清］阮元、伊里布等修，王崧、李诚等纂：《道光云南通志》，见方国瑜主编《云南史料丛刊》（第十三卷），云南大学出版社 2001 年版，第 380 页。

洱有之，性情淳良，近亦颇知礼义。男穿青蓝布短衣裤，女穿青蓝布长衣，下著蓝布桶裙，短不掩膝。耕种之外，男多烧炭，女多织草为排，负鬻于市。”[1]

基诺族居住于西双版纳州景洪市的基诺山。基诺山原称“攸乐山”，基诺人也被称为“攸乐人”。根据基诺族的传说，基诺人的先祖为诸葛亮的兵士，随诸葛亮南征，因故“丢落”于此，故称为“攸乐”人，即“丢落”人。当然，这一民族源流仅为传说而已，不足为信。20世纪50年代的民族识别工作中，曾拟将基诺人识别为彝族，后因依据不足而作罢，1979年，经过国家批准，基诺人被确定为单一的民族，[2] 成为中国第56个民族。基诺族语言属汉藏语系藏缅语族彝语支。

基诺族虽然是当代中国最后一个被识别和确认的单一民族，但基诺族的活动自清代起即有了记载。清代，基诺人自称为“基诺”，他称则为“三撮毛”，居住于普洱府思茅厅所属的攸乐山（即基诺山）。《道光云南通志·南蛮志·种人》引《宁洱县采访》的资料说：三撮毛，“其俗与摆夷、僰人不甚相远，思茅有之。男穿麻布短衣裤，女穿麻布短衣筒裙。男以红、黑篾蔑缠腰及手足，发留中、左、右三撮。以武侯曾至其地，中为武侯留，左为阿爹留，右为阿嫫留。又有谓左为爹、嫫留，右为本命留者。以捕猎野物为食，男勤耕作，妇女任力。”[3] 清代，基诺人所在的“攸乐山”，为“六大茶山”之一，基诺人也是勤于耕作、种茶好猎的民族，基诺族的先民为清代以来普洱茶产业的发展做出了自己的贡献。

（十二）阿昌族、景颇族

现代的阿昌族主要分布于德宏州陇川县，在德宏州芒市和保山市龙陵县也有少量分布。景颇族分布于德宏州芒市、梁河县、陇川县、盈江县等地区。根据2010年的人口普查数据，阿昌族的人口数为2.76万人，景颇族的人口数为12.56万人。阿昌族的语言属汉藏语系藏缅语族彝语支（一说为缅语支[4]），景颇族的语言属汉藏语系藏缅语族景颇语支（以景颇支的语言而言，载瓦、茶山、浪速3个支系的语言与阿昌语大体相同）。

阿昌族由南诏时的“寻传蛮”演化而来。至明清时期，阿昌族自称“阿昌”“蒙撒”，他称“峨昌”。明代，“峨昌”分布于云龙州（今云龙）、腾冲司（今腾冲）、北胜州（今永胜）等滇西地区，即今保山、大理、德宏等州市。明代陈文所纂《景泰云南图经志书》记“云龙州”的风俗时说：“境内多峨昌蛮，即寻传蛮，似蒲而别种，

---

〔1〕［清］阮元、伊里布等修，王崧、李诚等纂：《道光云南通志》，见方国瑜主编《云南史料丛刊》（第十三卷），云南大学出版社2001年版，第380页。

〔2〕杜玉亭：《民族田野五十年——中国特色民族学的足迹》，云南教育出版社2009年版，第318～320页。

〔3〕［清］阮元、伊里布等修，王崧、李诚等纂：《道光云南通志》，见方国瑜主编《云南史料丛刊》（第十三卷），云南大学出版社2001年版，第392页。

〔4〕1952年，民族语言学家傅懋勣先生曾对德宏地区阿昌族、景颇族的语言进行调查，认为阿昌族的语言与景颇族中的载瓦支语言同属藏缅语族中的缅语支语言。见王连芳《王连芳云南民族工作回忆》，云南人民出版社1999年版，第93页。

散居山壑间，男子顶髻戴竹兜鍪，以毛熊皮饰之上，以猪牙鸡尾羽为顶饰，其衣无领袖。兵不离身，以孳畜佃种为生，好食蛇，赤手握之，置之于器，负而卖之，不畏其啮，盖其气有以胜之也。"[1] 又说："峨昌虽与蒲蛮杂处，而婚娶不杂，惟求其同类而已。其聘礼用牛、马，贫富有差，宴备必杀狗。州无赋税，惟岁办差发小白布而已。"[2]

关于清代阿昌族的情况，《道光云南通志·南蛮志·种人》引《皇朝职贡图》的记载说："峨昌，以喇为姓，大理、永昌二府有此种。无部落，杂处山谷间，性畏暑湿。男子束发裹头，衣青、蓝短衣，披布单；妇女裹头、长衣，无襦，胫系花褶而跣足。刀耕火种，畜牧、纺织为生。食用俭陋，得禽、虫则生啖之。婚聘用牛马，祭以犬。占用竹三十枝，如蓍茎然。地产麻葛，输赋。"[3] 以此来看，清代阿昌族主要分布于今大理、保山、德宏地区，居住于大理、永昌府辖下的土司地区，与傣族交错而居，受傣族土司的统治。

景颇族分为景颇、载瓦、茶山、浪速4个支系。景颇族由南诏时的"裸形蛮""野蛮"等演化而来（其中的载瓦支系则与阿昌族有较深的历史渊源，由"峨昌"中的一部分演化而来）。元代李京《云南志略》说："野蛮，在寻传以西，散居岩谷。无衣服，以木皮蔽体，形貌丑恶。"[4] 明清时期，景颇族的先民被歧视性地称作"野人""结些""遮些""山头"等族类，他们分布于今德宏州、腾冲县及境外的缅甸地区，其中"野人"的生产、生活状态较为原始落后，而"结些"则有所进步和发展。《道光云南通志·南蛮志·种人》引相关资料说："旧《云南通志》：遮些，绾发为髻，男女皆贯耳佩环。性喜华彩衣，盘旋蔽体。饮食精洁。战斗长于弓矢，恃象、铳，稍与缅同，孟养一带多其种类。伯麟《图说》：男女皆穿耳，性奢，彩衣盘旋，饮食必精洁。善用火器及弩。永昌府属有之。"[5] 明代中后期，"结些""遮些"从今缅北地区（原孟养军民宣慰使司地，明末为缅甸所占）东迁进入南甸（今梁河）、陇川、腾冲一带，与傣族、阿昌等杂居生活，发展成为景颇族中的景颇支。载瓦支原为"峨昌"的一部分，居于今缅北一带，属于茶山长官司和里麻长官司所辖，明朝末年，茶山、里麻地区为西部的"野人"所占，"峨昌"遂与"野人"杂居共处，形成景颇族中的载瓦支。[6] 一些载瓦人，后来迁入今云南境内。近代时期，云南境内的"遮些""野

〔1〕［明］陈文纂修：《景泰云南图经志书》，见方国瑜主编《云南史料丛刊》（第六卷），云南大学出版社2000年版，第84页。

〔2〕［明］陈文纂修：《景泰云南图经志书》，见方国瑜主编《云南史料丛刊》（第六卷），云南大学出版社2000年版，第84页。

〔3〕［清］阮元、伊里布等修，王崧、李诚等纂：《道光云南通志》，见方国瑜主编《云南史料丛刊》（第十三卷），云南大学出版社2001年版，第388页。

〔4〕［元］郭松年、李京撰，王叔武校注：《大理行记校注·云南志略辑校》，云南民族出版社1986年版，第95页。

〔5〕［清］阮元、伊里布等修，王崧、李诚等纂：《道光云南通志》，见方国瑜主编《云南史料丛刊》（第十三卷），云南大学出版社2001年版，第390页。

〔6〕尤中：《云南民族史》，云南大学出版社1994年版，第385～387页。

人”等共同认同为同一个民族，并以景颇支的名称为族称，而境外缅北地区的“野人”则被称为“克钦人”。

（十三）苗族、瑶族

现今云南地区的苗族，主要分布于滇东北和滇东南地区，即昭通市、曲靖市、文山壮族苗族自治州和红河哈尼族彝族自治州，在昆明等州市也有少量分布。云南省的苗族自称“蒙”，而他称则有“花苗”“青苗”“白苗”“黑苗”等数种。瑶族主要分布于文山壮族苗族自治州，此外，滇南沿边的屏边、河口、金平、江城、勐腊以及景东、墨江等地亦有分布。云南地区的瑶族分为“亚”“勉”“委”“孟”4个支系。苗族语言属汉藏语系苗瑶语族苗语支，瑶族语言属汉藏语系苗瑶语族瑶语支。根据2010年的人口普查数据，云南省苗族人口为120.3万人，瑶族人口为12万人。

云南地区的苗族是明清时期由贵州、广西等省区迁移而来。明代，即有一部分苗族从贵州迁入滇东北、滇东南地区生活。清代，又有更多的苗族迁入云南地区生活。同时，史籍对云南境内苗族的生活情况有了明确的记载。《道光云南通志·南蛮志·种人》引乾隆年间所编《皇朝职贡图》的资料说：“苗人，相传为盘瓠之种。楚、粤、黔皆有之。其在滇省者，惟曲靖、东川、昭通等府花苗，随各属土、流兼辖。其人喜居水滨，耐寒、暑。男子青布裹头，短衣跣足。性狡而懦，勤耕作；妇女束发，戴五色花冠，耳缀银环，著紫布短衣，系绣花布裙，跣足。能织苗锦，常携竹筐入市贸易。遇节序则击铜鼓，吹角赛神。土宜杂粮，输税惟谨。”[1] 引《镇雄州志》关于镇雄地区苗族情况的记载说：“四境皆有，好山居。男女任力，刀耕火种，以供食用。服饰俱不甚异，色尚青、白，以彩线织纹于布为衣，男女皆然。婚姻不先媒妁，每于岁正，择地树芭蕉一株，集群少吹芦笙，月下婆娑歌舞，各择所配，名曰‘扎山’。两意谐和，男女归告父母，始通媒焉。以牛、马、布匹为聘，嫁娶迎送，亦以人多为荣。葬有棺无敛，祭宰羊，击高颡鼓以为哭奠之节。三年内不食盐，不莳蒜。性忠朴，居寨不论人户多寡，皆立乡老，事争曲直，必从乡老判决，乃鸣于官。为人佣佃，事所尊如父母，不喜争斗。”[2]

迁入云南的苗族大多居住于山区，以山石、岩棚为居所，刀耕火种，耕猎结合，当地力耗尽时，即另徙他处，开荒种地，或租种外族山主、地主的土地，故此，民间有“桃树开花，苗族搬家”，“老鸦无树桩，苗家无地方”的谚语。如民国《罗平县志》记载罗平地区的苗族情况时说：“白苗，喜居山岩。男子性好猎。女头顶高纠，跣足，筒裙。勤耕山地，种麻棉，自织为衣。有病自药，不信鬼。丧葬与汉人同。喜食野兽。”[3] 民国《邱北县志》记本地的苗族说：“苗人，有青、黑、花三种，各以服

〔1〕［清］阮元、伊里布等修，王崧、李诚等纂：《道光云南通志》，见方国瑜主编《云南史料丛刊》（第十三卷），云南大学出版社2001年版，第378页。

〔2〕［清］阮元、伊里布等修，王崧、李诚等纂：《道光云南通志》，见方国瑜主编《云南史料丛刊》（第十三卷），云南大学出版社2001年版，第378页。

〔3〕［民国］黄德巽纂修：《罗平县志》，见云南省编辑组编《云南方志民族民俗资料琐编》，民族出版社2009年版，第103页。

色分。……喜居箐林，烧火山种植，林败则迁，无定所。好猎，善用强弩。”[1]

清代，云南地区的瑶族由广西迁来，居住于与广西相邻的开化、广南二府境内，在滇南的临安、普洱府也有少数分布。瑶族与苗族一样，居于山区，过着刀耕火种、迁徙无常的生活。《道光云南通志·南蛮志·种人》引《广南府志》《开化府志》的记载说：“瑶人，性犷悍，自谓盘瓠之后。自耕而食，少入城市。男女皆知书，多处深山，喜猎，善搏虎、豹。衣服近汉，女人长衫拖裙。婚用媒。死者骸骨不落地，火化收藏。不争讼，不喜淫。所居之处，不四五年即迁。”[2] 引《他郎厅志》关于他郎（今墨江）地区瑶族情况的记载说：“自粤西迁来，居无定处。每至深山，开垦耕种，俟田稍熟，又迁别处，开垦如前，不惮劳瘁。耕种之外，亦勤捕猎。服饰与倮倮同。”[3]

（十四）回族

回族是元代以后迁入中国的中亚、西亚各民族在中国境内形成的一个民族。回族全民信仰伊斯兰教，讲汉语。元代，随着忽必烈征服云南并建立行省，来自中亚、西亚地区的大批“色目人”也以军人、官员、商人的身份进入云南，其中许多“色目人”在云南地区定居下来，成为云南地区的回族。如云南行省平章政事赛典赤的子孙大多定居于云南，成为现今个旧沙甸、通海纳古等地回族的先人。根据民族学家江应樑先生20世纪40年代后期的调查，沙甸的赛、沙、纳、马、白、丁诸家，都自承为咸阳王赛典赤的后裔；[4] 而通海纳古镇的纳姓回民则认为自己为赛典赤长子纳速拉丁的后裔。

明清时期，云南全省大多数府、县，均有回族分布。回族多居住于城镇、平坝地区和交通要道沿线，或者务农垦殖，或者经商做工，形成大杂居、小聚居的分布格局。回族分布较为集中的地区有滇东北的鲁甸县，滇中的寻甸县，滇南阿迷（今开远）大庄及蒙自沙甸（沙甸历史上属蒙自县鸡街下辖的一个乡村，现为个旧市直辖的一个区），滇西永平县等。民国时期李根源所撰《永平县志稿》在记述永平地区回族的来源和生活状况时说：“元代赛典赤以平章使云南，是为回回来滇之始。至元十六年，其子纳速剌丁迁大理路宣慰使、都元帅，永平邻迩大理，迁徙落籍，殆其时欤。初始人数仅数百余，厥后生殖繁衍，散布曲峒镇之桃园铺，山地迤坝田，银江镇之骷髅山，灵他乡之官庄、卜马攻、大麦地，博南镇之长马寨，白山冲岔路口，杉阳镇之漂凉，龙马乡之稻田，龙街镇之对歌上村、大田下村、田心，玉泉乡之打鱼村一带。综计全县

[1] [民国] 缪云章编纂：《邱北县志》，见云南省编辑组编《云南方志民族民俗资料琐编》，民族出版社2009年版，第102页。

[2] [清] 阮元、伊里布等修，王崧、李诚等纂：《道光云南通志》，见方国瑜主编《云南史料丛刊》（第十三卷），云南大学出版社2001年版，第383页。

[3] [清] 阮元、伊里布等修，王崧、李诚等纂：《道光云南通志》，见方国瑜主编《云南史料丛刊》（第十三卷），云南大学出版社2001年版，第383页。

[4] 江应樑：《滇南沙甸回族农村调查》，载《江应樑民族研究文集》，民族出版社1992年版，第184页。

回民几千余户，八千余口。一般职业除少数从事军、政、商、学而外，余多务农，畜骡马以为营生也。”[1] 除了永平县外，大理附近的巍山也是滇西回民分布较多的县区，甚至滇西北的中甸县（今香格里拉县）的三坝乡和县城也有回民分布和居住。在清代咸丰、同治年间的云南回民起义中，云南各地回族民众遭到清朝政府的残酷镇压和屠杀，回族人口锐减，产业凋敝，直到清末，回族人口和回民经济才得到一定程度的恢复和发展。如中甸地区回民情况，据《民国中甸县志稿》记载：“在昔中甸回教相当繁盛。自经咸、同兵燹后，礼拜寺既被焚毁，回民亦流离失散。迄至今日，仅有男女三百余口，复不能聚于一隅，且无礼拜寺之建设，故能念诵回经，讲回教规仪者甚鲜。”[2]

第四节 元明清时期的劝农政策与屯垦活动

一、元朝云南行省的农业政策与屯田活动

（一）元朝云南地方政府的劝农措施

蒙古军占领云南后，一面征讨、招抚各地未降或反叛部族，一面在大理、鄯阐（后改为中庆路，即今昆明地区）等地扶持开展农业生产活动，恢复和发展地方经济。在这一方面，元朝名臣张立道发挥了重要作用。

张立道为陈留（今河南开封地区）人，忽必烈即汗位后，曾跟随忽必烈北征，是忽必烈身边的亲信人员。至元四年（公元1267年）皇子忽哥赤被封为“云南王”，往镇云南，张立道以“王府文学”（高级幕僚）的身份随行。张立道以云南久经战乱，生产荒废、民生困难，劝忽哥赤要“务农以厚民”[3]，即重视农业生产、改善农民生活状况。忽哥赤赞同张立道的意见，任命张立道为大理等处劝农官，兼负责屯田工作，授予张立道银符作为行使职权的凭证。至元十年（公元1273年），元朝中书省以张立道熟悉云南事务，奏请授予张立道“大理等处巡行劝农使”职务，领大司农事，即主持云南地区的农业生产工作。张立道受命后，采取了一系列措施来发展农业生产。一

〔1〕 李根源撰：《永平县志稿》，卷一，见云南省编辑组编《云南方志民族民俗资料琐编》，民族出版社2009年版，第114页。文中的“卜马攻”疑为“子马归”之误。

〔2〕 [民国] 段绶滋纂修：《民国中甸县志稿》，收入凤凰出版社选编《中国地方志集成·云南府县志辑》（第83册），凤凰出版社、上海书店、巴蜀书社2009年版（1939年稿本之钞本影印本），第42页。

〔3〕 [明] 宋濂等撰：《元史·张立道传》，见方国瑜主编《云南史料丛刊》（第二卷），云南大学出版社1998年版，第562页。

是领导改进蚕桑养殖技术，使蚕桑生产获得较大发展。《元史·张立道传》对此的记载是："爨、僰之人虽知蚕桑，而未得其法，立道始教之饲养，收利十倍于旧，云南之人由是益富庶。"[1] 二是疏浚滇池出入河道，分流水源，降低滇池水位，既解决了城市的排涝问题，又增加了万亩良田。《元史·张立道传》的记载是："其地有昆明池，介碧鸡、金马之间，环五百余里，夏潦暴至，必冒城廓。立道求泉源所自出，役丁夫二千人治之，泄其水，得壤地万余顷，皆为良田。"[2] 需要说明的是，在元明时期，滇池水位直达昆明城郊，滇池水位暴涨经常威胁到昆明城市的安全，治理滇池一直是云南地方政府的一项重要工程。

至元十一年（公元 1274 年）赛典赤担任云南平章政事后，同样实施了许多促进农业生产发展的政策措施，如"教民播种，为陂池以备水旱"[3] 等，而最重要者，则为组织开展军民屯田活动。赛典赤去世后，其第三子忽辛曾任云南行省右丞（行省副长官）和平章政事，兴利除弊，革除许多害民伤农的苛政陋俗。其中一件就是禁止官府牧马于民田之上，毁坏庄稼，扰民害民。《元史·赛典赤传》记其事说："王府畜马繁多，悉纵之郊，败民禾稼，而牧人又在民家宿食，室无宁居。忽辛度地置草场，构屋数十间，使为牧所，民得以安。"[4]

（二）元代云南地区的屯田活动

两汉和蜀汉时期，为了保障驻军粮食的供给，中央政府曾在当时的云南地区实行过寓兵于农的屯田制度。军队在作战之余，开展农业生产，以提供军食。军屯的主要区域，为现今的曲靖地区。蜀汉以后，伴随着中央政权在云南地区统治势力的衰落，将近 1000 年间，云南地区再无大规模的军屯活动。

蒙古军队灭大理政权，占领原大理国的主要城镇后，云南各地的反抗并未停止。为了稳定和控制动荡不宁的局势，蒙元王朝必须从政治上和军事上加强对云南的统治，把云南行省地区变为蒙元王朝稳固的战略后方和财赋基地。赛典赤到任后，决定在云南广泛开展屯田活动，借此保证行省的财富供给和军队的粮食来源，同时，也通过发展生产、改善民生来缓和尖锐的社会矛盾。

元代云南行省的屯田包括民屯和军屯两种。民屯是云南行省将部分民众编为屯田户，集中在一定的垦区内开展农业生产活动。军屯则是行省从由本省籍士兵组成的爨僰军中抽调一部分人员进行屯垦活动。云南行省政府集中组织民屯活动的时间为元世祖至元十一年至至元十六年（公元 1274～1279 年），即赛典赤担任云南行省平章政事

---

〔1〕［明］宋濂等撰：《元史·张立道传》，见方国瑜主编《云南史料丛刊》（第二卷），云南大学出版社 1998 年版，第 563 页。

〔2〕［明］宋濂等撰：《元史·张立道传》，见方国瑜主编《云南史料丛刊》（第二卷），云南大学出版社 1998 年版，第 562～563 页。

〔3〕［明］宋濂等撰：《元史·赛典赤传》，见方国瑜主编《云南史料丛刊》（第二卷），云南大学出版社 1998 年版，第 556 页。

〔4〕［明］宋濂等撰：《元史·赛典赤传》，见方国瑜主编《云南史料丛刊》（第二卷），云南大学出版社 1998 年版，第 558 页。

的时期，而组织军屯活动、设立军屯垦区的时间则为至元二十六年和二十七年（公元1289～1290年）。

赛典赤组织开展民屯活动，是基于长期社会动荡后云南行省地区的现实危机状况的。当时的形势是，一方面，从大理国后期以来，云南内地的土地多为官府贵族和豪族强姓占有，许多农民无地可耕；另一方面，由于蒙古军队进入云南之初对各族人民的严苛剥削，许多农民被迫托庇于贵族、豪户，充当豪门的家丁或长工，或者逃亡他乡、隐身谋生，成为脱离官府户籍档册的漏籍户。为此，要恢复社会秩序、发展农业生产必须从清理田地和人户入手。元世祖至元十一年（公元1274年），云南行省平章政事赛典赤到任后，决定以清理田地和人户为契机，调整生产关系，开展屯田活动，解决军粮民食供应问题。

清理人户的工作首先从行省所在地中庆路开始。至元十一年，通过对中庆路户籍的清查，共发现脱籍隐户1万余户，行省即将其中的4000多户编为屯田户，令其以现有土地进行屯垦;〔1〕至元十二年（公元1275年），清理大理地区的漏籍户，得隐户2066户，即将其全部编为屯田户，数年后，又分别将大理地区和永昌地区在籍民户400户和1275户编入屯田户。〔2〕根据统计，从至元十二年（公元1275年）至十五年（公元1278年）的4年间，云南行省共清理出各地漏籍户11777户，其中以宗王、贵族和豪户集中的中庆路地区为多。〔3〕所有这些清查出来的人户，都被行省编为屯田户，在政府的组织领导下，开展屯田活动、发展农业生产。与此同时，政府还将一部分在籍民户划为屯田户，在相应屯区内从事农业生产。

云南行省的民屯垦区共有9处，即威楚提举司屯田、大理等处民屯、鹤庆路民屯、威楚路民屯、中庆路民屯、曲靖等处民屯、乌撒民屯、临安民屯和罗罗斯民屯，其中罗罗斯屯区（今四川西昌地区）不在今云南省境内。屯田户所垦田地，或为自己原有的“己业田”，或为政府拨给的“官田”，包括政府没收的田地和所谓“无主荒田”。解炳昆先生根据《元史·兵志·屯田》的记载统计，元代时，今云南境内各屯区共有屯户15052户，屯田地亩共56599双，以每双4亩计算，为226236亩；平均每户耕种屯田3.8双，约为15亩左右。从田地的来源看，在总数56599双的民屯田地中，属于屯户自备的“己业田”计有26822双，占民屯田地总数的47.5%；属于政府划拨的“官给田”共计22992双，占总数的40.7%；史籍记载中未明言其为“己业田”或“官给田”的共计6685双，占民屯田地总数的11.8%。〔4〕总的来看，民屯田地中，“己业田”和“官给田”大体各占一半左右。

---

〔1〕［明］宋濂等撰:《元史·爱鲁传》，见方国瑜主编《云南史料丛刊》（第二卷），云南大学出版社1998年版，第550页。

〔2〕［明］宋濂等撰:《元史·兵志·屯田》，见方国瑜主编《云南史料丛刊》（第二卷），云南大学出版社1998年版，第643页。

〔3〕马曜主编:《云南简史》，云南人民出版社1991年版，第123页。

〔4〕见马曜主编《云南简史》第五章第五节（本节作者为解炳昆先生），云南人民出版社1991年版，第124页。

元代云南行省实行民屯的目的是为了实现荒芜田地与无业人口的结合，恢复正常的生产活动，维护正常的社会秩序，同时保障行省政府和中央政府的赋税来源。这些民屯户实际上就是国家控制下的自耕农。作为自耕地，民屯户必须把生产所得的一部分作为屯租上交政府。而如何确定民屯户上交的租赋数额，成为赛典赤慎重考虑的一个问题。为此，赛典赤对贫苦农户进行调查，就此问题与屯户进行商讨。明初官员张洪所撰《南夷书》记载下了赛典赤与民屯户商讨的情况：

赛公初下车，接见无虚日，虽以一壶浆，必笑而纳之，更厚其酬答。由是远近翕然俱来。赛公度其可与语，乃告其民曰："吾欲分尔耕，贷尔牛、种、耒耜、蓑笠之具，度亩收若干？"夷曰："可得稻二石。"公曰："输官几何？"夷曰："半之。"公曰："太重，后将不堪。其牛、种、耒耜之具不复再给，牛死买牛，具弊修具，一家衣食所须，半岂能给？"夷曰："然则三之一。"赛公曰："尔虽克供，惧尔子孙弗继也。后之代我者，必欲盈其数，则上下相恶矣。吾与约，尔毋我违：亩输米二斗，其勿逋。"夷大悦。或请曰："租甚轻，惟道里远，弗克致，奈何？"赛公又询其地之所宜，宜马则入马，宜牛则入牛，并与米直相当。不产牛马，入以银。今之粮折牛马、粮折银是也。[1]

这一记载反映出两个方面的重要信息：一是赛典赤出于对贫苦农户生产、生活的真切关心，竭力减轻屯田民户的经济负担。对于愿意屯垦的民众，政府不仅贷给耕牛、种子、农具等生产资料，而且所收租赋约为亩产的四分之一[2]，并且允许以其他财物代替租谷或直接以银两交纳，这样，既相对地减轻了农民的负担，又促进了屯垦生产的持续发展；二是赛典赤在决策时能够认真地调查研究，问需于民、问计于民，在了解民情、集中民智的基础上制定出利民惠民而又切实可行的政策措施，这在专制时代的封疆大吏中，确乎是非常难得的。从这一事例可以看出，赛典赤的德才识见确非当时一般官员可比，正因为此，赛典赤才会受到当时全省民众的由衷敬爱及后代官民的深切怀念。

在实行民屯十多年后，从至元二十六年（公元 1289 年）开始，元朝政府决定在云南行省开展军屯。如果说，民屯是为了恢复正常的社会生产活动的话，那么，军屯则是为了解决军粮的供给问题。《元史・世祖本纪》载，至元二十六年三月，"立云南屯田，以供军储。"[3] 从事军屯的人员不是蒙古军人，而是由云南籍军人组成的爨僰军，其中主要是白族军人。云南行省的军屯首先在大理地区推行，从事军屯的爨僰军共有 600 户。[4] 至元二十七年（公元 1290 年）后，在云南各地区广泛置立军屯，从爨僰军

〔1〕［明］张洪撰：《南夷书》，见方国瑜主编《云南史料丛刊》（第四卷），云南大学出版社 1998 年版，第 571 页。

〔2〕根据明代的米、谷换算比例，1 石谷折米 4 斗，则每亩田产谷 2 石，折算为米则为 8 斗。按赛典赤与屯户约定的赋税额，每亩田地缴纳米 2 斗，约相当于亩产的四分之一。

〔3〕见方国瑜主编：《云南史料丛刊》（第二卷），云南大学出版社 1998 年版，第 493 页。

〔4〕［明］宋濂等撰：《元史・兵志・屯田》，见方国瑜主编《云南史料丛刊》（第二卷），云南大学出版社 1998 年版，第 643 页。

中签发一定数量的军户从事屯田活动，同时，也有少部分畏吾儿（即今维吾尔族）军和新附汉军（南宋降军）参加。实行军屯的目的是为了解决驻军粮储不足的问题。根据《元史·兵志》的记载，元代云南行省的军屯共有11处，分别是：大理金齿等处宣慰司都元帅府军民屯田、鹤庆路军民屯田、武定路总管府军屯、威楚路军民屯田、中庆路军民屯田、曲靖等处宣慰司兼管军万户府军民屯田、乌撒宣慰司军民屯田、临安宣慰司兼管军万户府军民屯田、梁千户翼军屯、罗罗斯宣慰司兼管军万户府军民屯田、乌蛮等处屯田总管府军屯。[1] 这11处屯田区中，既有军屯也有民屯的有6处：鹤庆、威楚（今楚雄）、中庆（今昆明）、曲靖、临安（今建水）、罗罗斯（今西昌）；只有军屯而无民屯的有3处：武定、乌蒙（今昭通）、乌撒（今贵州威宁）；同一辖区内军屯、民屯分设的1处：大理金齿等处宣慰司，立军屯于大理，立民屯于永昌、腾冲；梁千户翼军屯设于至元三十一年（公元1294年），是云南行省应梁王的要求设立的军屯田区，先设于乌蒙（今昭通），后迁于新兴州（今玉溪），由汉军（南宋降军）1000户屯种。军屯的屯田来源，也包含"己业田"和"官给田"两种，而以军户的"己业田"为主。平均每户军户的耕种面积约为4双（即16亩）。军户的耕种所得，除了满足自己的衣食所需外，剩余收获物仍须以屯租形式上交政府。[2]

从地区分布来看，元代云南行省的军民屯田，集中分布于今滇东的昭通、曲靖、寻甸，滇中的昆明、澄江、武定、楚雄，以及滇西的大理、鹤庆、保山等重点城镇地区，也即今昆（明）曲（靖）公路、昆（明）楚（雄）公路、楚（雄）大（理）公路和大（理）保（山）公路沿线区域，而这些区域，从汉晋以来，即是云南省开发历史较早、发展水平较高的区域。其中，中庆路（今昆明地区）、曲靖路（今曲靖地区）、威楚路（今楚雄地区）、永昌府（今保山地区）、腾冲府（今腾冲地区），是当时屯田规模较大的几个重点地区。据《元史·地理志》的记载，中庆路军民屯田22400双，曲靖路屯田4480双，威楚路军民屯田7100双，永昌、腾冲二府军民屯田22105双。[3] 此外，在滇南的临安（以建水为中心的今红河州地区）地区，也开展了军屯和民屯活动，这是有史记载的滇南地区首次大规模开发活动，临安路军民屯田规模共达5100双。[4]

综合元代屯田的总体情况来看，元代云南屯田的总面积为71667双又1250顷，共计411668亩。[5] 据解炳昆先生推算，元代云南民屯田共计226236亩，如以每亩输稻

---

〔1〕［明］宋濂等撰：《元史·兵志·屯田》，见方国瑜主编《云南史料丛刊》（第二卷），云南大学出版社1998年版，第643~644页。

〔2〕见马曜主编：《云南简史》，云南人民出版社1991年版，第129页。

〔3〕［明］宋濂等撰：《元史·地理志》，见方国瑜主编《云南史料丛刊》（第三卷），云南大学出版社1998年版，第70页，第76页，第72页，第83页。

〔4〕［明］宋濂等撰：《元史·地理志》，见方国瑜主编《云南史料丛刊》（第三卷），云南大学出版社1998年版，第81页。

〔5〕马曜主编：《云南简史》，云南人民出版社1991年版，第130页。另据《新纂云南通志》（七）"农业考"的资料，元代云南军民屯田总数为3382顷零15亩（云南人民出版社2007年版，第10页）。

粒5斗（相当于米2斗多）计算，则交纳的租赋为每年113118石，约占全省税粮总数的40.7%；军屯田共计185432亩，屯租收入以每亩征收稻粒5斗计算，则每年共计征收92716石，约占全省税粮总数的33.4%。[1] 民屯和军屯的屯租收入占当时全省税粮总收入的70%以上。以此而言，元代云南行省的屯田，既解决了农民的生计问题和军粮的供应问题，又增加了政府的财赋收入。对官、民、军三方而言，都有其积极作用。但到元代末期，屯政松弛，全省田土多为僧道及豪右隐占，屯田的效果自然大打折扣。

二、明代云南地区的卫所屯田

明朝在云南的卫所机构，既是军事组织，也是生产单位。卫所军士，既是世袭的职业军人，也是耕田自食的专业农民。这是明代卫所制度的重要特点。

明代云南各卫、所地区的屯田，起源于解决卫所驻军粮食供应的需要。在平定云南之初，明军的粮食供应即感不足。为此，洪武十七年（公元1384年），明太祖朱元璋令国子监助教杨盘出使属国安南，请安南协助解决云南军队的粮饷问题。朱元璋对户部官员说："曩为云南数生边衅，命将讨之，今其地已平，悉入编籍，然兵多民少，粮饷不给。朕思安南壤地去临安甚迩，彼能坚事大之心，当助粮饷以佐兵食。"[2] 户部按照朱元璋的旨意行文至安南，又派遣陈盘等人出使安南办理此事。安南国王接到朱元璋的旨意后，准备了5000石粮食运到安南与云南相邻的临安府水尾地方，交给陈盘，帮助明军暂时渡过了难关。

洪武十六年（公元1383年），在云南初步平定后，朱元璋令傅友德、蓝玉班师回京，令副将军西平侯沐英留镇云南。为了有效地解决云南驻军的粮食供应问题，洪武十九年（公元1386年），沐英向明太祖朱元璋上奏，提出开展军屯的建议："云南土地甚广，而荒芜居多，宜置屯令军士开耕，以备储偫。"[3] 朱元璋同意了沐英的奏请建议，并对户部官员说："屯田之政，可以纾民力，足兵食，边防之计莫善于此。赵充国始屯金城而储蓄充实，汉享其利，后之有天下者亦莫能废。英之是谋可谓尽心，有志古人，宜如所言。然边地久荒，榛莽蔽翳，用力实难，宜缓其岁输之粟，使彼乐于耕作，数年之后，征之可也。"[4] 由此可见，朱元璋批准在云南实行军屯，不仅仅是出于解决一时的军粮供应问题，而且也出于长远的考虑。

从洪武二十年（公元1387年）起，在朝廷的支持下，云南地区的军屯活动大规模地展开。朝廷从各地征调兵丁、耕牛、农具支持云南的屯戍工作。仅在洪武二十年1

[1] 马曜主编：《云南简史》，云南人民出版社1991年版，第126页、第129页。

[2] 《明太祖实录》卷一六三，见方国瑜主编《云南史料丛刊》（第四卷），云南人民出版社1998年版，第113页。

[3] 《明太祖实录》卷一六三，见方国瑜主编《云南史料丛刊》（第四卷），云南人民出版社1998年版，第113页。文中的"偫"字，音"质"，积储、储备之意。

[4] 《明太祖实录》卷一七九，见方国瑜主编《云南史料丛刊》（第四卷），云南人民出版社1998年版，第113页。

年间，朝廷就采取了一系列支持云南屯垦的措施。据《明太祖实录》的记载，洪武二十年明太祖的相关部署就有：

八月（农历，下同）："遣右军都督佥事孙茂以钞二万二千锭往四川耕牛万头。时将征百夷，欲令军士先往云南屯田预备粮储故也。""诏景川侯曹震及四川都指挥使司选精兵二万五千人，给军器农具，即云南品甸之地屯种，以俟征讨。""诏在京军士戍守云南者，其家属俱遣诣戍所，户赐白金十两，钞十锭，令所过军卫相继护送。"[1]

九月："命西平侯沐英籍都督朱铭麾下军士无妻孥者，置营以处之，令谪徙指挥、千百户、镇抚管领。自楚雄至景东，每一百里置一营屯种，以备蛮寇。"[2]

十月："诏湖广常德、辰州二府，民三丁以上者出一丁往屯云南。丙寅，诏长兴侯耿炳文率陕西土军三万三千人往云南屯种听征。"[3]

十一月："遣前城门郎石壁往云南谕西平侯沐英等，自永宁至大理，每六十里设一堡，置军屯田，兼令往来递送，以代驿传。"[4]

洪武二十年之后，朱元璋根据巩固云南局势的需要，继续调兵遣将，在云南重要地区部署屯戍工作。朱元璋所安排的屯戍区域，或为平坝肥沃之区，或为山川险要之地。如洪武二十三年（公元1390年），朱元璋下令将平夷（今富源）千户所升格为平夷卫指挥使司，原因就是："上（即明太祖朱元璋——引注）以云南列置戍兵，平夷尤当南北要冲，四面皆蛮夷部落，必置卫屯兵镇守，乃命开国公常升往辰阳集民间丁壮，凡五千人，遣右军都督佥事王成、千户卢春统赴平夷置卫。"[5] 洪武二十六年（公元1391年），朱元璋又下令调云南白崖（今弥渡红岩）军士屯守景东，原因也是："上以景东为云南要害，且多腴田，故有是命。"[6]

洪武年间朱元璋的屯田部署，奠定了明代云南军屯事业的基础。在明代云南的40个卫所中，有30个卫所设立于洪武年间，即公元1382～1398年间。与卫所设置同步，卫所的屯田工作也同时展开，并很快收到了效果。洪武二十一年（公元1388年）十月，南安侯俞通源向朱元璋奏报云南军屯工作情况时说："云南新附官民军士、田粮、马、牛之数：都指挥使司所属官计一千三百一人，军士六万四千二人，马三千五百四

[1]《明太祖实录》卷一八四，见方国瑜主编《云南史料丛刊》（第四卷），云南大学出版社1998年版，第114页。

[2]《明太祖实录》卷一八五，见方国瑜主编《云南史料丛刊》（第四卷），云南大学出版社1998年版，第114页。

[3]《明太祖实录》卷一八六，见方国瑜主编《云南史料丛刊》（第四卷），云南大学出版社1998年版，第114页。

[4]《明太祖实录》卷一八七，见方国瑜主编《云南史料丛刊》（第四卷），云南大学出版社1998年版，第114～115页。

[5]《明太祖实录》卷二〇一，见方国瑜主编《云南史料丛刊》（第四卷），云南大学出版社1998年版，第115页。

[6]《明太祖实录》卷二一〇，见方国瑜主编《云南史料丛刊》（第四卷），云南大学出版社1998年版，第115页。

十五匹，屯牛一万二千九百九十四头，田四十三万五千三十六亩，粮三十三万六千七石。"[1] 从这些数据可以看出，仅在1年多的时间里，云南地区的屯垦工作就迅速展开，无论是屯垦的人员、牛马，还是开垦的田土和收获的粮食，均初具规模，取得了初步的成效。

洪武以后，云南地区的军屯事业继续推进和发展，形成了基本的制度体系。一是设置专门的屯田官员。从省级层面来说，云南驻军统属云南都指挥使司管辖，都指挥使司设都指挥使1人，都指挥同知1人，都指挥佥事1人。3名将领中，1人掌印，1人督屯，1人领操，即都指挥使作为主官，负责掌印，同知和佥事作为副职和助手，负责屯田和训练工作。[2] 在卫所层面，其体制也大体相同。如在陆凉（今陆良）卫，就设指挥1人，指挥同知2人，指挥佥事5人，其中除指挥管印外，同知或佥事根据相应工作分工，或管操，或管屯。[3] 二是制定了细致的屯田实施办法。按照明朝军制，外地驻防部队的兵力配置为，三分军士操备，七分军士屯粮，即以7人垦田所得供养3人。屯军耕种所需耕牛、农具，皆由官家配备。屯田军士每人（户）授田20亩，称为"一分田"，每岁征租谷50石。50石谷物中，返还24石作为屯军及家人的口粮，返还3石2斗作为来年的种粮，其余22石8斗作为守城军士和军官的口粮与俸粮。后来，进一步简化征收办法，规定以米4斗折谷1石，每名屯军每年交纳大米9石1斗2升作为租谷即可，剩余者即归屯军作为口粮和种粮。[4]

明代在云南的卫所屯田，不仅有效地解决了军粮的供应问题，而且促进了云南农业经济的大发展。这一点，集中反映在明代云南田亩总数的大幅增加、军屯田地的宏大规模和军屯生产的较高产量上。

一是全省田亩数量较之元代有大幅增长。从云南全省田亩总数来看，明代的田亩总数大大高于元代的田亩总数。如前所言，元代的田亩数大体为411668亩，而明代的田亩数，如以万历年间官田、民田、军田的数据为据，则合计共为30516顷，换算为亩数为3051600亩（1市顷为100市亩），为元代田亩总数的7倍多。明代云南地区田亩数量的极大增加，与卫所屯田制度的实行有着直接的关系。

二是军屯田亩占到了全省田亩总数的将近一半。从军屯田亩的来源看，军屯田地既有征用或夺占的原有民田，也有大量新辟之田。经过100多年的开垦和积累，到了明代中后期，云南地区军屯田亩达到了较大的规模。方国瑜先生依据明代官修通志，对明代不同时期云南都指挥使司所属卫所田亩与云南布政使司所属其他民田、官田的数目作了列举和对比：根据正德《云南志》的记载，弘治十五年（公元1502年），云

---

[1] 《明太祖实录》卷一九四，见方国瑜主编《云南史料丛刊》（第四卷），云南大学出版社1998年版，第115页。

[2] ［明］邹应龙修、李元阳纂：《云南通志·兵食志》，见方国瑜主编《云南史料丛刊》（第六卷），云南大学出版社2000年版，第579~580页。

[3] ［明］邹应龙修、李元阳纂：《云南通志·兵食志》，见方国瑜主编《云南史料丛刊》（第六卷），云南大学出版社2000年版，第593页。

[4] 参见方国瑜《明代在云南的军屯制度与汉族移民》，载《方国瑜文集》（第三辑），云南教育出版社2003年版，第273页。

南布政使司所属官田、民田数额为17279顷，云南都指挥使司所属屯田12766顷；根据万历《云南通志》的记载，万历年间云南布政使司所属官田、民田17884顷，云南都指挥使司所属屯田12632顷；而据《明会典》记载，万历六年（公元1578年），云南布政使司属官田、民田17993顷，云南都指挥使司屯田11171顷。[1] 综合各时期数据来看，明代中后期，云南军屯田亩数量已占全省耕地总数的40%。值得注意是，40%的比例还是全省的平均数，在军屯集中的区域，则军田的田亩数量远高于官田、民田的田亩数。如曲靖府地域内的曲靖、平夷、越州、六凉四卫和马隆守御千户所的军田，据万历《云南通志·兵食志》的记载，共计1726顷零80亩；而曲靖府属的官田和民田，据万历《云南通志·赋役志》的记载，共计837顷零2亩，军屯田亩占了曲靖府辖区内田亩总数的67%。[2]

三是军屯粮食产量占到了全省粮食总产量的较大比例。根据万历《云南通志·赋役志》的记载，万历初云南布政使司每年所收税粮为：夏税36019石，秋粮为106990石，合计143009石；[3] 而据《云南通志·兵食志》的记载，同期，云南都指挥使司的屯粮为：夏税47893石，秋粮239458石，合计287351石。[4] 都指挥使司的屯粮是布政使司的官民税粮的2倍。如从田亩面积来看，明代屯田仅为全省田亩数的40%左右，以此而言，军屯以仅占全省田亩总数40%的田地，提供了占全省税粮总额70%的税粮。其中原因，除了军屯粮税率远高于官田、民田外，军屯田地较高的劳动生产率也应是重要原因。

总的来看，明代云南实行的卫所屯田，在经济、政治、军事诸方面，均有着特殊的作用，受到时人的充分肯定。正德《云南志》卷二关于卫所屯田的论述，集中反映了云南屯军的作用和成效："云南屯田最为重要。盖云南之民多夷少汉，云南之地多山少田，云南之兵食无所仰。不耕而待哺，则输之者必怨；弃地以资人，则得之者益强。此前代之所以不能乂安此土也。今诸卫错布于州县，千屯伦列于田野，收入富饶，既定以纾齐民之供亿；营垒连络，又足以防盗贼之出没。此云南屯田之制所以甚利甚善，而视内地相倍蓰也。"[5] 军屯、民屯的广泛开展，保障了云南地区军民的粮食需要，使得当时的云南呈现出丰衣足食、安居乐业的升平景象。

明代的屯田之制，作为卫所制度的重要组成部分，虽然在保障军粮供应方面发挥了重要作用，但随着时间的推移，屯田制度自身的弊病也日渐显露，到了明代后期，

〔1〕方国瑜：《明代在云南的军屯制度与汉族移民》，载《方国瑜文集》（第三辑），云南教育出版社2003年版，第251页。

〔2〕方国瑜：《明代在云南的军屯制度与汉族移民》，载《方国瑜文集》（第三辑），云南教育出版社2003年版，第252页。

〔3〕［明］邹应龙修、李元阳纂：《云南通志·赋役志》，见方国瑜主编《云南史料丛刊》（第六卷），云南大学出版社2000年版，第559页。

〔4〕［明］邹应龙修、李元阳纂：《云南通志·兵食志》，见方国瑜主编《云南史料丛刊》（第六卷），云南大学出版社2000年版，第580页。

〔5〕［明］周季凤纂修：《正德云南志》（卷二），志二："云南府"，见方国瑜主编《云南史料丛刊》（第六卷），云南大学出版社2000年版，第126页。

军屯逐渐走向废弛。对此，万历年间李元阳在纂修《云南通志·兵食志》时就作了这样的总结："国朝使兵自为食，不以烦民，为之于豫，不因师旅。制田之初，民相参，畛畔相入，欲其旱涝相关，盈亏互察也。自后豪者诬私为公，贪者卖公为私，致使田虽多而饷不足，兵虽少而食无余，盖因巨奸宿滑饵诱于前，纨绔之子踵袭于后，欲其事事明核，亦难矣。"[1]

明代卫所屯田制度废弛的基本原因有二：一是军户逃亡，二是军官、豪强隐占屯田。从军户逃亡来说，军户为世籍，一旦从军，即编入军籍，不仅本人终身须为军士，其子孙后代也必须世代从军，这种职业世袭制对"军户"来说，是一种极大的人身限制，军户缺乏身份、职业转换的自由；再者，屯田军户的经济负担也较一般"民户"深重，屯军要将近一半的收获物上交卫所，作为卫所的军食和相应支出。出于这些原因，把身份由"军户"转为"民户"是屯军的普遍愿望，但由于制度的严格限制，通过合法的途径来实现身份、职业的正常转换完全不可能，在此情况下，屯军只有通过逃亡来改变"军户"的命运。这是当时全国的普遍情况，但从云南来说，军户逃亡尚不是屯田制度废弛的根本原因。云南军屯难以为继的原因主要是屯田被大量隐占或改变成为民田，导致屯军无田可垦。不仅卫所军官的"职田"（军官的薪俸来源）在官亡户绝后被私自侵占，而且大量的屯田被军官或豪强盗报为民田，导致屯田之数日益减少。明嘉靖年间云南士人俞汝钦《条陈屯粮议》中说：云南的屯地，"自成化、弘治以来，或为官旗隐占，不行纳粮；或捏报屯田，改作民田，卖与别姓，粮虽如旧而亩数则大殊于前矣。各军亦屡曾具告，或年数太远，无从稽查；或查出欲断田还伍，而所报民粮又无归著；或虽无二者之患，而水冲、沙壅、堰废、沟坏，碍众费多无人修复。故每田一分该租谷二十石，今只得二三石或五六石者有之。至于陆地，则侵占变卖，为日已久，到今大半全无，而麦粮亏赔尤甚"[2]。在这种情况下，屯田制度也就不可避免地走向崩溃了。

清朝康熙二十六年（公元 1687 年），清朝在云南的统治巩固后，裁除了云南都指挥使司，都司所辖卫所也并归地方州县，明代云南地区卫所制度及屯田制度在存在了 305 年后，正式宣布废除。

三、清代的农垦政策

（一）清政府恢复农业生产的政策措施

从清初大西军入滇到康熙二十年（公元 1681 年）清朝平定吴三桂叛乱，30 多年间，云南地区战火不断，田园荒芜、生灵涂炭，社会经济民生陷入极度的凋敝困顿之

[1] ［明］邹应龙修、李元阳纂：《云南通志·兵食志》，见方国瑜主编《云南史料丛刊》（第六卷），云南大学出版社 2000 年版，第 579 页。文中的"不因师旅"之"因"字，或为"困"字之误。另外，"民相参"或应为"兵民相参"或"军民相参"。

[2] 参见方国瑜《明代在云南的军屯制度与汉族移民》，载《方国瑜文集》（第三辑），云南教育出版社 2003 年版，第 291 页。

中。康熙二十一年（公元1682年），蔡毓荣任云贵总督，向康熙皇帝提出了“筹滇十疏”，从10个方面对做好云南战后恢复重建工作提出政策建议。在第一疏“请蠲荒”中，蔡毓荣对当时战乱兵火后田园荒芜、人民死伤的社会惨状作了描述：

查自逆贼踞滇，按地加粮，按粮征兵，或迫于桁杨，或驱之锋镝，播虐万状，民不胜其苦，而委废田园，辗转沟壑者已过半矣。及我大兵深入以来，筑垒挖壕，环营列栅，近郊阡陌，悉作战场，遍野榛芜，徒堪牧马。凡两迤之往来大路，桑麻久废，鸡犬无闻。重以逆贼四散溃奔，如马宝、夏国相、尤廷玉、王绪、胡国柱等，所至辄屠其人，火其居，掠其子女，惨蔽天日。迨诸逆服辜后，所余者荒丘蔓草，白骨青磷。已耳，乃又以杀气未除，蒸为疫疠，民之死于刀踞、死于冻馁与死于疾病者，又何可胜计耶？[1]

在战乱兵火之下，农业生产遭到彻底破坏，饥荒遍及全省：

去岁，军糈（“糈”他本亦作“需”——引注）顿急，遍行召买，米价日贵，赔累日多。……民之困敝已极，米亦搜括无遗，数月之间斗米三两，无从购买。顷者，麦秋既届，而去冬播种失时，收获十无四五。额税之外，尚不足供运粮之需。迄今，民无粒食，野有饿殍。臣触目惊心，救时无策。从来兵燹之后，继之饥馑，未有如全滇今日之甚者也。[2]

面对如此艰危时局，云贵总督蔡毓荣、云南巡抚石琳、石文晟等先后提出了恢复农业生产的一系列政策建议。主要内容如下：

一是将沐氏庄田作价变卖，让农民垦种。明代，沐氏家族由于先祖沐英的功勋，世代镇守云南。其间，沐氏家族通过各种手段在云南各地广占田产，租给佃户垦种，收取高额地租，且不向国家缴纳田赋。吴三桂入滇后，沐氏庄田又为其所占，成为吴氏重要的财富来源。清军平定吴三桂叛乱后，将庄田收归国有，作为官田租给农户垦种，垦田农民成为官家的佃户。为了调动种田农民的生产积极性，蔡毓荣建议将庄田作价变卖给农民，作为农民的永业田，以此解除佃户对官家的生产依附关系，同时又增加政府的收入。在其给康熙皇帝所上第四疏“议理财”中，蔡毓荣将此事的原委作了清楚的阐述：“故明沐氏世镇滇省（‘滇省’他本亦作‘云南’——引注），置买庄田。厥后，沐氏沦亡，凡据滇者，必贪之以为利。本朝开滇之始，拨给逆藩，遂致地为藩庄，民为藩役，藏奸纳叛，有由来矣。既奉旨悉归有司，给民耕种，将数百年来

---

〔1〕［清］蔡毓荣撰：《筹滇十疏》，见方国瑜主编《云南史料丛刊》（第八卷），云南大学出版社2001年版，第424～425页。

〔2〕［清］蔡毓荣撰：《筹滇十疏》，见方国瑜主编《云南史料丛刊》（第八卷），云南大学出版社2001年版，第424页。

之痼弊一旦扫除，人心共快。”[1] 但是，由于耕种“庄田”的农民向国家缴纳的是“庄租”，与一般农户所缴纳的“田赋”“民赋”在名称上仍有区别，则“庄田”之名仍未革除，这与清朝废除藩庄的政策不相符合。为此，蔡毓荣建议将“庄田”“民田”并轨，以实现田地赋税政策的统一化，具体办法就是将庄田作价卖给农民，实现所有权与占有权、经营权的合一。蔡毓荣陈述了理由：“小民一种庄田，便属官家佃户，夫既非其己产，安肯为久远计乎？臣查各省废藩庄田，俱经变卖，滇当更始之会，尤宜照例而行，况滇人变乱数年，多无恒产，未有不喜于得业而勇于急公者也。今抚臣见委道员按庄丈勘，臣请俟勘明册报之日，敕部速行变价，按地则，每亩可变银四五钱至一两有奇，按粮则，每石可变银十两至二十两有奇。各按等则而高下之，令纳价免租，与民田一例办粮当差，永除庄田名色，约可得银数万余两。……凡此所变价银，仍请酌量留滇，永作钱本，是固非一时之利，而善后之长策也。”[2] 蔡毓荣的奏请得到朝廷的批准，对原沐氏庄园及没收的藩庄田地均作价变卖给农民耕种，并入所在府、州、县民田之中，按民田的相关政策征收赋税。

二是组织军人家属屯垦荒地。在平定吴三桂叛乱之后，清军数万人聚集于云南，进行驻守和防御，军粮供应成为头等大事。若全部取给于民，则不仅增加民众负担，而且由于生产不足、丰歉难定，事实上也难以满足军队的需要；若由军队自身屯种，则防守任务繁重，军士分身无术。在此情况下，蔡毓荣提出了鼓励军人家属开展屯垦生产，以保障全家衣食来源的政策主张；“臣是以鳃鳃为虑，亟请屯垦者，非必如故明之分列卫所聚屯而居，有事则荷戈，无事则秉耒也。查兵丁之有父兄、子弟余丁者十常五六，请将附近各镇、协、营无主荒田，按实有父兄、子弟余丁之兵，每名酌给十亩或二十亩。臣会同抚、提臣督率镇将、营弁设法借给牛种，听其父子、兄弟余丁及时开垦，渐图收获，以赡其家，俾在伍者无俯仰之忧，有田园之恋，斯兵心固而边备无虞矣。三年之后，仍照民例起科，应纳条银充抵月饷，应输夏、秋二税抵给月粮。计所省粮饷实多，而于操练征防仍无贻误。”[3] 即将政府掌握的无主荒田分给军人家属垦种，以家属耕种所获赡养军人家庭，以其耕种田地应交的条银和赋税，充抵应发给军人的银饷和口粮，即政府不向垦户收取条银和田赋，政府也不再发给士兵银饷和口粮。

三是在裁撤卫所的基础上，消除“军户”与“民户”的区别，让军户按民户的标准交纳赋税。明代以来，云南地区即一直实行卫所屯田之制。由于军屯屯租定额太高，军户难以完成，故军屯租赋拖欠问题十分严重，许多屯户由此逃亡，而政府又将逃户的租额加到存户的头上，叫作“包赔逃户”。在此情况下，军户的生活状况更是“雪上

[1] ［清］蔡毓荣撰：《筹滇十疏》，见方国瑜主编《云南史料丛刊》（第八卷），云南大学出版社2001年版，第430页。

[2] ［清］蔡毓荣撰：《筹滇十疏》，见方国瑜主编《云南史料丛刊》（第八卷），云南大学出版社2001年版，第430～431页。

[3] ［清］蔡毓荣撰：《筹滇十疏》，见方国瑜主编《云南史料丛刊》（第八卷），云南大学出版社2001年版，第431页。

加霜”、苦不堪言。为此，康熙三十四年（公元1695年），云南巡抚石文晟上《请减屯粮疏》，请求在免除军户历年拖欠租赋的基础上，将军户的赋额按民赋赋额最高的河阳县（今澄江县）的标准征收，以此消除军户、民户的赋额区别，减轻军户的赋税负担。石文晟的建议得到朝廷的批准。同年，清廷下令废除屯田制，将军屯田地一律并入所在府、州、县田地之中，规定无论军户、民户，凡耕种军屯田地者，按照河阳县上等民田的税额向国家交纳赋税。自此，不仅军田变成了民田，而且“军户”也变成了普通民户，“军户”在政治上、经济上得到自由和解放。

四是准许农民开垦抛荒田地、尽快恢复农业生产。针对战乱后有地无人种、有人无地种的现象，蔡毓荣提出了“复丁田”“广树畜”的政策措施。关于“复丁田”，蔡毓荣认为：“前此死徙人丁抛荒田地，业据勘明题报矣，使徒觊蠲除之令，不为补救之谋。长此土旷人稀，成何景象？又或侈语招徕而漫无安抚，捏申开垦而摊派包赔，从何时得庶且富耶？则所以辟榛芜，谋生聚者之力行宜亟也。”关于“广树畜”，蔡毓荣认为：“滇人既幸更生，而无以谋生，其势不可以久，务因时地之利，为开衣食之源。今以无主荒山劝民种树，近郊隙地给令灌园，但使瓜壶枣栗之微各得其养，鸡豚狗彘之畜无失其时。安在绌之不为赢，而剥之不易复耶？则所以课种植，稽畜牧者之力行宜亟也。”[1] 总的来看，就是希望通过“复丁田”“广树畜”，促进劳动者与劳动资料及自然资源的结合，做到人尽其力、地尽其利，使农业生产尽快得到恢复、农民生活的困苦状况得到切实改善。

通过上述政策措施，清初以来抛荒的田地重新得到开垦，无地少地的农民获得了可以自由经营的田地，而屯户也在法律上得到自由和解放，从而促进了清初云南地区农业生产的恢复和发展。在农业生产恢复的基础上，国家的赋税也相应获得增加。这样，通过土地政策和生产关系的调整，不仅使农民的生计问题得到较好的解决，而且社会秩序也逐渐恢复常态，在经历长期的动荡之后，云南地区逐步走上了安定发展的道路。

（二）清代农垦活动的扩大与耕地面积的增加

清初云南全省的耕地数量，根据清朝顺治十八年（公元1661年）的统计，当时全省登记在册的耕地面积为52115顷零10亩[2]，即5211510亩。此后，从康熙初年开始，随着清政府鼓励农垦的各项政策措施的实施，云南全省耕地面积不断扩大。到了康熙二十四年（公元1685年），云南全省耕地数为64817顷零60亩[3]，即6481760亩。康熙三十年（公元1691年），全省田地（民地）共72988顷零32亩，此外，尚有屯地13860顷零53亩[4]，合计总耕地面积86848.85顷，也即8684885亩。

---

〔1〕［清］蔡毓荣撰：《筹滇十疏》，见方国瑜主编《云南史料丛刊》（第八卷），云南大学出版社2001年版，第436页。

〔2〕［民国］周钟岳等纂修：《新纂云南通志》（七），“农业考”，云南人民出版社2007年版，第6页。

〔3〕［民国］周钟岳等纂修：《新纂云南通志》（七），“农业考”，云南人民出版社2007年版，第6页。

〔4〕［民国］周钟岳等纂修：《新纂云南通志》（七），“农业考”，云南人民出版社2007年版，第6页。

雍正二年（公元1724年），云南统计在册的耕地面积为64114顷零95亩，此外，尚有平夷（富源）等处屯田8061顷零29亩[1]，合计72176.24顷，即7217624亩。雍正初年云南的田亩数相对康熙年间有所减少，其中主要原因是存在欺隐不报的现象，以此逃避向国家交纳的田赋。为此，雍正六年（公元1728年），云贵总督鄂尔泰通令农户自报隐瞒的田地，凡自报欺隐田土者，准予宽大处理，既往不咎，所隐瞒的田地正常输粮纳税，并作为农户的永业田；凡隐匿不报者，鼓励他人举报，凡举报属实者，被举报的田土即归举报者所有。在此情形下，农户纷纷上报隐瞒的田亩数，共计415202亩[2]。

在清理隐匿田地的同时，鼓励民众开垦荒田荒地。雍正年间，云南督、抚每年均将新垦田地的情况向朝廷奏报。如雍正六年（公元1728年）八月，云贵总督鄂尔泰奏报："云南镇沅府开垦夷田四百三十顷有奇。"[3] 同年十一月，鄂尔泰又奏报："云南等府开垦本年分田地九百四十三顷有奇。"[4] 雍正皇帝（清世宗）批示将这些奏报让户部知晓。雍正十年（公元1732年）四月，署云贵广西总督高其倬上奏请示准许开垦昭通地区的荒地，以保障兵食的供给，雍正皇帝将此交给户部议复，户部的议复意见是："署云贵广西总督高其倬疏言：'云南昭通府四面环山，兵饷转输不易，本地田亩，颇多旷废，急宜开垦，俾兵食有资，且省转输之费。请委员专办垦务，将昭通所有地亩，定为水、旱、生、熟四项，分给兵民、倮户及土人等耕种。'应如所请。"[5] 雍正皇帝同意户部的意见。

乾隆皇帝（清高宗）继位后，继续重视和支持云南地区的屯垦工作，或准予免除新垦田地的赋税，或同意免除政府贷给农民开垦荒地的工本银两。乾隆三年（公元1738年）十月，云南提督向乾隆皇帝奏请免除大理喜州（即今喜洲）新垦田地应纳田赋，将田亩所得救济孤寡军属。其文说："云南大理城三十里之喜州地方草厂，向为提督牧马之区。因有旷废余地，于乾隆二年借备工本银二百两，置买牛只、农器，募垦成田三百余亩。本年募民耕种，得京石租米一百二十石。请即以为提标养济孤寡租田，令臣标中军参将经营。其应行升科额赋，并请加恩豁免。"乾隆皇帝批示说："著照所请行，然亦令督、抚知之，则日久而无弊矣。"[6] 乾隆二年（公元1737年）十月，乾

---

〔1〕［民国］周钟岳等纂修：《新纂云南通志》（七），"农业考"，云南人民出版社2007年版，第6页。

〔2〕《朱批御旨·鄂尔泰奏折》，见李春龙主编《云南史料选编》，云南民族出版社1997年版，第838页。

〔3〕《世宗实录》卷七二，见云南省历史研究所编《清实录有关云南史料汇编》（卷四），云南人民出版社1986年版，第11页。

〔4〕《世宗实录》卷七五，见云南省历史研究所编《清实录有关云南史料汇编》（卷四），云南人民出版社1986年版，第12页。

〔5〕《世宗实录》卷一一七，见云南省历史研究所编《清实录有关云南史料汇编》（卷四），云南人民出版社1986年版，第12页。

〔6〕《高宗实录》卷七九，见云南省历史研究所编《清实录有关云南史料汇编》（卷四），云南人民出版社1986年版，第13页。

隆皇帝下旨免除云南新改土归流的民族地区因开辟田地而欠政府的工本银两：“云南省之昭通、东川、元江、普洱四府内新辟夷疆，人稀土旷，从前曾经募民开垦，借给银两，令其分年还纳，至今尚有未完银两一万八百六十余两。朕思滇省去年收成歉薄，闾阎生计艰难，已经将乾隆元年应征地丁银钱粮俱行宽免，以纾民力。夫正供尚且蠲除，而开垦宿逋，犹令追缴，穷黎拮据，朕心深为轸念。著将滇省未完开垦借给银两，悉行豁免，以示朕加惠边氓之至意。”[1]

随着新垦田地的增多，田亩的纳税问题成为一个亟需规范的问题。为此，乾隆三十一年（公元1766年）七月，乾隆皇帝下旨，对云南新垦田亩中面积较小、地理环境较差者给予免予升科即免纳赋税待遇，以杜绝基层官吏对民众的滋扰，鼓励边民广事垦种。圣旨说：“滇省山多田少，水陆可耕之地，俱经垦辟无余，惟山麓、河滨尚有旷土，向令边民垦种，以供口食。而定例：山头地角，在三亩以上者，照旱田十年之例；水滨河尾在二亩以上者，照水田六年之例，均以下则升科。第念此等零星地土，本与平原沃壤不同，倘地方官经理不善，一切丈量查勘，胥吏等恐不免从中滋扰。嗣后滇省山头、地角、水滨、河尾，俱著听民垦种，概免升科，以杜分别查勘之累；且使农氓无所顾虑，得以踊跃赴功，力谋本计。”[2]

经过康熙、雍正、乾隆三朝的经营努力，至清代中期，云南地区的农业垦殖已达到了新的历史水平：全省的田亩面积达到9万顷以上的规模。在当时的生产力条件下，全省各地能够开垦的荒田荒地基本上都得到了开垦和种植。根据统计，乾隆三十一年（公元1766年），云南全省民田（即不含官田、学田以及名义上的“屯田”等）数共计83363顷零51亩[3]。另据道光年间统计，当时云南各项田地（官田、民田、屯田）共计93177顷零90亩，此外，尚有官庄田822顷零21亩，“夷田”（即少数民族地区田地）883段，达到了清代云南田亩数的最高水平[4]。以此估算，道光时期云南的田亩总数当不低于94000顷，即9400000亩[5]。需要指出的是，这些田亩数是政府登记在册、作为赋税征收依据的田亩数，实际的田亩数应当还高于此数。

（三）清朝政府重农兴农的施政举措

1. 清朝政府的重农政策

清代中期云南农业发展兴盛局面的出现，固然是各族人民开山辟地、辛勤劳作的

[1] 《高宗实录》卷五四，见云南省历史研究所编《清实录有关云南史料汇编》（卷四），云南人民出版社1986年版，第13页。

[2] 《高宗实录》卷七六四，见云南省历史研究所编《清实录有关云南史料汇编》（卷四），云南人民出版社1986年版，第18页。

[3] ［民国］周钟岳等纂修：《新纂云南通志》（七），“农业考”引“清文献通考”资料，云南人民出版社2007年版，第9页。

[4] ［民国］周钟岳等纂修：《新纂云南通志》（七），“农业考”，云南人民出版社2007年版，第9页。

[5] 据李中清先生的计算，1827年，云南省全省的田亩数为9278825亩（其中民田8374432亩，官田904393亩）（见李中清《中国西南边疆的社会经济：1250—1850》，人民出版社2012年版，第176页）。这一数据与笔者给出的9400000亩的估算数基本接近。

结果，但也与清朝政府劝农垦殖、奖励农耕的政策措施密不可分。在这方面，康熙、雍正、乾隆三代皇帝重视农业、体恤农民的政策措施确乎产生了重要的导向、促进作用。除了上述的劝民垦殖、贷给银两、免予升科等政策措施外，在日常的施政过程中，康、雍、乾三代皇帝始终把农业丰歉、米食贵贱等摆在治国理政的重要位置，督促封疆大吏和地方官员善为应对，以求国泰民安。如雍正五年（公元1727年），雍正皇帝专门下达了要求爱惜米谷、勤力务农的上谕：

米谷为养命之宝，既赖之以生，则当加意爱惜，资之者众，尤当随时撙节。各省地土，其不可以种植五谷之处，不妨种他物以取利；其可以种植五谷之处，则当视之如宝，勤加垦治，树艺菽粟，安可舍本逐末，弃膏腴之沃壤而变为果木之场，废饔飧之恒产以幸图赢余之利乎？……朕生平爱惜米谷，每食之时虽颗粒不肯抛弃。以朕玉食万方，岂虑天庾之不给，而所以如此撙节爱惜者，实出于天性自然之敬慎，并不由于勉强。且以米谷乃上天所赐以生养万民者，朕既为亿万生民计，不敢轻忽。天下尔等绅衿百姓，独不自为一身一家之计乎？若果加意爱惜，随时撙节，则天必频频赐赉，长享盈宁之福。若咨情纵欲，暴殄天物，则必上干天怒，水旱灾侵之事皆所不免。[1]

针对当时许多地区广种烟叶导致粮烟争地、米食不足的现象，雍正皇帝作了特别劝诫：

至于烟叶一种，于人生日用毫无裨益，而种植必择肥饶善地，尤为妨农之甚者也。惟在良有司谆切劝谕，俾小民醒悟，知稼穑为身命之所关，非此不能生活，而其他皆不足恃，则群情踊跃，皆尽力于南亩矣。[2]

雍正皇帝的上谕，言辞恳切、情理交融，在古今劝农文献中，别具一格，今天读来，仍能让人认同和信服。

值得注意的是，作为有为之君，雍正皇帝对君臣职责、官民关系有着清醒的认识，他既要求督抚官员积极作为、履职尽责，同时也对忠君爱民、政绩突出的官员予以褒奖和重用。鄂尔泰在任云贵总督期间（其间一度任云南贵州广西三省总督），不仅在云南地区的改土归流工作上建树奇勋，而且在发展生产、改善民生上也有许多作为。鄂尔泰的治滇成绩，得到了雍正皇帝的肯定。在雍正七年（公元1729年）云南赵州（今大理市凤仪）地区所发生的“醴泉”（即甘泉）事情上，鄂尔泰的处置与雍正皇帝的态度集中地体现出清朝盛世时期君明臣贤的政治风范。

“醴泉”事情的基本情况是：雍正七年（公元1729年），赵州知州徐树闳上报云贵

〔1〕［清］阮元、伊里布等修，王崧、李诚等撰：《道光云南通志·食货志·田赋》，见方国瑜主编《云南史料丛刊》（第十二卷），云南大学出版社2001年版，第327～328页。

〔2〕［清］阮元、伊里布等修，王崧、李诚等撰：《道光云南通志·食货志·田赋》，见方国瑜主编《云南史料丛刊》（第十二卷），云南大学出版社2001年版，第328页。

总督鄂尔泰，说赵州白崖（白崖为今弥渡红岩，清代属赵州管辖）地方发现两眼涌动的“醴泉”。徐树闳提出，可以引醴泉灌溉田亩，把旱地变为水田，以此提高田亩产量，增加田赋收入。鄂尔泰接到上报后，为了慎重起见，特委派浪穹县（今洱源县）知县张坦到赵州实地勘验。张坦将勘验结果上报鄂尔泰：“是地沮洳，旧名玉女潭小龙王庙，则似泉有泉源，或已涸而今复出。是否醴泉，未敢臆断。且俱涓涓细水，自无长流。又田地较出水处高四五丈，断不足资灌溉。可以引水成田、升科裕赋之说，窃恐遗累异时，不能附会。”[1] 鄂尔泰知道事实真相后，把所谓发现“醴泉”的事，以“祥瑞”之兆的主题报告了朝廷，而未言“醴泉”的发现可以“引水成田、升科裕赋”。当云南赵州发现“醴泉”的“喜讯”报到朝廷后，大臣们都把“醴泉”的涌现归于雍正皇帝的“德政”，想以此让雍正皇帝欢喜高兴一番。但雍正皇帝对此却有清醒明智的认识，对大臣们劝谕说：

云贵广西总督鄂尔泰以云南赵州白崖地方，平地忽涌甘泉二股折奏。内外臣工，皆以滇省醴泉，归美于朕，朕实不居也。夫群臣上下，本为一体，设人君有乂安百姓之心，而其臣不能宣布德意，以成善治；或上官有抚字群黎之念，而其民不能感化，以成善俗，皆不足召天和而征瑞应也。鄂尔泰以公忠之心，行绥抚之政，至诚所感，能使吏服其教，民怀其惠，所属之境，康阜恬熙。而滇省官民，又实能率从鄂尔泰之训导，风移俗易，和气至祥，是以数年之中，迭见庆云、醴泉之瑞，此盖上天恩赐，以表著贤臣之善绩也。

雍正皇帝的结论是：

凡督、抚大臣，加惠一方，以致感格天心，赐以天瑞，此皆督、抚之力，朕不敢以为功。而任用之得人与否，则朕之责也。诸臣将庆云、醴泉之瑞归功于朕，实于朕无涉。若谓朕能推心置腹，以信用鄂尔泰，使得尽展才猷，悉心教养，以成风俗之美，受上天之恩，此则朕所不辞也。[2]

雍正皇帝之睿智、坦诚，实在令人钦佩，而清代云南政治史上的“醴泉”事件，本为基层官员夸大其辞、邀功害民之举，但在鄂尔泰和雍正皇帝的正确处理下，反成就了云南政治史上的一段佳话。

乾隆皇帝对云南地区的农业生产活动也甚为关心，对云南督、抚官员劝垦农桑的得失甚为在意。乾隆元年（公元1736年），乾隆皇帝对云南地区春季以来雨水不足的情况甚为担忧，但云贵总督尹继善、云南巡抚张允随未将雨水变化情况随时奏报，乾隆皇帝对此十分不满，于当年八月丁亥（公历9月30日）下旨，让大学士鄂尔泰、张

[1] ［清］倪蜕辑，李埏校点：《滇云历年传》，云南大学出版社1992年版，第602~603页。
[2] 《世宗实录》卷八七，见云南省历史研究所编《清实录有关云南史料汇编》（卷四），云南人民出版社1986年版，第25页。

廷玉催问此事：

> 前闻云南地方今春雨泽短少，后据尹继善等奏报渐次得雨。以朕看来，仍是不足之象。迄今两月有余，未见尹继善、张允随奏事。滇省雨泽沾足与否？夏田收成如何？朕俱未闻知，甚为系念。似此关系民生切要之事，何得视为泛常？假若地方收成歉薄，亦当悉心筹划，速行奏闻，早为料理。总之，皇考时诸臣奏事太密，将不应陈奏之事频频渎奏；今日则将应奏之事亦不陈奏。似此怠忽，将至懈弛，岂朕所望于封疆大吏者？尔等可寄信询问之。[1]

当年八月辛卯（公历10月4日），云贵总督尹继善奏报了两省的雨水情形，乾隆皇帝得报后，批复说："知道了。春雨缺少之奏一至，朕南顾之忧，无时或释。今经许久，始行奏闻，可谓不体朕爱养元元之心矣。"[2]

就在乾隆元年十一月己未（公历12月31日），云南昭通镇总兵官徐成贞在奏报昭通地区军事情况时，附带报告了当年全省和昭通地区因旱灾歉收的情况："滇省岁收歉薄，昭通府属自七分至三四分不等。因报明官兵回营，附折奏闻。"[3] 因所奏之事不属于自己的职责范围，徐成贞担心会引起总督、巡抚、布政使等官员的不满。但乾隆皇帝对徐成贞的行为却予以肯定和表彰，下旨说："总兵乃封疆大员，岂有水旱而不以实入告之理？即地方中有不能达之民隐，不能白之奇冤，亦赖汝等据实陈奏，则督、抚有所畏惧，不至上下相蒙矣。所谓不可越位者，不可用己私而干预民事耳。"[4]

此后几年中，乾隆皇帝一直关注着云南地区雨旱和丰歉情况。乾隆二年六月丙戌（公历1737年7月26日），云南总督尹继善奏报了当年雨水沾足、田禾茂盛的情形，乾隆皇帝得报后，批示说："滇省去岁歉收，今年若得丰稔，则可救半矣。览奏曷胜欣慰。"[5] 乾隆三年二月壬子（公历1738年4月18日），云南巡抚张允随奏报云南地区雨水沾足、豆麦丰盛情况，乾隆皇帝批复说："以手加额，欣悦览之。滇省无外来之粟，值此丰稔之岁，则积贮不可不讲。可与督臣时时留心经理之。"[6]

乾隆皇帝对云南的米、麦、豆等项粮食市场价格变化情况也甚为留意，当发现云

[1]《高宗实录》卷二五，见云南省历史研究所编《清实录有关云南史料汇编》（卷四），云南人民出版社1986年版，第1~2页。

[2]《高宗实录》卷二五，见云南省历史研究所编《清实录有关云南史料汇编》（卷四），云南人民出版社1986年版，第2页。

[3]《高宗实录》卷三一，见云南省历史研究所编《清实录有关云南史料汇编》（卷四），云南人民出版社1986年版，第2页。

[4]《高宗实录》卷三一，见云南省历史研究所编《清实录有关云南史料汇编》（卷四），云南人民出版社1986年版，第2页。

[5]《高宗实录》卷四五，见云南省历史研究所编《清实录有关云南史料汇编》（卷四），云南人民出版社1986年版，第2~3页。

[6]《高宗实录》卷六三，见云南省历史研究所编《清实录有关云南史料汇编》（卷四），云南人民出版社1986年版，第3页。

南巡抚李湖所报粮价出现异常时，乾隆皇帝即要求军机处督促查询。乾隆三十八年闰三月戊辰（公元1773年4月30日），乾隆皇帝对军机大臣等说：

李湖奏本年正月份粮价，永昌府属豆价，每仓石至四两五钱零。永昌自停办军务以来，已历三载，现在留驻防兵无几，所需豆石，谅亦有限，何以豆价仍然昂贵，每石至四两五钱之多？又：单内各府属米、麦之价，如云南府属白米自一两三钱至一两九钱五分，普洱府属小麦自九钱七分至一两一钱，相去尚不甚悬；其余即有倍加者。而大理府属米价竟自七钱五分至三两二钱五分，小麦五钱八分至二两九钱四分，增长至四五倍有余。同系一项粮食，何至价格低昂若是？况去岁滇省收成一律丰稔，更不应贵贱悬殊。看来此等粮价，该抚并未核实，不过旧式相沿，率据州县呈报，虚应故事。……李湖平日尚属留心民事者，何漫不经意若此？著传谕该抚将永昌豆价因何至今昂贵，及各府属米、麦等价，因何贵贱悬殊数倍之处，详细据实复奏。[1]

李湖接旨后，不敢大意，立即将相关情况查实后上报：

查永昌统辖四属，惟保山、永平两县间种南豆，缘土性未宜。从前喂养军需骡马，改用料米。（乾隆）三十五年以后，秋防马匹，俱照军需喂养之例，日给料米三升，并未用豆。上年又值丰收，而保山、永平开报豆价，较米尤贵，显属造报不实，现已饬查。至大理府属之云龙、浪穹，山多田少，并与盐井、铜厂毗连，价值易长。赵州土瘠户繁，民食全资贩运，市米稍短，价即倍增。又：楚雄府属之广通、大姚，昭通府属之恩安、大关、鲁甸、永善等处，非厂地错邻，即兵民环处，指多食贵，势所必然。其同属价平之处，或因负戴崎岖，或因路遥费重，运济艰难，是以米不出境。以上各府、州属粮价贵贱，似难划一。再：滇省粮价，向由州县按旬径报，并未责成本管上司汇转，是否确实，无从核正。今蒙谕指饬，现在严查，逐一更正，不敢稍有回护。[2]

嘉庆皇帝（即清仁宗）继位后，对农业生产仍是十分重视，要求各级官员不得玩忽职守、弄虚作假。嘉庆四年正月戊子（公历1799年3月5日），云贵总督富纲奏报云南地区得雨深透，嘉庆皇帝对此不敢深信，批示说："万里之外，民情谷价，所恃者唯此片纸奏报耳。如再不实，皆汝等蒙蔽之咎也。慎之！"[3]

2. 云南地方官员的兴农措施

在清政府的严格督促下，云南地方官员不仅能将本省农情如实上报，而且积极思

〔1〕《高宗实录》卷九三〇，见云南省历史研究所编《清实录有关云南史料汇编》（卷四），云南人民出版社1986年版，第7~8页。

〔2〕《高宗实录》卷九三〇，见云南省历史研究所编《清实录有关云南史料汇编》（卷四），云南人民出版社1986年版，第8页。

〔3〕《仁宗实录》卷三八，见云南省历史研究所编《清实录有关云南史料汇编》（卷四），云南人民出版社1986年版，第9页。

考发展生产的办法、措施。如云南巡抚张允随就针对许多州、县官员不懂农事、无法指导生产的情况，于乾隆二年十一月丙寅（公元1738年1月2日）提出督促、指导农业生产的十条要领标准，并上报朝廷："州县牧令熟谙农功者少，请定十则规条：一曰筋力勤健；二曰妇子协力；三曰耕牛肥壮；四曰农器充锐；五曰籽种精良；六曰相土植宜；七曰灌溉深透；八曰耘耨以时；九曰粪壅宽裕；十曰场圃洁治。以十得八九者为上农。即于上农内选老成谨厚之人，专司教导。"〔1〕张允随还提出，对于勤奋劳作、农艺精熟、收成丰厚的老农，政府应该给予表彰，具体办法是："奖老农之例，于每岁秋收后，州、县查所管乡村，如果地辟民勤，谷丰物阜，觞以酒醴，给以花红，导以鼓乐，以示奖励。"〔2〕张允随的这些建议，得到朝廷的肯定，下令在全国推行。

张允随于康熙五十七年（公元1718年）来滇，历任楚雄、广南、曲靖等府知府，后不断升迁，历任云南粮储道、按察使、布政使，雍正八年（公元1730年）任云南巡抚；乾隆二年（公元1737年）署云南总督（以云南巡抚代理云南总督职；乾隆元年至乾隆十二年曾专设贵州总督），乾隆十二年（公元1747年），授云贵总督职。张允随宦滇30多年，熟悉云南农情农事，对云南农业发展、民生改善贡献良多。

在张允随任云南粮储道时，曾据实陈情，反对重新清丈田亩以增加政府财赋收入的主张，维护了贫苦农民的利益。雍正四年（公元1726年）鄂尔泰任云贵总督后，曲靖知府杨馝向鄂尔泰建议，重新清查云南各地"隐瞒"的田亩，以此增加政府收入。杨馝禀报说："滇富民多隐田，通以丈量，升粮可倍。而向来上下坚持藏富于民之说，俱付不问。今滇驻重兵，岁行协饷，诚能清丈增科，是亦经国理财之大政也。"〔3〕张允随不同意重新丈量的主张，为此，他根据云南田土出产和农民负担的实际情况，提出了自己的看法：

滇省山多田少，岩岚气冷，土性薄劣，怯于阴潦，是以穗短粒小，比中州之谷，大较不如。又粮赋而外，一切杂派差徭，俱从田出，谓之"公件"。统而计之，亦不下于中州正赋矣。收绌而累繁，苟不田亩稍宽，势必逃亡转徙。然负郭及平衍有泉之处俱经丈过，原无宽余。且有水冲山压，无从拨抵而不敷者矣。至于夷田，奉文免丈，以其山深箐冷，益窘于收，是以加之宽政。而山地代耕，与古莱田不异。且穷岩峻阪、断莽荒榛之间，所栽者荞、包、燕麦、青稞、毛稞，皆苟于救命之物。历古之所以不加勘丈者，职此之故也。云南，古不毛地，贝盈千索便为富家。以银而论，未及百金。而至今犹称富民曰"有肥"，则其地可知矣。窃以百姓之穷，莫穷于滇。土地之瘠，莫瘠于滇。徭役之重，莫重于滇。况前此频经丧乱，平定以来，蠲租之诏频下，民得稍为苏息，守土之官即欲仰体皇上圣心，使百姓比屋可封，然而未逮也。故吾以为免其

〔1〕《高宗实录》卷五六，见云南省历史研究所编《清实录有关云南史料汇编》（卷四），云南人民出版社1986年版，第3页。

〔2〕《高宗实录》卷五六，见云南省历史研究所编《清实录有关云南史料汇编》（卷四），云南人民出版社1986年版，第3页。

〔3〕［清］倪蜕辑，李埏校点：《滇云历年传》，云南大学出版社1992年版，第587页。

屣丈便。[1]

张允随的看法是，云南地区地瘠民穷，农地亩产不高，农民负担已重，倘若再所有田地皆清丈升科，按亩纳赋，则农民难以苟活，势必逃亡迁徙。张允随的分析和意见，实事求是，合情合理，得到清廷采纳，全省清丈之议乃止。但仍有若干“积极邀功”的州县官员，率先开展了清丈活动，这就是倪蜕在《滇云历年传》中所说的：“然趋事赴功，已有如宜良县知县邢恭先、赵州知州徐树闳，率先开丈，民虽未敢怨，而亦不能忘怀也。”[2]

张允随任云南巡抚后，曾针对云南本地居民只求温饱、荒于农事，而全省旷土尚多、地力未尽的情况，专门发布《劝民树艺檄》，要求各府、州、县督促民众，开垦荒地，增加产出，改善民生。在《劝民树艺檄》中，张允随指出：“滇民每岁除夏麦、秋禾外，不过种蚕豆、黄豆、莜麦（即荞麦——引注）、高粱之属以资生。年值丰稔，比屋犹庆盈宁，一遇歉收，闾阎能无饥馑？此非滇地硗瘠之故，而滇民偷惰之故也。”[3]他根据自己在云南为官多年的了解和经验指出，云南各地旷土甚多，土地垦辟潜力仍然极大：“本都院历任滇中，东西两迤情形备悉，凡府、州、县城内外及村庄、镇、市周遭，旷土殊多，皆堪开垦，或栽果蓏，或艺桑麻，各因地土之所宜，不惜勤劳以用力。果能相习成风，自然递年奏效。以其所有，易其所无，尺布寸钱，皆于身家有补，积日累月，何患富厚无期？况官又无赋税之征求，民何惜手足之胼胝也。”[4] 为此，张允随要求各府、州、县官员督促、鼓励民众开垦荒地，承认民众对所垦荒地的使用权、经营权，并以辖区内荒地垦辟种植的情况作为考核官员政绩的内容和依据：“嗣后无论府、州、县城及镇、市、村庄，凡有旷土，原为某甲某乙之地，即令某甲某乙开垦种植。其有官地之无碍坟茔田亩者，或许一人具呈，或数人公具一呈，均分种植。该地方官酌给印票，以杜日久争端。但凡民乐与图成，难于虑始，全在该地方官善于开导，俾之踊跃从事，每于岁底巡行考课，以种艺之勤惰分别赏罚。行之数年，力无不尽，则地利无不开，江南之桑麻、北方之果蓏，未有不于滇省兼收其益者。本都院即将以该地方栽植多寡，定该管官政治修废矣。勉之慎之。”[5]

〔1〕［清］倪蜕辑，李埏校点：《滇云历年传》，云南大学出版社 1992 年版，第 587 ~ 588 页。

〔2〕［清］倪蜕辑，李埏校点：《滇云历年传》，云南大学出版社 1992 年版，第 588 页。

〔3〕［清］张允随撰：《劝民树艺檄》，见［清］师范辑，王文成等辑校《〈滇系〉云南经济史料辑校》，中国书籍出版社 2004 年版，第 311 页。

〔4〕［清］张允随撰：《劝民树艺檄》，见［清］师范辑，王文成等辑校：《〈滇系〉云南经济史料辑校》，中国书籍出版社 2004 年版，第 311 页。按：明代以来，人们通常以会城（今昆明）为中心，将全省划分为“两迤”或“三迤”，并以之代称云南。关于“两迤”称谓的由来与含义，明代万历年间谢肇淛所著《滇略·俗略》作了这样的解释：“滇以会城为界，其东曰迤东，其西曰迤西，合言之曰两迤。迤者，迤逦之义，远也。”（见方国瑜主编《云南史料丛刊》第六卷，云南大学出版社 2000 年版，第 701 ~ 702 页）

〔5〕［清］张允随撰：《劝民树艺檄》，见［清］师范辑，王文成等辑校：《〈滇系〉云南经济史料辑校》，中国书籍出版社 2004 年版，第 311 ~ 312 页。

还须指出的是，清代任职云南的众多督、抚大员，不惟注重鼓励垦殖、发展生产，而且也能体察民情疾苦，努力减轻农民负担。一个事例就是：雍正年间任云贵广西总督（乾隆初年专任云南总督）的尹继善明令废除陈规陋习，禁止下级官员给上级官员赠送地方特产。当时官场风气，每逢各地特产收获之时，所属地方官员以“尝新”之名，竞相将各地“土物”赠送上级长官，以此密切上下关系。在此风气之下，扰民害民之事在所难免。[1] 为此，尹继善专门下发《禁止呈送土物檄》。在檄文中，尹继善首先陈明了呈送“土物”的弊害：

各属地方土产食物，呈送些微以通上下之情，原非馈遗，可比收受，何遽伤廉？但边省之出产有限，属员之薪俸无多，呈送食物，各处应酬，不特所费不赀，更且于民不便。如果品、树木，小民藉以养生，乃当未熟之前，文武差役即行占定，及至成熟，量给价值，恣意采取。而兵役人等，亦遂假公济私，借端滋扰，派取人夫，远路运送，地方之累，不可胜言。本部院心求民隐，事本人情，岂肯于口福之微，故为矫廉之举？但以供一日之七箸，费属员数月之养廉；为一刻之尝新，夺穷民合家之衣食。似此无益有损之事，尽可减除。

针对官员“呈送土物”给民众和下属带来的不便与危害，尹继善要求，从今往后，地方官员不得再给上级长官赠送任何地方特产，违者重处：

自今以后，通省各属，凡旧例应送土物，概行禁止，不许呈送。地方文武，如再有指名采买、恃强混占、短价病民及纵容兵役假公滋扰者，一经访闻，定行严参重处。各宜禀遵。[2]

在清朝政府的重视扶持下，经过全省各族农民的辛勤垦殖劳作，19 世纪中期（道光年间）时的云南农业生产水平，达到了中国传统社会的顶峰。由于生产发展和社会安定，当时的云南各地呈现出物阜民丰、国泰民安的美好景象。民国掌故作家罗养儒记述其外太祖母的话说：“是时的老百姓，若有田地的，每年除了完纳田赋外，便没有丝毫的捐税摊派，故尔家家户户，无论贫富，都是生活易过，欢乐度日。我想古人所说的尧天舜日，或者也就是这样。”[3] 这话可能有所美化夸大，但也反映出清代嘉庆、道光年间云南社会的基本景象。

---

〔1〕 清代嘉庆年间居滇学者檀萃在谈到云南地方名优果木特产时说：“桃，以富民白皮为上品，榴则重乎阿迷，梅、杏、李、柿、枣、栗虽多，不闻有所著名也。著名，则地方官民之累矣。”又言：“阿迷出黄芽菜与石榴，颇为官民累。”檀萃所言各地名特土产为“地方官民之累”，可能即指根据陈规，各地名产需要供奉上级官员“品尝”而言。见《滇海虞衡志校注》，云南人民出版社 1990 年版，第 235 页、第 287 页。

〔2〕 ［清］尹继善撰：《禁止呈送土物檄》，见［清］师范辑，王文成等辑校：《〈滇系〉云南经济史料辑校》，中国书籍出版社 2004 年版，第 309 ~ 310 页。

〔3〕 ［民国］罗养儒撰：《纪我所知集：云南掌故全本》，云南人民出版社 2015 年版，第 47 页。

（四）清代云南山区的农业开发

云南山区面积占全省面积的94%。在明代以前，由于生产力水平条件的限制，云南农业生产的主要区域集中于面积较少但水土光热条件较优的平坝地区，虽然山区已得到一定程度的开发和发展，但多为平坝附近和城镇周围的半山区，海拔较高的深山地区仍是人烟稀少的未开发区，或者是以刀耕火种和采集、狩猎为主要生计类型的原始部族生活地区。明代以来，伴随着汉族移民的大量进入以及由此带来的民族分布格局的变化和生产技术水平的不断提高，再加上新的作物品种的传入和种植，云南的山区得到了前所未有的深入开发，山区的农业生产面貌也焕然一新。

明代，随着卫所的设置，大量内地汉人以卫所"军户"的身份进入云南，从事守城和屯垦活动。卫所指挥部大都设在城镇和平坝地区，而卫所下属的屯田、屯地，除了平坝地区外，山区、半山区尚有许多，如马隆所的屯地鲁石，就位于今马龙、沾益、寻甸相邻的山区。此外，一些卫所本身也设置于深山地区，如景东卫所在地，就属于深山密林之地。这些卫所"军户"成为明代云南山区开发的重要力量。清代，随着卫所的裁撤，这些军户也就成为在云南山区安家落户、种地谋生的普通农民。

清代，虽废除了卫所制度，但在云南山区的交通要道和险要之地，仍然驻有大量绿营军队。这就是设在各地的汛、塘、关、哨军事据点。按清代的军制，全省的最高军事长官为提督，提督驻大理。提督统率若干镇、协、营的部队，驻防各地。这些部队皆为以汉人为主的绿营兵。绿营士兵由招募而来，年老即退役。各镇、协、营都有固定的防区，称为汛地。各县至少设一汛，汛之下，再设若干塘、关、哨，驻于各关口要地，盘查往来、维持治安。各汛驻军人数从数十名到数百名不等，各塘驻军人数从数名到数十名不等。清代汛塘的设置，大体是"内轻外重"，即内地汉族地区汛塘设置数较少，而边地则汛塘较多、重兵布防，如改土归流后新设的普洱府，虽然仅为1县3厅的行政建置，却设置了16汛、83塘、15哨驻防各地[1]，即因普洱地区属边远"夷区"，地域广大、形势复杂、矛盾较多，非分驻重兵不足以控御。这些汛塘驻军，除了守卫盘查、训练作战外，在汛塘所在地，仍然垦田种地，以补充军需，久而久之，这些汛塘地也就变成民户区。汛塘士兵退役后，许多人就落籍定居于原驻防地区，成为新民户。如乾隆《东川府志》在记述东川地区汉人来源时即说："康熙三十八年（公元1699年），初设东川营，以滇、黔、蜀兵千人戍之，此东川汉人之又一种也。"[2]

以汉族士兵为先导，内地汉族移民纷纷涌入云南，成为清代云南山区开发的生力

---

〔1〕参见方国瑜：《清代云南各族劳动人民对山区的开发》，载《方国瑜文集》（第三辑），云南教育出版社2003年版，第582页。

〔2〕［清］崔乃镛、方桂、余泽春、冯誉骢纂修、续修，梁晓强校注：《东川府志·东川府续志》，云南人民出版社2006年版，第197页。《东川府志》由清代雍正、乾隆、光绪各代修纂、重修或续修：雍正《东川府志》成书于雍正五年（公元1727年），由东川府知府崔乃镛主持纂修；乾隆《东川府志》重修于乾隆二十六年（公元1761年），由时任知府方桂主持纂修；光绪《东川府续志》续修于光绪十年（公元1884年），由知府余泽春主持完成，光绪二十三年（公元1897年）知府冯誉骢稍事增补后印行。

军。原先开发不足的滇南开化（今文山）、广南、普洱等地成为内地汉民垦殖的重点区域。道光《广南府志》说："楚、蜀、黔、粤之民，携挈妻孥，风餐露宿而来，视瘴乡如乐土。所有新居人户，主要为汛塘兵丁及内地人民远走谋生者。"〔1〕道光十六年（公元1836年），鉴于一些外省籍流民私自进入开化、广南、普洱等地开垦种植，对当地社会治安产生了冲击和影响，云贵总督伊里布等向道光皇帝作了奏报："云南地方辽阔，深山密箐，未经开垦之区，多有湖南、湖北、四川、贵州穷民往搭寮棚居住，砍树烧山，艺种苞谷之类。此等流民，于开化、广南、普洱三府为最多。请仿照保甲之例，一体编查。"〔2〕道光皇帝同意了伊里布等的奏请，对军机大臣等指示说："云南地处边陲，开化等三府又系该省极边之境，异乡流民，纷纷杂处，若不设法稽查，或致奸匪溷迹，滋生事端。著伊里布等细加查访，严饬所属府、厅、州、县，实力稽查。或遇流民入山种地，如查有面生可疑、行踪诡密者，即著严拿惩办。并著体察情形，应如何按寮给牌，编立保甲之处，妥议章程具奏。"不久，云南督抚即奏报说："开化、广南二府旷土较多，流民垦种渐众。道光三年清查之后，贸易客户，由客长稽查；其种地流民，归各里乡约附入保甲，分册给牌，随时稽查。惟搭棚棲止，砍树烧山之户，在于偏远林谷，未能依户编排，应按棚给予门牌，以昭周密。至普洱府属流民垦种本少，即搭棚垦种之户，亦并入保甲编查。"道光皇帝批示说："依议妥办。养奸贻患，刻不可忘，万勿视为泛泛也。"〔3〕

清政府一方面注意到湖广等地流民涌入滇南所带来的治安混乱和管理失控问题，要求对流民或编入保甲，或按棚给牌，以加强管理、随时抽查；另一方面，也注意到流民入山垦种的积极意义，要求正确引导，变害为利。道光十八年（公元1838年），道光皇帝在阅览云南巡抚颜伯焘关于云南情况的密奏后，对军机大臣等指示说："兹据该抚奏称，该省各州、县，山高地瘠，非不可劝垦荒芜，而舟车不通，懋迁无术。惟既有可垦之地，自当留心查勘，不得听其荒芜。且生齿日繁，能增一分田地，民间即增一分生机。该督抚等著即通饬各属，设法开垦，以厚民生。"〔4〕同时，针对云南地方官员奏称"开化、广南一带，向因山多旷土，邻省贫民，往往迁居垦种，近年旷土渐稀"的情况，道光皇帝指示："著责成沿边州、县留心盘查，无业流民入境者，即行驱逐。其迁移流民，亦著截留递遣出境。一面咨会川、楚、黔、粤等省，晓谕民人，毋得轻离乡土，自取递遣，以杜纷扰。"〔5〕

〔1〕道光《广南府志》卷二，转见方国瑜《清代云南各族劳动人民对山区的开发》，载《方国瑜文集》（第三辑），云南教育出版社2003年版，第583页。

〔2〕《宣宗实录》卷二九〇，见云南省历史研究所编《清实录有关云南史料汇编》（卷三），云南人民出版社1984年版，第123页。

〔3〕《宣宗实录》卷二九〇，见云南省历史研究所编《清实录有关云南史料汇编》（卷三），云南人民出版社1984年版，第123页。

〔4〕《宣宗实录》卷二九〇，见云南省历史研究所编《清实录有关云南史料汇编》（卷三），云南人民出版社1984年版，第123页。

〔5〕《宣宗实录》卷三一一，见云南省历史研究所编《清实录有关云南史料汇编》（卷三），云南人民出版社1984年版，第125页。

在清政府疏堵结合的政策作用下，大量内地“流民”在滇南山区居住下来，垦山种地，成为滇南山区的新居民。根据云南地方政府的稽查统计，道光时期滇南各府的“流民”数为：开化府二万四千余户，广南府二万二千余户，普洱、元江、临安三府四万多户。[1] 全部流民数共有8万多户，若每户以4口计，共有30多万人。内地汉人的移入，使原来纯为“夷区”的滇南山区，变为夷汉杂居地区。《道光云南志钞·地理志》记载说，广南府：“境内汉夷杂处，或十余家，或数十家为一寨，合一二十寨为一大寨。川、楚、黔、粤贫民往往赁山种植，生齿蕃滋，来去无定。夷性多悍，汉人柔而好讼，自设官、建学以来，夷人子弟亦有读书列庠序者矣。”[2] 开化府：“是郡昔时夷多汉少，风俗朴鲁，今则流寓者众，渐习繁华。惟文教日辟，竟有淹雅之士，而夷人亦列胶庠矣。”[3] 这些记载表明，汉族移民的到来，不仅改变了滇南山区的民族构成情况和生产发展状况，而且也使汉文化在原来的“蛮夷”之区逐渐得到传播，使少数民族地区的汉文化水平不断得到提高。

除了滇南山区，滇东北山区同样也是清代内地汉族移民迁移的地区。如东川府地区（今会泽、巧家、东川3县区），远在雍正年间，即有砂丁（矿工）、流民等涌入，他们开垦土地，占夺“蛮产”，欺压“夷民”，在清政府强制“改土归流”的背景下，引起雍正八年（公元1730年）东川地区彝族反抗官府和汉民的大暴动。对此，乾隆《东川府志》在记载东川地区汉人的来源时说：“雍正间治坑，大开炉户，砂丁蚁附，洞老山空，逃蛮寨为谋主，蛮妻以女，生子并化为蛮，此东川汉人之又一种也。”又言：“其时招垦新田，旁郡奸民麇至，占夺蛮产，厚放重利，当时不禁，蛮饮恨刺骨，遂酿成庚戌八年之祸，此东川汉人之又一种也。”[4] 另外，滇东北的昭通府（即原乌蒙府）地区，汉晋以来本是“乌蛮”“倮倮”等彝族先民居住、生活的地方，在清代雍正年间“改土归流”的过程中，清王朝对当地“夷人”的反抗进行了残酷的镇压，导致当地土著居民或大量死亡，或被迫逃亡至相邻的四川凉山地区，在此态势下，来自全国各地的汉民纷纷迁入，使昭通由世代的“夷区”一变而为以汉族居民为主的地区。对此，《道光云南志钞·地理志》对昭通地区的历史变迁和民风民俗作了这样的概述：“是郡山川险峻，土田瘠薄，旧为苗蛮（此所谓‘苗蛮’应泛指‘倮倮’等土著民族，而非特指现今苗族的先民——引注）所居，雍正间，建置州县，酋叛伏诛，歼除殆尽。四方之人来就旷土聚居，日集日增，渐成土著，城市乡村皆满。其来者多属商贾、百工、众伎、逋逃、冶荡之子，逞诈力相吞噬，乱气狡愤，讼狱滋多。”[5] 清

[1] 见方国瑜：《清代云南各族劳动人民对山区的开发》，载《方国瑜文集》（第三辑），云南教育出版社2003年版，第583页。

[2] ［清］王崧撰：《道光云南志钞·地理志》，见方国瑜主编《云南史料丛刊》（第十一卷），云南大学出版社2001年版，第443页。

[3] ［清］王崧撰：《道光云南志钞·地理志》，见方国瑜主编《云南史料丛刊》（第十一卷），云南大学出版社2001年版，第444页。

[4] ［清］崔乃镛、方桂、余泽春、冯誉骢纂修、续修，梁晓强校注：《东川府志·东川府续志》，云南人民出版社2006年版，第197页。

[5] ［清］王崧撰：《道光云南志钞》，见方国瑜主编《云南史料丛刊》（第十一卷），云南大学出版社2001年版，第447页。

代雍正以后迁入昭通的汉族移民，繁衍发展为现今昭通地区的主体居民。

值得注意的是，明清以来云南地区的开发，也伴随着外来汉民对“夷人”的欺凌和压迫。在明代以前，云南本为“白蛮”“乌蛮”等土著部族的居住地，明代以来，随着内地汉族、回族、蒙古族等民族进入云南，把原为土著部族居住的城镇、平坝地区占为己有，白族、彝族等世居民族只有退往山区、半山区居住和生活。如在滇中的路南州（今石林县），“夷人”本来住在生产、生活条件较好的平坝地区，汉人进入路南后，采用暴力胁迫和毁坏庄稼等手段将原属“夷人”的田地占为己有，“夷人”无奈，只有迁往生产条件较差的山区。为此，“夷人”对汉人一直充满愤恨之情。[1] 清代以来，随着外省籍汉民的不断涌入，山区又成为汉夷争夺的地方，一些汉族“奸民”采用欺诈、胁迫等手段，强夺山区“夷人”的田地。清末贺宗章以其在滇居官二十多年的见闻经历，对清代汉人欺压“夷人”的情况作了这样的记述：

> 蛮夷众类至多，咸无教育，守其旧习，罕通文字语言，渐为汉人所兼。初由城郭平畴退入穷僻山谷，驯至退无可退，消灭无形，现存种类，不过十之一二而已。而白苗、花苗尤贫弱，又无统属联络，所幸边境土旷人稀，得自由于山中垦辟，筑土结茅以居，一生不入城市，各率女子自耕自食，所种苞谷、红薯、荞子有余，以之易盐，衣皆自织麻布，数年渐有牛羊。方以为庆，二三川人，相率而至，见其荒地已垦成熟，执而问曰：“若耕是地，有何契据?”苗曰：“无。”川人曰：“我有契在，是为我有，奈何妄垦?”不仅迫令迁徙，犹索历年租息。苗人即率其子女避之，远寻一地，垦如前，又有川人仍如前法。距城既远，官绅无从干涉，辗转逃亡而已。[2]

贺宗章所记四川籍汉族“流民”欺凌山区苗民的情况，应是以开化府（今文山等地）地区的情况为据，但类似的情况，全省各地皆有。乾隆年间吴大勋所撰《滇南闻见录》记述外来“汉奸”欺占本地“夷人”田地的情况时说：

> 夷人最贪酒肉，昧于计算。江楚奸民，平日以尺亩寸丝，零星什物，频赊予之，遂置酒肉延之饮啖，乘其醉后欢呼，出账指算，一任愚弄，茫然不知；甚至串一黠夷写成田契，哄其指印，遂以田亩准折。更有一种桀黠之徒，佃种夷地，预以零星钱米假货于夷，届收租之时，以酒肉啖之，计算旧账，一二准作什佰，除租之外，反应欠我，积之数年，重利叠算，此田遂为佃有矣。[3]

可以看出，清代汉族移民对云南山区的开发，一定程度上是以欺占、牺牲“夷人”

[1] 李有义：《汉夷杂区经济》，云南人民出版社2014年版，第14～15页。

[2] ［清］贺宗章撰：《幻影谈》，见方国瑜主编《云南史料丛刊》（第十二卷），云南大学出版社2001年版，第134页。

[3] ［清］吴大勋撰：《滇南闻见录》，见方国瑜主编《云南史料丛刊》（第十二卷），云南大学出版社2001年版，第18页。

利益为代价的。这既是利益关系使然，也是特殊历史条件下的民族关系和政治关系使然。正因为此，清代的移民开发，曾引起汉夷之间的严重冲突，前述东川府地区“夷民”的反抗就是例证。对于这一历史事实，我们应予如实说明。

第五节 元明清时期云南地区的气候状况

作为低纬度、高海拔地区，新石器时代以来的云南历史气候，总体状况和基本特点相对稳定。这种气候状况和特点对云南地区的农业生产活动有着重要的影响。汉晋以来，人们即致力对云南地区的气候特点进行认识和把握。至明清时期，随着经验的积累和认识的深化，人们对云南地区气候特点的认识达到了新的历史水平。在明清时期一些官员和学者的著作中，对云南农业气候变化的特点和规律进行了分析和总结。

清代乾隆年间丽江知府吴大勋所著《滇南闻见录》对云南气候特点作了这样的论述：

滇中气候，南北悬殊。极南之普洱、永昌，其气偏燠，冬不见雪；至东北之东川、昭通，西北之丽江、永北，其气偏寒，雪早而大且多。丽江冬春时，间有微雨，山上即成雪。中甸、维西冬月以后，雪大封山，行旅竟不能通。惟省城气候中和，冬间雪花飘洒，不甚堆积，偶有冰凌，亦微薄。〔1〕

又言：

各郡惟普洱、元江为最热，热故多瘴，乃地气之恶劣，非关天时也。东北之东川、昭通，西北之丽江为最冷，冷则水土平和，无有瘴毒。〔2〕

这段话描述了不同纬度和海拔对云南各地气候的影响。即北部由于纬度高、海拔高，气候较为寒凉，而南部由于纬度低、海拔也较低，气候比较燠热。相对而言，滇中地区的气候，则较为温暖舒适：“滇中气候中和，夏不甚热，纱葛不用，惟三、四月干旱之时，稍觉燥热，五六月雨多故凉爽，冬不甚冷，拥羊裘可以御寒。居滇既久，适他省殊不耐也。”〔3〕 吴大勋所记述的清代云南气候状况和各地气候特点，准确地反

〔1〕［清］吴大勋撰：《滇南闻见录》，见方国瑜主编《云南史料丛刊》（第十二卷），云南大学出版社2001年版，第3页。

〔2〕［清］吴大勋撰：《滇南闻见录》，见方国瑜主编《云南史料丛刊》（第十二卷），云南大学出版社2001年版，第4页。

〔3〕［清］吴大勋撰：《滇南闻见录》，见方国瑜主编《云南史料丛刊》（第十二卷），云南大学出版社2001年版，第4页。

映出了云南北部、中部、南部随纬度和海拔下降而出现的气候差异，以及“一山有四季，十里不同天”、“四季如春，一雨成秋（或冬）”等气候变化的规律和特点，至今仍具有一定的科学参考价值。

除了冷热、雨旱的变化外，云南地区还多风，甚至是半年风、半年雨。檀萃记述说：“滇南多大风。凡大风之起，自十一月至三四月，往往屋瓦皆飞，故例得用筒瓦如粤东。”[1] 按照明清时的官方规定，只有官府建筑才能用筒瓦覆屋顶，民居建筑只能用板瓦，但广东与云南由于多风，板瓦易被大风掀起吹落，故朝廷特准广东和云南民居房屋可以用筒瓦覆盖屋顶。云南的刮风季节与旱季基本同步：“故自此之起，即少雨泽，垂半年风息，而雨水始通。四月尾，五月初，雨水行又半年。故滇南一岁，半在风中，半在雨中，气候良为不正。”[2] 檀萃认为，云南多风，是因为云南地势高的缘故，有“云南高在天顶上”的民谚，高则多风，故“滇之多风，犹黔之多雨，地气使然”[3]。当然从科学角度而言，除了地势（海拔）因素外，区位也是一个重要因素，即云南由于特殊的地理位置，季风气候特征明显，冬季盛行干燥的大陆季风，夏季盛行湿润的海洋季风。

云南的气候特点，对农作物生长和农业生产有着直接的影响。一是云南气候分旱、雨两季，农业生产也要根据这一气候特点加以安排。清代檀萃在《滇海虞衡志》中指出：“雨于滇最不均，半年晴而半年雨，故滇农下秧以二月。”[4] 吴大勋也指出：云南地区，“三春无雨。小满以后农田需雨之时，则雨泽常沛。五、六、七月晴少雨多，虽当盛暑天气反凉爽，所谓一雨便成秋也。滇地山多，田塍间每有溪涧，泄泻颇易，雨虽多不至成潦。九月以后则长晴矣。”[5] 二是由于冬春时气候相对温暖，云南地区的农作物较之内地早产早熟。吴大勋在《滇南闻见录》中记述说：云南地区，“气候暖和，物产最早，花草之属，较他省为独先。而元江一带尤暖，物产又在他郡之先，黄瓜、茄子、蚕豆之属冬内已遍食矣。闻茄子成树不凋，今岁所生，即去年之旧本矣。”[6] 檀萃也说：“滇南瓜蔬最早，冬腊开筵，陈新豆米，正初即进。元谋之西瓜

---

〔1〕［清］檀萃辑，宋文熙、李东平校注：《滇海虞衡志校注》，云南人民出版社 1990 年版，第 298 页。

檀萃（公元 1724～1801 年），安徽望江人，清朝乾隆二十六年（公元 1761 年）进士，乾隆四十三年（公元 1778 年）任云南禄劝县知县，离职后任教于昆明育材书院，在滇凡 20 年。《滇海虞衡志》是檀萃仿宋代范成大《桂海虞衡志》之体例而作，内容多辑录自各相关典籍，也有一些是檀萃个人的见闻和看法。

〔2〕［清］檀萃辑，宋文熙、李东平校注：《滇海虞衡志校注》，云南人民出版社 1990 年版，第 299 页。

〔3〕［清］檀萃辑，宋文熙、李东平校注：《滇海虞衡志校注》，云南人民出版社 1990 年版，第 299 页。

〔4〕［清］檀萃辑，宋文熙、李东平校注：《滇海虞衡志校注》，云南人民出版社 1990 年版，第 303 页。

〔5〕［清］吴大勋撰：《滇南闻见录》，见方国瑜主编《云南史料丛刊》（第十二卷），云南大学出版社 2001 年版，第 3 页。

〔6〕［清］吴大勋撰：《滇南闻见录》，见方国瑜主编《云南史料丛刊》（第十二卷），云南大学出版社 2001 年版，第 27 页。

酿，元江之大茄，不能以常候拘也。然先时为味颇薄，亦及候乃腴耳。”[1] 即是说，滇南地区由于气候温热，每年冬月（农历十一月）、腊月（农历十二月）即可吃上新鲜的蚕豆米；元谋、元江由于处于河谷地带，气候炎热，西瓜（西瓜酿即西瓜瓤，西瓜食瓤，故称西瓜酿）、茄子生长较快，成形较早，但还是要等长到足够的时日，味道才最好。元江等地炎热的气候不仅使得瓜果生长快、成熟早，而且也为稻谷的生长提供了良好的光热条件，元江地区不仅能够种稻，而且一年能够两熟，即所谓“稻双刈”。清代张泓所著《滇南新语》记载说：“元江府在滇省之东南，崇岚密箐，府治设万峰下，其中四时皆暑，气候与岭表略同。稻以仲冬布种，莳于腊，刈于季春，刈后复反生成穗，至秋再刈，所获微减于前。”[2]

在全省总体气候特征之下，各府、州、县由于区位、海拔的不同，小气候也有差异。各地的小气候对农业生产有着直接的影响。如大理府的气候特点是：“四时气候常如初春，寒止于凉，暑止于温，惟宾川、弥渡烟村稠密，炎热倍甚，物产尤多。耕获之期与省会相近。”[3] 楚雄府的气候特点为：“境内山高野旷，土厚风和，四时同功，最宜谷麦，惟西北微寒，东南微热为稍异耳。”[4] 曲靖府属的马龙县，由于寒凉多风，给农业生产带来了不利的影响：“土地瘠薄，气候清凉，物产所生，少有宜者。”[5] 由于出产不丰，马龙州居民的生活状况是：“州境之中，民穷财乏，安于俭素，鲜可为乐，如土主、城隍等会，各郡争尚奢华，马龙独废不行，而岁时伏腊，各随其家之有无，馈宴亦稀。滇中贫苦之境，以此为最。”[6] 与马龙州同属曲靖府辖地的宣威州，地处滇东北高海拔地区，“通属僻处万山之中，其气候与黔之威宁相近而稍暖，然较之曲靖，则已凉矣。山寒水冷，植惟荞麦，而稻谷间有之。当长夏盛暑，一雨便冬。风俗大约与各处相同，而稍异者，其土瘠薄，故其俗勤俭，民间终岁劳苦，不得稍休耳。”[7] 这些，均是各地气候特点与农业生产关系的真实写照。

总体而言，明清时期，人们对云南地区气候状况和特点的认识已接近现代气象学所做的观察和分析，具有一定的科学性和准确性。对云南农业气候特点的科学认识，有助于人们正确把握农业生产与气候环境的相互关系，因地制宜、因时制宜地开展农事活动，从而促进农业生产的发展。

---

[1] [清] 檀萃辑，宋文熙、李东平校注：《滇海虞衡志校注》，云南人民出版社 1990 年版，第 286 页。

[2] [清] 张泓撰：《滇南新语》，见方国瑜主编《云南史料丛刊》（第十一卷），云南大学出版社 2001 年版，第 393 页。

[3] [清] 刘慰三撰：《滇南志略》，见方国瑜主编《云南史料丛刊》（第十三卷），云南大学出版社 2001 年版，第 79 页。

[4] [清] 刘慰三撰：《滇南志略》，见方国瑜主编《云南史料丛刊》（第十三卷），云南大学出版社 2001 年版，第 135 页。

[5] [清] 刘慰三撰：《滇南志略》，见方国瑜主编《云南史料丛刊》（第十三卷）云南大学出版社 2001 年版，第 168 页。

[6] [清] 刘慰三撰：《滇南志略》，见方国瑜主编《云南史料丛刊》（第十三卷），云南大学出版社 2001 年版，第 169 页。

[7] [清] 刘慰三撰：《滇南志略》，见方国瑜主编《云南史料丛刊》（第十三卷），云南大学出版社 2001 年版，第 180 页。

第六节　元明清时期云南地区的农业生产力状况

元明清时期云南地区的农业生产力状况，总体处于不断地进步和发展中。至清代，云南内地汉族地区以及白族等少数民族地区的农业生产力达到了较高的水平，代表了传统农业时期云南农业生产力发展的最高成就。

一、生产工具

至清代，云南汉族地区和大部分民族地区的主要农业生产工具均为铁质农具，木质、石质工具仅起到辅助作用。主要生产工具种类如下。

（一）整地农具

翻土整地是农业生产的基本环节。元明清时期，云南地区的大型整地农具有犁、耙，一般的整地农具有锄头、钉耙（齿耙）等。

犁由犁头、犁板（犁壁）和犁架组成。犁头、犁壁为铁制，犁架为木制。明清时期，云南各地犁的形制和重量大同小异。以大理喜洲地区的犁具为例，喜洲地区的犁头为等腰三角形，底宽6寸，高1～1.22尺，重1.5公斤，犁头为整架犁的核心部件，用于起土和翻土，犁头由鹤庆地区的铁匠铸造；犁板由铸铁板制成，中间微凹，长8寸、宽6寸，重1公斤，在犁田时起到滑土、碎土作用；犁架是安置犁头、犁板，由人掌控、以畜力或人力牵引的操作系统，由犁梢、犁底、犁辕、犁箭等部分组成，喜洲地区犁架长5.5尺，高2.5尺，由苍山白族木匠制造。

耙为碎土平地工具，有旱耙、水耙两种。喜洲地区的旱耙（也称为脚耙）为木、铁合制而成，即在木制长方形木框的长枋上装上两排铁齿，以作碎土、平土之用。旱耙长2.5尺，宽2尺，每排安8个铁齿，重2.5公斤。旱耙可使用8年，共可耙田350亩。水耙（也称为手耙）为木制，长6尺，宽2.5尺，有齿10～12个，重15公斤。水耙可使用5年，耙田450亩。耙由喜洲木匠或苍山凤阳村木匠制作。[1]

除了犁、耙外，锄头为农业生产中最重要的挖土、翻土、碎土工具。锄头为铁制，是横向装柄的起土工具，形制有板锄、条锄、小锄等多种。板锄器身较宽；条锄器身较窄，呈长条形，北方地区称为镢，云南称为条锄。从大理喜洲地区锄头的形制和使用情况来看，喜洲地区的板锄为长方形，长8寸（连柄环1尺），宽7寸，重2.77斤

〔1〕朱家祯、刘敏江等调查整理：《大理县喜洲白族社会经济调查报告》，载《民族问题五种丛书》云南省编辑委员会编《白族社会历史调查》，云南人民出版社1983年版，第21～22页。

（1.35公斤），板锄可用于挖土垡、铲埂、糊埂、开沟、放水，以及种麦、种荞、种洋芋、种油菜等农业生产活动；条锄长1尺，宽2寸，重1公斤，用于翻挖土质较硬的田地；小锄头，长5寸，宽2寸，重0.25公斤，用于旱地作物的锄草松土。〔1〕

铁制齿耙是农业生产中用于抓拉松针、树叶，翻挖厩粪、肥料以及松土、除草的生产工具。有三齿、四齿的区分。

除了铁制工具外，农业生产中的碎土工具还有木制榔头、木耙等。

需要指出的是，至清代和近代时期，上述铁制整地工具在汉族地区以及许多少数民族中均已普及，所不同者，是工具的形制、重量上有所区别，另外，在能否自制铁器上也有所差异，汉族和许多少数民族均能自制铁质农具，〔2〕而仍有一些民族要靠其他民族提供铁质农具。如金平县马鹿塘地区的哈尼族，尽管梯田稻作农业较为发达，但仍不能制造铁质农业生产工具，所需铁器均须从汉族和瑶族工匠手中购买，在哈尼族中能够打造铁质农具的仅只是个别人。〔3〕此外，仍有一些社会发展程度较为滞后的少数民族较少使用铁器，而多使用木器、竹器和石器，如傈僳族、怒族、独龙族居住的怒江地区，就是一个“石器与铁器并用的地方”〔4〕。甚至傈僳族犁地所用的犁头也多为木制，而非铁制，因为怒江地区多石，铁质犁头价格昂贵、易损坏，傈僳族群众舍不得使用铁犁头，而改用木犁头，或者直接以“猪拱地”的方式来翻土犁地，即将玉米粒埋于土中，让猪刨拱，以“拱”代“犁”。

（二）收获农具

收获工具主要即为镰刀。镰刀为铁制，一般为弯月形，长约1尺，宽约2.5寸，刀口加钢，以抗磨损。无论收割稻、荞，还是大麦、小麦、青稞、玉米等作物，均是用镰刀将禾秆砍断或是直接将谷穗割下。

（三）谷物加工用具

谷类作物的加工包括脱粒、去壳、磨面等工序，其中脱粒为谷物收获和加工的基本环节。脱粒方法有击打、掼摔、搓揉等方法，与之相应的生产工具有连枷（也称作“连杆”或写作“连架”）、掼斗（或称掼桶、掼床）等。

连枷是中国传统的脱粒工具。《农政全书》介绍连枷时说：连枷为击禾器，“其制：

〔1〕朱家祯、刘敏江等调查整理：《大理县喜洲白族社会经济调查报告》，载《民族问题五种丛书》云南省编辑委员会编《白族社会历史调查》，云南人民出版社1983年版，第22页。

〔2〕如清代刘慰三所撰《滇南志略》卷五即说：顺宁府“江外困思笼山间微产铁矿，彝人采煎成铁，只堪铸犁，造器物则裂绽”。见方国瑜主编《云南史料丛刊》（第十三卷），云南大学出版社2001年版，第290页。

〔3〕李国发、宋恩常调查整理：《金平县一区马鹿塘哈尼族社会调查》，载《民族问题五种丛书》云南省编辑委员会编《哈尼族社会历史调查》，民族出版社2009年版，第46页。

〔4〕20世纪50年代云南民族工作的领导者王连芳先生在其回忆录中记述说：“1950年底，中央访问团负责民族考古的宋伯胤从怒江回到丽江，拿出他收集的一些傈僳族石斧、石铲给我看。我很惊讶：‘傈僳族还用石器吗？是不是石器时代？’他想了一下说：‘生产工具确实落后，但不是石器时代。傈僳族地区铁器昂贵，所以只有大量使用木器、石器。”见《王连芳云南民族工作回忆》，云南人民出版社1999年版，第36页。

用木条四茎，以生革编之。长可三尺，阔可四寸。又有以独挺为之者。皆于长木柄头，造为擐轴，举而转之，以扑禾也。”[1] 具体而言，连枷以木或竹制成，分为手持的木柄和击打的木条两部分。木柄的顶端与木条的一端以转轴的方式连在一起。木条长约3尺、宽约4寸。使用时，手持木柄，旋转木条击打谷穗，使谷粒脱落。连枷是中国南方地区常用的脱粒工具。明清时期，云南汉族地区已普遍使用连枷作为脱粒工具，其连枷的形制和使用方法与内地完全相同。云南地区的连枷脱粒方法，或系自创（连枷脱粒技术是在以棍、棒击打谷穗的脱粒方式上形成的，其原理甚为简单），或由内地传入。而在一些少数民族地区，则仍保持着原始的以捧击谷的脱粒方式，如顺宁府（今凤庆）地区，“彝人打荞、稗，以一木长三尺，其端如钩，两手持木反复击之”[2]。

掼斗或掼床为木质或石质容器，形制多样，基本形状为斗形、框形或桶形，用以掼摔谷穗和盛放谷物。清代，顺宁府（今凤庆）地区的农民就使用掼斗来进行脱粒："农人刈稻毕，晒穗于畦塍及田间，用大斗可容数石，名曰海簸，四人环立，持穗而击，稻遂落于簸中，日可得石余。”[3]

除了用连枷、掼槽脱粒外，许多少数民族也以手搓足踩的方式来脱粒，而这种脱粒方式，可能是先民最初的脱粒方式。《滇南志略》记载顺宁府（今凤庆）偏远地区农人的脱粒方式时说：“远村亦晒穗于田，以篾笆铺于地上，堆穗于笆，以足揉之，稻随以落，日亦揉获石余。”[4]

在脱粒之后，还须去除谷中的杂物，这一活动称为“扬场”。扬场的工具有簸箕、筛子、风车等。

脱粒之后，稻粒还须去壳，其他谷粒须磨碎或磨细才能食用。去壳、碎粒、磨面的工具有砻（音“龙”）、石臼、木臼、木碓、石磨等。砻形状似磨，以木制成，为脱壳工具。杵臼为古老的脱粒、去壳、粉碎工具，其方法为将谷穗置于臼中，用杵击打，使谷穗脱粒、去壳。木碓是改进型的石臼，其方法为利用杠杆原理，将木制碓身与木杵相连，以脚踩踏碓尾（也可以水力冲击碓尾），带动碓头的木杵上下舂捣石臼，使谷物去壳或粉碎。石磨也为古老的谷物脱壳、粉碎工具，由新石器时代的小型石磨发展而来，在近代机器磨粉工具发明以前，人力或畜力、水力石磨是最基本的磨粉工具。明清时期，云南各地，无论汉族或少数民族均使用形制不同的杵臼、石磨、木碓来进行谷物脱粒、去壳、磨面工作。至今在云南乡村民间，仍可看到大量石臼、石磨、木碓等谷物加工工具，其中一些器具仍在生产活动中发挥作用。

---

〔1〕［明］徐光启撰，石声汉校注：《农政全书校注》（中），上海古籍出版社1979年版，第560页。

〔2〕［清］刘慰三撰：《滇南志略》，见方国瑜主编《云南史料丛刊》（第十三卷），云南大学出版社2001年版，第290页。

〔3〕［清］刘慰三撰：《滇南志略》，见方国瑜主编《云南史料丛刊》（第十三卷），云南大学出版社2001年版，第290页。

〔4〕［清］刘慰三撰：《滇南志略》，见方国瑜主编《云南史料丛刊》（第十三卷），云南大学出版社2001年版，第290页。

二、耕作方式

元明清时期，云南地区犁地松土的耕作方式可分为两种，即畜力耕作方式和人力耕作方式。一般来说，畜力耕作和人力耕作均是传统农业中必不可少的两种耕作方式，区别仅在于在农业生产活动中各自所占的比例，以畜力为主的耕作方式生产效率高、劳动强度低，而以人力为主的耕作方式生产效率低、劳动强度高，因而，传统耕作方式变革、发展的基本趋势就是增加畜力的使用强度、降低人力的消耗。根据对金平县哈尼族农业生产情况的田野调查，牛耕比锄耕的生产效率高出5~6倍，一升粮种的耕地面积使用人力锄挖进行耕种，需要5~6个人工才能完成，而使用牛力犁耕则仅需人力锄耕1/5~1/6的时间即可完成。并且，锄耕的翻土深度仅为2~3寸，而犁耕则可达5~6寸。[1] 元明清时期，畜力在云南地区的农业生产中得到了更为广泛的使用，牛耕成为坝区和汉族地区最为基本的耕作方式。

明清时期云南地区牛耕的广泛应用从耕牛的大量饲养上可以得到反映。清代学者檀萃在《滇海虞衡志》书中说："自前明开屯设卫以来，江湖之民，云集而耕作于滇，即夷人亦渐习于牛耕，故牛为重。"又言："黄牛特多，高大几比水牛，以耕田，以服车。"[2] 这说明，自明初在云南设立卫所屯田以来，随着江苏、安徽、湖南、湖北等地民众大量迁居云南，从事守卫和耕作，牛耕在云南地区得到更为广泛的推广和使用，牛也因此更为人们所看重并加以大量饲养。根据明代的卫所制度，卫所军士，"三分守城、七分耕种"，因此，卫所军户也成为各地屯垦的主力军。根据万历《云南通志·兵食志》的资料，当时云南都指挥使司下辖"屯军"共有34591人，共有"屯牛"13934头[3]，平均每2.5名"屯军"拥有一头"屯牛"。以此而言，明代的卫所屯田，其耕作方式基本上为牛耕。云南地区的耕牛有黄牛、水牛、犏牛[4]等几种，以黄牛为多，水牛次之，犏牛仅生长于滇西北高寒地区。

明清时期，云南各地的牛耕方式，从文献记载来看，有传统的"二牛三夫"，也有新式的"二牛三夫"，还有"二牛二夫""二牛一夫""一牛一夫"等各种方式，视各地田亩状况（如田亩大小、水田旱地、生荒熟地等）、犁地翻土、播种施肥或风俗习惯而异，而常见的耕作方式，可能是犁地时的"二牛二夫"和播种时的"二牛三夫"。

所谓"二牛二夫"，即以双牛驾犁，一人牵牛、一人扶犁。这就是清代檀萃《滇海虞衡志》所说的："驾双牛，前一人引之，后一人驱之。"[5] "二牛二夫"的犁地方式

---

[1] 李国发、宋恩常调查整理：《金平县一区马鹿塘哈尼族社会调查》，载《民族问题五种丛书》云南省编辑委员会编《哈尼族社会历史调查》，民族出版社2009年版，第53页。

[2] [清] 檀萃辑，宋文熙、李东平校：《滇海虞衡志校注》，云南人民出版社1990年版，第154页。

[3] [明] 邹应龙修、李元阳纂：《云南通志·兵食志》，见方国瑜主编《云南史料丛刊》（第六卷），云南大学出版社2000年版，第580页。

[4] 犏音"偏"，犏牛为公黄牛与母牦牛交配所生的第一代杂种牛。

[5] [清] 檀萃辑，宋文熙、李东平校注：《滇海虞衡志校注》，云南人民出版社1990年版，第154页。

表明，元明清时期，云南地区犁架的形制已由长直辕犁变为曲辕犁，牛肩上的轭也由原先的“直轭”（即二牛抬杠的“杠”或“格”）变成了“曲轭”，在犁架与耕牛之间，通过系于犁辕前端转盘上的绳索与牛轭相连。由于犁辕的长度变短、形状变弯，犁头翻地的深浅可由扶犁之人控制，故此原先“二牛抬杠”耕作时的压辕之人可以省去。毫无疑问，这种耕作方式比起原来的“二牛抬杠”式或“二牛三夫”式，既提高了耕作效率，又减少了人力使用，代表着耕作技术的发展和进步。

“二牛二夫”的耕作方式，既可用于犁田翻土，也可用于开沟播种。当开沟播种时，则变成了改进型的“二牛三夫”。这就是明代谢肇淛《滇略·俗略》记载的：“犁田每用二牛，三人佐之，前者挽牛，中者扶犁，后者服耕。”[1] 当然，这种耕作方式，严格地来说，仍属于“二牛二夫”式。只是仅从耕作人数而言，可看作“二牛三夫”式——与南诏时的“二牛三夫”式相比，省去原来“压辕”或“压轭”之人，而增设了“服耕”之人，而“服耕”应即为随犁进行撒种、施肥等工作。

值得注意的是，在大理、丽江等滇西北地区及滇中部分地区，直至清代仍完整保持着南诏时“二牛三夫”的牛耕方式，即前挽、中压、后驱。清代嘉庆年间任永平县知县、邓川州知州的桂馥在《滇游续笔》中记述说：“大理耕者，以水牛负犁，一人牵牛，一人骑犁辕，一人推犁。案：《南诏传》：犁田以一［二］牛三夫，前挽、中压、后驱。然则今之耕者，犹是蛮法也。”[2] “一牛”或“二牛”的区别，应是若用水牛则为一牛，如使用黄牛，则为二牛。丽江地区的牛耕方式，接近大理的耕作方式，即“二牛三夫”式：“其耕者，惟以二牛挽前，中压，后驱。”[3] 在“二牛”之前，应有一人进行牵挽，以引导方向并控御耕牛。

需要指出的是，明清时期，一些山区或少数民族地区，由于缺乏物质条件或由于土质肥沃松软，在耕作种植上，仍然全靠人力开挖，而未使用畜力进行耕作。

三、种植技术

元明清时期云南地区的种植技术，可分为精耕细作和粗放生产两种。大体而言，坝区和“腹内”汉族地区的种植技术较为集约、先进，边疆地区和山区民族地区的种植技术较为简单、粗放。这种差异体现在整地、选种、施肥、薅锄、复种等各个方面。

（一）整地技术

整地技术的主要内容为翻土、碎垡、晒田、犁耙等，其劳作方式为犁、挖、耙、锄等。明清时期，云南“腹内”地区的农民已能根据田亩状况和作物生长的需要，对

〔1〕［明］谢肇淛撰：《滇略》，见方国瑜主编《云南史料丛刊》（第六卷），云南大学出版社2000年版，第698页。

〔2〕［清］桂馥撰：《滇游续笔》，方国瑜主编《云南史料丛刊》（第十二卷），云南大学出版社2001年版，第73页。

〔3〕［清］刘慰三撰：《滇南志略》，方国瑜主编《云南史料丛刊》（第十三卷），云南大学出版社2001年版，第181页。

田土进行有效整治。以稻田整治为例，“腹内”地区的稻田整治包括犁、挖翻土，烤晒暖土，打垡碎土，引水泡田，铲草糊埂，施肥“掘”田，三犁三耙，平整秧田等工序，步骤完整，方法精细。在犁、挖环节，一些地区在稻子收割后即趁田土潮湿对稻田进行犁、挖，以免田土过干后难以开挖；在泡田环节，通过早放水、多犁耙来使田土变得松软密实、肥料细碎均匀，同时堵塞田埂裂缝，防止田埂漏水。

在整地过程中，云南农民还以“烧田”的方式来改善土壤结构，提高地温，促进氧化，增加土块的有效养分。如清代的顺宁府（今凤庆）地区，“地俱丛山深涧，土瘠水寒，耕获倍苦，而又牲畜无几，积粪维艰。农人治秧，先堆梨块如窑塔状，中空之，插薪举火，土因以焦，引水沃之，爰加犁耙，土乃滑腻，气乃苏畅，方可布种。倘烧梨少不尽善，而或失时，则秧未可问矣。”[1] 这种“烧田”方式与江南地区的“烤田”有所不同，江南地区的“烤田”是对栽秧后的稻田进行“排水晒田”，以利秧苗根系的生长（明清时期，云南一些地区在秧苗栽下后也实行“干水晒田”），而云南顺宁府地区的“烧田”实际上是整地环节中的“晒田”，是泡田前的农作工作，类似于内地的“干耕晒垡”，其目的是使土暖而苗易发，并以此消灭土壤中的虫卵。这种技术在宋代农学家陈旉的《农书》中已有记载，并为江南地区整治秧田时所通用。可以认为，明清时期云南地区秧田整治中的“烧田”方式应是源于对江南地区稻作生产技术的学习和借鉴。

（二）选种技术

明清时期，云南地区种植农作物时已实行选种种植。选种方式包括“留种”和“换种”两种方式。留种即从自己所种作物中选取性状优越的穗粒或果实作为籽种。选种方式有两种，即“坵选”（块选）法和“穗选”（株选）法。坵选法即是将某坵、某块优良性状突出、生长情况较好的作物籽粒、果实，待其成熟时，先行收割，留作籽种；穗选法是将某块田地中，表现良好的植株籽实，留作籽种。换种即更换作物品种，将老品种换成新品种，或将本地品种换成外地品种。以大理喜洲地区为例，农户的选种方式为，对稻种、麦种实行坵选，三年换种一次；蚕豆实行株选，即将豆荚多、产量高的豆株籽粒留作种子，两年或三年换种一次。换种方式多为从附近地区其他村庄购买籽种，如从邓川右所购买稻种，从大理古城附近购买豆种等。对于豆种，无论是“留种”还是“换种”，在播撒前都要对预备种子再挑选一次，即进行“粒选”，以剔除杂劣、残缺。[2] 洋芋一般不留种，而是采取异地换种的方式来解决种子问题，一般挑选个大色紫的洋芋作为种子。换来的洋芋种子，先通过自然晾干的方式促使其发芽，然后将发芽的洋芋一切两半或三块，每块上留其芽条，用灶火灰拌和后即可下种。对于稻种，在撒播前也以浸种的方式促其发芽。

---

〔1〕［清］刘慰三撰：《滇南志略》，见方国瑜主编《云南史料丛刊》（第十三卷），云南大学出版社2001年版，第290页。

〔2〕朱家祯、刘敏江等：《大理县喜洲白族社会经济调查报告》，载《民族问题五种丛书》云南省编辑委员会编《白族社会历史调查》，云南人民出版社1983年版，第26页。

（三）施肥技术

明清时期，除了边远山区和傣族地区，或由于实行“刀耕火种”的生产方式，或由于土质肥沃不需施肥外，其他地区均掌握了田地施肥技术，无论水田、旱地，均施予或多或少的肥料，以增强土壤养分，促进作物生长。

农户所施肥料多为以人畜粪便和树叶、松毛沤堆而成的圈肥。明清时期，各族农户普遍以圈养的方式饲养猪、牛、羊、马、鸡等畜禽，畜禽粪便成为农户田地的主要肥料来源。在农闲时节或劳作的同时，农民将山上的落叶、松毛、杂草等搂拾回来，倒入猪圈、牛圈之中，与牲畜粪便混合沤制，待腐烂后再将圈粪清出堆放，经过一段时间的堆压发酵、腐熟后，即成为优质的圈肥。除了沤制圈肥外，还可沤制堆肥，即将山上砍来的树叶、杂草以及生活垃圾等堆放在一起让其腐烂发酵，制成肥料。滇南山区的哈尼族也在秧田中直接沤制肥料，即将山上砍来的树叶、蒿草以及田埂上铲下的杂草等直接泡在水田里，任其腐烂，变成肥料，以增加秧田的肥力。除了圈肥、堆肥外，一些地方还对菜园和庄稼施用“桶粪”，即人的粪便和水混合后的肥料。滇池周围地区的居民也采捞滇池中的水藻作为肥料，他们将滇池中的水藻捞出，晒干成饼状，称为“海粪”，这种“海粪”因含有丰富的氮素而成为农民们喜用的种田肥料。

田地的施肥方式有施基肥、种肥及追肥等多种。稻田多施底肥。无论是秧田还是本田，都须在泡田前将底肥撒于田中，然后进行犁、挖，使肥料与田土均匀混合。坝区或一些山区种荞也施底肥，即在耕种前，将底肥运到地里撒开，然后进行翻犁，犁后将土垡打碎，即可开墒、撒种。清代，广西府师宗州（今师宗县）以盛产荞麦而闻名。师宗地区种荞的方法是：“种以立夏后，全用粪壅，无则不生。土人出粪者，与种荞者分其所入，出粪者坐而得之，种荞者劳而得之，其利均也。初种宜少雨，七月可收。”〔1〕种洋芋则是随种施肥，即在下种时覆以肥料。除了施底肥和种肥外，洋芋、辣椒等作物在生长过程中还要追施一两次肥料，以满足作物生长所需养分。

除了施用农家肥外，农民还以“烧火土”的方式来增加土壤肥料。所谓烧火土，即将山箐间地表的腐殖土连同上面的树叶、枯草等一并铲下，然后以柴火焚烧，制成“火土”，将火土撒入秧田或苗圃，能够增加秧田的肥力。“火土”实际上就是经过烧烤后富含有机质的腐殖土和草木灰。

（四）中耕技术

谢肇淛《滇略》卷四《俗略》称“滇中知耕不知耘”〔2〕。实际上，明清时期，除了边疆民族地区外，云南大部分地区的农业生产中均采用了中耕薅锄技术，以促进作物生长，增加产量。凡稻田，一般都要进行两道以上的薅草工序；麦地进行两道薅锄、一次灌水；荞地进行一道薅锄；玉米地要进行两道薅锄，以除草、松土、壅苗；洋芋

---

〔1〕［清］阮元、伊里布等修，王崧、李诚等纂：《道光云南通志·食货志·物产》，见方国瑜主编《云南史料丛刊》（第十二卷），云南大学出版社2001年版，第552页。

〔2〕［明］谢肇淛撰：《滇略》，见方国瑜主编《云南史料丛刊》（第六卷），云南大学出版社2000年版，第698页。

地也要进行一至两道薅锄和壅土。

（五）轮作种植技术

为了保持地力和提高复种指数，明清时期，云南各地作物的种植方式也大多采用轮作和间作、套作的方式进行。轮作即在同一块土地上，各年更换种植不同的作物，利用作物根茎深浅的不同及对土壤营养需求的差异，来调整地力，促进地力的自然恢复，特别是轮作中加入蚕豆、大豆等豆类作物，可以利用豆类作物根茎的固氮作用，改善土壤结构、增强土壤肥力。

云南平坝地区是中国较早实行稻田轮作种植技术的地区。从坝区的轮作种植情况来看，明清时期，滇中坝子、滇西坝子大多采取稻、麦、豆轮作的方式，即稻麦轮作、稻豆轮作。在滇中的宜良县，水田实行水稻和蚕豆轮作，旱地实行大、小麦和豆类（黄豆、豌豆、刀豆等各种豆类）作物轮作。对此，清朝康熙五十五年（公元1716年）编纂的《宜良县志》卷五“民事”记载说：“民重耕织，春分播种，秋成收获。毕即点蚕豆于谷根内。于明年三月内，豆熟则又锄挖以待春耕。陆地种大、小麦，麦熟仍种青豆。均一岁二收也。”[1] 在滇西的洱海地区，则实行稻麦轮作或稻豆轮作。稻麦轮作的方式为，农历九月稻谷收割后，即往稻田里送底肥，然后进行耕犁，犁两道后再耙一道，然后打垡、开墒，之后即以点播或撒播的方式播下麦种。冬季麦苗长出后，薅锄两道、灌水两道，至次年四月麦穗成熟后，即可收割；稻豆轮作方式为，农历九月稻子收割后（也可在稻谷未收时即按下蚕豆种），放水浸田，待田水稍干即在谷桩丛中按下蚕豆种。十月份往豆田里追肥一次。在豆苗生长过程中，在农历十二底和二月初放水浸灌豆田一次。三月即可收割蚕豆。之后再在同一田块中栽秧种稻。

明清时期，农作物轮作种植技术不仅在坝区得到普遍应用，在山区也得到了广泛的推广。明朝末年，徐霞客在丽江就看到了纳西族的轮作休耕方式，并在游记中作了记录：“其地田亩，三年种禾一番。本年种禾，次年即种豆、菜之类，第三年则停而不种。又次年，乃复种禾。”[2] 普米族的轮作方式与纳西族基本相同，其旱地轮作方式是：一是玉米、蚕豆轮作，即第一年小春种蚕豆，第二年小春种玉米，第三年又种蚕豆；二是玉米、蚕豆、小麦轮作，即第一年大春种玉米，第二年大春则种蚕豆，第三年种玉米，第四年则种小麦；三是小麦、玉米轮作，即第一年种小麦、第二年种玉米，依次循环。也有一些普米族农户的旱地轮作方式是：第一年种稗子，第二年种小麦，第三年种燕麦。[3] 在滇南哈尼族地区，也实行旱地作物的轮作种植方式，其旱地轮作方式多为荞子、马铃薯、黄豆轮种。套作多为在玉米地里套种黄豆，也有的套种萝卜、南瓜等。

---

〔1〕 康熙《宜良县志》，收入宜良县县志编纂委员会办公室编、郑祖荣点校《（康熙、乾隆）〈宜良县志〉点校》，云南民族出版社2011年版，第30页。

〔2〕 ［明］徐弘祖撰，朱惠荣校注：《徐霞客游记校注》（下），云南人民出版社1985年版，第938页。

〔3〕 严汝娴、王树五：《普米族简史》，云南人民出版社1988年版，第82页。

四、水利条件

云南地区的农业生产与水利状况具有密切关系。长期以来，云南地区的居民把耕地分为“田”和“地”两类，“田”即“水田”，“地”即“旱地”，有水灌溉者为“水田”，无水灌溉者为“旱地”，“水田”的生产条件较好，产量较高，而旱地只能“靠天吃饭”，收成较低。而所谓“水田”，根据田亩位置和灌溉情况，仍可分为不同的类别。清代刘慰三所撰《滇南志略》对“云南府”的“水田”作了这样的划分：“凿地开沟，引水灌溉者，谓之渠田；建闸筑堤，藉干御宣泄者，谓之坝田；高原之地，雷鸣雨沛始得播种者，谓之雷鸣田；海边涸出可以耕种者，谓之海田；积水为塘，藉资灌溉者，谓之塘田；水道、田塍俱皆现成而现在抛荒者，谓之熟水田；其地有水可引，宜种稻谷，始经开垦者，谓之生水田；只种杂粮不能开为水田者，谓之旱田；其形如梯级、如冰裂，其址如初月、如断核，尖凹曲折，非直方易治，此类之田，培塍补罅，役工尤钜而收成尤薄，统谓之山田。”[1]“水田”类型和状况的多样性，反映出了水利条件对云南农业生产的重要影响。

对水利建设与农业生产之间的密切关系，历代治滇官员均有深刻认识。清代乾隆年间，宜良县知县王诵芬在《宜良县黑羊村筑堤聚水记》一文中即指出：“滇南山多田少，而水更少，《周礼》所谓山国者是也。每当夏秋之交，山水陡涨，朝泛而夕涸，无陂塘渟潴之用，欲望其水泽均调，多黍多稌，其可得耶？”[2] 说明了云南降雨虽多，但因时空分布不均的降水特点——时间上多集中在夏秋之季，冬春时节干旱少雨；空间上，雨水最后都流入河谷平坝地带，山区、半山区因地势崎岖不平而留不住天然雨水资源——由此而使农业生产受到水利条件的极大制约。由于受水利条件限制，一些地势平坦的平坝地区也由于水资源不足或水源缺乏而成为干坝子，即俗称的“干海子”。在明清时期的云南方言中，“海子”即“坝子”之意，“土人以平原可垦为田者呼为海，或呼为坝”[3]，或者，“土人以田亩广延者为海，或呼为坝”[4]。在云南各地，被称为“干海子”的地方甚多，“干海子”地区的农业生产同样只能“靠天吃饭”。清代雍正、乾隆年间任云南巡抚、总督的张允随在为楚雄府广通县兴修“福山泉”一事所撰的《福山泉碑记》中即说：“福山泉，广通旧干海子也。崇山围之，有田二千余亩。地以干名，志无水也。既无水，何以田？曰：耕以雨，栽以雨，苗而秀且实，亦以雨，盖不徒恃地而尤恃天也。雨偶愆，可若何？则曰：无如何也。滇之田

[1] ［清］刘慰三撰：《滇南志略》，见方国瑜主编《云南史料丛刊》（第十三卷），云南大学出版社2001年版，第42~43页。

[2] ［清］师范编，王文成等辑校：《〈滇系〉云南经济史料辑校》，中国书籍出版社2004年版，第321页。文中的“稌”字，音“图”，意为稻子，也特指糯稻。

[3] 雍正《云南通志》卷二四，见云南省编辑组编《云南方志民族民俗资料琐编》，民族出版社2009年版，第10页。

[4] ［清］阮元、伊里布等修，王崧、李诚等纂：《道光云南通志》，见方国瑜主编《云南史料丛刊》（第十三卷），云南大学出版社2001年版，第352页。

类是者，皆呼曰雷鸣田，不独广邑一干海子矣。”[1] 鉴于云南的降雨特点和地形特点，农业用水不足的问题只能通过建设水利设施来加以解决，这一点，也是历代治滇官员和三迤民众的共识。张允随即说：“余抚滇，每以农事饬有司，在尽人之力，以通地之穷。比岁农利灌溉，年多顺成，亦既有效矣。”[2] 广通地区凿山引水、修沟筑渠、束水入田，使“干海子”变成“福山泉”即是一典型事例。[3]

元明清时期，在各级官员的主持和督导下，经过全省民众的共同努力，在云南的坝区和半山区，兴修了许多水利设施，一定程度上改善了农业的灌溉条件，促进了农业生产的发展。

滇池地区自古即为云南的政治、经济中心。元代以后，滇池地区的中庆路、云南府一直为省会所在地。滇池流域的水利情况对云南府地区的农业生产和民众生活影响重大。为此，历朝各代均十分重视滇池流域的水利建设工作，以疏浚盘龙江、维修松华坝、整治昆明“六河”、疏通滇池出海口为重点，蓄泄并举、兴利除弊。

盘龙江为昆明地区较大的河流，全长107.5公里，流域面积847平方公里。盘龙江源出嵩明县西北梁王山南麓的黄龙潭，上游名牧羊河，与甸尾河汇合后称盘龙江，从昆明城东北方向流入昆明坝子后，经官渡区洪家村注入滇池。盘龙江对昆明坝区的灌溉、防洪有重要影响。元代至元十三年至十五年（公元1276～1278年）间，云南行省平章政事赛典赤在昆明城东北郊的凤岭、莲峰两山箐口主持修筑松华坝，通过建坝蓄水、开闸放水来控制盘龙江的流量，达到雨季防洪、旱季灌溉的目的。松花坝由此成为昆明地区重要的水利工程。经过历代的整修、重修和扩建，松华坝至今仍对昆明的水利事业发挥着重要保障作用。

赛典赤除了在盘龙江上修筑松华坝外，还疏通了昆明坝子内的金汁河、银汁河、宝象河、马料河和海源河，这些河流与盘龙江一起，构成了昆明坝子的河流体系，通称为昆明“六河”。昆明“六河”最后均汇入滇池。清代，云南府专设水利同知（由省粮储道水利通判升格而来，驻于南关，称为南关水利府，即为专管水利事务的副知府）对“六河”进行管理和维修，通过培堤、砌闸、筑坝等措施，对“六河”的水位、水量进行调节和控制，达到兴利除害的目的。

金汁河为通过松华坝分盘龙江水而修建的人工河流，全长30多公里，流经瓦窖村、竹园村、麦地村、龙头村、波罗村、昙华寺、大树营、前卫营、高家村、双桥村、

[1] [清] 师范编，王文成等辑校：《〈滇系〉云南经济史料辑校》，中国书籍出版社2004年版，第304页。文中的“愆”，音“迁”，本为过失、错过、耽误之意，此谓天气失常、久不下雨。

[2] [清] 师范编，王文成等辑校：《〈滇系〉云南经济史料辑校》，中国书籍出版社2004年版，第304页。

[3] 关于广通“福山泉”的兴修情况，张允随《福山泉碑记》说：“广通令杨登，以干海子之菑于水也，徘徊周视，于山后五里许，得泉三股，发源福德山麓。欲导之而阻于山，请示于余。余勉之。乃出赀鸠民，凿山腹七十丈宽，三尺高，增其一水，溅溅入于峒，达于沟，引于田，蓄泄有法，工役不扰。业是田者，皆喜曰：‘干海子不干矣。’请易名。申到，下其议于司，司上其名曰福山泉，溯其源也。”见 [清] 师范编，王文成等辑校：《〈滇系〉云南经济史料辑校》，中国书籍出版社2004年版，第304页。

小板桥、六甲等地，注入滇池，历史上起到分洪及灌溉昆明东郊田地的作用。金汁河分盘龙江水的关键工程“龙川桥”至今犹存。龙川桥位于盘龙区上坝村东侧，横跨盘龙江江上。龙川桥与松华坝同时修建。桥为三孔石桥，全长45米，桥面宽10.3米，砂石质，中孔高于水面5米，边孔各高3.2米。桥北有“滚龙坝”。桥之功能实为水闸，或“挡水坝”“分水坝”，即当夏季水量增大之时，由滚龙坝下泄之水遇到桥身的阻挡，水位自行升高，由此分盘龙江水量入金汁河，通过金汁河灌溉昆明坝子东部田地。清代光绪年间云南粮储道崔尊彝所撰《重修松华坝闸，开乞（挖）盘龙江、金汁河，并新建各桥碑记》对松华坝、龙川桥及金汁河功能作了这样的说明：“昆明六河，盘龙江为大，分为金汁河。江之首，有松华闸，二河橐钥也。盘龙江水流低于田，有闸以束之，分水由金汁河循山而行，东菑数万田畴，咸资灌溉，利莫大焉。”[1]

元明清时期，滇池地区水利建设的另一项重大措施就是疏通位于昆阳州的滇池出海口，建设海口闸坝，防止夏秋时节滇池水位增高而引起的湖水泛滥。海口闸称为“川字闸”，又称为“白鹤桥”，位于海口镇中滩村，分为南闸、中闸和北闸三闸，皆为石砌，通过闸坝的蓄水、排水功能来调节滇池的水量、水位。滇池湖水通过海口闸的调节后，经螳螂川、普渡河北流入金沙江。海口闸始建于元代赛典赤治滇时，由劝农使张立道主持兴修，明清时期又经过多次维修，至今尚在发挥作用。

通过元明清各朝的整治，滇池的水患得到有效控制。清朝雍正十年（公元1732年），云贵广西总督鄂尔泰奏报朝廷说：“滇省水利全在昆明海口，现经修浚，膏腴田地渐次涸出。”[2] 同时，鄂尔泰向朝廷建议在滇池出海口所在的昆阳州，添设水利州同（即专管水利工作的副知州）一员，驻扎海口，专门负责滇池出海河道及坝闸的巡查管护工作，得到了朝廷的同意。清朝政府批准每年拨出专款白银两百两，作为昆阳海口的岁修费用，用则报销，不用则存贮，留作大修之用。

明清时期，除了省会“云南府”外，全省其他各府、县均根据山川状况和生产需要，建设了堤、坝、塘、闸、沟、渠等各种水利设施来改善农业灌溉条件，提高农业的水利化水平。如普洱府：“通属水利，有沟、有渠、有堤、有坝，随时修治，始无旱涝之虞。”[3] 东川府：“地势倚山临川，不通河道，稻田全恃塘堰，始望收成。”[4] 普洱府属的宁洱县：“水利有普济渠，在城北三十里，与各沟、渠同具灌溉。掌乃潭堤，在城南五里。潭近河，居民筑堤蓄水，渡以木枧，溉田二百余亩。余则小河村、西城等六沟，俱饶灌溉利。”[5] 曲靖府属的沾益州，也修建了许多水利设施：“水利有沙河

[1] [民国] 周钟岳等纂修：《新纂云南通志》（七），云南人民出版社2007年版，第19页。

[2] 《世宗实录》卷一一七，见云南省历史研究所编《清实录有关云南史料汇编》（卷四），云南人民出版社1986年版，第25页。

[3] [清] 刘慰三撰：《滇南志略》，见方国瑜主编《云南史料丛刊》（第十三卷），云南大学出版社2001年版，第196页。

[4] [清] 刘慰三撰：《滇南志略》，见方国瑜主编《云南史料丛刊》（第十三卷），云南大学出版社2001年版，第238页。

[5] [清] 刘慰三撰：《滇南志略》，见方国瑜主编《云南史料丛刊》（第十三卷），云南大学出版社2001年版，第199页。

三闸，在城东五里，灌东郊田。梅家闸，在城东南十里，块步、腊溪二水，至此合流。新桥闸，在城南十里，双河水会于此。天生坝，在交河上流，瀑布三迭，明天启间，总兵杨禄，开东西二渠。羊场七坝，在城东南三十里，灌羊场一带田。西闸坝，在城南十里，引新桥水灌溉十三屯田。黑蛇坝，在城南十五里交河下流。擦耳石坝，在城西南十里，引灌州西田。双河坝，在城西南二十里。腊溪坝，在城西，源出凤凰山，流二十余里，随流引灌田亩。交水坝，在城北平蛮乡。铜车坝，在城北三十里，引块步溪水灌田。来远坝，在城北八十五里，灌来远铺田。"[1] 从这一记载可以看出，清代中期，沾益州内的较大河闸至少有3处、水坝至少有10处，这些设施均对流域地区的农田灌溉发挥了重要作用。

除了坝、塘、沟、渠外，明清时期，云南农田水利建设的另一设施就是"地龙"。所谓"地龙"，就是地下水利渠道，也即"暗渠"或小型"涵洞"，在大理等地称为闷沟、龙沟。在大理州的祥云、宾川、弥渡等地，至今仍保留有明清时期修建的"地龙"遗物、遗迹。如宾川县，现存"地龙"有70多处，分布于宾居、罗官营、力角等地，其中，宾居镇姚家"地龙"，始建于明代中期，全长2000余米，沟宽1米，深1.5米，用石条砌筑，出口处连接灌溉沟渠。姚家"地龙"至今仍可灌溉农田200多亩。[2]

第七节　元明清时期云南地区的农作物种类

元明清时期，云南地区的农作物种类，除了明末清初引进了玉米、马铃薯、番茄、辣椒等新品种外，其他种类作物各朝代大体相同。下面以清代的农作物种类情况为依据，进行介绍和说明。

一、粮食作物

清代云南地区的粮食作物种类，《滇系·赋产系》的记载有谷、麦、黍、稷(粟)、豆、粱、荞、麻、稗、蜀黍、草籽等多种；[3]《新纂云南通志·物产志》记载有稻、麦、蜀黍、粟、黍籽、稗、薏苡、玉蜀黍、荞等。而各府县的粮食作物，据清

[1] [清] 刘慰三撰：《滇南志略》，见方国瑜主编《云南史料丛刊》（第十三卷），云南大学出版社2001年版，第163页。

[2] 杨帆、万扬、胡长城编著：《云南考古（1979～2009）》，云南人民出版社2010年版，第365页。

[3] [清] 师范辑，王文成等辑校：《〈滇系〉云南经济史料辑校》，中国书籍出版社2004年版，第62页。据《滇系·赋产系》的解释，草籽"米似稷而微细。郡县夷倮广种多食。"

代光绪年间刘慰三所撰《滇南志略》的记载，云南府（今昆明地区）为："种宜稻、麦、粱、稷之属，苞谷、黄豆、红豆、菜豆、蚕豆、豌豆、荞、麻次之，山稗、蜀黍、草子又次之。"[1] 永昌府（今保山地区）是："土宜稻、黍、稷、粱、麻、豆、荞、稗之属。"[2] 如以地域来划分，据民国年间所编《续云南通志长编》的资料，"迤西、迤南各县，以米、麦、荞麦、豆菽为大宗；迤东以玉蜀黍、荞麦、马铃薯为大宗。"[3] 下面，按作物类别分别论述。

（一）稻

稻（栽培稻）为云南地区自新石器时代以来最主要的粮食作物。从基本的类别来看，稻分籼稻、粳稻两个亚种以及其变种糯稻（籼稻、粳稻两亚种中均有糯稻）。此外，根据生育期的长短可分为早稻、中稻和晚稻三种类型，根据栽培地块（水田或旱地）的区别可分为水稻和陆稻两个类型。明清及近代时期，稻仍为云南坝区和水热资源丰富地区栽培的主要农作物。云南地区所种稻谷类别及品种众多。清代师范所辑《滇系》之"赋产系"在介绍云南地区所产稻谷时说："稻：凡百余种，约以红稻、白稻、糯稻概之。"[4] 明清时期云南的稻作，从栽种田地来区分，可分为水稻和陆稻（旱稻）两类；从稻谷的基本类型来看，则是籼稻、粳稻、糯稻皆有[5]，而以粳稻和糯稻为主。从具体的生物性状来看，云南各地的稻谷又可分为不同的种类：以早生、晚生的区别来看，可分为早生的曲靖糯、云龙糯、新平大白谷、江川大白谷、华宁早白谷、云龙香谷、大理早谷、临安早谷等，晚生的富民大糯、镇南（今南华）南糯、镇南（今南华）香糯、定远（今牟定）大白、广南晚谷等；以色泽之差异，又可分为景东黄糯、思茅紫糯、河西（今通海河西地区）黑稻、宜良黑谷以及景东、个旧、宁洱等地的紫米等。[6] 总体而言，根据产地差异、颗粒大小、色泽区别、软糯之分等来加以区别，明清及近代时期，云南各地所种稻米种类可达上百种之多。这种区分，是按照一般的认识所作的区别，而非科学化的分类。对此，近代罗养儒先生在《纪我所知集》中有这样的论述："云南稻子实有不少的种类。盖此处种子与彼处种子不同，此处地土与彼处地土有异，因而种出谷米来，颗粒则有大有小，实质则有滋润与不滋润之等等差别。若括总来言，又无非有白米、有红米、有香谷米、有糯米及一种特产之

〔1〕［清］刘慰三撰：《滇南志略》，见方国瑜主编《云南史料丛刊》（第十三卷），云南大学出版社2001年版，第43页。

〔2〕［清］刘慰三撰：《滇南志略》，见方国瑜主编《云南史料丛刊》（第十三卷），云南大学出版社2001年版，第212页。

〔3〕民国云南通志馆编：《续云南通志长编》（下册），云南省志编纂委员会办公室印，1986年，第253页。

〔4〕［清］师范辑，王文成等辑校：《〈滇系〉云南经济史料辑校》，中国书籍出版社2004年版，第62页。

〔5〕1987年，考古工作者对宜良县孙家山墓地进行了考古发掘，出土了稻谷，稻谷的品种经过检测，确定为籼稻和粳稻两种。孙家山墓地的年代为元代及明初。见杨帆等编著《云南考古（1979～2009）》，云南人民出版社2010年版，第349页。

〔6〕参见《新纂云南通志》（四）"物产考"，云南人民出版社2007年版，第96页。

紫米数种而已。"[1]

云南地区所产稻米，品质较好，味道亦美。如云南府属的富民、宜良等县所产稻米就以品质良好闻名滇中，即使是昆明县所产稻米，其品质和味道也甚好："稻之白者，其米长腰细粒，熟之作淡碧色。其红者颗殊圆大，味皆香，以腴即蔬食无肴核之荐，不至棘喉艰于下咽也。"[2]

明清及近代时期，云南的产米地区，从总体上来看，除了滇东北的东川、昭通两府的一些州县，及滇西北的丽江府种稻较少或不能种稻外，其他各地都能种稻产米；[3] 从海拔高度而言，河谷平坝地区是云南稻米的主产区域，一些半山区也能种稻产米，滇南一些湿热的高山深谷地区也能垦山种稻。从民族区域而言，滇中的云南府、澄江府等汉族地区是全省稻米的主产区，滇西南车里（今西双版纳地区）、芒市等摆夷（傣族）地区，也是稻米的丰产区。

除了水稻外，陆稻（旱稻）也是明清及近代时期云南各地种植的作物品种。籼稻和粳稻两亚种中都有陆稻类型。清代《道光云南通志·食货志·物产》在介绍广西直隶州（辖今泸西、师宗、弥勒等县）地区的旱谷种植情况时，引《师宗州志》说："春初种，秋熟，有红、白二种。"又引《弥勒县采访》的资料说："近有维西旱谷，骡子谷。"[4] 旱谷也是滇南少数民族地区种植较多的作物，如在西盟佤族地区，农作物即以旱谷和小红米为主。[5] 佤族地区种植旱谷的方法也较为简单，既可在"犁挖地"上种植，也可以在"懒火地"上种植。犁挖地的种植方式是，先将地上小树、杂草砍倒，将其晒干、烧光后，即以牛犁或人挖方式翻地，一边犁、挖，一边拾草、碎土，然后即可播种，播种以后，以锄或犁盖土，待雨水一来谷种即出苗生长。稻苗生长期间，要中耕薅草 1~2 次。懒火地就是刀耕火种地。在懒火地上种植旱谷的方式是，在将树木砍倒、晒干、烧光后，不再对火烧地进行犁、挖翻耕，而是直接以长矛在地上打穴、点种，然后用脚盖土。懒火地杂草较少，旱谷种下后，一般不再进行中耕，直到成熟后才去收割。[6]

（二）麦

自古代以来，麦子即为云南地区仅次于稻谷的重要粮食作物。明清及近代时期，

---

〔1〕［民国］罗养儒撰：《纪我所知集：云南掌故全本》，云南人民出版社 2015 年版，第 245 页。

〔2〕［清］戴䌹孙纂：《昆明县志》，昆明市地方志编纂委员会办公室编印，第 32 页。

〔3〕据民国二十四年（公元 1935 年）的资料，当时云南全省 122 个县、设治局中，有 108 个县能够产稻。见民国云南通志馆编《续云南通志长编》（下册），云南省志编纂委员会办公室印，1986 年，第 252 页。

〔4〕［清］阮元、伊里布等修，王崧、李诚等纂：《道光云南通志》，见方国瑜主编《云南史料丛刊》（第十二卷），云南大学出版社 2001 年版，第 551 页。

〔5〕徐志远：《佤山行——云南西盟佤族社会调查纪实（1956~1957）》，云南大学出版社 2009 年版，第 75 页。

〔6〕徐志远：《佤山行——云南西盟佤族社会调查纪实（1956~1957）》，云南大学出版社 2009 年版，第 75~76 页。

云南所种麦类主要为小麦、大麦、燕麦3种。[1]《新纂云南通志·物产考》对云南地区所产麦类情况有这样的介绍："小麦为滇常产，又分扁穗、圆穗两种。扁穗者或有芒，或无芒。有芒亦较大麦为短，惟粒实饱满鲜润，收产亦丰，最宜切面。春麦、玉麦则芒较深长，籽实伟大轻软，适制面包。圆穗之小麦，则芒部或有或无，实粒坚韧，亦宜切面。又紫小麦，粒色紫红。火小麦，韧，壳黄实。灰小麦，系改良种，性质在紫小麦、火小麦之间。"[2] 又言："滇产大麦，秆部高长，穗共六棱，芒亦长细，性强丰收，近省一带均利赖之。"[3] 关于燕麦则云："燕麦，亦名雀麦，因其颖壳似燕雀，故名。性耐荒寒，不畏干旱。粒细长而稃皮易脱者曰裸种，或云鼠子牙，其同种而脱稃较难者为稃种，东川产之燕麦即是。"[4] 燕麦既是山区居民的口粮，也用作畜牧饲料。《道光云南通志·食货志·物产》引《弥勒县采访》的资料说："燕麦，又名雀麦、玉麦，有饭、糯二种，近来遍种以救荒。"[5] 云南地区的麦作皆是一年一熟，三种麦类每年的成熟次序为：大麦先熟，小麦次之，燕麦最后成熟。

明清时期，各种麦类作物在云南各地多有种植。[6] 但在一些高海拔的地区，如滇东北的东川府会泽等地，因气候过于寒凉，只能种燕麦，而不适合种大麦、小麦。乾隆《东川府志》在介绍东川府（府治在今会泽）的物产时说："东川府气候寒冷，不宜大、小麦。旧《志》载：麦地仅二十二顷八十三亩。有零市所粜者，皆来自嵩明、寻甸、曲靖。"[7] 但燕麦却是"四乡八里皆产"，因燕麦较之大麦、小麦更为耐寒之故。《道光云南通志·食货志·物产》在介绍"广西直隶州"所产"燕麦"时，引《师宗州志》的记载说："燕麦，状如鹊麦。夏种秋熟，刘禹锡所谓'菟葵燕麦者'是也。土人粉为干，糇水调充腹。"[8]

在滇西北的丽江府地区，麦类作物是各民族的主要口粮，小麦、大麦、燕麦分别有不同的食用方式："大麦，造水酒，味甚薄。大颗麦、无芒麦，作馒首，煮蔓菁汤咽

[1] 《滇系·赋产系》对清代云南地区麦类作物的介绍为"麦：有小麦、大麦、燕麦、玉麦、西方麦数种。"（见王文成等辑校《〈滇系〉云南经济史料辑校》，中国书籍出版社2004年版，第60页）文中的"玉麦"、"西方麦"名虽为"麦"，或即玉米，即俗称之苞谷。按：云南地区所说"玉麦"，一般指玉米，但也称燕麦为玉麦。

[2] ［民国］周钟岳等纂：《新纂云南通志》（四），云南人民出版社2007年版，第97页。

[3] ［民国］周钟岳等纂：《新纂云南通志》（四），云南人民出版社2007年版，第96~97页。

[4] ［民国］周钟岳等纂：《新纂云南通志》（四），云南人民出版社2007年版，第97页。

[5] ［清］阮元、伊里布等修，王崧、李诚等纂：《道光云南通志·食货志·物产》，见方国瑜主编《云南史料丛刊》（第十二卷），云南大学出版社2001年版，第552页。

[6] 据民国时期的资料，民国二十四年（公元1935年），当时全省122个县、设治局中，有91个县出产小麦和大麦。见《续云南通志长编》（下册），第252页。

[7] ［清］崔乃镛、方桂、佘泽春、冯誉骢纂修、续修，梁晓强校注：《东川府志·东川府续志》，云南人民出版社2006年版，第336页。

[8] ［清］阮元、伊里布等修，王崧、李诚等纂：《道光云南通志·食货志·物产》，见方国瑜主编《云南史料丛刊》（第十二卷），云南大学出版社2001年版，第551~552页。

之。燕麦粉为干糇，水调冲服，此土人终岁之需也。小麦面，非享客不轻用。”[1] 根据民族调查资料，丽江地区种植小麦的方式是：霜降时下种，下种时施肥一次，浇水一次；以后每月浇水一至两次，腊月（农历十二月）、正月（农历一月）再施肥一次；夏至收割。大麦则较小麦晚种十余日，早收十余日（也可同时收种，视劳力情况而定）。[2] 所施肥料为人畜粪便、树叶、松毛沤堆发酵而成的农家肥。与丽江县相邻的剑川县种植小麦的节令和方法是：农历六月耕地，七月追肥，八月播种，九月、十月薅草，次年三月割麦，六月打麦。[3]

除了大麦、小麦、燕麦外，滇西北地区还种植青稞麦。青稞也称“裸大麦”“裸麦”，是大麦的一个变种。我国滇西北、川西北、西藏、青海等藏族地区均广泛种植青稞，作为藏族居民的口粮来源。清代，青稞麦是丽江府地区“古宗”等部族的主要口粮。关于青稞的种植情况，清代乾隆年间余庆远所著《维西见闻纪》介绍说：“青稞，质类麰（音‘谋’，即大麦——引注）麦，而茎、叶类黍，耐雪霜，阿墩子及高寒之地皆种之。经年一熟，一月种，六月获。夷人炒而舂面，入酥为糌粑。”[4]《新纂云南通志·物产考》也说：“维西产青稞麦子，实微青性，最耐寒，亦属大麦之别种。经年一熟，七月种，八月获，炒而舂面入酥，谓之糌粑，和饮浓茶，乃滇西北部御寒之唯一食品也。维西以外，阿墩、中甸亦产之。”[5]

（三）荞

明清时期，荞为稻、麦之外云南地区重要的粮食作物，是山区特别是苦寒地区常见的粮食作物和重要的救荒作物。荞分苦荞、甜荞两种。乾隆年间所修《东川府志》

[1] [清] 阮元、伊里布等修，王崧、李诚等纂：《道光云南通志·食货志·物产》，见方国瑜主编《云南史料丛刊》（第十二卷），云南大学出版社 2001 年版，第 523 页。

[2] 中央访问团二分团：《丽江县仁里行政村概况》，载云南省编辑组编《中央访问团第二分团云南民族情况汇集》（上），云南民族出版社 1986 年版，第 86 页。

[3] 邱燕飞、龚荫调查整理：《剑川县下沐邑村白族社会经济调查报告》，载《民族问题五种丛书》云南省编辑委员会编《白族社会历史调查》，云南人民出版社 1983 年版，第 85 页。按：尽管本调查报告所反映的是 20 世纪 50 年代的情况，但实际上，滇西地区的小麦种植方式，从南诏时期以来，即是如此。

[4] [清] 余庆远撰：《维西见闻纪》，见方国瑜主编《云南史料丛刊》（第十二卷），云南大学出版社 2001 年版，第 67 页。文中的“阿墩子”为今迪庆州德钦县。

[5] [民国] 周钟岳等纂：《新纂云南通志》（四），云南人民出版社 2007 年版，第 97 页。

按：关于“青稞”的种植与成熟期，文献中有不同的说法。以中甸地区为例，一说为七月种、六月获，如清代刘慰三所撰《滇南志略》在介绍中甸厅的气候、物产时即说：“所处地处高山绝顶，霜雪早降，风劲土坚，不生五谷，开渠种稻，屡试无成，惟宜青稞，七月种、六月获。”（见《云南史料丛刊》第十三卷，第 191 页）刘慰三所言，应有误。一般来说，青稞的生长成熟期约为 4 个月，一般为农历三四月下种，七八月收获。20 世纪 50 年代初期中央访问团二分团的调查报告《中甸县情况》一文即说，中甸坝子因气候寒冷，每年只能在二三月气候转暖后才能进行耕种，种植耐寒的青稞、小麦、苦荞等作物，八九月青稞收获后，即不再种任何作物。见云南省编辑组编《中央访问团第二分团云南民族情况汇集》（上），云南民族出版社 1986 年版，第 102 页。

在介绍东川府（辖今会泽、巧家、东川）地区的物产时说：“苦荞、甜荞：四乡八里皆产。”[1] 光绪年间刘慰三所撰《滇南志略》在介绍维西厅的物产时说：“通属土地硗薄，惟种荞、麦。”[2] 乾隆年间吴大勋所撰《滇南闻见录》也记述说：“旱地荒山遍植荞。不论时候，红梗、绿叶、白花，甚可观。民间多食荞，磨面制成饼，呼为叭叭（即‘粑粑’——引注），想即饽饽也。远行力役之人，俱携此为行粮，食时于山沟内取凉水饮之。边氓之苦如此。”[3] 荞面可作饭食，也可制作成粑粑、凉粉等食品。清代，广西府所属的师宗县，由于气候、土壤等适宜荞子生长，所产荞子量多质优。马龙县的荞产也较多：“县产较别属颇丰，人民多以之为荞丝，亦滇中时品也。”[4] 明清时期，云南山区广泛种荞的一个重要原因是种荞用工少、成熟快，省工省时，适合作为每年青黄不接时的过渡性粮食，以解决秋收之前的粮荒问题。因此，即使在以梯田稻作为主的滇南金平县马鹿塘山区，也广泛种植荞子作为补充性粮食，在玉米、稻子成熟前，即以荞子作为口粮。

各地种荞的节令和方法，略有差异。基本的步骤为，惊蛰节令前，把底肥运到地里，将肥撒开，然后犁地；之后将土垡打碎，开墒，接着撒种、锄细；农历二月间灌水一次；三月间壅土薅锄一道；四月间收获。除了这种精细的种荞方式外，也有许多山区是以刀耕火种的方式来种荞，如吴应枚《滇南杂记》所说的“今岁烧荒，明年始可种荞，所谓火种也”[5]。

（四）粟、黍

粟，明清时期云南各地皆有种植。从性状来看，粟也有粳、糯之分；从颜色来看，有黄粟、红粟、白粟数种。昆明地区所种的为黄粟，黄粟穗如狗尾，故又称为“狗尾粟”。红粟秆长，粒赤如红米。《新纂云南通志·物产考》评论说：“滇产粟类，虽不及稻、麦之重要，然性耐旱干，又能久藏备救荒及作饲料，亦次要之作物也。”[6]

黍，云南地区也有种植。所种品种，《滇系·赋产系》说有黄黍、白黍、红黍、长芦粟、灰条数种。[7]《新纂云南通志·物产考》谓云南地区所产黍以黄黍、褐黍最为

〔1〕［清］崔乃镛、方桂、余泽春、冯誉骢纂修、续修，梁晓强校注：《东川府志·东川府续志》，云南人民出版社2006年版，第336页。

〔2〕［清］刘慰三撰：《滇南志略》，见方国瑜主编《云南史料丛刊》（第十三卷），云南大学出版社2001年版，第193页。

〔3〕［清］吴大勋撰：《滇南闻见录》，见方国瑜主编《云南史料丛刊》（第十二卷），云南大学出版社2001年版，第30页。

〔4〕［民国］王懋昭纂修：《续修马龙县志》，收入凤凰出版社选编《中国地方志集成·云南府县志辑》（第25册），凤凰出版社、上海书店、巴蜀书社2009年版（民国六年版影印本），第163页。

〔5〕［清］吴应枚撰：《滇南杂记》，见方国瑜主编《云南史料丛刊》（第十二卷），云南大学出版社2001年版，第51页。

〔6〕［民国］周钟岳等纂：《新纂云南通志》（四），云南人民出版社2007年版，第97页。

〔7〕［清］师范辑，王文成等辑校：《〈滇系〉云南经济史料辑校》，中国书籍出版社2004年版，第62页。

常见。[1]

（五）蜀黍

蜀黍或蜀秫，即俗称的“高粱”。云南各地都有种植。高粱分为高生、矮生两种。昆明地区出产的高生高粱有牛心高粱、马尾高粱、弯高粱等品种，秆粗粒密，适合酿酒；矮生高粱有糯高粱、鹤头蜀黍等。[2] 呈贡、云南（今祥云）等县所产高粱品质最优。汉族地区所产高粱主要作酿酒之用，而边远民族地区则作为口粮食用。《道光云南通志·食货志·物产》在记述武定直隶州所产高粱时说：“元谋高粱有二种，其黏者为酒露，可敌汾酒，名甲滇南。”[3] 《滇南志略》卷三在介绍丽江府地区的物产时说：“粱分红、白二色，产石鼓一带地区，若青稞。”[4]

（六）秫

根据史籍的记载，明清时期云南地区也种秫。秫为何物呢？一般认为，秫即蜀黍，即高粱，或者特指黏性高粱。但从相关文献和农书的解释来看，秫更多指黏粟（稷）。北魏贾思勰所著《齐民要术》卷二“粱秫第五”引《尔雅》的解释说：“粟，秫也。”又引《说文》的解释说：“秫，稷之黏者。”[5] 稷即粟，秫即黏粟或黏稷。明代科学家徐光启认为：“古所谓稷，通称为谷，或称粟。粱与秫，则稷之别种也，今人亦概称为谷。”[6] 关于粱，徐光启指出：“粱即粟类，惟其芽头色异为分别耳。”[7] 古人认为，“谷之良者称粱”。根据这些解释可以认为，秫与粱皆属于粟类，秫是黏粟，粱为良粟，粱的禾苗有红、白等不同的差异。秫与粱在古代被看作为粟的不同品种。

那么，秫是否就是蜀黍或蜀秫，即所谓高粱呢？徐光启《农政全书》解释“蜀秫”说：“蜀秫，古无有也。后世或从他方得种。其黏者近秫，故借名为秫。今人但指此为秫，而不知有粱秫之秫，误矣。”[8] 依徐光启的看法，秫与蜀秫不同，秫为中土品种，而蜀秫为外来品种。秫与粱相近，而与蜀秫不同。从这个意义上说，可以认为，古人所说的秫，就是黏粟，而非蜀秫（即高粱）。以此而言，明清云南史籍中所说的秫应即黏粟。

明代，景东、元江等地的“百夷”即种秫。明代景泰五年（公元1454年）陈文所纂《景泰云南图经志书》卷四记“景东府”的风俗时说：“田皆种秫。境内天气常热，其民多百夷，其田皆种秫而早收，以其穗悬于横木之上，日舂造。饭以竹器盛之，举

---

〔1〕［民国］周钟岳等纂：《新纂云南通志》（四），云南人民出版社2007年版，第97页。

〔2〕［民国］周钟岳等纂：《新纂云南通志》（四），云南人民出版社2007年版，第97页。

〔3〕［清］阮元、伊里布等修，王崧、李诚等纂：《道光云南通志》，见方国瑜主编《云南史料丛刊》（第十二卷），云南大学出版社2001年版，第553页。

〔4〕［清］刘慰三撰：《滇南志略》，见方国瑜主编《云南史料丛刊》（第十三卷），云南大学出版社2001年版，第181页。

〔5〕［北魏］贾思勰撰，缪启愉校释：《齐民要术校释》，农业出版社1982年版，第78页。

〔6〕［明］徐光启撰，石声汉校注：《农政全书校注》（中），上海古籍出版社1979年版，第620页。

〔7〕［明］徐光启撰，石声汉校注：《农政全书校注》（中），上海古籍出版社1979年版，第629页。

〔8〕［明］徐光启撰，石声汉校注：《农政全书校注》（中），上海古籍出版社1979年版，第629页。

家围坐，捻为团而食之，食毕则饮冷水数口而已。”[1] 卷三记“元江军民府”的风俗时说，元江百夷的饮食习俗是“日舂自给”：“地多百夷，天气常热。其田多种秫，一岁两收。春种则夏收，夏种则冬收，止刈其穗，以长竿悬之。逐日取其穗舂之为米，炊以自给。无仓庾窖藏，而不食其陈。”[2] 从这两条记载来看，明初景东、元江地区的“百夷”均在田中种秫作为主粮，其食秫方法也相同，即逐日舂食。

那么，明初景东府、元江府的百夷所种之“秫”是何作物呢？从一般情况来说，“百夷”为稻作民族，糯米是百夷的主食，“百夷”所种谷物应为糯稻。并且，在明清时期，秫既可指黏粟，也可泛指黏性谷物，如“秫稻”就是指糯稻，以此而言，陈文所说的景东府地区百夷所种“秫”是否就是“秫稻”即糯稻呢？仅从上述记载，我们对明初景东、元江“百夷”所种“秫”究竟是糯稻还是黏粟难以作出明确判断，而结合其他史籍的相关记载，则可判定，明初景东、元江地区“百夷”所种“秫”，确应是黏粟。万历四年（公元 1576 年）成书的《万历云南通志》卷四即说景东府“田旧种秫，今皆禾稻”[3]，清代雍正《云南通志》卷八也说景东府“田地旧皆种秫，今则悉为禾稻”[4]，可见在明代中期以前，景东地区“百夷”所种谷物确非“禾稻”，而是与禾稻不同类的“秫”，这种秫应即是黏粟。在从景泰至万历年间的一百多年间，景东地区“百夷”的主粮经过了一个由秫变稻的历史过程。为什么会发生这种变化呢？一个可能的原因是，相对车里（今西双版纳）、“三宣”（今德宏陇川、梁河、盈江等地）等其他“百夷”地区而言，景东、元江地区多为山区，由于地形和水利条件的限制，景东、元江地区进行水田稻作生产存在着较大困难，因而景东地区的“百夷”先是种秫为生，明代中期以后，随着生产力的发展和水利条件的改善，景东“百夷”将旱地改成了可以灌溉的水田，在此情况下，景东“百夷”才由种秫改为种稻。需要说明的是，秫（黏粟）虽非糯稻，但由于黏性较大，同样可以以手“团而食之”，这也符合“百夷”喜食糯食的饮食偏好。从内地汉族学者的眼光来看，由于稻、秫在性状上具有明显的差别，故而陈文在《景泰云南图经志书》中把“田皆种秫”作为景东府“百夷”的一个特别的风俗加以记录。

（七）玉米

玉米，即玉蜀黍，云南地区俗称为“苞谷”（“苞”或写作“包”）、“玉麦”。关于玉米、玉蜀黍、玉麦的得名，明末徐光启所作《农政全书》在介绍蜀秫（蜀黍）时作了这样的解释：“别有一种玉米，或称玉麦，或称玉蜀秫，盖亦从他方得种。其曰

[1] [明] 陈文纂修：《景泰云南图经志书》，见方国瑜主编《云南史料丛刊》（第六卷），云南大学出版社 2000 年版，第 69 页。

[2] [明] 陈文纂修：《景泰云南图经志书》，见方国瑜主编《云南史料丛刊》（第六卷），云南大学出版社 2000 年版，第 58 页。

[3] 见李中清著，林文勋、秦树才译《中国西南边疆的社会经济：1250—1850》，人民出版社 2012 年版，第 197 页。

[4] 见云南省编辑组编：《云南方志民族民俗资料琐编》，民族出版社 2009 年版，第 95 页。

米、麦、蜀秫，皆借名之也。”[1] 玉米对土壤、气候条件具有较为广泛的适应性（气候极寒地区除外），由此，玉米成为清代及民国时期云南山区最为重要的粮食作物，是山区居民的基本口粮。除作口粮外，玉米也可用作酿酒原料或作牲畜饲料，具有广泛的经济价值。

玉米也分为粳、糯两种。清代及民国时期，云南糯种玉米主要有：昆明大糯、白糯、花糯，富民大糯，泸西白糯，昭通乌花糯等；粳种玉米主要有：昆明大黄、大白、黄马齿，东川大红苞谷、小红苞谷，镇南（今南华）黄苞谷、大苞谷等。[2]

玉米为原产于美洲的作物，公元1492年（明孝宗弘治五年）哥伦布发现美洲大陆后，从美洲带回玉米种子，然后种植于欧、亚各地。中国何时开始种植玉米，难以准确断定[3]，一般而言，明代后期嘉靖、万历年间，中国已开始种植玉米。在据传为明代前期云南嵩明杨林人兰茂所著的《滇南本草》一书中，有关于“玉麦须”的药理记载[4]，“玉麦须”即“玉米须”，如以兰茂的记载为据，或可认为，在明代前期，中国或云南可能已经种植玉米。对于《滇南本草》的这一记载，多数学者持谨慎态度。张芳、王思明主编的《中国农业科技史》在论述玉米传入中国的时间时说：“关于玉米何时引入我国，缺乏具体记载。据1476年前写成的《滇南本草》，其中已有‘玉麦’一词，嘉靖三十四年（公元1555年）的《巩县志》亦有玉麦一名，似应早在15世纪已引入我国。不过，对玉米的详细描述只见于嘉靖三十九年（公元1560年）的甘肃《平凉志》，其中载：‘番麦，一曰西天麦，苗叶如蜀秫而肥短，末有穗如稻而非实。实如塔，如桐子大，生节间，花垂红绒在塔末，长五六寸，三月种，八月收。’可见至迟于16世纪中期，玉米传入我国不成问题。”[5]

由于《滇南本草》的记载涉及玉米传入中国的时间问题，也涉及云南地区何时引种玉米的问题，故围绕《滇南本草》的成书年代及其作者问题，学术界展开了深入的研究和讨论。云南学者李东平先生所撰《略论兰止庵先生的〈滇南本草〉》一文，对关于《滇南本草》的诸多问题进行了深入研究，提出了自己的看法：其一，兰茂并未著过《滇南本草》一书，或著过而未流传。兰茂，字廷秀，号止庵，生于明洪武三十年（公元1397年），卒于成化十二年（公元1476年），原籍河南洛阳，后迁于云南嵩

[1] [明] 徐光启撰，石声汉校注：《农政全书校注》（中），上海古籍出版社1979年版，第629页。

[2] [民国] 周钟岳等纂：《新纂云南通志》（四），云南人民出版社2007年版，第97页。

[3] 汪建平、闻人军所著的《中国科学技术史稿》认为：“玉米大约在16世纪初由海路传入我国沿海，各地随即跟进。现已发现栽培玉米的最早记载出现在正德六年（公元1511年）的安徽《颍州志》上。”（见《中国科学技术史稿》，武汉大学出版社2012年版，第429页）此说是否确实，因未亲阅《颍州志》的相关记述，难作评论。但从时间上看，正德六年距哥伦布发现美洲大陆尚不到20年，在此期间中国内地即已种植原产美洲的玉米作物，并已写入志书，似难置信。

[4] [明] 兰茂撰，陆拯等校点：《滇南本草》，中国中医药出版社2013年版，第39页。文中言：“玉麦须：味甜，性微温。入阳明胃经。宽肠下气。治妇人乳结红肿，或小儿吹着，或睡卧压着，乳汁不通疼痛，怕冷发热，头痛体困。新鲜焙干，不拘多小，引点酒服。”

[5] 张芳、王思明主编：《中国农业科技史》，中国农业科学技术出版社2011年版，第259页。

明杨林千户所，遂定居于杨林。兰茂学识渊博，除了文学之外，对于医道、阴阳、地理等，无不通晓，生平著述宏富，明朝正德《云南志》对兰茂的生平、著作进行了列举，但其中并未有《滇南本草》一书。故此，只能认为兰茂并未撰过此书，或虽有此书而在明代并未流传。其二，清代嘉庆、道光年间，始有《滇南本草》行世，此《滇南本草》虽注明是兰茂所作，但当时人们即认为，此书已是经过"后人所增羼"，并非兰茂原作。清代光绪年间，杨林人管暄、管浚兄弟整理出一部《滇南本草》，交由昆明"务本堂"刊刻印行，这就是现今世传的"务本堂"《滇南本草》。此外，清末尚有据说根据兰茂所著的旧刻本（刻于清初，称为"云南丛书祖本"[1]）重新刊刻列入《云南丛书》的《滇南本草》。李东平先生认为，无论是"务本堂"本，还是"云南丛书"本，均不能认为是兰茂所作，或至少不是原作，特别是"务本堂"本，窜改尤多。[2]其三，《滇南本草》中关于"玉麦须"的"药物"介绍，显系明末以来的后人所添加，而不可能是明初的兰茂所撰。对此，李东平先生作了这样的考辨："万历《云南通志》始载有黍秫之属，而正德《云南志》则无黍秫的记载，可知玉蜀秫由西土传入，不得早于正德，云南有玉黍蜀并知其须可以入药，更当在此时之后，兰止庵生于洪武，卒于成化，何能于所著书中载入野烟和玉麦须？则今传的二种《滇南本草》所据之本，均万历以后人所为，至少是经万历以后人所窜入的。"[3] 李东平先生之言，是严谨有据的。

根据《滇南本草》流传刊行的情况，可以认为，现在通行的《滇南本草》的初本是否为明初杨林兰茂所著，是值得存疑的，而现在所流行的《滇南本草》经过了后人的窜改增羼，则是可以肯定的，而所谓"玉麦须"等内容，就应是明末以来的后人所增羼的内容，而以后人增羼的"玉麦须"内容，来证明明代前期中国或云南即已种植"玉麦"，显然是难以成立的。基于《滇南本草》著者和版本的诸多问题，近年出版的《中国农学史》著作对玉米传入中国的情况作了这样的审慎表述："'玉麦'之名最早出现于《滇南本草》之中，由于该书的成书年代在哥伦布到达美洲以前，因此，有学者认为玉米在哥伦布之前就到达了旧大陆，但也有学者认为，《滇南本草》中有关玉米的记载可能是后来加入的。"[4]

既然并非明代前期云南地区就能种植玉米，那么，云南地区是何时开始种植玉米的呢？对此，史籍无明确记载。方国瑜先生认为，玉米可能在明末即已传入云南，而到了清代初期，云南地区已广泛种植玉米。[5] 从文献材料来看，清朝康熙年间所修地方志书，已对玉麦或苞谷作了专门纪录。雍正四年（公元1726年），时任云南粮储道

---

〔1〕［明］兰茂撰，陆拯等校点：《滇南本草》，"校点说明"，中国中医药出版社2013年版，第2页。

〔2〕李东平：《略论兰止庵先生的〈滇南本草〉》，载云南省人民政府参事室、云南省文史研究馆编《云南文史论集》（二），云南民族出版社2000年版，第11页、第15页。

〔3〕李东平：《略论兰止庵先生的〈滇南本草〉》，载云南省人民政府参事室、云南省文史研究馆编《云南文史论集》（二），云南民族出版社2000年版，第17页。

〔4〕曾雄生：《中国农学史》，福建人民出版社2008年版，第445页。

〔5〕方国瑜：《中国西南历史地理考释》（下册），中华书局1987年版，第1224页。

张允随在讨论所谓重新丈量田地问题时即说：“（云南）穷岩峻阪、断莽荒榛之间，所栽者荞、包、燕麦、青稞、毛稞，皆苟于救命之物。”[1] 文中所说的“包”，即苞谷。这就是说，清代康熙、雍正年间，云南山区已广泛种植玉米作为基本口粮。据李中清先生根据地方志资料所作统计，从公元1717年至1841年间，玉米在云南的36个府州县均有种植。[2] 甚至在滇西北怒江、澜沧江未“开化”的部族之中，乾隆初年也已广种玉米自食。当时曾任剑川州知州的张泓在《滇南新语》中记载说：“秤戛野人，在澜沧江、怒江之极北，墨齿绣面，以包谷为食，禾稻间有，不服王化。”[3]

《道光云南通志·食货志·物产》引各府州县志资料，对清代中期全省各地玉米种植的情况作了记述。在介绍“曲靖府”物产时，引《南宁县志》的记载说：“玉麦植于园中，类芦而矮，节间生包，有絮有衣，实如黄豆大，其色黄、黑、红不一，一株二三包不等。”[4] 在介绍“蒙化直隶厅”的物产时，引《蒙化府志》的记载说：御麦，“穗长而粒大，面微黄”；红须麦，“有五色，须长，花开于顶，子结于干，五六月方熟”[5]。这些方志资料对“玉麦”的生长特征作了准确说明。在介绍“昭通府”地区物产时，引《镇雄州志》的记载说：包谷，一名玉秫，“汉夷贫民率其妇子垦开荒山，广种济食”[6]。至光绪年间，刘慰三所撰《滇南志略》对“广西直隶州”地区的玉米种植情况作了这样的记述：“玉麦，有饭、糯二种，近来遍种以济荒。”[7]

总的来看，清代，玉米在云南许多地区得到广泛种植。在坝区，玉米是栽种于庭园的园艺作物，作为果蔬来食用；在山区，玉米是荞、麦之外的杂粮，而在高寒山区，玉米则是救荒度日的主要口粮。如分布于丽江、宁蒗、兰坪等高寒地区的普米族，即以玉米为主食，玉米种植面积占到普米族粮食作物播种面积的60%以上。对普米族来说，玉米既是满足家人温饱的口粮，也是重要的酿酒原料和牲畜饲料。普米族种植的玉米品种有黄苞谷、花苞谷、糯苞谷、大白籽、二白籽、小白籽等。普米族种植玉米的节令和方法是：农历芒种前后，犁一道地，边犁边撒播玉米种（也可挖塘点种）；之后，施肥一至二次，中耕薅草三次，除去杂草、疏松土壤；之后，即可等待收获。一亩地从种到收，约需30个工日。其产量为上等地亩产约600斤（300公斤），中等地亩

[1] [清] 倪蜕辑，李埏校点：《滇云历年传》，云南大学出版社1992年版，第587页。

[2] 李中清著，林文勋、秦树才译：《中国西南边疆的社会经济：1250—1850》，人民出版社2012年版，第317页。

[3] [清] 张泓撰：《滇南新语》，见方国瑜主编《云南史料丛刊》（第十一卷），云南大学出版社2001年版，第400页。

[4] [清] 阮元、伊里布等修，王崧、李诚等纂：《道光云南通志·食货志·物产》，见方国瑜主编《云南史料丛刊》（第十二卷），云南大学出版社2001年版，第521页。

[5] [清] 阮元、伊里布等修，王崧、李诚等纂：《道光云南通志·食货志·物产》，见方国瑜主编《云南史料丛刊》（第十二卷），云南大学出版社2001年版，第549页。

[6] [清] 阮元、伊里布等修，王崧、李诚等纂：《道光云南通志·食货志·物产》，见方国瑜主编《云南史料丛刊》（第十二卷），云南大学出版社2001年版，第548页。

[7] [清] 刘慰三撰：《滇南志略》，见方国瑜主编《云南史料丛刊》（第十三卷），云南大学出版社2001年版，第304页。

产约400斤（200公斤），约为种子的50倍。[1]

（八）马铃薯

马铃薯，又叫“洋芋”“土豆”“山药蛋”“番芋”等，云南地区统称“洋芋”。马铃薯原产于美洲，在16世纪后引种到欧、亚地区。至17世纪时，马铃薯传入我国。至18世纪时，我国西南、西北一些地区已广泛种植马铃薯。云南地区开始引种马铃薯的具体时间不详，清初云南方志关于马铃薯的记载较少，道光以后，有关马铃薯的记载才有所增多。[2] 马铃薯的生长适应性尤强，几乎在各种环境下都能生长，即使在云南北部的一些高寒、贫瘠山区（如禄劝县乌蒙乡），由于海拔高、气温低，连玉米都难以生长、成熟的地方，马铃薯也能顺利地生长。故此，在清代及民国时期，马铃薯成为滇东北高寒山区民众的基本食粮。《新纂云南通志·物产考》在介绍“洋芋”时说：“虽性适暖地，但寒冷之区亦能繁殖，以故滇东北一带（如东川、巧家、昭通、宣威等处），如鼠子洋芋、白花洋芋等，尤称名品，附近住民恃为常食。……有早生、晚生两种，玉溪产者属早生，可其速成。蛮汉芋属晚生，为边地之主食品。至昆明所产，则有红洋芋、白洋芋两种，均富淀粉云。”[3] 根据民国年间的资料，当时全省122个县（或设治局）中，有101个县出产马铃薯。[4] 在云南地区，马铃薯既是粮食作物，也是蔬菜作物，同时也广泛用作畜禽饲料。

（九）薯蓣

薯蓣是薯类作物之一。从植物学角度而言，薯蓣科植物约有750多种。薯蓣属植物是薯蓣科植物中最大的一属，约有600种，中国的薯蓣属植物约有49种。薯蓣属植物为单子缠绕藤本植物，地下有根状茎或块茎。[5] 我国的薯蓣作物统称为“山药”，是中国传统薯类作物之一。明清时期，薯蓣作为粮菜兼用的作物，在云南各地多有种植。《道光云南通志·食货志·物产》引《蒙自县志》记载说：薯蓣，“亦名山药，红、白二种。倘甸人王琼至坝洒，携种归，教乡人栽种，不论地之肥硗，无往不宜。合邑遍植，价甚廉。岁歉，即以当餐，利甚溥。乡人德（王）琼，岁祀之”[6]。

（十）豆类

云南地区豆类甚多。豆类既是粮食作物，也是菜蔬作物。主要品种有黄豆、蚕豆、

[1] 严汝娴、王树五：《普米族简史》，云南人民出版社1988年版，第81页。

[2] 方国瑜：《清代云南各族劳动人民对山区的开发》，载《方国瑜文集》（第三辑），云南教育出版社2003年版，第587页。

[3] ［民国］周钟岳等纂：《新纂云南通志》（四），云南人民出版社2007年版，第103页。

[4] 民国云南通志馆编：《续云南通志长编》（下册），云南省志编纂委员会办公室印，1986年，第252页。

[5] 参见郭华春主编《云南薯类作物栽培技术》，云南人民出版社2012年版，第108页。

[6] ［清］阮元、伊里布等修，王崧、李诚等纂：《道光云南通志·食货志·物产》，见方国瑜主编《云南史料丛刊》（第十二卷），云南大学出版社2001年版，第512页。

豌豆、鹊豆、刀豆、菜豆、豇豆、小豆等。[1] 清代，云南各地遍种豆类，尤以蚕豆出产为盛。如曲靖府地区的豆类就有："饭豆有红、白、绿三种，植之陆地；蚕豆、豌豆，惟腴田始可种；豇豆、扁豆、京豆三种，名色颇多，俱植园中。"[2] 蚕豆以形状类似蚕而得名；以其花开面向南方的缘故，又被称为"南豆"。蚕豆既可做人的口粮、菜蔬，又可做马、牛、猪饲料。在农历四月的夏收之际，蚕豆在云南地区夏收中的重要性，可与麦相提并论。清代嘉庆年间檀萃所撰《滇海虞衡志》记载说："凡夏收为夏乏，他省夏乏但言麦、菜，滇不言菜而言豆，曰豆麦。豆麦败则荒，豆收倍于麦，故以豆为重。"[3] 蚕豆的食用方法是："始则连荚而烹以为菜，继则杂米为炊以当饭，干则洗之以为粉，故蚕豆粉条，明澈轻缩，杂之燕窝汤中，几不复辨。"[4]

清代，在昆明及周边各县的冬春农田上，也种植有大量蚕豆。据罗养儒先生记述，清代及民国时期，"附近昆明之晋宁、呈贡、昆阳、宜良、富民等县俱盛产蚕豆，年各以万数个市石计。而蚕豆之消耗亦大极，就马料豆一项而论，在昆明市上，亦能日消二三市石，其他可以想象。所以当日的杂粮店内，无不用大围子堆着十石、八石待售，然不多日亦即消尽。"[5] 蚕豆也是春季昆明居民价廉物美的时鲜菜蔬："在从前昆明城内，一过清明节后，便有村姑、村妇，背着蚕豆角，穿街过巷，叫喊着在卖，此则每日能有一二百个妇女在卖此一物。价贱时，才卖五文两斤，乃至两文一斤。当此时，是任何一家的餐盘内无不有豆米，以其价廉而又适口也。异哉！是时的蚕豆，在出产上，何其如此之盛。"[6]

除了蚕豆果实外，蚕豆叶也是农家养猪的优质饲料。吴大勋《滇南闻见录》记载了清代乾隆年间云南地区居民以"豆叶粉"养猪的情况："收割蚕豆时，将青叶取下晒干，鞭为粉，贮于仓，以之养猪，猪极肥美。多则粜卖。名为豆叶粉。于以知天下无可弃之物，而夷地之人能识物性，亦颇惜福也。"[7] 以此而言，蚕豆真可说是"全身都是宝"的农作物。

---

〔1〕 关于明清时期云南地区的豆类品种，各种史籍的记载大同小异。《道光云南通志·食货志·物产》的记述是："豆有黄豆、白豆、红豆、绿豆、饭豆、豌豆、羊眼茶褐、青皮大黑、小黑蚕豆数种。"见方国瑜主编《云南史料丛刊》（第十二卷），云南大学出版社 2001 年版，第 464 页。

〔2〕 [清] 阮元、伊里布等修，王崧、李诚等纂：《道光云南通志·食货志·物产》，见方国瑜主编《云南史料丛刊》（第十二卷），云南大学出版社 2001 年版，第 521 页。

〔3〕 [清] 檀萃辑，宋文熙、李东平校注：《滇海虞衡志校注》，云南人民出版社 1990 年版，第 285 页。

〔4〕 [清] 檀萃辑，宋文熙、李东平校注：《滇海虞衡志校注》，云南人民出版社 1990 年版，第 285 页。

〔5〕 [民国] 罗养儒撰：《纪我所知集：云南掌故全本》，云南人民出版社 2015 年版，第 416 页。

〔6〕 [民国] 罗养儒撰：《纪我所知集：云南掌故全本》，云南人民出版社 2015 年版，第 415～416 页。

〔7〕 [清] 吴大勋撰：《滇南闻见录》，见方国瑜主编《云南史料丛刊》（第十二卷），云南大学出版社 2001 年版，第 48 页。

二、园圃作物

明清时期，云南地区的蔬菜和林果种类已是十分丰富。综合各种资料，明清时期云南的蔬菜作物，叶菜类有白菜、青菜（苦菜）、芹菜、菠菜、蕻菜（雪里蕻）、芥菜、甜菜、小米菜、红油菜、莴苣菜、芝麻菜、牛皮菜、红苋菜、芸苔菜（油菜），有韭菜、梨蒿、茼蒿、苤蓝、茄子、番茄（洋辣子）、辣椒，有百合、莲藕、香椿、竹笋、慈姑（茨菰）、茭瓜（茭白）、茴香；莱菔类有红萝卜、白萝卜、胡萝卜、蔓箐等；瓜类有冬瓜、香瓜、黄瓜、苦瓜、丝瓜、南瓜等；芋类有芋头、山药、番薯（红薯、白薯等）等；葱蒜类有大葱、香葱、青蒜、芫荽、薄荷、紫姜、藠头等。

关于云南地区蔬菜作物的种类与品性，各种史籍中均有一些记载。清代乾隆年间居官云南的江苏青浦人吴大勋、安徽望江人檀萃在其各自的著作中也作了记载，并且将云南所产蔬菜与其家乡出产的同种作物作了对比评价：

白菜，又名菘菜，是中国古代重要的蔬菜作物。吴大勋《滇南闻见录》记述说："滇中白菜，各郡皆有，而阿迷州者尤胜，味不减于直隶安肃（安肃为今河北徐水——引注）菜也，甘美愈于肥鲜。昔人题画菜云：不可使百姓有此色，不可使士大夫不知此味。滇中百姓固未尝有此色，而士大夫固谁不愿知此味也。"[1]

青菜，因其味苦性寒，云南地区也称其为苦菜。[2] 吴大勋《滇南闻见录》说："青菜梗叶皆青色，味微苦，煮之易烂，调和食之，风味甚佳，不让于白菜也。"[3] 青菜与白菜一样，是云南地区最常见、最重要的家常蔬菜。青菜盛产于秋冬之季，作为新鲜蔬菜一般用来煮食，或煮后炒食。煮食青菜时，可将青菜单独煮熟，然后以蘸水蘸食，也可加入其他食物混煮，如昆明地区居民就喜欢将臭豆腐与青菜混合煮食："凡苦菜之煮食者，以臭豆脯炸而入之，其味为菜羹第一。"[4] 在云南地区，青菜的另一重要食用方式就是加工腌制成腌菜（酸菜），这样，既便于长期储存食用，也丰富了青菜的风味口感。故此，每到冬天，腌制青菜成为云南农村的一大景观。清代戴絅孙《昆明县志·物产考·余论》记述昆明地区腌制苦菜的习俗时说："龙葵，一曰云葵。是已县所生苦菜，其大有至二斤余者。岁每十一二月间，人家各买菜若干把，涤而晾之，渍以盐，闭置大盎中，曰腌菜，至次年春乃启盎。食之味酸以洌。"[5] 傣族地区也喜食青菜制作的酸菜，称之为"酸巴菜"，但其制作方法与汉族地区不同，傣族是将青菜晒干后，用水煮熟，加入酸木瓜汁，使青菜味道变酸，然后，将煮熟的青菜晾干

---

〔1〕［清］吴大勋撰：《滇南闻见录》，见方国瑜主编《云南史料丛刊》（第十二卷），云南大学出版社 2001 年版，第 31 页。

〔2〕兰茂《滇南本草》说："青菜，一名苦菜，味苦，性大寒。凉血热，寒脾胃，发肚中诸积，利小便。"见《滇南本草》第 83 页，中国中医药出版社 2013 年版。

〔3〕［清］吴大勋撰：《滇南闻见录》，见方国瑜主编《云南史料丛刊》（第十二卷），云南大学出版社 2001 年版，第 31 页。

〔4〕［清］戴絅孙纂：《昆明县志》，昆明市地方志编纂委员会编印，第 33 页。

〔5〕［清］戴絅孙纂：《昆明县志》，昆明市地方志编纂委员会编印，第 33 页。

存放，每餐煮菜或煮汤时加入少许酸菜，以增加菜的酸味。酸巴菜是德宏傣族几乎每一餐都必食的下饭菜。

南瓜，吴大勋记述说："麦瓜即南瓜，江南呼为饭瓜。滇中所产甚大，与冬瓜相似，市上切片出售，农家庄无不广植者。每至冬间，家有数十百颗，堆积如山，以供一岁之需。"[1] 吴大勋所说的南瓜种植情况，在农村地区至今仍是如此。

萝卜，吴大勋《滇南闻见录》的记述是："白萝卜长年皆有，味美，春日不老，冬日不空，比吾乡所产为胜。"[2] 而檀萃《滇海虞衡志》作了更详实的记述："莱菔，俗名萝卜，厂（指各种矿厂——引注）名萝白。滇产白者，其细腻固可佳，而红者奇益甚。凡红皮必内白，天下皆然，而滇之红萝卜，通透玲珑，中间有点微红，如美人劈破胭脂脸，最可爱玩。至其内外通红，片开如红玉板，以水浸之，水即深红。粤东市中亦卖此片，然犹以苏木水发之，兹则本汁之自然红水也。罗次人刨而干之，以为丝拌糟，不用红曲，而其红过之。"[3] 罗次地区（今禄丰县东部碧城镇地区）盛产优质萝卜，居民以之制成萝卜干或腌成萝卜丝，这种状况不仅清代如此，至今也盛况依旧，萝卜是禄丰名闻滇中的地方特产。除了罗次萝卜外，通海萝卜也是著名特产。《道光云南通志·食货志·物产》在介绍通海地区的物产时，引《通海县续志》的记载说："黄龙山所产红萝卜，表里皆赤，长二尺许，他处所无。即以其种移他处，亦变。然不可煮食。通人以盐渍透入瓶中，一月后作小菜。"[4]

蔓菁，《道光云南通志·食货志·物产》引《丽江府志》的记载说："俗名圆根，状似萝卜，味微苦，大者如盘。宜播生土，夏种冬收，户户晒干囤积，务足一岁之用。荍糕稗粥之外，饔飧必需，惟广积之家用以代料饲马。"[5] 蔓菁又名"复生菜"，在滇西北丽江、鹤庆等地以及其他高寒地区广泛种植，既可作蔬菜，也可作畜牧饲料，甚至在荒年时可作救荒食品。蔓菁经切片腌制后可久藏食用。

明清时期云南地区的果树作物有：桃、李、梨、杏、梅、石榴、橘、黄果、柿、枣、西瓜等。其中，梨以呈贡宝珠梨、大理雪梨、昭通黄梨最为著名，石榴以蒙自石榴、阿迷石榴、建水酸石榴、云县马牙石榴等最为著名，核桃以漾濞核桃品质最优。

梨，檀萃《滇海虞衡志》说："梨，两广无而滇最多。楚雄之梨，黑似坏者，乃系本色，味佳也。"[6] 吴大勋《滇南闻见录》记载说："楚雄雪梨松脆异常，弹指欲碎，入口甘美，咀嚼无渣滓，雅与雪相似，较北地秋白梨更佳。闻云龙州民间有一种梨，

〔1〕［清］吴大勋撰：《滇南闻见录》，见方国瑜主编《云南史料丛刊》（第十二卷），云南大学出版社2001年版，第31页。

〔2〕［清］吴大勋撰：《滇南闻见录》，见方国瑜主编《云南史料丛刊》（第十二卷），云南大学出版社2001年版，第31页。

〔3〕［清］檀萃辑，宋文熙、李东平校注：《滇海虞衡志校注》，云南人民出版社1990年版，第295页。

〔4〕［清］阮元、伊里布等修，王崧、李诚等纂：《道光云南通志·食货志·物产》，见方国瑜主编《云南史料丛刊》（第十二卷），云南大学出版社2001年版，第512页。

〔5〕［清］阮元、伊里布等修，王崧、李诚等纂：《道光云南通志·食货志·物产》，见方国瑜主编《云南史料丛刊》（第十二卷），云南大学出版社2001年版，第526页。

〔6〕［清］檀萃辑，宋文熙、李东平校注：《滇海虞衡志校注》，云南人民出版社1990年版，第234页。

尤胜于楚雄，但所产甚少，惧酬应之弗给，不敢售于外，上游鲜有知者。曲靖木瓜梨，以形似故名，质粗，佳者味亦美。其余梨之种类不一，酸涩者多。"[1]

关于黄果，《滇海虞衡志》说："黄果出迤西，橘、柚之类也。滇人名之黄果。"[2] 也就是说，所谓"黄果"，即是橘橙之一种。《滇南闻见录》说："宾川州产黄果，与广橙相似。早食则味酸，摘而藏之至春时，则甘美异常，一种清和之味，真沁人心脾也。食之法，剖去外层，皮中有数大瓤，每瓤又揭去其里皮，其肉分颗如数百小瓤，食之无渣，味不减于洞庭红也。"[3] 宾川所产橘橙，至今名闻滇中。

石榴，吴大勋《滇南闻见录》记述说："石榴遍地皆有，花甚繁茂，结子亦佳，然只桃花红而已。惟阿迷州之石榴有绿色者，子大而味甘，非寻常石榴可比数也。余于信丰见广东石榴，色大红，至云南见阿迷石榴，色淡绿，真双绝也。"[4]

核桃（也写作合桃），吴大勋《滇南闻见录》说："合桃树甚多，壳甚薄，内肉亦薄，不如毫桃。当其鲜时，摘净里皮，其色洁白，其质脆嫩，其味甘美愈于乾者。"[5] 檀萃《滇海虞衡志》说："核桃，以漾濞江为上，壳薄，可捏而破之。"[6] 由此可见，清代时，漾濞地区所产泡核桃即已名闻全省。实际上，滇西南地区自明代以来即是云南重要的核桃产区，在明朝末年，顺宁府（今凤庆及其周围地区）的居民就对核桃的经济价值进行了充分的开发利用，徐霞客在顺宁境内游历时看到："郡境所食所燃皆核桃油。其核桃壳厚而肉嵌，一钱可数捶。锥碎蒸之，砸搞为油，胜芝麻、菜子者多矣。"[7]

三、经济作物

（一）茶叶

明清时期云南地区的经济作物以茶叶为大宗，价值也最高。清代，云南所产普洱

〔1〕［清］吴大勋撰：《滇南闻见录》，见方国瑜主编《云南史料丛刊》（第十二卷），云南大学出版社2001年版，第35页。

〔2〕［清］檀萃辑，宋文熙、李东平校注：《滇海虞衡志校注》，云南人民出版社1990年版，第238页。

〔3〕［清］吴大勋撰：《滇南闻见录》，见方国瑜主编《云南史料丛刊》（第十二卷），云南大学出版社2001年版，第35页。

〔4〕［清］吴大勋撰：《滇南闻见录》，见方国瑜主编《云南史料丛刊》（第十二卷），云南大学出版社2001年版，第34~35页。

〔5〕［清］吴大勋撰：《滇南闻见录》，见方国瑜主编《云南史料丛刊》（第十二卷），云南大学出版社2001年版，第35页。

〔6〕［清］檀萃辑，宋文熙、李东平校注：《滇海虞衡志校注》，云南人民出版社1990年版，第269页。

〔7〕［明］徐弘祖著，朱惠荣校注：《徐霞客游记校注》（下），云南人民出版社1985年版，第1153页。

茶[1]名闻全国。檀萃《滇海虞衡志》记清代普洱茶的产销盛况时说："普茶，名重于天下，此滇之所以为产而资利赖者也。出普洱所属六茶山，一曰攸乐，二曰革登，三曰倚邦，四曰莽枝，五曰蛮耑，六曰慢撒。周八百里，入山作茶者数十万人。茶客收买，运于各处，每盈路，可谓大钱粮矣。"[2]

普洱茶以产自清代普洱府所属"六大茶山"地区而得名。[3] 普洱府地区明代为车里宣慰司地，属元江府管辖。清初，仍隶于元江府并以元江府通判（通判与同知略相当于府、州的副长官；另外，厅的长官也称为同知或通判）分驻普洱（即今宁洱），车里十二版纳仍属宣慰司。雍正七年（公元1729年），以普洱等处六大茶山和车里宣慰司所辖橄榄江[4]内六版纳地，设置普洱府，直隶于省，普洱府治在宁洱县（乾隆元年即公元1736年设宁洱县作为府治）。普洱府辖1县3厅，1县为宁洱县，3厅为他郎厅、威远厅、思茅厅，其辖地为现今墨江、宁洱、景谷、思茅等县区及景洪、勐腊部分地区。普洱府驻宁洱县，设同知驻于攸乐（普洱同知先驻于攸乐，后移驻思茅。攸乐为今景洪基诺山），设通判驻于思茅（同知移驻思茅后裁通判）。著名的六大茶山即在普洱府属思茅厅界内。《滇南志略》介绍"思茅厅"的建置情况时说："思茅厅，在府南一百二十里，本江内六版纳地，名思茅村，统六茶山，兼辖车里宣慰司。雍正七年始设通判，治此。十二年，改移同知临治。"[5] 关于思茅厅所属"六大茶山"，《滇南志略》说："六茶山：一曰攸乐，在同知治所；其东北二百二十里曰莽芝，山半有祭锣

[1] 普洱茶的含义有广义、狭义之分。广义的普洱茶指产自今滇西南普洱、版纳、临沧等地的大叶种茶；狭义的普洱茶指以大叶种晒青毛茶为原料，经过蒸压发酵制成的紧茶或散茶，包括普洱熟茶和普洱生茶两种。

[2] [清] 檀萃辑，宋文熙、李东平校注：《滇海虞衡志校注》，云南人民出版社1990年版，第238页。关于六大茶山的山名，各书记载略有不同，为古今音读和写法的差异，对于"六大茶山"的位置在今思茅至版纳一带地区则无异议。准确地说，攸乐在今景洪基诺山，其他五大茶山在今勐腊境内。

[3] 以前学者们认为，现今普洱地区不产茶，普洱茶产自今西双版纳地区，因普洱府宁洱县、思茅厅为茶叶的集散地，故称为"普洱茶"。实际上，不仅普洱茶的主产区——六大茶山在设立普洱府后属于普洱府思茅厅管辖，即使普洱府治所在的普洱（设府后更名为宁洱）在设置普洱府前即已产茶，因此，普洱茶可说是由于产自普洱（即宁洱）及普洱府属地区而得名。（参见林超民：《普洱茶散论》，载《林超民文集》第二卷，云南人民出版社2008年版，第306~307页；蒋文中：《"普洱茶"得名历史考证》，载《云南社会科学》2012年第5期）远在明代，普洱所产茶即已有名，称为"普茶"。明代后期谢肇淛所著《滇略·产略》即说，当时的云南，"士庶所用，皆普茶也，蒸而成团"（见《云南史料丛刊》第六卷，云南大学出版社2000年版，第691页），可见，明代不仅已有"蒸而成团"的普洱茶，而且其产量已十分可观，可以满足全省居民消费的需要。

[4] 橄榄江即澜沧江景洪段，亦名九龙江。清代刘慰三所撰《滇南志略》在介绍普洱府的情况时说："水则九龙江界其西南，思茅以西之水皆入焉。"又说："九龙江，其上源为澜沧江，自威远入境，纳普洱河、猛撒江合流水，下流绕九龙山麓，经车里土司地，为九龙江。"见方国瑜主编《云南史料丛刊》（第十三卷），云南大学出版社2001年版，第195页、第201页。

[5] [清] 刘慰三撰：《滇南志略》，见方国瑜主编《云南史料丛刊》（第十三卷），云南大学出版社2001年版，第201页。

洞；二百六十里曰革登；三百四十里曰蛮砖；三百六十五里曰倚邦；五百二十里曰漫撒。山势连属，复岭层峦，皆多茶树。”[1]

唐代，普洱地区即为云南茶叶的主产地，这就是《云南志》所说的“茶出银生城界诸山”，银生（又称开南）城在今景东，银生城界诸山应指银生节度所辖的今普洱、版纳境内的各大茶山。明代万历末年，谢肇淛所著《滇略》（《滇略》成书于万历末、天启初，约公元1620年前后）在论述云南地区的物产时，认为云南地区尽管产茶，但茶的加工制作及饮用方式粗糙简单，就如同“无茶可饮”或饮白水一般：

滇苦无茗，非其地不产也，土人不得采取制造之方，即成而不知烹瀹之节，犹无茗也。昆明之太华，其雷声初动者，色香不下松萝，但揉不匀细耳；点苍感通寺之产过之，值亦不廉。士庶所用，皆普茶也，蒸而成团，瀹作草气，差胜饮水耳。[2]

谢肇淛上述所言，除了认为云南地区茶叶的采制、加工及烹煮方法难登大雅之堂外，提到了当时云南士庶所广泛饮用的茶叶为“普茶”，而这种“普茶”是蒸而成团、煮而饮用的，这是文献中关于普洱茶“团茶”的首次记载。这一记载表明，至明代后期，已经出现了蒸压成团的普洱茶，即现在人们所特指的“普洱茶”，并且，这种普洱茶已成为当时云南地区从读书的士人到普通庶民普遍饮用的茶叶，但在谢肇淛等内地官员、学者看来，这种带有“草气”的茶水跟白开水也无多少区别，这说明，此时的“普洱茶”仍为云南地方性产品，尚未被省外人士所认可，当然也还未名闻天下。但这种情况不久即改观——从清朝康熙年间开始，普洱茶已成为进贡宫廷的贡茶[3]，至乾隆年间，普洱茶的特性与价值已为内地官员、学者所普遍认可。

乾隆六年（公元1741年）后先后担任云南新兴州（今玉溪市红塔区）、剑川州（今剑川县）知州的张泓在其所著《滇南新语》中对当时云南普洱茶的出产情况作了如下记述：

滇茶有数种，盛行者曰木邦，曰普洱。木邦叶粗味涩，亦作团冒普茗名，以愚外贩，因其地相近也，而味自劣。普茶珍品，则有毛尖、芽茶、女儿之名。茶尖即雨前所采者，不作团，味淡香如荷，新色嫩绿可爱；芽茶，较毛尖稍壮，采治成团，以二

[1] ［清］刘慰三撰：《滇南志略》，见方国瑜主编《云南史料丛刊》（第十三卷），云南大学出版社2001年版，第201页。

[2] ［明］谢肇淛撰：《滇略》，见方国瑜主编《云南史料丛刊》（第六卷），云南大学出版社2000年版，第691页。文中的“瀹”《丛刊》本作“瀹（沦）”，当误，据他本改作“瀹”（音“越”，以水煮物之意）；“士庶”《丛刊》本作“土庶”，今根据文意及林超民先生《普洱茶散论》一文的引文（见《林超民文集》第二卷，第308页）改作“士庶”。

[3] 罗养儒《纪我所知集：云南掌故全本》谓：“论云南贡茶入帝廷，是自康熙朝开始。康熙某年有旨，饬云南督抚‘派员，支库银，采买普洱茶五担运送到京，供内廷作饮’。自此，遂成定例，按年进贡一次。”见《纪我所知集：云南掌故全本》，云南人民出版社2015年版，第508页。

两、四两为率，滇人重之；女儿茶亦芽茶之类，取于谷雨后，以一斤至十斤成一团，皆夷女采治，货银以积为奁资，故名。制抚例用三者充岁贡，其余粗普叶皆散卖滇中，最粗者熬膏成饼，摹印，备馈遗。而岁贡中亦有女儿茶膏并进。[1]

张泓的上述记载表明，至乾隆初年，普洱所产茶叶已是云南地区的名茶，也是进奉朝廷的贡茶。普洱茶从采摘时间来看，以初春所采毛尖、芽茶和女儿茶最为珍贵；从加工方式来说，则有叶茶、团茶和茶膏之分：嫩绿的毛尖不作团，芽茶和女儿茶可作团——所谓“团茶”即发酵成团的“普洱茶”。在岁贡朝廷的茶叶中，包括了叶茶、团茶及茶膏等形制，它们均以优质的毛尖、芽茶和女儿茶为原料加工而成。

成书于乾隆四十七年（公元1782年）的吴大勋《滇南闻见录》则对普洱“团茶”（即蒸压成团的“普洱茶”）的生产、加工情况作了这样的记载：

团茶产于普洱府属之思茅地方，茶山极广，夷人管业。采摘烘焙，制成团饼，贩卖客商，官为收课。每年土贡有团有膏，思茅同知承办。团饼大小不一，总以坚重者为细品，轻松者叶粗味薄。其茶能消食理气，去积滞，散风寒，最为有益之物。煎熬饮之，味极浓厚，较他茶为独胜。[2]

实际上，普洱地区所产茶叶，成为畅销全国的大宗商品，至迟从清朝康熙年间就开始了，雍正年间设置普洱府即与管理茶山采买事务、维护普洱地区的社会秩序有关。雍正六年（公元1728年）间[3]，茶山发生了当地“夷民”与外来茶商的冲突事件，引致民变，清朝政府派军队镇压，事后，决定设置橄榄州，后来，设州未成，设置了层级更高的普洱府，以管理茶山地区。对此，《滇云历年传》记载说：“茶山莽芝（‘莽芝’为六大茶山之一，也作‘莽枝’——引注）夷人麻布朋等为变。总督鄂尔泰遣副将张应宗、参将邱名扬率兵讨之。”[4] 其具体经过如下：

莽芝产茶，商贩践更收发，往往舍于茶户。有江西客淫麻布朋之妻。事露，麻布朋杀江西客，而割发辫传示诸商。于是诸商以被盗劫杀闻。且言是橄榄坝舍目刀正彦指使。正彦素有富名，谓其由于盗也，故议并捕之。张应宗闻其事由，初与正彦无与，遂具‘相机剿抚’一禀，而与‘决意进剿’原意不符，几蹈叵测之祸，已而得解。兵至莽芝，麻布朋遁匿慢了、慢五诸窝尼寨。守备李定海追捕，至倚邦。攸乐及江内各

[1] ［清］张泓撰：《滇南新语》，见方国瑜主编《云南史料丛刊》（第十一卷），云南大学出版社2001年版，第401页。

[2] ［清］吴大勋撰：《滇南闻见录》，见方国瑜主编《云南史料丛刊》（第十二卷），云南大学出版社2001年版，第36页。

[3] 《滇云历年传》作者倪蜕将茶山之乱放入雍正六年间事件叙述，李埏先生认为，从事件的前后情况来看，茶山之乱应为雍正五年至六年（公元1727～1728年）间事。见《滇云历年传》，云南大学出版社1992年版，第595页。

[4] ［清］倪蜕辑，李埏校点：《滇云历年传》，云南大学出版社1992年版，第595页。

山夷人聚众进围官军。定海连战两昼夜，退至慢冈。贼至山箐冲截官军，把总王朝选被害。明年正月，始获麻布朋，诸寨悉平。[1]

茶山之乱虽由商民间的奸杀事件引起，但由茶业兴旺所带来的汉夷纠纷和商民矛盾，确有愈演愈烈之势，这种情势对地方政府的管理工作提出了新的要求。为此，在改土归流的背景下，还在茶山麻布朋事件发生之前，鄂尔泰即奏请在茶山中心地的橄榄坝设立橄榄州，以管理茶山地区。在州治城址选定后，即进行城池的建设，但由于橄榄坝海拔低、瘴气大，筑城的官员及工匠死亡殆尽，无奈之下，又将城址移至地势较高的攸乐山（今基诺山）上，以避瘴气。攸乐山地势虽高，但却缺水，最终城池也未建成，不得已而废弃。在麻布朋之乱平定后，雍正七年（公元1729年），云贵总督鄂尔泰奏请设置普洱府，在攸乐设同知，思茅设通判，以加强对茶山一带地区的管理。鄂尔泰的请示获得朝廷的批准。

普洱府的设置表明，随着普洱（宁洱）及六大茶山地区茶业的兴盛，普洱地区在全省的政治、经济地位得到显著提升，故而从元江府辖地中独立出来，成为直属于省的地方行政区划，而元江府在普洱划出后，由府改为直隶州，其政治地位略有降低。在某种意义上，我们可以说，是普洱茶的经济价值提升了普洱府的政治地位，而普洱府和思茅总茶店的设置，同样使得普洱茶的声名更为远扬。

普洱设府后，鄂尔泰即着手加强对茶叶收购的管理工作，主要措施就是在思茅设置官办的总茶店，以思茅厅通判（后改设为同知）专司其事，以此垄断普洱茶的收购，“避免”商民直接交易带来的纠纷。《滇云历年传》记述此事说：“六大山产茶，向系商民在彼地坐放收发，各贩于普洱，上纳税课转行，由来久矣。至是，以商民盘剥生事，议设总茶店以笼其利权。于是通判朱绣上议，将新旧商民悉行驱逐，逗留复入者俱枷责押回。其茶，令茶户尽数运至总店，领给价值，私相买卖者罪之。稽查严密，民甚难堪。”[2] 即是说，不准外地商人到茶山去直接收茶，而是让茶农把茶叶运至思茅售给官营的总茶店，之后，茶商们再从总茶店购买茶叶，然后转销四方。思茅总茶店，可以说是云南最早的官办普洱茶交易市场。设置思茅总茶店，对规范商民交易行为有一定的积极作用，但是，在“规范”的同时，也给商民交易带来了不便。对此，《滇云历年传》的作者倪蜕分析说：“商贩先价后茶，通融得济。官民交易，缓急不通。且茶山之于思茅，自数十里至千余里不止。近者且有交收守候之苦，人役使费繁多。轻戥重秤，又所难免。然则百斤之价，得半而止矣。若夫远户，经月往来，小货零星无几，加以如前弊孔，能不空手而归？小民之生计，只有此茶。不以为资，又以为累。何况文官责之以贡茶，武官挟之以生息，则截其根，赭其山，是亦事之出于莫可如何者也。”[3] 可以看出，普洱府设置总茶店的举措，不仅有与民争利之嫌，如控制税收、调控价格等，而且也有违商品经济的自由交换原则，导致商民交易成本增加，成为累

[1] [清] 倪蜕辑，李埏校点：《滇云历年传》，云南大学出版社1992年版，第595～596页。
[2] [清] 倪蜕辑，李埏校点：《滇云历年传》，云南大学出版社1992年版，第602页。
[3] [清] 倪蜕辑，李埏校点：《滇云历年传》，云南大学出版社1992年版，第602页。

民之举，引起社会各界的批评和非议。

如何看待清代云南普洱茶产业的异军突起呢？我们认为，清代云南普洱茶产业的快速发展，源于多种因素。首先，普洱地区大叶种茶叶本身的良好品质为普洱茶产业的成功奠定了基础。滇南地区气候湿热，适合各种作物、植物生长，在人工栽培茶树之前，即存在着许多天然茶树。在清代的史籍中，有关于六大茶山地区传说为“武侯遗种”的“茶树王”记载，许多古茶树的树龄在千年以上。良好的气候条件使普洱及相邻地区成为茶树生长的最好区域。清代刘慰三所撰《滇南志略》在介绍普洱地区的气候特点时说：“气候因地处炎荒，山多溽暑，雪霜罕见，岚瘴时侵，而所属茶山，产茶最为饶裕。”[1] 《新纂云南通志·物产考》在谈到茶树的生长习性时说：“此种植物，性好湿热，适于气候湿润、南面缓斜、深层壤土、河岸多雾之处。我滇思、普属各茶山，多具以上条件，故为产茶最著名之区域。普洱茶之名，在华茶中占特殊位置，远非安徽、闽、浙可比。”[2] 可见，滇南地区湿热多雾的气候特点造就了普洱地区所产大叶种茶天然的良好品质。

其次，普洱茶特殊的加工工艺及良好的生产采收方法提升了普洱茶的品质。在清代以前，外地人士普遍认为云南地区茶叶生产过程粗放，采收、制作工艺粗糙，不讲究科学方法。这种情况到了清代伴随着普洱茶的兴盛得到彻底改变：一是以“蒸而成团”为主要特点的普洱茶形成了自己特别的加工制作工艺，这种工艺成就了普洱茶特殊的口感和品质。直至清朝末年，高品质的普洱茶仍是市场上不可多得的抢手货。清末，湖南安化人贺宗章在云南为官多年，在其所著《幻影谈》中对普洱茶作了这样的评述：“茶味浓厚，过于建茶（指福建建溪所产茶，也制作为团饼形，为中国传统名茶——引注），能去油腻、消食，惟山口有高下优劣之分，名目各异。初皆散茶，拣后，用布袋揉成数两一饼，或团如月形，或方块，蒸黏压紧，以笋箨裹之。其最佳者，制如馒头，形色味皆胜，所出无多，价亦数倍，多为外人购去，即在滇省，殊不易得。”[3] 二是在茶叶的采收上，根据节令的不同和制作的要求也有了许多讲究。据《道光云南通志·食货志·物产》引《思茅志稿》的记述：“于二月间采，蕊极细而白，谓之毛尖，以作贡。贡后方许民间贩卖，采而蒸之揉为团饼。其芽之少放而犹嫩者名芽茶。采于三四月者，名小满茶；采于六七月者，名谷花茶；大而圆者，名紧团茶；小而圆者，名女儿茶，女儿茶为妇女所采，于雨前得之，即四两重团茶也。其入商贩之手，而外细内粗者，名改造茶；将揉时，预择其内之劲黄而不卷者，名金月天；其固结而不解者，名疙搭（疙搭古同‘疙瘩’——引注）茶，味极厚，难得。”[4] 这些记载表明，清代普洱茶的采收已有了许多讲究，这些讲究不仅使普洱茶的品质得到

〔1〕［清］刘慰三撰：《滇南志略》，见方国瑜主编《云南史料丛刊》（第十三卷），云南大学出版社2001年版，第196页。

〔2〕［民国］周钟岳等纂修：《新纂云南通志》（四），云南人民出版社2007年版，第99页。

〔3〕［清］贺宗章撰：《幻影谈》，见方国瑜主编《云南史料丛刊》（第十二卷），云南大学出版社2001年版，第142页。

〔4〕［清］阮元、伊里布等修，王崧、李诚等纂：《道光云南通志·食货志·物产》，见方国瑜主编《云南史料丛刊》（第十二卷），云南大学出版社2001年版，第529页。

较好保障，也使普洱茶的形式和类别更为多样化，能够满足不同层次消费者的消费喜好。三是在生产上也总结出了许多有益的经验，如认识到土性对茶味的影响："气味随土性而异，生于赤土或土中杂石者最佳。"[1] 也认识到茶园中共生的其他作物会对茶味产生不利影响，因此要重视茶园锄草，甚至还注意到泡茶要用专用茶具，以防串味等："种茶之家芟锄备至，旁生草木则味劣难售；或与他物同器，则染其气而不堪饮矣。"[2]

第三，普洱茶作为清朝贡茶的特殊地位扩大了普洱茶的名声和影响。在清代以前，云南尽管产茶甚多，但在外地官员和士人眼中，认为云南所产茶叶品质不佳，加工粗劣，就如无茶一般，登不得大雅之堂。从清初开始，人们渐渐熟悉和适应了普洱茶的特殊工艺和口感，把普洱茶作为上等茶叶来看待。而清朝宫廷的认可和采买，更是提高了普洱茶的地位和声价。在贡茶声誉的影响下，普洱茶走向了全国茶叶消费市场，成为官民共享的高档茶叶。普洱贡茶的采办方式，在道光以前，是由云南布政使司库（即省财政银库）中取出银锭一千两作为采办费用，交由思茅同知办理。思茅同知用这笔钱作为收茶及购买锡瓶、缎匣、木箱等项费用。制作贡茶的茶叶为春天所采的毛尖茶，是茶山一年之中最好最嫩的茶叶，以三四斤鲜茶方能制成一斤贡茶。贡茶根据外观形状和加工工艺分为团茶、牙茶、蕊茶和茶膏等几种，团茶制成五斤、三斤、一斤、四两、一两五钱等不同重量规格，以木箱盛装；芽茶、蕊茶用银瓶盛装，茶膏用匣盛装。[3] 光绪年间，普洱贡茶改由云南督抚衙门委托茶商宝森茶庄采办。宝森茶庄领款后，即派人直接到普洱茶山挑选采办。所购茶叶在普洱初加工成晒青毛茶后运到昆明，然后由宝森公司聘请专业工匠，对茶叶进行复蒸，趁茶叶回软时，压制成大小不一的方砖茶，并印上"寿"字花纹。同时，还做些七子饼、五子饼茶。茶砖（饼）制好、包装妥当后，即送交督抚衙门，督抚衙门派员查验后，分装成20箱，作为进奉给宫廷享用的贡茶。此外，宝森茶庄还要备办茶膏数百匣，以分送内务府官员及六部官员。在准备妥当后，督抚衙门即派专员护送贡物进京，并将有关贡茶的奏折呈送给皇帝。光绪皇帝阅后，即批示"交内务府存储"。于是将正贡茶叶送交内务府，其他礼品茶分送各衙门。清代，普洱茶贡奉朝廷成为每年的定例，然耗费亦不大，每年的各项费用约为数千两银子。[4]

综上所论可以看出，清代是云南茶产业发展的"黄金时代"。清代云南茶产业的发展，以普洱茶工艺的成熟、普洱茶产品的畅销和普洱茶品牌的确立为标志。清代普洱茶的生产和销售，奠定了今日云南普洱茶产业的历史和文化基础。正因为此，以普洱地区为主要种植地的大叶种茶树毫无疑义地成为清代云南地区最为重要的经济作物。

---

〔1〕［清］阮元、伊里布等修，王崧、李诚等纂：《道光云南通志·食货志·物产》，见方国瑜主编《云南史料丛刊》（第十二卷），云南大学出版社2001年版，第529页。

〔2〕［清］阮元、伊里布等修，王崧、李诚等纂：《道光云南通志·食货志·物产》，见方国瑜主编《云南史料丛刊》（第十二卷），云南大学出版社2001年版，第529页。

〔3〕［清］阮元、伊里布等修，王崧、李诚等纂：《道光云南通志·食货志·物产》，见方国瑜主编《云南史料丛刊》（第十二卷），云南大学出版社2001年版，第529页。

〔4〕［民国］罗养儒撰：《纪我所知集：云南掌故全本》，云南人民出版社2015年版，第509页。

普洱地区的数万茶农即以种茶来谋生，一家衣食所需全靠种茶所得来维持。清代光绪年间刘慰三所撰《滇南志略》在介绍“普洱府”的情况时说：“所属蛮民杂居，以茶为市，人多顽蠢，地寡蓄藏，衣食仰给茶山。”[1] 又言：“思茅茶山，地方瘠薄，不产米谷，夷人穷苦，惟藉茶叶养生。”[2]《道光云南通志·南蛮志·种人》也说：“黑窝泥，性绌，采茶、卖茶其业也。”[3] 这些记载充分说明了茶的种植和采卖在普洱地区“夷民”生活中的重要地位。

（二）甘蔗

明清时期，滇南热带地区及滇中河谷热区种植甘蔗作为榨糖原料。所种甘蔗种类以外观来区分，有青皮、红紫、淡竹色各种。外皮红紫者，微杂酸汁，但容易榨取；外皮呈青色、淡竹者，皮质较硬，但糖汁多而且纯。栽种甘蔗较多的县区，滇中及滇东南有婆兮（今华宁盘溪）、弥勒、阿迷（今开远）等县，滇西南有景东、宁洱、缅宁（今临沧市临翔区）、云州（今临沧云县）、保山、施甸等县，金沙江河谷地区有宾川、永北（今永胜）、元谋、巧家等县。甘蔗所榨的糖有红糖、白糖、冰糖数种。著名的糖产有竹园糖（产自弥勒竹园）、云州糖、宾居糖（产自宾川宾居）等。檀萃所撰《滇海虞衡志》对元谋、临安（临安府治在今建水县）地区所产的“合子糖”（红糖）、白糖作了记述：“蔗糖，名目至多，而合子糖尤盛。元谋、临安之人多种蔗，熬之为糖，糖凝坚厚成饼，二饼相合，名合子糖。临安人又善为糖霜，如雪之白，曰白糖。”[4]

（三）烟草

烟草原产美洲，后传入欧洲。明朝万历年间，西班牙人将其移种到吕宋（今菲律宾），再由吕宋移植入中国闽、广地区。烟草自明末传入中国后，至清代已遍布全国。乾隆年间丽江知府吴大勋所著《滇南闻见录》说：“蔫，亦作菸，俗作烟，本名淡马孤，夷地草也。初移植于闽，今则遍天下皆尚之。”[5] 由于种烟有利可图，至乾隆年间，云南地区种烟之风日盛：“滇省各郡，无处不植蔫，而宁州八寨多而且佳。”“种蔫之地，半占农田；卖蔫之家，倍多米铺。不独滇省为然也。”[6] 吴大勋记述了当时种烟的方法：“种蔫之法：畦町欲高，行勒欲疏，辟深沟贮浅水，使得滋润而不沾湿，则

[1] ［清］刘慰三撰：《滇南志略》，见方国瑜主编《云南史料丛刊》（第十三卷），云南大学出版社2001年版，第196页。

[2] ［清］刘慰三撰：《滇南志略》，见方国瑜主编《云南史料丛刊》（第十三卷），云南大学出版社2001年版，第198页。

[3] ［清］阮元、伊里布等修，王崧、李诚等纂：《道光云南通志》，见方国瑜主编《云南史料丛刊》（第十三卷），云南大学出版社2001年版，第366页。

[4] ［清］檀萃辑，宋文熙、李东平校注：《滇海虞衡志校注》，云南人民出版社1990年版，第257页。

[5] ［清］吴大勋撰：《滇南闻见录》，见方国瑜主编《云南史料丛刊》（第十二卷），云南大学出版社2001年版，第42页。

[6] ［清］吴大勋撰：《滇南闻见录》，见方国瑜主编《云南史料丛刊》（第十二卷），云南大学出版社2001年版，第42页。

叶茂盛。”[1]

烟草的传入和种植，对人们的生活方式发生了重要影响。人们的日常生活，也从“开门七件事”的“柴、米、油、盐、酱、醋、茶”变成了“开门八件事”，即在茶之后增加了“烟”一项，甚至在当时的云南人生活中，烟、茶的重要性可以排在酱、醋之上。[2] 至清末，种烟、吸烟已成为普遍风气。罗养儒记述说：“云南全省各郡几无一郡一邑不出产烟叶，只不过在种多种少和质味上有所差别耳。滇中男子十有八九俱爱吸烟，而尤以乡间男子为甚，所以常人待客无不以烟、茶为先。因而种烟者多，出产数量也甚。”又言：“本省烟叶以产于弥勒十八寨及蒙化乐秋等处者为最佳，此最合作卷而吸。次若产于永北、丘北、嵩明等处者，虽足以卷，足以吸，惟在形色上，究不得人爱重。在其他地处之所产者，大都如是。若蒙自、玉溪、江川、澄江等处都盛产烟叶，然是切成烟丝销售，以叶子不同，色味不同，不合卷而吸，以另是一类籽种也。”[3]

清代及民国初期云南所种烟叶，从调制方法来说，属于晒烟或晾烟，即在烟叶成熟采摘后，通过自然晾晒，使烟叶脱水干燥和发生相应的化学变化。经过晾晒后的烟叶称为“草烟”或“旱烟”，可用烟锅、烟斗或水烟袋来吸食。云南地区烤烟型烟草的大规模种植，则是始于民国后期。20 世纪 40 年代，在云南地方政府的支持下，通过引种美国烟草良种“金元”“大金元”，使烤烟成为云南地区又一重要经济作物。

（四）棉、麻

明清时期，云南所产棉有“木棉”“草棉”等各种。关于“木棉”，史籍中记载虽多，但说法混乱，既包含了木本的“攀枝花”，也包含了可以用来织布的锦葵科的一年生草本或多年生灌木的“草棉（或写作草绵）”“木棉”，即通常所说的棉。[4]

在史籍中，攀枝花也写作“扳枝花”“木绵花”或“木棉”。关于“攀枝花”的性状、特征，《道光云南通志·食货志·物产》在介绍普洱府的物产时，引《思茅厅采访》的资料说，攀枝花：“木本，类刺桐。大者合抱，花若菡萏，鲜红色。结实类胡桃，土人取实暴日中，其壳自开。吐绪如绵，莹白可爱，以之夹枕褥，性极温暖，但不受纺织。惟炎乡瘴域有之，若稍寒之地，种植不生。”[5] 在介绍顺宁府的物产时，

---

[1] ［清］吴大勋撰：《滇南闻见录》，见方国瑜主编《云南史料丛刊》（第十二卷），云南大学出版社 2001 年版，第 42 页。

[2] ［清］师范辑，王文成等辑校：《〈滇系〉云南经济史料辑校》，中国书籍出版社 2004 年版，第 111 页。

[3] ［民国］罗养儒撰：《纪我所知集：云南掌故全本》，云南人民出版社 2015 年版，第 245 ~ 246 页。

[4] 关于棉的生物学特征，《辞海》作了这样的概述：“锦葵科。一年生草本或多年生灌木。全株均有油腺。茎绿或紫色，分枝有营养枝和果枝两种。叶互生，掌状分裂。花乳白色、黄色或带紫色，开放后变色。蒴果，3—5 裂。种子密生长纤维和绒毛（有些品种仅两端有绒毛或全无）。性喜温暖，适宜砂壤土。有中棉、草棉、陆地棉、海岛棉四种，其中以陆地棉在我国栽培最广。纤维可纺纱或做棉絮。棉籽可榨油供食用或工业用，油粕可作饲料或肥料。”见《辞海·农业分册》，上海辞书出版社 1978 年版，第 176 页。

按：中棉又称亚洲棉，草棉又称非洲棉或阿拉伯棉，陆地棉又称高原棉。

[5] ［清］阮元、伊里布等修，王崧、李诚等纂：《道光云南通志·食货志·物产》，见方国瑜主编《云南史料丛刊》（第十二卷），云南大学出版社 2001 年版，第 530 页。

引《顺宁府志》的记载说，木棉花："俗名扳枝花，山箐内常有之。枝干粗大，枝叶稀疏，叶如核桃树叶，花似山茶。花可食。花谢，结成蓓蕾，至四月间，如大拳，烈日曝开，其子带绒飞出，宛如柳絮，漫天飞舞。其绒长一二寸，洁白有光，胜于竹棉，好事者收取十数斤，装入筐，其子不用车压，止用手在筐内徐徐搅之，子在下、绒在上，绒装裀（同'茵'，即垫子、褥子——引注）褥，暖而温。"〔1〕顺宁府的"扳枝花"产于云州（今云县）地区。从这些记载可以看出，明清时期史籍中的"攀枝花""扳枝花"或"木棉花"，即今滇南亚热带地区或河谷热带地区常见的木棉科的"攀枝花"树。攀枝花亦称"木棉"，或"英雄树"，为落叶大乔木，树形高大，早春开花，花为鲜红色，蒴果内壁的绒絮洁白光亮，可以用来填充枕套、被褥，但其纤维短，不能用来纺织，自然也就不可以纺纱织布，或所织"布"难以使用。关于攀枝花的这一特点，明代陈文纂修的《景泰云南图经志书》记北胜州（今永胜）的土产时已有明确说明："攀枝花，状似棉花，可铺褥，亦可为布，但不经久。"〔2〕十分明显，攀枝花不是史籍中所说的可以用来纺纱织布的那种"木棉"。

云南历史上可以用来织布的木棉是何"木棉"呢？我们认为，根据史籍的记载和历来学者们的辨析、考察，可以说，云南历史上所种木棉，是除了攀枝花棉以外的其他"木棉"或"草棉"，即内地所言的"吉贝"，而从相关的生物学特征来看，云南地区长期以来所种植的"木棉"或"草棉"，实即现代栽培棉树分类中的海岛棉。〔3〕对之，明清时期的史籍曾有详细考辨。

《道光云南通志·食货志·物产》在介绍永昌府的物产时，以详细的引证试图说清所谓"木棉"的真相：

《南越志》：南诏诸蛮不养蚕，惟取娑罗木子，中白絮纫为丝，织为幅，名娑罗笼段。祝穆《方舆胜览》：平缅出娑罗树，大者高三五丈，结子有绵，纫绵织为白毡、兜罗绵。李时珍《本草纲目》：木棉有草、木二种，交、广木棉树大如抱，其枝似桐，其叶大如胡桃叶，入秋开花，红如山茶花，黄蕊，花片极厚，为房甚繁，短侧相比，结实大如拳，实中有白绵，绵中有子，今人谓之斑枝华，讹为攀枝花。李延寿《南史》所谓：林邑诸国出吉贝花，中如鹅毳，抽其絮，纺为布。张勃《吴录》所谓：交州、永昌木棉树，高过屋，有十余年不换者，实大如杯，花中绵软白，可为缊絮及毛布者，皆指似木之木棉也。……吉贝之称木，即《禹贡》之言卉，取别于蚕绵耳。闽广不称

〔1〕［清］阮元、伊里布等修，王崧、李诚等纂：《道光云南通志·食货志·物产》，见方国瑜主编《云南史料丛刊》（第十二卷），云南大学出版社 2001 年版，第 519 页。

〔2〕［明］陈文纂修：《景泰云南图经志书》卷四，"北胜州"条，见方国瑜主编《云南史料丛刊》（第六卷），云南大学出版社 2000 年版，第 73 页。

〔3〕《辞海》释"海岛棉"说："栽培棉种之一。锦葵科。一年生草本或多年生灌木。株型高大。叶掌状，裂片较长。苞叶心脏形，有尖长锯齿。花大，黄色，瓣内侧基部有红斑。蒴果（铃）中等大，基部宽而顶尖，表面粗糙，有明显凹点和油腺。光子或两端被短绒。纤维极细长，可纺细纱。我国云南的多年生海岛棉有联核木棉和离核木棉两亚种。"见《辞海·农业分册》，上海辞书出版社 1978 年版，第 176 页。

木绵者，彼中称扳枝花为木棉也。板枝花中作裀褥，虽柔滑而不韧，绝不能牵引，岂堪作布？或疑木棉，是此谓可为布，而其法不传，非也。《吴录》所言：木棉亦即是吉贝。或疑，其云：树高丈许，当是扳枝。不知扳枝高十数丈，南方吉贝数年不凋，其高丈许亦不足怪，盖《南史》所谓"林邑吉贝"。《吴录》所谓"永昌木棉"，皆指草本之木棉，可为布，意即娑罗木，然与扳枝花绝不类。[1]

《道光云南通志》的作者通过上述引证试图说明，史籍中所说的"木棉"，既可指木本的攀枝花，也可指草本的"吉贝"，即我们今天所说的"棉花"，但当说以"木棉"织布时，其"木棉"实即一年生草本或多年生灌木的棉树，而非木本的"攀枝花"或"扳枝花"。从这个意义上说，《道光云南通志》的上述辨析是正确的。历史上滇西南地区及缅甸地区所种的"梧桐木""娑罗树"及所织的"桐华布""娑罗布"，均应是锦葵科的一年生草本栽培棉或多年生灌木型栽培棉，从植物学类别上来说，它们与"汉地之木绵"[2] 完全相同，只不过在亚种上有区别。内地棉树为株型矮小、一年生草本的中棉（亚洲棉）、草棉（非洲棉）或陆地棉（高原棉），而云南地区所种的为株型高大、一生年草本或多年生灌木的海岛棉。由于云南地区的棉树较为高大，故此，云南地区的"木棉"或"草棉"（实即海岛棉）也被称为"大树棉花"。《道光云南通志·食货志·物产》在介绍普洱府思茅厅所产"大树棉花"时，即引《思茅厅采访》的资料说："树高大，其花洁白，与产于中土者无二，夷人谓之'暹花'。"[3] 又由于云南地区的"草棉""木棉"（即海岛棉）有一生年草本和多年生灌木两种，故史籍中将云南地区多年生灌木型的棉树与高大的木本攀枝花树相混，出现将不能织布的攀枝花误当作可以织布的"木棉"的历史误会。

历史上，云南地区的"草棉"、"木棉"（实即海岛棉）主要产于滇西南的永昌、普洱等暖热地区，也即今保山、德宏、临沧、普洱、版纳等地，这一区域也是近代时期云南的"草棉"（即株形较小的一年生草本"非洲棉"）产区。《新纂云南通志·物产考》在介绍云南所产"草棉"时即说："草棉，属锦葵科，一年生草本，滇温暖地带及金沙江流域元谋、罗平、永北、宾川等处产之。茎高三四尺，叶互生，掌状分裂。夏日开花，瓣片黄白，各片基部微带赤紫，外被绿色。总包内有聚药雄蕊，花后结蒴，蒴后则种絮飞出，取而集之，即棉花也。种子亦可榨油，称棉子油。草棉之蒴果开裂与气候极有关系，大概热地蒴早裂，遇寒则蒴不易裂开。滇之棉地，南于思普、临江、车里、五福、佛海、镇越、猛丁、麻栗坡、蒙自，西至腾永沿边燠热之区。内地如元

〔1〕［清］阮元、伊里布等修，王崧、李诚等纂：《道光云南通志·食货志·物产》，见方国瑜主编《云南史料丛刊》（第十二卷），云南大学出版社 2001 年版，第 538～539 页。

〔2〕［元］郭松年、李京撰，王叔武校注：《大理行记校注·云南志略辑校》，云南民族出版社 1986 年版，第 99 页。

〔3〕［清］阮元、伊里布等修，王崧、李诚等纂：《道光云南通志·食货志·物产》，见方国瑜主编《云南史料丛刊》（第十二卷），云南大学出版社 2001 年版，第 530 页。

谋、永北、宾川等濒金沙江流域，无不为其适当区域。”[1] 文中的思普即今普洱市各县，临江、车里、五福、佛海等为今西双版纳州的景洪、勐海、勐腊各县，腾永沿边即今保山、腾冲、德宏各地。

由于广泛种植“草棉”或“木棉”，明清时期，云南许多地区的居民以棉花为原料，纺纱成布，棉布也成为除丝、麻以外重要的衣物原料。一些地区所产棉布成为地方特产，如宜良布、“摆夷布”等。檀萃《滇海虞衡志》说：“宜良布，出宜良县，似贝锦，为被面、坐褥、椅垫。”[2] “摆夷布”即摆夷地区出产的布匹。由于摆夷分布地较广，各地的摆夷布其质地和特色也不尽一样。腾越（腾冲）地区的“摆夷布”，《道光云南通志》引《腾越州志》的记载是：“猛连大董、者共土司地方摆夷布，有斜纹者，有五色者。”[3] 楚雄府广通县产的“摆彝布”：“极粗，摆彝自用。”[4]

明清时期，云南各地区仍然种植大麻（也称为火麻）、亚麻、苎麻等麻类作物。种植麻类作物的主要目的在于获取麻秆的外皮纤维，以之作为纺织原料，同时，亚麻和大麻中的雌麻子实也可食用或入药。清代，全省各地仍普遍种有麻类作物，产量较多者有寻甸所产大麻、泸西所产火麻等。《道光云南通志·食货志·物产》引相关史志资料说：“火麻”，“出新兴州（新兴州为今玉溪市红塔区——引注）西关内外”[5]；东川府出产的“麻布”：“乾夷自织。极细，裁为衣，不染垢。”[6] 楚雄府镇南州（今南华县）出的“麻布”：“极粗，仅可为囊橐。”[7]

民间所产麻布，除了自用外，多用于对外销售，如景东地区所产桑麻，就是织成布匹后作为商品销售的：“景东不蓄桑麻，民间耕种之外，大家小户，男女皆以纺织为生，每至街期，买卖布疋者十居其五，本地销售不尽，大都贩卖于江外诸夷及思茅山中。”[8] 分布于楚雄府地区的彝族支系“洒摩”：“性驯谨，善种麻，沤且绩之，负以入市。”[9] 根据20世纪30年代对路南“尾则村”（今石林县维则村）彝族支系撒尼人

---

〔1〕［民国］周钟岳等纂修：《新纂云南通志》（四），云南人民出版社2007年版，第98～99页。

〔2〕［清］檀萃辑，宋文熙、李东平校注：《滇海虞衡志校注》，云南人民出版社1990年版，第113页。

〔3〕［清］阮元、伊里布等修，王崧、李诚等纂：《道光云南通志·食货志·物产》，见方国瑜主编《云南史料丛刊》（第十二卷），云南大学出版社2001年版，第538页。

〔4〕［清］阮元、伊里布等修，王崧、李诚等纂：《道光云南通志·食货志·物产》，见方国瑜主编《云南史料丛刊》（第十二卷），云南大学出版社2001年版，第515页。

〔5〕［清］阮元、伊里布等修，王崧、李诚等纂：《道光云南通志·食货志·物产》，见方国瑜主编《云南史料丛刊》（第十二卷），云南大学出版社2001年版，第516页。

〔6〕［清］阮元、伊里布等修，王崧、李诚等纂：《道光云南通志·食货志·物产》，见方国瑜主编《云南史料丛刊》（第十二卷），云南大学出版社2001年版，第547页。

〔7〕［清］阮元、伊里布等修，王崧、李诚等纂：《道光云南通志·食货志·物产》，见方国瑜主编《云南史料丛刊》（第十二卷），云南大学出版社2001年版，第515页。

〔8〕［清］阮元、伊里布等修，王崧、李诚等纂：《道光云南通志·食货志·物产》，见方国瑜主编《云南史料丛刊》（第十二卷），云南大学出版社2001年版，第549页。

〔9〕［清］阮元、伊里布等修，王崧、李诚等纂：《道光云南通志·南蛮志·种人》，见方国瑜主编《云南史料丛刊》（第十三卷），云南大学出版社2001年版，第382页。

的调查，一户撒尼人家每年所产麻布大约 8 匹，约合 24 丈，其中，约有三分之一留作家庭自用，以之缝制男子的背心和妇女的围裙，其余的都拿到集市中换成棉布，作为全家的衣物原料，或交换其他日常生活用品。[1]

麻布的生产制作工作主要由妇女担负，种麻洗麻、搓麻织布是妇女的一项重要活计。《道光云南通志·南蛮志·种人》记载说，楚雄地区的“蒲人”：“山居火种，妇人织火麻布为生”[2]；永北（今永胜）地区的“伯夷”（摆夷），“男耕田，女绩麻”[3]；腾越（腾冲）地区的“伯夷”（摆夷）：“男逸女劳，纺织负担不辍。”[4] 妇女们不仅在家时要担负剥麻、洗麻、纺织等工作，就算外出劳作时，也随身携带着麻线，一遇空闲便搓揉麻线，甚至在负薪背水或与人谈话时，手中都不停地在搓捻着麻线。在一些少数民族中，妇女出售麻布所得收入是唯一可由妇女个人自主支配的经济收入。如清代广西府（今泸西）地区的“阿西”，“居山凹，勤于治生。择婿必其家之去水远者，俾女于负水时，绩线以为私蓄也。”[5] 少数民族妇女劳作之勤苦及经济上之弱势于此可见。

（五）罂粟、石斛

罂粟为二年生草本植物，有花、有叶、有果。花有红色、紫色、白色等数色。明代以前，罂粟既可作为药用，也可作为蔬菜，即以花为菜，另外，果壳所含油料也可食用。明代以后，则主要将罂粟壳作为药物来使用。据言为明代兰茂所著的《滇南本草》一书即对“罂粟壳”的药用功效作了介绍：“味甘涩。性寒。主治收敛肺气，止咳嗽，止大肠下血，止日久泻痢赤白等症。”[6] 与此同时，也有人开始提取未成熟的罂粟果实中的白浆来制作鸦片，作为镇静、麻醉药物。但鸦片含有吗啡、尼古丁等有毒成分，长期大量服食鸦片，会对人体健康造成严重危害。明代，云南地区即有少数民族群众种植罂粟，称之为“莺粟”，制成药物称之为“哈芙蓉”。谢肇淛《滇略·产略》说：“哈芙蓉，夷产也，以莺粟汁和草乌而成之，其精者为鸦片，价埒兼金，可疗泄痢、风虫诸症，尤能坚阳不泄，房中之术多用之。然亦有大毒，滇人忿争者往往吞之即毙。”[7] 清末和民国时期，由于经济利益的驱使，云南各地曾经广种罂粟。

石斛：石斛也称石竹，为兰科草本植物，茎干多节，叶似竹叶，药用价值较高。

---

〔1〕 李有义：《汉夷杂区经济》，云南人民出版社 2014 年版，第 73 ~ 74 页。

〔2〕 ［清］阮元、伊里布等修，王崧、李诚等纂：《道光云南通志·南蛮志·种人》，见方国瑜主编《云南史料丛刊》（第十三卷），云南大学出版社 2001 年版，第 362 页。

〔3〕 ［清］阮元、伊里布等修，王崧、李诚等纂：《道光云南通志·南蛮志·种人》，见方国瑜主编《云南史料丛刊》（第十三卷），云南大学出版社 2001 年版，第 360 页。

〔4〕 ［清］阮元、伊里布等修，王崧、李诚等纂：《道光云南通志·南蛮志·种人》，见方国瑜主编《云南史料丛刊》（第十三卷），云南大学出版社 2001 年版，第 360 页。

〔5〕 ［清］阮元、伊里布等修，王崧、李诚等纂：《道光云南通志·南蛮志·种人》，见方国瑜主编《云南史料丛刊》（第十三卷），云南大学出版社 2001 年版，第 386 页。

〔6〕 ［明］兰茂撰，陆拯等校点：《滇南本草》，中国中医药出版社 2013 年版，第 51 页。

〔7〕 ［明］谢肇淛撰：《滇略》，见方国瑜主编《云南史料丛刊》（第六卷），云南大学出版社 2000 年版，第 688 页。

《滇南本草》介绍石斛的药性说："味甘淡，性平。升托阴中之阳也。平胃气，能壮元阳，升托发散伤寒。"[1] 石斛多为野生，也可人工移植栽培。吴大勋《滇南闻见录》说："石斛，草本，茎长数寸，深黄色，花亦黄，五月开，滇中人家墙头屋角多栽之。杨升庵先生诗云：满城几日黄梅雨，开遍金钗石斛花。"[2] 清代，禄劝等地所产石斛品质较好。《道光云南通产·食货志·物产》引檀萃《农部琐录》的记载说："金钗石斛本为珍药，而出禄劝之普渡河石壁者，独备五色，尤为诸品之珍。大抵五色齐全，究以绀红深者为佳耳。"[3]

第八节　元明清时期云南平坝地区的农业生产状况

云南为多山之地，平地较少，具有一定连片面积的平坝尤少。"坝"或"坝子"之名，不知始于何时，但明清时期，云南地方民众已普遍地称山中平地为"坝""坝子"或"海子"。清代乾隆年间先后任寻甸州知州、丽江府知府的江苏青浦人吴大勋在其所著《滇南闻见录》中即说："黔中谚云：天无三日晴，地无三尺平。滇中亦山多于地，山形绵亘，高峰层叠。间遇山地平坦之处，或数顷，或数十顷，可以聚集成寨，开垦种植者，土人名之曰坝。经行至此，心目为之爽朗。"[4]

在生产力水平低下的古代时期，地势平坦、河流较多、光热充足的平坝地区一直是云南农业开发的重点区域。云南历史上的政治经济文化中心一直分布于几大平坝地区——古滇国时期的滇池地区，爨氏统治时的滇东曲靖、陆凉地区和滇中滇池地区，南诏大理国时期的滇西洱海地区。至明清时期，上述各大平坝地区及其他大小坝子仍是云南农业开发的重点区域，并且由于汉族移民的大量进入并以坝子为主要居住区域，坝区农业开发的主体力量变成了汉族居民，坝区的农业生产也发展到一个更高的历史水平。

一、坝区的农作物种类

云南的坝区，除了一些较大的坝子外，多是山地与平坝相间分布，也即在丘陵山

[1] [明] 兰茂撰，陆拯等校点：《滇南本草》，中国中医药出版社2013年版，第69页。

[2] [清] 吴大勋撰：《滇南闻见录》，见方国瑜主编《云南史料丛刊》（第十二卷），云南大学出版社2001年版，第37页。

[3] [清] 阮元、伊里布等修，王崧、李诚等纂：《道光云南通志·食货志·物产》，见方国瑜主编《云南史料丛刊》（第十二卷），云南大学出版社2001年版，第555页。

[4] [清] 吴大勋撰：《滇南闻见录》，方国瑜主编《云南史料丛刊》（第十二卷），云南大学出版社2001年版，第7页。

地之中，分布着少量平坝地区。因此，坝区的田地，从地形而言，是平地与坡地并存；从灌溉的角度而言，是水田和旱地皆有。由于地理环境的多样性，明清及近代时期，云南坝区的农作物以水稻、小麦、蚕豆、菜蔬等为主，以玉米、土豆、荞麦等为辅。以昆明坝子为例，根据相关历史资料，昆明坝区所在的昆明县，共有田地 43.5 万余亩，其中，田 30 万余亩，地 13.5 万余亩。[1] 相关田地的出产情况，民国时期的乡土教材作了这样的记述："本县食粮的产地，因地势的关系，略有不同。内乡多沃野坦畴，水源便易，多产稻、麦、豆三种。外乡山多田少，土地硗薄，水源缺乏，多产杂粮。"[2] 根据 20 世纪 30 年代的种植情况，昆明坝子的作物构成是："农作物以稻为主，豆、麦次之，每年二熟。稻在四月间插秧，八月收割，成熟时间约一百二十日；蚕豆在十月间下种，次年三月收获；麦在九月间下种，次年三月收割。"[3] 另据昆明县政府的估计，20 世纪 30 年代昆明县（民国时期昆明县的辖区约为今五华、盘龙、西山、官渡四区中除中心城区外的地区）的农作物产量之比为：夏作物，稻占 70%，山芋占 10%，玉蜀黍占 10%，黄豆、荞麦、花豆占 10%；春作物：蚕豆占 35%，春麦占 30%，大小麦占 20%，芸苔（油菜）占 10%，豌豆占 5%。[4] 这些数据虽为 20 世纪 30 年代的资料，但实际上代表了清代以来昆明地区农作物种植结构的基本情况——农业发展史表明，一个地区的农作物种植结构具有相对的稳定性和传承性。

明清时期的相关史籍对当时云南各府、县平坝地区的农作物种类情况作了简略记载，下面，我们通过引证加以说明。

《道光云南通志·食货志·物产》在介绍清代云南府（今滇池流域的昆明地区）的物产时，列举的农作物主要即为稻和豆，其中稻谷的品种尤为丰富：有昆明县和富民县产的香糯谷，富民县产的柳叶糯谷，宜良县产的茴香糯谷（有红、白两种），安宁州产的红糯谷，嵩明州出产的麻线谷，晋宁州出产的水长谷，昆阳州出产的老来红，嵩明州出产的金裹银谷，易门县出产的红脚谷、矮脚谷、大白壳谷、小白壳谷、羊毛谷等，宜良县出产的大白谷、小白谷、青芒落子谷、羊毛谷、老鸦谷、柳条谷、长芒乌嘴谷等。[5]

曲靖府南宁县（今麒麟区）除了种植水稻外，还种麦、豆等作物，麦、豆既可种于水田，也可种于旱地。《道光云南通志》引《南宁县志》的记载说："大麦、小麦、燕麦（又名雀麦），三种植于陆地。""饭豆有红、白、绿三种，植之陆地。蚕豆、豌

---

〔1〕 行政院农村复兴委员会编：《云南省农村调查》，收入马玉华主编《中国边疆研究文库·初编·西南边疆卷》（一），黑龙江教育出版社 2013 年版，第 179 页。

〔2〕《昆明县乡土教材》（1937 年编），见昆明市志编纂委员会办公室编《昆明市志长编》（卷十一），1983 年编印，第 373 页。

〔3〕 行政院农村复兴委员会编：《云南省农村调查》，收入马玉华主编《中国边疆研究文库·初编·西南边疆卷》（一），黑龙江教育出版社 2013 年版，第 176 页。

〔4〕 行政院农村复兴委员会编：《云南省农村调查》，收入马玉华主编《中国边疆研究文库·初编·西南边疆卷》（一），黑龙江教育出版社 2013 年版，第 176 页。

〔5〕［清］阮元、伊里布等修，王崧、李诚等纂：《道光云南通志·食货志·物产》，见方国瑜主编《云南史料丛刊》（第十二卷），云南大学出版社 2001 年版，第 502 页。

豆，惟腴田始可种。豇豆、扁豆、京豆三种，名色颇多，俱植园中。”[1]

临安府所属通海县，最适宜种植“冷水谷”。《道光云南通志》引《通海县续志》的资料说：“稻之类甚多，而宜于冷水谷，其谷最耐寒，晚熟。通海湖风早寒，故宜于此。然三四月遂生虫，不堪贮仓。”[2]

即使在冷凉的滇西北地区，凡河谷平坝地区，仍可因地制宜地种植水稻。如丽江地区所产稻，“红、白、黑三色，分饭、糯二种，惟沿江产之。”[3] 即丽江府属的金沙江流域地区，因海拔较低、气候温热、水源充足，仍可种植稻谷。鹤庆地区同样如此。《道光云南通志》引《鹤庆府志》的记载说：“香稻出罗陋川，细稻出大孟村。冷水稻三月栽，六月熟。麓川稻，种自麓川来。金裹银稻，皮红米白。银裹金稻，皮白米红。”[4]

明清时期，少数民族大多居于山区，以种植杂粮为生，但“百夷”“摆夷”则居于滇西南的河谷平坝地区，其农业生产也以水田稻作为基本类型。在车里宣慰司地区（今西双版纳地区），较大的坝子有景洪坝、勐笼坝、橄榄坝、勐养坝、勐海坝、勐遮坝、勐混坝、勐满坝等，在陇川、干崖、南甸三宣抚司和芒市安抚司、猛卯安抚司等地区，则有遮放、芒市等坝子，在从车里到陇川的百夷、摆夷分布区一线，还有孟定坝、耿马坝等坝子。平坦的坝子、湿热的气候、密布的河流为傣族的先民发展农业生产提供了良好的条件，使得傣族先民自然地成为一个稻作民族。明代万历年间，朱孟震根据亲历者著述资料所撰写的《西南夷风土记》，对今德宏中缅相邻地区“百夷”的农业生产情况作了这样的记述：“五谷，惟树稻，余皆少种。自蛮莫以外，一岁两获，冬种春收，夏作秋成。孟密以上犹用犁耕栽插，以下为耙地撒种，其耕尤易，盖土地肥腴故也。凡田地近人烟者，十垦其二三；去村寨稍远者，则迥然，皆旷土。”[5] 孟密、蛮莫为明代在今中缅相邻地区所设的两个安抚司，孟密为今缅甸瑞丽江南的孟密（也写作蒙米特），蛮莫为今德宏境外缅甸八莫东北的谬迪（或称作新店）。这一记载表明，由于得天独厚的自然环境和气候条件，相对其他地区而言，傣族地区具有发展稻作生产的优越条件，故此，傣族自古以来就是以种稻作为基本生计类型的民族。

---

[1] ［清］阮元、伊里布等修，王崧、李诚等纂：《道光云南通志·食货志·物产》，见方国瑜主编《云南史料丛刊》（第十二卷），云南大学出版社2001年版，第521页。

[2] ［清］阮元、伊里布等修，王崧、李诚等纂：《道光云南通志·食货志·物产》，见方国瑜主编《云南史料丛刊》（第十二卷），云南大学出版社2001年版，第511页。

[3] ［清］阮元、伊里布等修，王崧、李诚等纂：《道光云南通志·食货志·物产》，见方国瑜主编《云南史料丛刊》（第十二卷），云南大学出版社2001年版，第523页。

[4] ［清］阮元、伊里布等修，王崧、李诚等纂：《道光云南通志·食货志·物产》，见方国瑜主编《云南史料丛刊》（第十二卷），云南大学出版社2001年版，第523页。

[5] ［明］朱孟震撰：《西南夷风土记》，见方国瑜主编《云南史料丛刊》（第五卷），云南大学出版社1998年版，第490页。

按：关于《西南夷风土记》的作者，据方国瑜先生考证，《西南夷风土记》一书系明代万历年间从军南征蛮莫、孟密等地的军中幕僚所撰，朱孟震得之，附录于《游宦余谈》，得以流传。因此，方国瑜先生认为：“其书得以流传，孟震之功也。然孟震未至云南，《西南夷风土记》为亲历目睹者所作，已不可考作者姓氏，惟不能题为朱孟震撰也。”参见方国瑜《云南史料目录概说》（上册），中华书局1984年版，第403页。

"百夷""摆夷"等傣族先民所种稻谷为糯稻，自古及今，傣族只喜食糯米，也只种糯稻（明代前期景东等地摆夷曾种过秫，后改种糯稻）。清代作者记述滇西南傣族地区稻谷的种植、食用情况说："西南夷地宜种糯米。夷人团米作饭。闻缅夷用糯米团作军粮，随身携带，无俟战止，就食极为简便。糯米不甚软，亦不甚黏，作糕饼仅可参以粳米一二成。"[1] 这种情况到近代时期仍是如此。20世纪40年代，江应樑先生对傣族地区稻作生产进行实地考察后指出："夷地所种者皆为糯稻，米粒较大，富黏性，汉人食之多不习惯，抗战期中军队驻防边区，因适应需要，曾勒令摆夷每户须播种若干粳稻以供军用，人民皆不甚愿意，因据民间经验，种粳稻收获仅及糯稻七成。"[2]

二、坝区的精耕细作农业

元明清时期，云南以坝区为主的所谓"腹里"地区，农业生产方式和技术水平与江南地区相比，虽然总体上仍有一定差距，但随着汉族移民的大量进入，至清代中后期，云南平坝地区的农业生产方式和技术水平，已经接近或达到内地汉族地区的技术水平，在许多方面，云南地区的农业生产方式与内地已经趋同化、同一化。坝区农业生产水平的提高，从土地利用的集约化、作物种植的轮作化、农田灌溉的水利化、生产管理的精细化等方面反映出来。

以大理洱海地区为例，洱海周围地区，地势平坦，水源充沛，自南诏、大理国时期以来，洱海地区即以水田种植为主、山地种植为辅，在水田中实行稻麦复种，提高土地利用效率。至明清时期，洱海地区农业生产的发展水平进一步提高。清代吴大勋所撰《滇南闻见录》记载说："大理十九峰，峰峦深秀，溪涧潆洄，风水佳胜，土脉肥饶。谷穗长至二百八十粒，药材有一百七十七种，性良于他产。"[3] 从20世纪50代对大理县（今大理市）喜洲镇农业生产情况的调查资料可以看出，至清代和民国时期，洱海地区的农业生产已发展至传统农业的最高水平。

喜洲位于大理古城之北约17公里的地方，西临苍山，东濒洱海，是一个长约十余公里的狭长平坝地区，长期以来，喜洲地区引苍山万花溪水作为农业灌溉水源，水利条件较好。据20世纪50年代的调查资料，喜洲地区田地以水田为主，旱地较少。水田一年种两季，保持着稻麦轮作或稻豆轮作的耕种传统，即大春种稻谷，小春种麦或豆，复种指数高达90%。小春作物中，蚕豆约占复种面积的60%，小麦约占复种面积的30%，其他如油菜、洋芋等约占10%。[4] 豌豆、荞子等作物因产量低，种得较少。除

[1] ［清］吴大勋撰：《滇南闻见录》，见方国瑜主编《云南史料丛刊》（第十二卷），云南大学出版社2001年版，第31页。

[2] 江应樑：《摆夷的经济文化生活》，云南人民出版社2009年版，第40页。

[3] ［清］吴大勋撰：《滇南闻见录》，见方国瑜主编《云南史料丛刊》（第十二卷），云南大学出版社2001年版，第27页。

[4] 朱家桢、刘敏江等：《大理县喜洲白族社会经济调查报告》，载《民族问题五种丛书》云南省编辑委员会编《白族社会历史调查》，云南人民出版社1983年版，第21页。

了水田外，各家还有一块菜园子，菜园也种两季作物，大春种植草烟、辣椒、苞谷、黄豆、芋头、南瓜等，小春种小麦、蚕豆、蔬菜。

喜洲地区一年四季各农历月份的农事活动情况如下：

正月：薅锄小麦、油菜，灌溉蚕豆、小麦、油菜、洋芋，犁秧田，加田埂；

二月：挖秧田，将土块用木耙耙细。灌溉蚕豆、小麦、油菜。薅锄小麦、种荞子；

三月：整秧田（运肥、施肥、整田），撒播谷种，收打油菜籽、大麦、豌豆、蚕豆，灌溉小麦、荞子，薅锄荞子，运送大春底肥，壅洋芋；

四月，收打小麦，收洋芋，收打荞子。运送大春底肥，翻土垡，犁田，铲埂，薅小秧，种园地，栽草烟、辣椒，播豆类等；

五月：放水泡田，犁麦田，耙水田，平田，糊埂，拔秧、栽秧；

六月：薅第一、二道秧。薅锄辣椒、草烟、黄豆、苞谷、高粱等旱地作物；

七月：薅第二、三道秧。追肥，薅锄旱地作物；

八月：薅第四道秧，收苞谷、黄豆、高粱、草烟，点种水田地蚕豆、豌豆；

九月：点种水田地蚕豆、豌豆，收打糯谷，种旱地小麦、蚕豆、豌豆、蔬菜；

十月：割谷，打谷，送小麦肥料；

十一月：送小麦肥料，将未种蚕豆的稻田犁耙为小麦、油菜田，挖翻土垡，耙播小麦、油菜，打稻谷草；

十二月：送洋芋肥料，犁耙洋芋田，翻土挖垡，种洋芋。[1]

从喜洲地区一年的农事活动中，我们可以看出，由于人多地少，喜洲农民对田地的集约利用达到了相当高的程度，真正做到了“种无闲地”“种无闲日”，成为云南坝区精耕细作农业的典型代表。

三、坝区的稻作生产

（一）汉族地区的稻作生产

水稻是坝区种植的主要农作物，水稻的种植情况，集中反映出坝区农业生产方式的基本情况。

从水稻的种植情况来看，根据吴大勋《滇南闻见录》的记述，清代云南坝区汉族的稻作方式是：

春耕最深。先犁乾土，专恃牛力，并无耒耜之劳。灌水后复犁，犁必用两牛、三牛，牛腹陷泥淖中。种则随手分插，不分行勒。种后数日，立于行间，用足指挑拨稻根使松，不用手，又无吾乡胼胝曝炙之苦、车戽芸搅之烦。收割时，留稻草数寸于田内，候其枯焚之，即以粪田。又有一种旱稻，种于山隈地角，莳插时即不用水，收成

〔1〕 朱家桢、刘敏江等：《大理县喜洲白族社会经济调查报告》，载《民族问题五种丛书》云南省编辑委员会编《白族社会历史调查》，云南人民出版社 1983 年版，第 23 页。

亦微薄。[1]

这是历史文献中关于清代云南稻作情况的少见的历史记载。这一记载对云南水田稻作的基本步骤和方式作了描述，这就是：深耕翻土、放水泡田、再犁松土，然后插秧，插后薅耘松根，成熟后连秆收割，稻根焚烧肥田。当然，吴大勋的这一记录仍显简略。

清代嘉庆年间檀萃所撰《滇海虞衡志》则对当时云南地区的雨水特点与撒秧、栽秧的关系作了记述："雨于滇最不均，半年晴而半年雨，故滇农下秧以二月。秧针盈寸，即决水而干之，虽阅日久不起节。四月尾、五月初，雨大下，分秧栽之，可丰收。即六月初通雨犹可及，过之则无为矣。此滇农候雨蓄秧之法也。"檀萃由此认为，滇农候雨蓄秧的方法比他的家乡安徽望江育秧的方法更好："江乡秧过四十日则起节，不可栽，由不知槁而蓄之以待雨也。"[2] 檀萃所记的滇农根据季节、雨水情况来进行育秧和移栽的要领与方法现在仍是云南稻作生产中遵循的原则与方法。

民国年间，罗养儒先生根据自己的观察访谈，对昆明地区的稻作生产过程作了描述和总结。根据罗养儒先生的记述，结合其他相关资料，云南内地坝区的稻作生产过程和技术要领如下：

一是稻田整治。稻田的整治需要经过深挖翻土、翻晒暖土、放水浸泡、犁田松土、耙田疏土等多个环节，才能使土壤熟化。每年立春（公历 2 月 3 日至 5 日交节）后，即开始对板结的稻田进行人工翻挖，每下一锄，即可挖开一块重达一二十斤的大土块，将挖开的土块，让太阳炙晒，使土气变暖。经过一段时间的曝晒后，再用锄头对其进行敲打捂击，使土块变得碎小。到清明之时（公历 4 月 4 日至 6 日交节），即引水灌田，约浸二三日后，便以牛犁其田；犁后，又用牛拖拉嵌有铁齿的木耙将田土疏碎耙平，之后再用一丈多长的木制擀条将田面擀平。擀平后，等泥土沉积成平软的泥层后，即可撒谷种于选定的"秧田"内。

二是育秧、移栽。在平整松软、水量适度的"秧田"上，撒上谷种，每亩秧田所撒谷种约 3～4 升。撒种后，要看护秧田，避免雀鸟啄食谷种。五六天后，即有秧针浮于水面；待秧针长至寸许时，便将田中积水放尽，使秧针得到阳光的灼晒。两三天后，待田中泥土渐干、秧针有缺水之象时，再引水灌溉，此后，秧苗便顺利成长了。待秧苗长到五六寸长时，便可移栽了。在育秧的同时，农民须于即将栽秧的"本田"上，放水泡田、担肥"揠田"。所谓担肥"揠田"，即用桶粪（和水后的人粪便）或圈肥（牲畜粪便）倾于田中，然后耙锄均匀，以此增加稻田肥力。经过整治后的稻田，在田土犁耙平整、浸泡酥软、变成泥浆后，便可移栽秧苗。栽秧的时机，要根据"老天"下雨或沟渠引水的情况而定，如稻田无水则难以栽插。以昆明坝子而言，栽插的节令，

---

〔1〕［清］吴大勋撰：《滇南闻见录》，见方国瑜主编《云南史料丛刊》（第十二卷），云南大学出版社 2001 年版，第 22 页。

〔2〕［清］檀萃辑，宋文熙、李东平校注：《滇海虞衡志校注》，云南人民出版社 1990 年版，第 303 页。

最早者立夏（公历5月5日至5月7日交节）后即开始栽秧，较早者在小满（公历5月20日至22日交节）之时栽秧，而多数农民是在芒种（公历6月5日至7日交节）和夏至（公历6月21日至22日交节）两个节令间栽插完毕，有时由于雨水不足，有的到小暑（公历7月6日至8日交节）、大暑（公历7月22日至24日交节）时才得以栽插，此时，由于最佳节令已过，作物歉收已成定局。根据农民的经验，秧苗移栽后，在田中多经一个节令，即多一绺谷穗，如经过5个节令，则有5绺谷穗，如经过7个节令，则必有7绺谷穗，由此可以看出节令对栽插之重要。秧苗移栽时，要先将秧苗从秧田中拔出，就水中洗去泥土，束成一把，然后将秧苗挑到稻田边即可栽插。拔秧和挑秧的工作一般由男子承担，妇女主要负责插秧。插秧时，以三苗为一簇，直插入泥水中，从田亩的一边栽起，边栽边退。

三是薅秧、管护。秧苗栽下十多天后，苗即“发棵”，苗色由绿黄色变成青绿色，此后即可以薅秧了。薅秧即将秧苗间的稗草和其他杂草拔除，并用脚踩苗根，以利秧苗生长。薅秧的次数从一两次至三四次不等，根据田中杂草的生长情况而定。从夏至后到处暑（公历8月22日至24日交节）前都为薅秧耘稻的时间，一般每隔15天左右薅一次。秧苗的生长，与气候、水量密切相关。当谷子尚未“怀胎”时，田中不能缺水，田水稍干，即要引水灌溉。当谷颖穗后，生长的好坏，全靠天时。气候不好，谷穗易起虫陷，即虫生于稻根，导致谷穗变成白色的空壳；当谷子抽穗及扬花之时，又不能遭逢连绵阴雨天气，否则谷穗即变成瘪壳。而当谷子扬花后，如有点西风或细雨，对谷穗的生长有利，因为谷穗扬花后，谷口奓开，一得微雨，口即合拢，粒内则浆质饱满。当天气放晴后，谷壳内的浆汁便结成坚实壮大的米粒。谷浆一结成米粒，谷穗即因重坠而下垂，这就是所谓“谷子低头”。当此之时，谷子也就可以收获了。从谷粒灌浆到谷子成熟收割前，还须做好驱雀赶鸟工作，防止雀鸟啄食谷粒。

四是收割、脱粒。当谷粒变得饱满金黄时，谷子也就成熟了。云南地区稻谷的成熟时间一般为农历九月中旬[1]之后，就可以进行收割。收割方法一般是用镰刀将稻秆从近根部割断，然后将百余根稻秆捆扎成一把，将谷把先竖于田中，经过风吹日晒，略微变干后，即以人力或畜力运至家门前的空敞场院之中，堆积成佛塔形的谷堆。当秋冬空闲时，即将谷把从谷堆上取下，铺开晒干，然后以连枷敲打脱粒。若是“吊谷”品种，则可在田中掼谷脱粒，这样，既免去运输之苦，又避免谷粒自动脱落带来的损失。脱粒后，即可以砻碾或碓舂去壳为米。罗养儒先生认为，从开挖秧田到碾磨成米，约需要经过二十多道劳动工序。[2]

从上述过程可以看出，云南内地坝区的稻作过程包括深耕翻土、犁耙松土、育秧移栽、施肥“揠”田、薅秧间苗等工序，这些工序也是明清时期江南内地水稻生产的基本程序和方法。由这些生产方式可以看出，明清时期云南“腹内”坝区的稻作生产

〔1〕民国云南通志馆编：《续云南通志长编》（下册），云南省志编纂委员会办公室，1986年印，第254～255页。根据《续云南通志长编》所附“五谷种植成长情况表”的数据，云南地区所种各种稻谷，大多为农历二月中旬播种，四月下旬至五月中旬移栽，九月初旬或中旬成熟收割。

〔2〕［民国］罗养儒撰：《纪我所知集：云南掌故全本》，云南人民出版社2015年版，第509～511页。

已经达到精耕细作农业的水平和要求。

明清时期，云南内地坝区的稻作是一年一熟。在收割完稻子后，即在稻田上种上豆、麦、油菜、豌豆等作物。蚕豆既可在收割完稻子后播种，也可在稻子基本成熟尚未收割前播种。播种方式为以手将蚕豆种按入稻间田土中，称为“钻棵按豆”，即“钻”入谷棵中“按”进豆种。

（二）傣族地区的稻作生产

在坝区的水田稻作中，滇西南“百夷”“摆夷”地区的稻作方式与云南“腹内”坝区相比，生产工序较为简单，劳动强度也较低，但收获仍然丰厚，正所谓得天独厚、“靠天养着”。20世纪30年代，陈碧笙先生考察傣族地区的稻作生产状况后，作了这样的描写：“（傣族地区）大部分为冲积土壤。以向少利用之故，其肥沃为内地所仅见。土人种植，往往不择时、不施肥、不灌溉、不芸（芸同‘耘’，除草之意——引注）锄，随意耕耘而收获量概在三十倍以上，最多时可达80倍。一年之耕可足三年之食。如耕作稍勤，非茎干过大即穗食下垂，反为不利，故土民咸以勤耕为戒。”[1]

傣族地区这种“靠天吃饭”的稻作方式，具有相当久远的传统。据明代洪武二十九年（公元1396年）钱古训、李思聪奉命出使缅国及“百夷”后，依据亲历所见撰写的《百夷传》记载，“百夷”地区（今景东以南、以西的滇西南傣族及其他民族杂居地区）“地多平川，土沃人繁，村有巨者，户以千百计。然民不勤于务本，不用牛耕，惟妇人用䦆锄之，故不能尽地利。”[2] 尽管耕作粗放，但由于土地平坦肥沃，水资源丰富，“百夷”地区的民众仍是衣食无忧的。明代万历年间朱孟震所撰写（或转录）的《西南夷风土记》记述说：“土地肥饶，米谷、木绵皆贱，故夷中无饥寒告乏者。”[3]

至清代末期，西双版纳地区“摆夷”的稻作生产方式仍是十分粗放。民国初年，长期担任思普沿边行政总局（思普沿边行政总局的辖区即车里宣慰司属地）局长的柯树勋曾这样描述车里地区（今西双版纳地区）的自然环境和生产状况：“湾环千四百里，到处溪流灌溉，地多沃壤。夷民待五六月天雨，驱牛犁田一次，即行插秧，多种糯谷为食，不事耘耨，秋末自然收获，是殆天所以养惰夷也。”[4] 又言：“所有田土多系膏腴，气候亦极温和，甲于内地，每年栽种，专候天雨，不知凿渠灌溉。秋收后，其余小春杂粮，概不栽种。”[5]

---

〔1〕 陈碧笙：《滇边经营论》，载林文勋主编《民国时期云南边疆开发方案汇编》，云南人民出版社2013年版，第449页。

〔2〕［明］钱古训、李思聪撰：《百夷传》，见方国瑜主编《云南史料丛刊》（第五卷），云南大学出版社1998年版，第366页。

〔3〕［明］朱孟震撰：《西南夷风土记》，见方国瑜主编《云南史料丛刊》（第五卷），云南大学出版社1998年版，第491页。

〔4〕［民国］柯树勋撰：《普思沿边志略》“附记”，载马玉华主编《中国边疆研究文库·初编·西南边疆卷》（一），黑龙江教育出版社2013年版，第71页。

〔5〕［民国］柯树勋撰：《普思沿边志略》，载马玉华主编《中国边疆研究文库·初编·西南边疆卷》（一），黑龙江教育出版社2013年版，第55页。

根据历史记载和田野考察材料，西双版纳傣族地区的传统稻作生产情况大体如下：

犁地与栽秧：每年浴佛节（即泼水节，泼水节时间约在内地清明节后，约当公历4月初旬或中旬）后，傣族地区即进入雨季，从此时开始，傣族地区即进入生产时期。其生产过程为：先将稻田以沟渠水或雨水浸透，然后以黄牛或水牛拖犁将田地轻翻一遍，所犁深度约为两三寸；犁后数日再放水浸田，浸数日，再以嵌有木齿的横木一条，以牛牵引，将田土耙一道，使田土疏松，之后，即可栽秧。在此之前，仍须整治一块专门的秧田，撒谷育秧，待秧苗长至近1尺时，即拔起移栽于犁好的水田内。傣族地区的栽秧时间约为农历的四五月间。秧苗栽下后，既不薅秧除草，也不施肥管理，甚至从不看管，而是任其自生自长，待感觉稻子差不多成熟了，便即去收割。[1] 从秧苗栽下到稻谷成熟的三四个月时间里（农历六月至九月），傣族便不再从事任何田间劳作，而是举行宗教聚会，每天到佛寺中听和尚讲经说法，称之为“关门”（版纳地区）或“进洼”（德宏地区）。期满“开门”（或“出洼”）后，才又开始劳作活动。

收割与脱粒：傣族割稻时使用铁镰刀，但只割取稻秆的上半部，下半部稻梗仍留于田中。由于仅割取稻秆上半部，割稻时甚至都不用弯腰。稻子割下后，先铺于田中或田埂上晒干，然后把一块大石头平放地上，用双手握稻秆将谷穗往石上摔打，谷粒即从稻秆上脱落。脱粒后，将谷粒堆置于田旁广场中，便开始扬场，去除谷粒中的杂物。其方法是：在场中的一角竖起一根竹竿，上系一根布条，当起风布条飘动时，傣族男女便围着谷堆，用铁铲将谷粒铲起，抛向空中，杂质被风吹走，落下的便是干净的谷粒。此后，便将谷粒挑回家中竹楼上存放，每天食用前进行舂碾，现舂现食。

可以看出，版纳傣族的稻作方法，与其他民族大体相同而略简。主要的区别是：整田步骤较为简单，犁耙较为粗放；[2] 秧田和本田（即移栽的稻田）均不施肥；只耕不耘，没有薅锄的程序；稻秆留于田中，易生虫灾等。但由于土质肥沃，气候湿热，傣族的粗放稻作仍能获得好的收成。据民族调查资料，在景洪、勐海坝子，在不施肥的情况下，种下一挑谷种（约44市斤，22公斤），可以收获40～80挑稻谷（约800～1600公斤）。[3] 若按亩产计算，每亩产量约为150公斤左右，高者可达250公斤。[4]

西双版纳傣族地区稻作生产过程之简单容易，曾引起内地人士的惊异。在20世纪30年代，人们对普洱、版纳地区傣族群众稻作生产过程的印象和认识是：“普洱、思茅

〔1〕 参见江应樑《摆夷的经济文化生活》，云南人民出版社2009年版，第37～38页，第161～162页。

〔2〕 据民族调查资料，近代时期，版纳坝区傣族整治稻田，普遍只犁、耙一次，犁、耙两次的很少。对于三犁三耙，农民反映：“三犁三耙只是头一年好，地力长在叶子上，结穗不会多。”或者说：“三犁我们也试过，枝肥叶大，谷子肯倒，遇着雨会发芽。”见中央访问团二分团调查、杨隆兴整理《车佛南农业及棉花生产的调查》，载《民族问题五种丛书》云南省编辑委员会编《傣族社会历史调查（西双版纳之一）》，云南民族出版社1983年版，第63页。

〔3〕 中央访问团二分团调查、杨隆兴整理：《车佛南农业及棉花生产的调查》，载《民族问题五种丛书》云南省编辑委员会编《傣族社会历史调查（西双版纳之一）》，云南民族出版社1983年版，第63页。

〔4〕 江应樑：《傣族史》，四川民族出版社1983年版，第477页。

一带因瘴气弥漫，夷人栽秧方法，系将田耕耘后，用手播撒谷种，即视为耕种手续已完了，然后移居于山巅，以防瘴气，直至八九月间，天气清爽，瘴疠稍杀始下山，其时稻禾已熟，夷农即于满面笑容中而收割了。”[1] 当然，这一说法略有夸张。20 世纪 40 年代，民族学家江应樑先生对傣族稻作生产进行实地考察后认为，版纳地区傣族稻作最不同于内地之处，即一不施肥，二不除草，所谓春耕夏耘，摆夷只是有耕无耘的，不仅稻谷不施任何肥料，即菜蔬、豆类、甘蔗、棉花，也一概不用肥，他们听说内地种植要加粪便为肥料，令他们惊异不已，以为这样污秽之物撒在田地中，则生长出来的物品，如何吃得下口？他们仅只在觉得稻谷生长力已经减弱时，便另换一块地栽种，让原来的田闲置一两年再耕，以此来调节地力。[2]

版纳地区傣族农业生产的另一特点就是不种小春作物，一年只种一季水稻，便任田地荒芜，直到第二年春天后，才又犁田栽秧种稻。傣族也种少量豆类、甘蔗等作物，但都种于其他地块上，而不种于稻田中。不种小春作物与种“卫生田”一样，是傣族传统农业生产的一个重要特点。其原因在于傣族地区土地资源丰富，不需要连续在一块地上进行复种，如稻麦复种或种植双季稻等，也由于单产较高，足够全家消费，故不用再行种植。据民族调查资料，民国时期，景洪地区曾经种过两季稻，但由于米贱无销路，也就不种了。直到 20 世纪 50 年代后，在政府派出的边疆工作队干部和技术人员的动员、指导下，傣族地区才开始种植少量的小春作物。

德宏地区的傣族，由于受到汉族耕作方式的影响，在明代时其稻作方式即较为精细，如干崖（今盈江）地区，“其田一岁两收”[3]。至近代时期，德宏傣族的稻作方式更为精细，能够三犁四耙、施用肥料和进行中耕薅锄。根据江应樑先生对干崖坝子傣族老农的访谈调查，其稻作生产情况如下：

犁田：每年农历腊月开始犁板田，犁铧全为铁制，用单牛犁，第一次犁深约 4 寸。犁后曝晒至正月底，若土未干透，还要部分翻犁一次，清明前后放水入田，如果水面泛起小气泡，就表示土已曝晒得很好。浸田 9 天后耙第一遍，耙后撤去水，过十多天犁第二遍，犁深约 5 寸。接着犁第三遍。一般都是三犁四耙。到最后一次耙时，就是边耙边栽秧了。犁田时，第一遍直行犁，第二遍横行犁，以使田土细碎均匀。

撒秧：德宏傣族重视谷种的选择。当上年谷子成熟时，就在田中选取颗粒饱满结实的谷穗留作谷种。或者，把山地的谷种引到坝子里来种，以改良谷种。对此，老农的经验是：“下肥不如换种”。秧田在正月间就要做好，秧田略成斜面形，以便于排水。撒秧前要先在田中下绿肥，其方法是，将新鲜树叶撒在秧田中，用牛将其踩入泥内，使其腐烂成为肥料。撒秧的时期为谷雨（公历 4 月 19 日至 21 日交节）前后。撒秧前，要先浸泡谷种，其方法是，先将谷种晒一天，放入水中浸两天，捞出用水冲洗后，干

〔1〕 行政院农业复兴委员会编：《云南省农村调查》，载马玉华主编《中国边疆研究文库·初编·西南边疆卷》(一)，黑龙江教育出版社 2013 年版，第 150～151 页。

〔2〕 江应樑：《摆夷的经济文化生活》，云南人民出版社 2009 年版，第 38 页。

〔3〕 [明] 谢肇淛撰：《滇略》，见方国瑜主编《云南史料丛刊》(第六卷)，云南大学出版社 2000 年版，第 783 页。

放一晚，便可撒播，此时，谷种一般已长出小芽。谷种撒入，待秧针冒出后，便须撤水，即在傍晚时将田水放干，第二天日出时再放入田水，如此三次后，撤水期限相应可延长，待至25天后，便不可再撤水，至45天左右时，即可移栽。

栽秧：栽秧的时间约为芒种（公历6月5日至7日交节）时节。此时，秧苗已长至约尺高。将秧苗拔出后，要将叶苗剪短。然后四苗一簇插入田中，秧苗株、行距约尺许，水深也尺许，秧苗几乎全淹没于水中。栽后不施肥。20多天后，薅一次杂草，就放任不管了。

收获：移栽后的稻秧，早稻生长120天即成熟，晚稻生长150天成熟。成熟时间约当农历的九月、十月间。成熟时的稻穗结谷多者达200多粒，少者130多粒。傣族判断、衡量稻谷收成好坏的一个传统办法是，以挑谷的扁担为半径，在稻田里划一个圆，将圆圈内的稻穗割下，刚够一挑就是一般收成，超过一挑就是好收成。德宏地区稻谷的产量，最高者每亩可达到330多公斤，最低者每亩150公斤，平均产量约为每亩200公斤。稻子收获后先堆成谷堆，到冬月才打谷脱粒。打谷时，将谷穗放在竹席上，以小竹片或木棍轻敲，使谷粒脱下，然后扬去杂物。[1]

第九节　元明清时期云南山区的农业生产状况

云南除了少数几个较大坝子外，大多为深山区或半山区（即半山半坝山区），山区面积广大。云南各地山区地形地貌状况复杂多样，既有海拔较低、半山半坝的丘陵山区，如滇东、滇中高原地区，也有海拔较高、山高箐深的高寒山区，如滇东北、滇西北地区，甚至同一行政区域内的不同县区或乡镇，也因地形、海拔的不同，而有平坝区、半山区和深山区的区别。不同类别山区，不仅环境不同、气候不同，农业生产情况也各不相同。深山中的小片平坝、河谷地区，由于地势平坦、水源良好、气候温暖，可以种植水稻，耕作技术也较为精细，农民的生产、生活条件较好，而在其他多数山区，地势崎岖，水源不足，气候冷凉，只能种植玉米、荞子、豆类、马铃薯、旱谷、高粱等旱地作物，在海拔更高（2500米以上）的高寒山区，则只能种植青稞、苦荞、马铃薯等作物。地理环境、气候状况、生产力水平的多样性决定了云南山区农业生产状况的多样性和复杂性。这种情况，明清以来即是如此。

一、丘陵山区的农业生产

所谓丘陵山区，主要是指元江河谷以东的滇东、滇中高原山区，也即云南高原上

---

〔1〕 江应樑：《傣族史》，四川民族出版社1983年版，第476～477页。

除坝区外的其他地区。这些地区虽非平原坝区，但地面大体平坦，间有低丘小山分布，地形起伏波动不大，海拔多在1500～2200米之间，土壤多为红壤，年均气温在13～15℃左右，年降雨量在800～1000毫米。从地域上来看，昆明、楚雄、曲靖、玉溪及红河东北部等地是云南省丘陵地貌分布较多的区域。

从农业生产环境来看，丘陵山区由于山体较小、地势起伏和缓，因此，多数地区能够垦为山地，同时，由于低洼谷地较多，加上降雨较为丰富，因此，丘陵山区也有少量水田，普遍的情况是山脚以上为旱地，山谷低洼地带为水田。但与地势平坦的坝区相比较，丘陵山区总体上是山多谷少，地多田少，农业生产以山地旱作为主，水田稻作为辅。

下面，我们以路南州（1913年改为路南县，即今石林县）的农业生产为例，对明清及近代时期云南丘陵山区农业生产的基本情况进行论述和分析。

路南州设于元代，为澄江路辖地，因位于澄江路之南而得名。[1] 明清时期，路南为澄江府下辖州之一。州内汉"夷"杂居，县城附近地区多为汉人，而农村地区则为彝族支系的撒尼人和阿细人。关于路南州的山川气候，《景泰云南图经志书》卷二"路南州"说："其地多山，冬不祈（祈通'祁'——引注）寒，夏不剧暑，而气候与云南（指云南府，即今昆明市——引注）相同，偶雨雪，惟披毡而已。"[2] 路南州虽然山峦连绵，平坝谷地较少（仅县城周围地区为平坝谷地），但相对温暖的气候和平缓的坡地，适宜山地旱作农业生产的发展。清代《滇南志略》卷五对路南州的山川风俗作了这样的概括："境内山水幽邃，士重诗书而敦道谊，农安耕凿而鄙逐末，女效纺织，俗尚勤俭。"[3] 据民国《路南县志》卷一《地理·物产》的记载，路南县的粮食出产情况为：稻有白稻、红稻、糯稻、长芒稻、香稻等，麦有大麦、燕麦，黍有红黍、黑黍、玉蜀黍（即玉米），稷有黄稷、黑稷，荞有甜荞、苦荞，粱有糯粱、饭粱等，豆有黄豆、蚕豆、饭豆、红豆、刀豆、豇豆、豌豆等，[4] 也即稻、麦、稷、黍、荞、玉米、豆类皆有。虽然，由于史籍材料不足，我们对明清时期路南州农业生产的具体情况难有翔实的了解，但考虑到传统农业生产的稳定性和传承性，我们仍可根据近代时期的民族调查材料对路南山区的农业生产情况进行论述和分析。

1939年秋，云南大学社会学系教师李有义先生赴路南开展农村社区调查，其调查地点为县城鹿阜镇东南长湖附近的尾则村（李有义先生书中称之为"尾村"），即今石林县长湖镇维则村。李有义先生在尾则村调查了半年，之后根据调查资料写成了《汉夷杂区经济》一书。从农业史研究的角度来看，《汉夷杂区经济》一书为我们认识近代

---

〔1〕参见李埏编著《路南县乡土历史大纲》，载刘世生选编《汉夷杂区社会研究——民国石林社会研究文集》，民族出版社2008年版，第30页。

〔2〕［明］陈文撰：《景泰云南图经志书》，见方国瑜主编《云南史料丛刊》（第六卷），云南大学出版社2000年版，第35页。

〔3〕［清］刘慰三撰：《滇南志略》，见方国瑜主编《云南史料丛刊》（第十三卷），云南大学出版社2001年版，第281页。

〔4〕［民国］马标总纂：《路南县志》（民国六年修纂），第175页、第176页，收入凤凰出版社选编《中国地方志集成·云南府县志辑》（第14册），凤凰出版社、上海书店、巴蜀书社2009年版（影印本）。

时期路南山区农业经济的基本状况提供了重要的历史资料。[1]

根据《汉夷杂区经济》一书的资料，20世纪30年代，路南的农业区可分为以种植水稻为主的盆地区（县城坝子、古城坝子等）和以种植玉米为主的山区。尾则村就是山区的一个代表。

1939年，尾则村全村人口668人，其中“夷人”（撒尼人）609人，汉人59人。尾则村的耕地大部分是坡形的山地，在低洼地区有少量水田。根据对耕地情况的丈量和估计，尾则村的耕地总面积约在4500亩左右，其中山地（旱地）约为4300亩，水田约为200亩。在山地和水田的区别之外，村民根据土地的肥瘠状况和作物种植情况，进一步将水田和旱地细分为不同的类别。

水田分为“活水田”和“死水田”两种。“活水田”是可以引水灌溉的田，在尾则村，通过修沟引入附近湖水，一部分稻田可以随时得到灌溉；“死水田”则是没有灌溉水源，只能靠天雨种植的稻田，也即“雷响田”。

旱地根据土质的优劣和所种作物的不同，分为“玉麦地”“麦地”“荞地”和“生地”四类。“玉麦地”即玉米地，是能够种玉米的山地，玉麦地土质较为肥沃，坡度较小，一年可以种两茬或两“伐”（“一伐”即某种作物从种到收的一个生产周期，伐也写作“发”或“乏”）作物，即先种玉米，玉米收割后再种豆；“麦地”即种植小麦、大麦的山地，土质较之“玉麦地”为差，适合种植小麦、大麦，一般一年种一茬作物，土质较优者也可再种一茬豆子或油菜；“荞地”为只适合种荞的贫瘠地，一年只能种一伐作物；最差者为“生地”，即刚开垦的荒地，只能种荞麦或油菜，种一年后须休耕一到两年，才可再行种植。

尾则村一年耕种、收获的农作物可分为两伐，即“秋伐”和“春伐”，秋伐即春天播种、秋天收获的作物，春伐即秋冬播种、春夏收获的作物。“秋伐”作物也即一般所说的“大春”作物，其收获物称为“秋粮”；“春伐”作物即“小春”作物，其收获

---

[1]《汉夷杂区经济》一书完成后，约在1942~1943年间，由云南大学社会学研究室油印出版，此后一直未正式出版。公元2000年前后，在云南大学林超民教授、潘先林教授指导下，云南大学历史系研究生陈国保、金学丽对云南大学地方史研究室所藏《汉夷杂区经济》油印本进行整理校订，于2008年作为民国石林研究著作之一种，收入刘世生先生选编的《汉夷杂区社会研究——民国石林社会研究文集》一书，由民族出版社出版。2014年，云南大学张昌山教授将《汉夷杂区经济研究》列入其主编的“滇云八年书系·魁阁著作”之中，由云南人民出版社单行出版。

李有义先生2005年在为《汉夷杂区经济》所写出版序言中，对这部著作曾有这样的评语：“从今天的眼光看，这本旧作太简单了。不过，作为历史文献看，里面如实地记载了当时（1939—1940年）所能搜集到的有关撒尼人社区的口述历史和当时的社会经济结构的轮廓，对人们想了解半个多世纪以前的情况还是有一些参考价值的。”（见《汉夷杂区社会研究——民国石林社会研究文集》，民族出版社2008年版，第125页）实际上，从今天的眼光来看，李有义先生的《汉夷杂区经济》一书既是应用社会学、人类学理论方法研究中国少数民族社区经济的重要成果，是费孝通先生所领导的“魁阁学派”的代表作之一，同时，也是我们认识、研究近代云南农村社会经济状况的重要历史文献，从学术史的角度来看，《汉夷杂区经济》一书兼具理论方法意义和历史文献价值。

物称为“夏粮”。尾则村的“秋伐”（大春）作物为玉米、荞麦、稻、麻、春麦；“春伐”作物为小麦、大麦、豌豆、蚕豆、油菜等。从耕地利用上来看，种“春伐”作物的田地也是种“秋伐”作物的田地，即在“春伐”作物收获后，紧跟着即种“秋伐”作物，能种两伐作物的耕地被称为“两伐地”。两伐地的土质较为肥沃，在尾则村，能种两伐的耕地较少，仅占全部旱地的20%，其余的旱地一年仅只能种一茬“秋伐”作物。即使是土质较好的两伐地，对连作的作物种类也有要求，一般是秋伐收完玉米后，春伐只能种豆类作物，而不能种麦类作物，如种麦类作物则对地力消耗较大，次年不能再接着种玉米。种植小麦、大麦和种植玉米一样，均需要较高的肥力，如在同一地块进行玉米、小麦轮作，则长势不好、收成较差，两伐作物的收成跟一伐也差不多，相反，在玉米收完后改种豆类作物，则可增加土壤肥力，有利保养地力。由于气候冷凉，土质瘠薄，尾则村的水田只能种一伐稻子，而不能像坝子里的水田那样，种完稻子后还能种蚕豆。尾则村所种稻谷有“掼谷”（也写作“贯谷”，“掼谷”是一种收割时一“掼”即可脱粒的谷种）和“锅巴谷”（也称作“冷水谷”）两种。“掼谷”是坝区常种的稻种，要土质肥沃且光照充足的水田才能种植，在尾村，能种“掼谷”的水田仅占三分之一，其余三分之二的水田只能种“锅巴谷”。由于地势较高，气候寒凉，尾则村栽秧的时间普遍较坝区要晚半个月左右，但由于“锅巴谷”耐寒冷，成熟期短，尽管较“掼谷”晚栽半个月，仍可与“掼谷”同时成熟，同时收割。

从具体的农事活动来看，每年农历二月开始，尾则村民就开始了一年的水田、旱地的农事劳作，主要活动如下：

农历二月，惊蛰（公历3月5日至7日交节）前后，修沟、通渠，放水泡田；春分（公历3月20日至22日交节）前后，整修秧田，送粪。

农历三月，清明（公历4月4日至6日交节）前后，撒秧。在撒秧的时间上，尾则村有“二月清明莫在前，三月清明莫在后”之说，即清明节如在农历二月内，则清明前不宜撒秧，如在三月内，则清明节前就可撒秧。清明至谷雨（公历4月19日至21日交节）之间，为秧针的生长期，撒秧之后即可犁耙旱地。谷雨之后，旱地春伐作物开始成熟。从清明到立夏（公历5月5日至7日交节）之间，为稻田本田的泡田期。

农历四月、五月，旱地春伐作物相继开始收割，最先收割的是豌豆、蚕豆，之后是油菜、大麦、小麦，在旱地春伐作物相继收割完毕后，即开始播种玉米、荞子等旱地秋伐作物；小满（公历5月20日至22日交节）一周之后，即陆续开始栽秧，芒种（公历6月5日至7日交节）至夏至（公历6月21日至22日交节）之间为栽秧的高潮期，夏至之后，栽秧活动就进入收尾阶段了。“死水田”的栽秧期比“活水田”稍晚，须根据降雨情况确定栽秧的时机。小暑（公历7月6日至8日交节）之后，即不再栽秧。

农历六月、七月，即小暑、大暑（公历7月22日至24日交节）、立秋（公历8月7日至9日交节）、处暑（公历8月22日至24日交节）之间，为水田和旱地的薅锄期。水田中，在秧苗栽下15～20天后，即要开始薅秧除草，薅秧一般要进行3次，每次间隔时间约为15天。在水田薅秧的同时，进行旱地作物的锄草、松土、培苗工作，玉米地一般要锄草3～4次，豆类作物要锄草两次。

农历八月，从处暑、白露（9 月 7 日至 9 日交节）到秋分（9 月 22 日至 24 日交节）之间，正是水稻、玉米、荞子旺盛生长、即将成熟的时节，这一段时间内，是秋收前的空闲时间，农事活动较少。

农历九月、十月，从秋分、寒露、霜降到立冬前后，是秋伐作物的收获季节和春伐作物的播种季节。这一段时间内，荞子、豆、麻、玉米、水稻相继成熟，村民们根据各种作物的成熟情况，做好收获工作，同时，种下麦类、豆类等春伐作物。

农历十一月、十二月，在水稻收割后，要趁田土水分较多时，将田挖开，如果田土干透，就难以开挖。立冬（11 月 7 日至 8 日交节）过后，一年的农事活动基本结束。

尾则村的农业生产技术，与周围坝区及其他山区无明显区别。犁地使用牛耕，播种施用肥料，种后实行中耕锄草等，均是明清以来云南多数地区通行的耕作方式。

从农作物产量来看，尾则村平均“一工田”的产量约为 3 斗谷子，“一驾牛”玉米地的产量为 4 斗，“一驾牛”荞地的产量为 3 斗。[1] 根据李有义先生的计算，“一工田”稻米的市场纯利为 35 元，“一驾牛”地所产玉米的纯利为 29 元，“一驾牛”地所产荞麦的纯利为 14.5 元。从经济价值上讲，“一工田”的价值高于“一驾牛”旱地的价值，但由于田少地多，水田仅占全部耕地的 5% 左右，尾村的粮食总产量中还是玉米、荞子所占比重为多，在这种情况下，尾则村民几乎完全是以玉米、荞麦等为主食，稻米主要用于售买，以获得较高的经济收入。据李有义先生调查，尾则村各种作物的种植面积比例为：玉米占 40%，荞麦占 45%，稻占 4%，其他作物（小麦、大麦、豆类、大麻、菜蔬）占 11%，但从经济价值来看，则是玉米占 40%，稻占 25%，荞麦占 20%，其他占 15%。[2]

尾则村的农业生产情况，反映了清代中后期以来云南丘陵山区农业生产的普遍情况。总体而言，丘陵山区山多田少，以种植玉米、荞子、小麦、大麦、马铃薯、豆类等旱地作物为主。由于地势高，土质差，气候冷，缺乏水利条件，旱作农业基本上是“靠天吃饭”，农业生产水平较低，一年辛苦劳作所得仅能基本维持温饱。山区农民的生产、生活条件比之坝区居民较为艰难。近代时期流行于路南、弥勒一带的一首民间小曲对山区彝族群众的生活状况作了这样的描述：

> 阿细婆，不快乐，
> 苦织勤耕在山坡，
> 地土瘦薄石头多。
> ……
> 人活九十九，为了这张口。

---

〔1〕 李有义：《汉夷杂区经济》，云南人民出版社 2014 年版，第 59 ~ 60 页。“一驾牛”的面积即一驾牛犁耕一天的面积，按近代时期的耕作情况，为 4 ~ 6 亩。根据李有义先生的说法，“一工田”的面积约为“一驾牛”面积的 1/12，则“一工田”的面积约在 0.32 ~ 0.48 亩之间，大体可看作 0.4 亩左右。

〔2〕 李有义：《汉夷杂区经济》，云南人民出版社 2014 年版，第 51 页。

不苦不累不得吃，又苦又累还饿死。
别处坝子田地好，一年春秋四季分，
一年忙到尾，至少九收成。
我们阿细婆，成年苦山坡。
老天赏个脸，还能收对成。
老天不赏脸，秋收望空箩。[1]

二、高寒山区的农业生产

云南的高寒山区集中于滇东北、滇西北地区，即清代的昭通府、东川府和丽江府地区。这里，我们以东川府为例，对清代高寒山区的农业生产情况进行论述和分析。

清代东川府所辖地区，属于乌蒙山和金沙江、牛栏江、小江的交错切割地区，地形地貌复杂多样，气候冷暖也各有不同。乾隆《东川府志》在介绍东川府的气候状况时说："东川去省会五百里，近城川原气候微寒，四境气候各异。碧谷、巧家、小江极热，夏秋间湿热相蒸，多瘴疠；者海、野马川、凉山诸处高峻严寒，七月即霜，四月常雪。大约地形低下者，偏于热；地势高仰者，偏于寒。"[2] 不同的地形、气候使得东川府属的"四乡九里"其农业生产状况也各有不同。根据《东川府志》的记载，各乡、里的田、地和出产情况如下：

敦仁乡：敦仁乡为今会泽县城金钟镇东部及相邻的五星乡局部地区。[3] 敦仁乡的田地和生产情况是："平衍数十里，多水田，皆知府义宁劝垦。"[4]

尚德乡：尚德乡辖境在小江下游两岸，主要为今会泽县金钟镇西部、大海乡北部、五星乡局部，以及东川区北部播卡、拖布卡、杉木三乡地区。尚德乡的田地和生产情况是："田万余亩，俱在平川，陆地少。知府义宁引以濯河（即以礼河——引注）水灌田数千亩。"[5]

集义乡：集义乡辖境为小江中游东岸地区，即碧谷江东岸与大海梁子之间的地域范围，包括今东川区城区和北部的新村、碧谷、绿茂等乡镇地区。集义乡的田地和生

[1] 中央访问团二分团调查，惠国芳整理：《西山区法雨哨简况》，载云南省编辑组编《中央访问团第二分团云南民族情况汇集》（下），云南民族出版社 1986 年版，第 104 ~ 105 页。

[2] [清] 崔乃镛、方桂、余泽春、冯誉骢纂修、续修，梁晓强校注：《东川府志·东川府续志》，云南人民出版社 2006 年版，第 50 页。

[3] 东川府各乡、里古今地域范围据梁晓强先生的考证。参见《东川府志·东川府续志》（校注本）的相关校注，云南人民出版社 2006 年版，第 173 ~ 190 页。

[4] [清] 崔乃镛、方桂、余泽春、冯誉骢纂修、续修，梁晓强校注：《东川府志·东川府续志》，云南人民出版社 2006 年版，第 190 页。

[5] [清] 崔乃镛、方桂、余泽春、冯誉骢纂修、续修，梁晓强校注：《东川府志·东川府续志》，云南人民出版社 2006 年版，第 190 页。

产情况是："平衍辽阔，迤俪数十里。田赋甲于他处。"[1]

崇礼乡：崇礼乡辖境为今会泽县北部的娜姑镇。崇礼乡田地特征是："田多。"[2]

忠顺里：忠顺里为今会泽县东部者海镇及相邻地区。忠顺里的田地和生产情况是："地多田少，洼下土疏散，不能蓄水。山地烧灰覆压，三年一播种，名烧灰，又名烧畲，即火种也。"[3]

丰乐里：丰乐里为今会泽县东北部的火红、马路、乐业等乡镇地区，以及矿山镇、迤车镇的部分地区。丰乐里的田地和生产情况是："中有长冲，多田，山岭、僻区皆陆地。"[4]

宁靖里：宁靖里为今会泽县东南部的田坝、上村、驾车等乡全部，以及待补镇大部和大海乡南部地区。宁靖里的田地和生产情况是："惟施田稍有田，余皆山地。"[5]

清宁里：清宁里为今东川区南部阿旺、姑海两乡地区。清宁里的田土情况是："地多田少。"[6]

输诚里：输诚里为今会泽县北部地区。输诚里的田地和生产情况是："中有平川二十里，皆田，余尽山地。"[7]

归治里：归治里为今巧家县境的主要地区。归治里的田地和生产情况是："大、小米粮坝多田，余尽山地。"[8]

庆成里：庆成里在金沙江北，即今四川省宁南县东部和布拖县南部地区。庆成里的田地和农业生产情况是："水草肥美，田多可垦。"[9]

向化里：向化里为今东川区拖布卡、杉木两乡以南，阿旺、姑海两乡以北的东川区西部各乡镇以及禄劝县雪山乡辖境。向化里的田地和生产情况是："田少地多，无

[1] [清] 崔乃镛、方桂、余泽春、冯誉骢纂修、续修，梁晓强校注：《东川府志·东川府续志》，云南人民出版社2006年版，第190页。

[2] [清] 崔乃镛、方桂、余泽春、冯誉骢纂修、续修，梁晓强校注：《东川府志·东川府续志》，云南人民出版社2006年版，第190页。

[3] [清] 崔乃镛、方桂、余泽春、冯誉骢纂修、续修，梁晓强校注：《东川府志·东川府续志》，云南人民出版社2006年版，第190页。

[4] [清] 崔乃镛、方桂、余泽春、冯誉骢纂修、续修，梁晓强校注：《东川府志·东川府续志》，云南人民出版社2006年版，第190页。

[5] [清] 崔乃镛、方桂、余泽春、冯誉骢纂修、续修，梁晓强校注：《东川府志·东川府续志》，云南人民出版社2006年版，第191页。

[6] [清] 崔乃镛、方桂、余泽春、冯誉骢纂修、续修，梁晓强校注：《东川府志·东川府续志》，云南人民出版社2006年版，第191页。

[7] [清] 崔乃镛、方桂、余泽春、冯誉骢纂修、续修，梁晓强校注：《东川府志·东川府续志》，云南人民出版社2006年版，第191页。

[8] [清] 崔乃镛、方桂、余泽春、冯誉骢纂修、续修，梁晓强校注：《东川府志·东川府续志》，云南人民出版社2006年版，第191页。

[9] [清] 崔乃镛、方桂、余泽春、冯誉骢纂修、续修，梁晓强校注：《东川府志·东川府续志》，云南人民出版社2006年版，第191页。

出产。”〔1〕，

善长里：善长里为今巧家县蒙姑乡和四川省会东县东部、东南部地区。善长里的田地和生产情况是：“田少，水源多不能引。普毛稍有田。无出产。”〔2〕

由这些记载可以可出，清代乾隆年间东川府所辖四乡九里（有时也称“四乡八里”）地理环境、气候条件和农作状况的多样性、复杂性。大体而言，府治周围的“四乡”地区平地较多，可以引水灌溉，稻田多，农业出产较丰，而“九里”所在地区大多为高寒山区或深山峡谷地区，气候冷凉，缺乏平地，耕作粗放，只能“靠天吃饭”。从东川府物产状况也可看出，东川府尽管物产类别较多（稻、麦、玉米、黍、高粱、豆类、瓜果蔬菜皆有出产），但作为滇东北地形复杂、气候冷凉的高寒山区，东川府各乡里的物产又有较大的差别。根据乾隆《东川府志·物产志》的记载，各种物产及其产地的情况大体如下：

稻：清代东川府地区所种稻，从水田、旱地的区别来说，有陆稻和水稻两类；从谷米的颜色来说，有白稻和红稻（赤稻）之分；从黏糯来说有粳稻、糯稻之别。至于产地，乾隆《东川府志》谓：“产城四乡及丰乐、输诚二里，巧家米粮坝（米粮坝在今巧家县城所在的新华镇——引注）等处。”〔3〕

玉米：当时称为“玉麦”或苞谷。乾隆《东川府志》记载说：“玉麦，城中园圃种之。”〔4〕这一记载或许说明，玉麦是当时城镇周围地区居民主食以外的杂粮或副食，是类似于果蔬的园圃作物。

麦类：乾隆《东川府志》明确记载，“东川府气候寒冷，不宜大小麦”。而燕麦，则由于适宜在温凉地区生长，故而“四乡八里皆产”〔5〕。

荞类：荞有苦荞、甜荞，“四乡八里皆产”〔6〕。

黍、蜀黍（高粱）：“黄小黍、红小黍、高粱：各乡里产。”〔7〕

豆类：东川府所产豆类作物有：黄豆、饭豆、菜豆、蚕豆、刀豆、豇豆、四季豆。各种豆类在各乡、里的出产情况亦有所不同，如刀豆、豇豆多为近城园圃中种植，而四季豆、红饭豆、白饭豆，则各乡、里皆产。并且，由于气候较冷，豆类的成熟期亦

〔1〕［清］崔乃镛、方桂、余泽春、冯誉骢纂修、续修，梁晓强校注：《东川府志·东川府续志》，云南人民出版社2006年版，第191页。

〔2〕［清］崔乃镛、方桂、余泽春、冯誉骢纂修、续修，梁晓强校注：《东川府志·东川府续志》，云南人民出版社2006年版，第191页。

〔3〕［清］崔乃镛、方桂、余泽春、冯誉骢纂修、续修，梁晓强校注：《东川府志·东川府续志》，云南人民出版社2006年版，第335页。

〔4〕［清］崔乃镛、方桂、余泽春、冯誉骢纂修、续修，梁晓强校注：《东川府志·东川府续志》，云南人民出版社2006年版，第336页。

〔5〕［清］崔乃镛、方桂、余泽春、冯誉骢纂修、续修，梁晓强校注：《东川府志·东川府续志》，云南人民出版社2006年版，第336页。

〔6〕［清］崔乃镛、方桂、余泽春、冯誉骢纂修、续修，梁晓强校注：《东川府志·东川府续志》，云南人民出版社2006年版，第336页。

〔7〕［清］崔乃镛、方桂、余泽春、冯誉骢纂修、续修，梁晓强校注：《东川府志·东川府续志》，云南人民出版社2006年版，第336页。

较长："青豆、黑豆、南豆（青豆、黑豆为大豆之一种，南豆即蚕豆——引注）：熟极迟，二、三月糶者，皆来自外乡。"[1]

蔬菜：清代东川府地区的主要蔬菜作物有："韮、葱、蕨、芹、茄、芋、瓠、青菜、白菜、菠菜、黄白萝卜。"[2]

根据上述记载，我们可以看出，清代东川府所辖四乡九里，其农业物产情况为，以"四乡"为主的平坝区，以稻米为主粮，以玉米、豆类等为杂粮或蔬菜；而以"九里"为主的高寒山区，则以荞子、黍类、高粱、燕麦为主粮，以玉米、豆类等为杂粮。甚至同一地区，由于地形海拔的差异，山上山下的生产情况也截然不同。如"披夷"（彝族的一个支系）所居住的地区，山下有少量平地，可以种稻，山上则为坡地，只能种杂粮。"披夷"居住在山上，既下山种稻田，也居山种旱地："艺山粮者十之七，艺水田者十之三。水田多热（'热'字他本作'熟'——引注）地，艺毕上山，成熟下取。"[3]

东川府地区的地貌、气候和物产状况，大体上反映了滇东北、滇西北高寒山区地形地貌、气候特点和农业生产的普遍状况。清代，与东川府相邻的武定直隶州所属禄劝县，其气候和物产状况是："所属地僻土寒，谷难成熟，惟正东、东南等村可以种稻，撒甸及沿江一带夷民，田多种稗，地多种荞。"[4] 甚至与东川府一江（金沙江）之隔的大小凉山地区，其地貌、气候和作物状况，与东川府地区也基本相同。据民国年间的调查报告："大小凉山夷区之农作物以甜荞、苦荞、玉蜀黍、燕麦、豆类及马铃薯为正产，间亦有天星米及水稻之种植。燕麦、甜、苦荞均产高山，苦荞在二千公尺以上地带亦可生长，玉蜀黍则高山低地皆可播种。以上三者，均为黑夷之主要食品，洋芋为白夷重要食品之一，黑夷则耻食之。"[5]

与东川府地形地貌和海拔高度大体接近的滇西北丽江府地区，同样是根据平地、山地和气候状况的不同而种植不同的作物："平地种豆、麦，山地种荞、稗，弃地种蔓菁。"[6] 根据民族调查资料，滇西北高寒山区的农作物主要有：玉米（苞谷）、大麦、小麦、燕麦、荞、旱谷、青稞、马铃薯（洋芋、番芋）、番薯、豆类、稗等。各种作物都是搭配种植，农民既种植玉米、小麦、荞子等作为基本口粮，同时也种植薯芋、豆类等作为补充食物或作为果蔬食物。

---

〔1〕［清］崔乃镛、方桂、余泽春、冯誉骢纂修、续修，梁晓强校注：《东川府志·东川府续志》，云南人民出版社 2006 年版，第 336 页。

〔2〕［清］崔乃镛、方桂、余泽春、冯誉骢纂修、续修，梁晓强校注：《东川府志·东川府续志》，云南人民出版社 2006 年版，第 337 页。

〔3〕［清］崔乃镛、方桂、余泽春、冯誉骢纂修、续修，梁晓强校注：《东川府志·东川府续志》，云南人民出版社 2006 年版，第 199 页。

〔4〕［清］刘慰三撰：《滇南志略》，见方国瑜主编《云南史料丛刊》（第十三卷），云南大学出版社 2001 年版，第 320 页。

〔5〕任映沧：《大小凉山开发概论》，见林文勋主编《民国时期云南边疆开发方案汇编》，云南人民出版社 2013 年版，第 267 页。

〔6〕［清］刘慰三撰：《滇南志略》，见方国瑜主编《云南史料丛刊》（第十三卷），云南大学出版社 2001 年版，第 181 页。

三、滇南山区的梯田农业

水稻的种植与生产，与光热条件和水土资源状况具有密切的关系。其中，水资源的供给情况对水稻生产的影响尤大。水资源的供给，一靠天然的降雨量，二靠河流沟渠等相关的水利工程设施。在天然降雨达到一定量的条件下，稻田用水的状况取决于配套水利设施的建设使用情况。也就是说，除非全靠“天雨”，否则，种植水稻必须要有水利设施提供水资源保障。云南地区虽然天然降雨量较为充沛，水资源理论上蕴藏丰富，但由于山高谷深、地势崎岖，根据“水往低地流”的自然特点，天然降雨最后都流向河谷平坝地区或汇入大江大河后流向境外，山区由于缺乏水利设施而留不住降雨，因此之故，山区一般也难以从事水稻生产，只能种植旱稻或其他旱地作物。但是也有例外，这就是红河南岸的哈尼族在高山上开辟梯田，利用山上溪水种植水稻，发展出别具一格的梯田稻作农业。

梯田稻作是南方丘陵山区水稻种植的一种常见形式。即在高低起伏的山岭上，凿山开田，利用天然降雨或提流灌设施引水泡田，种植水稻。因稻田依山开辟、层叠而上，状如阶梯，故称之为梯田。明末徐光启所撰《农政全书·田制》在解释“梯田”时说：“梯田，谓梯山为田也。夫山多地少之处，除磊石及峭壁，例同不毛。其余所在土山，下自横麓，上至危颠，一体之间，裁作重磴，即可种艺。如土石相半，则必叠石相次，包土成田。又有山石峻极，不可展足，播殖之际，人则伛偻蚁沿而上，耨土而种，蹑坎而耘。此山田不等，自下登陟，俱若梯磴，故总曰梯田。上有水源，则可种秫秔。如止陆种，亦宜粟麦。”[1] 中国的梯田稻作农业南方各省皆有，而以广西龙胜瑶族梯田、云南红河哈尼梯田最负盛名。

哈尼梯田分布于今滇南红河哈尼族彝族自治州的元阳、红河、金平等县区。明清时期，红河南岸的这一片区为临安府管辖下的各土司属区，居民以哈尼族为主，同时还居住有彝族、傣族等民族。在长期的生产实践中，哈尼族发展出靠山上溪水灌溉的梯田农业。一般认为，哈尼族的梯田农业始于唐代，至今已有1300多年的历史，其根据就是《南诏德化碑》所说的“厄塞流潦，高原为稻黍之田”[2] 的记述，以及唐代后期樊绰所撰《云南志》有“蛮治山田，殊为精好”、“浇田皆用源泉，水旱无损”[3] 的记载。一些农业科技史论著指出：“上述记载具有人工灌溉设施，虽当时尚无梯田之名，但这里的山田已是名副其实的梯田。梯田在水源有保证的前提下，不仅可以缓解山地丘陵地区的人地矛盾，而且其本身可以拦蓄雨水，防治水土流失，达到保水、保土、保肥的目的，在历史上对农业生产起过甚为积极的作用。”[4] 我们认为，这一论述和分析是正确的。但是根据上述史料，可以得出唐代云南地区存在着引水灌溉的梯

---

〔1〕［明］徐光启撰，石声汉校注：《农政全书校注》（上），上海古籍出版社1979年版，第119页。
〔2〕《南诏德化碑》文，见汪宁生《云南考古》，云南人民出版社1992年版，第161页。
〔3〕［唐］樊绰撰，向达原校、木芹补注：《云南志补注》，云南人民出版社1995年版，第96页。
〔4〕张芳、王思明主编：《中国农业科技史》，中国农业科学技术出版社2011年版，第169页。

田的结论，但不能由此直接得出滇南红河地区的梯田稻作农业始于唐代的看法。我们认为，上述相关史料所记述的应为南诏国的中心地区即滇池地区和洱海地区的农业生产情况，即在滇池地区和洱海地区，通过兴修沟渠、河塘、堤坝，引水灌溉山田或梯田，开展水稻种植生产，使“高原为稻黍之田”[1]，而不是特指现今滇南山区的梯田稻作农业——在南诏时期，现今红河以南的滇南山区，尚属于南诏国的边地，不可能是刚刚建国的南诏经济开发的重点区域，因而也不是《南诏德化碑》所说的“厄塞流潦，高原为稻黍之田”的地方，故此，将《南诏德化碑》和《云南志》的相关记述作为哈尼梯田农业起始的依据，在史实和逻辑上尚欠妥当、难以成立。

虽然哈尼族的梯田稻作始于何时难以确考，但从清代开始，关于梯田或滇南梯田的记载就出现于各种史籍中。清代雍正年间任职云南的吴应枚（浙江乌程人）所撰《滇南杂记》在解释梯田的名称时说：“梯田，以高下形似名。”[2] 成书于乾隆四十七年（公元1782年）的《滇南闻见录》也记载说：“山田层级而下如梯形，泉水流注，最宜于稻。……更有于两山之间，架一木槽，引此山之水通于彼山，其法甚巧。又有旱山之田，土性宜稻，必待雨而有收，谓之雷鸣田。”[3] 这说明梯田是由于其形似高低层叠的梯子而得名；由于一些山田主要靠雨水灌溉，要等雷鸣下雨得到水源后才能栽插，故也被称为“雷鸣田”或“雷响田”。刘慰三《滇南志略》卷二“临安府”条对红河南岸地区的梯田作了专门记载：“所属山多田少，土人于山麓平旷处开作田园，层层相间，远望如画。至山势峻极，蹑坎而登，有石梯，名曰‘梯田’。水远高者，通以略彴（彴音‘卓’，略彴本义为简易的独木桥，这里应是指形似独木桥的引水木槽，以木头刨空而成，云南人称其为‘枧槽’——引注），数里不绝。至高亢处，待雨播种，曰‘雷鸣田’，亦曰‘靠天田’。”[4]

根据哈尼族的传说，哈尼族先民原先不会从事稻作生产，是白鹇鸟衔着谷穗来到村里，哈尼先民剥开谷壳，看到米粒后，才学会种植谷物；哈尼先民先是种植旱谷，后来看到谷种落到耕牛打滚的泥塘中，长出来的谷穗像马尾巴一样粗，谷粒结实饱满，于是改种水稻；又从螃蟹在泥水中爬出的一道道痕迹中得到启发，从而利用山势开辟了梯田。[5] 这些传说表明，哈尼族的梯田稻作农业是在不断总结生产实践经验的基础上，逐步地形成和发展起来的。

哈尼梯田开发的重要条件就是山上四季不断的溪水。红河南岸地区有“山有多高，水有多高”的自然景象，这种景象形成的原因一是滇南山区有着丰富的降雨量（湿热

[1] 这也与《云南志》所记述的“从曲靖州已南，滇池已西，土俗唯业水田”（见《云南志补注》第96页）的说法相一致。

[2] [清] 吴应枚撰：《滇南杂记》，见方国瑜主编《云南史料丛刊》（第十二卷），云南大学出版社2001年版，第51页。

[3] [清] 吴大勋撰：《滇南闻见录》，见方国瑜主编《云南史料丛刊》（第十二卷），云南大学出版社2001年版，第16~17页。

[4] [清] 刘慰三撰：《滇南志略》，见方国瑜主编《云南史料丛刊》（第十三卷），云南大学出版社2001年版，第104页。

[5] 王连芳：《王连芳云南民族工作回忆》，云南人民出版社1999年版，第136~137页。

的气候使地表水不断蒸发形成降雨），二是滇南山区森林茂密，对天然降雨所形成的水源具有很好的涵养储藏作用，特别是高山上的水冬瓜树，对涵养水源的作用尤为突出，高山上有一片水冬瓜林，就等于有了一个天然水库。哈尼族地区的大山上，山顶都有一片茂密的森林，这些森林既是哈尼族人畜饮水的来源，也是哈尼梯田的生产用水来源。这些茂密的森林就是哈尼族神圣的"寨神"所在的地方，称为寨神林。哈尼村寨在建寨之前，必须要先立"寨神"，即选定代表寨神的树林。按照哈尼族风俗，不仅寨神林里的树木不能砍伐，即使寨神林本身都不准许人们随便进入。哈尼族正是通过宗教和习俗的方式保护了村寨赖以生存的水源林，从而才有了闻名于世的梯田稻作农业。

在红河南岸山区，梯田和村寨的分布格局是：村寨位于半山地带；从村寨至山顶，为森林或寨神林所在地；从村寨之下延伸至山脚地带，为梯田分布区域。这样的林、田、村寨布局，既保护了生态环境，又保障了生产、生活用水，较好地处理了人与自然的关系以及生产与生活的关系，从生态学的角度而言，十分科学合理。哈尼族对梯田地的选择十分讲究，只有土质良好、水源充足而又向阳的斜坡地带才适合用来开辟为梯田。在选好的土地上，先种上几季旱地作物后，才又开沟挖渠，筑埂搭台，将旱地改造为梯田。哈尼梯田依山就势而辟，从山腰到山脚逐级而下，高低错落有致，地块大者有数亩，小者仅为几分甚至不足一分，有的甚至只有数平方米，仅可栽种几行秧苗。

哈尼梯田的灌溉用水为山上茂密森林中的溪水。山水自然流淌、顺势而下，通过长期冲刷形成的沟渠，流入村寨下的梯田。而到梯田后，又以田为渠，由高到低，逐块灌溉。高山流水既带来了稻谷生长必需的水源，也带来了作物生长必需的营养物质：顺流而下的雨水将深山密林中的腐殖土带入梯田之中，这些腐殖土含有作物生长所需的氮、磷、钾等营养物质。同时，哈尼族群众每家都在村寨边挖个粪塘堆放粪便、垃圾、绿肥等物质，平时任其沤泡、发酵，一到下雨时，就利用雨水的力量将这些沤制的肥料冲入自家田中，以增加梯田的肥力，这种肥料被称为"水冲肥"。因此，对于梯田稻作来说，大山山顶的森林，既是天然水库，也是肥料来源。为了保证梯田田埂不会开裂漏水，即使在冬天，梯田里也需要灌水泡田。这样，哈尼梯田也就成为一片独特而雄伟的人工湿地。

相较于其他少数民族的稻作生产方式而言，哈尼族的梯田农业是一种精耕细作的农业生产方式。从选种、育秧、移栽、冲肥、泡田、保埂等都有相应的规范和技术要求。在选种上，实行"块选"和"穗选"相结合的选种方式，即通过实地观察，发现哪一块稻田的谷穗长势好、颗粒多、籽粒饱满，就将哪一块的谷子留作种子；或者在各块稻田中，发现哪一穗好就将其留作谷种。收取谷种的时机为稻谷长到九成熟的时候，过熟或过生的谷种成活率都不高。这种通过观察谷穗的生长情况和表现性状来选择谷种的方法，是传统农业中最普遍也是最有效的选种方法。[1] 每年春天育秧前，哈尼农民要对谷种进行浸泡，然后以稻草覆盖，放在阳光下照晒，以促进谷种发芽。此后，才将发芽的谷种撒播到秧田中。秧苗成长后即进行移栽。哈尼农民栽秧时，对株

〔1〕 袁隆平口述、辛业芸访问整理：《袁隆平口述自传》，湖南教育出版社2010年版，第46页。

距有着相应的规范和要求，即根据梯田的土肥情况和田块位置的高低来确定合理的株距尺寸，由于实行“水冲肥”的施肥方式，位置较低的低山梯田，肥力较好、热量充足，故而实行稀植，秧苗的株距约为4～5寸，每亩约需9斤（4.5公斤）谷种的秧苗；而高山地带的梯田，肥力较差、气温也较低，故而实施密植，秧苗株距约为3～4寸，每亩约需15斤（7.5公斤）谷种的秧苗。由于梯田从山脚到山顶呈立体分布，因此不同位置的梯田所处气候也不同，为此，哈尼农民对不同位置的梯田选用不同的稻谷品种（如耐寒的品种等），以适应相应气候状况的要求。在长期的生产实践中，哈尼族选育出了众多的稻谷品种，仅元阳县的本地稻谷品种就有180个之多。许多品种具有良好的生产性状，能够长期种植而不退化。在种植稻谷的同时，哈尼族充分地利用梯田的空间和时间，在田埂上种植黄豆，在稻田中养鱼。梯田养鱼的方法是，哈尼群众把从江河中捞取的鱼苗先放到自家的水塘中，到秧苗栽下后，再将鱼苗从水塘放入稻田中。放入鱼苗的梯田水口，要用竹篱笆隔住，以防止小鱼游到他家田中。鱼苗在稻田中和稻谷一起生长，靠吃田中的浮游生物和稻谷花粉维生。当秋天稻谷金黄成熟时，将稻子割去后，堵住上方入水口，放干田水，即可捕鱼。梯田所养鱼被称为“谷花鱼”。

哈尼族的梯田农业，在艰难的环境条件下，以辛苦的劳作和精细的耕作，获得了较高的产出，解决了自己的吃饭问题。根据20世纪50年代的调查，哈尼梯田的一般亩产量为283斤（141.5公斤），约为种子的31.4倍，亩产最高者可达600斤（300公斤），为种子的66倍。一个成年男劳力在正常情况下，可以种植10亩水田，全部产量约为3000斤（按平均水平计算），扣除156斤种子、500斤个人口粮、200斤左右的其他费用，还有2144斤的剩余产品，可够4人一年的口粮。[1]

以上所言，为哈尼梯田稻作农业的一般情况。下面，根据20世纪50年代的调查资料[2]，以金平县金河镇马鹿塘村为例，对哈尼梯田的具体生产情况作一展示。

马鹿塘村位于哀峰山系东南侧的半山上，背靠阿之喀含山峰。山下即为金水河（金平河）。从山下河谷到山上顶峰，海拔从1000米上升到2000米，马鹿塘村即位于海拔1400米的高山中部。在马鹿塘村的山顶上，长着茂密的原始森林。马鹿塘村距县城金河镇约5公里，交通方便。居民为哈尼族，有140多户，772人。据说马鹿塘村哈尼族的先民原先居住于建水，后来由建水迁到元阳，再由元阳迁到金水河地区。哈尼族先民迁到马鹿塘后，在半山腰上修建了村寨，再将村寨周围的原始森林砍倒烧尽，开成近千亩梯田，然后在此山高水多、地肥水美的地方居住生活下来，把一个马鹿饮水的地方，变成了一个人烟稠密的村寨。

马鹿塘村的田地包括水田和旱地两种，旱地较少，以水田为主。全村稻田面积为960亩。所种水稻有五路稻、红脚稻、麻线谷、白谷、糯稻等品种，除了糯稻外，其他皆为粳稻。每种品种内部又根据颗粒大小分为更多的种类，如麻线谷就分为大麻线谷、小麻线谷，红脚谷分为大红脚谷、小红脚谷等。各种品种的稻谷具有不同的生长特性，

---

〔1〕参见姜定忠编纂：《哈尼族史志辑要》，云南民族出版社2007年版，第154页。

〔2〕李国发、宋恩常调查整理：《金平县一区马鹿塘哈尼族社会调查》，载《民族问题五种丛书》云南省编辑委员会编《哈尼族社会历史调查》，民族出版社2009年版，第43～55页。

小红脚谷产量高，米细壳白；大小麻线谷产量高，但稻秆软，易被风吹倒；小白谷能够适应各种地理和气候状况，但产量低，故种植面积少；糯谷种得少，种糯谷的目的是为了逢年过节时以糯米为原料制作年糕。在长期的生产实践中，马鹿塘地区的农民根据河谷地区、半山区不同的气候和水肥条件，选择种植不同品种的稻谷。在河谷地区种大白谷、小白谷、大红脚谷、小红脚谷、麻杂谷、香谷、小黄糯、沙仁谷和猛利糯，在半山区种五路谷、皮杂谷、麻杂糯、大麻线谷、小麻线谷、小白谷、小黄糯、沙仁谷、大红脚谷和小红脚谷等。

马鹿塘村民一年的主要生产活动都是围绕梯田种稻来进行。故此，从选种到收割的各个环节，哈尼农民都形成了一套完整成熟的生产工序和技术规范。据调查，马鹿塘村耕作水田从整地到田间管理，共有 22 道工序。如秧田的劳作活动包括犁田、刮埂子、割绿肥和踩肥、铲埂子、犁耙、犁耙后刮平、围秧田、泡种、撒种、拨秧等工序，秧田的犁耙为犁两遍、耙一遍；本田（即移栽秧苗的稻田）的劳作环节包括犁田、耙田、铲埂子、刮埂子、犁耙平土、栽秧、除草、除埂草、收割、打谷、搬运等工序，本田的犁耙为犁三遍、耙三遍。在所有这些工序中，哈尼族尤其注重秧田的管理，在秋收结束后，即转入秧田的管理工作。

在秧田管理中，马鹿塘农民重视秧田的施肥工作。马鹿塘农民对本田一般不施肥，而对秧田却要进行专门的施用基肥工作。所施基肥为植物绿肥，即将马虎草、白芨草、秧青树叶等各种植物枝叶采来泡在秧田中，任其腐烂，变成肥源，从而增强秧田的肥力。给秧田施肥一是由于秧田的重要性，秧苗的品质决定了稻谷的品质，这就是哈尼农谚所说的“七分秧，三分苗”；二是当秧田撒种时，雨季还未到来，故而秧田中也无雨水所带来的“水冲肥”，为此，必须给秧田专门施肥。

在育秧和栽秧上也有讲究。秧田在施足基肥后，要耙得松软平整。撒下谷种之后，中间要放干水晒秧两次，秧苗长出后，要根据秧苗的尺寸高度，掌握好灌水的深度。秧田的育苗期平均为两个月（60 天）。在栽秧时令上喜欢栽老秧，一般要到农历五月才开始栽秧。栽秧时秧苗的密度（株距）也根据田亩的位置、土壤的肥瘦、气温的高低而有不同。具体情况是：河谷地区，好田上秧苗的株距为 1.5 市尺，每丛秧苗分蘖 8 ~90 棵；一般田的秧苗株距为 1 市尺，每丛分蘖 2 ~30 棵，或 5 ~60 棵。山脚地区好田的株距约 5 ~6 寸，每丛分蘖 4 ~60 棵；一般田株距 5 ~6 寸，每丛分蘖 2 ~30 棵。高山地区好田的株距也为 5 ~6 寸，但每丛只分蘖 7 ~8 棵，一般田只分蘖 5 ~6 棵。水稻的生长期平均为 4 个月（120 天）。[1] 农历九月，稻谷成熟，即开始进行收割。

从稻作产量上来说，马鹿塘村一个男劳力一年种 1 ~1.5 市斗谷种的水田，正常年景可收获 40 ~50 担稻谷。按每担稻谷 100 市斤（50 公斤）计算，共计 4000 ~5000 市斤（2000 ~2500 公斤），扣除各项生产成本，仍有较多盈余，再加上玉米、荞子等作为补充，足够满足一个五口之家全年的口粮需要。

哈尼梯田是哈尼族人民在长期的历史发展过程中，在艰难的生产环境下，顺应自

〔1〕 李国发、宋恩常调查整理：《金平县一区马鹿塘哈尼族社会调查》，载《民族问题五种丛书》云南省编辑委员会编《哈尼族社会历史调查》，民族出版社 2009 年版，第 46 ~47 页。

然、利用自然、改造自然以满足自身生存需要的产物，是山区水田稻作农业的一种伟大创造，是一种独特的农业生态系统。在传统农业时期较低的生产力水平和较低的物质生活需求条件下，哈尼梯田稻作生产方式具有一定的合理性、适应性和有效性，代表着山区稻作农业的一种基本样式，故此，云南哈尼稻作梯田系统被联合国教科文组织确定为世界文化遗产保护项目。

第十节　元明清时期云南地区的畜牧生产

在云南传统农业生产中，种植业的发展与养殖业的发展一直密不可分，种养结合、耕牧一体一直是云南农业生产和农民生活的一个重要特点。元明清时期，伴随着坝区水田农业的不断发展和山区旱作农业的不断进步，云南的畜牧养殖业也得到了进一步的发展。明清和近代时期，云南在全国各省中，属于畜牧业较为发达的省份。[1]

一、兴盛的畜牧养殖业

（一）耕牧结合的生产、生活方式

一般来说，作为种植业经济的补充，汉族地区农户的养殖规模都不大，一两头牛、两三头猪、五六只羊、七八只鸡鸭是农户家庭养殖的普遍状况，“养牛为耕田、养猪为粪田（或养猪为过年）、养鸡为卖钱”是农民生活的真实写照。根据民国时期的调查，省城昆明附近的呈贡县，其畜牧业发展情况是：“该县业农者均饲有牛、马、骡、羊、猪，然无大宗饲养之家，至牛、马二种，大户者每家也不过各饲一头。饲养之法，甚为简单，日间则放之郊外食青草，夜间以畜舍收容之，以稻草为饲料，至秋冬草枯之季，则概饲以稻草，亦间有以杂粮者。其用途，马则供搬运之用，牛则供耕田之需。”[2] 但在少数民族居住的山区，也有许多农户以养殖为主业，把养殖作为生计来源和生财之道，养殖规模较大，畜牧经济较为发达。如居住在武定、禄劝等地的“罗婺”（也写作“罗午”“罗武”，彝族的一个支系）部族，就是“居山林高阜，牧养为业”[3]。根据民国时期的调查资料，富民县西北地区的若干村寨，如东山、老青山、

〔1〕根据1935年的调查统计，当时云南地区所养殖的马、驴、猪等畜种的数量，均居当时全国前列。

〔2〕《云南实业报告》（1923年出版），转见昆明市志编纂委员会办公室编《昆明市志长编》（卷十一），1983年编印，第317页。

〔3〕［清］阮元、伊里布等修，王崧、李诚等纂：《道光云南通志》，见方国瑜主编《云南史料丛刊》（第十三卷），云南大学出版社2001年版，第361页。

车完村等地，“各家俱以养羊为生活，其所牧养之绵羊，体质肥大，毛泽洁白柔软，年运销于省垣者，为数甚多。”[1] 故此，檀萃在《滇海虞衡志》中说，云南少数民族所居住的山区，“马、牛、羊不计其数，以群为名，或百为群，或数百及千为群。论所有，辄曰某有马几何群，牛与羊几何群。其巨室几于以谷量马牛，凡夷俗无处不然。”[2]

牲畜的牧养方式，是舍饲与野牧相结合。具体而言，牛、马、羊的牧养方式，是野牧为主，舍饲为辅。如哈尼族先民“窝泥”的养牛方式就是：“春用牛耕，耕毕则放之于野。”[3] 檀萃《滇海虞衡志》也说，云南各地畜牧的方式是：“春夏则牧之于悬岩绝谷，秋冬则放之于水田有草处，故水田多废不耕，为秋冬养牲畜之地。”[4] 猪的饲养方式，汉族地区是舍饲为主、牧放为辅，而在少数民族地区，则多为野牧。鸡的饲养，也是以野外觅食为主，辅以一定的谷物喂养。

由于物质生活条件所限，加之牲畜在农户生产、生活中所具有的重要经济价值，从古代至近代，云南许多地区农户蓄养牲畜的方式都是人畜共居，以便于看护和喂养。如元代李京《云南志略》记载说，居于现今滇东北地区的土獠蛮“猪、羊同室而居”[5]，即猪、羊与人共居一室。具体地来看，历史上云南地区“人畜共居”的方式又可分两种：一种是人、畜虽然共居于一个建筑体内，但位置相对分开，牲畜居于单独的畜圈内，如傣族、壮族等民族所居的竹楼，就是上层住人、下层关畜，一些汉族居民的房屋，也是楼上供人居住，楼下用来关养牲口（也有的地方是在主楼的角落处或耳房里建设专门的猪圈、马厩）；另一种居住方式则是直接的人、畜共居，猪圈、马厩与人的居室相互联结，处在同一个空间范围内。从现代科学观念而言，两种共居方式，对人、畜健康与周围环境卫生，均有不利影响，但在云南传统农业社会中，限于居住条件，也只能如此，千百年来，习以为常，成为农村的普遍生活现象。相关史籍中，对哈尼族、傣族、壮族等民族建楼而居，楼上住人、楼下圈畜的生活方式多有记载。如《道光云南通志》引《宁洱县采访》的资料说，宁洱地区的“白窝泥”（哈尼族先民）“所居上楼下屋，人住楼上，牲畜楼下，名曰掌子房”[6]；引《师宗州志》关于师宗“沙人”生活方式的记载说：“所居架木为楼，四垂檐瓦，男妇共处一室，祖

[1] 《云南实业报告》（1923年出版），转见昆明市志编纂委员会办公室编《昆明市志长编》（卷十一），1983年编印，第319页。

[2] ［清］檀萃辑，宋文熙、李东平校注：《滇海虞衡志校注》，云南人民出版社1990年版，第149页。

[3] ［清］阮元、伊里布等修，王崧、李诚等纂：《道光云南通志》，见方国瑜主编《云南史料丛刊》（第十三卷），云南大学出版社2001年版，第365页。

[4] ［清］檀萃辑，宋文熙、李东平校注：《滇海虞衡志校注》，云南人民出版社1990年版，第149页。

[5] ［元］郭松年、李京撰，王叔武校注：《大理行记校注·云南志略辑校》，云南民族出版社1986年版，第92页。

[6] ［清］阮元、伊里布等修，王崧、李诚等纂：《道光云南通志》，见方国瑜主编《云南史料丛刊》（第十三卷），云南大学出版社2001年版，第365页。

堂、厨灶、卧处备焉。牛牢、豕栅、鸡埘、羊圈、马厩，俱列楼下，臭秽自若也。”[1]尽管如此，人、畜分层而居的方式比起人畜共居一堂的方式仍要舒适、卫生一些，在云南山区的许多民族中，人畜共居一室也是十分普遍的现象。明代崇祯十一年（公元1638年）农历九月初一日，旅行家徐霞客在滇黔相接的今富源黄泥河地区考察时，为大雨所阻，宿于农家，就体验到了这种人畜共居一室的生活：“余见雨势不止，惮于往返，乃扫劚片地，拭木板为几，匡坐敝茅中，冷则与彝妇同就湿焰。盖一茅之中，东半畜马，西半则主人之榻，榻前就地煨湿薪以为爨（爨本为烧火做饭之意，这里所谓爨实为云南农村常见的火塘，既是做饭炊餐之所，也是烤火取暖之地——引注），爨北即所置几地也，与其榻相隔止一火。夜则铺茅以卧，日则傍火隐几。”[2] 这种狭窄拥挤、人畜共居的生活环境，对于来自江南地区的徐霞客来说，多少有些不适，但对云南山区的广大农户来说，却是生活的常态。

（二）“六畜”养殖的基本情况

1. 养牛情况

明清时期，云南地区牛的饲养更为普遍。牛的种类，有黄牛、水牛、牦牛以及犏牛。养牛的目的是为了耕作、运输和食用。在汉族地区和傣族地区，由于水田农业发达，牛主要用来耕作和驾车，而在一些少数民族地区，养牛除了用于耕作外，也是为了满足食用或宗教活动的需要。吴大勋《滇南闻见录》记载说：“农民之家养牛最多，其农功止于耕犁，不比吾乡有盛暑戽水之苦，而一切驼货驾车全用牛只。盖人则农而兼商，物则牛以代马。且牛之生息蕃盛，每过村庄，必有童牛几许寝卧墙下也。”[3] 檀萃《滇海虞衡志》说：“夷人畜牛以为食，市于汉人以耕田、以服车，故牛为汉人一家之命，如吴、楚农。”[4]

明清时期，居住于滇南地区的傣族、哈尼族群众，为了便于饲养耕牛，相互结成“牛亲家”，互惠互助，合作养牛。其方法是：居住于坝子的傣族和居住于山区的哈尼族，一方出公牛，一方出母牛，把公牛和母牛配成一对，由双方根据农时节令合理安排饲养和役使。春天，坝子里气候转暖，青草茂盛，居住于坝子里的傣族正要犁田种稻，耕牛就由傣族饲养和使用；夏秋时节，坝子里气候炎热，而山区的哈尼族正准备犁地以及收割荞子、玉米等作物，需要用牛耕作和运输，牛就转由哈尼族饲养使用；冬天，山区气候寒冷，则又把牛赶到傣族居住的坝子里过冬。在合作养牛期间，母牛所生小牛，属双方共同所有。

---

〔1〕［清］阮元、伊里布等修，王崧、李诚等纂：《道光云南通志》，见方国瑜主编《云南史料丛刊》（第十三卷），云南大学出版社2001年版，第371页。

〔2〕［明］徐弘祖撰，朱惠荣校注：《徐霞客游记校注》（下），云南人民出版社1985年版，第757页。

〔3〕［清］吴大勋撰：《滇南闻见录》，见方国瑜主编《云南史料丛刊》（第十二卷），云南大学出版社2001年版，第43页。

〔4〕［清］檀萃辑，宋文熙、李东平校注：《滇海虞衡志校注》，云南人民出版社1990年版，第154页。

由于深厚的农耕传统，即使在省城昆明及附近农村地区，农民们也饲养黄牛、水牛，用于耕作和运输。及至民国年间，昆明市内仍有70多户人家畜养着众多的水牛和黄牛，以供取乳和役使。据调查，当时各户畜牛数，多的十多头，少的几头，总数约有600多头。[1] 抗战初期，作家李长之从内地来到昆明，看到昆明地区成群结队的牛群，十分惊奇，对昆明的牛作了许多诗意的赞美："在昆明，就是在城里，也可以看见成群的水牛、耕牛，弯弯的，直角的，庄严的，端重的，在丁丁的铃声里，你可以从容鉴赏那稳健、沉着而挺拔的步伐呢。" 又说："在北方所常见的黄色耕牛，和在南方所常见的黑色水牛，在这里是兼而有之，这也便恰恰说明了昆明的风景——原来它正是兼南北之长的。" 出于对昆明牛的特殊喜爱，李长之写出了这样引起当时许多云南人争议的句子："倘若有人问我，你在昆明最喜欢什么呢？我便要首先告诉他，是：牛。——而且几乎只是牛。"[2]

牛也用以食用，食用牛肉的居民，多为少数民族和信奉伊斯兰教的回族群众，而汉人主要以其作为耕作畜力，除非牛老死、病死，一般不忍宰杀食用。回族群众以牛、羊肉作为肉食来源，则源自其民族饮食传统。自元代以来，聚居于云南各地的回族群众均购买或自养黄牛作为其食用的"菜牛"。清代，《滇海虞衡志》记述其情况说："通省名都大镇多教门，食必以牛，其宰割以膳者，大都日数十，皆肥牛之腱也。"[3] 这是居住在省城和重要城镇的回族群众日常食用牛肉的情况。

除了牛肉外，牛乳也是极富营养价值的食品。邓川、洱源地区的白族居民，长期以来，依靠饲养奶牛以获取经济利益。据清末邓川人杨琼所撰《滇中琐记》载："邓川有德源冈者，草宜牛牧，于此得乳倍他处，故远近人家皆畜二三牛，或四五牛。冈只五里许，而万牛牧其上，草根几于龁尽。牛之犊，牡者鬻以耕，牝者又畜以乳，牡贱而牝贵，以取乳之利厚然也。"[4]

明清及近代时期，滇西北地区的藏族、纳西族除了饲养黄牛外（由于气候寒冷，滇西北地区不养水牛），还饲养牦牛和犏牛。牦牛，也写作旄牛、髦牛、犛牛，是青藏高原地区特有的一种牛类。《新纂云南通志·物产考》在介绍滇西北地区的牦牛时说："旄牛亦有蹄类，一名犛牛，或名髦牛，亦曰晞牛。……体高五尺余，普通毛色暗褐，亦有为纯白或褐色者，皆畜养而变种者也。肩高腿短，角类圆锥。颔下、肩、腿、尾部有长毛，余皆短毛。尾毛尤长，颇似马尾，故与他牛不类。古时用饰车纛，或作帽缨及蚊帚用。嗜食粗草，成群生活。除引重致远外，其脂油可和酥酪、青稞、麦粉，制为糌粑，为维西、中甸、阿墩各处有名之常食。原产西藏，今滇西北高寒地海拔在

[1] 《云南实业报告》(1923年出版)，转见昆明市志编纂委员会办公室编《昆明市志长编》(卷十一)，1983年编印，第324页。

[2] 李长之：《昆明杂忆》，载周良沛主编《散文中的云南》，云南教育出版社1999年版，第140、141、139页。

[3] ［清］檀萃辑，宋文熙、李东平校注：《滇海虞衡志校注》，云南人民出版社1990年版，第154页。

[4] ［清］杨琼撰：《滇中琐记》，见方国瑜主编《云南史料丛刊》(第十一卷)，云南大学出版社2001年版，第283页。

四千英尺以上者，均产有之。”[1] 犏牛为公黄牛与母牦牛交配所生的第一代杂种牛，其特征为性情比牦牛驯顺，力气比黄牛大。明清及近代时期，滇西北的丽江、中甸、维西、阿墩（今德钦）等地曾广泛饲养牦牛、犏牛。《景泰云南图经志书》卷四记述永宁府（今宁蒗及四川木里地区）的“土产”时即说：“牦牛，形如黄牛，其毛或黑或白，土人以之为帽，或以为缨，但粗而短，其野西蕃所产则细而长也。”[2] 明代末年，著名旅行家徐霞客在丽江地区考察时，曾吃到以牦牛舌为原料烹制的菜肴。当地主人为徐霞客介绍说：“其地多牦牛，尾大而有力，亦能负重，北地山中人，无田可耕，惟纳牦牛银为税。”并言“鹤庆以北多牦牛”[3]。可见当时滇西北地区牦牛养殖之兴盛。藏族饲养的牦牛、犏牛具有耕作役使、食肉饮酪和皮毛利用等多种功能。一些调查报告对20世纪40年代滇西北地区饲养牦牛、犏牛的情况作了这样的记述：“牦牛、犏牛为高原地带之家畜，毛长蹄大力坚，能破雪耐寒，价值黄牛之两倍，一般中贫农只养黄牛，富裕中农、中农则大量养牦牛、犏牛，有一户养畜数十头至百条者。养牛挤乳产乳饼，价高；产毛织布亦可输出。春、夏、秋放在山上，秋收后下坝在家养。”[4]

2. 养马情况

明清时期，养马之风盛行全省。檀萃《滇海虞衡志》说：“马产几遍滇，而志载某郡与某某郡出马，何其褊也。”[5] 云南自古出良马，是全国良马的供应地之一。云南地方良马闻名于世的特点是：躯干较小、足力极健、耐力超强、善走山路。清初宦滇的刘崑在《南中杂说》中记云南所产之马说：“滇中之马，质小而蹄健，上高山，履危径，虽数十里不知喘汗，以生长山谷也。上山则乘之，下山则步而牵之，防颠踣也。土酋良马，上下山谷，皆任骑坐，则百不得一也。而其中又有高大神骏，远过西马者，则千不得一也。”[6] 乾隆年间居滇的吴大勋在其所撰的《滇南闻见录》中也说：“滇中之马善走山路，其力最健。乌蒙产者尤佳，体质高大，精神力量分外出色，列于凡

[1] [民国] 周钟岳等纂修：《新纂云南通志》（四），云南人民出版社2007年版，第47～48页。

[2] [明] 陈文纂修：《景泰云南图经志书》，见方国瑜主编《云南史料丛刊》（第六卷），云南大学出版社2000年版，第71页。

[3] [明] 徐弘祖撰，朱惠荣校注：《徐霞客游记校注》（下），云南人民出版社1985年版，第941页。

[4] 中央访问团二分团调查整理：《中甸县情况》，载云南省编辑组编《中央访问团第二分团云南民族情况汇集》（上），云南民族出版社1986年版，第107页。

[5] [清] 檀萃辑，宋文熙、李东平校注：《滇海虞衡志校注》，云南人民出版社1990年版，第149页。按：至民国时期，云南仍为全国产马大省。《新纂云南通志·物产考》说：“本省为产马名区，十年前之调查，现有马数逾三十万匹，产量超过甘、新两省。寻甸、镇雄、禄劝、晋宁、大理、永北、保山等县则又为省内产马之中心区域。”见《新纂云南通志》（四），云南人民出版社2007年版，第50页。

[6] [清] 刘崑撰：《南中杂说》，见方国瑜主编《云南史料丛刊》（第十一卷），云南大学出版社2001年版，第356页。

马之内，不啻鹤立鸡群。价甚昂，非数百金不能购得。”〔1〕明清时期，丽江马、乌蒙马分别为云南迤西、迤东所产著名优良马种。

明代，云南所产马匹是各土司贡奉朝廷的特殊贡品。由于路途遥远，朝廷对云南等地贡马所给付或回赐的价值也甚高。永乐年间，礼部所定贡马价值为：上马每匹钞千贯，中马八百贯，下马五百贯。〔2〕由于贡马利益丰厚，许多人打着“贡马”的幌子与朝廷进行频繁的马匹交易，致使朝廷不胜其扰，为此，云南布政使司左布政使曾坚向朝廷提出建议，要求各地按例定期进贡，在定例之外，自行贡马者，不予支付相关费用。对这件事，《明实录》作了记录：洪熙元年（公元1425年），云南左布政使曾坚建言说：“云南、四川二处，近岁多有土人、土吏或因告讦，或因公私事赴京，悉假贡马为名，所经官司，援例应付脚力粮草。臣计云南马一匹，时值银四五两耳，凡应付所费倍之，且又挟私货，在途驱迫军民负载，暨到京，私事毕，朝廷与之赏赐，一马官偿数倍，又应付脚力回还，甚损民力。乞循洪武故事，有例进贡则应付，若私己事皆不应付，果欲贡者，听其自行，亦革奸欺之一端也。”〔3〕朝廷同意了曾坚的建议，令相关部门照此办理。

鉴于云南地区马匹种质的优良和水草资源的丰富，明朝曾在云南建立专门的马场，饲养马匹，以保障军队战马的供给。但到后来，马政逐渐废弛，马场也被占作田亩。为此，正德十四年（公元1519年），云南籍监察御史胡洁提出，对被侵占、冒占的云南马场田地，要责令监察官员进行清查，厘清权属，征收赋税。胡洁奏折说：“云南地方，高有山场，下有田野，先年牧养马匹，谓之马场。成化以来，马政废弛，人皆占为己业。宜令抚、按官委廉能官逐亩清查，其多占者，许令改正，影射者，照例没官，仍各照亩量起科差，则一岁之间，通者可得钱粮数万，虽有兵荒，亦无患矣。”兵部对胡洁的奏折报告进行了讨论，提出办理意见说：“（胡）洁，云南人，深知其弊，言皆可行，宜令抚、按依拟，从实举行，不许虚应故事。”〔4〕正德皇帝接受了胡洁的建议，令云南巡抚、按察使派员清查。云南的官办马场，虽然最终废弛，但也表明云南马匹在明代战马供给中的重要地位。

除了马以外，云南地区还饲养驴、骡。关于驴，《新纂云南通志·物产考》记述说：“驴，滇到处产之，耳壳长，尾基部无长毛，体小于马，毛色灰褐，后肢无髀骶（髀骶即大腿骨和骶椎骨——引注）。驼运入市，可供短运，亦重要之家畜也。”〔5〕明清时期，云南地区养驴主要用来短途驮运货物，与马、骡的区别为：马主要用于骑乘，

〔1〕［清］吴大勋撰：《滇南闻见录》，见方国瑜主编《云南史料丛刊》（第十二卷），云南大学出版社2001年版，第43页。

〔2〕《明太宗实录》卷一八，见方国瑜主编《云南史料丛刊》（第四卷），云南大学出版社1998年版，第154页。

〔3〕《明宣宗实录》卷七，见方国瑜主编《云南史料丛刊》（第四卷），云南大学出版社1998年版，第154页。

〔4〕《明武宗实录》卷一八七，见方国瑜主编《云南史料丛刊》（第四卷），云南大学出版社1998年版，第154页。

〔5〕［民国］周钟岳等纂修：《新纂云南通志》（四），云南人民出版社2007年版，第50页。

骡主要用于长途运货。清代旅滇学者檀萃记云南地区养驴情况说："黔无驴而滇独多，驮运入市，驴居十之七八。骡马供长运而已耳。每家必畜数驴。亦有高大者，不解骑乘，但驾驮鞍以驮运。盖乘骑怕人笑，犹京师以乘驴车为耻。常欲买驴骑之，效孟襄阳（即唐代诗人孟浩然，襄阳人——引注）寻梅，为此开一风气，而病废不能，缺此一快事。"〔1〕清代及民国年间，云南产驴较多的县区为永北（今永胜）、大理、宾川、景东、峨山、嵩明、巧家、寻甸、镇雄、中甸、镇南（今南华）、澜沧等县。

骡为母马与公驴杂交而生的品种，比驴高大健壮，主要用于长途役用。民国时期所编《新纂云南通志·物产考》对云南地区的骡作这样的介绍："牡驴与牝马交配而生，体格强健，能任长途力役，山谷地尤宜。滇到处畜养之，兰坪尤甚。但苦无蕃殖力。"〔2〕檀萃《滇海虞衡志》也言："滇骡健于马，耐驮运，故骡亦贵于滇。"〔3〕养骡人家主要为从事货物运输和商业经营的人家，马帮运货时也多以骡子作为驮运牲口。如大理邓川、永平等地的回族，许多人靠饲养骡马、贩运货物为生，这就是史志所说的"资生每仗骡马"〔4〕、"蓄骡马以为营生"〔5〕。在山区，骡子也用于骑乘，如怒江地区的泸水县，山多平地少，无舟车之可驶，中上等人家旅行时，除了乘骡、马外，别无其他代步工具。

基于马、骡在运输、骑乘中的重要作用，马、骡作为一种特殊生产资料，成为商业贸易中的大宗交易商品。围绕着骡、马交易，形成了许多有影响的交易集会，如大理的三月街、鹤庆的松桂会、丽江的骡马会等。对丽江骡马会的盛况，《新纂云南通志·商业考》作了这样的记述："丽江市集以骡马会为最著。每年三月、七月初间行之，盖丽地气候温和，山脉绵衍，水源清洁，百草鬯（畅）茂，所产骡马为西南巨擘。每次赴会，公骡、母骡不下数千头，儿马、骟马不下数百头，购运出境者居什之七八。"〔6〕

3. 养羊情况

元代，云南各地养羊甚多，甚至在湿热的傣族地区，也饲养羊只。李京在《云南志略》中说，"金齿百夷"（元代对傣族先民的称呼）地区"少马多羊"〔7〕。

---

〔1〕［清］檀萃辑，宋文熙、李东平校注：《滇海虞衡志校注》，云南人民出版社1990年版，第152页。

〔2〕［民国］周钟岳等纂修：《新纂云南通志》（四），云南人民出版社2007年版，第50页。

〔3〕［清］檀萃辑，宋文熙、李东平校注：《滇海虞衡志校注》，云南人民出版社1990年版，第153页。

〔4〕道光《邓川州志》卷四，见云南省编辑组编《云南方志民族民俗资料琐编》，民族出版社2009年版，第113页。

〔5〕民国《永平县志稿》卷一，见云南省编辑组编《云南方志民族民俗资料琐编》，民族出版社2009年版，第114页。

〔6〕［民国］周钟岳等纂修：《新纂云南通志》（七），云南人民出版社2007年版，第89页。

〔7〕［元］郭松年、李京撰，王叔武校注：《大理行记校注·云南志略辑校》，云南民族出版社1986年版，第92页。按：明清以后，傣族地区却甚少养羊，傣族居民既不喜食羊肉，也不以羊皮、养毛制作衣物。与傣族相邻的景颇族群众也不养羊，他们认为，羊会爬房子，吃房上的茅草，惹怒家鬼，给家人带来祸事（见王连芳《王连芳云南民族工作回忆》，云南人民出版社1999年版，第84页）。

明清时期，云南许多民族都把养羊作为重要副业。在彝族各支系中，养羊是除耕作外最为重要的一种生产方式和生活方式：羊粪可以用作田地肥料，羊肉、羊乳可以食用，而羊皮、羊毛更是重要的衣物原料，同样，羊还是进行社会交往和宗教祭祀活动的重要媒介。如清代开化府（今文山市及附近各县）地区的“阿系”（即现在所称的彝族支系“阿细”）族群，其生产、生活状况就是：“阿系，极愚鲁，耕种之余，牧羊为业。男女皆衣青、蓝布，背负羊皮，寒暑无间。婚亦通媒，富者议财礼，贫者以羊代之。丧立长幡，以招吊客，祭用牛、羊，世居郡之乐农里。”[1] 由此记载可以看出，“阿系”族群真可谓是一个“牧羊”民族。此外，也有一些族群尽管自己不吃羊肉，但仍大量饲养羊群，以作商品交换或作其他用途。如居住在元江地区的哈尼族支系“黑铺”，“畜养山羊，不食羊肉，夷中之最善者”[2]。许多羊脂肪太多，体大肥胖，行走不便，针对这种情况，“牧者破其皮，卷脂而出之成筒，以货于人，羊得快利，健行如故”[3]。即将羊之多余脂肪割出出售，既便于羊的行走，又增加经济收入。

养羊的主要目的是为了食肉。彝族等少数民族养羊既是为了满足自己的消费需要，如招待客人、宗教祭祀等，也用于出售，以换取生活所需钱物；汉族群众养羊则多是为了售卖换钱，供给城镇的肉食需要，自己食用得较少。清代，省城昆明每日要杀羊数百只出售，以满足居民的饮食需要，天长日久，形成了专门出售牛羊肉的专业市场——羊市口。对于清末羊市口市场经营的盛况，老一辈的亲历者曾有这样的讲述：“所称之羊市口，纯是一卖牛羊肉之地处，大约牛肉架子总在六七十架，羊肉案子不下四十张。但此一段街上，是绝无一猪屠户来此卖肉。此一种繁盛之情形，除了年节外，无日不是这样的繁盛。在过年节时，其生意之盛，自与平日不同。即如过端午节时，是处的羊屠户，几无一不增加案桌，以便悬挂肉。而每一案桌又无不悬挂着三四只羊。此缘昆明人于端阳节日，十家有八家都讲究吃羊肉面。因此，才要有如此甚多之供应。”[4] 除了昆明居民外，滇东北、滇西北地区的居民也喜食羊肉，如吴大勋记述说：“丽江食羊者多，每日市中宰羊数十头，黑白不一。”[5]

4. 养猪情况

猪是云南农户必养的家畜，养猪的目的或是为了自家食用，或是为了售卖，同时养猪也可以积蓄田地肥料。民国地方掌故作家罗养儒这样说：“猪，凡是农家，无不豢养三、四、五头，大者能重至三百斤，在百斤重之猪，直无人宰食。”[6]

---

〔1〕［清］阮元、伊里布等修，王崧、李诚等纂：《道光云南通志》，见方国瑜主编《云南史料丛刊》（第十三卷），云南大学出版社 2001 年版，第 383 页。

〔2〕［清］阮元、伊里布等修，王崧、李诚等纂：《道光云南通志》，见方国瑜主编《云南史料丛刊》（第十三卷），云南大学出版社 2001 年版，第 366 页。

〔3〕［清］檀萃辑，宋文熙、李东平校注：《滇海虞衡志校注》，云南人民出版社 1990 年版，第 158 页。

〔4〕［民国］罗养儒撰：《纪我所知集：云南掌故全本》，云南人民出版社 2015 年版，第 44 页。

〔5〕［清］吴大勋撰：《滇南闻见录》，见方国瑜主编《云南史料丛刊》（第十二卷），云南大学出版社 2001 年版，第 43 页。

〔6〕［民国］罗养儒撰：《纪我所知集：云南掌故全本》，云南人民出版社 2015 年版，第 248 页。

从养猪的方式来看，云南地区各民族所养之猪虽为家猪，但历史上的养殖方式多为圈养与放养相结合，或完全是“野牧”。对此，清代学者檀萃作了这样的记述：“蛮俗养豕至多，未有囚而豢于室者，故其产益蕃。”所养之猪，“巨者乃数百斤，割而腊之为琵琶形，曰琵琶猪。蛮女争负而贸于客，此丽江之俗也。而其他自夷地赶把猪以市于大城及各街子者，尤不可纪极，而皆出自野牧。故知家豢不如野牧之蕃。”[1] 把猪即豝猪，也就是母猪（母猪称为豝）。当然，也有许多地方是圈养为主、人工喂食的。

明清时期，云南各民族不仅善养猪，也驯育出了许多地方特色猪种，如滇南小耳朵猪、滇西高黎贡山猪等。据《续修蒙自县志》记载，哈尼族的先民“窝泥”：“善养猪，其猪小耳短身，长不过三十斤，肉肥腯，名窝泥猪。”[2] 明清时期，滇南地区广泛饲养“窝泥猪”，史籍中说窝泥猪的特点是“肉嫩味香”[3]。所谓“窝泥猪”，即是今滇南地区广泛饲养的小耳朵猪。这种猪的特点是早熟易肥、背膘厚、屯脂力强、腹脂率高，是以脂用为主的脂肉型品种，主要生活在滇南海拔1300米以下的北热带和南亚热带地区。据《道光云南通志·南蛮志·种人》记载，宁洱地区的哈尼族支系“白窝泥”还饲养“花猪”：“土产花猪，家家多畜养之。”[4]

5. 养鸡情况

云南的地方特色鸡种，以“摆夷鸡”最为著名。除了“摆夷鸡”（“茶花鸡”）外，清代及民国年间，武定壮鸡（即武定骟鸡）也名闻滇中。

武定位于滇北之金沙江边，与元谋、禄劝等县相邻，这几个县皆出产一种叫作“大种鸡”的鸡种，与其他鸡种相较，这种鸡长得较为高大壮实。根据《新纂云南通志·物产考》的记述，这种鸡即是俗称的“九斤鸡”：“原产山东，其后输入长江流域。今云南亦盛行饲养之，以武定产者为尤著，故亦名武定鸡。”[5] 不仅如此，武定当地居民把这种大种鸡加以骟割后，其鸡长得尤为壮实硕大，一只骟鸡有能重达六七公斤的。武定的骟鸡，既可骟公鸡，也可骟母鸡。根据文献记载，武定的骟鸡以县城附近村寨所产骟鸡最佳。这些村寨的居民不仅善养鸡，而且善骟鸡。这些地方所产之鸡，在小鸡出窠后，到4月龄时，即能长到半公斤，6月龄时，即能长至1公斤，此时，就将其捉来加以骟割。骟公鸡的方法是将公鸡的两枚腰子取出，3天内不喂水，公鸡头上的冠子便慢慢自缩，尾上的毛则逐渐抽长。经过骟割后的公鸡极易肥壮，3年后能长至四五公斤。骟母鸡的方法是，将母鸡肋胁划开，将公鸡的腰子纳入母鸡腹内，母鸡身

〔1〕［清］檀萃辑，宋文熙、李东平校注：《滇海虞衡志校注》，云南人民出版社1990年版，第164~165页。

〔2〕宣统《续修蒙自县志》，卷三《社会志》，收入凤凰出版社选编《中国地方志集成·云南府县志辑》（第49册），凤凰出版社、上海书店、巴蜀书社2009年版，第299页。

〔3〕［清］阮元、伊里布等修，王崧、李诚等纂：《道光云南通志》，见方国瑜主编《云南史料丛刊》（第十三卷），云南大学出版社2001年版，第531页。

〔4〕［清］阮元、伊里布等修，王崧、李诚等纂：《道光云南通志》，见方国瑜主编《云南史料丛刊》（第十三卷），云南大学出版社2001年版，第365页。

〔5〕［民国］周钟岳等纂修：《新纂云南通志》（四），云南人民出版社2007年版，第54页。

入腰子后，头上的冠子便逐渐长大，并能像公鸡一样长声而鸣，这种雌鸡化雄的母鸡，称为骟母鸡。[1] 当然，一般情况下，武定骟母鸡或阉母鸡的方法是将还未下蛋的母鸡（一般约为80～90日龄的幼龄母鸡）的卵巢切除，使其失去生育功能，从而把原先下蛋的营养物质转化为促进脂肪和肉质生长的营养物质，这样阉割后的母鸡不仅个头长得高大，而且营养丰富、肥嫩鲜美，成为优质的肉用鸡。值得注意的是，虽然骟公鸡各地皆有，但骟母鸡只有武定一带才行，其他地方的母鸡经此一骟后，皆不能成活。[2] 这也算是一方水土养一方鸡。武定骟鸡自清代以来即已闻名全省，至今仍是滇中地区产销两旺的家禽品种。

6. 养狗情况

在云南史籍中，养狗的历史资料相对较少。根据零星资料，我们看到，云南历史上所养狗主要有蛮犬、藏獒、哈巴狗等数种。

“蛮犬”为内地之人对云南地区狗的称呼，可能为云南民间普遍所养之犬。宋代学者周去非所撰《岭外代答》记述大理国与南宋在今广西地区进行互市贸易的情况时说：“蛮犬，如猎狗，警而猘。诸蛮以马互市于横山，皆作茅舍野次，谓之茅寮，率携一犬以自防，盗莫敢近。”[3] 而《新纂云南通志·物产考》在解释“蛮犬、猎犬”时说：“猎犬，蛮犬，形皆相类，且近狼形，亦名狼犬。双耳戟立，吻部尖削，嗅觉锐敏。滇东北山地猎户常畜养之。变种甚多。”[4]

藏獒也称为猊狮狗。“猊狮狗，出迤西。高四尺，甚猛猘，即西域旅底贡之獒也。滇人多畜之，锁于柱。”[5] 历史上云南地区畜养藏獒的群众多为滇西北一带接近西藏地区的少数民族，对之，《新纂云南通志·物产考》说，大犬、猊狮犬与獒犬即是一物，“獒即今之西藏犬。体高四尺，毛色黑褐，形态狞猘，垂唇极大，目眶深陷，尾拳耳垂，栖高寒地，毛皮深厚，为世界著名之猛犬。守住宅，护牧场，间能荷重。滇西北部毗连藏境（如丽江、鹤庆、维西、中甸、永北、兰坪等地），此犬之饲养者多。大理每岁三月街，藏商常携此犬，随护货驮。”[6]

哈巴狗则为人们饲养的体形较小的用来观赏玩耍的宠物狗。檀萃《滇海虞衡志》说：“海叭狗，长毛庳脚，出顺宁，滇人亦多畜之，即《王会》短狗也。”[7] 檀萃所说的大概是清代中期的情况。所谓海叭狗，即哈巴狗；所谓“《王会》短狗”即《逸周书·王会解》中所说的周代时西南地区的百濮等部族向中原王朝献“象齿、短狗”之事，而短狗即应是脚短的哈巴狗之类小狗。《新纂云南通志·物产考》亦言：“短狗、短犬、哈叭狗，不过一物之古今名。今哈巴狗亦传至北方，为爱玩犬之优种，滇西顺

[1] ［民国］罗养儒撰：《纪我所知集：云南掌故全本》，云南人民出版社2015年版，第284页。

[2] 据媒体报道，近年来，海南养殖户将武定阉母鸡的方法应用于海南文昌鸡，在武定畜牧技术人员的指导下，经过反复试验，获得成功。

[3] ［南宋］周去非撰：《岭外代答》，转见段玉明《大理国史》，云南人民出版社2011年版，第130页。

[4] ［民国］周钟岳等纂修：《新纂云南通志》（四），云南人民出版社2007年版，第42页。

[5] ［清］檀萃辑，宋文熙、李东平校注：《滇海虞衡志校注》，云南人民出版社1990年版，第163页。

[6] ［民国］周钟岳等纂修：《新纂云南通志》（四），云南人民出版社2007年版，第41页。

[7] ［清］檀萃辑，宋文熙、李东平校注：《滇海虞衡志校注》，云南人民出版社1990年版，第164页。

宁反不多见。"[1]《新纂云南通志》在这里所记的，是民国时期云南地区饲养哈巴狗的情况。

一般而言，养狗的目的，有的是为了看家，有的是为了狩猎，也有的是为了食用，故此，从功用而言，狗有守犬、猎犬、食犬之别。从猎犬而言，一些喜爱狩猎的民族，均畜有猎犬，如纳西族的先民喜好打猎，猎犬成为珍爱之物，史籍记载，"麽些"人"喜猎而爱犬，犬易三犊"[2]，即一只狗的价值等于三头牛犊的价值。顺宁（今凤庆）地区的"小儸儸"也是"好猎畜犬"[3]。从食犬来说，至明清时期，汉族等民族出于忌讳，多不食犬，但壮族的先民"侬人""沙人"，则有"甘犬嗜鼠"之俗，把狗肉作为一种美味来享用，传承至今，"文山狗肉"仍是闻名全省的地方特色美食。同时，狗肉也是师宗地区"土僚"（壮族、布依族先民）祭祀时必备的祭品。根据《景泰云南图经志书》卷三的记载，明初，师宗州（今师宗县）"土僚"的习俗是"得犬方祭"："州之夷民有曰土僚者，以犬为珍味，不得犬则不敢以祭。"[4] 阿昌族的先民"峨昌"也喜食犬，当祭祀神灵和招待客人时，必杀犬："婚聘用牛、马，祭以犬"，"有差宴待，必烹犬。"[5] 当然，在大多数家庭中，养狗主要是为了看家护院，即作为守犬来豢养。云南历史上，无论城乡，养狗看家是一个普遍的习俗，甚至省城昆明也曾是一个遍布守犬的"养狗之城"。罗养儒先生对清末昆明城内养狗的盛况曾有这样的记述：

昆明人最喜养狗，狗是家家俱有，且有蓄养至二三头者。此何以故？缘在承平时代，一班好吃懒做之人，便喜出而作小偷，偷得人家户的一套布衣裤，或一把铜、锡茶壶，都可以卖得六八钱银，便能混十日半月的生活。因此，是时的小偷，异常充斥。一般人家户防范盗贼，亦惟有豢养条狗当斥堠（斥堠，又作斥候，古时指侦察敌情的士兵——引注）之一法。故尔，居家户无不养狗。此则城里如是，乡间亦未尝不如是。在光绪二十年（公元1894年）前后，昆明境内，城乡合计，实有烟户五六万家，养狗当不下五万条。兼之，城里的大小衙门，都是各养着很多的狗。如昆明县衙门内，直有狗五六十条，这许多的狗，有似前任移交后任者，且有狗饭田若干亩在归化寺处，归县署收租以饲狗，亦一趣事也。此即以城厢内外及一切乡间所有之狗，而以五万条计，每狗月耗米八合，年则为九升六合。五万条狗，须耗四千八百个市石，真是一笔巨数也。而往昔之人，亦不是省口挪食来喂狗，似各家之于狗饭，亦若毫不在意。此

[1] [民国] 周钟岳等纂修：《新纂云南通志》(四)，云南人民出版社2007年版，第41页。

[2] [清] 阮元、伊里布等修，王崧、李诚等纂：《道光云南通志》，见方国瑜主编《云南史料丛刊》(第十三卷)，云南大学出版社2001年版，第373页。

[3] [清] 阮元、伊里布等修，王崧、李诚等纂：《道光云南通志》，见方国瑜主编《云南史料丛刊》(第十三卷)，云南大学出版社2001年版，第354页。

[4] [明] 陈文纂修：《景泰云南图经志书》，见方国瑜主编《云南史料丛刊》(第六卷)，云南大学出版社2000年版，第55页。

[5] [清] 阮元、伊里布等修，王崧、李诚等纂：《道光云南通志》，见方国瑜主编《云南史料丛刊》(第十三卷)，云南大学出版社2001年版，第388页。

当时米粮之出产数量太多，人吃不完，故惠及于狗。[1]

从人与动物的关系而言，在“六畜”之中，狗被认为是最通人性的动物，也是“六畜”中最为人们所喜爱的动物。狗对主人的忠诚、驯服是人类对狗喜爱有加的重要原因。在云南史籍中，记载过这样一个“忠狗救主”的故事：清代雍正年间，“呈贡县村民畜一犬，甚驯。其妻往山上采薪，幼女随之不及。俄大雪。薄暮，负薪归，女与犬俱不见。明晨邀村人寻之，见女卧大树下，犬偎依其旁得不死，咸惊异焉。闻诸官，乃雍正十一年（公元1733年——引注）十一月事”[2]。吴大勋《滇南闻见录》也记载过吴大勋自己所养的一条“驯犬”的故事：

岁庚子（即乾隆四十五年，公元1780年——引注），余在五华书院，忽有一犬自外入，伏于檐下竟日。饲于饭，观望久之而后敢食。自是不复去，且不出中门。每日哺时，伺候于槛外，绝不闯入座间，亦不作摇尾乞怜之状，猫食其食亦不与争。外人至，起立伺之，不作声。余父子自外回，必趋之门，若迎接状。门口有人站立，不遽出入，俟人退乃走，或别趋旁门。余甚爱其驯，及离滇，惜不能携之以归。[3]

此一故事，反映了“驯犬”的温顺“懂事”以及狗与主人之间的特殊感情。

二、畜产品的加工与利用

（一）畜产品腌制

在云南传统农业社会中，由于各种条件的限制，对于一般农户来说，要经常吃上肉食颇为不易。其原因，一是畜禽具有重要的经济价值，它们或为重要的生产资料（牛、马、骡等），或为贸易商品（羊、鸡、猪等），非遇节庆、待客或祭祀，不可能经常性地宰猪杀鸡；二是由于气候炎热，正常状态下新鲜肉食也难以保存。[4] 在这种

[1] ［民国］罗养儒撰：《纪我所知集：云南掌故全本》，云南人民出版社2015年版，第418～419页。

[2] ［清］师范辑，王文成等辑校：《〈滇系〉云南经济史料辑校》，中国书籍出版社2004年版，第109页。

[3] ［清］吴大勋撰：《滇南闻见录》，见方国瑜主编《云南史料丛刊》（第十二卷），云南大学出版社2001年版，第43～44页。

[4] 根据1939年社会学家李有义先生对云南路南县“尾村”（即维则村）撒尼人（彝族支系）生活状况的调查，撒尼群众养殖和食肉的情况是：“肉类夷民平常很少食用，虽然每家都在养猪，但日常并不宰杀，而是把它当作一笔固定的收入，养肥了就卖出去。此外只有一小部分较富的夷民到年终的时候，宰一头猪把它盐腌为腊肉，可供半年的食用。新鲜的肉类夷民平常很少食用，只有在婚丧大事的宴会中可以吃到一点，此外就是赶街子时，偶然买一点熟肉吃。……家禽只有鸡一种，然亦大多不肯自己食用。尾村的汉人肉类的消耗比较多些，不过亦只限于几家较富的及做卖饭生意的。较穷的汉人情形亦和夷民差不多。”（见李有义《汉夷杂区经济》，云南人民出版社2014年版，第91页）民国时期撒尼地区夷汉群众的食肉情况代表了明清以来云南山区民众肉类消费的普遍状况。

情况下，为了获得较为稳定的肉食来源，一年杀一次年猪并将新鲜猪肉腌制成容易保存的腊肉就成为农家生活中的一件大事。

云南地区腌制猪肉之俗起于何时不可确考，但在中原地区，将新鲜猪肉腌制成“干肉”已有两千多年的历史。至南宋时期，金华府所腌“火腿”即已闻名遐迩。至迟到明初，随着汉族移民大量入滇，内地的肉食腌制技术应即传入云南地区（当然，也不能排除在此之前云南地区已存在肉食腌制技术）。到清代，通过腌制、风干、烘烤等方式脱水杀菌来保存肉食的技术不仅已得到广泛应用，而且形成了普遍的习俗。在此背景下，各地由于气候、工艺差异等原因，形成了许多各具特色的腌制食品，如宣威火腿、鹤庆火腿、滇西北地区的“琵琶猪”等。

宣威火腿为产于清代宣威州、现代宣威县（市）及相邻地区（如沾益县，沾益县与今宣威市在明代及清初共属曲靖府沾益州辖区）的腌制猪腿。宣威火腿的原料为本地农户饲养的乌金猪、大河猪等地方猪种。宣威等地农户饲养“年猪”的传统方式是圈养喂食，即将玉米、洋芋、杂粮、谷糠、胡萝卜、白萝卜、各种蔬菜及田间地头采来的“猪草”磨细、切碎，混合煮熟后作为“猪食”进行喂养，饲养周期均在一年以上，长者达两三年。以这种方式养出来的猪肉质细嫩、膘肥体壮，香味重、水分少，是制作腌肉及火腿的上好原料。宣威农户杀年猪的时间为每年的冬月和腊月间。冬月和腊月杀年猪不仅是为过年准备丰盛的肉食，也有利于制作腌肉和火腿，保障来年吃肉的需要。冬月和腊月间，宣威地区气候寒冷，平均温度在7～10℃，是腌制火腿的最佳温度。腌制火腿的基本方法就是把猪后腿用盐搓揉，挤出血水，杀灭细菌。腌制一条火腿要搓三次盐，其间要叠压码放，排出淤血。火腿腌好后，就悬挂起来进行风干，利用宣威地区春季湿度低、风力大、日照强的气候特点，排除水分，促进酵母菌的形成。进入雨季后，湿润的气候加速了火腿的发酵，最终形成了香气浓郁的宣威火腿。宣威火腿的制作工艺与其他地区火腿制作工艺大同小异，宣威火腿的特殊风味源于本地优质的猪腿原料和腌制时的特殊气候环境条件。在清代，宣威地区制作的火腿已闻名全省，同时作为“云腿”的代表，宣威火腿也是享誉全国的“名腿”。

除了宣威火腿外，滇西北鹤庆以及云龙盐井地区所产火腿也是清代云南地区的“名腿”。乾隆年间宦滇的吴大勋记鹤庆火腿及盐井火腿的特性时说：“猪肉颇不恶，远胜于北方。鹤庆州腌腿佳者，味甜而鲜，与浙中金华腿相似。盐井上有盐腿，浸于卤水中，不甚咸，亦佳。”〔1〕文中所谓盐井上的“盐腿”，应即是指滇西云龙、剑川等各处盐井所腌制的火腿。

云南地区居民腌制猪肉，除了制作条块状腌肉和腌制火腿外，滇西北丽江地区的纳西族等民族还喜欢将整头猪的“胴体”进行腌制，制作成形如琵琶的“琵琶猪”。关于“琵琶猪”的得名，《道光云南通志·南蛮志·种人》记“麽些”的风俗时说：

〔1〕［清］吴大勋撰：《滇南闻见录》，见方国瑜主编《云南史料丛刊》（第十二卷），云南大学出版社2001年版，第33页。

"冬日屠豕，去骨、足，腌令如琵琶形，故云。"[1] 腌制"琵琶猪"之风俗兴起于何时，难以确考，但在清代中期，丽江地区的"琵琶猪"已经闻名全省。当时许多旅滇官员对琵琶猪的特色作了记述。乾隆十年（公元1745年）任剑川知州的张泓在《滇南新语》中记述了"琵琶猪"的制作工艺："取猪重百余斤者，去足刳肠胃，剔诸骨，大石压之，薄腻若明珀，形类琵琶，因名琵琶猪。丽江女子挟以贸，远望若浔阳商妇也。"[2] 乾隆四十七年（公元1782年）成书的吴大勋《滇闻闻见录》也记载说："丽江有琵琶猪，将整猪去其头足大骨，四足折叠于腹内腌之，压令扁，如琵琶，其色甚异，其名甚奇。煮而食之，颇似杭州之加香肉。味淡，盐贵故也。"[3] "琵琶猪"又称"猪膘肉"，制作"琵琶猪"是丽江、中甸等地的纳西族、藏族、普米族腌制腊肉的基本形式。除了将猪养大腌制成"琵琶猪"外，丽江地区居民还喜食"柔猪"，"柔猪乃五六斤小猪，以米饭喂成者，其骨俱柔脆，全体炙之，乃切片以食"[4]。可以看出，"柔猪"即所谓"仔猪"或"乳猪"，柔猪的食用方式即通常所说的"烤乳猪"。

（二）奶制品加工

云南地区对奶产品的食用，具有久远的历史。汉晋时期，兴古郡地区（今滇东南地区）即有以桄榔木面和乳奶而食的习俗。明代，牛乳、羊乳仍是民众喜食的营养食物。其食用方式，既可以新鲜食用，也可以加工而食。据明代前期纂修的《景泰云南图经志书》卷二记载，武定府和曲州（今武定县）有种乳品叫作"乳线"（也称"连煎"）："积牛乳澄定之，土人以为素食，名曰连煎。"[5] 明末谢肇淛所著《滇略》的"俗略"也说："浓蒻乳酪而揭之，曰乳线。"[6] 从这些简略记载来看，乳线可能是未经加工的新鲜牛奶或经过了煎煮的乳皮。当然，为了杀菌和便于保存，牛、羊的新鲜乳液一般需要经过加工才能食用，由此，产生了许多奶制品。明清时期，云南地区的特色奶制品，主要有大理邓川地区的乳扇、路南（石林）地区的乳饼和中甸等地的乳酪等。

乳扇的制作方法，可能是在制作"乳线"的基础上改进而来（有人认为"乳线"即乳扇最初的汉译名称）。邓川乳扇的制作方法，清末邓川籍学者杨琼所撰《滇中琐记》作了详细说明："乳扇以黄牛乳煎酿而成，其状如扇，故名，出邓川、浪穹间。牛产犊，乳之月余，断其乳，而以豆浆易饲之，置之别牢。因取牝牛乳，日再次得十余

[1] ［清］阮元、伊里布等修，王崧、李诚等纂：《道光云南通志》，见方国瑜主编《云南史料丛刊》（第十三卷），云南大学出版社2001年版，第372页。

[2] ［清］张泓撰：《滇南新语》，见方国瑜主编《云南史料丛刊》（第十一卷），云南大学出版社2001年版，第386页。

[3] ［清］吴大勋撰：《滇南闻见录》，见方国瑜主编《云南史料丛刊》（第十二卷），云南大学出版社2001年版，第33页。

[4] ［明］徐弘祖撰，朱惠荣校注：《徐霞客游记校注》（下），云南人民出版社1985年版，第941页。

[5] ［明］陈文纂修：《景泰云南图经志书》，见方国瑜主编《云南史料丛刊》（第六卷），云南大学出版社2000年版，第44页。

[6] ［明］谢肇淛撰：《滇略》，见方国瑜主编《云南史料丛刊》（第六卷），云南大学出版社2000年版，第698页。

碗，以小铛盛酸浆半碗，煎将沸，入乳汁半碗，酿有顷，其精渐结成质，余悉为水，此新学所云酸化之理也。揉其质成团，以二短箸轮卷引长之，布于竹架成张页。以次煎酿讫，遍布而晒干之，色细白如轻縠，用膏炙食之，脆愈酥酪，味香，张值一钱，贩及远方。”[1]《邓川州志》也说：“乳扇者，以牛乳杯许煎锅内，点以酸汁，削二圆箸，轻荡之渐成饼，拾而指摊之，仍以二箸轮卷之，布于竹架成张页而干之，色细白如轻壳。售之张值一钱，商贩载诸远。为美味，香脆愈酥酪。凡家喂四牛，日作乳扇二百强，八口之家足资俯仰矣，故此户尚之，与骡马羊同孳息。”[2]

乳饼由羊乳制作而成。在清代及民国时期，路南地区的彝族撒尼人养羊较多。在冬春两季羊只繁殖的时候，就利用羊乳制作乳饼。乳饼的制作方法与豆腐的制作形式颇为相似，其步骤是，将新鲜羊奶加热煮沸后，点入“酸水”，使其凝固成形，之后将形如“豆花”的羊奶以布包裹或倒入布袋中，再行挤压，排出水分后，乳饼即制作完成。在清代及民国时期，撒尼人制作的乳饼很少用于自食，而是把乳饼以以物易物的形式卖给汉族商人，换取撒尼人生活必需的盐巴等物，一般是两斤乳饼换一斤盐巴，至二三月份乳饼价高时，则一斤乳饼可换一斤盐巴。盐巴是撒尼地区的珍贵之物，出售乳饼的人家将换得的盐巴再售卖给本村的村民，以满足撒尼人日常生活的需要。

（三）皮毛加工

除了食用外，羊皮、羊毛也被加工成各种生活用品，如羊皮褂、羊毛毡、羊毛毯、羊毛布等。据史籍记载，“（羊）四季之皮皆可以为裘，裘之值且倍于肉。其长养之羊，岁剃其毛以为毡、罽、毯、毲。”[3] 即用羊皮、羊毛制成衣服和各种毡、毯。除了以羊皮制成披毡外，凉山彝族还将羊皮制成酒袋，其方式是，宰羊时将羊头斩去，从头腔里把整张羊皮剥下，斩去四蹄，缝合切口，便制成一个天然酒袋。盛酒时，将酒从头腔处倒入，束紧入口处，即可将羊皮酒袋负于背上，当携酒在山路上行走时，羊皮酒袋较之瓦罐更为方便、不易损坏。[4] 此外，还可以羊皮制成干粮袋、子弹袋、杂物袋，以羊毛制成袜子、绑腿、绳索等物品。

明清时期云南地区的羊皮加工制作技术，以滇东北的曲靖、昭通、东川和滇西北丽江地区最为出色。《滇南闻见录》记载说：“曲靖、昭通一带出山羊皮，有黑色而佳者，匀净如镜面，服之颇美观。”[5] 丽江地区的羊皮也甚佳，一名武官曾专门收集羊

---

〔1〕［清］杨琼撰：《滇中琐记》，见方国瑜主编《云南史料丛刊》（第十一卷），云南大学出版社 2001 年版，第 283 页。

〔2〕《邓川州志》卷四，见云南省编辑组编《云南方志民族民俗资料琐编》，民族出版社 2009 年版，第 43 页。

〔3〕［清］师范辑，王文成等辑校：《〈滇系〉云南经济史料辑校》，中国书籍出版社 2004 年版，第 86 页。文中的“裘”字，其他一些史籍也作“表”字。罽（音“季”），一种用羊毛做成的毡子；毲（音“多”），古代西南地区少数民族织的一种毛毯。

〔4〕江应樑：《凉山夷族奴隶制度》，载《江应樑民族研究文集》，民族出版社 1992 年版，第 155 页。

〔5〕［清］吴大勋撰：《滇南闻见录》，见方国瑜主编《云南史料丛刊》（第十二卷），云南大学出版社 2001 年版，第 43 页。

耳部位的皮子，积少成多，用羊耳皮制成了一件特别的马褂。对此，《滇南闻见录》作了专门的记载："有一武弁收买黑羊耳皮，积日累月，积成马褂，薄如纸，其毛似有若无，光洁如镜面，甚可观。"[1]

除了羊皮外，羊毛也是制作氎（音"叠"，氎本为细棉布，用羊毛制成的氎实为类似棉布的毛织品）、毡的基本原料。明代谢肇淛所著《滇略·产略》介绍云南所产氎、毡时说："氎者，织羊毛为之，其细如绒，坚厚如毡，染成五色，谓之缥毡，永昌、丽江人能为之。其在广西者名氆氇，本一种也。毡则诸郡皆为之，而邓川最良，然亦粗甚。"[2] 清代，东川地区的"夷人"用羊毛制毡的技术最精，所制毡毯闻名全滇。《滇南闻见录》对此作了专门记载："各郡产毡，而东川最佳，紧细光洁，与呢相仿佛，旧色亦鲜明。量房屋之大小，制成地毡，铺满一室，华美殊甚。惟是质甚沉重，大者不能携之远也。"[3] 乾隆《东川府志》也将"毡服"（用羊毛擀成厚毡，制成披风，可作衣服、被盖）、"立毧"（即土法纺制的毛毯）、"羊毛布"（以土法用羊毛织成的毛呢布）作为东川地区的"方物"予以专门记载："毡服：明东川贡市中，有毡衣四百领，本为著名土产，细闰、绵软，厚薄均实，可当寒衣。立毧：羊毛织成，似西毧，毛长二寸，细闰可爱，但无色者。羊毛布：以羊毛织就，最扎实，土人要为褐衣。"[4]

三、畜禽产品的社会文化功能

一般来说，畜牧产品的功能，无非为生活资料（衣食之源）和生产资料（生产动力）两种，或者说食用、役用两种，但在不同民族的历史发展过程中，围绕着食用、役用的基本功能，畜牧产品被赋予了其他更为丰富的社会功能。在云南少数民族历史发展过程中，畜产品兼具财富象征和宗教牺牲等多重经济社会功能。

（一）畜产品的财富象征功能

在云南少数民族群众中，"六畜"等畜牧产品既是基本的生活资料，也是重要的生产资料，具有极其重要的经济价值，故此，从古代至近代，云南各族人民均十分重视畜牧养殖在社会经济生活中的重要地位，故此，檀萃在《滇海虞衡志》中说："南中民俗，以牲畜为富，故马独多。……重牧而不重耕，以牧之利息大也。"[5] 在许多民族的社会经济生活中，牛、羊等畜产不仅是财富的重要来源和体现，而且也被看作财富、

[1] [清] 吴大勋撰：《滇南闻见录》，见方国瑜主编《云南史料丛刊》（第十二卷），云南大学出版社 2001 年版，第 43 页。

[2] [明] 谢肇淛撰：《滇略》，见方国瑜主编《云南史料丛刊》（第六卷），云南大学出版社 2000 年版，第 692 页。

[3] [清] 吴大勋撰：《滇南闻见录》，见方国瑜主编《云南史料丛刊》（第十二卷），云南大学出版社 2001 年版，第 43 页。

[4] [清] 崔乃镛、方桂、余泽春、冯誉骢纂修、续修，梁晓强校注：《东川府志·东川府续志》，云南人民出版社 2006 年版，第 346 页。

[5] [清] 檀萃辑，宋文熙、李东平校注：《滇海虞衡志校注》，云南人民出版社 1990 年版，第 149 页。

地位的代表和象征，甚至具有某种货币等价物的特点与功能。畜产数量的多少成为财富多寡和社会地位高低的象征和反映。这一点，可谓是云南传统农耕文化的一个重要特点。

在史籍中，对牲畜在少数民族经济生活中的重要作用多有记载。如《东川府志》就说，东川府地区的“披夷”：“好抢掠，不知法度。其大户别无蓄积，惟牛、羊、奴仆百十，随时迁徙。”[1] 丽江地区的“麽些”人：“多畜马、牛、羊及琵琶猪为富，头目倍畜之。”[2] 特别需要指出的是，在云南少数民族群众中，尤其看重牛的经济价值。20 世纪 50 年代初期，民族工作者在德宏景颇族地区调查后发现，“在景颇族地区，牛是个人的私有财富，甚至可以作为商品交换中的货币等价物来使用”[3]。甚至可以说，“牛比土地更珍贵”，土地可以随便使用或赠人，但偷盗他人的牛则要付出血的代价。在景颇族地区，不同村寨间或景颇族与傣族间发生纠纷时，经常通过“拉牛说事”的方式来解决，即“拉（偷）你的牛，逼你来说事”。在“拉牛”过程中，哪怕发生人员伤亡情况也在所不惜。在“拉牛说事”中输了理的一方，通常也是以赔偿对方村寨数量不等的牛来解决纠纷。有时，输的一方还要通过杀牛“洗寨子”的方式，来为对方村寨恢复名誉，才能获得对方的谅解。在耿马傣族地区，偷牛者按照习惯法要被处死。20 世纪 30 年代，在滇西边境考察滇缅界务问题的历史学家方国瑜先生，就亲历了耿马傣族土司处决偷牛者的事件：“偶日闻枪声，派人往视何事？归曰：土司枪决犯人。后出东门，见门侧贴一斜条，书本司枪决盗牛犯某某一名。盗牛至死罪，犯何条？赴土署询，土司答：此耿马习惯法。余谓盗一牛置之死地，此习惯法未免太苛。土司曰：境内家家养牛，牧于山，或数夜不归，偷盗机会太多，若不严办，盗案将不胜其烦，故重罪以防范之，非轻人命也。”[4] 虽然土司以个人意志为法律，视人命为草芥，但傣族对牛的价值之重视，也于此可见。

由于牛、羊、猪等牲畜在农家生产、生活中的重要作用，以及牛、羊、猪所具有的重要经济价值，在少数民族的日常生活中，牛、羊、马、猪等变成了财富的代表和体现。明清时期，牛、羊、猪等取代一般财物或货物，成为云南少数民族群众婚聘中的基本“财礼”或“彩礼”，这就是史籍中常说的“婚用牛羊”。这种现象，成为云南民族地区的一种普遍习俗，史籍对此多有记载。如纳西族的先民“麽些”就是“婚姻听从父母，止有牛、羊、猪、酒聘娶”[5]，“娶以牛、羊为聘，头目家并用马，均至十

---

〔1〕［清］崔乃镛、方桂、余泽春、冯誉骢纂修、续修，梁晓强校注：《东川府志·东川府续志》，云南人民出版社 2006 年版，第 199 页。

〔2〕［清］阮元、伊里布等修，王崧、李诚等纂：《道光云南通志》，见方国瑜主编《云南史料丛刊》（第十三卷），云南大学出版社 2001 年版，第 372 页。

〔3〕王连芳：《王连芳云南民族工作回忆》，云南人民出版社 1999 年版，第 87 页。

〔4〕方国瑜：《滇西边区考察记》，云南人民出版社 2008 年版，第 140 页。

〔5〕［清］阮元、伊里布等修，王崧、李诚等纂：《道光云南通志》，见方国瑜主编《云南史料丛刊》（第十三卷），云南大学出版社 2001 年版，第 372 页。

数”[1]。阿昌族的先民“峨昌”是“婚聘用牛、马，祭以犬”[2]。哈尼族的先民“窝泥”是“其嫁女，则索牛以为聘”，“娶时有奶钱，阿舅、阿伙头钱，动费数金，无银以畜代之”[3]。东川府地区的彝族先民婚姻也是以牛、马为聘：“爨僰聘妇，议银币娶，议牛、马轻重多寡，贫者不易得妇。”[4] 今中缅相邻的茶山地区的阿昌族，其风俗也是：“男女婚嫁，以牛易之。或二牛、三牛不等，换得一女子。”[5] 不仅如此，在婚礼上，也要大杀牛、羊，招待亲友：“爨僰苗娶妇，夕椎杀牛、羊、豕，具酒，亲族里党男女麇聚一堂，昼夜醉饱，跳歌为乐。”[6] 根据上述材料，我们可以说，历史上云南少数民族的婚姻交往关系史，与畜牧养殖史、畜牧产品的交易史和消费史是相随相伴、密不可分的。

（二）畜产品的宗教祭祀牺牲功能

无论是在古代还是近代，云南的许多民族都把牛、羊等牲畜作为宗教祭祀、敬献神灵的供品或礼物，用于驱鬼除疾、祭神祈福、盟誓结义、占卜吉凶等活动，以杀牲（或打牲）[7] 献祭的方式来祈求神灵的庇护和保佑。

1. 杀牲治病

杀牲驱鬼除疾是云南少数民族群众一个古老的传统习俗。凡家人生病，不用医药（也无医药可用），惟以杀牲求神除疾来“治病”。一般刚生病时，杀鸡来酬神，如不愈则杀猪、羊，再不愈，则杀牛；杀牲数目也是由少到多，初为数头（只），再为数十头（只），最后甚至多至上百头（只）。史籍记载，许多少数民族“疾病不用医药，辄祷神，贵者敲牛至于数十百，贱者敲羊至于数十百，究无救于疾，而牛、羊之用已不可纪极”[8]。这种习俗遍及彝族、哈尼族等民族中 。如哈尼族的支系之一“黑窝夷”：

---

〔1〕［清］余庆远撰：《维西见闻记》，见方国瑜主编《云南史料丛刊》（第十二卷），云南大学出版社 2001 年版，第 62 页。

〔2〕［清］阮元、伊里布等修，王崧、李诚等纂：《道光云南通志》，见方国瑜主编《云南史料丛刊》（第十三卷），云南大学出版社 2001 年版，第 388 页。

〔3〕［清］阮元、伊里布等修，王崧、李诚等纂：《道光云南通志》，见方国瑜主编《云南史料丛刊》（第十三卷），云南大学出版社 2001 年版，第 365 页。

〔4〕［清］崔乃镛、方桂、余泽春、冯誉骢纂修、续修，梁晓强校注：《东川府志·东川府续志》，云南人民出版社 2006 年版，第 211 页。

〔5〕［清］闵为人撰：《片马紧要记》，见马玉华主编《中国西南边疆研究文库·初编·西南边疆》（卷四），黑龙江教育出版社 2013 年版，第 78 页。

〔6〕［清］崔乃镛、方桂、余泽春、冯誉骢纂修、续修，梁晓强校注：《东川府志·东川府续志》，云南人民出版社 2006 年版，第 212 页。

〔7〕杀牲的方式有多种，有用刀斧宰杀、砍杀的，也有用棍棒捶杀、打杀的。如西盟佤族的杀牛祭祀就是用带长把的铁镖从牛背上刺下，将牛杀死，称为“剽牛”或“镖牛”。徐志远先生认为，从汉语的词义上讲，称为“镖牛”比称为“剽牛”更合适（见《佤山行——云南西盟佤族社会历史调查（1956～1957）》，云南大学出版社 2009 年版，第 34 页）。而在凉山彝族地区，则以棍棒、锄头等物，对牛、羊、猪进行捶打，将牛、羊、猪打死后，再用刀进行切、割，打鸡则是将鸡颈扭断，令其致死。

〔8〕［清］檀萃辑，宋文熙、李东平校注：《滇海虞衡志校注》，云南人民出版社 1990 年版，第 149 页。

"鸡卜占吉凶，遇病不服药，宰牲祀祷而已。"[1] 在川、滇交界的凉山彝区，当遇有疾病时也是以杀牲祭祀来除疾："彝人有疾病，不信医药，病轻则请比目（比目即毕摩，彝族巫师——引注）打鸡，不愈则打猪打羊，再不愈则打牛，一打再打，至病愈为止。彝人最畏疟疾及癞疾，以其非打牛羊，可以治愈也。若有染癞疾者，其家人必打羊或牛，以款待之，迫其自杀，虽父母子女，亦必如是。"[2]

巫师究竟是如何以牲治病的呢？元代初期，意大利旅行家马可波罗经过云南时，目睹了当时云南少数民族群众杀牲祭鬼神以求祛除疾病的风俗，对巫师假借鬼神附身、作法祭鬼的方式作了详细记述：

尚应言者，此押赤、大理、永昌三州无一医师，如有人患病，则召看守偶像之巫师至；病者告以所苦，诸巫师立响其乐器，而为歌舞，迨其中一人昏厥如死始止。此事表示鬼降其人之身，同伴巫师与之语，问病者所患何疾，其人答曰："某神罚其病卧，盖其侮此神，而神不欢也。"其他诸巫师遂祝神曰："请汝宥其过，而愈其疾，任汝取其血或他物以为报。"祝毕，静听卧地人附身之神作答，如答语为"此病者对某神犯有某种恶行，神怒，不许宥之"，则犹言病者应死。

然若病者应愈，则答诸人，命献羊两三头，作饮料十种或十二种。……并限此种羊应有黑首，或神所欲之其他颜色，如是诸物应献某神，并应有巫师若干、妇女若干与俱。献诸物时，应为赞词歌颂，大燃灯焚香。……

诸人立时献所索某色之羊，杀而洒其血于所指之处，然后在病人家熟其肉，延巫师、妇女如指定之数，祭祀此神。诸人齐至，预备已毕，遂开始歌舞，作乐器而祝神，取食物、饮料、肉、沉香及香灯甚众，并散饮食及肉于各处，如是历若干时，复见巫师中之一人倒地，口喷涎沫，诸巫师询此人曰："神是否已宥病者?"有时答曰："宥。"有时答曰："否。"若答曰否，则尚应献神复欲之物，俾病者获宥。重献既毕，其人乃云："病者获宥，其病将愈。"诸人得此答复，乃言神怒已息，如是欣然聚食，其晕厥于地者亦起，与诸人同食。诸人饮食毕，各归其家。至是病者立起，其病若失。[3]

马可波罗的这一记录，为我们展现了一个云南少数民族"杀牲治病"的典型案例。

2. 祭神牺牲

牛、羊也是祭神祈福时贡献给神灵的牺牲。如清代居住于广南、文山地区的彝族支系"黑朴喇"就是："祭则用牛、羊、豕，名曰'三乐'。"[4] 彝族的另一支系"妙

---

〔1〕 道光《威远厅志》，见姜定忠编纂《哈尼族史志辑要》，云南民族出版社2007年版，第25页。

〔2〕 云南省编辑组编：《四川贵州彝族社会历史调查》，云南人民出版社1987年版，第215页。

〔3〕［意］马可波罗著，冯承钧译：《马可波罗行纪》，东方出版社2011年版，第306页。文中所言"押赤"即今昆明，"永昌"为今保山。

〔4〕［清］阮元、伊里布等修，王崧、李诚等纂：《道光云南通志》，见方国瑜主编《云南史料丛刊》（第十三卷），云南大学出版社2001年版，第364页。

儸儸”也是“祭以羊、豕，捶死不杀”[1]。居住于景东地区的哈尼族先民“窝泥”也是“祭用牛，贫则用猪”[2]。到了近代，情况仍是如此。民族调查资料表明，1952年，德宏州的一个景颇山寨里，为了祭鬼，一年内共杀牛47头、杀猪500头，对正常的生产、生活造成很大的影响，但当地群众对此习以为常。[3] 在佤族居住的阿佤山，剽牛祭鬼也是一个世代相传的习俗，每年为此要宰杀众多牛、猪、鸡，造成财富的大量浪费。据1951年的调查，在佤山的班箐寨，共有一百多户人家，虽然经济并不富裕，但剽牛祭鬼却是不能马虎的习俗。寨中有钱人家常轮流剽牛做鬼（即祭鬼），有的两三年轮流做一次，有的六七年做一次，头人家做鬼次数最多，每次剽的牛也最多。做鬼越多、剽牛越多越光荣，越有面子。穷人家剽不起牛，也要杀小猪、小鸡来做鬼。1951年，班箐寨共剽水牛22头、黄牛8头。而整个阿佤山，每年要剽牛几千头。[4] 佤族的剽牛习俗，既出于宗教的目的，也有显示财富的意图。无论谁家剽牛，牛肉都要平均分给寨里的村民，而自己则把牛头留下，将牛头挂在家门口的墙上，或在门前栽立木桩，以木桩数量代表剽牛数量，以此炫耀家庭的财富和荣誉。

同时，牛羊也是丧葬礼仪上的重要祭品。元代，“罗罗”（彝族的先民）等族群在部族头领亡故时，要宰杀大量牛羊进行祭祀：“酋长死，以豹皮裹尸而焚，葬其骨于山，非骨肉莫知其处。葬毕，用七宝偶人，藏之高楼，盗取邻近贵人之首以祭。如不得，则不能祭。祭祀时，亲戚毕至，宰杀牛羊动以千数，少者不下数百。”[5] 彝族等民族的这一风俗一直到明清时仍是如此，当有重要人物去世时，前来吊唁者，必以大量牲畜作为祭品：“巨室丧事来吊，但驱牛马羊成群，设帐幕于各山，牵牛诣灵位三匝，而敲之以成礼，仍归所敲于各帐，计费牛羊亦不可胜计。故禄劝州虽僻处，而鼠街所出之皮草几半滇，由用之多也。”[6] 在哈尼族等民族中，情况也大体类似。清代，哈尼族的先民“窝泥（斡泥）”，“祭用牛、羊，挥扇环歌，抚掌踏足以为乐”[7]，“祭用牛，贫则用猪。不记生而记死，每逢忌日，设牲祭于家，不出财，不出户”[8]。

同时，牛、羊也是丧葬时招待亲友的主要食物。清代，丽江地区的纳西族，凡有

[1] [清] 阮元、伊里布等修，王崧、李诚等纂：《道光云南通志》，见方国瑜主编《云南史料丛刊》（第十三卷），云南大学出版社2001年版，第351页。

[2] [清] 阮元、伊里布等修，王崧、李诚等纂：《道光云南通志》，见方国瑜主编《云南史料丛刊》（第十三卷），云南大学出版社2001年版，第365页。

[3] 王连芳：《王连芳云南民族工作回忆》，云南人民出版社1999年版，第210页。

[4] 中央访问团二分团调查整理：《佤山班箐、中课调查》，载《中央访问团第二分团云南民族情况汇集》（下），云南民族出版社1986年版，第184页。

[5] [元] 郭松年、李京撰，王叔武校注：《大理行记校注·云南志略辑校》，云南民族出版社1986年版，第90页。

[6] [清] 檀萃辑，宋文熙、李东平校注：《滇海虞衡志校注》，云南人民出版社1990年版，第149页。

[7] 光绪《续云南通志稿》，见姜定忠编纂《哈尼族史志辑要》，云南民族出版社2007年版，第27页。

[8] 民国《景东县志稿》，见姜定忠编纂《哈尼族史志辑要》，云南民族出版社2007年版，第46页。

亲友死，先殡于野外，几天后，请巫师东巴念经超度亡灵，然后将死者遗体火化。“是日，宰牛、猪，具酒食，凡亲友以之劝丧者之主，丧主必大醉饱，欢笑而归。”[1]

3. 盟誓媒介

明代谢肇淛《滇略》说当时的云南人“其疾病也，知有巫祝而不信医药，争斗，不畏刑法而凭盟誓”[2]。正如当时云南少数民族群众有病不求医，而是杀牲驱鬼除疾一样，当各部族民众间发生争斗时，也是以杀牲盟誓的方式才能加以和解，即常说的“歃血为盟”。由此，牛、羊、鸡成为“夷人”盟誓时必不可少的媒介。所谓“歃血为盟”，即将生的鸡血、羊血滴于酒中，双方分饮血酒，对天发誓，表示结盟友好、互不侵害。“歃血为盟”和杀牲结盟是云南、四川地区许多少数民族特别是彝族解决矛盾纠纷、化敌为友的重要形式。1935 年 5 月，当中国工农红军第一方面军长征经过四川凉山地区时，为取得彝族群众对红军借道过境的帮助和支持，红军总参谋长刘伯承将军即以“歃血为盟”的方式，与冕宁彝族沽基家族头人小叶丹喝鸡血酒为盟，结拜为兄弟。结义仪式在彝家海子（湖泊）边举行，一位彝民拿来一只鸡，用刀在鸡脖上一拉，将鸡血滴入酒碗中（因无酒，以湖水代酒）。刘伯承与小叶丹并排跪于地上，高举“血酒”，面对天空和湖水，发出结义誓言。刘伯承说：“上有天，下有地，我刘伯承与小叶丹今天在海子边结义为兄弟，如有反复，天诛地灭！”说完，将“血酒”一饮而尽。小叶丹说：“我小叶丹与刘司令员今日在海子边结为兄弟，如有三心二意，同此鸡一样死！”说罢，将“血酒”也一饮而尽。[3] 这就是中国革命史上著名的“彝海结盟”。在小叶丹的帮助下，红军顺利地通过了彝人居住区。在彝族社会中，比喝血酒更为隆重的盟誓仪式为“钻牛皮”，当双方为结束战争、表示投诚或结为盟友等重大事情进行盟誓时，均要举行“钻牛皮”仪式。其方式是，双方当事人各持一锤，将一牛击昏打死，然后将牛皮剥下，之后用木架将牛皮撑起，做成牛的形状，树立于空地之上，双方代表从血淋淋的牛皮下钻过，其意表示：“如有反悔，有如此牛。”之后，再将牛血、鸡血和雄黄调入酒中，双方分饮血酒，仪式才算完成。经过“钻牛皮”仪式后，约定的事项皆能得到执行和遵守。[4]

4. 占卜媒介

以鸡骨或羊骨占卜吉凶是彝族等民族自古以来相沿的习俗。《景泰云南图经志书》记明代前期曲靖地区“土人”的习俗时说：“卜用鸡骨。土人称巫师曰大奚婆，遇有一切大小事，怀疑莫能决者，辄请巫师以鸡骨卜其吉凶。”[5] 以鸡骨占卜吉凶的方法，据史籍

---

〔1〕［清］吴大勋撰：《滇南闻见录》，见方国瑜主编《云南史料丛刊》（第十二卷），云南大学出版社 2001 年版，第 43 页。

〔2〕［明］谢肇淛撰：《滇略》，见方国瑜主编《云南史料丛刊》（第六卷），云南大学出版社 2000 年版，第 698 页。

〔3〕刘弥群：《父亲刘伯承在长征中》，载《军事历史》2006 年第 10 期。

〔4〕参见曾昭抡：《大凉山夷区考察记》，中国青年出版社 2012 年版，第 179～181 页；江应樑：《凉山夷族的奴隶制度》，载《江应樑民族研究文集》，民族出版社 1992 年版，第 170 页。

〔5〕［明］陈文纂修：《景泰云南图经志书》，见方国瑜主编《云南史料丛刊》（第六卷），云南大学出版社 2000 年版，第 36 页。

的记述是："其法，缚雄鸡于神前，或向空祝之，旋扑杀鸡，取两股洗净，以线束之，用竹签插其中再祝。左股为侬，侬我也。右骨为人，人则所占事，或占所指人也。两股上有细孔，以细竹签之斜直多少，任其自然，直而正者多吉，反是者凶。"[1] 在川滇交界的凉山彝族社会中，彝族毕摩也用羊骨作为占卜媒介。其占卜方式为：用艾绒粘于羊胛骨上，念祷祝词后，用火绳将羊骨上的艾绒点燃进行烧灼，先烧羊骨的宽薄部位，然后再烧骨臼部位，待烧至一定时候，摔骨于地上，以唾沫沾灰显示兆形，然后对兆的吉凶作出解释。[2] 毕摩释兆的方式为以羊骨烧灼后裂纹的长短、左右、弯直来定吉凶：裂纹长而直主吉，裂纹短而曲主凶，裂纹现于右主女姓，裂纹现于左主男性。从历史上来看，以烧灼兽骨来占卜吉凶是商周时期中原社会普遍的习俗。但何以称之为"卜"，则众说不一。20 世纪 80 年代，考古学家汪宁生先生根据对凉山彝族毕摩以羊骨占卜情形的实际观察，推测"卜"字的读音应是来源于兽骨烧裂的声音，而"卜"的字形则应源于卜兆之形。[3]

总的来说，牛、羊、猪、鸡等作为历史上云南各少数民族最为重要的物质财富，在各民族群众的人神交往和人际交往中扮演着重要的媒介和纽带作用。

第十一节　元明清时期云南地区的农事习俗

农业生产既是一种劳作方式，同时也是一种社会活动和科学实践。从事农业生产活动，需要正确认识和处理好人与自然之间的相互关系，总结和传承好关于农业生产的知识和经验。在长期的农业生产实践活动中，人们形成了一系列关于农事活动的思想观念和行为规范，这些思想观念和行为方式，通过世代传承和发展，积淀为丰富多彩的农业民俗文化。云南地区的农业民俗文化，既体现出鲜明的地方民族特色，同时，又反映出内地汉族农耕文化对云南农业生产和历史发展的深刻影响。

一、农业计量方式

度量衡是人们标识长度、容量、质量（重量）的基本工具。度量衡的产生与农业生

〔1〕 宣统《续修蒙自县志》，收入凤凰出版社选编《中国地方志集成·云南府县志辑》（第 50 册），凤凰出版社、上海书店、巴蜀书社 2009 年版（影印本），第 529 页。

〔2〕 汪宁生：《西南访古日记选辑》，收入《汪宁生论著萃编》（下），云南民族出版社 2001 年版，第 1548 页。

〔3〕 汪宁生：《西南访古日记选辑》，收入《汪宁生论著萃编》（下），云南民族出版社 2001 年版，第 1549 页。

产发展密切相关，许多原始计量单位的出现即是源于农业生产活动的需要。正是在原始计量方式的基础上，逐步形成了相对统一的度量衡制度。[1] 我国是世界上较早形成统一计量方法的国家，秦汉时期，我国中原地区就形成了统一的度量衡制度。两千多年来，我国内地大都使用传统的市制计量单位，即计量长度的市里、市引、市丈、市尺、市寸、市分、市厘，计量面积的市顷、市亩、市分，计量容积的市石、市斗、市升、市合、市勺、市撮，计量质量（重量）的市担、市斤、市两、市钱、市厘、市毫等[2]，而在边疆少数民族群众中，直至近代时期，仍然使用一些原始独特的计量方法。

从云南地区的计量情况来看，可以认为，自汉晋以来，中原地区的度量衡单位即已传入云南，但直到元代以前，云南地区通行的计量方法仍是具有地方特色的计量单位。元明以来，云南地区的计量方式为汉式市制计量单位与少数民族传统计量方法并行共用。大体说来，在汉族地区，通行的计量单位为汉式市制计量单位；在少数民族地区，则基本保持和沿用各民族传统的甚至是较为原始的计量方法。下面，我们对元明清及近代时期云南地区具有地方民族特色的农业计量方式作一介绍。

（一）面积计量

土地是基本的农业生产资料，土地面积的大小与农业产出的多少具有直接关系。以某种单位和方式对耕地面积进行计量和估算是进行农业生产活动的一个必要条件。在处于原始农业生产阶段的独龙族社会中，耕地面积的计量单位是“块”（地块），如“冬瓜树地几块”、“老林地几块”，至于每“块”地究竟大小如何，则无法表示。[3] 独龙族也以“架”为单位统计土地，将每“块”地分成几“架”（1“架”地约合2亩）来计算，小块地合半“架”，中块地合2“架”，大块地合3“架”，最大块的地合5“架”。[4] 显然，这样的计量方式是十分原始、模糊的。清代滇南地区哈尼族等少数民族群众的田地计量方式，也与独龙族类似，以“分”来作为计量单位：“田以分计，一分者，犹言一区，不辨多寡。”[5] 在云南地区的许多少数民族中，长期以来使用的

---

〔1〕汪宁生：《从原始计量到度量衡制度的形成》，载汪宁生著《民族考古学探索》，云南人民出版社2008年版，第124页。

〔2〕传统计量单位与现代法定计量单位或非法定计量单位之间的换算关系，长度计量单位是：1公尺=3市尺=1米，1市里=150市丈=0.5公里，1市引=10市丈，1市丈=10市尺=3.3333米，1市尺=10市寸=0.3333米，1市寸=10市分=3.3333厘米，1市分=10市厘；面积计量单位是：1市顷=100市亩=6.6667公顷，1市亩=10市分=60平方市丈=0.1644英亩，1市分=6平方市丈；容积计量单位是：1市石=10市斗=100升，1市斗=10市升=10升，1市升=10市合=1升，1市合=10市勺=1分升，1市勺=10市撮=1厘升，1市撮=1毫升；质量计量单位是：1公担=100千克=2市担，1市担=100市斤，1市斤=10市两=0.5千克，1市两=10市钱=50克，1市钱=10市分=5克。

〔3〕汪宁生：《从原始计量到度量衡制度的形成》，载汪宁生著《民族考古学探索》，云南人民出版社2008年版，第90页。

〔4〕王连芳：《王连芳云南民族工作回忆》，云南人民出版社1999年版，第157页。

〔5〕［清］刘慰三撰：《滇南志略》，见方国瑜主编《云南史料丛刊》（第十三卷），云南大学出版社2001年版，第130页。

面积计量方式有以下两种：

一是以播种种子的数量来计量。据民族调查资料，在滇西南的德宏地区，耕地面积基本上以所播谷种的“箩”数来计算，如芒市法化乡的法帕村，全村的耕地面积约可种700箩谷种。一箩谷种约重25市斤，可种100～120平方丈的田地（一箩谷种所收谷子从四五十箩到七八十箩不等）。[1] 由于种子播撒的疏密不同，一箩种子所撒的田地面积也会有差异。因此，以种子数量来计量耕地面积，只能估算一个大概的情况，准确性自然不够。如泸水县的水田约可种400箩谷种，大体两箩谷种可种一亩水田，这样，泸水县的水田面积估计约为200多亩。[2]

二是以劳作工时来计量。在云南省的许多地区，通常以人、畜劳作一天的耕作量作为相应的面积计算单位，如“一工田”、“一驾牛地”等。“一工田”即一个劳动力一天可耕作的水田面积，“一驾牛地”即一驾牛（双牛并驾）犁耕一天的山地面积。“一工田”的实际面积是多少呢？难有确切的说法。根据社会学家费孝通先生20世纪30年代对禄丰县农村的调查，“一工田”是指一天内一个人能够插秧的水田面积。在禄丰农村，有“三工合一亩”的说法。费孝通先生亲自步测和估算后认为，禄村“一工田”的实际面积约在230～300平方公尺（米）之间，平均而言，“一工田”面积约为250平方公尺，约2.6工田等于1市亩。[3] 也就是说，在禄丰农村，“一工田”面积约为0.4亩左右。而从“一驾牛”的计量单位来说，以“一驾牛”一天所犁地块作为标准来计算耕地面积的多少，是云南少数民族相沿已久的习俗。从唐代以来，云南地区即以“双”作为计量田土面积的单位，而一“双”地即是“一驾牛”（即双牛并驾）犁一天的面积。《云南志》卷八“蛮夷风俗”在谈到南诏地区的度量单位时即说：“田曰双，汉五亩也。”[4] “双”的称谓来源，应即是源于两牛并驾而犁的耕作方式。元代李京《云南志略》记“白人”的风俗时也说：“多水田，谓五亩为一双。”[5] 也就是说，从唐宋至元代时期，云南地区的1“双”地相当于汉制的5市亩。到了清代，丽江等地仍以“只”、“双”来计量田地面积。吴大勋说：“吾乡田地以亩计，分毫不能增减隐混。他省如北地称日、称晌，江楚称工，至于丽江，称只、称双。称日者，计一日可耕之地。称工者，计一夫可耕之地。称只者，计一牛可耕之地。皆不知有亩数。”[6] 由此可见，“只”为一牛一日可耕之地，“双”为二牛一日可耕之地。显然，由于土质坚硬松软程度不同、牛力大小各异、实际劳动时间不一，因此，“一驾牛”

〔1〕中央访问团二分团：《潞西县情况汇编》，载云南省编辑组编《中央访问团第二分团云南民族情况汇编》（上），云南民族出版社1986年版，第190、191页。

〔2〕段承钧撰：《泸水志》，见云南省编辑组编《云南方志民族民俗资料琐编》，民族出版社2009年版，第148页。

〔3〕费孝通、张之毅：《云南三村》，社会科学文献出版社2006年版，第26页。

〔4〕［唐］樊绰撰，向达原校、木芹补注：《云南志补注》，云南人民出版社1995年版，第117页。

〔5〕［元］郭松年、李京撰，王叔武校注：《大理行记校注·云南志略辑校》，云南民族出版社1986年版，第88页。

〔6〕［清］吴大勋撰：《滇南闻见录》，见方国瑜主编《云南史料丛刊》（第十二卷），云南大学出版社2001年版，第16页。

（或一双牛）、“一只牛”的实际面积，各地、各户之间肯定存在差异，大体在4～6市亩之间，通常以4亩或5亩来计算。明代谢肇淛《滇略》卷四“俗略”即说：“田四亩谓之一双。”[1] 以此而言，以“一驾牛”或“双”作为单位的面积计量方法仍是一种不够准确的计量方式。

（二）容量计量

容量的计量方法与容器的形状具有直接关系。如同汉族以石、斗、升、合等容器作为量具来计算容量一样，云南少数民族多以“箩”作为量器来计算容量。“箩”即是少数民族日常盛放谷物和其他各种杂物的容器和背具，以竹制成。“箩”有大小之分，在傣族地区，不同大小的“箩”有不同的名称，即：“箩”“海”“别”“哈”“利”“节烈”，从器形上来说，“箩”“海”“别”“哈”为箩形，“利”“节烈”为筒形。不同容器之间有固定的换算标准：1“箩”＝2“海”，1“海”＝4“别”，1“别”＝2“哈”，1“哈”＝4“利”，1“利”＝2“节烈”。[2] 值得注意的是，在同一地区，作为容器兼量具的“箩”，其形制和大小是相对统一和固定的，这是人们对某种惯例自觉遵循和维护的结果。在瑞丽傣族中，1“箩”的盛谷重量一般为18.5公斤，人们在编织竹箩时，即自觉地按照这一标准来进行编织和核校。当然，不同地区、不同民族的“箩”在大小上是有区别的，因此其容量和盛物的重量也有差异，从重量而言，1“箩”所盛谷物可以从15公斤到20公斤不等。[3] 以“箩”为基础，出现了“挑”的计量单位。1“挑”即2“箩”。

（三）重量计量

元明清时期，云南各民族的重量计算方式，或借用汉式的石、斤、两等单位，以秤、戥等衡具来称量重量，或以容量来表示重量。在不需要特别精确的情况下，多以量具代替衡具，以容量来表示重量，特别是在农业活动中，更是如此。许多少数民族群众在农作物产量计量中，多以“箩”、“背”为单位来计量收获物的多少。如哈尼族群众就是以“背”、“尔”、“桶”来计量谷物产量：“谷以背计，一背二十升，五背为一石。又以尔计，一尔二十四升。六升为桶，四桶为尔，四尔为石，皆方言也。”[4] 根据现代人的估算，哈尼族一“背”的重量约为30公斤。需要指出的是，同样是“尔”、“桶”，在分别计量米和谷子时，其所表示的容积数量又是不同的。根据《滇南志略》卷二对临安府蒙自县计量习俗的记载：“米以尔计。一尔者，三十二升也；八升

〔1〕［明］谢肇淛撰：《滇略》，见方国瑜主编《云南史料丛刊》（第六卷），云南大学出版社2000年版，第698页。

〔2〕汪宁生：《从原始计量到度量衡制度的形成》，载汪宁生《民族考古学探索》，云南人民出版社2008年版，第94页。

〔3〕汪宁生：《从原始计量到度量衡制度的形成》，载汪宁生《民族考古学探索》，云南人民出版社2008年版，第94页。

〔4〕［清］江浚源修，罗惠恩等撰：《嘉庆临安府志》，收入凤凰出版社选编《中国地方志集成·云南府县志辑》（第47册），凤凰出版社、上海书店、巴蜀书社2009年版（1799年刻本影印本），第242页。

谓之桶，四桶谓之尔。"[1] 即1“尔”米合汉式32升，1“桶”米合汉式8升。如何理解这一差异呢？我们认为，这里所说的“升”是以稻谷作为衡量基准的，即1“尔”稻谷的容量合24升，1尔“米”的容量或重量则相当于32升稻谷，换言之，32升稻谷才能碾得1“尔”米，故言米时说“一尔（米）者，三十二升（稻谷）也”。显然，以容量来表示重量的计量方式是不够科学和精确的，之所以出现这样的情况，一是由于当时农村地区缺乏相应准确的衡具，二是民众日常生活中一般也不需要对各种农产品都做到精准计量。

二、农业历法

（一）汉族的历法

中原汉族地区的历法形成于先秦时期，到秦汉以后逐步统一。汉族地区的历法是一种阴阳历，即阳历的年和阴历的月相结合的历法。阴历（太阴历）是以月亮运行的周期来纪时，即以月亮从一个合朔（合朔为月亮位于地球和太阳的正中间，即月与日同经度不同纬度）到下一个合朔为一个月，称之为朔望月（“朔”为“无月”的初一日，“望”为月圆的第十五日），一个朔望月的实际时间约为29.53天，十二个朔望月共为354天；阳历（太阳历）以是太阳运行的周期来纪时，即以太阳从一个春分点运行到下一年的春分点为一年，称为回归年，一个回归年的时间约为365.25天。这样，阴历的十二个月和阳历的一个回归年之间就相差11.2天。为了协调两种计时方法之间的差异，就形成了以阴历为基础，通过设置大小月（大月和小月相间，大月30天，小月29天，）和闰月（每隔两三年设置一个闰月来补充一年和十二月之间的差数）来调节阴历和阳历之间时差的阴阳历。从秦始皇颁布“颛顼历”和汉武帝颁布“太初历”后，中国的阴阳计时历法基本成熟和稳定下来，成为有效的计时工具，称之为阴阳历（俗称“阴历”）、夏历或农历。

在以年、月计时的基础上，我国还形成了二十四节气的时令。我国先民先将一个回归年的日子分成24等分，叫作平气；由于太阳在黄道上运行的速度并非是匀速的，因此，相同时间内太阳运行的距离并不一致。后来，人们就把太阳在黄道上运行的距离分成24等分，太阳每走同样等分距离的一段轨道，就交一个节气。各个节气之间的日子虽不相同，但太阳运行的距离却是相等的，这就是“定气”。这样，一个回归年共交24个节气。二十四节气是在对天象、物候长期观察探索的基础上逐步形成的，西汉初年成书的《淮南子》对二十四节气的名称已有完整记载。它以“二分”（春分、秋分）、“二至”（夏至、冬至）、“四立”（立春、立夏、立秋、立冬）等8个基点（“八节”）为基础，每两点间再均匀地划分为三段（“三气”），分别以相应的气象和物候现

[1] ［清］刘慰三撰：《滇南志略》，见方国瑜主编《云南史料丛刊》（第十三卷），云南大学出版社2001年版，第130页。

象来命名，形成二十四节气[1]（从冬至起每隔一气的十二气叫“中”气，其余十二气叫“节”气。由于两气所含的日子，多于一个朔望月的日子，所以会发生没有中气的月份，没有中气的月份即作为闰月），这就是：立春、雨水、惊蛰，春分、清明、谷雨，立夏、小满、芒种，夏至、小暑、大暑，立秋、处暑、白露，秋分、寒露、霜降，立冬、小雪、大雪，冬至、小寒、大寒。每一节气之间相隔15天左右（冬至前后，太阳在黄道上运行较快，一个节气只有14天多；夏至前后，太阳运行得慢，一个节气将近16天）。二十四节气较好地反映了一年之中地球绕太阳公转所形成的气候冷暖干湿变化以及与之相联的草木生长荣枯、候鸟来去鸣止等自然现象的变化特点，它与阴阳历计时方法一起，成为指导农业生产活动的科学工具。

阴阳历和二十四节气的计时方式，从汉代以后，即传入云南地区。在汉晋南北朝时期，云南地方政权皆奉内地某一王朝政权为中央政权，按王朝皇帝的年号和阴阳“皇历”来进行计时，即所谓“奉正朔”。阴阳历及其与之相应的干支纪年、纪日方法是东汉至南北朝时期云南地方政权计时的基本历法。如《爨龙颜碑》即标明立碑时间为“大明二年岁在戊戌九月上旬壬子朔”，即南朝宋孝武帝刘骏大明二年（公元458年），这一年为干支纪年的“戊戌”年，这年九月初一日（朔日）为干支纪日的“壬子”日。元明清以来，随着中央王朝对云南地方统治的强化和汉族移民的大量入滇，阴阳历成为汉族及一些少数民族通行的计时历法，同样，二十四节气也是汉族与一些少数民族指导农业生产的基本物候历法。云南各地群众以二十四节气为指导，根据各地实际气候情况和生产实践经验，总结出了许多行之有效的农时谚语，如滇中地区关于撒秧时机的谚语有：“二月清明莫在前，三月清明莫在后”；关于栽秧时机的谚语有：“小暑栽秧不用耨，大暑栽秧稻不要”，意为栽秧太晚，误了节令，秧苗长势不好；关于秧苗生长与雨水之间关系的谚语有：“小满雨滔滔，芒种似火烧，夏至如瓢浇”，意为小满、夏至时雨水要多，芒种时雨水要少，才有利于秧苗的生长，等等。

（二）少数民族的农业历法

元明清以来，云南许多少数民族借用汉族的阴阳历作为计时历法，或者参照汉族的历法来订正本民族的历法。与此同时，也有许多少数民族使用本民族较为原始的历法来计时。云南许多少数民族把一年分为十二个月，一个月分为三十天，不设大小月，也不置闰月，这种整数式的计时方法与日月的实际运行情况之间存在较大差异。为解决这一问题，许多少数民族或参照汉族的历法来进行校订，或跟随其他民族设置闰月，以此来确定何时过年、是否置闰。如滇西南地区少数民族即有“过年看汉族，置闰看傣族”的谚语，景颇族对过年日期则有“盈江的看汉族，陇川的看傣族，缅甸的看老

[1] 据《周髀算经》的解释，“八节”的含义是：“二至者，寒暑之极；二分者，阴阳之和；四立者，生长收藏之始。是为八节。节三气，三而八之，故为二十四。”（转见张芳、王思明主编《中国农业科技史》，中国农业科技出版社2011年版，第120页）“四立”也可按其气象特征分为“启”（立春、立夏）、“闭”（立秋、立冬）两个不同方面。

缅”的说法。[1]

在许多少数民族中，虽然也有自己的原始历法，但同时更多地以气候、物候情况来标志时日，安排生产和生活。如清代滇西云龙州（今云龙县）地区各民族的习俗就是：“其地不知岁月，耕种皆视花、鸟。梅花一开以纪年，野靛花十二年一开以纪星次，竹花六十年一开以纪花甲。名杜鹃花雇工，此花开则宜耕也。”[2] 独龙族也是以四季物候作为安排生产、生活的基本指南。独龙族世代居住在独龙江流域，过着相对与世隔绝的生活（近代以前独龙族仅与藏族、怒族、傈僳族有一些交往与联系）。在长期的生产、生活实践中，独龙族根据对自然现象的观察和自身积累的生产、生活经验，创造了本民族的原始历法。独龙族历法也将一年分为十二个月，但与汉族历法或其他历法不同的是，独龙族完全根据四季物候的变化和相应的农事活动来划分和命名相应的月份。每月的名称和生产活动内容如下[3]：

一月，称为“得则卡龙”，意思为山上有雪，此时的劳作活动为男子打猎，妇女织麻布。

二月，称为“阿蒙龙”，这时虽然山顶有雪，但江边已可以种洋芋、小麦、青稞等作物。

三月，称为“阿薄龙”，也叫出草月，此时地上野草发青，独龙人开始砍烧“火山地”，大面积地种植洋芋作物。

四月，称为“奢久龙”，也叫播种月，独龙人大量地砍烧“火山地”，种小麦、南瓜和芋头等作物。

五月，称为“昌木蒋龙”，也叫花开月，此时百花盛开、百鸟鸣唱，人们集中从事玉米、稗子等的播种活动。

六月，称为“阿石龙”，这一时期，停止播种，进行薅草、捕鱼及外出挖贝母等活动。

七月，称为“布安龙”，又叫缺粮月，此一时期，庄稼正在生长之中，粮食青黄不接，人们上山采集野果、野菜为食。

八月，称为“阿茸龙”，开始吃青玉米，收小麦、小米，撒播荞子。

九月，称为“阿长木龙”，收玉米、稗子和瓜类等。

十月，称为“早洛龙”，也称收获月，此时，玉米、稗子、小米等各种作物成熟，人们全力从事收割，在山上修玉米楼存放玉米，在家屋后整修粮仓，贮存过冬粮食。

十一月，称为“总木甲龙”，又称降雪月，赶收晚熟的稗子和荞子，把南瓜背回家，上山砍柴，准备过冬。

〔1〕参见汪宁生：《初民时间、空间和数字概念探源》，载汪宁生《民族考古学探索》，云南人民出版社2008年版，第131页。

〔2〕［清］董善庆撰：《云龙记往》，见方国瑜主编《云南史料丛刊》（第十一卷），云南大学出版社2001年版，第330～331页。

〔3〕参见洪俊：《独龙族的原始习俗与文化》，载云南省编辑组编《云南少数民族社会历史调查资料汇编》（一），云南人民出版社1986年版，第222页。

十二月，称为“勒更龙”，此时，江边水位降低，山上白雪皑皑，男子外出打猎，妇女砍红麻、野麻，编织麻布。

除了十二个月的区分外，独龙族十分重视“花开鸟叫”这种自然物候现象，按照“花开鸟叫”的情况来安排相应的农事活动。当春天来临时，桃花盛开，“告克拉”鸟叫，此时即进入全面播种时期；而当鸟王“省得鲁都”叫时，播种工作就要全部做完。

与独龙族的原始历法相似，滇西南盈江（旧名干崖）景颇族大山支十二个月（各月时间与汉族农历大体相当）的命名和特征也与农事活动有密切关系。据汪宁生先生调查并请本族人直译，大山支景颇人各月名称及活动内容如下[1]：

一月，称为“普遍欢喜之月”——是月过年，故大家欢喜。

二月，称为“烧火之月”——是月为刀耕火种农业烧山之时。

三月，称为“眼睛闪光之月”——是月万物复苏，鸟语花香，心中高兴。

四月，“末尾之月”——指干季于是月结束。

五月，“使力气之月”——是月农业劳动生产繁忙。

六月，“忧愁之月”——是月青黄不接，又不断下雨。

七月，“一对月份”——是月仍是青黄不接。

八月，“宽心之月”——是月苞谷出穗，有了希望。

九月，“天亮之月”——是月开始收获，不再挨饿，像从黑夜中盼到了天亮。

十月，“发芽之月”——指樱桃花树于是月发芽。

十一月，“缩手缩脚之月”——是月开始寒冷。

十二月，“饱月”——是月饱食终日。

可以看出，景颇人的上述月份称呼完全是按照各月的自然现象、农作物生长情况和人们的生产、生活状态来进行命名的，是农业生产和农民生活情况在一年四季时序上的直接体现和反映，是一种典型的农业物候记时方法。

三、农业祭祀习俗

农业是依赖自然的经济活动，农业收成的好坏与自然的气候、土壤、降雨等条件密不可分。在原始农业和传统农业时期，人们对影响农业生产的自然因素和自然力量既难以科学认识和理解，也无力进行控制和改变，只能被动地顺应和服从，这就是所谓“靠天吃饭”。作为自然象征的“天”“地”，也就成为了人们敬畏和崇拜的对象。为了表达对天、地的敬意，人们定期举行各种祭祀活动，通过供奉祭品、念诵敬语、跪拜祈祷等形式，祈求天地神灵的保佑，以期风调雨顺、五谷丰登。历史地来看，农业祭祀是中外许多农业民族都曾有过的宗教信仰和民俗活动。北京古城里的天坛、地坛、先农坛、祈年坛等建筑，就是明清时期朝廷举行农业祭祀活动的设施和场所。在

〔1〕 汪宁生：《初民时间、空间和数字概念探源》，载汪宁生《民族考古学探索》，云南人民出版社2008年版，第139页。

云南历史上，从古“滇”国时期开始，人们即有农业祭祀的观念和习俗。[1] 元明清时期，从官方到民间，云南各地的农业祭祀活动更为普遍。在各府、州，官府建立了许多农业祭祀活动场所，如风云雷雨山川坛、先农坛等，特别是先农坛，各州、县多有，先农坛内均有一块举行农业祭祀活动时进行象征性耕作的耤田。如清代雍正《安宁州志》记安宁州先农坛的祭祀情况说：“先农坛，在州城东门外龙宝寺旁。正殿三间，左列斋所，右列神仓，大门内坛一座，耤田四亩九分。每岁仲春亥日，知州率所属官及老农诣坛所斋宿，至期如仪，奏乐歌七丰之章，行九推播种终亩礼。事毕，燕老农耆民，赏赉有加。”[2] 此外，每年初春，官方还要举行专门的迎春活动，宣示一年春耕生产的开始。迎春的时间为立春前一日，由府、县长官带领下属迎春于东郊，置酒宴饮，宴毕将春牛、芒神（芒神即句芒神，为司春之神）迎回城内。春牛、芒神用土抟成，春牛身高三尺六寸、从头到尾长七尺二寸，芒神高亦为三尺六寸。春牛、芒神抬回城内后，要举行游行活动，让人们知晓一年春天即此开始。第二天，即为立春日，人们将春牛、芒神打碎，称为“打春”。举行“迎春”和“打春”活动的目的，是希望大家牢记“一年之计在于春”的古训，抢抓节令，做好春耕生产工作，以期获得好的收成。

除了官方的祭祀活动外，各民族的农业祭祀习俗更为深厚，祭祀的内容也更为丰富，如祭谷神、五谷神、牛王、马王、猪王等，祭祀的目的也更为明确，这就是通过祭祀活动祈求风调雨顺、无病无灾，五谷丰登、六畜兴旺等。

（一）彝族的农业祭祀习俗

彝族是云南地区历史悠久、支系众多的少数民族。元明清以来，云南地区的彝族主要居住在滇东、滇中和滇西的山区与半山区，在经济文化上与汉族、白族等民族交往密切。彝族以农业为生，对农业祭祀十分重视，在长期历史积淀并学习、借鉴汉族宗教文化（主要是道教文化）的基础上，彝族形成了丰富多样的农业祭祀习俗。滇中地区彝族各支系的祭祀活动，展现出了彝族农业祭祀习俗的基本情况。

撒梅人是彝族的一个支系（撒梅人的先祖可能为宋元时期的“撒摩都”人），主要分布于昆明东郊的阿拉、大板桥等地。以昆明阿拉乡（旧属昆明县，今属昆明市官渡区）撒梅人的习俗为例，撒梅人的农业祭祀活动以“过会”的方式进行，主要“会”事活动有：农历正月十五的“天光会”，二月十九的“土主会”，三月三的“主师会”，三月十五日的“五谷会”，六月二十二日至二十五日的“牛马猪王会”，九月九日的“重阳会”，十月十八日的“地母会”，以及一年举行三次的“祭龙会”。[3] 祭祀的对象为与农业生产活动密切相关的五谷神、主师、土主、地母、牛王、马王、龙王等各

[1] 张增祺：《滇国与滇文化》，云南美术出版社1997年版，第208页。

[2] 《雍正安宁州志》，收入凤凰出版社选编《中国地方志集成·云南府州县志辑》（第3册），凤凰出版社、上海书店、巴蜀书社2009年版（影印本），第522页。

[3] 见邓立木、赵永勤：《官渡区阿拉乡彝族宗教调查》，载云南省编辑组编《昆明民族民俗和宗教调查》，民族出版社2009年版，第45～47页。

路神祇。[1]

“天光会”的祭祀对象为天光谷神（即五谷老爷），撒梅人认为人们在长期的生产劳动中，给五谷神带来了许多麻烦，故要在岁首之时通过祭祀来表示感谢，祭品为1头猪、1只鸡。

“土主会”的祭祀对象为地方土主，祭祀目的在于祈求土主保佑地方风调雨顺，庄稼丰收、牛马健壮。土主会以村为单位进行，祭祀地点在村里的土主庙前，届时，先请毕摩念经，然后将土主座像放在一头事先选好的白牛身上，在过“会”群众的簇拥下，牵牛游行。祭祀的祭品为猪、鸡、蔬菜。祭祀完毕后，参会的群众共同聚餐，分食祭品。

“五谷会”是撒梅人一年中重大的祭祀活动之一，祭祀的对象为五谷神，同时也兼祭主师、地母、土主等各路神祇，祭祀时间持续3天。过“会”第一天，各村分别设立五谷神神堂，神堂用松枝搭成，神堂内供奉五谷神、雷神、主师、地母牌位。在村里的道路上，要悬挂或张贴写有“五谷丰登”“五谷神会”字样的字幅。各村要尽可能多地杀猪、宰羊，大吃大喝，举行“花灯”演唱活动，以使过“会”气氛隆重热烈。第二天，举行迎五谷神活动，由8名已婚男子抬轿子到屋南山迎五谷神，其余群众提灯笼跟随，边走边唱花灯。迎回五谷神后，毕摩要念《五谷经》《主师经》《五雷经》等经文。《五谷经》的内容为：“请上皇、雷神、五谷太子、五谷老爷保佑五谷丰登，少生害虫，风调雨顺。”《主师经》的内容为：“求主师保佑，风调雨顺，少下冰雹。”[2] 第三天半夜，举行送五谷神活动，将五谷神牌位烧掉，同时各家焚烧大年三十贴在大门旁的“甲马”纸，以此祈愿五谷丰收。

“牛马猪王会”的会期为农历六月二十二日、二十四日和二十五日，与彝族火把节大体同期。祭祀以村为单位举行，祭祀时设牛、马、猪王牌位，供奉羊、鸡等祭品，由毕摩念《牛马猪王经》祷告：“望牛、马、猪王保佑：拉车的马跑得快，拉犁的牛力气大，小猪不发瘟，大猪快长膘。”[3] “牛王、马王、猪王来领受，望一年到头，低头吃食，抬头长膘……”[4] 十分明显，祭祀牛王、马王、猪王的目的，是希望神灵保佑牲畜无病无灾、健旺成长。

“三皇会”的祭祀对象为“三皇”，撒梅人认为“三皇”为五谷神的前辈，七月七

---

〔1〕在撒梅人的宗教系统中，五谷神也称天光五谷神，包括五谷老爷、五谷太子父子两位神灵，是专管五谷生长的神灵；主师神是一位具有呼风唤雨、降妖伏魔并能使万物生长的神力的神祇，其地位在土主、地母之上；土主即地方神，包括官渡土主、本吉土主、齐兰土主、单方土主和岘岣土主，为五位兄弟；地母即大地之神，主管平坝区的土地事务，同时也保佑妇女的身体健康；牛王、马王为主管牲畜之神；龙王为主管雨水之神。

〔2〕见邓立木、赵永勤：《官渡区阿拉乡彝族宗教调查》，载云南省编辑组编《昆明民族民俗和宗教调查》，民族出版社2009年版，第41页。

〔3〕见邓立木、赵永勤：《官渡区阿拉乡彝族宗教调查》，载云南省编辑组编《昆明民族民俗和宗教调查》，民族出版社2009年版，第41页。

〔4〕见邓立木、赵永勤：《官渡区阿拉乡彝族宗教调查》，载云南省编辑组编《昆明民族民俗和宗教调查》，民族出版社2009年版，第46页。

日是三皇的生日，祭祀三皇可以保佑万物茂盛生长，来年五谷丰收。祭祀活动在三皇庙举行，祭品为猪、羊、鸡等物，由毕摩念经致祭。

“重阳会”在九月九日举行，此时正值庄稼成熟之际，举办“重阳会”的目的是为再次感谢五谷神以及主师、地母对全村的保佑，赐予庄稼丰收。届时，全村聚会，杀猪两头，供五谷神位，由毕摩念《五谷经》《主师经》《地母经》。通过祭祀五谷神，获得五谷神的许可，就可以开镰收割了。在祭祀五谷神的同时，村民还将先收的谷穗舂成新米，煮成米饭，聚集田头举行“尝新”活动，以此庆贺丰收。

除了上述祭祀活动外，阿拉乡的撒梅人还要举行祭龙活动。祭龙活动每年举行3次：农历三月祭头龙，八月祭中龙，九月祭尾龙。龙为雨神，祭龙的目的在于请龙保佑农事活动风调雨顺：三月正值育秧期，祭头龙是希望龙保佑秧苗茁壮成长；八月是谷穗生长期，祭中龙是希望龙施云布雨，促进稻谷生长；九月稻谷成熟，即将收割，祭尾龙是希望老天不要下雨，以免谷子发芽变质。阿拉乡的撒梅人祭龙以大麻苴村为主进行，其他各村派代表参加，祭祀日期必选在属龙日，祭祀地点在龙潭边，祭品为牛、猪、鸡、羊肉和麦饼等物，祭品供奉于龙潭边的龙王庙里。祭祀时，由毕摩念《白龙科》《龙皇科》《土地经》等经书。念《白龙科》祈祷恶龙不要乱下冰雹，伤害秧苗；念《龙皇科》是祈求雷神、龙王降雨，保佑庄稼丰收；念《土地经》是祈求山神保佑龙潭泥土不要塌方，使龙潭水四季不断，使庄稼得到浇灌。[1]

撒梅人的“过会”活动，除了求神祈福的祭祀功能外，还有农事活动准备、生产经验交流、村民团结互助等作用。从农事活动准备的角度来看，撒梅人的“过会”时间与相关农业节令有密切关系，这些“会”一般都在某一节令前几天举行，或在某种农事活动开展前进行。在正月十五“天光会”后，即进入惊蛰节令，一年的农事活动就此开始；二月十九的“土主会”正当清明前后，昆明地区正准备种植玉米、红薯等作物；三月三的“三皇会”后，即进入谷雨节令，开始撒秧、育秧；三月十五“五谷会”后，即进入繁忙的春种和夏收之际，及至整个四、五月间，为收割夏粮和移栽秧苗的时节。进入六月，栽插活动结束，人们稍得空闲，举行“牛、马、猪王会”，并为秋收、秋种做准备。九月九“重阳会”后，即进入霜降季节，也是抢收秋粮的高峰时期。从村民交流互助的角度来看，“过会”活动由全体村民集体发起和参加，并由村民选举产生的“村长”、绅管、保管等人员负责组织和主持，“过会”费用由村民承担，各家根据田地的多少交纳相应的粮食或钱款作为“过会”经费，“过会”费用的支出情况保管人员要向全体村民公布。在“过会”活动中，村民相互交流生产经验，商量换工、借贷等互助合作事宜，相互间的友好感情得到加强，因而“过会”也成为村民之间的一种社交联谊方式。

除了撒梅人外，昆明地区的子君人、纳苏人（黑彝）、撒尼人（白彝）等都有自己的农业祭祀活动，祭祀的内容和方式与撒梅人大体相同，如祭五谷神、祭牛王马王等。昆明西郊核桃箐村彝族群众的祭祀活动，更是直接与某项农事活动联在一起，如

---

〔1〕 见邓立木、赵永勤：《官渡区阿拉乡彝族宗教调查》，载云南省编辑组编《昆明民族民俗和宗教调查》，民族出版社2009年版，第47页。

撒秧时的祭祀活动、栽秧时的祭祀活动、秧苗生长期间的祭祀活动等。核桃箐村的农作物以水稻为主，其他农作物有玉米、荞、麦、豆类等。每年撒秧前，彝族群众要举行彝语称为“黎斯骂抹呆”（“黎斯”为撒秧之意，“骂抹呆”为供祭饭之意）的撒秧祭祀。祭祀时，各家先在家中准备好祭品——烤制的糯米粑粑、米饭、酒、肉等，点燃两炷香，然后带上祭品来到秧田的放水口处，插上一枝青松枝，先丢一些祭品在水口处，然后将糯米粑粑掰成三块粘贴到青松枝上，跪下叩头致祭，口中祈求说：请老天、祖先来吃，今天我们来祭你，求你们保佑我们的秧长得好，保佑我们的稻谷不受灾。祭毕，将剩余祭品一次吃完，即可立即撒秧了。栽秧祭祀彝语称为“米刀尼普”，意为开始栽秧的祭供。栽秧祭祀在水田放水口处举行，由各家男性家长主祭，祭祀时先在放水口处插一枝青松和一束白花，杀一公一母两只鸡，将鸡毛和血淋在青松枝上，待鸡煮熟后，以鸡作祭品致祭，边祭边念祈祷之词，其意为：今天是好日子，我们用鸡酒饭来祭，我们今天开始栽秧了，求老天爷和祖宗保佑：保佑我们稻谷长得好，保佑稻谷莫遭灾，保佑风调雨顺、稻谷丰收。[1] 祭祀之后才能下田正式栽种。在秧苗栽下后的生长成熟过程中，还要多次进行祭祀。农历六月二十四日，还要举行祭青苗（彝语称为“海望秋”）活动，以期稻谷和荞子茁壮成长。祭祀方式为各家到稻田里割3棵秧苗或到荞地里割3棵荞子，送到村里的祭祀台上。同时，为了祈愿稻谷顺利生长、灌浆扬花，这一天，彝族群众还要到稻田里举行专门的祭祀活动。祭祀方式为：砍一棵有三叉的青松树插到稻田水口处，杀鸡作为牺牲，将鸡血淋到松枝和稻秆上，之后，在祭祀处将鸡煮熟，供上鸡、饭、酒等祭品，点香叩头祈祷说：老天爷难为你，谷穗出来交给你，莫让冷气来，保佑谷子成熟好，今天杀鸡来祭你！祭完，全家人在田头就餐吃饭。[2]

（二）哈尼族的农业祭祀习俗

哈尼族是一个有着浓重宗教情结的民族，自然崇拜和祖先崇拜是哈尼族宗教信仰的主要内容。哈尼族的宗教信仰体现在生产、生活的各个方面。以西双版纳勐海地区的哈尼族为例，当地的哈尼族以种植旱谷、玉米、豆类为生，据民族学家对勐海县西定乡坝丙寨的调查[3]，哈尼族在谷物播种、生长和收获的各个时期，都要举行相应的祭祀活动。

1. 播种祭

播种祭，哈尼语称之为“牙卡培楼”。祭祀活动举行两天。第一天早饭后，由村里的头人追玛（也是祭祀活动的主持者）先到村里专门用于祭祀的水井（哈尼语称为

---

〔1〕 参见董绍禹、雷宏安：《西山区核桃箐彝族习俗和宗教调查》，载云南省编辑组编《昆明民族民俗和宗教调查》，民族出版社2009年版，第57页。

〔2〕 参见董绍禹、雷宏安：《西山区核桃箐彝族习俗和宗教调查》，载云南省编辑组编《昆明民族民俗和宗教调查》，民族出版社2009年版，第58页。

〔3〕 参见宋恩常、董绍禹等调查整理：《勐海县西定山坝丙寨哈尼族宗教调查》，载《民族问题五种丛书》云南省编辑委员会编《哈尼族社会历史调查》，民族出版社2009年版，第133～136页。

“阿培楼厚”）处打水，然后各家也到此水井处打水，以圣井之水冲洗祭器，煮米饭舂粑粑。此后，各家家长在自家祖先灵台“阿培朱格”前祭祀祖先，祈求祖先保佑庄稼丰收、人畜无病。第二天，由追玛率领几大家族的族长来到圣井“阿培楼厚”边，祭祀井神。追玛和族长们先敲鸡煮饭，然后将煮熟的鸡、饭以及米酒、稻谷、茶叶、姜等祭品摆放于祭桌上，由追玛主祭。祭完以后，由追玛在井边种谷一塘，同祭者在井边把祭品吃完。哈尼族认为，经过这一祭祀，一年的农业生产就会风调雨顺。故此，这一祭祀活动全村各家都要有一两人参加，他们手持竹筒在水井边观看追玛等人进行祭祀，当追玛和祭祀者吃完祭品并打走一竹筒水后，他们就冲到井边争先抢水，以求吉祥。

追玛祭完水井后，就到自家地里的祭棚边种上 3 塘稻谷，之后，各家也在自家祭棚边种上 3 塘稻谷，这样全寨就可以正式播种了。所谓祭棚，是各家在自家地里建盖的用于祭祀的小草房，哈尼语称为“洪皮牙冲”。当地哈尼族群众在播种前，在砍、挖了耕地之后，就要在地里搭一小棚作为祭棚。祭棚要由追玛家先搭，之后各家才可择吉日搭建。各家在正式播种前，都要由家长在祭棚边种上 3 塘稻谷，之后才可全面开始播种。

2. 禾苗祭

禾苗祭是祈求谷禾顺利生长的祭祀。包括“洪皮楼”和“欧拉拉”两种祭祀活动。“洪皮楼”是祭祀谷禾的仪式。在稻谷长到一尺多高时，哈尼族群众就择一吉日到各家地里的祭棚前进行祭祀。祭者先在祭棚后侧栽立一个小树桩，将树桩的尖端剖为四瓣，之后将祭品茶叶、米酒、饭、鸡蛋各取一点扎成一个小包挂在树桩上，同时在祭棚前堆一堆泥土代表谷子，土堆上放一些祭品。致祭时，祭者持鸡肃立在草棚前祈祷，其祷词意为：我们以鸡来祭你，求祖先保佑，保佑稻谷成长良好，不遭受风、雨、冰雹的灾害。念完祭词之后，用力将鸡敲死，将鸡血洒一些在土堆和木桩上。之后，将鸡等祭品带回家煮食。举行“洪皮楼”祭祀这天，禁止外寨亲朋客人留宿本寨。

“欧拉拉”是一种剽牛祭祀仪式，是坝丙寨吉坐支哈尼族最为隆重的农业祭祀。祭祀的时间为农历八月上旬，此时正值稻谷扬花的时候，因惧怕发生冰雹、洪灾、旱灾、虫灾等灾害危害庄稼，所以要举行隆重的祭祀仪式，祈求祖先保佑禾谷顺利生长。剽牛祭典在寨外举行，由贝玛（哈尼族祭司）主持，贝玛念祷告词说：这头牛是献给祖先的，请你们领去。我们用牛供祭你们，我们的稻谷已经扬花，即将成熟，求祖先保佑，保佑我们的稻谷不遭受冰雹、大风和大雨的灾害，虫子、蚂蚱也不要来吃。

3. 收获祭

收获祭勐海哈尼族称为“欧斗欧”（“欧”为粮食，“斗欧”为收藏粮食之意），是从谷子成熟到收割完毕期间各种祭祀活动的总称，包括尝新米、祭谷王、祭谷堆、祭谷、背稻谷入仓等一系列活动。

祭谷王哈尼语称为“欧玛欧”。当哈尼族群众在自家地里发现一株谷子分叉长出两穗谷穗时，就认为是谷王长到了自家地里，是一种吉祥有福之兆，为此，要举行祭祀谷王仪式。祭祀时，男性家长要到地里谷王前敲一只鸡，在地里将鸡煮熟后致祭，或在家里的祖先灵台前敲鸡，将鸡煮熟后端到地里谷王前祭祀。祭者将祭品恭敬地捧至额前三次，口诵祭词说：承蒙祖先保佑，谷王长到自家地里，使庄稼获得丰收，祈求祖先继续保佑，使谷王年年长到自家的地里。祭毕，将“谷王”小心地割下带回家中，供奉于祖先灵台。晚上，要请追玛和族长到家来吃饭，以示祝贺喜庆之意。

祭谷堆哈尼语称为“阿扎贝努”。当稻谷收割后，要先堆成谷堆，然后再逐步脱粒。在此过程中，如果发生谷堆倒塌或有穿山甲在谷堆下打洞等事，这些均被视为不吉利的预兆，会将谷魂惊走，来年庄稼要遭到灾害，为此必须举行祭祀活动，以消除凶兆。祭祀时，由家长持一只小母鸡肃立谷堆前，然后将鸡敲死，将鸡血洒在谷堆周围，以示把谷魂保护在谷堆上，同时丢一些米饭在谷堆上，象征给谷魂吃，以使谷魂得到安居。

祭谷是将谷魂叫回谷仓的祭祀仪式，哈尼语称为“拜龙别”。这一祭祀在稻谷收割完毕时举行。届时，家长来到种在祭棚旁的稻塘前，在剩余未割的一株稻穗前，进行祭谷仪式。祭者将由米酒、茶叶、饭、鸡蛋等组成的祭品包成两份，一份扎在谷苗的上部，一份扎在谷苗的下部，鸡蛋摆放在谷苗下，谷苗中段留两片谷叶，并以这两片谷叶将整株谷穗捆成一捆。之后，祭者屏住呼吸，用力将整塘谷子一刀割下，装入背包，同时收回鸡蛋，一言不发地将谷穗带回家中，将谷穗和祭品悬挂在谷仓内梁上，之后，祭者默默地把鸡蛋吃掉，其余家人也不能讲话。直到祭者吃完鸡蛋，走出谷仓，才能恢复说笑。哈尼族认为，这样才不会把谷魂惊走。

在稻谷脱粒后背运进谷仓时，也要举行祭祀仪式，哈尼语称之为“切吉哈斗”。祭者为男性家长，祭品为米酒、茶叶、米饭和鸡蛋。祭祀方式是，先在地上铺上三片青叶，然后将祭品放在上面。之后，打扫好谷仓，用谷箩装一些新稻谷，由祭者从门外背进背出三次，每次背进时，都要从谷箩中抓一些稻谷撒在谷仓内。在经过这一仪式后，当年收获的稻谷才能正式地背运入谷仓内收藏，同时也才能正式从谷仓里取谷食用。

（三）佤族“猎头祭谷”习俗

在云南少数民族的农业祭祀活动中，佤族的“猎头祭谷”活动最为独特。佤族以旱谷、小红米等作物为主食，为了祈求神灵保佑谷子生长，佤族形成了“猎头祭谷”的特殊习俗。“猎头祭谷”即砍人头来供奉神灵，以此祈求谷物丰收。关于“猎头祭谷”习俗的来源，根据民族调查资料，有三种不同的说法：一是佤族最大的神“木依吉”于大发洪水时，告诉大家要杀人头祭鬼，谷子才长得好，有饭吃。二是孔明老爹（根据佤族传说，诸葛亮南征时，曾到过阿佤山区）用熟谷种骗佤族，地里不长苗，说只有砍人头祭谷子才能丰收，然后才给他们好谷种。第三种传说较为普遍，说是要找一个人的灵魂来守护旱谷，谷子才能丰收，还说有络腮胡子的人头最灵。[1] 从科学的角度来看，“猎头祭谷”是在原始农业时期，人们在对自然现象缺乏科学认识、对自然灾害无能为力的情况下，为了祈求神灵的庇护、实现谷物的丰收而举行的农业祭祀活动，是一种原始宗教信仰。

佤族猎头祭谷的时间有两个时段：一是春季二三月份播撒谷种之时，二是七八月

〔1〕 王连芳：《王连芳云南民族工作回忆》，云南人民出版社 1999 年版，第 105 页。

份庄稼即将成熟之时。当二三月份撒下谷种后不下雨，或者七八月份谷子扬花时遭受虫灾或者洪灾，佤族就要砍人头来进行祭祀。佤族猎头的对象为外村寨的人员，特别是与本寨有冤仇的村寨人员，不砍熟人和有势力的人。猎头的方式为武装械斗或者暗中偷袭、拦路砍杀。[1] 砍到的人头通过一系列的宗教仪式接进寨子后，即供到木鼓房旁边的竹篾笼里。一般每个村寨的木鼓房旁，都会有六七个装有人头骷髅的篾笼。如果猎不到人头，则要以老虎、豹子来代替，即将豹皮、虎皮剥下后，将茅草塞进皮中，撑成虎、豹样子，供于寨旁的树林中，佤族认为用虎、豹作的“大鬼”来供奉神灵，具有与人头同样的作用与效果。

“猎头”之俗恶化了佤族各村寨之间的关系，使得佤山各村寨间互为仇敌、世代砍杀。由此，每年的猎头活动除了祭谷的目的外，还兼有复仇的目的。每年猎头之季，各寨既要设法去砍仇寨的人头来祭谷，又要提防被仇寨来砍头。猎头之俗使佤族地区正常的生产、生活受到极大影响，各村寨人口也因猎头而不断减少。面对这种状况，大家虽不情愿，但为了祈求神灵保佑谷物丰收，也只有如此。直到20世纪50年代，在人民政府的帮助和引导下，佤族地区才最终废除了“猎头祭谷”的原始习俗。

四、农业生产禁忌

云南各民族的农业生产活动，有许多禁忌习俗，有的禁忌有一定的科学道理，是对生产经验的总结；有的禁忌是为了维护一定的社会关系和秩序；但大多数禁忌纯粹是一种迷信思想或原始宗教信仰。

以哈尼族的生产禁忌为例，哈尼族认为，到棉花地生产时不能讲荞地的事，到荞地生产时也不能讲棉花地的事，认为棉花和荞不和，讲了庄稼长不好；打谷子在属龙日或属狗日打最好；打雷天不能下种；稻谷突然大幅度增产不吉利，会死人，增产部分是给死人吃的，要把这部分谷物倒入水中，以求消灾除难；打谷时蛇掉进谷床中也不吉利，要把这床谷子倒掉等。从现代科学观念来看，这些禁忌都是一种迷信思想，没有科学道理。另外，哈尼族认为，儿媳妇不能和公公一起劳动；妇女不能犁田，男子不能织布等，这些禁忌反映的是哈尼族社会的伦理关系和社会秩序。

白族也有一些生产禁忌，如一些白族群众认为，每月的初一、十五，每年的二月初八，火把节的第二天，小暑、大暑、处暑、立秋的当日，不能下地劳动，不然会挖着地脉龙神，庄稼会长不好；大理喜洲等地的白族认为，妇女不能犁田；祥云乐甸的白族认为，每当初一、十五妇女不能下田薅秧，否则妇女身体会不好、谷子也会生“白果病”等。[2] 这些禁忌，或是一种迷信思想，或是对妇女的歧视，都不利于生产的发展。

---

〔1〕 徐志远：《佤山行——云南西盟佤族社会调查纪实（1956—1957）》，云南大学出版社2009年版，第53页。

〔2〕 王云慧等调查整理：《白族文化习俗诸方面的调查材料》，载《民族问题五种丛书》云南省编辑委员会编《白族社会历史调查》，云南人民出版社1983年版，第203页。

五、“尝新”习俗

“尝新”是云南许多少数民族生产、生活中的一个重要习俗。“尝新”即每年农作物正式收获之前，农户取少量即将成熟的新谷、新米或其他农作物进行品尝和相互馈赠。“尝新”之俗，源于何时，难以确考，但不晚于明代前期。明代景泰年间陈文所撰《景泰云南图经志书》在记述澄江府新兴州（今玉溪市红塔区）的风俗时即说：“土人每岁秋粳稻欲熟未熟之际，则取其稚穗置釜中炒之，乃纳诸臼而杵之，既匾而后曝之，候其干则簸扬其糠秕，盛于筐篚，而致馈于素所亲厚者，以为礼之敬。”〔1〕这种习俗被称为“匾米致敬”。明末谢肇淛《滇略》也说：“夏、秋之交，稻尚未熟，先取其稚穗匾而晾之，致馈于亲厚，谓之尝新。然半作土气，非正味也。”〔2〕可以看出，从明代以来，“尝新”的风俗就盛行于云南各民族之中。

各民族“尝新”习俗的内容大同小异。以勐海地区哈尼族的习俗为例，哈尼族的尝新习俗称为“欧西厚”，意为吃新米。尝新的日期在农历九月的某一天，各家择一吉日举行。在吃新米之前，各家要选一吉日到地里去采摘基本成熟的谷穗。这一天，天还未亮，男性家长即要率领家中男性成员，手持火把到地里摘谷穗。摘回的谷穗要选三穗放置在祖先灵台前进行供奉祭祀，其余的谷穗则进行曝晒后煮吃，如遇阴天无法曝晒，则要将谷穗放在火塘上烘干或在锅里炒干，然后舂米煮饭吃。吃新米这天，要敲鸡、杀猪祭祀祖先，宴请亲友。吃饭前，家长在祖先灵台前以所准备的食物祭祀祖先，感谢祖先保佑之恩，祈愿来年谷物仍然丰收，同时卜鸡卦或猪肝卦，预测来年收成好坏、人畜吉凶。吃新米时，远近亲友都要来道贺，本寨各家之间也要互相道贺。新米饭要让客人和小孩先尝，代表着对客人和孩子的祝福，然后大家才共食。〔3〕

第十二节　元明清时期云南地区的农业生产关系

农业生产关系包括以土地为核心的农业生产资料的占有方式、农产品的分配方式以及农业生产过程中人们之间的相互关系等。农业生产关系对农业生产方式和农业生

〔1〕［明］陈文撰：《景泰云南图经志书》，卷二“澄江府”，见方国瑜主编《云南史料丛刊》（第六卷），云南大学出版社2000年版，第34页。文中的“篚”字，音“匪”，古代盛物的竹器。

〔2〕［明］谢肇淛撰：《滇略》，见方国瑜主编《云南史料丛刊》（第六卷），云南大学出版社2000年版，第698页。

〔3〕宋恩常、董绍禹等调查整理：《勐海县西定山坝丙寨哈尼族宗教调查》，载《民族问题五种丛书》云南省编辑委员会编《哈尼族社会历史调查》，民族出版社2009年版，第135页。

产力发展有着重要的影响。农业生产关系是传统社会中国家与社会之间最基本的政治 - 经济关系，农业生产关系的调整和变革是国家社会经济政策变革的重要内容。从云南农业社会的发展来说，元明清时期云南地区的农业生产关系，对当时云南地区农业生产力的发展有着直接的影响，同时也与农民群众的生产、生活和社会的治乱安危有着直接的关系。由此而言，农业生产关系是元明清时期云南社会生活中最基本的社会—经济关系。

一、土地占有情况

（一）我国传统社会的土地制度

农业是以土地资源作为基本生产资料的生产方式。土地的占有、使用及收益分配方式是农业社会基本的经济关系。由此，土地的所有权问题成为农业社会经济制度的核心问题。我国历史上的土地制度极为复杂，人们对此的认识与理解也各有不同。[1]大体来说，可分为国家（皇帝）土地所有制（即土地国有制）和地主土地私有制两种。国家土地所有制即从最根本的意义上来说，皇帝或王朝政权是全国土地的所有者，皇帝通过政权的形式对全国的土地以及依附于土地之上的人民进行经营和管理，以获得赋税、地租和徭役，从这个意义上说，皇帝是全国最大的地主；地主土地私有制是指各类地主（大地主、中小地主、自耕农）等占有和使用土地，通过对土地的劳动和经营获得收益，同时向国家承担相应的赋税和徭役，地主所有的土地可以买卖和转让，与此同时，附着在土地上的权利、义务也随着土地产权的变更而转移。

从中国秦汉以来两千多年的历史来看，国家土地所有制（或皇帝土地所有制）和地主土地私有制是相互联系和不断转化的，从皇权的角度而言，它们都是一种土地所有制——皇帝土地所有制或土地国有制的不同实现形式。具体而言，秦汉时期，我国的土地归皇帝（国家）所有，皇帝将土地出租给农民耕种，收取地租；北魏以后，皇帝将国家所有的土地，平均地授予农民耕种，实行“均田制”，获得土地耕作权的农民，向国家承担租调（田租和户税）义务；唐初，从经营权上将授予农民的土地分为不能继承的“口分田”（种植谷物的“露田”）和可以继承的“永业田”（“桑田”）两种，获得授田的农民要向国家缴纳粮、绢、绵等实物，同时每年服徭役 20 天；唐代中后期，随着“永业田”及其他民田的自由买卖，国家控制的“官田”越来越少，官僚和豪强占有的“庄田”越来越多，我国的土地所有制形式即从以“官田”为主的国家

[1] 著名经济史学家李埏教授认为，我国西周时的社会，是建立在农村公社基础上的封建领土制社会。从春秋战国时起，农村公社解体，我国社会从封建领土制演变为自秦迄清的封建地主制社会。在封建地主制社会中，主要的土地占有形态有三种：一是地主土地所有制，二是农民小土地所有制，三是国家土地所有制。当然还有别的占有形态，但只起补充作用。规定这个社会性质的是地主土地所有制，其他两种所占的比例也很大，也起很大的作用。三者交织在一起，互为消长盈缩，构成一条曲折起伏的经济曲线。参见李埏《再论我国的封建的土地国有制》，载云南大学历史系编《史学论丛》（第二辑），云南人民出版社 1987 年版，第 1 ~ 2 页。

（皇帝）土地所有制变为以“民田”为主的地主土地私有制。但无论是国家土地所有制还是地主私有制，皇帝作为“地主”或者君主均能从全国土地的经营中获得收益，这种收益或者表现为地租，或者表现为赋税，同时皇帝还对农民拥有征发徭役等权力。从这个意义上说，皇帝是最高意义（政治意义）上的土地所有者，地主（包括自耕农）是经济意义上的土地所有者，地主对土地拥有一定的占有、使用、收益和处分权。由于拥有的权利不同，皇帝（国家）和地主各自对土地的收益形式和收益量也不同。由此而言，中国秦汉以来的土地制度，可以看作是国家（皇帝）与社会（农民）之间权利、利益分配关系博弈、斗争的产物。

（二）元明清时期云南地区的土地所有制情况

关于云南历史上的土地制度——“田制”，《新纂云南通志·农业考》作过简要梳理。《通志》作者认为，云南历史上的土地制度，唐代以前不可考，南诏蒙氏时，为土地公有制，蒙氏将南诏政权所掌握的土地授予各级官员和农民，由官员和农民自行耕种或雇人耕种，获得土地的官员和农民须向南诏政权承担相应的义务；明代，为土地从公有到私有的过渡时期，洪武年间，将全国田亩的位置、形状、多寡及田主的姓名登记造册，称为“鱼鳞图册”，作为土地产权状况的基本凭据，国家据此向农民征收赋税和摊派徭役，农民对土地进行买卖和抵押时，须向政府登记报备，进行契税交割，以防产去税存之弊；清代，将元明以来的大量官田、屯田变卖或更名为民田，从而最终确立了云南地区的土地私有制度。[1] 从实际情况来看，根据所有者主体的不同，元明清时期云南地区的土地，分为“官田”（包括“军屯”田地）、“民田”、“夷地”三种，各自的产权性质，分别属于国有、私有和社区所有几种类型。

1. 官田

“官田”即属于各级官府所有的田地。狭义的官田指由官府直接掌握，由官府雇佣耕种或租佃经营的土地，官田的收益归地方官署所有，用作日常支出。根据道光年间的数据，云南地区的“官庄田”共计822顷零21亩[2]，在全省田亩总面积中，所占比例不足1%。

广义的“官田”包括军屯田地，因为从所有者主体上讲，明代的军屯屯田归都指挥使司所有，实际也即归官府所有。因此，明代的屯田也属于官田。清初，裁撤卫所，将军屯田地并入所在州、县，与“民田”一样向国家缴租纳赋，屯田也就变成了“民田”，但“屯田”之名则一直沿用。

2. 民田

“民田”即由农民直接占有、使用，并向国家缴纳田赋的田地。民田是农民私有的“永业田”，其产权或来自继承，或来自买卖，或源自垦荒所得。清代道光七年（公元1827年），云南的民田数量达到历史最高水平，为92888顷零40亩[3]，估计占全省田

〔1〕［民国］周钟岳等纂修：《新纂云南通志》（七），云南人民出版社2007年版，第1~2页。
〔2〕［民国］周钟岳等纂修：《新纂云南通志》（七），云南人民出版社2007年版，第9页。
〔3〕［民国］周钟岳等纂修：《新纂云南通志》（七），云南人民出版社2007年版，第10页。

亩总面积的90%以上[1]。明清以来，农民对“民田”的占有、使用、收益和处分权利，受到国家法律的保护。

3. “夷田”

“夷田”即少数民族地区的田地。“夷田”的田亩面积，无准确的统计，道光年间云南田亩数达历史最高水平时，有“夷田”883段[2]。这883“段”夷田，究竟合多少顷亩，难以估算。

需要指出的是，从所有权主体的角度而言，“夷田”的概念也是一个需要进一步辨析的概念。大而言之，“夷田”可分为两种，即由流官治理的少数民族地区的田地和由土司统治的少数民族地区的田地。流官治理地区的田地，其所有权性质或为“民田”，或为“官田”，属于“民田”的夷地，与汉族地区的“民田”一样，由“夷民”所有并耕种，向国家升科纳赋。属于土司统治地区的夷田，其所有权则属于大小土司，称为“司田”，由土司统治下的少数民族群众耕种，耕种土司田地的“夷民”须向土司缴纳租赋并承担各种徭役和义务。

那么，“司田”属于何种所有权性质呢？我们认为，司田既是土司个人的私有田地，也可看作少数民族地区居民共有的田地。在西双版纳傣族地区，所有土地名义上都属于车里宣慰司宣慰使所有，各村寨的居民都是宣慰使管辖下的臣民。各村寨的土地，由各村寨的头人负责分配和管理。村寨头人由各村寨居民从本村居民中公举产生后由土司任命，或者由土司委派后经村民认可。村民需要耕种土地，只须向村寨头人提出申请，由头人从村社土地中划拨，头人对村寨土地的管理具有绝对的权力。与此同时，村民如对头人的管理有异议，或认为有不公之处，也可以提出抗议，甚至可以要求罢免和更换头人。村民领得的耕地和宅地，可以长期使用，也可传给子孙，但不得买卖或转让给他人。当村民迁出本寨时，即自动放弃了对所耕土地的使用权，头人将村民放弃的土地收归村里；当有居民从外地迁入本村（须经本村村民同意方可迁入）时，即可向头人申请划拨耕地和宅地。非本村的居民则绝对不能耕作和使用本村的土地。耕种土地的村民须向土司缴纳赋税，承担土司的赡养费、头人的薪酬等各种费用，同时要代土司耕作属于土司直接经营的“庄田”。[3] 可以看出，西双版纳地区的司田或夷田，名义上属于土司所有，实际上属于傣族村社居民共同所有，是一种社区共有制或公有制。其他土司地区的田地产权状况，与西双版纳地区基本类似。各族居民对所在地区的土地可以自由开垦和耕种，只须向土司缴纳租赋即可，如果休耕，便意味着放弃了土地的耕作权，土司便可将这块土地让予他人耕种。

---

〔1〕 除了官田、民田外，云南地区的田地尚有“夷田”800多“段”，此800多“段”夷田究竟合多少顷亩，无法确算，故依据官、民、夷三种田地的大体情况，作此概略推断。

〔2〕 [民国] 周钟岳等纂修：《新纂云南通志》（七），云南人民出版社2007年版，第10页。

〔3〕 参见江应樑：《摆夷的经济文化生活》，云南人民出版社2009年版，第20～30页。

二、农业赋税征收情况

赋税即田地税，也称田租或田赋。[1] 赋税是农业社会农民向国家承担的基本义务，也是国家财政收入的基本来源。我国的田地税起于春秋时期，鲁宣公十五年（公元前594年）鲁国实行“初税亩”政策，为对农业田地征收赋税之始。自此以后，田赋作为最基本的农业税一直沿袭了2600年，公元2006年，中华人民共和国政府正式宣布废除农业税。

元明清时期，云南汉族地区、汉“夷”杂居地区和实行改土归流的少数民族地区，与内地其他省区一样，凡耕种自有土地的农民，均需向国家（王朝政府）缴纳田赋。除了田赋外，农民还需向国家缴纳户税或丁税，即人头税，称之为丁银。清代康熙、雍正年间，实行丁口固定、摊丁入亩的政策，即改变原先田赋、丁银分别征收的办法，实行地丁合一，将丁银摊入田亩之中一并征收，从而减少了征收手续、降低了赋税负担（根据田亩数来征收丁银，田少者则丁银负担相应也少）。以清代前期的宜良县为例，田赋和丁银按“民地”“民田”和“屯地”“屯田”等不同类型分别征收，农民的赋税负担情况如下：

民地：当时宜良共有原额民地和新增“沐庄”（原沐氏家族占有的田地）旱地共计508顷零45亩4分9厘，根据耕地质量分为上则地、中则地和下则地三种类别，各类地的田赋税额和丁银数量也相应不同：上则地每亩课税1升9合，摊征丁银5厘5毫；中则地每亩课税1升4合7抄，摊征丁银4厘6毫；下则地每亩课税1升，摊征丁银3厘6毫。在实际征税过程中，只对成熟地亩课税、征银，对生地和荒地则不征收赋税和丁银。这样，宜良的民地共实征夏税533石6斗5升8合，实摊丁银137两9钱8分6厘。[2]

民田：宜良原额民田和新增“沐庄”田共计513顷56亩3分6厘，田赋和丁银的征收标准为，上则田每亩课粮4升2勺8抄6撮，摊丁银7厘6毫；中则田每亩课粮3升2勺8抄6撮，摊丁银6厘6毫；下则田每亩课粮2升2勺8抄6撮，摊丁银5厘6毫。除了少数荒芜田不征税外，其余民田实际共征粮米1412石2斗5升2合7勺，实摊丁银共计278两6钱1分5厘。[3]

屯地、屯田：明代和清初，云南地区屯地、屯田的田赋税率较之民地、民田高出

---

〔1〕 田赋本义为征收的农产品，也指按田亩数量征收的税收（实物或货币）。田赋也称田租或田税。《说文》释：“租，田赋也。”《广雅》释：“租，税也。”由此而言，最初的租、赋、税三字同义，均指对田亩征收的捐税。

〔2〕 见《宜良县志·田赋志》（清乾隆三十二年［公元1767年］修订），收入宜良县县志编纂委员会办公室编、郑祖荣点注《〈（康熙、乾隆）〈宜良县志〉点注》，云南民族出版社2011年版，第116~117页。

〔3〕 见《宜良县志·田赋志》（清乾隆三十二年［公元1767年］修订），收入宜良县县志编纂委员会办公室编、郑祖荣点注：《（康熙、乾隆）〈宜良县志〉点注》，云南民族出版社2011年版，第117页。

数倍。清朝康熙年间，朝廷下旨减赋，规定云南屯地、屯田的税赋一律按河阳县（今澄江县）上则田地的税率标准来征收，从而使云南屯田、屯地的赋税标准得到降低。从宜良县的情况来看，原来每亩屯地的课税标准为5升9合2勺1抄，减让后为每亩1升9合；屯田的赋税标准原为每亩课粮8升1合8勺3抄，减让后为每亩课粮4升2勺8抄6撮。乾隆年间，宜良县屯地、屯田的数量和赋税征收情况是：原额屯地16顷94亩1分5厘，实征麦2斗3升8合6勺；开垦成熟屯地12顷零3亩8分3厘，实征夏税本色麦16石6斗3升4合3勺；原额屯田87顷零65亩1分5厘，实征秋粮本色米2石8斗6升6合1勺。[1]

上述田赋标准，较之田亩所产，所占比例究为多少，由于缺乏当时田地亩产情况的基本数据，我们对此难以作出确切判断。但从当时人的看法来看，清代的田赋标准，较之明代，是大为降低的，在正常年景情况下，也是人们能够从容负担的。对此，乾隆《宜良县志》的编纂者评论说："我国初赋役，监前明而损益之。自摊丁入地，而原额之丁，悉归地亩。起赋摊丁则无丁，无丁则无役。有明屯赋繁重，准照民田起科，德泽宏深，实亘古所未有。偶遇歉岁，蠲赈兼施，动以千万计。生斯世者，宜何如急输，将以供正赋哉。若夫寓抚字于催科，勿使胥吏扰我赤子，以仰承圣代休和之化，固长吏之责也。"[2] 民国年间的一些人士，也认为清代云南地区的田赋较轻，估计不超过亩产的百分之五，如以十亩地计算，所纳赋税折合银两约为一两二三钱，较之民国时代繁重的田赋，实有天壤之别。[3]

三、农村居民间的经济关系

在农村地区，除了国家与农民的经济关系外，一个区域内的农村居民之间也有着各种经济关系或利益关系，这种关系包括租佃关系、雇佣关系和互助关系等几种类型。

（一）租佃关系

根据民国时期的调查，租佃关系是云南汉族地区村民之间最主要的经济关系。[4] 可以认为，这种情况也应是明清以来云南汉族地区农户之间最基本的经济关系。

农村租佃关系的产生源于农村土地所有权和使用权的分离。如前所言，从元代开始，云南地区的土地所有权分为官田（地）、民田（地）和夷田（地）三种类型，"官

〔1〕 见《宜良县志·田赋志》（清乾隆三十二年［公元1767年］修订），收入宜良县县志编纂委员会办公室编、郑祖荣点注：《（康熙、乾隆）〈宜良县志〉点注》，云南民族出版社2011年版，第118页。

〔2〕 见《宜良县志·田赋志》（清乾隆三十二年［公元1767年］修订），收入宜良县县志编纂委员会办公室编、郑祖荣点注：《（康熙、乾隆）〈宜良县志〉点注》，云南民族出版社2011年版，第116页。

〔3〕 ［民国］罗养儒撰：《纪我所知集：云南掌故全本》，云南人民出版社2015年版，第506页。

〔4〕 行政院农村复兴委员会：《云南省农村调查》（商务印书馆1935年4月出版），收入马玉华主编《中国边疆研究文库·初编·西南边疆卷》（一），黑龙江教育出版社2013年版，第107页。

田”的所有权归国家（政府），“民田”的所有权归农民，“夷田”的所有权归土司。至清代，随着政府所有的军屯田地大量转卖为民田，民田成为云南汉族地区主要的土地所有权形式。民田作为农民个人私有的田地，农民对其拥有完全的处置权，因此之故，民田所有权的自由买卖和土地所有权的不断集中就成为基本的趋势。由于拥有土地的多寡不同，农村居民也就根据其与土地的关系分为拥有较多土地的地主，拥有适量土地的自耕农，拥有少量土地的半自耕农，无地或少地的佃农、雇农等几种类型。

明清以来，云南汉族地区农村土地占有（所有）的不均现象因地而异：坝区因人口密集、人均耕地面积较少、田地集约经营程度高、商品经济较为发达等因素导致土地占有不均现象突出，如滇中的昆明地区，地主和自耕农户数仅占总户数的20%左右，而佃农户数占到总户数的70%以上；山区由于人口数量相对较少、耕地面积较多、生产经营粗放、农业产出水平较低等因素使得田地占有情况较为均衡，自耕农和半自耕农占总户数的80%以上，如滇东北的马龙等山区县即是如此。[1] 从坝区的土地所有情况来说，以昆明县为例，根据民国时期对昆明县六个村落176户农家的入户调查，在176家农户中，地主兼自耕农4户，占总户数的2.27%，共有田地48.8亩，占所有田亩总数的10.85%；自耕农39户，占总户数的22.16%，共有田地179.65亩，占所有田亩总数的39.94%；半自耕农77户，占总户数的43.75%，共有田亩221.39亩，占田亩总数的49.21%；佃农52户，占总户数的29.55%；雇农4户，占总户数的2.27%。[2] 根据这些数据我们可以看出，在昆明六村中，地主和自耕农仅占总户数的24.43%，需要租地佃作或为人雇佣劳作的半自耕农（在77户半自耕农中，大部分耕地系自有者共37户，占总户数的48.05%；大部分耕地系租来者共40户，占总户数的51.95%[3]）、佃农和雇农占到了总户数的75.57%。可以看出，由于土地占有状况的严重不均，租佃关系已成为滇中坝区农村经济生活中最主要的关系。

租佃关系从形式上看是一种土地经营方式，从实质上来说则是一种利益分配方式。地主将自己所有的田地出租给无地或少地的佃户耕作，获得相应的地租（实物或货币）；佃户租用地主的土地来进行生产和耕作，将收获物的一部分作为租金让渡给地主，双方共享由于土地的所有或土地的使用所带来的经济收益。从一般的情形来看，租佃关系的确立，包括佃期、租额和收租方式等要素。佃期有定期和无定期两种，定期租有一定的约定年限，佃期届满时地主可以收回田地的使用权，佃户也可以退佃；不定期租则是一年一租，双方每年皆须重新商定是否续租或另租他人。租额有定额和分成两种。定额租是双方事先商定好租额数量，不管年成如何，也不管佃户是否耕种，

[1] 行政院农村复兴委员会：《云南省农村调查》（商务印书馆1935年4月出版），收入马玉华主编《中国边疆研究文库·初编·西南边疆卷》（一），黑龙江教育出版社2013年版，第105~107页。

[2] 行政院农村复兴委员会：《云南省农村调查》（商务印书馆1935年4月出版），收入马玉华主编《中国边疆研究文库·初编·西南边疆卷》（一），黑龙江教育出版社2013年版，第177~181页。

[3] 行政院农村复兴委员会：《云南省农村调查》（商务印书馆1935年4月出版），收入马玉华主编《中国边疆研究文库·初编·西南边疆卷》（一），黑龙江教育出版社2013年版，第178页。

佃户届时都须向地主缴纳相应数额的地租。从民国时期路南县的租佃情况来看，“一工”面积的水田，定额租为二斗；“一驾牛”面积的旱地，定额租约为三斗。[1] 根据当时田地的产出情况，“一工”田可产谷子三斗，二斗的地租占到了产量的三分之二；“一驾牛”地的旱地可收四斗玉米，三斗的租额占到总产的70%以上。另据民国时期的调查，坝区农田的租额可占到正产的80%，山区旱地的租额则为正产的30%左右。[2] 分成租则是按田地的收成来进行分配，以路南县的情况为例，普通水田为四六分租（地主六成，佃户四成），旱地则为对半分配。由于地主按比例分享田地的收成，因此在实行分成租的情况下，地主不仅要过问佃户的生产情况，甚至要对佃户的生产活动进行监督。地租的收付一般在每年农事活动结束后，实行定额租的，佃户和地主有约定的交租期，到期佃户即把田租送到地主家中；实行分成租的，则由地主和佃户在田地或谷场上当场进行分割。[3] 实行租佃经营的土地须向国家交纳的田赋，则由土地的所有者负担。

（二）雇佣关系

雇佣关系是农村居民间另一种重要的经济关系。由于存在土地所有的不均现象，一些无地的农户除了租地经营外，只有靠为人耕作挣取工钱来谋生。同样，那些占有较多土地的地主，除了将自己不能耕作或不愿耕作的土地出租给佃户，依靠收取地租来获利外，也可采取雇工自营的方式来经营自有的土地。至于究竟采取何种经营方式，主要取决于出租田地和雇工自营何者能够给自己带来更大的利益。[4] 当租佃市场上租额行情较低，雇工自营所得扣除工钱后所得收益高于租额时，地主就宁愿采取雇工自营的方式来经营自家的田地。雇工的方式有长工、散工和包工等几种。长工为吃住在雇主家，为雇主家长期（一年、数年或一个较长时期）劳作的佣工，长工劳作活动的内容包括耕田种地及为主人家担负各种杂役，长工所得报酬为一定数量的工资、免费的膳宿和主人家给予的其他福利。散工即雇主临时雇佣的劳动力，在农忙时雇主根据农事活动的需要雇佣相应的劳力来做工，按其劳作时日支付相应的工资报酬。由于实行计时工资制度，散工的劳动效率通常较低，雇主需要对雇工的劳作活动进行督促和监督。包工即将某一农事活动以一定的报酬承包给佣工，佣工完成劳作任务后即可获得相应的报酬，包工的劳作效率相对较高。

（三）互助关系

生活在同一村落社区的居民，在生产、生活中要发生各种各样的经济关系，除了以财物交换来直接体现的经济关系外，还有许多不直接体现为钱财交换的经济关系，如换工、帮工、馈赠等，这种经济关系可称为互惠互助关系。互惠互助关系也是农村

---

〔1〕 李有义：《汉夷杂区经济》，云南人民出版社2014年版，第28~29页。

〔2〕 行政院农村复兴委员会：《云南省农村调查》（商务印书馆1935年4月出版），收入马玉华主编《中国边疆研究文库·初编·西南边疆卷》（一），黑龙江教育出版社2013年版，第106页。

〔3〕 李有义：《汉夷杂区经济》，云南人民出版社2014年版，第29页。

〔4〕 费孝通、张之毅：《云南三村》，社会科学文献出版社2006年版，第86页。

经济生活中的重要内容和方面。

换工是农业生产中常见的互惠互助关系。换工的目的是为了在特定的时间和时期内完成某项农事活动，既不误农时，又能提高劳动效率。[1] 在农业生产中，只有在适当的节令或期限内完成某项农作活动，才有利于作物生长和获得较好的收成，为此，必须尽可能地抓紧节令时间抢种和抢收。而这种节令性很强的农事活动，如栽秧、薅锄、收割等农事，单靠一个家庭的劳动力通常难以在最佳时段内如期完成，这样就需要其他家庭的更多劳动力来协助和帮助。由于各家农事活动在时间上的参差性（对于各家农户来说，只要在相应的节令或时段内完成某项农事活动，各家农事安排前后相差数日或十多日不会影响作物的生长和收成），如各家泡田、撒秧的时间不同，自然栽秧、薅秧、割稻的时间也会不同，这样就使帮工、换工的互助活动成为必要和可能。换工实际上是一种集体劳动方式。社会学家李有义先生认为，在农业生产中，换工成为一种普遍现象和有效劳动方式，源于这样几个因素：一是换工有助于提高生产效率。多人在一起劳动，无形中会形成一种你追我赶的竞争态势，这样，相对一个人单独劳动而言，可使工作效率提高15%到20%。二是可使工作显得轻松愉快。众人一起劳动，在说说笑笑中，一天的劳作就过去了，相比一个人单独劳作而言，能够消除或降低劳动时的孤寂单调和疲劳乏味之感。三是可以增强邻里之间的感情。换工是一种互助行为，在互助过程中，邻里之间平日的矛盾隔阂较易得到消除，相互间的沟通了解能够得到增进，再加上劳作后的集体聚餐活动，更能使邻里之间的感情在换工中得到强化。[2]

换工的人员包括邻里和亲友，换工的原则一般是等量、等价交换，即一工换一工，别人帮你一个工，你也得去还一个工（当然在亲友之间，换工数的多少一般不会严格计较），并且是男工换男工、女工换女工、强工换强工、弱工换弱工，较少男女之间、强弱之间的不对等换工。换工一般在本村之间进行，也有本村和外村进行换工的。换工的工具由换工者自带，伙食或由主人家承担，或由各人自带，栽秧时主人家一般都要招待伙食。[3]

---

〔1〕 20世纪30年代后期，社会学家费孝通先生在对云南禄丰某农村（即费先生所谓“禄村”）的换工情况进行调查后指出：“换工不但可以扩大利用家内自有劳力的机会，而且农作活动中有许多工作是集合性的，比如掼谷子最经济的办法是四个人在谷床的四壁同时掼。若要维持四个人同时在一个谷床上掼，则须有两个人抱谷子和四个人割稻——这是一个掼谷子最经济的单位，一共十个人。……插秧也要六七个人一同插。一丘农田上的稻不宜零零散散地插。零散插了稻，长起来不整齐，以后的农作活动就不便安排。在这种农作技术的需要上，即使自己家里劳力足以耕种自己的农田，也需要和别家换工。”见费孝通、张之毅《云南三村》，社会科学文献出版社2006年版，第81页。

〔2〕 李有义：《汉夷杂区经济》，云南人民出版社2014年版，第63页。

〔3〕 朱家祯、刘敏江等：《大理县喜洲白族社会经济调查报告》，载《民族问题五种丛书》云南省编辑委员会编《白族社会历史调查》，云南人民出版社1983年版，第28页。

第十三节　元明清时期云南居民的衣食习俗

在农业社会里，保障食物供给是农业生产的根本目的，满足三餐所需是农民辛苦劳作的基本目标，饮食生活是农民最基本的物质生活。元明清时期的云南农村社会，日常饮食基本上是温饱型的，饮食的目的在于摄取生存所需的基本能量，离现代社会所讲求的营养健康及美味可口不可同日而语。同样，农村居民的衣着也以实用的保暖、遮体功能为主，同时遵循民族风俗习惯，兼顾社会审美需求。

一、饮食习俗

一般来说，云南农村居民的日常饮食为三餐或两餐，三餐即上午十时左右一餐，下午三时左右（即晌午时分）一餐，晚上七时左右一餐；两餐即上午十时至十一时左右一餐，晚上六时至七时左右一餐。三餐分别称为"早饭"、"晌午饭"（或称"吃晌午"）和"晚饭"。早饭或晌午饭一般在家吃，农忙时则将饭菜送到田间地头进食，晚饭回家吃。农忙时吃三餐，农闲时吃两餐。虽然每餐都是粗茶淡饭，对于多数农村居民来说，只要不是饔飧不继、能够吃饱肚子，就已经满足了。一般来说，正常年景下，农民的温饱问题都能得到解决。明代谢肇淛《滇略·俗略》记述说：云南地区，"丰年米价甚贱，即遇凶荒，斗米不及百钱，其斗、斛大，倍于他方。当有秋时，粒米狼戾，四远无复转贩，足谷之家，亦时以此为苦。至于市无乞丐，物无腾踊，安土乐业，数世不知迁徙，固依稀西方乐土矣。"[1] 如遇到灾荒年景，普通民众则只能吃糠咽菜、借贷度日，甚至发生因饥荒而饿死人的现象。[2] 此外，也有许多少数民族群众由于生产力水平较低，加之生活方式不当，一年当中有半年处于缺粮状态，只能靠采集野果、野菜及从事渔猎来维生。如清代维西地区的"麽些"人，其生活方式就是："谷麦未熟，以半值预售其半，及熟，则治衣酿酒，不计餐，坐食之。麦秋一月而饥，西成三

〔1〕［明］谢肇淛撰：《滇略》，见方国瑜主编《云南史料丛刊》（第六卷），云南大学出版社2000年版，第699页。文中的"狼戾"为散乱堆积之意，"粒米狼戾"形容稻米丰收的景象。

〔2〕如1894年，英国《泰晤士报》特派通讯记者莫理循在云南境内旅行时，就看到了滇东北的昭通、东川两府灾荒的情形：1893年前后，昭通、东川两府地区粮食歉收，昭通及附近地区估计有5000多人因饥饿而死，而东川府的粮价也因灾荒而暴涨：收成好时60文铜钱即可买到的粮食，在灾荒时高达400文；在平时仅售40文的玉米，在饥荒时价格高达300文。见［澳大利亚］莫里循著，张皓译《中国风情》，国际文化出版公司1998年版，第98页、第126页。

月而饥。蔬食菜羹，并日而食，习以为常，而莫之改也。”[1]

（一）主食

元明清时期，云南地区的主食为大米、麦面、荞面、青稞面或玉米面、马铃薯。大米为平坝地区居民（汉族、回族、傣族等）和少数山区居民（如哈尼族）的主食，麦面、荞面为山区居民的主食，青稞面为滇西北丽江、中甸藏族居民的主食，玉米面、马铃薯为深山区特别是高寒山区居民的主食。

稻米主要产于坝区，因此，稻米是坝区居民的主粮。同时，一些半山区和山区也出产少量稻米，因此稻米也是山区居民逢年过节、招待亲友时难得一尝的美食。[2] 稻米的食用方式包括煮食、蒸食等多种。云南汉族地区制作米饭的常用方式是煮而后蒸，即先将米稍作淘洗，然后入锅稍煮，待锅水沸涨后，即将米舀出滤出米汤，然后将半熟的米上甑继续蒸制，等蒸到甑子冒汽之后，米饭即已全熟。在蒸煮米饭的同时，甑下的锅水中尚可煮菜，甑中米饭之上，亦可同时蒸制其他食物。这种烹煮方式，清代《昆明县志·物产志》作了专门的记述：“米之精者曰水碾，作饭皆先以淅之，入釜煮三四刻，舀置笊篱，滤去其汁，乃蒸之以甑，俟气蓬上则熟矣。甑以木为之，圆经尺余，甑底编竹作盛饭具，曰箅。当饭受蒸时，釜中仍可煮菜作汤。布于甑中饭上者，亦足间蒸他食物。贫家作苦计，菜二器，饭数盂，日费四三十钱而腹已果，然岂待过求哉?”[3] 煮米时所滤出的米汤，可以直接饮用，也可用来煮制汤菜。

稻米也是傣族的主食，傣族煮米的方式也是采用甑蒸，但其蒸法与汉族地区有所不同。傣族蒸饭前，先将米泡六七个小时，然后上甑蒸煮，蒸至半熟时，揭开甑盖，在饭上洒上冷水，然后盖上甑盖续蒸，当蒸至米粒变软、没有米核时，即可食用。以这种方法蒸出的米饭趁热吃时饭粒柔软可口，稍冷后饭粒即变硬而难以下咽。傣族也喜欢以竹筒煮饭而食，称为“竹筒饭”。竹筒饭制作简便、味道鲜香，是滇西地区各少数民族外出劳作时喜用的煮饭方式。清代陈鼎所著《滇游记》对腾越（腾冲）地区少数民族制作竹筒饭的方式作了记载：“腾越少铁，土人以毛竹截断，实米其中，炽火煨之，竹焦而饭已熟，甚香美。”[4]

哈尼族煮制米饭的方法与傣族类似，称之为“生蒸法”。其方法是：先将大米浸泡一夜，然后倒入木甑生蒸，蒸至半熟时，取出倒入簸箕中，洒上些甑脚水，用一块木

〔1〕［清］余庆远撰：《维西见闻记》，见方国瑜主编《云南史料丛刊》（第十二卷），云南大学出版社 2001 年版，第 62 页。

〔2〕例如，根据 20 世纪 30 年代施蛰存先生对路南县尾则（今写作维则）村的考察，尾则村的粮食出产情况为，玉米占了四五成，荞麦占三成，稻子只占一二成。施蛰存先生记述说：“所以村里人每日的粮食是苞谷和荞麦，米是绝对不吃的。……我们来了两天，他们每顿都请我们吃米饭，在我们犹嫌其是赤米饭，粗硬得难以下咽，而他们则已是非常奢侈的供养了。”见施蛰存《路南游踪》，载刘世生选编《汉夷杂区社会研究——民国石林社会研究文集》，民族出版社 2008 年版，第 80 页。

〔3〕［清］戴絅孙纂：《昆明县志》，昆明市地方志编纂委员会编印，第 32 页。

〔4〕［清］陈鼎撰：《滇游记》，见方国瑜主编《云南史料丛刊》（第十一卷），云南大学出版社 2001 年版，第 380 页。

板对饭粒进行翻搅拍打，之后，将其在簸箕中摊开晾干，三五日内重甑食用。这样蒸制的米饭既不会变味，还经饱耐饿，适合从事农事劳作的体力劳动者食用。

壮族（即侬人）也以大米为主食，逢年过节时吃糯米和糯米粑粑。一些壮族支系还喜食“花糯米饭”。花糯米饭的做法是将糯米用红、黄、蓝、黑、青、绿等植物颜料染色，煮熟后即成花糯米饭。花糯米饭是壮族逢年过节时吃的食品，或是年轻姑娘赶“风流街”时招待小伙子的食品。[1]

除了蒸煮为颗粒形的米饭食用外，稻米还可在蒸煮的基础上加工为饼糕或米粉来食用，如制作成块状或饼状的饵饮，以及加工成线条状的米线等。饵饮是将米蒸煮成饭后，以杵臼或木碓将米饭舂压捶打制成。制作饵饮所用稻米，既可用粳米，也可用糯米，用糯米制作的饵饮因黏性较强而被称为糍粑。饵饮既利于短期储存，也方便食用。食用饵饮时，可以切片烤吃，称为“烧饵饮”，也可切条或丝煮吃，称为煮饵丝。饵饮是云南汉族地区或坝区过年时必备的食品。

饵饮何以得名，众说不一。清代嘉庆年间桂馥[2]在《滇游续笔》中曾对饵饮的得名作过这样的解释：“大理人作稻饼若蝶翅，呼为耳块。询其名义，云形似兽之两耳。馥告之云：当为饵馈。方言饵或谓之餈。餈即稻饼，北人谓之餈糪。其圜者谓之餈团，重阳所食谓之餈糕。《集韵》：糖馈，饵名，屑米和蜜蒸之。餈糪俗作糍粑，滇人呼饼曰粑粑。”[3] 桂馥所言，将米饼称作餈糪（餈同“糍”，糍或糍粑为用糯米蒸熟捣碎制成的食品；糪音“伯”，本义为半生半熟的饭）及将餈糪称作“糍粑”都是对的，但对云南地区何以将粳米或饭米制成的米饼称作饵饮或饵馈，桂馥的解释仍不得要领。实际上，“饵”字的本义即为糕饼，如《说文》就释“饵”说：“饵，粉饼也。”在这个意义上，饵与餈相通，因此，并非云南方言将饵称为餈，而是饵、餈在汉语中的本义即为米饼。由此而言，作为内地汉族移民的后代，明清时期云南地区的汉族居民将米饼或米糕称为饵饮乃是十分自然的事情。

值得注意的是，并非仅有汉族移民才喜欢制作和食用饵饮，在明代前期，当时的云南土著居民即已有制作饵饮送人或自食的生活习俗了。《景泰云南图经志书》卷三“阿迷州”条即说：“州中土人，凡遇时节往来，以白粳米炊为软饭，杵之为饼，折而捻之，若半月然，盛以瓦盘，致馈亲厚，以为礼之至重。”[4] 后来，春节前后制作饵饮或购买饵饮自食及馈送亲友成为滇中地区的一个岁时习俗，清代各地方志书记述冬至节（因冬至夜最长，故冬至也称“长至”）时滇中地区的习俗时，均有“长至相贺，以糯米作糍饼相馈”的记述。甚至昆明地区在过年时有专吃饵饮的习俗。罗养儒记述

〔1〕 参见颜思久、郑镇峰：《文山州壮族风俗习惯初步调查》，载云南省编辑组编《云南少数民族社会历史调查资料汇编》（一），云南人民出版社 1986 年版，第 24 ~ 25 页。

〔2〕 桂馥，山东曲阜人，清朝嘉庆年间曾任云南永平知县、邓川知州等职。

〔3〕 [清] 桂馥撰：《滇游续笔》，见方国瑜主编《云南史料丛刊》（第十二卷），云南大学出版社 2001 年版，第 75 ~ 76 页。

〔4〕 [明] 陈文纂修：《景泰云南图经志书》，见方国瑜主编《云南史料丛刊》（第六卷），云南大学出版社 2000 年版，第 53 页。

说："昆明人在过年时，是专一的吃饵饫，且用此来当饭，或煮或炒，或卤或甜，变着方法来吃。所以昆明人在年前购饵饫，差不多的人家都购到一百几十斤，要必吃到一属猴的日子才煮米饭吃，谓为猴攒食。"[1] 清代，昆明城市周围四乡民众，每到年节时，即将舂制好的饵饫背到城里来出售，如彝族撒弥人（即撒尼、撒梅），除栽种田地外，即以其所有之米粮，舂粑粑、舂饵饫，入城售卖。

米线的制作方法与内地米粉的制作方式大体相同，或许是在内地米粉制作方法的基础上改进而来。清代乾隆年间居官云南的吴大勋对米线的制作方法作了这样的记述："磨稻米作粉，如制香法，用水调润，以管注成线，煮之以代面食，颇可口。"[2] 可见清代中期，米线已是云南地区常见的米制食品。当时，市面上不仅有制作米线出售的米线房，而且以米线为原料的特色小吃也已遍及滇中，如玉溪小锅米线、蒙自过桥米线等。

麦面、荞面为山区居民的传统主食。在缺乏平地和水利的山区，居民所种谷物多为大麦、小麦和荞麦。大麦主要作为牲畜饲料和酿酒原料，而小麦和荞麦则是居民的日常口粮。小麦和荞麦的食用方法是将麦粒先磨制成面，然后或蒸为饭食，做成荞饭、麦饭；或加工擀制成面条、面块或凉粉、荞丝等物；或蒸、烤为各种糕饼。在山区少数民族群众中，人们多喜欢将麦面、荞面和水搓揉成饼，烤制为"粑粑"来食用。在少数民族群众中，荞粑粑既是居家主食，也是待客美食，《道光云南通志》记述师宗地区民众食用荞麦的方法时即说："土人粉以为饵，若享客，则黏饭于饼饵上，为特敬。"[3]

在滇西北高寒地区，藏族居民则以青稞面为主食。据《中甸县志稿》记载，中甸地区的藏族以青稞为主粮，其次始为小麦、大麦、荞麦，不喜欢食用大米和各种豆类。[4] 青稞面主要是制成糌粑食用。光绪《丽江府志稿》说："以青稞炒熟为面而食，名曰糌粑。"[5] 糌粑的制作和食用方法是："其制法，先将青稞入沸鼎中，汤洗一度，然后用火焙熟，磨为细面，谓之糌粑，亦作饘粑。食时先于盘中乘［盛］酥油茶，然后入以糌粑，以手揉之成团而食。"[6] 揉糌粑所用盆为木盆，只有尊贵者才用银盘。

〔1〕［民国］罗养儒撰：《纪我所知集：云南掌故全本》，云南人民出版社2015年版，第71页。

〔2〕［清］吴大勋撰：《滇南闻见录》，见方国瑜主编《云南史料丛刊》（第十二卷），云南大学出版社2001年版，第31页。

〔3〕［清］阮元、伊里布等修，王崧、李诚等纂：《道光云南通志·食货志·物产》，见方国瑜主编《云南史料丛刊》（第十二卷），云南大学出版社2001年版，第552页。

〔4〕［民国］段绶滋纂修：《民国中甸县志稿》，收入凤凰出版社选编《中国地方志集成·云南府县志辑》（第83册），凤凰出版社、上海书店、巴蜀书社2009年版（1939年稿本之钞本影印本），第51页。

〔5〕光绪《丽江府志稿》卷一，见云南省编辑组编《云南方志民族民俗资料琐编》，民族出版社2009年版，第74页。

〔6〕［民国］段绶滋纂修：《民国中甸县志稿》，收入凤凰出版社选编《中国地方志集成·云南府县志辑》（第83册），凤凰出版社、上海书店、巴蜀书社2009年版（1939年稿本之钞本影印本），第51页。

青稞面也可与牛羊肉一起煮食。[1]

清代中期以来，玉米、马铃薯由于其耐寒耐旱、易种高产的特性而成为山区特别是高寒山区种植的主要作物。玉米、马铃薯既是山区居民救荒、度日的口粮，也是喂养牲畜的良好饲料，同时，玉米也是酿酒的基本原料。玉米的食用方法是将玉米磨成粉后，蒸为饭食或制作为粑粑食用，也可将玉米面煮粥食用，而当玉米刚刚成熟时，还可将玉米烤食或炒食。根据《泸水志》的记载，清代及民国时期，玉米是泸水地区的主要粮食作物，凡汉、“夷”居民均以玉米为主粮，只是吃法上略有不同而已：“夷民”是将玉米舂碎煮粥而食，汉民则将玉米磨面蒸饭而食。《泸水志》对此记述说：“夷民之食，每日三餐，用大锅一口，将玉麦用手舂成三五成瓣，水量各半，煮成粥，杂以菜，如豆类等孱入，不加油盐，淡泊而食。”“汉人间有同处者，亦以玉麦为食料，但手续最繁，先将玉麦用磨推成细面，再用少许之水和成米珠蒸煮成饭；小康之家，以米和半而食。”[2]

从现代科学观念来看，玉米、马铃薯不仅易种高产，而且营养丰富，是保障粮食安全的重要作物，但在云南地区的饮食习俗中，由于玉米、马铃薯是在水稻、小麦、荞麦等作物种植一两千年之后才开始种植的外来作物，且玉米、马铃薯多是山区居民种植的救荒作物，再加上玉米、马铃薯相对较差的味觉口感，几百年来，云南地区居民多把稻米、麦面、荞面看作上等食品，而把玉米、马铃薯看成低于稻米、麦面、荞面的次等食物，形成了食物种类上的阶层意识。如在凉山传统社会中，只有社会等级低的白彝才食马铃薯，作为奴隶主的黑彝就只食荞饼，而不食马铃薯；[3] 同样，在汉族地区或汉夷杂居地区，富裕人家也多食稻米、白面，只有穷苦人家才以玉米、马铃薯为主食，如在路南汉彝杂居地区，彝族的主食为玉米、荞子和其他杂粮，大米在其口粮中只占很小部分，而汉人则是以稻米为主粮、其他杂粮为补充。[4]

（二）副食

农村居民的传统副食包括肉食和蔬菜两大类。从肉食来说，在云南农村地区，居民所食肉食一是总量较少，二是多为腌制的腊肉或干巴，新鲜肉食较少。吃肉的时机多为逢年过节、婚丧嫁娶、招待亲友、宗教祭祀的时候，或在抢种抢收的农忙时节，为了改善伙食、保持体力才增加肉食的摄入。平时，农村居民多以蔬菜下饭，或炒或煮，简单度日，遇到春季新鲜蔬菜缺乏时，则以腌酸菜煮汤或酸菜煮红豆（或其他豆类）来佐餐。由于盛产豆类，豆类食品如豆腐、豆制凉粉、豆芽菜等成为云南居民餐桌上的日常食品，也是人们蛋白质的主要来源，特别是豆腐，由于营养丰富、味道爽

---

〔1〕 吴大勋《滇南闻见录》记载说：“西北近藏之地种青稞，近似麦而色青。作稀饭，杂以牛羊肉煮食之。”见方国瑜主编《云南史料丛刊》（第十二卷），云南大学出版社2001年版，第31页。

〔2〕《泸水志》卷一七，见云南省编辑组编《云南方志民族民俗资料琐编》，民族出版社2009年版，第147页。

〔3〕 任映沧：《大小凉山开发概论》，载林文勋主编《民国时期云南边疆开发方案汇编》，云南人民出版社2013年版，第267页。

〔4〕 李有义：《汉夷杂区经济》，云南人民出版社2014年版，第89页。

口、吃法多样而成为云南城乡居民常年不绝的美食。吴大勋记述清代乾隆年间昆明豆腐的美味说："省城豆腐嫩而且佳，极有味。闻只用石膏点就，不用盐卤，故其色净白。且不卖浆，不揭衣，故浓厚有味。此乃日用常食之物，而佳美如此，至今每饭不忘也。"[1] 农村居民炒菜多用猪油（回民用牛油），菜油则主要用来点灯。农家所食猪油为年末宰杀年猪时用猪板油和肥肉所炼制的食用油，用瓮罐装好贮存以供平时炒菜食用。清代，城乡市场上也有猪油、菜油出售，但由于商家作伪，质量较差，少人问津。[2]

城镇地区的饮食状况，与农村地区基本相同，日常生活中，居民也是以蔬菜、豆腐等来佐餐，而较少享用肉食的。长期在昆明生活的罗养儒对清末昆明地区的饮食情况曾有这样的记述："云到两餐饭食，每餐都是一汤两炒。家事富裕者，方有三样炒菜，而且串上点肉，就算是美味了。初二、十六打牙祭，则割几斤肉来，或红炖，或清炖，或蒸蒸肉；若宰鸡杀鸭，要必是过年过节，不然即是有嘉客来临。虽然一般居家户在平时固不甚茹荤，而是时的蔬菜，直有百数十种。蔬菜是一出即卖，种菜者绝不愿把韭菜蓄到尺五六长，将苋菜、菠菜蓄养成一株小树。此可以说，是时的小菜既新鲜，又肥嫩，所以当时的人多不注重肉食。"[3] 又言："说到是时的炒菜者，似任何一家无不是丰丰富富的，舀些猪油下锅，是任何一种炒菜无不是吃着油沁沁的。此所以当时的人，不惟不注重肉食，且转不乐于吃肉。"[4] 总的来说，多菜少肉的饮食状况，既基于当时的物质条件，也源于当时普遍俭约的饮食风尚。

相对内地而言，滇西北地区的藏族等民族由于蔬菜甚少、畜产丰富而食肉较多。《民国中甸县志稿》说，中甸藏族"下饭多用乳饼或牛羊猪肉。惟牛肉多割条而干之为脯，猪肉多剔骨缝口醃为腊肉，谓琵琶，煮而食之，不用箸，不讲烹饪。不喜食鸡鱼蔬菜。"[5]

除了农家生产的各种副食外，农村居民还采摘各种山茅野菜作为佐餐食物，特别是傣族地区，由于少种蔬菜，更是以各种野生植物作为副食食用，如棕树开花时的花蕾、芭蕉叶的嫩蕊、椰子的椰肉、水中的青苔，均是傣族的副食来源。汉族地区常食的野菜有野葱、野蒜、藠头、灰挑菜、野薄荷、鱼腥草（俗名"折耳根"）、苦刺花、棠梨花、蕨菜、竹笋等。如蕨菜的食用，檀萃《滇海虞衡志》即说："滇蕨满山，高至

〔1〕［清］吴大勋撰：《滇南闻见录》，见方国瑜主编《云南史料丛刊》（第十二卷），云南大学出版社 2001 年版，第 34 页。

〔2〕吴大勋《滇南闻见录》记述说："市有素油而不可食，即菜油亦不宜食，以其杂油掺和，食之伤脾。……又猪油有熬熟出售者，不无作伪，闻以芋头煮熟，捣乱杂和之得重价。"（见方国瑜主编《云南史料丛刊》第十二卷，云南大学出版社 2001 年版，第 34 页）以此来看，即使在清代，食用油市场的掺杂制假、以次充好也是所在多有的。

〔3〕［民国］罗养儒撰：《纪我所知集：云南掌故全本》，云南人民出版社 2015 年版，第 98 页。

〔4〕［民国］罗养儒撰：《纪我所知集：云南掌故全本》，云南人民出版社 2015 年版，第 98 页。

〔5〕［民国］段绶滋纂修：《民国中甸县志稿》，收入凤凰出版社选编《中国地方志集成·云南府县志辑》（第 83 册），凤凰出版社、上海书店、巴蜀书社 2009 年版（1939 年稿本之钞本影印本），第 51 页。

三四尺，肥极。土人但知摘蕨拳，不知洗粉。闻宣威颇知洗之。若人皆知洗，又为地方增一货物也。"[1] 蕨为多年生草本植物，每年春季二三月间，蕨茎发出嫩芽，可以采作菜蔬，用开水将嫩叶汆后，或以油炒食，或以豆豉凉拌而食，其味清爽可口；蕨的根茎含有淀粉，可以捣揉制粉，作为救荒食物。除了上述野菜外，大理地区居民还采食一种产于苍山顶的野菜——"海菜"。明代陈文所撰《景泰云南图经志书》卷五"大理府"条记述说："海菜，产于苍山顶高河内，一名高河菜，茎红叶青，状如芥菜。五六月间，军民采之，浇以沸汤，其味甚辛辣。"[2] 清代桂馥《滇游续笔》也记述说："点苍山有草，类芹，紫茎，辛香可食，呼为高和菜，亦南诏旧名。"[3] 高河菜或高和菜实因产于苍山顶而得名，"高河"或"高和"即高山之谓，唐代樊绰所撰《云南志》卷八"蛮夷风俗"即说，在白蛮语中，"山谓之和"[4]。

此外，鱼、虾、蟹等各种水产也是人们副食的来源。在全省的大小湖泊和河流中，盛产各种鱼、虾、蟹、螺，当副食不足时，捞鱼摸虾成为人们补充营养、改善生活的有效方式。檀萃《滇海虞衡志》说："滇南半是水国，产鱼处甚多，亦不过数种，不甚杂，而已足以供食料矣。"[5] 常见鱼类有鲤鱼、鲫鱼、草鱼、青鱼、鲈鱼等数种。关于滇池所产鲤鱼、鲫鱼的情况，檀萃记述说："鲤最美，小者不能盈掌，且满腹鱼子，此江乡所不见者。大或重至七八斤且十余斤，味甚佳。"又言："滇池多草，产鲫多，皆白鲫，颇肥美，无淮、扬之草鲫、乌鲫者。间亦有面肠鲫，味亦颇同。"[6] 清代云南地区著名的鱼产有澄江所产抗浪鱼（或写作簾篢鱼）、大理所产"工鱼"等。除了鱼外，云南人还食螺蛳、蟹等水产。滇池盛产螺蛳，在新石器时代和滇王国时期，当时滇池地区的居民即喜食螺蛳，在石寨山等地留下了许多食后的螺蛳壳。明清以来，螺蛳仍是昆明地区居民喜食的水产，有许多人以挑担卖螺为业："剔螺掩肉，担而叫卖于市，以姜米、秋油调，争食之立尽，早晚皆然。又剔其尾之黄，名螺蛳黄，滇人尤矜，以为天下所未有。有曹姓业于此者，居菜海边，人谓之曹螺蛳云。"[7] 昆明城南的螺蛳湾，即因渔民于此贩卖螺蛳并留下大量螺蛳壳而得名。蟹也是一种美味的水产，吃法多样，既可剔膏而食，也可制作羹汤、糟蟹："蟹，亦出滇池。熟卖于市，一枚一

〔1〕［清］檀萃辑，宋文熙、李东平校注：《滇海虞衡志校注》，云南人民出版社1990年版，第292页。

〔2〕［明］陈文纂修：《景泰云南图经志书》，见方国瑜主编《云南史料丛刊》（第六卷），云南大学出版社2000年版，第76页。

〔3〕［清］桂馥撰：《滇游续笔》，见方国瑜主编《云南史料丛刊》（第十二卷），云南大学出版社2001年版，第72页。

〔4〕［唐］樊绰撰，向达原校、木芹补注：《云南志补注》，云南人民出版社1995年版，第119页。

〔5〕［清］檀萃辑，宋文熙、李东平校注：《滇海虞衡志校注》，云南人民出版社1990年版，第180页。

〔6〕［清］檀萃辑，宋文熙、李东平校注：《滇海虞衡志校注》，云南人民出版社1990年版，第181页。

〔7〕［清］檀萃辑，宋文熙、李东平校注：《滇海虞衡志校注》，云南人民出版社1990年版，第187~188页。文中的"秋油"即菜籽油；"菜海"亦称"菜海子"，即今昆明城内的翠湖。

文，贱甚。厨丁细剔以作蟹羹，陈于官筵，味亦佳。”[1]“通海蟹，螯大似江蟹，而篷脐亦如滇池蟹。酒醉之，装罐以馈送，曰糟蟹。”[2]

此外，各种昆虫、飞鸟也是云南居民餐桌上的美食，如蚕蛹、蜂蛹、蚂蚱、谷雀等，这些虫、鸟成为人们日常饮食中动物蛋白的补充来源。云南民间有谚语说：“蚂蚱也是肉。”这既是比喻，也是实情。云南居民捕食蚂蚱的习俗，见于清人的记载。倪蜕纂录的《滇小记》记述说：“滇人好食蚂蚱，每刈获后，人于田中竞捕之，纳于瓮中。锅内放少水，以无顶锅盖扣上，微火烧令热，乃将瓮口合于盖顶之空处，火仍漫烧，则瓮中蚂蚱俱跃入锅中而死，然后取出，或储或鬻，充为佳馔。”[3] 蚂蚱的烹制方法是：“欲食，置锅炒。先用酒泼之，炒数过，去其酒之余沥，复用醋泼之，如用酒法。于是腥气俱尽，乃用油炒黄色，下盐、豉、葱、椒起食，云嘉美异常品。”[4]

还有必要指出的是，野生菌等山珍也是云南居民副食的重要来源。云南地区多山，山林间盛产野生菌，每到夏季，各种菌蕈成为居民餐桌上的美食。据史籍记载，明初，云南地区即有食菌之俗。《景泰云南图经志书》卷一“安宁州”条记当地土产时说：“菌子，土人呼为鸡宗。每夏秋间，雷雨之后，生于原野。其色黄白，其味甘美，虽中土所产，不过是也。”[5] 明清以来，云南居民食菌之俗已甚为普遍，各地对菌类的称呼也大同小异。《道光云南通志·食货志·物产》引桂馥《札朴》的记述说：“滇南多菌，今据俗名记之。青者曰青头，黄者蜡栗，又曰荞面，又曰鸡油。大径尺者曰老虎，赤者曰胭脂，白者曰白参，又曰茅草。黑者曰牛肝，大而香者曰鸡葼，小而丛生者曰一窝鸡。生于冬者曰冬菌，生于柳根者曰柳菌，生于木上者曰树窝。丛生无盖者曰扫帚，绉盖者曰羊肚。生于粪者曰猪矢，有毒者曰撑脚伞。”[6] 在各种菌子中，鸡枞被视为菌中珍品。

鸡枞，也写作鸡㙡、鸡葼、鸡宗，字虽不同，读音相同。鸡枞何以得名，说法不一。《道光云南通志·食货志·物产》对各家之说加以引述。杨慎（即杨升庵）《升庵外集》说：“鸡菌，菌如鸡冠也，故云南名菌曰‘鸡葼’。鸟飞而敛足，菌形似之，故以鸡名，有以也。”郎瑛《七修类稿》说：“云南土产地蕈，诗书本菌子也，而方言谓

---

[1] [清] 檀萃辑，宋文熙、李东平校注：《滇海虞衡志校注》，云南人民出版社 1990 年版，第 188 页。

[2] [清] 檀萃辑，宋文熙、李东平校注：《滇海虞衡志校注》，云南人民出版社 1990 年版，第 189 页。

[3] [清] 倪蜕纂录：《滇小记》，见方国瑜主编《云南史料丛刊》（第十一卷），云南大学出版社 2001 年版，第 124～125 页。

[4] [清] 倪蜕纂录：《滇小记》，见方国瑜主编《云南史料丛刊》（第十一卷），云南大学出版社 2001 年版，第 125 页。

[5] [明] 陈文纂修：《景泰云南图经志书》，见方国瑜主编《云南史料丛刊》（第六卷），云南大学出版社 2000 年版，第 27 页。

[6] [清] 阮元、伊里布等修，王崧、李诚等纂：《道光云南通志》，见方国瑜主编《云南史料丛刊》（第十二卷），云南大学出版社 2001 年版，第 471 页。桂馥原文见《滇游续笔》（载《云南史料丛刊》第十二卷，第 77 页）。

之‘鸡宗’，以其同鸡烹食，至美之故。予问之土人，云生处蚁集丛盖，以味香甜也。”[1] 无论是杨慎所说的菌如鸡冠、菌形如鸟，还是郎瑛所说的“与鸡同烹”，都有些牵强附会，难以说明鸡坳何以得名的原因。我们认为，这或者仅是一种方言土语称呼的译音而已，与作为家禽的“鸡”毫无关系，这正如大理所产江鱼被称为“工鱼”“弓鱼”或“公鱼”，仅是一种方言的汉语译音和读音（白族语把“江”读为“工”音；也有人认为，“工”为“江”的汉语古韵，即“江”在汉语古韵中读“工”音），与“工”“弓”“公”的汉语本意毫无关系一样。[2] 值得注意的是，云南居民喜食鸡坳并以鸡坳炸油佐餐的习俗，由来甚久。明代谢肇淛《滇略》卷三《产略》即说：“鸡坳，菌属，以形似名，永平产者最佳。以六七月大雷雨后生沙土中，或在松下、林间。……出土一日即宜采，过五日即腐，采后过一日，即香味俱尽，所以为珍。土人盐而哺之，熬液为油，以代酱豉。”[3] 清代，蒙自所产鸡坳在全省享有盛名。檀萃记述说：“滇南山高水密，臭朽所蒸，菌蕈之类无不有，而鸡坳之名独闻于天下。即鸡坳亦无郡邑无之，而蒙自鸡坳之名，独冠于全滇，且以鸡坳为油。诸生珍重而馈之，然咸而不可入口，则名实之难也。”[4] 除蒙自外，富民、嵩明、牟定等地皆盛产鸡坳。

在农村居民的饮食生活中，盐是不可或缺之物。云南居民所食之盐，主要为云南各地所产井盐。汉唐以来，滇中、滇西、滇南各地开发出了众多盐井，各盐井所产井盐成为云南居民食盐的基本来源。清代，朝廷对盐业事务十分重视，在总督、巡抚之下专设盐法道管理全省盐政事务。根据政府的规定，各盐井与相关府州建立专门的对口供需关系：黑井（即今禄丰县黑井镇）盐专供云南、楚雄、曲靖三府；安丰井（今大姚县境内）、琅井（今禄丰县妥安乡琅井村）、阿陋井（今禄丰县一平浪镇境内）、安宁州安井专供澄江、临安、开化三府；按板井（今镇沅县按板镇）、抱母井（今景谷县凤山乡抱母井村）专供元江、普洱、镇沅三府；白井（今大姚县石羊镇）专供大理、永昌、鹤庆、蒙化四府；云龙州井（今云龙县诺邓村等处盐井）专供顺宁府，兼供永

[1] ［清］阮元、伊里布等修，王崧、李诚等纂：《道光云南通志》，见方国瑜主编《云南史料丛刊》（第十二卷），云南大学出版社 2001 年版，第 471 ~ 472 页。

[2] 关于工鱼、弓鱼、公鱼的音与义的关系，历代学者多有论述。明代前期陈文所纂《云南图经志书》卷五“大理府”条记大理土产时说：“公鱼，似鲫，细鳞，而长不满尺，无间大小，皆有子，其味肥甘，产于上、下二关之涌泉旁。一云江鱼，土人呼江为公，故名公鱼。”（见方国瑜主编《云南史料丛刊》第六卷，云南大学出版社 2000 年版，第 76 页）明代旅滇学者杨慎也辨析说：“西洱弓鱼，三寸其修，谁书以‘公’，音是字谬。又哂多子，亦孔之羞。”又戏言说：“大理公鱼皆有子，云南和尚岂无儿。”（见谢肇淛《滇略・产略》，载《云南史料丛刊》第六卷，云南大学出版社 2000 年版，第 686 页）也有人认为，“弓鱼”是因其形如弓而得名：“邓川有弓鱼，生洱湖中，色如银，狭长如鲦，无鳞少骨，味鲜美，衔尾而跃，形如张弓，因以得名。”（见［清］杨琼撰《滇中琐记》，载方国瑜主编《云南史料丛刊》第十二卷，云南大学出版社 2001 年版，第 283 页）

[3] ［明］谢肇淛撰：《滇略》，见方国瑜主编《云南史料丛刊》（第六卷），云南大学出版社 2000 年版，第 683 页。

[4] ［清］檀萃辑，宋文熙、李东平校注：《滇海虞衡志校注》，云南人民出版社 1990 年版，第 294 页。

昌；丽江井、五井（今云龙县境内的各盐井）、弥沙井（弥沙井在今剑川县弥沙乡境内）专供丽江、剑川州两处；景东府则食本地沙井盐。此外，东川、昭通两府食川盐，广西、广南二府食粤盐。[1] 各盐井之中，以黑井、白井所产之盐品质、口味最好，琅井所出盐的味道较为苦涩。各井盐由于熬制不精，所含杂质较多，故盐的白净度较外省井盐、海盐为差。

（三）饮料

1. 酒类

饮酒是云南农村饮食生活中的一个普遍习俗。农村居民饮酒，或平日居家生活时独饮，或招待亲友时共饮，或在举行公共活动或参加社交活动时聚众而饮。明清时期，农村居民所饮酒类，以来源看，或为自酿，或为购买；从原料来区分，则有谷子酒（以大米酿制的烧酒）、苞谷酒、高粱酒、荞酒、薯芋酒等多种。在各种原料的酒类中，善饮者多喜欢饮用度数较高的高粱酒、谷子酒等烧酒。吴大勋在谈到乾隆时期云南地区的烧酒时记述说："荞稗烧不可饮，惟谷子酒可饮。民间皆饮烧酒，价不甚贵。"[2] 罗养儒认为，以品质而言，清代云南地区的烧酒，以高粱酒为第一，谷子酒次之，大麦酒更次，至于苞谷酒，其味不浓不醇，饮者多不喜爱。[3]

清代，云南地区所产名酒有定远（今牟定）的力石酒、鹤庆的大麦酒、富民的谷子酒等，这些酒皆是酒精度较高的烧酒。吴大勋饮后的感受是："最高者楚雄力石酒及鹤庆酒，味酽气猛，稍饮一口，气懑于胸，逆行至喉间。余本不能饮，此酒尤不敢向迩也。"[4]

力石酒产于定远县（今牟定县），酿酒原料为高粱。力石酒的得名，清代嘉庆年间檀萃所撰《滇海虞衡志》说："力石酒，出定远，亦高粱烧。名力石者言其酒力之大，重如石也。"[5] 檀萃所言，或是望文生义的说法。罗养儒指出，力石酒是由于产于定远县力石村而得名："力石为村名，然有大、小力石两村，俱在定远境内琅井河流之旁，两村距离不远，只不过三几华里。在清代之光绪、宣统年间，大力石村之居民实有百余户，小力石则有七八十户，此俱不事耕种，统以烤酒为业。"[6] 罗养儒认为，力石村的烤酒方法与其他地方并无太大区别，其酒质的醲醇源于力石村烤酒所用的水质，即琅井河流经大、小力石村之间的小段河水："村中之烤酒者非取用此段河流内之水不可，若取大力石村以上或小力石村以下的水来烤，烤出之酒，味即差矣。此则不

〔1〕［清］张泓撰：《滇南新语》，见方国瑜主编《云南史料丛刊》（第十一卷），云南大学出版社2001年版，第396页。

〔2〕［清］吴大勋撰：《滇南闻见录》，见方国瑜主编《云南史料丛刊》（第十二卷），云南大学出版社2001年版，第34页。

〔3〕［民国］罗养儒撰：《纪我所知集：云南掌故全本》，云南人民出版社2015年版，第274页。

〔4〕［清］吴大勋撰：《滇南闻见录》，见方国瑜主编《云南史料丛刊》（第十二卷），云南大学出版社2001年版，第34页。

〔5〕［清］檀萃辑，宋文熙、李东平校注：《滇海虞衡志校注》，云南人民出版社1990年版，第91页。

〔6〕［民国］罗养儒撰：《纪我所知集：云南掌故全本》，云南人民出版社2015年版，第274页。

知此段河流之两旁岸上究含有何种矿质，能使烤出之酒得到如斯醲醇也。”[1] 罗养儒所言，看似有些神秘，但也有一定科学道理，“好水酿好酒”是中国酿酒业普遍认同的一个说法，如人们认为贵州茅台镇产名酒就与流经茅台镇的赤水河的水质具有密切关系。从力石酒的情况来看，清代力石酒的出产地，应即今牟定县东北部龙川江附近的安乐乡力石村，力石村烤酒所用水或即龙川江水，而不是琅井河水。琅井河发源于牟定县，由西向东流经禄丰县的妥安乡后汇入龙川江。力石村南距禄丰县黑井镇和妥安乡，尚有一段距离。

除了以蒸馏法烤制（在发酵的基础上通过蒸馏来提纯）的酒精度较高的“烧酒”外，云南地区居民特别是妇女和儿童还喜欢饮用一种纯以发酵方法制作的酒精度较低的“白酒”，即俗称的“甜白酒”或“米酒”。乾隆时期居官云南的江苏青浦人吴大勋记述说：“白酒即北方所谓水酒也。酿成，不加水，和糟温热出售，味颇酽。嫌其太甜，家君在署中自造，酿成加水，名为副酒，停瓮数日，漉净糟粒，煮熟饮之，清辣甘美。未煮者为白酒，已煮者为熟酒，此家乡风味也。”[2] 嘉庆年间宦滇的山东曲阜人桂馥所著《滇游续笔》也记述说：“糯米为甜酒，俗呼白酒。”[3] 制作甜白酒的原料一般用稻米，也可用黍、粱。甜白酒可以作饮料饮用，也可与鸡蛋等煮食，白酒煮鸡蛋不仅口味好，而且富有营养。据檀萃的记述，将甜白酒和鸡蛋合煮的饮食方法，本是旅滇的浙江人的吃法，后来云南本地人也喜欢上了这种吃法，并把白酒煮鸡蛋作为新春前后待客和自用的一道美食：“白酒煮鸡蛋，亦浙客为之，滇人士效之，又遂以为俗。每岁腊中，人家各酿白酒，开年客至，必供白酒煮鸡蛋满碗，乃为亲密。”[4] 这种腊月间酿制白酒（米酒），新春期间以白酒煮鸡蛋招待来访亲友的风俗，在现代农村地区仍可见到。“白酒”因酿制方法简单，味道鲜香甜美而成为云南地区的大众美食，酿好的“甜白酒”装入瓦缸密封保存一段时间后，就变成了甜中带辣的“辣白酒”。至今，云南农村居民仍喜酿制“白酒”自食或出售，而通海曲陀关所产甜白酒更是畅销滇中的地方美食。

除了汉族外，许多少数民族如彝族、哈尼族、白族等都是喜爱饮酒并善于制酒的民族。在云南地方志中，对彝族各支系的“善饮嗜酒”多有记载。《道光云南通志·南蛮志·种人》引《景东厅志》的记载说，景东地区的“小儸儸”，“性嗜酒，以薪一担入市，得钱数十，只供一醉”[5]。最初，云南少数民族群众只会通过简单发酵方法酿制酒精度较低的“白酒”，而不会通过高温蒸馏酿制酒精度较高的“烧酒”。因此之

[1] ［民国］罗养儒撰：《纪我所知集：云南掌故全本》，云南人民出版社2015年版，第274页。

[2] ［清］吴大勋撰：《滇南闻见录》，见方国瑜主编《云南史料丛刊》（第十二卷），云南大学出版社2001年版，第34页。

[3] ［清］桂馥撰：《滇游续笔》，见方国瑜主编《云南史料丛刊》（第十二卷），云南大学出版社2001年版，第75页。

[4] ［清］檀萃辑，宋文熙、李东平校注：《滇海虞衡志校注》，云南人民出版社1990年版，第91页。

[5] ［清］阮元、伊里布等修，王崧、李诚等纂：《道光云南通志》，见方国瑜主编《云南史料丛刊》（第十三卷），云南大学出版社2001年版，第354页。

故，明代官员谢肇淛说当时的云南人“好饮而不知酿”[1]。清代檀萃《滇海虞衡志》也记载说：“蛮人嗜酒，不解蒸熬，江西人入其寨而蒸熬之，所谓烧锅也。蛮人聚而酣之，然收酒债，利甚重，盘剥于蛮。”[2] 随着汉“夷”之间的广泛交往，“蛮人”或“夷人”也逐步学会了烧锅酒制作技术。至迟至清代中后期，彝族、傣族等民族已能酿制上等烧酒。

清代及民国时期，“烧锅酒”“焖锅酒”遍布全省各地，在路南等地彝族中还出现了一些专门经营酿酒业的农户。他们酿制烧酒的方法，与汉族已完全相同。据20世纪30年代的民族调查资料，路南尾则（今石林县长湖镇维则村）彝村共有彝族酿酒户8家，有4所酿酒作坊，每所作坊有三四间房屋，酿酒设备包括两眼或一眼大灶，两个蒸笼（俗称“甑子”），两口大锅，一个锡锅，一个水槽，几个酒罐。制酒的原料主要为玉米，其次为大麦、小麦。制酒程序主要为三道：首先是蒸酒饭，即将三斗左右的玉米粒或大麦、小麦粒放入蒸笼中蒸熟，蒸煮酒饭的时间约为一天，其间，要把酒饭取出用冷水淘三次，以使其能够完全蒸透。第二步为拌酒药（即酒曲），即将蒸熟的酒饭倾倒在草席上，待酒饭冷却后将酒曲洒于酒饭上，并搅拌均匀，之后，将酒饭装入酒坛之中并置于阴凉之处，让其自然酝酿发酵。第三步为蒸酒，即在酒饭酝酿发酵半个月后，将酒饭盛入特制的蒸酒笼中再行蒸制，在蒸酒笼上覆以锡锅。锡锅分上下两层，上层盛冷水，下层通蒸笼，蒸笼中冒出的酒气升到锡锅下层，遇到上层的冷底面后即凝结为酒水，酒水通过下层旁侧的小管注入酒坛，烧酒或烧锅酒的制作即告完成。[3] 酿酒粮食和出酒量的比例为，一斗粮可酿60斤（30公斤）酒，每酿一“伐”（即一个生产周期）可得酒180斤（90公斤）。

另外，车里（今景洪）地区的傣族也能酿制烧酒，尤以回旋寨所酿烧酒味道最为香醇，驰名边疆。“回旋酒”用谷子（稻米）酿成，酒精度达70%以上，一些饮者认为“回旋酒”的香醇不亚于贵州茅台酒，非有相当酒量，难进三杯，而傣族善饮者能饮至十杯而不醉。[4]

当然，相较内地汉族地区或汉夷杂居地区而言，许多边疆少数民族的酿酒方法仍然较为原始落后，也有一些少数民族至民国年间仍不会酿酒，如《民国中甸县志稿》即说，中甸藏族“男女皆喜饮酒，不能酿”[5]。

明清时期云南农村地区的饮酒风俗，因地域、民族的不同而有差异，有“咂酒”“喝转转酒”等不同的饮酒习俗，在傣族地区，则有土司强迫傣家少女陪客人喝“花

[1] [明] 谢肇淛撰：《滇略》，见方国瑜主编《云南史料丛刊》（第六卷），云南大学出版社2000年版，第698页。

[2] [清] 檀萃辑，宋文熙、李东平校注：《滇海虞衡志校注》，云南人民出版社1990年版，第95页。

[3] 李有义：《汉夷杂区经济》，云南人民出版社2014年版，第66页。

[4] 江应樑：《摆夷的经济文化生活》，云南人民出版社2009年版，第55页、第178页。

[5] [民国] 段绶滋纂修：《民国中甸县志稿》，收入凤凰出版社选编《中国地方志集成·云南府县志辑》（第83册），凤凰出版社、上海书店、巴蜀书社2009年版（1939年稿本之钞本影印本），第51页。

酒”的习俗，其中，以“咂酒”之俗最为普遍。《景泰云南图经志书》卷二记澄江府地区的风俗时即说“俗尚咂酒”，其咂酒方式是：

俗以米、麦酿酒。既热，凡燕待宾亲之贵重者，具果馔，设架于庭，置酒樽其上，泡之以水，务令樽满为度。少顷，置中通之竹筒于内，必探其底，乃与客为揖让礼而请咂之，别以杯酌水，候客既咂而注于樽，视水之盈缩，以验所咂之多寡，若水溢而樽不能容，则复劝咂之，以此为爱敬之重者。遇寒月，则置火于樽下，欲其热也。虽富贵之家亦用之，盖亦有所视效欤。[1]

这种饮酒方法，明代后期谢肇淛所撰《滇略》的“俗略”也作了记载：“饮酒之法，杂荞、秫、曲稗于巨瓮，渍令微热，客至，则燃火其下，以小竹或藤插瓮中，主客环坐，吸而饮之，曰‘咂鲁麻’。”[2] 清代吴大勋《滇南闻见录》也记载说：“夷人酿酒，带糟盛于瓦盆，置地炉上温之，盆内插芦管数枝。凡亲友会集，男女杂沓，旁各执一管，吸酒饮之，谓之咂酒。”[3] 可以认为，“咂酒”之俗，不限于澄江府地区，而是当时云南许多地方少数民族群众盛行的饮酒方法。[4] 所“咂”之酒，应是民间通过发酵方式酿制的酒精度较低的米酒、“白酒”，而不是度数较高的烧酒。

2. 茶类

云南地区盛产茶叶，饮茶也是云南民众的普遍生活习俗。现在云南农村地区喝茶的方式，跟城镇地区一样，是以开水冲泡而饮，但在20世纪中期以前，农村地区喝茶，是以茶罐烹煮而饮。其方法是：将茶罐置火上烤热，放入茶叶烤香，然后冲入开水，再在火上煮沸，即可冲饮。以茶罐烤煮的茶水茶味香浓，是农村居民自饮和待客的主要饮品。在烤茶的同时，还可加入食米、红糖等一同烤煮。茶叶的食用方法，除了饮用茶水外，也可将茶叶与饭同煮，或者以茶叶与其他菜品同炒而食等。

在云南的茶叶饮品中，滇西北地区居民饮用的酥油茶别具特色。《民国中甸县志稿》记述说：“酥油茶者，即以普洱景谷之茶，熬成浓液，倾入木桶，入以酥酪、食盐，用木杆尽力□（原稿手写字迹难以辨识，疑为‘捣’字——引注）搅，必至水酥交融、茶盐合味成一种不可分辨之粉红色液体，即天台判教之所谓由般若而至法华，如转熟酥成醍醐也。凡藏族男女僧俗，但一见酥油茶，即如见其父子兄弟夫妻师友，

〔1〕［明］陈文纂修：《景泰云南图经志书》，见方国瑜主编《云南史料丛刊》（第六卷），云南大学出版社2000年版，第32页。

〔2〕［明］谢肇淛撰：《滇略》，见方国瑜主编《云南史料丛刊》（第六卷），云南大学出版社2000年版，第698页。

〔3〕［清］吴大勋撰：《滇南闻见录》，见方国瑜主编《云南史料丛刊》（第十二卷），云南大学出版社2001年版，第26页。

〔4〕至民国时期，江应樑先生在四川凉山彝族中，仍见到与明清时期云南地区汉夷群众相同的“咂酒”方式：“（凉山彝族）嗜饮酒，饮酒不在进食时，凡敬客、议事、集会、闲坐，皆必饮之，用一木盘盛酒放在地上，诸夷围蹲，用竹管放盆内轮流吸饮。”见《江应樑民族研究文集》，民族出版社1992年版，第161页。

其胸中已自悦乐，若一入口，则其辛苦忧郁恐怖疑惑完全冰释，如饮我佛甘露焉。”[1]酥油茶的特别之处在于：一是由于酥油富含高脂肪、高蛋白，饮用酥油茶后能使身体具有较高的热量来抵御高原地区的寒气；二是普洱茶中所含茶多酚能够有效化解藏民长期食肉产生的腥燥之气；第三，滇西北高原地区蔬菜、水果缺乏，食物中维生素含量不足，饮用酥油茶能够补充人体健康所必需的维生素。因此之故，酥油茶成为滇西北地区藏族及其他民族不可或缺的日常饮品和食品。

二、衣着习俗

（一）衣物原料

明清时期，云南居民的衣服原料有棉布、麻布、丝绸、皮革等几种。棉布或为自产，或从省外购入，或从缅甸等地购纱织成布匹。麻布全为本地自产，用本地所产大麻、苎麻等的纤维织成。丝绸或为本地自产，或从外省购入。皮革则均以本地所产羊皮为原料。明清时期，汉族居民的衣物原料多为棉布，一些经济条件较好的少数民族也穿用棉布衣物，大多数少数民族群众和贫困人家的衣物原料多为麻布和羊皮，同时，汉族、白族等民族中的一些富贵人家在棉布衣物之外，有一些绸缎衣物。至近代时期，情况仍是如此，如《顺宁县志初稿》记顺宁（今凤庆）居民的衣料时说：“衣料普通用棉，赤贫者多用麻，乡村间有用羊皮者，丝织物、毛织物则仅见用于富家。”[2]

关于棉布，雍正年间提督云南学政的吴应枚记述了云南县（今祥云县）的出产情况：“云南县俗名小云南，土产细布名洱海红，以雪水染色，更鲜艳。”[3] 乾隆年间居官云南的吴大勋记述了“梭布”的产销情况：“梭布各郡俱有，幅甚窄，不适用，通行者湖广客布。惟永昌布宽阔而紧细，愈于客布。”[4]

关于麻布，明清时期，尽管棉布已成为较为大众化的衣物原料，但麻类作物纤维仍是少数民族群众特别是边远山区少数民族群众缝制衣物的主要原料。吴大勋《滇南闻见录》说：“夷人衣服纯用麻，最存古意，系自织。幅只五六寸宽，制服甚短小，不足御寒，冬时向火度日。”[5] 对于许多少数民族群众来说，棉布衣服仍是奢侈之物。如彝族支系的许多族群就多穿自织的麻布，尚还穿不起棉布衣物，其中，“小儸儸”

[1] ［民国］段绶滋纂修：《民国中甸县志稿》，收入凤凰出版社选编《中国地方志集成·云南府县志辑》（第83册），凤凰出版社、上海书店、巴蜀书社2009年版（1939年稿本之钞本影印本），第51页。

[2] ［民国］张问德修：《民国顺宁县志初稿》，收入凤凰出版社选编《中国地方志集成·云南府县志辑》（第37册），凤凰出版社、上海书店、巴蜀书社2009年版（影印本），第229页。

[3] ［清］吴应枚撰：《滇南杂记》，见方国瑜主编《云南史料丛刊》（第十二卷），云南大学出版社2001年版，第52页。

[4] ［清］吴大勋撰：《滇南闻见录》，见方国瑜主编《云南史料丛刊》（第十二卷），云南大学出版社2001年版，第42页。

[5] ［清］吴大勋撰：《滇南闻见录》，见方国瑜主编《云南史料丛刊》（第十二卷），云南大学出版社2001年版，第42页。

是："男著麻衣短衣袴，女垂发两辮，覆麻布帕，著麻布百褶裙。"[1] 另一支系"干儸儸"则是："懒农及衣棉者，众讲罚之。"[2] 说明"衣棉者"尚是彝族社会中的"另类"人物。

关于皮革，在彝语系民族中，羊皮、羊毛是他们自古以来重要的衣物原料。其原因，一是羊皮易得，二是羊皮具有极好的保暖性，三也源于民族传统。檀萃《滇海虞衡志》说："毡，滇各地俱产，以夷人养羊者多如陕西也。"[3] 在宁蒗、永胜等彝族地区，羊皮、羊毛是全家冬季披毯和妇女衣物原料的唯一来源，如果养羊不多，无法获得足够的衣物原料，则冬季只能赤身露体、挨冻受寒。[4] 即使贵为土司、头人，羊皮也是其基本衣物。这种情况乃是习俗使然。明代谢肇淛所撰《滇略·夷略》即说："永宁（今川滇相交的宁蒗泸沽湖地区——引注）诸夷住山腰，以板覆屋，俗皆披毡，富贵至二三领，暑热不去。"[5] 清代刘崑所撰《南中杂说》也说："（土司）其公服以青羊皮。土酋嫁女，虽资妆巨万，必以羊皮一领为之冠，非此则不足以治其种人也。"[6]

（二）穿衣习俗

明清时期云南农村居民的衣服式样，根据民族和地方的差异而有不同。大体而言，汉族穿着汉式服装，少数民族则穿着各自的民族服装，也有一些少数民族群众特别是男性居民喜着汉式服装。

明清时期云南农村居民的汉式服装，大体与中原和江南地区相同。以昆明地区汉族居民为例，男性衣服皆为布衣布裤，上身穿对襟布纽短衣，下穿裤腿宽大的长裤，腰间缠根布带，头戴瓜皮小帽，有身份地位者或年长者则外套一件长衫，脚穿布鞋。女性也是布衣布裤，上身穿布袄，下身穿长裤，腰系围腰，脚穿绣花布鞋。只有在出门走亲戚时，才穿件粉红色、淡绿色的新布衣，穿条彩缎的灯笼裤。中老年妇女，则是扎了裤脚，穿件蓝布长袄即可出门。[7] 其他地区汉族居民的服装也是以棉布衣服为主，夏不穿葛，冬不穿裘。平时穿着绸缎衣服的人家极少。出门劳作时，人们多戴顶篾帽、草帽以遮阳避雨。

当然，由于地域差异，各地汉族的穿衣打扮之俗也不尽相同。如，"阿迷、弥勒等

[1] [清] 阮元、伊里布等修，王崧、李诚等纂：《道光云南通志·南蛮志·种人》，见方国瑜主编《云南史料丛刊》（第十三卷），云南大学出版社 2001 年版，第 354 页。

[2] [清] 阮元、伊里布等修，王崧、李诚等纂：《道光云南通志·南蛮志·种人》，见方国瑜主编《云南史料丛刊》（第十三卷），云南大学出版社 2001 年版，第 352 页。

[3] [清] 檀萃辑，宋文熙、李东平校注：《滇海虞衡志校注》，云南人民出版社 1990 年版，第 111 页。

[4] 中央访问团二分团调查：《华、永、宁凉山区彝族情况汇集》，载云南省编辑组编《中央访问团第二分团云南民族情况汇集》，云南民族出版社 1986 年版，第 70 页。

[5] [明] 谢肇淛撰：《滇略》，见方国瑜主编《云南史料丛刊》（第六卷），云南大学出版社 2000 年版，第 780 页。

[6] [清] 刘崑撰：《南中杂说》，见方国瑜主编《云南史料丛刊》（第十一卷），云南大学出版社 2001 年版，第 355 页。

[7] [民国] 罗养儒撰：《纪我所知集：云南掌故全本》，云南人民出版社 2015 年版，第 115 页。

处，妇女出门，率持小彩伞，线穿瑞香成串盘髻上，云仿宫妆也"[1]。并且，随着时代变迁，各地衣饰习俗本身也在发生着各种变化。如清宣统《续修蒙自县志》就说：蒙自地区，"十数年来，城乡男女衣服，长短宽窄大小凡三度焉。咸同间，男衣长、袖窄小，女衣宽、袖大。光绪初，男衣微短、袖长大，女衣袖微窄小。（光绪）二十七八年后，男女衣袖俱极短小。"[2]

各少数民族的衣饰习俗，则如本章第三节所述。

第十四节　元明清时期云南农村的居住习俗

明清以来，随着汉族移民的大量迁入，云南地区总体上变成了一个"汉夷杂居"的地区。但在汉夷杂居的总体格局中，汉夷之间在所居地域、区域及居住方式上仍有较为明显的区别。与各民族的地理分布相一致，各民族所居地域、区域也有明显的不同，大体而言，汉族居民多居城镇地区、平坝地区和半山区，而少数民族则多居山区。如《景泰云南图经志书》记"曲靖军民府"地区的风俗时说："郡中亦夷汉杂处，列屋于府卫州县之近者，大抵多汉、僰。……其曰罗罗者，则散居村落。"[3] 同书记"陆凉州"的风俗时则说："其州亦夷汉杂处，而罗罗乃其土著之民也。居止多在深山，虽高岗硗垅，亦力垦之，以种甜苦二荞自赡。"[4] 除了居住地域、区域的差别外，各民族的民居形式、居住习俗等也有所不同。下面详论之。

一、聚族而居

元明清时期的云南农村居民，多是聚族而居。这种族类，包括民族、宗族、宗教等几种情况。一是同一民族的同一姓氏或几个姓氏聚居在一起，形成一个村落，包括汉族村落和某一少数民族村落，这种类型的村落，是云南村落的基本形态。二是不同民族的若干姓氏生活在一起，形成一个村落，包括汉夷杂居村落和几种少数民族共居村落。三是信奉同一宗教的同一民族的若干姓氏聚居一起，形成一个村落，这就是回

〔1〕［清］吴应枚撰：《滇南杂记》，见方国瑜主编《云南史料丛刊》（第十二卷），云南大学出版社2001年版，第53页。

〔2〕《宣统续蒙自县志》，收入凤凰出版社选编《中国地方志集成·云南府县志辑》（第50册），凤凰出版社、上海书店、巴蜀书社2009年版（影印本），第542页。

〔3〕［明］陈文纂修：《景泰云南图经志书》，见方国瑜主编《云南史料丛刊》（第六卷），云南大学出版社2000年版，第36页。

〔4〕［明］陈文纂修：《景泰云南图经志书》，见方国瑜主编《云南史料丛刊》（第六卷），云南大学出版社2000年版，第39页。

族村落。在云南各地，回族群众都是聚族而居，形成单一的回族村落或社区。云南各地的村落，规模有大有小，大者有数百户，小者数十户、十多户甚至两三户（如一些被称为“三家村”的村子，最初的居民可能就仅是三户人家），而以数十户至百余户的村落为多。一般而言，在一个区域内，有一个规模较大的村寨，有数个规模较小的村寨，形成一个村寨群落。规模较大的村寨一般位于平地面积较大、交通方便的地带，是当地的中心村，也是附近居民交易贸易的地方。村落名称，汉族村落多称屯、营、堡、哨，少数民族村落多称村、寨。

这里，我们以滇中宜良县的村落状况为例，对明清时期云南村落格局的基本情况进行分析和说明。

宜良县元初为匡州，后改匡州为宜良州。元末改州为县。明清时仍为宜良县，隶属云南府。明清时期，宜良县的行政辖区较今为小，主要区域为县城所在的宜良坝子、县西的汤池坝子和附近村寨，即今宜良县中部平坝地区，不包括现今马街、竹山等乡镇区域。根据康熙、乾隆年间所编《宜良县志》的记载，当时的宜良以县城（今匡远镇）为中心，分为附城（县城周围地区）、北屯、南屯、汤池四个片区，北屯在县境之北，南屯在县境之南，汤池在县境之西。南屯、北屯名称的由来，源于明代以来卫所士兵在此区域的屯垦戍守。四片区的居民既有明代以前的土著居民，也有明代以来的汉族移民。明清时宜良县境内的居民村落，虽然是土著少数民族与汉族居民插花而居，附城、南屯、北屯、汤池各片区均居住有少数民族与汉族，但在具体的村落上，汉族居民和少数民族居民则是根据民族类别聚族而居的，这样，在村落的民族特点上，就形成了少数民族村寨与汉族村庄的区别。宜良村落居民分布的这一特点，与明代卫所军户进入宜良后建营而居、世代屯垦的生产、生活特点密切相关。明代以前，宜良地区的土著居民为彝族、白族、傣族等民族的先民。明初，随着明朝中央政府在云南地区开屯置卫，汉族移民大量进入宜良地区。洪武二十四年（公元 1391 年），朝廷在宜良地区设置宜良守御千户所，直隶于云南都指挥使司。明朝万历年间，宜良守御千户所设指挥同知 1 人，指挥佥事 2 人，正副千户 5 人，所镇抚 2 人，百伍 9 人，吏目 1 人；统领旗军 427 名，屯军 2300 名，舍丁 133 名，军余 3509 名。[1] 守御所官兵总数合计 6389 名。这 6389 名来自内地的军户人员按照三分操守、七分屯垦的原则，屯垦戍守，环营而居，成为明代宜良地区汉族居民的主体和明清以来宜良汉族居民的先祖。因此之故，明代以来，宜良地区形成了以汉族为主体居民的“营”（或“庄”“所”）和以少数民族为主体居民的“村”交错分布的村落格局。

根据康熙《宜良县志》的记载和郑祖荣先生的注释[2]，清朝康熙年间宜良县附城、北屯、南屯、汤池四个片区汉族居民所居住的“营”，其分布情况如下：

附城：尚王吴营（据郑祖荣先生注，尚王吴营今属土桥村村委会，俗称五村）、五

[1] ［明］邹应龙修、李元阳纂：《云南通志·兵食志》，见方国瑜主编《云南史料丛刊》（第六卷），云南大学出版社 2000 年版，第 584 页。

[2] 见康熙《宜良县志》卷一《舆图·村营》，收入宜良县县志编纂委员会办公室编、郑祖荣点校《（康熙、乾隆）〈宜良县志〉点注》，云南民族出版社 2011 年版，第 16～19 页。

百户营、李毛营、朱官营、娄桃营、西山营、新左营、西门外、钟端坡、万家窊（窊音“洼”，低洼的地区）、许家窊、娄家庄、杨家湾、丘家庄、张官营。

南屯：谭官营、胡家营、柴洪营（本村以柴、洪二姓为多）、毛家营（本村以毛姓为主姓）、赵官营、前桥营（现称桥头营，以邱、吕二姓居多）、墩子营、樊酒营（本村主姓为樊姓）、苗家营、崔家营、沈伍营（以沈、伍二姓为多）、吴家营、孙家营、王家营、小里营、中营（本村以李、陈、高、杨为主姓）、程端谷营（据郑祖荣先生注，本村现分为二：谷家营以谷姓为主，端家营以端、程二姓为主）、马毛营、上伍营（本村以陈姓为主）、下伍营（本村以孙、张二姓为多）、南大营（本村以史、宋二姓为多）、山上营、陈官营（本村以陈、史二姓为多）、骆家营（本村以骆姓为大姓）、许家营、上任营和下任营（以许、张二姓为主）、花园庄、高家庄、彭家庄、徐常庄、毛家庄、石板庄、前所、羊街子、龙洞、左所、红土仓、张家窑、中所、高古马（本村以李、鲁、伍姓为主）、狗街子（本村旧以马、周二姓为多，现为狗街镇政府驻地）、竹瓦仓、合者沟、南古城、化所（本村居民以周姓为主）、南山脚、湾子、札计鲁（札计鲁也写作“扎季倮”，原为彝族先民所居村寨，后村中人口并入湾子，唯地名尚存）、陈所渡（本村居民以陈姓为主）、小渡口、潢水塘、雄军箐、黑叉龙、大志武、山后。

北屯：蔡家营、王家营、宋家营、龚家营、周家营、梅家营、北左营、何马营、崔家哨、前所、瓦仓、贾龙、宝洪山、耿家营、曾家营、北大营、吕广营、金家营、夏官营（本村以王姓为主）、蓝家营、北古城、夏家头、大河口、龙洞、蒲草堂、大薛营和小薛营。

汤池：永丰营、吴海营、大营、四街、昔者龙、七孔坡、施家嘴。

而少数民族所居的“村”寨，其分布情况如下：

附城：回辉村、段官村、城东村（今大渡口村）、城北村、娄小村、西山村、大村、王瓜村、西梅子村、上黄保村、中黄保村、下黄保村。

南屯：黑羊村、大木叉村（今名大木兴村，以杨姓居多）、小木叉村[1]（今名小木兴村，以曹、张二姓为主）、哈喇村、射鸡村、抹所村、墩子村、打挂村、虎皮村、阿盖村、葡萄村、乐道村、水赶村、张堡村、西村、僰人村、吉利村、土官村、马军村、玉龙村、化彝村、大梅子村、小梅子村。

北屯：高桥村、长安村、黑希村、蓬莱村、摆衣村、鱼古村、瓦度村、江头村、上栗者村、下栗者村。

汤池：犁花村（本村明清时唐姓居多，现以马姓为多）、合登村、保郎村、皂角村、箐口村、回辉村、岍岬村、可保村、曲者村、上达达村、下达达村、五邑村、阿色村、木希村、老毛村、东山村。

从宜良县的村落情况可以看出，明清时的滇中农村，汉族居民和少数民族居民的村落状况是“大杂居、小聚居”。所谓大杂居，是指在一个片区内，既有少数民族村落，也有汉族村落，两类村落交错并存；所谓小聚居，是指就每个具体村落而言，则是汉族居民和少数民族居民分别聚族而居，互不混杂。这种村落特点的形成，与明清

〔1〕 大、小木叉村旧名木渣村。木渣村东北的山箐即为今昆石高速公路上弯大坡陡的木渣箐地段。

以来云南地区的历史发展进程密切相关：明代以前，云南各地村寨的居民皆为土著少数民族（汉唐时期迁入云南地区的汉族居民此时已经融入土著民族之中），明初始有内地汉族居民大量移入；明代移入云南的汉族居民多为卫所军户，他们建营而居，沿营屯垦，因此，这些卫所“营”“所”“屯”就变成了汉族移民的聚居村落。并且，由于卫所军户世为军籍，父死子继，世屯其地，因此，这些“营”“所”也就变成了某一族姓或某几族姓的世居村落，从而形成了“谭官营”“陈官营”“吴家营”“王家营”“高家庄”等以姓氏命名的汉族村庄；由于明代实行军、民分治，因此，原有的土著民族村寨，则概以“村”为名，以与军户所居的“营”“所”“屯”“庄”“哨”等相区别。这种情况，在云南腹内地区，是普遍的现象。

从上列村寨名称可以看出，康熙年间，宜良地区的少数民族村寨总数虽然相对汉族村庄（营、所、屯等）数目为少，但仍有数十个之多，而值得注意的是，经过数百年的历史变迁，至清末，宜良地区以彝族为主的少数民族村落数目则越来越少。对此，民国《宜良县志》作了这样的记述：“县属汉多夷少，仅有南屯之绵羊坡、大黑箐，北屯之清水塘、五家村、野猪窝、小宰格、鱼腊古、宝洪山、靖安哨等处，统计邑中夷人，不过二百余户。衣服饮食，与汉人迥别。其语言对夷族则说夷话，对汉族则说汉话。”[1] 这种情况的出现，显然与清代以来汉夷之间的不断接触、融合（如“屯户”改“民户”、夷汉通婚等）以及“以夏变夷”的历史背景有关，即在汉族势力不断扩张的态势下，一部分少数民族村寨逐渐融入汉族村落体系之中，甚至不断地演变为汉族村落，一些少数民族人口迁入汉族村落居住，原有的村落则逐步衰落或消亡，这样，单纯的少数民族村落就越来越少。这一点，应是明清以来滇中地区村落结构形成、发展、演变的重要趋势和特点。

二、民居式样

元明清时期的云南农村居民，除了极少数原始族群外，都是建屋而居。各地农村所建房屋，式样、材质不同，大小、繁简有别，多根据家庭经济条件、自然环境状况和民族风俗习惯而定。农村民居虽有式样、大小、材质等的区别，但在建房的原则上，也有一些共性的考虑，如宅基地的位置、周围的自然环境、房屋的朝向等，这些因素，在传统地理观中被称为“风水”。根据风水的要求，宅基地的位置相对要高，多选择在缓坡地带或高地，背后要有“靠山”，前面视野要开阔等，同时房屋朝向以坐北朝南为佳，但也可根据具体情况而定，如大理地区的房屋普遍采取坐西朝东的朝向，这是因为大理地区常年多西风，房屋坐西面东既可避冷风，同时又寓有背靠福水山、面朝红太阳之意。此外，在建房日期上，也要选择良辰吉日，特别是动土、竖柱的日子，该日的地支不能与家中任何一人的属相相同，否则即为相克，不利家人的吉祥平安等，如有家人的属相为羊，则不能选择在属羊日起房盖屋。

[1] ［民国］许实辑纂、郑祖荣点注：《宜良县志》（民国十年版），云南民族出版社2008年版，第66页。

下面，对农村汉式民居和少数民族民居的情况分别论述。

（一）汉式民居

农村汉式民居可分为单体民居和庭院式民居两种。单体民居为一般村民的房屋样式，而庭院式民居多为大户人家和富贵人家的房屋格局。

农村汉式单体民居多为框架式土木结构建筑，即以木为梁、柱、檩，以土为墙体，屋顶为斜坡面，屋面覆以板瓦、筒瓦或茅草。房屋或为一层的平房，或为两层的楼房，平面布局或为三间，或为两间，以三间者为多，称为“长三间”“三开间”。如果是三开间的平房，则以一间为畜厩、一间为堂屋，一间为厨房和卧室，当然，这种居住方式既拥挤又不卫生，为此，许多农户在三间正房之外，另建若干厢房作为厨房、畜厩或柴草杂物堆放室；如是“长三间”的两层楼房，则以底层为畜厩、堂屋（正中一间）、厨房和起居室，而以二楼为粮仓和卧室。一个标准的汉式单体民居通常为一座三开间的两楼带檐厦的土木结构建筑。这种房屋结构既是汉族民居的基本风格，也是白族、彝族等民族的民居格局。主体建筑加上两侧的厢房（也称“耳房”）建筑，即组合成了一个“一正两耳”的农家小院。“一正两耳”式民居也称为“一颗印”式民居。这种格局与庭院式建筑有些类似，但比起宽敞规整的庭园式民居建筑来，仍可看作是只有一个主体建筑的单体民居建筑。也有农户在主体建筑的两侧建筑围墙，在房屋的正面建设门墙或照壁，围成一个相对独立的农家院落。当然，许多农村民居仅为一座一楼一底的三开间单体建筑，没有其他附属设施，与周围环境没有显著的分隔，称为“独坊房”。

庭院式民居建筑即是由单体房屋围合而成的独立院落，一般为一进一院，也有少数两进两院（即重院）。一进一院的民居建筑或为“三坊一照壁”，或为“四合五天井”院落。“坊”即是一个“三开间”的两层楼房。[1]“三坊”即一个主体“三开间”二层楼房加上左右两侧的另外两个“三开间”两层楼房，“一照壁”即主坊所面对的院门墙壁，院门一般开在住宅的前左侧（如院门开在墙院正中正对主坊堂屋，则在院门进门之处另建照壁）。各坊楼下有“厦廊”供人通行，楼上则无廊道，各坊之间也不相通（当代的一些合院则在楼上建有廊道）。“四合五开井”即由四坊围合成的建筑院落，“四坊”之间各有一个小院，加上“四坊”所围成的大院，形成了大小五院，即五个“天井”。由一个“三坊一照壁”格局和一个“四合五天井”格局即组合成了一个“六合同春”的重院，即“六坊一照壁”（中间的连接坊可看作两院共用坊）。“三坊一照壁”“四合五天井”和“六合同春”式民居是汉族、白族大户人家和富商显贵才有能力建盖的民居建筑群。

需要指出的是，上述汉式民居既是汉族民居建筑的基本格局，也是云南内地的白族、彝族、回族、蒙古族等民族民居建筑的基本式样。

关于汉式民居建筑的情况，史籍中有一些零星记载。一是墙体材料多为土坯，少用砖石。墙体或为土墼（墼音“基”，未烧的砖坯，即土坯）砌筑，或为泥土夯筑。

---

〔1〕 参见白翠兰《白族居住建筑》，载云南省编辑组编《白族社会历史调查》（三），云南人民出版社 1988 年版，第 185 页。

吴大勋《滇南闻见录》记云南房屋建筑情况时说：“范土作砖，不经窑火，名曰墼。凡房屋墙壁皆用之，加以垩黝，或用白纸糊裱，便成美室，亦颇坚固经久。间有火砖筑墙者，只墙之下半数尺而已。”[1] 云南房屋墙体多用土墼砌筑，在土墼墙的表面再用白泥土粉刷一遍，或者在墙上糊裱上白纸，这样，既美观，又实用。制作土墼的方法是，将泥土和水搅拌均匀（也可同时掺入稻草、松针），然后将和好的泥块置入框形木模中均匀压实，取出木模，即制成土墼。土墼晒干后，即可用于砌墙。除了土墼砌筑外，一些农村民居也用泥土层层夯筑而成，其方法是，在以石块垒出一个略高于地面的墙脚后，即在墙脚之上，以两块大而厚实的木板作为墙体两侧面的支撑夹板，往两侧夹板之间的空间内倾堆泥土，然后以榔头等物将泥土敲打捶实，一板一板地往上夯筑，即筑成厚实的墙体，这种筑墙方法称为版筑。除了土墙外，经济条件较好的家庭也以砖石垒墙。在路南圭山地区，由于石材资源丰富，许多农户也以条石来垒筑墙体。二是屋面多用筒瓦。汉式民居房屋，房顶多为坡形斜屋面，屋面之上，或覆以瓦片，或覆以茅草。如用瓦片，瓦片的形制有板瓦，也有筒瓦。根据史籍的记载，以筒瓦为多。吴大勋《滇南闻见录》说：“盖房不用片屋，民间全用筒瓦，以多大风故也。一经渗漏，圬墁甚难，当大雨时行之候，房屋鲜有不漏者。”[2] 即是说，筒瓦虽然由于体积较小、质量较重，不易被风吹落，但其防雨功能却不如片瓦（板瓦），容易为大雨所渗透，并且一经渗漏，泥瓦匠要对之进行涂抹维修也颇为不易。吴大勋所言的“民间全用筒瓦”的情况，或不尽然，从近现代以来云南农村地区的情况看，也有许多民居建筑使用板瓦覆顶。一些经济条件较差的农户则以茅草覆盖屋顶。茅草取材方便，但易腐坏，以茅草覆屋，每隔几年即要更换一次茅草，以防雨水渗漏。

（二）少数民族民居

关于云南少数民族民居房屋的情况，清代吴大勋《滇南闻见录》说：“夷之富者，屋宇与汉人无异。至于山僻穷夷所居之室，伐取杂树为梁柱，不计其曲直长短。至于墙壁，不用火砖土墼之属，取树枝杂杆之类随便遮拦，风日不蔽。上盖以茅草，亦甚薄，牛猪之类与人共栖止，并无区别，此即巢居穴处之风欤!”[3] 吴大勋所言，反映的是少数民族民居的两种特别情况：居于内地的白族、彝族、回族等民族，经济条件较好者，也有“一正两耳”“三坊一照壁”等宽敞民居；居于边远山区的群众，经济发展落后，生存条件较差，其住屋也甚为简陋，大多是以树为柱、以草为瓦[4]，如各

---

〔1〕［清］吴大勋撰：《滇南闻见录》，见方国瑜主编《云南史料丛刊》（第十二卷），云南大学出版社2001年版，第47页。

〔2〕［清］吴大勋撰：《滇南闻见录》，见方国瑜主编《云南史料丛刊》（第十二卷），云南大学出版社2001年版，第47页。

〔3〕［清］吴大勋撰：《滇南闻见录》，见方国瑜主编《云南史料丛刊》（第十二卷），云南大学出版社2001年版，第22页。

〔4〕除了以茅草覆顶外，彝族的先民也以树皮来覆盖屋顶。明代陈文《景泰云南图经志书》卷二“武定军民府”条即说境内居民有“松皮覆屋”的习俗：“境内夷罗杂处，屋无陶瓦，惟以松树皮盖之。”见方国瑜主编《云南史料丛刊》（第六卷），云南大学出版社2000年版，第43页。

种“杈杈房”“窝棚”等。除了上述两种特别情况外，多数少数民族群众均有自己相对安全、结实、耐用的民居房屋，这些房屋从结构、形制、材质等特点上看，大体可分为傣族竹楼、彝族土掌房、滇西北地区的木楞房、藏族土库房以及各地的闪片房等几种。

干栏式竹楼为傣族（百夷、摆夷）、壮族等壮傣系民族传统的民居建筑形式，也为滇西南地区其他许多民族普遍采用的建筑形式。干栏式建筑是在地上立木为桩、桩上建房、房顶覆草的民居形式，平面布局为横长方形。这种建筑是湿热多雨地区常见的民居建筑形式，它既能避免地面的潮气，同时又能够防范鼠、蛇等动物随便进入房内。傣族竹楼的梁柱、门窗、地板均以竹子为材料制作。竹楼主体仅为一层，楼下桩柱间拴牲畜，楼中住人，以一梯子上下竹楼。上楼处有一露台，从露台旁即可进入竹楼房间内。整个房间除隔出一角作为主人的卧室和钱物存储处外，其余空间为一大敞间。在竹楼的正中，设一火塘，作为全家炊餐、取暖和日常起居的场所。傣族竹楼都是各户单独建房，每户自成一幢。竹楼是傣族地区官民建筑的普遍形式，即使是傣族土司，其住宅兼衙署的形制也都是竹楼式样，只不过房屋规模较大，材料上以木代竹、以瓦代草而已，仍然是楼上住人，楼下关牲口。竹楼下牲畜的粪便，每天清晨牛、马外出牧放后，即进行清除，并使地面得到阳光照晒，从而使竹楼环境保持干净卫生。

文山地区的壮族也多居干栏式建筑，称为“吊脚楼”。与傣族一样，壮族也是依山傍水而居，数十户或上百户聚居在一起，组成一个民族村落。这种“吊脚楼”是以瓦覆顶的二层楼房，上层住人，下层拴牲口。楼梯在楼房中央或左侧，楼上以木板隔成两间或三间，中间为客厅，设有神龛，左右两厢为卧室。近楼梯处有晒台，房屋周围围上篱笆，自成一个院落。[1]

土掌房是滇南哀牢山区、元江河谷以及金沙江干热河谷地区彝族、哈尼族及部分傣族居民喜居的一种房屋形式。它的建筑特点为土墙和土质平顶，房屋形状和内部空间基本上为正方形。滇南地区的土质适合建造土掌房，《滇南志略》卷二“临安府”条即说：“土性有横直之异，横土载水，点滴不漏，即取作屋，可居百年。”[2] 土掌房或依山而建，利用坡台错落布局，或在平地上直接垒墙而建，房屋结构多为一层，也有少数为两层。建筑土掌房时，先在地面垒石为墙脚（也可不垒墙脚），在墙脚之上再夯筑（或以土坯砌筑）四面墙体；墙体筑好后，在四面墙体上方平铺成排的木椽（空间较大者还需架横梁或屋架），木椽上铺荆条树枝，再以泥土和草掺水拌好后，抿涂于荆条树枝上，稍干后将泥土捶打结实，即形成一平顶土房。在山坡地带建设的土掌房平顶，既是房屋屋顶，又是露天晒台，还是上一层级土掌房的房前场院和活动场所。相对其他建筑形式而言，土掌房取材方便，施工简单，冬暖夏凉（土质的墙体和屋顶吸热慢、散热也慢），经济实用，是滇南山区人们喜欢建造和居住的一种特色民居。在峨山、新平、元阳、泸西等地，

〔1〕参见颜思久、郑镇峰：《文山州壮族风俗习惯初步调查》，载云南省编辑组编《云南少数民族社会历史调查资料汇编》（一），云南人民出版社1986年版，第25页。

〔2〕［清］刘慰三撰：《滇南志略》，见方国瑜主编《云南史料丛刊》（第十三卷），云南大学出版社2001年版，第104页。

至今保留有一定规模的土掌房村落，如新平县漠沙镇峨德村的土掌房、泸西县永宁乡城子村的土掌房等。

木楞房又称“垛木房”“井干房”，是滇西北地区彝族、纳西族、白族、普米族、傈僳族、独龙族等民族的一种民居建筑形式。民国《维西县志》即说：“土人栗粟，其建屋也，或架木，或用木楞，均坚固。少盖，多用木片，习惯使然。”[1] 木楞房的特点是以圆木或木板层层堆垒成四面墙体，墙体上搭建人字形“悬山”屋顶，顶上铺以木板，再覆以石块，以防止木板脱落。木楞房既可以在地面上垒砌墙脚后再以木头层层堆垒而成，也可在地面上打下木桩，木桩上铺以木板，形成一个平台，再在平台上垒砌圆木构建房屋。建房的圆木两端须砍出一个凹槽，以使上一层木头能够卡紧，上下两层圆木之间要大小头交叉垛垒。因四面木墙转角处圆木十字交叉，构成一个“井”字形平面，故木楞房又被称为“井干房”。木楞房简单易建，但其舒适性、保暖性也较差，不能有效地防风防雨。在洱源县西山乡，木楞房（当地称“栋栋房”）是当地白族民居的基本建筑形制。

碉房又称“土库房”，是滇西北中甸、维西藏族建筑的一种土木结构平顶楼房，外形像土掌房，但比一般的土掌房高大、宽敞、坚固，楼层二层、三层、四层不等。民国《中甸县志稿》卷下说：“藏族住宅均为四楹楼房，其建筑法与西式建筑相同。先将下层修造完备，再修造第二层，俟第二层造竣，视其力量再造第三层，在四、五两区屋顶多系平掌，可供眺览，可晒粮食。”[2] 民国《维西县志》也说：“土人古宗精于建筑。其修屋宇也，规建几层为度，如建三层，墙高如之，基坚垣厚。墙完峻后，乃架木为屋，多开窗，其窗较西式犹为合宜，先架木如小屋形，前宽后窄，不碍光线。屋顶上不用瓦，筑土盖之，土上间有木片盖者，有天窗、曝台，与西式房屋相仿佛。”[3] 总的来说，碉房的建筑方法就是以石头砌成墙基，在墙基之上夯土筑成四面墙体，每一层以木头梁柱、楼檩构建房架，楼檩上铺上细圆木、荆棘和树叶，再以黏土夯实，然后铺上木板，即成为各层的地板；窗户开于前后墙上（筑墙时即以木窗架于墙上），前窗较后窗为大；屋顶以黏土筑成平顶土掌。墙壁涂为白色，门窗及屋顶边缘涂为暗红色。在使用上，藏族以高层为贵，一楼不住人，专关牲畜；二三层为人居之所，如有三层，则经堂、客厅、喇嘛室必在第三层，人居之处，卫生较为讲究。

闪（闪也写作“苫”）片房与木楞房的材料、式样大体相同，即以木料垒为墙体，以木板或木片作为房顶，上压以石块。这种房屋结构简单，建造技术粗糙，遮风挡雨效果更差，多为山区和贫困地区群众的栖身之所。清代桂馥《滇游续笔》即记载说：

---

〔1〕［民国］李炳臣纂辑：《维西县志》，收入凤凰出版社选编《中国地方志集成·云南府县志辑》（第83册），凤凰出版社、上海书店、巴蜀书社2009年版（1932年稿本影印本），第320页。

〔2〕［民国］段绶滋纂修：《民国中甸县志稿》，卷下，收入凤凰出版社选编《中国地方志集成·云南府县志辑》（第83册），凤凰出版社、上海书店、巴蜀书社2009年版（1939年稿本之钞本影印本），第51页。

〔3〕［民国］李炳臣纂辑：《维西县志》，收入凤凰出版社选编《中国地方志集成·云南府县志辑》（第83册），凤凰出版社、上海书店、巴蜀书社2009年版（1932年稿本影印本），第319～320页。

"永平山中，人筑室不用砖瓦土墼，但横木柴垒为四壁，上覆木片，谓之苫片，与豖所居无异。"[1] 滇东北的昭通、东川两府地区也有一些以木板作瓦、类似木楞房的闪片房，称作板片屋。乾隆年间地方官员吴大勋曾住过昭通、东川两地的板片屋，并作了这样的记述："东、昭两郡多板片屋，以木锯成薄片，纵横乱盖，惧风飘散，压以石块，每有小雨即通身渗漏如注。余曾于店中受此累，不知居家者何以能安之也。"[2]

三、火塘习俗

火塘为云南传统农家必备之设施。火塘的位置一般在堂屋进门一侧，如为干栏式竹楼、木楼或碉楼，则建于楼上。火塘的形制是在地面掘一方形之坑，四围砌以石条，中间生火。火塘的基本功能为炊餐煮物和天冷取暖之用。在烧水煮物时，或在火上架一铁质三脚支架安置锅具，或从楼板上系一带钩铁链垂下，吊住煮锅和茶壶等物；滇西北地区的彝族群众则在火塘上支立三块大石，作为架锅之用，称为"锅庄"，锅庄是尊贵之物，不论家人或客人，均不能将脚跨踏锅庄石，否则被认为是对主人的大不敬之举。在许多少数民族群众中，火塘既是煮物、取暖、照明之处，也是炊餐、闲谈、待客、休息之处，是一家日常生活的中心。火塘的上方，为家中辈分高、年龄大的老人的座位，其他位置按男左女右、由长到幼的顺序依次分坐。火塘之火昼夜不灭、常年不熄。火塘的一侧，会以木头、土坯和木板搭建一个一尺多高的简易小床，小床既可坐也可卧，当夜晚人们闲谈至疲倦之时，就在小床上直接就寝。在一些贫寒的少数民族地区，由于缺乏专门的床铺、被子等卧具，火塘同时也是人们就寝的地方，夜晚，人们在火塘上架上柴火，面向或背朝火塘靠柴火取暖而入睡。

除了以火塘照明外，明清时期的农村居民还普遍以松明作为照明燃料，只有少数富裕人家，才能以油灯（以菜油、核桃油等作为燃料）来照明。松明，俗称"明子"，是浸有松脂的松树柴。清代吴大勋对云南农家广泛使用的"明子"有如此记载："将斧凿伤松树，任其脂流注，越数日，斫取尺许，劈为细枝，以之代灯，火甚旺，名曰明子。居家类如此，铺家买卖亦然。"[3] 直至20世纪中期，云南农村仍有许多贫困家庭以松明作为夜间照明燃料。

〔1〕［清］桂馥撰：《滇游续笔》，见方国瑜主编《云南史料丛刊》（第十二卷），云南大学出版社2001年版，第73页。

〔2〕［清］吴大勋撰：《滇南闻见录》，见方国瑜主编《云南史料丛刊》（第十二卷），云南大学出版社2001年版，第47页。

〔3〕［清］吴大勋撰：《滇南闻见录》，见方国瑜主编《云南史料丛刊》（第十二卷），云南大学出版社2001年版，第48页。

第十五节　元明清时期云南农村地区的集市贸易

云南传统农村社会是一个自给自足的自然经济社会，农家生产、生活所需的绝大多数物品都靠自己生产和供给。但同时，商业贸易和商品交换也同样存在。这对于农家来说，一是由于农产品的剩余，二是出于互通有无的需要，这样，就需要通过商业交换来调剂余缺，当然，对于专门从事商业买卖的职业商贩来说，则是为了赚取利润。

云南农村地区的商业贸易自汉晋以来即一直存在，作为交易媒介的贝币自古就受到人们的珍视，把它作为财富的代表来加以收藏。元明清时期，伴随着汉族移民的大量迁入和农业生产的进一步发展，农村地区的商业贸易也一直兴盛不衰。农村地区贸易的主要载体就是各地定期举行的集市，云南地区称之为“街（云南方言读作‘该’）子”，参加集市贸易称之为“赶街子”。“赶街”之俗在元代李京《云南志略》一书中即有记载，明代谢肇淛在《滇略》的“俗略”中对当时云南的赶街之俗作了这样的记述：“市肆，岭南谓之墟，齐、越谓之集，蜀谓之亥，滇谓之街子，以其日支名之，如辰日则曰龙街，戌日则曰狗街之类。至期，则四远之物毕至，日午则聚，日仄而罢，惟大理之喜洲市则以辰、戌日夜聚。”[1] 可以看出，“赶街”是云南农村地区商业贸易的基本形式。

从具体的历史情况来看，元明以来云南农村地区的“乡街子”有这样一些特点：

一是定期举行。街期或为一月数集、数日一集，或为一天一小集、数日一中集或大集，也有少数特殊集市为一年一大集（如大理三月街）或两集（如丽江骡马会为每年三月、七月各举行一次），视街子所在位置、人口规模、贸易物品而定。如明代初期，晋宁州的少数民族，其习俗为“逢七为市”：“土人每月遇初七、十七、二十七，无间远迩，来集于州治之西平原上，相与贸易，每集不下三四千人，若市井然。”[2] 大多数乡村街子为每五日一集，并与十二地支或十二生肖相配，以地支或生肖顺序来计算和命名街期，由此形成了众多龙街、马街、牛街、鼠街、狗街等街集。据清代康熙五十五年（公元1716年）所编《宜良县志》记载，当时宜良县内各地集市，多以生肖来命名，有鼠街（在县城北门外八九铺，至志书编纂时已移猪、龙二街于此）、牛街（在县城南十五里）、虎街（在南大营）、兔街（县城东南三十里）、龙街（县城北门外）、蛇街（蛇街有二，一在县城南四十里，一在县城北十五里）、马街（在县城东南

〔1〕［明］谢肇淛撰：《滇略》，见方国瑜主编《云南史料丛刊》（第六卷），云南大学出版社2000年版，第695页。

〔2〕［明］陈文纂修：《景泰云南图经志书》，见方国瑜主编《云南史料丛刊》（第六卷），云南大学出版社2000年版，第25页。

小渡口）、羊街（即牛街）、猴街（即虎街）、鸡街（在县城南四十里僰人村）、狗街（在县城南三十五里）等。[1]

二是一定地域内有一个以县城街子为中心的乡街体系。在多数县区，县城都是全县的交通枢纽和经济中心，是全县货物的集散地，因此，县城街子也是全县最为热闹、兴盛的街子。县城街或为一日一集，或为两日、三日一集。除县城街外，在县域其他地区，尚有三五个较大的区域性街集，这些街集多为交通要道和较大的村落所在地，赶街日期交错进行。如昆明县的街子就有大板桥、小板桥、官渡、小街子、龙头街、普吉、恢弯等，街期多为子、午、辰、戌各日；沾益县有县城街、东街、珠街、格浪、河营、上街、松林街、城方桥街、德泽街、大卡郎街等；新兴县（今玉溪市红塔区）的街子有县城街、北城街、研和街等，县城街为逢单日赶集，北城街为逢双日赶集，研和街为一、四、八日赶集；[2] 安宁州的集市和赶街日期是：州城街，子、午日赶集；草铺市，寅、申日赶集；禄脿市，辰、戌日赶集；迤龙市，巳、亥日赶集，八街市，四、八日赶集；鸣矣河市，五、九日赶集。[3]

云南地区的乡街集市，既是四乡居民自发贸易交易的产物，同时，地方政府也注意加强对集市活动的引导和管理。清代康熙年间昆明县小板桥街场的设置，充分地体现出这一特点。康熙五十三年（公元 1714 年）昆明县政府所立的《设立小板桥街场碑》对小板桥街场设立的背景作了记述："照得昆明首邑，村镇繁多，各处居民，每遇贸易经营以及盐菜等项，必至省城市廛，不惟奔驰难艰，尚且有防农业。前于康熙五十二年四月廿八日据珥琮里和乡耆李天秀、李文林、李国泰等具禀，请以小板桥设立街场通商便民。本县查小板桥乃东南大道，村落户数殷繁，给示准立街场在案。"[4]

三是交易物品多为农产品、地方土特产品和日常生活用品，尤以农副产品为主。如昆阳县县城街、海口街、中兴街等街子的交易物品就以米、粮、糖、酒等为大宗，交易的旺季为农历三月、四月、十月和冬月（十一月），因为这段时期正是农作物的收获时期；阿迷（今开远）、宁州（今华宁）盛产甘蔗，两县的街子也以红糖和陶器为大宗交易商品。富民县的集市贸易以县城为中心，每逢三、六、九日为赶集日，届时四乡居民都到县城来贸易，交易物品以粮食为大宗，各种商品有相对的交易区域划分：北关外为炭场，东关内为猪市、马集和牛羊街，南关外为菜市。集市近午才开始，到下午未时（下午一点至三点）、申时（下午三点至五点）即散。[5]

除了上述特点外，云南各地的街子也有自己的特殊风俗，如傣族地区有男、女分

---

〔1〕康熙《宜良县志》（卷一），《舆图·市井》，收入宜良县县志编纂委员会办公室编、郑祖荣点注《（康熙、乾隆）〈宜良县志〉点注》，云南民族出版社 2011 年版，第 15 页。

〔2〕参见周钟岳等纂修：《新纂云南通志》（七），云南人民出版社 2007 年版，第 87～89 页。

〔3〕雍正《安宁州志》（卷六），《城池》，收入凤凰出版社选编《中国地方志集成·云南府县志辑》（第 3 册），凤凰出版社、上海书店、巴蜀书社 2009 年版（影印本），第 509 页。

〔4〕《设立小板桥街场碑》，见昆明市志编纂委员会编《昆明市志长编》（卷五），第 394 页，1984 年印行。

〔5〕雍正《富民县志》（卷上），《城池》，转见昆明市志编纂委员会编《昆明市志长编》（卷五），1984 年印行，第 395 页。

不同时段赶街的习俗，剑川地区有妇女赶夜市的习俗等。关于傣族地区男、女分时赶街的习俗，明代谢肇淛《滇略·夷略》记者乐甸（今镇沅地区）地区傣族的赶集习俗时即说："者乐甸，与景东接壤，诸夷以毡布、茶、盐贸易，或五日一集，或十日一集，旦则妇人，日中则男子，更代为市。"[1] 关于剑川夜市的习俗，清代乾隆十年（公元1745年）任剑川州知州的张泓有如此记载："州之沙溪、甸尾皆有市，悄悄长昼，烟冷街衢，日落昏黄，百货乃集，村人蚁赴，手燃松节曰明子，高低远近，如萤如磷，负女携男，趋市买卖。多席地群饮，和歌跳舞，酗斗其常，而藉此以为桑间濮上，则夷习之陋恶也已其甚。届二鼓，始扶醉渐散者半。"[2] 就是说，在沙溪、甸尾的夜市上，人们不仅从事贸易买卖，也举行歌舞、饮酒等娱乐活动，由此，张泓认为，剑川夜市是一种陋恶的习俗。张泓为什么会有此看法呢？原来，剑川居民善于木作，剑川男性多外出做木活，家中事务多由妇女操持，赶夜市者也多为妇女，张泓认为，妇女在夜市上的纵情歌舞、饮酒等行为，有伤风化，不合礼教，故下令取缔夜市，改为白天赶集。对此，张泓记述说："余司牧于是，其最关风化者莫如夜市，乃首禁之，立为条教，示以男女有别、出作入息之义，及违禁之罚，遴各里衿耆之方正者，家喻而户晓之。民初不以为便，逾月而夜市绝，日中尽列阛阓矣。"[3] 从现代的观念来看，张泓的做法有些专断，不通人性、不合情理。平心而言，村妇们在一天的劳作之后，利用晚间夜市的机会进行贸易和娱乐活动，既出于生计的需要，也是生活的乐趣所在，只要加以引导规范，未尝不是一种良风美俗。

总体来看，云南农村地区的传统集市贸易，其基本功能就是互通有无、调剂余缺，满足农民群众日常生产、生活的需要。这样的贸易规模与方式，与现代市场交易情况相比，很难起到扩大生产、促进分工的作用，在这样的商业环境下，也很难产生专业性的富商大贾。这种情况的形成，与云南特殊的地理环境条件、农业生产发展状况和人们的思想观念意识密切相关。对此，近代时期的学者作了这样的分析："商业之发达与否，盖与时代、民生环境胥有密切之关系，而云南商业自古不振，其故可得而言：地处边徼，与中原寫（音'吊'，深远之意——引注）隔，一也；虽蕴地宝，开发者寥寥，二也；农产自给，又隔海洋，远不俟他求，三也；民风纯朴，不工操奇计赢之术，四也。凡此四端，可概其余。"[4] 即是说，在传统农业社会时期，云南地理偏远、贸迁不便，自给有余、外求不多，开发不足、出产有限，民风纯朴、不善经营，由于这些因素的影响，使得云南传统商业贸易一直处于薄弱不振的状态之中。

值得注意的是，云南本地居民不善经商、不喜经商是一个长久的传统，这一传统

---

〔1〕［明］谢肇淛撰：《滇略》，见方国瑜主编《云南史料丛刊》（第六卷），云南大学出版社2000年版，第782页。

〔2〕［清］张泓撰：《滇南新语》，见方国瑜主编《云南史料丛刊》（第十一卷），云南大学出版社2001年版，第399页。

〔3〕［清］张泓撰：《滇南新语》，见方国瑜主编《云南史料丛刊》（第十一卷），云南大学出版社2001年版，第399页。文中的"阛阓"为街市之意（阛音"环"，市场的围墙；阓音"惠"，古指市场的大门）。

〔4〕［民国］周钟岳等纂修：《新纂云南通志》（七），云南人民出版社2007年版，第87页。

使得云南地区的商业利益尽为外省籍商人所获取，这种情况，即使在作为省会的昆明地区也不例外。对此，清代道光年间戴絅孙所撰《昆明县志·物产志》就有这样的论述：“县城凡大商贾多江西湖广客。其领当贴设质库者，山右人居其大半，迩年来，始有三四土著人为之。故县之产非贫也，人性皆驽缓而惮习劳，又不能居奇赢权子母，有工于营运之才，凡山泽所产，皆为外面人以心计攫之，赢滕而来，捆载以去。嗟乎！”[1] 其他府县的情况同样如此，如曲靖府沾益州的民风是：“士习朴茂，民俗俭啬，不出乡井贸易，惟知刀耕火种，衣租办赋而已。”[2] 临安府蒙自县的民风是：“重农怀土，惮于远行，贸易不出其境。虽有铜锡之厂，四方商贾，实专其利。”[3] 而让人深思的是，昆明、曲靖、临安等地的多数居民，本为明清以来由江南、江西、湖广和其他各省艰辛跋涉入滇谋生的汉族移民的后代，但自落籍云南以后，这些内地移民及其后代与其他土著居民一样，也变成了安土重迁、不愿外出、惧险畏难的普通农夫，满足于自种自食、安稳平静的日常生活，成为云南人所自称的“家乡宝”。“家乡宝”观念对个人和地方发展的制约，云南人自身也能够意识得到，但却难以克服和超越。道光《昆明县志·风土志》即说：“吾滇人重去乡，昆明为尤甚。县中有士大夫服官于外，惟乡举赴礼部试，乃出里门。否则，井田桑麻以终老田间为乐也。其他牵牛远服贾者，百不一二见，以故淳朴之气较他处为优。然碍以见闻，辄不失之窒？漆园叟之所谓拘于墟者，信乎？”[4] 在《纪我所知集》中，罗养儒写过这样一个形容昆明人畏惧远行、不出远门的掌故：“从前的昆明人，不轻易出门远行，因而有人形容昆明人：一出门远行的人，才走到城外定光寺前，遇一相识者，即托其带信回家云：‘你进城去，请你告诉我嬷，我已平安无事的到定光寺了。’此不无形容太过，但是，昆明人终是少于出门、不出远门的人，于异地风俗，自不易于见到。”[5] 不出门必然少见，少见必然少识，少识必然保守，这样，安分守己、知足常乐、畏险惧难就成为云南地区居民普遍的思想心态。当然，正如俗语所说的“在家千般好，出门一日难”“货离乡贵，人离乡贱”，对于大多数农村居民来说，只要能够有吃有穿、四季平安，就已经很知足了，生活就是“活着”“过日子”，而不是“享受”或“享福”。这是传统农业社会中人们的普遍“想法”，也是大家的基本“活法”。

当然，不善经商、不喜外出是就云南农村居民的总体情况而言的，在那些人多地少、土瘠民贫的地方，外出务工、经商是人们生存的必然选择，由此也形成了许多地方性的经商务工习俗，如滇南沙甸回族除了从事农业生产外，多兼营赶马运输等工商业，并由此而过上比一般农村殷实富裕的生活；滇西剑川地区的白族居民多擅木作，

[1] ［清］戴絅孙撰：《昆明县志》，昆明市地方志编纂委员会编印，第 33 页。

[2] ［清］刘慰三撰：《滇南志略》，见方国瑜主编《云南史料丛刊》（第十三卷），云南大学出版社 2001 年版，第 163 页。

[3] ［清］张无咎修：雍正《临安府志》，转见云南省编辑组编《云南方志民族民俗资料琐编》，民族出版社 2009 年版，第 128 页。

[4] ［清］戴絅孙撰：《昆明县志》，昆明市地方志编纂委员会编印，第 21 页。

[5] ［民国］罗养儒撰：《纪我所知集：云南掌故全本》，云南人民出版社 2015 年版，第 406 页。

成年男性多常年外出做工，靠赚取工钱来补贴家用。清代乾隆年间剑川知州张泓记述说："剑土硗瘠，食众生寡，民俱世业木工，滇之七十余州县及邻滇之黔川等省，善规矩斧作者，随地皆剑民。近则仲夏孟冬栽获两归，远则以收获为期必一返，获毕仍往。是以剑之耘耨樵牧尽属村妆。男既远游，女当门户，催粮编甲，亦多妇代夫役，皆能练事无误。"[1] 时至今日，剑川木匠仍是云南木作行业中的佼佼者和主力军。

第十六节　元明清时期云南农村地区的社会风俗

明清以来，随着汉族居民的大量迁滇，内地汉族的风俗习惯也随之传入云南。大体而言，迁滇的汉族居民及其后裔既保持着内地的各种风俗习惯，同时又受到本地土著居民风俗习惯的某些影响，同样，与汉族交错而居的少数民族群众也受到汉族风俗习惯的影响，在某些方面接收了汉族的一些风俗习惯。如民国《马关县志》就说，"马关辖境，原属蛮部，本无汉族。自明代沐英镇滇，其部散居各县，汉人足迹，此为嚆矢。清康熙时改土归流，内省商贩源源而至，客久成家，乐不思蜀，汉族渐盛，大改旧观。中州礼乐，以次输入，至于今日，纲常道德，文章风雅，亦已大备。"[2] 在汉文化输入马关的同时，汉人也受到当地少数民族文化的影响，这就是《马关县志》所说的："汉少夷多，风俗互化，用夏变蛮夷者固多，而变于夷者亦不免。并而记之，瑕瑜互见，未可笔为讳饰也。"[3] 明清以来云南农村地区的社会风俗，反映出了汉族传统风俗习尚在边疆地区的传承和变迁。

一、年节习俗

关于云南汉族居民的年节习俗，明末谢肇淛《滇略·俗略》即说："节令、礼义，大率与中土类，若元旦更桃符贺岁，上元观灯，清明插柳，四月八日浴佛，端午悬艾、酌菖蒲酒，七夕乞巧，中元祭祀，中秋玩月，重阳登高，腊月二十四祀灶，除夕守岁，饮酒先少后老，此皆列郡之所同者，惟夷地风俗稍异耳。"[4] 这就是说，明代云南汉族地

---

〔1〕［清］张泓撰：《滇南新语》，见方国瑜主编《云南史料丛刊》（第十一卷），云南大学出版社2001年版，第399页。

〔2〕［民国］张自明修：《民国马关县志》，收入凤凰出版社选编《中国地方志集成·云南府州县志辑》（第45册），凤凰出版社、上海书店、巴蜀书社2009年版（影印本），第189页。

〔3〕［民国］张自明修：《民国马关县志》，收入凤凰出版社选编《中国地方志集成·云南府州县志辑》（第45册），凤凰出版社、上海书店、巴蜀书社2009年版（影印本），第189～190页。

〔4〕［明］谢肇淛撰：《滇略》，见方国瑜主编《云南史料丛刊》（第六卷），云南大学出版社2000年版，第696页。

区的四时习俗与中原内地基本相同，少数民族地区的风俗习惯则与中原地区和汉族地区有所差异。根据相关资料的记载，明清以来云南农村汉族地区的年节习俗情况如下。

（一）春节

春节是农历新年的开始，故春节也称为“过年”。所谓过年也就是“辞旧迎新”。过年的时间，一般认为是3天，即除夕、正月初一、正月初二，从正月初三开始，一些勤劳的人家就陆续出工做活了，但也可把从除夕到正月十五上元节（亦称元宵节）这段时期都看作过年时间，在这段时间里，人们的活动以休闲娱乐、走亲访友为主，农事活动较少。如曲靖农村地区就是把从年三十至正月十五期间都看作过年时间，把正月十五这天称作“小年”，要等过完“小年”，整个过年活动才算结束。

过年的准备活动，从进入腊月（农历十二月）即已开始，如杀年猪、置办年货等。到腊月三十日这天，正式进入过年时间，三十日傍晚称之为“除夕”。除夕这天的活动有：更换门上的桃符、春联和门神画像，以此辞旧迎新；在粮柜和圈栏上分别贴上“五谷丰登”“六畜兴旺”红纸条，祈求来年粮丰畜旺；从山上砍来两棵青松栽插在大门两旁，称为“靠门松”，并在堂屋中间铺上青松毛（即松针），形如毡毯状，取松柏常青之意，以此表示清洁吉祥，这一活动在旧志中被称作“门植双松”“松针铺地”[1]；以盆盛炭火，炭火中放入鹅卵石烧红，炭火上覆以柏枝，淬以醋液，然后在烟雾缭绕中将炭盆端至房屋的各个角落进行熏烘，边熏烘边进行祈祷，以此驱邪逐疫，谓之“打醋炭”；以煮熟的整块猪头肉等祭品供祭祖先、神灵，感谢祖先和神灵的保佑。天黑时分，在燃放过鞭炮之后，即进行过年最隆重的活动——“吃年饭”，此时，全家老幼围坐在以青松毛铺成的宴席上，共享丰盛美味的年夜饭，庆贺全家的团圆与过去一年的收获，祝福来年的兴旺与美满。年饭之后，家中长辈要进行“守岁”活动，即以油灯为伴，坐等新旧年岁的交替。当新的一年来临后，在拂晓之前，各家即要争先恐后地到井边、河边去抢挑新年的第一桶水，谓之“抢头水”，以求得一年的好运。“抢头水”之俗，是云南各地新春元旦时的一个普遍习俗，连僻处边地的马关县过年时也盛行此俗。民国《马关县志》对此记述说：“除夕夜午，即往井取水，以敬祖先神祇，谁能先取，以为最净，必获神享，故争先恐后，屏息急走，谓之抢头水。”[2]

〔1〕在一些文人笔记中，对农村过年时铺松针、植青松的习俗也有记载。清代雍正年间吴应枚所撰《滇南杂记》记述说：“新正元旦，民间采松针铺地以代氍毹（氍毹音‘渠书’，意为毛织的地毯——引注），名曰松衣。”“岁首镂彩纸，或结签球悬门额，名曰挂成。砍松枝高丈余，夹植门外，插香于松上，以迎祖考。”（见方国瑜主编《云南史料丛刊》第十二卷，云南大学出版社2001年版，第51页）

按：当有喜庆之事时以青松针铺地迎宾或宴饮是云南地区的一个普遍习俗。此俗由来已久，明代陈文所撰《景泰云南图经志书》卷二“澄江府”条即记述说：“官府莅任及新年佳节，约保必办松毛送署中铺地，香润洁净，可代毡席。迎春祭祀，则办松棚。即民间吉凶事、迎神赛会，亦必铺松毛于地，可想见松树之多也。”（见方国瑜主编《云南史料丛刊》第六卷，云南大学出版社2000年版，第35页）

〔2〕［民国］张自明修：《民国马关县志》，收入凤凰出版社选编《中国地方志集成·云南府县志辑》（第45册），凤凰出版社、上海书店、巴蜀书社2009年版（影印本），第193页。

正月初一，晨鸡一鸣，各家即早起，准备清茶素斋，烧香燃烛，叩拜迎神，祭祀祖先，谓之“接天地”。之后，亲友们穿上新衣，往来相贺，燃放鞭炮，插香于道，认为这样可以除疾。正月初一的饮食，信奉佛教的人家多忌油荤，饮食清淡，非佛教徒则不避忌。

正月初二，鸡鸣天晓，各家以香烛、祭品等致祭，谓之“接财神”。之后，家人围坐醉饱，谓之“打牙祭”。

在初一、初二过年期间，有许多禁忌，如不能扫地、不能泼水，不能动刀、锄、犁等农具，也不能争吵，否则会给一年带来不吉。

一般而言，云南地区的春节习俗，与内地汉族地区基本相同。但也有一些地方民族风俗，如以官印贴门、春节洗项等。所谓官印贴门，即在红笺之上盖以官府大印，然后贴于门上，认为这样可以起到避邪的作用。关于这种风俗，谢肇淛《滇略·俗略》记载说：“岁首，官府开印，则自胥曹而下至于舆隶斯养，咸以红笺乞印一颗，归贴门上以辟不祥。外逮塾生村氓，无不转托衙役代为请乞，动千百计。相传民间有妇为魅所据者，百方祛之不效，州守闻之，令取妇衣，钤之以印，是夜遂绝。然以朝廷名器，下同法师之符箓，亦亵甚矣。”[1] 关于春节洗项的习俗，吴大勋《滇南闻见录》的记载是：“丽江男女常年不洗颈项，至元旦，家家闭户洗项、洗足。初二三出门拜年，见面必拜，即不见面，到门口必拜，男女皆然。闻通省以洗擦颈项为耻笑。”[2] 实际上，丽江居民春节洗项的习俗或与纳西族等民族平时不尚沐浴的生活习惯有关。

（二）清明

清明是云南汉族地区比较重视的节日。清明期间的主要活动是为去世的先人扫墓、祭祀。祭祀时要准备丰盛的祭品，祭祀完毕后，参加扫墓活动的亲友即在墓前宴饮。清明也正当一年的初春，此时桃红柳绿，景致极佳，人们也趁清明之时，外出踏青赏景。在滇东北的沾益农村，每至清明时，少年儿童携带食物、炊具，结伴外出，于田野河边，折柳为帽，玩耍赏春，之后就地支锅搭灶，烹煮所带食物，在良辰美景之中，享受丰盛的美食和春游的乐趣。这种风俗，方言谓之“搭青”，也即踏青。

（三）端午

端午即农历五月初五的端阳节。农历五月旧也称为午月，端则为初之意。端午节的起源原是为了纪念战国时期楚国的诗人屈原，后来演变为祭祀和驱邪逐疫并行的节日活动。端午节正值初夏，天气渐热，疾病易发，因此，人们多以端午为契机，做好防病驱邪和祝福纳吉的工作。云南汉族地区的端午节习俗与内地相同。主要有在门上悬挂菖蒲（菖蒲为多年生草本植物，生在水边，地下有根茎，叶子形状像剑，故又称菖剑）、艾虎（艾蒿），饮雄黄酒，包粽子（也称“角黍”）自食并互相馈赠，煮蚕豆

〔1〕［明］谢肇淛撰：《滇略》，见方国瑜主编《云南史料丛刊》（第六卷），云南大学出版社2000年版，第696页。

〔2〕［清］吴大勋撰：《滇南闻见录》，见方国瑜主编《云南史料丛刊》（第十二卷），云南大学出版社2001年版，第26页。

为食，给小孩颈项、手腕、足颈处系上五彩丝线，称为“长命缕”或“百岁索”，采草药煎汤沐浴等。当天午后，人们外出游玩，称为“走百病”。

（四）中秋节

农历八月十五日的中秋节为汉族地区又一重要节日。此一节日正值月望之时，故节日的主题也为合家团圆。届时，家庭成员毕聚，在清风明月之下，大家围坐一起，一边品食月饼、瓜果，一边赏月谈笑，体现出浓浓的家庭亲情和人生欢乐。

除了上述节日外，农村地区比较重要的节庆习俗还有中元节、冬至节、腊八节、送灶君等。中元节的时间为农历七月十五日，俗称“七月半”，节日的主要内容为祭祖。人们认为，中元节前几天，各家去世先人的鬼魂，会回到阳间，向家人索要阴间生活的用度，为了使去世的先人在阴间过得富足快乐，并保佑家人吉祥平安，人们即用各种食品、纸钱等物进行供奉或焚烧，让去世的先人领去阴间花用。冬至节为农历十一月的某一天，这一天为一年中黑夜最长、白日最短的一天，故冬至也称“长至”。从这一天开始，太阳北移，阳气转升，寒季走到了极限，昼夜的长短开始转换。为此，人们在冬至时举行庆祝活动，合家团聚，吃“冬至饭”，品尝蜂蜜蘸糍粑等食品，亲友之间以糍粑、饵饮等食品互相馈赠。冬至日，人们也时兴以糍粑饲牛，以此表示对耕牛的慰劳和酬谢。腊月初八日则有吃“腊八粥”之俗，既以此纪念佛祖释迦牟尼得道的日子，也含有喜庆丰收、珍惜米粮、勤俭持家之意。腊月二十四日，白天洒扫屋院，称为“扫尘”，晚上则举行祭祀灶君（灶神）和送灶神活动。灶君也即火神，传说为颛顼之子祝融。传说灶君于每年的腊月二十四日（或二十三日），要上天汇报人间的情况，为了让灶君在天帝面前多说好话、少进谗言，故人们要用糖食、酒果、香烛等物对其进行祭祀，以讨好灶君，希望“灶君封住口，四季无灾忧”。实际上，祭灶的习俗源于对火的崇拜，人们通过祭灶来纪念先民以火熟食给人们生活带来的好处。

二、社交风俗

农村社会以家庭为基本的生产、生活单位。若干具有血缘、亲缘关系的家庭组成一个个村落社区。一般情况下，一定范围内的村落社区构成农村居民的社会生活区域，也就是农民的日常生活世界。生活在此一区域内的人们发生各种各样的联系，形成亲疏有别的社会关系。这种社会关系也就是费孝通先生所说的中国乡土社会基层结构的“差序格局”[1]。

大体而言，农村的社会关系可分为官民关系和村民之间的关系两大类。官民关系是客观存在着的，在明清时期，无论是代表皇帝的流官还是代表地方民族势力的土官，都与农村民众发生着或多或少，或疏或密的关系，这种关系主要体现为以政治权力为依托的经济关系，即民众对国家或土司的赋役关系。一般情况下，农民群众对皇权或土司的统治采取认同的态度，把缴纳皇粮国税视为自己对朝廷应尽的义务，对官府的

〔1〕 参见费孝通：《乡土中国》，北京大学出版社 2012 年版。

征求采取顺从、服从的态度。在完成对朝廷的义务之后，官方对农民采取自由放任的政策，一般不干涉村民的日常生活。而农民也自觉“天高皇帝远”，在缴纳完皇粮国税之后，过着自给自足、自食其力的自在生活，与官府较少发生关系，或者不愿与官府发生关系。当然，作为被统治者，农民群众对官府还是充满敬畏之情的。汉族居民，受王朝“教化”较深，对朝廷官员多取服从和礼敬态度。同样，少数民族群众，“畏威怀德”，对统治自己的土官或州、县官员也都是恭敬有加，尽力讨好的。如明代陈文所撰《景泰云南图经志书》就说澄江府路南州的彝族群众“务悦其长”：“州之土民，若罗罗之类，性虽顽恨，然其为土官者，以公务至其村寨，辄更相迎候至其家，罄其所有，刲羊击豕剖醨以款宴之，妇女列侍俯拜，务取悦以致其醉饱而后已，若是者视以为常。”[1] 即是说，当土官到村寨“公干”时，“夷民”必须倾其所有，热情招待，让土官吃好、喝好、玩好。同样，“土民”要找官员办事时，也必须携带鸡、酒等礼物，即所谓“鸡酒致见”，否则即不成“礼”。如《景泰云南图经志书》记载明代临安府宁州（今华宁县）的“夷民”拜见长官或亲友的礼节情况说：“其居于山林村落之间者，多夷罗之民，凡欲见官长及亲友之厚者，则必挟鸡携酒以将其敬。鸡之大者，则以其头向前，小则倒置其头于后。以壶载酒亦不过数杯，其礼虽薄，亦有执贽相见之意。”[2]

除了官民关系外，村民之间的关系是农村最基本的社会关系。农村社区里，村民之间的关系可分具有血缘关系的亲戚（包括同族血亲和异姓姻亲）和无血缘关系的乡邻两种。生活在同一片天地里的农村居民，以个体家庭为中心，以血缘、地缘为纽带，与同一社区或相邻社区的村民之间发生各种社会关系，产生各种社会交往。

农村居民交往的对象首先是与自己具有血缘关系的亲戚，包括本姓的族亲和外姓的姻亲（按照一般的说法，“亲指族内，戚言族外”）。所谓族亲，即同姓本族，指源于同一父系祖先的同一家族所属的不同家庭及其成员。这些家庭及其成员多居住于同一村寨内，是农村社会中最为亲密的血缘群体。外姓姻亲是指通过联姻方式（娶媳或嫁女）结成的血缘亲属关系，从子女来说为夫婿、妻媳关系，从父辈来说，则互为“亲家”关系。按照“血浓于水”的宗法原则，亲戚关系是农村社区最为重要的社会关系，也是农村居民最为重视并加以维护的社会关系。亲戚之间的交往以平日的人情往来和遇事时的团结互助为主要方式。在农村，“走亲戚”是村民之间最主要的社交活动，叫作“亲戚越走越亲”。“走亲戚”的方式除了平时的一般性往来走动外，当亲戚家有喜庆之事时，其他亲友必须携带礼物，前往祝贺，此外，当亲戚家有人去世时，前往吊唁、协办丧事更是亲戚间必尽的义务。一般来说，农村地区的喜事有娶妻、生子、寿辰、建房、移居等，凡遇这些喜事，亲友之间必当往来相贺。以生子而言，即有送“祝米”（或写作“粥米”）或吃“祝米酒”之俗。以顺宁（今凤庆）地区的习

[1] ［明］陈文纂修：《景泰云南图经志书》，见方国瑜主编《云南史料丛刊》（第六卷），云南大学出版社 2000 年版，第 35 页。

[2] ［明］陈文纂修：《景泰云南图经志书》，见方国瑜主编《云南史料丛刊》（第六卷），云南大学出版社 2000 年版，第 52 页。

俗为例，当孩子出生后三日，女婿即持鸡前往岳父家报喜，生男时抱一只母鸡，生女则抱一只雄鸡。当岳父家接到喜讯后，即准备米、酒、糖、鸡等食品和婴儿衣服等物，择期前往婿家庆贺。当此之日，婿家要摆下丰盛宴席，对妻家亲友予以隆重招待。在孩子满月之前，其他亲戚也会准备稻米、红糖、鸡蛋等营养食品，陆续前往祝贺，主人家均要给予热情款待。通过频繁的人际交往，既强化了亲戚之间的骨肉亲情，增强了亲友之间的亲近感、认同感和凝聚力，同时，也通过礼物的馈赠和交换，帮助亲友解决日常生活中的一些暂时困难。

农村居民与本村或本社区的其他没有直接血缘关系的同姓或异姓乡邻也有着密切的交往。这种交往主要是由于生产、生活的需要。在农村社区中，虽然个体家庭是基本的生产、生活单位，但任何家庭都不可能仅凭自身的力量就能解决自己生产、生活中的所有难题。因此，在没有公共服务和社会化服务体系的传统农村社会中，家庭之间的求助与施助成为解决生产、生活问题的基本选择和手段。在所有求助对象中，亲戚是第一选择，但亲戚也不可能解决所有问题（或能力有限，或距离较远），在此情况下，左邻右舍、社区同乡成为必然的求助对象。而一般情况下，乡邻也都会尽可能地施予援助。这种援助包括有偿性的帮助，如雇工、换工等，也包括“无偿”性的帮助，如义务帮工、友情赞助等。但无论何种帮助，受助的一方都要以某种形式，对他人的帮助予以感谢和回报。此即所谓“人情”往来——欠人之“情”，必须等值或加倍奉还。从这个意义上说，邻里之间的帮助就是一种等价的互惠互助，是一种稳定可靠的“投资”和“收益”。正因为此，农村社会中，生活于同一社区的乡亲即是“熟人”。“熟人”朋友之间互相关心、互相帮助是十分自然和正常的事情。“熟人”是仅次于亲戚的重要社会资源，“熟人”关系与亲戚关系互相补充，构成农村社会的人际关系网络。甚至，在某些情况下，为了强化或强调某种特殊的“熟人”关系，村民间还会有意地把“熟人”关系发展成亲戚关系，如通过联姻方式结为“亲家”关系，或者将对方结拜为自己儿女的“干爹”或“干妈”（即所谓“打干亲家”）。通过建构广泛的人际关系，以此获得良好的社会资源，从而增强单个家庭或家族在特定社区的威望和势力。

总的来说，在传统农村社会里，村民的社交范围主要集中于血缘亲属和社区同乡之间，交往的目的是为了守望相助、互惠互利。正因为此，在农村社会中，无论是亲戚关系还是“熟人”关系，村民们都必须认真地加以经营、维持，以备各种“不时之需”。为此，人情“应酬”成为维持社会关系的基本方式，请客送礼成为社交生活的常态。置身于这种交往方式中的农村居民，既享受应酬带来的好处，也深感应酬的负累。如《马关县志》就评论说：“亲戚朋友，应酬繁多。庆婚吊死，固无论矣，初生小儿三朝有贺、周岁有贺已嫌太烦，赁屋迁居，情非得已，亦必往贺，是何取意！无聊应酬类此者，多无关紧要，疲于奔命而已。”〔1〕但习俗如此，作为单个的家庭及其成员，自不能“脱俗”或“免俗”。这种以血缘、地缘为基础，以亲疏远近为标准，以情感、利益为取舍的社会交往方式，实际上就是现代中国社会“关系学”的历史文化渊源。

〔1〕［民国］张自明修：《马关县志》，收入凤凰出版社选编《中国地方志集成·云南府县志辑》（第45册），凤凰出版社、上海书店、巴蜀书社2009年版（影印本），第191页。

三、婚姻习俗

农村社会以个体家庭为基本单位，父母及其子女构成家庭的基本成员。两代同堂或三代同堂是农村家庭的基本格局。婚姻是家庭形成和维持的基本途径。婚姻习俗是农村社会最为重要的社会习俗之一。

（一）恋爱习俗

一般而言，恋爱是指青年男女婚前的相识、相知和相爱过程。在现代社会，男女双方从恋爱到结婚是婚姻形成的基本途径。在明代以前的云南农村社会中，男女双方通过自由恋爱，按照两情相悦的方式来缔结婚姻曾是普遍的婚恋习俗。但在明代以后，随着汉族移民的大量迁入，汉族传统的婚恋文化也传入云南地区。按照汉族的婚俗传统，男女之间两情相悦、相互爱慕并不是构建婚姻的必要条件，“父母之命，媒妁之言”才是缔结婚姻的基本原则。在这种情况下，自由恋爱不仅是不必要的，甚至是被看成“伤风败俗”的。因此之故，在汉族村落社会中，婚前的恋爱行为是不被允许的，相应的恋爱习俗自然也无从谈起。但在被汉族视为不“开化”的少数民族社会中，自由恋爱仍是青年男女婚前享有的基本权利，结交异性、谈情说爱是青年男女青春期生活的重要内容。尽管婚前的自由恋爱并不一定能够缔结婚姻，但恋爱生活却是少数民族青年人生中的一段美好幸福的时光。

在许多少数民族村落社会中，进入青春期的男女不仅有自由结交异性的权利，而且父母还要为儿女的恋爱生活创造条件。在彝族、白族、哈尼族等村落中，都建有供未婚青年男女聚会、交友、恋爱使用的“公房”或“青春屋”。在“公房”中，青年男女通过弹琴、对歌等方式来展示才艺，表达感情，结交情人。在路南维则彝村，每三四十户人家就配有一所“公房”，当孩子长到十二三岁后，其父母就要将其赶到“公房”住宿，参加青年人之间的社交生活。彝族青年的“公房”生活长达十年左右，直到其正式结婚成家为止。〔1〕在澜沧江边的兰坪县白族支系那马人中，也沿袭着“白蛮”自由恋爱的习俗。当姑娘成年后，就不能再与父母、兄弟一起居住，而是要到父母为其建盖的“小房子”居住。当夜幕降临时，小伙子们结伴来到姑娘住的小房子里玩耍，大家一边弹口琴、唱调子，一边谈情说爱。情投意合者，便私订终身。那马人将青年男女的这种社交活动称作“岩伙游莫夫”，意为“哄小姑娘”。〔2〕在怒江地区的白族支系勒墨人中，青年男女有着与那马人相同的恋爱习俗，勒墨人称之为“串姑娘”。同样，哈尼族青年男女婚前也有结交异性的自由，哈尼人称之为“玩小姑娘”。

少数民族青年男女婚前的自由恋爱可以通向婚姻，也可以与婚姻选择无关。在许多少数民族中，恋爱和婚姻是分开的，恋爱可以自由进行，婚姻却仍须由父母作主。由于有情人难成眷属，许多曾经相爱过的恋人到了各自结婚之际，会以某种形式来结

〔1〕参见李有义：《汉夷杂区经济》第九章《婚姻与家庭》，云南人民出版社2014年版。

〔2〕詹承绪、刘龙初、修世华调查整理：《那马人风俗习惯的几个专题调查》，载云南省编辑组编《白族社会历史调查》（二），民族出版社2009年版，第6页。

束藕断丝连的感情。如白族姑娘在结婚之前，会委托自己的闺中好友举办一桌酒席，代自己招待曾经的情郎，叫作“送殷情”，通过此种形式，既表达歉意，也表示了结旧情。[1] 这种“送殷情”，与南诏时“白蛮”姑娘“嫁娶之夕，私夫悉来相送”（《云南志·蛮夷风俗第八》）有深厚的历史渊源关系。当然，面对父母的包办婚姻，许多青年男女也会以各种形式来进行反抗，如私奔、抢婚甚至相约殉情等。

（二）结婚习俗

在明清时的云南汉族农村地区，男女的结婚年龄一般在16岁至20岁之间。如思茅地区的汉族婚俗是男子20岁而娶、女18岁而嫁；马关地区则是男子18岁而娶、女子16岁而嫁。[2] 在传统社会中，婚娶是人生大事，既关系到个人幸福，也影响着家庭的兴衰。婚姻的缔结遵循着许多约定俗成的原则和程序。

1. 通婚原则

在农村地区，基本的通婚原则有：同姓同宗不婚，不同辈分不婚，不同民族不婚（一些民族对与外族通婚不加限制，而一些民族则严格禁止与外族通婚），不同信仰不婚，门第悬殊不婚等，同时姑舅表亲之间则可以优先婚配等。

同姓不婚是汉族和许多少数民族遵循的婚配原则，特别是同姓同宗的婚姻一般都绝对禁止。明清时期的云南村寨，多是同姓或数姓聚族而居，因此，同姓不婚的原则就体现为族外婚或村外婚。婚配的对象多为本村外姓人氏或外村异姓人氏。通常情况下，农村的婚姻对象多为相邻村寨的适龄男女，一般不会超出本县范围寻找婚配对象。在特定的社区内，不同村寨、不同姓氏之间会结成相对固定的婚配关系，在这种情况下，不仅同一姓氏内部有着明确的辈分关系，而且不同姓氏之间也会有相对应的辈分关系，这样，异辈之间不能婚配的原则成为社区内部相互通婚的又一准则。同姓不婚、同宗不婚和异辈不婚的原则都是为了防止近亲婚配和“乱伦”婚配的出现。

值得注意的是，在农村地区的传统婚配原则中，一方面，禁止同姓同宗之间的近亲婚姻，另一方面又对具有血亲关系的姑舅姨表婚姻不加限制，甚至姑舅姨表亲之间享有优先婚配的权利。所谓姑舅姨表婚包括这样几种类型：一是舅舅家儿子娶姑姑家女儿，二是舅舅家女儿嫁姑姑家儿子，三是姨妈间子女的互相婚配。显然，这几种婚姻都属于三代以内的近亲婚姻，在现代婚姻法中都是加以禁止的。但由于它是异姓之间的婚姻（以父系姓氏而言），故不被认为是“乱伦”，并且由于它是兄妹（或姐弟）、姐妹的下一代子女之间的相互婚配，故被认为是“亲上加亲”：在姑舅表婚的情况下，如果舅舅的儿子娶了姑姑的女儿，那么舅舅即成为外侄女的公公，姑姑则同时成了侄儿的岳母；如果舅舅的女儿嫁给姑姑的儿子，则舅舅同时成了外甥的岳父，姑姑则成为侄女的婆婆。在一些农村地区，表亲之间的婚姻关系不仅不加禁止，而且还享有优先权利，只有当表亲之间无意婚配时，才会考虑与其他“外人”之间的婚配关系。当

〔1〕 中国人民大学历史系、周城镇人民政府：《大理周城镇白族社会历史调查》，载云南省编辑组编《白族社会历史调查》（三），民族出版社2009年版，第217页。

〔2〕 ［民国］张自明修：《民国马关县志》，收入凤凰出版社选编《中国地方志集成·云南府县志辑》（第45册），凤凰出版社、上海书店、巴蜀书社2009年版（影印本），第202页。

然，近亲之间的婚配往往造成后代子女身体的残障疾病问题。

在异族通婚方面，一般来说，大多数民族都倾向于与本民族成员缔结婚姻关系，对与外族通婚或者不予提倡，或者加以限制。如路南彝族撒尼人不许本民族青年男女与汉族发生婚姻关系[1]，西双版纳地区的傣族不与邻近地区的哈尼族通婚等。

一桩婚姻的结成，除了要遵循上述原则外，还有一些具体因素需要考量，如对方的身体状况（相貌、健康状况等）、人品情况及其家庭背景状况等。家庭背景主要是指家庭的成员情况、经济状况、家风家训、社会声誉等。在汉族的婚姻习俗中，一门亲事最终能否结成，除了考虑对方当事男女的基本条件外，还讲求双方家庭之间的“门当户对”，即希望双方家庭背景情况要基本相似或接近。如果双方门第相差悬殊，即所谓“门不当，户不对”，则一桩婚姻很难达成，或者，即使结为儿女亲家，双方家庭之间今后的交往也会存在诸多困难。

2. 结亲习俗

按照传统习俗，汉族的订婚和娶亲活动，要遵循“六礼”的程序。所谓“六礼”即纳采、问名、纳吉、纳征、请期、亲迎等六个步骤。纳采即男方家长请媒人携礼往女方家提亲；问名即媒人询问女方名字、排行、出生年月时辰等信息；纳吉即媒人将女方的相关信息归告男方家庭，男方家长将这些信息卜之于宗庙，如得吉兆，则定下婚事，并派人告之女方家；纳征即男方家向女方家赠送一定数量的金钱、财物等作为彩礼，故也称“纳币”；请期，即男方家派人与女方家商定成婚日期；亲迎，即成婚之日，新郎亲至女方家迎娶新娘。除了“亲迎”活动外，定亲的所有活动都由双方家长特别是双方父亲委托媒人进行沟通和协商，并最终由双方家长决定，此即所谓“父母之命，媒妁之言”。由此可以明确地看出，历史上，汉族青年的婚姻大事是由父母作主决定的。

在明清时期的云南农村地区（特别是汉族地区），定亲和迎娶活动基本上遵循“六礼”进行。以清代的顺宁（今凤庆）地区为例，其定亲和迎娶包括以下步骤：首先是订婚或提亲，由男方家央媒作伐，携酒一壶，往女方家提亲，得女方家同意后，再回谢红色甜酒一壶。之后，男方家遣媒人携带酒、肉、糖、茶四色礼物往女方家求取庚帖，所谓庚帖即写有女方姓名、生辰等信息的书柬，所写内容称为“坤造”。男方家得到女方的庚帖后，具有迷信思想的人家要对女方的“生辰八字”是否与男方相合进行推断，称为“合八字”，如果“八字”相合，即定下婚事。婚期由男方家初选，然后用柬商请女家酌定，女家同意婚期后，也用柬作答复，在此过程中，男方家给女方家送酒一壶，女方家也以甜酒一壶作为答谢。迎娶前一日，男方家以猪一头、米一担、酒一瓶和衣服、首饰若干件作为聘礼送往女方家。迎娶之日，当新郎至女方家迎亲时，先由女家主婚人引至祖堂行礼，称为“参祖”。礼毕，赐新郎花红，新娘由其亲属长辈携送入迎亲花轿中。同时，女方家以衣服、帐被、箱柜及妆奁等物作为嫁妆，附送男方家。当新娘被迎娶至新郎家后，先由二名女童给新娘喂食红色蜜饭，称为“喂蜜饭”；随后，新郎、新娘进入新房，行合卺（音“紧”）礼，即喝交杯酒。此后，新

〔1〕 参见李有义：《汉夷杂区经济》，云南人民出版社2014年版，第108页。

郎、新娘同拜祖先牌位及长辈亲属，受拜亲属各以财物赠予新人。次日，新婚夫妇随携四色礼物，归宁女家，并参拜女方父母及各位亲长，称为“回门”（各地回门的时期略有不同，有的地方为新婚后三日回门，有的为七日后回门）。回门当天，女方家宴请双方亲属。至晚，新婚夫妇即归。[1]

除了正常的婚嫁习俗外，还有续娶、改嫁等特别婚俗。男子续娶，如所娶者为处女，则其礼仪与新婚者相同。如所娶者为再婚之妇，则求婚的程序相对简略，既可以自由聘定，也可请人作媒商定，但在婚事确定后，男方家要备相当财物送给原夫家作为补偿。迎娶的手续也较为简单，只须用一顶轿子将新妇接归成礼即可，男方无须亲迎，新妇也无亲属伴随相送。至于少妇丧夫，不论其有无子女，一般都准许其再嫁他人，当然如果寡妇本人愿意守节不嫁，也遵从其意。妇女再嫁，可以自由择婿，只是其新夫家须给予女方的原夫家或女方的父母家相应的财物补偿。寡妇再嫁的礼节程序与男子续娶相同。[2] 值得注意的是，在一些少数民族中，有寡妇“转房”的习俗，即当哥哥亡故后，寡嫂可以改嫁亡夫之弟，称为“兄终弟及”；弟弟亡故后，哥哥也可纳娶弟媳。当然，各地的“转房”习俗不尽相同，在洱海东岸的白族中，哥哥死后，弟弟可以娶寡嫂，称为“叔就嫂”，而在丽江九河地区的白族中，弟亡，兄可纳弟媳，兄死，弟弟则不能娶寡嫂，因为有“长兄如父，长嫂如母”的禁忌。[3] 一般情况下，“转房”要取得寡妇本人的同意，如果寡妇不愿意“转房”，夫家应准其改嫁。

以上所言，为农村地区通常的婚嫁习俗。在一些偏远农村，也有一些农家的婚嫁方式比较简单随意。如顺宁的一些偏远乡村，订婚不用庚帖，也不请媒人，仅由男方家携带一只鸡即向女方家求婚。如女方家烹杀这只鸡来祭祖，即表明女方家许可了男方的求婚。由于这种求婚形式太过简单随意，缺乏求婚、许婚的相关凭据，日后如有一方悔婚，常引起两家的矛盾纠纷。此外，也有一些父母，把儿女的终身大事当儿戏，仅凭一时感情冲动，就随意决定儿女的婚配，如指腹为婚（即将尚未出生的孩子允诺许配给某家）、订“娃娃亲”（即在孩子年幼时就为其订婚）等。当孩子长大后，如果不同意或不服从父母的婚姻安排，常常会引发悔婚纠纷。[4]

〔1〕［民国］张问德修：《民国顺宁县志初稿》（二），收入凤凰出版社选编《中国地方志集成·云南府县志辑》（第37册），凤凰出版社、上海书店、巴蜀书社2009年版（影印本），第214～215页。

〔2〕［民国］张问德修：《民国顺宁县志初稿》（二），收入凤凰出版社选编《中国地方志集成·云南府县志辑》（第37册），凤凰出版社、上海书店、巴蜀书社2009年版（影印本），第216页。

〔3〕王富、苏松林调查整理：《大理挖色白族的婚丧习俗》，载云南省编辑组编《白族社会历史调查》（三），民族出版社2009年版，第331页；王云慧等调查整理：《白族文化诸方面的调查材料》，载《民族问题五种丛书》云南省编辑委员会编：《白族社会历史调查》，云南人民出版社1983年版，第197页。

〔4〕［民国］张问德修：《民国顺宁县志初稿》（二），收入凤凰出版社选编《中国地方志集成·云南府县志辑》（第37册），凤凰出版社、上海书店、巴蜀书社2009年版（影印本），第216页。

参考文献

一、历史文献

1. 方国瑜主编：《云南史料丛刊》（共13卷），昆明：云南大学出版社，1998年，2000年，2001年。

2. 李春龙主编：《云南史料选编》，昆明：云南民族出版社，1997年。

3. ［汉］司马迁撰：《史记》，长沙：岳麓书社，1994年。

4. ［晋］陈寿撰，［宋］裴松之注：《三国志》，北京：中华书局，2011年。

5. ［晋］常璩撰：《华阳国志》，济南：齐鲁书社，2011年。

6. ［北宋］欧阳修、宋祁撰：《新唐书》，北京：中华书局，1999年。

7. ［唐］樊绰撰，向达原校、木芹补注：《云南志补注》，昆明：云南人民出版社，1995年。

8. ［元］郭松年、李京撰，王叔武校注：《大理行记校注·云南志略辑校》，昆明：云南民族出版社，1986年。

9. ［明］徐弘祖撰，朱惠荣校注：《徐霞客游记校注》，昆明：云南人民出版社，1985年。

10. ［清］檀萃辑，宋文熙、李东平校注：《滇海虞衡志校注》，昆明：云南人民出版社，1990年。

11. ［清］倪蜕辑，李埏校点：《滇云历年传》，昆明：云南大学出版社，1992年。

12. ［清］师范辑，王文成等辑校：《〈滇系〉云南经济史料辑校》，北京：中国书籍出版社，2004年。

13. 云南省历史研究所编：《清实录有关云南史料汇编》（共4卷），昆明：云南人民出版社，1984年，1985年，1986年。

14. ［民国］周钟岳等纂：《新纂云南通志》，昆明：云南人民出版社，2007年。

15. 民国云南通志馆编：《续云南通志长编》，昆明：云南省志编纂委员会办公室编印，1985年。

16. 尤中校注：《僰古通记浅述校注》，昆明：云南人民出版社，1988年。

17. 何耀华：《武定凤氏本末笺注》，昆明：云南民族出版社，1986年。

18. 袁任远、赵鸿昌辑：《唐文云南史料辑抄》，昆明：云南人民出版社，1989年。

19. 荆德新编：《云南回民起义史料》，昆明：云南民族出版社，1986年。

20. ［民国］罗养儒撰：《纪我所知集：云南掌故全本》，昆明：云南人民出版社，2015 年。

21. 马玉华主编：《中国边疆研究文库·初编·西南边疆卷》（一），哈尔滨：黑龙江教育出版社，2013 年。

22. 马玉华主编：《中国边疆研究文库·初编·西南边疆卷》（四），哈尔滨：黑龙江教育出版社，2013 年。

23. 林文勋主编：《民国时期云南边疆开发方案汇编》，昆明：云南人民出版社，2013 年。

24. 刘世生选编：《汉夷杂区社会研究——民国石林社会研究文集》，北京：民族出版社，2008 年。

25. ［北魏］贾思勰撰，缪启愉校释：《齐民要术校释》，北京：农业出版社，1982 年。

26. ［元］王祯撰，缪启愉、缪桂龙译注：《东鲁王氏农书译注》，上海：上海古籍出版社，2008 年。

27. ［元］司农司编纂，石声汉校注：《农桑辑要校注》，北京：中华书局，2014 年。

28. ［明］徐光启撰，石声汉校注：《农政全书校注》，上海：上海古籍出版社，1979 年。

29. ［明］兰茂撰，陆拯、包来发、陈显明校点：《滇南本草》，北京：中国中医药出版社，2013 年。

30. ［意］马可波罗著，冯承钧译：《马可波罗行纪》，北京：东方出版社，2011 年。

二、地方志资料

1. 凤凰出版社选编：《中国地方志集成·云南府县志辑》，全 83 册，南京：凤凰出版社，2009 年。

2. ［清］戴絅孙纂：《昆明县志》，昆明市地方志编纂委员会办公室编印。

3. ［清］崔乃镛、方桂、余泽春、冯誉骢纂修、续修，梁晓强校注：《东川府志·东川府续志》，昆明：云南人民出版社，2006 年。

4. ［清］屠述濂修，文明元、马勇点校：《云南腾越州志》，昆明：云南美术出版社，2006 年。

5. ［民国］李根源、刘楚湘主纂：《民国腾冲县志稿》，昆明：云南美术出版社，2004 年。

6. 郑祖荣点注：《（康熙、乾隆）〈宜良县志〉点注》，昆明：云南民族出版社，2011 年。

7. ［民国］许实辑纂，郑祖荣点注：《〈民国宜良县志〉点注》，昆明：云南民族出版社，2008 年。

8. 姜定忠编纂：《哈尼族史志辑要》，昆明：云南民族出版社，2007 年。

9. 云南省编辑组编：《云南地方志道教和民族民间宗教资料琐编》，昆明：云南人民出版社，1986 年。

10.《中国少数民族社会历史调查资料丛刊》修订编辑委员会云南省编辑组编：《云南方志民族民俗资料琐编》，北京：民族出版社，2009 年。

三、民族学资料

1. 方国瑜：《滇西边区考察记》，昆明：云南人民出版社，2008 年。

2. 江应樑：《摆夷的经济文化生活》，昆明：云南人民出版社，2009 年。

3. 李有义：《汉夷杂区经济》，昆明：云南人民出版社，2014 年。

4. 田汝康：《芒市边民的摆》，昆明：云南人民出版社，2008 年。

5. 曾昭抡：《滇康道上》，北京：中国青年出版社，2012 年。

6. 曾昭抡：《大凉山夷区考察记》，北京：中国青年出版社，2012 年。

7. 王连芳：《王连芳云南民族工作回忆》，昆明：云南人民出版社，1999 年。

8. 李文海主编：《民国时期社会调查丛编・少数民族卷》，福州：福建教育出版社，2014 年。

9.《中国少数民族社会历史调查资料丛刊》修订编辑委员会云南省编辑组：《云南民族文物调查》，北京：民族出版社，2009 年。

10.《中国少数民族社会历史调查资料丛刊》修订编辑委员会云南省编辑委员会：《独龙族社会历史调查》（一），北京：民族出版社，2009 年。

11.《中国少数民族社会历史调查资料丛刊》修订编辑委员会云南省编辑委员会：《怒族社会历史调查》，北京：民族出版社，2009 年。

12.《民族问题五种丛书》云南省编辑委员会编：《哈尼族社会历史调查》，北京：民族出版社，2009 年。

13.《民族问题五种丛书》云南省编辑委员会编：《傈僳族社会历史调查》，北京：民族出版社，2009 年。

14.《中国少数民族社会历史调查资料丛刊》修订编辑委员会云南省编辑组编：《昆明民族民俗和宗教调查》，北京：民族出版社，2009 年。

四、研究著作

1. 吕思勉：《中国通史》，上海：上海人民出版社，2015 年。

2. 吕思勉：《中国民族史》，北京：东方出版社，1996 年。

3. 侯外庐：《中国封建社会史论》，北京：人民出版社，1979 年。

4. 方国瑜：《云南史料目录概说》，北京：中华书局，1984 年。

5. 方国瑜：《中国西南历史地理考释》，北京：中华书局，1987 年。

6. 方国瑜：《云南民族史讲义》，昆明：云南人民出版社，2013 年。

7. 方国瑜：《滇史论丛》（第一辑），上海：上海人民出版社，1982 年。
8. 方国瑜：《方国瑜文集》（共五辑），昆明：云南教育出版社，2003 年。
9. 江应樑：《傣族史》，成都：四川民族出版社，1983 年。
10. 江应樑：《江应樑民族研究文集》，北京：民族出版社，1992 年。
11. 马长寿：《马长寿民族史研究著作选》，上海：上海人民出版社，2009 年。
12. 费孝通：《乡土中国》，北京：北京大学出版社，2012 年。
13. 费孝通：《江村经济——中国农民的生活》，北京：商务印书馆，2001 年。
14. 费孝通、张之毅：《云南三村》，北京：社会科学文献出版社，2006 年。
15. 瞿同祖：《中国法律与中国社会》，北京：中华书局，2003 年。
16. 费孝通、吴晗等著：《皇权与绅权》，北京：生活·读书·新知三联书店，2013 年。
17. 马曜主编：《云南简史》，昆明：云南人民出版社，1991 年。
18. 何耀华总主编：《云南通史》，北京：中国社会科学出版社，2011 年。
19. 尤中：《中国西南民族史》，昆明：云南人民出版社，1985 年。
20. 尤中：《云南民族史》，昆明：云南大学出版社，1994 年。
21. 尤中：《中国西南边疆变迁史》，昆明：云南教育出版社，1987 年。
22. 云南省博物馆编：《云南晋宁石寨山古墓群发掘报告》，北京：文物出版社，1959 年。
23. 云南省博物馆编：《云南省博物馆建馆三十五周年论文集》，昆明，1986 年。
24. 何耀华：《中国西南历史民族学论集》，昆明：云南人民出版社，1988 年。
25. 汪宁生：《云南考古》，昆明：云南人民出版社，1992 年。
26. 汪宁生：《西南访古卅五年》，济南：山东画报出版社，1997 年。
27. 汪宁生：《民族考古学探索》，昆明：云南人民出版社，2008 年。
28. 汪宁生：《汪宁生论著萃编》，昆明：云南民族出版社，2001 年。
29. 张增祺：《滇国与滇文化》，昆明：云南美术出版社，1997 年。
30. 蒋志龙：《滇国探密——石寨山文化的新发现》，昆明：云南人民出版社、云南大学出版社，2012 年。
31. 杨帆、万扬、胡长城编著：《云南考古（1979～2009）》，昆明：云南人民出版社，2010 年。
32. 张增祺：《云南建筑史》，昆明：云南美术出版社，1999 年。
33. 张增祺：《云南冶金史》，昆明：云南美术出版社，2000 年。
34. 林超民：《林超民文集》（共四卷），昆明：云南人民出版社，2008 年。
35. 范建华等：《爨文化史》，昆明：云南人民出版社、云南大学出版社，2012 年。
36. 段玉明：《大理国史》，昆明：云南人民出版社、云南大学出版社，2011 年。
37. 林文勋：《宋代四川商品经济史研究》，昆明：云南大学出版社，1994 年。
38. 《白族简史》编写组：《白族简史》，昆明：云南人民出版社，1988 年。
39. 杨文辉：《白语与白族历史文化研究》，昆明：云南大学出版社，2009 年。
40. ［美］查尔斯·巴克斯著，林超民译：《南诏国与唐代的西南边疆》，昆明：云南人民出版社，1988 年。

41. 李中清著，林文勋、秦树才译：《中国西南边疆的社会经济》，北京：人民出版社，2012 年。

42. 杨寿川：《云南经济史研究》，昆明：云南民族出版社，1999 年。

43. 陆韧：《变迁与交融——明代云南汉族移民研究》，昆明：云南教育出版社，2007 年。

44. 沈海梅：《明清云南妇女生活研究》，昆明：云南大学出版社，2001 年。

45. 秦树才：《清代绿营兵研究——以汛塘为中心》，昆明：云南教育出版社，2004 年。

46. 潘先林：《民国云南彝族统治集团研究》，昆明：云南大学出版社，1999 年。

47. 周智生：《商人与近代中国西南边疆社会——以滇西北为中心》，北京：中国社会科学出版社，2006 年。

48. 尹绍亭：《远去的山火——人类学视野中的刀耕火种》，昆明：云南人民出版社，2008 年。

49. 王清华：《梯田文化论》，昆明：云南人民出版社、云南大学出版社，2011 年。

50. 王东昕：《人与自然：20 世纪怒江峡谷人地关系史》，北京：中国社会科学出版社，2011 年。

51. 王明珂：《华夏边缘：历史记忆与族群认同》，杭州：浙江人民出版社，2013 年。

52. 苏秉琦主编，张忠培、严文明撰：《中国远古时代》，上海：上海人民出版社，2014 年。

53. 陈文华：《农业考古》，北京：文物出版社，2002 年。

54. 陈文华：《中国古代农业科技史图谱》，北京：农业出版社，1981 年。

55. 李根蟠：《中国古代农业》，北京：商务印书馆，1998 年。

56. 张芳、王思明主编：《中国农业科技史》，北京：中国农业科学技术出版社，2011 年。

57. 曾雄生：《中国农学史（修订本）》，福州：福建人民出版社，2012 年。

58. 潘伟：《天工开物古今图说》，桂林：广西师范大学出版社，2011 年。

59. 董恺忱、范楚玉主编：《中国科学技术史·农学卷》，北京：科学出版社，2000 年。

60. 汪建平、闻人军：《中国科学技术史纲（修订版）》，武昌：武汉大学出版社，2012 年。

61. 杜石然、范楚玉等：《中国科学技术史稿（修订版）》，北京：北京大学出版社，2012 年。

62. ［美］德·希·帕金斯著，宋海文等译：《中国农业的发展（1368－1968）》，上海：上海译文出版社，1984 年。

63. 刘兴林：《历史与考古：农史研究新视野》，北京：生活·读书·新知三联书店，2013 年。

64. 秦晖：《农民中国：历史反思与现实选择》，郑州：河南人民出版社，2003 年。

65. 王勇：《中国古代农官制度》，北京：中国三峡出版社，2009 年。

66. ［美］富兰克林 · H. 金著，程存旺、石嫣译：《四千年农夫：中国、朝鲜和日本的永续农业》，北京：东方出版社，2011 年。

67. ［法］马克 · 布洛赫著，余中先、张朋浩、车耳译：《法国农村史》，北京：商务印书馆，1991 年。

68. ［法］费尔南 · 布罗代尔著，唐家龙、曾培耿等译：《菲利普二世时代的地中海和地中海世界》，北京：商务印书馆，1998 年。

69. 云南农业地理编写组：《云南农业地理》，昆明：云南人民出版社，1981 年。

70. 李良生：《云南农副土特产品概况》，昆明：云南人民出版社，1982 年。

71. 郭华春主编：《云南薯类作物栽培技术》，昆明：云南人民出版社，2012 年。

72. 张乃明主编：《作物营养与合理施肥》，昆明：云南人民出版社，2012 年。

后　　记

本书为云南省社科规划课题《云南农垦变迁史》的延伸性研究成果。本书的研究和写作，得到云南省社科规划办公室的资助与支持，得到云南省社科联主席张瑞才教授的关心和支持。同时，本书在研究过程中，得到了众多师友的关心和帮助。云南大学潘先林教授、高志英教授、王志芬博士和中共云南省委党史研究室的张晖副研究员，帮助确定研究思路和提供相关资料，云南农业大学的文洪睿老师、张宏勇老师和张毅老师，从各个方面给予协助和支持。这本小书的完成，凝聚着各位师友的盛情与贡献。感谢的话不待多说，隆情厚意将永铭心间。

袁国友

2016 年 5 月 8 日